FH Wiesbaden
University of Applied Sciences

Kontakt: Prof. Dr. F. Völklein
Am Brückweg 26
65428 Rüsselsheim
voelklein@physik.fh-wiesbaden.de

IMtech

Institut für Mikrotechnologien:
Ihr Partner in Sachen Mikrosystemtechnik-F&E

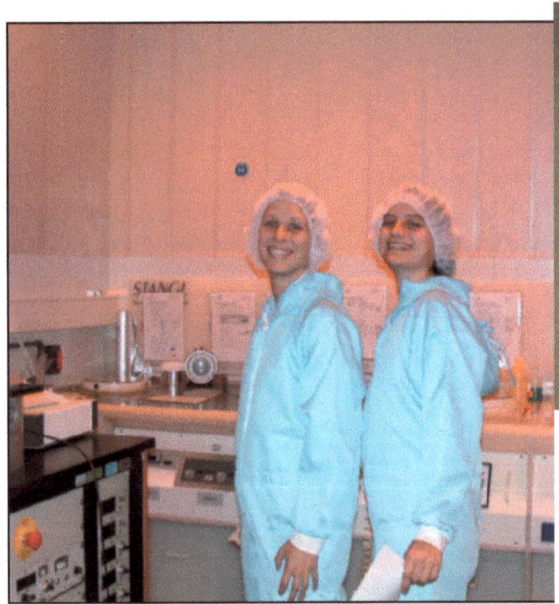

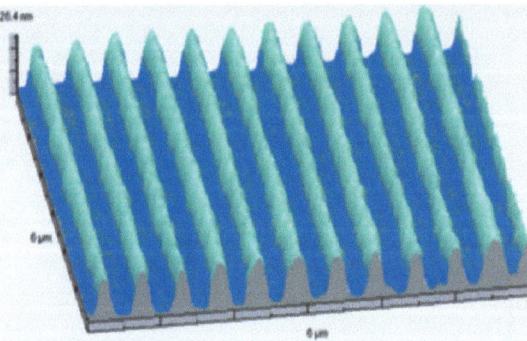

Technologien und Equipment:

- Dünnschichttechnik: PECVD, E-Beam- und Sputteranlagen
- Photolithographie
- Nass- und Trockenätztechniken: RIE, IBE
- Lasermikrostrukturierung
- Hochenergie-Ionenstrahlquelle
- AFM-/STM-/MFM-Analysemethoden
- Modellierungs-/Simulationssoftware

Ihre Möglichkeiten:

- Wir bearbeiten Ihre F&E-Aufträge
- Wir beraten Sie oder recherchieren
- Wir planen und realisieren mit Ihnen F&E-Projekte
- Wir betreuen Studierende, die bei Ihnen arbeiten

Friedemann Völklein
Thomas Zetterer

**Praxiswissen
Mikrosystemtechnik**

Aus dem Programm
Elektrotechnik

Mikrowellenelektronik
von W. Bächtold

Vieweg Handbuch Elektrotechnik
herausgegeben von W. Böge und W. Plaßmann

Elemente der angewandten Elektrotechnik
von E. Böhmer

Elemente der Elektrotechnik – Repetitorium und Prüfungstrainer
von E. Böhmer

Mechatronik
herausgegeben von B. Heinrich

Sensoren für die Prozess- und Fabrikautomation
herausgegeben von S. Hesse und G. Schnell

Hochfrequenztechnik
von H. Heuermann

Elektronik für Ingenieure
herausgegeben von L. Palotas

Grundkurs Leistungselektronik
von J. Specovius

Elektronik
von D. Zastrow

vieweg

Friedemann Völklein
Thomas Zetterer

Praxiswissen Mikrosystemtechnik

Grundlagen – Technologien – Anwendungen

2., vollständig überarbeitete und erweiterte Auflage

Mit 367 Abbildungen und 55 Tabellen

Vieweg Praxiswissen

Bibliografische Information der Deutschen Bibliothek
Die Deutsche Bibliothek verzeichnet diese Publikation in der Deutschen Nationalbibliographie;
detaillierte bibliografische Daten sind im Internet über <http://dnb.ddb.de> abrufbar.

Das Buch erschien in der 1. Auflage unter dem Titel *Einführung in die Mikrosystemtechnik*
ebenfalls im Vieweg Verlag.

1. Auflage August 2000
2., vollständig überarbeitete und erweiterte Auflage Januar 2006

Alle Rechte vorbehalten
© Friedr. Vieweg & Sohn Verlag/GWV Fachverlage GmbH, Wiesbaden, 2006

Lektorat: Reinhard Dapper

Der Vieweg Verlag ist ein Unternehmen von Springer Science+Business Media.
www.vieweg.de

Das Werk einschließlich aller seiner Teile ist urheberrechtlich geschützt. Jede Verwertung außerhalb der engen Grenzen des Urheberrechtsgesetzes ist ohne Zustimmung des Verlags unzulässig und strafbar. Das gilt insbesondere für Vervielfältigungen, Übersetzungen, Mikroverfilmungen und die Einspeicherung und Verarbeitung in elektronischen Systemen.

Umschlaggestaltung: Ulrike Weigel, www.CorporateDesignGroup.de
Technische Redaktion: Andreas Meißner, Wiesbaden
Druck und buchbinderische Verarbeitung: MercedesDruck, Berlin
Gedruckt auf säurefreiem und chlorfrei gebleichtem Papier.

ISBN 3-528-13891-2

Vorwort zur 2. Auflage

Die Mikrosystemtechnik hat in den zurückliegenden Jahren eine beeindruckende rasante Entwicklung genommen. Dies gilt sowohl hinsichtlich der Entwurfswerkzeuge und Technologien, die für die Realisierung von Mikrosystemen entwickelt wurden, als auch bezüglich neuer Anwendungsfelder für Mikrosysteme. Neben den etablierten Technologien der Halbleiter-Mikroelektronik nutzt man inzwischen zahlreiche neue technologische Verfahren. Eine Vielzahl von physikalischen Effekten und Materialien kommt in mikrosystemtechnischen Funktionselementen und Komponenten zur Anwendung, so dass neben mikroelektronischen nun auch eine Fülle von mikrofluidischen, mikrooptischen, mikromechanischen Bauelementen, Sensoren und Aktoren zur Verfügung steht. Darauf aufbauend wird in Zukunft vor allem der Systemaspekt im Vordergrund der Entwicklung stehen.

Dieses Buch soll Studierenden und Fachleuten aus Forschung und Entwicklung einen Einstieg in die faszinierende Welt der Mikrosystemtechnik geben. Dabei haben wir (in Kap. 2) zunächst großen Wert auf eine möglichst gründliche Darstellung der technologischen Basis, d. h. der zur Verfügung stehenden Materialien und Verfahren gelegt. Aufbauend auf der Kenntnis dieser technologischen „Werkzeuge" stellen wir in Kap. 3 mikromechanische, mikrooptische, mikrofluidische Funktionselemente und Komponenten (Grundstrukturen) bzw. Sensoren und Aktoren dar, wobei in Anbetracht der inzwischen erreichten Vielfalt nur eine beispielhafte Auswahl getroffen werden konnte. Kap. 4 widmet sich der Systemintegration: neben den Schwerpunkten Aufbau- und Verbindungstechnik und Systemsimulation wird hier auch auf Fragen von Zuverlässigkeit und Qualitätssicherung eingegangen. In Kap. 5 beschreiben wir exemplarisch an drei ausgewählten kommerziell erfolgreichen Mikrosystemen deren Realisierung von der Entwurfsphase bis zum Test des fertigen Produktes.

Im Vergleich zur 1. Auflage haben wir wesentliche Erweiterungen, die aktuelle Entwicklungen berücksichtigen, vorgenommen, so dass das Buch um ca. 90 Seiten angewachsen ist. Stichworte für diese Erweiterungen sind: poröses Silizium als multifunktionell nutzbares Substratmaterial, Lasertechnik für der 3D-Mikrostrukturierung, Technologien der Mikrofluidik und Bio-MEMS, Mikroaktoren und deren Wirkprinzipien, Aufbau- und Verbindungstechnik auf Chipebene, neue mikrooptische Komponenten.

Wir danken allen, die durch positive wie kritische Bemerkungen zur 1. Auflage die Gestaltung der 2. Auflage gefördert haben. In die Überarbeitung und Erweiterung des Buches sind zahlreiche Anregungen und Forschungsergebnisse von Fachkollegen eingeflossen. Dafür möchten wir uns vor allem bei Mitarbeitern aus dem Institut für Mikrotechnik Mainz (IMM), sowie aus den Firmen Heimann Sensor GmbH Dresden/Eltville und SCHOTT AG Mainz bedanken. Unser besonderer Dank gilt Herrn Dr. Peter Schwarz, Fraunhofer-Institut für Integrierte Schaltungen Dresden, der sein umfangreiches Kapitel zur Simulation von Mikrosystemen aktualisiert hat. Neue Inhalte haben auch Prof. Dr. H.-D. Bauer (FH Wiesbaden) zur Laser-Mikrobearbeitung und Prof. Dr. Ch. Thielemann (MPI für Polymerforschung Mainz) mit dem Abschnitt Bio-MEMS beigetragen. Nicht zuletzt danken wir A. Meier, M. Thust sowie den Mitarbeitern des Vieweg-Verlages für die intensive Unterstützung bei der Manuskriptgestaltung.

Fraglos wird es auch in der überarbeiteten und erweiteren Auflage Anlass für Verbesserungen geben. Über entsprechende Anregungen aus dem Leserkreis freuen wir uns.

Wiesbaden, im Dezember 2005 *Friedemann Völklein, Thomas Zetterer*

Inhaltsverzeichnis

1 **Einleitung** 1
   1.1   Von der Mikroelektronik zur Mikrosystemtechnik 1
   1.2   Was ist ein Mikrosystem? 4
   1.3   Anwendungsfelder und Trends der Mikrosystemtechnik 5
   1.4   Literatur 7

2 **Basistechnologien der Mikrosystemtechnik** 8
   2.1   Reinraumtechnologie 8
   2.2   Substrate und Materialien 13
          2.2.1   Bulk-Materialien 13
          2.2.2   Dünne Schichten 27
          2.2.3   Wandlungseffekte 29
                 2.2.3.1   Mechanisch ⇔ elektrische Wandlung 30
                 2.2.3.2   Thermisch ⇔ elektrische Wandlung 31
                 2.2.3.3   Magnetisch ⇔ elektrische Wandlung 33
                 2.2.3.4   Optisch ⇔ elektrische Wandlung 35
          2.2.4   Literatur 36
   2.3   Dünnschichttechnologie 40
          2.3.1   Herstellung und Charakterisierung dünner Schichten 40
                 2.3.1.1   Beschichtungsmethoden 40
                 2.3.1.2   Ionenimplantation 54
                 2.3.1.3   Charakterisierungsmethoden für dünne Schichten 59
          2.3.2   Lithographie 66
                 2.3.2.1   Prinzip und Anwendungen der Lithographie 66
                 2.3.2.2   Verfahrensführung 68
                 2.3.2.3   Belichtungs-Verfahren und -Apparaturen 78
                 2.3.2.4   Resists 85
                 2.3.2.5   Maskenherstellung 90
                 2.3.2.6   Komplexe Resisttechnologien 95
          2.3.3   Ätzen 100
                 2.3.3.1   Nassätzen 102
                 2.3.3.2   Trockenätzen 104
                 2.3.3.3   Lift-off-Technik 108
          2.3.4   Literatur 100
   2.4   Dreidimensionale Mikrostrukturierungsmethoden 113
          2.4.1   LIGA-Technik mit Röntgentiefenlithographie 113
          2.4.2   UV-LIGA und SU8-Resist-Technologie 117
          2.4.3   Mikrostrukturierung mit Laserstrahlung 123
                 2.4.3.1   Laserstrahlung als Werkzeug 123
                 2.4.3.2   Laserablation 123
                 2.4.3.3   Laser-LIGA 127
                 2.4.3.4   Materialauftragende Laserverfahren 128

			2.4.3.5	Mikroverbindungstechnik mit Lasern	129
			2.4.3.6	Technische Ausführung und wirtschaftliche Aspekte	129
	2.4.4	Anisotrope Ätztechniken für Silizium			130
			2.4.4.1	Anisotropes Nassätzen von Silizium	130
			2.4.4.2	Ätzstopverfahren	133
			2.4.4.3	Anisotropes Plasmaätzen	134
	2.4.5	Photostrukturierung von Glas			136
	2.4.6	Mikrofunkenerosion			138
	2.4.7	Literatur			139

3 Grundstrukturen und Anwendungen ... 143

3.1 Mikromechanische Grundstrukturen und Fertigungsprozesse ... 143
    3.1.1 Ätzgruben in Silizium ... 144
    3.1.2 Design-Regeln ... 150
    3.1.3 Membranen ... 153
    3.1.4 Zungen und Biegebalken ... 157
    3.1.5 Spitzen und Spitzenarrays ... 159
    3.1.6 Mesa-Strukturen ... 162
    3.1.7 Dreidimensionale teilbewegliche Mikrostrukturen ... 163
    3.1.8 Trocken-Ätztechniken für mikromechanische Grundstrukturen ... 164
    3.1.9 Literatur ... 166

3.2 Mikrooptische Grundstrukturen und Fertigungsprozesse ... 168
    3.2.1 Freistrahlstrukturen ... 170
    3.2.2 Glasfaserkompatible mikrooptische Strukturen ... 182
    3.2.3 Lichtleitende Strukturen ... 184
    3.2.4 Elektrooptische Bauelemente ... 191
    3.2.5 Literatur ... 200

3.3 Mikrosensoren, Mikroaktoren und Fertigungsprozesse ... 203
    3.3.1 Thermische Mikrosensoren ... 203
        3.3.1.1 Berührende Temperatursensoren ... 203
        3.3.1.2 Thermische Sensoren zur berührungslosen Temperaturmessung ... 207
        3.3.1.3 Vakuum-Mikrosensoren ... 212
        3.3.1.4 Flow-Sensoren ... 214
        3.3.1.5 AC/DC-Thermokonverter ... 217
    3.3.2 Druck- und Beschleunigungssensoren ... 218
        3.3.2.1 Piezoresistive Drucksensoren ... 218
        3.3.2.2 Aufbau und Funktion piezoresistiver Drucksensoren ... 222
        3.3.2.3 Kapazitive Drucksensoren ... 226
        3.3.2.4 Beschleunigungssensoren ... 227
    3.3.3 Gassensoren ... 230
    3.3.4 Chemisch sensitive Feldeffekt-Transistoren (CHEMFETs) ... 233
    3.3.5 Teststrukturen ... 235
    3.3.6 Aktoren ... 237
        3.3.6.1 Elektrostatische Wirkprinzipien ... 238
        3.3.6.2 Elektrokinetische Wirkprinzipien ... 246
        3.3.6.3 Elektrisch-Mechanische Wirkprinzipien (Piezoelektrizität) ... 249
        3.3.6.4 Thermische Wirkprinzipien ... 259
        3.3.6.5 Magnetische Wirkprinzipien ... 268

		3.3.6.6	Bauelemente für die Vakuum-Mikroelektronik	272
	3.3.7	Literatur		274
3.4	Mikrofluidische Grundstrukturen und Fertigungsprozesse			280
	3.4.1	Filter und Trennmembranen (Permeation)		287
	3.4.2	Mischer und Wärmetauscher		289
	3.4.3	Fluidkanäle und Düsen		291
	3.4.4	Mikropumpen und -ventile		294
	3.4.5	Fluidverstärker und -schalter		297
	3.4.6	Durchflusssensoren (Flow-Sensoren)		298
	3.4.7	Chemische Analysesysteme		299
	3.4.8	Mikroreaktoren		303
	3.4.9	BioMEMS		305
		3.4.9.1	Materialien für BioMEMS	306
		3.4.9.2	Biosensoren	307
		3.4.9.3	BioLab-on-a-Chip	311
	3.4.10	Literatur		312

4 Systemintegration 317

4.1	Aufbau von Mikrosystemen			317
	4.1.1	Mikroelektronik – technologische Basis der Mikrosystemtechnik		319
4.2	Monolithische Integration			320
	4.2.1	Mikrosensoren/-aktoren auf der Basis der CMOS-Technologie		320
	4.2.2	CMOS-basierte komplexe Integrations-Prozesse		324
	4.2.3	Integration auf der Basis der Bipolaren Prozesstechnologie		327
	4.2.4	Anwendung der Opferschichttechnologie		328
4.3	Hybride Integration von Mikrosystemen			331
	4.3.1	Substratherstellung durch Dünn- und Dickschichttechnik		331
	4.3.2	Bauelemente in Dünn- und Dickschichttechnik		333
		4.3.2.1	Herstellung und Eigenschaften von Dickschicht-Bauelementen	334
		4.3.2.2	Herstellung und Eigenschaften von Dünnschicht-Bauelementen	337
	4.3.3	SMD-Bauelemente		340
	4.3.4	Ungehäuste Halbleiterbauelemente (Chip-and-Wire-Technik)		342
4.4	Aufbau- und Verbindungstechnik (AVT)			344
	4.4.1	Bedeutung der AVT für die Mikrosystemtechnik		344
	4.4.2	Chip-Level-Packaging		347
	4.4.3	Chipbearbeitung		354
	4.4.4	Chipmontage (*Die bonding*)		355
	4.4.5	Bonden von Silizium und Glas		360
		4.4.5.1	Anodisches Bonden	360
		4.4.5.2	Silicon Direct Bonding (SDB), Silicon Fusion Bonding (SFB)	362
		4.4.5.3	Wafer-Wafer-Bonden mit Zwischenschichten	363
	4.4.6	Elektrische Kontaktierung		364
		4.4.6.1	Drahtbonden	364
		4.4.6.2	Tape-Automated-Bonding (TAB)	368
		4.4.6.3	Flip-Chip-Technik	369

		4.4.6.4 Ball-Grid-Arrays (BGA)	370
		4.4.6.5 Beamlead-Kontaktierung	371
		4.4.6.6 Multi-Chip-Packaging	372
	4.4.7	Literatur	375
4.5	Systemsimulation		380
	4.5.1	Einordnung	380
	4.5.2	Modellierungs- und Simulationsebenen	381
	4.5.3	Auswahl des Systemsimulators	382
	4.5.4	Modellierungsansätze	382
	4.5.5	Beschreibungsmittel	388
		4.5.5.1 Mathematische Verhaltensbeschreibung	388
		4.5.5.2 VHDL-AMS	389
		4.5.5.3 Modelica	392
	4.5.6	Anwendungsbeispiel: Beschleunigungssensor	395
	4.5.7	Automatische Modellgenerierung	399
	4.5.8	Simulatorkopplung: Prinzip	408
	4.5.9	Simulatorkopplung: Anwendungsbeispiel	409
	4.5.10	Literatur	414
4.6	Zuverlässigkeit und Qualitätssicherung von Mikrosystemen		417
	4.6.1	Begriffsdefinition	417
	4.6.2	Testmethoden	420
	4.6.3	Bewertung und Berechnung von Ausfallraten	423
	4.6.4	Identifikation von Ausfallmechanismen	430
	4.6.5	Qualitätssicherung	444
	4.6.6	Literatur	451

5 Beispiele komplexer Mikrosysteme ... 453

5.1	AFM-Messkopf		453
5.2	Miniaturellipsometer		459
	5.2.1	Theoretische Grundlagen	459
	5.2.2	Komponenten des Mikroellipsometers	461
	5.2.3	Aufbau des Gesamtsystems	465
5.3	Thermopile-Arrays für Wärmebildsysteme		467
	5.3.1	Entwurf und Simulation	467
	5.3.2	Technologie: Design und Herstellung	475
	5.3.3	Integration: Ausleseelektronik, ASIC	476
	5.3.4	Aufbau- und Verbindungstechnik	477
	5.3.5	Test	479
	5.3.6	Anwendungsbeispiel: Fahrzeuginnenraumüberwachung	480
5.4	Literatur		481

Sachwortverzeichnis ... 483

1 Einleitung

1.1 Von der Mikroelektronik zur Mikrosystemtechnik

Es gibt zweifellos kein Gebiet der Wissenschaft und Technik des 20. Jahrhunderts, das eine vergleichbar stürmische Entwicklung erfahren hat wie die Mikroelektronik in den vergangenen 50 Jahren. Mit der Erfindung des Transistors (1948) und der Herstellung erster integrierter Schaltungen auf der Basis des Halbleitermaterials Silizium (1958) begann eine technische Revolution, die mit ihren Ergebnissen und Produkten inzwischen in fast alle Lebensbereiche unserer Gesellschaft hineinwirkt. Ohne die Erfolge der Mikroelektronik wäre die moderne Informations- und Kommunikationstechnik, die inzwischen die Berufswelt vieler Menschen wesentlich verändert hat, nicht denkbar. Das gilt auch für andere Bereiche wie z. B. die Medizin-, die Verkehrs- und die Produktionstechnik.

Der große technologische Fortschritt der Mikroelektronik beruht auf Miniaturisierung und Integration. Vor der Mikroelektronik wurden elektrische/elektronische Schaltungen aus mechanisch gefertigten Bauteilen wie Kondensatoren, Widerständen oder Elektronenröhren zusammengefügt und individuell abgeglichen. Aufgrund der Größe der Bauelemente war der Platzbedarf und das Gewicht hoch, die Packungs- und Funktionsdichte gering. Durch die Mikroelektronik wandelte sich die Fertigung elektronischer Systeme grundlegend. Die Bauelemente einer Schaltung wurden nun durch photolithographische Strukturierung und durch Schichttechnologien auf einem gemeinsamen Halbleiter-Substrat, dem Siliziumwafer, erzeugt. Besonderes Merkmal dieser Verfahrensweise ist, dass die minimalen lateralen Dimensionen der Bauelemente prinzipiell nur durch die Wellenlänge der verwendeten Strahlung bei der Lithographie begrenzt sind. In der Fertigung führte die Vervollkommnung von Lithographie und Schichttechnik zu immer kleineren Strukturdimensionen, im Mittel verdoppelte sich die Anzahl von Transistoren auf einem Si-Chip alle 18 Monate („Moore's Gesetz"). Gegenwärtig werden in industriellen Fertigungsprozessen Strukturdimensionen im sub-µm-Bereich (typisch 150-300 nm) beherrscht. Neben der Miniaturisierung ist die gleichzeitige, parallele Realisierung vieler Bauelemente ein wesentlicher Vorteil der lithographischen Strukturierung. So können auf einem Wafer, und durch Wiederholung des Lithographieprozesses auf vielen Wafern eines Batch (einer Charge von typisch 25 Wafern), jeweils viele gleichartige Schaltungen auf identischen Chips hergestellt werden, wobei hochintegrierte Schaltungen heute bis zu 10^7 Transistoren pro Chip vereinigen. Durch diese parallele Fertigung großer Stückzahlen, die Erhöhung der Packungsdichte und die geringe Streuung der Systemparameter konnte man die Produktionskosten um Größenordnungen senken. Hinzu kommt, dass durch die Verkürzung bzw. Reduzierung von Leitungen zwischen den Bauelementen in integrierten Schaltungen die Zuverlässigkeit und die Schaltgeschwindigkeit erheblich gesteigert werden. Letztere ist z. B. für die Erhöhung der Taktfrequenz in elektronischen Rechnern von großer Bedeutung.

Es erscheint naheliegend, das erfolgreiche Konzept der Mikroelektronik auch auf nichtelektronische Bereiche zu übertragen. Kann man unter Anwendung gleicher oder ähnlicher Entwurfskonzepte, Fertigungsverfahren zur Mikrostrukturierung und Materialien auch mechanische, optische, fluidische und chemische oder biochemische Systeme entwickeln, die sich ähnlich erfolgreich am Markt durchsetzen? Diese Überlegungen führten dazu, dass ab der Mitte der 60er Jahre erste Versuche unternommen wurden, *mikromechanische* Bauelemente auf der

Basis der Silizium-Halbleitertechnologie herzustellen. 1962 wurde erstmals auf einem Siliziumwafer ein mechanischer Verformungskörper mit integrierten Piezowiderständen als Grundstruktur für einen Druck- oder Beschleunigungssensor realisiert [Tuf62]. Im Zusammenhang mit solchen nichtelektronischen Funktionen wurden nun auch bis dahin wenig beachtete Materialeigenschaften des Siliziums intensiver erforscht (z. B. der piezoresistive Effekt, mechanische Eigenschaften wie Elastizitätsmodul und Elastizitätsgrenzen oder das Verhalten bei nasschemischen Ätzprozessen in die Tiefe des Wafers). Seither sind zahlreiche Funktionselemente und Komponenten sowie Herstellungsverfahren entwickelt worden, die elektronische mit nichtelektronischen Funktionen kombinieren und dabei die Fertigungsprozesse der Si-Halbleitertechnologie nutzen. Entsprechend ihrer primären Funktionalität spricht man von Bauelementen der Mikromechanik, der Mikrooptik, Mikrofluidik und Mikroreaktionstechnik oder von Bio-Chips, die inzwischen in zahlreichen zusammenfassenden Publikationen [Pet82, Heu91, Büt91, Men93, Ger97, Mad97, Mesch00, Fischer00, Brück01, Ehrfeld02] vorgestellt wurden.

Bis zum Beginn der 80er Jahre wurden vorwiegend miniaturisierte Sensoren und erste Beispiele für Mikroaktoren entwickelt. In der Folge wurden **m**ikro-**e**lektro-**m**echanische **S**ysteme (MEMS, in der englischsprachigen Literatur die Bezeichnung für Mikrosystem) und komplexe Mikrosysteme vorgestellt (z. B. Schreib-Leseköpfe für Festplatten, Gaschromatographen, Multisensorchips zur Gebäudeüberwachung, chemische und biochemische Analysesysteme). Der Begriff Mikrosystemtechnik findet inzwischen für ein breites Spektrum von miniaturisierten technischen Lösungen und die dazugehörigen Fertigungstechniken Anwendung, ohne dass es bisher eine eindeutige Definition oder Abgrenzung gibt.

Allerdings zeigten sich bei der Umsetzung von Miniaturisierungskonzepten auf mikromechanische, -optische oder -fluidische Bauelemente auch die Grenzen der klassischen Silizium-Halbleitertechnologie. Bei der Entwicklung von Mikrosensoren z. B. musste man die Beschränkung auf das Basismaterial Silizium aufgeben, um bestimmte physikalische Größen mit hoher Sensitivität nachweisen zu können. Manche Messgrößen, z. B. die Konzentration von Gasen, waren mit Silizium allein überhaupt nicht detektierbar, sondern nur mit sehr spezifischen gassensitiven Funktionsschichten. Dies erforderte die *Erschließung neuer Materialien* für die Mikrosystemtechnik und ihre Einbindung in die mikrotechnologischen Fertigungsverfahren.

Diese Fertigungsverfahren der Halbleitertechnologie beinhalten im Prinzip eine zweidimensionale, planare Strukturierung von Funktionsschichten. Diese Strukturelemente einer integrierten Schaltung können sich auf einem Substrat (in der x-y-Ebene) lateral durchaus über einige Millimeter erstrecken, in der z-Richtung haben sie aber selten Abmessungen von mehr als 1 µm. Auch komplizierte Schichtschaltungen, die aus mehreren Ebenen mit entsprechenden Verbindungskontakten (so genannten Vias) zusammengeschaltet werden, erreichen in der Summe nur Gesamtdicken von wenigen Mikrometern. Die Strukturierung der einzelnen Ebenen im lithographischen Prozess ist aber stets eine zweidimensionale Übertragung der Strukturinformation, die z. B. in den photolithographischen Masken enthalten ist.

Mikromechanische, -optische oder -fluidische Komponenten erfordern jedoch aufgrund ihrer spezifischen Funktion vielfach die Erschließung der dritten Dimension, so z. B. für die Herstellung von Mikro-Fluidkanälen oder von beweglichen Mikrostrukturen etwa in einem Beschleunigungssensor. In diesem Zusammenhang war die *Entwicklung neuer Technologien* – insbesondere der dreidimensionalen Mikrostrukturierung – für den Fortschritt der Mikrosystemtechnik von wesentlicher Bedeutung. Unter diesen Technologien sind einige besonders hervorzuheben:

1.1 Von der Mikroelektronik zur Mikrosystemtechnik

- Die **Silizium-Mikromechanik** (Volumen-Mikromechanik)

  übernimmt die klassischen planaren Technologien und auch das Basismaterial Silizium. Die Strukturierung in die Tiefendimension des Si-Substrats erfolgt durch nasschemische, anisotrope Ätztechniken, die das spezifische Verhalten des Silizium-Einkristalls gegenüber einigen alkalischen Ätzbädern nutzen. Dabei entstehen im Einkristall Strukturen, die durch den Entwurf einer ätzbegrenzenden Maskierung auf der Oberfläche und durch die Lage der Si-Kristallebenen eindeutig definiert sind. Durch den Einbau von Ätzstopschichten in den Kristall ist eine noch größere Vielfalt der Strukturgebung möglich. So können dreidimensionale Funktionselemente aus dem Kristall herausgearbeitet werden, die z. B. Grundstrukturen von Sensoren und Aktoren darstellen. Durch eine Abstimmung der Prozessfolge können auf ein und demselben Substrat sowohl mikromechanische Elemente (z. B. für Beschleunigungssensoren) und mikroelektronische Schaltungen erzeugt werden (Monolithische Integration). Hervorzuheben ist, dass diese subtraktive nasschemische Gestaltung des Substrats inzwischen durch sehr attraktive Trocken-Ätztechniken (mit Ätzgasen, die in Plasmaentladungen aktiviert werden) sowohl in Form anisotroper Prozesse (ASE-Prozess, Kap. 2.4.4.3) als auch kombiniert anisotrop/isotroper Prozesse (z. B. SCREAM-Prozess, Kap. 3.1.8) ergänzt wird. Die Anwendung dieser Plasma-Ätzprozesse zur Realisierung von Mikrostrukturen mit hohem Aspektverhältnis (Verhältnis von Strukturhöhe zur lateralen Strukturdimension) wird in der Literatur oft als *high-aspect-ratio micromachining* (HARM) bezeichnet.

- Die **Oberflächenmikromechanik**

  ist eine Erweiterung der Gestaltungsmöglichkeiten, bei der additiv, d. h. durch Aufbringen von Schichten, quasi dreidimensionale Strukturen entstehen. Die Strukturbildung durch Schichtauftrag und Lithographie bleibt zwar zunächst ein zweidimensionaler Vorgang, durch den Einbau von Opferschichten in einen Schichtstapel und das Entfernen dieser Schichten durch hochselektive Ätzprozesse wird aber z. B. eine Beweglichkeit der Schichtstrukturen und ein Systemaufbau in der dritten Dimension erschlossen.

- Die **LIGA-Technik**

  ermöglicht ebenfalls die Herstellung dreidimensionaler Mikrostrukturen, die in ihrer Höhe allerdings deutlich die bei der Oberflächenmikromechanik üblichen Dimensionen übertreffen. Das Verfahren beruht auf den Prozessschritten Röntgen-**L**ithographie, **G**alvanik und **A**bformung. Zunächst wird die zu erzeugende Struktur in eine Maske übertragen, die für die Durchstrahlung mit kurzwelliger energiereicher Strahlung (Röntgenstrahlung, Synchrotronstrahlung) bestimmte Anforderungen hinsichtlich Transparenz bzw. Absorption erfüllen muss. Im Schattenwurf wird die Maskenstruktur durch die parallele Strahlung auf eine Kunststoffschicht (z. B. PMMA) übertragen. Ohne wesentliche Streuung durchdringt die hochenergetische Strahlung die gesamte Kunststoffschicht, so dass Schichtdicken von mehreren 100 µm ohne Strukturverfälschung „durchbelichtet" werden können. Im Gegensatz dazu werden in der Fertigung mikroelektronischer Bauelemente bei der Photolithographie die Masken mit Licht im sichtbaren oder nahen UV-Bereich durchstrahlt und eine photoempfindliche Schicht (so genannter Photoresist) von nur 1-2 µm Dicke verwendet. Nach der Bestrahlung wird der dicke PMMA-Resist entwickelt, wobei belichtete Bereiche nasschemisch durch ein Entwicklerbad herausgelöst werden. Durch die parallele Strahlung der Röntgenquelle und die große Resistdicke entstehen Strukturen mit einem Aspektverhältnis von bis zu 100. Der Lithographieschritt führt also zu dreidimensionalen Resiststrukturen, deren laterale Gestalt durch die Maskenstruktur und deren Höhe durch die Resistdicke bestimmt ist. In einem Galvanikschritt wird diese Resiststruktur mit Metall aufgefüllt. Entfernt man anschließend den Resist, verbleibt als Metallstruktur das Negativbild der Resistform. Diese Metallstruktur kann in nachfolgenden Abformprozessen (z. B. durch Spritzguss oder durch Prägeverfahren) repliziert werden. Trotz der recht kostenintensiven Herstellung der Originalstruktur beinhaltet die Abformung die Möglichkeit zur Massenfertigung und damit zur kostengünstigen Realisierung dreidimensionaler Mikrostrukturen. Dieser Grundprozess hat inzwischen eine Reihe von Modifikationen erfahren, die sich insbesondere auf die Formgebung der dreidimensionalen Resiststruktur beziehen. So kann man bei UV-LIGA mit speziellen UV-empfindlichen dicken Photoresists oder bei Laser-LIGA durch Laserablation von PMMA auf die kostenintensive Bestrahlung mit Röntgen- oder Synchrotronstrahlung verzichten. Diese „poor man´s LIGA" hat das Verfahren für viele Anwendungen attraktiv gemacht.

- Auch im Bereich der **Entwurfswerkzeuge** wurden Entwicklungen angestoßen, die weit über die in der Mikroelektronik üblichen Tools zum Schaltungsentwurf und zum Design hochintegrierter planarer Schichtschaltungen hinausgehen. Zu nennen sind z. B. Simulationswerkzeuge für die dreidimensionale Strukturierung von Silizium durch anisotrope Ätztechnik sowie Simulatoren, die inzwischen in der Lage sind, ein komplexes Mikrosystem aus unterschiedlichen funktionalen Komponenten nachzubilden. Diese Simulatoren reichen von der Ebene der physikalischen Effekte, auf denen die einzelnen Funktionselemente basieren, bis hin zur Signal- und Informationsverarbeitung und zur Kommunikation des Mikrosystems mit der Umgebung (siehe Kap. 4.5). Auf der Ebene der physikalischen Effekte dominieren FEM-Simulationstools, durch die es möglich ist, z. B. thermische, elektromagnetische, optische oder fluidische Funktionen eines Mikrosystems zu modellieren.

In dieser historischen Sichtweise erscheint die Mikrosystemtechnik zunächst als konsequente Weiterentwicklung der Mikroelektronik auf nichtelektronische Domänen. Jedenfalls wird die Mikrosystemtechnik auch in Zukunft auf erfolgreichen Konzepten der Mikroelektronik aufbauen. Dies sind insbesondere

- der Entwurf von Mikrosystemen mittels leistungsfähiger Software, d. h. die rechnergestützte Simulation und Optimierung von Komponenten und des Gesamtsystems. Dadurch können unnötige Fertigungsdurchläufe und die Optimierung im „trial and error"-Verfahren vermieden werden.
- die Miniaturisierung durch Übertragung der am Rechner entworfenen Strukturen auf das Substrat bzw. auf Funktionsschichten unter Anwendung der Lithographie und der Schichttechnik.
- die Erhöhung der Packungs- und Funktionsdichte sowie der Zuverlässigkeit durch Integration.
- die parallele kostengünstige Fertigung im Batch-Prozess mit geringen Fertigungstoleranzen und hoher Reproduzierbarkeit der Systemparameter durch präzise Prozesssteuerung und Prozessüberwachung.

1.2 Was ist ein Mikrosystem?

Der Aspekt der Miniaturisierung bisher üblicher makroskopischer Komponenten allein erfasst noch nicht das eigentliche Potential der Mikrosystemtechnik. Erst der Systemgedanke, d. h. die Verknüpfung vieler mikrotechnischer Komponenten zu einem komplexen Mikrosystem, ergibt eine neue Qualität. Vereinigt man z. B. eine Vielzahl von Mikrosensoren für verschiedene physikalische Messgrößen mit einer entsprechenden mikroelektronischen Signalaufbereitung und Informationsverarbeitung (Multiplexer, AD-Wandler, Speicher, Mikroprozessoren, internes Bussystem) und diese wiederum mit Mikroaktoren zur Regelung und Steuerung von Prozessabläufen und versieht man diese Einheit noch mit entsprechenden Schnittstellen zur Kommunikation mit der „Außenwelt" (externes Bussystem), so entsteht aus der Vielzahl von Komponenten ein intelligentes Mikrosystem. Solche Verknüpfungen führen dazu, dass das Gesamtsystem „empfinden", „entscheiden" und „reagieren" kann. Sensoren entsprechen den Sinnesorganen zum Wahrnehmen und Fühlen, die Informationsverarbeitung ist das Entscheidungsorgan (Gehirn) und Aktoren stellen die Gliedmaßen des Systems dar. In Kap. 4.1 sind unter dem Gesichtspunkt der Integration noch einmal die wesentlichsten Aspekte der Verknüpfung von miniaturisierten Komponenten dargestellt. Bild 4.1-1 zeigt schematisch die wichtigsten Elemente eines Mikrosystems.

Die Komplexität einerseits und der Miniaturisierungsgrad andererseits erschließen völlig neue Einsatzmöglichkeiten und Anwendungsfelder, die durch die besonderen Merkmale eines solchen Systems bedingt sind wie z. B.
- geringe Größe, Masse und minimaler Energiebedarf
- hohe Reproduzierbarkeit der Systemparameter durch parallele Fertigung im Batch-Prozess
- Kompensation von Umgebungseinflüssen und Querempfindlichkeiten durch Lokalisation von Sensoren und Signalverarbeitung auf kleinstem Raum
- Material- und Kostenersparnis durch parallele Fertigung hoher Stückzahlen, Verringerung von Entsorgungsproblemen durch geringen Ressourcenverbrauch
- hohe Zuverlässigkeit durch Integration, Verringerung von Störeinflüssen durch Reduzierung elektrischer Kontakte und Leitungen.

In diesem Buch soll unter dem Begriff Mikrosystemtechnik der Entwurf, die Fertigung und die Anwendung von miniaturisierten Systemen verstanden werden, die aus Funktionselementen und Komponenten aufgebaut sind, deren funktionsbestimmende Strukturen im Mikrometer- und Nanometerbereich liegen.

1.3 Anwendungsfelder und Trends der Mikrosystemtechnik

Wichtigste *Anwendungsfelder* der Mikrosystemtechnik liegen in den Bereichen
- Medizintechnik (z. B. Sonden zur minimal invasiven Therapie, intelligente Dosiersysteme)
- Automobiltechnik (intelligente Sensor/Aktorsysteme z. B. für Airbag und ABS)
- Haus- und Gebäudetechnik (Systeme zur Klimaüberwachung und -regelung, Energiebedarfsoptimierung und Sicherheitstechnik für das „intelligente" Haus)
- Umwelttechnik (mobile Mikroanalysesysteme, chemische Sensorik für Flüssigkeiten und Gase)
- Produktionstechnik (z. B. Mikroreaktoren, in denen chemische Prozesse im Kleinstformat unter sonst nicht möglichen Randbedingungen realisiert werden)
- Gentechnik und Biotechnologie (Gensensorik und biotechnologische Analyse- und Prozesstechnik)
- Nanotechnologie (Entwicklung von Werkzeugen für Erzeugung und Manipulation von Nanostrukturen)

Die weitere Entwicklung wird, nachdem Ideen für mikrosystemtechnische Lösungen in vielen Bereichen realisiert und erprobt wurden, von der Überführung mikrosystemtechnischer Produkte in die industrielle Fertigung stark beeinflusst werden. Damit treten zunehmend Aspekte in den Vordergrund, die bisher nicht dominierend waren. In der Anfangsphase interessierten vor allem Fragen der Machbarkeit und damit verbunden der Technologieentwicklung. Nun erweitert sich das Interesse z. B. auf die Herausbildung geeigneter Märkte und die dort erreichbaren Stückzahlen und Stückpreise. Bei der Entwicklung der Mikrosystemtechnik zeichnen sich folgende Trends ab:

- Für die Herstellung nutzt man zunehmend kommerziell verfügbare Fertigungsprozesse (vor allem die der Halbleitertechnologie). Sondertechnologien lassen sich nur bei extrem hohen Stückzahlen rechtfertigen oder dort begründen, wo es zu mikrosystemtechnischen Produkten keine Alternative gibt (z. B. in der minimal invasiven Medizin) und somit hohe Preise erzielbar sind. Die Suche nach kostengünstigen Aufbau- und Verbindungstechniken wird in Zukunft eine große Rolle spielen.
- Fragen der Zuverlässigkeit und Qualitätssicherung sowie des Langzeitverhaltens von Mikrosystemen sind bisher nur unzureichend untersucht, vielfach fehlen entsprechende Datenbasen für eine solide Zuverlässigkeitsbewertung. Für den Markterfolg werden diese Fragen von wesentlicher Bedeutung sein.
- Auch die Art der Systemintegration (monolithisch oder hybrid) wird zunehmend von ökonomischen Rahmenbedingungen, weniger von der technologischen Realisierbarkeit bestimmt werden. Die monolithische Integration komplexer Systeme wird vermutlich nur bei sehr hohen Stückzahlen wirtschaftlich vertretbar sein, ansonsten überwiegt eindeutig die hybride Integration von Komponenten aus z. T. sehr unterschiedlichen Fertigungsumgebungen.
- Sensorsysteme mit integrierter Signalverarbeitung werden nach wie vor einen bedeutenden Anteil im Spektrum der mikrosystemtechnischen Produkte bilden. Sie stellen die bisher kommerziell erfolgreichsten Mikrosysteme dar und besitzen auch in der Zukunft ein beträchtliches Wachstumspotential. Bei der Integration von Sensorik und Informationsverarbeitung erfolgt zunehmend eine Einbindung von Sensorelementen in kommerzielle Standardprozesse der Halbleitertechnologie (z. B. in die CMOS-Prozesstechnologie) [Bal93].
- Die Entwicklung mikrofluidischer Komponenten und Systeme gewinnt durch ihr Anwendungspotential in der Medizintechnik und vor allem in der biomolekularen Analytik (Gentechnik, z. B. DNA-Analyse) immer größere Bedeutung. Begriffe wie Micro Total Analysis Systems (µTAS), Lab-on-a-Chip oder BioMEMS kennzeichnen Entwicklungen hin zu komplexen biochemischen Mikrosystemen, die für Analyse und Synthese z. B. in der biologischen und pharmazeutischen Forschung und in der Umweltanalytik Einsatz finden. Dabei findet die Kombination von thermischen, elektronischen oder optischen Mikro-Komponenten mit lebenden Zellen immer größeres Interesse. Diese Komponenten können in ihren Abmessungen und in ihrer Funktion so abgestimmt werden, dass sie mit Zellen interagieren, ohne deren biologische Funktion erheblich zu stören. Daraus ergeben sich Konzepte und erste technische Lösungen, bei denen biologische Zellsysteme z. B. als Sensoren in ein Mikrosystem eingebunden werden.
- Im Bereich der Nanotechnologie erschließen sich neue Perspektiven für die Mikrosystemtechnik. Der Übergang zwischen MST und Nanotechnologie ist ohnehin fließend, bestehen doch viele Mikrosysteme aus Komponenten mit funktionsbestimmenden Dimensionen im Nanometerbereich. Es ist offensichtlich, dass viele nanotechnologische Prozesse und Verfahren (z. B. die Rastersonden-Mikroskopie) ohne „Werkzeuge", die durch die MST entwickelt und bereitgestellt werden, gar nicht denkbar sind.
- Bei der Entwicklung und Herstellung innovativer Produkte wird die Mikrosystemtechnik nach Einschätzung vieler Experten eine Schlüsseltechnologie für das 21. Jahrhundert sein. Deshalb wird die Forschung und Entwicklung auf diesem Gebiet u. a. durch zahlreiche nationale und internationale Förderprogramme vorangetrieben. In Deutschland geschieht dies z. B. durch das BMBF-Förderprogramm „Mikrosystemtechnik", dessen Durchführung durch den Projektträger VDI/VDE-Technologiezentrum Informationstechnik GmbH Teltow

koordiniert wird [VDI]. Auf Europäischer Ebene werden die MST-Aktivitäten durch verschiedene Netzwerke zur Forschungsförderung bzw. zur Weiterbildung vorangetrieben, so z. B. durch das „Network of Excellence in Multifunctional Microsystems" (NEXUS). Ähnlich intensiv verlaufen die Forschungs- und Entwicklungsarbeiten in den USA und in einigen asiatischen Staaten (Japan, China, Südkorea, Taiwan). Inzwischen haben sich einige bedeutende Fachzeitschriften etabliert, in denen wissenschaftliche und technische Fortschritte der Mikrosystemtechnik publiziert werden.

Bedingt durch den Erfolg der Mikrosystemtechnik entsteht zunehmend ein Bedarf an entsprechend qualifizierten Mitarbeitern. Es fehlen Ingenieurinnen und Ingenieure mit neuem Qualifikationsprofil und einem Blick für innovative technische Lösungen auf der Basis der Mikrotechnologien. Nicht zuletzt deshalb ist dieses Buch entstanden, das Studierenden der Natur- und Ingenieurwissenschaften höherer Semester sowie Forschern und Entwicklern die Grundlagen und das enorme Anwendungspotential der Mikrosystemtechnik vermitteln will. Es behandelt in Kapitel 2 die wesentlichen technologischen Prozesse und Materialien für die Mikrostrukturierung. Im Kapitel 3 wird dargestellt, wie auf der Basis dieser Prozesstechnologien mikromechanische, -optische, -fluidische Grundstrukturen sowie Mikrosensoren und Mikroaktoren entstehen. Kapitel 4 befasst sich mit dem Systemaspekt, indem Fragen der Integration, der Aufbau- und Verbindungstechnik, des Systementwurfs und der Zuverlässigkeit behandelt werden. Schließlich wird in Kapitel 5 die Vorgehensweise bei der Realisierung und Anwendung von Mikrosystemen an drei ausgewählten Beispielen zusammenfassend demonstriert. Dieses beispielhafte Vorgehen war auch an anderer Stelle notwendig, insbesondere in Kapitel 3 bei der Auswahl von Grundstrukturen. In Anbetracht der Vielzahl inzwischen realisierter Komponenten und kompletter Systeme kann in diesem Buch nur ein begrenzter Ausschnitt vorgestellt werden. Dennoch sollen – anhand der ausgewählten Beispiele – die wichtigsten Grundzüge des Herangehens vermittelt werden. Dabei war es ein vorrangiges Ziel der Darstellung, Fertigungsprozesse möglichst konkret (oft unter Angabe von Prozessparametern) zu beschreiben, um nicht nur aufzuzeigen, *was* mikrotechnologisch prinzipiell möglich ist, sondern auch *wie* es realisiert wird.

1.4 Literatur

[Bal93]   H. Baltes, Sensors and Actuators A 37-38 (1993) 51
[Brück01]   R. Brück, N. Rizvi, A. Schmidt, Angewandte Mikrotechnik, Hanser, München, (2001)
[Büt91]   S. Büttgenbach, Mikromechanik, Teubner, Stuttgart (1991)
[Ehrfeld02] W. Ehrfeld (Hrsg.), Handbuch Mikrotechnik, Hanser, München (2002)
[Fischer00] W.-J. Fischer (Hrsg.), Mikrosystemtechnik, Vogel Buchverlag, Würzburg, (2000)
[Ger97]   G. Gerlach, W. Dötzel, Grundlagen der Mikrosystemtechnik, Hanser, München, (1997)
[Heu91]   A. Heuberger (Hrsg.), Mikromechanik, Springer, Berlin (1991)
[Mad97]   M. Madou, Fundamentals of Microfabrication, Boca Raton (1997)
[Men93]   W. Menz, P. Bley, Mikrosystemtechnik für Ingenieure, VCH, Weinheim, (1993)
[Mesch00]   U. Mescheder, Mikrosystemtechnik, B. G. Teubner Stuttgart Leipzig, (2000)
[Pet82]   K. Petersen, Silicon as a mechanical material, Proc. IEEE 70 (1982) 420
[Tuf62]   O. N. Tufte, P. W. Chapman, D. Long, Jour. Appl. Phys. 33 (1962) 3322
[VDI]   Innovation durch Mikrointegration, Intelligente Produkte über Systemintegration von Mikro-, Bio- und Nanotechniken, VDI/VDE-Technologiezentrum GmbH, Teltow (1998)

2 Basistechnologien der Mikrosystemtechnik

2.1 Reinraumtechnologie

Die typische Umgebung für die Entwicklung und Fertigung von mikrotechnischen Produkten ist der *Reinraum*. Er gewährleistet saubere Umgebungsbedingungen in Form von gefilterter Luft in dem Bereich, in dem Substrate partikelarm mit geeigneten Prozessmedien und -anlagen prozessiert und gehandhabt werden. Außerdem erfolgt in peripheren Einheiten die Bereitstellung aller erforderlichen Medien (z. B. Prozessgase, Druckluft, DI-Wasser, Kühlwasser, Stromversorgung, Vakuum) sowie die Entsorgung (toxische Abluft, Abwasserneutralisation). Der eigentliche Reinraum, die erforderliche Klimatechnik und die peripheren Einheiten bilden einen komplex organisierten, zusammenhängenden und mit Hilfe von Sensoren überwachten Bereich. Seine detaillierte Auslegung, geometrische Anordnung und Eigenschaften werden durch die Anwendung, d. h. die in dieser Fertigungsumgebung herzustellenden Produkte, definiert. Die Größe eines Reinraums kann dabei wenige Quadratmeter (z. B. für einen isolierten Mikromontageplatz) oder mehrere tausend Quadratmeter für eine komplette Prozesslinie (z. B. eine Speicherchipfertigung) betragen.

Reinraum-Arbeitsbedingungen sind insbesondere hinsichtlich der Ausbeute des mikrotechnologischen Fertigungsprozesses von großer Bedeutung. Aus der Fertigung vieler identischer mikroelektronischer Bauelemente (Chips) auf planaren Substraten (z. B. Silizium-Wafern) ist bekannt, dass die Defektdichte D (in $1/cm^2$), die bei *einem* lithographischen Strukturierungsschritt auf dem Substrat entsteht, die Ausbeute Y (Yield) entscheidend beeinflusst. Unter Ausbeute versteht man das Verhältnis der funktionsfähigen Gutchips zur Gesamtzahl aller auf dem Wafer erzeugten Chips. Wenn A die Chipfläche darstellt und wenn insgesamt N lithographische Strukturierungen zur Fertigstellung erforderlich sind, gilt für die Ausbeute:

$$Y = (1 + A \cdot D)^{-N} \qquad (2.1\text{-}1)$$

Berechnungen anhand von Gl. (2.1-1) zeigen, dass Partikelkontaminationen auf der Substratoberfläche, die zu einer hohen Defektdichte führen, weitgehend vermieden werden müssen, wenn eine befriedigende Ausbeute möglich sein soll. Für die Auslegung eines Reinraums ist deshalb immer ein Kompromiss zu finden zwischen dem Optimum an Ausbeute und der Minimierung der für die Reinraumtechnik erforderlichen Kosten. Dabei sind insbesondere die Partikelquellen, die für Kontaminationen und Defekte auf Substraten bzw. Chips verantwortlich sind, zu berücksichtigen. Diese Quellen sind vor allem die im Reinraum tätigen Personen, die verwendeten Prozessmedien sowie die Prozessanlagen, in denen die Substrate bearbeitet werden. Geeignete Maßnahmen zur Minimierung der Partikelkontamination sind z. B. die Erzeugung eines laminaren Luftstroms partikelfreier Luft (mit typisch 0,45 m/s), die richtige Handhabung von Substraten unter Berücksichtigung dieses Luftstroms, das Tragen von Reinraumkleidung und Mundschutz, die Verwendung von Reinstgasen (99,999 % Reinheitsgrad, oft als 5 N bezeichnet; oder 99,9999 % = 6 N) und von partikelarmen Anlagen und Prozessen.

In einem Reinraum sollten möglichst kontrollierte klimatische Bedingungen herrschen, d. h. Temperatur, Luftfeuchte, Luftströmung und Strömungsform sind definiert einzustellen und einzuhalten. Dabei spielt die Auslegung der Klimaanlage und die gezielte Verwendung von Filter-Ventilator-Einheiten bzw. Flowboxen, die eine Versorgung der Arbeitsflächen mit partikelfreier, laminar strömender Luft gewährleisten, eine wesentliche Rolle. Wie wichtig die Filterung der Umgebungsluft und die Reinhaltung von Substratoberflächen ist, zeigt Bild 2.1-1, das die Größe von typischen Partikeln (links) und einiger Mikro- und Nanostrukturen der Mikrosystemtechnik (rechts) vergleicht.

Zur Charakterisierung der Reinheitsklasse wird meist der US Federal Standard 209d verwendet (Bild 2.1-2), in dem Begriffe und Luftreinheitsklassen für Reine Räume und Arbeitsplätze sowie die Überwachung der Umweltbedingungen standardisiert sind. Üblich ist die Kennzeichnung der Reinraumklasse in Form einer Zehnerpotenz, die die maximal zulässige Anzahl von Partikeln, die $> 0,5\,\mu m$ sind, pro Kubikfuß ($ft^3 \approx 0,03\,m^3$) angibt. Für eine Mikroelektronikfertigung heutiger Standards (z. B. 16 MBit DRAM) sind Reinheitsklassen von 1 und besser gefordert, während für die Mikrosystemtechnik Reinraumklassen von 10 bis 1000 üblich sind. Ein weitergehender Standard ist die VDI-Richtlinie 2083, die neben den Grundlagen und Definitionen der Reinheitsklassen auch andere Bereiche der Reinraumtechnik erfasst, z. B. die Messtechnik in der Reinraumluft, die Oberflächenreinheit, Behaglichkeitskriterien, die Reinheit von Prozessmedien, das Verhalten von Personal im Reinraum und die Definition der Eigenschaften von Reinstwasser.

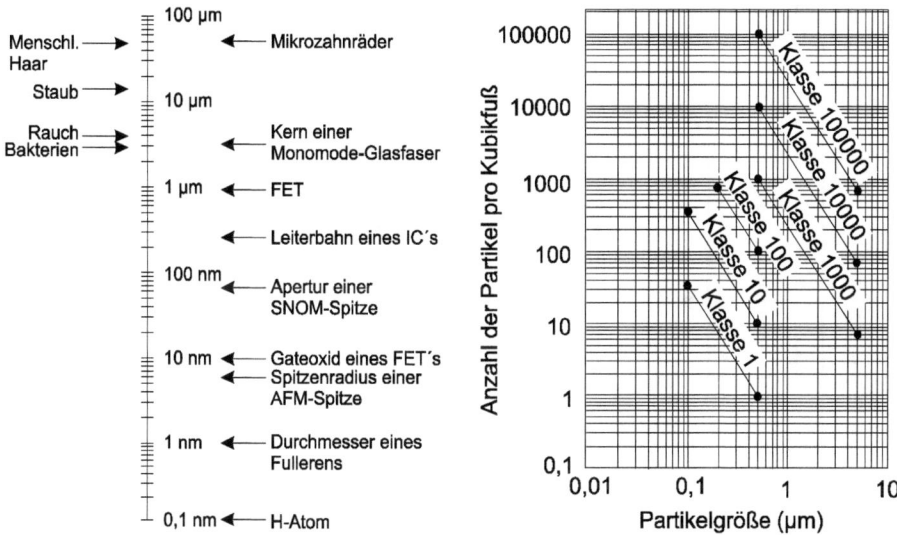

Bild 2.1-1 Vergleich der Größen von typischen Partikeln und von Strukturen aus dem Bereich der Mikro- und Nanotechnik

Bild 2.1-2 Zur Definition der Reinraumklassen (= Luftreinheitsklassen) nach dem US Federal Standard 209d

Die Aufbereitung von Luft durch Klimaanlagen und Filtereinheiten stellt einen wesentlichen Teil der Betriebskosten eines Reinraums und damit der Fertigungskosten eines Produkts dar. Aus wirtschaftlichen Gründen ist deshalb eine Konzentration der gefilterten, laminaren, meist von oben nach unten gerichteten Luftströmung auf die eigentlichen Arbeitsbereiche üblich. Dort können Substrate offen gehandhabt, be- und entladen, inspiziert oder gelagert werden. Da die erforderlichen Aufwendungen um so höher sind, je kleiner die geforderte Reinheitsklasse ist, erfolgt meist eine Trennung des Reinraums in den so genannten Weißbereich, in dem die

Substratbearbeitung und -Inspektion abläuft, und einen Graubereich (= Servicebereich), in dem Teile der Prozessanlagen, Vakuum-Pumpstände, Elektronikschränke, Gaskabinette und Abgasentsorgungseinheiten untergebracht sind. Die Trennung zwischen den beiden Bereichen bildet eine Wand (in Low-Cost-Bereichen auch ein einfacher Plastikvorhang), in die Prozessanlagen so eingebaut sind, dass nur die für die Anlagenbedienung und Prozessdurchführung wesentlichen Einheiten (z. B. Lagerregale, die Beladeschleuse und die Bedienungseinheit bzw. PC-Steuerung) in den Weißbereich ragen. Eine Reinigung oder Reparatur einer Anlage findet dann meist vom Graubereich aus statt; so vermeidet man einen Partikeleintrag in den Weißbereich.

Es gibt verschiedene Realisierungsvarianten für Reinräume. Die Trennung zwischen Weiß- und Graubereich erfolgt meist in einer kammartigen Struktur, wobei verschiedene Arbeitszonen anhand ihrer wesentlichen Funktionen unterschieden werden, z. B. die Photolithographie, die Nasschemie, die Beschichtung oder die Analytik. Ein Beispiel für die Umsetzung dieser Kammstruktur ist in Bild 2.1-3 dargestellt; es zeigt das prinzipielle Layout des Reinraums im Institut für Mikrotechnik Mainz (IMM) in der Endausbaustufe. Er beinhaltet alle wesentlichen Elemente eines Reinraumkonzepts für die Entwicklung und Kleinserienfertigung von mikrotechnischen Bauelementen und Systemen [LS93].

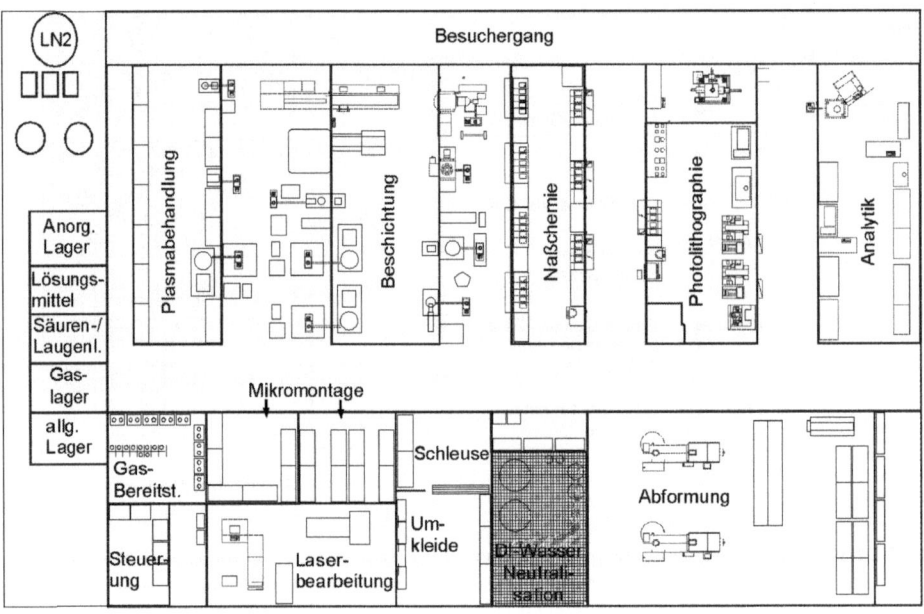

Bild 2.1-3   Layout des Reinraums des Instituts für Mikrotechnik Mainz [LS93]

Er besitzt eine Gesamtfläche von etwa 750 m^2 (ohne angrenzende periphere Labors und Versorgungsräume), davon etwa 350 m^2 als Weißbereich. Die gesamte Luftumwälzung beträgt ca. 120.000 m^3/h, wovon etwa 30.000 m^3/h toxische Abluft durch Frischluftzufuhr zu ersetzen sind. Die Weißbereiche haben gegenüber dem Graubereich ca. 20 Pa Überdruck, während der Graubereich ca. 10 Pa Überdruck gegenüber dem Rest des Gebäudes aufweist. Durch diese Druckkaskade wird der Partikeleintrag von außen vermindert. Das Gesamtkonzept wurde im

2.1 Reinraumtechnologie

Hinblick auf eine Minimierung der Baukosten und auf die Schaffung funktioneller, für die Mikrosystemtechnik typischer Einheiten entworfen. Der Reinraum ist in fünf Bereiche eingeteilt, die drei klassischen Bereiche der Dünnschichttechnik (Beschichtung, Photolithographie, Nasschemie) sowie die Bereiche Analytik und Plasmabehandlung.

Beschichtung (Klasse 100-1000): Dort sind Beschichtungsanlagen für Aufdampfen, Sputtern, PECVD, Mikrowellen-CVD für Diamantbeschichtung, ein Diffusionsofen für Trockenoxidation, Nassoxidation, Tempern und Diffusion und ein LPCVD-System für die Deposition von Si_3N_4 und Polysilizium untergebracht. Zusätzlich sind ein Ionenimplanter (Bor, Phosphor) und verschiedene RIE-Systeme (RIE = Reactive Ion Etching) installiert. Mikroskope und Messplätze zur Schichtcharakterisierung ergänzen diesen Bereich.

Photolithographie (Klasse 10-100): In der Photolithographie sind Anlagen für die Kontaktlithographie (einseitige und doppelseitige Maskaligner) sowie ein Waferstepper (5:1) installiert. Neben einem automatischen Belacker und einer Nassbank für Entwicklung, Ablacken und Spülen sind (Vakuum-)Öfen für Dehydrierung, Priming sowie Bake-Prozesse vorhanden. Optische Schichtdickenmessung und Inspektionsmikroskope sind außerdem für die laufend durchgeführten Qualitätskontrollen notwendig. Die Photolithographie besitzt als einziger Bereich einen Doppelboden und eine eigene Klimaversorgung. Dies gewährleistet eine bessere Reinheitsklasse und die für die Photolithographie notwendigen klimatischen Bedingungen (Temperaturstabilität ±1,5 °C, relative Luftfeuchte 45 %).

Nasschemie (Klasse 100-1000): Im Bereich der Nasschemie werden überwiegend Nassätzprozesse (z. B. mit KOH, HF, BHF) zur Strukturierung dünner Schichten oder auch ganzer Wafer (z. B. Silizium, photostrukturierbares Glas) sowie Galvanikprozesse zur Abscheidung von Metallen und Metalllegierungen aus wässrigen Elektrolyten durchgeführt. In einem kleineren Bereich findet die Aufbringung von röntgenstrahlungsempfindlichen Lacken (PMMA) und deren Entwicklung nach der externen Belichtung am Synchrotron statt.

Analytik (Klasse 1000-10000): Hier befinden sich die Messapparaturen, die zur Charakterisierung von Substraten, dünnen Schichten und Mikrostrukturen benötigt werden, z. B. Rasterelektronenmikroskop, Weißlichtinterferometer, Mehr- und Einwellenlängenellipsometer, Oberflächenprofilometer, UV-VIS-Spektrometer, Stufenmessgerät (α-Step).

Plasmabehandlung (Klasse 1000-10000): In diesem Bereich sind Plasmabehandlungen von Oberflächen wie Plasmareinigung, Ätzen, Plasmapolymerisation sowie die Plasmaaktivierung und Oberflächenfunktionalisierung möglich. Zusätzlich sind hier ein Bondaligner (für das justierte Glas/Silizium-Bonden) und ein Anodischer Bonder als zwei wichtige Geräte für die Verbindungtechnik unter Reinraumbedingungen untergebracht.

In unmittelbarer Nähe zum Reinraum sind wichtige periphere Einheiten für den Betrieb und die Medienversorgung eingerichtet. In der *zentralen Steuerung* werden alle wichtigen Parameter der Medienversorgung (z. B. Temperatur, Luftfeuchte, Kühlwasser, Differenzdruck) kontrolliert und außerdem Störmeldungen sowie Leermeldungen bei Gasflaschen angezeigt. In der *zentralen Gasversorgung* sind Gasflaschen für die Prozessgase untergebracht; toxische und brennbare Gase (z. B. SiH_4, NH_3, Cl_2, CO, CH_4) stehen dabei in abgesaugten Gasschränken. Sie werden durch Gassensoren, die mit Warneinrichtungen verbunden sind und Konzentrationen im ppm-Bereich detektieren, überwacht. In der *Mikromontage* stehen, z. T. unter Flowboxen, wichtige Geräte für die Aufbau- und Verbindungstechnik (AVT), z. B. ein Drahtbonder sowie Mikromontageplätze. Die *DI-Wasserversorgung* für die Nasschemie ist auf etwa 1 m^3/h (mit einem 5 m^3 Vorratstank) ausgelegt. Im selben Raum findet die *Abwasserneutralisation* statt, wo bei stark schwankenden pH-Werten durch Zugabe von KOH oder HCl der pH-Wert des Abwassers im neutralen Bereich (pH ≈ 6,5±1) gehalten wird. Nicht in Bild 2.1-3 gezeigt ist die im oberen Stockwerk installierte Klimaversorgung mit je einer Klimaanlage für die Photolithographie und den Rest des Reinraums.

Eine Alternative zum konventionellen Reinraum mit laminarer Luftströmung über den gesamten Weißbereich bietet das so genannte SMIF-Konzept (SMIF, Standard Machine InterFace): Innerhalb eines Reinraums (Klasse 100 bis 1000) werden mit nur wenigen Filtereinheiten kleine, isolierte, praktisch partikelfreie Bereiche (so genannte Mini-Environments) geschaffen (Klasse < 1), in denen Prozessanlagen mit entsprechenden Be- und Entlademechaniken Wafer unter ultrareinen Bedingungen bearbeiten (Bild 2.1-4). Der Transport von Wafern zwischen derartigen Bereichen geschieht in SMIF-Boxen, mit denen auch Daten über die durchgeführten bzw. noch bevorstehenden Prozesse übermittelt werden.

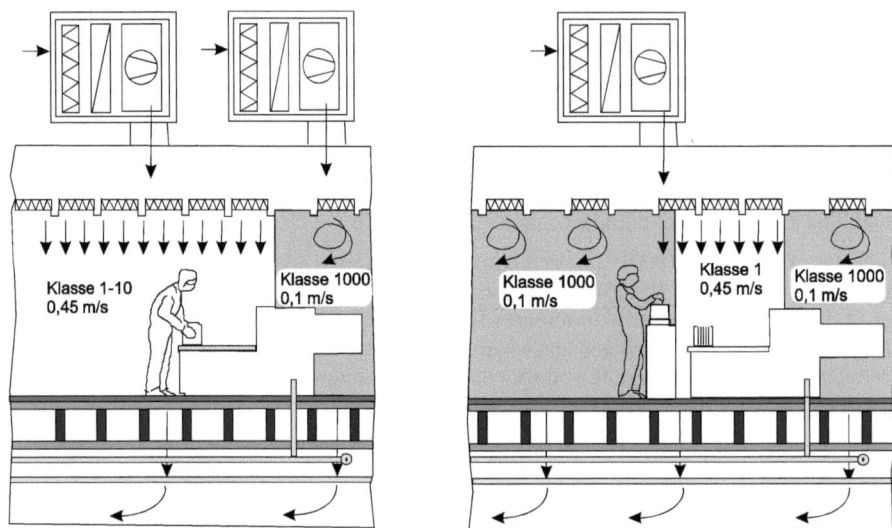

Bild 2.1-4 Querschnitt durch einen konventionellen Reinraum (links) mit einem typischen Weißbereich (Klasse 1-10) und Graubereich (Klasse 1000) sowie einem Reinraum nach dem SMIF-Konzept (rechts)

SMIF-Konzepte sind eng gekoppelt an Produktionsverfolgungssysteme (Smart Traveler System, STS), die eine kontinuierliche Waferverfolgung und -steuerung durch die ganze Prozesslinie ermöglichen. Derartige Systeme erlauben eine vollautomatische Halbleiterfertigung. Für die Produktion höchstintegrierter Halbleiterbauelemente scheint es aus Produktivitätsgründen unumgänglich, den Operator als den schlimmsten Partikelgenerator weitgehend aus der Fertigungslinie fernzuhalten und einen drastischen Anstieg der Bau- und Betriebskosten von Reinräumen immer besserer Reinheitsklassen zu vermeiden. Zur Erreichung dieses Ziels erscheint das SMIF-Konzept derzeit am naheliegendsten. Es zeichnet sich ab, dass solche Fertigungskonzepte auch (außerhalb der Halbleitertechnologie) für die Produktion von Mikrosystemtechnik-Komponenten rentabel einsetzbar sind. Bei typischen Fertigungsanlagen der Mikrosystemtechnik (z. B. Beschichtungs-, Lithographie-, Plasmaätzanlagen) bieten viele Anlagenhersteller inzwischen Schleusen- und Produktionsverfolgungssysteme an.

2.2 Substrate und Materialien

Charakteristisch für die Mikrosystemtechnik ist die Verwendung unterschiedlichster Materialien z. B. in Form von Substraten, dünnen strukturierten Schichten, galvanisch aufgewachsenen Strukturen oder physikalisch/chemisch sensitiven Elementen. Dabei werden gezielt physikalische Wandlungseffekte oder chemische Eigenschaften ausgenutzt, um eine bestimmte Funktionalität des jeweiligen Bauelements zu erreichen.

2.2.1 Bulk-Materialien

Unter dem Begriff Bulk-Materialien sollen hier die Eigenschaften massiver (engl. *bulk*) Werkstoffe im Gegensatz zu denen dünner Schichten behandelt werden. Die Unterscheidung ist notwendig, weil sich die physikalisch/chemischen Eigenschaften dünner Schichten oft wesentlich von denen des entsprechenden Massivmaterials unterscheiden.

Historisch bedingt spielte in den letzten Jahren Silizium als Substratmaterial oder als abgeschiedene Schicht nicht nur in der Mikroelektronik, sondern auch in der Entwicklung von integrierten Sensoren und Mikroaktoren eine dominierende Rolle. Dabei waren nicht nur die halbleitenden Eigenschaften des Siliziums von Bedeutung. Auch seine außerordentlichen mechanischen, thermischen und chemischen Eigenschaften waren von Interesse und führten zu einer Reihe von mikrotechnisch hergestellten Komponenten, die nicht primär mikroelektronische Funktion hatten. Dabei konnte man sich zu Nutze machen, dass Silizium in der Halbleitertechnik als kostengünstiges, standardisiertes, qualitativ hochwertiges und in seinen Oberflächen- und Bulk-Eigenschaften reproduzierbar herstellbares Substrat verfügbar war. Da sich seit Anbeginn die Mikrosystemtechnik der Methoden und Anlagen der Halbleitertechnik bedient, ist die Verwendung von Siliziumwafern als Standardsubstraten für den Aufbau vieler Komponenten am naheliegendsten. In zunehmendem Maß werden jedoch auch andere, mit speziellen Eigenschaften ausgestattete Materialien als Substrate eingesetzt. Eine Übersicht über wichtige Substratmaterialien und ihre Eigenschaften gibt Tabelle 2.2-1.

Tabelle 2.2-1 Wichtige Substrate der Mikrosystemtechnik

Substratmaterial	relevante Eigenschaften
Silizium	Halbleitermaterial (p/n-dotierbar), hochtemperaturstabil, resistent gegen Umwelteinflüsse, gute mechanische Eigenschaften, Isolator nach thermischer Oxidation, glatte Oberflächen, kostengünstig, bietet Möglichkeiten zur anisotropen Ätzung (Nassätzverfahren, Plasmaätzverfahren)
Quarz	hohe UV-Transparenz, elektrischer Isolator, hohe chemische Resistenz, hohe Härte, piezoelektrisch, hochtemperaturstabil
Verbindungshalbleiter (III-V, II-VI)	einige mit direkter Bandlücke (Lichtemitter) und sehr hoher Elektronenbeweglichkeit, einige piezoelektrisch, einige zeigen linearen elektrooptischen Effekt
Diamant	niedriger thermischer Ausdehnungskoeffizient, hohe Wärmeleitfähigkeit, große Bandlücke, hohe mechanische Härte, hervorragende chemische Resistenz, hoher Brechungsindex, gute Strahlenresistenz
Photostrukturierbares Glas	Photostrukturierbarkeit, chemische Resistenz, Hochtemperaturstabilität, wahlweise optische Transparenz oder geschwärzte Keramik
Polymere	Verwendbarkeit für Replikationsprozesse, kostengünstig, optische Transparenz, Verbesserung mechanischer oder elektrischer Eigenschaften durch Füllstoffe

Silizium

Viele Mikrostrukturen basieren auf einkristallinem oder polykristallinem Silizium. Es kristallisiert in der Diamantstruktur, d. h. jedes Si-Atom ist tetraedrisch von vier weiteren Si-Atomen umgeben (der Bindungsabstand zwischen zwei Siliziumatomen beträgt 0,235 nm). Einkristallines Silizium hat die Härte von Quarz, ein Elastizitätsmodul wie Stahl und eine Dichte vergleichbar mit Aluminium. Es zeigt bis zu Temperaturen von ca. 400 °C keine mechanischen Hystereseeffekte. Als Wandlungseffekte werden insbesondere der piezoresistive Effekt (z. B. für Drucksensoren, Beschleunigungssensoren), der thermoelektrische und der innere Photoeffekt (Solarzellen, Strahlungsdetektoren) sowie alle auf den halbleitenden Eigenschaften beruhenden Erscheinungen genutzt.

Als Basismaterial für integrierte Schaltungen ist Silizium in Form von dünnen Wafern mit einer nahezu perfekten Kristallqualität und mit Fremdatomanteilen im 10^{-9}-Bereich erhältlich. Aufgrund der hohen Stückzahlen, die für den Halbleitermarkt produziert werden, sind Siliziumwafer kostengünstig erhältliche Substrate mit bester Oberflächenqualität. Durch thermische Oxidation der Oberfläche bei Temperaturen um ca. 1000 °C können isolierende Oxidschichten erzeugt werden. Hinzu kommen herausragende Möglichkeiten, bei nasschemischen Ätzprozessen hohe Ätzratenunterschiede in verschiedenen Kristallrichtungen zur Erzeugung von anisotrop geätzten Mikrostrukturen zu nutzen (vgl. Kap. 3.1). Interessant sind auch SOI-Wafer (**S**ilicon **o**n **I**nsulator), die aus einem dickeren Basis-Wafer, einer etwa 0,5-1 µm dünnen vergrabenen SiO_2-Schicht und einer einkristallinen Si-Schicht mit Dicken im µm-Bereich bestehen. Ursprünglich wurden SOI-Wafer für die Hochleistungselektronik entwickelt, jedoch gibt es auch in der Silizium-Mikromechanik viele Anwendungen, die z. B. die SiO_2-Schicht als elektrischen Isolator oder als chemischen Ätzstop und die eng begrenzte Si-Schicht für mikromechanische Strukturen nutzen [Diem 95].

Es gibt zwei dominierende Methoden, große Einkristalle aus Silizium zu züchten, das Czochralski-Verfahren (CZ) und das tiegelfreie Zonenschmelzen (FZ, Floating Zone). Beide Verfahren beruhen auf dem Aufschmelzen von Reinst-Silizium (99.9999 %) und der Rekristallisation an einem Kristallkeim mit einer bestimmten kristallographischen Orientierung. Beim CZ-Verfahren wird der Kristallkeim in die Schmelze getaucht und unter Rotation langsam wieder herausgezogen. Die FZ-Methode verwendet eine Induktionsheizung, um einen kleinen Querschnittsbereich (Zone) des zunächst polykristallinen Si-Stabes aufzuschmelzen. Beginnend an einem Kristallkeim wird diese Schmelzzone langsam über den Stab hinweg verschoben. Die Einkristallstäbe werden dann, nach Überprüfung der Kristallorientierung, geschnitten, geläppt und poliert. Es ist üblich, Si-Stäbe so zu schneiden, dass die Waferoberflächen bestimmten Kristallebenen (die durch die Miller´schen Indizes gekennzeichnet sind) entsprechen. Am häufigsten verwendet man Wafer, bei denen die Oberfläche parallel zur (100)-, (110)- oder (111)-Ebene verläuft (siehe Bild 2.2-1), wobei jedoch im Prinzip beliebig orientierte Schnitte hergestellt werden können [Holm]. Die Herstellungsmethode von Siliziumwafern ist bei den meisten Lieferanten in Form des Kürzels (FZ, CZ) angegeben. Hinsichtlich der enthaltenen Verunreinigungen sind FZ-Wafer qualitativ besser, das CZ-Verfahren besitzt jedoch mehr Flexibilität bzgl. der Waferorientierung, der Art der Dotierung und der erreichbaren Wafergröße. Siliziumwafer sind grundsätzlich leicht mit Donatoren (z. B. P, As) bzw. Akzeptoren (z. B. B, Sb) dotiert, um die Art der Dotierung des Grundmaterials (p oder n) nicht dem Zufall zu überlassen. Die Kenntnis dieser Grunddotierung ist z. B. für eine gezielte Modifikation der elektrischen Eigenschaften durch Diffusion oder Implantation erforderlich. Die Stärke der Grunddotierung äußert sich im spezifischen elektrischen Widerstand des Materials. Die Art der Dotierung (verwendete Dotieratome und Ladungsträgertyp) und der spezifische Widerstand einer Wafercharge werden in der Regel vom Hersteller auf den Waferboxen angegeben. Der maxi-

2.2 Substrate und Materialien

male Durchmesser von derzeit erhältlichen Siliziumwafern beträgt 300 mm, noch häufig in Forschung, Entwicklung und Produktion eingesetzte Wafergrößen (Durchmesser) sind 4 Zoll (typische Waferdicke 0,5 mm) und 6 Zoll (Waferdicke 1 mm), wobei in der Massenfertigung aus Produktivitätsgründen der Trend zu großen Waferdurchmessern anhält.

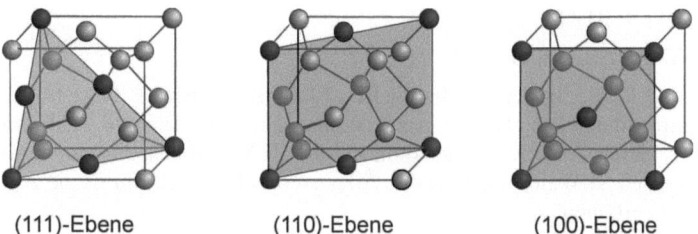

(111)-Ebene (110)-Ebene (100)-Ebene

Bild 2.2-1 Schematische Darstellung der Einheitszelle des Silizium-Einkristalls und der Kristallebenen (100), (110) und (111), die bei (100)-, (110)- bzw. (111)-Wafern die Oberfläche bilden

Die Kennzeichnung der Orientierung und Dotierung von Siliziumwafern erfolgt in der Regel durch das Abflachen der runden Siliziumscheibe an einer Kante, so dass ein Orientierungsflat (primary flat) entsteht, das die Orientierung senkrecht zur [110]-Richtung des Kristalls anzeigt. Eine weitere Abflachung (secondary flat) kennzeichnet durch ihre Lage relativ zum Orientierungsflat die Art der Waferoberfläche (z. B. (100)- oder (111)-Wafer) und den Typ der Dotierung (n oder p). Bild 2.2-2 verdeutlicht diese Art der Waferkennzeichnung, wobei jedoch zu beachten ist, dass sich manche Hersteller nicht an diese Kennzeichnung halten und außerdem für (110)- Wafer keine Standardisierung existiert.

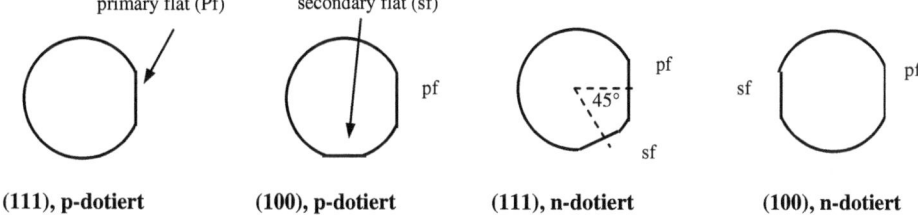

(111), p-dotiert   (100), p-dotiert   (111), n-dotiert   (100), n-dotiert

Bild 2.2-2 Kennzeichnungsstandards bei Siliziumwafern

Silizium ist ein indirekter Halbleiter mit einer Bandlücke von $W_g = 1,106$ eV, eine Eigenschaft, die die Wahrscheinlichkeit für Lichtemission bei der Rekombination von Elektron-Loch-Paaren drastisch absenkt, wodurch es für optoelektronische Anwendungen ungeeignet ist. Dies könnte sich u. U. durch neuartige optoelektronische Eigenschaften, die in porösem Silizium entdeckt wurden [Lehmann91, Canham90, MRS92, Gösele94], ändern.
Poröses Silizium entsteht durch elektrochemisches Ätzen von Si-Wafern in Flusssäure unter spezifischen Ätzbedingungen [Uhl56, Turn58]. In einem Elektrolytbad, das neben Flusssäure Zusätze wie H_2O_2 und Äthanol (zur Reduzierung der Oberflächenspannung) enthalten kann, wird der zu ätzende Wafer als Anode gepolt (Bild 2.2-3). Inzwischen wurden auch stromlose

Ätztechnologien (Bildung eines galvanischen Elementes aus Si und Rückseiten-Metallisierung) entwickelt [Spli01]. Die anodische Lösungsreaktion wird durch die Gleichungen [Mem66, Zhang91]

$$Si + 4OH^- + z \cdot h^+ \to SiO_2 + 2H_2O + (4-z)e^- \quad (z \leq 4)$$

$$SiO_2 + 6HF \to H_2SiF_6 + 2H_2O$$

$$Si + 2F^- + 4HF + z \cdot h^+ \to H_2SiF_6 + H_2 + (2-z)e \quad (z \leq 2)$$

beschrieben, wobei OH⁻ und F⁻ die an der Si-Oberfläche adsorbierten Ionen, e⁻ bzw. h⁺ ein Elektron bzw. Defektelektron darstellen. Da die Ätzreaktionen eine ausreichende Zahl von Defektelektronen erfordern, ist das Ätzen von n-Silizium (mit h⁺ als Minoritätsladungsträgern) sehr schwierig. Deshalb werden Si-Wafer während des Ätzprozesses bestrahlt, um so die Anzahl von Defektelektronen zu erhöhen.

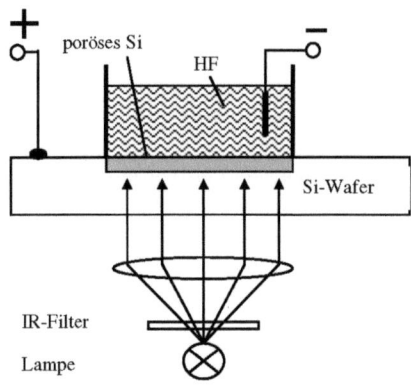
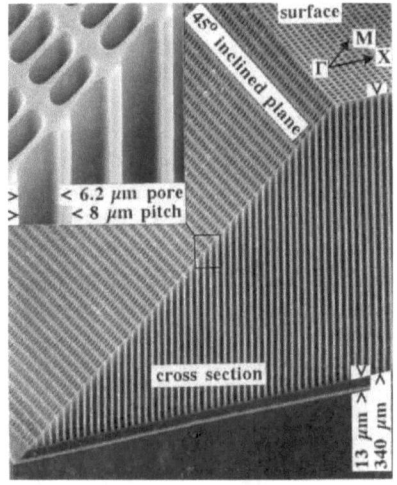

Bild 2.2-3
Oben: Schema der Ätzbedingungen zur Realisierung von porösem Silizium;
rechts: Makroporöses Silizium mit senkrecht zur Oberfläche verlaufendem photolithographisch definiertem Porenraster [Lehmann93, Grüning95]; die Struktur kann als photonischer Kristall im IR-Bereich genutzt werden, die Bezeichnungen M, X und Γ geben Richtungen in Bezug auf die photonische Bandstruktur an.

Der mittlere Porendurchmesser und die Dicke der porösen Schicht hängen von der Substrat-Dotierung und den Ätzbedingungen ab. Die Porengröße reicht von wenigen nm bis zu einigen 10 μm. Je nach mittlerem Porendurchmesser unterscheidet man *mikro*poröses (< 2 nm), *meso*poröses (2-50 nm) und *makro*poröses (> 50 nm) Material. Generell bildet sich poröses Si (im Gegensatz zum elektrochemischen Ätzprozess mit hohen Stromdichten und geringer HF-Konzentration), wenn mit geringen Stromdichten (typ. 10 mA/cm²) in konzentrierter Flusssäure gearbeitet wird, d. h. bei Begrenzung der Si-Oxidation durch (OH⁻)- und (h⁺)-Defizit [Lang95]. Mikroporöses Si ist ein isotropes, schwammartiges Material, das in schwach dotiertem p-Sili-

2.2 Substrate und Materialien

zium entsteht. Bei geringer Stromdichte tritt eine Verarmung von h^+ an der Si-Oberfläche ein und HF-Moleküle sammeln sich an der Si/Elektrolyt-Grenzfläche an, was zur Bildung eines dichten Netzwerks feiner Löcher führt. Die Fortsetzung dieser Bildungsreaktion in die Wafertiefe hinein, d. h. die Entstehung von porösen Si-Schichten (porous silicon layer, PSL), wird durch Quantum-Confinement der Defektelektronen in den sich bildenden Nanostrukturen erklärt [Una80, Wata75, Lehmann91]. Die Porengröße nimmt zu, wenn der Ätzprozess unter Bestrahlung durchgeführt wird [Levy92]; unter sonst gleichen Bedingungen bilden sich in p-Si deutlich kleinere Mikroporen als in n-Si. Mit zunehmend stärker dotiertem p-Silizium wächst die Porengröße und man kann mesoporöse Strukturen erzeugen.

Diese sehr reaktiven porösen Schichten oxidieren rasch und lassen sich leicht ätzen. Eine 30minütige Wärmebehandlung in O_2-Atmosphäre bei 1100 °C ergibt 4 µm dickes oxidiertes poröses Silizium (OPS). Mehrere µm dicke SiO_2-Schichten können so in kurzen Zeiten realisiert werden, in denen bei thermischer Oxidation (siehe 2.3.1.1) nur Schichten von wenigen 100 nm Dicke wachsen. Da mesoporöses Si seine monokristalline Gitterstruktur behält, kann es als Substrat für epitaktisches Wachstum genutzt werden. Die genannten Eigenschaften ermöglichen den Einsatz als dielektrische Isolationsschicht in IC's und die Herstellung von Silicon on Insulator-Wafern [Chang97]. Bei Behandlung von mikroporösem Si mit NH_3 bei hohen Temperaturen ist die Bildung von Si_3N_4-Schichten möglich, die selbst bei großen Schichtdicken (13 µm) nur geringen Stress zeigen [Smith90]. Anwendung findet mikro- und mesoporöses Si als Material für Gas- und Feuchtesensoren (wegen der großen Oberfläche von 1000 m^2/cm^3), als Opferschicht in der Oberflächenmikromechanik (wegen der raschen Ätzbarkeit) [Zeitsch99, Hed00, Lamm00, Splint01], als Substrat für thermische Sensoren (wegen der geringen Wärmeleitfähigkeit von ca. 1 W/mK, siehe 3.3.1.4) [Stein95] und als kalte elektronenemittierende Kathode (Feldemmision) [Koshida99]. Außerdem zeigen PSL Photolumineszenz [Green00] und Elektrolumineszenz, so dass Licht-emittierendes poröses Silizium (LEPOS) hergestellt werden konnte [Benson99]. Die dabei gegenüber bulk-Silizium beobachtete UV-Verschiebung der Lichtemission in LEPOS (Bandlücke W_g = 1,8 eV) wird als Quantum-Size-Effekt [Lehmann91, Canham90] gedeutet. Zunehmendes Interesse findet mikroporöses Si als Modellsubstanz für die Erforschung von Nanostrukturen.

Makroporöses Silizium (typ. Poren senrecht zur Oberfläche mit Durchmessern von 0,6-10 µm und Abständen von 4-30 µm) entsteht beim Ätzen (2,5-5 % HF) von schwach dotiertem n-Si (z. B. $10^{15}/cm^3$, Phosphor-dotiert) unter gleichzeitiger Bestrahlung bei geringer Stromdichte von ca. 10 mA/cm^2 und Spannungen > 10 V (höheres anodisches Potential als für die Bildung von mikroporösem Si). Durch photolithographische Erzeugung von regulären Start-Strukturen (z. B. durch anisotropes Anätzen der Oberfläche) kann man die Porenpositionen, das gewünschte Porenraster und die Porengröße vordefinieren [Lehmann96]. Poren senrecht zur Oberfläche können die gesamte Waferdicke durchstoßen, wobei Aspektverhältnisse bis zu 250 möglich sind (Bild 2.2-3). Der extrem gerichtete Porenätzprozess wird als selbstjustierender elektrochemischer Mechanismus interpretiert. Dabei kommt es am Porenboden zur Akkumulation der für den Ätzfortschritt erforderlichen h^+, während an den Porenwänden ein h^+-Defizit vorliegt, wodurch die Wände passiviert sind, während der Porenboden geätzt wird. So kann mit dem isotrop wirkenden Ätzbad Flusssäure ein anisotroper Ätzprozess durchgeführt werden. Die Bildung von Makroporen hängt auch von der Wellenlänge der Strahlungsquelle ab. Bei Wellenlängen zwischen 800-867 nm entstehen konische, oberhalb 867 nm zylindrische Tiefenprofile der Makroporen. Anwendung findet makroporöses Si für permeable Membranen [Splint02], photonische Kristalle [Grüning95], Festkörper-Kondensatoren und Micro Channel Plates.

Verbindungshalbleiter

Die Entwicklungen zur Herstellung und Anwendung von III-V und II-VI- Verbindungshalbleitern überspannen mehr als vier Jahrzehnte, in denen insbesondere direkte Halbleiter mit verschiedenen Bandlücken, die Licht vom blauen bis weit in den infraroten Spektralbereich emittieren, untersucht wurden. Insbesondere die Erfolge bei der Zucht von Einkristallen wie GaAs, InP, GaP und bei der Epitaxie, die eine Variation von Bandlücken bei gleichzeitiger Gitteranpassung durch die Bildung von Mischkristallen ermöglichten, förderten elektronische und optoelektronische Anwendungen. Bild 2.2-4 zeigt die Standard-Designkarte, in der die Bandlücken und die Gitterkonstanten binärer Verbindungshalbleiter (in ihren kubischen Phasen) dargestellt sind. Darin deuten Verbindungslinien zwischen verschiedenen Halbleitermaterialien die Möglichkeit zur Definition der Bandlücke über die Bildung von Mischkristallen an [Nurmikko95]. Daraus resultieren vielfältige Möglichkeiten der elektrisch-optischen Wandlung. Tabelle 2.2-2 fasst die für (opto-)elektronische Anwendungen wesentlichen Eigenschaften der wichtigsten Halbleitermaterialien zusammen [Bleicher86].

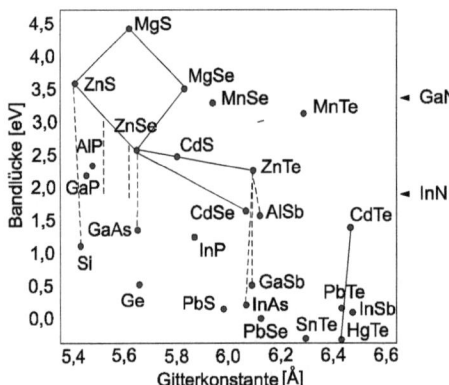

Bild 2.2-4
Bandlücke verschiedener (kubischer) Halbleiter, aufgetragen gegenüber der Gitterkonstanten. Durchgezogene Linien deuten häufig hergestellte ternäre Verbindungen für optoelektronische Bauelemente an. Gestrichelte Linien weisen auf eine sehr gute Gitteranpassung, die bei Epitaxieverfahren von Bedeutung ist, hin [Nurmikko95]. Die Bandlücken der nicht-kubischen III-V-Halbleiter GaN und InN sind ebenfalls dargestellt.

Der überaus erfolgreiche Einsatz von GaAs in der Optoelektronik und in Hochleistungsbauelementen ist auf seine besonderen festkörperphysikalischen Eigenschaften zurückzuführen. Die Kristallstruktur von GaAs ist in Bild 2.2-5 dargestellt.

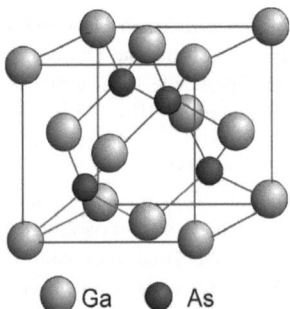

Bild 2.2-5
Kristallstruktur von Galliumarsenid:
GaAs besitzt eine Zinkblendestruktur, in der jedes Ga-Atom tetraedrisch von vier As-Atomen umgeben ist.

Als direkter Halbleiter mit einer Bandlücke von 1,424 eV kann GaAs mit hoher Effizienz Licht durch Rekombination von Elektron-Loch-Paaren emittieren. Ladungsträger in GaAs besitzen eine sehr hohe Beweglichkeit, was für Höchstfrequenz-Bauelemente (z. B. Mikrowellen-

2.2 Substrate und Materialien

verstärker mit Frequenzen oberhalb von 2 GHz) von besonderer Bedeutung ist. Verglichen mit Silizium ist die Technologie von GaAs-Bauelementen wesentlich komplexer und teurer. Sie ermöglichen jedoch die Erzeugung und Verstärkung von optischen Signalen und können so als Komponenten für schnelle Informationsübertragung in Mikrosystemen dienen. In jüngster Zeit wurden auch Ansätze für mikromechanische Anwendungen dieses Materials bekannt [Hjort94]. Aufgrund seiner piezoelektrischen Eigenschaften besitzt GaAs das Potential für die monolithische Integration von optischen, elektronischen und mechanischen Funktionen. Wichtige physikalische Eigenschaften von GaAs sind Tabelle 2.2-2 zu entnehmen.

Tabelle 2.2-2 Eigenschaften wichtiger Halbleitermaterialien [Bleicher86]

Material	W_g	Typ	μ_n	μ_p	Material	W_g	Typ	μ_n	μ_p
Si	1,106	i	1350	480	ZnSe	2,67	d	600	28
Ge	0,67	i	3900	1900	ZnTe	2,25	d	340	110
α-SiC	2,8	i	100	20	CdS	2,42	d	350	15
AlP	2,45	i	80		CdSe	1,74	d	650	10
AlAs	2,16	i	280	≈100	CdTe	1,5	d	1000	80
AlSb	1,62	i	200	330	HgS	2,0		38	
GaN	3,5	d	400		HgSe	0,60		18500	
GaP	2,26	i	150	120	HgTe	-0,15	d	22000	500
GaAs	1,43	d	8500	400	SnS	1,08			
GaSb	0,7	d	2000	800	SnSe	0,90	i	300	90
InAs	0,36	d	22600	200	SnTe	0,18	d		1200
InSb	0,18	d	78000	1700	PbS	0,41	d	610	620
InP	1,34	d	4500	150	PbSe	0,29	d	1050	950
ZnS	3,66	d	140	5	PbTe	0,32	d	1730	840

Typ der Bandstruktur: i indirekter Bandübergang, d direkter Bandübergang; Bandlücke W_g in eV; μ_n, μ_p: Beweglichkeiten der Elektronen bzw. Löcher in cm^2/Vs (300 K)

Für die Kristallzucht und die Herstellung von Wafern aus Verbindungshalbleitern werden drei verschiedene Zuchtmethoden verwendet [WTUK, Williams90].

Um stöchiometrisch zusammengesetzte polykristalline Stäbe der Verbindungshalbleiter aus den Elementen (Ga, As, In und/oder P) herzustellen, wird ein Quarzboot mit den Ausgangsstoffen in einer Quarzampulle verschlossen. Die Ausgangsstoffe werden aufgeschmolzen, indem ein Temperaturgradient über das Quarzboot hinweggefahren wird (*Horizontal Gradient Freeze-Verfahren*). Temperaturen und Drücke sind dabei von der zu synthetisierenden Verbindung abhängig. Ein Beispiel, die Synthese von polykristallinem GaP, ist in Bild 2.2-6 dargestellt. Wird außerdem noch ein Keimkristall in das Boot eingeführt, besteht die Möglichkeit zur Zucht von orientierten Einkristallen, deren äußere Form sich den Konturen des Bootes anpasst (*Horizontal Bridgman-Verfahren*).

Beim LEC-Verfahren *(Liquid Encapsulated Czochralski-Verfahren)* wird bereits vorsynthetisiertes, polykristallines Material zusammen mit einer gewissen Menge B_2O_3 in einem Tiegel aufgeschmolzen. B_2O_3 schmilzt bereits bei 460 °C, überdeckt als dicker, viskoser Flüssigkeitsfilm die Schmelze und verhindert ein Verdampfen der flüchtigen Komponenten (z. B. As, P). Anschließend wird ein leicht gekühlter Keimkristall durch den B_2O_3-Film in die Schmelze getaucht. Bei langsamer Rotation des Keims kann ein Einkristall aus der Schmelze gezogen werden (Bild 2.2-7). Der maximale Durchmesser von Wafern, die aus derartig gezogenen Einkristallen geschnitten werden können, beträgt zur Zeit 150 mm.

Um GaAs-Kristalle mit extrem niedrigen Versetzungsdichten herzustellen, wird das *Vertical Gradient Freeze-Verfahren* benutzt. Hierbei werden polykristalline Vorkörper (z. B. aus dem HGF-Verfahren) in einer Quarzampulle mit einem Keimkristall der gewünschten Orientierung eingeschlossen. In einem Vertikalofen wird mit Hilfe eines Temperaturgradienten vom Keimkristall weg ein Einkristall gezogen (Bild 2.2-8).

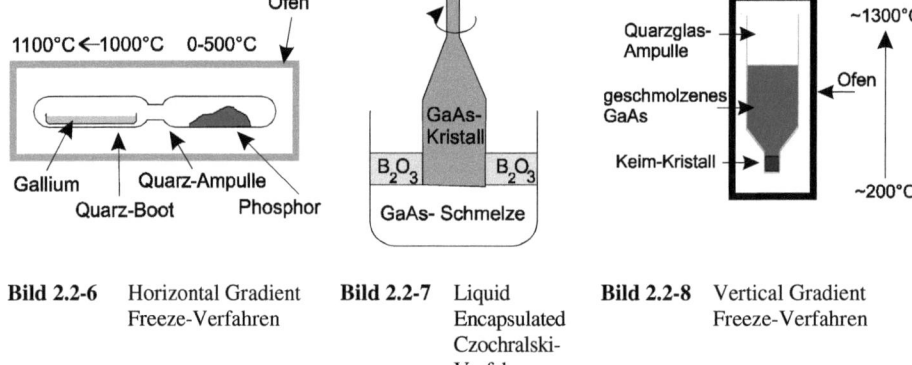

Bild 2.2-6 Horizontal Gradient Freeze-Verfahren

Bild 2.2-7 Liquid Encapsulated Czochralski-Verfahren

Bild 2.2-8 Vertical Gradient Freeze-Verfahren

Quarz

Quarz ist aufgrund seiner piezoelektrischen Eigenschaften besonders für elektrisch-mechanische Wandler geeignet [Cady 64, Brice85, Danel90, Danel91]. Die chemische Zusammensetzung von Quarz ist $SiO2$. Dabei ist Quarz nur eine von vielen $SiO2$-Modifikationen mit unterschiedlichen Kristallstrukturen (z. B. Cristobalit, Tridymit, Keatit, Coesit [Salmang82]). Im Quarzkristall ist jedes Siliziumatom von vier Sauerstoffatomen in Form eines Tetraeders umgeben. Quarz besitzt mehrere kristalline Phasen, von denen diejenigen, die unterhalb von 573 °C stabil sind, eine trigonale Symmetrie aufweisen und α-Quarz genannt werden. Zwischen 573 °C und 870 °C kristallisiert β-Quarz mit hexagonaler Symmetrie. α-Quarz ist enantiomorph, d. h. er kann bzgl. einer seiner Symmetrieachsen (z-Achse, siehe Bild 2.2-9) sowohl linksdrehende als auch spiegelbildliche, d. h. rechtsdrehende Symmetrie aufweisen. Beim Abkühlen von hohen Temperaturen, also beim Phasenübergang von β-Quarz zu α-Quarz, kann deshalb Verzwillingung auftreten.

Quarz ist charakterisiert durch eine Kristallachse mit dreizähliger Symmetrie (z-Achse), die auch die optische Achse genannt wird. Senkrecht zur z-Achse gibt es drei elektrische Achsen mit zweizähliger Symmetrie. Bild 2.2-9 zeigt die kristallographischen Ebenen eines rechtsdrehenden α-Quarzes. Die Projektion der Sauerstoff- und Siliziumatome auf die x-y-Ebene stellt annähernd die Form eines Sechsecks dar. Quarz zeigt in bestimmten Kristallrichtungen piezoelektrische Eigenschaften. Der Piezoeffekt in Quarz kann leicht durch Anlegen von uniaxialen Spannungen

2.2 Substrate und Materialien

in x- oder y-Richtung und die damit verbundene Verschiebung des Ladungsschwerpunktes nachvollzogen werden. Die Einheitszelle (Bild 2.2-10), deren Gitterkonstanten in Tabelle 2.2-3 aufgeführt sind, enthält drei Formeleinheiten SiO_2. In der Mitte ist ein SiO_4-Tetraeder deutlicher markiert. Von dort aus bildet der punktierte Linienzug einen Sechserring, der aber nicht geschlossen ist, sondern schraubenförmig in z-Richtung an Höhe gewinnt. Die trigonale z-Achse hingegen ist unpolar, d. h. in dieser Richtung tritt kein Piezoeffekt auf.

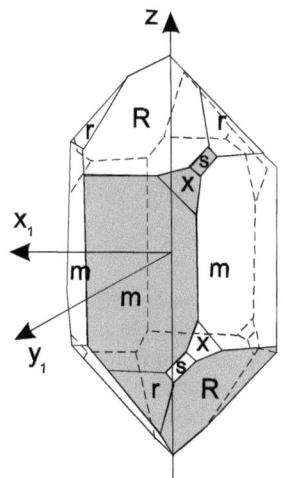

Links: **Bild 2.2-9** Schematische Darstellung der natürlichen Kristalebenen von α-Quarz. R, r, s, x sind übliche Bezeichnungen für bestimmte Kristalebenen; z. B. werden mit r die (10-11) Ebenen gekennzeichnet.

Unten: **Bild 2.2-10** Darstellung der Einheitszelle. Sie enthält drei Formeleinheiten SiO_2. Der offene, aus Si- und O-Atomen gebildete Sechserring (gestrichelte Linie) schraubt sich entlang der z-Achse nach oben [Salmang82].

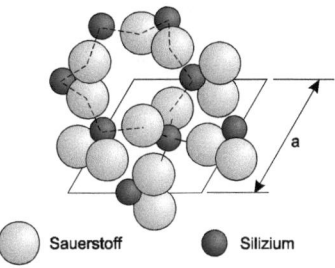

Tabelle 2.2-3 Materialeigenschaften von Silizium, GaAs und Quarz
[Brice85, Prop88, Ericson88, Ericson90, Hjort94]

Materialeigenschaft		Silizium	GaAs	Quarz
Gitterkonstante a [Angström]		5,431	5,6533	4,91
Gitterkonstante c [Angström]		–	–	5,41
Dichte [g/cm³]		2,329	5,36	2,649
Dielektrizitätskonstante		11,8	13,1	4,4
Schmelzpunkt [°C]		1413	1238	1723
Thermischer Ausdehnungskoeffizient [10^{-6}/K]		α_{11} = 2,6	6,4	α_{11} = 13,7 α_{33} = 7,5
Wärmeleitfähigkeit [W/m K]		150	44	7-15
Elastische Konstanten [GPa]	c_{11}	165,6	118,8	86,8
	c_{12}	63,98	53,8	7,1
	c_{44}	79,51	58,9	58,2
	c_{13}			11,91
	c_{14}			-18,04
Elastizitätsmodul E [GPa]		130-188	85-140	76-97
Bruchfestigkeit [GPa]		< 6	< 2,7	< 1,7

Die Zucht von Quarzkristallen ist nicht wie bei Silizium aus der Schmelze möglich. Quarz wird aus wässrigen Lösungen bei ca. 350 °C und 1000 bar (10^8 Pa) in Autoklaven (hochtemperaturbeständigen Druckbehältern) durchgeführt. Die Wachstumsraten sind sehr niedrig und mit ca. 0,5 mm/Tag in z-Richtung am höchsten. Nach der Kristallzucht werden die Kristalle geschnitten, wobei man die Lage der Schnittebenen, die mit Kürzeln wie X, Y, Z, AT, BT, CT gekennzeichnet sind, so wählt, dass bestimmte Eigenschaften der Kristalle zum Tragen kommen [Bottom82]. Beispielsweise zeigen Resonatoren, die aus Kristallen mit AT-Schnitt gefertigt werden (ein Schnitt nahezu parallel zur R-Ebene), fast keine Temperaturabhängigkeit der Resonanzfrequenz. Der Z-Schnitt, ein Schnitt nahe an der x-y-Ebene, wird ebenfalls aus Gründen der Frequenzstabilität bevorzugt für stimmgabelförmige Resonatoren verwendet. Exakt in der x-y-Ebene geschnittene Kristalle werden derzeit zur Untersuchung von anisotropen nasschemischen Ätzverfahren verwendet, um die entstandenen Ätzprofile geometrisch leichter interpretieren zu können [Hedlund92, Hedlund93, Rangsten98a,b]. Einkristalline Quarzwafer sind gegenwärtig mit Durchmessern von maximal 100 mm erhältlich [SICO]. Einige wichtige Eigenschaften von Quarz sind in Tabelle 2.2-3 dargestellt.

Diamant

Diamant weist eine Reihe von außerordentlichen Eigenschaften auf, die von keinem anderen Material erreicht werden. Sehr niedriger thermischer Ausdehnungskoeffizient, sehr hohe Wärmeleitfähigkeit bei gleichzeitiger elektrischer Isolation, hohe Transparenz im infraroten, sichtbaren, Röntgen- und Gammastrahlungsbereich, hohe mechanische Härte, hohe Strahlenresistenz, niedrige Dielektrizitätskonstante und hoher Brechungsindex sind bei Diamant gleichzeitig vorhanden. Hinzu kommt eine sehr gute chemische Resistenz gegenüber Säuren und Laugen. Erst oberhalb von 600 °C verbrennt Diamant in Gegenwart von Sauerstoff zu Kohlendioxid. Die wesentlichen physikalischen Eigenschaften von Diamant sind in Tabelle 2.2-4 zusammengefasst.

Tabelle 2.2-4 Physikalische und chemische Eigenschaften von Diamant [Field79]

Therm. Ausdehnungskoeffizient [10^{-6}/K]	$0,8^*$	Brechungsindex (450-650 nm) (bei 226 nm)	~ 2,4 (2,71)
Wärmeleitfähigkeit [W/mK]	800-2000*	Elastizitätsmodul [N/m^2]	$10,54 \cdot 10^{11}$
Knoop-Härte [kg/mm^2] (richtungsabhängig)	5700-10400	Hall-Beweglichkeit bei 290 K [m^2/Vs]	~ 0,16*
spez. elektr. Widerstand [Ωcm]	> $10^{16\,*}$	Hall-Koeffizient [m^3/C]	~ 0,1*
Dielektrizitätskonstante	5,7	*typische Werte bei Raumtemperatur	

Zur Erzeugung großflächiger dünner Schichten wurden seit den siebziger Jahren Niederdrucksyntheseverfahren entwickelt, von denen heute vor allen die Mikrowellen-CVD und die Hot-Filament-CVD für die Schichtabscheidung verwendet werden. Anwendungen finden dünne Diamantschichten von einigen µm als Maskenmembranen für die Röntgenlithographie, für Röntgenfenster oder als Hartstoffbeschichtung für spanende Werkzeuge. Dicke Diamantschichten von mehreren hundert µm werden für Teilchendetektoren, als Wärmesenken für Hochleistungsbauelemente (HF-Verstärker, Laserdioden) und für Sensoren in chemisch aggressiven Medien benötigt. Erste elektronische Bauelemente für die Hochtemperatur-Mikroelektronik gibt es ebenfalls [Sauer95, MST97].

2.2 Substrate und Materialien

Das Prinzip der Diamantsynthese ist, wenn man vom industriellen Syntheseprozess unter hohem Druck und bei hoher Temperatur (HTHP-Verfahren) absieht, in allen Verfahren gleich. In einem Gasgemisch aus einem Kohlenstoffträgergas (z. B. Methan, Azetylen, Propan) und Wasserstoff werden durch exotherme Verbrennungsprozesse, Elektronenstöße oder Hochfrequenzfelder angeregte Radikale erzeugt, die bei geeigneten Substrattemperaturen zu einer Deposition von Kohlenstoff in Form von Graphit (sp^2-Hybridisierung) und Diamant (sp^3-Hybridisierung) führen. Beide Kohlenstoffmodifikationen werden durch den gleichzeitig vorhandenen atomaren Wasserstoff rückgeätzt, jedoch ist bei optimierten Prozessbedingungen (Gaszusammensetzung, Substrattemperatur) die Netto-Deposition aufgrund der für Graphit höheren Ätzrate stark in Richtung Diamant verschoben [Bachmann91].

Die typische Schichtmorphologie der erzeugten Diamantschichten ist polykristallin (Bild 2.2-11) mit Oberflächenrauigkeiten, die stark von der Vorbehandlung und der Bekeimung des Substrats, von den Prozessbedingungen und der Schichtdicke abhängen. Fortschritte in Richtung stark texturierter Schichten sind bereits erzielt worden, doch sind für den großtechnischen Einsatz in der Mikroelektronik einkristalline, defektarme Schichten notwendig, die man bislang nur auf einkristallinen Diamantsubstraten abscheiden konnte.

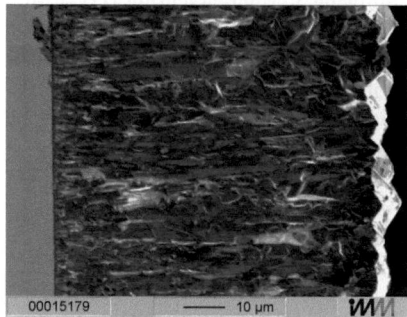
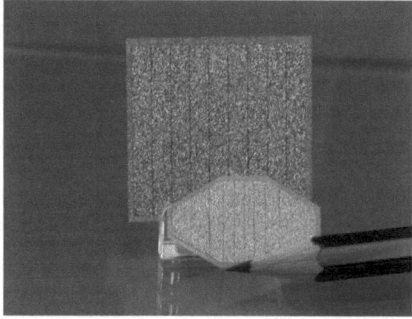

Bild 2.2-11 Querschnitt einer dicken polykristallinen Diamantschicht, abgeschieden durch Mikrowellen-CVD.

Bild 2.2-12 Diamantsubstrate mit strukturierten Goldelektroden, die als Detektoren verwendet werden.

Für Anwendungen in der Mikrosystemtechnik ist nicht nur die prinzipielle Herstellbarkeit von Materialien, sondern auch ihre Verfügbarkeit in geeigneter Form wichtig. Dünne polykristalline Diamantschichten sind auf Si-Wafern (3 Zoll, 4 Zoll, 5 Zoll, in Ausnahmefällen bis 8 Zoll) erhältlich. Für dreidimensional strukturierte Bauelemente wie z. B. Wärmeverteiler und chemische Reaktoren sind zur Zeit polykristalline Diamantwafer mit Dicken bis in den mm-Bereich verfügbar. Für eine Reihe von Anwendungen ist die Strukturierbarkeit der Diamantschichten notwendig. Hier bietet sich für dünne Schichten das Ätzen im Sauerstoff-Plasma und für dicke Wafer das Laserschneiden an.

Gläser und Keramiken

Gläser sind im physikochemischen Sinn eingefrorene Flüssigkeiten, in denen eine gewisse Nahordnung der Glasbausteine noch vorhanden ist, jedoch keine Fernordnung. Daher zeigen Gläser unter normalen Umständen keine Anisotropie physikalischer oder chemischer Eigenschaften. Eine charakteristische Größe von Gläsern ist die Transformationstemperatur T_g, die den Temperaturbereich des Einfriervorgangs beim Übergang von der Glasschmelze ($T > T_g$) zum Glas als Festkörper ($T < T_g$) kennzeichnet [Vogel92, Pfaender89].

In der Mikrosystemtechnik spielen vor allem Quarzglas (Kieselglas), Borsilikatgläser und photostrukturierbare Gläser eine herausragende Rolle als Substrate sowie als Formkörper, die durch verschiedene Strukturierungsmethoden (meist Nassätzverfahren) hergestellt werden. Quarzglas ist aufgrund seiner UV-Transparenz, seines extrem niedrigen thermischen Ausdehnungskoeffizienten, seiner Hochtemperaturbeständigkeit, seiner geringen dielektrischen Verluste bzw. elektrischen Leitfähigkeit und seiner ausgezeichneten chemischen Resistenz ein außerordentlich interessantes, jedoch verglichen mit Siliziumwafern teures Substrat. Borsilikatgläser, insbesondere die unter den Produktnamen PYREX™ oder BOROFLOAT® erhältlichen Wafer, besitzen thermische Ausdehnungskoeffizienten ähnlich wie Silizium. Sie werden deshalb oft zu hermetisch dichten Gehäusungen mit Silizium verbunden, wobei das großflächige Anodische Bonden (vgl. Kap. 4.4) als Verbindungstechnik zur Anwendung kommt.

Mikrostrukturen aus Glas werden eingesetzt, wenn spezielle Glaseigenschaften wie optische Transparenz, Härte, geringe thermische Leitfähigkeit, gute elektrische Isolation oder hohe chemische Resistenz von Bedeutung sind. Die üblichen Verfahren zur Strukturgebung von Gläsern wie Bohren oder Laserschneiden sind für die Mikrostrukturierung nur selten geeignet. Im Hinblick auf ihre Strukturierbarkeit nehmen bestimmte Gläser der Li_2O/SiO_2-Familie (z. B. FOTURAN®) eine Sonderstellung ein, da hier durch einfache Verfahrensschritte (UV-Lithographie, Tempern und Nassätzen) nahezu beliebig geformte Mikrostrukturen erzeugt werden können (Kap. 2.4.5). Diese Gläser nennt man photostrukturierbar. Für bestimmte Anwendungen, bei denen hohe Einsatztemperaturgrenzen oder höhere thermische Ausdehnungskoeffizienten gefordert sind, kann man die mikrostrukturierten Glasbauteile keramisieren. Tabelle 2.2-5 stellt wichtige Eigenschaften von Gläsern zusammen.

Tabelle 2.2-5 Chemische Zusammensetzung und wichtige Eigenschaften von Glassubstraten (typische Werte) [Desag, Corning, Schott70, MGT]

Glastyp		Quarz-glas	Dünnglas (D263)	Alkalifreies Dünnglas (AF45)	Borsilikatglas (Pyrex®, Borofloat®)	Li-Al-Silikatglas (FOTURAN®, in Klammern keramische Form)
SiO_2-Gehalt	%	100	64,1	49,6	81	75-85
Na_2O-Gehalt	%	–	6,4	–	4	1- 2
Al_2O_3-Gehalt	%	–	4,2	11,4	2	3- 6
B_2O_3-Gehalt	%	–	8,4	14,2	13	–
K_2O-Gehalt	%	–	6,9	–	1,15	3- 6
Li_2O-Gehalt	%	–	–	–	–	7-11
Sonstiges		–	5,9 % ZnO 4% TiO_2 0,1 % Sb_2O_3	24 % BaO 0,9% As_2O_3	–	~0,1 % Ag_2O ~0,3 % Sb_2O_3 ~0,02 % CeO_2
Dichte Elastizitätsmodul	g/cm³ GPa	2,2 7,4	2,51 72,9	2,72 66	2,23 63	2,37 (2,41) 78 (88)
Erweichungstemperatur Therm. Ausdehnungskoeff. Wärmeleitfähigkeit	°C 10^{-6}/K W/mK	1400 0,58 1,4	736 7,2 –	883 4,5 –	820 3,3 1,15	450 (750) 8,6 (10,5) 1,35 (2,37)
Spez. elektr. Widerstand Dielektrizitätskonstante (1 MHz, 20 °C)	Ωcm	$> 10^{16}$ 3,8	$> 10^8$ 6,7	$> 10^{13}$ 6,2	$> 10^7$ 4,6	$> 10^{12}$ ($> 10^{16}$) 6,5 (5,7)

Auch **Keramiken** in Form von Substratplatten und Trägern werden für Mikrostrukturen eingesetzt. Keramiken kommen dadurch zustande, „dass ein Pulver geformt und die Form durch

2.2 Substrate und Materialien

Einwirkung hoher Temperaturen verfestigt wird" [Haase68]. In einer physikalisch/chemisch orientierten Definition stellen sich Keramiken als Werkstoffe dar, die anorganisch, nichtmetallisch, in Wasser schwer löslich und zu wenigstens 30 % kristallin sind. In der Regel werden sie bei Raumtemperatur aus einer Rohmasse geformt und erhalten ihre typischen Werkstoffeigenschaften durch eine Temperaturbehandlung bei meist über 800 °C. Gelegentlich geschieht die Formgebung auch bei erhöhter Temperatur oder gar über den Schmelzfluss mit anschließender Kristallisation [Hennike67].

Für Anwendungen in der Mikrosystemtechnik sind Keramiken dann bedeutungsvoll, wenn Hochtemperaturbeständigkeit, geringe Wärmeausdehnung, gute elektrische Isolation und hohe Härte gefordert sind und außerdem die Fertigungskosten für Substratplatten bzw. Wafer eine wesentliche Rolle spielen. Die Herstellung von Keramiken ist in der Regel deutlich kostengünstiger als die von einkristallinen Substraten. Darüber hinaus werden Keramiken mit ganz speziellen Eigenschaften wie Piezoelektrizität (PZT-Keramik) oder hoher Wärmeleitfähigkeit bei gleichzeitiger elektrischer Isolation (AlN) genutzt. Eigenschaften wichtiger keramischer Substrate für die Mikrosystemtechnik werden im Kap. 4.3 dargestellt.

Polymere

Polymere Werkstoffe kommen zur Anwendung als massive Substrate, Gehäuse, Umhüllungen und Abdeckungen, aber auch als Mikrostrukturen. Dabei sind die mechanischen, optischen, elektrischen und thermischen Anforderungen sowie ihre Strukturierbarkeit entscheidende Faktoren für die Auswahl. In Tabelle 2.2-6 sind für die Mikrosystemtechnik wichtige Polymere aufgelistet. Darunter sind solche, die z. B. in der Medizintechnik, der Biotechnik oder der Mikrooptik angewendet werden (PEEK, PFA, COC, Zeonex), und Polymere, die eher für klassische Kunststoffanwendungen in Betracht kommen. Polymere Mikrostrukturen besitzen im Hinblick auf Festigkeit und thermische Belastbarkeit gewisse Nachteile. Vorteilhaft ist aber, dass sie durch Replikationsmethoden wie Spritzguss, Reaktionsguss oder Heißprägen aus einer einmal erzeugten Mutterstruktur (dem Formeinsatz) unter Verwendung billiger Ausgangsmaterialien in hohen Stückzahlen gefertigt werden können.

Die in Tabelle 2.2-6 aufgelistete Auswahl beschränkt sich zunächst auf die reinen polymeren Verbindungen. Zur Verbesserung von physikalischen und chemischen Eigenschaften werden jedoch vielfach Füllstoffe (pulverförmige Mineralien, Glas- und Kohlenstofffaserbruchstücke mit Längen von wenigen zehn bis mehreren hundert µm, Ruß oder PTFE) beigemischt. Dadurch lassen sich mechanische, elektrische, thermische und optische Eigenschaften wesentlich verändern. So kann man z. B. durch Zugabe von etwa 30 % Glasfaserbruchstücken das Zug-Elastizitätsmodul von reinem Polyamid um den Faktor 3-5 erhöhen und gleichzeitig den thermischen Ausdehnungskoeffizienten um den Faktor 2-3 verringern. Bei Zugabe von Graphit kann die elektrische Leitfähigkeit um mehrere Größenordnungen erhöht werden. Für spezielle Anwendungen sind von den Herstellern gezielt Füllstoffe entwickelt worden, um bestimmte Verarbeitungs- und Produkteigenschaften zu optimieren. Genaue Informationen über Art und Menge von eigenschaftsverbessernden Beimengungen werden jedoch meist von den Herstellerfirmen vertraulich behandelt.

Kunststoff	PE-LD/HD[1]	PVC[1]	PMMA[1]	POM[1]	PA[1]	PC[1]	PET[1]	PBT[1]	PSU[1]	PES[1]	ABS[2]	ZEONEX[3]	PFA[4]	COC[5]	LCP[6]	PEEK[7]
Dichte [g/cm³]	0,91-0,96	1,14-1,63	1,15-1,19	1,39-1,42	1,01-1,2	1,2	1,38-1,4	1,3	1,24	1,37	1,05-1,07	1,01	2,14	1,02	1,4	1,26-1,32
Verarbeitungstemperatur [°C]	170-290	160-210	190-270	185-230	200-340	280-320	260-280	250-275	330-360	350-380	230-240	200-300	320-400	190-320	140-300	140-340
Zugfestigkeit [N/mm²]	8(LD)-100(HD)	5-60	49-78	55-62	50-100	55-63	55-80	40-60	80	90		64	27-31	66	126	100
Zug-E-Modul [N/mm²]	150-1500	1500-3500	3100-3400	2600-3000	1100-3500	1800-2400	2200-2800	2500-2800	2600	2700	1900-3000	2400		2600-3200	8000-15000	
Spez. Durchgangswiderstand [Ωcm]	10^{13}-10^{18}	10^{11}-10^{16}	10^{15}	10^{14}-10^{16}	10^{10}-10^{13}	10^{14}-10^{17}	10^{16}	10^{15}-10^{16}	>10^{16}	>10^{16}	10^{14}-10^{15}	>10^{17}	>10^{18}	>10^{16}	10^{16}	>10^{16}
Spezif. Oberflächenwiderstand [Ω]	10^{13}-10^{15}	10^{13}-10^{14}	10^{14}	10^{13}-10^{14}	10^{10}-10^{13}	10^{13}-10^{15}	10^{14}	10^{13}-10^{14}	>10^{14}	>10^{14}	10^{13}	>10^{13}	>10^{17}	>10^{14}	10^{13}	
Brechungsindex			1,491			1,586						1,53		1,53		
Wärmeleitfähigkeit [W/mK]			0,19								0,17	0,117		0,16	0,2-0,35	0,25
Durchschlagsfestigkeit [kV/mm]	22-150	30	40-60	70-100	18-110	10-30	45-50	100-140	100	80	85	35	80		37-47	19
Maxim. Gebrauchstemperatur [°C]	90-110	55-85	90	100	140-250	130	130	150	170	190	75-80	140	260	75-170	178-240	250
Therm. Ausdehnungskoeff. [10⁻⁶/K]	120-240	70-75	70-80	110	70-140	70-80	70-80	130-160	55	55	80-110	70		60-70	40-75	47
Wasseraufnahme [%](23°C, 50 % r.F.)	0,01	0,1	1,5-2,2	0,7-0,9	1,5-10	0,35	–	0,5	0,8	2,1	0,4	<0,01	0,03	<0,01	0,03-0,1	0,5

PE-LD/HD: Polyethylen niederer (hoher) Dichte, PVC Polyvinylchlorid, PMMA Polymethylmethacrylat, POM Polyoxymethylen, PA Polyamid, PC Polycarbonat, PET Polyethylenterephthalat, PBT Polybutylenterephthalat, PSU Polysulfon, PES Polyethersulfon[1] [1-11], ABS Acrylnitril/Butadien/Styrol-Polymer[2] [12], ZEONEX Amorphes Polyolefin[3] [13], PFA Fluorkunststoff Teflon-PFA (Perfluoriertes Alkoxy-Copolymer von Polytetrafluorethylen (PTFE)[4] [14, Nieratschker96], COC Cycloolefincopolymer[5] [15], LCP Flüssigkristalline Polymere[6] [16], PEEK Polyetheretherketon[7] [17]

Tabelle 2.2-6 Wichtige polymere Werkstoffe und deren Eigenschaften

2.2.2 Dünne Schichten

In Mikrosystemen stellen dünne Schichten mit Schichtdicken im Bereich weniger nm bis µm oder daraus hergestellte Strukturen wichtige Funktionselemente dar. Die reproduzierbare Herstellung einer Reihe von Legierungen und Verbindungen ist überhaupt nur in Form von dünnen Schichten möglich. Außerdem weichen die Eigenschaften dünner Schichten oft deutlich von denen des Bulkmaterials ab, so dass man nicht selten mit nachteiligen Veränderungen leben muss, in anderen Fällen aber weit verbesserte Materialeigenschaften erzeugt und genutzt werden können. Aus diesen Gründen basieren viele mikrotechnisch gefertigte Strukturen auf Verfahren der Beschichtungstechnik.

Tabelle 2.2-7 Anwendungsmöglichkeiten von Dünnschichtmaterialien in der Mikrosystemtechnik

Anwendungsbereiche	Dünnschichtmaterialien
Mikroelektronik	
elektrische Kontakte, Leiterbahnen	Al, Al/Si, Au, Cu, Pt, Pd, Ni, TiN, WSi_2, $MoSi_2$
Dünnfilmwiderstände	Ni/Cr, Cr/Si, Ta, TaN
Diffusionsbarrieren	W, Ta, Mo, WSi_2, $TaSi_2$, $MoSi_2$
Halbleiterbauelemente	Si, Ge, SiC, III/V- und II/VI-Halbleiter
Isolatoren, Dielektrika	SiO_2, Al_2O_3, Ta_2O_5, Si_3N_4
Ferroelektrika	PZT, $BaTiO_3$
Kratzschutzschichten, Passivierungen	SiO_2, Si_3N_4, SiO_xN_y, SiC
Supraleiter-Schichten (SQUIDS, Strahlungsdetektoren)	Al, Nb_3Sn, Nb_3Ge, Y-Ba-Cu-O, Bi-Sr-Ca-Cu-O, Tl-Ba-Ca-Cu-O
Magnetische Schichten	Ni, Fe, NiFe, FeTb, CoSm, NdFeB
Leitfähige, transparente Schichten	$InSnO_x$, ZnO:Al, ZnO:Sb
Gassensoren	WO_3, SnO_2, $LiSiO_x$
Optik/Integrierte Optik	
Reflexionsverminderung, -erhöhung	BaF_2, MgF_2, ZnS, Al, Pt, Au, SiO_2, Si, Ge
Interferenzschichtpakete (Polarisatoren, Filter)	TiO_2/SiO_2, MgF_2/ZnS, Ta_2O_5/SiO_2
Leuchtdioden, Laserdioden	GaAs, $Ga_xAl_{1-x}As$, $Ga_xAl_{1-x}As_{1-y}P_y$, GaN
Photodioden, CCD´s, Strahlungsdetektoren	Si, Ge, C
Wellenleiter	GaAs, SiO_xN_y
Mikromechanik	
Zahnräder, Torsions- und Biegearme	Si (einkristallin/polykristallin), Si_3N_4, Al
Kamm-, Federstrukturen, mechanische Anschläge	Ni, NiFe, Si
Opferschichten	SiO_2, ZnO, Cu, Ti
Haftvermittlungsschichten	Ti, Cr, Zr, W/Ti, Mo/Cr
Galvanikstartschichten	Cu, Ni, Pd, Ag, Au
Mikrospiegel, Cantilever, Brücken, Membranen	Al, Si, Si_3N_4, WSi_2
Tribologie, Verschleißschutz	Au, Ag, Pb, MoS_2, TiN, TiC, CH_x, CF_x
Form-Gedächtnis-Metalle	NiTi, CuZnAl, CuAlNi
Mikroreaktionstechnik	
Katalyse	Mo, V, Cu, Pt, Fe, Ti, Ni
Korrosionsschutz	Au, Ti, Ni, CF_x
Biochemie	
Biokompatible Beschichtungen (Implantate)	Au, Ti, TiO_2, C, CF_x, CH_x
Biosensoren	Au, Ti, SiO_2, TiO_x

Bei dem Versuch, sich einen Überblick über die Beschichtungsverfahren (Kap. 2.3.1.1), die Vielzahl von Beschichtungsmaterialien und die damit verbundenen Anwendungen zu verschaffen, stößt man auf eine Flut von Informationen. Eine kurze und kompakte Darstellung wie in Tabelle 2.2-7, gegliedert nach Anwendungsbereichen, kann deshalb nur einen kleinen Ausschnitt liefern, der aber dennoch wichtige Dünnschichten enthält, die in der Mikrosystemtechnik häufig anzutreffen sind.

Viele Beschichtungen zeigen aufgrund ihrer physikalischen oder chemischen Eigenschaften ein enormes Einsatzpotenzial. Bei zunehmender Komplexität, d. h. bei Kombination von Beschichtungen unterschiedlicher Materialien, kommen physikalische Wandlungseffekte zum Tragen, die gerade die Mikrosystemtechnik für hochkomplexe Funktionsbauelemente nutzt. Für viele der in Tabelle 2.2-7 angegebenen Materialien gibt es mehrere Beschichtungsverfahren, z. B. durch physikalische Abscheidung aus der Dampfphase (PVD, Physical Vapour Deposition) oder durch chemische Schichtbildung (CVD, Chemical Vapour Deposition). Jede dieser Alternativen bietet bestimmte Vorzüge und Freiheitsgrade für die Beschichtung selbst und führt zu charakteristischen Morphologien sowie physikalisch/chemischen Eigenschaften der Schicht.

Polymere in Form dünner Schichten

Für die Mikrosystemtechnik sind Polymere hervorzuheben, die in Form flüssiger, gelöster Vorstufen als dünne Schicht auf Substrate aufgeschleudert oder als Folienmaterial auflaminiert und anschließend durch photolithographische Prozesse strukturiert werden können. Bei den erstgenannten findet durch UV-Strahlung oder Temperaturerhöhungen eine Vernetzung der in eine organische Matrix eingebetteten Moleküle statt. Durch lithographische Strukturierung besteht die Möglichkeit, diese polymeren Mikrostrukturen mit anderen Strukturen, die durch andere Mikrostrukturierungsmethoden auf Waferebene hergestellt werden, zu kombinieren. Im wesentlichen sind zwei Klassen von Polymeren zu nennen:

- Polymere, die als Konstruktionsbauteile, z. B. als mikrooptische Bauteile, hermetische Abdichtungen, Fluidkanäle und Opferschichten, Verwendung finden, und
- Polymerschichten, die aufgrund ihrer physikalischen oder chemischen Eigenschaften bei Sensoren, elektronischen Bauelementen oder Aktoren eine bestimmte Funktion erfüllen. Derartige Eigenschaften sind z. B. elektrische Isolation, hohe Durchbruchsfeldstärke, Elastizität, Biokompatibilität oder Gaspermeabilität.

Die Möglichkeiten, Polymerschichten durch eine Reihe von Verfahren zu modifizieren und dadurch bestimmte Eigenschaften zu erzeugen, erweitern das Anwendungsspektrum z. B. für Verbindungstechniken, biokompatible Implantate oder chemische Sensoren. Derartige Modifikationsverfahren sind

- die Plasmabehandlung von Oberflächen zur Anbindung funktioneller Molekülbausteine [Inagaki89, Hoffmann88, Griesser92, Hubbel94, Gombotz87],
- die Inkorporation von Wasser und Salzen in eine Polymermatrix zur Erzeugung von Hydrogelen [Andrade76],
- die Immobilisierung von Enzymen auf einer Sensoroberfläche [Gernet89, Koudelka89] und
- die Immobilisierung von Ionophoren in einer Polymermatrix [Moody70].

Beispiele für Anwendungen von polymeren Materialien in Form dünner Schichten sind in Tabelle 2.2-8 aufgeführt. Hierbei wurde der Schwerpunkt auf solche Materialien gelegt, bei denen es derzeit möglich ist, durch lithographische Methoden eine Strukturierung auf Wafer- oder Leiterplattenformaten durchzuführen. Dies ist die wichtigste Voraussetzung für die Anwendbarkeit in der Massenproduktion von z. B. chemischen und biochemischen Sensoren oder Mikroaktoren. Das Hauptproblem beim Einsatz von Polymeren in Kombination mit anorgani-

2.2 Substrate und Materialien

schen Materialoberflächen (z. B. SiO_2) ist die schlechte Haftung auf diesen Oberflächen. Um sie zu verbessern, werden in der Regel Behandlungsschritte vor der Deposition der Polymerschichten durchgeführt. Um eine dauerhafte kovalente Bindung zu erzielen, konditioniert man die Oberflächen mit organischen Molekülgruppen, die auf der Oberfläche vorhandene OH-Gruppen binden können (z. B. Trimethoxysilyl-Propylmethacrylat, 10 min bei 60 °C in einer 10%igen Toluollösung mit 0,5 % Wasser) [Sudhölter90]. Anschließend kann ein Teil der Molekülgruppe an einer Vernetzungsreaktion teilnehmen und eine feste Haftung des Polymers zum Untergrund ermöglichen. Schwieriger als bei SiO_2-Oberflächen ist diese Art der Behandlung bei Edelmetallen durchzuführen. Hier muss die Oberfläche zuerst im Sauerstoffplasma vorbehandelt werden, um aus Wassermolekülen kovalent gebundene OH-Gruppen zu bilden.

Tabelle 2.2-8 Photostrukturierbare Polymere

Material	Strukturierungsmethode	Wesentliche Eigenschaften	Anwendungsbeispiele
Photoresists, z. B. AZ-Resists, SU8-Resist	UV-Lithographie (mit/ohne Tonumkehr)	Schutzschicht gegen chemische/physikalische Angriffe (Plasma, Ätzbäder), Elektrolytverträglichkeit	Nass- und Trockenätzprozesse, UV-LIGA
Polyimid	UV-Lithographie (mit Tonumkehr)	hochtemperaturbeständig bis 400 °C	Dielektrikum, Opferschichtmaterial [Diehl97]
Polysiloxan	Photopolymerisation	hermetisch dicht	Abdichtungen, Distanzringe, Fluidkanäle und -systeme [Schoot93]
PMMA	Röntgen- und E-Beam-Lithographie	optische Transparenz, kaum Dunkelerosion	Masken- und LIGA-Technik [Ehrfeld91, Ehrfeld95]
Hydrogele, z. B. Polyacrylamid	Photopolymerisation	Wassergehalt bis 99 Gew. %	CO_2-Sensor [Andrade76, Arquint93]
plastisches PVC, Polysiloxane	Photopolymerisation	Immobilisierungsmatrix für Ionophoren und Enzyme	Kalium-, Kalzium-Sensor, Glucose-Sensor [Moody70, Arquint95]
Polymere Festelektrolyte, z. B. Nafion	Photopolymerisation	Protonenleiter	CO-Sensor [Chang93]

2.2.3 Wandlungseffekte

Für die Mikrosystemtechnik sind insbesondere Funktionsschichten von Bedeutung, die Wandlungseffekte für Aktorik und Sensorik nutzen. Die typischen, in der Mikrosystemtechnik verwendeten Wandlungseffekte können in verschiedene Klassen eingeteilt werden. Für nahezu jeden Wandlungseffekt gibt es einige herausragende Materialien, die aufgrund der Größe des gezeigten Effektes oder wegen der Verfügbarkeit in Form von Substraten bzw. dünnen Schichten und der mikrotechnischen Strukturierbarkeit eine dominierende Rolle spielen. Abhängig von der Herstellungsmethode und der Verwendung eines Materials (z. B. als Substrat oder als dünne Schicht, als geätzte oder als aufgalvanisierte Mikrostruktur) ergeben sich Materialparameter, die oft von den theoretischen Parametern bzw. Tabellenwerten abweichen. Deshalb wird hier auf die Angabe konkreter, meist an Bulkmaterialien gemessener Werte verzichtet. Dies soll den Blick auf alternative, u. U. einfacher herstellbare (und deswegen billigere) Materialien für Wandlungseffekte offen halten. Eine tiefergehende theoretische Beschreibung der Effekte findet man z. B. in [Kleber90]. Werte der für die Wandlung relevanten physikalischen Eigenschaften sind in Abhängigkeit von Herstellungsmethoden und -parametern einer Vielzahl von Veröffentlichungen zu entnehmen.

2.2.3.1 Mechanisch ⇔ elektrische Wandlung

Dazu gehören der piezoelektrische und der inverse piezoelektrische Effekt, der piezoresistive Effekt, der Bimetalleffekt, der Formgedächtniseffekt und der magnetostriktive Effekt.

Piezoelektrischer Effekt:

Piezoelektrische Materialien sind ausnahmslos Isolatoren und zeigen bei einer elastischen Deformation infolge einer mechanischen Spannung einen zusätzlichen Beitrag zur dielektrischen Verschiebung D_i, der auch ohne äußeres elektrisches Feld E_i nicht verschwindet.

$$D_i = \varepsilon_0 E_i + P_i(E_i) + P_i(\sigma_j) = \varepsilon_0 (1+\chi) E_i + P_i(\sigma_j) \qquad (2.2\text{-}1)$$

Darin ist χ die dielektrische Suszeptibilität. Der Zusammenhang zwischen den Komponenten σ_j der mechanischen Spannung und der Polarisation P_i wird durch den Tensor der piezoelektrischen Koeffizienten d_{ij} hergestellt, wobei für $E_i = 0$ gilt:

$$P_i = d_{ij} \sigma_j \qquad (2.2\text{-}2)$$

Eine mechanische Spannung, z. B. bei der Verbiegung eines zusammengesetzten Formkörpers (Bimorph) aus einem piezoelektrischen Material und einer Metallplatte, führt bei einer entsprechenden Kontaktierung des Piezomaterials zu einer messbaren elektrischen Spannung. Umgekehrt führt der Einfluss eines elektrischen Feldes E_i zu einer Deformation, welche durch die sechs Dehnungskomponenten ζ_j eines elastisch deformierbaren Körpers beschrieben wird:

$$\zeta_j = d_{ij} E_i \qquad i = 1...3; j = 1...6 \ (\text{für } \sigma_j = 0) \qquad (2.2\text{-}3)$$

Der Piezoeffekt tritt nur in Festkörpern ohne Inversionszentrum bzw. mit einer polaren Achse auf. Wichtige Materialien sind Quarz, $Pb(Zr_xTi_{1-x})O_3$ (sog. PZT), $LiNbO_3$, ZnO, $BaTiO_3$ und PVDF (Polyvinylidenfluorid). Dabei besitzt PZT, das vor der Anwendung polarisiert werden muss, mit Abstand die höchsten Piezokoeffizienten. Diese praktisch relevanten Piezomaterialien können in Form von keramischen Formkörpern (Bimorphs, Piezoröhrchen, Stapeln), dünnen Schichten und Einkristallen (Wafern) in Sensoren (SAW-Sensoren, Schwingquarze, Drehratensensoren, AFM-Cantilever, Druck- und Kraftsensoren) und Aktoren (Ultraschallgeber, aktives AFM-Array, optische und elektrische Schalter) angewendet werden.

Piezoresistiver Effekt:

Unter dem piezoresistiven Effekt wird allgemein die Änderung dR des elektrischen Widerstandes R einer Leiterbahn der Länge l infolge einer Deformation dl durch äußere Kräfte verstanden, mit K als piezoresistivem K-Faktor (gauge-factor):

$$dR/R = K \cdot dl/l \qquad (2.2\text{-}4)$$

Dieser Effekt ist zum einen auf die geometrische Veränderung einer Leiterbahn (Querschnitt, Länge), zum anderen auf die Verschiebung der elektronischen Bandstruktur (bevorzugt in Halbleitermaterialien) zurückzuführen. Für Silizium wird der Effekt ausführlich in Kap. 3.3 diskutiert. Metalle besitzen relativ kleine K-Faktoren von etwa 2, einige Halbleiter (Si, Ge, GaAs) zeigen K-Faktoren bis 140, die von der Kristallrichtung, der Dotierung und der Temperatur abhängig sein können [Benecke91]. Die Anwendung dieses Effekts erstreckt sich auf eine Vielzahl von Druck-, Beschleunigungs- und Kraftsensoren.

2.2 Substrate und Materialien

Bimetalleffekt:

Die unterschiedlichen thermischen Ausdehnungskoeffizienten zweier, in Form eines Schichtstapels fest verbundener Materialien führen zu einer Verbiegung dieses Bimorphs, wenn die Temperatur des Gesamtsystems erhöht oder erniedrigt wird. Besonders hohe Verbiegungen erreicht man, wenn dünne Schichten aus Materialien mit stark unterschiedlichen Ausdehnungskoeffizienten verwendet werden, z. B. Polymere mit hohen thermischen Ausdehnungskoeffizienten (aktive Komponente) und Metalle mit niedrigen Ausdehnungskoeffizienten (passive Komponente). Während Metalle Ausdehnungskoeffizienten von $(4-20) \cdot 10^{-6}$/K besitzen, können Polymere typische Werte von $(3-140) \cdot 10^{-6}$/K aufweisen. Das Maß der Verbiegung und die entwickelten Kräfte hängen stark von der Geometrie und den mechanischen Eigenschaften (Elastizitätsmodul) der verwendeten Materialien ab. Anwendungen sind z. B. elektrisch (über eine integrierte Heizung) betriebene Aktoren, elektrische Schutzschalter, temperaturabhängige Fluidschalter und mechanische Thermometer und Temperaturschreiber.

Formgedächtniseffekt:

Der Formgedächtniseffekt bestimmter metallischer Phasen beruht auf einer Umwandlung zwischen einer Hochtemperaturphase (Austenit) und einer Niedertemperaturphase (Martensit) bei einer Umwandlungstemperatur T_U. Eine plastische Formänderung bei niedriger Temperatur wird durch Erhöhung der Temperatur oberhalb von T_U durch den Übergang in die kubische Austenitphase wieder rückgängig gemacht. Durch spezielle Temperaturbehandlungen kann statt dieses Einwegeffektes auch ein Zweiwegeffekt genutzt werden, bei dem durch Temperatursprünge zwischen zwei Formzuständen hin- und hergeschaltet wird. Legierungen mit einem ausgeprägten Formgedächtniseffekt sind NiTi, CuZnAl und CuAlNi. Da derartige Legierungen sehr gut durch Sputtern hergestellt werden können und außerdem ihre elektrische Leitfähigkeit für eine integrierte Heizung genutzt werden kann, lässt sich dieser Effekt gut in Dünnschicht-Aktoren umsetzen. Auch dreidimensionale Formkörper wurden entwickelt, z. B. Stents, die an Gefäßverengungen für eine gezielte, durch einen Wärmepuls ausgelöste, Aufweitung sorgen.

Magnetostriktiver Effekt:

Unter Magnetostriktion wird die Änderung der Dimensionen eines magnetischen Materials durch eine Änderung seiner Magnetisierung verstanden. Bei der Jouleschen Magnetostriktion ist mit dem angelegten magnetischen Feld eine Änderung der dazu parallelen linearen Dimension verbunden. Der entsprechend reziproke Effekt, eine Änderung der Magnetisierung bei Anlegen einer mechanischen Spannung, ist ebenfalls möglich. Derartige Effekte sind nur unterhalb der Curie-Temperatur T_C beobachtbar und bei Materialien wie Nickel, FeSm38, FeTb46 und besonders bei TbDyFe (Terfenol D) stark ausgeprägt. Mit diesen Werkstoffen können hohe Kräfte bei kleinen Wegen erzeugt oder durch Bimetallanordnungen aus Materialien mit positiven und negativen Längenänderungen große Wege realisiert werden.

2.2.3.2 Thermisch ⇔ elektrische Wandlung

Die Wandlung zwischen thermischen und elektrischen Messgrößen spielt vor allem in der Temperatur- und Strahlungsmesstechnik sowie in der Sensorik eine wichtige Rolle. Wichtige Effekte sind hier die Temperaturabhängigkeit des elektrischen Widerstandes, der thermoelektrische Effekt (Seebeck-Effekt), der inverse thermoelektrische Effekt (Peltiereffekt), der pyroelektrische Effekt und die Erzeugung Joulescher Wärme.

Temperaturabhängigkeit des elektrischen Widerstandes:

Die Temperaturabhängigkeit des elektrischen Widerstandes kann für genaue Temperaturmessungen genutzt werden, wobei man technologisch einfach herstellbare Materialien mit hohen Temperaturkoeffizienten des Widerstandes (TKR) bevorzugt einsetzt. Der spezifische elektrische Widerstand eines Metalls kann innerhalb eines begrenzten Temperaturbereichs durch

$$\rho(T) = \rho_0 (1 + \alpha T + \beta T^2) \tag{2.2-5}$$

beschrieben werden, wobei die Temperaturkoeffizienten α und β für Metalle wie Nickel, Aluminium oder Platin ($\alpha = 3{,}91 \cdot 10^{-3} \text{K}^{-1}$, $\beta = -0{,}58 \cdot 10^{-6} \text{ K}^{-2}$) gut einstellbar sind. Für Mikrotemperatursensoren strukturiert man Schichten dieser Materialien als mäanderförmige Leiterbahnen auf isolierenden Substraten. Eine Sonderstellung nehmen die oxidischen Hoch-T_C-Supraleiter ein (z. B. Y-Ba-Cu-O, La-Sr-Cu-O), die einen streng linearen Verlauf des spezifischen Widerstands über einen extrem weiten Temperaturbereich (100-900 K) zeigen.

Man unterscheidet zwischen Kaltleitern mit positiven Temperaturkoeffizienten (PTC), bei denen mit zunehmender Temperatur eine Einschränkung der Ladungsträgerbeweglichkeit durch Gitterschwingungen und damit ein Widerstandsanstieg auftritt, und Heißleitern (NTC), bei denen mit zunehmender Temperatur die Ladungsträgerkonzentration ansteigt und der Widerstand abnimmt. Typische Heißleiter sind Oxidkeramiken und polykristalline Si- oder Ge-Halbleiterschichten.

Thermoelektrische Effekte (Seebeck-Effekt, Peltier-Effekt):

Befindet sich die Kontaktstelle zweier unterschiedlicher Leiter- bzw. Halbleitermaterialien (Thermoelement, vgl. Bild 3.3-6) auf einer anderen Temperatur als ihre nicht miteinander kontaktierten Enden, kann dort eine elektrische Spannung U abgegriffen werden, die von der Temperaturdifferenz ΔT und den beiden Seebeck-Koeffizienten α_1 und α_2 abhängt (Seebeck-Effekt):

$$U = (\alpha_1 - \alpha_2) \Delta T \tag{2.2-6}$$

Fließt ein Gleichstrom I durch die Kontaktstelle eines solchen Thermoelementes, die sich auf der Temperatur T befindet, wird (abhängig von der Stromrichtung) die Wärmeleistung N von der Kontaktstelle abgegeben oder aufgenommen (Peltier-Effekt):

$$N = (\alpha_1 - \alpha_2) T \cdot I \tag{2.2-7}$$

Übliche Materialkombinationen sind solche mit hohen Differenzen der Seebeckkoeffizienten und einer ausreichenden Temperatur- und Langzeitstabilität, z. B. Pt/PtRh10, Ni/NiCr, sowie Halbleiter- bzw. Mischkristallschichten mit p- und n-Dotierungen von etwa $10^{19}/\text{cm}^3$ wie Bi, Sb, $(Bi_{1-x}Sb_x)_2(Te_{1-y}Se_y)_3$, PbTe, Si und Ge. Daten zu Seebeckkoeffizienten sind in Tabelle 3.3-1 dargestellt. Thermoelemente werden in der Temperaturmesstechnik eingesetzt. Über dünnschichttechnische Methoden ist es möglich, eine Vielzahl von Thermopaaren in Reihe zu schalten (Thermosäule, engl. Thermopile) und durch Kombination mit einer strahlungsabsorbierenden Schicht hochempfindliche Strahlungsdetektoren herzustellen.

Pyroelektrischer Effekt:

Der pyroelektrische Effekt tritt in polaren Kristallen (ferroelektrischen Materialien) bei Temperaturänderungen auf. Dabei ändert sich die innere Polarisation $\vec{P}$ des Kristalls und liefert einen zusätzlichen Beitrag zur dielektrischen Verschiebung $\vec{D}$. Bei konstanter Temperatur gilt für die Komponenten von dielektrischer Verschiebung, Feldstärke $\vec{E}$ und Polarisation

2.2 Substrate und Materialien

$$D_i = \varepsilon_0 E_i + P_i \qquad (2.2\text{-}8)$$

Tritt infolge von z. B. Energieeinstrahlung eine Temperaturerhöhung auf, ändert sich die elektrische Polarisation gemäß

$$\Delta P_i = p_i \Delta T \qquad (2.2\text{-}9)$$

Die pyroelektrischen Koeffizienten p_i sind bei Kristallen mit niedriger Symmetrie in verschiedenen Kristallrichtungen unterschiedlich und stark von der Temperatur abhängig. Die bekanntesten pyroelektrischen Materialien sind $BaTiO_3$, $LiTaO_3$, ZnO und das Polymer PVDF (Polyvinylidenfluorid).

Erzeugung Joulescher Wärme:

Mikrostrukturierte Heizleiter können sehr effizient und lokal hohe Temperaturen im Bereich mehrerer hundert Grad erzeugen. Die Wärmeleistung N, die in einem Leiter (spezifischer Widerstand ρ) der Länge l und des Querschnitts A bei einer Stromstärke I entsteht, ist

$$N = I^2 R = I^2 \rho l / A \qquad (2.2\text{-}10)$$

Dünnschichtheizelemente aus Metallen (Cr/Ni, Cr/Pt), Legierungen (NiCr) oder hochdotierten Halbleitermaterialien (LPCVD-Polysilizium) werden in einer Vielzahl von Anwendungen (Gassensorik, Mikroreaktionstechnik, thermopneumatische Aktoren) genutzt. Der jeweilige Temperaturbereich und die chemische Umgebung definieren die Wahl des Leiterbahnmaterials und entscheiden darüber, ob Passivierungsschichten gegen Oxidation aufzubringen sind.

2.2.3.3 Magnetisch ⇔ elektrische Wandlung

Hierzu zählen die magnetische Induktion mit Hilfe einer stromdurchflossenen Leiterbahn, die Magnetisierung von Ferromagneten sowie die Nutzung des Hall-Effektes und des Magnetowiderstands für die Magnetfeldsensorik. Der perfekte Diamagnetismus bei Supraleitern nimmt aufgrund von Quantisierung des Magnetfeldes und der Nutzung des Josephsoneffektes eine Sonderstellung in der Messung kleinster Magnetfelder (biomagnetische Felder) ein.

Magnetische Induktion:

Lange, gerade stromdurchflossene Leiterbahnen erzeugen Magnetfelder, deren Abstandsabhängigkeit durch

$$H = I / 2\pi r \qquad (2.2\text{-}11)$$

(mit H: Magnetfeldstärke, I: Stromstärke, r: senkrechter Abstand von der Leiterbahn) beschrieben werden kann. Im Falle einer stromdurchflossenen Spule ist das Magnetfeld abhängig von der Geometrie, der Anzahl der Spulenwindungen sowie der Füllung der Spule. Es kann unter Nutzung ferromagnetischer Materialien sehr hohe Energiedichten erreichen. Derartige ferromagnetische Stoffe werden durch die Curie-Temperatur T_C, die Permeabilität μ_r, die Sättigungsmagnetisierung M_S, die Remanenz M_R und die Koerzitivfeldstärke H_C charakterisiert (Bild 2.2-13). Weichmagnetische Legierungen (z. B. NiFe20) besitzen hohe Permeabilität und verschwindende Remanenz, während hartmagnetische Stoffe (z. B. SmCo5, NdFeB) sehr hohe Remanenz und Koerzitivfeldstärken zeigen.

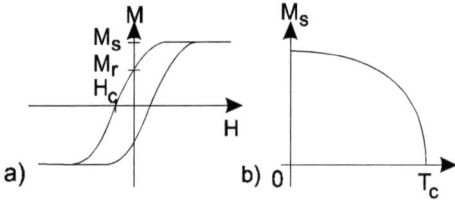

Bild 2.2-13 Veranschaulichung charakteristischer Größen ferromagnetischer Stoffe:

a) typische Hysteresekurve eines hartmagnetischen Materials, M_S: Sättigungsmagnetisierung; M_R: Remanenz; H_C: Koerzitivfeldstärke

b) Abhängigkeit der Sättigungsmagnetisierung von der Temperatur (T_C: Curie-Temperatur)

Entscheidend für die Anwendbarkeit der magnetischen Induktion in Mikrosystemen ist die reproduzierbare Herstellung von Spulen und Kernmaterialien durch z. B. Galvanik oder Siebdruck. Gleichbleibende Legierungszusammensetzung ist hierbei eine der wesentlichen Voraussetzungen für die Fertigung von Produkten wie Schreib-/Leseköpfe für Magnetspeicherplatten und Mikromotoren.

Hall-Effekt:

Auf bewegte Ladungsträger mit der Ladung q und der Geschwindigkeit $\vec{v}$ in einem Magnetfeld $\vec{B}$ wirkt die Lorenzkraft $\vec{F} = q \cdot (\vec{v} \times \vec{B})$. Da $\vec{F}$ senkrecht zur Bewegungsrichtung $\vec{v}$ wirkt und proportional zur Polarität der Ladungsträger ist, erfolgt eine Ladungstrennung innerhalb eines stromdurchflossenen Leiters der Breite b und der Dicke d. Diese Ladungstrennung ist in Form der Hall-Spannung U_H messbar. Für ein $\vec{B}$-Feld senkrecht zum Strom I gilt:

$$U_H = R_H I B / d \qquad (2.2\text{-}12)$$

Der Hallkoeffizient R_H ist eine Materialkonstante mit

$$R_H = \mu \rho = 1/qn \qquad (2.2\text{-}13)$$

(μ: Ladungsträgerbeweglichkeit, ρ: spezifischer elektrischer Widerstand, n: Ladungsträgerkonzentration, q: Ladung ($\pm e$) der Ladungsträger, e: Elementarladung). R_H kann bei bekanntem Magnetfeld zur Bestimmung der Beweglichkeit oder Konzentration der Ladungsträger in Metallen und Halbleitern genutzt werden. Umgekehrt werden Hall-Sensoren zur Messung von Magnetfeldern eingesetzt. Dabei sollte R_H möglichst groß sein, was von Halbleitermaterialien besser erfüllt wird als von Metallen.

Magnetowiderstand:

Der elektrische Widerstand einer Leiterbahn wird durch ein Magnetfeld in zweierlei Hinsicht verändert. Zum einen verlängert sich der geometrische Weg der Ladungsträger durch die Lorenzkraft $\vec{F}$. Zum anderen kann das Magnetfeld die Ausrichtung magnetischer Momente im Festkörper beeinflussen und aufgrund der Wechselwirkung mit den Spins der Leitungselektronen zu einem stark anisotropen zusätzlichen Magnetowiderstand führen. Dieser Effekt kann selbst bei kleinen Feldern schon einige Prozent betragen. Er ist auch die Ursache für das Phänomen des Giant Magneto Resistance (GMR), der in Multilagen dünner ferromagnetischer und nichtmagnetischer Materialien auftritt. Die Größe des Magnetowiderstandes H_R wird als spezifische Widerstandsänderung $\Delta\rho(\vec{B})$ unter Einwirkung des $\vec{B}$-Feldes in Bezug zum spezifischen Widerstand ρ ohne Magnetfeld in Prozent angegeben:

$$H_R = \Delta\rho(\vec{B})/\rho \qquad (2.2\text{-}14)$$

2.2 Substrate und Materialien

Sensoren auf der Basis des Magnetowiderstandes (magnetoresistive Sensoren) werden mit dünnen Schichten weichmagnetischer Stoffe (z. B. NiFe20) realisiert. Für die Nutzung des GMR-Effektes werden mittels MBE-Verfahren (Kap. 2.3.1.1) Schichtstapel aus Ferromagnetika (z. B. Fe, Co, Ni, CoFe) und nichtmagnetischen Metallen (Cr, Cu, Ag, Au, Pt) mit Einzelschichtdicken von wenigen nm hergestellt. Man stapelt bis zu 50 Einzelschichten übereinander. Oxide mit schichtartiger Perowskit-Struktur zeigen extrem hohe Effekte mit Widerstandsänderungen bis zu 10^{11} %, wobei jedoch die Hysterese der Magnetowiderstandskurven und eine starke Temperaturabhängigkeit den Einsatz für Magnetfeldmessungen bisher verhindern [Dieny94, Raveau95].

Perfekter Diamagnetismus – Josephson-Effekt:

Diamagnetische Stoffe verdrängen magnetische Felder aus ihrem Inneren. Die Ursache sind induzierte Kreisströme, die im Inneren des Festkörpers verlustfrei das von außen anliegende Magnetfeld teilweise oder ganz kompensieren. Dies ist z. B. bei Wismut, Wasser oder Stickstoffgas der Fall und in besonders starkem Maße bei Supraleitern (unterhalb der Sprungtemperatur T_C), in denen elektrische Ströme aufgrund der Kopplung der Elektronen zu Cooper-Paaren verlustfrei fließen können. Durch die Messung der Induktivität einer mit einem supraleitenden Material gefüllten Spule kann dessen Sprungtemperatur bestimmt werden. Die Messung von Spannungen bzw. Strömen an Josephson-Kontakten erlaubt die hochpräzise Bestimmung von Magnetfeldern. Solche Kontakte bestehen aus einem Paar von Supraleitern, die durch eine isolierende Barriere (z. B. eine 1-2 nm dicke Oxidschicht oder eine geometrische Verengung) getrennt sind und deren Strom-Spannungscharakteristik stark von einem äußeren Magnetfeld abhängt. Im Fall der DC-SQUIDs (SQUID = **S**uperconducting **Qu**antum **I**nterference **D**evice) besteht der Magnetfeldsensor aus einem Ring mit zwei Josephson-Kontakten, wobei sich ein von außen eingeprägter Tunnelstrom auf die beiden Barrieren aufteilt und eine starke Abhängigkeit vom Magnetfeldfluss aufweist, der den Ring durchsetzt.

Neuere oxidische Hoch-T_C-Supraleiter (z. B. Y-Ba-Cu-O, Bi-Sr-Ca-Cu-O, Tl-Ba-Ca-Cu-O) zeigen Supraleitung bereits bei der Temperatur des flüssigen Stickstoffs und bieten die Möglichkeit, durch Arrayanordnungen biomagnetische Signale (z. B. Gehirnströme) zu messen oder zerstörungsfreie Materialprüfungen durchzuführen.

2.2.3.4 Optisch ⇔ elektrische Wandlung

Wichtige optisch/elektrische Wandlungseffekte sind der innere Photoeffekt, die Elektrolumineszenz sowie der lineare und quadratische elektrooptische Effekt.

Innerer Photoeffekt/Elektrolumineszenz:

Halbleitermaterialien besitzen eine elektronische Bandstruktur, bei der Valenzband und Leitungsband durch eine charakteristische Energielücke W_g voneinander getrennt sind. Zum Übergang vom Valenz- ins Leitungsband benötigt ein Elektron mindestens die Energiedifferenz W_g. Es entsteht dabei ein Elektron-Loch-Paar, das am Ladungstransport teilnehmen kann. Bei Bestrahlung mit Licht werden in pn-Übergängen Elektron-Loch-Paare erzeugt und aufgrund des vorherrschenden elektrischen Feldes getrennt. Die Stärke des so generierten Photostroms ist direkt proportional zur Lichtintensität.

Umgekehrt kann ein Elektron vom Leitungsband zum Valenzband zurückkehren (wenn dort unbesetzte Zustände existieren). Die Energiedifferenz wird in Form von elektromagnetischer Strahlung oder Wärmeenergie abgegeben. Werden Ladungsträger durch Anlegen eines elektrischen Feldes in den Bereich einer Rekombinationszone injiziert und wird durch die Rekombination von Elektron-Loch-Paaren Strahlung emittiert, so spricht man von Elektrolumineszenz. Die Wahrscheinlichkeit für die Emission von Licht ist nur bei Halbleitern mit direktem

Bandübergang (Tabelle 2.2-2) ausreichend, bei denen keine Teilnahme von Phononen am Rekombinationsprozess notwendig ist. Die Breite der Energielücke ist eine wichtige Eigenschaft der Halbleitermaterialien und kann in einigen Fällen durch die Synthese von Mischkristallen in Abhängigkeit von der Stöchiometrie eingestellt werden. Dadurch lässt sich die charakteristische Wellenlänge des emittierten Lichts von z. B. Leuchtdioden und Halbleiterdiodenlasern festlegen.

Interessant ist die Elektrolumineszenz auch in konjugierten Polymeren, die zur Klasse der organischen Halbleiter zählen und Bandlücken von 1-3,5 eV aufweisen (z. B. PPV Poly-(p-Phenylen) Vinylen, Poly(3-Alkyl Thiophen), PPP Poly(p-Phenylen)). Die Polymer-Chemie erlaubt hier das chemische Maßschneidern der Emissionsfarbe nahezu im gesamten sichtbaren Spektralbereich. Durch Aufschleudern auf Trägersubstrate und Mikrostrukturierung auf großen Flächen ergeben sich attraktive Massenanwendungen, z. B. für Flachbildschirme (OLED's: Organic Light Emitting Diodes).

Elektrooptische Effekte (Pockels-Effekt, Kerr-Effekt):

Wenn man Dielektrika hohen elektrischen Feldern aussetzt, so wird die elektrische Suszeptibilität χ abhängig von der einwirkenden Feldstärke und die Polarisation $\vec{P}$ hängt nichtlinear von den Komponenten des elektrischen Feldvektors ab:

$$\vec{P} = \varepsilon_0 \chi(\vec{E}) \cdot \vec{E} \qquad (2.2\text{-}15)$$

Anhand einer Reihenentwicklung nach Potenzen des elektrischen Feldes $\vec{E}$ folgt für die Komponenten P_i der elektrischen Polarisation

$$P_i = \chi_{ij}^{(1)} E_j + \chi_{ijk}^{(2)} E_j E_k + \chi_{ijkl}^{(3)} E_j E_k E_l + \ldots \qquad (2.2\text{-}16)$$

Bei Materialien mit $\chi_{ijk}^{(2)} \neq 0$ und $\chi_{ijkl}^{(3)} = 0$ spricht man vom linearen elektrooptischen Effekt (Pockels-Effekt) und für $\chi_{ijkl}^{(3)} \neq 0$ vom quadratischen elektrooptischen Effekt (Kerr-Effekt). Materialien mit linearen elektrooptischen Koeffizienten sind z. B. Quarz, $KNbO_3$, $LiNbO_3$, GaAs und InP. Bei derartigen Materialien können durch Anlegen elektrischer Felder gezielt die Brechungsindizes beeinflusst werden. Damit lassen sich z. B. optische Schalter, Lichtmodulatoren, Frequenzverdoppler und dreidimensionale optische holographische Speicher realisieren. Materialien mit nichtverschwindendem $\chi_{ijkl}^{(3)}$ nutzt man zur Frequenzverdreifachung, zur optischen Verstärkung, Selbstfokussierung, zum Vier-Wellen-Mischen und zur optischen Phasenkonjugation. Wichtige $\chi_{ijkl}^{(3)}$-Materialien sind konjugierte Polymere, Chromophore, Gold-Kolloide und Halbleiter-dotierte Gläser.

2.2.4 Literatur

[Andrade76] J. D. Andrade, Hydrogels for medical and Related Applications, Symposium of the 170th meeting of the American Chemical Society, 1975, American Chemical Society (1976)

[Arquint93] Ph. Arquint, A. van den Berg, B. H. van der Schoot, N. F. de Rooij, H. Bühler, W. E. Morf, L. F. J. Dürselen, Sensors and Actuators B 13-14 (1993) 340-344

[Arquint95] Ph. Arquint, M. Koudelka-Hep, D. J. Strike, P. D. van der Wal, B. H. van der Schoot, N. F. de Rooij, Materials for Microstructures: Polymers, in UETP-MEMS Course Materials for Microstructures, (1995)

[Bachmann91]	P. Bachmann, D. Leers, H. Lydtin, Towards a general concept of diamond chemical vapor deposition, Diamond and Related Materials 1 (1991) 1-12
[Benecke91]	W. Benecke, Physikalische Effekte zur Signalwandlung, in A. Heuberger, Mikromechanik, Springer Verlag Berlin, Heidelberg (1991)
[Benson99]	T. M. Benson, H.F. Arrand, P. Sewell, D. Niemeyer, A. Loni, R.J. Bozeat, M. Krüger, R. Arens-Fischer, M. Thönissen, H. Lüth, Progress towards achieving integrated circuit functionality using porous silicon optoelectronic components, Materials Science and Engineering B 69-70 (1999) 92
[Bleicher86]	M. Bleicher, Halbleiter-Optoelektronik, Heidelberg, A. Hüthig Verlag (1986)
[Bottom82]	V. E. Bottom, Introduction to Quartz Crystal Unit Design, Van Nostrad Reinhold, New York (1982)
[Brice85]	J. C. Brice, Crystals for quartz resonators, Review of Modern Physics 57 (1985) 105-146
[Cady 64]	W. G. Cady, Piezoelectricity, Vol. 1, Dover, New York (1964)
[Canham90]	L. Canham, Silicon Quantum Wire Array Fabrication by Electrochemical and Chemical Dissolution of Wafers, Appl. Phys. Lett. 57 (1990) 1046
[Chang93]	S. C. Chang, J. R. Stetter, C. S. Cha, Amperometric Gas Sensors Talanta-Oxford 40 (1993) 461
[Chang97]	C. C. Chang, L. C. Chen, A new process for the fabrication of silicon-on-insulator structures by using porous silicon, Materials Letters 32 (1997) 287-290
[Ceramtec]	Produktinformation Fa. Ceramtec
[Corning]	Produktinformationen der Fa. Corning Keramik GmbH, Wiesbaden
[Danel90]	J. S. Danel, F. Michel, G. Delapierre, Micromachining of Quartz and its Application to Acceleration Sensor, Sensors and Actuators A 21-23 (1990) 971-977
[Danel91]	J. S. Danel und G. Delapierre, Quartz: a material for microdevices, J. Micromech. Microeng. (1991) 187-198
[Desag]	Produktinformationen der Fa. DESAG, Grünenplan
[Diem95]	B. Diem, P. Rey, S. Renard, S. Viollet, H. Bono, F. Michel, M. T. Delaye, G. Delapierre, SOI „SIMOX"; from bulk to surface micromachining, a new age for silicon sensors and actuators, Sensors and Actuators A 46-47 (1995) 8
[Ehrfeld91]	W. Ehrfeld, D. Münchmeyer, Threedimensional Microfabrication using Synchrotron Radiation, Nuclear Instr. and Methods in Physics Research A303 (1991) 523-531
[Ehrfeld95]	W. Ehrfeld, H. Lehr, Deep X-ray lithography for the production of threedimensional microstructures from metals, polymers and ceramics, Radiat. Phys. and Chem. 45 (1995) 394
[Ericsson 88]	F. Ericsson, S. Johansson, J.-A. Schweitz, Hardness and Fracture Toughness of Semiconducting Materials Studied by Indentation and Erosion Techniques, Mater. Sci. Eng. A105/106 (1988) 131-141
[Ericsson90]	F. Ericsson und J.-A. Schweitz, Micromechanical Fracture Strength of Silicon, J. Appl. Physics 68 (1990) 5840-5844
[Ferroperm92]	Produktinformation Fa. Ferroperm, Kvistgard, Dänemark
[Field79]	J. E. Field, The Properties of Diamond, Academic Press, London (1979)
[Gernet89]	S. Gernet, M. Koudelka, N.F. de Rooij, Sensors and Actuators 18 (1989) 59-70
[Gombotz87]	W. R. Gombotz, A.S. Hoffmann, Gas-Discharge Techniques for Biomaterial Modification, CRC Critical Reviews in Biocompatibility 4 (1987) 1-42
[Gösele94]	U. Gösele, V. Lehmann, Leuchtendes poröses Silizium, Phys. Bl. 50 (1994) 241-243
[Green00]	S. Green, P. Kathirgamanathan, The quenching of porous silicon photoluminescence by gaseous oxygen, Thin Solid Films 374 (2000) 98
[Griesser92]	H. J. Griesser, R. C. Chatelier, T.R. Gengenbach, Z. R. Vasic, G. Johnson, J.G. Steele, Plasma Surface Modifications for Improved Biocompatibility of Commercial Polymers, Polymer Internat. 27 (1992) 109-117
[Grüning95]	U. Grüning, V. Lehmann, Appl. Phys. Lett. 66 (1995) 3254-3256
[Haase68]	Th. Haase, Keramik, 2. Auflage, Leipzig: Deutscher Verlag für Grundstoffindustrie, (1968)

[Hed00] F. Hedrich, S. Billat, W. Lang, Structuring of membrane sensors using sacrificial porous silicon, Sensors and Actuators 84 (2000) 315

[Hedlund92] C. Hedlund, U. Bucht, J. Söderkvist, Two-dimensional etching diagrams for Z-cut quartz, J. Micromech. Microeng. 2 (1992) 215-127

[Hedlund93] C. Hedlund, U. Lindberg, U. Bucht und J. Söderkvist, Anisotropic etching of Z-cut quartz, J. Micromech. Microeng. 3 (1993) 65-73

[Hennike67] H. W. Hennike, Zum Begriff Keramik und zur Einteilung keramischer Werkstoffe. Ber. Dtsch. Keram. Ges. 44 (1967) 209-211

[Hjort94] K. Hjort, J. Söderqvist, J.-A. Schweitz, Gallium arsenide as a mechanical material, J. Micromech. Microeng. 4 (1994) 1-13

[Hoffmann88] A. S. Hoffmann, Biomedical Applications of Plasma Gas Discharge Processes, J. Appl. Poly. Sci.: Appl. Poly. Sci. Symposium 251 (1988)

[Holm] Produktinformation Fa. Holm Siliziumbearbeitung, Rosenheim

[Hubbell94] J. A. Hubbell, Chemical Modification of Polymer Surfaces to Improve Biocompatibility, Trends in Polymer Science 2 (1994) 20-25

[Inagaki89] N. Inagaki, S. Tasaka, H. Kawai, Improved Adhesion of poly(tetrafluorethylene) by NH_3-plasma treatment, J. Adhes. Sci. Technol. 3(8) (1989) 637-649

[Kittel71] C. Kittel, Einführung in die Festkörperphysik, R. Oldenbourg Verlag, München, Wien (1971)

[Kleber90] W. Kleber, Einführung in die Kristallographie, Verlag Technik, Berlin (1990)

[Koshida99] N. Koshida, X. Sheng, T. Komoda, Quasiballistic electron emission from porous silicon diodes, Appl. Surf. Sci. 661 (1999) 371-376

[Koudelka89] M. Koudelka, S. Gernet, N. F. de Rooij, Sensors and Actuators 18 (1989) 157-165

[Lamm00] G. Lammel, Ph. Renaud, Free-standing, mobile 3D porous silicon microstructures, Sensors and Actuators 85 (2000) 356

[Lang95] W. Lang, P. Steiner, H. Sandmaier, Porous silicon: a novel material for microsystems, Sensors and Actuators A 51 (1995) 31

[Lehmann91] V. Lehmann, U. Gösele, Porous Silicon Formation: A Quantum Wire Effect, Appl. Phys. Lett. 58 (1991) 856

[Lehmann93] V. Lehmann, The Physics of Macropore Formation in Low Doped n-Type Silicon, J. Electrochem. Soc. 140 (1993) 2836

[Lehmann96] V. Lehmann, Porous Silicon - A New Material for MEMS, The 9th Annual Internat. Workshop on Micro Electro Mechanical Systems, MEMS 96, San Diego, USA (1996) 1

[Levy92] C. Levy-Clement, A. Lagoubi, R. Tenne, M. Neumann-Spallart, Photoelectrochemical Etching of Silicon, Electrochim. Acta 37 (1992) 877

[LS93] Entwurf und Planung M.Lacher (IMM), Planungskontor A. Strickler, Oberrimsingen

[Mem66] R. Memming, G. Schwandt, Surf. Sci. 4 (1966) 109

[MGT] Produktinformation der Fa. mgt mikroglas technik GmbH, Mainz

[Moody70] G. J. Moody, R.B. Oke, J. D. R. Thomas, Analyst 95 (1970) 910

[Motorola93] Produktinformation Fa. Motorola

[MRS92] MRS Symp. Proc. 256, Light Emission from Silicon, (1992) u. 283, Microcrystalline Semiconductors, Mat. Sci.& Devices (1993)

[MST97] mst news, Materials for Microsystems, No. 21, Sept. (1997)

[Nieratschker96] J. Nieratschker, Fluorkunststoffe, Kunststoffe 86 (1996) 1524-1528

[Nurmikko95] A. V. Nurmikko und R. L. Gunshor, Semiconductor Lasers with Wide-Gap II-VI Materials, in G. P. Agrawal (Ed.), Semiconductor Lasers, AIP Press, Woodbury, New York (1995)

[Pfaender89] G. Pfaender, Schott Glaslexikon, mvg Verlag, München, Landsberg am Lech, (1989)

[Prop88] Properties of Silicon, EMIS Datareviews Series No. 4, INSPEC (1988)

[Rangsten98a] P. Rangsten, Microstructure Technology in Quartz and Silicon, Thesis, Uppsala University, (1998)

2.2 Substrate und Materialien

[Rangsten98b] P. Rangsten, Etch rates of crystallographic planes in Z-cut quartz – experiments and simulation, J. Micromech. Microeng. 8 (1998) 1-6

[Salmang82] H. Salmang, H. Scholze, Keramik, Teil 1 Allgemeine Grundlagen und wichtige Eigenschaften, 6. Auflage, Springer Verlag, Berlin, Heidelberg, New York (1982)

[Sauer95] R. Sauer, Diamant als Elektronikmaterial, Phys. Bl. 51 (1995) 399-404

[Schoot93] B. H. van der Schoot, S. Jeanneret, A. van den Berg, N.F. de Rooij, Sensors and Actuators B 15-16 (1993) 211-213; B.H. van der Schoot, S. Jeanneret, A. van den Berg, N.F. de Rooij, Analytical Methods and Instrumentation 1 (1993) 38-42

[Schott70] T. R. Dietrich, B. Speit, Schott Information 70 (1994) 6

[SICO] Produktinformation der Fa. SICO Meiningen Wafer GmbH, Meiningen

[Smith90] R. L. Smith, S. D. Collins, Thick Films of Silicon Nitride, Sensors and Actuators A 23 (1990) 830

[Spli01] A. Splinter, J. Stürmann, W. Benecke, Novel porous silicon formation technology using internal current generation, Mat. Sci. and Engineering C 15 (2001) 109

[Splint01] A. Splinter, O. Bartels, W. Benecke, Thick porous silicon formation using implanted mask technology, Sensors and Actuators B 76 (2001) 354

[Splint02] A. Splinter, J. Stürmann, O. Bartels, W. Benecke, Micro membrane reactor: a flow-through membrane for gas pre-combustion, Sensors and Actuators B 83 (2002) 169-174

[Stein95] P. Steiner, W. Lang, Micromachining applications of porous silicon, Thin Solid Films 255 (1995) 52

[Sudhölter90] E.J.R. Sudhölter, P. D. van der Wal, M. Skowronska-Ptasinska, A. van den Berg, P. Bergveld, D. N. Reinhoudt, Analytica Chimica Acta 230 (1990) 59-65

[Turn58] D. R. Turner, J. Electrochem. Soc. 105 (1958) 402

[Uhl56] A. Uhlir, Bell Sys. Techn. Jour. 35 (1956) 333

[Una80] T. Unagami, Formation Mechanism of Porous Silicon Layer by Anodization in HF Solution, J. Electrochem. Soc. 127 (1980) 476

[Vogel92] W. Vogel, Glaschemie (4. Aufl.), Springer Verlag, Berlin, Heidelberg (1992)

[Wata75] Y. Watanabe, Y. Arita, T. Yokoyama, Y. Igarashi, Formation and Properties of Porous Silicon and Its Applications, J. Electrochem. Soc. 122 (1975) 1351

[Williams90] R. Williams, Modern GaAs processing techniques, Artech House, Boston, London (1990)

[WTUK] Produktinformation Fa. Wafer Technology, UK

[Zeitsch99] A. Zeitschel, A. Friedberger, W. Welser, G. Müller, Breaking the isotropy of porous silicon formation by means of current focusing, Sensors and Actuators 74 (1999) 113

[Zhang91] X. G. Zhang, J. Electrochem. Soc. 138 (1991) 3750

[1-11] Produktinformationen der Fa. Albis Plastic GmbH, Hamburg

[12] Produktinformation der Fa. BASF, Ludwigshafen, Produktname TERLURAN

[13] Produktinformation der Fa. Nippon Zeon Co., Tokyo, Japan, Produktname ZEONEX 280/250

[14] Produktinformation der Fa. Du Pont de Nemours Int. S. A., Genf, Schweiz, Produktname Teflon PFA

[15] Produktinformation der Fa. Hoechst, Frankfurt, Produktname TOPAS

[16] Produktinformation der Fa. Hoechst, Frankfurt, Produktname VECTRA

[17] Produktinformation der Fa. ICI, Hertfordshire, England, Produktname VICTREX

2.3 Dünnschichttechnologie

2.3.1 Herstellung und Charakterisierung dünner Schichten

Oft erfüllen dünne Schichten mit Dicken von wenigen Nanometern bis hin zu mehreren Mikrometern bzw. aus diesen Schichten hergestellte Strukturen die wesentlichen Aufgaben eines Mikrosystems. In der Dünnschichttechnologie werden Schichten in erster Linie durch Abscheidung fester Elemente oder Verbindungen aus der Dampfphase erzeugt. Eine weitere Methode ist das Aufwachsen dünner Oxidschichten durch Oxidation von bereits vorhandenen Schicht- oder Substratoberflächen.

Die Randbedingungen, unter denen diese Abscheidung vor sich geht, haben wesentlichen Einfluss auf die Schichteigenschaften. Zu diesen Randbedingungen zählen die Substrattemperatur, Verunreinigungen durch Restgas und Wasserfilme auf den Substraten, Beschichtungsrate und Energie der auf die wachsende Schicht auftreffenden Teilchen. Auch eine evtl. vorhandene Vorzugsrichtung der schichtbildenden Teilchen auf ihrem Weg zum Substrat beeinflusst das Schichtwachstum. Schichteigenschaften können durch die Wahl der Beschichtungsmethode und der innerhalb gewisser Grenzen variablen Prozessparameter gezielt eingestellt werden. Wichtige Eigenschaften sind Schichtdicke, Morphologie, elektrische Leitfähigkeit, Brechungsindex, Absorption, Oberflächenrauheit, Dichte, chemische Resistenz, Pinholedichte (Pinholes sind kleinste Löcher, die während des Schichtwachstums entstehen können), Kontaminationen, Dotierung, Haftung und Härte. Für die Anwendung dünner Schichten benötigt man nicht nur eine effiziente Beschichtungsmethode, sondern auch Messapparaturen zur Charakterisierung derjenigen Eigenschaften, auf die es im speziellen Anwendungsfall ankommt.

Der Wachstumsprozess dünner Schichten erfolgt oft nicht im thermodynamischen Gleichgewicht. Deswegen können z. B. Legierungen oder Gemische hergestellt werden, die ansonsten aufgrund bestehender Löslichkeitsgrenzen nicht realisierbar sind. Da sich in vielen Fällen Schichten herstellen lassen, deren Eigenschaften denen des Bulk-Materials überlegen sind, haben Beschichtungsprozesse eine breite Anwendung gefunden.

Beschichtungsmethoden können in zwei Kategorien eingeteilt werden, die PVD-Verfahren (PVD = **P**hysical **V**apour **D**eposition) und die CVD-Verfahren (CVD = **C**hemical **V**apour **D**eposition). Die thermische Oxidation und die Ionenimplantation nehmen eine Sonderstellung ein und werden gesondert behandelt.

2.3.1.1 Beschichtungsmethoden

PVD-Verfahren: Zu den PVD-Verfahren zählen das Aufdampfen (incl. aller Varianten wie reaktives Aufdampfen, ionenunterstütztes Aufdampfen, Ionenplattieren, Molekularstrahlepitaxie) und das Sputtern (incl. aller Varianten wie DC-/HF-Sputtern, Magnetron-Sputtern, Bias-Sputtern, Ionenstrahl-Sputtern, Reaktiv-Sputtern, Dioden-/Trioden-Sputtern) [Frey87]. Bei PVD-Prozessen erfolgt der Aufbau einer dünnen Schicht durch Kondensation eines Dampfes, der aus Atomen, Molekülen oder Clustern besteht, auf einem Substrat. Die Erzeugung des Dampfes geschieht durch thermisches Verdampfen des Schichtmaterials bei hohen Temperaturen (typisch 500-3000 °C) oder durch Herausschlagen von Teilchen aus einer Targetoberfläche mit Hilfe beschleunigter Ionen.

Ein PVD-Prozess (hier am Beispiel des Aufdampfens erläutert) wird in drei Phasen eingeteilt:

2.3 Dünnschichttechnologie

- *Teilchenerzeugung*:
Beim Aufdampfen im Hochvakuum wird Beschichtungsmaterial in einer Verdampfungsquelle so stark erhitzt, dass sich ein ausreichend hoher Dampfdruck und eine genügend hohe Verdampfungsrate bildet. Zum Erhitzen sind Widerstandselemente in Tiegel- oder Wendelform üblich, durch die man hohe Ströme (bis zu einigen 100 A) fließen lässt, oder Elektronenstrahlverdampfer, die Heizleistungen von wenigen hundert Watt bis zu 500 kW erzeugen. Der Sättigungsdampfdruck p_S weist eine exponentielle Abhängigkeit von der Temperatur T auf:

$$p_s(T) = K_1 \cdot \exp(-\Delta G / kT) \tag{2.3-1}$$

(K_1: Konstante, ΔG: Verdampfungswärme, k: Boltzmannkonstante)

Dampfdruckkurven geben diese für jedes Material charakteristische Abhängigkeit in Form von Diagrammen wider, die z. B. bei den Herstellern von Beschichtungsmaterialien erhältlich sind. Sie ermöglichen eine Einschätzung der zur Verdampfung erforderlichen Leistung. Je niedriger der Dampfdruck eines Materials bei einer bestimmten Temperatur, desto höher ist in der Regel die thermische Energie, die für dessen Verdampfung benötigt wird. Die Intensität des Verdampfungsprozesses wird durch die Verdampfungsrate R_V (g/cm²s) beschrieben. Sie stellt die Masse dar, die pro Zeiteinheit die Flächeneinheit des Verdampfungsgutes in Dampfform verlässt:

$$R_V = \sigma_k \cdot p_s(T) \cdot (2\pi kT/m)^{-1/2} \tag{2.3-2}$$

wobei σ_k der Kondensationskoeffizient und m die Atom- bzw. Molekülmasse des Verdampfungsmaterials ist. Aus R_V kann man bei bekannter Dampfstrahlcharakteristik der Quelle und aus ihrem Abstand zum Substrat die Schichtwachstumsrate $R = \Delta d/\Delta t$ auf dem Substrat berechnen, wobei Δd den Schichtdickenzuwachs im Zeitintervall Δt darstellt. Die Wachstumsrate im senkrechten Abstand h über dem Zentrum der Quelle kann man mit folgenden Näherungen abschätzen:

$$R = FR_V/(4\pi h^2 \rho) \quad \text{(Kugelverdampfer)} \tag{2.3-3}$$

$$R = FR_V/(\pi h^2 \rho) \quad \text{(Flächenverdampfer)} \tag{2.3-4}$$

Dabei ist F die Gesamtoberfläche des Verdampfungsgutes und ρ die Dichte. Hinsichtlich Abstrahlcharakteristik unterscheidet man die Grenzfälle einer halbkugelförmigen und einer horizontal-ebenen Verdampfungsgutoberfläche. Mit o. g. Gleichungen und den Dampfdruckkurven können Abschätzungen der Wachstumsrate und damit des Zeitbedarfs für eine Beschichtung durchgeführt werden. In der Praxis wählt man oft Dampfdrücke in der Größenordnung von p_S = 1 Pa, was typische Verdampfungsraten R_V von etwa 10^{-4}-10^{-3} g/cm²s bzw. Wachstumsraten von 0,1-1 nm/s zur Folge hat.

Das Verdampfungsmaterial erreicht hierbei typischerweise Temperaturen von 1000-2000 °C, wobei niedrigschmelzende Materialien wie Zn auch schon bei ca. 400 °C verdampft werden. Ein Regelkreis, in dem ein Schwingquarz-Messsystem die momentane Schichtwachstumsrate bestimmt und mit der Sollvorgabe vergleicht, regelt die Temperatur der Aufdampfquelle und sorgt so für eine konstante Beschichtungsrate. Schwingquarz-Messsysteme ermitteln permanent die Resonanzfrequenz eines einkristallinen Quarzplättchens, die sich durch die zunehmende Massebelegung während der Beschichtung verringert. Massezuwachs Δm und Frequenzänderung Δf sind dabei (innerhalb gewisser Grenzen) direkt proportional. Aus der Dichte des Beschichtungsmaterials und dem gemessenen Massezuwachs pro Zeiteinheit wird die Schichtwachstumsrate R abgeleitet.

In Bild 2.3-1 ist der prinzipielle Aufbau einer Aufdampfanlage gezeigt.

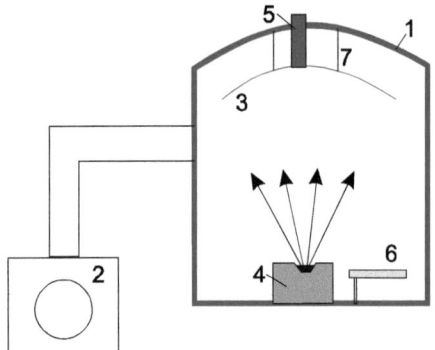

Bild 2.3-1
Schema einer Aufdampfanlage

1   Rezipient = Vakuumkammer,
2   Vakuumpumpstand,
3   Substrathalter,
4   Verdampfungsquelle,
5   Schwingquarz-Messsystem,
6   Glimmelektrode (zur Reinigung der Substratoberfläche),
7   Drehdurchführung zum Substrathalter

Bild 2.3-2 zeigt verschiedene Quellenformen für das Aufdampfen. Für geringe Schichtdicken und leicht verdampfbare Materialien (z. B. Al, Au, Ni, Cu, Ti) werden Widerstandswendeln oder -schiffchen verwendet. Die technisch aufwändigeren Elektronenstrahlverdampfer, z. T. mit drehbaren Mehrlochtiegeln ausgestattet, setzt man für hochschmelzende Metalle und Oxide sowie für das Aufdampfen großer Schichtdicken ein.

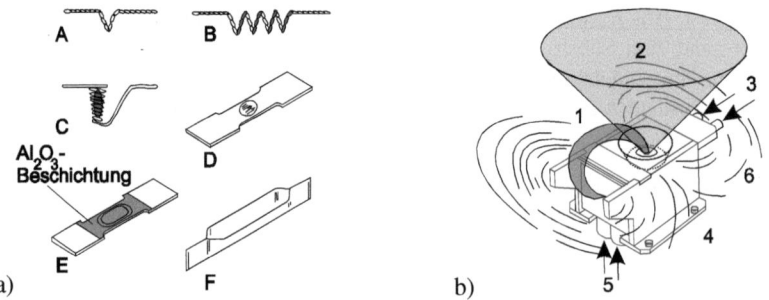

Bild 2.3-2
Quellenformen für das Aufdampfen:
a) Widerstandsbeheizte Quellen (z. B. aus Mo-, W- oder Ta-Wendeln bzw. Blechen);
b) Elektronenstrahlverdampfungsquelle [Frey87] mit 1: Elektronenstrahl, 2: Dampfkeule, 3: Kühlwasserzufuhr, 4: Anodenfenster, 5: Hochspannungs- und Stromzuführung, 6: Magnetfeld zur Strahlumlenkung. Für viele Quellenformen werden oft zusätzliche Tiegel aus Mo, W, Ta, Graphit oder Al_2O_3 verwendet, um eine Benetzung der Heizung bzw. der Quelle zu vermeiden.

- *Transport der Teilchen zum Substrat*:
Die kinetische Energie E_D der Dampfteilchen wird im Wesentlichen durch die Temperatur des Verdampfungsgutes T_V bestimmt:

$$E_D = (1/2)mv^2 = (3/2)kT_V \qquad (2.3\text{-}5)$$

Bei typischen Verdampfungstemperaturen von 1500 K beträgt E_D etwa 0,2 eV. Beim Aufdampfen im Hochvakuum ($p \leq 10^{-5}$ mbar) breiten sich die Dampfteilchen auf geradlinigem Weg von der Quelle aus. Die Form der entstehenden Dampfkeule hängt von der Tiegelform,

2.3 Dünnschichttechnologie

dem Temperaturprofil des erhitzten Verdampfungsgutes sowie der geometrischen Form der verdampfenden Oberfläche ab und bestimmt wesentlich die Schichtdickenhomogenität. Die typischen mittleren freien Weglängen liegen weit oberhalb der geometrischen Abmaße des Rezipienten, so dass die Dampfteilchen auf ihrem Weg zum Substrat keinen Energieverlust durch Stöße mit Restgasmolekülen erleiden. Dies ändert sich mit zunehmenden Drücken, z. B. bei Reaktivprozessen mit Sauerstoff, die bei Drücken im Bereich 10^{-3}-10^{-2} mbar ablaufen oder allgemein bei vorhandenen Restgasen. Im Extremfall werden die Dampfteilchen thermalisiert, d. h. ihre kinetische Energie entspricht derjenigen der Restgasmoleküle von etwa 0,04 eV. Der Transport der Dampfteilchen ist dann nicht mehr gerichtet, sie diffundieren zum Substrat. Während der Transportphase können chemische Reaktionen mit einem Prozessgas stattfinden. Bei diesen Reaktivprozessen reagieren z. B. Ti-Atome mit Sauerstoff, um anschließend auf dem Substrat eine TiO_2-Schicht zu bilden.

- *Kondensation der Teilchen auf dem Substrat*:
Nach der Transportphase kondensiert der Dampf an den Substraten (aber auch an den sonstigen Einbauten und Rezipientenwänden). Beim Auftreffen auf die Substratoberfläche besitzt ein Dampfteilchen eine bestimmte Beweglichkeit. Da die Bindungsenergie des Dampfteilchens zum Substrat meist kleiner ist als die Kohäsionsenergie zu anderen Dampfteilchen, diffundiert es auf der Substratoberfläche so lange, bis es mit anderen Dampfteilchen zusammentrifft und einen so genannten Keim bildet. Diese Keimbildung (Nukleation) erfolgt vorzugsweise an Störstellen (Defekten) des Substrats, da die Teilchen ihre kinetische Energie und die Kondensationsenergie an das Substrat abgeben müssen. Andernfalls kann es zu einer Desorption der Teilchen kommen. Die Keimbildung führt mit zunehmender Beschichtungsdauer zur Bildung von größeren Inseln (vergleichbar mit Flüssigkeitströpfchen), die schließlich zusammenwachsen (Koaleszenz) und eine geschlossene Schicht bilden. Auch während dieser Phase des Schichtwachstums können chemische Reaktionen mit evtl. vorhandenen Gasen auftreten. Die einzelnen Stadien dieser Schichtabscheidung (liquid-like-Wachstum) sind in Bild 2.3-3 dargestellt. Das Stadium einer geschlossenen Schicht wird meist bei Schichtdicken von etwa 10 nm erreicht.

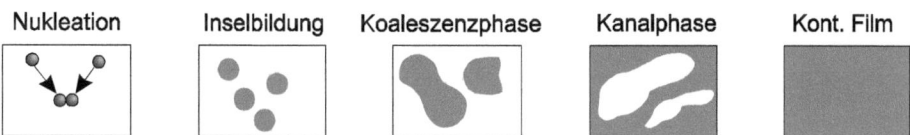

Bild 2.3-3   Modellvorstellung zu den Phasen des
liquid-like-Schichtwachstums dünner PVD-Schichten

Wenn geeignete Prozessgasdrücke, hohe Substrattemperaturen und einkristalline Substratoberflächen vorliegen, können andere Wachstumsvorgänge eintreten. Dampfteilchen besetzen nun die von der defektfreien Kristallgitterstruktur des Substrats vorgegebenen Plätze, so dass eine ebenfalls einkristalline Schicht entsteht. Dabei wird Atomlage auf Atomlage gestapelt (layer-by-layer-Wachstum); der Schichtaufbau wird als epitaktisches Wachstum (Epitaxie) bezeichnet (επι = gleich; ταξισ = Ordnung). Für die Epitaxie muss das Schichtmaterial nicht unbedingt mit dem Substratmaterial identisch sein (Heteroepitaxie). Je nach dem Grad der Fehlanpassung der Gitterkonstanten kann es zu einer weitgehend identischen Kristallstruktur oder – bei schlechter Übereinstimmung der Gitterkonstanten – zu polykristallinen Schichten kommen.

Auch beim *Sputtern* ist die Einteilung in die drei Phasen des Beschichtungsprozesses gültig. Es zeigen sich jedoch bei den einzelnen Teilprozessen starke Unterschiede zum Verdampfen, deren Vorteile sich bei vielen Anwendungen nutzbar machen lassen.

Die Teilchenerzeugung geschieht nicht durch Zufuhr thermischer Energie, sondern der Mechanismus der Targetzerstäubung (engl. sputtering) wird in den meisten Fällen als Stoßkaskade oder (thermischer) Spike beschrieben. Hier wird zunächst eine HF- oder DC-Gasentladung genutzt, um ein Plasma mit positiv geladenen Edelgasionen (z. B. Ar^+, Xe^+) zu erzeugen. Diese Ionen werden durch ein elektrisches Feld auf die als Kathode gepolte Festkörperoberfläche, das Target, beschleunigt und tragen das Targetmaterial ab. Beim Aufprall eines beschleunigten Ions auf die Targetoberfläche verteilt sich ein Teil seiner Energie auf die Gitteratome eines begrenzten Volumens als Folge von quasielastischen Stößen (Bild 2.3-4). Ein Bruchteil der gestoßenen Atome nimmt während des Ablaufs der Stoßkaskade Impuls in Richtung Oberfläche auf und kann das Gitter verlassen, wenn die Bewegungsenergie die Oberflächenbindungsenergie übersteigt. Die das Target verlassenden Atome gelangen nach Stößen mit den Gas-Atomen im Rezipienten zum Substrat und bilden dort eine dünne Schicht. Dabei hängt die mittlere Energie der deponierten Teilchen von der Energie der beschleunigten Ionen, vom Abstand zwischen Target und Substrat und vom Prozessgasdruck ab; sie liegt im Bereich von 5-10 eV. Den typischen Aufbau einer Beschichtungsanlage für Sputterprozesse zeigt Bild 2.3-5 anhand einer einfachen DC-Sputteranlage.

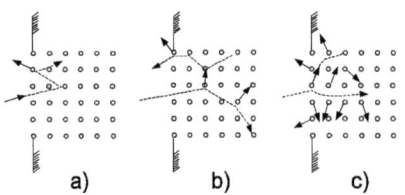

Bild 2.3-4
Stoßkaskade in der Targetoberfläche beim Aufprall eines Ions (gestrichelte Linie):
a) Einzelstoß, b) Stoßkaskade, c) Stoßspitze (Spike) (jeweils links: Plasma-Halbraum, rechts: Festkörper-Halbraum). Das typische Volumen einer Stoßkaskade beträgt etwa 1 nm^3, d. h. es sind etwa 1000 Atome daran beteiligt.

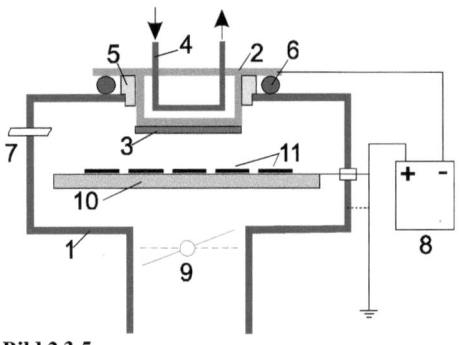

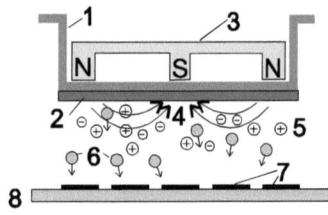

Bild 2.3-5
Schema einer DC-Sputteranlage
1: Rezipient, 2: Kathode, 3: Target, 4: Kühlwasserzufuhr, 5: Isolator, 6: Vakuumdichtung, 7: Gaseinlass, 8: Spannungsversorgung, 9: Hochvakuumventil, 10: Substratträger, 11: Substrate

Bild 2.3-6
Schema eines Magnetrons
1: Kathode, 2: Target, 3: Magneteinsatz, 4: Magnetfeldlinien, 5: Plasma, 6: Targetatome, 7: Substrate, 8: Substratträger

Durch das Anlegen einer Gleichspannung (DC) zwischen Target (3) und Substratträger (10) und das Einlassen eines Gases (z. B. Argon bei $5 \cdot 10^{-3}$ mbar) in den Rezipienten wird eine Glimmentladung gezündet und die positiv geladenen Ionen im Plasma werden zum Target beschleunigt.

2.3 Dünnschichttechnologie

Eine Modifikation ist das Anlegen einer Hochfrequenz-Spannungsversorgung an das Target (HF-Sputtern), um Aufladungseffekte bei elektrisch isolierenden Targetmaterialien zu vermeiden. Andererseits kann eine HF-Spannung (evtl. zusätzlich) auch an den Substratträger angelegt werden (HF-Bias-Sputtern, Sputterätzen), was eine Beschleunigung von Ionen auch in Richtung des Substrats zur Folge hat. Die Ionen reinigen dessen Oberfläche von adsorbierten Gasen und dünnen Oxidschichten bzw. verändern während des Schichtwachstums die Schichtmorphologie und die Kantenbedeckung der abgeschiedenen Schicht. Auch ein zusätzliches statisches Magnetfeld an der Kathode (Magnetron-Sputtern) wird oft eingesetzt. Es greift durch das Targetmaterial hindurch (Bild 2.3-6) und bedingt eine höhere Dichte ionisierter Gasteilchen unmittelbar vor der Targetoberfläche und damit eine höhere Sputterrate, oder es erlaubt Sputterprozesse bei niedrigeren Gasdrücken (geringerer Gaseinbau in die Schicht). Nachteilig ist der durch die Magnetfeld-Inhomogenität bedingte ungleichmäßige Abtrag des Targets.

Die Sputterausbeute, d. h. die mittlere Anzahl der abgetragenen Targetatome je einfallendem Ion, ist stark abhängig vom Massenverhältnis Ion/Targetatom, von der Energie und vom Einschusswinkel der Ionen. Sie liegt meist (z. B. für Argon-Ionen mit 400 eV) zwischen 0,1 bis 3, bei hochenergetischen schweren Ionen (Xe^+) mit Energien von mehreren zehn keV kann sie bis zu 50 betragen. Die Notwendigkeit der Impulsumkehr und damit der Verteilung der Energie des einfallenden Ions auf mehrere Stoßpartner hat zur Folge, dass ein Abtrag der Targetoberfläche erst ab einer bestimmten Schwellenenergie, der sog. Sputterschwelle, einsetzt. Für den Beschuss mit Edelgasionen liegt diese Sputterschwelle bei Energien von 10-30 eV [Frey87]. Die Existenz der Sputterschwelle wird in der Praxis ausgenutzt, um Oberflächen, die nicht abgetragen werden sollen, vor dem Absputtern zu schützen. Anlagen zur Plasmabeschichtung (bzw. zum Sputterätzen) werden daher technisch so ausgelegt, dass lediglich zwischen Plasma und Target (bzw. Substrat) eine Potentialdifferenz existiert, die wesentlich über der Sputterschwelle liegt. Damit werden auch Kontaminationen bei Beschichtungs- und Ätzprozessen vermieden.

Gegenüber dem Aufdampfen besitzt das Sputtern den Vorteil, dass nahezu beliebige Targetzusammensetzungen abgetragen bzw. Schichtzusammensetzungen abgeschieden werden können. Auch wenn bestimmte Komponenten eines Legierungstargets bevorzugt abgesputtert werden, so verschiebt sich das Verhältnis der Komponenten an der Targetoberfläche beim „Einsputtern" derart, dass nach einer gewissen Zeit die Schichtzusammensetzung etwa der Targetzusammensetzung entspricht. Dagegen gelingt das stöchiometrische Aufdampfen von metallischen Legierungen und Oxidgemischen nur mit Flashverdampfungsquellen oder anhand mehrerer simultan arbeitender Aufdampfquellen, deren Raten getrennt zu regeln sind.

Die Transportphase der gesputterten Teilchen wird durch den im Rezipienten herrschenden Druck und die damit verbundene mittlere freie Weglänge bestimmt. Bei hohem Prozessgasdruck ($p \approx 5 \cdot 10^{-2}$ mbar) geben sie durch elastische Stöße den größten Teil der kinetischen Energie ab und werden thermalisiert. Die Targetteilchen diffundieren praktisch durch das Prozessgas. Bei niedrigen Prozessgasdrücken und geringem Abstand von Target und Substrat erfolgt der Transport der Teilchen nahezu ballistisch, d. h. fast ohne Stöße. Sie gelangen dann mit hoher Energie zum Substrat und übertragen diese in die aufwachsende Schicht. Damit besteht die Möglichkeit, über den Prozessgasdruck die mittlere Energie der ankommenden Teilchen zu steuern und Effekte wie die Erzeugung von Druck-/Zugspannung in der Schicht, Verdichtung und Glättung der Oberfläche oder Reinigung zu erzielen. Außerdem kann man bei Reaktivprozessen, bei denen das Targetmaterial mit im Plasma aktivierten Gaskomponenten (z. B. Sauerstoff oder Stickstoff) reagiert, durch den Prozessgasdruck die chemische Zusammensetzung der Schicht steuern. So muss z. B. beim Sputtern von TiO_2 unter Verwendung eines Ti-Targets und eines Ar/O_2-Gasgemisches der O_2-Partialdruck hoch genug sein, um eine möglichst vollständige Oxidation zu erreichen.

Auch die dritte Phase, das Schichtwachstum, wird durch die vorgegebenen Prozessbedingungen beeinflusst. Im Ergebnis der Wachstumsphase können wesentliche Unterschiede zu aufgedampften Schichten auftreten, da die mittlere Energie der kondensierenden Teilchen etwa um den Faktor 10 höher ist und Prozessgasatome in die Schicht eingeschlossen werden. Die kinetische Energie der einfallenden Teilchen kann zur Reinigung der Substratoberfläche und damit zu einer besseren Haftung der Schicht beitragen. Während des Schichtwachstums führt der Energieeintrag zu einer Temperaturerhöhung an der Schichtoberfläche, zu einer Kompaktierung der Schicht und zu einer Beeinflussung von Schichteigenschaften wie Dichte, Brechungsindex, Stress und Kristallinität.

Zum Wachstum und der daraus resultierenden Morphologie wurden zunächst von Movchan und Demchishin [Movchan69], später von J. A. Thornton [Thornton74, Thornton75] Strukturzonenmodelle entwickelt. Sie beschreiben die Schichtmorphologie von aufgedampften und gesputterten Schichten. Das von Thornton entwickelte Modell ist in Bild 2.3-7 dargestellt und verdeutlicht anhand verschiedener Zonen charakteristische Unterschiede der Schichtmorphologie in Abhängigkeit von den Prozessparametern.

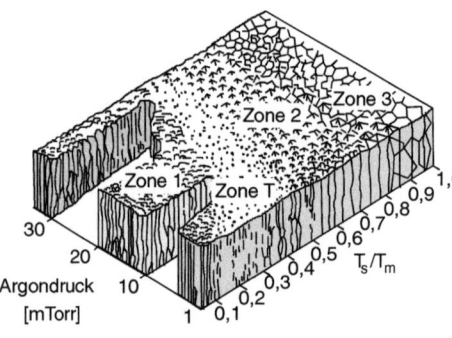

Bild 2.3-7
Strukturzonenmodell nach J. A. Thornton für gesputterte Schichten. In Abhängigkeit vom Sputtergasdruck (Argon) und der Substrattemperatur wurden vier charakteristische Morphologien, eingeteilt in verschiedene Zonen, beobachtet. (T_S/T_M: Verhältnis von Substrattemperatur zu Schmelztemperatur des Schichtmaterials)

Zone 1: porös, geringe Dichte, kleine Kristallite
Zone T: faserförmiges, dichtgepacktes Gefüge mit glatter Oberfläche
Zone 2: säulenförmige Strukturen mit großer Packungsdichte, geringe Oberflächenrauigkeit
Zone 3: rekristallisierte Struktur
Die **Zone T** ist im Strukturzonenmodell für aufgedampfte Schichten nach Movchan und Demchishin [Movchan69] nicht enthalten.

CVD-Prozesse: Bei CVD-Prozessen handelt es sich um eine chemische Reaktion gasförmiger Ausgangsverbindungen (*precursor*) zu Reaktionsprodukten, von denen sich die nichtflüchtigen als dünne Schicht auf der Oberfläche von Substraten, Substrathaltern und den Wänden des CVD-Reaktors abscheiden. Zur Herstellung qualitativ hochwertiger Schichten sollte die maßgebliche chemische Reaktion an der Oberfläche der Substrate ablaufen, und nicht in der Gasphase, da dies zur Partikelbildung während des Beschichtungsprozesses führen kann. Man vermeidet solche Spontanreaktionen durch die Wahl und die Verdünnung der Precursor-Gase und führt zur Anregung des Reaktionsprozesses an der Substratoberfläche Energie in Form von thermischer Energie, durch Plasmaaktivierung oder als Strahlungsenergie (Licht) zu. Hinsichtlich dieser Art der Energiezufuhr unterscheidet man zwischen thermischer, Plasma-induzierter und Laser-induzierter CVD.

- *Thermische CVD* [Rossi88, Zilko88, Kodas94]: Die Zufuhr der zur Anregung der chemischen Reaktion notwendigen Energie erfolgt durch eine Heizung z. B. des Substrathalters

2.3 Dünnschichttechnologie

oder des gesamten Reaktors (als Reaktor bezeichnet man die Reaktionskammer, in der der CVD-Prozess abläuft, vgl. Bild 2.3-8). Die typischen Prozesstemperaturen betragen etwa 600-1200 °C und limitieren daher die Art der verwendbaren Substrate. Man untergliedert die thermischen CVD-Prozesse hinsichtlich des verwendeten Prozessgasdruckes in:
- APCVD = Atmospheric Pressure CVD (1000 mbar),
- RPCVD = Reduced Pressure CVD (10-100 mbar),
- LPCVD = Low Pressure CVD (0,1-1 mbar),

nach der Art der erzeugten Schichten sowie der eingesetzten Precursor z. B. in
- MOCVD = Metal Organic CVD,
- VPE = Vapour Phase Epitaxy.

Als Beispiel einer Anlage für thermische CVD-Prozesse ist in Bild 2.3-8 der Aufbau eines LPCVD-Reaktors gezeigt, in dem dünne Schichten aus Si_3N_4, SiO_2 (LTO = Low Temperature Oxide) und Polysilizium für Halbleiterbauelemente abgeschieden werden.

- *Plasma-induzierte CVD* [Nguyen88, Matsuo88, Segner91]: Hier wird die für eine Aktivierung der Reaktionspartner notwendige Energie durch eine Gasentladung bereitgestellt, indem man mit den Precursor-Gasen ein Plasma zündet. Man arbeitet mit Hochfrequenz- (bei 375 kHz oder 13,56 MHz) sowie Mikrowellenplasmen (915 MHz oder 2,45 GHz) für die
  - PECVD = Plasma Enhanced CVD bzw.
  - MWCVD = Microwave CVD

in entsprechenden Anlagen, die meistens noch über eine Substratheizung oder auch Substratkühlung verfügen. Beim Frequency Mixing verwendet man wechselweise die hochfrequente und niederfrequente Plasmaanregung, wodurch der Schichtstress beeinflusst werden kann. Die Plasmaentladung führt zur Dissoziation der Precursor und zur Entstehung von freien Atomen, Ionen und Radikalen, die miteinander (möglichst auf der Substratoberfläche) reagieren. Typische Beschichtungstemperaturen liegen bei 300-400 °C, so dass (gegenüber den thermischen CVD-Verfahren) das Spektrum der beschichtbaren Substrate sehr stark erweitert werden kann, bis hin zu kostengünstigen Gläsern und hochtemperaturstabilen Polymeren wie Polyimid. Ein typischer PECVD-Reaktor, der z. B. für die Abscheidung von SiO_2-, SiO_xN_y-, Si_3N_4- oder SiC-Schichten verwendet wird, ist in Bild 2.3-8 dargestellt.

- *Laser-induzierte CVD* [Abber88, Stuke93, Stuke94, Stuke95, Lehmann96]: Bei diesem Verfahren werden die Reaktionen ausgelöst, indem durch Einstrahlung monochromatischen Lichts geeigneter Wellenlänge die Precursor selektiv angeregt und dann dissoziiert werden bzw. chemisch reagieren. Es ist auch gelungen, mit Hilfe eines fokussierten Laserstrahls das zu beschichtende Substrat lokal aufzuheizen, um dann eine thermisch induzierte Abscheidung aus der Gasphase zu bewirken (LACVD = Laser Assisted CVD). Letzteres ermöglicht im Prinzip das strukturierte Aufwachsen von CVD-Schichten, indem der Laserstrahl über eine Oberfläche gerastert wird. Eine Anwendung dieses Verfahrens ist die Reparatur von Cr-Masken an Defektstellen durch die lokale Abscheidung des Metalls.

Die in einem CVD-Reaktor durchgeführten chemischen Reaktionen sind vielfältig. Dementsprechend groß ist das Spektrum der verwendeten Precursor und der damit hergestellten Beschichtungen. Man unterscheidet vier prinzipiell verschiedene Reaktionstypen:

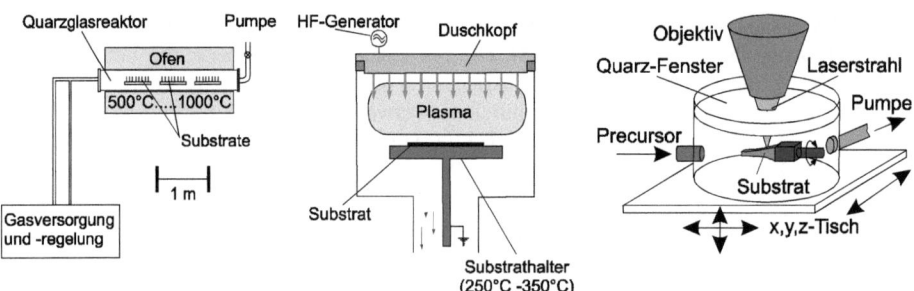

Bild 2.3-8 Typische CVD-Beschichtungsanlagen
links: LPCVD, Mitte: PECVD, rechts: LACVD

1. Chemosynthese: Hier werden Gase in Redoxreaktionen umgesetzt und bilden nichtflüchtige Verbindungen sowie weitere, gasförmige Reaktionsprodukte, die nicht in die Schicht eingebaut werden. Beispiele sind die Bildung von Karbiden, Nitriden und Oxiden:

$TiCl_4$ (g) + CH_4 (g) + H_2 (g) → TiC (f) + 4HCl (g) + H_2 (g)

3 SiH_4 (g) + 4 NH_3 (g) → Si_3N_4 (f) + 12H_2 (g) (LPCVD-Nitrid, T_S = 800-900 °C)

SiH_4 (g) + 2 N_2O (g) → SiO_2 (f) + 2H_2 (g) + 2N_2 (g)

(g): gasförmig, (f): fest, T_S: Substrattemperatur

2. Pyrolyse: Hierbei werden die Precursormoleküle thermisch zersetzt und das Schichtwachstum findet durch die Deposition der nichtflüchtigen Molekülbruchstücke statt. Wesentlich für die Wachstumsrate und die Reinheit der Schicht sind Substrat- und Zersetzungstemperatur der Precursor. Als Beispiel ist die Bildung von Polysilizium aus Silan (SiH_4) dargestellt:

SiH_4 (g) → Si (f) + 2H_2 (g) (LPCVD-Polysilizium, T_S = 620-650 °C)

3. Disproportionierung: Kühlt man bestimmte Gase ab, so kann ein Zerfall in verschiedene Phasen eintreten, unter denen auch nichtflüchtige sein können. Ein auf hoher Temperatur befindliches Gas kann deshalb bei Abkühlung an Substratoberflächen eine Schicht bilden.

$2GeJ_2$ (g) ↔ Ge (f) + GeJ_4 (g)

4. Photo-/Plasmapolymerisation: Durch eine Aktivierung von gasförmigen Monomeren über die Absorption von Lichtquanten oder über Elektronenstöße (z. B. im Plasma) werden freie Bindungen geschaffen, die eine Vernetzung der Monomere zu einer polymerartigen Schicht ermöglichen. Je nach Anregungsmechanismus und Art der Precursor können sehr weiche polymere Schichten mit hohen Gehalten an Wasserstoff, Stickstoff oder Halogenen (z. B. CH_x, CH_xF_y, CF_x, $SiO_xN_yH_z$) oder auch diamantartige Kohlenstoffschichten und quarzartige SiO_2-Schichten mit sehr niedrigen Wasserstoffanteilen hergestellt werden [Yasuda85, Biedermann90, Weichhart93, Wohlrab95].

Bei der Abscheidung von CVD-Schichten an Substratoberflächen sind eine Reihe von Phasen sequentiell zu durchlaufen:

- Transport von Reagenzien zur Substratoberfläche (durch Diffusion)
- Adsorption der Reagenzien an der Substratoberfläche (dabei wird z. B. die Kondensationsenergie in Form von thermischer Energie vom Substrat aufgenommen)
- Vorgänge an der Oberfläche (Diffusion, chemische Reaktion, Einbau im Gitter)
- Desorption und Abtransport der flüchtigen Reaktionsprodukte (Diffusion)

2.3 Dünnschichttechnologie

Der langsamste Einzelschritt bestimmt dabei die lokale Wachstumsrate der Schicht. Der Gesamtprozess ist *diffusionsbegrenzt*, wenn z. B. der Gastransport zur Oberfläche bzw. von der Oberfläche weg durch kleine mittlere freie Weglängen (hohen Druck) eingeschränkt ist. Er kann auch *reaktionsbegrenzt* sein, wenn die Temperatur zu niedrig oder die Anzahl der in einem Plasma erzeugten reaktiven Komponenten zu gering ist.

Am Beispiel verschiedener Silizium-CVD-Prozesse kann der Übergang vom reaktionsbegrenzten zum diffusionsbegrenzten Charakter bei zunehmender Temperatur veranschaulicht werden [Bloem83]. In Bild 2.3-9 sind die Wachstumsraten für Silizium-CVD-Prozesse (verschiedene Precursor) in Abhängigkeit von der Temperatur dargestellt. Man erkennt deutlich zwei Bereiche mit unterschiedlicher Steigung. Bei niedrigen Temperaturen hängt die Depositionsrate R_{Dep} exponentiell von der Temperatur T ab:

$$R_{Dep} = A \cdot \exp(-\Delta E / kT) \qquad (2.3\text{-}6)$$

(A: Proportionalitätsfaktor, ΔE: Aktivierungsenergie, k: Boltzmannkonstante)

In diesem Bereich ist die Wachstumsrate durch die Geschwindigkeit der Reaktionsprozesse bedingt, während die Zufuhr neuer Reaktionspartner durch Diffusion nicht reaktionsbegrenzend wirkt. Die Aktivierungsenergie kann man bei Darstellung der Wachstumsrate als Funktion von 1/T (Arrhenius-Plot wie in Bild 2.3-9) aus der Steigung der Kurve bestimmen.

Bei hohen Temperaturen erhält man eine wesentlich geringere Steigung. Hier ist die Wachstumsrate durch die für den Gastransport notwendige Diffusion begrenzt.

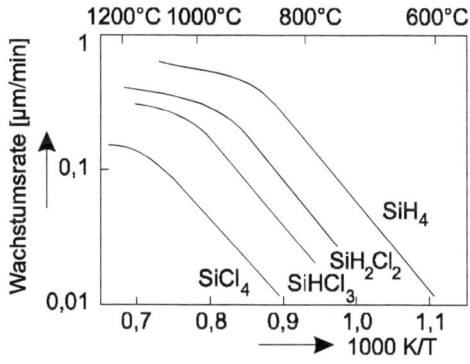

Bild 2.3-9
Temperaturabhängigkeit der Wachstumsrate für Silizium-CVD-Prozesse, bei denen verschiedene Precursor verwendet wurden [Bloem83]

Die Schichtqualität von CVD-Beschichtungen ist stark von den Herstellungsbedingungen abhängig. Die wichtigsten Qualitätskriterien sind die Morphologie und die Reinheit der Schicht (Reste der Precursor) sowie, besonders in der Mikrotechnik, die Kantenbedeckung, Schichtdickenhomogenität und der Schichtstress.

Die Morphologie von CVD-Schichten ist im wesentlichen durch Substrattemperatur, Abscheiderate und Prozessdruck bestimmt. Bei niedrigen Temperaturen, hohen Prozessgasdrücken und hohen Abscheideraten sind amorphe Schichten zu erwarten, während im umgekehrten Fall polykristallines, auf geeigneten Substraten sogar epitaktisches Wachstum auftritt. Speziell bei Silizium zeigt sich ein relativ scharfer Übergang vom amorphen in den polykristallinen ($T_{a\text{-}p} \approx$ 575-625 °C) sowie vom polykristallinen in den einkristallinen Schichttyp ($T_{p\text{-}e} \approx 1000$ °C) [Bloem83]. Verunreinigungen, Dotierungen und Substrateigenschaften können diese Übergangsbereiche jedoch stark verschieben.

Die Kantenbedeckung ist bei CVD-Prozessen in der Regel sehr gut. Selbst strukturelle Unterschneidungen können konform, d. h. mit gleichmäßiger Schichtdicke, beschichtet werden. In Bild 2.3-10 ist ein Vergleich der Konformität eines Aufdampf-, eines Sputter- und eines CVD-Prozesses skizziert. Ursache für die weitgehend konforme CVD-Abscheidung ist die nahezu vollständige Isotropie der Bewegungsrichtung der Gaskomponenten und wegen meist hoher Substrattemperaturen die sehr große Oberflächenbeweglichkeit der Reaktanden. Trotzdem gibt es einschränkende Faktoren wie hohe Prozessgasdrücke, ungeeignete Partialdrücke der Reaktanden oder sehr hohe Aspektverhältnisse, die zu schlechten Kantenbedeckungen führen. Anwendungen, bei denen die Kantenbedeckung von besonderer Bedeutung ist, sind z. B. Lift-off-Prozesse zur Strukturierung von Edelmetallschichten und Funktionselemente, die durch Oberflächenmikromechanik realisiert werden (vgl. Kap. 3.2).

a) Bedampfte Unterschneidung   b) Besputterte Unterschneidung   c) Konforme CVD-Beschichtung

Bild 2.3-10   Konformität bei Aufdampf-, Sputter- und CVD-Prozessen

Die Schichtdickenhomogenität auf dem Substrat ist ein Kernproblem aller CVD-Verfahren. Zwar gibt es Anwendungen, bei denen die Homogenität nicht von zentraler Bedeutung ist (z. B. die Abscheidung von PECVD-Si_3N_4 als Passivierungsschicht). Aber der weitaus größere Teil der Anwendungen toleriert nur Abweichungen der Schichtdicke über einem Substrat von wenigen Prozent (z. B. bei epitaktischen Schichten für Transistoren und Halbleiterlaser oder bei PECVD-Si_3N_4 für Cantilever mit definierten mechanischen Eigenschaften). Oft beeinflussen die Anforderungen an die Schichtdickenhomogenität die Auswahl des CVD-Verfahrens und des Anlagentyps. Daraus resultieren dann der erzielbare Waferdurchsatz, die Effizienz des Prozesses (Ausnutzung der z. T. teuren Precursor), die Wirtschaftlichkeit des Verfahrens und letztendlich die Kosten einer Beschichtung pro Substrat.

Thermische Oxidation: Die thermische Oxidation von Silizium ist einer der wichtigsten Standardprozesse in der Halbleitertechnologie. SiO_2 wird als Maske gegenüber einer Implantation oder Diffusion, als Passivierungs- oder als Isolationsschicht (z. B. in MOS-Bauelementen, Kap. 4.2.1) benutzt. Entsprechende Anwendungen existieren auch in der Mikrosystemtechnik. Beispielsweise ist ein thermisch oxidierter Siliziumwafer aus Kostengründen und aus Gründen der Temperaturstabilität einfachen Glaswafern mit vergleichbarer Oberflächenqualität vorzuziehen, vor allem dann, wenn eine Integration von Halbleiterbauelementen sinnvoll ist.

Verfahren zur Oxidation von Silizium sind die thermische Oxidation in Horizontal- oder Vertikalöfen bei hohen Temperaturen (700-1100 °C) in oxidierender Atmosphäre (O_2, HCl-O_2, O_2-H_2O), die Plasmaoxidation, die Hochdruckoxidation oder RTP-Verfahren (Rapid Thermal Processing) [Katz88].

Da Silizium eine hohe Affinität zu Sauerstoff besitzt, oxidiert eine blanke Siliziumoberfläche in oxidierender Umgebung sehr schnell. Ein bei Raumtemperatur an Luft gelagerter Wafer baut eine Oxidschicht mit einer Dicke bis etwa 2 nm auf (natives Oxid) [Kogure93, Hattori94]. Die grundlegenden chemischen Reaktionen der am häufigsten verwendeten Verfahren sind

$$Si\,(f) + O_2\,(g) \rightarrow SiO_2\,(f) \qquad \text{(Trockenoxidation)}$$

2.3 Dünnschichttechnologie

$$Si\ (f) + 2H_2O\ (g) \rightarrow SiO_2\ (f) + 2H_2\ (g) \qquad \text{(Nassoxidation)}$$

Sie führen zu einer aus kovalenten Silizium-Sauerstoff-Bindungen bestehenden amorphen SiO_2-Schicht von wenigen nm bis hin zu mehreren µm Dicke. Zum Wachstum einer Oxidschicht ist die Adsorption des Oxidationsmittels aus der Gasphase an der Oberfläche, die Diffusion durch die bereits vorhandene Oxidschicht und schließlich die Reaktion mit dem Silizium an der Phasengrenze SiO_2/Si notwendig. Während des Oxidationsvorgangs wandert die Grenzfläche zwischen SiO_2/Si in das Silizium hinein, wobei sich das Volumen des ursprünglichen Si bei der Wandlung in SiO_2 vergrößert. Wegen der Dichten und der Molekulargewichte von SiO_2 und Si wird für das Wachstum einer Oxidschicht der Dicke d eine Siliziumschicht der Dicke $0{,}44 \cdot d$ verbraucht. Die Wachstumsrate des SiO_2 auf einem einkristallinen Si-Wafer ist stark von der Temperatur und der Art der oxidierenden Umgebung abhängig, aber auch von Verunreinigungen, Defekten und Dotierstoffen sowie der Kristallorientierung. Nach dem Modell von Deal und Grove [Deal65] wird das Wachstum der Oxiddicke d_{Ox} in Abhängigkeit von der Zeit t (oberhalb von 30 nm) sehr gut beschrieben durch:

$$d_{Ox}(t) = \left[A^2/4 + B(t+\tau) \right]^{1/2} - A/2 \qquad (2.3\text{-}7)$$

Tabelle 2.3-1 Ratenkonstanten für die Nassoxidation von (111)-Silizium [Deal65, Katz88]

Oxidations-temperatur [°C]	A [µm]	Parab. Ratenkonstante B [µm²/h]	Lin. Ratenkonstante B/A [µm/h]	τ [h]
1200	0,05	0,720	14,40	0
1100	0,11	0,510	4,64	0
1000	0,226	0,287	1,27	0
920	0,50	0,203	0,406	0

Tabelle 2.3-2 Ratenkonstanten für die Trockenoxidation von (111)-Silizium [Deal65, Katz88]

Oxidations-temperatur [°C]	A [µm]	Parab. Ratenkonstante B [µm²/h]	Lin. Ratenkonstante B/A [µm/h]	τ [h]
1200	0,040	0,045	1,12	0,027
1100	0,090	0,027	0,30	0,076
1000	0,165	0,0117	0,071	0,37
920	0,235	0,0049	0,0208	1,40
800	0,370	0,0011	0,0030	9,0
700	–		0,00026	81,0

Darin sind A und B Konstanten, die von der Temperatur, der Kristallorientierung und von der Art der durch das Oxid diffundierenden Moleküle abhängig sind. τ ist definiert durch die notwendige Verschiebung der Zeitskala, wenn bereits eine gewisse Oxiddicke d_i beim Start des Oxidationsvorganges vorhanden ist oder wenn Prozesse ablaufen, die zu einem schnelleren Wachstum als in dem von Deal und Grove zugrundegelegten Modell führen (z. B. bei sehr dünnen Oxidschichten):

$$\tau = (d_i^2 + A d_i)/B \qquad (2.3\text{-}8)$$

B wird parabolische Ratenkonstante genannt und kommt insbesondere bei dicken Oxidschichten zum Tragen, während B/A, die lineare Ratenkonstante, für kurze Oxidationszeiten von Bedeutung ist. Die Tabellen 2.3-1 und 2.3-2 enthalten die Ratenkonstanten für Nass- und Trockenoxidation von (111)-Si-Wafern bei verschiedenen Temperaturen. Zur Bestimmung der Oxidationszeit für eine bestimmte Oxiddicke bei einer bestimmten Temperatur werden oft Ratendiagramme (Bild 2.3-11 und 2.3-12) verwendet.

Die Temperaturabhängigkeit der parabolischen Ratenkonstante entspricht der von Diffusionskonstanten, d. h. B steigt exponentiell mit der Temperatur an. Im Falle der Trockenoxidation lässt sich aus der Temperaturabhängigkeit eine Aktivierungsenergie für die Diffusion von Sauerstoffmolekülen durch SiO_2 von 1,24 eV bestimmen. Für die Nassoxidation wurde hingegen eine Aktivierungsenergie für die Diffusion von Wassermolekülen von 0,71 eV bestimmt. Für die lineare Ratenkonstante B/A wurde ebenfalls eine exponentielle Temperaturabhängigkeit gefunden, die auf Aktivierungsenergien von 1,96 bzw. 2,0 eV für die chemische Reaktion der Sauerstoff- bzw. Wassermoleküle an der Phasengrenze SiO_2/Si schließen lässt.

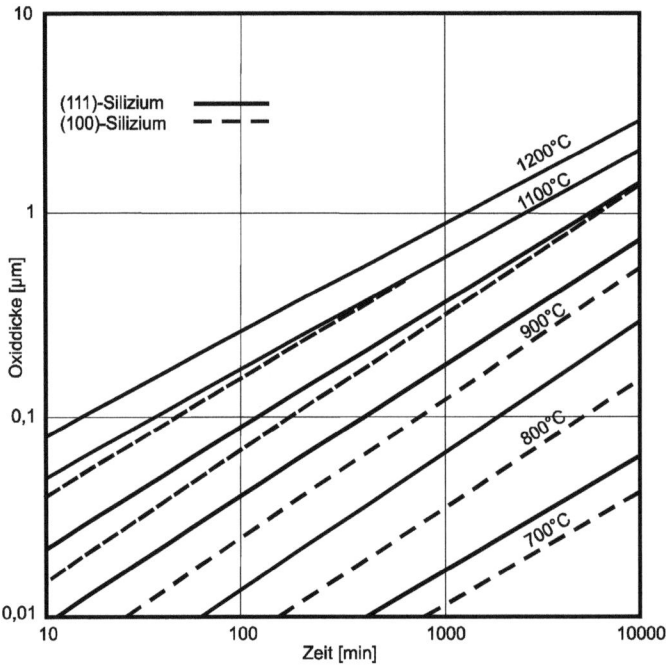

Bild 2.3-11
Oxiddicken in Abhängigkeit von der Oxidationszeit für verschiedene Temperaturen und Si-Kristallorientierungen.

Prozess:
Trockenoxidation

2.3 Dünnschichttechnologie

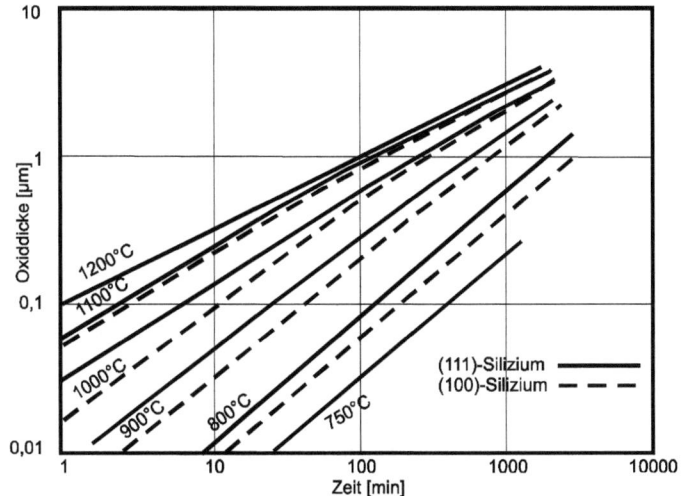

Bild 2.3-12
Oxiddicken in Abhängigkeit von der Oxidationszeit für verschiedene Temperaturen und Si-Kristallorientierungen.

Prozess: Nassoxidation

Obwohl der Diffusionskoeffizient für Wasser in SiO_2 niedriger ist als für Sauerstoff, zeigt die Nassoxidation eine wesentlich höhere Aufwachsrate als die entsprechende Trockenoxidation. Ursache hierfür ist die höhere Löslichkeit der Wassermoleküle in SiO_2, die zu einem höheren Gesamtfluss (Zahl der Moleküle pro Zeit- und Flächeneinheit) der Wassermoleküle durch die Oxidschicht führt.

In der Halbleitertechnologie ist auch die thermische Oxidation von Polysilizium und Metallsiliziden (z. B. $MoSi_2$, $CoSi_2$, WSi_2) wichtig [Katz88, Hung97, d'Heurle95, Nicolet83, Mashiko95]. Die Metallsilizide sind aufgrund ihrer hohen elektrischen Leitfähigkeit im Vergleich zu dotiertem Polysilizium für die elektrische Kontaktierung von Halbleiterbauelementen von Bedeutung. Um mehrere übereinanderliegende Kontaktierungsebenen voneinander zu isolieren, kann man über thermische Oxidation von Metallsiliziden eine isolierende, metallfreie SiO_2-Schicht erzeugen (Bild 2.3-13).

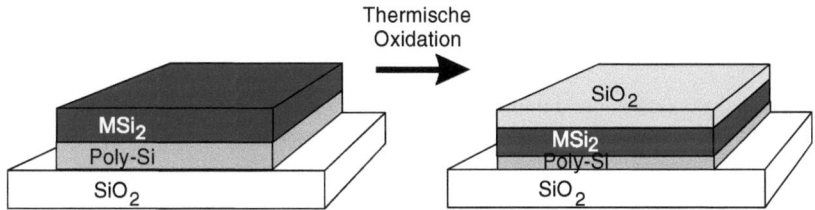

Bild 2.3-13 Thermische Oxidation von Metallsiliziden: Es entsteht eine metallfreie SiO_2-Schicht an der Oberfläche des Metallsilizids

Das Wachstum einer SiO_2-Schicht an der Oberfläche wird durch zwei wesentliche Diffusionsprozesse bestimmt. Zum einen ist eine Diffusion von Silizium hin zur oxidierenden Phasengrenze notwendig, was ein gewisses Si-Reservoir als Unterlage der Metallsilizidschicht notwendig macht. Zum anderen wird die Wachstumskinetik der SiO_2-Schicht durch die notwendige Diffusion des Oxidationsmittels (O_2 oder H_2O) und die Reaktion mit Silizium bestimmt.

Zur Herstellung gut isolierender, metallfreier Oxidschichten sind Prozessparameter zu wählen, die eine ausreichende Versorgung der Phasengrenze Oxid/Metallsilizid mit Silizium gewährleisten.

2.3.1.2 Ionenimplantation

Bei der Ionenimplantation wird ein Strahl aus beschleunigten Ionen auf eine Probe geschossen. Sie dringen in die Probenoberfläche ein und werden durch Wechselwirkung mit den Elektronen und Atomkernen der Probe abgebremst, so dass sie innerhalb einer gewissen Schichtdicke zur Ruhe kommen und dort ihre chemische oder physikalische Wirkung entfalten. Dabei sind beliebige Ion/Substrat-Kombinationen möglich. Die Energie der Ionen liegt je nach Bedarf bei einigen keV bis hin zu einigen MeV.

Einer der wichtigsten Parameter zur Charakterisierung der Ionenimplantation ist die Reichweite R der Ionen, d. h. die durch Stoßprozesse mit Elektronen und Atomkernen des Substrats bedingte Eindringtiefe. Die Anzahl der Stöße und der Energieübertrag während eines Stoßes sind statistische Größen, deswegen haben Ionen gleicher Energie nicht die gleiche Reichweite. Es ergibt sich eine Verteilung der individuellen Reichweiten R_i um einen Mittelwert $<R>$ mit einer Streuung ΔR. Die auf die Einfallsrichtung projizierte Reichweite R_p, die projizierte Reichweitestreuung ΔR_p und die seitliche Streuung $R_\perp$ sind ebenfalls statistische Größen und charakterisieren die Verteilung der Dotierstoffe nach einer Implantation. Die Reichweite hängt von der Energie und der Masse der Ionen, der Masse der Atome des Substrats und von dessen Kristallstruktur ab. Typische Werte liegen im Bereich weniger nm (z. B. ~14 nm für 10 keV-Phosphorionen in Si) bis hin zu mehreren µm (z. B. ~1,8 µm für 1 MeV-Borionen). In Bild 2.3-14 sind als Beispiel die Reichweiten R_p und die Reichweitestreuungen ΔR_p für verschiedene Ionenarten in Abhängigkeit von ihrer Energie aufgetragen.

Berechnungen zur Reichweite von Ionen in amorphen Festkörpern wurden von Linhard, Scharff und Schiøtt (LSS-Theorie) durchgeführt [Linh63]. Darin werden zwei Wechselwirkungsmechanismen zugrunde gelegt, die elastische Coulombwechselwirkung zwischen den abgeschirmten Kernladungen des Ions und der Substratatome und die inelastische Wechselwirkung des Ions mit den Elektronen im Substrat. Die theoretische Konzentrationsverteilung $N(x)$ der Ionen ist nach der LSS-Theorie gaußförmig:

$$N(x) = \frac{N_0}{\sqrt{2\pi(\Delta R_p)^2}} \exp\left[-\frac{(x-R_p)^2}{2(\Delta R_p)^2}\right] \qquad (2.3\text{-}9)$$

mit N_0 als Flächendosis (Ionen/cm^2) und $N(x)$ als Ionenkonzentration (Ionen/cm^3) in der Tiefe x des Substrats. Die Maximaldotierung an der Stelle $x = R_p$ ist dann

$$N_{\max} = N_0 / \sqrt{2\pi(\Delta R_p)^2} \qquad (2.3\text{-}10)$$

Bild 2.3-15 zeigt als Beispiel theoretische Reichweiteverteilungen von Borionen in Silizium. Die einfache LSS-Theorie liefert für niedrige Energien (< 100 keV) und amorphe, einkomponentige Substrate befriedigende Ergebnisse. Für höhere Energien und komplexe, aus mehreren Elementen aufgebaute Schichtsysteme ist die von Ziegler, Biersack und Littmark entwickelte Theorie (ZBL-Theorie) anwendbar. Im Vergleich mit experimentell bestimmten Reichweiten lässt sie Berechnungen mit Abweichungen kleiner 10 % zu [Ziegler85a, Ziegler85b].

2.3 Dünnschichttechnologie

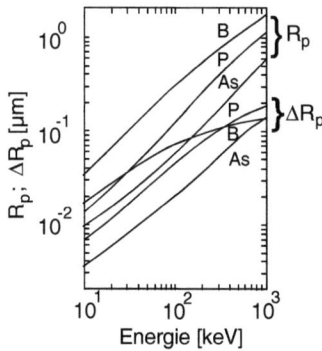 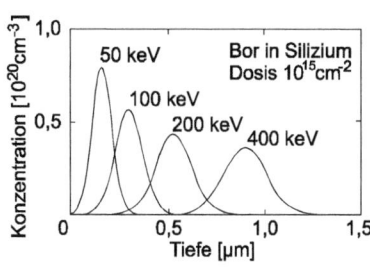

Bild 2.3-14 Reichweite R_p und Reichweitestreuung ΔR_p für Arsen, Phosphor und Bor in amorphem Silizium [Gibbons75]

Bild 2.3-15 Theoretische Reichweiteverteilung von Borionen unterschiedlicher Energie in amorphem Silizium [Ryssel78]

Im Gegensatz zum amorphen und polykristallinen Fall sind in einkristallinen Materialien bei Implantationen entlang bestimmter Kristallachsen (Vorzugsrichtungen) ausgeprägte Peaks in der Reichweiteverteilung festzustellen. Dieser Channeling-Effekt muss in der Halbleitertechnologie vermieden werden, weshalb hier während der Implantation eine Verkippung von Kristallachsen ($\approx 7°$ bei (100)-Silizium) relativ zum Ionenstrahl erfolgt. Man kann auch eine dünne Schicht aufbringen, um eine leichte Änderung der Vorzugsrichtung der Ionen beim Eindringen in die Substratoberfläche herbeizuführen. Bei der Implantation in Silizium wird dies durch das Aufwachsen einer dünnen SiO_2-Schicht (Streuoxid) realisiert (Bild 2.3-16). Abhängig von der Ionendosis und der Temperatur tritt bei der Implantation von einkristallinem Silizium Amorphisierung auf (Bild 2.3-17).

Implantierte Ionen sind im allgemeinen nach der Implantation elektrisch inaktiv. Durch eine Temperung (Ausheilen) können die Dotierstoffe aktiviert werden. Bei Silizium beträgt die typische Ausheiltemperatur ca. 900-1000 °C, für III/V- und II/VI-Verbindungshalbleiter liegen die Werte deutlich niedriger (400-600 °C). Während des Ausheilens kann es zu einer thermisch aktivierten Diffusion der Dotierstoffe kommen. Sie kann im einfachsten Fall anhand der Lösung der eindimensionalen Diffusionsgleichung mit konstantem Diffusionskoeffizienten D (2. Fick`sches Gesetz)

$$\partial N(x)/\partial t = D \cdot \partial^2 N(x)/\partial x^2 \qquad (2.3\text{-}11)$$

beschrieben werden. Geht man von einer gaußförmigen Ionenverteilung nach der Implantation aus, so ergibt sich für ein von $-\infty$ bis $+\infty$ ausgedehntes Material als Lösung dieser Differentialgleichung die Dotierstoffkonzentration nach der Diffusion

$$N(x) = \frac{N_{max}}{\sqrt{1+\frac{2Dt}{(\Delta R_p)^2}}} \exp\left[-\frac{(R_p - x)^2}{2(\Delta R_p)^2 + 4Dt}\right] \qquad (2.3\text{-}12)$$

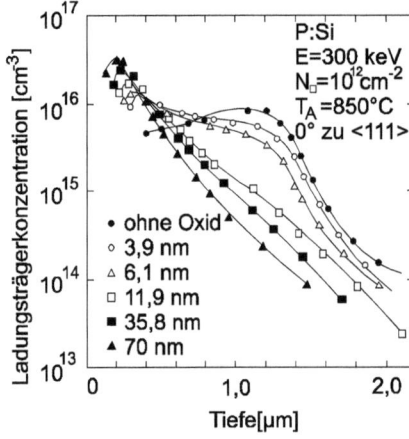 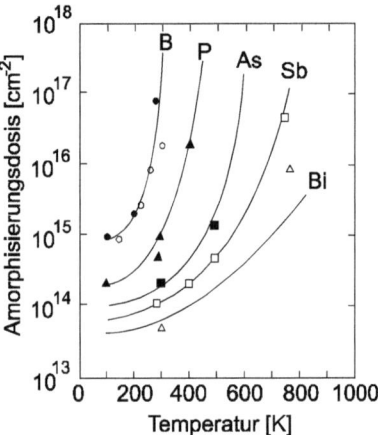

Bild 2.3-16 Abhängigkeit des Channeling-Effektes von der Oxidbedeckung für 300 keV Phosphor-Ionen in Silizium [Ryssel78]

Bild 2.3-17 Temperaturabhängigkeit der kritischen Dosis für die Amorphisierung von Silizium durch Bor, Phosphor, Arsen, Antimon und Wismut [Ryssel78]

Für eine realitätsnahe Berechnung ist das implantierte Material natürlich besser als ein von 0 bis +∞ ausgedehnter Halbraum zu betrachten, was zu komplizierteren Lösungen führt. Dennoch beschreibt Gl. (2.3-12) für größere Tiefen die experimentell bestimmten Konzentrationsprofile sehr gut. Für oberflächennahe Bereiche treten dagegen beträchtliche Abweichungen auf, da die Diffusionsprozesse durch die Halbleiteroberfläche begrenzt werden (Bild 2.3-18). In vielen Fällen ist an der Oberfläche außerdem die Ausdiffusion (Verdampfen, Diffusion in darüberliegende Schichten) der Dotierstoffe zu berücksichtigen. Solche Effekte müssen mit präziseren Lösungsansätzen, die z. B. Abhängigkeiten der Diffusionskoeffizienten von der Konzentration oder die beschleunigte Diffusion über Leerstellen und Zwischengitterplätze berücksichtigen, beschrieben werden [Ryssel78].

Eine andere Dotiertechnologie ist die Dotierstoff-Diffusion aus einer vorher deponierten Glasschicht (PSG = Phosphorsilikatglas, BSG = Borsilikatglas) oder aus der Gasphase in das Substrat. Der Prozess findet in einem Diffusionsreaktor statt. In der Regel ist das ein 2-3 m langes, beheiztes, temperaturgeregeltes Quarzrohr mit homogener Temperaturverteilung in der Zone, in der die Si-Substrate vertikal stehend angeordnet sind. Der Dotierstoff (z. B. Phosphor, Bor) dringt bei hoher Temperatur (ca. 1000 °C) infolge Diffusion aus der Glasschicht in das Si-Substrat ein. Bei Dotierung aus der Gasphase lagern sich gasförmige Dotierstoffe an der Grenzfläche zum Si-Substrat an und dringen von dort aus in das Si-Volumen ein. Dotierstoffe werden hier z. B. durch Befüllung des Diffusionsreaktors mit gasförmigem $POCl_3$ oder durch ein Quellensubstrat (z. B. keramische Bornitrid-Scheiben) bereitgestellt. Die Dotierung über Diffusion aus der Grenzschicht hat jedoch den Nachteil, dass eine exakte Einstellung der Dotierstoffkonzentration über die Prozessparameter nur schwer möglich ist [Kruest76, Goldsmith67].

Die am weitesten verbreitete Anwendung der Ionenimplantation ist die Dotierung von Halbleitern zur Herstellung elektronischer Bauelemente und Sensoren. Hier bietet sie gegenüber anderen Verfahren (Dotierung während des Kristallwachstums bzw. der Epitaxie, Diffusion aus der Grenzschicht) eine Reihe technologischer Vorzüge, wie z. B.

2.3 Dünnschichttechnologie

- Schnelligkeit, Homogenität und Reproduzierbarkeit des Dotierungsvorgangs,
- exakte Kontrolle der Menge der implantierten Ionen,
- variable Dotierungsprofile durch Mehrfachimplantationen bei unterschiedlichen Energien,
- einfache und gut beherrschbare Maskierverfahren zur strukturierten Dotierung,
- Trennung von Dotier- und Diffusionsvorgang und
- geringe laterale Streuung.

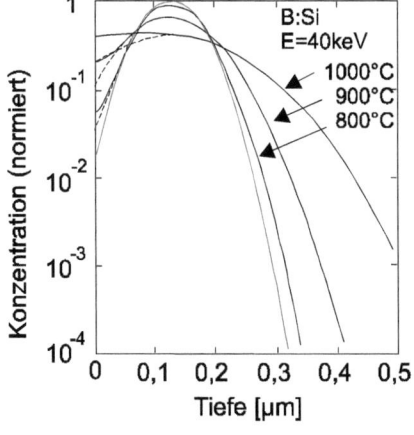

Bild 2.3-18
Berechnete Veränderung des Implantationsprofils (normiert auf Maximalkonzentration) von Bor in Silizium durch thermische Diffusion nach [Ryssel78]

Die Diffusionszeit beträgt jeweils 10 min. Als Parameter für die Berechnungen wurden verwendet:
$R_p = 0,13$ µm, $\Delta R_p = 0,044$ µm, Diffusionskoeffizient
$D = D_0 \cdot \exp(-E_a/kT)$ mit $D_0 = 0,15$ cm^2/s,
$E_a = 3,19$ eV. Daraus folgt:

D (800 °C) = $1,6 \cdot 10^{-16}$ cm^2/s,
D (900 °C) = $30 \cdot 10^{-16}$ cm^2/s,
D (1000 °C) = $360 \cdot 10^{-16}$ cm^2/s

.... Konzentration nach Implantation

- - - - Konzentration nach Diffusion im unendlich ausgedehnten Material nach Gl. (2.3-12)

——— Konzentration nach Diffusion im Halbraum ohne Ausdiffusion an der Oberfläche

Ein typisches Bauelement, das durch Ionenimplantation in Halbleitermaterialien erzeugt wird, ist der Feldeffekt-Transistor (FET). Als Beispiel sind verschiedene Ausführungsformen eines FETs in Bild 2.3-19 dargestellt. Wichtig für die Funktion des Bauelementes ist eine möglichst geringe Überlappung der Gate-Elektrode mit dem gut leitfähigen Drain- bzw. Source-Gebiet.

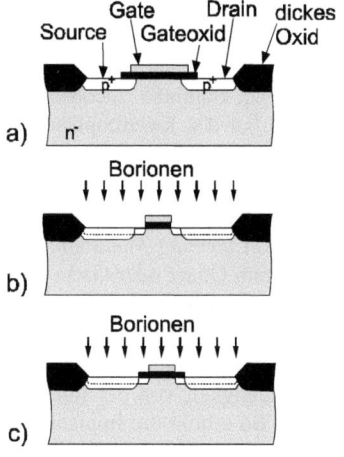

Bild 2.3-19 Schematische Darstellung verschiedener Ausführungsformen eines MOS-Transistors (MOS = Metal Oxid Semiconductor) [Ryssel78]:

a) Konventionelles Design mit starker Unterdiffusion und Gate-Drain- bzw. Gate-Source-Überlappung

b) Selbstjustierung von Gate relativ zu Source bzw. Drain durch Ionenimplantation

c) Selbstjustierung unter Einbeziehung einer Implantation durch ein passivierendes Oxid hindurch.

Dadurch kann die Drain-Gate- bzw. Source-Gate-Kapazität minimiert werden. Am besten ist diese Forderung durch Ionenimplantation zu erfüllen. Beim Implantieren von z. B. Bor-Ionen wirkt die Gateelektrode wie eine Maskierung, die Ionen nicht hindurchlässt und damit Source- und Drain-Bereich exakt begrenzt (Selbstjustierung der Gate-Elektrode).

Neben der Implantation von Halbleitern zur Erzielung bestimmter Ladungsträgerkonzentrationen gibt es in der Mikrosystemtechnik eine Reihe weiterer Anwendungen, die z. T. die Implantation einer sehr hohen Dosis oder mit sehr hoher Energie (> MeV) erfordern:

- *Erhöhung des elektrischen Widerstandes*: Durch die bei der Ionenimplantation erzeugten Strahlenschäden kann der spezifische Widerstand in Halbleitern um mehrere Zehnerpotenzen ansteigen. Dies wird genutzt, um nebeneinanderliegende Bauelemente elektrisch zu isolieren [Dyment73, Spitzer73]. In Silizium können durch die Implantation mit Sauerstoff und anschließende Temperung isolierende SiO_2-Schichten unter dünnen einkristallinen Si-Schichten erzeugt werden (SIMOX = **S**eparation by **Im**plantation of **Ox**ygen) [Diem95].
- *Modifikation der optischen Eigenschaften*: Durch Strahlenschäden kann man Änderungen des Brechungsindex hervorrufen. Die Implantation von z. B. Lithium in Quarz erhöht den Brechungsindex um mehrere Prozent ($\Delta n \approx 0{,}04$ bei einer Dosis von 10^{15} cm^{-2}). Mit einer Stickstoffimplantation in Quarz oder Quarzglas, die die Bildung von Siliziumoxynitrid bewirkt, erreicht man noch größere Indexänderungen (bis $\Delta n \approx 0{,}5$) [Standley72]. Auch die Implantation in III-V-Halbleitern wie GaAs, GaP und $GaAs_{1-x}P_x$ führt zu Änderungen des Brechungsindex oder zur Erhöhung der Lumineszenzausbeute [Garmire72, Ryssel78].
- *Erhöhung/Erniedrigung der Sprungtemperatur von Supraleitern*: Durch die Bildung von metastabilen Legierungen, die mit anderen Verfahren nicht herstellbar sind, kann man dünne Schichten supraleitender Verbindungen synthetisieren, deren Sprungtemperatur höher ist als die des Substrats. Andererseits können Strahlenschäden die Sprungtemperatur lokal erniedrigen; ggf. dienen solche Bereiche als Haftzentren für magnetische Flussschläuche. Dabei wird ausgenutzt, dass der Verlauf magnetischer Flussschläuche durch gestörte, nicht supraleitende Bereiche energetisch begünstigt ist, so dass kritische Stromdichten bei angelegten Magnetfeldern erhöht werden können [Ryssel78, Kraus94].
- *Haftungsverbesserung an Grenzflächen*: Phasengrenzen zwischen der Oberfläche eines Substrats und einer darauf aufgebrachten dünnen Schicht (z. B. Au auf Si) können durch hochenergetischen Ionenbeschuss gestört werden. Durch eine so genannte Knock-on-Implantation mit hoher Dosis werden die Atome beider Phasen an der Grenzfläche vermischt. Auch können aufgrund des Energieeintrags neue, vorher nicht vorhandene chemische Bindungen entstehen. Dies wird zur Verbesserung der Adhäsion schlecht haftender Metalle (Edelmetalle) auf isolierenden Substraten eingesetzt [Tombrello85, Baglin85, Jacobsen83]. In Bild 2.3-20 ist die Tiefenabhängigkeit des Energieeintrags bei der Ionenimplantation dargestellt. Bei dieser Anwendung wählt man die Implantationsenergie so, dass das Maximum des Energieeintrags an der Stelle der Phasengrenze liegt.
- *Erhöhung der Ätzrate*: Durch die erzeugten Strahlenschäden verändern sich auch die chemischen Eigenschaften. Dies kann zur Mikrostrukturierung schwer ätzbarer Materialien genutzt werden. So wurden z. B. Mikrostrukturen aus einkristallinem Quarz oder GaAs nach hochenergetischer Ionenimplantation unter Verwendung einer entsprechenden Schattenmaske geätzt (MITE = Micro Ion Track Etching) [Hjort96, Thornell97].
- *Oberflächenvergütung*: Materialeigenschaften wie Abrieb, Oberflächenhärte, Reibung, Korrosionsbeständigkeit und Schmierfähigkeit können in Abhängigkeit von der Ionenart, der Dosis oder der Implantationstemperatur verbessert werden. So erhöht die Implantation von Stickstoff in Stahl oder Titan die Abriebfestigkeit. Allerdings sind dafür hohe Dosen von etwa 10^{18} cm^{-2} erforderlich. Die Anwendungen liegen z. B. bei der Vergütung von Hüftgelenken und Werkzeugen [Basta85, Sato86, Smidt85, Dearnaley85, Hubler85].

2.3 Dünnschichttechnologie

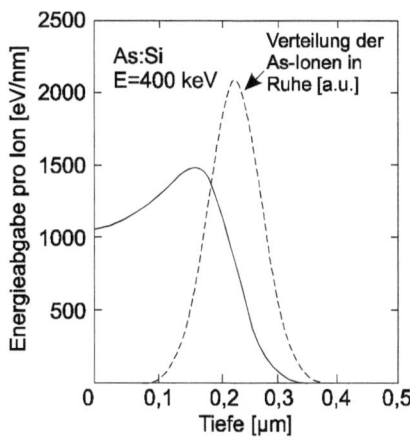

Bild 2.3-20 Tiefenabhängigkeit der Energieabgabe (hier 400 keV As-Implantation in Si) [Tsurushima71]

2.3.1.3 Charakterisierungsmethoden für dünne Schichten

Nach der Abscheidung einer dünnen Schicht ist immer, zumindest stichprobenartig, eine Bestimmung der für die Anwendung wesentlichen Eigenschaften notwendig. Hierfür gibt es eine Vielzahl von Charakterisierungsmethoden, deren vollständige Darstellung den Rahmen dieses Buches bei weitem sprengen würde. Dargestellt werden hier einige wichtige Methoden, die mit geringem apparativem Aufwand verbunden sind und oft auch in der industriellen Fertigung zur Qualitätskontrolle eingesetzt werden.

Elektrische Leitfähigkeit: Die elektrische Leitfähigkeit σ (bzw. der spezifische elektrische Widerstand $\rho = 1/\sigma$) dünner Schichten weicht in der Regel vom Wert des Bulkmaterials ab. Sie kann aus der Messung des Flächenwiderstandes $R_\square$ berechnet werden. Der Flächenwiderstand ist der Widerstand einer quadratisch strukturierten Schicht (Bild 2.3-21).

Bild 2.3-21 Zur Definition des Flächenwiderstandes: Der Widerstand einer Schicht der Länge l, Breite b und Dicke d ist (mit ρ als spezifischem elektrischem Widerstand):
$R = \rho \cdot l / d \cdot b$
Er beträgt bei quadratischer Fläche ($l = b$):
$R_\square = \rho/d = 1/\sigma \cdot d$

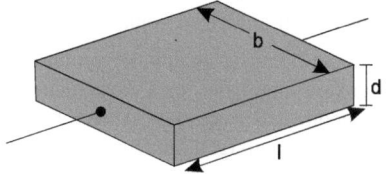

Für die Messung des Flächenwiderstands wird meist die Vierpunktmethode benutzt [Maissel70], bei der vier Elektroden mit jeweils gleichem Abstand voneinander auf einer Linie oder in den vier Ecken eines Quadrates angeordnet sind. Die Elektroden werden auf die Schichtoberfläche gedrückt. Bei der linearen Anordnung wird ein Spannungsabfall U zwischen den inneren beiden Elektroden gemessen, der durch einen Stromfluss I durch die Schicht und die beiden äußeren Elektroden entsteht. Für den Flächenwiderstand gilt:

$$R_\square = 4{,}532 \, U/I. \tag{2.3-13}$$

Bei der quadratischen Elektrodenanordnung fließt der Strom durch zwei benachbarte Elektroden und der Spannungsabfall wird an den gegenüberliegenden Elektroden gemessen:

$$R_\Box = 9{,}06\ U/I. \tag{2.3-14}$$

Voraussetzung für die Gültigkeit dieser Beziehungen ist, dass die Durchmesser der Schichtfläche groß gegenüber dem Elektrodenabstand sind, andernfalls müssen Korrekturfaktoren berücksichtigt werden [Maissel70].

Schichtdicke: Für die Messung der Schichtdicke wendet man Methoden an, die im wesentlichen zwei Klassen zugeordnet werden können, den mechanischen und den optischen Verfahren. Die Bestimmung der Dicke von optisch transparenten Schichten ist besonders wichtig in der Halbleitertechnologie (z. B. für Isolationsschichten aus SiO_2 oder Si_3N_4, Photoresistschichten) und bei der Beschichtung optischer Elemente (Interferenzschichtpakete). Sie wird meist über interferometrische Verfahren oder mit Hilfe der Ellipsometrie durchgeführt. Bei den interferometrischen Verfahren wird das Auftreten von Interferenzmaxima und -minima im reflektierten Licht aufgrund von konstruktiver und destruktiver Interferenz ausgenutzt. Zur Schichtdickenberechnung muss der Brechungsindex der Schicht bekannt sein. Bei der Ellipsometrie wird die Polarisation einer unter einem bestimmten Winkel reflektierten Lichtwelle bestimmt. Man nutzt den Umstand, dass sich der Polarisationsgrad einer Lichtwelle bei der Reflexion an einer Oberfläche in Abhängigkeit von deren optischen Eigenschaften ändert. Bei der Verwendung mehrerer Messwellenlängen kann man neben der geometrischen Schichtdicke d die optischen Parameter Brechungsindex $n(\lambda)$ und Absorption $\kappa(\lambda)$ bestimmen (Kap. 5.2).

Die Schichtdicke opaker, d. h. optisch nicht transparenter Schichten wird meist über die Stufenhöhe gemessen. Derartige Stufen können durch Ätzen oder mit Hilfe der Lift-off-Technik erzeugt werden. Das einfachste Verfahren zur Messung einer Stufenhöhe ist die mechanische Profilhöhenbestimmung (z. B. mit Geräten des Typs α-Step), bei der eine feine Nadel mit sehr kleinem Krümmungsradius (typisch 2 µm) bei konstanter Auflagekraft über die Oberfläche rastert [DIN4774]. Die Höhenauslenkung der Nadel wird mit einer Auflösung von etwa 5 nm gemessen. Aufwändigere Verfahren mit höherer Auflösung sind die rastersondenmikroskopischen Methoden, die zusätzlich zur Topologie noch Informationen über andere physikalische Eigenschaften liefern können (vgl. Kap. 5.1).

Um die Schichtdickenhomogenität über ein Substrat hinweg zu ermitteln, muss an bestimmten Punkten innerhalb eines Koordinatensystems gemessen, der Mittelwert errechnet und die Homogenität als maximale Abweichung in % angegeben werden. Dabei bleibt meist ein Randbereich von einigen mm Breite unberücksichtigt.

Morphologie: Die Morphologie einer dünnen Schicht ist als das gesamte äußerliche und innerliche Erscheinungsbild definiert. Sie wird im wesentlichen durch die Kristallitgröße und -form sowie durch die Oberflächengestaltung und evtl. auftretende Poren und Hohlräume geprägt. Eine Charakterisierung der Morphologie ist durch die elektronenmikroskopische Untersuchung von Bruchkanten, durch Permeationsmessungen oder bei texturierten bzw. einkristallinen Filmen durch Röntgenbeugung möglich. In Bild 2.3-22 ist die REM-Aufnahme eines WSi_2/ZnO-Schichtpakets gezeigt, die anschaulich den morphologischen Unterschied einer amorphen WSi_2-Schicht und einer texturierten ZnO-Schicht mit säulenförmigem Wachstum der Kristallite zeigt. Permeationsmessungen besitzen dann Bedeutung, wenn z. B. in der Gassensorik selektive oder gasundurchlässige Membranen hergestellt werden sollen. Hierfür gibt es Messgeräte, in denen die Membran zwischen zwei Kammern eingespannt wird, wobei eine Kammer das Messgas enthält, und in der zweiten Kammer Unterdruck herrscht [Frey87].

2.3 Dünnschichttechnologie

Bild 2.3-22 Rasterelektronenmikroskopische Aufnahme eines Schichtpakets aus einer gesputterten 600 nm dicken WSi$_2$-Schicht (amorph), einer 1,5 µm dicken ZnO-Schicht (polykristallin) und einer 200 nm dicken PECVD-SiO$_2$-Schicht (amorph).

(Substrat: Siliziumwafer, thermisch oxidiert)

Die Röntgenbeugung an beschichteten Proben (z. B. in Bragg-Brentano- oder Grazing-Incidence-Diffraction-Geometrie) liefert Beugungsspektren, deren Linien den Gitterebenen im Kristall zugeordnet werden können. Die relativen Intensitäten und Linienbreiten ermöglichen Aussagen über das Maß an Kristallinität sowie über die Ausrichtung von Kristalliten. Bei gut texturierten oder epitaktischen Schichten erhält man die Gitterreflexe eines Einkristalls entsprechender Orientierung. Hierzu werden so genannte Rocking-Kurven gemessen, die die Abhängigkeit der Intensität eines Gitterreflexes von einem Kippwinkel α zeigen. Je schmaler die Halbwertsbreite des peakartigen Intensitätsverlaufs ist, desto besser ist die Textur.

Oberflächenrauheit: Zur Charakterisierung der Oberflächenrauheit von sehr glatten Schichten (im Bereich weniger nm und atomarer Stufen) hat sich die Rasterkraftmikroskopie bewährt. Bei größeren Rauigkeiten werden mechanische Tastverfahren (z. B. α-Step) oder auch interferenzoptische Verfahren wie die *Weißlichtinterferometrie* (Bild 2.3-23) eingesetzt. Dabei wird die Kohärenzlänge natürlichen Lichts, die nur wenige Mikrometer beträgt, ausgenutzt, um Informationen über die dreidimensionale Topologie zu erhalten. In einem Mirau- oder Michelson-Interferometer entsteht durch die Überlagerung eines Proben- und Referenzstrahlengangs ein Interferenzmuster, wobei die Länge der Strahlengänge nahezu gleich sein muss. Verändert man die Länge des Probenstrahlengangs, wird die Intensität des Interferenzmusters moduliert. Maximale Modulation tritt auf, wenn der Proben- und Referenzarm gleich lang sind. Bei Verschiebung der Probe zeichnet eine CCD-Kamera die Intensitätsmodulation als Funktion des Verschiebeweges auf. Aus diesen Daten wird ein dreidimensionales Bild der Probenoberfläche errechnet, in dem Höhenänderungen von wenigen Nanometern ersichtlich sind. Die mittlere Rauigkeit R_a ergibt sich dann aus der Summe der Abweichungen $Z_i = A_i - M$ der Messwerte A_i vom arithmetischen Mittel M aller Messpunkte N über eine definierte Messstrecke:

$$R_a = \frac{(|Z_1| + |Z_2| + \ldots + |Z_N|)}{N} \tag{2.3-15}$$

Für die mittlere quadratische Rauigkeit R_q gilt:

$$R_q = \sqrt{\frac{Z_1^2 + Z_2^2 + \ldots + Z_N^2}{N}} \tag{2.3-16}$$

Bild 2.3-23
Funktionsprinzip eines Weiß-
lichtinterferenzmikroskops
(hier mit Mirau-Interferometer)

1   Weißlichtquelle,
2   CCD-Kamera,
3   Strahlteiler,
4   Mirau-Interferometer,
5   Probe

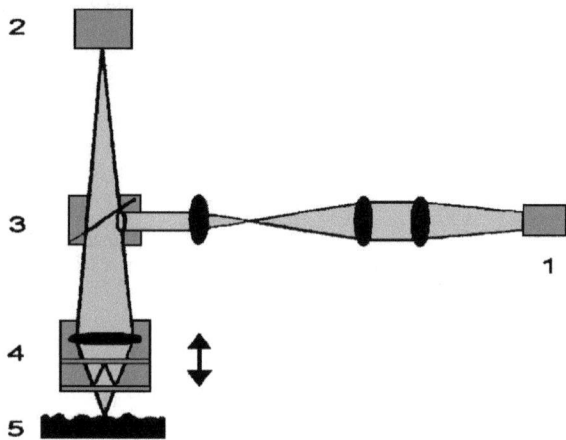

Dichte: Die Kenntnis der Dichte einer Schicht erlaubt u. a. Rückschlüsse auf optische, mechanische und chemische Eigenschaften. Die Dichtemessung erfolgt in der Regel durch Wägung eines beschichteten Prüfkörpers definierter Fläche zusammen mit einer exakten Dickenbestimmung der Schicht. Besonders bei PVD-Methoden führt die Schicht-Morphologie zu Dichtewerten, die lediglich 80-95 % der Bulk-Dichte betragen. Bei CVD-Schichten kommt es vorwiegend aufgrund von unvollständiger Dissoziation der Precursor zu einem mehr oder weniger starken Einbau von Fremdatomen, der bis zu einigen zehn Atom-% betragen kann. So besitzen bei 300 °C hergestellte PECVD-Si_3N_4-Schichten für Passivierungen einen Wasserstoffgehalt von 10-20 %, der sich auf den Brechungsindex, die chemische Resistenz (in KOH oder BHF) und auf die mechanischen Eigenschaften auswirkt. Diamantartige Kohlenstoffschichten (DLC = Diamond Like Coating) und Plasmapolymere, die aus C-H- oder C-F-Precursorgasen erzeugt werden, können breit streuende Anteile an eingebautem Wasserstoff oder Fluor besitzen [Weichhart93, Wohlrab95].

Schichtstress: Bei der Herstellung von Brücken, Cantilevern und Membranen aus dünnen Schichten ist es notwendig, den Stress einer abgeschiedenen Schicht zu bestimmen. Durch Variation der Prozessparameter können dann Stresswerte eingestellt werden, die für die Funktion der Bauelemente optimal sind. Der Gesamtstress σ einer dünnen Schicht setzt sich aus dem thermisch induzierten Stress σ_t und dem intrinsischen Stress σ_i additiv zusammen [Frey87]:

$$\sigma = \sigma_t + \sigma_i \qquad (2.3\text{-}17)$$

Der thermische Stress wird durch die unterschiedlichen thermischen Ausdehnungskoeffizienten von Schicht und Substrat bewirkt und ist daher abhängig von der Temperaturdifferenz zwischen Beschichtungs- und Raumtemperatur. Der intrinsische Stress bildet sich aus einer Vielzahl von Einzeleffekten, die beim Schichtaufbau eine Rolle spielen (Einbau von Restgas und Gitterdefekten, Übergänge von amorphen zu kristallinen Bereichen, Oxidation, Korngrenzen). Im einfachsten Modell der Stressberechnung in dünnen Schichten mit Schichtdicken von wenigen µm auf dünnen Substraten (z. B. runden Siliziumwafern mit einigen hundert µm Dicke) nimmt man an, dass keine Verformungskräfte parallel zur Flächennormalen wirken. Die Kraftvektoren sollen nur in der Schichtebene liegen. Sie bewirken eine Verbiegung des Substrats,

2.3 Dünnschichttechnologie

dessen Form dem Ausschnitt einer Kugelfläche mit dem Krümmungsradius R entspricht. Der Stress σ einer dünnen Schicht auf einem Substrat mit der Dicke d_S und dem Elastizitätsmodul E steht dann in direktem Zusammenhang mit dieser Substratkrümmung:

$$\sigma = \frac{E d_s^2}{6(1-\nu)t} \cdot \left(\frac{1}{R} - \frac{1}{R_0}\right) \qquad (2.3\text{-}18)$$

$$R_0 = s^2/(8h_w) + h_w/2 \qquad (2.3\text{-}19)$$

$$R = s^2/(8h_w^*) + h_w^*/2 \qquad (2.3\text{-}20)$$

mit ν: Poissonzahl des Substrats, t: Dicke der Schicht, h_w (h_w^*): Ausbiegung des Substrats über der Messstrecke s vor (nach) der Beschichtung.

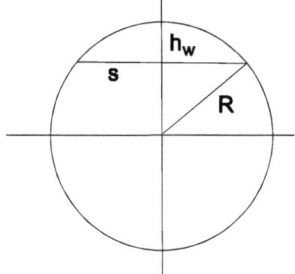

Bild 2.3-24
Darstellung der Messgrößen (h_w, s) zur Berechnung des Krümmungsradius R eines Kugelflächenausschnitts   [Mayr94]

Zur experimentellen Bestimmung des Stresswertes einer dünnen Schicht wird zunächst ein unbeschichtetes Substrat längs der Messstrecke s auf seine Ausbiegung h_w hin vermessen (Bild 2.3-24). Aus dieser folgt anhand bekannter geometrischer Beziehungen für die Kugelfläche (Gl. 2.3-19) der Radius R_0. Solche Vorverbiegungen sind auch bei scheinbar ebenen Si-Wafern fast immer vorhanden. Diese Messung wird anhand eines optischen Oberflächenprofilometers oder interferenzoptisch [Mayr94, Frey87] in einer Drei-Punkt-Lagerung für das Substrat durchgeführt. Nach Aufbringen der Schicht wird die Ausbiegung erneut gemessen (h_w^*) und der neue Krümmungsradius R nach Gl. (2.3-20) berechnet. Danach kann der Schichtstress gemäß Gl. (2.3-18) ermittelt werden. Typische Ausbiegungsänderungen, die etwa 1 µm dicke Schichten auf 4-Zoll-Siliziumwafern verursachen, betragen einige µm bis mehrere zehn µm. Dies entspricht Stresswerten im Bereich 10^7-10^8 Pa.

Die Methode liefert allerdings nur einen über das Substrat gemittelten Stresswert der Schicht. Eine aufwändigere Methode, die die Freilegung mikromechanischer Strukturen auf einer Opferschicht einbezieht, liefert lokal aufgelöste Stresswerte [Yalisove97, Aero96]. Diese ist jedoch nicht zerstörungsfrei und sollte nur angewendet werden, wenn Gründe für starke lokale Abweichungen des Stresswertes sprechen. Weitere Teststrukturen zur Stressbestimmung sind in Kap. 3.3.5 dargestellt.

Haftung: Die Quantifizierung der Adhäsion oder Haftung einer dünnen Schicht auf einem Substrat ist eine besonders problematische Messaufgabe, da sehr viele Einflussfaktoren, auch die der speziellen Messmethode, das Ergebnis beeinflussen können. Unter Haftung versteht man die Arbeit, die zur vollständigen Trennung zweier Phasengrenzflächen notwendig ist. Die Bindungen zwischen diesen Grenzflächen können elektrostatischer oder chemischer Natur sein, oder durch Van-der-Waals-Kräfte vermittelt werden. Man unterscheidet zwischen der reinen *Basisadhäsion*, die ausschließlich auf den Oberflächeneigenschaften der aneinandergrenzenden Phasen beruht, und der *praktischen oder experimentellen Adhäsion*, bei der z. B. innere Spannungen der Schicht oder experimentelle Randbedingungen eine Rolle spielen. Die praktische Adhäsion ist immer kleiner als die Basisadhäsion.

Eine dominierende, allgemein anwendbare Methode für quantitative und reproduzierbare Adhäsionsmessungen steht nicht zur Verfügung. Der Grund dafür sind die z. T. messtechnisch nicht erfassbaren Einflussgrößen wie Inhomogenitäten und Defekte an der Grenzfläche oder der Einfluss der Verbindung zwischen Prüfling und Messgerät. Deshalb behilft man sich mit relativ einfachen Methoden, die eine grobe Abschätzung der Schichthaftung erlauben (Klebebandtest, Gitterschnitttest) oder der Messung von Kräften beim Abziehen von Streifen definierter Breite oder von aufgeklebten Prüfkörpern (Bild 2.3-25 a-d). Weitere Prüfmethoden lehnen sich stark an die jeweilige Anwendung an und sind meist firmenspezifisch [Chapmann74, Jacobsen75, Kemmerer79, Brockmann83].

Der Klebebandtest erlaubt lediglich eine Ja/Nein-Aussage bei Schichten mit geringer Adhäsion. Dieser Test wird vorzugsweise an Bruchkanten durchgeführt, wobei das Ergebnis z. B. vom Typ des Klebebandes, von der Abziehgeschwindigkeit und vom Abziehwinkel abhängt. Aufgrund der Einfachheit und Schnelligkeit wird er jedoch sehr häufig für eine erste Einschätzung der Schichthaftung verwendet.

Beim Streifenabzugstest werden Streifen definierter Breite durch Schneiden oder Ätzen strukturiert und von einer Seite an beginnend unter definiertem Winkel abgezogen. Die für das Abziehen notwendige Kraft wird gemessen und auf die Breite des Streifens bezogen (N/mm). Allerdings ist dieses Verfahren aufgrund der erforderlichen Eigenstabilität nur bei dickeren (z. B. galvanisch abgeschiedenen) Schichten (> 5-10 µm) anwendbar.

Für Abzugstests mit aufgeklebtem Probenkörper sind inzwischen Messgeräte auf dem Markt, die zumindest vergleichbare Messwerte unter identischen experimentellen Randbedingungen liefern. Hier wird ein zylindrisch geformter Prüfkörper mit der Schicht durch einen Zweikomponentenkleber verbunden und die Kraft gemessen, die zur Ablösung der Schicht von der Unterlage notwendig ist. Diese Kraft wird auf die verklebte Fläche bezogen (N/cm^2). Die zur Aushärtung des Klebers notwendigen Temperaturen können Diffusionsprozesse und Veränderungen der inneren Spannungen bewirken, die das Messergebnis beeinflussen.

Der Gitterschnitttest verläuft ähnlich zum Klebebandtest. Um eine eher quantitative Aussage zu treffen, wird mit einer Diamantschneide ein rechtwinkliges Muster aus 25 Quadraten erzeugt. Die Schnitte müssen dabei durch die Schicht hindurch bis auf das Substrat geführt werden. Der prozentuale Anteil der abgelösten Schichtfläche ergibt ein Maß für die Haftfestigkeit.

Härte: Unter Härte versteht man den mechanischen Widerstand, den ein Körper einem anderen, härteren Körper beim Eindringen entgegensetzt. Der Härtewert dünner Schichten wird oft als Ersatz für schwierig zu quantifizierende Eigenschaften wie Kratzfestigkeit oder Abriebfestigkeit verwendet.

Bei der Härteprüfung dünner Schichten wendet man Mikrohärte-Messverfahren nach *Vickers* oder *Knoop* an. Hierbei werden durch Diamantpyramiden mit definierten Auflagekräften (typisch 0,02-2 N, z. T. bis 10^{-5} N) Eindrücke in der Schicht erzeugt. Deren Diagonalen (Länge d) werden optisch vermessen, um damit die Vickers-Härte HV bzw. Knoop-Härte HK über die Beziehungen

$$HV = 18192 p/d^2 \qquad (2.3\text{-}21)$$

2.3 Dünnschichttechnologie

$$HK = 139596 p/d^2 \tag{2.3-22}$$

zu berechnen (mit p: Prüfkraft in [N]) [Frey87, Komvopoul95, Yanagisawa95, Sugita95].

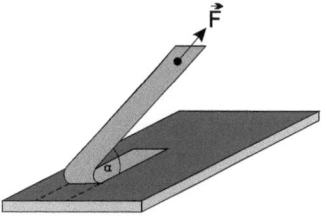

Bild 2.3-25 a Klebebandtest

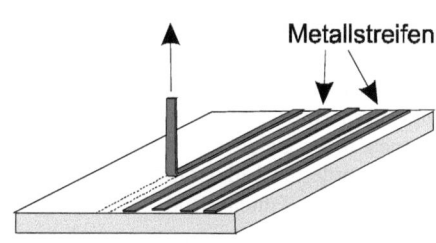

Bild 2.3-25 b Streifenabzugstest

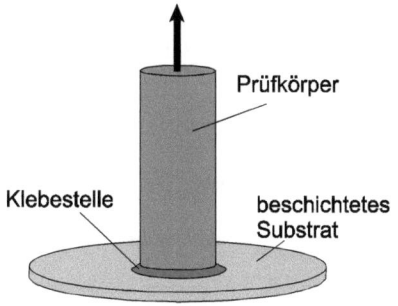

Bild 2.3-25 c Abzugstest mit aufgeklebtem Prüfkörper

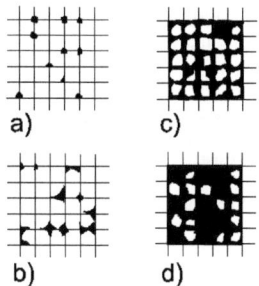

Bild 2.3-25 d Mögliche Ergebnisse des Gitterschnitttests:
a) gute Schichthaftung ⇒ d) schlechte Schichthaftung

Um einen Einfluss des Substrats auf das Messergebnis zu vermeiden, sollte die Schichtdicke mindestens zehnmal größer sein als die Eindrucktiefe. Die Unterschiede beider Varianten liegen in der Form der Diamantpyramiden. Die Vickers-Pyramide besitzt eine quadratische Grundfläche und der Spitzenwinkel beträgt 136°. Die Knoop-Pyramide hat eine rhombische Grundfläche, wobei sich Längs- und Querdiagonale dieser Fläche wie 7:1 verhalten. Die Spitzenwinkel betragen 172° und 130°, wodurch die Eindringtiefe bei gleicher Prüfkraft geringer ist als bei einem Vickers-Diamanten, so dass man mit geringeren Mindestschichtdicken auskommt. Bei der Berechnung von HK ist hier die längere Eindruck-Diagonale zu verwenden.

2.3.2 Lithographie

2.3.2.1 Prinzip und Anwendungen der Lithographie

Das Lithographieverfahren dient der Erzeugung von planaren und dreidimensionalen Mikrostrukturen in Substraten oder in darauf befindlichen Funktionsschichten. Es wurde ursprünglich für die Strukturierung mikroelektronischer integrierter Schaltungen (*integrated circuits*, IC) auf Siliziumwafern entwickelt. Kein anderes Verfahren liefert die hier erforderlichen Strukturdimensionen in vergleichbarer Genauigkeit bei kurzer Prozesszeit und hoher Produktivität. Inzwischen wurde die Lithographie zu einem Basisprozess für nahezu alle mikrotechnologischen Fertigungsverfahren (Bild 2.3-27). Der Begriff Lithographie (griech. λιθοσ = Stein, γραφη = Schrift) bezeichnet ursprünglich ein Flachdruckverfahren, bei dem zunächst eine Zeichnung mit Fettkreide oder Fetttusche auf einer Steinplatte aus Kalkschiefer erzeugt wird. Die mit Fettkreide bzw. Fetttusche bedeckten Stellen der Platte können beim Einfärben die Druckfarbe aufnehmen (nur diese Stellen drucken), während sie von den zeichnungsfreien Stellen abgestoßen wird. Druckende und farbfreie Bereiche liegen in einer Ebene. Es können beliebig viele identische Abzüge von einer Steinplatte hergestellt werden. Der mikrotechnologische Lithographieprozess hat viele Parallelen zu dieser künstlerischen Gestaltungstechnik.

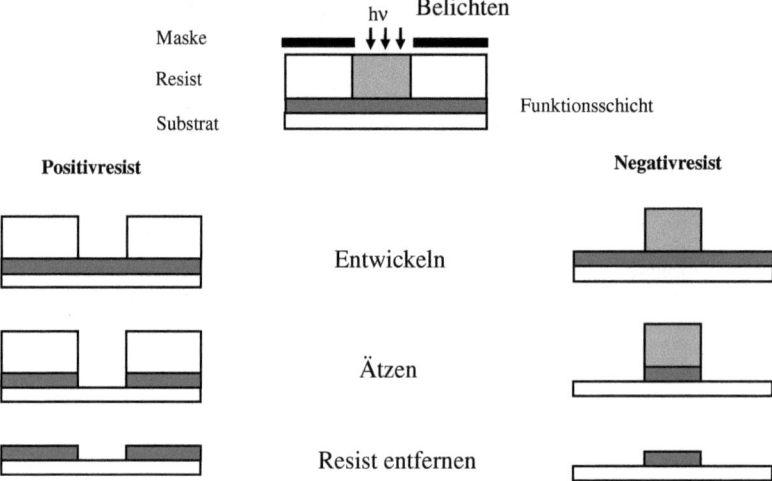

Bild 2.3-26 Prinzip der Photolithographie mit Positiv- bzw. Negativresist

Das Prinzip der Lithographie (Bild 2.3-26) besteht in der Erzeugung der gewünschten Struktur zunächst in einer dünnen Resistschicht, die gleichmäßig auf das Substrat aufgebracht wird und dann durch eine Strukturvorlage (Maske) mit UV-Licht oder durch Teilchenstrahlung bestrahlt wird. Dabei ändert sich die Löslichkeit des Resist. Je nach Art der chemischen Prozesse im Resist und der Prozessführung unterscheidet man:

Positivresist: belichtete Bereiche werden bei der Entwicklung gelöst
Negativresist: unbelichtete Bereiche werden bei der Entwicklung gelöst.

2.3 Dünnschichttechnologie

Nach der Resistentwicklung erfolgt die Strukturierung des Substrats oder der Funktionsschicht durch chemischen oder physikalischen Abtrag (z. B. nasschemisch durch Ätzbäder oder trocken durch Ätzgase oder Teilchenstrahlung), wobei der Resist widerstandsfähig (resistent) gegenüber dem abtragenden Prozess ist. Mit Resist bedeckte Bereiche werden vor dem Abtrag geschützt, nicht bedeckte Bereiche werden abgetragen. Schließlich wird der Resist durch nasschemische oder trockene Verfahren entfernt. Auf der erzeugten Struktur können, sofern es ihre Topographie zulässt, weitere Beschichtungs- und Lithographieschritte durchgeführt werden. Der lithographische Prozess wird für zahlreiche Mikrostrukturierungsverfahren eingesetzt (Bild 2.3-27):

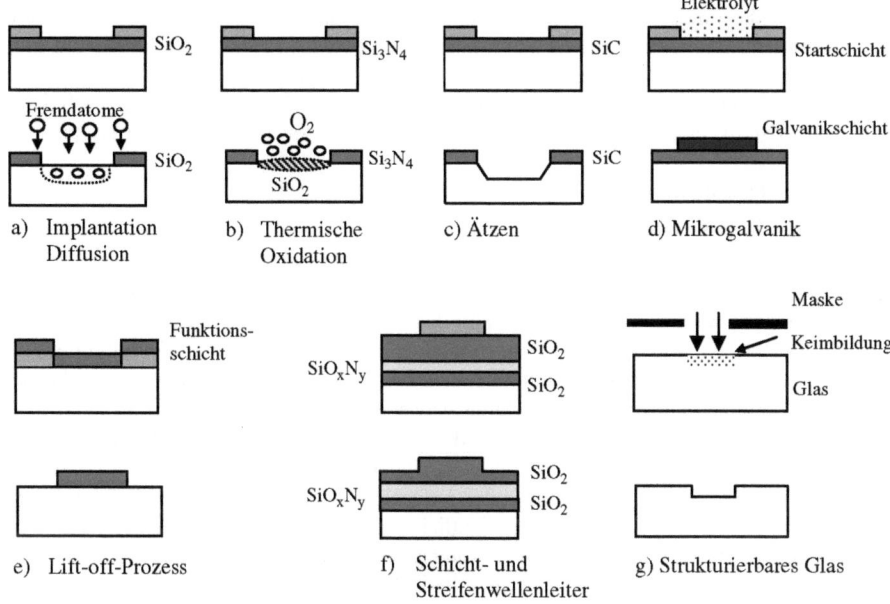

Bild 2.3-27 Anwendungen der Lithographie für die Mikrostrukturierung (Resist = ▭)

In vielen Fällen reicht der Resist als Maskierung aus, für Prozesse bei Temperaturen > 200 °C sind jedoch beständigere Materialien (z. B. SiO_2, Si_3N_4) für die Maskierung erforderlich. Zu deren Strukturierung muss aber zunächst der Lithographieprozess durchgeführt werden. So entstehen Maskierschichten, die wegen ihrer höheren Temperaturbeständigkeit lokale Veränderungen von Silizium-Substraten durch Hochtemperaturverfahren wie Implantation bzw. Diffusion von Fremdatomen (Bild 2.3-27a) oder thermische Oxidation (Bild 2.3-27b) ermöglichen.

Mikrostrukturierung von einkristallinen Silizium-Substraten (Bild 2.3-27c) wird oft mit nasschemischen alkalischen Ätzbädern durchgeführt, die einen anisotropen Abtrag des Substrats bewirken. Übliche Resistmaterialien sind gegenüber diesen Ätzbädern nicht beständig, so dass auch hier zunächst eine ätzresistente Maskierschicht (z. B. SiC, Si_3N_4) erzeugt und strukturiert werden muss. Bei der galvanischen Abscheidung von Mikrostrukturen (Bild 2.3-27d) wird mit Hilfe der Resistmaske die galvanisch abgeschiedene Struktur durch lokal begrenztes Wachstum auf einer Startschicht definiert.

Abweichend von der in Bild 2.3-26 dargestellten Abfolge wird beim Lift-off-Prozess (Bild 2.3-27e) der Resist vor dem Aufbringen einer Funktionsschicht auf das Substrat aufgetragen und strukturiert. Bei der Deposition der Funktionsschicht kann diese nur auf resistfreien Bereichen des Substrats haften. Bei der anschließenden Ablösung des Resist vom Substrat wird in den resistbedeckten Bereichen auch die Funktionsschicht entfernt. Die Lift-off-Technik wird eingesetzt, wenn keine Ätzbäder oder -gase für die Funktionsschicht zur Verfügung stehen oder wenn der Einsatz dieser Ätzmedien auf dem Substrat vorhandene Strukturen zerstören würde.

In der integrierten Optik (Bild 2.3-27f) werden planare Lichtwellenleiter auf Silizium-Substraten durch lithographische Strukturierung der obersten Schicht eines Stapels von optisch transparenten Schichten unterschiedlicher Brechungsindizes hergestellt [Hil95].

Ein Beispiel für die lithographische Technik ohne Verwendung von Resist ist die Strukturierung von photoempfindlichem Glas (Foturan). Bei Durchstrahlung einer Maske kommt es in den bestrahlten Bereichen des Glases zu einer Keimbildung (Bild 2.3-27g), die durch anschließende Temperung zu einer Kristallisation führt. Diese Bereiche lassen sich mit hoher Selektivität zu nicht kristallisiertem Glas durch Ätzen mit Fluorwasserstoffsäure (HF) entfernen.

2.3.2.2 Verfahrensführung

Aufbringen des Resist (*Spin Coating*)

Vor dem Aufbringen des Resists wird die Oberfläche des Substrats vorbereitet (*priming*). Durch Erwärmen auf bis zu 200 °C in trockener N_2-Atmosphäre kann ein Teil der adsorbierten Wassermoleküle entfernt werden. Auch danach kann das Haften der meist hydrophoben Resists auf oxidischen Oberflächen (wie SiO_2) oder auf oxidbildenden Oberflächen wie Silizium oder Aluminium aufgrund erneuter Anlagerung von OH-Molekülen an diese hydrophilen Oberflächen ein Problem sein. Diese OH-Gruppen können durch Anwendung von Hexamethyldisilazan [HMDS, $(CH_3)_3Si$-NH-$Si(CH_3)_3$] beseitigt werden. Nach dem Spülen der Substrate in gasförmigem N_2 bei erhöhter Temperatur wird in Priming-Öfen die Oberfläche nach Erwärmung in einer gesättigten HMDS-Atmosphäre behandelt. Aufsprühen oder Aufschleudern von flüssigem HMDS bei Raumtemperatur ist ebenfalls möglich, zeigt aber deutlich schlechtere Haftungsergebnisse. Bei einer Verfahrensführung, die einen optimalen Bedeckungsgrad der Oberfläche mit einer monomolekularen Schicht aus HMDS-Molekülen zwischen 46-76 % ergibt, wird die Resisthaftung auf hydrophilen Oberflächen deutlich verbessert [Mor88, Mic90].

Resists sind Mehrkomponenten-Systeme, bestehend aus einem schichtbildenden Polymer (z. B. Novolak-Harz), einem Lösungsmittel und einer photoempfindlichen Komponente (Photoinitiator, z. B. DNQ), die vom Hersteller als Flüssigkeiten geliefert werden (siehe 2.3.2.4). Mittels Dosiervorrichtung oder manuell wird etwa 0,5-4 cm^3 flüssiger Resist in der Mitte des Substrats aufgebracht. Durch anschließendes Schleudern bei hoher Drehzahl des Substrats entstehen feste Resistschichten mit sehr gleichmäßiger Dicke. Dazu wird das Substrat durch Vakuumansaugung auf einem drehbaren Halter (*chuck*) befestigt. Abhängig von der Drehzahl u des *chuck* (typische Werte zwischen 1000-6000/min) und vom Feststoffgehalt S (Anteil des schichtbildenden Polymers relativ zum Lösungsmittel) bildet sich eine Resistdicke $d \propto S^2 \cdot u^{-1/2}$ aus. Die erzielte Dicke ist das Ergebnis aus Zentrifugalkraft am flüssigen Resist und Verdampfungsrate des Resist-Lösungsmittels, welche beide mit der Schleuderdrehzahl zunehmen. Bei AZ-Resists (z. B. AZ 5214) bezeichnen die beiden letzten Ziffern des Resisttyps die beim Aufschleudern mit u = 4000/min entstehende Resistdicke in der Einheit 100 nm (für AZ 5214 also 1400 nm). Die Resistdicke wird nach Schleuderzeiten von typisch 30-40 s erreicht, nach denen genug Lösungsmittel verdampft ist, um eine weitere Ausdünnung der Resistschicht durch die Zentrifugalkraft zu verhindern. Resists für die planare Mikrostrukturierung werden so mit einer

2.3 Dünnschichttechnologie

Dicke von 1-2 µm gleichmäßig mit Abweichungen von nur wenigen Nanometern aufgebracht. Durch Schwingungen des *chuck*, durch Partikel und inhomogenes Trocknen kann es bei mangelhafter Prozessführung zu Inhomogenitäten der Schichtdicke bis zu 100 nm kommen (*striations*). Dicke homogene Resistschichten > 30 µm können durch kurzzeitiges Aufschleudern (z. B. 1000/min für wenige Sekunden) realisiert werden. Häufiges Öffnen von Resistflaschen oder Wartezeiten zum Ausgasen von Luftbläschen nach dem Umfüllen führen zum Verlust von Lösungsmittel durch Verdampfen, wodurch die Viskosität des Resists und damit die erzielte Resistdicke zunimmt. Die Geometrie unterschiedlicher *spincoater* (Resistschleudern) sowie Größe und Form (rund/eckig) von Substraten beeinflussen über die Luftströmung die Verdunstungsrate und damit ebenfalls die Resistdicke. Oft bildet sich am Rand des Substrates eine Resistansammlung mit erhöhter Resistdicke (Randwall), die bei Kontaktbelichtung zu unerwünschtem Abstand zwischen Maske und Resist führt. Mit automatisierten Resistschleudern wird dieser Resistrand durch Randwall-Entlackung entfernt. Problematisch kann das Aufschleudern auf strukturierte Substrate mit Oberflächentopographie sein. Hierbei sollte der Resist einebnende Eigenschaften haben, was z. B. von PMMA gut erfüllt wird. Auf bereits strukturierten Substraten mit dreidimensionaler Topographie kann in der Regel kein Aufschleudern mehr durchgeführt werden (Sprühbelackung).

In der Mikrosystemtechnik ist das Aufbringen dicker Resistschichten ($d > 100$ µm) von großer Bedeutung. *Spincoater* für diese Zwecke schließen das Substrat während der Rotation unter einer mitrotierenden Glocke ab (Bild 2.3-28). Dadurch werden Turbulenzen der umgebenden Luft weitgehend reduziert. Durch die geschlossene Prozesskammer entsteht eine mit Lösungsmittel gesättigte Umgebung, so dass der Resist langsamer trocknet und das Substrat gleichmäßig bedeckt.

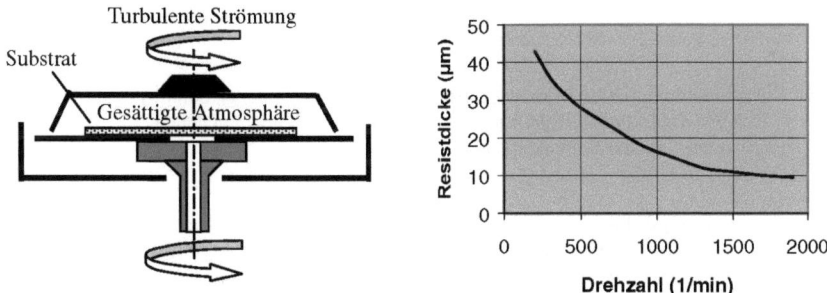

Bild 2.3-28   a) Apparatur zum Aufschleudern dicker Resistschichten [Mic96] und
b) Resistdicke als Funktion der Drehzahl für Resist der Serie AZ 4000 (Fa. Hoechst/Clariant)

Softbake (*Prebake, Pre Exposure Bake*)

Dieser Schritt dient der Erzeugung eines festen Resistfilms und der weitgehenden Entfernung des Lösungsmittels. Dadurch wird ein Verkleben des Resists mit der photolithographischen Maske bei Kontaktbelichtung weitgehend vermieden, die Resisthaftung am Substrat verbessert, der Dunkelabtrag beim Entwickeln minimiert und Blasenbildung oder Aufschäumen durch N_2 beim Belichten unterdrückt. Bei Mehrfachbelackungen wird ein Anlösen bereits aufgeschleuderter Resistschichten verhindert. Softbake wird ca. 30 min bei 70-100 °C in trockener Atmosphäre im Konvektionsofen oder 1-3 min bei 100-120 °C auf einer heißen Metallplatte (*hotplate*) durchgeführt. Verglichen mit der *hotplate* bewirkt der langsamere Wärmeübertrag eines Konvektionsofens, vor allem bei Substraten mit hoher Wärmekapazität, eine relativ lange Erwärmungsphase bis zum Erreichen der Zieltemperatur. Ohne direkten Kontakt zu ebenen metallischen Oberflächen benötigen Substrate in einem Ofen mindestens 10 Minuten, um die Zieltemperatur mit einer Abweichung < 5 °C zu erreichen. Temperaturunterschiede bis zu 10 °C zwischen verschiedenen Positionen im Ofen sind möglich und erschweren die Reproduzierbarkeit temperatursensitiver Prozesse. Auf *hotplates* wirken sich Dicke und Wärmeleitfähigkeit unterschiedlicher Substrate kaum auf die Temperaturverteilung aus. Ein Luftspalt zwischen *hotplate* und (verspannten, gewellten/gekrümmten) Substraten kann allerdings deutliche Abweichungen von der Zieltemperatur hervorrufen. Ein unzureichendes (zu kurzes/kühles) Softbake kann bei Belichtung des Resists oder bei thermischer Belastung der entwickelten Resistschicht (z. B. durch Ionenstrahlätzen oder Implantation) zu Blasenbildung oder Spannungsrissen infolge starker N_2-Entwicklung führen (Bild 2.3-29).

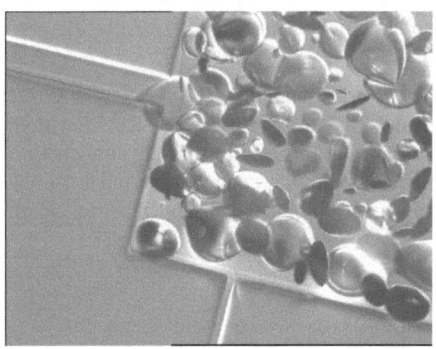 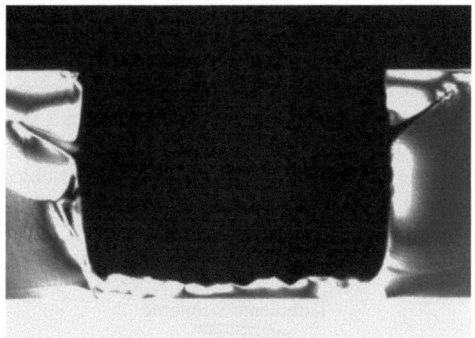

Bild 2.3-29 Blasenbildung (links, Draufsicht) bzw. Spannungsrisse (rechts, Schnitt) in DNQ/Novolak-Positivresist nach der Belichtung durch unzureichendes (zu kurzes/kühles) Softbake [Lit04]

Neben der Resisttrocknung bewirkt das Softbake auch, dass ein Teil des Photoinitiators DNQ zersetzt wird, was die Entwicklungsrate reduziert. Ein Kompromiss zwischen ausreichender Trocknung und minimalem DNQ-Verlust wird durch Softbake bei 100 °C (*hotplate*) mit 1 min pro µm Resistdicke erreicht. Für große Schichtdicken empfiehlt sich Resist mit thermisch stabilem DNQ (z. B. AZ 9260), der auch nach langem Softbake ausreichende Entwicklungsraten > 2 µm/min ermöglicht. Trotz Softbake verbleiben – abhängig von der Temperatur – einige Prozent Lösungsmittel im Resist. Deshalb ist die Löslichkeit von belichtetem Positivresist auch von der Softbake-Temperatur abhängig. DNQ/Novolak zeigt eine maximale Entwicklungssrate von 1 µm/min [Oua84] nach Softbake bei 120 °C (Bild 2.3-30).

Nach dem Softbake ist eine ausreichende Wartezeit zur **Rehydrierung**, vor allem bei dicken Resistschichten (mit d > 5 µm) notwendig. Der Resist verliert beim Softbake H_2O-Moleküle, die jedoch für die photochemische Reaktion (Wolff-Umlagerung, siehe 2.3.2.4) erforderlich sind, um einen hohen Kontrast und kurze Entwicklungszeiten zu erreichen. Dünne Resistschichten (mit Schichtdicken von wenigen µm) rehydrieren in wenigen Sekunden komplett durch, während sehr dicke Resistschichten (mit mehreren 10 µm Dicke) hierfür Stunden benötigen [Dam00]. Erst eine durchgängige Rehydrierung ermöglicht eine homogene Entwick-

2.3 Dünnschichttechnologie

lungsrate innerhalb der gesamten Resistschichtdicke und damit ein präzises Resistprofil. Resisthersteller teilen in Datenblättern die jeweils notwendigen Resist-Ruhephasen nach dem Softbake mit. Die zur Rehydrierung erforderlichen H_2O-Moleküle diffundieren aus der Umgebungsluft in die Resistschichten. Deshalb sollte im Reinraum eine stabile relative Luftfeuchte von ca. 40 % rH aufrechterhalten werden. Zu hohe relative Luftfeuchte verringert die Resistbenetzung und -haftung auf den Substraten.

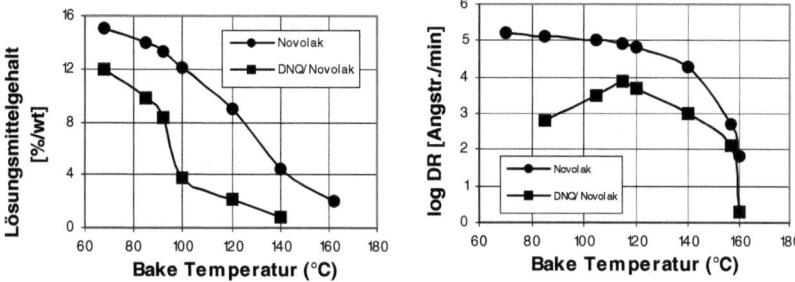

Bild 2.3-30 Lösungsmittelgehalt und Logarithmus der Entwicklungsrate (*Dissolution Rate*) DR als Funktion der Softbake-Temperatur für DNQ/Novolak-Resist [Oua84]

Belichtung (*Exposure*)

Hohe Empfindlichkeit und hoher Kontrast sind wesentliche Forderungen an den Resist beim Belichten und Entwickeln. Wie hoch ist die für einen Resist erforderliche Belichtungsdosis? Für Positivresists kennzeichnet der Schnittpunkt D_0 der Kontrast-Kurve mit der Dosis-Achse (Bild 2.3-31) die minimal erforderliche Belichtungsdosis.

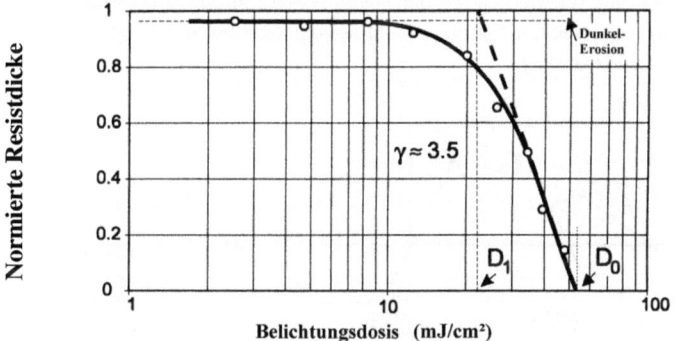

Bild 2.3-31 Typische Kontrast-Kurve für einen Positivresist

Auf der Ordinate ist die Resistdicke, die bei der jeweiligen Belichtungsdosis nach der Entwicklung verbleibt, dargestellt. Sie ist bezogen auf die Dicke, die der Resist vor dem Eintauchen in den Entwickler hat. Auf der Abszisse ist der dekadische Logarithmus der Belichtungsdosis dargestellt. Die Dosis D_0 ist zum vollständigen Entfernen des Resists erforderlich (*dose-to-clear*). Die Steigung der Kurve an der Stelle D_0 dient zur Kennzeichnung des Resist-Kontrastes γ. Er wird definiert mit Hilfe des Dosiswertes D_1, der sich aus dem Schnittpunkt der Tangente bei maximaler normierter Resistdicke ($d = 1$) ergibt:

$$\gamma = \left[\log(D_0 / D_1)\right]^{-1} \qquad (2.3\text{-}23)$$

Da unbelichteter Positivresist im Entwickler nicht völlig unlöslich ist, wird eine geringe „Dunkelerosion" beobachtet [Dam93].

In der Praxis zeigt sich, dass eine Dosis von $(1{,}5\text{-}2) \cdot D_0$ notwendig ist, um den Resist vollständig zu entwickeln. Die Resistempfindlichkeit wird deshalb definiert als die Belichtungsdosis (in mJ/cm²), die zur vollständigen 1:1-Übertragung der Maskenstruktur in den entwickelten Resist erforderlich ist (*dose-to-print*). Typische Werte liegen zwischen 20-200 mJ/cm². Die erforderliche Belichtungsdosis hängt auch von der Resistdicke ab, da Strahlung im Resist absorbiert wird. In einem 1 μm dicken Resist würden bei einer Absorption von 1/μm nur 37 % der einfallenden Intensität an der Grenzfläche Resist/Substrat zur Verfügung stehen. Guter Kontrast erfordert deshalb möglichst hohe optische Transparenz, die Absorption sollte kleiner als 0,25/μm sein. Aufgrund der Absorption ist ein linearer Anstieg der Belichtungsdosis mit steigender Resistdicke notwendig. Als Folge der optischen Transparenz muss man bei monochromatischer Belichtung mit Interferenz-Effekten durch Mehrfach-Reflexionen des Lichtes an der Luft/Resist- bzw. Resist/Substrat-Grenzfläche rechnen. Dadurch bilden sich stehende Wellen im Resist. Diese führen zu einer periodischen Variation der erforderlichen Belichtungsdosis, die dem linearen Anstieg (mit steigender Resistdicke) überlagert ist (*swing curve*) und die Einfluss auf die Qualität der Strukturübertragung hat (Bild 2.3-32). Das Verhältnis der Dosis benachbarter Maxima und Minima wird *swing ratio SR* genannt und hängt von den Reflexionskoeffizienten R_1, R_2 an der Luft/Resist- bzw. Resist/Substrat-Grenzfläche, vom Absorptionskoeffizienten α und von der Resistdicke d ab:

$$SR = 4 \cdot \sqrt{R_1 \cdot R_2} \cdot \exp(-\alpha \cdot d) \qquad (2.3\text{-}24)$$

Resistdicken bei den Wendepunkten der *swing curve* führen zu T-förmigen bzw. verrundeten Strukturen. Mit Resistdicken bei den Maxima oder Minima der *swing curve* erhält man optimale Resistflanken [Dam93].

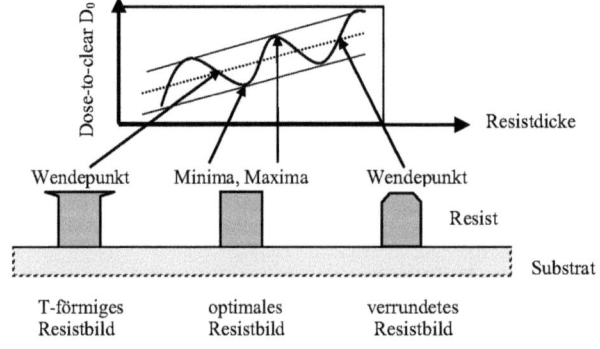

Bild 2.3-32
Swing curve für DNQ/ Novolak: Dem linearen Anstieg der erforderlichen Belichtungsdosis (gestrichelte Linie) ist eine periodische Variation überlagert.

Stehende Wellen können bei optisch transparenten Funktionsschichten eine exakte Struktur-übertragung beeinträchtigen (Bild 2.3-33). Hat z. B. eine SiO_2-Schicht auf einem Si-Substrat eine optische Dicke von $n \cdot d = \lambda/4$, so entsteht durch Interferenz ein Intensitätsmaximum an der Resist/SiO_2-Grenzfläche (Wellenbauch). Bei der Entwicklung wird hier der Positivresist gut gelöst, die in die

2.3 Dünnschichttechnologie

Funktionsschicht übertragene Strukturbreite ist groß. Für $n \cdot d = \lambda/2$ entsteht an der Grenzfläche ein Intensitätsminimum (Wellenknoten), die Löslichkeit des Resist ist geringer und damit auch die übertragene Strukturbreite. UV-transmittierende Substrate (Quarz, Gläser, dickes SiO_2 auf Si, Polymere) leiten Licht auch lateral im Substrat, erlauben Rückreflexionen vom Substrathalter und verringern so die laterale Auflösung. In diesem Fall helfen UV-absorbierende Schichten zwischen Resist/Substrat bzw. Folien zwischen Substrat/Substrathalter.

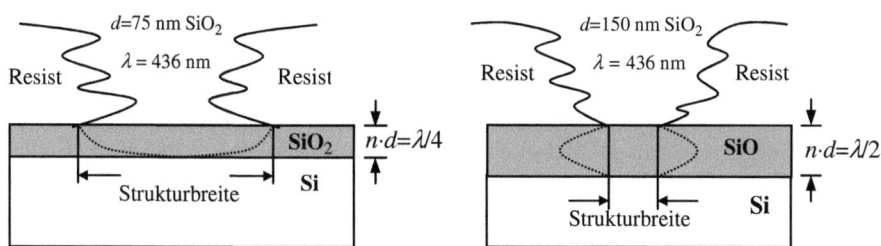

Bild 2.3-33 Einfluss stehender Wellen auf die Strukturbreite, die vom Resist in eine transparente SiO_2-Schicht übertragen wird (Wellenlänge der Belichtung: $\lambda = 436$ nm; Brechungsindex von SiO_2: $n = 1,46$; Dicke d der SiO_2-Schicht: 75 nm bzw. 150 nm)

Ein wichtiger Prozessparameter bei der Projektionsbelichtung ist die praktisch nutzbare Tiefenschärfe (*depth-of-focus, DOF*). Für Projektionsbelichtung gibt es nur einen begrenzten Tiefenbereich in der Umgebung der Fokusebene, innerhalb dessen eine exakte Abbildung der Maskenstruktur erfolgt. Je mehr man sich aus der Fokusebene entfernt, umso unschärfer wird das Bild. Die praktisch nutzbare Tiefenschärfe kennzeichnet die noch akzeptable Abweichung aus der perfekten Fokusebene. Durch Justierungenauigkeiten, Linsenfehler, Substratunebenheiten oder Schwankungen der Resistdicke infolge Substrattopographie ist für die Projektionsbelichtung immer eine gewisse Tiefenschärfe von ca. ±1 µm erforderlich. Die optimale Position der Fokusebene liegt im Resist bei etwa 1/3 der Resistdicke unterhalb der Resistoberfläche.

Die Angaben zur Belichtungsdosis in Datenblättern von Resists beziehen sich oft auf i-Linien-Belichtung (siehe 2.3.2.3), während Messungen der Lichtintensität des Maskaligners (z. B. mit Si-Photodioden) meist integrale Werte (der g-, h- und i-Linien-Strahlung) liefern. Manche Resists (z. B. AZ 9260) sind nur empfindlich für h- und i-Linien-Strahlung. Es empfiehlt sich daher, eine Versuchsreihe zur Ermittlung der optimalen Belichtungsdosis für den jeweiligen Resist und die verwendete Belichtungsapparatur durchzuführen. Besonders bei Dosis-sensitiven Prozessen (*Image Reversal*-, Dickresist-Prozessierung) sollte die Belichtungsintensität regelmäßig kontrolliert werden, da sie u. a. von der Betriebsdauer der UV-Strahlungsquelle abhängt. Die laterale Intensitätsverteilung über der zu belichtenden Fläche sollte relative Abweichungen < 10 % aufweisen, um die optimale Belichtungszeit für zentrale und randnahe Bereiche zu garantieren.

Der während der Belichtung in DNQ/Novolak-Resist gebildete Stickstoff sollte ohne Blasenbildung thermisch aktiviert durch die Resistschicht an die Oberfläche diffundieren. Bei zu hohem Restlösungsmittelgehalt (unzureichendes Softbake) kann N_2 zur Entstehung von Blasen und zum Aufschäumen (milchiges, styroporartiges Erscheinungsbild), vor allem an der Grenzfläche Resist/Substrat, führen. Selbst bei ausreichendem Softbake verbleibt nach der Belichtung zunächst N_2 im Resistvolumen und kann bei nachfolgenden thermischen Prozessen (*Post*

Exposure Bake, Image Reversal Bake) ein Aufschäumen bzw. Spannungsrisse verursachen. Deshalb sind genügend lange Ruhephasen zwischen Belichtung und nachfolgenden thermischen Prozessschritten (zum Ausgasen des N_2) einzuhalten. Diese Wartezeiten können durch moderate Erwärmung (40-60 °C) verkürzt werden, sofern dabei keine Blasenbildung auftritt.

Post Exposure Bake

Die thermische Behandlung des belichteten aber nicht entwickelten Resist wird *post exposure bake* (PEB) oder *pre-development bake* genannt. Das PEB (*hotplate*, 1-2 min bei Temperaturen von 110-120 °C) kann sogar über der Erweichungstemperatur des Resists durchgeführt werden, ohne die (in diesem Stadium noch nicht entwickelten) Strukturen verfließen zu lassen. In chemisch verstärkten Resists (CAR, siehe 2.3.2.4) vollendet das PEB auf katalytischem Weg die während der Belichtung initiierte Photoreaktion. Ein nahe am Erweichungspunkt durchgeführtes PEB verringert mechanische Spannungen im Resist, die vor allem während des Softbake und der Belichtung dicker Resistschichten aufgebaut werden. Dadurch verbessert sich die Resisthaftung. Ein weiteres Ziel des PEB besteht darin, die inhomogene Belichtungsdosis im Resist als Folge stehender Wellen auszugleichen. Beim PEB diffundiert die während der Belichtung gebildete Indencarbonsäure in der Resistschicht, so dass deren Konzentrationsunterschiede reduziert werden. Dadurch erhält man beim Entwickeln z. B. deutlich geglättete Resistflanken (Bild 2.3-34). Wird nicht mit monochromatischer sondern polychromatischer Strahlung belichtet (*broadband exposure*), spielen stehende Wellen keine Rolle.

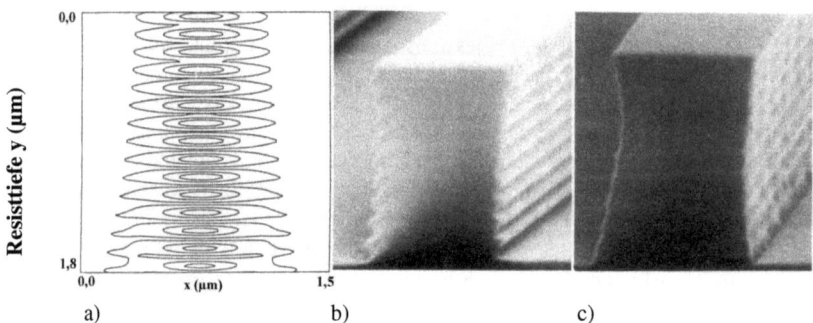

a)   b)   c)

Bild 2.3-34   Stehende Wellen in DNQ/Novolak-Resist
a) Simulation der Ausbildung stehender Wellen im Resist,
b) entwickelter Resist ohne PEB,
c) entwickelter Resist nach dem PEB (45 s, 115 °C) [Tre88]

Entwicklung (*Development*)

Entwicklung ist die Überführung des latenten Bildes in das dreidimensionale Resist-Relief. Es soll eine Resistmaske entstehen, die durch hohe Maßhaltigkeit, gute Kantensteilheit und Defektfreiheit gekennzeichnet ist. Bei der Entwicklung sollte kein oder nur geringer Verlust an Resistdicke eintreten. Die Maßhaltigkeit darf nicht durch zu starke Quellung des Resists beeinträchtigt werden, die Resisthaftung auf dem Substrat muss erhalten bleiben. Ergebnis der Entwicklung sollte die vollständige Resistentfernung in den gewünschten Bereichen sein. Positivresists sind auch in den unbelichteten Bereichen geringfügig löslich. Sie bleiben hydrophob und nehmen nur sehr wenig Wasser aus dem Entwickler auf (sehr geringe Quellung).

2.3 Dünnschichttechnologie

Negativresists sind in den belichteten polymerisierten Bereichen völlig unlöslich. Im nasschemischen Prozess werden als Entwickler Lösungsmittel wie Xylen (Quellung!) oder alkalische Bäder auf NaOH- oder KOH-Basis eingesetzt. Bevorzugt werden inzwischen metallionenfreie (MIF) Entwickler, bestehend aus gepufferter Tetramethylammoniumhydroxid-Lösung (TMAH), benutzt. Alkalische Entwickler greifen Aluminium und Al-haltige Legierungen/Verbindungen an und verschleppen auf diesem Weg Al-Spuren über das Substrat. Die Lagerfähigkeit nasschemischer alkalischer Entwickler ist begrenzt, da sie durch CO_2-Absorption aus der Luft teilweise neutralisiert und dadurch unbrauchbar werden können. Bei (über mehrere Tage) offenen Entwicklerbädern kann durch Umspülung mit N_2 die CO_2-Aufnahme minimiert werden. Entwickler werden durch ihre Entwicklungsrate (in nm/s) und ihren Entwicklungsspielraum (die akzeptable Variation der Entwicklungszeit bei definiertem Linienbreitenverlust) gekennzeichnet. Oft bevorzugt man leichte Überentwicklung, um ungewollte Resistreste zu beseitigen. Typische Entwicklungszeiten für ca. 1 µm dicke Resists sind etwa 1-2 min. Entwickelt wird bei Raumtemperatur (23 °C) durch Eintauchen des Wafers in das Entwicklungsbad mit Waferbewegung. Infolge der exponentiellen Temperaturabhängigkeit der Entwicklungsrate metallionenhaltiger (MIC) und metallionenfreier (MIF) Entwickler können schon bei Temperaturänderungen von wenigen Grad deutliche Änderungen der Entwicklungsrate eintreten [Gar88]. Für eine automatisierte Prozessführung großer Wafermengen stehen Sprühentwickler zur Verfügung. Abschließend wird gut mit Wasser gespült (Neutralisation, Kontrolle durch Leitwertmessung des Spülwassers) und getrocknet. Beide Schritte können in einem *rinser-dryer* ausgeführt werden, in dem die Trocknung durch Zentrifugieren des Wafers erfolgt. Die trockene Entwicklung von Resists mit plasmachemischen Verfahren gewinnt an Bedeutung (DESIRE-Prozess).

Nach der Entwicklung wird die Resistmaske durch **Inspektion** mit einem Auflicht-Mikroskop und mit einem Profilometer zur Dickenmessung (z. B. DEKTAK) begutachtet. Die Qualität des photolithographischen Prozesses kann anhand von Teststrukturen geprüft werden, die man beim Entwurf mit in die Maske integriert (Bild 2.3-35).

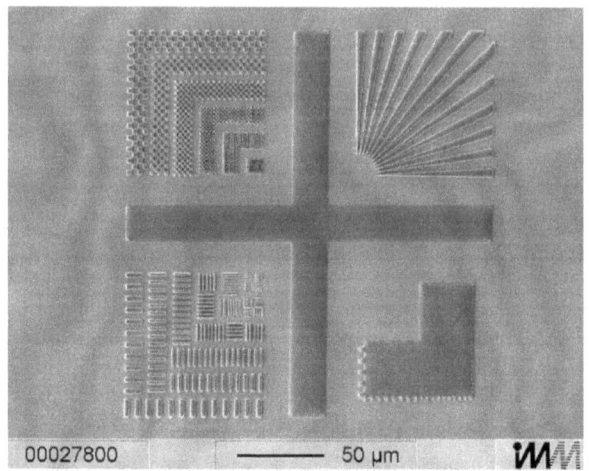

Bild 2.3-35
Typische Teststrukturen zur Inspektion der Qualität entwickelter Resistmasken

Folgende Kriterien sollte die Resistmaskierung erfüllen:
- keine unerwünschten Resistreste (Unterentwicklung!) in entwickelten Bereichen

- gute Resisthaftung
- möglichst senkrechte Resistflanken (bzw. unterschnittene Resistflanken für Lift-off-Prozess)
- keine Defekte und exakte Positionierung der Resiststruktur zu vorhandenen Strukturen.

Hardbake (*Post Development Bake*)

Beim Hardbake wird der entwickelte Resist einer weiteren thermischen Behandlung unterzogen. Dies geschieht wie beim Softbake im Konvektionsofen (in Luft-, Sauerstoff- oder Stickstoffatmosphäre) oder auf einer *hotplate*. Die Bedingungen sind vom jeweiligen Resisttyp abhängig. Typische Parameter sind für Konvektionstemperung (bzw. *hotplate*) 30 min (bzw. 1 min) bei 100-120 °C (Positivresist) und 20-40 min (bzw. 1 min) bei 120-150 °C (Negativresist). Das Hardbake dient der vollständigen Entfernung von Lösungsmitteln bzw. Entwickler aus dem Resist und bewirkt eine weitere Vernetzung und bessere Bindung des Resist an die Substratoberfläche. Es wird dadurch eine bessere thermische und chemische Resistenz gegenüber folgenden nasschemischen und Trocken-Ätzprozessen und eine gute Adhäsion auf dem Substrat (d. h. reduzierte Unterätzung bei isotropen nasschemischen Ätzprozessen) erreicht [Jin77]. Die optimale Hardbake-Temperatur sollte experimentell ermittelt werden, da einerseits Temperaturerhöhung zu besserer Aushärtung (Vernetzung) führt, andererseits die Reststruktur ihre Form oberhalb der Glastemperatur T_g (Fließtemperatur) irreversibel verändert (Rundung von Kanten, u. U. Maßänderung der lateralen Strukturabmessungen). Für DNQ/Novolak liegt die Fließtemperatur bei etwa 130-135 °C [Tou91]. Der unterschiedliche Wärmeausdehnungskoeffizient zwischen Resist und Substrat kann beim Abkühlen nach dem Hardbake zu Spannungsrissen in der Resistschicht führen, was sie für nachfolgende galvanische oder nasschemische Prozessschritte unbrauchbar macht. Durch langsames Abkühlen (ca. -3 °C/min) lässt sich die Rissbildung unterdrücken (z. B. Belassen des Substrats auf der ausgeschalteten, abkühlenden *hotplate*). Eine zu hohe Hardbake-Temperatur kann außerdem zu Problemen bei der nasschemischen Entfernung des Resist führen.

Entfernen des Resists (*Stripping*)

Nachdem der Resist seine Funktion als Maske für die Strukturierung von Substraten und Funktionsschichten erfüllt hat, muss er entfernt werden. Lediglich in Ausnahmefällen verbleiben hochtemperaturstabile Resists (z. B. photoempfindliche Polyimide) bei manchen Mikrosystemen als dielektrische Isolationsschichten auf dem Substrat. Unter *stripping* versteht man die physikalische und/oder chemische Entfernung des Resists einschließlich einer zusätzlichen Reinigung der Substratoberfläche.

Stripping durch nasse Oxidation ermöglicht eine intensive und restlose Entfernung des Resists, erfordert aber toxische und aggressive Chemikalien, deren Lagerung und geringe Standzeit problematisch sind. Die nasse Oxidation ist in sauren und alkalischen Lösungen möglich. Am gebräuchlichsten sind Gemische aus H_2O_2/H_2SO_4 sowie CrO_3/H_2SO_4 (Chromschwefelsäure) bei Temperaturen über 70 °C. Wegen der stark oxidierenden Wirkung sind diese Lösungen für die Resistentfernung z. B. auf Aluminium-Oberflächen nicht geeignet. Sie oxidieren auch freiliegende Si-Oberflächen, so dass das gebildete SiO_2 vor einer Metallisierung des Siliziums wieder entfernt werden muss. Spezielle Resistentferner sind erforderlich, um das siliziumhaltige *sidewall polymer* zu beseitigen, das durch Redeposition beim Trockenätzen entsteht.

Für das *stripping* mit Lösungsmitteln verwendet man bei Temperaturen zwischen 25-200 °C Resistentferner (*remover*), die aus chlorierten Kohlenwasserstoffen, Phenolen und Benetzungsmitteln bestehen (z. B. Aceton, Trichlormethan, N-Methylpyrrolidon, Dimethylsulfoxid). Für Positivresists gibt es einige bei Raumtemperatur anwendbare Resistentferner (z. B. AZ 100). Außerdem kann

2.3 Dünnschichttechnologie

Positivresist nach einer Flutbelichtung des Wafers in konzentriertem Entwickler entfernt werden, wenn die Hardbake-Temperatur nicht zu hoch war. Bei der Verwendung von Aceton als Resistentferner verbleiben durch dessen begrenzte Lösekapazität und rasches Verdunsten oftmals Resistrückstände auf dem Substrat. Remover wie AZ 100 sind für das rückstandsfreie Entfernen von Resist optimiert, greifen aber Metallschichten (Al, Cu) an.

Stripping in Lösungsmitteln oder mit nasser Oxidation erfolgt unter Wafer-Bewegung in den jeweiligen Bädern, zur Beschleunigung manchmal mit Ultraschall-Einwirkung. Nach der nasschemischen Entfernung muss ein Reinigungsschritt folgen, der im einfachsten Fall aus einer Spülung mit deionisiertem Wasser und Trocknung besteht.

Plasma-*Stripping* ist das chemische Abtragen des Resists durch Einwirkung von in einer Gasentladung aktiviertem Sauerstoff unter Bildung gasförmiger Reaktionsprodukte (CO, H_2O) bei Drücken von 0,1-500 Pa. Es beruht auf dem gleichen Prinzip wie das plasmachemische Trockenätzen und wird in HF-Plasma-Reaktoren (*asher*) bei typischen Leistungen von 300-700 W durchgeführt [Mor88].

Simulation von Lithographieprozessen

Für die Modellierung von Lithographieprozessen, insbesondere im DUV-Bereich, wurden Simulationstools (z. B. PROLITH [Mack97]) entwickelt, durch die kritische Prozessparameter identifiziert und optimiert werden können.

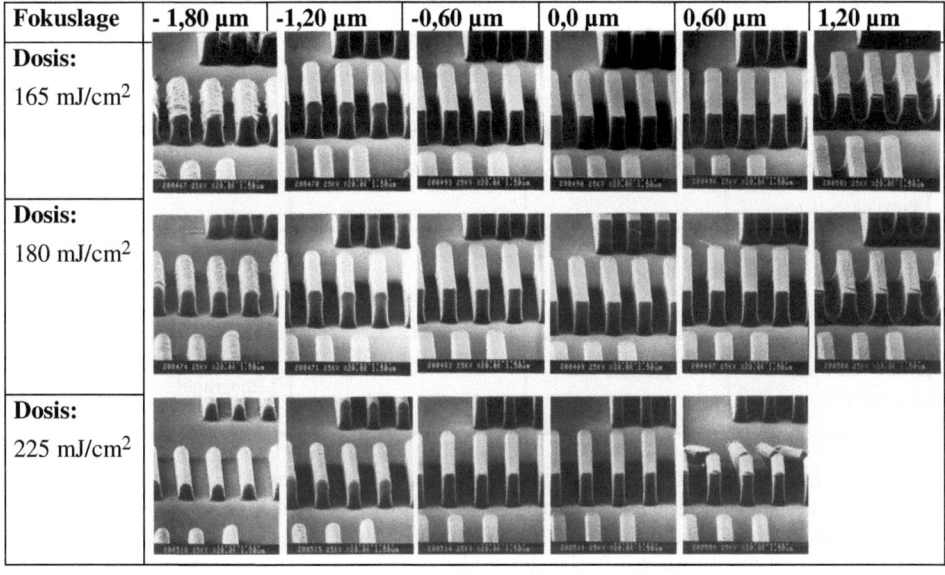

Bild 2.3-36 Fokus-Exposure-Matrix für g-Linie-Resist AZ 6212 B; die Teststruktur (*lines and spaces*) wurde mit unterschiedlicher Belichtungsdosis und Fokuslage (relativ zur Resistoberfläche) belichtet und entwickelt [Dam93]

So simuliert z. B. PROLITH mit Hilfe mathematischer Modelle die Bilderzeugung (bei Projektionsbelichtung), die Belichtungsprozesse im Resist (UV-Intensitätsverteilung, stehende

Wellen, Absorption, photochemische Reaktionen), die Bake-Prozesse (mit den dabei stattfindenden Diffusionsprozessen) und die Resistentwicklung (Diffusion des Entwicklers in die Resistoberfläche, Lösungsreaktion und Diffusion des gelösten Resist von der Oberfläche weg). Als Ergebnis der Simulation erhält man z. B. Relationen zwischen Fokustiefe (*DOF*), Belichtungsdosis und erzielbaren kritischen Dimensionen (*CD*) in einer Fokus-Exposure-Matrix. Diese Resultate können mit einer experimentell ermittelten Fokus-Exposure-Matrix (Bild 2.3-36) verglichen werden, die man durch Belichtung und Entwicklung von Resist-Teststrukturen (*lines and spaces*) gewinnt. Aus dem Vergleich von Simulation und Experiment kann man die im Simulationstool verwendeten Parameter (Diffusionskoeffizienten, Reaktionskonstanten) an den jeweiligen Resist bzw. Prozessschritt anpassen [Mack99, Kiss02, Ess02].

2.3.2.3 Belichtungs-Verfahren und -Apparaturen

Bei den Belichtungsverfahren unterscheidet man a) hinsichtlich der Art der Abbildung der Struktur in den Resist und b) hinsichtlich der verwendeten Strahlungsquelle. In der Photolithographie (UV-Licht als Strahlungsquelle) erfolgt die Belichtung des Resists als 1:1-Schattenprojektion (in Form der Kontakt- oder Proximity-Belichtung), als Projektionsbelichtung (Bild 2.3-37) oder als maskenloses Direktschreiben mit Laserstrahl.

Tabelle 2.3 -3 Einteilung der Belichtungsverfahren

Strahlungsquelle \\ Abbildungsart	UV-Licht (Hg-Lampe oder Excimer-Laser)	Röntgenstrahlung Synchrotronstrahlung	Elektronenstrahl
1:1 Schattenwurf: Kontaktbelichtung Proximitybelichtung	Photo-	Röntgenstrahl-lithographie	
Projektionsbelichtung: Waferscan Step-and-repeat	litho-		
Direktschreiben (maskenlos)	graphie		Elektronenstrahl-Lithographie

Bei der Kontaktbelichtung wird die Maske direkt auf den Resist aufgelegt, bei der Proximity-Belichtung besteht ein geringer Abstand (ca. 10-40 µm) zwischen Maske und Resist, bei der Projektionsbelichtung wird das Muster der Maske oder des Reticles über ein Objektiv (Linsen- und/oder Spiegel-Optik) auf den Resist abgebildet.

Da das Licht z. T. durch sehr kleine Öffnungen der Maske tritt, wird die Präzision der Strukturübertragung bei der 1:1-Schattenprojektion durch Fresnel-Beugung bzw. bei der Projektionsbelichtung durch Fraunhofer-Beugung begrenzt. Am geringsten ist der störende Beugungseffekt bei der Kontaktbelichtung; infolge des Proximityabstandes fällt bei der Proximity-Belichtung gebeugtes Licht auch auf Resistbereiche, die nicht belichtet werden sollen. Die beugungsbedingt minimal strukturierbare Linienbreite L ist [Tho83]:

2.3 Dünnschichttechnologie

$$L = 1,5 \cdot \sqrt{\lambda \cdot (G + d/2)} \qquad (2.3\text{-}25)$$

mit G als Proximityabstand und d als Resistdicke. Bei Belichtung mit $\lambda = 436$ nm (g-Linie), $G = 10$ μm und $d = 1$μm ergibt sich eine minimale Linienbreite $L = 3,2$ μm. Mögliche (unerwünschte) Gründe für großen Proximityabstand können Partikel/Blasen im Resist, Maskenverschmutzung, raue, texturierte oder gewellte (verspannte) Substrate, ein Resist-Randwall oder eine verkehrt herum benutzte Maske sein.

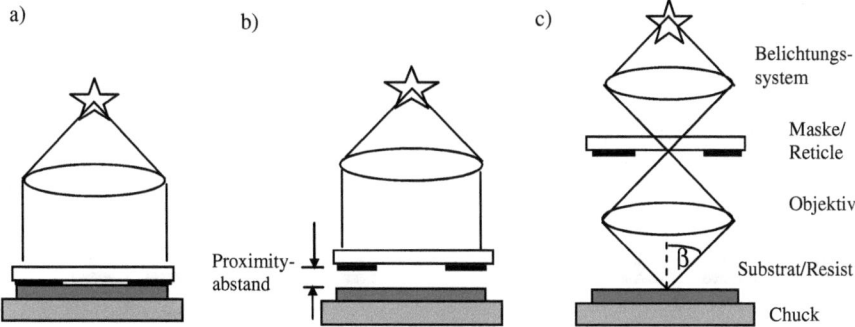

Bild 2.3-37   a) Kontakt-, b) Proximity- und c) Projektionsbelichtung

Bei der Projektionsbelichtung wird die Bildqualität begrenzt durch die numerische Apertur (*NA*) der Projektionsoptik. Die Auflösung R der Projektionsapparatur ist eine Funktion der Wellenlänge, der bildseitigen numerischen Apertur und einer empirisch bestimmten Konstanten k_1, die durch den Photoresist, das Substrat und weitere Prozessbedingungen determiniert ist [Lin90].

$$R = k_1 \cdot \lambda / NA \qquad (2.3\text{-}26)$$

Die bildseitige numerische Apertur ist durch den halben Öffnungswinkel β des Projektionsobjektivs (Bild 2.3-37) und die Brechzahl des Mediums zwischen Objektiv und Resist gegeben:

$$NA = n_L \cdot \sin\beta \approx \sin\beta \qquad (2.3\text{-}27)$$

(mit $n_L \approx 1$ für Luft). Unter Laborbedingungen können Werte $k_1 \geq 0,5$ erreicht werden, in der Produktion sind typische Werte $0,8 < k_1 < 1,2$, abhängig von den Reflexionseigenschaften des Substrats. Durch Vergrößerung von *NA* und/oder Verringerung der Wellenlänge ist also eine Erhöhung der Auflösung möglich. Moderne Projektionssysteme mit $NA = 0,5$ und Excimer-Laser als Lichtquelle (z. B. $\lambda = 193$ nm für ArF-Laser) erreichen R-Werte und damit übertragbare Linienbreiten von $0,3$ μm. Andererseits gilt für die Tiefenschärfe (*depth-of-focus, DOF,* auch Fokustiefe genannt) [Dam90]:

$$DOF = k_2 \cdot \lambda / NA^2 \qquad (2.3\text{-}28)$$

mit $0,4 < k_2 < 0,9$. Eine Vergrößerung von *NA* hat also bei konstanter Wellenlänge nachteiligen Einfluss auf die Tiefenschärfe. Wegen

$$DOF = k_2 \cdot R^2 / (k_1^2 \cdot \lambda) \qquad (2.3\text{-}29)$$

kann die Tiefenschärfe bei gegebener Auflösung R durch Verringerung von λ verbessert werden. Das *DOF*-Problem ist eine wesentliche physikalische Begrenzung bei der optischen Lithographie im sub-µm-Bereich, da minimale Resistdicken > 0,5 µm notwendig sind, um hinreichende Bedeckung der Topographie und genügende Ätzbeständigkeit zu erreichen. Für $R =$ 0,3 µm, $k_2 = 0,6$ und $k_1 = 0,8$ erhält man $DOF = 0,084$ µm²/λ, so dass man selbst mit einer Wellenlänge $\lambda = 0,193$ µm nur eine Tiefenschärfe von 0,44 µm erreichen kann.

Phasenmasken

Eine verbesserte Auflösung durch Unterdrückung der Beugungseffekte kann mit Phasenmasken (*phase-shifting mask technology*, PSMT) erzielt werden [Lev92]. Hierbei werden Interferenzeffekte genutzt, um Beugungserscheinungen zu unterdrücken (Bild 2.3-38). Bei konventionellen Masken entstehen als Folge der periodischen Struktur von Bild 2.3-38 nach konstruktiver Interferenz des elektrischen Feldvektors auf dem Wafer Belichtungsintensitäten auch an den Stellen, die eigentlich nicht belichtet werden sollen.

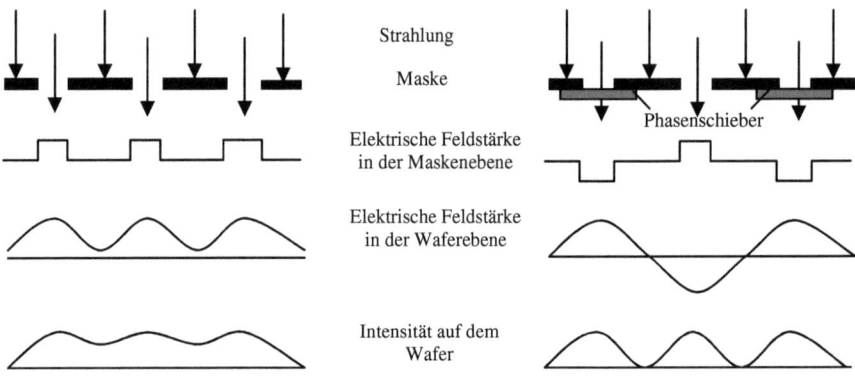

Bild 2.3-38 Phasenmasken-Technologie (links konventionelle Maske, rechts Phasenmaske)

Bei PSMT wird zwischen benachbarten transparenten Bereichen der Maske eine Phasenverschiebung des Lichtes um 180° erzeugt. Auf der Waferebene führt dann destruktive Interferenz des Feldstärkevektors zur Auslöschung von unerwünschter Lichtintensität in den nicht zu belichtenden Bereichen und damit zur Verbesserung von Kontrast und Auflösung. Die Phasenverschiebung wird durch Beschichtung einzelner Maskenbereiche mit einer optisch transparenten Schicht (Brechungsindex n) erzeugt, deren Dicke so beschaffen ist, dass sich im Vergleich zum unbeschichteten Bereich ein Gangunterschied der Lichtwelle von $\lambda/2$ ergibt.

$$(n \cdot d - n_L \cdot d) = \lambda/2 = (n-1) \cdot d \qquad (2.3\text{-}30)$$

Neben vollständig transparenten wurden inzwischen auch teilweise absorbierende Schichten als „Phasenschieber" verwendet, um damit auch die durchgelassene Intensität in einzelnen Maskenbereichen zu beeinflussen.

Belichtungsapparaturen (*Maskaligner*) für die Photolithographie

Hinsichtlich der Belichtungsapparatur ist die 1:1-Kontaktbelichtung das einfachste Verfahren. Allerdings kann durch den Direktkontakt zwischen Maske und Substrat/Resist die Maskenstruktur beschädigt werden, oder es haften Resistreste an der Maske, die zu Strukturfehlern

2.3 Dünnschichttechnologie

führen. Häufige Maskenreinigungen und kurze Lebensdauer der Maske sind die Folge. Zur Belichtung werden in der Photolithographie Hg- oder Hg/Xe-Hochdrucklampen verwendet. Die NUV-Standard-Optik (NUV = *Near* UV) der Belichtungseinheit (Bild 2.3-40) ist für den Wellenlängenbereich von 350-450 nm transparent, so dass die Haupt-Emissionslinien der Lampe bei 436 nm (g-Linie), 405 nm (h-Linie) und 365 nm (i-Linie) zur Gesamtintensität beitragen (Bild 2.3-39), wobei die i-Linie etwa 40 % der Strahlungsintensität im o. g. Transmissionsbereich der Standard-Optik liefert.

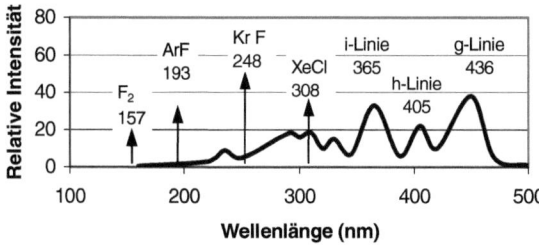

Bild 2.3-39
Spektrum einer Hg-Hochdrucklampe (mit g-, h- und i-Linie) und Emissionswellenlängen einiger Excimer-Laser (F_2, ArF, KrF, XeCl), die als Lichtquellen für die DUV-Lithographie genutzt werden (DUV = *Deep* UV mit Wellenlängen $\lambda <$ 300 nm) [Leu96]

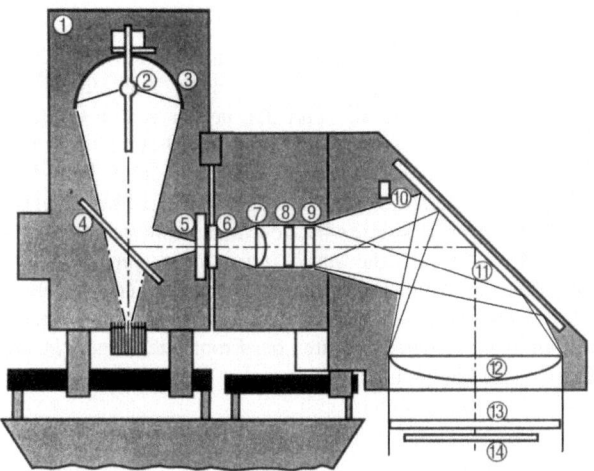

Bild 2.3-40
Belichtungssystem eines *Maskaligners* (MA6) für Kontakt/Proximity-Belichtung [Mas96]
1 Gehäuse
2 Hg-Hochdrucklampe
3 Elliptischer Spiegel
4 Kaltlicht-Spiegel
5 Blende
6 „Facettenauge"
7 Kondensorlinse
8 Linsenplatte 1
9 Linsenplatte 2
10 UV-Sensor
11 Front-Spiegel
12 Front-Linse
13 Maske
14 Wafer/Substrat

Die Verwendung eines Wellenlängenbereichs (polychromatisches Licht) verringert gegenüber der Belichtung mit monochromatischem Licht das Problem stehender Wellen.

Die auf dem Substrathalter befestigten Wafer werden zunächst mit Hilfe von Abstandshaltern (Bild 2.3-41) völlig parallel zur Maske ausgerichtet. Dann erfolgt die Justierung in einem Justierabstand von ca. 50 µm. Dazu beobachtet man Justiermarken auf Maske und Wafer durch zwei Mikroskop-Objektive (splitfield-Mikroskop, Bild 2.3-42) an zwei möglichst weit entfernten Stellen. Durch Wafer-Verschiebung in x- und y-Richtung sowie durch Drehbewegung werden die Justiermarken zur Deckung gebracht. Die Parallelität bleibt erhalten, wenn der Wafer dann durch Verschiebung in z-Richtung in den Belichtungsabstand (10-30 µm) gebracht wird.

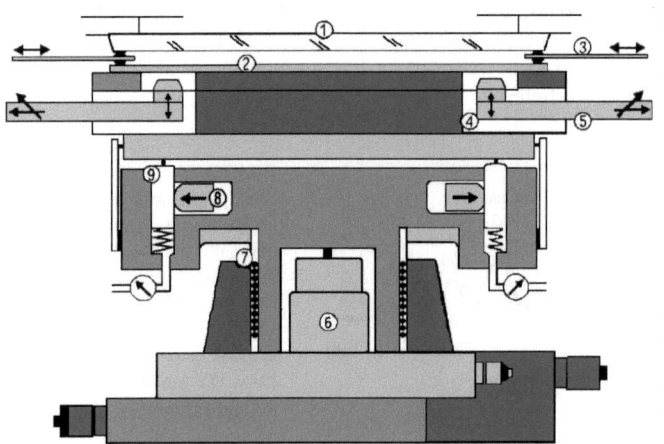

Bild 2.3-41
Justiereinrichtung eines *Maskaligners* (MA6) für Proximity-Belichtung [Mas96]

1 Maske,
2 Wafer,
3 Abstandshalter mit Kugeln,
4 Substrathalter (Chuck),
5 Chuck-Gestänge,
6 Schrittmotor (z-Achse),
7 Kugellagerführung,
8 Pneumatische Fixierung,
9 Neigungskompensation

BSA-Apparaturen *(Bottom Side Alignment)*

Zur Herstellung von Mikrosystemen muss oft eine beidseitige Lithographie auf Wafern durchgeführt werden. Das ist z. B. der Fall, wenn man einen Si-Wafer von der Rückseite her anisotrop durchätzen möchte, so dass auf der Frontseite an exakt definierten Stellen Öffnungen oder Membranen entstehen. Dann muss die Ätzmaske der Rückseite im lithographischen Prozess zu den Strukturen auf der Frontseite positioniert werden. Hierfür wurden BSA-*Maskaligner* entwickelt (Bild 2.3-42). Zunächst werden die Objektive des *splitfield*-Mikroskops auf die Justiermarken der Maske fokussiert. Deren Position wird gespeichert und sie werden auf einem Monitor dargestellt. Nachdem der Wafer unter die Maske transportiert wurde, fokussiert man das Mikroskop auf die Justiermarken der Wafer-Frontseite. Diese erscheinen ebenfalls auf dem Monitor. Durch Bewegung des *chuck* werden die Bilder der Justiermarken zur Deckung gebracht. Damit ist die Maskenstruktur exakt zu den Strukturen der Frontseite ausgerichtet und der rückseitige Resist kann durch die Maske hindurch belichtet werden.

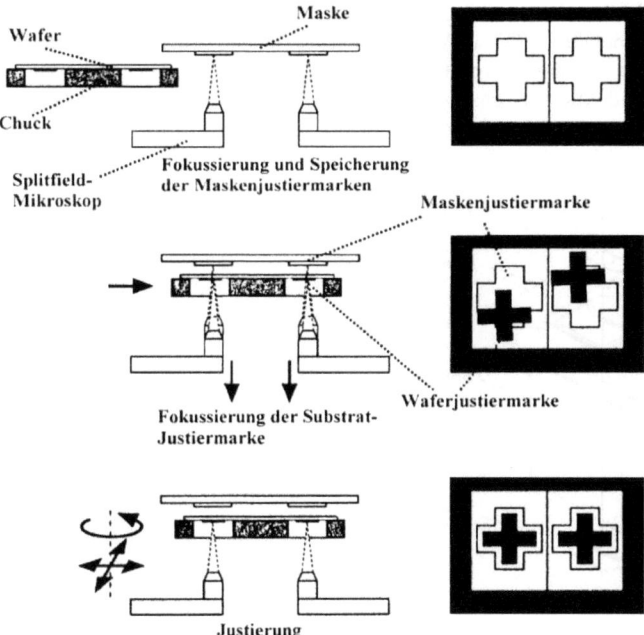

Bild 2.3-42 BSA-*Maskaligner* [Mas96]

Projektionsbelichtungs-Apparaturen

In der mikroelektronischen IC-Fertigung dominieren die Projektionsbelichtungs-Methoden. Dabei unterscheidet man:

a) 1:1 Waferscan-Ganzscheiben-Belichtung (Bild 2.3-43)

Hierbei wird die Maske von einem sichelförmigen Lichtbündel in ihrer ganzen Breite überstrichen. Durch eine präzise Mechanik werden Maske und Wafer synchron bewegt. Bei dieser Bewegung wird die Maskenstruktur 1:1 mit Hilfe einer Spiegeloptik abgebildet. Zur Belichtung wird nicht monochromatisches Licht, sondern ein Wellenlängenbereich verwendet. Geräte dieses Typs haben eine geringe numerische Apertur (typisch $NA = 0,15$), ihre Auflösung liegt bei etwa 2 µm. Sie sind die „Arbeitspferde" für schnelle Belichtung und hohen Waferdurchsatz in der Produktion.

b) *Step-and-repeat* M:1-Belichtung

Für höhere Auflösung werden abbildende Linsensysteme mit $NA > 0,3$ eingesetzt, die zugleich eine 5:1- oder 10:1-Verkleinerung der vorliegenden Reticle-Struktur bewirken. Sie arbeiten mit monochromatischem Licht (g-, h- oder i-Linie), um Farbfehler (chromatische Abberation) der Linsensysteme zu minimieren. Da aber das Belichtungsfeld dieser Optiken mit ca. 2,5x1,5 cm² sehr klein ist, kann nur ein kleiner Bereich des Wafers (z. B. ein Chip) belichtet werden. So wird nur die Strukturinformation für einen Chip, die im Reticle vorliegt, auf den Wafer übertragen. Danach muss der Wafer mit einer mechanisch präzisen Verschiebeeinheit um ein bestimmtes Rastermaß (*step*), das durch die Chipgröße gegeben ist, in x- bzw. y-Richtung verschoben werden, um erneut zu belichten. Dieser Vorgang wird so lange wiederholt (*repeat*), bis die nutzbare Fläche des Wafers vollständig mit Chipstrukturen belichtet ist. Dieses Verfahren ist zeitaufwändig (geringer Produktionsdurchsatz), liefert aber Strukturen mit hoher Reproduzierbarkeit, da das gleiche Reticle für alle Chips genutzt wird.

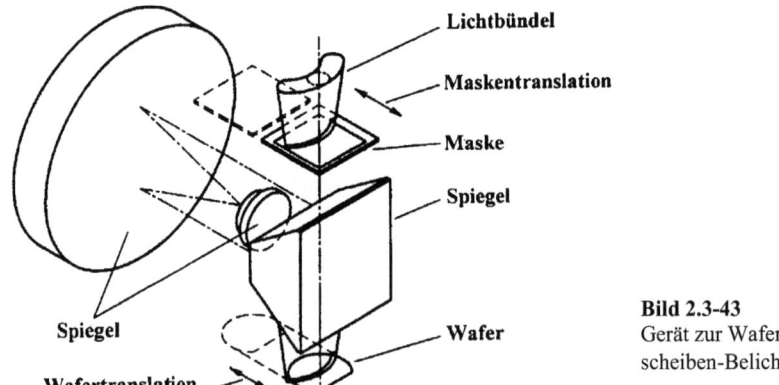

Bild 2.3-43
Gerät zur Waferscan-Ganzscheiben-Belichtung [Bro91]

DUV-Projektionssysteme

Eine Verbesserung der Auflösung zur Erzeugung von Strukturabmessungen kleiner 0,3 µm bei gleichzeitig noch ausreichender Tiefenschärfe ist nur durch Verringerung der Belichtungs-Wellenlänge (kleiner 365 nm) möglich. Im Projektionssystem müssen dann Glaslinsen durch Quarz, CaF_2 oder durch Spiegel-Projektionsoptiken ersetzt werden. Außerdem sind DUV-Resists mit sehr guter Empfindlichkeit (< 5 mJ/cm^2) erforderlich, da Hg-Hochdrucklampen im Wellenlängenbereich zwischen 200-300 nm nur noch eine geringe Intensität haben [Buc89].

Ein anderer inzwischen erfolgreicher Weg ist die Verwendung der monochromatischen Strahlung von Excimer-Lasern, wobei vor allem XeCl (308 nm), KrF (248,5 nm) und ArF (193 nm) zur Anwendung kommen [Jai90]. Aufgrund der extrem geringen Linienbreite von Laserstrahlung gibt es keine Probleme durch Farbfehler der Projektionsoptik. Problematisch ist allerdings bei den im Impulsbetrieb arbeitenden Lasern die Kontrolle der Belichtungsdosis.

Röntgenlithographie

Prognosen besagen, dass die optische Lithographie bei etwa 0,1 µm ihre Auflösungsgrenze erreichen wird (hauptsächlich wegen der *DOF*-Problematik). *Ultra large scale integration* (ULSI) mit Strukturabmessungen $< 0,15$ µm ohne *DOF*-Probleme kann durch Röntgenstrahl-Lithographie (*X-ray-lithography*, XRL) realisiert werden. Sie arbeitet nach dem Prinzip der Proximity-Belichtung. Gemäß Gl. (2.3-25) können bei einer typischen Wellenlänge $\lambda \approx 1$ nm mit $G \approx 4$ µm, $d = 1$ µm Linienbreiten $L = 100$ nm erzielt werden. XRL ist unempfindlich gegenüber Substrattopographie, so dass selbst über komplizierten Substratreliefs exzellente Linienbreiten erreicht werden, da keine Reflexions- und Rückstreueffekte auftreten.

Probleme gibt es hinsichtlich der Bereitstellung effektiver und kostengünstiger Belichtungsquellen. Plasma-Röntgenquellen emittieren nur weiche Röntgenstrahlung (< 10 mW/cm^2), so dass für schnelle Belichtung hochempfindliche Resists (< 50 mJ/cm^2) erforderlich sind. Diese

2.3 Dünnschichttechnologie

erreichen aber nur Auflösungen von ≈ 0,2 µm. Synchrotrons und Speicherringe liefern Strahlung > 100 mW/cm^2. Mit solchen Quellen wurden in Röntgenresists Auflösungen von 70 nm erreicht [Ogu93]. Allerdings stellt die Belichtung eines Wafers am Synchrotron noch immer einen sehr zeitaufwändigen und teuren Verfahrensschritt dar. Inzwischen kommerziell verfügbare Kompakt-Synchrotrons [Kem91] für den Labor- bzw. Produktionsbetrieb könnten diesen Nachteil beheben. Für die Mikrosystemtechnik hat die XRL vor allem Bedeutung zur Belichtung dicker Resists, die zur Herstellung von dreidimensionalen Mikrostrukturen erforderlich sind (siehe LIGA-Technologie).

Der verwertbare Wellenlängenbereich (0,5-4 nm) wird durch die Absorptionseigenschaften der Maske und der Resistmaterialien bestimmt. Röntgenstrahlen können nur sehr schwer optisch geführt werden. Deshalb ist weder optische Abbildung noch Reduktion üblich; die Strahlung wird so genutzt, wie sie in der Röntgenquelle entsteht. Als Belichtungsverfahren kommt somit nur die 1:1-Schattenprojektion in Frage, wobei oft ein Proximity-Abstand gewählt wird. XRL erfordert spezielle Masken, da einerseits eine vollständige Absorption von Röntgenstrahlung in den Chromschichten photolithographischer Masken nicht möglich ist, andererseits die 1,5-3 mm dicken Glasträger dieser Masken für Röntgenstrahlung nicht transparent sind. Man muss zur Herstellung von Röntgen-Masken die Unterschiede im Absorptionsverhalten von Elementen mit niedriger und hoher Ordnungszahl Z nutzen, da sich die Röntgenstrahl-Absorption proportional Z^3 verhält. Röntgenmasken bestehen aus einer Trägerfolie möglichst geringer Absorption von einigen µm Dicke. Geeignete Materialien sind solche mit niedriger Ordnungszahl wie Beryllium (Z = 4), Diamant (Z = 6), Bornitrid, Silizium (Z = 14) oder Siliziumcarbid. Auf der Trägerfolie befindet sich ein Absorbermaterial mit hoher Ordnungszahl. Vorzugsweise wird Gold (Z = 79) verwendet, da die Erzeugung der Maskenstruktur durch die galvanische Abscheidung von Goldschichten technisch gut beherrscht wird. Die Herstellung solcher Röntgenmasken erfolgt in einem Mehrstufenprozess (Kap. 2.4.1). Um Verzüge der dünnen Trägerfolien zu vermeiden, werden Röntgenmasken vorzugsweise als Reticle hergestellt, die Belichtung der Wafer erfolgt dann im *step-and-repeat*-Verfahren. Inzwischen ist es gelungen, relativ große Arbeitsmasken mit Trägerfolien von 3-4 Zoll Durchmesser herzustellen.

2.3.2.4 Resists

Resists sind maßgeschneiderte Mehrkomponenten-Systeme, die eine Vielzahl von Anforderungen erfüllen müssen:
- Kompatibilität mit verschiedenen Substraten (z. B. Si, SiO$_2$, Silizide, Metalle)
- gute Bedeckung und Haftung auf dem Substrat und Gleichmäßigkeit des Auftrags
- hohe Empfindlichkeit gegenüber der differenzierenden Strahlung
- rasche Entwickelbarkeit mit ungiftigen und möglichst metallionenfreien Entwicklern
- genaue Übertragbarkeit der Vorlage, definierte Flankenform beim Entwickeln
- Ätzbeständigkeit, Galvanobeständigkeit, Wärmebeständigkeit
- leichte Entfernbarkeit
- extrem geringer Anteil von Verunreinigungen (z. B. < 20 ppb von Na oder Fe)

*Negativ*resists wurden bisher in der Mikroelektronik für die Herstellung von Strukturdimensionen > 1 µm verwendet, da sie in ihrem Auflösungsvermögen aufgrund des Quellens der Strukturen beim Entwicklungsprozess begrenzt waren. Sub-µm-Strukturierung wurde vorwiegend mit *Positiv*resists durchgeführt. Neuerdings konnten auch Negativresists mit vergleichbar guter Auflösung entwickelt werden. Resists bestehen (mit Ausnahme des Röntgenresists PMMA) prinzipiell aus mehreren Komponenten:

- einem *schichtbildenden Polymer* (Feststoff), das die Wärmebeständigkeit und Löslichkeitseigenschaften bestimmt
- einer *photoempfindlichen Komponente (Photoinitiator)*, die auf Strahlung reagiert und die photochemischen Reaktionen auslöst
- einem *Lösungsmittel*, dessen Anteil die Viskosität des Resists bestimmt.

Die photochemischen Reaktionen, die zu einer strahlungsinduzierten Änderung der Löslichkeit des Resists führen, sind Kettenbildung (Photopolymerisation), Polaritätsänderung funktioneller Gruppen oder Aufbrechen von Polymeren (Depolymerisation).

Die Lösungsmittelkomponente sollte ungiftig und umweltverträglich sein. Sie bestimmt weitgehend die gleichmäßige Bedeckung des Substrats und das Fließverhalten des Resists bei thermischer Behandlung. Als Lösungsmittel werden z. B. Zyklopentan, Zyklohexan, 3-Methoxybutylazetat oder PGMEA (**P**ropylen**g**lycol **M**onomethyl**e**th**era**cetat) genutzt [Hur94].

Metallionen wie Na, Fe, K, Mg können im Lithographieprozess die zu strukturierenden Bauelemente kontaminieren und dadurch deren Funktion zerstören. Deshalb wird höchste Reinheit von einem Resist erwartet. Der Anteil einer Metallionenart liegt für so genannte metallionenfreie (MIF) Resists bei < 10 ppb. Aus dem gleichen Grund müssen auch MIF-Entwickler eingesetzt werden.

Photoresists müssen partikelfrei sein, um Strukturdefekte zu minimieren (Ausbeute!). Sie werden vom Hersteller einer Filtration mit Mikrofiltern (verbleibende Partikelgröße < 0,2 µm) unterzogen und als Flüssigkeiten mit definiertem Feststoffgehalt in lichtundurchlässigen Behältern ausgeliefert. Je nach gewählter Drehzahl bildet sich dann beim Aufschleudern eine bestimmte Resistdicke, die als Funktion der Drehzahl vom Hersteller in Form von Kurven oder Tabellen angegeben wird. Die chemische Stabilität muss durch geeignete Lagerung (dunkel, kühl) gesichert werden. Längere Lagerung bei Temperaturen über den empfohlenen Werten führt zur thermischen Zersetzung des Photoinitiators. Eine Überlagerung des Resists (beschleunigt durch höhere Temperaturen oder durch Verdünnung) kann Partikelbildung auslösen (raue/milchige Oberfläche des aufgebrachten Resists), verringert infolge Zersetzung des Photoinitiators die Entwicklungsrate sowie die Benetzung und Haftung auf dem Substrat, und führt zu einer Verschiebung der optimalen Parameter bei der Resistprozessierung. Das allmähliche Dunkeln des Resists über Monate beruht auf der Bildung von Azofarbstoffen (Veresterung des Photoinitiators mit dem schichtbildenden Polymer) und hat keinen Einfluss auf die optimale Prozessführung. Das Öffnen gekühlter Gebinde ohne vorheriges Anpassen an die Umgebungstemperatur schädigt über eindringendes Kondenswasser den Resist. Zum Umfüllen und Dispensieren von Resists sollten nur geeignete Kunststoffe (ungefärbtes Teflon, HD-PE ohne Weichmacher) oder Glasbehälter verwendet werden. Zwischen Umfüllung und Aufbringen (*spin coating*) empfiehlt sich eine Wartezeit von bis zu einigen Stunden (abhängig von der Viskosität), um Luftbläschen im Resist auszugasen.

Negativresists

Als erster industriell genutzter Resist für die Mikroelektronik wurde ein Negativresist von Kodak eingesetzt (Kodak`s Thin Film Resist, KTFR, 1954). Negativresists enthalten partiell cyclisiertes Polyisopren als vernetzbare Komponente und als photoaktive Komponente (lichtempfindlicher Vernetzer) eine Diazid-Verbindung (Bild 2.3-44). Unter Bestrahlung wird von den Azidgruppen Stickstoff abgespalten, wobei die sehr reaktiven Nitrene ($R - \overset{\bullet}{N} \bullet$) entstehen.

Für die Reaktion d) ist das partiell cyclisierte Polyisopren ein idealer Reaktionspartner; es ist auch der Resistbestandteil, der die Haftung auf Substraten und die chemische Resistenz be-

2.3 Dünnschichttechnologie

stimmt. In Reaktion c) konkurriert der Luftsauerstoff mit den Vernetzungsreaktionen, es kommt zur Bildung von stark absorbierenden Nitrose-Verbindungen, die die Abbildungsqualität zerstören. Derartige Resists werden deshalb häufig unter Stickstoff-Atmosphäre belichtet.

a) [Diazidstruktur: N_3-C$_6$H$_4$=C(cyclohexanon mit O)=C$_6$H$_4$-N_3]

b) $R - N_3 \xrightarrow{h\nu} R - \overset{\bullet}{\underset{\bullet}{N}} + N_2$

b) $R - \overset{\bullet}{\underset{\bullet}{N}} + R - \overset{\bullet}{\underset{\bullet}{N}} \rightarrow R - N = N - R$

c) $R - \overset{\bullet}{\underset{\bullet}{N}} + O_2 \rightarrow R - N = O +$ andere Produkte

d) $R - \overset{\bullet}{\underset{\bullet}{N}} + H - \underset{|}{\overset{|}{C}} - \rightarrow R - N - \underset{|}{\overset{H}{C}} -$

Bild 2.3-44   a)   Diazidstruktur,
            b)-d)   Vernetzungs-Reaktionsschemata für Negativresist

Typische Diazid-Verbindungen sind in den Wellenlängenbereichen 340-420 nm oder 365-480 nm UV-empfindlich. Nach [Rut92] kann man Diazid-Verbindungen mit hochtemperaturstabilem Benzocyclobutan (als vernetzbares Polymer) kombinieren. Dieser Negativresist ist aufgrund seiner thermischen Stabilität (bis zu Temperaturen von 250 °C) und seiner geringen Dielektrizitätskonstante als strukturierbare dielektrische Isolationsschicht zwischen leitfähigen Schichtebenen einsetzbar.

Negativresists mit Photoinitiator erfordern eine sehr viel geringere Bestrahlungsdosis. Hier wird zunächst nur der in geringer Konzentration vorliegende Photoinitiator angeregt. Die lichtinduzierte Anregung führt über den Prozess der Fragmentierung zur Bildung von Radikalen, die dann ihrerseits polymerisieren [Rei89, Rab87, Tim88]. Obwohl die primäre Quantenausbeute (produzierte Radikale pro Photon) gewöhnlich < 1 ist, kann so ein Photon die Polymerisation von Tausenden von Monomeren auslösen. Dadurch wurden extrem hohe Photoempfindlichkeiten der Resists erreicht (13 $\mu J/cm^2$) [Shi88].

Polymerisation kann auch durch Kationen oder Anionen induziert werden [Hat91]. Azid-härtende Resists (AHR) enthalten neben der alkalisch löslichen Matrix (z. B. Novolak oder Polyhydroxystyren) eine Komponente zur photoinduzierten Azid-Bildung (*photoacid generator*, PAG) und einen Azid-empfindlichen Polymerisator. Die photoempfindliche Komponente wird durch Bestrahlung in eine Säure verwandelt, die eine säureinduzierte Polymerisation auslöst. Während der Polymerisationsreaktion wird die Säure regeneriert, so dass ein Photon eine Kaskade von Polymerisationen starten kann. Man spricht von chemischer Verstärkung bzw. chemisch verstärkten Resists (*chemical amplified resists*, CAR).

Positivresists

In Positivresists wird als Basis-Polymer zur Schichtbildung vorwiegend Novolak-Harz eingesetzt. Die photoaktive Komponente ist ein Löslichkeitshemmer (inhibitor), der die Lösung des Novolak in einem alkalischen Entwickler behindert, wenn auch nicht völlig ausschließt. Unbelichteter Positivresist hat deshalb eine von Null verschiedene Löslichkeitsrate. Als Inhibitor wird 2-Diazo-1-Naphthoquinon-(DNQ-)Sulfonat verwendet, das durch Photolyse in einen Löslichkeitsbeschleuniger für die alkalische Entwicklung des Novolaks umgewandelt wird. Die Bindungsstelle der SO_3-R Gruppe bestimmt, ob ein Resist empfindlich für h- und i-Linien-Belichtung (Bindungsstelle am „rechten" Kohlenstoffring) oder auch für g-Linien-Belichtung (Bindungsstelle am „linken" Kohlenstoffring) ist. Die chemischen Reaktionen der photoaktiven Komponente (PAC) sind in Bild 2.3-45 dargestellt.

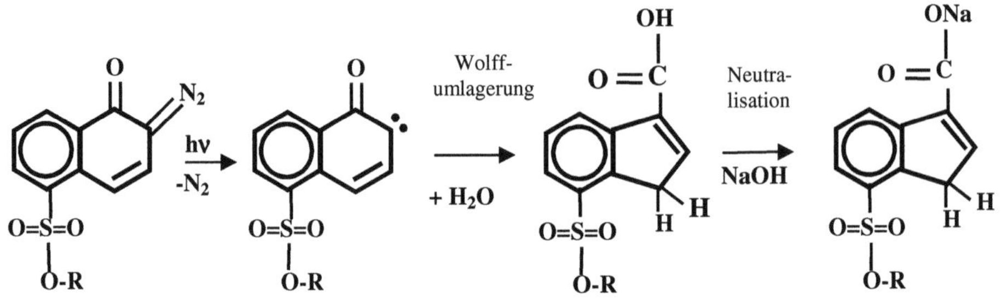

Bild 2.3-45 Photochemische Reaktion in DNQ/Novolak-Positivresist

Unter Einwirkung von UV-Strahlung erfolgt eine Abspaltung von N_2 und nach dem Mechanismus der Wolff-Umlagerung unter H_2O-Aufnahme die Bildung von 3-Indencarbonsäure. Diese wirkt als Löslichkeitsbeschleuniger, weil sie (im Gegensatz zu DNQ) in alkalischen Entwicklern neutralisiert und damit selbst löslich wird. Als Quanteneffizienz definiert man die Anzahl der dargestellten photochemischen Reaktionen pro absorbiertem Photon. Ausreichend rehydrierte DNQ/Novolak-Resists erreichen mit g-, h- und i-Linien-Belichtung (je nach DNQ-Typ) eine Quanteneffizienz von 0,2-0,3. Die Hydrophobie des unbelichteten Resists verhindert dessen Quellung während der Entwicklung. Deshalb können feinste Strukturen mit Linienbreiten ≥ 0,15 µm entwickelt werden. Das Verhältnis der Löslichkeitsrate von belichtetem zu unbelichtetem Resist hängt vom DNQ-Gehalt ab, es beträgt etwa 1000 bei 25 Gewichtsprozent DNQ (Bild 2.3-46). Neben der in der Photoreaktion gebildeten Indencarbonsäure erhöht auch Essigsäure (im Resist aus verbliebenem Lösungsmittel, z. B. PGMEA, in alkalischen Entwicklern gebildet) die Entwicklungsrate von belichtetem und unbelichtetem Resist. Dies erklärt den erhöhten Dunkelabtrag von Positivresists nach zu kurzem/kühlem Softbake.

2.3 Dünnschichttechnologie   89

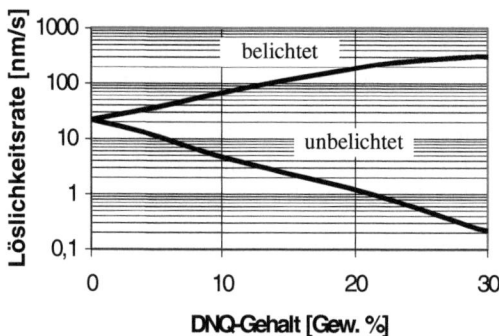

Bild 2.3-46
Löslichkeitsrate von belichtetem und unbelichtetem DNQ/Novolak-Resist als Funktion des DNQ-Gehalts [Mey80]

Alle technisch genutzten DNQ-Resists basieren auf aromatischen 4- oder 5-Sulfonat-Estern des DNQ. DNQ-4-Sulfonat-Ester haben Absorptionspeaks bei 310 nm und 380 nm, sind unempfindlich gegen g-Linien-Strahlung, können aber in i-Linien-Resists genutzt werden (Bild 2.3-47). DNQ-5-Sulfonat-Ester haben Absorptionsmaxima bei 350 nm und 400 nm. Sie sind die photoempfindliche Komponente für viele g-Linien-Resists (z. B. AZ 1300- und AZ 4000-Serie von Hoechst/Clariant). Resists der Serie AZ 4000 und AZ 9200 sind für die Lithographie mit großen Resistdicken, die man z. B. für die galvanische Herstellung von Mikrostrukturen benötigt, optimiert. Sie können mit Dicken > 100 µm aufgeschleudert und durchbelichtet werden. Dabei ist bedeutsam, dass durch die Belichtung die UV-Absorption der photoaktiven Komponente wegen ihrer Umwandlung in 3-Indencarbonsäure abnimmt; man spricht vom Ausbleichen (*bleaching*) des Resists. Dadurch steigt in den bereits belichteten Bereichen die Eindringtiefe für UV-Licht, was einer selbstverstärkenden „Kanalisierung" für in den Resist einfallendes Licht entspricht. Dadurch wird eine durchgängige Belichtung auch dicker Resistschichten (Eindringtiefe von i-Linien-Strahlung in unbelichteten Resist nur ca. 1 µm) und eine hohe laterale Auflösung möglich.

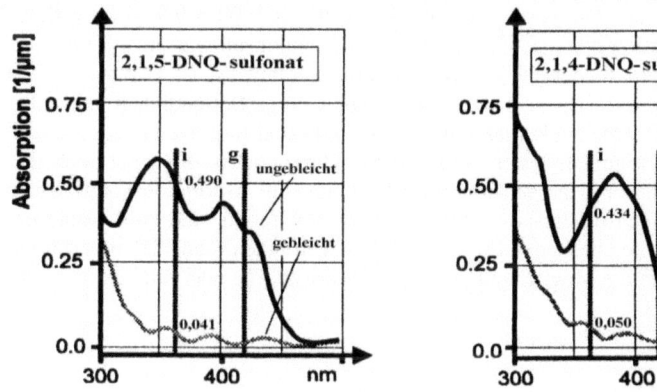

Bild 2.3-47   Absorption von DNQ-5-bzw. DNQ-4-Sulfonat-Ester [Dam93]

Für den DUV-Bereich wurden chemisch verstärkte Positivresists (CAR) entwickelt [Rai97, Shea98]. In ihnen ist in geringer Konzentration eine photoreaktive, absorbierende Verbindung enthalten, die sich in einen Katalysator umwandelt, der seinerseits die Umwandlung einer photochemisch unempfindlichen Verbindung einleitet. Dadurch wird eine geringe Absorption des

Resists und gleichmäßige Belichtung der gesamten Resistdicke erreicht. Als Katalysatoren werden z. B. photochemisch leicht aus lichtempfindlichen Polyhalogenverbindungen zu generierende Halogenwasserstoffsäuren genutzt. Bestandteile des zunächst unlöslichen Polymers sind säureempfindliche hydrophobe Gruppen. Die photogenerierten Säuremoleküle induzieren eine katalytische Abspaltung der säureempfindlichen Gruppen. Dabei wird das Säuremolekül regeneriert, so dass ein Photon eine Kaskade von Spaltungsreaktionen auslösen kann (Verstärkungseffekt). Die Aufspaltungsprodukte sind in alkalisch-wässrigen Entwicklern löslich.

DNQ-Novolak-Resists haben eine Glasübergangstemperatur T_g von 70-140 °C. Wünschenswert sind höhere T_g, die ein *hardbake* bei hohen Temperaturen zulassen, da die Haftung und Resistenz des Resists (z. B. bei Trockenätzprozessen) mit steigender *hardbake*-Temperatur zunimmt. Deshalb wurde versucht, Novolak durch andere Polymere zu ersetzen. Mit Polyhydroxystyren (PHS) konnten Resists mit $T_g = 180$ °C hergestellt werden [Paw90]. Inzwischen wurden DNQ-Resists entwickelt, die als strukturierbare Isolationsschichten verwendbar sind. Durch Temperung bei 350 °C wandelt sich das Polymer in eine stabile dielektrische Schicht um, auf der weitere Lithographieschritte möglich sind [Sez94].

DUV-, Elektronenstrahl-, Röntgenstrahl- und Ionenstrahl-Resists

NUV-Strahlung ist nicht in der Lage, thermisch stabile σ-Bindungen in organischen Molekülen aufzuspalten, da deren mittlere Bindungsenergie von etwa 350 kJ/mol nur durch Photonen mit Wellenlängen < 340 nm aufgebracht werden kann. DUV-, Elektronen- und Röntgen-Strahlung kann solche Molekülbindungen aufbrechen.

Hochmolekulares Polymethylmethacrylat (PMMA) ist ein Positivresist, der mit solcher Strahlung (z. B. breitbandiges DUV von 240-260 nm, KrF- oder ArF-Excimer-Laser, Synchrotronstrahlung) zu differenzieren ist [Rei89]. Die Strahlung induziert die Fragmentierung zu niedermolekularen Bruchstücken, die leichter löslich sind als das Ausgangspolymer. Vorteile des PMMA als DUV-Resist sind exzellente Auflösung, leichte Handhabung, gute gleichmäßige Filmbildung und geringer Preis. Die geringe Empfindlichkeit (> 1000 mJ/cm^2) kann durch Kopolymerisation oder Addition einer photoempfindlichen Komponente auf etwa 80 mJ/cm^2 verbessert werden. Ein empfindlicher DUV- und Elektronenstrahlresist ist Polybutensulfon (PBS) [Tho83]. Die genannten Resists zeigen allerdings nur geringe Beständigkeit gegenüber Trockenätzprozessen. Negativ arbeitende Elektronenstrahlresists sind Kopolymere aus Methacrylsäureglycidester und Acrylsäureethylester. Ähnliche Struktureinheiten, die meist noch Elemente höherer Ordnungszahl (z. B. Halogenatome) zur Erhöhung des Absorptionskoeffizienten enthalten, sind auch in Röntgenstrahlresists enthalten. Ionenstrahlresists sind noch wenig untersucht, jedoch gelten ähnliche chemische Prinzipien wie bei Röntgen- und Elektronenstrahlresists. Ionenstrahlen eröffnen die Möglichkeit, anorganisch-organische oder rein anorganische Resistmasken zu erzeugen.

2.3.2.5 Maskenherstellung

Masken sind die Träger der Strukturinformationen, die auf die jeweiligen Substrate oder Funktionsschichten übertragen werden sollen. Für die UV-Lithographie bestehen sie aus planparallelen Glas- oder Quarzscheiben von 1,5-3 mm Dicke mit Abmessungen von z. B. 4x4, 5x5 oder 6x6 Zoll^2. Die Strukturen auf den Masken bedecken nicht die gesamte Glasscheibe; ein Randbereich von etwa 1 cm Breite bleibt frei, so dass man Masken manuell aufnehmen und transportieren kann, ohne Strukturen zu zerstören. Die Größe der Masken ist der Arbeitsfläche angepasst, die man auf dem Substrat (Wafer) strukturieren will. So verwendet man z. B. für

4-Zoll-Wafer Masken mit Abmessungen von 5x5 Zoll^2. Als lichtundurchlässiger Absorber werden für Muttermasken Chromschichten von etwa 100 nm Dicke oder für Arbeitsmasken Photoemulsionen (z. B. Silberbromid) verwendet. Die Strukturierung der Masken erfolgt in einem lithographischen Prozess. Glasscheiben mit Absorberschicht werden zunächst mit einer Resistschicht versehen. Der Resist dieser *blanks* (von *blank* = unbeschrieben) wird in einem Gerät zur Maskengeneration, z. B. in einem Elektronenstrahlschreiber oder einem optischen Patterngenerator, aufgrund der Datenmengen, die beim Maskenentwurf erstellt wurden, belichtet.

Maskenentwurf

Die Maskenstruktur wird mit Hilfe eines CAD-Programms entworfen. Die Strukturen der Maske werden in diesen Programmen durch einfache geometrische Elemente, vor allem Polygone, Vielecke und Rechtecke zusammengesetzt. Verbindungen (wires) sind Linienzüge konstanter Breite, die z. B. zum Entwurf von Leiterbahnen verwendet werden. Kreisförmige Elemente sind in der Regel nicht Bestandteile solcher CAD-Systeme. Wenn vorhanden, sollten sie dennoch im Entwurf möglichst vermieden werden, da die Maskengeneratoren aufgrund ihrer Belichtungsweise runde Strukturen nur durch Polygone annähern können. Für die Realisierung eines Bauelementes ist meist der Entwurf mehrerer (bei integrierten Schaltungen z. B. bis zu 50) Masken erforderlich, die für die Strukturierung verschiedener Funktionsschichten benötigt werden. Dann müssen die Strukturen verschiedener Masken zueinander passen. Beim Entwurf werden deshalb für jede Maske Justierhilfen (z. B. kreuzförmige Strukturen) generiert, die beim Justieren mit dem Maskaligner für die exakte Ausrichtung eines Wafers zur Maske genutzt werden. CAD-Systeme enthalten meist Fehlersuchprogramme, mit denen der komplette Maskenentwurf geprüft wird. So wird z. B. die Einhaltung minimaler Strukturabmessungen (wie Leiterbahnbreiten oder Kontaktöffnungen) und zulässiger Strukturüberlappungen verschiedener Ebenen geprüft. Nach Fertigstellung des Entwurfs werden die Daten, d. h. die Menge der Formelemente, aus denen der Entwurf zusammengesetzt ist, inklusive ihrer Koordinaten an das Postprozessor-Programm weitergegeben. Dieses setzt die CAD-Daten in Steuerdaten für den Maskengenerator um. Aus Zeit- und Kostengründen wird man mit Elektronenstrahlschreibern und optischen Patterngeneratoren keine kompletten Arbeitsmasken, die viele identische Chipstrukturen gleichzeitig enthalten, herstellen. Man erzeugt so genannte Reticles. Diese enthalten die Strukturinformation für nur einen Chip, meist in einer Vergrößerung von 5:1 oder 10:1.

Strukturierung mit Elektronenstrahl

Bei der Verwendung von *Elektronenstrahlschreibern* steuern die CAD-Daten einen Elektronenstrahl, der die Struktur in einen elektronenstrahlempfindlichen Resist überträgt. Dabei wird der Strahl rasterartig über den Resist geführt und seine Intensität ein- oder ausgeschaltet. Diese serielle Strukturerzeugung ist vergleichsweise langsam. Deshalb hat die Elektronenstrahl-Lithographie bisher keine Bedeutung für die kostengünstige Massenfertigung von Mikrostrukturen erlangt. Sie ist aber unverzichtbar für die Herstellung präziser optischer Masken, da keine andere Methode großtechnisch Strukturen im Nanometerbereich realisieren kann.

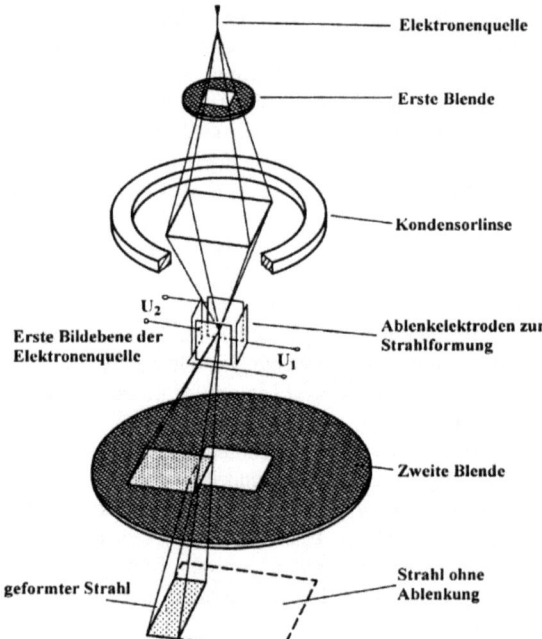

Bild 2.3-48
Aufbau eines Elektronenstrahlschreibers mit geformtem Strahl (*variable shaped beam*)

Neben der Maskenherstellung wird die Elektronenstrahl-Belichtung manchmal auch zum maskenlosen Direktschreiben von Strukturen genutzt, insbesondere wenn Bauelemente in kleinen Stückzahlen, z. B. bei der Herstellung von ASICs (*application specific integrated circuits*), realisiert werden sollen.

Elektronenstrahlschreiber arbeiten als Rasterscan- oder Vektorscan-Anlagen. Sie nutzen entweder den gesamten Querschnitt eines Elektronenstrahls (Energien von 10-100 keV), der eine Gauß-förmige Intensitätsverteilung besitzt (Gaußscher Strahl) oder einen durch Blenden geformten rechteckigen bzw. quadratischen Strahlquerschnitt (Bild 2.3-48).

Beim Schreiben der Struktur nach dem Rasterscan-Verfahren wird der Strahl mäanderförmig über das Scanfeld geführt, an den zu belichtenden Stellen ein-, an allen anderen Stellen ausgeschaltet. Dabei werden z. T. große Bereiche abgerastert, die nicht belichtet werden sollen, was zu unnötigen Zeitverlusten führt (Bild 2.3-49).

Beim Vektorscan-Verfahren wird der Strahl nur in die Gebiete geführt, die tatsächlich belichtet werden sollen. Dort erfolgt die Erzeugung der Strukturelemente wieder durch mäanderförmige Rasterung des Elektronenstrahls. Während der Sprünge zu den einzelnen zu belichtenden Bereichen ist der Elektronenstrahl ausgeschaltet. Die Strukturen werden durch Rechtecke erzeugt, die der Strahl durch mäanderförmiges Belichten (Zeile für Zeile) im Resist ausfüllt. Dabei müssen mit Gaußschem Strahl sehr viele Einzelbelichtungen entsprechend der Größe des Strahldurchmessers ausgeführt werden. In Bild 2.3-50a sind bei einem Strahldurchmesser d für die Struktur 79 Belichtungen und damit 79 Adressierungen des Elektronenstrahls notwendig.

2.3 Dünnschichttechnologie

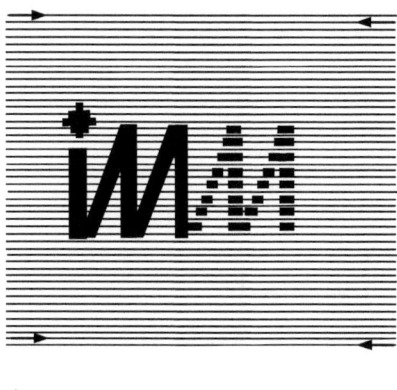
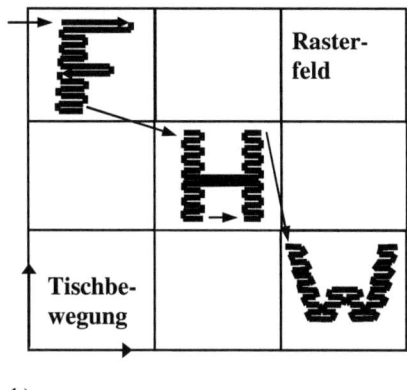

a)   b)

Bild 2.3-49   Prinzipielles Vorgehen beim
                      a) Rasterscan- bzw.
                      b) Vektorscan-Verfahren

Höhere Schreibgeschwindigkeit erzielt man mit geformtem Strahl. Die ersten Systeme dieser Art verwendeten einen quadratischen Strahlquerschnitt. In Bild 2.3-50b sind bei einem Strahlquerschnitt von 4dx4d für die Strukturerzeugung nur 6 Adressierungen nötig. Höchste Schreibgeschwindigkeit erhält man mit Anlagen nach dem *variable shaped beam*-Prinzip. Hier können durch ein Blendensystem rechteckige Strahlquerschnitte variabler Größe generiert werden. Gemäß Bild 2.3-50c sind zur Strukturerzeugung nur 2 Adressierungen des Strahls nötig. Trotz Optimierung der Belichtungszeiten beträgt der typische Durchsatz von Elektronenstrahl-Anlagen bei 6-Zoll Wafern ca. 2-5 Wafer/h bei minimalen Strukturdimensionen von 0,5 µm. Die Auflösungsgrenze für die Elektronenstrahl-Lithographie liegt bei 10-20 nm. Kommerziell werden Kantenrauigkeiten von minimal 40 nm angeboten.

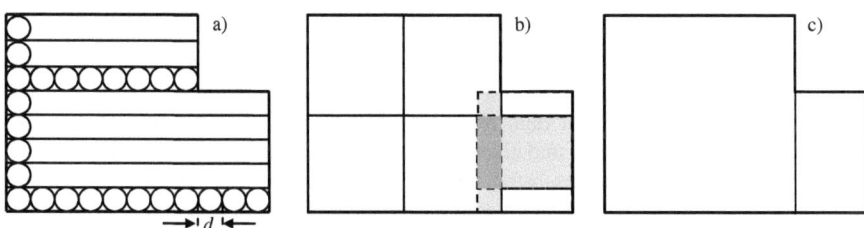

Bild 2.3-50   Strukturerzeugung mit
                      a) Gaußschem Strahl (Durchmesser d),
                      b) quadratischem Strahl ($4d$ x $4d$) und
                      c) *variable shaped beam*

94   2 Basistechnologien der Mikrosystemtechnik

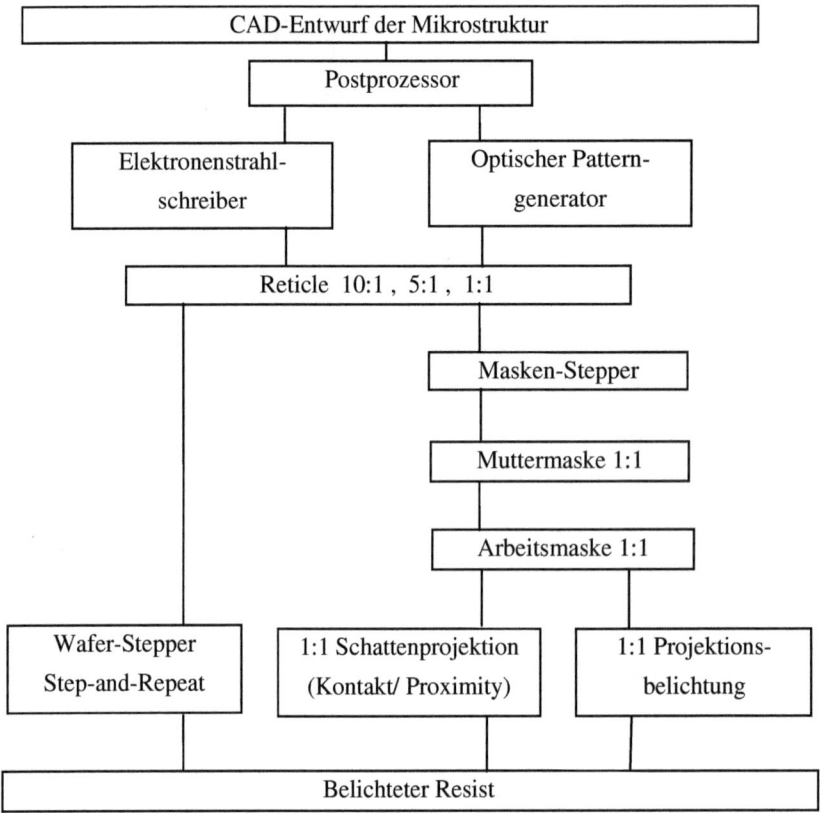

Bild 2.3-51   Hierarchie der Masken- und Strukturerzeugung

Optische Patterngeneratoren zur Reticle-Herstellung

Neben dem Elektronenstrahl-Schreiben wird zur Reticle-Herstellung auch die optische Belichtung in so genannten Patterngeneratoren eingesetzt. Hier steuern die CAD-Daten des Maskenentwurfs ein Blendensystem, mit dem ein rechteckiger Lichtfleck in Länge, Breite und Orientierung verändert werden kann, und einen in x- und y-Richtung verschiebbaren Tisch, auf dem sich das zu belichtende Reticlesubstrat befindet. Die Struktur wird durch Verschiebung des Tisches in x- und y-Richtung und durch aufeinanderfolgende Belichtung mit dem variablen rechteckigen Lichtfleck (ähnlich wie beim Elektronenstrahl-Schreiben mit *variable shaped beam*) erzeugt. Der Lichtfleck wird durch eine abbildende Optik im Maßstab 10:1 verkleinernd in den Resist abgebildet. Da die Struktur aus Rechtecken zusammengesetzt wird, sollte man beim Maskenentwurf kreis- oder bogenförmige Strukturelemente vermeiden. Diese können nur durch eine Vielzahl kleiner Rechtecke angenähert werden. Nach der Belichtung und Entwicklung des Resists erfolgt die Erzeugung des Reticle durch Ätzung der Chromschicht.

Aus den Reticles werden durch 10:1- oder 5:1-Verkleinerung im *step-and-repeat*-Verfahren die Muttermasken hergestellt (Maskenstepper), die die Chipstruktur in vielfacher Wiederholung enthalten. Diese Muttermasken, die ebenfalls meist mit Chromschichten als lichtundurchlässigem Absorber versehen sind, nutzt man nicht für den eigentlichen Produktionsprozess, da sie dort schnell abgenutzt und beschädigt werden können. Man fertigt vielmehr Arbeitsmasken, die man genügend oft als Kopie mit Hilfe der Kontakt-Belichtung von der Muttermaske replizieren kann. Bild 2.3-51 gibt einen Überblick über die Hierarchie des Maskenentwurfs und der Maskenherstellung.

2.3.2.6 Komplexe Resisttechnologien

Die Herstellung von Reststrukturen $< 0,5$ µm über komplizierter Topographie (z. B. stark reflektierendes Oberflächenrelief von strukturierten Metall-Leiterbahnen) erfordert weiterentwickelte Resisttechniken. Die damit erzielte Verbesserung der Strukturübertragung muss allerdings mit zunehmender Komplexität des lithographischen Prozesses, durch zusätzliche Prozessschritte und damit zusätzliche Quellen von Defekten und eine kompliziertere Prozesschemie erkauft werden.

Resists mit Farbstoffen (*dyed resists*) **und antireflektierende Schichten** (*antireflective coatings*, ARCs; *antireflective layers*, ARLs)

Reflexionen an den Grenzflächen Resist/Luft und Resist/Substrat führen zu periodischen Schwankungen der erforderlichen Belichtungsdosis als Funktion der Resistdicke (*swing curve*), d. h. die Resist-Empfindlichkeit kann sich schon bei geringen Schichtdickenvariationen stark ändern. Diese treten aber bei einem Resist über einem bereits strukturierten Substrat (z. B. mit Stufen an strukturierten Funktionsschichten) immer auf. Außerdem wird Strahlung von nicht planaren Substratbereichen, z. B. von den Flanken strukturierter Leiterbahnen (mit Flankenwinkeln $< 90°$) in Resistbereiche reflektiert, die eigentlich nicht belichtet werden sollen. Das Ergebnis ist eine Reduzierung der Resist-Linienbreite beim Übergang über reflektierende nicht vertikale Stufen (*reflective notching*).

Eine Möglichkeit zur Reduzierung dieser störenden Effekte besteht darin, die Resists mit Farbstoffen zu versehen, die im strahlungsempfindlichen Wellenlängenbereich stark absorbieren. Dadurch werden unerwünschte Reflexionen unterdrückt; allerdings wird eine um etwa 40-50 % höhere Bestrahlungsdosis erforderlich.

Während Farbstoffe die Schwankungen der *swing curve* gemäß Gl. (2.3-24) durch erhöhte Absorption α reduzieren, wird dies mit antireflektierenden Schichten durch Verringerung der Reflexionskoeffizienten R_1, R_2 erreicht.

Zwischen Substrat und Resist werden antireflektierende Schichten als organische Materialien aufgeschleudert (ARCs, auch *Bottom ARCs*, BARCs genannt) oder als anorganische Schichten (z. B. amorphes Silizium, Tantal/Silizium oder Titannitrid mit Schichtdicken von ca. 10 nm) aufgesputtert (ARLs). Diese Schichten sind nach der Belichtung entweder direkt mit dem Resist nasschemisch entwickelbar oder unempfindlich für den Entwickler. Dann müssen sie in einem zusätzlichen Prozessschritt entfernt werden. In einigen Fällen verbleiben sie auch im Bauelement (*integrated ARLs*).

Antireflektierende Schichten an der Resist/Luft-Grenzfläche (*top antireflective coatings*, TARCs) sollten zur maximalen Reflexionsminderung einen optimalen Brechungsindex $n_{TARC} = (n_{Res})^{1/2}$ haben. Für Novolak-Resist beträgt der Brechungsindex $n_{Res} = 1,64$, so dass der optimale Brechungsindex für TARCs bei $n_{TARC} = 1,28$ liegt. Die optimale Dicke ist durch $d_{TARC} = (\lambda/4)\cdot(1/n_{TARC})$ gegeben, die je nach Wellenlänge der Belichtung 60-100 nm beträgt. Als Materialien mit geringen Brechungsindizes von etwa 1,28 werden Polyfluoroalkylpolyether oder auf Teflon basierende Verbindungen verwendet. Sie werden aufgeschleudert und müssen *vor* der Entwicklung entfernt werden.

Image Reversal-Resists

Diese Resists ergeben je nach Prozessführung ein Positiv- oder Negativ-Bild der Maskenstruktur. Diese Möglichkeit der Bildumkehr (*image reversal*) sowie die damit verbundene gezielte Einstellung der Flankenwinkel ist ihr besonderer Vorteil. Man unterscheidet indirekte (basische) und direkte (sauer-katalytische) *image reversal*-Prozesse. Wenn man unmittelbar nach der NUV-Belichtung diese Resists entwickelt, entsteht ein Positiv-Bild der Maskenstruktur. Wird jedoch vor der Entwicklung ein *image reversal bake* durchgeführt, erfolgt in einem DNQ/Novolak-Resist, dem ein säureaktivierbarer Polymerisator (HMMM) beigemischt ist, eine dreidimensionale Vernetzung der belichteten Bereiche. Das *image reversal bake* ist sehr temperaturkritisch, da bei den hierfür angewandten Temperaturen ein Teil des Photoinitiators zerfällt. So reduziert sich z. B. die Konzentration des DNQ-5-Sulfonat-Photoinitiators (Aktivierungsenergie für thermische Zersetzung 1,31 eV) bei 5 min *image reversal bake* mit 110 °C um 10 %, was die Entwicklungsrate der flutbelichteten Bereiche deutlich verringert. Für reproduzierbare Ergebnisse sollte dieser Prozessschritt deshalb unbedingt auf einer *hotplate* durchgeführt werden. Nach dem *image reversal bake* ist die Resistschicht nahezu wasserfrei. Für die nachfolgende Flutbelichtung ist daher eine ausreichende Rehydrierung (Ruhephase) erforderlich. Die NUV-Flutbelichtung des gesamten Wafers (mit etwa 1000-2000 mJ/cm^2) führt in den zunächst unbelichteten Bereichen zur Bildung von Indencarbonsäure, die damit löslich werden. Bei der Entwicklung entsteht ein Negativbild der Maskenstruktur. Resists der Serie AZ 5200 (Hoechst/Clariant) arbeiten nach diesem direkten Prozessschema. Beim indirekten Prozess [Tho83] wird der Resist nach der Belichtung einer Diffusion von Amin-Dampf oder von Ammoniak-Lösung ausgesetzt, um einen basischen Katalysator bereitzustellen. Bei dem folgenden *image reversal bake* führt der basische Katalysator zur Zersetzung der gebildeten Indencarbonsäure in Indenderivate, die als sehr wirksame Löslichkeitshemmer fungieren. Wie beim direkten Prozess schließt sich eine Flutbelichtung an, die zur Löslichkeit der zunächst unbelichteten Bereiche führt (Negativbild). Da die Flutbelichtung mit sehr hoher Belichtungsdosis ausgeführt wird, bewirkt sie eine komplette Zersetzung des Löslichkeitshemmers, so dass ein sehr hoher Kontrast erzielt wird. Durch die Prozessführung (Variation der Belichtungszeit bei der ersten Belichtung) kann der Flankenwinkel der Resistprofile eingestellt werden. Dies gelingt infolge der Tiefenabhängigkeit der Dosisablagerung und des daraus resultierenden Vernetzungsgrades. Eine hohe erste Belichtungsdosis führt zu steilen, nahezu senkrechten Resistflanken, während eine geringe erste Belichtungsdosis stark unterschnittene (negative) Resistflanken erzeugt. Letztere sind besonders vorteilhaft für die Lift-off-Technik, da hier die auf dem Resist abgeschiedenen Schichten an den unterschnittenen Flanken abreißen und damit beim Ablösen problemlos von den verbleibenden Schichtstrukturen getrennt werden können (Bild 2.3-52). Ein weiterer Vorteil ist die exzellente thermische Stabilität dieser Resists bis zu 200 °C.

2.3 Dünnschichttechnologie

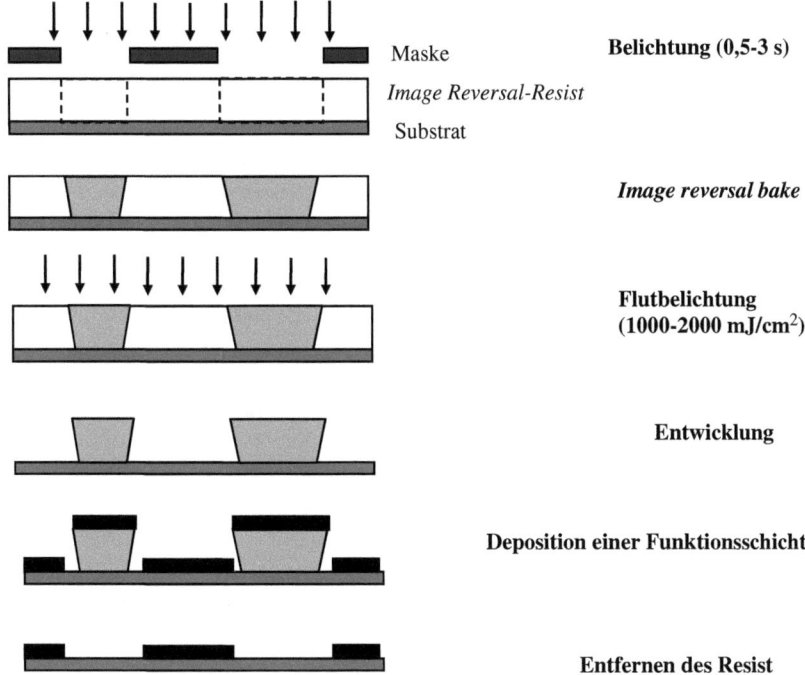

Bild 2.3-52   Direkter *image reversal* Prozess und Lift-off-Technologie

Mehrlagen-Resisttechniken in Verbindung mit O_2-Plasma-Ätztechnik

Die bisher dargestellte optische Lithographie nutzt Resists, die in einem Prozessschritt als homogener einlagiger Film (*single layer resist*, SLR) aufgeschleudert werden. Nachteilig an diesen ist die erforderliche Tiefenschärfe, die Empfindlichkeit gegenüber Substrattopographie und Interferenzeffekten sowie unzureichende Ätzresistenz gegenüber aggressiven Ätzmedien, insbesondere bei Plasma-Trockenätzprozessen. Diese Nachteile können durch Mehrlagen-Resists (*multilayer resists*, MLR) behoben werden (Bild 2.3-53). Sie bieten die Möglichkeit, hohe Aspekt-Verhältnisse zu erreichen. Sie bestehen aus einem 1-4 µm dünnen strahlungsunempfindlichen Basisresist (*bottom resist*), der beim Aufschleudern die Substrattopographie einebnet und Interferenzeffekte durch seine hohe Absorption unterdrückt. Als *bottom resist* wird z. B. einem *hardbake* unterzogener DNQ/Novolak oder Polyimid verwendet. Ein zweiter, viel dünnerer *top resist* (0,2-1 µm) wird auf den *bottom resist* aufgeschleudert. In ihn wird durch die übliche Belichtung und Entwicklung die Maskenstruktur übertragen. Dabei werden Probleme der Tiefenschärfe minimiert, da nur der dünne *top resist* zu belichten ist. Im anschließenden Trocken-Ätzprozess mit O_2-Plasma wird die Struktur des *top resist* exakt mit senkrechten Flanken in den *bottom resist* übertragen. Dabei muss der *top resist* hinreichend resistent gegenüber dem O_2-Plasma sein (*bilayer*-Prozess). Ist dies nicht der Fall, wird zwischen *top* und *bottom resist* eine dritte sehr dünne Schicht (< 0,2 µm) z. B. aus Silizium, SiO_2, Si_3N_4, TiO_2 eingefügt, die hinreichend stabil im O_2-Plasma ist (*trilayer*-Prozess). Diese Zwischenschicht muss natürlich ihrerseits in einem zusätzlichen Schritt nach der Entwicklung des *top resist* entwickelt werden (z. B. in einem Ätzschritt mit Fluor-Plasma).

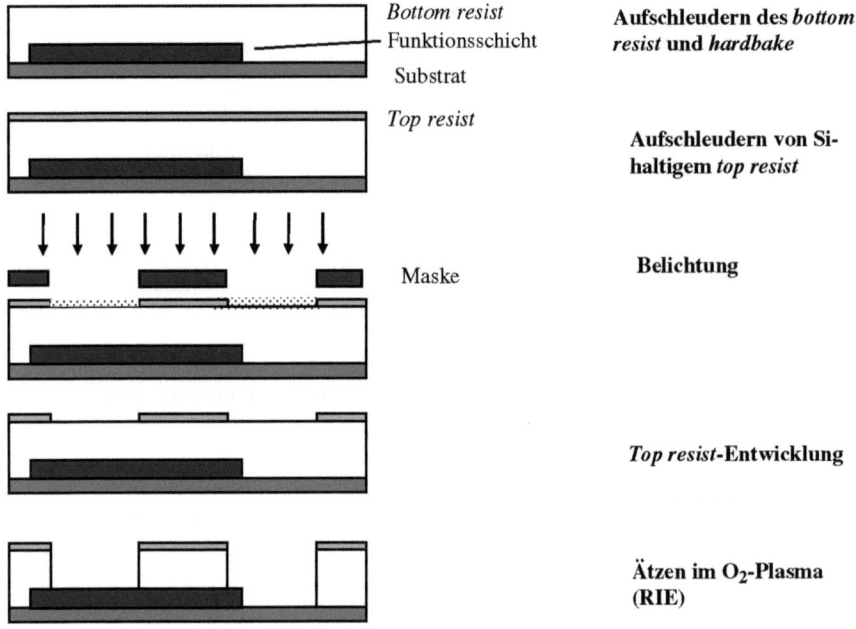

Bild 2.3-53   Typischer *bilayer*-Prozess mit Si-haltigem *top resist*

Die Mehrlagen-Resists erlauben die spezielle Anpassung der einzelnen Resistschichten an die jeweiligen Erfordernisse: optimale Empfindlichkeit, Auflösung und geringe erforderliche Tiefenschärfe der *top resists*; gute Ätzresistenz, hohe optische Absorption und thermische Stabilität der *bottom resists*. Die *top resists* im *bilayer*-Prozess enthalten ein Element (meist Silizium), das ein stabiles Oxid während der O_2-Plasma-Ätzung bildet. Mehr als 10 Gewichtsprozent Silizium müssen in die Resists eingebracht werden, um eine ausreichende Stabilität zu gewährleisten. Dieser hohe Si-Anteil führt aber zu einer Verschlechterung der Abbildungsqualität. Während des O_2-Plasma-Ätzens kann es zu lateralem Maßverlust der *top resists* kommen, der bei Linienbreiten < 0,5 µm nicht mehr tolerierbar ist. Dieser sollte durch einen entsprechenden Vorhalt der *top resist*-Strukturen kompensiert werden.

Dies gelingt durch den CARL-Prozess (**C**hemische **A**ufweitung von **R**esist-**L**inien, Bild 2.3-54). Ein anhydridhaltiger *top resist* wird belichtet und alkalisch entwickelt. Bei der anschließenden Behandlung mit einer wässrigen Lösung eines Aminosiloxans (CARL-Reagenz) werden die für die Ätzresistenz im O_2-Plasma nötigen Siloxaneinheiten in die Strukturen eingebaut und gleichzeitig wird ein lateraler Vorhalt zur Kompensation des Maßverlustes erzeugt, d. h. die Strukturen werden chemisch aufgeweitet. Die präzise Steuerung der Strukturaufweitung ist über die Dauer der CARL-Behandlung (10-80 s) möglich, so dass sogar Resist-Gräben und

2.3 Dünnschichttechnologie

-Löcher unterhalb der nach Gl. (2.3-26) definierten Grenzauflösung R eines Belichtungsgerätes realisiert werden können. So wurden in einem 1,8 µm dicken *bottom resist* 170 nm breite Gräben und Löcher mit 150x150 nm^2 Öffnung erzeugt, was einem Aspektverhältnis (Strukturhöhe zu Strukturbreite) von 12 entspricht [Seb90]. Der wesentliche Nachteil der Mehrlagen-Resists ist die höhere Komplexität der Prozessführung durch zusätzliche Prozessschritte und dadurch generierte Defekte sowie die Einführung der kostenintensiven Plasma-Trockenätztechnik.

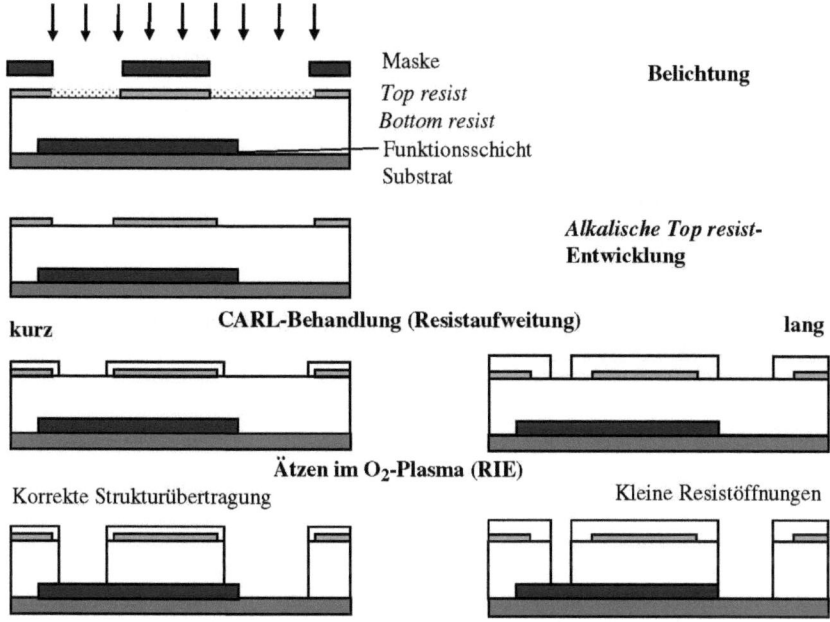

Bild 2.3-54   CARL-Prozess [Seb90]

TSI-Prozesse *(Top Surface Imaging)*

Die TSI-Prozesse verbinden die Vorteile der Mehrlagen-Resists mit der einfacheren Prozessführung bei den Einlagen-Resists. Nach der Belichtung des Einlagen-Resists wird dieser mit einem gasförmigen oder flüssigen Silizium-haltigen Reaktionspartner behandelt. In den belichteten Bereichen wird eine chemische Reaktion ausgelöst, die selektiv die Silizium-Aufnahme erhöht. Dieser Prozess der Si-Aufnahme (Silanisierung, *silylation*) ist auf die Resistoberfläche bis in eine Tiefe von ca. 300 nm beschränkt. Die nachfolgende Ätzung des Resists in einem O_2-Plasma wirkt wie eine Entwicklung, da die selektiv aufgenommene Silizium-Verbindung sich mit O_2 zu SiO_2 umwandelt und dieses SiO_2 eine ätzresistente Barriere darstellt, während unbelichtete Bereiche anisotrop geätzt werden. Der Vorteil des TSI-Prozesses besteht darin, dass kein zusätzlicher *top resist* benötigt wird, sondern lediglich eine Modifikation der Resist-Oberfläche erfolgt. Diese kann mit reduzierter Belichtungszeit, geringer erforderlicher Tiefenschärfe und ohne Interferenzprobleme erreicht werden. TSI soll am Beispiel des DESIRE-Prozesses *(diffusion enhanced silylating resist)* [Rol90] dargestellt werden (Bild 2.3-55).

Nach der Belichtung wird der Resist zunächst einem *presilylation bake* bei etwa 160 °C ausgesetzt. Dann folgt die Behandlung mit gasförmigem HMDS bei Temperaturen von 140-170 °C, um die Silanisierung zu erreichen. Die Dicke der Silizium-haltigen Schicht beträgt in den belichteten Bereichen etwa 200 nm, in den unbelichteten Bereichen nur 5-10 nm. Als Ergebnis des Prozesses nach Bild 2.3-55 entsteht ein Negativbild der Maskenstruktur. Im Gegensatz dazu liefert der PRIME-Prozess (*positive resist image by dry etching*) [Pie90] durch den zusätzlichen Schritt einer NUV-Flutbelichtung ein Positivbild der Maskenstruktur.

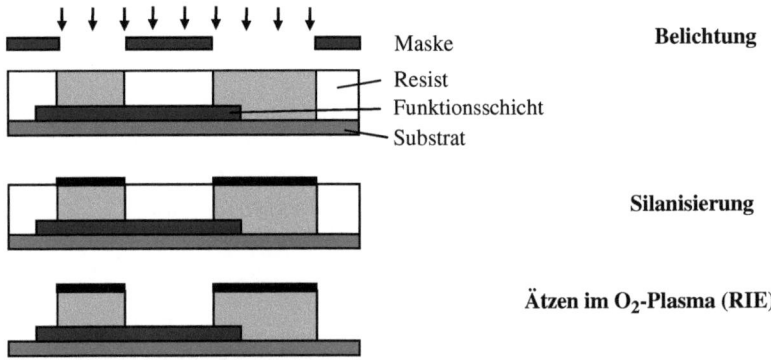

Bild 2.3-55   DESIRE-Prozess [Rol90]

2.3.3 Ätzen

Die zur subtraktiven Strukturierung von dünnen Schichten oder Bulkmaterialien notwendigen Ätzprozesse sind grundsätzlich in die zwei verschiedenen Arten, Trockenätzprozesse und Nassätzprozesse, eingeteilt.

Bei **Nassätzprozessen** sind wässrige oder organische Lösungen für chemische Reaktionen mit einem Schicht- oder Substratmaterial verantwortlich, die durch Lösungsvorgänge von Reaktionsprodukten – in der Regel sind dies Ionen oder Komplexe – zum Abtrag eines oder mehrerer Materialien führen. Die Art und Geschwindigkeit dieses subtraktiven Materialtransfers vom festen in den gelösten Zustand ist durch zahlreiche Faktoren bestimmt, z. B. durch Konzentrationen der Ausgangssubstanzen und Reaktionsprodukte, Diffusionskoeffizienten, Temperatur, Aktivierungsenergien sowie evtl. anliegende elektrische Potentiale oder die lokale elektrische Leitfähigkeit der zu ätzenden Schicht, die durch Dotierungen oder Lichteinstrahlung beeinflusst werden kann. Um Mikrostrukturen aus einer Schicht oder einem Substrat zu erzeugen, müssen zunächst Teile des Substrats vor einem Ätzangriff geschützt werden. Dies geschieht meist durch lithographisch erzeugte Resiststrukturen oder – im Fall einer Inkompatibilität des Resists mit dem Ätzprozess – durch die vorherige Strukturierung einer gegen das Ätzmedium resistenten Maskierungsstruktur, die wiederum durch einen Photolithographieprozess und einen Ätzschritt definiert wird (*Tri-Level*-Prozess, vgl. Bild 2.3-56).

Bei **Trockenätzprozessen** werden in der Regel Niederdruck-Plasmen genutzt, die aus relativ reaktionsträgen Gasen hochreaktive Radikale und Ionen erzeugen, die mit dem zu ätzenden Material zu flüchtigen Verbindungen reagieren und/oder das strukturierende Material durch Sputterprozesse abtragen. Die dazu notwendige kinetische Energie kann durch ein zwischen

2.3 Dünnschichttechnologie

Plasma und Substrat anliegendes elektrisches Feld (das so genannte Bias-Potential) zugeführt werden.

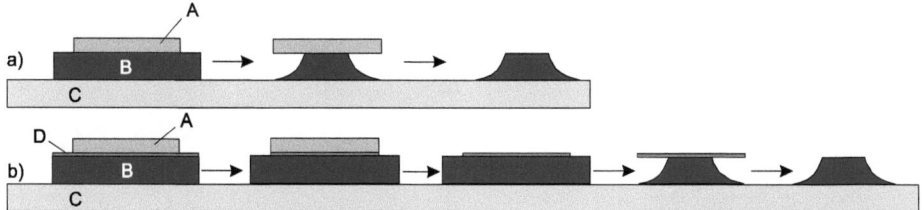

Bild 2.3-56 a) Normaler Ätzprozess (*Bi-Level*-Prozess) mit einer Photolackmaskierung (A) und anschließendem (isotropen) Ätzen des Schichtmaterials (B) auf einem Substrat (C);
b) *Tri-Level*-Prozess: Strukturierung einer gegen das Ätzmedium für das Schichtmaterial (B) resistenten Maskierung (D) durch einen Photoprozess und anschließendes Ätzen; nachfolgend ein Ätzprozess des Schichtmaterials (B) unter Nutzung der strukturierten Maskierung (D)

Bei Nass- und Trockenätzprozessen sind grundsätzlich verschiedene Flankengeometrien möglich. Bei ideal isotropen Ätzprozessen wird eine Maskierungsschicht in demselben Maß unterätzt, wie in die Tiefe geätzt wird (Bild 2.3-57). Anisotrope Ätzstrukturen erhält man, wenn aufgrund des Materials oder der Ätztechnik Vorzugsrichtungen bestehen, in denen schneller abgetragen wird. Diese Vorzugsrichtungen können durch spezielle Materialeigenschaften, z. B. Orientierungen von bestimmten Kristallebenen (wie beim Ätzen von Si-Wafern in KOH, vgl. Kap. 3.1), oder durch gerichteten Ionenbeschuss bei Plasmaätzprozessen definiert sein. Anisotropes Ätzen wird vor allem für die Fertigung von Mikrostrukturen mit hohen Aspektverhältnissen und steilen Flankengeometrien genutzt.

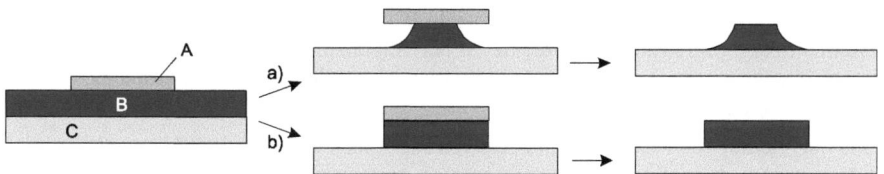

Bild 2.3-57 Strukturierung einer Schicht (B) auf einem Substrat (C) mit Hilfe einer Photolackmaskierung (A):
a) Isotropes Ätzen,
b) Anisotropes Ätzen

In der Ätztechnik treten die Reinformen dieser beiden Extremfälle nur sehr selten auf. Vielmehr erhält man meist Zwischenformen, die je nach Charakter des Ätzprozesses zu eher isotrop (Bild 2.3-58) oder eher anisotrop geätzten Strukturen (Bild 2.3-59) mit einer mehr oder weniger starken Unterätzung der Maskierung führen. Entscheidend für die Auswahl eines bestimmten Ätzprozesses ist hierbei oft die Genauigkeit, mit der die zu erzielenden Strukturen im Hinblick auf die Anwendung definiert werden müssen.

Bild 2.3-58 Beispiel einer *isotrop* geätzten PECVD-Si_3N_4-Struktur (SF_6-Plasma; Maskierung PECVD-SiO_2, noch nicht entfernt)

Bild 2.3-59 Beispiel einer *anisotrop* in einem SF_6/C_4F_8-Gasgemisch geätzten Filterstruktur aus WSi_2 (Maskierung: Photolack, gestrippt)

2.3.3.1 Nassätzen

In der Mikroelektronik sind Nassätzprozesse aufgrund der immer kleiner werdenden Strukturen weitgehend durch Trockenätzprozesse verdrängt worden. In vielen anderen Bereichen der Mikrosystemtechnik spielen jedoch weiterhin Nassprozesse zur Erzeugung von Strukturen im µm-Bereich eine wichtige Rolle. Dies hat vor allem zwei Gründe: Die für Nassprozesse notwendige Ausrüstung ist im Vergleich zu Trockenätzprozessen wesentlich einfacher und damit kostengünstiger. Außerdem können Kontaminationen, die u. U. bei Trockenätzprozessen auftreten, vermieden werden. Insbesondere die schwerflüchtigen Verschmutzungen einer Substratoberfläche mit Material, das aus vorangegangenen Ätzprozessen oder von der Kammerwand stammt (Redeposition) und schwer zu entfernende Plasmapolymere an den geätzten Wänden einer Mikrostruktur (Sidewall-Polymere) treten bei Nassätzprozessen genausowenig auf, wie Strahlenschädigungen von organischen Funktionsschichten durch die im Plasmareaktor auftretende harte UV-Strahlung.

Aufgrund der Vielfalt von Materialien in Form von Substraten und dünnen Schichten haben sich für das Nassätzen viele Strukturierungsverfahren und Ätzrezepturen etabliert. Die meisten dieser Rezepturen wurden empirisch entwickelt und sind sowohl in ihren Zusammensetzungen als auch bezüglich ihrer Anwendungsbedingungen variabel. Insbesondere sind Ätzlösungen, die für den Abtrag eines bestimmten Materials auf einem bereits mit anderen Materialien vorstrukturierten Substrat dienen sollen, zu optimieren. Solche Ätzbäder sollen ein bestimmtes Material abtragen, ohne die Maskierung oder bereits vorhandene Strukturen zu ätzen (Selektivität).

Ausrüstung: Die für die Durchführung von Nassätzprozessen notwendige Ausrüstung beschränkt sich nicht nur auf qualitativ hochwertige Geräte und Ätzmedien. Wichtig sind auch relativ triviale Ausrüstungsgegenstände wie Schutzbrille, säurefeste Handschuhe, geeignete Kleidung und Schuhwerk, eine Notdusche sowie das generell notwendige Verantwortungsbewusstsein beim Umgang mit Chemikalien.

Die gerätetechnische Ausrüstung eines in der Mikrotechnik üblichen Nassätzbereiches ist in Bild 2.3-60 dargestellt. Neben verschiedenen Ätzbecken für thermostatisierte Säuren und Lau-

2.3 Dünnschichttechnologie

gen gehören auch Reinigungsbecken mit Lösungsmitteln (z. B. Isopropanol, Aceton), Caroscher Säure (zur oxidativen Entfernung von Polymerresten), Ultraschallbecken (z. B. für Liftoff-Prozesse), Quick-Dump-Rinser (für schnelles Stoppen von Ätzprozessen), Spülbecken, Rinser/Dryer (zum Spülen und anschließenden Trocknen mit N_2) sowie eine Spülmaschine zur vollständigen Ausrüstung. In Bild 2.3-60 nicht abgebildet sind notwendige periphere Versorgungen mit trockenem Stickstoff, deionisiertem Wasser sowie die Absaugung toxischer Abluft nach unten/hinten und die Abwasserneutralisation.

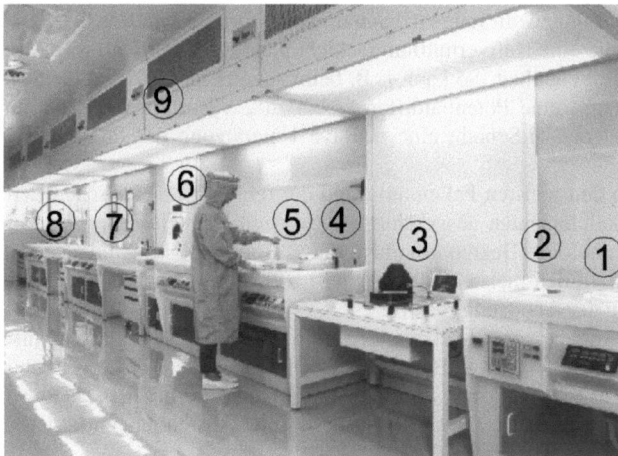

Bild 2.3-60
Nassätzbereich
eines Reinraums:
1 Quick-Dump-Rinser,
2 Reinigungsbecken (Carosche Säure),
3 Maskenreiniger,
4 Horizontal-Trockenschleuder,
5 Spülbecken,
6 Rinser-Dryer,
7 KOH- Ätzbecken (+ Quick-Dump-Rinser und Spülbecken),
8 HF + BHF-Ätzbecken (+ Quick-Dump-Rinser und Spülbecken),
9 Flowboxen

Isotrope Nassätzprozesse dünner Schichten: Dünne Schichten werden in der Regel unter Verwendung einer Maskierungsschicht strukturiert. Je nach Ätzlösung kommen hierfür verschiedene Materialien in Betracht, die natürlich relativ zum geätzten Material kaum eine Abtragsrate zeigen sollten. Für viele Metalle und Oxide, die von sauren Lösungen angegriffen werden, ist eine einfache Resistmaskierung ausreichend. Zur Verbesserung der Haftung des Resist auf der zu strukturierenden Schicht können zusätzlich dünne haftvermittelnde Cr-Schichten verwendet werden. Für alkalische oder organische Ätzbäder ist eine aufwändigere Maskierungs- und Strukturierungstechnik erforderlich. Hier kommen Maskierungen wie z. B. PECVD-Schichten aus SiO_2, SiO_xN_y, Si_3N_4 oder SiC zur Anwendung. Falls das Substrat und darauf befindliche dünne Schichten hohe Temperaturen erlauben, stellen thermisches SiO_2 (1000 °C) oder LPCVD-Si_3N_4 (820 °C) hervorragende Maskierungsschichten dar. Aber auch metallische Schichten, die eine hohe Selektivität in der verwendeten Ätzlösung aufweisen, werden häufig eingesetzt.

Beim Ätzen metallischer Schichten laufen elektrochemische Vorgänge (Reduktions- und Oxidationsprozesse) ab. Deswegen wird diese Art des Ätzens oft als elektrochemisches Ätzen bezeichnet. Alle Metalle haben im Kontakt mit Lösungen ein verschieden starkes Bestreben, unter Abgabe von Elektronen in den ionisierten Zustand überzugehen. Erfasst man die Stärke dieser Reaktion durch eine elektrochemische Potentialmessung, wobei das Potential des Metalles gegen das Eigenpotential einer Normalelektrode (eine Wasserstoff-umspülte Platin-Elektrode) gemessen wird, so ergibt sich die elektrochemische Spannungsreihe der Elemente [Antelmann 82] (hier auszugsweise für die wichtigsten in der Mikrosystemtechnik zu ätzenden Metalle):

$Li^{\bullet}$, $K^{\bullet}$, $Ba^{\bullet\bullet}$, $Ca^{\bullet\bullet}$, $Na^{\bullet}$, $Mg^{\bullet\bullet}$, $Be^{\bullet\bullet}$, $Al^{\bullet\bullet\bullet}$, $Ti^{\bullet\bullet}$, $Mn^{\bullet\bullet}$, $Cr^{\bullet\bullet}$, $Zn^{\bullet\bullet}$, $Cr^{\bullet\bullet\bullet\bullet}$, $Cd^{\bullet\bullet}$, $Ti^{\bullet\bullet\bullet\bullet}$, $Co^{\bullet\bullet}$, $Ni^{\bullet\bullet}$, $Sn^{\bullet\bullet}$, $Pb^{\bullet\bullet}$, $Fe^{\bullet\bullet\bullet}$, **H**, $Sn^{\bullet\bullet\bullet\bullet}$, $Bi^{\bullet\bullet\bullet}$, $Cu^{\bullet\bullet}$, $Ag^{\bullet}$, $Hg^{\bullet}$, $Pt^{\bullet\bullet}$, $Au^{\bullet}$.

Die Elemente sind entsprechend ihrer Wertigkeiten auf der Eduktseite der Redoxgleichung nach abnehmender Stärke ihrer Elektronenaffinität geordnet. Alle Elemente, die hier vor dem Wasserstoff eingeordnet sind, werden demzufolge von Säuren unter H_2-Entwicklung angegriffen; stehen sie nach dem Wasserstoff, so ist ein Angriff durch Säuren ohne Zugabe von Oxidationsmitteln nicht möglich. Die Potentialunterschiede, die z. B. bei unterschiedlichen Gefügezusammensetzungen von Legierungen oder durch den Kontakt zweier Metalle in einer Ätzlösung auftreten, führen zu Lokalelementen, d. h. es treten lokal elektrische Felder auf, die die Wirkung der Ätzlösung stark beeinflussen. Derartige Effekte können für hohe Unterätzraten, Korrosion an Defektstellen oder ungewollt raue Ätzkanten verantwortlich sein. Da diese Situation bei sehr vielen Metallen, die eine Haftvermittlungsschicht benötigen, vorliegt, ist die Beobachtung solcher Defekte keine Seltenheit. So kann z. B. beim Ätzen eines Ti/Pt-Schichtpaketes (Schichtdicke jeweils 100 nm) eine Potentialdifferenz bis zu 2 V auftreten und bei einer nasschemischen Strukturierung der Ti-Schicht eine massive Unterätzung der Pt-Schicht von mehreren 10 µm verursachen.

Beim Ätzen von Oxiden ist in den meisten Fällen aufgrund der fehlenden elektrischen Leitfähigkeit das Auftreten von Lokalelementen ausgeschlossen. Je nach Herstellungsprozess kann es hier jedoch zu starken Morphologieeffekten kommen, die z. B. bei polykristallinen Schichten zu rauen Ätzkanten führen. In den meisten Fällen schafft hier die Zugabe von Netzmitteln (Tenside) oder die Verdünnung der Ätzlösung Abhilfe.

Aus den o. g. Gründen ist die Angabe von allgemeingültigen Rezepturen für die nasschemische Ätzung nicht möglich. Trotzdem sollen einige Beispiele (Tabelle 2.3-4) für häufig verwendete Ätzlösungen angegeben werden. Eine Vielzahl weiterer Ätzrezepte sowie nützlicher Hinweise für die Weiterentwicklung in Bezug auf Ätzlösungen für bestimmte Anwendungen finden sich z. B. in [Petzow94] und [Köhler98].

Die Angriffsgeschwindigkeit wird im Wesentlichen vom Dissoziationsgrad und von der elektrischen Leitfähigkeit des Ätzmittels bestimmt. Beide Größen sind oft durch geringe Zusätze weiterer Chemikalien beeinflussbar, so dass manche Rezepturen Substanzen enthalten, deren Bedeutung nicht unmittelbar zu verstehen ist. Aufgrund der ablaufenden Redoxreaktionen spielt auch die Leitfähigkeit des zu ätzenden Materials eine große Rolle. Dies ist insbesondere bei dotierten Halbleitermaterialien (z. B. Bor-dotiertes Si) der Fall, wobei dieser Effekt gezielt für einen Ätzstop ausgenutzt wird (Kap. 2.4.4.2).

2.3.3.2 Trockenätzen

Gerätetechnisch ist das Trockenätzen wesentlich anspruchsvoller als das Nassätzen. Aufgrund einer Vielzahl von Anwendungen mit unterschiedlichen Anforderungen haben sich unterschiedliche Plasmaätzanlagentypen entwickelt. Plasmaanregungen zur Aktivierung der Ätzgase erfolgen durch elektrische Felder, die entweder durch Gleich- oder Wechselstromgeneratoren erzeugt werden. Typische Frequenzen liegen bei 100-400 kHz, im Bereich der Radiofrequenzen (13,56 MHz) sowie im Mikrowellenbereich bei 915 MHz und 2,45 GHz.

Für die unterschiedlichen Anwendungen wurden in erster Linie für die Halbleiterindustrie unterschiedliche Reaktortypen entwickelt [Rossna90]. Für anspruchslose Reinigungsprozesse oder das Resiststrippen eignen sich einfache *Barrel-Reaktoren* (Bild 2.3-61) oder *Downstream-Plasmaätzer*, die durch einen minimalen Ionenbeschuss und damit überwiegend chemisches, isotropes Ätzen gekennzeichnet sind. Soll der Ätzprozess durch physikalische Prozesse wie z. B. Ionenbeschuss unterstützt werden, verwendet man *Parallelplattenreaktoren*, die sich durch ein symmetrisches Elektrodensystem auszeichnen.

2.3 Dünnschichttechnologie

Tabelle 2.3-4 Beispiele nasschemischer Ätzbäder für dünne Schichten [Görgen95, Köhler98]

Schichtmaterial	Maskierung	Ätzlösung	Mittlere Ätzrate	Anwendung
Cr	Photoresist	150 g $(NH_4)Ce(NO_3)_6$ 35 ml CH_3COOH 1000 ml H_2O	1 nm/s	• Optik • Haftvermittlung • Maskierung für Tri-Level-Prozess
Ag	Polyimid	10 ml H_2O_2 (35%) 10 ml NH_4OH (25% NH_3) 40 ml CH_3OH 120 ml H_2O	3 nm/s	• Galvanikstartschicht • Katalyse
Ni	Photoresist	400 g $NiSO_4$ ($7H_2O$) 1200 ml H_2O 250 ml H_2O_2 (35%) 250 ml H_2SO_4 (35%) 25 ml H_3PO_4 (85%)	2 nm/s (bei 45 °C)	• Galvanikstartschicht • Heizerstrukturen • Dehnungsmessstreifen • Lötkontakte • Passivierungsschicht
Ti	Photoresist	160 ml HF (50%) 5 ml HNO_3 (65%) 1740 ml H_2O	30 nm/s	• Haftvermittlungsschicht • Opferschicht
Cu	Photoresist	1800 ml H_2O 6,5 ml H_2SO_4 (95%) 39 ml H_2O_2 (35%)	20 nm/s	• Galvanikstartschicht • Opferschicht • Leiterbahnen, Lötkontakte
Al	Photoresist	80 ml H_3PO_4 5 ml CH_3COOH 5 ml HNO_3 10 ml H_2O	1 nm/s	• Leiterbahnen • Verspiegelungen • Bondpads
SiO_2 (therm.)	Photoresist	750 ml NH_4F (40%) 1500 ml H_2O	3-4 nm/s (bei 40 °C)	• elektrische Isolation • Ätzstop • Maskierung gegen KOH • Substratschicht für Wellenleiter
SiO_2 (PECVD)	Photoresist	750 ml NH_4F (40%) 1500 ml H_2O	3-4 nm/s (bei 20 °C)	• elektrische Isolation • Kratzschutz, Passivierung • Maskierung für Tri-Level-Prozess
Si	Si_3N_4/SiC	HNO_3 7 mol/l HF 6 mol/l CH_3COOH 6 mol/l (HNA-Ätze)	25 nm/s	• piezoresistive Sensoren • Mikromechanik • Mikrofluidik
Si	Si_3N_4/SiC	HNO_3 10 mol/l HF 2,3 mol/l (HN-Ätze)	100 nm/s (bei 30 °C)	• dito
Si	SiO_2 (therm.) SiC (PECVD) Si_3N_4 (PECVD)	KOH (20 %)	24 nm/s für (100), 32 nm/s für (110), (bei 80 °C)	• Brücken, Federstrukturen • seismische Massen • Membranen • Fluidkanäle, Fasergräben

Hierbei sind die mit der Hochfrequenz-Spannung versorgte Elektrode und die Masseelektrode von etwa gleicher Größe, und das Plasma ist auf den Raum zwischen den Elektroden beschränkt. Aufgrund des hohen Plasmapotentials in diesen Reaktoren sind die Substrate einem erheblichen Ionenbeschuss ausgesetzt. Außerdem besteht die Gefahr der Kontamination der Substratoberfläche durch von den Elektroden abgesputtertes Material.

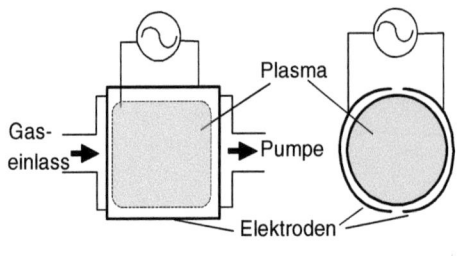
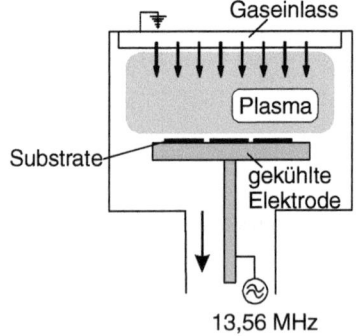

Bild 2.3-61 Aufbau eines Barrel-Reaktors mit kapazitiver Einkopplung

Bild 2.3-62 Aufbau einer RIE-Anlage

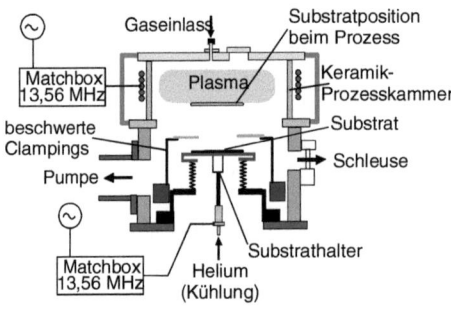

Bild 2.3-63 Aufbau einer ICP-Ätzanlage

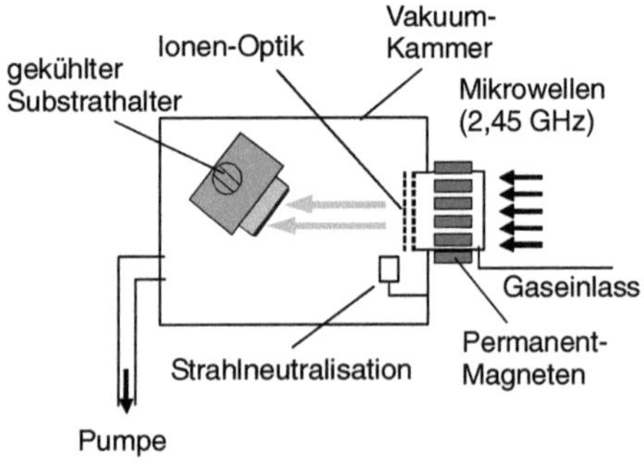

Bild 2.3-64 Aufbau eines Ionenstrahlätzers (IBE/CAIBE)

Asymmetrische Systeme, in denen die HF-Elektrodenfläche relativ klein zur geerdeten Gegenelektrode ist (in der Regel ist dies der gesamte Rezipient), werden *reaktive Ionenätzer*, der Ätzprozess *Reactive Ion Etching* (RIE) genannt (Bild 2.3-62). Diese Systeme zeichnen sich durch ein niedriges Plasmapotential (≈ 30 V) und ein relativ hohes Biaspotential (200-500 V) an der Kathode aus, das von der Geometrie der Elektroden und den Prozessparametern abhängig ist. Durch das niedrige Plasmapotential treten praktisch kaum Kontaminationen an geerdeten Oberflächen auf. In diesen Systemen fungieren die Reaktorwände als Anode, während die Kathode die Substrate trägt. Sie ist entweder als horizontale Platte oder als zentrale Elektrode (z. B. in Form eines Hexagons) in der Mitte eines Rezipienten angeordnet. Ein Nachteil dieses Anlagentyps ist die Kopplung der in das Plasma eingekoppelten HF-Leistung mit dem sich entwickelnden Biaspotential. Diese Problematik beheben *induktiv gekoppelte Plasmaätzer*

2.3 Dünnschichttechnologie

(ICP, *Inductively Coupled Plasma*), in denen bei hohen Plasmadichten eine unabhängige Regelung von HF-Leistung und Biaspotential möglich ist (Bild 2.3-63). Die völlige Trennung der Orte von Plasmaerzeugung und Ätzung ist bei Verwendung von *Ionenstrahlätzern* möglich. Hier werden Ionen von Plasma-Ionenquellen emittiert und in Form eines Ionenstrahls unter definiertem Winkel auf ein maskiertes Substrat gelenkt (Bild 2.3-64). Dabei kann die Ätzwirkung rein physikalisch sein (IBE, *Ion Beam Etching*) oder durch chemische Reaktionen beschleunigt werden (CAIBE, *Chemically Assisted Ion Beam Etching*). Durch den gerichteten Ionenstrahl werden anisotrope Ätzprofile erzeugt, die Selektivität des Ätzprozesses ist jedoch durch die hohen Ionenenergien (einige 100-1000 eV) stark begrenzt. Das Verfahren wird daher vorwiegend dann eingesetzt, wenn nasschemische oder reaktive Plasmaätzverfahren schwierig oder unmöglich durchzuführen sind (z. B. bei Au, Pt, PZT).

In der Mikroelektronik und der Mikrotechnik werden Trockenätzanlagen meist zur Strukturierung dünner Schichten verwendet. Neue Anlagen- und Prozessentwicklungen, z. B. das *Advanced Silicon Etching* (ASE^{TM}) in ICP-Anlagen, zielen auf dreidimensionale Strukturen mit hohen Aspektverhältnissen für mikromechanische, mikrooptische und mikrofluidische Anwendungen ab (Kap. 2.4.3.3). Die prinzipiell ablaufenden chemischen und physikalischen Vorgänge sind im Wesentlichen identisch, deren Wichtung hängt jedoch von der Anlagenkonzeption und den damit verbundenen Anwendungen ab. In bestimmten Trockenätzanlagen erfolgt allein ein chemischer Ätzangriff (z. B. in einem Barrel-Reaktor für das Strippen von Resist), während bei anderen Anlagentypen allein das physikalische Ätzen eine Rolle spielt (IBE von Au).

Beim physikalischen Ätzen beschleunigt man Ionen, die in einer Hochfrequenzentladung erzeugt werden, durch ein elektrisches Feld in Richtung eines Substrats. Besitzen die Ionen beim Auftreffen auf die Oberfläche genügend Energie, so führt eine innerhalb der obersten Atomlagen ablaufende Stoßkaskade zur Ablösung eines oder mehrerer Atome aus der Oberfläche (Absputtern des Materials). Unter Verwendung einer photolithographischen Maskierung (Resist) ist es so möglich, durch Ionenätzen eine Struktur in eine zuvor homogen abgeschiedene Schicht zu übertragen. Allerdings wirkt auf die Maskierung derselbe physikalische Abtrag wie auf die zu strukturierende Schicht, weshalb bei diesem Prozess nur sehr geringe Selektivitäten zu erwarten sind. Sputterätzraten für IBE mit Ar$^+$-Ionenstrahl (Stromdichte 1 mA/cm^2, Ionenenergie 500 eV) sind in Tabelle 2.3-5 angegeben.

Tabelle 2.3-5 Sputterätzraten einiger Materialien [PerTab85]

Material	Sputterätzrate in [nm/min] (Ar$^+$, 1 mA/cm^2, 500 eV)
Al$_2$O$_3$	8-13
Cr$_2$O$_3$	5
FeO	45-49
SiO$_2$	26-40
Y$_2$O$_3$	7,5
AZ1350 Resist	20-25
In$_2$O$_3$/Sn$_2$O$_3$	8-20
Si$_3$N$_4$	25
LiNbO$_3$	39-42
Si	20-38

Tabelle 2.3-6 Wichtige Elementar-Prozesse im Plasma [Rossna90]

Elektronen-Einfang mit Dissoziation	$A_2 + e^- \rightarrow A + A^-$
Elektronen-Einfang	$A + e^- \rightarrow A^-$
Ionisation	$A + e^- \rightarrow A^+ + 2e^-$
Dissoziation	$A_2 + e^- \rightarrow 2A + e^-$
Anregung	$A + e^- \rightarrow A^* + e^-$
Photoemission	$A^* \rightarrow A + h\nu$
Ladungstransfer	$A^+ + B \rightarrow A + B^+$
A, A$_2$, B: Reaktanden	
e$^-$: Elektron mit kinetischer Energie	
A*: Reaktand A im angeregten Zustand	
A$^+$, A$^-$, B$^+$: Ionen von A und B	

Der chemische Ätzanteil kommt dann zum Tragen, wenn im Plasma infolge inelastischer Stöße zwischen Elektronen und Gasteilchen Ionen, Radikale oder chemische Verbindungen entstehen, die mit der zu ätzenden Schicht flüchtige Reaktionsprodukte bilden. Es gibt eine Reihe von physikalischen Prozessen und chemischen Reaktionen, die sich in einem Plasma abspielen und beim Trockenätzen von Bedeutung sind (Tabelle 2.3-6).

Die Anforderungen an die Struktur in Bezug auf Genauigkeiten, Ätztiefe und Flankenwinkel sowie das zu ätzende Schichtmaterial bestimmen die Wahl des Anlagentyps und der Ätzgaszusammensetzung. Die Prozessparameter (Gaszusammensetzung, HF-Frequenz und -Leistung, Temperatur, Druck) entscheiden über Kantengeometrien, die Selektivitäten zum Maskenmaterial und zu einem evtl. vorhandenen Ätzstopp sowie über die Ätzrate oder die Ätzratenhomogenität innerhalb eines Wafers und von Wafer zu Wafer. Die meisten Plasmaätzer verwenden Halogenverbindungen als Reaktionsgase, da viele Materialien mit Halogenen flüchtige Verbindungen eingehen. Eine Zusammenstellung der wichtigsten Ätzgase für dünnschichttechnische Anwendungen gibt Tabelle 2.3-7.

Tabelle 2.3-7 Ausgewählte Materialien und dafür geeignete Ätzgase in Trockenätzanlagen [Oerlein90]

Material	Ätzgas	Bemerkungen
Si	CF_4/O_2, SF_6, NF_3 Cl_2, BCl_3, CCl_4 HBr, CF_3Br	Meist isotropes Ätzprofil, Ätzraten bis 6 µm/min Gute Selektivität zu SiO_2
SiO_2	CF_4/H_2, CHF_3/O_2	evtl. Sidewall-Polymerbildung (C-F-H), höhere Selektivität zu Si für CHF_3
Si_3N_4	CF_4, CHF_3/O_2, SF_6, NF_3	evtl. Sidewall-Polymerbildung (C-F-H), höhere Selektivität zu Si für CHF_3
W, WSi_2	CF_4/O_2, SF_6	schlechte Selektivität zu Si, gute Selektivität zu Resist
Al	Cl_2, BCl_3, CCl_4	Entfernung des nativen Oxids durch physikalischen Ätzangriff notwendig, Vermeidung von Wasser und O_2 im Plasma
Resist, Polyimid	O_2, O_2/CF_4	Beigemischte Haftvermittler oder photosensitive Substanzen enthalten evtl. Si- oder Ti-Verbindungen

2.3.3.3 Lift-off-Technik

Die Lift-off-Technik wird vor allem dann eingesetzt, wenn Edelmetalle zu strukturieren sind, keine Ätzmedien mit genügend hoher Selektivität zu bereits vorhandenen Mikrostrukturen zur Verfügung stehen oder sehr kleine (sub-µm) Strukturen hergestellt werden sollen. Die wesentlichen Verfahrensschritte sind in Bild 2.3-65 dargestellt. Der UV-Lithographie von Resist folgt die Beschichtung des zu strukturierenden Materials. Beschichtet wird durch Aufdampfen im Hochvakuum oder ein ähnlich gerichtetes Beschichtungsverfahren, bei dem die Vorzugsrichtung des Teilchentransportes eine Bedeckung der Resist-Flanken weitgehend vermeidet. Abschließend wird der Resist durch einen *Remover* oder ein Lösungsmittel (z. B. Aceton), evtl. unter Ultraschalleinwirkung, wieder entfernt. Dabei wird der Resist von den Flanken her abgetragen, d. h. der Lift-off-Prozess dauert um so länger, je größer die zu liftenden Flächen sind.

2.3 Dünnschichttechnologie

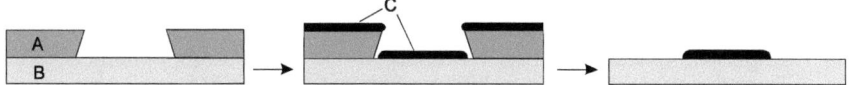

Bild 2.3-65 Einzelschritte des Lift-off-Verfahrens;
links: Substrat (B) mit strukturiertem Resist (A);
Mitte: Beschichtung mit dem Schichtmaterial (C) (möglichst gerichtet);
rechts: Lift-off durch Resistablösung (mit oder ohne Ultraschallunterstützung)

Entscheidend für eine gute Strukturqualität ist das Resistprofil, das möglichst unterschnittene (negative) Flanken besitzen sollte. In der Regel wird an dieser Stelle der *Image Reversal*-Prozess (vgl. Kap. 2.3.2.6) verwendet, der dieses Profil durch die ihm eigene Belichtungs- und Entwicklungscharakteristik liefert. Durch eine möglichst gerichtete Beschichtungsmethode vermeidet man das Risiko von undefinierten Abrisskanten innerhalb der Flanke und damit hochstehende Fähnchen nach dem Ablacken, die auch mit Ultraschalleinwirkung nicht entfernt werden können.

Beim Bedampfen, Sputtern oder bei PECVD-Prozessen kann die Resistschicht durch eine Substratheizung, die Strahlung der Verdampferquelle, die Kondensationswärme der wachsenden Schicht oder die kinetische Energie von Ionen aus dem Plasma über die Fließtemperatur T_g erwärmt werden. Dabei verrunden die Resiststrukturen, so dass eine Beschichtung der nun positiven Flanken möglich wird, was den nachfolgenden Kantenabriss erschwert bzw. unmöglich macht. Durch eine optimale Wärmeabfuhr vom Substrat, Substrathalter mit hoher Wärmekapazität (Wärmepuffer) und/oder eine verringerte Beschichtungsrate bzw. Beschichtungen mit zwischenzeitlichen Abkühlphasen können zu hohe Resisttemperaturen vermieden werden. Ein unzureichendes Softbake kann zum Verdampfen des Restlösungsmittels unter wachsenden Schichten und damit zu Blasenbildung führen. Außerdem kann Stickstoff als Produkt der photochemischen Reaktion gebildet werden, wenn der Resist einer Belichtung durch die UV-Strahlung einer Verdampferquelle oder aus dem Plasma ausgesetzt ist, wodurch ebenfalls Blasen gebildet werden. Dieser Effekt wird durch die Verwendung von *Image Reversal*-Resists oder durch eine Flutbelichtung plus Ruhephase von entwickeltem Positiv-Resists vermieden.

2.3.4 Literatur

[Abber88]	R. L. Abber, Photochemical Vapor Deposition, in K. K. Schuegraf (Ed.), Handbook of Thin Film Deposition Processes and Techniques, Noyes Publications, Park Ridge, New Jersey (1988) 270-290
[Aero96]	Thin Film Stress Monitoring, Aerospace Engineering-Warrendale, Vol. 16 (1996) 36
[Baglin85]	J. E. E. Baglin, G. J.Clark, Nucl. Instr. and Meth. in Phys. Res. B7/8 (1985) 881
[Basta85]	N. Basta, Firmeninformation High Technology, Febr. (1985)
[Biedermann90]	H. Biedermann, Y. Osada, Plasma Chemistry of Polymers, Advances in Polymer Science 95, Springer Verlag Berlin, Heidelberg (1990)
[Bloem83]	J. Bloehm, W. A. P. Claassen, Nucleation and Growth of silicon film by chemical vapour deposition, Philips Techn. Rev. 41 (1983/84) 60-69
[Bro91]	A. N. Broers, Photolithography, in: CEI-Course 136, Silicon Semiconductor Materials and Process Technology, CEI-Europe/Elsevier, (1991)
[Brockmann83]	W. Brockmann (Hrsg.), Haftung als Basis für Stoffverbunde und Verbund-werkstoffe, Symp. Dt. Ges. Metallkunde, Bremen, Oberursel (1983)
[Buc89]	J. D. Buckley, C. Karatzas, Proc. SPIE 1088 (1989) 424
[Chapman74]	B. N. Chapman, Thin-film adhesion, J. Vac. Sci. Technol. 11 (1974) 106-113
[Dam90]	R. Dammel, C. R. Lindley, W. Meier, G. Pawlowski, J. Their, W. Henke, Proc. SPIE 1264 (1990) 26

[Dam93]	R. Dammel, Diazonaphthoquinone-based Resists, Tutorial Texts in optical Eng., Vol. TT 11, SPIE Opt. Eng. Press, Washington, (1993)
[Dam00]	R. Dammel, Applications of Thick Photoresists, AZ Electronic Materials, Clariant Corporation, Presentation at the K. Suss Advanced Packaging Seminar, Denver, CO (2000)
[Deal65]	B. E. Deal, A.S. Grove, General Relationship for the Thermal Oxidation of Silicon, J. Appl. Phys. 36 (1965) 3770
[Dearnaley85]	G. Dearnaley, Nucl. Instr. and Meth. in Phys. Res. B7 (1985) 158
[d´Heurle95]	d´Heurle, Diffusion-Reaction: The Oxidation of Silicides in Elektronics and Elswhere, J. Phys. III France 5 (1995) 1707-1728
[DIN4774]	DIN 4774: Messung der Wellentiefe mit elektrischen Tastschnittgeräten, Hrsg. Deutscher Normenausschuß
[Dyment73]	J. C. Dyment, J. C. North, L. A. Dásaro, J. Appl. Phys. 44 (1973) 207
[Ess02]	M. Esselborn, Charakterisierung und Simulation eines DUV-Prozesses, Diplomarbeit FH Köln/IBM Speichersysteme Deutschland GmbH Mainz, (2002)
[Frey87]	H. Frey, G. Kienel (Hrsg.), Dünnschichttechnologie, VDI-Verlag Düsseldorf (1987)
[Garmire72]	E. Garmire, H. Stoll, A. Yariv, R. Hunsperger, Appl. Phys. Lett. 21 (1972) 87
[Gar88]	C. M. Garza, C. R. Szmanda, R. L. Fischer, Proc. SPIE 920 (1988) 321
[Goldsmith67]	N. Goldsmith, J. Olmstead, J. Scott, Boron Nitride as a Diffusion Source for Silicon, RCA Review, 28 (1967) 344
[Görgen95]	W. Görgen, Prozessentwicklung zur Herstellung teilbeweglicher Mikrostrukturen mit dem LIGA-Verfahren, Diplomarbeit, FH Wiesbaden (1995)
[Hat91]	M. Hatzakis, K. J. Stewart, J. M. Shaw, S. A. Rishton, J. Electrochem. Soc. 138 (1991) 1076
[Hattori94]	T. Hattori, Silicon Native Oxide, J. Surface Finishing Soc. of Jap., Vol.45 (1994) 12
[Hjort96]	K. Hjort, G. Thornell, J.A. Schweitz, R. Spohr, Quartz micromachining by lithographic control of ion track etching, Appl. Phys. Lett. 69 (1996) 3435-3436
[Hubler85]	G. H. Hubler, F.A. Smidt, Nucl. Instr. and Meth. in Phys. Res. B7/8 (1985) 151
[Hung97]	S. F. Hung, L.J. Chen, The Oxidation behaviors of $MoSi_2$ on (111) Si, Applied Surface Science 113/114 (1997) 600-604
[Hur94]	R. Hurditch, I. Daraktchiev, Positive Photoresist Solvents, Semicon Europe, Zurich, (1994)
[Jacobsen83]	S. Jacobsen, B. Jönsson, B. Sundqvist, Thin Solid Films 107 (1983) 89
[Jacobsson75]	R. Jacobsson, Measurement of the adhesion of thin films, Thin Solid Films 34 (1976) 191-199
[Jai90]	K. Jain, Eximer Laser Lithography, SPIE Opt. Eng. Press, Bellingham, (1990)
[Jin77]	K. Jinno et al., Photogr. Sci. Eng. 21 (1977) 290
[Kar91]	W. Karthe, R. Müller, Integrierte Optik, Akademische Verlagsgesellschaft Geest & Portig KG, Leipzig, (1991)
[Katz88]	L.E. Katz in S.M. Sze, VLSI Technology, McGraw-Hill Book Company, New York, (1988)
[Kem91]	V. C. Kempson et al., Microelectron. Eng. 13 (1991) 287
[Kemmerer79]	C. T. Kemmerer, R.H. Mills, Adhesion of thin films of evaporated titanium-copper after electroplating, J. Vac. Sci. Technol. 16 (1979) 352-355
[Kiss02]	D. Kissinger, Experimente zur Simulation von DUV-Lithographieprozessen, Diplomarbeit FH Wiesbaden/IBM Speichersysteme Deutschland GmbH Mainz, (2002)
[Kodas94]	T. T. Kodas. M.J. Hampden-Smith. The Chemistry of Metal CVD, VCH Verlagsgesellschaft, Weinheim (1994)
[Kogure93]	M. Kogure, Native Oxide Growth and Organic Impurity Removal on Si Surface with Ozone Injected Ultrapure Water, J. Electrochem. Soc., Vol. 140 (1993) 804
[Köhler98]	M. Köhler, Ätzverfahren für die Mikrotechnik, Wiley-VCH, Weinheim (1998)
[Komvopoul95]	K. Komvopoulos, B. Wie, Nanoscale indentation Hardness and Wear Characterization of Hydrogenated Carbon Thin Films, Transactions American Soc. of Mech. Eng. J. of Tribology, Vol. 117 (1995) 594
[Kraus94]	M. Kraus, M. Leghissa, G. Saemann-Ischenko, Wechselspiel linienhafter Objekte in der Nanowelt, Phys. Bl. 50 (1994) 333-338
[Kruest76]	J. R. Kruest, The characterization of Boron Nitride Using Hydrogen Injection, Thesis, Dep. Electrical Engineering Pennsylvania State University (1976)

[Lehmann96]	O. Lehmann, R.A. Fischer, M. Stuke, Laser Direct Writing of ß-Co/Ga and Mo/Ga Alloy Microstructures from Organometallic Single Source Precursors, Advanced Materials for Optics and Electronics, Vol. 6 (1996) 27
[Leu96]	R. Leuschner, G. Pawlowski, in: R. W. Cahn, P. Haasen, E. J. Kramer (eds.), Materials Science and Technology, Vol. 16, Processing of Semiconductors, VCH Verlagsgesellschaft mbH, Weinheim, (1996)
[Lev92]	M. D. Levenson, Microlith. World 1(1) (1992) 7
[Lin90]	B. J. Lin, Proc. SPIE 1264 (1990) 2
[Linh63]	J. Linhard, M. Scharff, H. E. Schi∅tt, Mat. Fys. Medd. Dan. Vid. Selsk. 33 (1963)
[Lit04]	C. Koch, T. Rinke, Lithographie-Prozesse, MicroChemicals GmbH, Ulm (2004)
[Mack97]	C. A. Mack, Inside Prolith – A Comprehensive Guide to Optical Lithography Simulation, FINLE Technologies Inc., (1997)
[Mack99]	C. A. Mack, M. Ercken, M. Moelants, Matching Simulation and Experiment for Chemically Amplified Resists, FINLE Technologies Inc., (1999)
[Maissel70]	L. I. Maissel, R.Glang, Handbook of Thin Film Technology, New York, McGraw-Hill, (1970)
[Mas96]	Mask Aligner MA6, Technical Description, Karl Süss KG GmbH&Co., München, (1996)
[Mashiko95]	Yoji Mashiko, Akihiko Ashaki, Tatsuo Akamoto, Koji Fukumoto, Hirosi Koyama, Formation Mechanisms of the Deformed Oxide Layer in a Tungsten Polycide Structure, Jap. J. Appl. Phys., Vol. 35 (1996) 584-588
[Matsuo88]	S. Matsuo, Microwave Electron Cyclotron Resonance Plasma Chemical Vapor Deposition, in K. K. Schuegraf (Ed.), Handbook of Thin Film Deposition Processes and Techniques, Noyes Publications, Park Ridge, New Jersey (1988) 147-169
[Mayr94]	K. Mayr, Herstellung eines Nanowerkzeuges in Form einer dreidimensional beweglichen Feldemissionsspitze auf der Basis eines streßoptimierten Mehrschichtsystems, Diplomarbeit, Fachhochschule Wiesbaden (1994)
[Mey80]	D. Meyerhofer, IEEE Trans. Electr. Dev. ED-27 (1980) 921
[Mic90]	M. C. B. A. Michielsen et al., Microelectronic Eng. 11 (1990) 475
[Mic96]	Microsystem Technology, Technical Description, Karl Süss KG GmbH & Co., München, (1996)
[Mor88]	W. A. Moreau, Semiconductor Lithography – Principles, Practices, and Materials, Plenum Press, New York, (1988)
[Movchan69]	B. A. Movchan, A. V. Demchishin, Study of the structure and properties of thick condensates of nickel, titanium, tungsten, aluminum oxide and zirconium dioxide, Fiz. Metal. Metalloved 28 (1969) 653-660
[Nguyen88]	V. S. Nguyen, Plasma-Assisted Chemical Vapor Deposition, in K. K. Schuegraf (Ed.), Handbook of Thin Film Deposition Processes and Techniques, Noyes Publications, Park Ridge, New Jersey (1988) 112-146
[Nicolet83]	M.-A. Nicolet, S.S. Lau, in VLSI Electronics, Microstructure Science, N.G. Einspruch and, G.B. Larrabee, Eds., Academic Press, New York, (1983)
[Oerlein90]	G. Oerlein, Reactive Ion Etching, in S.M. Rossnagel, J.J. Cuomo, W.D. Westwood (Eds.), Handbook of Plasma Processing Technology, Noyes Publications, Park Ridge, New Jersey, (1990)
[Offenh95]	A. Offenhäuser, J. Rühe, W. Knoll, Neural cells cultured on modified microelectronic device surfaces, J. Vac. Sci. Technol. A 13(5) (1995) 2606-2612
[Ogu93]	T. Oguwa et al., Proc. SPIE 1924 (1993) 273
[Oua84]	A. C. Ouano, in: T. Davidson (ed.), Polymers in Microelectronics, ACS Symp. Ser. 242, Washington, (1984)
[Paw90]	G. Pawlowski et al., Proc. SPIE 1262 (1990) 391
[PerTab85]	Periodic Table of Elements with Ion Beam Etch and Sputter Rates, Common Wealth Scientific Corp., Alexandria, Virginia (1985)
[Petzow94]	G. Petzow, Ätzen, Materialkundlich-Technische Reihe 1, Gebr. Bornträger, Berlin, Stuttgart (1994)
[Pie90]	C. Pierrat et al., Microelectr. Eng. 11 (1990) 507
[Rab87]	J. F. Rabek, Mechanisms of Photophysical and Photochemical Reactions in Polymers: Theory and Practical Applications, Wiley, New York, (1987)
[Rai97]	P. Rai-Choudhury, Handbook of Microlithography, Micromachining and Microfabrication (Volume 1: Microlithography), SPIE-The International Society for Optical Engineering, (1997)
[Rei89]	A. Reiser, Photoreactive Polymers: The Science and Technology of Resists, Wiley, New York, (1989)

[Rol90]	B. Roland, R. Lombaerts, J. Vandendrissche, F. Godts, Proc. SPIE 1262 (1990) 151
[Rossi88]	R. C. Rossi, Low Pressure Chemical Vapor Deposition, in K. K. Schuegraf (Ed.), Handbook of Thin Film Deposition Processes and Techniques, Noyes Publications, Park Ridge, New Jersey (1988) 80
[Rossna90]	S.M. Rossnagel, J.J. Cuomo, W.D. Westwood, Handbook of Plasma Processing Technology, Noyes Publications, Park Ridge, New Jersey, (1990)
[Rut92]	E. W. Rutter et al., Proc. Int. Conf. Multichip Modules, Denver USA, (1992)
[Ryssel78]	H. Ryssel, I. Ruge, Ionenimplantation, Teubner Verlag, Stuttgart, (1978)
[Sato86]	T. Sato, K. Ohata, N. Asahi, Y. Ono, Y. Oka, I. Hashimoto, J. Vac. Sci. Technol. A4(3) (1986)
[Seb90]	M. Sebald, R. Leuschner, R. Sezi, H. Ahne, S. Birkle, Proc. SPIE 1262 (1990) 528
[Segner91]	J. Segner, Plasma impulse chemical vapour deposition- a novel technique for the production of high power laser mirrors, Materials Science and Engineering, A140 (1991) 733-740
[Sez94]	R. Sezi et al., Techn. Paper at the SPIE Reg. Conf. On Photopolymers, Ellenville USA, (1994) TF4
[Shea98]	J. R. Sheats, B. W. Smith, Microlithography – Science and Technology, Marcel Dekker Inc. , New York, (1998)
[Shi88]	S. Shimizu, Res. Dev. Rev. Mitsubishi Kasei Corp. 2(2) (1988) 85
[Smidt85]	F. A. Smidt, B. D. Sartwell, Nucl. Instr. and Meth. in Phys. Res. B6 (1985)
[Spitzer73]	S. M. Spitzer, J. C. North, J. Appl. Phys. 44 (1973) 214
[Standley72]	R. D. Standley, W. M. Gibson, J. W. Rodgers, Applied Optics 11 (1972) 1313
[Stuke93]	M. Stuke, Laser applications in CVD, J. de Physique 4, Vol. 3 (1993) C3-501
[Stuke94]	M. Stuke, O. Lehmann, Threedimensional laser direct writing of electrical conducting and isolating microstructures, Materials Letters, Vol. 21 (1994) 131
[Stuke95]	M. Stuke, O. Lehmann, Laser-CVD 3D Rapid Prototyping of Laser Driven Movable Micro-Objects, J. de Physique 4, Vol. 5 (1995) C5-601
[Sugita95]	T. Sugita, K. Awazu, M. Nishi, Evaluation of Hardness of Superhard Thin Films by Analysis of Indentation Behavior with a Vickers Indentor, J. Jap. Soc. Prec. Eng., Vol. 61 (1995) 1290
[Tho83]	L. F. Thompson, C. G. Willson, M. J. Bowden, Introduction to Microlithography, ACS Symp. Ser. 219, Washington, (1983)
[Thornell97]	G. Thornell, K. Hjort, B. Studer, J.-A. Schweitz, Anisotropy-Independent Through Micromachining of Quartz Resonators by Ion Track Etching, IEEE Transactions on Ultrasonics, Ferroelectrics and Frequency Control, Vol. 44 (1997) 829-838
[Thornton74]	J. A. Thornton, Influence of apparatur geometry and deposition conditions on the structure and topography of thick sputtered coatings, J. Vac. Sci. Technol. 11 (1974) 666-670
[Thornton75]	J. A. Thornton, Influence of substrate temperature and deposition rate on structure of thick sputtered coatings, J. Vac. Sci. Technol. 12 (1975) 830-835
[Tim88]	H. J. Timpe, H. Baumann, Photopolymere: Prinzipien und Anwendungen, Deutscher Verlag für Grundstoffindustrie, Leipzig, (1988)
[Tombrello85]	T. A. Tombrello, Mat. Sci. and Eng. 69 (1985) 443
[Tou91]	M. A. Toukhy, T. R. Sarubbi, D. J. Brzozowy, Proc. SPIE 1466 (1991) 497
[Tre88]	P. Trefonas et al., Proc. SPIE 920 (1988) 203
[Tsurushima71]	T. Tsurushima, H. Tanoue, J. Phys. Soc. Jap. 31 (1971) 1965
[Weichhart93]	Plasma polymerization of silicon organic membranes for gas separation, Surface and Coatings Technology 59 (1993) 342-344
[Wohlrab95]	C. Wohlrab, M. Hofer, Plasmapolymerisation für Hartbeschichtung von Kunststofflinsen, Vakuum in Forschung und Praxis Nr. 2 (1995) 97-105
[Yalisove97]	S. M. Yalisove, Z. U. Rek, J. C. Bilello, Analysis of thin film stress measurement techniques, Thin Solid Films, Vol. 301 (1997) 45
[Yanagisawa95]	M. Yanagisawa, Hardness and Elasticity Measurement of Thin Films with Nanoindenter, Jap. J. of Tribology, Vol. 40 (1995) 139
[Yasuda85]	Plasmapolymerization, Academic Press, Inc., New York, London (1985)
[Ziegler85a]	J. F. Ziegler, J. P. Biersack, U. Littmark: The Stopping And Range of Ions in Solids, Pergamon Press (1985)
[Ziegler85b]	J. F. Ziegler, Nucl. Instr. and Meth. in Phys. Res. B6 (1985) 270
[Zilko88]	J. L. Zilko, Metal-Organic Chemical Vapor Deposition: Technology and Equipment, in K. K. Schuegraf (Ed.), Handbook of Thin Film Deposition Processes and Techniques, Noyes Publications, Park Ridge, New Jersey (1988) 234

2.4 Dreidimensionale Mikrostrukturierungsmethoden

Die Herstellung von Mikrostrukturen mit hohen Aspektverhältnissen, d. h. einem hohen Verhältnis (>> 1) zwischen Höhe und Breite einer Struktur, erweitert in vielerlei Hinsicht das Anwendungsspektrum von Mikrosystemen. Gegenüber planaren Strukturen mit Höhen von wenigen Mikrometern kommt vor allem bei mikromechanischen, mikrooptischen und mikrofluidischen Bauteilen der dreidimensionale Charakter zum Tragen. Eine herausragende Rolle spielen hier die unterschiedlichen Varianten der LIGA-Technik (**L**ithographie, **G**alvanik, **A**bformung), die sich durch die Art der Herstellung einer Primärstruktur (einer strukturierten Polymerschicht) sowie durch die erreichbare Präzision unterscheiden, die von der verwendeten Lithographiemethode abhängt. Die LIGA-Techniken ermöglichen die Herstellung von komplementären Mikrostrukturen, die zum Teil nur einmal als Primärstruktur realisiert und durch weitere Fertigungsmethoden, d. h. über Galvanoformung und Abformung (z. B. Spritzguss oder Heißprägen), in großer Zahl repliziert werden können. Voraussetzung dafür ist jedoch die prinzipielle Eignung der Mikrostrukturen für Abformverfahren, d. h. möglichst glatte Oberflächen, keine Hinterschneidungen und eine ausreichende mechanische Stabilität der Primär- und der galvanisch erzeugten Sekundärstruktur. Ein weiterer Vorteil der Galvanoformung und Abformung von Primärstrukturen ist die erzielbare Materialvielfalt, die sich über fast den gesamten Bereich der Polymere, Metalle und Keramiken erstreckt, womit prinzipiell die Möglichkeit besteht, fast alle physikalischen und chemischen Eigenschaften von Festkörpern in Form von Mikrostrukturen zu nutzen.

2.4.1 LIGA-Technik mit Röntgentiefenlithographie

Die grundlegenden Verfahrensschritte der LIGA-Technik mit Röntgenlithographie sind in Bild 2.4-1 dargestellt [Becker86, Ehrfeld91, Ehrfeld95]. Ein zunächst flächenhaftes, mehrere 10 µm dickes Muster einer Absorberstruktur auf einer für harte Röntgenstrahlung transparenten Membran (Arbeitsmaske) wird mittels hochintensiver, nahezu paralleler Röntgenstrahlung durchstrahlt. Meist verwendet man hierzu Synchrotronstrahlung von Elektronen- oder Positronenspeicherringen. Dadurch wird die Struktur der Arbeitsmaske in eine mehrere hundert µm dicke Schicht aus einem strahlungsempfindlichen Kunststoff, der auf einem leitfähigen Substrat aufgebracht ist, übertragen. Nach einem Entwicklungsschritt, bei dem je nach Wirkungsweise der Röntgenstrahlung auf den Resist (Positiv- oder Negativ-Resist) entweder die belichteten oder die nicht belichteten Bereiche selektiv herausgelöst werden, entsteht ein Relief der Maskenstrukturen im Resist. Durch Galvanoformung können diese so entstandenen Resiststrukturen komplementär abgeformt werden und stehen damit als Formeinsatz für Spritzguss- und Heißprägeverfahren zur Verfügung.

Substrate als Träger der zu bestrahlenden Resistschicht und als elektrisch leitfähige Startschicht für die Galvanik sind meist ca. 10 mm dicke Ti-Scheiben, die durch chemische Oxidation aufgeraut werden [Löwe94]. Als Resist verwendet man überwiegend durch Aufgießen und anschließende Polymerisation erzeugte Polymethylmethacrylat-Schichten (PMMA), die mit einer Ultrafräse auf die gewünschte Dicke abgefräst und optional poliert werden. Aber auch Negativresists, die durch die hochenergetische Strahlung vernetzen, kommen zum Einsatz [Schenk97]. Dieser Resisttyp arbeitet mit einer chemischen Verstärkung und benötigt durch seine hohe Empfindlichkeit nur einen Bruchteil der Bestrahlungszeit (ca. 1/15) für die Lithographie.

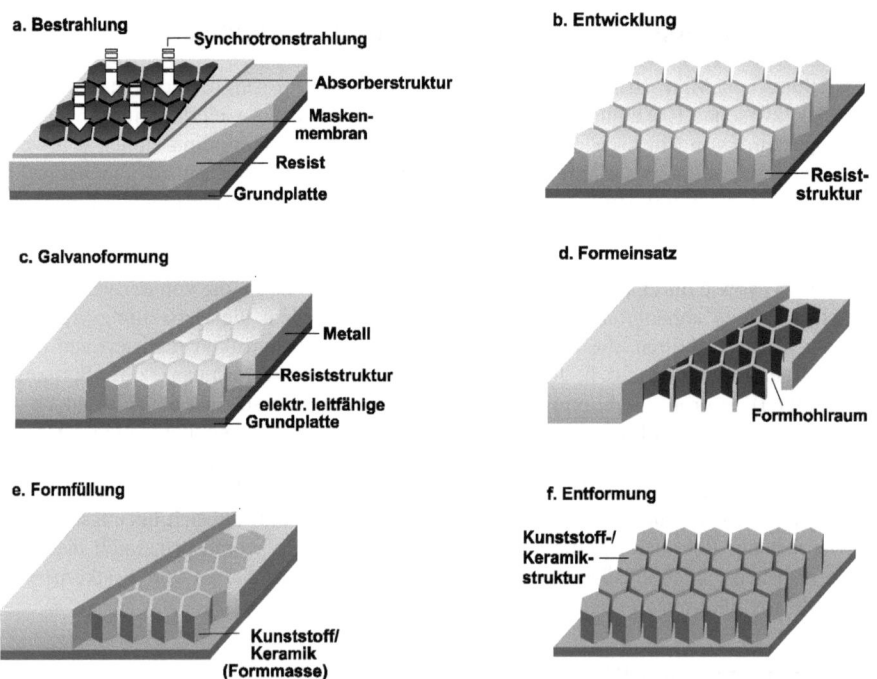

Bild 2.4-1 Schematische Darstellung der wichtigsten Prozessschritte des LIGA-Verfahrens [Becker86, Ehrfeld91, Ehrfeld95]

Eine Arbeitsmaske für die Röntgentiefenlithographie besteht aus einer für Synchrotronstrahlung transparenten Membran, z. B. aus Beryllium (typ. 500 µm) oder Diamant (5-10 µm), die Absorberstrukturen aus Gold mit typischen Dicken von 5-40 µm trägt. Abhängig von Genauigkeitsanforderungen und den wirtschaftlich vertretbaren Kosten sind unterschiedliche Wege zur Erstellung einer Arbeitsmaske möglich. Die kostengünstigsten Masken entstehen durch UV-Lithographie in dicken Photoresists und Au-Galvanik auf Kapton-Folien. Hochgenaue High-End-Arbeitsmasken erzeugt man über Elektronenstrahl-Direktschreiben und mehrfaches Umkopieren durch weiche Röntgenstrahlung. Hierbei werden steigende Genauigkeitsanforderungen mit höherem technologischen Aufwand und höheren Kosten erkauft. Der am häufigsten eingeschlagene Weg führt über so genannte Zwischenmasken, die durch UV-Lithographie in ca. 2 µm dickem Photoresist und anschließende Au-Galvanik (ca. 1,5 µm) auf z. B. PECVD-Si_3N_4-Membranen (Dicke ca. 5 µm) hergestellt werden. Derartige Zwischenmasken überträgt man in einem Umkopierschritt mit weicher Synchrotronstrahlung ($\lambda \approx 2$ nm) auf ein Arbeitsmaskensubstrat (z. B. eine Be-Folie oder eine Diamantmembran) mit anschließender Goldgalvanik (ca. 20-40 µm). Bild 2.4-2 zeigt schematisch die verschiedenen Konzepte zur Realisierung von Arbeitsmasken, in Bild 2.4-3 sind typische Gold-Absorberstrukturen als Teil einer Arbeitsmaske dargestellt.

2.4 Dreidimensionale Mikrostrukturierungsmethoden

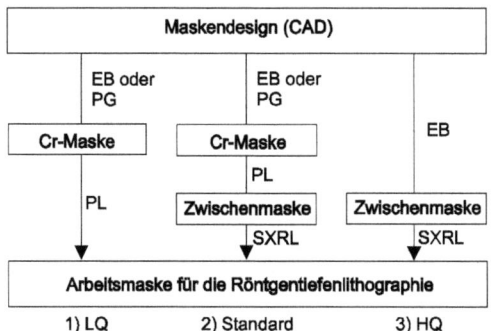

1) LQ   2) Standard   3) HQ

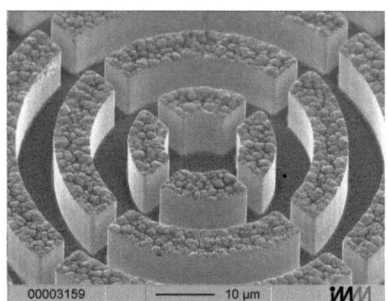

Bild 2.4-2 Die drei wichtigsten Prozessabfolgen (Low Quality LQ, Standard, High Quality HQ) zur Herstellung von Arbeitsmasken für die Röntgentiefenlithographie:
1) UV-Lithographie/Au-Galvanik in dicken Photoresists;
2) UV-Lithographie/Au-Galvanik auf einem Zwischenmaskensubstrat, anschließend Umkopieren am Synchrotron mit weicher Röntgenstrahlung;
3) Elektronenstrahllithographie auf einem Zwischenmaskensubstrat/Au-Galvanik und Umkopieren in weicher Synchrotronstrahlung [Zetterer98].
EB: Elektron-Beam-Lithography;
PG: Patterngenerator;
PL: Photolithographie;
SXRL: Soft X-Ray Lithography

Bild 2.4-3 Absorberstrukturen einer Röntgentiefenlithographiemaske (Arbeitsmaske) [Gerner95]. Ca. 20 µm hohe Au-Strukturen wurden anhand des Standard-Prozesses durch Au-Galvanik auf einer ca. 500 µm dicken Be-Scheibe erzeugt.

Synchrotronstrahlung mit charakteristischen Wellenlängen im Bereich 0,2-0,8 nm zerstört im Positivresist PMMA die langen Polymer-Ketten, wodurch sich die chemische Stabilität gegenüber bestimmten Entwicklerlösungen verändert. Dadurch können diese Entwicklerlösungen bestrahlte PMMA-Bereiche herauslösen. Für PMMA wird meist der GG-Entwickler verwendet, ein Gemisch aus Wasser und verschiedenen Lösungsmitteln (60 Vol.% 2-(2-Butoxyethoxy)ethanol, 20 Vol.% Tetrahydro-1,4-oxazin, 15 Vol.% Wasser und 5 Vol.% Aminoethanol). Für die einwandfreie Herauslösung bestrahlter Bereiche ist eine Mindestdosis von etwa 2 kJ/cm^2 erforderlich [Becker86].

Mikrogalvanik zur Formeinsatzherstellung

Die spezifischen Anforderungen bei der Herstellung von Formeinsätzen bzw. von metallischen Mikrostrukturen mit hohen Aspektverhältnissen sollen am Beispiel der Nickelgalvanoformung beschrieben werden, zu der eine große Anzahl von Veröffentlichungen vorliegt [Brugger84, Ehrfeld91, Löwe94]. Die Badgeometrie besteht aus einer einfachen Platte/Platte-Anordnung in einem Abstand von ca. 10 cm. Die Anodenfläche ist mindestens um den Faktor 10 größer als die Kathodenfläche, so dass eine gleichmäßige Beschichtung gewährleistet werden kann. Als Anodenmaterial wird grobes S-Ni-Granulat in einem Ti-Korb eingesetzt. Der in der Literatur beschriebene Nickelsulfamatelektrolyt enthält außer einem Netzmittel keine weiteren Zusätze. Als Netzmittel dient SNAP (Fa. Candorchemie) in einer Konzentration von 10 ml/l. Damit lassen sich defektfreie Mikrostrukturen herstellen, allerdings zersetzt sich das Netzmittel sehr rasch, was zu einem starken Anstieg der Defekte nach einer Strombelastung von nur 2 Ah/l führt. Deswegen werden in jüngster Zeit perfluorierte Netzmittel mit sehr hoher chemischer und thermischer Beständigkeit verwendet. Eingesetzt wird ein Nickelelektrolyt mit folgender Zusammensetzung [Löwe94]:

Nickel	105-110 g/l	als Sulfamat
Nickelchlorid	5 g/l	
Borsäure	40 g/l	
Netzmittel	10 ml/l	2%ige Lösung
Elektrolytvolumen	20 l	

Der Elektrolyt wird erst konditioniert, bevor die Abscheidung von Mikrostrukturen möglich ist. Während des Galvanisierungsprozesses sind folgende Parameter einzuhalten [Löwe94]:

Elektrolyttemperatur	50 °C
pH-Wert	3,8 ± 0,2
kathodische Stromdichte	1-7,5 A/dm^2
anodische Stromdichte	ca. 0,1-1 A/dm^2
Strömung	500 l/h

Zur Herstellung defektfreier Mikrostrukturen muss der Elektrolyt permanent durch Filter mit 0,2 µm Porenweite filtriert und die Konzentration von störenden Fremdmetallionen, die 1 mg/l nicht überschreiten sollte, durch Ionenchromatographie überwacht werden. Der pH-Wert und der Ni-Gehalt sind ebenfalls zu kontrollieren.

Neben Nickel sind viele weitere Metalle und Metalllegierungen (z. B. Ag, Cu, Au, Ni-Fe, Ni-P, Ni-Co, Co-W), die aus wässrigen Elektrolyten – z. T. auch stromlos – abgeschieden werden können, interessant. So sind z. B. Ni-Fe-Legierungen als weichmagnetische oder permanentmagnetische Komponenten [Abel96] oder Legierungen mit großer Härte, die als Formeinsätze für die Abformung hoher Stückzahlen Verwendung finden [Becher94], von Bedeutung.

Nach dem galvanischen Überwachsen der Reststrukturen, einer mechanischen Überarbeitung der Rückseite und dem Ablösen der aufgalvanisierten Struktur vom Ti-Substrat kann der Resist herausgelöst und die Metallstruktur als Formeinsatz für Replikationsprozesse verwendet werden. In der Regel ist hierzu noch ein Zuschnitt des Formeinsatzes, z. B. durch Drahterosion (vgl. Kap. 2.4.6) nötig, um seine Aufnahme im Formnest zu ermöglichen. Die offensichtlichen Vorteile dieser Technik sind die Erzeugung sehr glatter Wände mit Rauigkeiten R$_z$ ~30-50 nm, deren nahezu senkrechter Verlauf (bedingt durch die sehr geringe Divergenz der Synchrotronstrahlung von etwa 0.3 mrad) und die freie Formgebung in lateraler Richtung.

Mehrfachlithographie und Schrägbelichtung

Bei dem bislang beschriebenen Verfahren handelt es sich zwar um ein dreidimensionales Strukturierungsverfahren. Die Variabilität der Strukturierung in die Tiefendimension ist jedoch aufgrund der gerichteten Projektion der Maskenstruktur in den Resist stark eingeschränkt. Deswegen wurde versucht, Modifikationen mit höherer Flexibilität der dreidimensionalen Strukturierung zu entwickeln. Konventionelle UV-lithographische Verfahren besitzen nur eine geringe Tiefenschärfe, so dass durch Beugungseffekte oder Strahldivergenz eine qualifizierte Abbildung außerhalb der Projektionsebene ausgeschlossen ist. Die Röntgentiefenlithographie arbeitet ohne Abbildungsoptiken und ermöglicht dadurch eine Reihe von Varianten der einfachen Schattenprojektion, nämlich die (Mehrfach-)Schrägbelichtung und die rotierende Belichtung. Bei Kontakt von Maske und Resist (auf dem Resistträger) werden Belichtungen nach mehrfacher Drehung des Verbundes Maske/Substrat um einen bestimmten Winkel relativ zum Strahl durchgeführt. Der Vorteil dieser Verfahrensvarianten besteht in der Herstellung hoher (mehrere hundert µm) und gleichzeitig komplexer Mikrostrukturen bei nur einem Entwicklungsprozess. Ein Beispiel für die Anwendung dieser Variante ist in Bild 2.4-4 dargestellt. Hier

2.4 Dreidimensionale Mikrostrukturierungsmethoden

wurden Photonic-Band-Gap-Strukturen realisiert [Feiertag96], bei denen durch die Geometrie der Mikrostrukturen in Verbindung mit deren optischen Eigenschaften völlig neue Materialparameter entstehen [Feiertag97].

Auch die Mehrfachbelichtung ohne Substratdrehung führt zu wirklich dreidimensionalen Strukturen [Schmidt96]. In Bild 2.4-5 sind durch zweifache, justierte Belichtung und zweifache Mikrogalvanik hergestellte Stufenzahnräder eines Mikrogetriebes dargestellt. Die Durchführung von Mehrfachbelichtungen erfordert neben einer dafür geeigneten Maskentechnik, d. h. in die Arbeitsmaske integrierte Justagekreuze auf einer optisch transparenten Membran (Diamant, SiC, Si_3N_4) oder freitragende Kreuze (Beryllium), auch die entsprechenden Justiermöglichkeiten am Röntgenscanner. Die dafür notwendigen technischen Voraussetzungen wurden in den letzten Jahren entwickelt und erlauben es, mit Justier-Fehlern unter 1 μm zu belichten [Schmidt96]. Auf diese Weise besteht die Möglichkeit, gestufte Mikrostrukturen oder mit Hilfe der Opferschichttechnik (SLIGA, Sacrificial Layer LIGA) teilbewegliche oder frei bewegliche Mikrobauteile zu erzeugen (Kap. 3.1). In Bild 2.4-6 ist als Beispiel ein faseroptischer Schalter gezeigt, dessen Teilbeweglichkeit durch die Entfernung einer Cu-Opferschicht erzielt wurde.

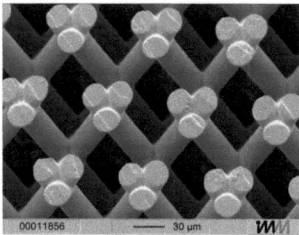 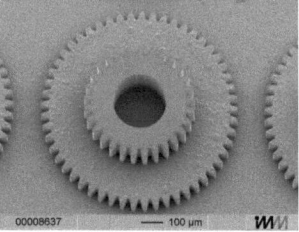 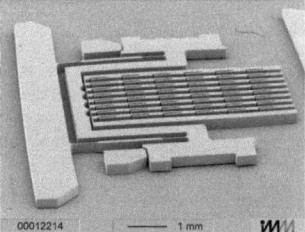

Bild 2.4-4 Mikrostruktur, durch dreifache Schrägbelichtung und Galvanik hergestellt [Feiertag96/97]

Bild 2.4-5 Stufenzahnräder eines Mikrogetriebes [Schmidt96]

Bild 2.4-6 Teil eines faseroptischen Schalters mit teilbeweglichen Mikrostrukturen und Parallelfedersystem [Schmidt96]

2.4.2 UV-LIGA und SU8-Resist-Technologie

Statt der hochpräzisen aber relativ teuren Röntgenlithographie kann für Mikrostrukturen, deren Anforderungen an die Strukturgenauigkeit nicht im sub-μm Bereich liegt, auch die Kombination aus UV-Lithographie und Galvanoformung zur kostengünstigen Herstellung von metallischen Mikrostrukturen verwendet werden. Mit den üblichen photolithographischen Verfahren (Kap. 2.3.2) können handelsübliche, im UV-Bereich sensitive Photoresists (z. B. AZ-Resists der Serien 1500, 4500 oder 5200) bis maximal ca. 160 μm in einem Belichtungs- und Entwicklungsschritt strukturiert werden [Teubert96]. Die maximal erreichbaren Aspektverhältnisse liegen bei ca. 4-6, je nach Strukturgröße und Resistdicke. Das Resistprofil besonders dicker Photoresists wird dabei weniger von den auflösungsbegrenzenden Beugungseffekten, sondern vielmehr durch die spezielle Entwicklungscharakteristik und die im Resist bei den einzelnen Prozessschritten ablaufenden chemischen Reaktionsvorgänge dominiert. Als Beispiel ist eine Reststruktur (Photoresist AZ 4264, 160 μm) in Bild 2.4-7 dargestellt. Strukturierte Photoresists zeigen meist eine sehr gute Kompatibilität gegenüber sauren Elektrolyten, so dass die Abscheidung metallischer Mikrostrukturen z. B. aus Nickel, Kupfer und Silber durch Galvanik keine Schwierigkeiten bereitet. Die Herstellung von Bauteilen wie z. B. Kupferspulen (Bild 2.4-8) mit hohem Füllfaktor oder Mikrosieben gelingt dadurch sehr kostengünstig. Auch Kombinationen verschiedener Lithographieschritte und nachfolgender Galvanoformungen sind möglich (Bild 2.4-9).

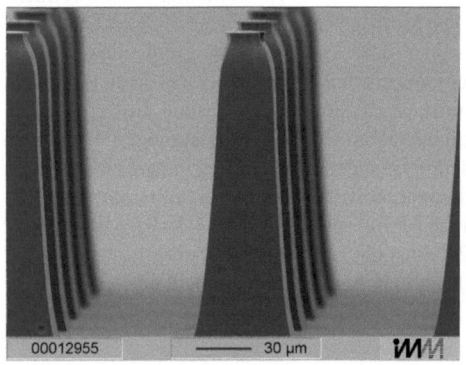

Bild 2.4-7 160 μm hohe AZ-Resiststrukturen (AZ 4264) nach der Entwicklung [Teubert96]

Bild 2.4-8 Kupferspulen, durch Galvanisieren in 25 μm dickem Resist erzeugt [Kaiser95]

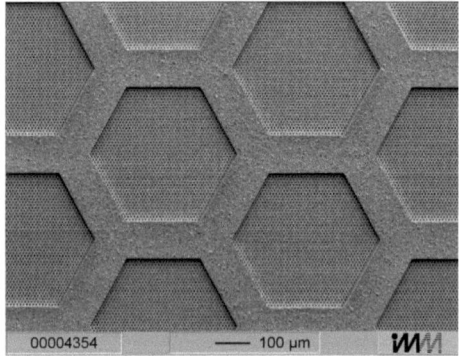
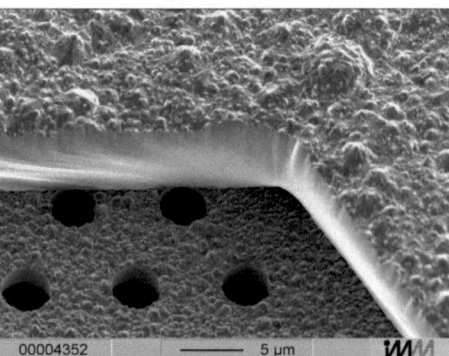

Bild 2.4-9 Galvanisch erzeugte Mikrosiebe, die durch Kombination einer hochauflösenden Lithographie mit Step-and-Repeat-Verfahren (feine Löcher) und einer Dickresist-Photolithographie (25 μm, Verstärkungsstruktur) erzeugt wurden;
links: Großaufnahme,   rechts: Detailansicht [Kaiser95]

Aus dem Vergleich des Resistprofils und der aufgalvanisierten Metallstruktur wird jedoch deutlich, dass die Nutzung als Formwerkzeug für Abformprozesse (Spritzguss oder Heißprägen) nur dann möglich ist, wenn der Formeinsatz durch Aufwachsen der Mikrostrukturen im Resist mit anschließendem Überwachsen – zur Formung einer dicken Rückseitenplatte – hergestellt wird. Andererseits zeigt die Entwicklung neuer UV-Negativresists, z. B. des IBM SU8-Resists [US Patent, Lee95, Despont97, Lorenz98, Lorenz98b], die bis zu Resistdicken >1 mm [Lin02] aufgeschleudert werden können, dass auch mit UV-Lithographie Strukturen mit hohen Aspektverhältnissen (bis ca. 20) [Despont97] realisierbar sind. Zusätzlich ermöglicht das na-

2.4 Dreidimensionale Mikrostrukturierungsmethoden

hezu senkrechte SU8-Resistprofil Abformprozesse zur Massenfertigung von Mikrostrukturen mit hohen Genauigkeitsanforderungen. SU8-Resists bestehen aus in einem organischen Lösungsmittel GBL (Gamma-butyrolacton) gelöstem Epoxidharz (EPON-Resin SU8, Shell Chemical) wobei die Lösungsmittelkonzentration die Viskosität und damit die erreichbaren Lackdicken definiert. Zusätzlich werden ca. 10 Gew.% eines Photoinitiatorsalzes (Triaryl-Sulfonium-Salz) beigemischt. Als Entwickler wird PGMEA (**P**ropyl**g**lykol **M**onomethyl**et**her**a**cetat) verwendet. Die einzelnen Prozessparameter für die Belichtung und Entwicklung von SU8-Resists sind voneinander abhängig und gegenwärtig noch nicht standardisiert. Ein Parametersatz für 200 µm dicke SU8-Resistschichten ist in [Despont97, Lorenz98] angegeben, für die Herstellung von 500 µm dicken Resiststrukturen ist eine ausführliche Prozessbeschreibung in Tabelle 2.4-1 zusammengestellt [Goet01]. Bild 2.4-10 zeigt die bei diesem Prozess erreichte Resistdicke als Funktion von Drehzahl und Schleuderzeit, Bild 2.4-11 zwei ca. 500 µm dicke SU8-Resist-Teststrukturen.

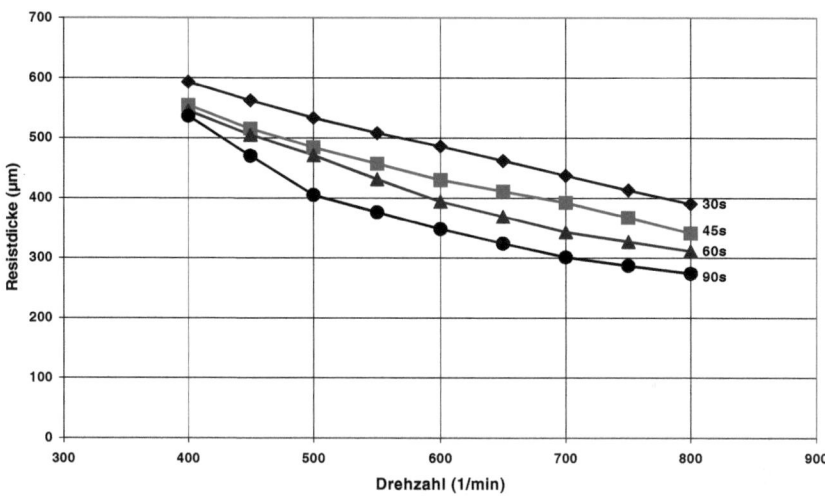

Bild 2.4-10   SU8-Resistdicke als Funktion der Drehzahl und der Schleuderzeit

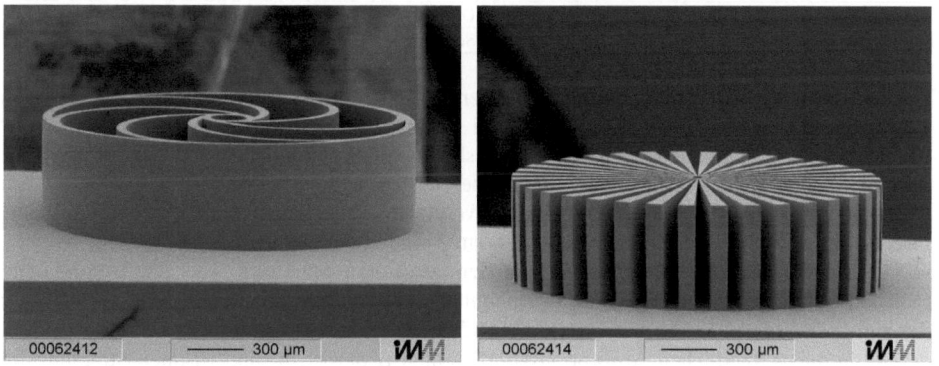

Bild 2.4-11   Etwa 500 µm hohe SU8-Resist-Teststrukturen [Goet01]

Tabelle 2.4-1 Parameter für die Strukturierung von 500 μm dicken SU8-Resistschichten [Goet01]

Prozessschritt (Geräte)		Parameter	
Substrat-Priming (Trockenschrank)		Temperatur	250 °C
		Haltezeit	30 min
		Abkühlen in N_2-Atmosphäre	bis mindestens 180 °C
Spin Coating (Dosiervorrichtung, Spin Coater)	Dynamisches Auftragen des Resists	Resistmenge	10 ml
		Drehzahl	200 min^{-1}
		Auftragszeit	360 s
	Abschleudern	Beschleunigung	100 min^{-1}/s
		Drehzahl	variabel (siehe Bild 2.4-10)
		Schleuderzeit	Variabel (siehe Bild 2.4-10)
	Ruhephase	Haltezeit	30 min
Softbake (Hotplate)	Gradient 1	Starttemperatur	20 °C
		Endtemperatur	50 °C
		Temperaturanstieg	10 °C/min
		Haltezeit bei 50 °C	30 min
	Gradient 2	Starttemperatur	50 °C
		Endtemperatur	95 °C
		Temperaturanstieg	10 °C/min
		Haltezeit bei 95 °C	6 h
	Abkühlen	Abkühlzeit	mindestens 15 min
Exposure (Maskaligner mit Hg-Dampflampe und UV-Filter zur Unterdrückung des Wellenlängenbereichs $\lambda < 400$ nm)		Belichtungsdosis mit g- und h-Linie ($\lambda > 400$ nm)	10 J/cm^2
		Belichtungsart	Kontaktbelichtung
Post Exposure Bake (Hotplate)	Phase 1	Temperatur	50 °C
		Haltezeit	10 min
	Phase 2	Starttemperatur	50 °C
		Endtemperatur	95 °C
		Temperaturanstieg	10 °C/min
		Haltezeit bei 95 °C	10 min
	Abkühlen	Abkühlzeit	mindestens 5 min
Development (Glasschale, Magnetrührer, Glasstativ als Substratauflage, Ultraschallbad)	Entwickeln	Entwickler	XP-SU8 (PGMEA)
		Entwicklungsart	Entwicklerbad (Rühren), SU8-Resist nach unten
		Entwicklungszeit	30 min
		Rührerdrehzahl	250 min^{-1}
	Spülen	Spülflüssigkeit	GBL, 5 min Ultraschallbad
		Spülflüssigkeit	Isopropanol
Trocknen (Trockenschleuder)		Drehzahl	2500 min^{-1}
		Schleuderzeit	30 s

Nachteilig bei der Verwendung von SU8 ist der sehr hohe Stress, der in der aufgeschleuderten Resistschicht nach dem Softbake entsteht. Bei zusammenhängenden SU8-Strukturen mit großer lateraler Ausdehnung werden häufig stressbedingte Rissbildungen, starke Substratverbiegungen oder Ablösung großflächiger Resistbereiche von den Substraten beobachtet. Beim Durchsatz größerer Wafermengen können die vergleichsweise langen Haltezeiten auf der Hotplate zu Engpässen im Fertigungsprozess führen.

Oft zeigen SU8-Strukturen, wenn sie mit dem gesamten Spektrum einer Hg-Dampflampe (Kap. 2.3.2.3) belichtet wurden, eine „Verjüngung" von der Resistoberfläche zum Substrat hin, die z. B. bei 500 μm hohen Strukturen etwa 15 μm ± 5 μm betragen kann. Diese ist bedingt durch die unterschiedlichen Absorptionskoeffizienten α der g-, h- und i-Linien-Strahlung im SU8 (mit $\alpha \approx 10^2$ m^{-1}, 10^3 m^{-1} bzw. 10^4 m^{-1}). Demnach beträgt die mittlere Eindringtiefe $1/\alpha$ der i-Linien-Strahlung 100 μm; deutlich größere Resistdicken werden also durch i-Linien-

2.4 Dreidimensionale Mikrostrukturierungsmethoden

Strahlung nicht gleichmäßig durchbelichtet, während g- und h-Linien-Strahlung diese Resistdicken noch relativ homogen durchsetzt. Da die Empfindlichkeit der photosensitiven säurebildenden Komponente (*photoacid generator*, PAG, Kap. 2.3.2.4) mit kürzerer Wellenlänge stark zunimmt, erfolgt eine vermehrte Säurebildung vor allem in den oberen Schichten des Resist. Wird die Belichtungsdosis so gewählt, dass auch bei großen Resistdicken noch genügend Säurebildung und damit Vernetzung in den substratnahen Resistbereichen möglich ist, so werden die oberflächennahen Resistzonen zwangsläufig überbelichtet. Als Folge beobachtet man dort eine entsprechende Strukturverbreiterung. Das Problem kann durch Verwendung eines UV-Filters behoben werden, der Wellenlängen $\lambda < 400$ nm (d. h. auch die i-Linien-Strahlung) unterdrückt und so eine gleichmäßige Vernetzung in der gesamten Resistdicke erlaubt. Wegen der Abnahme der Empfindlichkeit des PAG bei Wellenlängen > 400 nm ist eine entsprechend höhere Belichtungsdosis zu wählen; die in Tabelle 2.4-1 genannte Dosis bezieht sich auf Bestrahlung allein durch g- und h-Linie.

Benutzt man SU8 als „Resistform" im LIGA-Verfahren, ist eine gute Haftung auf den Galvanik-Startschichten (meist Cu oder Au) während des Galvanik-Prozesses zwingend erforderlich, um z. B. eine Unterwanderung des Resist durch das aufwachsende Galvanikmaterial (Unterplattierung) zu vermeiden. Als Haftvermittler zwischen SU8 und Cu- bzw. Au-Startschichten hat sich Probimide 115 A (ein Polyimid) bewährt, das auf die Startschichten aufgeschleudert und dann bei 380 °C getempert wird. Nach dem Aufbringen und Strukturieren des SU8 muss man die Galvanikstartschicht wieder zugänglich machen, indem man die freiliegenden Bereiche der Polyimidschicht durch RIE in einem CF_4/O_2-Plasma entfernt.

Opferschichttechnologie

In der Mikrotechnik, vor allem in der Mikromechanik, besteht oft der Bedarf nach teilbeweglichen Mikrostrukturen, auf die Kräfte einwirken, oder die Kräfte auf eine Probe oder einen Sensor ausüben sollen. Die Strukturierung von Opferschichten und der anschließende additive Aufbau über Beschichtung, Photolithographie und Ätzen oder über Mikrogalvanik ermöglicht die Herstellung teilbeweglicher oder völlig von der Unterlage abgelöster Mikrostrukturen, indem die Opferschichten nach der Durchführung aller Prozessschritte abschließend entfernt werden.

Es gibt eine Reihe von geeigneten Opferschichten, die nass- oder trockenchemisch nach der Herstellung einer Mikrostruktur mit hoher Ätzrate weggeätzt werden können. Bei beiden Ätzverfahren ist eine hohe Selektivität anzustreben, d. h. die Opferschicht sollte möglichst restlos entfernt werden, ohne dass die gewünschte freigelegte Mikrostruktur in Mitleidenschaft gezogen wird. Beim Ätzen von metallischen Opferschichten und Mikrostrukturen kann man zusätzlich zur rein chemisch bedingten Ätzselektivität die Verschiebung der elektrochemischen Potentiale nutzen. Ist z. B. ein edleres Metall mit einem unedleren Metall leitend verbunden, so bildet sich ein Lokalelement, bei dem das unedlere Metall die Anode darstellt. Der Abtrag der Anode besteht in diesem Fall aus der Überlagerung des „Wegopferns" der Anode und dem eigentlichen Ätzprozess. Auf diese Weise können drastisch erhöhte Unterätzraten von unedlen Metallen wie Titan oder Zirkon auftreten, die als Haftvermittlungs- und Opferschichten für Edelmetalle wie Platin oder Gold verwendet werden.

In der Silizium-Oberflächenmikromechanik wird häufig SiO_2 als Opferschichtmaterial genutzt, das durch eine Vielzahl von Beschichtungsmethoden herstellbar ist [Jaecklin94, Diem95, Bühler97]. Hier existieren bereits seit langem gegenüber einkristallinem oder polykristallinem Silizium selektive Ätzlösungen auf der Basis von HF oder HF/NH_4F (BHF, Buffered HF), die auch zu Standardprozessen der CMOS-Technologie kompatibel sind. Außerdem erlaubt die amorphe Struktur der SiO_2-Schichten eine gute Kontrolle des Ätzvorgangs. Nachteilig ist hier die fast ausschließliche Verwendung nasschemischer Ätzlösungen und das damit verbundene Auftreten von Kapillarkräften. Dies führt dazu, dass nach dem Freiätzen Mikrostrukturen mit geringen Rückstellkräften auf der Unterlage festkleben (*stiction*) [Spengen02]. Zur Vermeidung dieses Effekts wurden verschiedene Methoden entwickelt [Kim02], z. B. das Aufrauen oder das Hydrophobisieren der betreffenden Oberflächen, die Integration von kleinen Restspitzen des Opferschichtmaterials [Tas96], der Austausch der Ätzlösung nach dem Ätzprozess durch Alkohole mit niedriger Oberflächenspannung oder durch bei 0 °C zu sublimierende Kohlenwasserstoffe (z. B. n-Heptan). Diese werden in einem Eiswasserbad fest und sublimieren in einem Stickstoffstrom, wobei natürlich keine Kapillarkräfte auftreten.

Tabelle 2.4-2 Beispiele für Opferschichtmaterialien

Opferschicht	Mikrostruktur/Material	Ätztechnik	Unterätzrate	Referenz
Cu	Kammstruktur/Ni	nasschemisch $H_2O/H_2SO_4/H_2O_2$ 61,75/6,5/39	10-15 µm/min	[Görgen95]
Ti	Spleißkoppler/Ni	nasschemisch $HF/HNO_3/H_2O$ 160/5/1740	5-8 µm/min	[Görgen95]
SiO_2 (Therm. Oxid, SOG, PSG, BPSG)	x-y-Verschiebetisch/Si	nasschemisch NH_4F/HF 100...5/1	0,1-25 µm/min	[Jaecklin94]
Polyimid	Mikrospiegel/ Si_3N_4/Al	trockenchemisch im O_2-Plasma	stark vom Plasmareaktor abhängig	[Diehl97]

Eine weitere Möglichkeit für die Erzeugung von Opferschichten ist die Strukturierung von Polymeren, z. B. Photoresists, PMMA oder Polyimid. Diese können in einem einfachen Plasmareaktor (z. B. Barrel-Reaktor) durch ein isotrop ätzendes O_2-Plasma restlos mit nahezu beliebig hoher Selektivität gegenüber vielen anorganischen Materialien verascht werden. Polyimid kann als flüssige, unvernetzte Vorstufe auf Substrate aufgeschleudert und photostrukturiert werden. Es ist in nachfolgenden Prozessen bis hin zu den üblichen Imidisierungstemperaturen, bei denen die Vernetzung zum Polyimid eintritt (350-450 °C), anwendbar. Dies bietet die Möglichkeit, PECVD-Schichten (SiO_2, SiO_xN_y, Si_3N_4, SiC), deren typische Beschichtungstemperatur bei ca. 300 °C liegt, auf dieses Opferschichtmaterial aufzubringen und zu strukturieren [Diehl97]. Ein weiterer Vorteil dieser trockenchemischen Methode ist die Vermeidung von Kapillarkräften. Beispiele für derartig freigeätzte Mikrostrukturen (Faser/Faser-Koppler, Cantilever, Mikrospiegel) zeigt Bild 2.4-11.

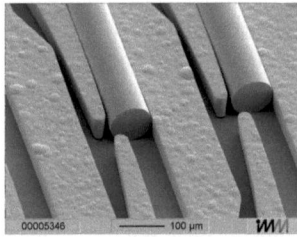  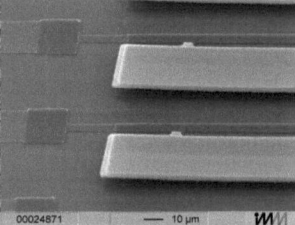

Bild 2.4-11 Beispiele teilbeweglicher Mikrostrukturen, die durch Anwendung der Opferschichttechnologie entstehen:
links: Teil eines Faser/Faser-Kopplers (Opferschicht Titan) [Görgen95]
Mitte: Si_3N_4-Cantilever mit AFM-Spitze (Opferschicht Polyimid) [Ruf96]
rechts: elektrostatisch auslenkbarer Mikrospiegel aus Al/Si_3N_4/Al (Opferschicht Polyimid) [Diehl97]

2.4.3 Mikrostrukturierung mit Laserstrahlung

2.4.3.1 Laserstrahlung als Werkzeug

Laserstrahlung kommt in der Mikrosystemtechnik in wachsendem Maße zum Einsatz. Sie ist inzwischen ein unentbehrliches Werkzeug zur Mikrostrukturierung wie auch für die Mikro-Verbindungstechnik geworden. Die zahlreichen unterschiedlichen Lasertypen werden für jeweils spezifische Anwendungen eingesetzt, über die hier nur ein Überblick gegeben werden kann. Weiterführende Informationen über die Funktionsprinzipien der Laser und ihre Eigenschaften sind in [Kneubühl89], über den Einsatz von Lasern in der Mikrosystemtechnik in [Metev94, Bäuerle00, Brück01, Ehrfeld02] zu finden. Bei der Herstellung von Mikrostrukturen werden Laser *materialmodifizierend, materialabtragend* oder auch *materialaufbauend* eingesetzt. In jedem Fall nutzt man die Wechselwirkung der Laserstrahlung mit der bestrahlten Materie, wobei die Gestaltung des Laserstrahls (Strahlformung) von der jeweiligen Anwendung bestimmt wird:

- Setzt man Laser als Lichtquelle für die Lithographie ein, so wird die Laserstrahlung als kollimiertes Bündel möglichst homogener Intensität und relativ großen Durchmessers benötigt. Hierfür werden gegenwärtig Excimerlaser mit ihren intensiven Lichtpulsen im kurzwelligen UV verwendet. Da Beugungseffekte (an Strukturen photolithographischer Masken) mit abnehmender Wellenlänge reduziert werden, können mit Eximerlaser-Lichtquellen feinere Strukturen photolithographisch realisiert werden als mit langwelligeren UV-Lichtquellen (z. B. Hg-Dampflampen). Breiten Einsatz in der Deep-UV-Lithographie findet heute der ArF-Excimerlaser (193 nm), vereinzelt auch der F_2-Excimerlaser (157 nm).

- Der Vorteil, dass Laserstrahlung gut fokussiert werden kann, kommt bei maskenlosen Direkt-Belichtungsverfahren zur Geltung, etwa beim Schreiben von Masken (Punktfokus, Laser-Belichtung von relativ dicken Resists anstelle von Elektronenstrahl-Belichtung) oder beim Mikroschweißen (Punkt- oder Linienfokus).

- Spezielle Verfahren kombinieren die beiden Möglichkeiten der Strahlformung oder erzeugen Mikrostrukturen durch Interferenz zweier kohärenter Laserstrahlen, etwa beim Schreiben holographisch-optischer Elemente. Im einfachsten Fall, der Überlagerung zweier ebener Wellen, entsteht ein sin^2-förmig variierendes Intensitätsmuster, das eine entsprechend modulierte Materialbeeinflussung nach sich zieht, die z. B. zur Erzeugung von Bragg-Gittern in Lichtwellenleitern dient.

2.4.3.2 Laserablation

An der Oberfläche des zu bearbeitenden Materials treten in jedem Fall Intensitätsverluste auf, deren Art und Ausmaß durch den Brechzahlsprung an der Grenzfläche (gerichtete Fresnelsche Reflexion) und durch die Beschaffenheit der Oberfläche (Streuung bzw. diffuse Reflexion) bestimmt werden. Das eindringende Licht wird mit zunehmender Eindringtiefe abgeschwächt (primär gemäß Lambert-Beer'schem Gesetz), wobei die Energie an das Material abgegeben wird. Welche Prozesse im bestrahlten Materialbereich ablaufen, hängt von der absorbierten Energiemenge ab, dem Zeitraum, in der diese Menge absorbiert wird und von den Materialeigenschaften wie z. B. Absorptionskoeffizient und Wärmeleitfähigkeit. Je nach Art des Materials können Rotations- und Schwingungszustände von Molekülgruppen oder Gitterschwingungen angeregt werden, kann eine Aufheizung des Elektronengases und sogar das Aufbrechen von chemischen Bindungen stattfinden. Die Abstimmung der Laserbearbeitungsparameter (Wahl der Wellenlänge und der Strahl- bzw. Fokusgeometrie, Intensität am Bearbeitungsort bzw. Pulsenergie und Pulsrepetitionsrate, Geschwindigkeit der Relativbewegung von Werkstück zu Strahl) auf das jeweilige Materialverhalten bestimmt maßgeblich, ob es zum Erhitzen, Schmelzen oder Verdampfen des Materials kommt, ob also die Oberfläche modifiziert, ob gelötet, geschweißt, geschnitten oder gebohrt wird. Zur Mikrostrukturierung haben sich insbesondere Nd:YAG- und Excimerlaser durchgesetzt.

Mit dem **Nd:YAG(Neodym-dotierter Yttrium-Aluminium-Granat)-Laser** steht eine Laserquelle der Primärwellenlänge 1064 nm mit hohen Ausgangsleistungen (bis in den kW-Bereich bei Dauerstrichbetrieb) zur Verfügung, die durch Mode-locking oder Q-switching noch gesteigert werden können. Konversion der Strahlung in andere Wellenlängen kann durch Erzeugung der zweiten (532 nm) oder dritten (355 nm) Harmonischen realisiert werden. Die Pulsdauern liegen zwischen einigen ps bis zu einigen ms, die Pulsenergien variieren zwischen einigen mJ bis zu etwa 100 J. Die Strahlqualität ist sehr gut, so dass ein wohldefinierter und leicht zu beeinflussender Bestrahlungsbereich entsteht. Nd:YAG-Laser werden deshalb zu sehr unterschiedlichen Aufgaben eingesetzt. Mikroschweißen (Kap. 2.4.3.4), -schneiden und -bohren von Metallen und metallischen Schichten bietet sich an, da die Reflexion im nahen IR besonders gering ist. Auch das Schneiden von fast transparenten Materialien, wie etwa Diamantmembranen, ist möglich. Besonders augenfällig wird der Vorteil des Lasereinsatzes beim Schneiden laminierter Materialien, wie z. B. bei der Herstellung von Graphitdichtungen. Ein mechanisches Schneiden oder Stanzen würde unweigerlich das umgebende Material mit verformen oder in seiner Struktur beeinflussen.

Excimerlaser emittieren typischerweise ca. 20 ns lange UV-Pulse der Wellenlängen 308 nm (XeCl), 248 nm (KrF), 193 nm (ArF) oder 157 nm (F_2). Die Pulsenergie kann je nach Typ 20-500 mJ betragen, die Pulsrepetitionsrate ist einstellbar von wenigen Hz bis etwa 1 kHz. Excimerlaser sind so genannte Superstrahler, also Laser, die keinen Resonator benötigen, um stimulierte Emission auszulösen. Das macht ihren Bau sehr einfach, hat allerdings die unangenehme Folge, dass sie Strahlung hoher Divergenz und Inhomogenität zeigen. Der Aufwand an UV-Optik zur Strahlhomogenisierung und -kollimierung ist hoch. Während ein Nd:YAG-Laser Photonen mit nur 1,16 eV Photonenenergie erzeugt, besitzen die von Excimerlasern emittierten Photonen Energien im Bereich einiger eV. Dies bietet die Möglichkeit, durch Laserbestrahlung aus Excimerlasern chemische Bindungen zu lösen. Bei vielen Materialien, vor allem bei Kunststoffen und Keramiken, hat dies zur Folge, dass der größte Teil der eingebrachten Energie nicht über den „Umweg" des Aufschmelzens und Verdampfens zum Materialabtrag führt, sondern durch die Bindungslösung sofort Atome/Moleküle freigesetzt werden. Diese „kalte Ablation" lässt Strukturen entstehen, die sich durch relativ scharfe Ränder ohne Schmelzzone und Debris-Krater auszeichnen. In Bild 2.4-13 ist die Photonenenergie einiger Excimerlaser im Vergleich zur Bindungsenergie ausgewählter chemischer Bindungen dargestellt.

2.4 Dreidimensionale Mikrostrukturierungsmethoden

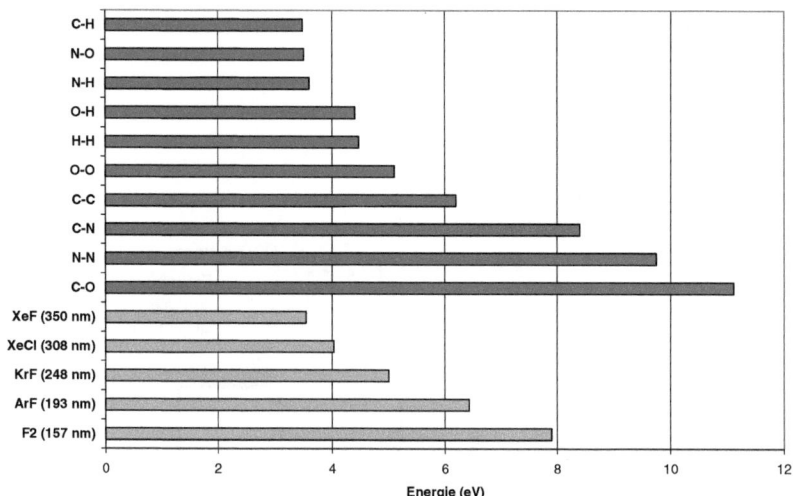

Bild 2.4-13   Photonenenergien von Excimerlasern und Bindungsenergien ausgewählter chemischer Bindungen

Anwendung findet die Excimerlaser-Ablation z. B. für die Herstellung von definierten Öffnungsgeometrien bei Tintenstrahldruckköpfen, Spinndüsen, Stents und Kathetern, zur Erzeugung holographischer Gitter [Gower92, Phillips93] oder mikrofluidischer Bauteile [Arnold95, Bauer98], sowie zur Resiststrukturierung anstelle von Röntgenstrahlung (Laser-LIGA, Kap. 2.4.3.3). Der schematische Aufbau einer Anlage zur Laserablation mit Excimerlaser ist in Bild 2.4-14 dargestellt, Bild 2.4-15 zeigt Mikrostrukturen, die mit Laserablation hergestellt wurden. Bei lateral periodischen Strukturen, z. B. bei Mikrobohrungen für Tintenstrahldruckköpfe oder Mikrosiebe, können mit dem Verfahren der Maskenprojektion mehrere Strukturen simultan abgetragen werden, wodurch die Produktivität gesteigert wird.

Die Anwendung von **Ultrakurzpuls-Lasern**, meist Ti:Saphir-Lasern, zur Ablation macht in den letzten Jahren immer mehr auf sich aufmerksam. Dafür gibt es folgende Gründe:

- Pulse im Bereich von ps oder fs sind so kurz, dass sie vom Material bereits vollständig absorbiert sind, bevor dieses beginnt, zu verdampfen oder sich zu zersetzen. Die energiereichen 20 ns langen Pulse von Excimerlasern dagegen werden oft zu einem großen Teil durch das entstehende Bearbeitungsprodukt, den „plasma plume", geschwächt und gestreut. Strukturen, die mit Ultrakurzpuls-Lasern erzeugt werden, sind daher geometrisch präziser definiert.

- Durch die hohe Intensität im Kernbereich des Bestrahlungsfokus wird die Nutzung nichtlinearer Effekte (wie etwa der Mehrphotonenabsorption) möglich. Dies führt zu einer weiteren Eingrenzung des Arbeitsbereiches und damit zu noch feinerer (sub-fokus) Auflösung.

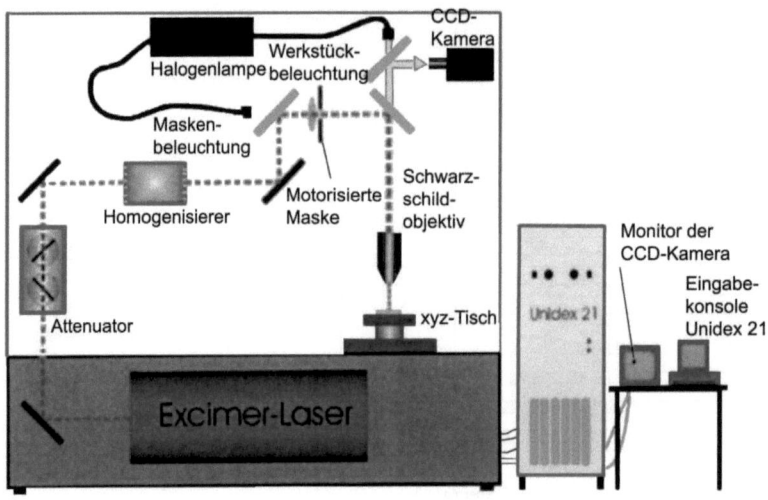

Bild 2.4-14 Schematischer Aufbau einer Anlage zur Laserablation mit Excimerlaser

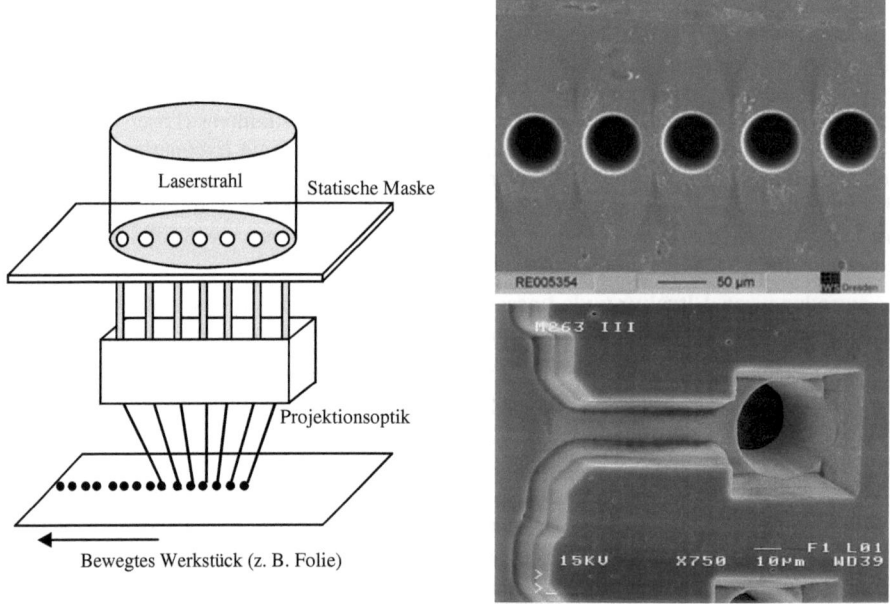

Bild 2.4-15 oben: Prinzip der Laserablation mit statischer Maskenprojektion zur simultanen Bearbeitung lateral periodischer Strukturen;
rechts oben: mit diesem Verfahren hergestellte Bohrungen (50 µm) in Polyimid-Folie für 720 dpi Tintenstrahldruckköpfe;
rechts unten: durch Laserablation hergestellte gestufte Kanalstruktur mit Mikrobohrung

2.4.3.3 Laser-LIGA

Beim Laser-LIGA-Verfahren verwendet man anstelle der durch UV-Lithographie oder Röntgentiefenlithographie erzeugten Resistformen Primärstrukturen, die durch Laserablation von Polymerschichten realisiert wurden, um anschließend mit den üblichen Verfahren der Galvanoformung/Abformung weiterzuarbeiten. So gelangt man zu einer Technologie, die sich zwar nicht durch besonders hohe Präzision und kurze Prozesszeiten auszeichnet, aber die Gestaltung verschiedener Strukturhöhen und Wandneigungen auch ohne Verkippung eines Substrats ermöglicht. Die Ablationstiefe pro Laserpuls in PMMA ist normalerweise sehr gut definiert, so dass unter Verwendung einer einfachen Aperturblende und eines x-y-Verschiebetisches dreidimensionale Strukturen leicht zu erzielen sind. In Bild 2.4-16 ist die Ablationstiefe (Abtrag pro Puls) als Funktion der Energiedichte eines Pulses (in J/cm^2) für einige Kunststoffe dargestellt. Die Energiedichte, die üblicherweise zur Ablation von Polymeren eingesetzt wird, liegt bei etwa 1-3 J/cm^2.

Nach der Laserablation ist die Beschichtung mit einer Galvanikstartschicht notwendig. Üblicherweise werden hier gesputterte Cu-, Ag- oder Ni-Schichten mit ca. 100 nm Dicke verwendet. Ein Beispiel des Laser-LIGA-Verfahrens ist in Bild 2.4-17 gezeigt. Die wesentliche Komponente eines statischen Mikromischers sind Mikrokanäle, deren Querschnittsfläche zwar über die ganze Länge des Kanals gleich bleibt, deren Kanaltiefe und Breite aber so variiert, dass zusammen mit einer entsprechenden Kanalführung eine sehr gute Durchmischung zweier Fluide innerhalb einer kurzen Wegstrecke gelingt. Derartige Fluidkanäle werden insbesondere in der Mikroreaktionstechnik benötigt, wobei hier auch abgeformte metallische und keramische Materialien zum Einsatz kommen [Stadel96].

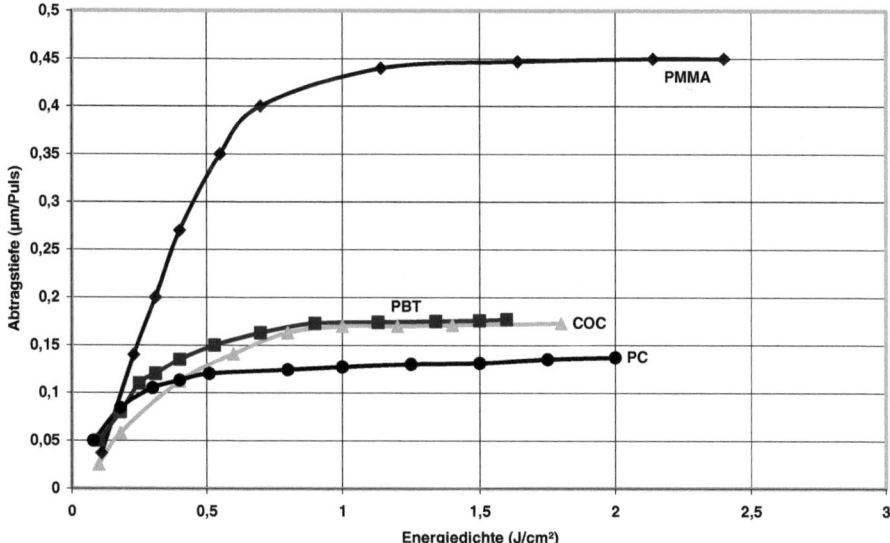

Bild 2.4-16 Ablationstiefe (Abtrag pro Puls) als Funktion der Puls-Energiedichte (in J/cm^2) eines ArF-Lasers (193 nm) für unterschiedliche Kunststoffe (PMMA: Polymethylmethacrylat; PBT: Polybutylenterephthalat; COC: Cycloolefincopolymer; PC: Polycarbonat)

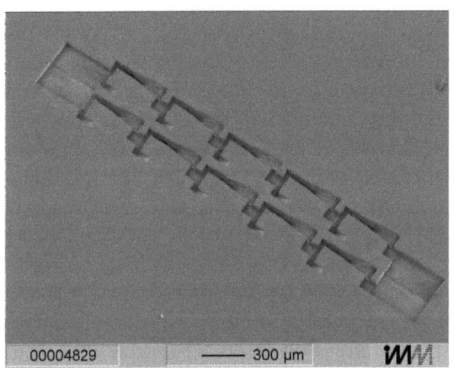 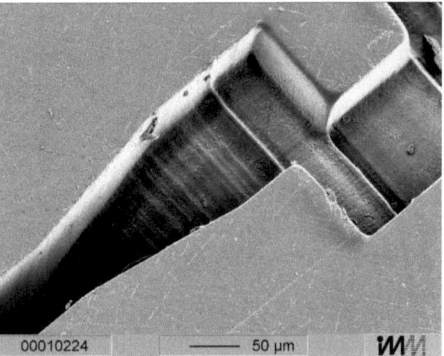

Bild 2.4-17   Eine über Laserablation, Galvanoformung und Abformung hergestellte Mikromischer-Platte aus Polycarbonat mit variablen Kanaltiefen und -breiten (rechts: Detailansicht). Durch Verklebung zweier solcher, über Replikationsverfahren hergestellter Plättchen entsteht ein statischer Mikro-Mischer [Stadel96]

2.4.3.4 Materialauftragende Laserverfahren

Bei der **LECVD** (Laser enhanced chemical vapour deposition) richtet man den Laserfokus auf eine Unterlage, die sich in einer speziellen Atmosphäre aus metallhaltigem Gas (Precursor) befindet. Im Fokus kommt es aufgrund der hohen Wärmeentwicklung zu einer Pyrolyse dieses Gases, wobei sich das elementare Metall im Fokus, d. h. auf dem Substrat, abscheidet. Verfährt man den Fokus in der Substratebene, so kann eine erste Mikrostruktur „geschrieben" werden. Legt man den Fokus nun auf die Oberfläche dieser ersten Mikrostruktur-Ebene, so können die bereits vorhandenen Strukturen weiter erhöht werden. Ebene auf Ebene entsteht so ein dreidimensionales Gebilde mit Details im Mikrometerbereich.

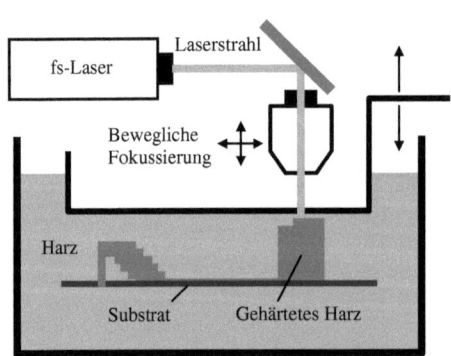 

Bild 2.4-18   Prinzip der Stereolithographie (links) und durch Stereolithographie hergestellte dreidimensionale Mikrostruktur mit ca. 1 µm Strukturdimensionen (photoinduzierte Vernetzung von Polymeren durch fs-Kurzpuls-Ti:Saphir-Laser der Wellenlänge 800 nm; Quelle: Laser Zentrum Hannover e.V.)

2.4 Dreidimensionale Mikrostrukturierungsmethoden

Im Falle der **Stereolithographie** härtet der fokussierte Laserstrahl ein flüssiges Harz durch photoinduzierte Polymerisation aus [Sun01]. Das Substrat, auf dem die Mikrostruktur dabei entstehen soll, befindet sich in einer mit Harz gefüllten Wanne anfänglich knapp unter der Oberfläche der Flüssigkeit (Bild 2.4-18). Ist eine erste Schicht von Mikrostrukturen „geschrieben", wird das Substrat relativ zur Flüssigkeitsoberfläche wenige μm abgesenkt und die nächste Schicht kann auf den bereits erzeugten Strukturen verfestigt werden. Die Stereolithographie ist ursprünglich eine „Makrotechnik", die sich im Rapid Prototyping bewährt hat, und die nun auch Anwendungen in der Mikrotechnologie findet.

2.4.3.5 Mikroverbindungstechnik mit Lasern

In der Aufbau- und Verbindungstechnik ist der Nd:YAG-Laser der am häufigsten genutzte Lasertyp. Das Verschweißen mittels Schweißpunkten von z. B. nur 50 μm Durchmesser gelingt mit ihm auch bei Metallen mit deutlich verschiedenen Schmelzpunkten. Besonders vorteilhaft erweist sich der Nd:YAG-Laser beim Verschweißen von Kunststoffstrukturen. Hier kann der (meist fokussierte) Strahl ein für NIR-Strahlung transparentes erstes Werkstück durchdringen und dann vom zweiten Werkstück, welches mit dem ersten in formschlüssigem Kontakt steht, absorbiert werden. Dadurch ist das Verschweißen der Teile auf ihrer gesamten Berührungsfläche möglich, im Gegensatz zum konventionellen Schweißen, bei dem man die Verbindung nur an Außenkanten herstellt. Weitere Anwendungen in der Mikrotechnik sind das Löten metallischer Teile (Kap. 4.4.5.2), das Trimmen von Transistorstrukturen und die Maskenreparatur, das Verbinden von ICs mit Schaltungsplatinen sowie die Realisierung von Durchgangsbohrungen (so genannten vias) zwischen übereinander gestapelten Schaltungsebenen.

2.4.3.6 Technische Ausführung und wirtschaftliche Aspekte

Die in der Mikrosystemtechnik eingeführten Lasertypen, allen voran Nd:YAG- und Excimerlaser, sind gegenwärtig von mehreren Anbietern als komplette Workstations erhältlich. Eine solche Workstation vereinigt in kompakter Weise Laser, Strahlformungs- und Strahlführungsoptik sowie den geschützten und schwingungsgedämpften Bearbeitungsbereich und besteht darüber hinaus aus einer Bedienungskonsole, an der der Bearbeitungsprozess – ähnlich wie bei einer CNC-Maschine – programmiert und der Ablauf gesteuert, beobachtet und dokumentiert wird. Die Workstations unterscheiden sich im Maß der erreichbaren kleinsten Strukturdimension, in der Gesamtgröße der Bearbeitungsfläche bzw. des Bearbeitungsvolumens, in der Genauigkeit und Zahl der Freiheitsgrade der Werkstoffbewegung und in der Bearbeitungsgeschwindigkeit.

Lasertypen, die seltener oder erst seit kurzem zur Mikrostrukturierung benutzt werden, wie etwa Ultrakurzpuls-Laser, sind derzeit noch nicht in Workstations integriert erhältlich. Hier muss der Mikrotechnologe, der diese Strahlquellen einsetzen will, problemangepasste eigene Lösungen konstruieren und aufbauen.

Direkt-Belichtungsverfahren wie Bohren, Schweißen und Schneiden zur Herstellung einfacher Mikrostrukturen oder die Deep-UV-Projektions-Belichtung sind für die Massenfertigung einsetzbar. Speziell auf hohen Durchsatz optimierte Workstations mit Handlingperipherie sind hierfür erhältlich. Dagegen ist die Herstellung einer komplexen dreidimensionalen Mikrostruktur allein mittels Laserablation immer noch ein relativ aufwändiger Prozess (was Zeit und damit Kosten angeht), der sich nicht zur Massenfertigung eignet, sondern zur Herstellung von Masterstrukturen (z. B. durch Laser-LIGA) oder zum Rapid Prototyping genutzt wird.

2.4.4 Anisotrope Ätztechniken für Silizium

2.4.4.1 Anisotropes Nassätzen von Silizium

Anisotrope Nassätzverfahren für einkristallines Silizium werden seit langem in der Silizium-Mikromechanik eingesetzt. Durch Anwendung wässriger alkalischer Lösungen aus KOH, NaOH, LiOH oder auch aminhaltiger Lösungen (Ethylendiamin-Pyrokatechol (EDP), TMAH, Hydrazin) und Ausnutzung der hohen Ätzratenunterschiede für verschiedene Kristallebenen ist es möglich, mikromechanische Bauteile mit hoher Präzision selbst bei Strukturtiefen im Bereich der gesamten Waferdicke herzustellen [Reismann79, Seidel90, Elwenspoek95, Vangbo96, Tong97].

Aufgrund des geringen geräte- und sicherheitstechnischen Aufwandes sowie der einfachen Kontrolle der Ätzmittelzusammensetzung wird in den meisten Anwendungsfällen wässrige KOH-Lösung bei Temperaturen von ca. 60-90 °C verwendet. Die Ätzung besteht aus einer Oxidation des Siliziums, einer Reduktion des Wasserstoffs im Wasser und dem Lösungsprozess eines Silicat-Komplexes in Wasser:

$$Si + 4H_2O + 2OH^- \rightarrow Si(OH)_6^{2-} + 2H_2$$

Als Reaktionsprodukte entstehen ein wasserlöslicher Hexahydroxosilicat-(IV)-Komplex und Wasserstoff. Dieser Ätzprozess ist stark temperatur- und konzentrationsabhängig. Außerdem besitzen die unterschiedlichen Kristallebenen um z. T. mehr als zwei Größenordnungen verschiedene Ätzraten. Die Ursache für diese starke Anisotropie der Ätzraten liegt in der Kristallstruktur des Siliziums. Silizium kristallisiert in der Diamantstruktur, d. h. jedes Siliziumatom ist tetraedrisch von vier weiteren Siliziumatomen umgeben (Kap. 2.2.1, Bild 2.2-1). Unterschiedliche Kristallebenen, die durch die Millerschen Indizes gekennzeichnet werden, besitzen eine unterschiedliche Anzahl von freien Bindungen pro Siliziumatom. Dies spiegelt sich in der Aktivierungsenergie wider, die notwendig ist, um ein Siliziumatom aus dem Kristallverband herauszulösen. Dadurch entstehen stark unterschiedliche Ätzraten für den Abtrag der jeweiligen Ebene. Typische Ätzraten in 20%iger KOH bei 60 °C sind ca. 27 µm/h für die (100)-Ebene, ca. 40 µm/h für die (110)-Ebene und deutlich unter 1 µm/h für die (111)-Ebene [Seidel91]. Diese hohen Unterschiede werden eindrucksvoll durch eine Teststruktur (so genannter Siemensstern) zur Sichtbarmachung von Ätzraten in verschiedenen Kristallrichtungen demonstriert. Eine aus kreisförmig angeordneten konisch zulaufenden Keilen bestehende Struktur wird photolithographisch in eine ätzresistente Maskierung (z. B. aus thermischem Oxid oder LPCVD-Si_3N_4) auf einem einkristallinen Si-Wafer übertragen. Abhängig von der Zusammensetzung der Ätzlösung, der Temperatur und der Kristallorientierung des Substrats bildet sich meist nach wenigen Minuten ein charakteristisches makroskopisches Muster, das durch lokal unterschiedliche Variationen der Ätztiefe und der Unterätzung der Maskierung gebildet wird. Dieses Muster kann prinzipiell für die Entwicklung von Ätzlösungen mit starken Anisotropien dienen. Ein grobes Maß für die Anisotropie ist hierbei die Ausprägung des makroskopischen, von der Radialsymmetrie abweichenden Musters (Bild 2.4-19). Die Abhängigkeit der Ätzrate verschiedener anisotroper Ätzbäder von der Temperatur ist in Kap. 3.1 dargestellt.

Die hohen Ätzratenunterschiede der einzelnen Kristallebenen werden z. B. genutzt, um V-förmige Gruben in (100)-orientierte Si-Wafer (Bild 2.4-20) oder auch glatte und senkrechte Wände in (110)-orientierte Wafer zu ätzen. Durch die sehr genaue Definition der lateralen Dimensionen einer Maskierung im photolithographischen Prozess ist es möglich, die Tiefe einer V-Grube sehr genau mit einer Toleranz von weniger als 1 µm festzulegen. Dies wird z. B. für Glasfaserführungen und Faser-Chip-Kopplungen von Monomode-Fasern genutzt. Einzelheiten zur Form der Maskierung und der entstehenden Ätzstrukturen bei verschiedenen Wafertypen werden in Kap. 3.1 behandelt.

2.4 Dreidimensionale Mikrostrukturierungsmethoden

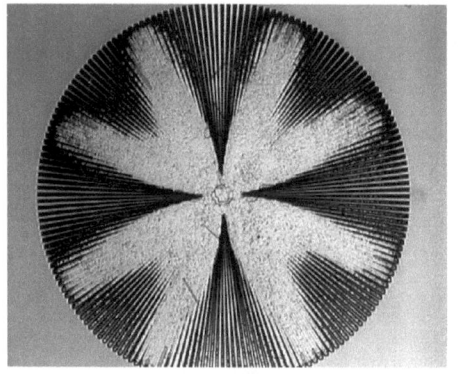
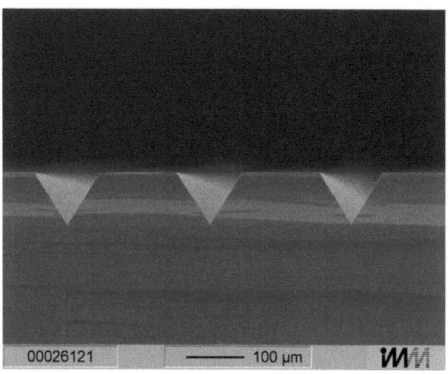

Bild 2.4-19 Siemensstern-Struktur eines (100)-Si-Wafers mit 500 nm thermischem Oxid als strukturierter Maskierung nach einer Ätzzeit von 10 min in 20%iger KOH bei 60 °C

Bild 2.4-20 Querschnitt von V-Gruben, die von den (111)-Ebenen in einem (100)-Siliziumsubstrat begrenzt werden. Der Winkel zwischen (100)-Flächen und (111)-Flächen beträgt 54,74°

Durch Zusätze zu den Ätzlösungen können die Ätzraten verschiedener Kristallebenen stark verschoben werden. So gelingt es beispielsweise, in (100)-Wafern Si-Wandflächen mit einem Neigungswinkel von 45° zur (100)-Ebene herauszuarbeiten. In diesem Fall wird z. B. eine Mischung aus KOH und Isopropanol verwendet, wobei die Verlangsamung der Ätzraten von (110)-Ebenen für die Bildung von V-Gruben mit 45°-geneigten Seitenwänden sorgt. Um eine Entmischung des Ätzbades zu vermeiden, muss die Ätzung unter starkem Rühren stattfinden [Strand95]. Dieses Ätzverfahren wurde eingesetzt, um 45°-geneigte Spiegel in Verbindung mit Glasfasern für integriert optische Bauteile oder interferometrische Sensoren herzustellen [Strand95, Elderstig95].

Ein Kennzeichen des anisotropen Nassätzens von Silizium ist die Unterätzung konvexer Ecken, bedingt durch die hohe Ätzrate von (411)-Ebenen im Vergleich zu (100)-Ebenen (Kap. 3.1). Diese kann zum Beispiel bei der Ätzung von gewundenen Kanalstrukturen ein Problem darstellen, wenn der Kanalquerschnitt konstant gehalten werden soll. Man berücksichtigt diesen Effekt durch Verwendung von Kompensationsstrukturen in der Maskierung, die abhängig von der Geometrie, der Ätztiefe und der Selektivität der Ätzlösung entworfen werden müssen [Offereins92, Kampen95, Enoksson97, Nikpour98]. In Bild 2.4-21 ist eine derartige Kompensationsstruktur gezeigt. Sie erlaubt die Ätzung eines perfekten, rechtwinklig abgebogenen Kanals der Tiefe d und der Breite W. Die Kompensationsstruktur besteht aus einem in [010]-Richtung orientierten Band, dessen Breite $B = 2d$ der doppelten Tiefe des Kanals entspricht und dessen Länge der Selektivität der Ätzlösung angepasst werden muss (z. B. $L = 1,6 W$ für 33%ige KOH).

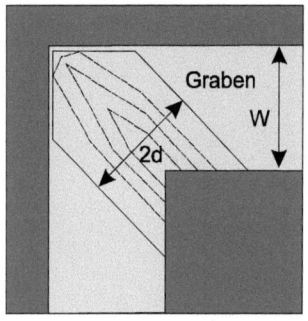

Bild 2.4-21 Beispiel einer Kompensationsstruktur für eine konvexe Ecke eines rechtwinklig abgebogenen Si-Kanals [Offereins92, Enoksson97]. Zur Vermeidung einer Deformation müssen die Bedingungen *Breite* = 2 *d* und *Länge* = 1,6 *W* eingehalten werden.
W: Breite des Kanals
d: Tiefe des Kanals

Die Nutzung von (110)-orientierten Si-Substraten ermöglicht schließlich die Herstellung von Strukturen mit hohen Aspektverhältnissen und senkrechten, nahezu atomar glatten Wänden, die für optomechanische Anwendungen eingesetzt werden [Seidel90, Ciarlo92, Uenishi95].

Si-Wafer sind bezüglich ihrer Oberfläche und ihrer Flatorientierung gewissen Fertigungstoleranzen unterworfen. Dies führt oft dazu, dass vor der Strukturierung einer Maskierung die Orientierung z. B. der [110]-Richtung bestimmt werden muss, nach der die Maske ausgerichtet werden soll. Die mechanische Flatorientierung zusammen mit den üblichen Fertigungstoleranzen ergibt eine Schwankungsbreite von ca. ±2°, daher sollte die Teststruktur zum Auffinden der [110]-Richtung diesen Winkelbereich, abgestuft in 0.1°-Schritten, überspannen. Der oftmals benutzte Siemensstern (Bild 2.4-19) demonstriert zwar die hohen Ätzratenunterschiede in bestimmten Kristallrichtungen, als Orientierungshilfe bei einem Photolithographieprozess ist er jedoch wenig geeignet. Besser sind hier Strukturen wie die in Bild 2.4-22 dargestellte, die eine Genauigkeit bei der Orientierung einer Maske relativ zum Si-Wafer von etwa ±0,05° erlauben [Vangbo96].

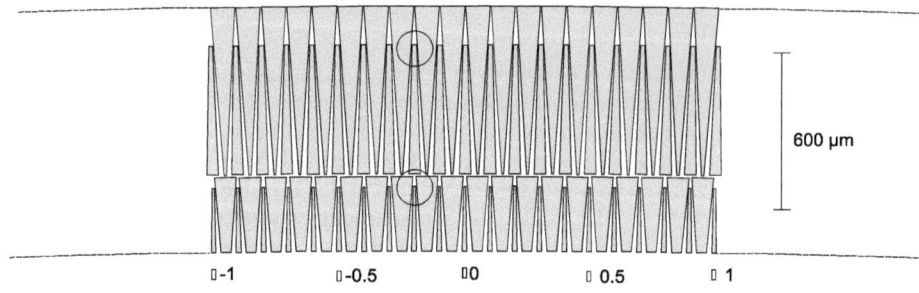

Bild 2.4-22 Beispiel für Maskenstrukturen zum Auffinden der [110]-Richtung in Silizium. Die Strukturen sollten ein Bogensegment von etwa ±2° überspannen. Die großen keilförmigen Strukturen besitzen Winkel von 1,5° bzw. 3,5°, die kleinen von 1° bzw. 5°. Der Abstand der Strukturen an der engsten Stelle beträgt nur wenige μm (kurze Ätzzeiten). In unmittelbarer Nähe sind außerdem entsprechende Justagestrukturen für die nachfolgende Lithographie der eigentlich beabsichtigten Öffnungen der Maskierschicht unterzubringen [Vangbo96].

Bild 2.4-22 zeigt leicht keilförmige Strukturen, die auf einem Bogensegment von etwa 4° angeordnet sind. Diese werden im Randbereich eines Wafers oder in der Nähe von Justiermarken

2.4 Dreidimensionale Mikrostrukturierungsmethoden

durch Photolithographie und Ätzen der Maskierung erzeugt. Nach Eintauchen in ein KOH-Bad (oder eine andere anisotrope Ätzlösung) werden die exakt in [110]-Richtung ausgerichteten zungenförmigen Strukturen symmetrisch unterätzt, während die fehlorientierten Strukturen eine optisch gut sichtbare Asymmetrie aufweisen. Der kritische Bereich, der anhand eines optischen Mikroskops gut für jeden Wafer analysiert werden kann, ist in der Abbildung durch Kreise gekennzeichnet. Zusätzlich zu den optisch inspizierbaren Strukturen für die Unterätzung enthält die Maske einen Strichcode und Justiermarken für die zweite Photolithographie, mit der letztendlich die entlang der [110]-Richtung orientierten Öffnungen der Maskierschicht erzeugt werden sollen.

2.4.4.2 Ätzstopverfahren

Insbesondere für Silizium wurden eine Reihe von Ätzstopverfahren für die Herstellung von Membranen, Zungen und Haltestrukturen entwickelt und verfeinert. Zu den gängigen Ätzstopverfahren zählen:

- *Bordotierung durch Ionenimplantation, Epitaxie oder Diffusion:* Die Dotierung von Silizium durch Bor führt zu einer drastischen Reduktion der Ätzrate in alkalischen Lösungen [Raley84, Seidel90, Brodie82]. Borkonzentrationen größer $5 \cdot 10^{19}$ cm^{-3} führen zu einer hohen Konzentration von Defektelektronen im Silizium, die mit den Silizium-Elektronen rekombinieren. Wegen fehlender Elektronen nimmt die Reaktionsgeschwindigkeit der Redoxreaktion stark ab und die Ätzgeschwindigkeit liegt z. B. bei einer Borkonzentration von 10^{20} cm^{-3} bei nur noch 1 % des undotierten Materials. Auf die Bor-dotierten Oberflächenschichten eines Si-Wafers (hergestellt durch Implantation, Diffusion oder Epitaxie) kann man durch Epitaxie undotiertes (d. h. ätzbares) Silizium aufwachsen lassen, so dass vergrabene Ätzstopschichten entstehen. Durch den Einbau der größeren Bor-Atome auf Si-Gitterplätzen werden jedoch Druckspannungen in der dotierten Schicht erzeugt, die zu gewellten Membranen oder infolge von Stressgradienten zu gekrümmten freitragenden Strukturen führen.

- *Elektrochemischer Ätzstop:* Durch Ausbildung eines pn-Übergangs erreicht man beim Anlegen einer Sperrspannung eine ähnliche Reduktion der Elektronenanzahl in der Raumladungszone wie im Fall der Bordotierung [Kloeck89a, Kloeck89b, Linden89]. Die Ätzung wird in einer elektrochemischen Ätzzelle durchgeführt und ermöglicht eine präzise Kontrolle der Dicke von Membranen über die Einstellung der Sperrspannung. Beaufschlagt man z. B. einen pn-Übergang in einem p-dotierten Siliziumsubstrat mit ca. 0.5-1 V Sperrspannung, führt dies zum Abtrag des p-dotierten Substrats, während das n-dotierte Material nicht angegriffen wird [Köhler98].

- *Chemischer Ätzstop durch vergrabene Schichten:* Vergrabene SiO_2- oder SiC-Schichten können wegen der relativ hohen Selektivität (typ. > 1000 in 20%iger KOH bei 60 °C) zwischen Si und SiO_2 bzw. SiC als Ätzstop verwendet werden. Diese Ätzstopschichten werden durch Implantation von Sauerstoff und anschließendes Tempern (SIMOX-Technologie) oder durch thermische Oxidation und Fusion-Bonding mit abschließendem Abpolieren eines der beiden Wafer hergestellt [Dunn93]. Während die durch Implantation erzeugten vergrabenen Schichten relativ dünn sind (wenige 10-100 nm) und auch die Tiefe der Implantation (wenige µm) durch die Implantationsenergie limitiert ist, sind bei SOI-Wafern die Dicke der SiO_2-Schicht und der darüberliegenden Si-Schicht relativ frei wählbar. Außerdem muss hier die Kristallorientierung des Basis-Wafers und des abgedünnten Wafers nicht übereinstimmen.

Bild 2.4-23 stellt das Prinzip einiger Ätzstopverfahren dar und zeigt die Anwendung bei der Herstellung von Si-Membranen definierter Dicke, wie sie für Drucksensoren benötigt werden.

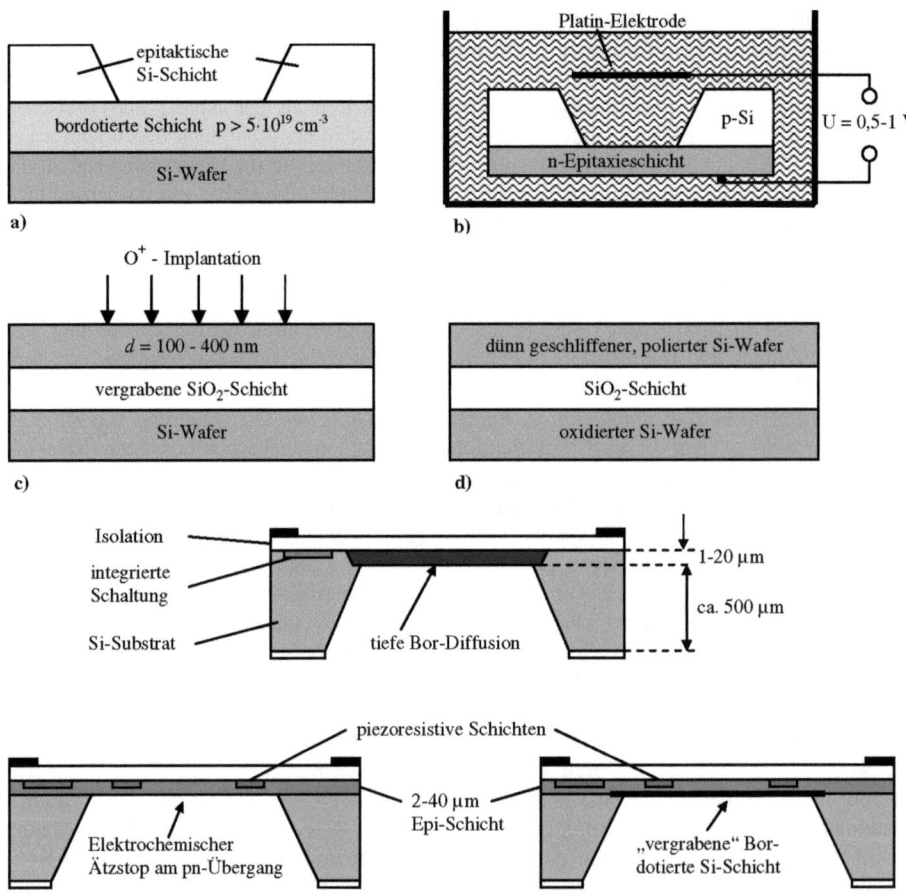

Bild 2.4-23 Ätzstopschichten in Si und Anwendung bei der Herstellung von Si-Membranen für Drucksensoren mit integrierter Schaltung [Wise85]:
- a) starke Bordotierung;
- b) elektrochemischer Ätzstop;
- c)-d) vergrabene Oxidschichten durch SOI-Technologie (**S**ilicon **o**n **I**nsulator) bei Anwendung des SIMOX-Prozesses (**S**eparation of **S**ilicon by **Im**plantation of **Ox**ygen) bzw. des Waferbondens (**S**ilicon **f**usion **b**onding, SFB)

2.4.4.3 Anisotropes Plasmaätzen

In jüngster Zeit hat das anisotrope Plasmaätzen von Mikrostrukturen insbesondere in Silizium einen enormen Aufschwung erlebt. Die erfolgreichsten Methoden arbeiten dabei mit Plasmaätzverfahren, die eine Seitenwandpassivierung zur Vermeidung seitlicher Unterätzung nutzen. Als Maskierung werden in den meisten Fällen Photoresists, dünne Metallschichten mit niedriger Sputterrate (z. B. Cr oder Al) oder SiO$_2$ verwendet, die durch Photolithographie- und Ätzschritte strukturiert werden. Die gebräuchlichsten Anlagentypen sind Reaktive Ionenätzer (RIE) oder

2.4 Dreidimensionale Mikrostrukturierungsmethoden

induktiv gekoppelte Plasmaätzer (ICP), bei denen die Prozessparameter Plasmaleistung und Biasspannung unabhängig voneinander kontrolliert werden können (vgl. Kap. 2.3.3.2).

Zur Erzeugung von Seitenwand-Passivierungen gibt es eine Reihe von Möglichkeiten [Jansen94, Bhardwaj95]. Sie sind darin begründet, dass bei einem reaktiven Ionenätzprozess gleichzeitig auch Depositionsprozesse (wie bei CVD-Verfahren) ablaufen. So führt z. B. die Verwendung von SF_6/O_2 oder CHF_3/O_2 in einem Plasmareaktor bei der Ätzung von Silizium zur Erzeugung von Wasserstoff-, Fluor- und Sauerstoffradikalen, die zu schnell flüchtigen Reaktionsprodukten (SiF_4, CH_x, CF_y, ...), aber auch zu Verbindungen mit sehr niedrigen Dampfdrücken (SiO_xF_y) oder zu hochvernetzten Plasmapolymeren CH_xF_y reagieren. Die letzteren Reaktionsprodukte werden auf horizontal angeordneten Flächen durch Ionenbeschuss als Folge der Biasspannung wieder entfernt, bleiben jedoch bevorzugt an vertikalen Wänden einer in die Tiefe geätzten Struktur erhalten. Dies führt zu einem Schutz der Seitenwände vor lateralem Ätzangriff und zum Tiefenätzen mit hohen Aspektverhältnissen (bis 10:1). Die für eine hohe Anisotropie verantwortliche Deposition der Seitenwand-Passivierung und die verschiedenen Ätzvorgänge laufen in diesem Falle gleichzeitig ab. Die Seitenwandpassivierung aus SiO_xF_y kann durch Befestigung des Substrats auf einem mit LN_2 (Liquid Nitrogen) gekühlten Substrathalter unterstützt werden [Bhardwaj95, Rangelow98]. Diese Methode erlaubt noch höhere Aspektverhältnisse, ist jedoch gerätetechnisch aufwändiger. Nachteilig ist auch, dass Photoresist als Maskierung nicht verwendet werden kann, da dieser beim Abkühlen des Substrats abplatzen würde.

Eine weitere Möglichkeit bietet der so genannte ASE-Prozess (ASE^{TM}, Advanced Silicon Etching) [Bhardwaj97], bei dem die Deposition einer Passivierungsschicht und der Ätzvorgang zeitlich voneinander getrennt sind (Time Multiplexing). Zuerst wird durch Plasmapolymerisation eines geeigneten Precursorgases (z. B. CHF_3, C_2F_6, C_4F_8, ...) eine Passivierungsschicht nCF_2 erzeugt. Danach erfolgt ein Umschalten auf den Ätzprozess mit Gasen wie z. B. NF_3 oder SF_6, die zunächst die Passivierung am Boden der zu ätzenden Struktur und dann das Silizium angreifen. Die Direktionalität des Ätzprozesses kann durch sehr niedrige Biasspannungen kontrolliert werden. Die Feinheiten verschiedener Prozessvarianten (Ätz- und Depositionszeiten, Gasflüsse, Prozessgasdruck, HF-Leistungen etc.) sind in Abhängigkeit von speziellen Anforderungen z. B. an Geometrie oder Wandrauigkeiten zu optimieren.

Bild 2.4-24 Beispiele für Siliziumstrukturen, die mit Hilfe einer Photoresist/SiO_2-Maskierung dem ASE^{TM}-Prozess hergestellt wurden.
links: Fluidkanäle mit einer Breite und Tiefe von ca. 50 µm;
rechts: gestufte Silizium-Mikrostruktur (Erste Ebene: 40 µm, Zweite Ebene: 80 µm)

Die typischen Ätzraten dieses Prozesses liegen bei etwa 3-6 µm/min. Die Maskierung ist mit Photoresist oder SiO_2-Schichten vergleichsweise einfach und das Verfahren ist völlig unabhängig von der Kristallorientierung des Substrats. Außerdem bietet es Kombinationsmöglichkeiten mit anderen Technologien. Beispiele für mit dieser Methode geätzte Si-Mikrostrukturen sind in Bild 2.4-24 gezeigt.

Schwarzes Silizium

Ein Effekt, der beim anisotropen Plasmaätzen von Silizium auftreten kann, ist die Entstehung von grasartigen Siliziumoberflächen mit sehr feinen, dicht beieinanderstehenden Spitzen (Bild 2.4-25). Durch lokale Maskierungsschichten im nm-Bereich, z. B. Cluster aus redeponiertem Material der Prozesskammer oder aus Plasmapolymeren [Jansen94, Legtenberg95, Jansen95], entstehen sehr viele kleine Spitzen in Form feiner Nadeln, so dass Licht kaum noch spiegelnd reflektiert, sondern vom Silizium absorbiert wird (daher der englische Ausdruck *Black Silicon*). Der Effekt tritt unter Prozessbedingungen auf, bei denen bereits stark anisotrope Strukturen geätzt werden können. Durch leichte Variation der Prozessparameter ist weiterhin ein Ätzprozess mit hoher Anisotropie durchführbar, der oftmals unerwünschte Effekt der Grasbildung tritt aber nicht mehr auf. Es gibt jedoch auch Anwendungen dieses Effekts, z. B. für mikrooptische Bauelemente zur Reduzierung von Streulicht [Stepputat97] oder für Fluidkanäle, deren Oberfläche vergrößert werden soll. Die Prozessparameter zur Erzeugung des schwarzen Siliziums sind stark von der Anlagenkonfiguration abhängig und müssen individuell für die jeweilige Anwendung bestimmt werden.

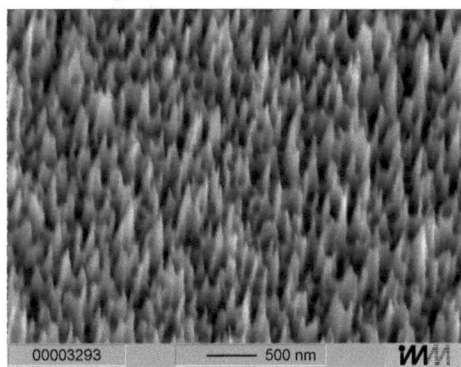

Bild 2.4-25 REM-Aufnahme einer Silizium-Oberfläche mit grasartiger Struktur (*Black Silicon*). Diese Oberfläche wurde in einem RIE-Ätzer (Applied Materials AME 8100) mit einem Gemisch aus SF_6 und O_2 bei 1000 W und 50 mTorr hergestellt. Die einzelnen Nadeln sind im Mittel etwa 500 nm hoch und ca. 100-150 nm dick. Bei senkrechtem Einfall liegt die über den gesamten Halbraum integrierte Reflektivität dieser Schichten im sichtbaren Wellenlängenbereich deutlich unter 0,5% [Stepputat97].

2.4.5 Photostrukturierung von Glas

Glasstrukturen im Mikrometermaßstab besitzen eine Vielzahl von Anwendungen in der Mikrotechnik, z. B. als mikroskopisch kleine Reaktionsgefäße, hochtemperaturstabile Substrate, Filter, Titerplatten und Distanzhalter. Die Mikrostrukturierung mit hoher Strukturdichte ist aufgrund der Bruchanfälligkeit von Glas durch konventionelle Methoden (Bohren, Fräsen, Schleifen, Ultraschallbohren) kaum möglich. Hier bietet die Verwendung von photostrukturierbarem Glas eine herausragende Alternative, da das Glas während des Strukturierungsprozesses kaum mechanischen Belastungen ausgesetzt ist.

Die Strukturierung von photostrukturierbarem Glas (vgl. Kap. 2.2) ist an Fertigungsmethoden der Halbleitertechnik angelehnt und in Bild 2.4-27 dargestellt. Wesentlich ist hier die chemische Zusammensetzung des Glases (Tabelle 2.2-5), die die Mikrostrukturierung ermöglicht. Neben den Hauptbestandteilen SiO_2 und Li_2O sind vor allem Beimengungen von Ag_2O, Sb_2O_3

2.4 Dreidimensionale Mikrostrukturierungsmethoden

und CeO_2 wichtig. Beim Herstellungsprozess des Glases wird durch die Sb_2O_3-Komponente die kristallchemische 3^+-Wertigkeit der Cer-Ionen stabilisiert. Im optischen Transmissionsspektrum macht sich dies durch eine Absorption bei ca. 310 nm bemerkbar, bei der die Ce^{3+}-Ionen ein Elektron abgeben und in die stabilere 4^+-Wertigkeit übergehen. Das bei dieser Belichtung mit UV-Licht abgespaltene Elektron wandert zu einem Ag^+-Ion und neutralisiert es. Nach einer Belichtung durch eine Schattenmaske ist deren Struktur im Glas anhand der neutralen Silberatome latent gespeichert. Bei einem anschließenden Temperprozess kristallisieren zunächst Ag-Kristalle aus, die dann bei höherer Temperatur als Kristallisationskeime für Lithiummetasilikatkristalle fungieren. Als Konsequenz kristallisiert der gesamte belichtete Bereich des Glases aus, während der unbelichtete Bereich im amorphen Glaszustand verbleibt. Der auskristallisierte Bereich ist überwiegend polykristallin, dunkel gefärbt und kann in 10%iger HF mit einer Selektivität von ca. 20:1 herausgelöst werden. Dabei werden die Bereiche zwischen den Lithiummetasilikatkristallen schneller geätzt als die Kristallite selbst [Dietrich95, Schott70].

Die Selektivität dieses Ätzprozesses definiert die erreichbaren Aspektverhältnisse und Seitenwandgeometrien. Der Kristallisationsprozess in belichteten Glasbereichen führt zu mittleren Korngrößen von 1-2 µm. Dies bedingt eine entsprechende Oberflächenrauigkeit der freigeätzten, amorph gebliebenen Glasstrukturen. Für die meisten Anwendungsfälle wie z. B. Fluidkanäle oder Filterstrukturen bedeutet dies jedoch nur eine unwesentliche Einschränkung. Für sehr kleine Strukturen (unterhalb von 20 µm) muss jedoch beachtet werden, dass die Lithiummetasilikatkristalle selbst mit einer wesentlich geringeren Ätzrate geätzt werden und teilweise aus den Strukturen herausgespült werden müssen, wodurch ein unteres Limit für die erreichbaren Dimensionen definiert wird.

Bild 2.4-26
Einfache Mikrostrukturen aus photostrukturierbarem Glas (FOTURAN®): Lochplatten, Filterelemente und elektrisch isolierende, hochtemperatur- und vakuumtaugliche Distanzhalter.

Herstellung: UV-Belichtung, Tempern bei 500-600 °C, Nasschemisches Ätzen in 10%iger HF

Für bestimmte Anwendungen, bei denen hohe Einsatztemperaturen, eine optische Schwärzung oder ein höherer thermischer Ausdehnungskoeffizient gefordert sind, ist es sinnvoll, die mikrostrukturierten Glasbauteile zu keramisieren. Durch eine zweite Belichtung und abschließende Temperung können Teile oder das gesamte Bauteil in eine Keramik umgewandelt werden. Verglichen mit anderen Keramiken ist photostrukturierbares Glas und dessen keramische Form absolut porenfrei. Bild 2.4-26 zeigt Beispiele für einfache Glasstrukturen, die in der Filtertechnik und bei Displays Anwendung finden.

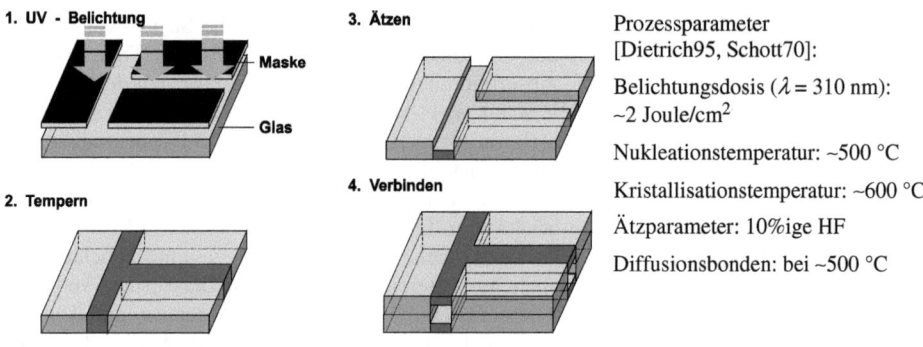

Bild 2.4-27 Prozessabfolge zur Photostrukturierung und Verbindung von Glasbauteilen aus photostrukturierbarem Glas [Dietrich95]

2.4.6 Mikrofunkenerosion

Funkenerosive Verfahren sind als formgebende Methoden für die Bearbeitung leitfähiger Materialien im Millimeterbereich bereits seit ca. 30 Jahren vorzugsweise im Formen- und Werkzeugbau etabliert. In den letzten Jahren entwickelte sich jedoch die Funkenerosion durch systematische Untersuchungen und Verbesserungen der Maschinenfunktion und Elektronik zu einem flexiblen und präzisen Verfahren, das eine Ergänzung zu den anderen Mikrofertigungstechnologien darstellt und die Palette der Materialien für die Mikrotechnik um z. B. Edelstahl, Titan oder leitfähige Keramiken erweitert [Ehrfeld96, Michel96, Wolf97a/b]. In den erzielbaren Strukturabmessungen, der Formgenauigkeit und der Oberflächengüte schließen die Verfahrensvarianten Mikrofunkenerosion, Senkerosion und Drahtschneiden an die LIGA-Technik [Ehrfeld95] an. Sie stellen bei weniger hohen Anforderungen an Genauigkeit und Oberflächenrauigkeit einer Mikrostruktur eine kostengünstige Alternative dar. Gegenwärtig können durch funkenerosive Bearbeitung Strukturen im Bereich weniger µm erzeugt werden. Um dabei eine hohe Reproduzierbarkeit zu gewährleisten, werden die Elektroden bereits auf der Maschine vorgefertigt und unmittelbar eingesetzt. Momentan lassen sich bei diesen Dimensionen Aspektverhältnisse von 5 bis 20 erreichen. Die Mittenrauwerte R_a der Oberflächen liegen im Bereich von 0,2-0,3 µm.

Verfahren: Zur Funkenerosion werden ein Spannungsgenerator, eine Elektrode und ein Werkstück benötigt. Das Verfahren basiert auf einem Erosionsprozess, bei dem ein leitfähiges Werkstück durch eine Hochspannungsentladung zwischen Elektrode und Werkstück abgetragen wird. Das Werkstück ist dabei von einer dielektrischen Flüssigkeit umgeben. Die angelegte Spannung führt zu einem Plasmakanal im Dielektrikum und zu einem entsprechenden Stromfluss. Das Abschalten der Spannung hat ein Abreißen des Plasmakanals und stark lokalisierte Temperaturerhöhungen an der Elektrode und am Werkstück zur Folge. Dabei werden geringe Mengen der Materialien abgetragen. Ziel der Mikrofunkenerosion ist es, die Menge des pro Entladungszyklus abgetragenen Materials zu minimieren. Deswegen muss die Energie des Entladungszyklus optimiert und ein Entladungsstrom mit sehr kurzen Pulslängen verwendet werden [Ehrfeld96].

2.4 Dreidimensionale Mikrostrukturierungsmethoden

Verglichen mit anderen Mikrofertigungstechnologien und konventionellen Bearbeitungsmethoden wie Drehen oder Fräsen besitzt die Mikrofunkenerosion folgende Vorteile [Ehrfeld96]:

- Kein mechanischer Kontakt zwischen Elektrode und Werkstück
- Keine Verschmutzung oder Füllstoffe, die aufwändige Reinigungsschritte erfordern
- Keine Gratbildung
- Vernachlässigbare (nur lokale) Erwärmung des Werkstücks

Beispiele für Anwendungen der Mikrofunkenerosion sind in Bild 2.4-28 gezeigt. Insbesondere für die mit anderen mikrotechnischen Fertigungsverfahren schwer strukturierbaren Materialien TiB_2 und Edelstahl kommt diese Fertigungsmethode zum Tragen.

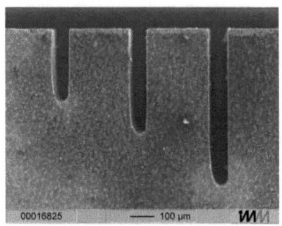 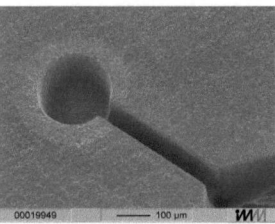 

Bild 2.4-28 Mittels Senkerosion hergestellte Mikrostrukturen aus Edelstahl und Keramik:
links: Fluidkanäle mit unterschiedlichen Tiefen,
Mitte: Fluidtechnisches Anschlussstück,
rechts: Teil eines keramischen Mikromischers aus TiB_2
[Ehrfeld96, Wolf97a/b, Hessel98]

2.4.7 Literatur

[Abel 96]   S. Abel, Charakterisierung von Materialien zur Fertigung elektromagnetischer Mikroaktoren in LIGA-Technik, Dissertation, Universität Kaiserslautern (1996)

[Antelmann 82]   M. S. Antelmann, The Encyclopedia of Chemical Electrode Potentials, Plenum Press, New York, (1982)

[Arnold95]   J. Arnold, U. Dasbach, W. Ehrfeld, K. Hesch, H. Löwe, Combination of Excimer Laser Micromachining and Replication Processes Suited for Large Scale Production (Laser-LIGA), Applied Surface Science 86 (1995) 251-258

[Bäuerle00]   D. Bäuerle, Laser Processing and Chemistry, Springer, Berlin (2000)

[Bauer98]   H.-D. Bauer, D. Sabbert, Mikromaterialbearbeitung mit Ultraviolett- und Infrarotlasern, Laser in der Anwendung, Spektrum der Wissenschaft 2 (1998) 45-49

[Becher94]   U. Becher, Untersuchungen zur teilautomatisierten Abscheidung von Nickel-Phosphor-Legierungen in Mikrostrukturen, Dissertation, TU Ilmenau (1994)

[Becker86]   E. W. Becker, W. Ehrfeld, P. Hagmann, A. Maner, D. Münchmeyer, Fabrication of microstructures with high aspect ratios and great structural heights by synchrotron radiation lithography, galvanoforming and plastic moulding (LIGA process), Microelectronic Engineering 4 (1986) 35-56

[Bhardwaj95]   J. K. Bhardwaj und H. Ashraf, Advanced Silicon Etching Using High Density Plasmas, Proc. SPIE Micromachining and Microfabrication Process Technology, Vol. 2639 (1995) 224-233

[Bhardwaj97]   J. Bhardwaj, H. Ashraf, A. McQarrie, Dry Silicon Etching for MEMS, Presented at the Symposium on Microstructures and Microfabricated Systems at the Annual Meeting of the Electrochemical Society, Montreal, Quebec, Canada, May 4-9 (1997)

[Brodie82]	I. Brodie, J. J. Muray, The Physics of Microfabrication, Plenum Press, New York (1982)
[Brück01]	R. Brück, N. Rizvi, A. Schmidt, Angewandte Mikrotechnik, Hanser, München (2001)
[Brugger84]	R. Brugger, Die galvanische Vernickelung, Eugen Leutze Verlag, Saulgau, 2. Auflage (1984)
[Bühler97]	J. Bühler, F.-P. Steiner, H. Baltes, Silicon dioxide sacrificial layer etching in surface micro-machining, J. Micromech. Microeng. 7 (1997) R1-R13.
[Ciarlo92]	D. R. Ciarlo, A latching accelerometer fabricated by the anisotropic etching of (110) oriented silicon wafers, J. Micromech. Microeng. 2 (1992) 10-13
[Despont97]	M. Despont, H. Lorenz, N. Fahrni, J. Brugger, P. Renaud und P. Vettiger, High-Aspect-Ratio, Ultrathick, Negative-Tone Near-UV Photoresist for MEMS Applications, Proc. 10th IEEE Workshop on MEMS, Nagoya, Japan (1997) 518-522
[Diehl97]	T. Diehl, M. Lacher, T. Zetterer, Abschlußbericht zum BMBF-Verbundvorhaben „Mikrooptische Spektrale Meßgeräte als Komponenten für Satelliten und terrestrische Anwendungen", Teilprojekt „Design und dünnschichttechnologische Herstellung der HADAMARD-Spiegelzeile", FKZ 50 TT 9521 (1997)
[Diem95]	B. Diem, P. Rey, S. Renard, S. Viollet Bosson, H. Bono, F. Michel, M. T. Delaye, G. Delapierre, SOI ´SIMOX`: from bulk to surface micromachining, a new age for silicon sensors and actuators, Sensors and Actuators A 46-47 (1995) 8-16
[Dietrich95]	T.R. Dietrich, Photostructurable glass, in UETP-MEMS-Course: Photostructuring of glass, organized by FSRM, Neuchatel (1998)
[Dunn93]	P. N. Dunn, Solid State Technology (1993) 32
[Ehrfeld91]	W. Ehrfeld, D. Münchmeyer, Three-dimensional microfabrication using synchrotron radiation, Nuclear Instr. and Methods in Physics Research A303 (1991) 523-531
[Ehrfeld95]	W. Ehrfeld, H. Lehr, Deep X-ray Lithography for the Production of Three-dimensional Microstructures from Metals, Polymers and Ceramics, Radiation Physics and Chemistry, Vol. 45 (1995), 349-365
[Ehrfeld96]	W. Ehrfeld, H. Lehr, F. Michel, A. Wolf, Micro Electro Discharge Machining as a Technology in Micromachining and Microfabrication, Proc. SPIE 2879, Bellingham (1996) 332-337
[Ehrfeld02]	W. Ehrfeld (Hrsg.), Handbuch Mikrotechnik, Hanser, München (2002)
[Elderstig95]	H. G. A. Elderstig, L. Rosengren, Y. Baecklund, Fabrication of 45° Mirrors Together with Well-Defined V-Grooves Using Wet Anisotropic Etching of Silicon, J. Microelectromechanical Systems, Vol. 4 (1995) 213
[Elwenspoek95]	M. Elwenspoek, Physical Chemistry of wet chemical anisotropic etching of silicon, Proc. ASME Dynamic Systems and Control Division, DSC-Vol. 57-2 (1995) 901-908
[Enoksson97]	P. Enoksson, New structure for corner compensation in anisotropic KOH etching, J. Micromech. Microeng. 7 (1997) 141-144
[Feiertag96]	G. Feiertag, Röntgentiefenlithographische Mikrostrukturfertigung: Genauigkeit der Abbildung und Strukturierung durch Schrägbelichtung, Dissertation, Univ. Bonn (1996)
[Feiertag97]	G. Feiertag, W. Ehrfeld, H. Freimuth, H. Kölle, H. Lehr, M. Schmidt, Fabrication of photonic crystals by deep x-ray lithography, Applied Physics Letters 71 (1997) 1441-1443
[Gerner95]	M.Gerner, Realisierung nichtlinear-mikrooptischer Demonstratoren unter Verwendung der LIGA-Technik und deren Charakterisierung, Dissertation, TH Darmstadt (1995)
[Goet01]	G. Goet, Metallische Mikrostrukturen durch UV-Lithographie und elektrolytische Legierungsabscheidung, Diplomarbeit, FH Wiesbaden (2001)
[Gower92]	M. C. Gower, P.T. Rumbsby und D.T. Thomas, Proc. SPIE 1835 (1992) 133
[Görgen95]	W. Görgen, Prozessentwicklung zur Herstellung teilbeweglicher Mikrostrukturen mit dem LIGA-Verfahren, Diplomarbeit, FH Wiesbaden (1995)
[Hessel98]	V. Hessel, W. Ehrfeld, H. Freimuth, V. Haverkamp, H. Löwe, Th. Richter, M. Stadel, A. Wolf, Fabrication and Interconnection of Ceramic Microreaction Systems for High Temperature Applications, in W. Ehrfeld (Ed.) Microreaction Technology, Springer Verlag, Berlin, Heidelberg (1998)
[Jaecklin94]	V. P. Jaecklin, Surface micromachined electrostatic actuators, Dissertation, Universität Neuchatel, Schweiz, (1994)
[Jansen94]	H. Jansen, M. de Boer, R. Legtenberg, M. Elwenspoek, The black silicon method: A universal method for determining the parameter setting of a fluorine-based reactive ion etcher in deep silicon trench etching with profile control, Proc. Micro Mechanics Europe (MME ´94) Pisa, (1994) 60-64

2.4 Dreidimensionale Mikrostrukturierungsmethoden

[Jansen95]	H. Jansen, M. de Boer, J. Burger, R. Legtenberg, M. Elwenspoek, The black silicon method II: the effect of mask material and loading on the reactive ion etching of deep silicon trenches, Microelectronic Engineering, Vol. 27 (1995) 475-480
[Kaiser95]	J. Kaiser, Entwicklung eines Verfahrens zur Herstellung von Filtern mittels Photolithographie und Galvanik unter Verwendung eines Wafersteppers, Diplomarbeit, FH Köln (1995)
[Kampen95]	R. P. van Kampen, R. F. Wolffenbuttel, Effects of <110>-oriented corner compensation structures on membrane quality and convex corner integrity in (100)-silicon using aqueous KOH, J. Micromech. Microeng. 5 (1995) 91-94
[Kim02]	J.-M. Kim et al., Continuous anti-stiction coatings using self-assembled monolayers for gold microstructures, Jour. Micromech. Microeng. 12 (2002) 688-695
[Kloeck89a]	B. Kloeck, S. D. Collins, N.F. de Rooij, R.L. Smith, Study of the electrochemical etch stop for high precision thickness control of silicon membranes, Transaction on Electron devices, Vol. 36 (1989)
[Kloeck89b]	B. Kloeck, Design, fabrication and characterization of piezoresistive pressure sensors, including the study of electrochemical etch stop, Dissertation, Universität Neuchatel, (1989)
[Kneubühl89]	F. K. Kneubühl, M. W. Sigrist, Laser, Teubner Studienbuch Physik, Stuttgart (1989)
[Köhler98]	M. Köhler, Ätzverfahren für die Mikrotechnik, Wiley-VCH, Weinheim (1998)
[Lee95]	K. Y. Lee, N. LaBianca, S. A. Rishton, S. Zolgharnain, J. D. Gelorme, J. Shaw, T. H. P. Chang, J. Vac. Sci. Technol. B 13 (6) (1995) 3012-3016
[Legtenberg95]	R.Legtenberg, H. Jansen, M. de Boer, und M. Elwenspoek, Anisotropic RIE of Si using $SF_6/O_2/CHF_3$ Gasmixtures, J. Electrochem. Soc. Vol. 142 (1995) 2020
[Lin02]	C.-H. Lin et al., A new fabrication process for ultra-thick microfluidic microstructures utilizing SU-8 photoresist, Jour. Micromech. Microeng. 12 (2002) 590-597
[Linden89]	Y. Linden, L. Tenerz, J. Tiren, B. Hök, Sensors and Actuators 16 (1989) 67
[Lorenz98]	H. Lorenz, M. Despont, N. Farni, J. Brugger, P. Vettiger, P. Renaud, High-aspect-ratio, ultrathick, negative-tone near-UV photoresist and its applications for MEMS, Sensors and Actuators A 64 (1998) 33-39
[Lorenz98b]	H. Lorenz, M. Laudon, P. Renaud, Mechanical Characterization of a New High-Aspect-Ratio Near UV-Photoresist, Microelectronic Engineering 41/42 (1998) 371-374
[Lowack98]	Mit freundlicher Genehmigung von K. Lowack, IMM
[Löwe94]	H. Löwe, H. Mensinger, W. Ehrfeld, Galvanoformung in der LIGA-Technik, Jahrbuch Oberflächentechnik, Metall Verlag Heidelberg, Band 50 (1994) 77-95
[Metev94]	S. M. Metev, V. P. Veiko, Laser Assisted Microtechnology, Springer, Berlin (1994)
[Michel96]	F. Michel, W. Ehrfeld, H. Lehr, A. Wolf, H.-P. Gruber, A. Bertholds, Tagungsband Internat. wiss. Kolloquium der TU Ilmenau (1996) 41
[Nikpour98]	B. Nikpour, L.M. Landsberger, T.J. Hubbard, M. Kahrizi, A. Iftimie, Concave corner compensation between vertical (010)-(001) planes anisotropically etched in Si (100), Sensors and Actuators A 66 (1998) 299-307
[Oerlein90]	G. Oerlein, Reactive Ion Etching, in S.M. Rossnagel, J.J. Cuomo, W.D. Westwood (Eds.), Handbook of Plasma Processing Technology, Noyes Pu blications, Park Ridge, New Jersey, (1990)
[Offereins92]	H. L. Offereins, H. Sandmaier, K. Maruszyk, K. Kühl, A. Plettner, Compensating corner undercutting of (100) silicon in KOH, Sens. Mater. 3 (1992) 127-144
[Petzow94]	G. Petzow, Ätzen, Materialkundlich-Technische Reihe 1, Gebr. Bornträger, Berlin, Stuttgart (1994)
[Phillips93]	H. M. Phillips, D. L.Callahan, S. P. LeBlanc, Z. Ball und R. Sauerbrey, Mater. Res. Soc. Symp. Proc. 285 (1993) 169
[Raley84]	N. F. Raley, Y. Sugiyama, T. van Duzer, J. Electrochem. Soc. 131 (1984) 161
[Rangelow98]	I. W. Rangelow, R. Kassing, Silicon Microreactors made by reactive Ion Etching, in W. Ehrfeld (Ed.) Microreaction Technology, Springer Verlag, Berlin, Heidelberg (1998)
[Reismann79]	A. Reismann, M. Berkenblit, S.A. Chan, F.B. Kaufman, D.C. Green, The controlled etching of silicon in catalyzed ethylendiamine-pyrocatechol-water solutions, J. Electrochem. Soc. 126 (1979) 1406
[Schenk97]	R. Schenk, O. Halle, K. Müllen, W. Ehrfeld, M. Schmidt, Highly Sensitive Resist Material for Deep-X-ray Lithography, Microelectronic Engineering 35 (1997) 105-108
[Schmidt96]	A. Schmidt, Röntgentiefenlithographische Mikrostrukturfertigung: Elektroneninduzierte Sekundäreffekte und MehrfachbelichtungsProzess, Dissertation, Univ. Bonn (1996)
[Schott70]	T. R. Dietrich, B. Speit, Schott Information 70 (1994) 6

Sensoren, Aktoren und Mikrosystemen immer wieder anzutreffen sind. Zahlreiche Anwendungsbeispiele für diese Grundstrukturen finden sich in den Kap. 3.2-3.4.

3.1.1 Ätzgruben in Silizium

Zur dreidimensionalen Mikrostrukturierung von Silizium werden isotrop wie auch anisotrop ätzende Lösungen verwendet, wobei die anisotrope Ätztechnik zu den grundlegenden Prozessen der Mikrosystemtechnik gehört [Pet82]. Zur Erzeugung definierter Ätzgruben in Silizium mittels anisotroper Ätzprozesse muss die Waferoberfläche teilweise durch eine Ätzmaske geschützt werden, die hinreichend resistent gegen das Ätzbad ist. Die Ätzmaske gibt Öffnungen frei, durch die der Zutritt des Ätzbades zur Siliziumoberfläche möglich ist. Durch die Form dieser Öffnungen ist die entstehende dreidimensionale Struktur der Ätzgrube bereits eindeutig definiert (siehe Design-Regeln). Ätzresistente Schichten für die üblichen anisotrop ätzenden Bäder wie KOH, TMAH oder EDP sind vor allem SiC, Si_3N_4 und SiO_2. Photoresist ist als Maskierschicht gegenüber anisotropen Ätzbädern nicht resistent, also ungeeignet. Während SiC keine messbare Ätzrate in den am häufigsten verwendeten KOH-Lösungen zeigt, sind Si_3N_4 und SiO_2 nicht vollständig ätzresistent. Bild 3.1-1 zeigt die Ätzrate von PECVD-Si_3N_4, thermischem Siliziumoxid und PECVD-SiO_2 in 30%iger KOH-Lösung als Funktion der Temperatur. Aus der Darstellung des Logarithmus der Ätzrate über $1/T$ (Arrhenius-Plot) ist ersichtlich, dass die Ätzrate einem exponentiellen Gesetz folgt:

$$\ddot{A}R_M = A_M \cdot \exp(-E_M / kT) \tag{3.1-1}$$

wobei der Index M hier für Maskierschicht steht. Aus dem Verlauf der Kurven können sowohl die jeweilige Aktivierungsenergie E_M und der Faktor A_M bestimmt werden. Für die in Bild 3.1-1 dargestellten Si_3N_4- bzw. SiO_2-Schichten erhält man:

$E_{Si3N4} = 0{,}76$ eV, $A_{Si3N4} = 5{,}40 \cdot 10^{10}$ nm/min; $E_{SiO2(th.)} = 0{,}81$ eV, $A_{SiO2(th.)} = 2{,}05 \cdot 10^{12}$ nm/min und $E_{SiO2(PECVD)} = 0{,}81$ eV, $A_{SiO2(PECVD)} = 3{,}58 \cdot 10^{12}$ nm/min.

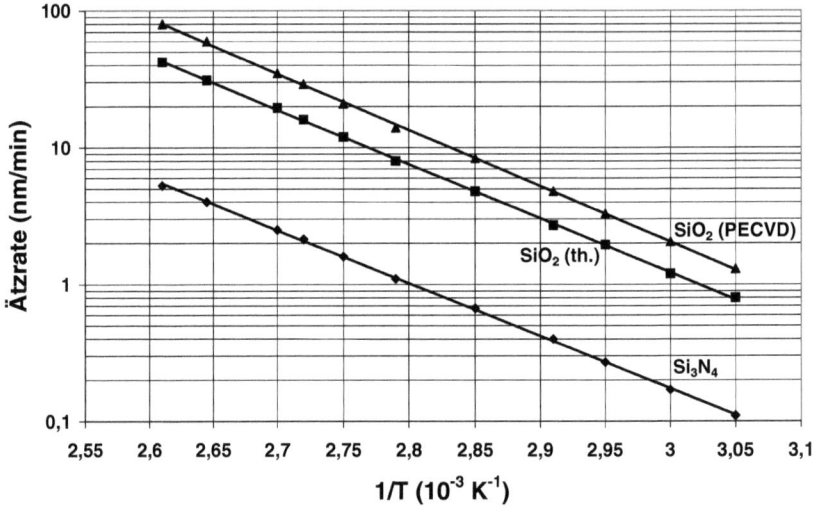

Bild 3.1-1   Ätzrate von PECVD-Si_3N_4, thermischem und PECVD-SiO_2 in 30%iger KOH-Lösung

3.1 Mikromechanische Grundstrukturen und Fertigungsprozesse

Auch die Ätzrate von Silizium in KOH-Ätzbädern (und anderen anisotrop wirkenden Ätzlösungen) folgt einer solchen exponentiellen Temperaturabhängigkeit:

$$\ddot{A}R = A_0 \cdot \exp(-E_a / kT) \tag{3.1-2}$$

a)
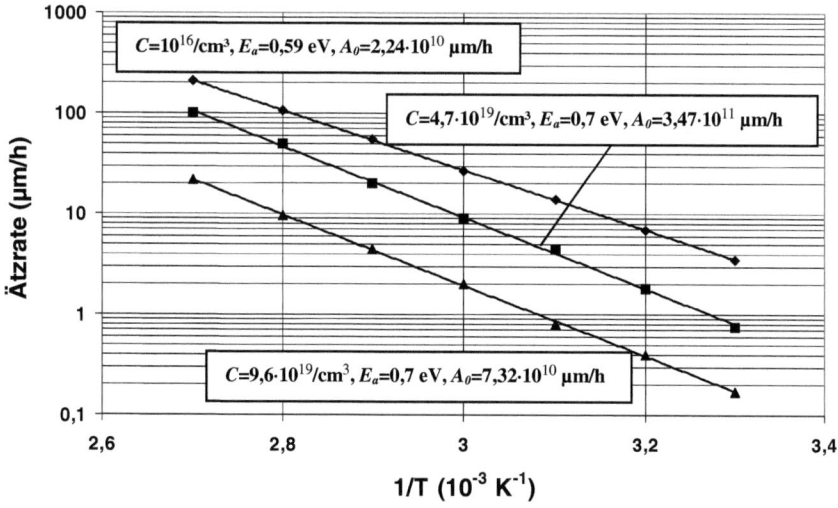

b)
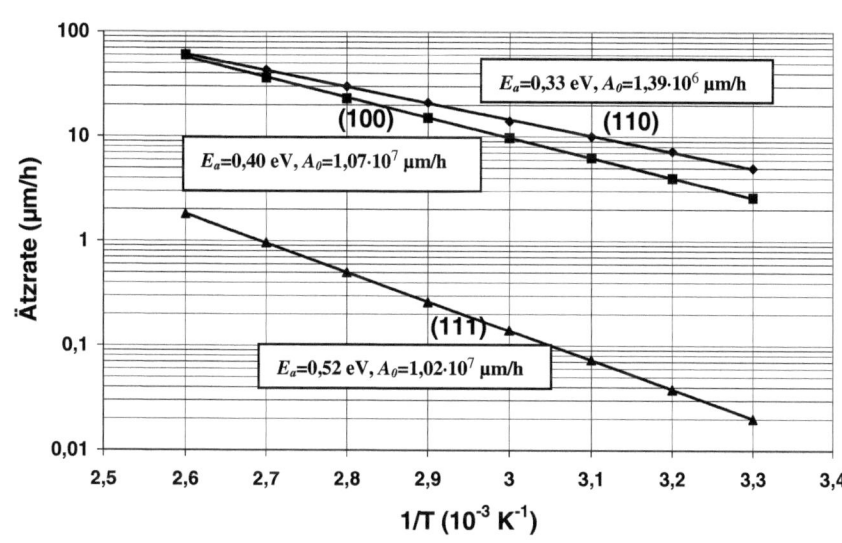

Bild 3.1-2 a) Ätzrate von (100)-Silizium in 24%iger KOH-Lösung als Funktion der Temperatur bei unterschiedlicher Borkonzentration C des Siliziums (E_a: Aktivierungsenergie) [Seid89]
b) Ätzrate verschiedener Kristallebenen des Siliziums in EDP-Lösung als Funktion der Temperatur [Seid90]

Die Silizium-Ätzraten in den wichtigsten anisotropen Ätzbäder sind in Bild 3.1-2 und 3.1-3 zusammen mit den aus den jeweiligen Arrhenius-Plots berechneten Werten von E_a und A_0 dargestellt. Die Ätzraten von (100)-Silizium unterschiedlicher Bor-Konzentration C in KOH-Lösung zeigt Bild 3.1-2a. Für stark Bor-dotiertes Silizium (mit Borkonzentrationen $C \geq 10^{20}/cm^3$) ist die Ätzrate gegenüber schwach Bor-dotiertem Si ($E_a = 0{,}59$ eV, $A_0 = 2{,}24 \cdot 10^{10}$ µm/h) um mehr als eine Größenordnung reduziert [Seid89]. Ähnlich große Reduzierungen der Ätzrate wurden auch bei der Verwendung von EDP-, TMAH- und N_2H_4-Ätzbädern festgestellt (siehe Tabelle 3.1-2). Deshalb kann man stark Bor-dotierte Si-Schichten als Ätzstop-Schichten bei der Fertigung mikromechanischer Strukturen einsetzen (siehe Kap. 2.4.4.2).

In Bild 3.1-2b sind die Ätzraten unterschiedlicher Kristallebenen des Siliziums in EDP-Ätzlösung als Funktion der Temperatur dargestellt. Die (110)- und (100)-Ebenen werden wesentlich rascher geätzt als die (111)-Ebene. Noch größere Ätzratenunterschiede zwischen diesen Kristallebenen werden in KOH-Ätzbädern beobachtet: in einer 24%igen KOH-Lösung bei 85 °C beträgt das Ätzratenverhältnis $ÄR(110)/ÄR(111)$ zwischen (110)- und (111)-Ebene etwa 600, das Verhältnis $ÄR(100)/ÄR(111)$ zwischen (100)- und (111)-Ebene etwa 400. In Tabelle 3.1-2 ist das Ätzratenverhältnis zwischen (100)- und (111)-Ebene für weitere anisotrope Ätzbäder zu finden. Die geringe Ätzrate der (111)-Ebenen im Vergleich zu den (110)- und (100)-Ebenen ist ein wesentliches Merkmal der nasschemischen anisotropen Ätztechnik in Silizium. Diese Eigenschaft des Siliziumkristalls ermöglicht es, durch Anwendung anisotrop wirkender Ätzbäder exakt definierte Ätzstrukturen, die von den quasi ätzresistenten (111)-Ebenen begrenzt werden, zu erzeugen.

Bild 3.1-3 zeigt die Ätzraten von schwach p- bzw. n-dotiertem (100)-Silizium in TMAH-Lösung. Es wurde zwischen den beiden Dotierungstypen kein signifikanter Unterschied der Ätzraten in TMAH festgestellt [Leng94]. Die für beide Dotierungen gültigen Parameter E_a und A_0 sind in Bild 3.1-3b angegeben.

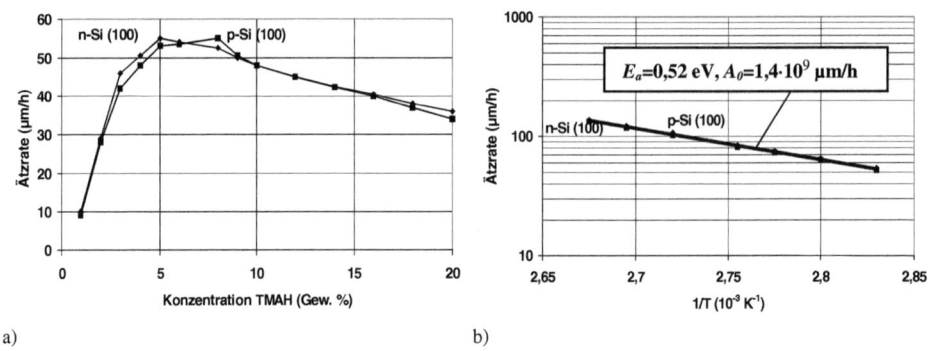

Bild 3.1-3   a) Ätzrate von schwach p- bzw. n-dotiertem (100)-Silizium in TMAH-Lösung als Funktion der TMAH-Konzentration
b) Ätzrate von schwach p- bzw. n-dotiertem (100)-Silizium in 8%iger TMAH-Lösung mit 20 g/l Pyrazin als Funktion der Temperatur [Leng94]

Die wichtigsten Eigenschaften der gebräuchlichsten anisotropen Ätzlösungen sind in Tabelle 3.1-2 zusammengefasst.

3.1 Mikromechanische Grundstrukturen und Fertigungsprozesse

Tabelle 3.1-2 Eigenschaften gebräuchlicher anisotroper Ätzbäder

Ätzlösung, Temperatur	Ätzstop	Ätzrate (100)-Si, (µm/min)	Ätzratenverhältnis (100)/(111)	Maskierschicht (Ätzrate)	Bemerkungen
KOH/Wasser, 85 °C [Wag67, Pri73, Ken75, Bea78, Ken79]	Bordotierung >10^{20} cm^{-3} reduziert Ätzrate um Faktor 20	1,4	400 600 für (110)/(111)	Si_3N_4, SiO_2, SiC (siehe Bild 3.1-1) Au/Cr	IC-kompatibel, starke H_2-Entwicklung
Ethylen-Diamin-Pyrokatechol/Wasser (EDP), 115 °C [Fin67, Rei79, Wu86]	Bordotierung ≥5·10^{19} cm^{-3} reduziert Ätzrate um Faktor 50	1,25	35	SiO_2 (0,2-0,5 nm/min), Si_3N_4 (0,1 nm/min), Ta, Au, Cr, Ag, Cu	Giftig, rasche Alterung, O_2-Zutritt vermeiden, geringe H_2-Entwicklung
Tetramethyl-Ammoniumhydroxid/ Wasser (TMAH), 90 °C [Tab90, Schn90]	Bordotierung >4·10^{20} cm^{-3} reduziert Ätzrate um Faktor 40	1	12,5 bis 50	SiO_2, Ätzrate vier Größenordnungen geringer als (100)-Si, Si_3N_4	IC-kompatibel, einfache Handhabung
N_2H_4/Wasser, 115 °C [Dec75, Meh88]	Bordotierung >1,5·10^{20} cm^{-3} stoppt Ätzprozess	3,0	10	SiO_2 (< 0,2 nm/min) und viele Metallschichten, u. a. Al	Giftig und explosiv

Aus dem Verhältnis der Ätzraten für Silizium und die jeweils verwendete Maskierschicht kann man die Selektivität S in den verschiedenen Ätzbädern als Funktion der Temperatur berechnen

$$S = \ddot{A}R / \ddot{A}R_M = (A_0 / A_M) \exp\left[\frac{-(E_a - E_M)}{kT}\right] \tag{3.1-3}$$

Die Selektivität sollte möglichst hoch sein, um auch tiefe Ätzgruben ohne Zerstörung der Maskierschicht realisieren zu können. Bei langen Ätzzeiten bzw. tiefen Ätzstrukturen muss der jeweilige Abtrag der Maskierschicht durch geeigneten Vorhalt der Schichtdicke berücksichtigt werden.

In Bild 3.1-4a ist die Selektivität für das Ätzen von schwach dotiertem (100)-Silizium in KOH-Lösung bei Verwendung der Maskierschichten aus Bild 3.1-1 als Funktion der Temperatur dargestellt. Da die Aktivierungsenergie für (100)-Silizium mit $E_a = 0,59$ eV kleiner ist als die Aktivierungsenergien der Maskierschichten, ist der Exponent $-(E_a-E_M)$ positiv und die Selektivität wird mit steigender Temperatur geringer. Für die verschiedenen Maskierschichten sind die Werte $-(E_a-E_M)$ und A_0/A_M in Bild 3.1-4a ebenfalls mit angegeben. Bild 3.1-4b zeigt die Selektivität für das Ätzen von schwach dotiertem (100)-Silizium in TMAH-Lösung bei Verwendung von LPCVD-Si_3N_4- bzw. LPCVD-SiO_2-Maskierschichten als Funktion der Temperatur, sowie die zugehörigen Werte $-(E_a-E_M)$ und A_0/A_M. Die Parameter der verwendeten LPCVD-Schichten beim Ätzen in TMAH-Lösung sind $E_{Si3N4} = 0,90$ eV, $A_{Si3N4} = 1,06·10^{11}$ µm/h bzw. $E_{SiO2} = 0,98$ eV, $A_{SiO2} = 2,99·10^{12}$ µm/h.

Die Strukturierung der Maskierschichten erfolgt auf photolithographischem Wege, wobei zur Erzeugung der Öffnungen die jeweiligen Standardprozesse genutzt werden können (bei nasschemischen Ätzprozessen heiße Phosphorsäure für Si_3N_4 bzw. Flusssäure für SiO_2, bei Trockenätzprozessen SF_6-Plasmen für SiC, aber auch für Si_3N_4 und SiO_2).

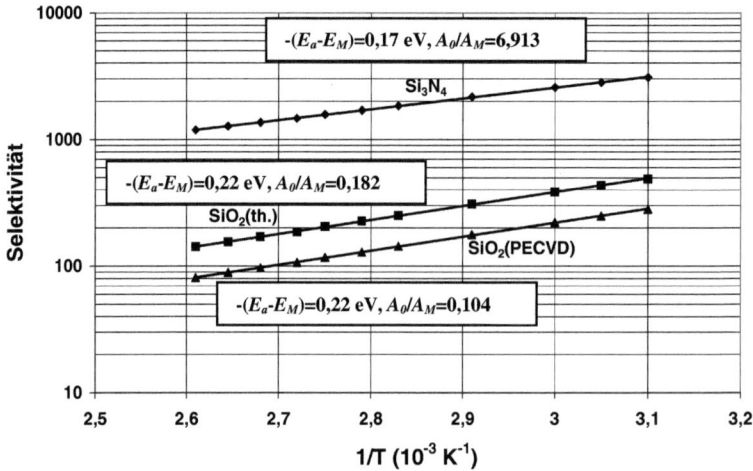

a)

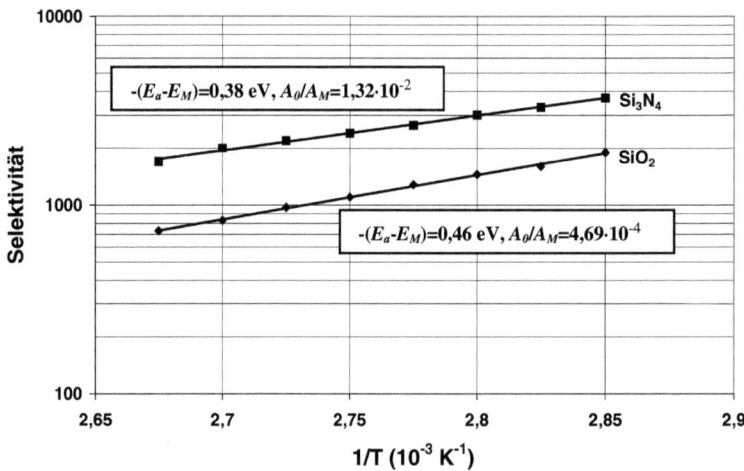

b)

Bild 3.1-4 a) Selektivität von (100)-Silizium in Bezug auf verschiedene Maskierschichten aus Bild 3.1-1 beim Ätzen in KOH-Lösung;
b) Selektivität von (100)-Silizium in Bezug auf LPCVD-Si_3N_4- bzw. LPCVD-SiO_2-Maskierschichten beim Ätzen mit 8%iger TMAH-Lösung

In Bild 3.1-5 ist der anisotrope Ätzprozess am Beispiel eines (100)-Siliziumwafers dargestellt. Die Waferoberfläche und alle parallel dazu liegenden Kristallebenen sind (100)-Ebenen. Die (111)-Kristallebenen bilden zur Oberfläche einen Winkel von 54,7°. Die Durchstoßlinien an der Waferoberfläche liegen parallel und senkrecht zum *primary flat* (Bild 3.1-6). Das einwir-

3.1 Mikromechanische Grundstrukturen und Fertigungsprozesse

kende Ätzbad trägt nun die (100)-Ebenen rasch ab, während „unversehrte" (111)-Ebenen wie ätzbegrenzende, den Ätzprozess stoppende Flächen wirken. „Unversehrte" (111)-Ebenen sind solche, deren Durchstoßlinien an der Waferoberfläche vollständig durch eine Maskierschicht vor dem Ätzbad geschützt sind. Findet das Ätzbad keine ätzbaren (100)-Ebenen mehr, kommt der Ätzprozess zum Stillstand. Aufgrund des Neigungswinkels der (111)-Ebenen zur Oberfläche erhält man V-förmige Gräben oder Pyramiden; bricht man den Ätzprozess vorzeitig ab, so entstehen Pyramidenstümpfe oder Tröge mit (100)-Bodenflächen.

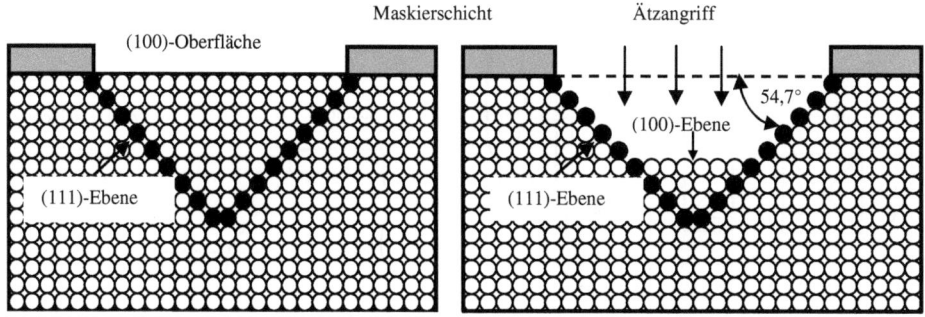

Bild 3.1-5   Anisotroper Ätzprozess im (100)-Si-Wafer

Die Tiefe d von V-Gräben ist durch die Breite der Maskierschichtöffnung a eindeutig definiert, bei Trögen oder Pyramidenstümpfen wird die Breite b der Bodenfläche durch die Öffnung a und die Ätztiefe d bestimmt (Bild 3.1-6). Die Ätztiefe kann bei guter Stabilisierung und Kontrolle der Ätztemperatur über die Ätzzeit eingestellt werden. Meist gelingt es aber nicht, bei gleichzeitigem Ätzen vieler Gruben auf dem gesamten Wafer die gleichen Grubentiefen zu realisieren, da schon geringe Temperaturunterschiede im Ätzbad große Unterschiede der Ätzrate bewirken. In der Regel werden Bodenflächen von Gruben an den Rändern etwas schneller geätzt als im Zentrum (*notching effect*), was zu makroskopischen Schwankungen der Grubentiefe führt. Darüber hinaus zeigen die geätzten (100)-Ebenen oft eine mikroskopische Rauigkeit, die deutlich größer ist als die der ursprünglich glatten (100)-Oberflächen [Mad97]. Exakte Kontrolle der Ätztiefe und der Ebenheit ist durch den Einbau von Ätzstopschichten möglich (siehe Kap. 2.4.4.2).

Hinsichtlich der Ätzraten der Si-Kristallebenen gibt es z. T. stark differierende Messergebnisse. Dies ist nicht verwunderlich, bedenkt man die Abhängigkeit der Ätzraten von einer Vielzahl von Parametern wie Temperatur, Ätzbad-Konzentration, Größe der geätzten Fläche, Bewegung des Ätzbades oder Zugabe organischer Komponenten. Für die stark unterschiedlichen Ätzraten von (110)-, (100)- und (111)-Ebenen in alkalischen anisotropen Ätzbädern wurden verschiedene physikalisch-chemische Erklärungen gesucht. Ein als verbindlich akzeptiertes Modell hat sich bisher nicht durchgesetzt. Einige Modelle erklären die Anisotropie durch die unterschiedliche Packungsdichte bzw. „Zahl nächster Nachbarn" in den (110)-, (100)- und (111)-Ebenen, die sich umgekehrt proportional zur Ätzrate dieser Ebenen verhält [Pri73]. Andere Modelle begründen die geringe Ätzrate der (111)-Ebenen mit deren rascher Oxidation während des Ätzprozesses [Ken79]. Die am häufigsten zitierten Modelle erklären die Anisotropie durch die unterschiedlichen Aktivierungsenergien für das Herauslösen von Si-Atomen aus den jeweiligen Kristallebenen [Seid89, Seid90, Seidel90, Glemb85] oder mit dem Grad der atomaren Ebenheit dieser Ebenen [Elwen93, Elwen94].

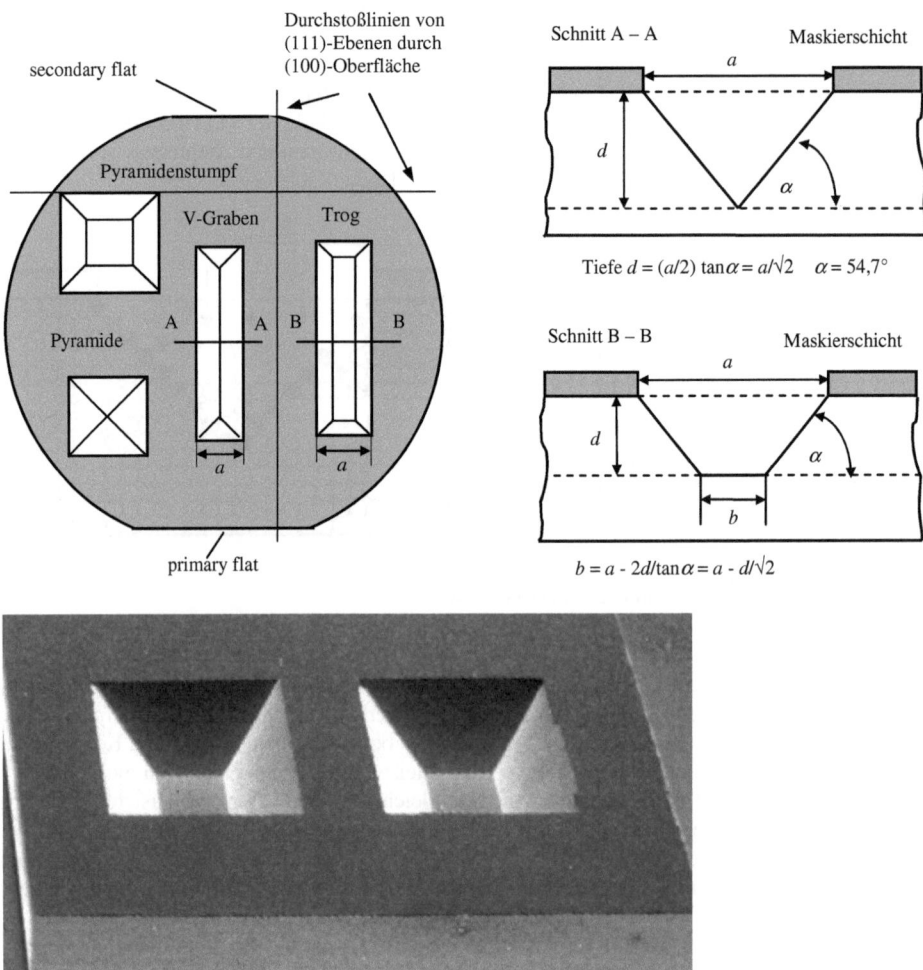

Bild 3.1-6 Grundformen von Ätzstrukturen und anisotrop geätzte pyramidale Gruben in (100)-Silizium-Wafern

3.1.2 Design-Regeln

Um die Form einer entstehenden Ätzgrube zu ermitteln, wird ein (100)-Wafer in einem x-y-Koordinatensystem so orientiert, dass die Achsen parallel zu den Durchstoßlinien der (111)-Ebenen verlaufen, d. h. parallel und senkrecht zum *primary flat* (Bild 3.1-7). Eine beliebig geformte Öffnung der Maskierschicht ist dann durch die Koordinaten x_{max} und x_{min} bzw. y_{max} und y_{min} begrenzt. Die durch diese vier Koordinaten bestimmte *zusammenhängende* Rechteckfläche ergibt die Basisfläche der Ätzgrube. In Bild 3.1-7a werden also die schraffiert gezeichneten Bereiche der Maskierschicht unterätzt und als freischwebende Schichten über der Ätz-

3.1 Mikromechanische Grundstrukturen und Fertigungsprozesse

grube präpariert. In Bild 3.1-7b ist zu sehen, wie trotz Justierfehler (keine Parallelität der Fensterkanten zu den kristallographischen Durchstoßlinien) dennoch rechteckige, allerdings verbreiterte, Ätzgruben entstehen. In Bild 3.1-7c sind zwei Öffnungen der Maskierschicht dargestellt, die nach der eben erläuterten Design-Regel zu zwei rechteckförmigen Ätzgruben führen würden. Gibt es aber eine Überlappung dieser beiden Strukturen, so sind beide als *eine zusammenhängende* Struktur zu betrachten, die Ätzgrube wird also durch die Koordinaten x_{min}, x_{max} und y_{min}, y_{max} der zusammenhängenden Gesamtstruktur bestimmt. Über der Ätzgrube entsteht aus der Maskierschicht eine schraffiert gezeichnete freischwebende Brücke.

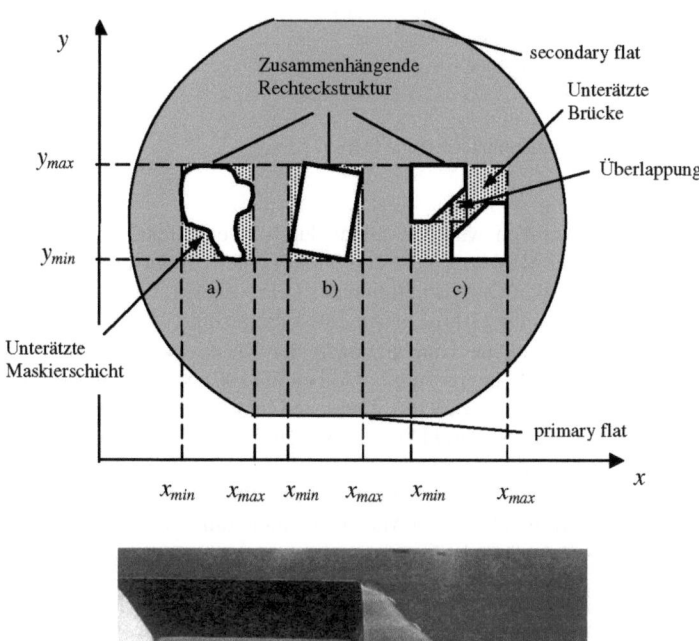

Bild 3.1-7 Design-Regeln und teilweise unterätzte Maskierschicht einer noch nicht fertiggeätzten pyramidalen Grube

Bild 3.1-8 zeigt eine nach diesem Prinzip hergestellte SiO_2-Brücke, die als Träger für Heiz- und Sensorschichten eines Flow-Sensors dient. Durch die Unterätzung der Brücke wird eine gute thermische Isolation der Heiz- und Sensorschichten und dadurch geringer Leistungsbedarf bei hoher Empfindlichkeit erreicht. Man beachte den Entwurf der Maskierschichtöffnung, der nach obigen Design-Regeln zur Unterätzung führt. Der Sensor wurde in einem Standard-CMOS-Prozess hergestellt, das unterätzte SiO_2 ist das Feldoxid des CMOS-Prozesses.

Bild 3.1-8   Flow-Sensor auf unterätzter Brücke [Mos92]

Die Maßhaltigkeit von Ätzgruben wird vor allem durch zwei Effekte bestimmt: durch eine geringfügige Unterätzung der Maskierschicht und durch Fehler bei der Justierung der Maskierschichtöffnung im Bezug zu den Durchstoßlinien der (111)-Ebenen (siehe Bild 3.1-7). Da die (111)-Ebenen im Vergleich zu den (100)-Ebenen eine sehr geringe, aber nicht verschwindende Ätzrate haben, treten immer leichte Unterätzungen der Maskierschicht auf. Nach [Peet94] beträgt die Aufweitung von (111)-begrenzten V-Gräben in (100)-Si-Wafern nach 24-stündigem Ätzen in 7molarer KOH bei 80 °C etwa 9 µm. Daraus errechnet sich eine Ätzrate für die (111)-Ebenen bei o. g. Bedingungen von $ÄR(111) = 2,55$ nm/min. Das bedeutet bei einer Tiefe der Ätzgrube von 360 µm eine Unterätzung von nur 0,9 µm. Dagegen führt bei einer 1 mm langen V-Grube eine Fehljustierung der Maskierschicht von nur 1° zu einer maximalen Unterätzung von 18 µm, so dass in diesem Fall 95 % der Maßabweichung durch Fehljustierung und nur 5 % durch Ätzung der (111)-Seitenwände bedingt ist.

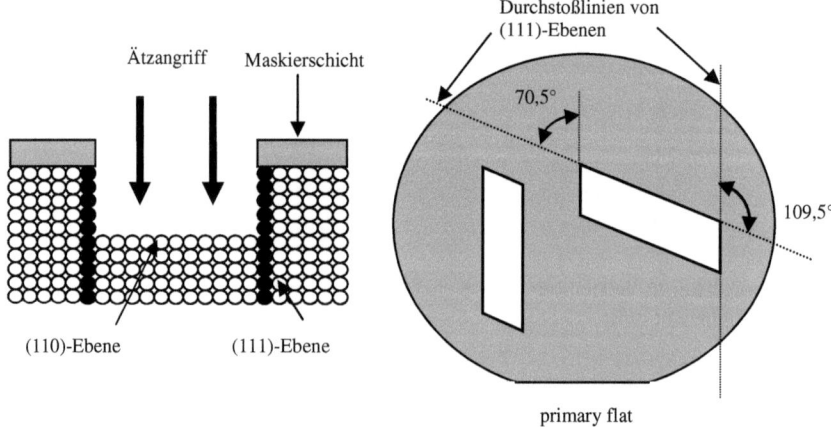

Bild 3.1-9   Anisotropes Ätzen von (110)-Siliziumwafern

Ätzgruben mit senkrecht zur Waferoberfläche orientierten Wänden entstehen bei Verwendung von (110)-Wafern. Hier stehen einige der (111)-Ebenen senkrecht zur Waferoberfläche, ihre Durchstoßlinien bilden allerdings keinen rechten Winkel, sondern Winkel von 70,5° bzw. 109,5° zueinander (Bild 3.1-9). Es existieren noch zwei weitere Scharen von (111)-Ebenen, die die Oberfläche unter einem Winkel von 35,2° schneiden, und die Erzeugung von kurzen, engen und tiefen Gräben (Löchern) verhindern, während lange Gräben möglich sind. Die Einschränkung der Lochgeometrie durch geneigte (111)-Ebenen kann mit Hilfe von Laserstrahlbearbeitung (Bohren von Löchern vor dem anisotropen Ätzschritt) überwunden werden, da die durchbohrten geneigten (111)-Ebenen nicht mehr ätzresistent und damit ätzbegrenzend wirken [Bar85, Schu94, Ala92].

3.1.3 Membranen

Membranen werden meist aus ätzresistenten Schichten hergestellt, die man vor dem anisotropen Tiefenätzen auf den Wafer aufbringt und strukturiert. Als ätzresistente Schichten werden bevorzugt Maskierschichten wie SiC, Si_3N_4, SiO_2 oder durch Dotierung hergestellte Ätzstopschichten verwendet. Membranen können allseitig auf dem Wafer aufliegende geschlossene oder an Stegen aufgehängte Schichten sein. Bild 3.1-10 zeigt als Beispiel eine Membran aus Siliziumoxinitrid, die auf der Frontseite des Wafers entsteht, indem man ihn von der Rückseite her durchätzt. Dazu werden in der Regel beidseitig polierte Wafer verwendet, die auf der Rückseite mit einer Maskierschicht versehen sind. Maskierschicht und Membranschicht können aus dem gleichen Material sein, so dass die Beschichtung von Vorder- und Rückseite u. U. in einem CVD-Reaktor mit stehenden Wafern in einem Prozessschritt erfolgen kann. Die Fensteröffnungen der rückseitigen Maskierschicht definieren die Ausdehnung und die Position der Membranfläche auf der Frontseite. Entscheidender Parameter ist dabei die Waferdicke; Abweichungen von der Solldicke müssen möglichst gering sein, wenn hohe Anforderungen an die Genauigkeit der Membrandimension bestehen. Soll die Membran lagerichtig zu vorhandenen Strukturen der Frontseite entstehen, ist bei der lithographischen Strukturierung der Maskierschicht ein Maskaligner für doppelseitige Belichtung zu verwenden (siehe Kap.2.3.2.3).

Membranherstellung von der Frontseite ist durch Unterätzen, d. h. durch Erzeugung einer Ätzgrube, möglich. Bild 3.1-10 zeigt eine an vier Stegen aufgehängte Membran als Basisstruktur, auf die z. B. für Sensoren Funktionsschichten aufgebracht werden können, die eine gute thermische Isolation zur Umgebung haben sollen. Beim Entwurf der Öffnungen sind die Design-Regeln ($h > c$) zu beachten. Die Tiefe und Form der Ätzgrube hängt von der Ausdehnung der Membranfläche ab. Das Ätzen geschlossener Membranen von der Rückseite her kann in einer Ätzdose erfolgen, mit der auf dem Wafer vorhandene Strukturen der Vorderseite (z. B. Metallisierungen) vor dem Ätzbad geschützt sind. Auf diese Weise gelingt die On-Chip-Integration mikroelektronischer Schaltkreise mit mikromechanischen Membranstrukturen. Allerdings darf nicht eine der präparierten Membranen reißen, da sonst die Ätzlösung an die Vorderseite gelangt.

Mechanische Spannungen in Membranstrukturen, die zu Rissen oder zum „Buckeln" von Membranen führen, stellen eine wesentliche Herausforderung für die Prozessführung bei der Herstellung der Membranschicht dar. Oft verwendet man Sandwich-Strukturen aus z. B. LPCVD-Si_3N_4- und TEOS-SiO_2-Schichten, in denen sich Zug- und Druckspannungen bei geeigneter Wahl der Schichtdicken kompensieren. Im PECVD-Prozess hergestellte Siliziumoxinitridschichten können durch Optimierung der Prozessparameter (z. B. Prozessgasdruck, Gaszusammensetzung, Leistung) spannungsfrei oder mit leichter Zugspannung hergestellt werden.

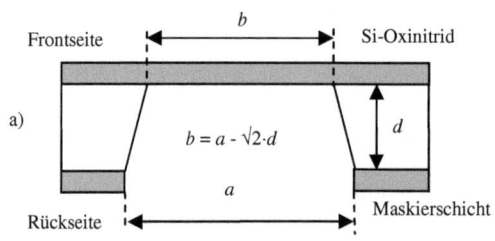
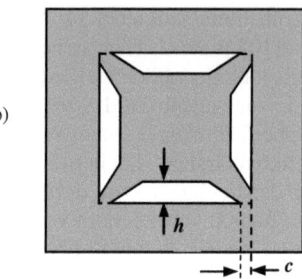

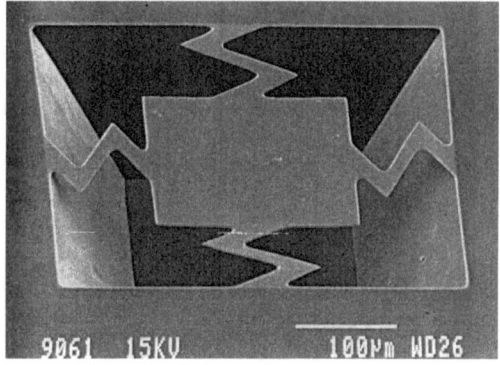

c)

Bild 3.1-10
Ätzen von Membranen:
a) von der Rückseite,
b) von der Vorderseite (Bedingung für Unterätzung: $h > c$) und
c) von der Vorderseite geätzte an vier Stegen aufgehängte Membran

In Bild 3.1-11 ist als Beispiel die Abhängigkeit der mechanischen Spannung vom Prozessgasdruck bei der PECVD-Beschichtung von 1 µm dickem Si_3N_4 dargestellt, wobei folgende Prozessparameter gewählt wurden:

Prozessgasdruck (mTorr)	640 bis 800
Substrattemperatur (°C)	300
Gastemperatur (°C)	250
Gasgemisch (sccm)	80 SiH_4 / 80 NH_3 / 1000 N_2
Leistung (W)	100 bei 13,56 MHz

Bei einem Prozessgasdruck von 670 mTorr erhält man spannungsfreie Schichten. Die Art des Membranmaterials und die Dicke hängen von der jeweiligen Funktion ab. Sehr dünne Membranen (Dicke 0,1-1 µm) mit geringer Wärmeleitfähigkeit ($\lambda \approx$ 1 W/mK) erzeugt man mittels PECVD oder LPCVD aus amorphen SiC-, SiO_2- und Si_3N_4-Schichten, wenn man eine hohe thermische Isolation von Funktionsschichten, die auf die Membran aufgebracht werden, erreichen will. Siliziummembranen größerer Dicke (ca. 10 μm) kann man mittels Epitaxie und eingebauten Ätzstopschichten erhalten (Kap. 2.4.4.2). Sie sind Grundstrukturen für piezoresistive Drucksensoren (Kap. 3.3).

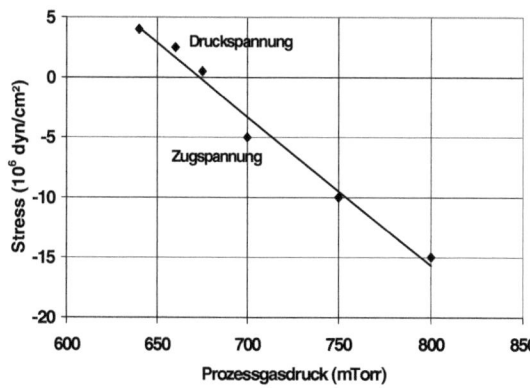
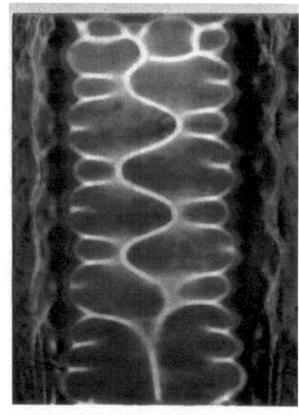

Bild 3.1-11 Mechanische Spannungen in einer PECVD Siliziumoxinitridschicht als Funktion des Prozessgasdruckes während des CVD-Prozesses und freigeätzte Membran mit Druckspannungen („Buckeln")

Membranen mit geringem Abstand zur Substratoberfläche können durch Verfahren der Oberflächenmikromechanik (Bild 3.1-12) hergestellt werden [How83, How85, Yun92, Guc84]. Als Membranmaterial verwendet man meist Polysilizium, unter dem sich eine strukturierte Opferschicht aus SiO_2 (bzw. PSG) befindet.

Tabelle 3.1-3 Selektiv wirkende Ätzbäder für die Oberflächenmikromechanik und zugehörige Kombinationen von Opferschicht und Mikrostruktur-Schicht

Ätzbad	Puffer-/ Isolationsschicht	Opferschicht	Mikrostruktur-Schicht	Literatur
Gepufferte Flusssäure (BHF) (5:1, NH_4F : konz. HF)	LPCVD Si_3N_4 / thermisches SiO_2	Phosphorsilikatglas (PSG)	Polysilizium	[How83, How85, Guc84]
RIE mit CHF_3, BHF (6:1)	LPCVD Si_3N_4	LPCVD SiO_2	CVD Wolfram	[Che91]
KOH	LPCVD Si_3N_4 / thermisches SiO_2	Polysilizium	Si_3N_4	[Sug87]
Eisen(III)-Chlorid	Thermisches SiO_2	Cu	Polyimid	[Kim91]
Flusssäure (HF)	LPCVD Si_3N_4 / thermisches SiO_2	PSG	Polyimid	[Suz94]
Phosphor-Essig-Salpetersäure (oder 5:8:1:1 Wasser : Phosphor- : Essig- : Salpetersäure)	Thermisches SiO_2	Al	PECVD Si_3N_4, Nickel	[Sche91, Cha91]
Ammoniumjodid/Jodlösung in Alkohol	Thermisches SiO_2	Au	Ti	[Yam91]
Ethylen-Diamin-Pyrokatechol	Thermisches SiO_2	Polysilizium	SiO_2	

Nach der Strukturierung der Membran wird die Opferschicht durch ein selektiv wirkendes Ätzbad entfernt. Dazu sind Öffnungen in der Membran erforderlich, die den Zutritt des Ätzbades zur Opferschicht ermöglichen; vollständig geschlossene Membranen können also auf diese Weise nicht erzeugt werden. Oft wird unter der eigentlichen Opferschicht zunächst auf dem Silizium-Wafer eine Puffer- bzw. Isolationsschicht aufgebracht, auf die man die Opferschicht aufträgt. Neben dem Standard-Prozess mit Polysilizium wurden inzwischen vielfältige Varianten mit anderen Opferschicht-Materialien bzw. Funktionsschichten entwickelt, so z. B. auf der Basis vergrabener Siliziumoxidschichten unter Verwendung von SOI-Wafern [Die93, Now95]. Tabelle 3.1-3 gibt einen Überblick über häufig verwendete Kombinationen von Opferschicht und Mikrostruktur-Schicht und die erforderlichen selektiv wirkenden Ätzbäder.

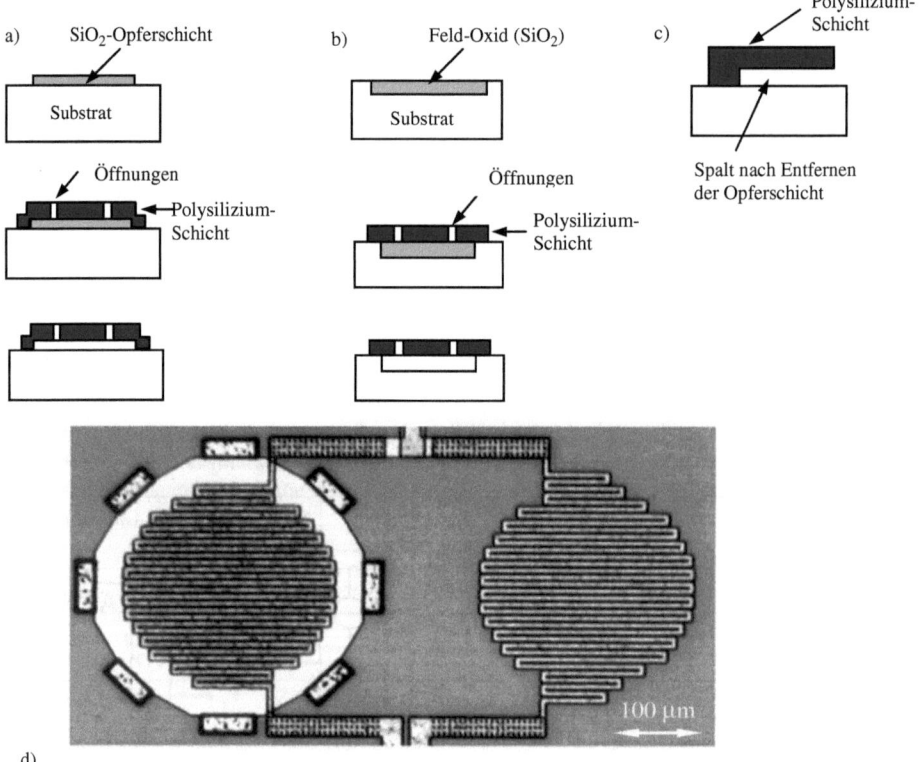

Bild 3.1-12 Membran- und Cantilever-Herstellung durch Oberflächenmikromechanik:
 a) Beschichtung einer SiO$_2$-Opferschicht;
 b) Erzeugung einer SiO$_2$-Opferschicht durch lokale thermische Oxidation des Si-Wafers;
 c) Realisierung teilbeweglicher Mikrostrukturen; d) in Opferschichttechnologie hergestellter thermischer Vakuumsensor [Häb97] (gut sind die 8 Öffnungen zum Unterätzen der Membran durch Entfernung der Opferschicht zu erkennen); die zweite, nicht unterätzte mäanderförmige Schicht dient der Temperatur-Kompensation

3.1.4 Zungen und Biegebalken

Freischwingende Zungen, Biegebalken oder freischwebende „Sprungbretter" (*cantilever*) aus ätzresistenten Isolationsschichten (SiO_2, Si_3N_4, SiC) oder aus Silizium eignen sich als Grundstrukturen für Beschleunigungssensoren, Resonatoren oder zur thermischen Isolation von Funktionselementen. Sie werden auf (100)-Wafern durch Unterätzung konvexer Ecken hergestellt.

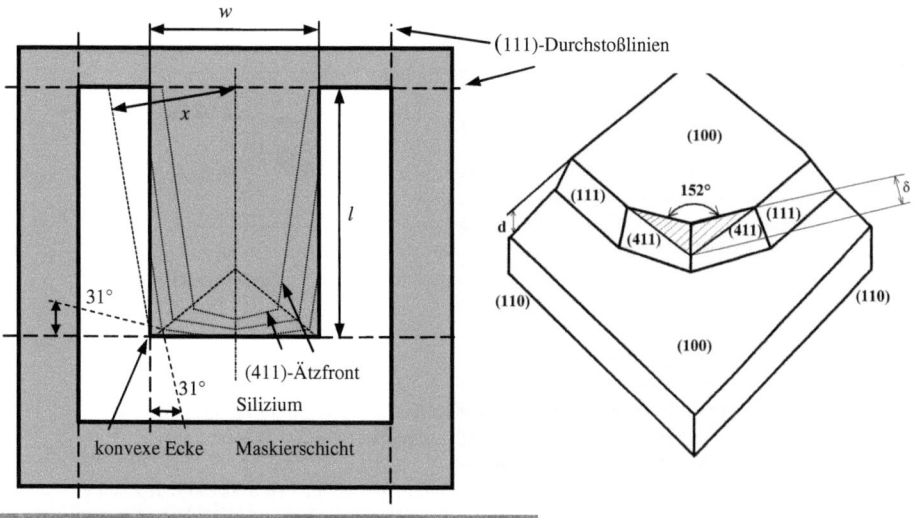

Bild 3.1-13
Ätzen konvexer Ecken (Prinzip) und teilweise unterätzte Cantilever

In Bild 3.1-13 ist in eine ätzresistente Schicht aus Silizium-Oxinitrid eine U-förmige Öffnung strukturiert. Die Kanten dieser Öffnung verlaufen parallel zu den Durchstoßlinien der (111)-Ebenen. Anisotrope Ätzbäder tragen senkrecht zur Oberfläche die (100)-Siliziumebenen ab, andererseits ist die Ätzrate von Ebenen mit höheren Indizes, die durch Unterätzung der konvexen Ecken abgetragen werden, von der gleichen Größenordnung wie die der (100)-Ebenen. Bei KOH-Ätzbädern geht man davon aus, dass der Unterätzprozess durch den Abtrag von (411)-Ebenen gekennzeichnet ist [May90]. In der Literatur wurden aber auch andere Kristallebenen des Siliziums für den raschen Ätzfortschritt beim Unterätzprozess verantwortlich gemacht:

- (311)-Ebenen bei KOH- und EDP-Ätzbädern nach [Bea78], bei Alkali/Alkohol/Wasser-Ätzbädern nach [Pue90];
- (211)-Ebenen bei Hydrazin-Wasser-Ätzbädern nach [Lee69];
- (212)-Ebenen bei Ethylen-Diamin-Wasser (ohne Pyrokatechol) nach [Abu84] und bei KOH- bzw. Hydrazin-Ätzbädern nach [Wu89].

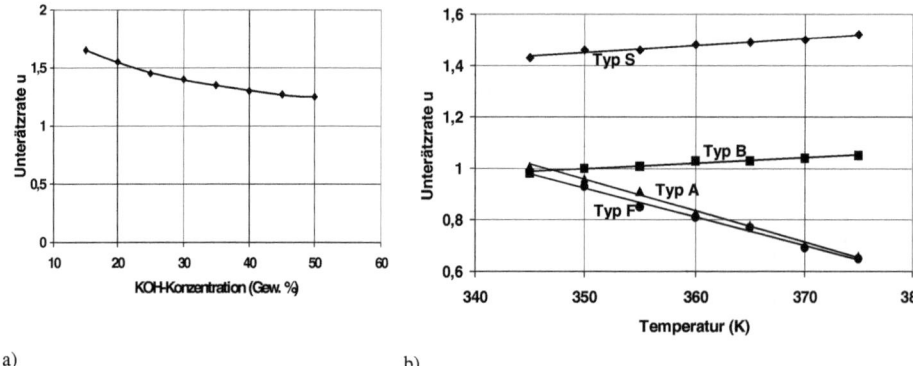

a) b)

Bild 3.1-14   Unterätzrate von
a) KOH-Ätzbädern als Funktion der KOH-Konzentration [Sand91] und von
b) EDP-Ätzbädern verschiedener Zusammensetzung aus Wasser :
Ethylen-Diamin : Pyrokatechol
(Typ A: 0,47l : 1l : 176 g; Typ B: 0,32l : 1l : 160g; Typ S: 0,133l : 1l : 160 g; Typ F: 0,32l : 1l : 320 g)

Diese z. T. widersprüchlichen Ergebnisse zeigen, dass die Ätzraten von Silizium-Ebenen mit höheren Indizes stark von den jeweiligen Versuchsbedingungen abhängen (z. B. von Temperatur und Konzentration des Ätzbades, Kationen-Einfluss, Alkohol-Zugabe, Bewegung des Ätzbades usw.).

Die (411)-Ebenen durchstoßen die Oberfläche unter einem Winkel von 30,96° zu den Kanten der Öffnung. Die Unterätzrate u, d. h. das Verhältnis der Ätzrate von (411)- und (100)-Ebenen, kann an konvexen Ecken wie in Bild 3.1-13 experimentell aus der Messung der Ätztiefe d und des Ätzfortschritts δ der (411)-Ebenen bestimmt werden: $u = ÄR(411)/ÄR(100) = \delta/d$. Sie ist nach [May90] für das Ätzbad KOH im Temperaturbereich von 60-100 °C unabhängig von der Temperatur und nimmt zwischen 15-50 % mit steigender KOH-Konzentration ab (Bild 3.1-14a). Für EDP-Lösungen ist die Unterätzrate stark von der Zusammensetzung des Ätzbades abhängig (Bild 3.1-14b).

Neben dem Ätzfortschritt in die Wafertiefe tritt also gleichzeitig ein Ätzfortschritt senkrecht zu den (411)-Ebenen auf. Dadurch werden konvexe Ecken unterätzt, bis der Prozess an einer „unversehrten" (111)-Ebene stoppt. Die Ätzzeit t ergibt sich aus der Überlegung, dass zum vollständigen Freilegen eines Cantilever die (411)-Ätzfront, beginnend von der konvexen Ecke, die Strecke x (siehe Bild 3.1-13) zurücklegen muss:

$$t = x / ÄR(411) = x / [u \cdot ÄR(100)] \qquad (3.1-4)$$

Die Tiefe der entstehenden Ätzgrube ist dann

3.1 Mikromechanische Grundstrukturen und Fertigungsprozesse

$$d = t \cdot \ddot{A}R(100) \qquad (3.1\text{-}5)$$

Cantilever aus Silizium können unter Verwendung der in Kap. 2.4.4.2 dargestellten Ätzstopschichten präpariert werden. Die Opferschichttechnologie bietet ebenfalls die Möglichkeit, einseitig auf dem Substrat befestigte frei bewegliche Balkenstrukturen zu erzeugen, indem die Opferschicht als Auflagefläche entfernt wird (Bild 3.1-12).

3.1.5 Spitzen und Spitzenarrays

Mikromechanisch gefertigte Spitzen mit Spitzenradien bis zu wenigen Nanometern werden für verschiedene Arten der Rastersondenmikroskopie wie Atomic Force Microscopy (AFM), Scanning Tunneling Microscopy (STM), optische Nahfeldmikroskopie (Scanning Near Field Optical Microscopy, SNOM), aber auch für Bauelemente der Vakuum-Mikroelektronik (Feldemissionsspitzen und -Arrays) gefertigt und eingesetzt.

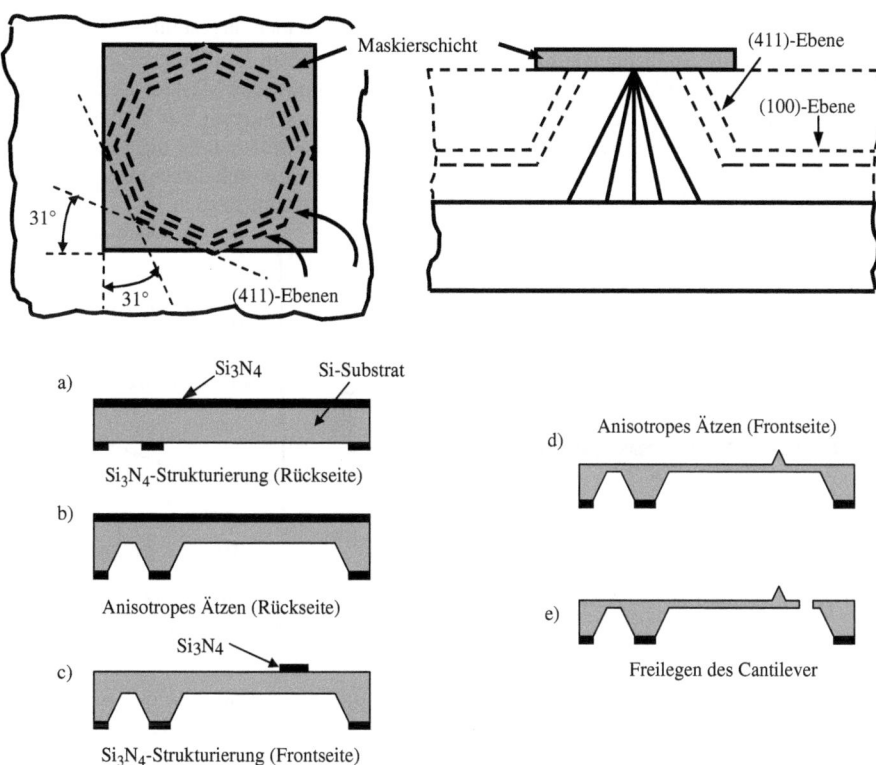

Bild 3.1-15a oben: Prinzip der Spitzenherstellung durch anisotropes Ätzen von (100)-Si-Wafern; unten: Prozessablauf a) bis e)

Bild 3.1-15b
Beispiel eines beweglichen Cantilever mit anisotrop geätzter Spitze [Geß96]

Bei den Rastersondenverfahren sind diese Spitzen Komponenten eines komplexen Mikrosystems, in dem sie auf beweglichen Biegebalken angeordnet werden, deren Bewegung durch empfindliche Sensorsysteme zu detektieren ist. Bei Anwendungen zur Feldemission werden sie mit feststehenden oder beweglichen Gegenelektroden kombiniert. Die Realisierung dieser komplexen Mikrosysteme (als Beispiel siehe Kap. 5.1) mit integrierten Spitzen hat verschiedene Herstellungstechnologien für Mikrospitzen hervorgebracht, von denen einige hier dargestellt werden.

Bild 3.1-15 zeigt die Spitzenherstellung durch anisotropes Ätzen konvexer Ecken auf (100)-Siliziumwafern. Von den konvexen Ecken her wird eine quadratische Maskierschicht unterätzt (Abtrag der (411)-Ebenen) bei gleichzeitigem Ätzfortschritt senkrecht zur Waferoberfläche. Der Ätzprozess wird beendet, wenn der Abtrag zu einer feinen Spitze unter der Maskierschicht geführt hat, die die Maskierschicht nicht mehr tragen kann, so dass sich diese im Ätzbad ablöst. Die Spitzenhöhe kann durch die Maße der Maskierschicht bestimmt werden.

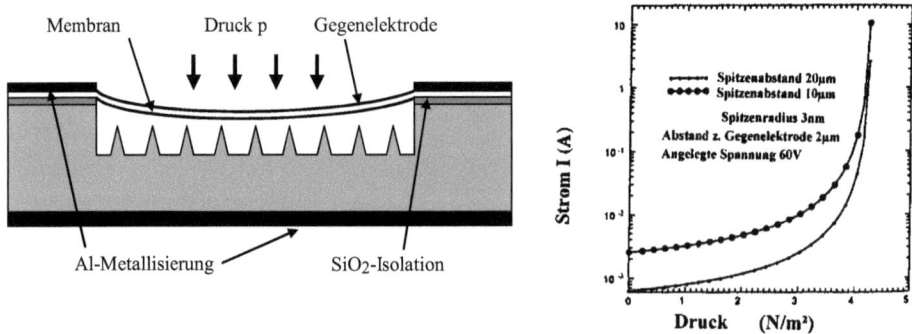

Bild 3.1-16 Spitzenarray und Anwendung als Drucksensor; die Durchbiegung der Membran führt zu einem druckabhängigen Feldemissionsstrom I (Kennlinien für zwei Arrays mit unterschiedlicher Packungsdichte der Spitzen)

Durch ein einfaches Raster von Maskierschichten der obigen Art entstehen Spitzenarrays, die in [Lee91] für Sensoren auf der Basis der Feldemission (kalte Emission von Elektronen aufgrund hoher Feldstärke, die an Spitzen mit kleinem Krümmungsradius entsteht) genutzt werden. Nach der Ätzung werden die Spitzen mit einer Metallisierung versehen. Die Stromdichte, die von einer Feldemissionsspitze emittiert wird, ist von der Feldstärke E an der Spitze und der Elektronen-Austrittsarbeit Φ des verwendeten Spitzenmaterials abhängig. Akzeptable Stromdichten lassen sich erst bei Feldstärken $E > 10^9$ V/m erzielen. Bei sehr kleinem Spitzenradius und geringem Abstand der Gegenelektrode gelingt es, diese Feldstärken mit elektrischen Spannungen kleiner 100 V zu erzeugen. In der Mikrostruktur nach Bild 3.1-16 wird die Gegenelektrode durch eine leitfähige Membran gebildet, die z. B. durch Druckeinwirkung ihren Abstand

3.1 Mikromechanische Grundstrukturen und Fertigungsprozesse 161

zum Spitzenarray verändert. Dadurch erhält man einen Drucksensor, dessen Funktionsprinzip auf der Messung des Spitzenstroms als Funktion der Membrandurchbiegung beruht.

Anisotrop geätzte Spitzen können auch als Rastersonden für Temperaturmessungen mit hoher Ortsauflösung gestaltet werden [Oes97]. Dazu wird nach dem Ätzen der Spitze eine Isolationsschicht aufgebracht, die man anschließend am äußersten Ende der Spitze wieder entfernt. Das dort freiliegende Silizium wird nun mit einer metallischen Schicht versehen, die man auf der Isolationsschicht bis zu einem äußeren Kontaktpad führt. Dort wird auch das Silizium der Spitze bzw. des Cantilever kontaktiert, so dass ein aus Silizium/Metallisierung gebildetes Thermoelement für Temperaturmessungen entsteht (Bild 3.1-17). Anstelle des thermoelektrischen Effektes kann man auch die starke Temperaturabhängigkeit des Kontaktwiderstandes an der Spitze nutzen, die einen Metall-Halbleiter-Kontakt (Schottky-Kontakt) darstellt.

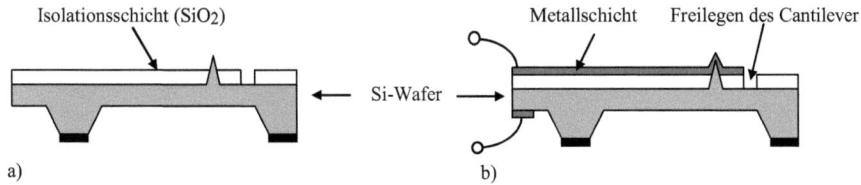

Bild 3.1-17   Rastersonde für Temperaturmessungen mit Mikrothermoelement (Scanning Thermal Microscopy)

Spitzen können auch durch Abformung anisotrop geätzter pyramidenförmiger Gruben erzeugt werden (Kap. 5.1). In Bild 3.1-18 ist die Herstellung von Spitzen für die optische Nahfeldmikroskopie (SNOM) skizziert.

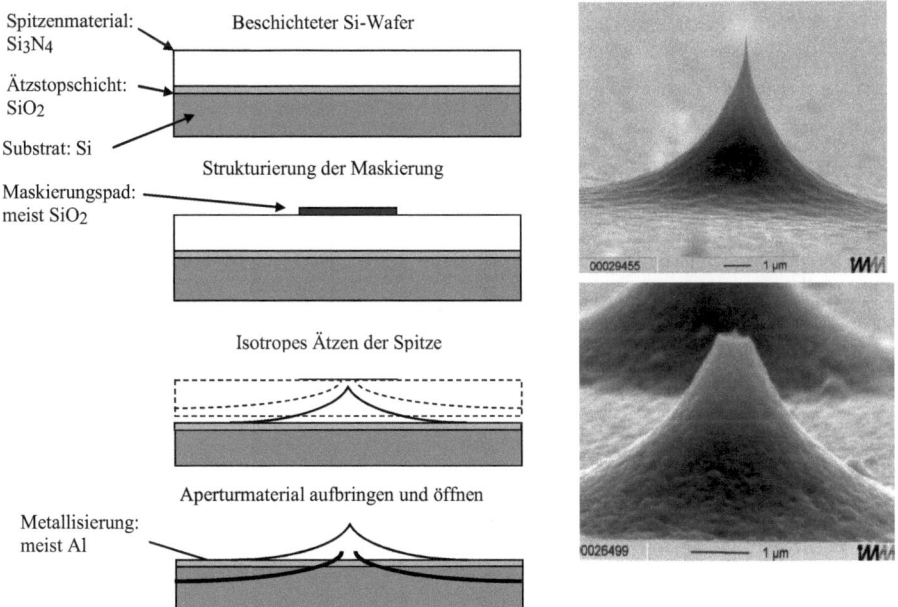

Bild 3.1-18   Technologieablauf zur Herstellung von SNOM-Spitzen (links) und isotrop geätzte Si_3N_4-Spitze vor und nach der Metallisierung (rechts) [Schm98]

Hierfür werden optisch transparente Spitzen mit Aperturöffnungen von ca. 50-70 nm und möglichst großem Spitzenwinkel benötigt. Die transparenten Spitzen aus Si_3N_4 entstehen durch einen isotropen Trockenätzschritt. Die Apertur fertigt man durch Aufbringen einer Metallschicht mittels PVD-Prozess; anschließend muss diese Metallisierung am äußersten Ende der Spitze in einem weiteren Prozessschritt entfernt werden.

3.1.6 Mesa-Strukturen

Als Mesa-Strukturen bezeichnet man Erhebungen, die aus einem Substrat, z. B. dem Siliziumwafer, herausgeätzt werden sollen. Diese werden z. B. als seismische Massen am Ende eines Biegebalkens bei Beschleunigungssensoren benötigt. In Bild 3.1-19 ist zu sehen, dass zum Ätzen einer Erhebung auf (100)-Wafern eine Maskierschicht mit konvexen Ecken strukturiert wird. An diesen Ecken kommt es zwangsläufig zu Unterätzungen der Maskierschicht, so dass geometrisch exakt definierte Erhebungen schwierig zu realisieren sind. Bei zu langem Ätzen würde die Erhebung vollständig verschwinden.

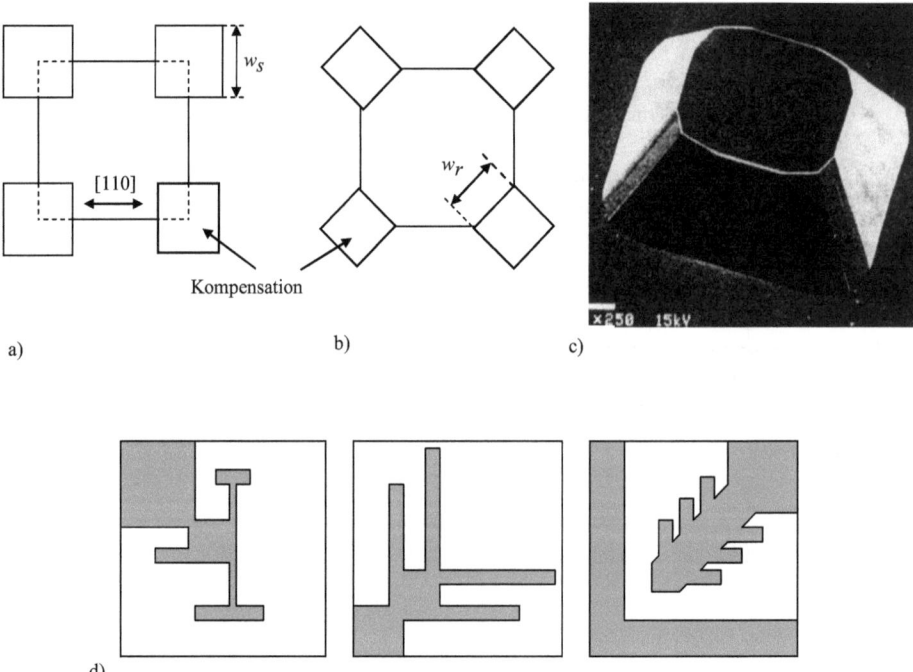

Bild 3.1-19 Ätzen von Mesa:
    a), b) Maskenstrukturen zur Kompensation konvexer Ecken;
    c)   mit Maskenstruktur a) geätzte Mesa;
    d)   Modifikationen der Grundstrukturen a) und b) mit reduziertem Platzbedarf

Man hilft sich, indem man die Maskierschicht an den konvexen Ecken mit entsprechenden „Vorhalten" gestaltet, die verhindern, dass diese Ecken zu schnell abgetragen werden (Kom-

3.1 Mikromechanische Grundstrukturen und Fertigungsprozesse

pensation konvexer Ecken). Der Vorhalt führt zu einem ganz bestimmten Zeitpunkt des Ätzprozesses zu der gewünschten geometrischen Gestalt der Mesa. Genau zu diesem Zeitpunkt muss der Ätzprozess abgebrochen werden [Bus88, Pue90, San91]. Üblich sind quadratische Kompensationsstrukturen (Bild 3.1-19a) bei Verwendung von EDP und KOH und um 45° zur [110]-Richtung gedrehte Rechtecke (KOH, Bild 3.1-19b). Will man Mesa ätzen, deren Höhe etwa der Waferdicke d entspricht, sind die Abmessungen w_s, $w_r \approx d$ zu wählen. Dies bedeutet großen Platzbedarf für die Maskenstruktur. Es wurden deshalb modifizierte Kompensationsstrukturen (Bild 3.1-19d) mit geringerem Platzbedarf entwickelt [San91].

3.1.7 Dreidimensionale teilbewegliche Mikrostrukturen

Durch Anwendung der Opferschichttechnologie in Kombination mit der LIGA-Technik können dreidimensionale mikromechanische Strukturen mit hohem Aspektverhältnis realisiert werden.

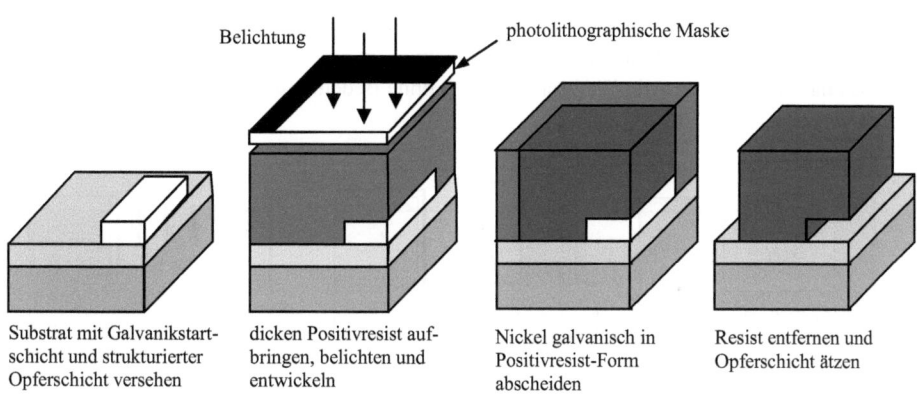

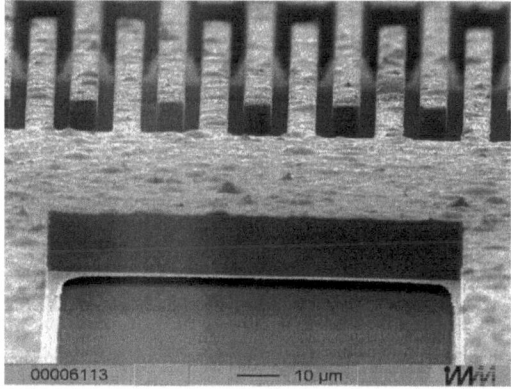

Bild 3.1-20
Technologieablauf für die Herstellung teilbeweglicher Mikrostrukturen durch Opferschichttechnologie und UV-LIGA und teilbewegliche Kammstruktur für eine elektrostatisch bewegte Positioniereinheit [Gör95]

Zur Herstellung beweglicher Mikrostrukturen, die im Röntgen- oder UV-LIGA-Prozess mittels galvanischer Abformung erzeugt werden, müssen die Galvanikschichten in den Bereichen, die später teilbeweglich sein sollen, mit einer Opferschicht unterlegt sein. Auf dem Substrat wird zunächst eine Galvanikstartschicht und die strukturierte Opferschicht aufgebracht. Nach dem Belacken mit dickem Photoresist folgt dessen Belichtung und Entwicklung, so dass die Bereiche für die galvanische Nickelabscheidung freigegeben werden. Nach Entfernen des Resist wird die Opferschicht, hier eine ca. 2 µm dicke Kupfer-Schicht, entfernt, so dass die teilbewegliche Nickelstruktur entsteht. Als Beispiel ist in Bild 3.1-20 die Herstellung von teilbeweglichen Federelementen und einer Verschiebeeinheit gezeigt, die durch Anlegen elektrischer Spannungen an eine interdigitale Kammstruktur bewegt werden kann. Ein weiteres Beispiel für die Anwendung dieser Grundstruktur sind die in Kap. 3.3 beschriebenen Federelemente zur Fixierung optischer Lichtleitfasern mit Durchmessern von ca. 125 µm [Gör95].

3.1.8 Trocken-Ätztechniken für mikromechanische Grundstrukturen

Mit dem *SCREAM-Verfahren* (**S**ingle **C**rystal **R**eactive **E**tching **a**nd **M**etallization) können durch die Kombination von überwiegend anisotrop wirkenden Trockenätzprozessen (RIE) und isotropen Trockenätzschritten mit nur einer photolithographischen Maske komplexe dreidimensionale Strukturen mit hohem Aspektverhältnis erzeugt werden. Bild 3.1-21 stellt den Prozessablauf dar, bei dem die Waferorientierung ohne Bedeutung ist [Sha94, Küch95].

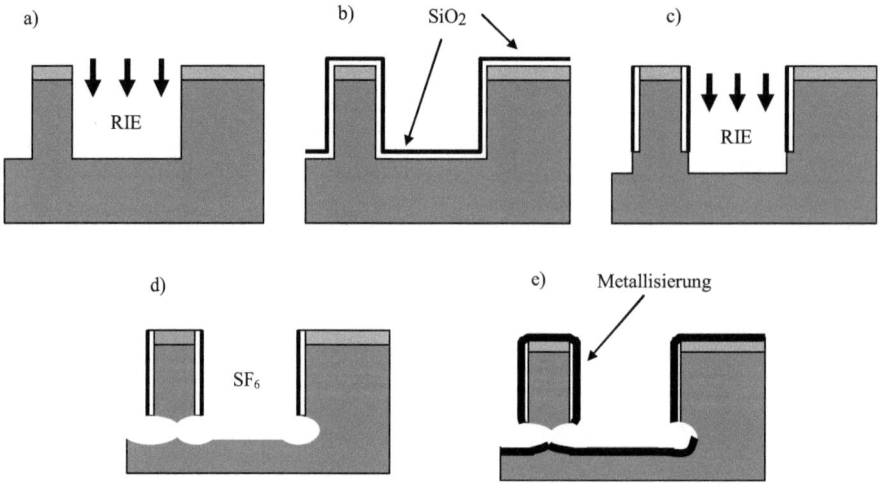

Bild 3.1-21   SCREAM-Prozess (Technologieablauf)

Nach der Strukturierung einer SiO_2-Schicht, die im PECVD-Verfahren aufgebracht wird und als Maskierschicht für den ersten Trockenätzschritt dient, wird dieser als RIE-Prozess mit den Gasen Bortrichlorid und Chlor (BCl_3/Cl_2) ausgeführt. Die Ätztiefen betragen etwa 4-20 µm bei einem Aspektverhältnis von ca. 20:1. In einer weiteren CVD-Beschichtung wird die gesamte Struktur, auch die Seitenwände, gleichmäßig mit etwa 300 nm SiO_2 bedeckt. Ein weiterer anisotroper RIE-Prozess mit Kohlenstofftetrafluorid und Sauerstoff (CF_4/O_2) wird so geführt, dass die Oxid-

3.1 Mikromechanische Grundstrukturen und Fertigungsprozesse

schicht auf der Oberfläche und den Bodenflächen der Struktur entfernt wird, während die Seitenwandpassivierung erhalten bleibt. Danach erfolgt eine Vertiefung der Struktur um weitere 3-5 µm in den Siliziumkristall hinein. Mit Schwefelhexafluorid (SF_6) werden nun der nicht durch SiO_2 geschützte Boden und die entsprechenden Seitenwandbereiche isotrop geätzt, bis eine teilbewegliche Struktur freigelegt ist. Die durch SiO_2 geschützten Seitenwandbereiche werden dabei nicht abgetragen. Bringt man auf die Seitenwände im PVD-Prozess (Sputtern) eine Metallisierung auf, so kann der teilbewegliche Balken als Grundstruktur für Sensoren mit kapazitivem Detektionsprinzip oder für Aktoren mit kapazitiver Ansteuerung genutzt werden.

Die rasche Entwicklung von Trockenätztechniken, bei denen das jeweilige Ätzgas durch Zünden einer Niederdruck-Gasentladung aktiviert und dadurch hochreaktiv wird, ermöglicht inzwischen anisotropes Tiefenätzen mit hohen Ätzraten (*ASE-Prozess, Advanced Silicon Etching*). In induktiv gekoppelten Plasmen (*inductive coupled plasma, ICP*) werden hohe Ionendichten erreicht, dadurch kann man z. B. mit SF_6 oder CF_4 als Ätzgas Ätzraten im Bereich von 3-6 µm/min erzielen. Die Technologie des ASE-Prozesses ist in Kap. 2.4.4.3 beschrieben. Er ist unabhängig von der Waferorientierung und als anisotroper Prozess z. B. geeignet, Gruben mit senkrechten Seitenwänden und hohem Aspektverhältnis zu erzeugen. Wafer können mit dem ASE-Prozess in vertretbaren Zeiten (ca. 2-3 h) komplett durchgeätzt werden. Benötigt man z. B. Membranarrays, so kann man diese wie oben beschrieben durch anisotropes nasschemisches Ätzen von der Rückseite herstellen. Dabei entstehen aber durch die Neigung der (111)-Kristallebenen zwangsläufig große Abstände zwischen den Membranbereichen. Sensorarrays mit Funktionsschichten, die auf den Membranbereichen angeordnet werden, haben dann einen relativ großen Abstand der sensitiven Pixel. Diese Problematik kann durch den ASE-Prozess behoben werden, bei dem durch die senkrechten Seitenwände eine deutlich höhere Packungsdichte von Membranen möglich ist. Die Bilder 3.1-22a und 3.1-22b zeigen zwei im ASE-Prozess geätzte Lochstrukturen, bei denen die gesamte Waferdicke abgetragen wurde.

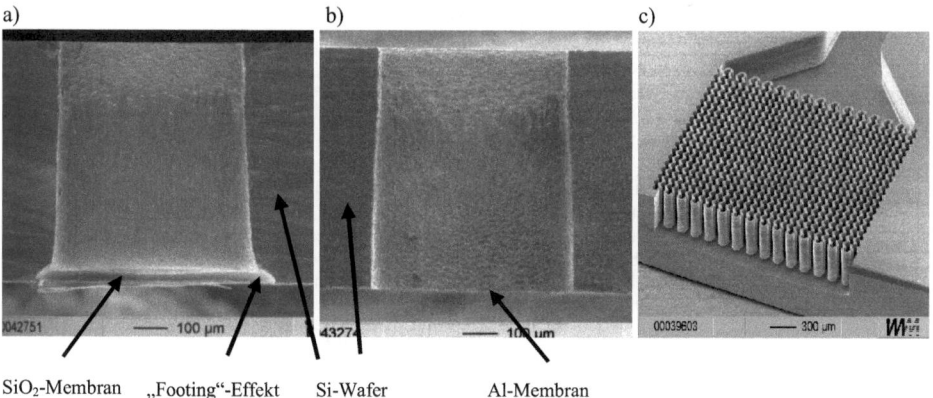

a) b) c)

SiO_2-Membran   „Footing"-Effekt   Si-Wafer   Al-Membran

Bild 3.1-22 Im ASE-Prozess geätzte Loch- bzw. Membranstrukturen a) und b) [Rei99] und Mikromischer-Struktur c)

Der Prozess in Bild 3.1-22a stoppt an einer Schicht aus thermischem SiO_2, so dass eine entsprechende Membran entsteht. Bei Fortsetzung des Ätzens beobachtet man dann den „Footing"-Effekt, eine Verbreiterung der Ätzgrube an der Ätzstoppschicht. Ursache hierfür ist die Aufladung der dielektrischen Ätzstoppschicht und die dadurch bedingte Ablenkung von Plasmaionen zu den Seitenwänden, so dass die anisotrope Ätzwirkung verlorengeht. Bei einer metallischen Ätzstopschicht (Aluminium) wie in Bild 3.1-22b tritt dieser Effekt nicht auf. In Bild 3.1-22c ist am Beispiel einer Mikromischer-Struktur (vgl. Kap. 3.4) gezeigt, welche Gestaltungsspielräume der ASE-Prozess ermöglicht, da die Strukturgebung hier nicht – wie beim anisotropen Nassätzen von Silizium – durch die Lage von Kristall-Ebenen determiniert ist.

Die Anwendung von Plasma-Ätzprozessen zur Realisierung von Mikrostrukturen mit hohem Aspektverhältnis wird in der Literatur oft als *high-aspect-ratio micromachining* (HARM) bezeichnet [Hsieh02].

3.1.9 Literatur

[Abu84]	M. M. Abu-Zeid, Jour. Electrochem. Soc. 131 (1984) 2138
[Ala92]	M. Alavi, S. Büttgenbach, A. Schumacher, H.-J. Wagner, Sensors and Actuators A32 (1992) 299
[Bar85]	P. W. Barth, P. J. Shlichta, J. B. Angell, Transducers 85, Philadelphia (1985) 371
[Bea78]	K. E. Bean, IEEE Trans. Electron Devices, ED-25 (1978) 1185
[Bog71]	A. Bogh, Jour. Electrochem. Soc. 118 (1971) 401
[Brod82]	I. Brodie, J. J. Muray, The Physics of Microfabricatiob, Plenum Press, New York (1982)
[Bus88]	R. A. Buser, N. F. de Rooij, Monolithisches Kraftsensorfeld, VDI-Berichte Nr. 677 (1988)
[Cha91]	S. Chang et al., Transducers 91, San Francisco, CA (1991) 751
[Che91]	L.-Y. Chen, N. C. MacDonald, Transducers 91, San Francisco, CA (1991) 739
[Dec75]	M. J. Declercq, L. Gerzberg, J. D. Meindl, Jour. Electrochem. Soc. 122 (1975) 545
[Die93]	B. Diem et al., Transducers 93, Yokohama, Japan (1993) 233
[Dun93]	P. N. Dunn, Solid State Technology (1993) 32
[Elwen93]	M. Elwenspoek, On the Mechanism of Anisotropic Etching of Silicon, Jour. Electrochem. Soc. 140 (1993) 2075-2080
[Elwen94]	M. Elwenspoek, U. Lindberg, H. Kok, L. Smith, Wet Chemical Etching Mechanism of Silicon, IEEE Internat. Workshop on Micro Electro Mechanical Systems (MEMS`94), Oiso, Japan, (1994), 223-228
[Fin67]	R. M. Finne, D. L. Klein, Jour. Electrochem. Soc. 114 (1967) 965
[Geß96]	T. Geßner, Dosier Mikrosystemtechnik, (1996)
[Glemb85]	O. J. Glembocki, R. E. Stahlbush, M. Tomkiewicz, Bias-Dependent Etching of Silicon in Aqueous KOH, Jour. Electrochem. Soc. 132 (1985) 145-151
[Gör95]	W. Görgen, Prozessentwicklung zur Herstellung teilbeweglicher Mikrostrukturen mit dem LIGA-Verfahren, Diplomarbeit, FH Wiesbaden/IMM (1995)
[Guc84]	H. Guckel, D. W. Burns, IEEE Int. Electron Devices Meeting, Techn. Digest IEDM 84, San Francisco, CA (1984) 223
[Häb97]	A. Häberli, Compensation and Calibration of IC Microsensors, Ph. D. Thesis ETH-Zürich (1997), Diss. ETH No. 12090
[How83]	R. T. Howe, R. S. Muller, Jour. Electrochem. Soc. 130 (1983) 1420
[How85]	R. T. Howe, Polycrystalline Silicon Microstructures, in C. D. Fung, P. W. Cheung, H. W. Ko, D. G. Fleming (Eds.), Micromachining and Micropackaging of Transducers, Elsevier, New York (1985)
[Hsieh02]	J. Hsieh, W. Fang, A boron etch-stop assisted lateral silicon etching process for improved high-aspect-ratio silicon micromachining and its applications, Jour. Micromech. Microeng. 12 (2002) 574-581
[Ken75]	D. L. Kendall, Appl. Phys. Lett. 26 (1975) 195
[Ken79]	D. L. Kendall, Vertical Etching of Silicon at Very High Aspect Ratios, Annu. Rev. Materials Sci., 9 (1979) 373-403
[Kim91]	Y. W. Kim, M. G. Allen, Transducers 91, San Francisco, CA (1991) 651
[Klo89]	B. Kloeck, S. D. Collins, N. F. de Rooij, R. L. Smith, IEEE Trans. Electron Devices 36 (1989) 663
[Küch95]	M. Küchler, M. Markert, A. Bertz, T. Geßner, 2. Chemnitzer Fachtagung Mikrosystemtechnik, Chemnitz (1995) 2
[Lee69]	D. B. Lee, Jour. Appl. Phys. 40 (1969) 4569
[Lee91]	H.-C. Lee, R.-S. Huang, Transducers 91, San Francisco, CA (1991) 241
[Leng94]	R. Lenggenhager, CMOS Thermoelectric Infrared Sensors, Ph.D. Thesis, ETH-Zürich (1994), Diss.-ETH-No.10744
[Lin89]	Y. Linden, L. Tenerz, J. Tiren, B. Hök, Sensors and Actuators 16 (1989) 67
[Mad97]	M. Madou, Fundamentals of Microfabrication, Boca Raton (1997)
[May90]	G. K. Mayer, H. L. Offereins, H. Sandmeier, K. Kuhl, Jour. Electrochem. Soc., 137 (1990) 3947

3.1 Mikromechanische Grundstrukturen und Fertigungsprozesse

[Meh88]   M. Mehregany, S. D. Senturia, Sensors and Actuators 13 (1988) 375
[Mos92]   D. Moser, R. Lenggenhager, G. Wachutka, H. Baltes, Sensors and Actuators B6 (1992) 165
[Nak87]   M. Nakamura, K. Murikami, H. Nojiri, T. Tominaga, Transducers 87, Tokyo (1987) 112
[Now95]   J. M. Noworolski et al., Transducers 95, Stockholm, Sweden (1995) 71
[Oes97]   E. Oesterschulze, R. Kassing, Proc. XVIth Int. Conf. on Thermoelectrics, Dresden, Germany (1997) 719
[Peet94]   E. Peeters, Process Development for 3D Silicon Microstructures, with Application to Mechanical Sensor Design, Ph. D. Thesis, Catholic University of Louvain, Belgium (1994)
[Pet82]   K. Petersen, Proc. IEEE 70 (1982) 420
[Pri73]   J. B. Price, Anisotropic Etching of Silicon with KOH-H_2O-Isopropyl Alcohol, in H. R. Huff, R. R. Burgess (Eds.), Semiconductor Silicon 1973, Princeton, NJ (1973) 339-353
[Pue90]   B. Puers, W. Sansen, Sensors and Actuators A23 (1990) 1036
[Pue91]   B. Puers, Mechan. Silicon Sensors in K. U. Leuven, Proc. Themadag: Sensoren, Rotterdam (1991) 1
[Ral84]   N. F. Raley, Y. Sugiyama, T. van Duzer, Jour. Electrochem. Soc. 131 (1984) 161
[Rei79]   A. M. Reisman, M. Berkenbilt, S. A. Chan, F. B. Kaufman, D. C. Green, Jour. Electrochem. Soc. 126 (1979) 1406
[Rei99]   S. Reinhard, Advanced Silicon Etching (ASE), Diplomarbeit FH Wiesbaden/IMM (1999)
[San91]   H. Sandmaier, H. Offereins, K. Kühl, W. Lang, Transducers 91, San Francisco, CA (1991) 456
[Sand91]   H. Sandmaier, H. Offereins, K. Kühl, Erstes Symposium Mikrosystemtechnik, FH Regensburg (1991) 53
[Sche91]   P. R. Scheeper, W. Olthuis, P. Bergveld, Transducers 91, San Francisco, CA (1991) 408
[Schm98]   S. Schmitt, Entwicklung, Charakterisierung und Herstellung von Sonden für die optische Rasternahfeldmikroskopie, Diplomarbeit FH Wiesbaden/IMM (1998)
[Schn90]   U. Schnakenberg, W. Benecke, B. Lochel, Sensors and Actuators A23 (1990) 1031
[Schu94]   A. Schumacher, H.-J. Wagner, M. Alavi, Technische Rundschau 86 (1994) 20
[Seid89]   H. Seidel, Naßchemische Ätztechnik, in A. Heuberger (Hrsg.), Mikromechanik, Springer, Berlin (1989)
[Seid90]   H. Seidel, L. Csepregi, A. Heuberger, H. Baumgärtel, Anisotropic Etching of Crystalline Silicon in AlkalineSolutions-Part I, Orientation dependence and Behavior of Passivation Layers, Jour. Electrochem. Soc. 137 (1990) 3612-3626
[Seidel90] H. Seidel, L. Csepregi, A. Heuberger, H. Baumgärtel, Anisotropic Etching of Crystalline Silicon in AlkalineSolutions-Part II, Influence of Dopants, Jour. Electrochem. Soc. 137 (1990) 3626-3632
[Sha94]   K. A. Shaw, Z. L. Zhang, N. C. MacDonald, Sensors and Actuators A40 (1994) 63
[Sug87]   S. Sugiyama, K. Kawakata, M. Abe, H. Funabashi, I. Igarashi, Transducers 87, Tokyo, Japan (1987) 444
[Suz94]   K. Suzuki, I. Shimoyama, H. Miura, Jour. Microelectromech. Syst. 3 (1994) 4
[Tab90]   O. Tabata, R. Asahi, S. Sugiyama, 9th Sensor-Sympos. Techn. Digest, Tokyo (1990) 15
[Tufte62]   O. N. Tufte, P. W. Chapman, D. Long, Jour. Appl. Phys. 33 (1962) 3322
[Wag67]   H. A. Waggener, R. C. Kragness, A. L. Tyler, Electronics 40 (1967) 274
[Wag70]   H. A. Waggener, Bell Syst. Techn. Jour. 49 (1970) 473
[Wis85]   K. D. Wise, Silicon Micromachining and Its Application to High Performance Integrated Sensors, in C. D. Fung, P. W. Cheung, H. W. Ko, D. G. Fleming (Eds.), Micromachining and Micropackaging of Transducers, Elsevier, New York (1985)
[Wu86]   X. P. Wu, Q. H. Wu, W. H. Ko, Sensors and Actuators 9 (1986) 333
[Wu89]   X. P. Wu, W. H. Ko, Sensors and Actuators 18 (1989) 207
[Yam91]   K. Yamada, T. Kuriyama, Transducers 91, San Francisco, CA (1991) 655
[Yun92]   W. Yun, Ph. D. Thesis, Univ. Cal. Berkeley (1992)

3.2 Mikrooptische Grundstrukturen und Fertigungsprozesse

Der Trend zur Miniaturisierung hat zu zahlreichen miniaturisierten optischen Bauelementen und Systemen geführt. Die Beispiele reichen von einfachen Bauteilen wie Steckverbindungen für Glasfasern, Verzweigern oder geprägten holographischen Strukturen bis hin zur mikrooptischen Bank. Die technischen Möglichkeiten zur Herstellung kleinster optischer Bauelemente haben eine Reihe von Einzellösungen hervorgebracht, deren Komplexität in der Zukunft durch die Integration weiterer optischer Komponenten zunehmen wird. Die Entwicklungen werden vorangetrieben durch aktuelle Problemstellungen der optischen Signalübertragung mit Glasfasern, der Bildverarbeitung oder der Sensorik. Aber auch Visionen wie der optische Computer oder optische Datenlinks mit Hilfe von niedrigfliegenden Kleinsatelliten beflügeln die Forschungsaktivitäten. Da derartige Mikrosysteme aus passiven optischen Elementen (Glasfasern, Linsen, Wellenleitern), aktiven optoelektronischen Komponenten (Photodioden, LED´s, Laserdioden) und elektronischen Bauteilen zusammengesetzt sind, müssen die unterschiedlichen Arbeitsgebiete innerhalb der Mikrosystemtechnik wieder zusammengeführt werden.

Das Ziel der Mikrooptik ist sowohl eine Miniaturisierung konventioneller optischer Bauelemente, als auch eine Leistungsverbesserung bestehender optischer Systeme. Dabei sind die Grundlagen der Strahlenoptik und der nichtlinearen Optik auf den µm-Maßstab zu übertragen. Von großem Vorteil ist die mögliche Vorwegnahme aufwendiger Justagearbeiten bereits beim Design einer mikrooptischen Struktur. Zusätzlich werden physikalische Effekte nutzbar, deren charakteristische Längen im nm- bis µm-Bereich liegen. Dabei können zwei unterschiedliche Konzepte verfolgt werden. Zum einen ist ein schrittweiser Ersatz konventioneller optischer Komponenten durch miniaturisierte Komponenten möglich, womit aber in der Regel kein Quantensprung im Miniaturisierungsgrad des Gesamtsystems erreichbar ist. Zum anderen werden radikale Miniaturisierungsansätze verfolgt, die zusätzlich zum Ersatz konventioneller Komponenten eine völlige Neukonzeption und Kompensationsmethoden erfordern, um eventuelle Nachteile der Miniaturisierung (z. B. geringe optische Weglängen) auszugleichen.

Tabelle 3.2-1 Untergruppen mikrooptischer Bauelemente

Freistrahlstrukturen	Glasfaserkompatible Strukturen	Lichtleitende Strukturen	Aktive optische Elemente
Linsen (sphärische, asphärische, Zylinderlinsen) Umlenkspiegel Blenden Retroreflektoren Gitter Strahlteiler Fresnelzonenplatten µ-Chopper µ-Küvetten	Glasfasergräben Spleißkoppler Querfasern Kugellinsenpositionierungen Positionierungen anderer optischer Elemente	Glasfasern Schichtwellenleiter Filmwellenleiter Streifenwellenleiter Verzweiger Sternkoppler SNOM-Spitzen Mach-Zehnder-Interferometer Koppler (Richtkoppler, Modulatoren)	Photodioden Photowiderstände CCDs Mikrolaser Lumineszenzdioden

Probleme bereitet derzeit noch die monolithische Integration unterschiedlichster optischer, optoelektronischer und elektronischer Bauelemente. Zu verschieden sind die Anforderungen an Materialien und technologische Fertigungsprozesse. Deswegen wird gegenwärtig fast ausschließlich eine hybride Integration von Freistrahlstrukturen, glasfaserkompatiblen oder licht-

3.2 Mikrooptische Grundstrukturen und Fertigungsprozesse

leitenden mikrooptischen Strukturen sowie aktiven optischen und optoelektronischen Bauelementen durchgeführt. Tabelle 3.2-1 fasst die wichtigsten Vertreter dieser mikrooptischen Bauelemente zusammen. Viele der dort aufgeführten mikrooptischen Komponenten sollen im Folgenden behandelt werden. Dabei werden anhand der ausgewählten Beispiele einerseits physikalische Grundlagen dargelegt, die auch für andere Anwendungen bedeutsam sind. Zum anderen bildet die Kenntnis der Herstellungsmethoden die Basis für neue Denkansätze zur Integration mikrooptischer Komponenten in komplexe Systeme.

Grundlagen: Die Funktion von Linsen (sowie Prismen, Parallelplatten, Strahlteilern) basiert auf der Änderung der Ausbreitungsrichtung (Brechung) eines Lichtstrahls beim Durchgang durch eine optische Grenzfläche. Der Zusammenhang zwischen Einfallswinkel α und Brechungswinkel β beim Übergang des Strahls von einem Medium mit dem Brechungsindex n_1 zu einem mit dem Brechungsindex n_2 wird durch das Snellius'sche Brechungsgesetz beschrieben [Born/Wolf]:

$$\sin\alpha / \sin\beta = n_2 / n_1 \qquad (3.2\text{-}1)$$

Beim Design von Linsen und Prismen wird dieses Gesetz zur Berechnung der optischen Strahlengänge benutzt. In vielen Fällen muss die Wellenlängenabhängigkeit der Brechungsindizes der beteiligten Medien berücksichtigt werden. Dies führt z. B. bei Linsen zur chromatischen Abberation, einer Wellenlängenabhängigkeit der Lage des Brennpunktes. In Abhängigkeit vom Einfallswinkel und der Polarisation wird ein Teil der Lichtintensität an der Grenzfläche reflektiert. Tritt ein Lichtstrahl aus dem optisch dichteren Medium in das optisch dünnere Medium aus ($n_2 < n_1$), wird er vom Lot der Grenzfläche weg gebrochen. Mit zunehmendem Einfallswinkel verläuft der gebrochene Strahl bei einem bestimmten Winkel α_{tot} parallel zur Grenzfläche. α_{tot} heißt Grenzwinkel der Totalreflexion und ergibt sich aus den Brechungsindizes der beiden Medien: $\alpha_{tot} = \arcsin(n_2/n_1)$. Dies kann zur Lichtführung innerhalb oder zwischen dielektrischen Medien (Polymere, Gläser) genutzt werden. Die Amplitude der reflektierten bzw. gebrochenen elektromagnetischen Welle hängt vom Einfalls- und Brechungswinkel und der Polarisationsrichtung ab. Dies wird durch die Fresnel-Formeln beschrieben [Born/Wolf]:

a) Schwingungsebene senkrecht zur Einfallsebene (Index s)	b) Schwingungsebene parallel zur Einfallsebene (Index p)
$R_s = -E_s \dfrac{\sin(\alpha-\beta)}{\sin(\alpha+\beta)}$ (3.2-2)	$R_p = -E_p \dfrac{\tan(\alpha-\beta)}{\tan(\alpha+\beta)}$ (3.2-4)
$G_s = E_s \dfrac{2\cos\alpha \sin\beta}{\sin(\alpha+\beta)}$ (3.2-3)	$G_p = E_p \dfrac{2\cos\alpha \sin\beta}{\sin(\alpha+\beta)\cos(\alpha-\beta)}$ (3.2-5)

R: Amplitude der reflektierten Welle, *G*: Amplitude der gebrochenen Welle, *E*: Amplitude der einfallenden Welle

Für $\alpha+\beta = 90°$ ist $\tan(\alpha+\beta)=\infty$ und bei parallel zur Einfallsebene polarisiertem Licht die reflektierte Amplitude $R_p = 0$. Betrachtet man die Grenzfläche Luft ($n_1 = 1$)/Dielektrikum ($n_2 = n$), so folgt in diesem Fall aus Gl. (3.2-1) die Beziehung $\tan\alpha_p = n$, das Brewster-Gesetz.

3.2.1 Freistrahlstrukturen

Sphärische und asphärische Linsen: Linsen spielen als refraktive Bauteile eine dominierende Rolle in der Mikrooptik. Sie werden zur Strahlformung, Fokussierung und Richtungsänderung von Wellenfronten benötigt. In den meisten optischen Systemen, auch in den von der Natur geschaffenen (z. B. dem Auge), spielen Linsen als Kopplungsglieder zwischen Lichtquellen und Empfängern eine zentrale Rolle.

Alternativ zur konventionellen mechanischen Herstellung von makroskopischen Linsen durch Schleifen und Polieren ermöglichen lithographische Methoden in Verbindung mit Diffusions- und Ätz- sowie Abformprozessen die Herstellung von Mikrolinsen und Arrays. Dabei unterscheidet man zwischen Linsen, die Licht durch eine passend geformte Oberfläche in seiner Ausbreitungsrichtung verändern, und solchen, die Licht innerhalb eines Körpers durch vorhandene Gradienten des Brechungsindex brechen.

Die Herstellung von Siliziumlinsen und -linsenarrays für Infrarotstrahlung ist durch Photolithographie zur Herstellung zylinderförmiger Resiststrukturen, Aufschmelzen des Photoresists bei Temperaturen um 150 °C und anschließendes reaktives Ionenätzen möglich. Beim Aufschmelzen wird aufgrund der Oberflächenspannung ein linsenförmiges Profil erzeugt, das sich beim anschließenden Ätzprozess in das Siliziumsubstrat abbildet [Popovic88, Jay93]. Dabei wird ein Ätzprozess gewählt, dessen Selektivität von Resist/Silizium nahezu 1:1 beträgt. Alternative Methoden zur Erzeugung linsenförmiger Resistprofile sind die Grautonlithographie, Halbtonlithographie und die Laserbearbeitung [Gratix93].

Stabförmige Gradientenindexlinsen (Bild 3.2-1) mit einer radialen Indexverteilung und planare Gradientenindexlinsen (GRIN-Linsen) können durch Ionenaustausch in Glas hergestellt werden. Dabei wird das Glas, das normalerweise Alkaliionen enthält, in eine Salzschmelze (z. B. $AgNO_3$, $Tl(NO_3)_3$) getaucht. Es findet aufgrund des Konzentrationsgradienten der Kationen ein Ionenaustausch statt, der den Brechungsindex um Werte bis zu 0,11 erhöht. Diese Brechzahländerung ist zum einen auf unterschiedliche Polarisierbarkeiten sowie auf Änderungen der Dichte zurückzuführen [Findalky85].

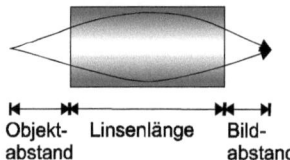

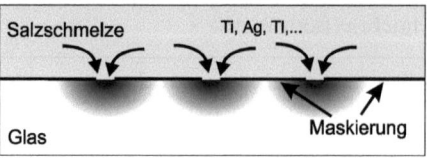

Bild 3.2-1 Indexprofil und Strahlverlauf innerhalb einer stabförmigen Gradientenindexlinse

Bild 3.2-2 Herstellung und Indexprofil eines planaren Gradientenindexlinsenarrays

Bei planaren Anordnungen (Bild 3.2-2) können durch vorherige Strukturierung entsprechender Diffusionsbarrieren Linsenmatrizen erzielt werden, deren Indexprofil durch die Kombination aus thermischem und feldunterstütztem Ionenaustausch beeinflusst wird [Zhu86, IGA86, Bähr96]. Geeignete Diffusionsbarrieren sind dünne Schichten aus Al, Ti oder Cr. Noch größere Fertigungsspielräume hat man, wenn der feldunterstützte Ionenaustausch nicht in der Schmelze, sondern in einer Vakuumapparatur (Bild 3.2-3) ausgeführt wird, wobei die Austauschionen aus der Dampfphase als dünne Schicht an der vorstrukturierten Glasoberfläche abgeschieden werden. Man kann dann z. B. durch Messung des Ionenstroms die in das Glas diffundierte

3.2 Mikrooptische Grundstrukturen und Fertigungsprozesse

Ionenmenge messen und den Prozess durch Ein- und Abschalten des Verdampfers steuern [Mei02]. Mit diesem Verfahren in Glassubstrate integrierte Lichtwellenleiter und Fresnel-Linsen sind in Bild 3.2-4 dargestellt.

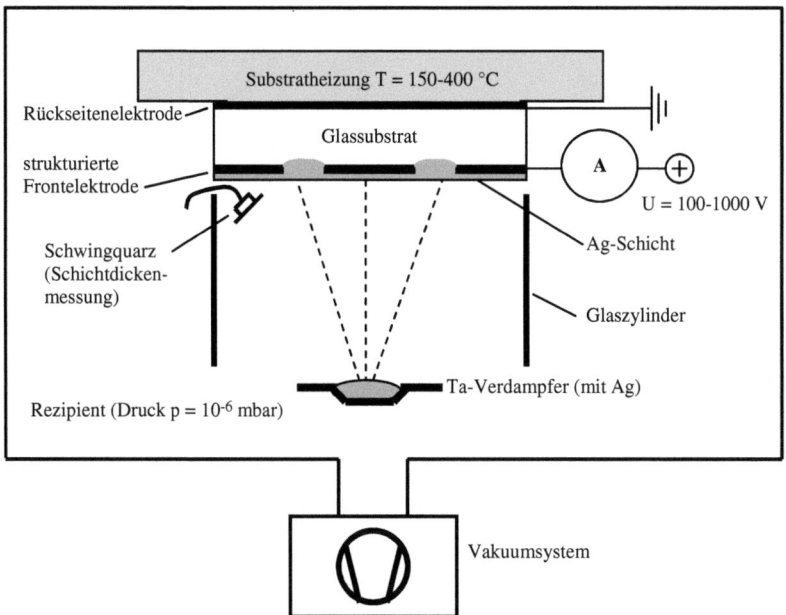

Bild 3.2-3   Vakuumapparatur zum feldunterstützten Ionenaustausch in Gläsern, hier mit Silber als Austauschionen

Bild 3.2-4   Durch feldunterstützten Ionenaustausch in Glassubstrate integrierte Lichtwellenleiter (links: Schnitt durch ein Substrat, Mitte: Draufsicht) und Fresnel-Linse (rechts) [Mei02]

GRIN-Linsen/-arrays werden charakterisiert durch die Parameter Linsendurchmesser, Pitchmaß, Abmessungen des Arrays, Dicke des Substrats, Brennweite und numerische Apertur $NA = sin\theta_{max}$ (mit θ_{max} als maximalem Einfallswinkel, unter dem Licht gerade noch auf die Bildebene abgebildet wird). Anwendungen dieser Arrays sind Displays (Erhöhung der Helligkeit, besserer Kontrast, größerer Blickwinkel), CCDs (verbesserte Sensitivität), parallele optische Verbindungen, konfokale Mikroskope, Bildverarbeitungssysteme, Sensor-/Detektorarraykopplungen, Laserdioden, Leuchtdioden- und Faserarraykopplungen (Bild 3.2-5).

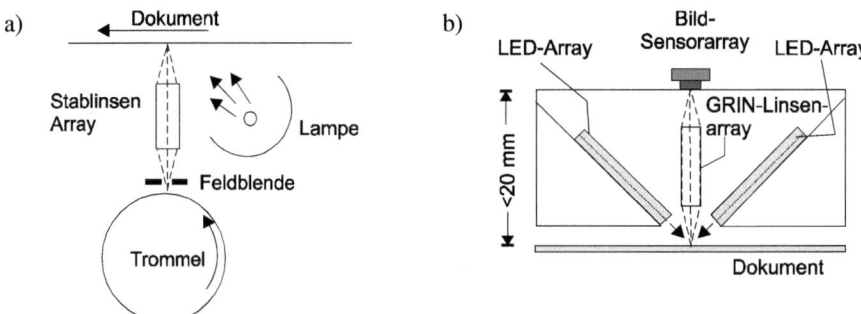

Bild 3.2-5 Anwendungen für stabförmige Gradientenindexlinsen:
a) Photokopierer;
b) Faxgerät [NSG]

Alternativ dazu werden Linsenarrays kostengünstig durch Abformprozesse hergestellt. Eine Methode, bei der zusätzlich sogar Justagestrukturen integriert werden können, ist das berührungslose Heißprägen (CEM, Contactless Embossing of Microlenses) [Picard97, Schulze97]. Mit Lochplatten, die man durch Lithographie und Galvanik herstellt, können Abformtechniken für die Fertigung von Linsenarrays in Polymeren genutzt werden. Die prinzipiellen Verfahrensschritte sind in Bild 3.2-6 gezeigt.

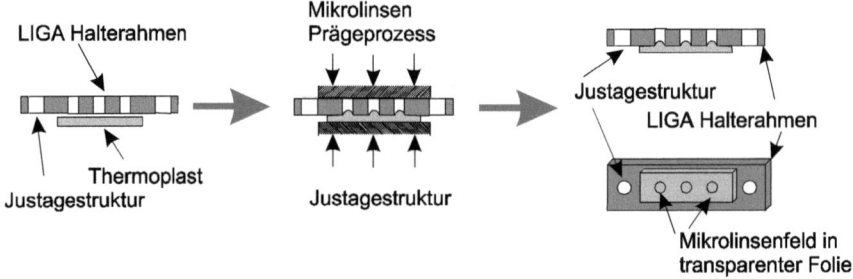

Bild 3.2-6. Verfahrensschritte zum Heißprägen von Mikrolinsen mit Hilfe eines LIGA-Bauteils mit Justagestrukturen [Picard97, Schulze97]

Eine metallische Lochplatte, die die äußeren Dimensionen und das Rastermaß der Linsen vorgibt, wird als Formeinsatz für einen (nicht vollständig ausgeführten) Prägeprozess verwendet. Transparente thermoplastische Materialien (Polycarbonat, PMMA) beulen sich unter Anwendung von Druck und Temperaturen nahe der Fließtemperatur in die Löcher aus, füllen diese bei optimierten Prozessparametern jedoch nicht vollständig. Auf diese Weise können mit runden Löchern sphärische Linsen, bei Verwendung von rechteckigen Öffnungen Zylinderlinsen und Linsen mit zwei unterschiedlichen Brennweiten (elliptische Öffnungen) hergestellt werden. Eine Variante dieses Verfahrens verwendet statt des metallischen Formeinsatzes solche aus hochschmelzenden Polymeren, die bereits Justagestrukturen oder Löcher für Justagestifte aufweisen. Auch hier können abgeformte LIGA-Bauteile die höchste Präzision gewährleisten. In Bild 3.2-7 ist diese Variante dargestellt, bei der der Formeinsatz von den geprägten Linsen nicht getrennt wird [Picard97, Schulze97].

3.2 Mikrooptische Grundstrukturen und Fertigungsprozesse

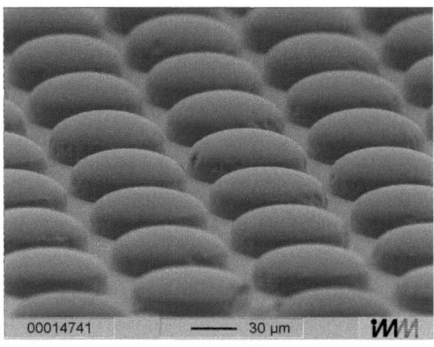 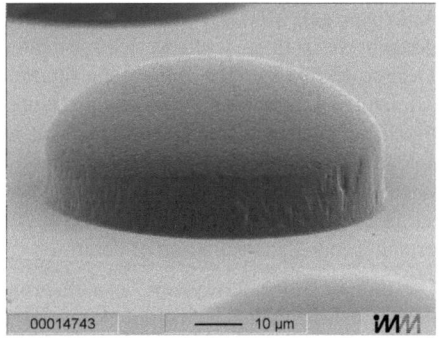

Bild 3.2-7 Mikrolinsenarray von PMMA-Linsen, hergestellt durch Heißprägen mit einer Lochplatte ⌀ 100 µm [Picard97, Schulze97]

Die LIGA-Technik mit Röntgentiefenlithographie ist eine herausragende Methode, um auf Waferebene Zylinderlinsen mit frei wählbaren Profilen herzustellen. Sowohl die Formgebung als auch die Justage von Linsensystemen kann bereits beim Maskendesign festgelegt werden. Für den Fall eines parallelen Strahlenbündels auf der Einfallseite können zur Unterdrückung von sphärischen Abberationen im Linienfokus asphärische Linsen integriert werden, wobei die Lage des Fokus gemäß Bild 3.2-8 und nachfolgender Gleichung definiert ist [Gerner96]:

$$h^2 = ((n_2/n_1)^2 - 1) \cdot g^2 - 2f \cdot g \cdot (n_2/n_1 - 1) \tag{3.2-6}$$

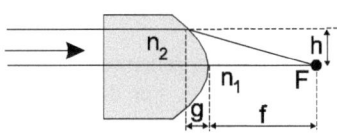 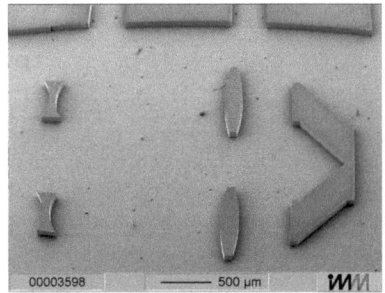

Bild 3.2-8 Bezeichnungen zur Berechnung asphärischer Linsen [Gerner96]

Bild 3.2-9 Konvexe und konkave Zylinderlinsen als Komponenten einer mikrooptischen Bank [Schift94]. Herstellung: Röntgentiefenlithographie, Resisthöhe 200 µm PMMA

Die genaue hyperbolische bzw. elliptische Form der Linsenoberfläche wird durch die verwendeten Materialien bzw. deren Brechungsindizes bestimmt. Derartige Linsen finden Verwendung bei der Kollimation von Laserlicht aus Laserdioden und Single-Mode-Glasfasern. Für die Fälle konvergenter oder divergenter Strahlung auf der Einfallseite weichen die Formen für abberationsunterdrückende Linsen von der elliptischen bzw. hyperbolischen Fläche ab und müssen mit Hilfe von Optik-CAD-Programmen (z. B. CodeV, Sigma2000) auf die jeweiligen Anforderungen optimiert werden.

Mikrospiegel: Mikrospiegel und -arrays finden in der Mikrosystemtechnik zahlreiche Anwendungen. Sie sind wesentliche Komponenten in mikrooptischen Systemen wie Laser-TV- und Laserprojektionsgeräten, Miniaturscannern, elektrisch ansteuerbaren Bildgebungsgeräten und Miniaturspektrometern. Vor allem Dünnschichttechnik und Silizium-Mikromechanik sind nützliche Verfahren zur Herstellung von hochdicht gepackten, einzeln ansteuerbaren Mikrospiegeln, die durch Kippung oder Drehung zur Strahlumlenkung benutzt werden [Hornbeck90, Goto93, IMIT96]. Die am häufigsten verwendete Methode zur Spiegelkippung bzw. Lichtstrahlablenkung ist die elektrostatische Ansteuerung. Anhand von drei Beispielen wird die grundlegende Schaltfunktion erläutert:

Das digitale Spiegelarray von Texas Instruments (DMD = Digital Mirror Device) (Bild 3.2-10) dient zur Erzeugung der Bildpunkte in einem Projektionssystem. Die verschiedenen Ausführungen des Arrays besitzen eine Anzahl von 600 x 480 bis zu 2048 x 1152 Elementen. Die einzelnen Spiegelelemente haben eine Größe von 16 x 16 μm^2 und ein Pitchmaß von 17 μm. Der Kippwinkel zwischen den Schaltzuständen beträgt 20°. Die Spiegel und die Spiegelhaltestrukturen bestehen aus Aluminium und werden dünnschichttechnisch auf einem mit Elektroden und Leiterbahnen versehenen Wafer aufgebaut [Hornbeck90, Sampsell94].

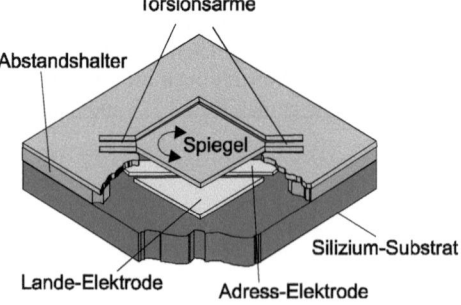

Bild 3.2-10 Schematischer Querschnitt durch ein Spiegelelement des DMD von Texas Instruments [Hornbeck90]

Herstellung: Dünnschichttechnik, Oberflächen-Mikromechanik, Mikrospiegel aus Aluminium

Ein 5 x 5-Spiegelarray der TU Chemnitz ist konzipiert für die periodische, zeilenweise Ablenkung von Laserstrahlen. Die Spiegel besitzen eine Größe von 3 x 3 mm^2. Für die statische Auslenkung sind Schaltspannungen von bis zu 1000 V notwendig. Die mit einer spiegelnden Aluminiumschicht versehenen Flächen werden aus der dünnen Siliziumschicht eines SOI-Wafers herausgeätzt und mit einem zweiten Wafer, der die elektrostatische Ansteuerung enthält, verbondet [Seidel95, Kurth98].

Eine Spiegelzeile aus insgesamt 18 Einzelspiegeln mit Dimensionen von 30 x 500 μm^2 für ein HADAMARD-Spektrometer (Bild 3.2-11) wurde vom IMM entwickelt [Diehl97]. Die Geometrie der Spiegel in Form von Eintrittsspalten für ein Spektrometer macht die Aufhängung an Biegearmen erforderlich. Die Spiegel selbst wurden auf einer Opferschicht aus Polyimid aufgebaut und strukturiert (Bild 3.2-12) und können bei Spannungen von 15-45 V um bis zu 5° (optischer Ablenkwinkel 10°) ausgelenkt werden.

3.2 Mikrooptische Grundstrukturen und Fertigungsprozesse

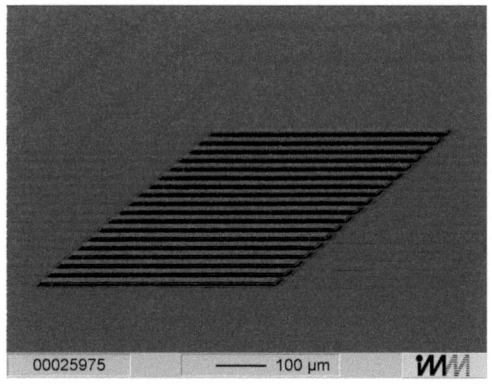

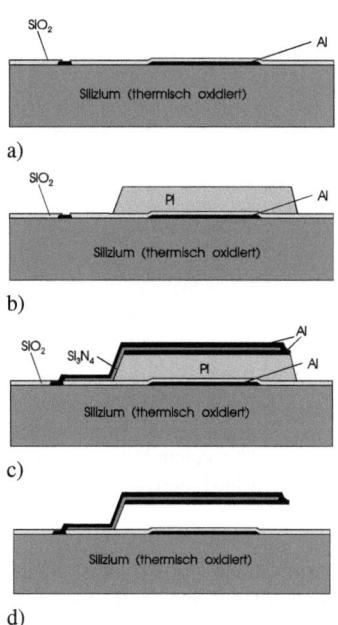

Bild 3.2-11 (oben): Elektrisch kippbare Mikrospiegelzeile mit 18 Spiegeln; schaltbare Eintrittsspaltzeile für ein Hadamard-Spektrometer [Diehl97]

Bild 3.2-12 (rechts): Abfolge der technologischen Schritte zur Herstellung der Hadamard-Spiegelzeile [Diehl97]:
a) Herstellung der Steuerelektrode und der Potentialkontakte der Spiegel
b) Strukturierung der Opferschicht
c) Herstellung der Spiegelstruktur
d) Veraschen der Opferschicht

Blenden: Die Anwendungsbereiche von Blenden entsprechen denen in der Makrooptik. Schlitzblenden, Pinholes und Pinholearrays zeigen jedoch mit zunehmender Miniaturisierung störende Beugungseffekte. Das durch Beugung, Partikel und Oberflächenrauigkeiten entstehende Streulicht kann bei mikrooptischen Aufbauten auf engstem Raum zu großen Problemen führen. Die bei makroskopischen Bauteilen und Gehäusen üblichen Schwärzungsmethoden (Eloxieren, schwarze Farbe) scheiden bei mikrooptischen Bauteilen aus. Eine elegante Methode der Streulichtunterdrückung wurde bei der Entwicklung eines miniaturisierten Sonnensensors demonstriert [Stepputat97]. Ein wesentliches Bauelement des Sensors ist die mit höchster Präzision durch anisotropes Ätzen von Silizium hergestellte Schlitzblende. Die Projektion dieser Blende auf zwei dreieckförmige Photodioden ermöglichte eine sehr genaue Lagebestimmung (0,3°). Die starke Miniaturisierung, die gerade für Weltraumanwendungen notwendig ist, machte hier die Unterdrückung von Streulicht zu einer vordringlichen Aufgabe. Dazu wurde durch einen speziellen Plasmaätzprozess die Oberfläche des Siliziums in „Schwarzes Silizium" umgewandelt (*Black Silicon Method*) und dessen optische Eigenschaft genutzt, um mehr als 99,5 % des einfallenden Sonnenlichts zu absorbieren [Stepputat97] (vgl. Kap. 2.4.4.3). Ein weiteres Beispiel ist in Bild 3.2-13 gezeigt: Eine anisotrop aus Silizium geätzte Schlitzblende wurde über die Black Silicon-Methode geschwärzt und mit einem Mikrospiegel-Chip verklebt. Dadurch wurde ein wesentlicher Anteil des von Leiterbahnen und Ätzkanten kommenden Streulichts unterdrückt.

Bild 3.2-13 REM-Aufnahme einer mit der Black Silicon-Methode geschwärzten Streulichtblende über einem Mikrospiegel-Chip [Riesenberg00]

Bild 3.2-14 PMMA-Prismen, hergestellt durch Röntgentiefenlithographie [Gerner96]

Prismen: Prismen werden meist genutzt, um einem Lichtbündel eine andere Ausbreitungsrichtung, eine andere Lage (z. B. durch Parallelversetzung) oder einer Abbildung eine Drehung zu vermitteln. Die Wirkung von Prismen beruht auf Brechung oder Reflexion, wobei die Totalreflexion gerade in der Mikrooptik wegen der notwendigen Vermeidung von Streulicht bevorzugt wird. Grundsätzlich sind Prismen als Ablenkelemente auch durch Spiegelanordnungen ersetzbar. Gewisse Grundformen kehren bei vielen Prismen wieder. Dazu gehören das rechtwinklig gleichschenklige Prisma („Halbwürfel"), das Dachkantprisma, der Tripelspiegel und das Pentagonprisma. Diese Grundformen können auch in der Mikrotechnik in nahezu beliebigen Kombinationen räumlich angeordnet werden [Flügge67]. Prismen aus Glas werden in der Regel durch Schleif- und Polierverfahren hergestellt. Die kleinsten derzeit erhältlichen Glasprismen besitzen Abmessungen von etwa 300 µm [Zünd] und eignen sich sehr gut als isoliert stehende optische Komponenten, jedoch wenig für hochintegrierte mikrooptische Aufbauten. Hier bieten mikrotechnische Verfahren die Möglichkeit zu präziser Massenfertigung kleinster Mikroprismenanordnungen. Eine Reihe von Prismen zur Strahlumlenkung (90°: Rechtwinkelprisma; 180°: Retroreflektor), zur Einkopplung in planare Wellenleiter, zur Bildumkehr (Dovesches Umkehrprisma) oder zur Parallelversetzung (Rhomboederprisma) wurden durch mikrotechnische Verfahren realisiert. Insbesondere die LIGA-Technik ermöglicht die Herstellung von Polymer-Prismen (Bild 3.2-14) sowie die Kombination mehrerer zueinander positionierter Prismen zum Aufbau komplexer Strahlengänge.

Gitter: Gitter werden allgemein in spektroskopischen Messinstrumenten, in Sensoren, in Monochromatoren oder in Komponenten für die Telekommunikation (Multiplexer, Demultiplexer) benutzt. Gitter besitzen die Eigenschaft, Licht unterschiedlicher Wellenlängen in unterschiedliche Richtungen zu beugen.

3.2 Mikrooptische Grundstrukturen und Fertigungsprozesse

Grundlagen: Die Beziehung zwischen dem Einfallswinkel α, dem Ausfallswinkel β_m und der Wellenlänge λ des Lichts ist gegeben durch (Bild 3.2-15):

$$\sin\alpha + \sin\beta_m = -m\lambda/g \qquad (3.2\text{-}7)$$

Dabei ist m die Ordnung des gebeugten Strahls (m = ..., -2, -1, 0, +1, +2, ...) und g die Gitterperiode. Für $m = 0$ erhält man $\alpha = \beta_0$, gleichbedeutend mit spiegelnder Reflexion. Diese führt immer zu (meist unerwünschten) Intensitätsverlusten und gerade in der Mikrooptik zu einem Streulichtproblem, dem mit entsprechenden Maßnahmen begegnet werden muss.
Als Winkeldispersion bezeichnet man die Änderung des Beugungswinkels pro Wellenlängeneinheit (bei festem Winkel α):

$$d\beta_m/d\lambda = -m/(g\cos\beta_m) \qquad (3.2\text{-}8)$$

Die Wellenlängendispersion $d\lambda/dx$ an der Ausgangsseite eines dispersiven Elementes ist definiert als die inverse lineare Dispersion. Mit f als Brennweite des Instrumentes gilt:

$$d\lambda/dx = g\cos\beta/(-mf) \qquad (3.2\text{-}9)$$

Die Wellenlängendispersion sollte möglichst klein sein, deshalb sind kleine Gitterperioden von Vorteil ($\Rightarrow$ Holographische Gitter). Aus Gl. (3.2-7) folgt, dass Licht der Wellenlänge λ_1 in erster Ordnung in die gleiche Richtung gebeugt wird wie Licht der Wellenlänge $\lambda_1/2$ in zweiter Ordnung und Licht der Wellenlänge $\lambda_1/3$ in dritter Ordnung usw. Deswegen ist es notwendig, durch optische Filter den Wellenlängenbereich einzugrenzen, der in ein Spektrometer fällt. Ansonsten überlappen sich Spektren verschiedener Beugungsordnungen (Bild 3.2-16).

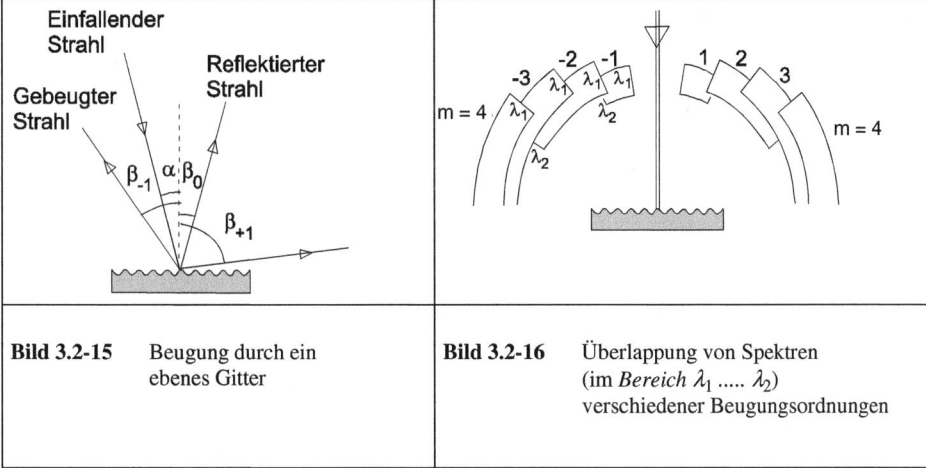

Bild 3.2-15 Beugung durch ein ebenes Gitter

Bild 3.2-16 Überlappung von Spektren (im *Bereich* λ_1 ..... λ_2) verschiedener Beugungsordnungen

Das spektrale Auflösungsvermögen R eines Instruments ist definiert durch den Wellenlängenabstand $\Delta\lambda$, den zwei Spektrallinien bei der Wellenlänge λ haben müssen, um sie noch getrennt wahrzunehmen. Bei Gittern ist R der wichtigste optische Parameter

$$R = \lambda/\Delta\lambda = mN \qquad (3.2\text{-}10)$$

Dabei ist N die Zahl der beleuchteten Gitterlinien. Aufgrund dieser Gleichung sind jedoch nur bestimmte Kombinationen von m und N möglich.

Die vorangegangenen Betrachtungen beziehen sich auf ebene Gitter mit gleichbleibenden Gitterperioden, die entweder als Transmissionsgitter oder als Reflexionsgitter verwendet werden können. Ein weiterer Parameter eines Gitters ist die Beugungseffizienz, die von der Wellenlänge und der Polarisation des Lichts, der Gitterperiode, der Form der Gitterfurchen und dem Material abhängt. Generell ist die Beugungseffizienz bei Transmissionsgittern 10 % geringer als bei Reflexionsgittern, die meist aus gefurchten metallisierten Oberflächen bestehen. Die Optimierung der Beugungseffizienz für eine bestimmte Wellenlänge bzw. einen eng begrenzten Spektralbereich erfordert sogenannte geblazte Gitter, bei denen die meiste gebeugte Intensität in die -1. Beugungsordnung geht (Bild 3.2-17). Der Blazewinkel α kann so eingestellt werden, dass bei senkrecht einfallendem Strahl der größte Teil der Intensität in Richtung der regulär reflektierten Welle gebeugt wird. Die theoretisch mögliche Beugungseffizienz von 100 % ist jedoch nur bei einer Wellenlänge und bei perfekten Strukturen möglich. In der Praxis besitzen die Gitter Effizienzen zwischen 20 % und 80 %, je nach Wellenlänge und Polarisationsrichtung des einfallenden Lichts.

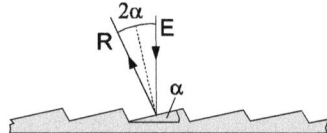

Bild 3.2-17
Beugung von Licht an einem geblazten Gitter (α: Blazewinkel)

Die Herstellung von Gittern für makroskopische optische Aufbauten hat eine lange Tradition. Einfache Reflexionsgitter werden durch Einritzen von Linien in spiegelnde Flächen mit feinen Diamantspitzen hergestellt. Damit können bis zu 1700 Linien pro mm bei einer Gesamtzahl von bis zu 110.000 Linien erzeugt werden [Bergm/Schäfer]. Dies ist auch auf sphärischen Flächen zur Herstellung von Konkavgittern mit abbildenden Eigenschaften möglich, wodurch z. B. weitere optisch abbildende Linsen überflüssig werden.

In jüngster Zeit werden vielfach holographisch erzeugte Gitter eingesetzt [Dobschal92]. Diese werden hergestellt, indem ein Laserstrahl in zwei Teilwellen aufgespalten wird, die sich in einem geeigneten Winkel auf einem ebenen oder gekrümmten Substrat wieder überlagern. Das entstehende Interferenzmuster wird durch die Prozessfolge Belichtung, Entwicklung, Ätzen, Metallisierung auf das Substrat übertragen. Durch Abformung in Kunststoff, der z. B. als dünner Film auf einem Glasträger aufgeschleudert ist, können davon Kopien (sogenannte Replikagitter) erzeugt werden. Zur Herstellung von geblazten holographischen Gittern werden die o. g. Verfahrensschritte noch durch ein Ionenstrahlätzverfahren ergänzt, das wegen seiner Direktionalität die Einstellung bestimmter Blazewinkel und damit eine Optimierung der Beugungseffizienz ermöglicht. Holographische Gitter haben den Vorteil niedrigen Streulichts und können mit sehr kurzer Brennweite hergestellt werden.

Ein ehrgeiziges Ziel der Mikrooptik ist die Realisierung kompakter und kostengünstiger miniaturisierter Spektrometer mit hoher Auflösung. Sie beinhalten geblazte Gitter, deren Blazewinkel und abbildende Eigenschaften sich lithographisch definieren lassen. Hier bietet sich insbesondere die Kombination der Dünnschicht- oder LIGA-Technik mit planaren Schichtwellenleitern an. Anstelle von Freistrahloptiken wurden bereits $SiO_2/SiO_xN_y/SiO_2$- [Sander96] und PMMA/(PMMA/TFPMA)-Schichtwellenleiter [Anderer90] mit geblazten Beugungsgittern kombiniert. In Bild 3.2-18 ist der prinzipielle Aufbau eines Miniaturspektrometers in Form eines planaren Wellenlängen-Demultiplexers (mit integrierter Photodiodenzeile) mit selbstfokussierendem Reflexionsbeugungsgitter dargestellt [Anderer90]. Seine Auflösung beträgt im Wellenlängenbereich von 400-1100 nm ca. 7 nm bei äußeren Abmessungen von wenigen Zentimetern [Microp96]. Für den NIR- und IR-Bereich wurde mit ähnlicher Technologie ein Mikrospektrometer mit metallisiertem Hohlwellenleiter realisiert, das bei Auflösungen von < 7 nm Anwendungen in der Gassensorik und Materialanalyse erschließt [Krippner98].

3.2 Mikrooptische Grundstrukturen und Fertigungsprozesse

Bild 3.2-18 Schema eines integrierten Miniaturspektrometers mit selbstfokussierendem Reflexionsbeugungsgitter [Anderer90, Microp96]

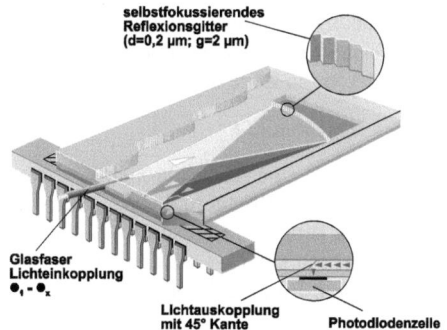

Strahlteiler: Bei Strahlteilern, die einen Lichtstrahl in zwei oder mehr Teilstrahlen aufteilen, unterscheidet man zwischen physikalischer und geometrischer Strahlteilung. Von geometrischer Strahlteilung spricht man, wenn der Querschnitt eines Lichtstrahls mit endlichem Durchmesser durch teilreflektierende Platten und Spiegel, Mikroprismen oder durch die Gabelung eines Y-Verzweigers in zwei oder mehrere Teile zerschnitten wird. Bei der physikalischen Strahlteilung nutzt man die gestörte Totalreflexion innerhalb eines Prismas, d. h. man koppelt das evaneszente Feld eines totalreflektierten Lichtstrahls über eine dünne Schicht mit niedrigerem Brechungsindex und ein zweites Prisma aus. Dabei definiert der Brechungsindex und die Dicke dieser Schicht den Anteil der ausgekoppelten Intensität.

Aufgrund der Präzision lithographischer Methoden sind geometrische Strahlteiler einfach und mit wohldefinierten Aufteilungsverhältnissen mikrotechnisch herstellbar. Das bekannteste Beispiel eines miniaturisierten Strahlteilers ist der Y-Verzweiger, der zur Aufteilung von optischen Signalen benutzt wird (Kap. 3.2.3).

Fresnelsche Zonenplatten: Für Licht sehr kleiner Wellenlängen und Materiewellen ungeladener Teilchen sind refraktive Bauelemente (Linsen) mit fokussierenden Eigenschaften überhaupt nicht oder nur sehr schwer herzustellen. Aus der Wellenoptik sind geometrische Strukturen bekannt, die man als Fresnelsche Zonenplatten bezeichnet und die für Licht- und Materiewellen fokussierende Eigenschaften besitzen. Zonenplatten sind ringförmige Schirme, die das von einer Lichtquelle ausgehende Licht in jeder zweiten Fresnelzone in seiner Phase oder seiner Amplitude verändern. Die Grenzen dieser Ringe entsprechen den Schnittlinien einer von einem Punkt S ausgehenden Wellenfront mit konzentrischen Kugeln, deren Radien $r_0 +(\lambda/2)$, $r_0+2(\lambda/2)$, $r_0 +3(\lambda/2)$ usw. sind (Bild 3.2-19).

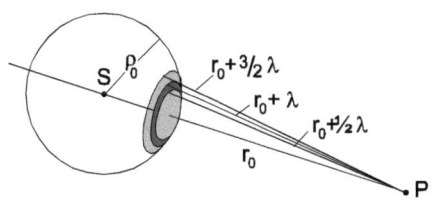

Bild 3.2-19 Ausbreitung einer sphärischen Wellenfront [Hecht89]

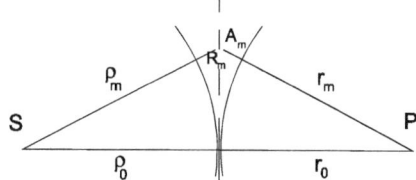

Bild 3.2-20 Zur Geometrie einer Zonenplatte [Hecht89]

Will man die Geometrie einer Zonenplatte für die Fokussierung von Wellen mit der Wellenlänge λ im Abstand r_0 von der Zonenplatte berechnen (Bild 3.2-20), so erhält man für den äußeren Rand der m-ten Zone den Ausdruck:

$$(1/\rho_0 + 1/r_0) = m\lambda / R_m^2 \qquad (3.2\text{-}11)$$

Zonenplatten besitzen eine starke chromatische Aberration und außerdem Brennpunkte höherer Ordnung [Hecht89]. Bei Röntgen- und Teilchenstrahlung liegen die typischen Dimensionen für die konzentrischen Ringe von Fresnelzonenplatten im µm-Bereich, so dass sie mit mikrotechnologischen Verfahren gefertigt werden müssen. Ein Beispiel für die Realisierung durch Röntgenlithographie ist in Bild 3.2-21 gezeigt.

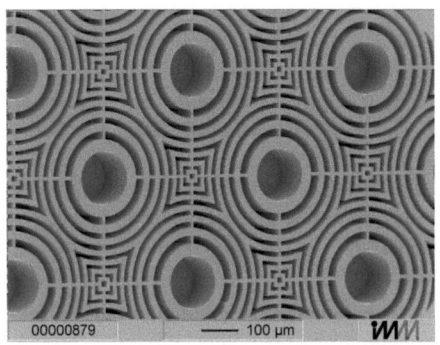

Bild 3.2-21 Beispiel eines Arrays von Zonenplatten, hergestellt durch Röntgentiefenlithographie und Galvanoformung. Die Realisierung der äußeren, kleinsten Strukturen ist durch das Auflösungsvermögen der verwendeten Lithographiemethode limitiert.

Diffraktive Optiken: Die Kombination der präzisen Fertigungsmethoden der Halbleitertechnologie mit CAD-Werkzeugen zur Berechnung von Wellenfronten ermöglicht die Herstellung einer Gruppe diffraktiver optischer Elemente mit stufenförmigen Oberflächenreliefs. Die optische Wirkung konventioneller, massiver Linsen beruht auf Brechung (refraktive Optik). Die Eigenschaften eines diffraktiven optischen Elementes rühren von der Kodierung der Phase einer einfallenden Wellenfront nach Reflexion (bzw. Transmission) an einem stufenförmigen Muster her. Im Falle eines einfachen Stufenprofils (2 Niveaus) spricht man von binärer Optik.

Diffraktive optische Elemente modulieren die Phasenfront und besitzen dadurch Abbildungseigenschaften wie Fokussierung, Mehrfachfokussierung und Strahlmultiplexing. Die Modulation der Phasenfront wird durch Strukturen ermöglicht, die in lithographisch definierten Ätz-, Liftoff-, Galvanik- oder Diffusionsprozessen gefertigt werden. Die Verknüpfung mit Replikationsprozessen z. B. durch Heißprägen erlaubt auch die kostengünstige Massenfertigung.

Hauptmotiv für die Entwicklung von binären Optiken ist der Wunsch, Gewicht zu sparen, die Größe und Kosten für optische Systeme zu reduzieren und Optiken zu schaffen, die neue oder mehrere Funktionen gleichzeitig erfüllen. Durch diffraktive Optiken bzw. ihre Kombination mit refraktiven Elementen ist die Kompensation von Dispersionseffekten möglich. Durch Strukturierung auf einer Glaslinsenoberfläche kann z. B. die chromatische Aberration minimiert werden [Kröninger 94]. Für die Qualität der diffraktiven Elemente ist die Beugungseffizienz

$$\eta = \sin^2(\pi/N)/(\pi/N)^2 \qquad (3.2\text{-}12)$$

(mit N als Anzahl der Phasenlevel) der entscheidende Parameter. Hohe Effizienz erfordert eine große Zahl von Phasenleveln. Durch die Abfolge mehrerer Lithographie- und Ätzprozesse erhält man bei M Maskenschritten $N = 2^M$ Phasenlevel. Damit sind Beugungseffizienzen von

3.2 Mikrooptische Grundstrukturen und Fertigungsprozesse

$\eta = 0{,}81$ (für $N = 4$) bis $\eta = 0{,}99$ (für $N = 16$) erreichbar. Mit Hilfe von 3 Masken werden in Bild 3.2-22 insgesamt 8 Phasenlevel auf einer flachen Mikrolinse erzeugt. Materialien für derartige Optiken sind Quarz, spezielle Gläser, Polymere oder Halbleiter wie Si, Ge und ZnS.

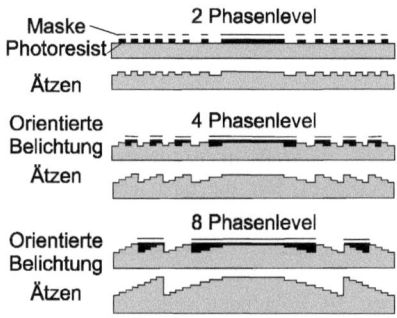

Bild 3.2-22 Herstellung diffraktiver Optiken: Mit Hilfe von 3 Masken können bis zu 8 Phasenlevel erzeugt und dadurch z. B. Mikrolinsen, computergenerierte Hologramme und komplexe Strahlteileroptiken realisiert werden.

Phasenreliefstrukturen werden nicht nur für mikrooptische Bauelemente zur Strahlformung und Strahlführung eingesetzt, sondern können auch direkt zur Bilderzeugung genutzt werden. Bei sogenannten Phasenreliefhologrammen erhält z. B. eine Glasoberfläche eine beugende (binäre oder multilevel) Mikrostruktur, die so kodiert ist, dass bei Durchstrahlung aus der Überlagerung der gebeugten Wellenfronten ein Bild entsteht (Bild 3.2-23). Bei binären Phasenreliefhologrammen beobachtet man gleichzeitig Bilder in der 1. und -1. Beugungsordnung, diese Dublizität kann mit der Herstellung von Multilevel-Phasenhologrammen vermieden werden.

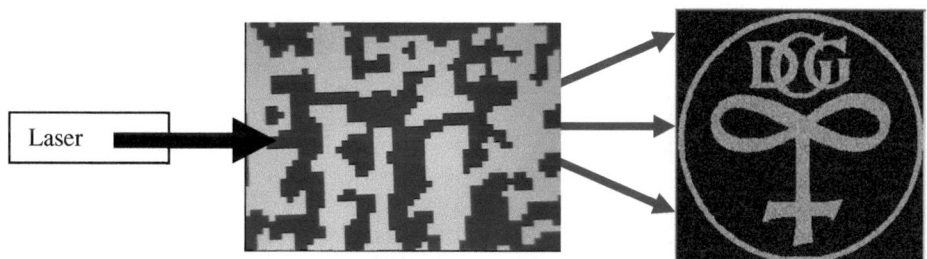

Bild 3.2-23: Binäres Phasenreliefhologramm (Mitte) auf einem Glassubstrat (Herstellung: Photolithographie, RIE) mit minimalen Strukturdimensionen von 2 µm; bei Laser-Bestrahlung entsteht das rechts gezeigte Logo [Mei04]

Die Herstellung abgeformter diffraktiver Optiken durch Spritzguss oder Heißprägeverfahren war bisher nicht unproblematisch. Die hohen Präzisionsanforderungen konnten wegen Verunreinigungen der Polymere, Wasseraufnahme, Schrumpfungsprozessen bei der Abformung oder Herstellungstoleranzen der Formwerkzeuge nicht erfüllt werden. Inzwischen wurden jedoch wesentliche Fortschritte erzielt [Nisper97].

Gegenwärtig sind eine Reihe von Produkten auf dem Markt, die diffraktive Elemente als zentrale Komponente nutzen, z. B. Messgeräte für Vibration, Translation und Rotation (Risø National Laboratory, Roskilde, Dänemark), computergenerierte Hologramme zur Strahlteilung und Strahlformung (MEMS Optical Inc., Huntsville, Alabama, USA) und ein Fingerabdrucksensor (Advanced Precision Technology, USA). Weitere Anwendungen sind mikrooptische Laserscanner, die durch eine sehr kleine Relativbewegung zweier Linsenarrays eine große

Änderung des optischen Ablenkwinkels, der Phase oder der Intensität eines Laserstrahls ermöglichen [Göring93, Motamedi93]. Dieses Prinzip kann bei vielen miniaturisierten optischen Systemen (zur Nachführung, Modulation und zum Scannen), die mit einem Minimum an beweglichen Elementen auskommen, nützlich sein [Ramses95].

3.2.2 Glasfaserkompatible mikrooptische Strukturen

Die Verfügbarkeit leistungsfähiger Telekommunikations- und Datenübertragungsnetze ist eine Grundvoraussetzung für wirtschaftliche Erfolge einer modernen Industrie. Aufgrund der stetig wachsenden Datenmengen hat die Glasfaser das Potential, als Medium für breitbandige optische Datenübertragung das klassische Kupferkabel abzulösen. Für die dazu erforderlichen Glasfasernetze sind passive optische Komponenten erforderlich, welche die Faser mit einer optoelektronischen Ausleseeinheit (z. B. einer Photodiode) verbinden (Faser-Chip-Kopplungen), optische Signale auf mehrere Endstationen verteilen (Verzweiger, Sternkoppler) oder ein Multiplexing bzw. Demultiplexing durchführen. Im Folgenden sollen einige dieser Komponenten und deren Herstellungsverfahren beschrieben werden, um Lösungsbeispiele aus der optischen Nachrichtentechnik und Signalübertragung aufzuzeigen. Derartige Komponenten finden auch Anwendungen in der Sensorik und anderen High-Tech-Bereichen, in denen die Übertragung von Licht eine Rolle spielt.

Faser-Chip-Kopplung: Design und Ausführung einer Faser-Chip-Kopplung hängen eng mit der beabsichtigten Weiterleitung des Lichts zusammen. Für daran anschließende Freistrahloptiken ist eine Positionierung des Faserendes notwendig, die z. B. durch anisotrop geätzte V-förmige Gruben in Silizium (Kap. 3.1) erreicht wird.

Bild 3.2-24 Glasfaserführungsgräben (und gleichzeitig hergestellte Zylinderlinsen) vor dem Einlegen der Glasfasern. Herstellung: Röntgentiefenlithographie in 130 µm PMMA [Schift94]

Bild 3.2-25 Gestufter Formeinsatz zur gleichzeitigen Abformung von Faserführungsgraben mit daran anschließendem Wellenleiter. Herstellung: Röntgentiefenlithographie und Galvanoformung [Paatzsch97]

Die Dimensionen dieser V-Gruben können durch Photolithographie und Ätzen sehr genau festgelegt werden. Dadurch gelingt es, mit Monomodefasern Licht in $SiO_2/SiO_xN_y/SiO_2$ Schicht- oder Rippenwellenleiter einzukoppeln. V-Gruben besitzen jedoch keine senkrechten Wände und dadurch keinen definierten Anschlag für die abstrahlende oder lichtaufnehmende Stirnfläche einer Glasfaser. Abhilfe kann hier das Sägen eines schmalen Grabens mit der Wa-

3.2 Mikrooptische Grundstrukturen und Fertigungsprozesse

fersäge schaffen. Günstiger ist die Herstellung von faserpositionierenden Strukturen über eine zusätzlich aufgebrachte dicke Resistschicht. Hier können auf der Substratoberfläche durch lithographische Prozesse (z. B. UV-Lithographie in SU8-Resist, Röntgenlithographie in PMMA) und Abformung Faserpositionierer hergestellt werden, die eine Licht-Einkopplung in Wellenleiter, optoelektronische Bauelemente, fokussierende optische Elemente oder mikrofluidische Bauteile ermöglichen [Rogner91, Schift94, Paatzsch97, Smaglinski95]. Einfache Faserführungsgräben, durch Röntgentiefenlithographie hergestellt, zeigt Bild 3.2-24. In Bild 3.2-25 sind Formeinsätze zu sehen, die für die Abformung von passiven Faser-Chip-Kopplungen zusammen mit anschließenden Wellenleiterstrukturen entwickelt wurden [Paatzsch97].

Kugellinsenpositionierungen: Eine einfache Methode zur zweidimensionalen Fokussierung von divergentem Licht ist die Verwendung von Kugellinsen, die in speziellen Aussparungen gehalten werden. Wie die Faserführungsgräben sind Kugellinsenpositionierungen sehr einfach durch röntgen- oder UV-lithographische Verfahren herzustellen (Bild 3.2-26). Durch den Brechungsindex und den Durchmesser ist die Brennweite der Kugellinse festgelegt. Allerdings können schon kleine Toleranzen bei den Abmessungen von Fasern und Linsen zu einer Verschiebung des Fokus um mehrere µm führen, wodurch eine gute Einkopplung in ein mikrooptisches Element verhindert wird.

Kugellinsen sind dicke Linsen, deren Brennpunkt, wenn sie in Luft eingebettet sind, sehr nahe an der Grenzfläche liegt. In Kombination mit Glasfasern sollten diese, um zusätzliche Höheneinstellungen zu vermeiden, den gleichen Durchmesser (125 µm) besitzen. Um einen kleinen Fokusdurchmesser in einer annehmbaren Entfernung (~ 2f) vom Kugellinsenmittelpunkt zu erhalten, ist es günstig, die Faserstirnfläche in geringer Entfernung vom Brennpunkt zu positionieren, aber nur soweit, dass keine Verluste durch Überstrahlung der Linse entstehen. Diese Überlegungen führen auch zu Randbedingungen für die entsprechende Kugellinsenpositionierung.

Bild 3.2-26 Kugellinse (∅ 125 µm) in einer Positioniereinheit.
Herstellung: Röntgentiefenlithographie in PMMA.

Bild 3.2-27 Mikrooptischer Aufbau aus PMMA-Strukturen (Führungsgräben und Zylinderlinsen) und quergelegter Glasfaser zur Kollimierung und Überlagerung zweier Strahlen aus Singlemode-Glasfasern.
Herstellung: Röntgentiefenlithographie in 130 µm PMMA [Schift94].

Querfasern: Neben Kugellinsen bieten sich alternative Konzepte zur Fokussierung in horizontaler und vertikaler Richtung an. Will man die genaue Anpassung des Kugellinsendurchmessers an die Größe der ankoppelnden Glasfaser vermeiden oder steht nicht ausreichend Platz zur

Verfügung, ist die Verwendung von quergelegten Glasfasern desselben Typs möglich. Dann dient die gewölbte Fläche des Glasfasermantels zur Erzeugung eines Linienfokus. Gleichzeitig kann in Kombination mit Zylinderlinsen, die in die Führungsgräben integriert sind, eine horizontale Fokussierung erreicht werden (Bild 3.2-27).

Positionierungsstrukturen anderer optischer Elemente: Makroskopische Aussparungen können dafür verwendet werden, andere Elemente oder komplette Arrays aufzunehmen und zu positionieren. Durch Anschläge und Führungsschienen können Justierungen oder Justierhilfen vorgegeben werden. Die einzusetzenden Elemente sollten gleichermaßen Anschlagkanten und makroskopische Halterungen aufweisen, die das Positionieren erleichtern. Die lithographisch hergestellten Positionierstrukturen weisen Toleranzen auf, die die Lagegenauigkeit der zu positionierenden Elemente definieren. Diese Toleranzen ergeben sich aus den Abbildungsgenauigkeiten der Lithographie und den nachfolgenden Ätzschritten oder Galvanoformungen. Für dreidimensionale Strukturen mit hohen Aspektverhältnissen werden Toleranzen unter 1 µm durch Anwendung der LIGA-Technik mit Röntgenlithographie erreicht. Ein Beispiel für die Positionierung von Glasfasern und Querfasern ist bereits in Bild 3.2-27 gezeigt. Dass Positionierungsstrukturen auch in der dritten Dimension sinnvoll machbar sind, demonstriert ein Justageelement für ein 16fach-Faserbändchen, das durch ineinander gesteckte, hochpräzise LIGA-Teile gebildet wird (Bild 3.2-28) [Picard96].

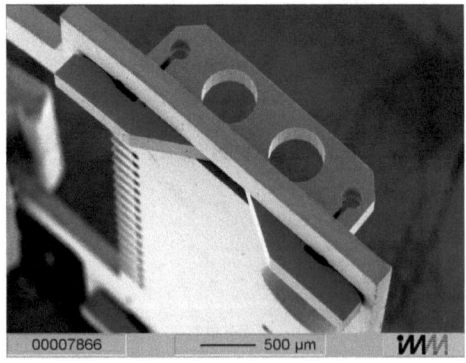

Bild 3.2-28
Metallische Mikrostrukturen zur Lagepositionierung von Glasfasern eines 16-fach-Faserbändchens [Picard96]

3.2.3 Lichtleitende Strukturen

Die theoretischen und experimentellen Grundlagen geführter optischer Wellen in einfachen Dünnschichtwellenleitern und komplizierten Wellenleiterkonfigurationen sowie deren Herstellungsmethoden und Anwendungsfelder werden in dem heute allgemein üblichen Sammelbegriff „Integrierte Optik" zusammengefasst. Diese hat das Ziel, die Vorteile der optischen Informationsübertragung und -verarbeitung zu nutzen und dabei weitgehend auf elektronische Schaltungen und Übertragungsstrecken zu verzichten. Im Rahmen dieses Buches kann nur eine kurze Darstellung einiger Grundbauelemente und ihrer Herstellungsmethoden gegeben werden. Damit soll ein Eindruck vermittelt werden von den vielfältigen Möglichkeiten, die Strukturen der integrierten Optik innerhalb der Mikrosystemtechnik eröffnen.

Glasfasern: Licht kann durch Glasfasern sehr effizient in Stäben von mehreren mm Dicke oder auch in extrem dünnen Glasfasern mit nur wenigen µm Durchmesser geleitet werden. Am gebräuchlichsten sind Glasfasern mit einem Germanium-dotierten, höherbrechenden Faserkern, der der Faser ein charakteristisches Brechungsindexprofil vermittelt. Nach dem geometrisch-optischen Modell von Bild 3.2-29 führt dieses Profil zu einer inneren Totalreflexion, so dass Licht aus der Glasfaser nicht austritt. Der Brechzahlunterschied zwischen Kern und Fasermantel definiert einen Maximalwert θ_{max}, für den der Strahl in der Glasfaser unter dem Grenzwinkel der Totalreflexion auftrifft. Bei noch größerem Winkel werden die Strahlen nur noch zum Teil an der Grenzfläche zwischen Mantel und Kern reflektiert und treten wieder aus der Faser aus. Dementsprechend definiert θ_{max} den Halbwinkel des Strahlkegels, dessen Licht in der Faser geführt wird. Die Größe $NA = n_0 \sin \theta_{max}$ (mit n_0 als Brechungsindex des Mediums außerhalb der Faser) ist als *numerische Apertur* definiert. Ihr Quadrat ist ein Maß für das Vermögen des Systems, Licht zu sammeln. Für eine Glasfaser gilt:

$$NA = \sqrt{n_f^2 - n_c^2} \qquad (3.2\text{-}13)$$

(n_f: Brechungsindex des Faserkerns, n_c: Brechungsindex des Fasermantels), wobei im Handel derzeit Fasern mit Werten von $NA = 0{,}11\text{-}0{,}6$ erhältlich sind [Laser Components, Olching].

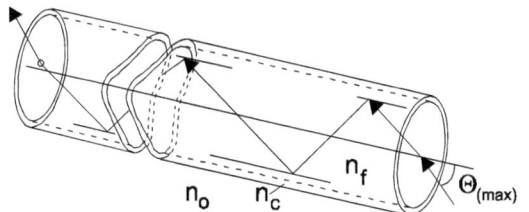

Bild 3.2-29
Geometrisch-optische Betrachtung der Wellenführung in Glasfasern mit dotiertem Kern

Der Verlauf dieses Brechungsindexprofils für die drei wichtigsten faseroptischen Strukturen ist in Bild 3.2-30 dargestellt. Die *Stufenprofilfaser* besitzt einen homogenen Kern von 50 µm bis 150 µm, ist die kostengünstigste Faser und hat den Vorteil der relativ problemlosen Einkopplung von Licht (hohe Numerische Apertur von 0,4-0,6) sowie einer geringen Empfindlichkeit in Bezug auf Biegeverluste. Allerdings ist dieser Fasertyp nicht für lange Reichweiten geeignet, da in der Glasfaser sehr viele Wellenmoden existieren können, die sich unterschiedlich schnell ausbreiten. Dadurch wird die Rate, mit der Information transportiert werden kann, stark limitiert. Dieser Nachteil wird zum Teil bei der *Multimode-Gradientenprofilfaser* reduziert. Hier besitzt der Kern einen Durchmesser von ca. 20-90 µm und sein Brechungsindex verringert sich allmählich radialsymmetrisch von innen nach außen. Statt auf zick-zack-förmigen Wegen verlaufen die Strahlen mehrerer Moden spiralförmig um die Achse. Dadurch breiten sich Strahlen in der Nähe des Mantels auf längeren Wegen schneller aus, wodurch die Moden hinsichtlich ihrer Ausbreitungsgeschwindigkeit zusammenbleiben.

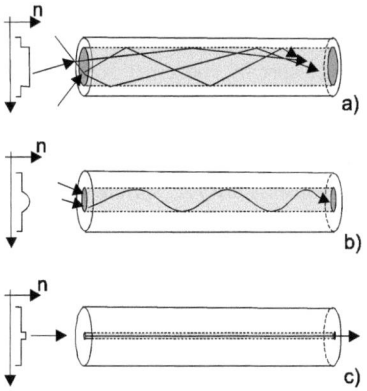

Bild 3.2-30 Die drei wichtigsten Fasertypen und deren jeweiliger Verlauf des Brechungsindexprofils [Hecht89]
a) Stufenprofilfaser
b) Multimode-Gradientenprofilfaser
c) Monomode-Glasfaser

Die besten Leistungsparameter zeigen *Monomode-Glasfasern* mit einem Kerndurchmesser von weniger als 10 µm bei gleichzeitig sehr kleinen Brechungsindexunterschieden zwischen Kern und Mantel (n_f -n_c ≈ 0,005) und sehr kleiner Numerischer Apertur (NA = 0,11). Dabei gibt es sowohl Stufenprofil- als auch Gradientenprofilfasern. Der übliche Standarddurchmesser des Mantels beträgt 125 µm ± 2 µm. Obwohl sie relativ teuer sind und Laserlichtquellen erfordern, sind sie für die Übertragung hoher Bitraten über lange Strecken unentbehrlich. Außerdem werden Monomodefasern für Anwendungen wie Faserkreisel, interferometrische Sensoren sowie für kohärente optische Systeme benötigt. Für die entsprechenden Signalerzeugungs-, Kopplungs- und Verzweigerstellen sowie sonstige periphere mikrooptische Komponenten sind aufgrund der kleinen Numerischen Apertur entsprechend hohe Fertigungsgenauigkeiten unerlässlich.

Dünnschichtwellenleiter: Zwei wesentliche Grundbausteine der integrierten Optik sind Filmwellenleiter und Streifenwellenleiter. Auf der Basis dieser beiden Bauteile können mit Hilfe von planaren Strukturierungsmethoden und festkörperphysikalischen Effekten wichtige Bauelemente für das Leiten, Teilen, Überlagern, Auskoppeln, Fokussieren, Schalten, Modulieren und Steuern von Licht sowie das Messen mit Licht entworfen werden [Karthe91]:

- gekrümmte Wellenleiter
- Wellenleiterübergänge (Taper)
- Verzweigerelemente (Y-Verzweiger, 1x3-Verzweiger, 1x4-Verzweiger)
- Gekoppelte Wellenleiter
- Interferometer (Sagnac-, Michelson-, Mach-Zehnder-Interferometer)
- Modentransformatoren, -teiler, -filter
- Wellenleitergitter
- Wellenleiterlinsen
- Resonatoren (Fabry-Perot-, Ring- Resonatoren)
- Modulatoren (auf der Basis thermochromer, akustooptischer, elektrooptischer und magnetooptischer Effekte)
- Schalter (Mach-Zehnder-Interferometer-Modulator, Richtkoppler, X-Koppler)

Filmwellenleiter: Im geometrisch-optischen Modell werden in dielektrischen Schichtpaketen elektromagnetische Wellen durch Totalreflexion geführt. Ein Filmwellenleiter besteht in diesem Fall aus einem planparallelen Film mit Brechungsindex n_f, der unten vom Substrat mit dem Brechungsindex n_s und oben von einem Deckmaterial mit dem Brechungsindex n_c begrenzt ist. Voraussetzung für eine Wellenleitung ist eine Brechungsindexverteilung $n_f > n_s \geq n_c$. Betrachtet man eine unter dem Winkel θ einfallende Welle, wird für kleine Winkel θ die Welle an beiden Grenzflächen gebrochen und man spricht von einer Raumwelle. Dabei ist θ der Winkel zwischen der Flächennormalen der Filmebene und dem Ausbreitungsvektor der einfallenden Welle. Für größer werdende Einfallswinkel erreicht θ den Grenzwinkel der Totalreflexion an der Grenzfläche Film-Deckschicht und die Welle wird vollständig reflektiert. Da der Energietransport vorwiegend im Film und im Substrat erfolgt, spricht man von Substratwellen oder von Substratstrahlungsmoden. Ist θ noch größer, so tritt Totalreflexion an beiden Grenzflächen ein und die Welle läuft zick-zack-förmig im Film entlang. Im Deckgebiet und im Substrat ergeben sich dann exponentiell quergedämpfte (evaneszente) Filmwellen. Liegt keine Dämpfung in den Materialien und auch keine Streuung an den Grenzflächen vor, erfolgt die Wellenführung verlustfrei, was jedoch in der Realität kaum erreicht wird. Oberflächenrauigkeiten, Inhomogenitäten des Materials und der Schichtdicken sowie Krümmungen führen durch Abstrahlung zur Dämpfung von geführten Wellen. Da die Ausbreitung einer

3.2 Mikrooptische Grundstrukturen und Fertigungsprozesse

Welle innerhalb des Filmwellenleiters nur für bestimmte diskrete Winkel θ_m möglich ist, spricht man von Moden, die durch den Ausbreitungswinkel θ_m und die Ausbreitungskonstante

$$\beta_m = k n_f \sin \theta_m \tag{3.2-14}$$

charakterisiert sind. Dabei bezeichnet der Index m die Zahl der Knoten des stehenden Wellenfeldes im Film in Richtung der Flächennormalen. In der Praxis bevorzugt man Filmwellenleiter, in denen nur die 0. Mode ausbreitungsfähig ist. Solche Systeme stellt man als epitaktisch abgeschiedene Halbleiterschichtpakete ($Al_xGa_{1-x}As/GaAs/Al_yGa_{1-y}As$ oder InP/InGaAsP/InP) oder als dielektrische Schichtpakete ($SiO_2/SiO_xN_y/SiO_2$) her (Bild 3.2-31). Die Wahl des Materials hängt dabei insbesondere vom anzuwendenden Wellenlängenbereich ab. Die Schichtdicken der Deckschicht und der Substratschicht müssen mindestens so dick sein, dass das evaneszente Feld innerhalb dieser Schichten genügend abklingt, bevor weitere Grenzflächen, die zu Störungen führen können, auftreten. Bei Sensoren, insbesondere einer Reihe von Biosensoren, ist diese Störung jedoch gewollt und kann bei geeigneter Dimensionierung der Schichtpakete zu brauchbaren Messsignalen führen [Brosinger97].

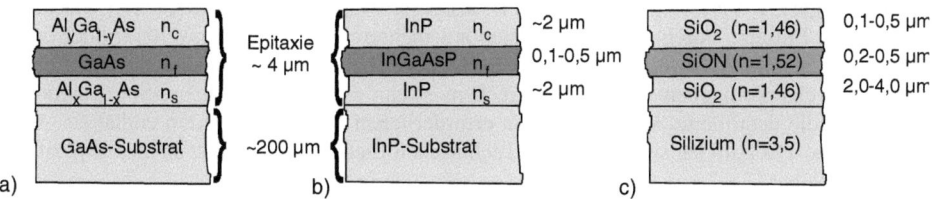

Bild 3.2-31 Verschiedenen Schichtsysteme zur Realisierung von Filmwellenleitern
a) und b) Filmwellenleitegr auf der Basis von $GaAs/Ga_{1-x}Al_xAs$ und von InP/InGaAsP für Lichtwellen im Bereich des Nahen Infrarot (NIR);
c) Filmwellenleiter auf der Basis von SiO_2/SiO_xN_y für den sichtbaren Bereich (VIS)

Streifenwellenleiter: Streifenwellenleiter entstehen aus planaren Filmwellenleitern, wenn in der Filmebene für eine zusätzliche seitliche Wellenführung durch Schaffung von Randbedingungen gesorgt wird. Diese Randbedingungen führen dazu, dass sich nun aufgrund von Schichtdicke *und* Schichtbreite nur bestimmte Moden ausbilden können. Entsprechend wird die Ordnung von Moden in Wellenleitern mit rechteckförmigem Querschnitt durch zwei Indizes angegeben. Die Randbedingungen können durch Diffusion, Ionenimplantation oder Ätzprozesse definiert werden. Dabei ist es möglich, durch Ätzprozesse aufliegende, durch Ionenimplantation bündig versenkte und durch feldunterstützte Diffusion vollständig versenkte Streifen herzustellen. Alternativ zur Modifizierung der Randbedingungen innerhalb des Filmwellenleiters ist es auch möglich, außerhalb des eigentlich wellenleitenden Bereiches eine Wellenführung durch Höhenprofile oder durch aufgesetzte metallische Streifen zu erzeugen [Ebeling89]. Für eine Beschreibung der dadurch erhaltenen Wellenleitung wird die Effektive-Index-Methode verwendet, die dem eigentlich wellenleitenden Bereich einen effektiven Brechungsindex n_{eff} zuweist, mit dessen Hilfe die wichtigsten Eigenschaften eines Wellenleiters charakterisiert werden [Ebeling89].

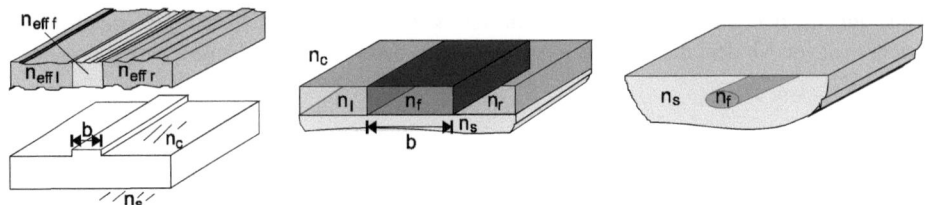

Bild 3.2-32   Beispiele von Streifenwellenleitern;
links: Rippenwellenleiter,
Mitte: bündig versenkter Wellenleiter,
rechts: vollständig versenkter Wellenleiter;
(n_f: Brechungsindex des zentralen Streifens,
n_l, n_r: Brechungsindex links, rechts des zentralen Streifens,
n_s: Brechungsindex des Substrats, n_c: Brechungsindex der Abdeckung)

Y-Verzweiger: Y-Verzweiger kommen z. B. als passive optische Komponenten in Glasfasernetzen zum Einsatz. Durch sie werden Daten auf mehrere Endteilnehmer verteilt, oder durch sogenannte Sternkoppler verschaltet man verschiedene Stationen miteinander. Für den Einsatz von Verzweigerkomponenten im Weitstreckenverkehr gelten die Bellcore-Spezifikationen [GR1209], die detaillierte Angaben zu den erforderlichen Dämpfungswerten enthalten. Auch die Deutsche Telekom hat sich mit ihren „Technischen Lieferbedingungen" an diese Spezifikationen angelehnt.

Mikrooptische Komponenten für die Telekommunikation müssen mit sehr hoher Präzision gefertigt werden, was nur durch mikrotechnische Verfahren möglich ist. Am weitesten entwickelt ist die Herstellung passiver integriert-optischer Bauteile durch Ionendiffusion [Wie95] und auf der Basis von $SiO_2/SiO_xN_y/SiO_2$-Wellenleitern [Tak88]. Bei diesen Techniken ist es besonders problematisch, eine gute Ankopplung von Monomode-Fasern an die Wellenleiter zu erreichen. Deswegen macht es wenig Sinn, die Fertigung von Verzweigern ohne eine kompatible Fertigung entsprechender Faser-Chip-Kopplungen zu betrachten. Derzeit kann die erforderliche Positionsgenauigkeit von ca. 1 µm nur durch eine semi-aktive Faser-Chip-Kopplung gewährleistet werden. Dazu legt man Fasern in V-Gruben eines Si-Chips ein und richtet dann den gesamten Chip unter gleichzeitiger Messung der eingekoppelten Lichtleistung aus. Nach Erreichen einer Optimalposition werden die beiden Teile verklebt.

Verzweigerelemente werden in der Regel durch lithographische Verfahren definiert. Die Präzision der Verzweigerelemente ist durch die verwendeten Prozessschritte (Lithographie, Ätz- und Diffusionsschritte) gegeben. Sie werden charakterisiert durch die Angabe des Wellenlängenbereichs (in der Telekommunikation sind dies die Wellenlängen 1,3 µm und 1,55 µm), die Verlustdämpfung, die Uniformität (Gleichmäßigkeit der Aufteilung auf die Ausgangsarme), die Rückflussdämpfung (um Störungen des Senders zu vermeiden) und den Arbeitstemperaturbereich.

Für die optimale Funktion eines wellenleitenden Bauelementes sind neben der geometrischen Form (Länge der Verzweigerarme, Winkel und Krümmungsradien) auch die Querschnittsgestalt und die Brechzahlverteilung zu beachten. Als Beispiel soll die Herstellung von polymeren Wellenleitern bzw. Y-Verzweigern mit integrierter passiver Faser-Chip-Kopplung diskutiert werden. Durch die Verwendung polymerer Materialien können Bauteile wesentlich kostengünstiger hergestellt werden, als dies mit den o.g. Verfahren der Fall ist. Hierzu wird die Gestalt der Wellenleiter, Y-Verzweiger und Positionierstrukturen für Glasfasern zunächst durch Ab-

3.2 Mikrooptische Grundstrukturen und Fertigungsprozesse

formung eines Formwerkzeugs, das die entsprechende Negativstruktur enthält, vorbereitet. Danach erfolgt das Einlegen einer Glasfaser und die Verfüllung der erzeugten Vertiefungen mit einem flüssigen Präpolymer, dem späteren Kernmaterial. Die Bilder 3.2-33 bis 3.2-35 zeigen die Negativstruktur eines Formeinsatzes an der Stelle der Faser-Chip-Kopplung, die Verzweigungsstelle eines Y-Verzweigers und die abgeformte Faser-Chip-Kopplungsstruktur, in die die Glasfaser vor dem Verfüllen mit dem Präpolymer eingelegt wird.

Bild 3.2-33
Nickel-Formeinsatz an der Stelle der Faser-Chip-Kopplung

Herstellung:
Röntgentiefenlithographie und Nickel-Galvanoformung

Bild 3.2-34
Nickel-Formeinsatz der Verzweigungsstelle eines Y-Verzweigers

Herstellung:
Röntgentiefenlithographie und Nickel-Galvanoformung

Bild 3.2-35
Abgeformte Faser-Chip-Kopplungsstruktur

Herstellung:
Abformung durch Heißprägen in PMMA

Richtkoppler: Richtkoppler bestehen aus eng benachbarten Wellenleitern, zwischen denen ein Energieaustausch stattfinden kann. Richtkoppler lassen sich einsetzen zur Leistungsteilung, zur Modulation oder zum Schalten von Lichtsignalen, aber auch als Wellenlängenfilter oder Polarisationsfilter [Ebeling89]. Bild 3.2-36 zeigt die Aufsicht auf einen Richtkoppler. Längs der Kopplerlänge L werden zwei Wellenleiter so angenähert, dass sie sich über ihre evaneszenten Felder gegenseitig beeinflussen. Ein typischer Abstand ist $s = 3$ μm. Außerhalb des Koppelbereichs laufen die Wellenleiter auseinander. Wenn beide dieselbe Ausbreitungskonstante besitzen und die Energie nur in einen Wellenleiter einfällt, wird sie nach der Transferlänge $L_c = \pi/(2\kappa)$ vollständig auf den anderen Wellenleiter übergehen. Der Koppelfaktor κ nimmt exponentiell mit dem Abstand s ab. Mit entsprechenden Materialien können durch elektrische oder magnetische Felder oder durch mechanische Spannungen die Kopplereigenschaften kontrolliert eingestellt werden. Bei Materialien, die den linearen elektrooptischen Effekt zeigen ($LiNbO_3$, $LiTaO_3$, GaAs), lassen sich die effektiven Brechungsindizes durch Anlegen elektrischer Felder gezielt verändern. Wirkt z. B. ein elektrisches Feld E_x in [100]-Richtung von GaAs, wird der effektive Brechungsindex um Δn_{eff} geändert. Hieraus resultiert eine Phasenabweichung

$$2\delta = k\Delta n_{eff} \propto (\omega/c) \cdot n^3 r_{41} E_x \qquad (3.2\text{-}15)$$

die proportional zur Feldstärke und zum elektrooptischen Koeffizienten r_{41} von GaAs ist (mit $k = 2\pi/\lambda$ als Wellenzahl, ω als Kreisfrequenz der Lichtwelle, n als Brechungsindex und c als Lichtgeschwindigkeit). Beim Anlegen eines Feldes E_x, das die Phasenabweichung

$$\delta = \pi \Delta n_{eff}/\lambda = \sqrt{3} \cdot \pi/(2L) \qquad (3.2\text{-}16)$$

hervorruft, tritt die Leistung vollständig aus dem Arm *A* aus, wird kein elektrisches Feld angelegt, wird die Leistung aus Arm *B* ausgekoppelt (Bild 3.2-36 und Bild 3.2-37). Bei derartigen Richtkopplern aus Materialien mit linearem elektrooptischem Effekt werden die Wellenleiter durch Eindiffusion von z. B. Ti, durch Ionenimplantation oder epitaktisches Wachstum von Mischkristallen hergestellt.

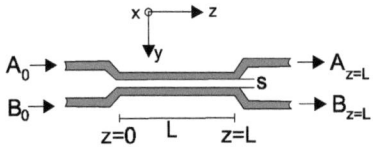
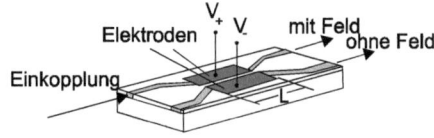

Bild 3.2-36 Schema eines Richtkopplers

Bild 3.2-37 Schema eines steuerbaren Richtkopplers, der als Modulator eingesetzt werden kann.

SNOM-Spitzen: Motiviert durch die Beugungsbegrenzung der klassischen Lichtmikroskopie und das Streben nach höherer Auflösung, wurden als Erweiterung der Rastersondentechniken auch optische Sonden entwickelt, die kompatibel mit AFM-Sonden auf Cantileverbasis bzw. mit Scherkraftdetektionseinheiten sind.

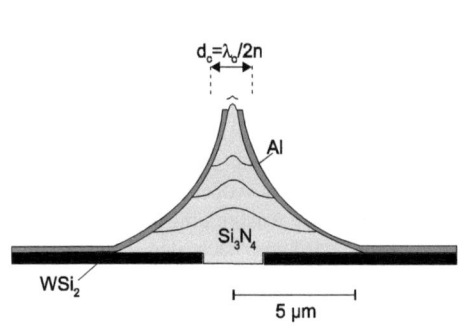
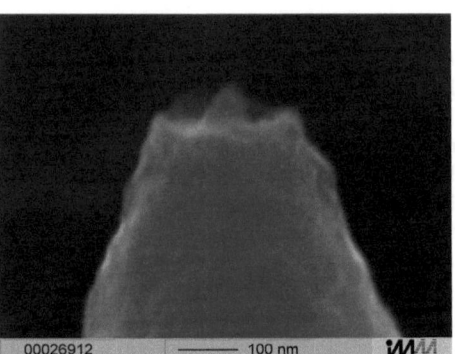

Bild 3.2-38 Dünnschichttechnologisch hergestellte SNOM-Spitze.
  links: Schemazeichnung zum Aufbau. Jenseits des Grenzdurchmessers d_c sind Lichtwellen nur noch stark gedämpft ausbreitungsfähig,
  rechts: REM-Aufnahme einer Spitze mit einer Aperturöffnung kleiner 100 nm.
  [Noell98, IMM99]

3.2 Mikrooptische Grundstrukturen und Fertigungsprozesse

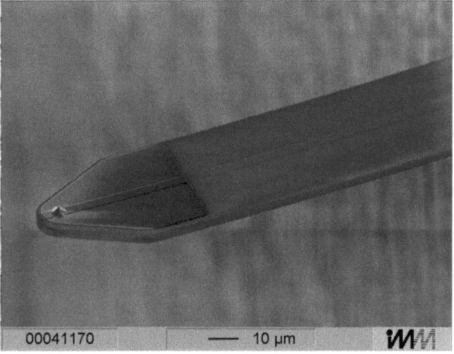

Bild 3.2-39 Beispiele für SNOM-Sonden.
　　links:　Gesamtansicht einer auf ein Glasfaserende geklebten Spitze zur Anwendung in Geräten mit Scherkraftdetektion;
　　rechts:　SNOM-Spitze und Rippenwellenleiter integriert in einen SiO_2-Cantilever zur Anwendung in Geräten mit Lichtzeigerdetektion [IMM99, Noell98, Stopka00]

Die Untersuchung einer Probe mit einer Auflösung im Bereich unter 100 nm ist das Ziel der optischen Nahfeldmikroskopie (SNOM, Scanning Near Field Optical Microscopy) [Marti95, Kruit98]. Zentrale Komponenten von SNOM-Sonden sind lichtleitende Strukturen, z. B. eine stark verjüngte Glasfaser oder eine optisch transparente Spitze aus Siliziumnitrid. Diese werden umhüllt von einer dünnen metallischen Schicht, die eine Öffnung – die Apertur – mit einem Durchmesser von wenigen zehn Nanometern besitzt. Solche Sonden können zur eng begrenzten Beleuchtung einer Probe oder zum Einsammeln von z. B. Fluoreszenzlicht benutzt werden. Wird eine SNOM-Sonde über eine Oberfläche gerastert, kann durch eine Analyse des emittierten oder wieder eingesammelten Lichtsignals Information gewonnen und analog zu AFM und STM als zweidimensionales Bild der Probe aufgezeichnet werden. Die optische Auflösung liegt dabei im Bereich des Aperturdurchmessers. Technologisch sind Aperturen unter 100 nm realisierbar. Bild 3.2-38 zeigt den vordersten Teil einer SNOM-Spitze, bestehend aus einem PECVD-Si_3N_4-Kern und einer Al-Metallisierung, die am äußersten Ende durch einen speziellen Ätzprozess geöffnet wurde [Noell98, Abraham98]. Derartige Spitzen können auf das Ende einer Glasfaser geklebt und in SNOM-Mikroskopen mit Scherkraftdetektion eingesetzt werden [IMM99]. Ihre Integration in Cantilever ist ebenfalls möglich. Um eine Beleuchtung von hinten zu vermeiden, kann auch ein Rippenwellenleiter zur Lichteinspeisung in den Cantilever integriert werden. Eine derartige, integrierte SNOM-Sonde zeigt Bild 3.2-39 [Stopka00].

3.2.4 Elektrooptische Bauelemente

Aktive optische Bauelemente werden zur Erzeugung und Detektion von Licht benötigt. Die mit Strahlung verbundenen Übergänge von Elektronen zwischen Valenz- und Leitungsband eines Halbleiters mit direkter Bandlücke bieten die Möglichkeit, Licht auf engstem Raum zu emittieren oder zu absorbieren. Die drei wesentlichen Übergangsarten sind schematisch in Bild 3.2-40 dargestellt. Während die *Absorption* im wesentlichen für den Nachweis oder die Messung von Lichtintensität benutzt wird, spielen die *spontane Emission* bei Lumineszenzdioden und die *stimulierte Emission* in Laserdioden für die hocheffiziente Lichterzeugung durch elektrischen Strom die wesentliche Rolle.

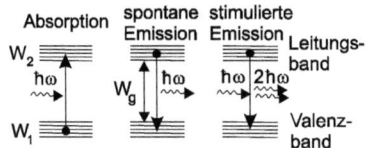

Bild 3.2-40 Absorption, spontane Emission und stimulierte Emission beim Interbandübergang von Elektronen in einem undotierten Halbleiter

Zur Detektion optischer Strahlung wandelt man die Strahlungsenergie in elektrische Signale um. Detektionsmechanismen sind das Freisetzen von beweglichen Ladungsträgern (innerhalb oder auch an der Oberfläche eines Halbleiters) durch den photoelektrischen Effekt oder die thermisch induzierte Änderung der Spannung über einem pn-Übergang. Diese Mechanismen werden in Photodioden, Photowiderständen und CCDs (Charge Coupled Devices) zur Detektion benutzt.

Bei der Absorption und Emission von Licht in einem Halbleiter resultiert aus der Energielücke zwischen Leitungs- und Valenzband und bei dotiertem Material aus der Lage der Donator- und Akzeptorniveaus ein charakteristisches Verhalten, das sich in der Grenzwellenlänge λ_g äußert. Für Licht mit Wellenlängen oberhalb λ_g ist weder Absorption noch Emission möglich. Es gilt:

$$\lambda_g = hc/W_g \quad \text{bzw.} \quad \lambda_g = hc/(W_L - W_V) \tag{3.2-17}$$

mit c als Lichtgeschwindigkeit, W_L als Leitungsbandkante, W_V als Valenzbandkante und W_g als Bandlücke (Bild 3.2-44). Für einen dotierten Halbleiter mit dem Donatorniveau W_D bzw. Akzeptorniveau W_A gilt entsprechend:

$$\lambda_g = hc/(W_A - W_V) \quad \text{bzw.} \quad \lambda_g = hc/(W_L - W_D) \tag{3.2-18}$$

Photodioden: Halbleiter-pn-Übergänge eignen sich zur Detektion von Photonen, deren Energie $hc/\lambda \geq W_g$ sein muss. Diese Bedingung entspricht der Definition der Grenzwellenlänge gemäß Gl. (3.2-17). Die Absorption von Lichtquanten innerhalb der Sperrschicht eines in Sperrichtung vorgespannten pn-Übergangs führt mit einer bestimmten Quantenausbeute zur Erzeugung von Elektron-Loch-Paaren, die im Feld auseinanderdriften und einen Photostrom erzeugen, der proportional zur Lichtintensität ist. Von den generierten Ladungsträgern tragen nur solche zum Detektorsignal bei, die im elektrischen Feld der Sperrschicht erzeugt werden. Um diese Zone dick und damit die Absorptionswahrscheinlichkeit groß zu machen, benutzt man eine PIN-Struktur (Bild 3.2-42), d. h. auf einem n-leitenden Substrat (N) wird eine intrinsisch leitende Schicht (I) epitaktisch aufgewachsen. Die p-Zone (P) wird meist durch eine flache Diffusion erzeugt. Da ohne Lichteinstrahlung bereits ein bestimmter Dunkel- bzw. Sperrstrom fließt, ist der gemessene Strom die Summe aus Dunkelstrom i_D und Photostrom i_{Ph} (Bild 3.2-43).

Photowiderstände: Durch optische Strahlung können Störstellenatome ionisiert werden und die freigesetzten Ladungsträger ins Leitungsband (bzw. Valenzband) des Halbleiters gelangen. Dadurch erhöht sich die Leitfähigkeit und es kann bei konstanter Spannung ein zusätzlicher Photoleitungsstrom gemessen werden. Meist verwendet man Halbleitermaterialien wie Cadmiumverbindungen, Bleisulfid oder spezielle Germaniumwiderstände, die für die Detektion von Infrarotstrahlung mit Hg (λ_g: 4-13 µm), Au (λ_g: 10-23 µm) oder Zn (λ_g: 20-40 µm) als flache Störstellen dotiert sind. Um die thermische Anregung der Störstellen zu unterdrücken, werden derartige Detektoren bei tiefen Temperaturen (4-60 K) betrieben.

3.2 Mikrooptische Grundstrukturen und Fertigungsprozesse

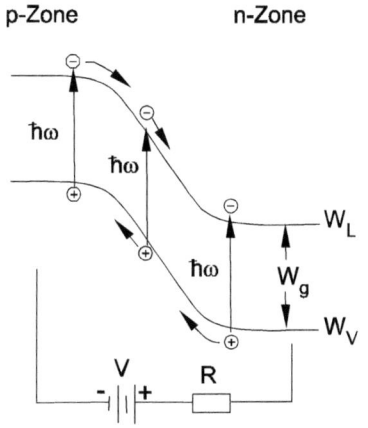

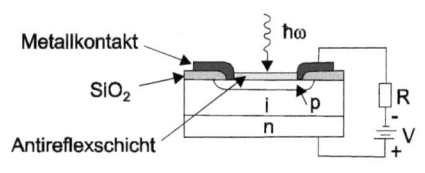

Bild 3.2-42 Aufbau einer PIN-Diode

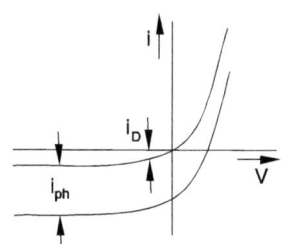

Bild 3.2-41 Schematische Darstellung der Elektron-Loch-Erzeugung durch Absorption eines Photons in der Sperrschicht eines pn-Übergangs

Bild 3.2-43 Kennlinie einer Photodiode mit Photostrom i_{Ph} und Dunkelstrom i_D

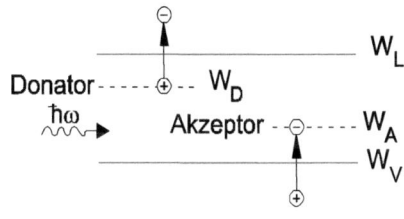

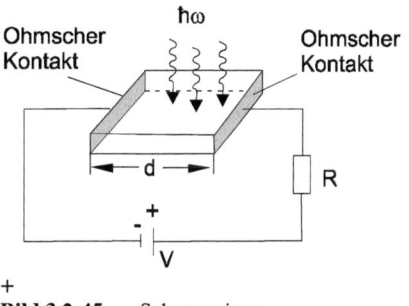

Bild 3.2-44 Erzeugung freier Ladungsträger durch Anregung von Störstellenniveaus in einem Halbleiter mit der Energielücke $W_g = W_L - W_V$

Bild 3.2-45 Schema eines Photowiderstandes

CCDs: Charge Coupled Devices (CCDs) sind die Schlüsselkomponenten in digital abbildenden Sensor- oder Kamerasystemen. Je nach Auslegung detektieren CCDs Licht unterschiedlichster Wellenlängen, vom Infraroten bis in den Röntgen- und Gammastrahlungsbereich. Dementsprechend weit sind die Anwendungsfelder z. B. in der Spektroskopie, in der Medizintechnik, der Materialwissenschaft und der Astrophysik.

Die Grundlage eines CCD bildet eine MOS-Struktur (Metal-Oxide-Semiconductor), deren prinzipieller Aufbau in Bild 3.2-46 gezeigt ist [SiTe]. Typischerweise wird dieses Bauelement auf einem p-dotierten Siliziumsubstrat aufgebaut. Durch Ionenimplantation und anschließende Diffusion/Oxidation werden ein ca. 1 µm dicker n-dotierter Bereich und eine ca. 0,1 µm dicke Oxidschicht erzeugt. Die abschließende Deposition und Strukturierung einer dünnen Metall- oder hochdotierten Polysiliziumschicht (Gateelektrode) ergibt ein kapazitives Bauelement, das bei Anlegen einer positiven Spannung (ca. +10 V) an die Gateelektrode Elektronen in einem

Potentialminimum unter dem Gate sammelt. Durch Absorption von Strahlung im pn-Übergang entstehen Elektron-Loch-Paare, die von dem elektrischen Feld in der Raumladungszone des pn-Übergangs getrennt werden, wodurch eine Ladungsansammlung unter der Gateelektrode entsteht. Durch gezielte Oxidation bzw. p-Dotierung kann der aktive Bereich dieses Bauelements seitlich begrenzt werden und es entsteht ein (meist aus drei derartigen kapazitiven Strukturen zusammengesetztes) Pixel. In der Regel werden ein- oder zweidimensional angeordnete Pixelarrays zur Abbildung von Spektren oder zweidimensionalen Bildern verwendet. Der Prozess des Auslesens eines solchen Arrays erfordert den Transport des angesammelten Ladungspaketes vom Ort der Entstehung zu einem Verstärker am Ende eines linearen Arrays. Dabei nutzt man die Abhängigkeit der potentiellen Energie der Elektronen von der Gatespannung aus. Die Ladungspakete aller Pixel werden simultan durch zeitabhängige getaktete Gatespannungen von einem Pixel zum nächsten bis hin zum Verstärker geschoben und nacheinander ausgelesen. Werden CCDs zur Vermeidung von Dunkelsignalen gekühlt, können sie sehr schwache Lichtintensitäten nachweisen. Die Menge an gesammelter Ladung ist dabei proportional zur Lichtintensität und zur Integrationszeit.

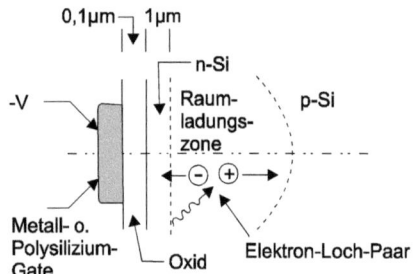

Bild 3.2-46
Querschnitt durch ein MOS-Bauelement mit pn-Übergang, dem zentralen Bauelement einer CCD.

Tabelle 3.2-2 Vergleich von typischen Kenndaten für Photodioden- und CCD-Arrays (bei 600 nm) [Oriel]

Kenndaten	PDA	CCD
Typische Pixelgröße	25 µm x 2500 µm	27 µm x 27 µm
Typische Anzahl der Pixel	128, 256, 512, 1024, 2048	1024 x 256
Sättigungsladung	125×10^6 e	250×10^3 e
Sättigungsintensität	> 107 nJ/cm^2	> 250 pJ/cm^2
Dunkelstrom (25 °C)	< 0,1 pA/Pixel	< 0,1 fA/Pixel
Detektionslimit	< 3,3 pJ/cm^2; < 3800 e	< 3,8 fJ/cm^2; < 13 e
Maximales Signal/Rausch-Verhältnis	10.000 : 1	900 : 1
Dynamikbereich	15 bit	16 bit
Min. Zahl der Elektronen pro Auslesevorgang	1900	13

Im Vergleich zu Photodiodenarrays (PDA) besitzen CCDs Vorteile bei geringen Lichtintensitäten. Die PDA werden für hohe Lichtintensitäten, bei denen das Signal/Rausch-Verhältnis von Bedeutung ist (z. B. bei spektroskopischen Untersuchungen), bevorzugt. Zum Vergleich sind einige wichtige Kenndaten für PDA- und CCD-Arrays in Tabelle 3.2-2 dargestellt.

3.2 Mikrooptische Grundstrukturen und Fertigungsprozesse

Lichtquellen: Die Erzeugung von Licht in Halbleitermaterialien hat eine lange Tradition. Seit Anfang der sechziger Jahre wurden Leuchteffekte wie die Photo- und Elektrolumineszenz intensiv untersucht. Die Lichtentstehung beruht dabei auf der Rekombination von Elektron-Loch-Paaren. In diesem Fall wird die Energiedifferenz dieser beiden Ladungsträger als elektromagnetische Strahlung frei. Die Energieniveaus, aus denen heraus die Ladungsträger rekombinieren, sind insbesondere vom Halbleitermaterial und der damit verbundenen Energielücke abhängig. In speziellen Fällen (z. B. Quantum-Well-Strukturen, Übergitter), in denen sich aufgrund der Schichtdicken (unter 10 nm) quantenmechanische Effekte bemerkbar machen, kann die Lage der Energieniveaus gezielt beeinflusst werden. Dadurch entstehen charakteristische optische (und elektronische) Eigenschaften (z. B. bestimmte Emissionswellenlängen), die für optoelektronische Anwendungen genutzt werden [Bauer86, Shu94].

Je nach Anforderungen an die Wellenlänge, Lichtleistung, Betriebsfrequenz (Puls- oder kontinuierlicher, so genannter cw-Betrieb) und Verstärkung ergeben sich unterschiedliche Halbleiter (III/V-Halbleiter wie GaAs/AlGaAs, InGaAs/GaAs, InGaAlP oder II/VI-Halbleiter wie ZnSe, ZnTe, CdTe) mit einer direkten Bandlücke als Basismaterialien für inkohärente oder kohärente Lichtemitter. Einen Überblick an derzeit kommerziell verfügbaren Emittern hinsichtlich Ausgangsleistung und Spektralbereich gibt Bild 3.2-47. *Lumineszenzdioden* (Light Emitting Diodes, LEDs) sind als inkohärente Strahlungsquellen für den sichtbaren wie auch infraroten Strahlungsbereich anwendbar. Sie werden beschrieben durch ihre Kennwerte, Kennlinien, Gehäuseformen und den davon abhängigen Abstrahlcharakteristiken. Angewendet werden diese einfachen, aber effektiven, kostengünstigen und zuverlässigen Lichtquellen für Beleuchtungen, Beleuchtungsmatrizen, optische Anzeigen und Abtastsysteme.

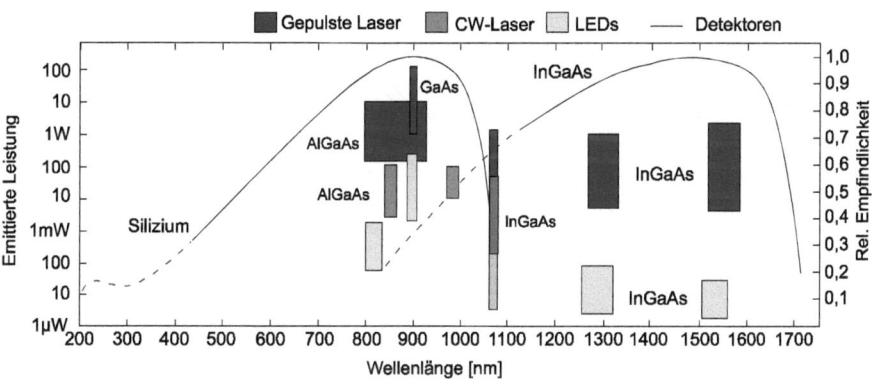

Bild 3.2-47   Überblick über z. Zt. kommerziell verfügbare Halbleiter-Lichtquellen in verschiedenen Spektralbereichen [Oriel]

In organischen LEDs, sogenannten *OLEDs*, erfolgt die Lichterzeugung durch Elektron/Loch-Rekombination in einer organischen Emitterschicht. Elektrolumineszenz von organischen Materialien wurde erstmals 1963 an Anthracen-Einkristallen nachgewiesen. Seit Ende der 60er Jahre wurde die elektrische Leitung in Polymeren systematisch erforscht, aber erst 1987 konnten Leuchtdioden aus dünnen organischen Schichten hergestellt werden. OLEDs versprechen aufgrund ihrer Eigenschaften, Bauform und Herstellungstechnologie zahlreiche Vorteile gegenüber anorganischen LEDs und herkömmlichen Lichtquellen, vor allem im Displaybereich.

Oft wird bei lichttechnischen Anwendungen versucht, mit LEDs und Spiegeloptiken bzw. Lichtleitern einen Flächenstrahler zu erhalten. Die damit verbundenen Herstellungskosten sind hoch und die Dicke des Strahlers ist durch den komplexen Aufbau relativ groß. Dagegen können großflächige OLEDs mit einfacher Technologie, geringen Herstellungskosten und sehr geringer Dicke (auch auf flexiblen Substraten [Pätzold05] und in Kombination mit Mikrolinsen-Arrays [Moller02]) realisiert werden, was ihren Einsatz für neuartige Display- und Leuchtanwendungen, insbesondere bei geringem Platzangebot, attraktiv macht [Lepper03]. Ihre abgestrahlte Intensität ist über den kompletten Raumwinkel von 180° nahezu konstant, im Gegensatz zu anorganischen LEDs und Flüssigkristallanzeigen (Liquid Crystal Displays, LCDs), die ihre Lichtintensität vorwiegend senkrecht zur Oberfläche abstrahlen. OLEDs besitzen bei niedriger Betriebsspannung eine hohe Leuchteffizienz und große Helligkeit [Janz04]. Inzwischen sind OLEDs mit allen Grundfarben und - durch Kombination verschiedener organischer Emittermaterialien - mit weißem Licht herstellbar [Ting04, Fawen05, Wenfa05, Troadec05]; Farbverschiebungen bei Blickwinkeländerungen treten nicht auf.

Der prinzipielle Aufbau einer OLED ist in Bild 3.2-48 dargestellt. Sie besteht aus einem Substrat, einer transparenten Anode, einer Folge von dünnen organischen Funktionsschichten und Kathodenschichten.

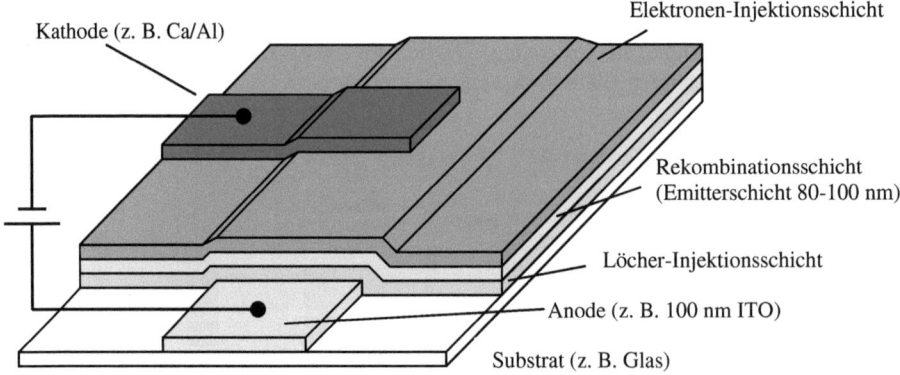

Bild 3.2-48   Aufbau einer OLED

Eine in Bild 3.2-48 nicht gezeigte Verkapselung schützt den Aufbau vor Feuchte und Sauerstoff, die die Lebensdauer der organischen Schichten und der Elektrodenmaterialien drastisch reduzieren. Das Substrat besteht in der Regel aus Glas, aber auch Plastikfolien und Glas-Plastik-Laminate kommen zum Einsatz, sofern die Permeation von Wasser und Sauerstoff durch diese Materialien ausgeschlossen werden kann. Die elektrisch leitfähige Anodenschicht besteht meist aus transparentem ITO (**I**ndium-**T**in-**O**xide) mit etwa 100 nm Dicke [Kim02, Zhi05] und ermöglicht den Austritt des entstehenden Lichtes durch das Substrat hindurch. ITO wird vorzugsweise in einem reaktiven Sputterprozess von Indium-Zinn-Targets auf das Substrat aufgebracht. Auch andere transparente leitfähige Metalloxide (z. B. ZnO:Al) mit ähnlichen Austrittsarbeiten wie ITO werden eingesetzt. Die über der Anode liegenden organischen Funktionsschichten werden vorwiegend durch nasschemische Verfahren wie Aufschleudern (Spincoating) und die Kathodenschichten durch Hochvakuum-Beschichtungsverfahren wie thermisches Verdampfen (bzw. Elektronenstrahlverdampfen) erzeugt. Für Display-

Anwendungen kann man zwischen die organischen Funktionsschichten und die Kathode eine (in Bild 3.2-48 nicht gezeigte) mikrostrukturierte, d. h. teilweise wieder entfernte Isolationsschicht einbringen, so dass die OLED-Struktur nur dort leuchtet, wo die Kathode elektrischen Kontakt zu den organischen Funktionsschichten hat. Den gleichen Effekt kann man durch die Verwendung einer strukturierten ITO-Schicht erzielen.

Durch das Anlegen einer Spannung von einigen Volt werden Löcher aus der Anode in das *highest occuped molecular orbital* (HOMO) und Elektronen aus der Kathode in das *lowest unoccupied molecular orbital* (LUMO) injiziert. HOMO und LUMO sind vergleichbar mit dem Valenz- bzw. Leitungsband bei anorganischen Halbleitern (Bild 3.2-49). Die injizierten Ladungsträger wandern von den Elektroden weg und bilden beim Zusammentreffen ein Elektron/Loch-Paar (Exziton), das strahlend rekombiniert. Das für das jeweilige Emittermaterial spezifische Spektrum des ausgesendeten Lichtes wird durch die Energiedifferenz zwischen HOMO und LUMO bestimmt [Pomm99]. Bei diesen Injektionsmechanismen müssen die Energiebarrieren $F_{B,e}$ (zwischen LUMO und Ferminiveau F_c der Kathode) und $F_{B,h}$ (zwischen HOMO und Ferminiveau F_a der Anode) von den Ladungsträgern überwunden werden. Die Injektion kann durch Tunneln durch die Barriere und durch thermische Aktivierung über die Barriere hinweg erfolgen [Groß00]. Die Energiebarrieren sollten möglichst klein sein, um die Ladungsträger effizient zu injizieren. Für den häufig verwendeten organischen Emitter PPV (Poly-para-phenylenvinylen) liegt das LUMO-Energieniveau bei -2,5 eV, das HOMO-Energieniveau bei -5,2 eV (Bild 3.2-50). Deshalb werden Kathodenmaterialien mit niedriger Austrittsarbeit (Ca, Mg, LiF, Al, Polymere als Elektronen-Injektionsschicht [Guill05]) und Anodenmaterialien mit hoher Austrittsarbeit (ITO, semitransparentes Au [Müller04], Polymere als Löcher-Injektionsschicht) verwendet. Für die Kathode nutzt man oft eine Doppelschicht aus Ca (5 nm) und Al (100 nm), aus LiF/Al [Hung02] oder aus Mg/Ag [Huang03]. Da bei dem als Anode eingesetzten ITO die Austrittsarbeit und die Oberflächenrauigkeit stark von der Vorbehandlung abhängen, wird zusätzlich eine ca. 50 nm dünne Löcher-Injektionsschicht zur Verringerung der Energiebarriere zwischen ITO und Emitter aufgeschleudert. Häufig verwendet man hierfür ein p-dotiertes Polymer wie Poly(3,4-ethylendioxythiophen), kurz PEDOT genannt. Es liegt in wässriger Lösung mit einem Trägermaterial aus Polystyrolsulfonsäure (PSS) vor und kann mittels Spincoating als homogener Film von ca. 50 nm Dicke aufgebracht werden. Als Emittermaterialien [Gong02] werden konjugierte langkettige Polymere (mit einem Molekulargewicht > 10^6 g/mol) und molekulare Halbleiter (mit Molekulargewichten < 10^3 g/mol) eingesetzt [Pomm99]. Bei den konjugierten Polymeren beruht die elektrische Leitfähigkeit darauf, dass in langkettigen alternierenden Einfach- und Doppelbindungen der Kohlenstoffatome eine Delokalisierung der π-Elektronen und mit zunehmender Kettenlänge die Bildung von Energiebändern eintritt. Das höchste besetzte π-Orbital enthält die beiden Elektronen der gemeinsamen π-Bindung und bildet das Valenzband (HOMO). Das niedrigste unbesetzte π^*-Molekülorbital bildet das Leitungsband (LUMO). Bei den konjugierten Polymeren kann die „Bandlücke" zwischen HOMO und LUMO und damit die Emissionsfarbe durch Veränderung der chemischen Struktur (Kettenlänge), durch Synthetisierung eines Kopolymers oder durch Substituenten verschoben werden [Schott03]. Ein weißer Farbeindruck ist durch Kombination mehrerer Emitterfarbstoffe realisierbar.

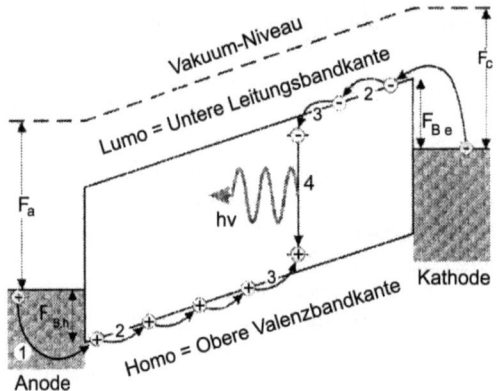

Bild 3.2-49
Lage der LUMO- und HOMO-Energieniveaus eines organischen Emittermaterials und Lichtemissionsmechanismus einer OLED
1: Ladungsträgerinjektion aus Kathode bzw. Anode,
2: Ladungsträgertransport,
3: Elektron/Loch-Paarbildung,
4: Rekombination

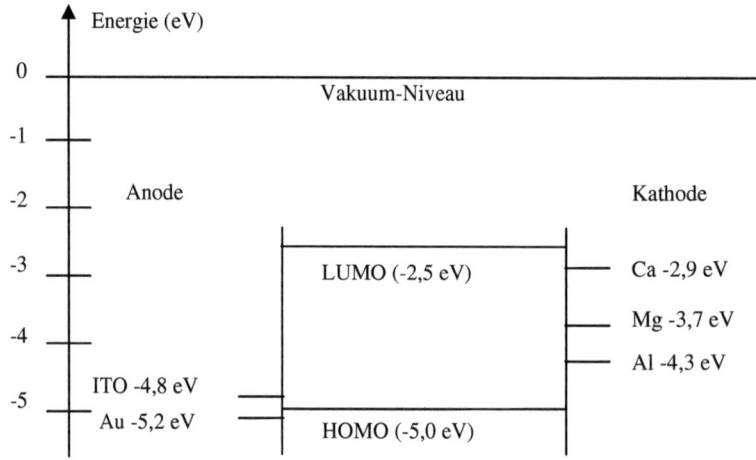

Bild 3.2-50 Austrittsarbeiten einiger Kathoden- und Anodenmaterialien in Bezug auf das Emittermaterial PPV (Poly-para-phenylenvinylen) mit dem HOMO-Energieniveau -5,0 eV und dem LUMO-Energieniveau -2,5 eV

Konjugierte Polymere haben gute filmbildende Eigenschaften und können deshalb leicht als Emitterschichten von etwa 80-100 nm Dicke durch Spincoating, Siebdruck oder Tintenstrahldruck aufgebracht werden. Wichtigster Vertreter dieser Gruppe ist PPV [Wantz05, Tanase05]; durch Anbringen von Substituenten an die Grundstruktur kann z. B. MEH-PPV (Poly[2-(2-ethylhexyloxy)-5-methoxy-para-phenylenvinylen]) als orange emittierende Schicht synthetisiert werden.

Die Leitungsmechanismen in molekularen Halbleitern sind denen in konjugierten Polymeren sehr ähnlich. Sie besitzen statt langer Polymerketten Benzolringe, die durch verschiedene Substituenten über Doppelbindungen miteinander verbunden sind. Die Benzolringe sind parallel zur Ringebene stapelbar. Dadurch überlappen die Elektronenorbitale; die Elektronen der π-

3.2 Mikrooptische Grundstrukturen und Fertigungsprozesse

Bindungen delokalisieren und es entstehen HOMO- und LUMO-Niveaus. Eine Verschiebung der emittierten Lichtwellenlänge kann bei molekularen Halbleitern durch Dotieren mit Fluoreszenzfarbstoffen realisiert werden. Schichten molekularer Halbleiter werden durch Vakuumsublimieren der Moleküle hergestellt, wobei man auch mehrere Schichten übereinander aufbringen kann. Durch die Verwendung von Masken beim Sublimationsprozess lassen sich die Emitterschichten einfach strukturieren. Ein wichtiges Material auf der Basis molekularer Halbleiter ist das grün emittierende Alq_3 (Tris(8-oxychinolinato)aluminiumkomplex) [Hung02]. Häufig verwendete Löcher-Injektionsschichten für molekulare Halbleiter-Emitter sind MTDATA (4,4',4''-tris(3-methylphenylphenyl-amino)triphenylamin) und TPD (N,N'-Diphenyl-N,N'-di(m-tolyl)benzidin).

Die Grundlagen für die Erzeugung von *Laserdioden* aus anorganischen Halbleitern (mit direkter Bandlücke) wurden seit den sechziger Jahren durch Fortschritte bei der Herstellung von Einkristallen und epitaktischen dünnen Schichten (durch MBE und MOCVD) gelegt. Hinzu kamen immer ausgefeiltere Methoden zum theoretischen und fertigungstechnischen Design von Halbleiterlasern, z. B. bei der Verwendung von Mehrfach-Halbleiterübergittern. Die unterschiedlichsten Bauformen wurden und werden angepasst an spezifische Anforderungen für optische Kommunikation mit hohen Bitraten, optische Datenspeicherung, medizinische Anwendungen, Laserdrucker, Multimedia-Anwendungen und Pumpsysteme für Festkörper- und Farbstofflaser [Argawal95]. Zu diesen Bauformen zählen Quantum-Well-Heterostrukturlaser, Halbleiter-Laser mit verteilter Rückkopplung (DFB, Distributed Feed Back) und senkrecht zur Chipoberfläche emittierende Laserdioden (VCSEL, Vertical Cavity Surface Emitting Laser), die als Einzellaser wie auch in Arrayform hergestellt werden [Carlson94, Agrawal95, Williams90].

Als Beispiel ist in Bild 3.2-51 ein flächenhafter Doppelheterostruktur-Halbleiterlaser auf der Basis von $GaAs/Al_xGa_{1-x}As$ gezeigt. Im Prinzip besteht ein derartiger Laser aus dotierten, epitaktisch aufgewachsenen Halbleiterschichten für die Injektion von Elektronen und Löchern in die Rekombinationszone, in der die stimulierte Emission von Licht stattfindet. Diese Zone ist seitlich durch die spiegelnden Bruchflächen des Kristalls (Resonator) begrenzt. Bei Erreichen einer bestimmten Schwellstromstärke im Resonator können Moden anschwingen, die einen ausreichenden Verstärkungsfaktor für die Laseraktivität besitzen. Die Strukturierung der Oberfläche des Laserdiodenchips, die Verspiegelung der Seitenflächen mit dielektrischen Spiegeln oder die Einbeziehung von Quantum-Well-Strukturen, mit denen sich gezielt die Emissionswellenlängen beeinflussen lassen, sind technologische Variationen, die zur Optimierung von Leistungsdaten führen.

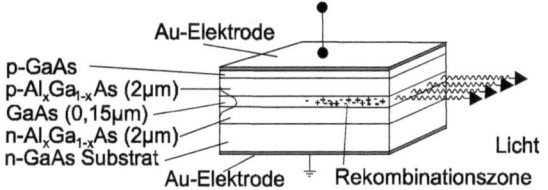

Bild 3.2-51
Schematischer Aufbau eines flächenhaften Doppelheterostruktur-Halbleiterlasers

3.2.5 Literatur

[Abraham98] M. Abraham, K. Mayr, M. Lacher, W. Noell, Abschlußbericht BMBF-Verbundvorhaben „Spektral aufgelöste optische Nahfeldmikroskopie", Teilprojekt „Entwicklung eines multifunktionalen Nahfeldsensors", FKZ 13 N 6530

[Agrawal95] G.P. Agrawal (Ed.), Semiconductor Lasers, AIP Press, Woodbury, New York (1995)

[Anderer90] B. Anderer, W. Ehrfeld, J. Mohr, Grundlagen für die röntgentiefenlithographische Herstellung eines planaren Wellenlängen-Demultiplexers mit selbstfokussierendem Reflexionsbeugungsgitter, KfK-Bericht 4702 (1990)

[Bähr96] J. Bähr, Analyse des feldunterstützten Silber-Natrium-Ionenaustausches zur Herstellung planarer Mikrolinsen, Dissertation, Universität Erlangen-Nürnberg (1996)

[Bauer86] G. Bauer, Übergitter, in 17. IFF-Ferienkurs „Dünne Schichten und Schichtsysteme", KFA Jülich (1986) 519

[Bergm/Schäfer] Lehrbuch der Experimentalphysik, Band III Optik, Walter de Gruyter, Berlin, New York (1987)

[Brosinger97] F. Brosinger, H. Freimuth, M. Lacher, W. Ehrfeld, E. Gedig, A. Katerkamp, F. Spener, K. Cammann, A labelfree affinity sensor with compensation of unspecific protein interaction by a highly sensitive optical Mach-Zehnder interferometer on silicon, Sensors&Actuators B 44 (1997) 350-355

[Carlson94] N.W. Carlson, Monolithic Diode-Laser Arrays, Springer Verlag, Berlin, Heidelberg (1994)

[Dobschal92] H.-J. Dobschal, P. Kröplin, W. Reichel, K. Rudolf, R. Steiner, Beugungsgitter und Hohlspiegel zugleich, F&M 100 (1992) 25-27

[Ebeling89] K. J. Ebeling, Integrierte Optoelektronik, Springer-Verlag Berlin, Heidelberg (1989)

[Fawen05] G. Fawen, M. Dongge, W. Lixiang, J. Xiabin, W. Fosong, High efficiency white organic light-emitting devices by effectively controlling exciton recombination region, Semiconductor Sci. and Technology, (2005), No. 3, 3324

[Findakly85] T. Findakly, Glass waveguides by ion exchange: A review. Optical engineering 24 (1985) 244-250

[Flügge67] S. Flügge, Handbuch der Physik, Band XXIX Optische Instrumente, Springer Verlag, Berlin, Heidelberg, New York (1967)

[Gerner95] M. Gerner, Realisierung nichtlinear-mikrooptischer Demonstratoren unter Verwendung der LIGA-Technik und deren Charakterisierung, Dissertation, TH Darmstadt (1995)

[Gerthsen] C. Gerthsen, H. O. Kneser, H. Vogel, Physik, Springer Verlag, Berlin, Heidelberg (1989)

[Gong02] X. Gong, M. R. Robinson, J. C. Ostrowski, D. Moses, G. C. Bazan, A. J. Heeger, High-efficiency polymer-based electrophosphorescent devices, Advanced Materials, (2002), No. 5, 196

[Göring93] R. Göring, W. Berner, E.-B. Kley, Miniaturized optical systems for beam deflection and modulation, SPIE Vol. 1992, Miniature and Micro-Optics and Micromechanics (1993)

[Goto93] H. Goto, High Performance micro photonic devices with micro actuator, SPIE Vol. 1992, Miniature and Micro-Optics and Mechanics (1993) 32-39

[Göttert93] J. Göttert, J. Mohr, Grundlagen und Anwendungsmöglichkeiten der LIGA-Technik in der Mikrooptik, KfK-Bericht 5153, Februar (1993)

[Gratix93] E. J.Gratix, Evolution of a microlens surface under etching conditions, SPIE Vol. 1992, Miniature and Micro-Optics and Micromechanics (1993)

[GR1209] Generic Requirements for Fiber Optic Branching Components, GR1209, ISSUE 1, November 1994, Bellcore, Morristown (1994)

[Groß00] M. Groß, Untersuchung der Injektionseigenschaften an polymeren löcherleitenden Systemen und Leuchtdioden, Diss. LMU München, (2000)

[Guill05] C. Guillermo, A. J. Heeger, Water/methanol-soluble conjugated copolymer as an electron-transport layer in polymer light-emitting diodes, Advanced Materials, (2005), No. 2, 5680

[Hornbeck90] L. J. Hornbeck, Deformable Mirror Spatial Light Modulators, SPIE Critical Reviews 1150 (1990) 86

[Huang03] W. Huang, X. Wang, M. Sheng, L. Xu, F. Stubhan, L. Luo, T. Feng, X. Wang, F. Zhang, S. Zou, Low temperature PECVD SiN_x films applied in OLED packaging, Materials Science and Engineering B98 (2003) 248-254

[Hung02] L. S. Hung, R. Q. Zhang, P. He, G. Mason, Contact formation of LiF/Al cathodes in Alq-based organic light-emitting diodes, Jour. of Physics D: Appl. Phys., (2002), No. 2, 574

[Iga86] K. Iga, S. Misawa, Distributed index planar microlens and stacked planar optics: A review of progress, Appl. Opt. 25 (1986) 3388-3396

3.2 Mikrooptische Grundstrukturen und Fertigungsprozesse

[IMIT96] Bericht „Ergebnisse und Leistungen 1996" des Instituts für Mikro- und Informationstechnik, Villingen-Schwenningen (1996)

[IMM99] Informationsblatt des IMM zur Rastersondenmikroskopie

[Janz04] A. Janz, Untersuchung der Flächenabhängigkeit von Kenngrößen in organischen Leuchtdioden, Diplomarbeit, FH Wiesbaden, (2004)

[Jay93] T. R. Jay, M. B. Stern, Preshaping photoresist for refractive microlens fabrication, SPIE Vol. 1992 Miniature and Micro-Optics and Mechanics (1993) 275

[Karthe91] W. Karthe, R. Müller, Integrierte Optik, Akadem. Verlagsgesellschaft Geest & Portig, Leipzig (1991)

[Kim02] H. Kim, J. S. Horwitz, W. H. Kim, Z. H. Kafafi, D. B. Chrisey, Highly oriented indium tin oxide films for high efficiency organic light-emitting diodes, Jour. Appl. Phys. (2002), No. 4, 9210

[Krippner98] P. Krippner, T. Kühner, J. Mohr, R. Wyzgol, Aufbau und Anwendungen von Mikrospektrometersystemen im IR-Bereich, 3. Statuskolloquium des Projektes MST, Wissenschaftlicher Bericht FZKA 6080 (1998)

[Kröninger94] W. Kröninger, H.-G. Heckmann, Taking the Approximation Out of Diffractive Optics Design, Photonics Spectra, März (1994)

[Kruit98] P. Kruit (Hrsg.), N.F. van Hulst, A. Lewis, Near-field optics and related techniques, Ultramicroscopy 71, Elsevier, Amsterdam, Lausanne, New York, Tokyo (1998)

[Kurth98] S. Kurth, R. Hahn, C. Kaufmann, K. Kehr, J. Mehner, U. Wollmann, W. Dötzel, T. Gessner, Silicon mirrors and micromirror arrays for spatial laser beam modulation, Sensors and Actuators, A 66 (1998) 76-82

[Lepper03] M. Lepper, Elektrooptische Charakterisierung großflächiger OLEDs, Diplomarbeit, FH Darmstadt, (2003)

[Marti95] O. Marti, G. Krausch, Nahfeldoptik mit fast-atomarer Auflösung, Phys. Bl. 51 (1995) 493

[Mei02] A. Meier, F. Völklein, Realisierung von Lichtwellenleiter-Strukturen in Gläsern durch Ionenaustausch, Bericht zum Forschungsprojekt CHANGE II, Schott AG Mainz (2002)

[Mei04] A. Meier, F. Völklein, Herstellung von Phasenreliefstrukturen in Quarzglas und ZrO_2-Substraten, Forschungsbericht Schott AG Mainz (2004)

[Microp96] J. Schulz, J. Mohr, H.-R. Mache, Yet Another Technology for Space Microsystems´Fabrication: LIGA, mst news 16 (1996) 12-13; Produktinformation der Fa. MicroParts, Dortmund

[Moller02] S. Moller, S. R. Forrest, Improved light out-coupling

[Motamedi93] M.E. Motamedi, A. P. Andrews, W. J. Gunning und M. Khoshnevisan, Microoptic laser beam scanner, SPIE Vol. 1992, Miniature and Micro-Optics and Micromechanics (1993)

[Müller04] F. Müller, Variation des Aufbaus von OLEDs zur Realisierung neuer Bauteileigenschaften, Diplomarbeit, FH Wiesbaden, (2004)

[Nisper97] J. Nisper, Diffractive Optics: Plastics Makes the Grade, Photonics Spectra (1997) 115-122

[Noell98] W. Noell, Neue Sensoren für die optische Nahfeldmikroskopie, Dissertation, Universität Ulm, (1998)

[NSG] Produktinformation NSG Europe N.V./S.A., Temse, Belgien

[Oriel] Produktinformation der Fa. Oriel, Darmstadt

[Paatzsch97] Th. Paatzsch, Entwicklung eines integriert-optischen Y-Verzweigers mit passiver Faser-Chip-Kopplung aus polymeren Materialien, Dissertation Universität Konstanz (1997)

[Pätzold05] R. Pätzold, Organische Leuchtdioden auf flexiblen Substraten, Dissertation, Universität Erlangen-Nürnberg, (2005)

[Picard96] A. Picard, W. Ehrfeld, J. Reinhard, D. Morlion, J. Vanderwege, J. P. Vetter, High precision LIGA structures for optical fibre-in-board technology, European Conference on Electronic Packaging Technology& Internat. Conf. on Interconnection Technology in Electronics, Essen, (1996)

[Picard96] A. Picard, W. Ehrfeld, J. Reinhardt, D. Morlion, J. Vanderwege, J. P. Vetter, High precision LIGA structures for optical fibre-in-board technology, DVS-Berichte 173, EUPac´96, Essen (1996)

[Picard97] A. Picard, W. Ehrfeld, H. Löwe, H. Müller und J. Schulze, Refractive microlens arrays made by contactless embossing, SPIE´s Annual Meeting 1997, International Symposium on Optical Science, Engineering & Instrumentation, San Diego (1997)

[Pomm99] J. Pommerehne, Grundlagen und Wirkungsweisen organischer Leuchtdioden, Diss. Universität Marburg, (1999)

[Popovic88] Z.D. Popovic, R.A. Sprague und G.A. Neville Connell, Technique for monolithic fabrication of microlens arrays, Applied Optics 27 (1988) 1281-1284

[Ramses95]	B. Doll, D. Walliser, Abschlußbericht der Studie „Raumfahrtanwendungen der Mikrosystemtechnik zur Entwicklung von Satelliten", FKZ 50 TT 9432, (1995)
[Riesenberg00]	R. Riesenberg, J. Lonschinski, R. Huber, Abschlußbericht, BMBF-Verbundprojekt „Prototyp Hadamard-Spektrometer", FKZ 50 TT 97004, (2000)
[Rogner91]	A. Rogner, W. Ehrfeld, Fabrication of light guiding devices and fiber coupling structures by the LIGA process, Proc. SPIE, Vol. 1506 (1991)
[Sampsell94]	J. B. Sampsell, J. Vac. Sci. Technol. B 12 (1994) 3242
[Sander96]	D. Sander, O. Blume, J. Müller, Microspectrometer with slab-waveguide transmission gratings, Applied Optics 35 (1996) 4096-4101
[Schift94]	H. Schift, Herstellung und Untersuchung photonischer Mikrobauelemente in LIGA-Technik, Dissertation, Fakultät für Maschinenbau, Universität Karlsruhe (1994)
[Schott03]	Schott Info Nr. 99 III, (2001)
[Schulze97]	J. Schulze, W. Ehrfeld, H. Löwe, A. Michel, A. Picard, Contactless embossing of microlenses – a new technology for manufacturing refractive microlenses, EUROPTO 97, European Symposium on Lasers and Optics in Manufacturing, München (1997)
[Seidel95]	R. Seidel, T. Barthel, J. Albrecht, D. Müller, mikroelektronik + mikrosystemtechnik 5 (1995) 14
[Shu94]	Shu Yuan, G. Springholz, G. Bauer, M. Kriechbaum, Phys. Rev. B 49 (1994) 5476
[SiTe]	Scientific Imaging Technologies Inc., An Introduction to Scientific Charge-Coupled-Devices, Produktinformation
[Smaglinsk95]	I. Smaglinski, Entwicklung eines polymeren faseroptischen Y-Verzweigers, Diplomarbeit FH Wiesbaden (1995)
[Stepputat97]	M. Stepputat, F. Schmitz, M. Abraham, Abschlußbericht BMBF-Verbundvorhaben „Miniaturisierter Sonnensensor", Teilprojekt „Mikrosystemtechnische Komponenten für miniaturisierte Sonnensensoren", FKZ 50TT 9529, (1997)
[Stopka00]	M. Stopka, K. Mayr, Abschlußbericht BMBF-Verbundvorhaben „Integrierte Nahfeldoptische Sensoren", Teilprojekt „Integrierte Nahfeldsonden", FKZ 13N 7045/4, (2000)
[Tak88]	N. Takato, K. Jinguji, M. Yasu, H. Toba, M. Kawachi, Silica-Based Single-Mode Waveguides on Silicon and their Application to guided-Wave Optical Interferometers, J. Lightw. Techn. 6 (1988) 1003
[Tanase05]	C. Tanase, J. Wildeman, P. W. M. Blom, Enhancement of the hole transport in poly(p-phenylene vinylene)-based light-emitting diodes, Proc. SPIE-The Internat. Society for Optical Engineering, (2005), No. 2, 8143
[Ting04]	L. M. Ting, C. H. Hung, T. C. Hung, L. C. Hung, Development of highly efficient and stable blue organic electroluminescent devices, IDRC, Internat. Display Research Conf., 24, IMID Asia Display, 4, Internat. Meeting on Information Display, 4 (2004) 5178
[Troadec05]	D. Troadec, A. Moliton, B. Ratier, R. Antony, R. C. Hiorns, Optical characterization of polychromatic organic light emitting diodes, Jour. Applied Physics, (2005), No.2, 8002
[Wenfa05]	X. Wenfa, Z. Yi, L. Chuannan, L. Shiyong, High-efficiency electrophosphorescent white organic light-emitting devices with a double-doped emissive layer, Semiconductor Sci. and Technology, (2005), No. 3, 3329
[Williams90]	R. Williams, Modern GaAs Processing Methods, Artech House, Norwood, MA (1990)
[Wie95]	M. Wiederspahn, Optische Verzweiger für Breitbandnetze, F&M 103 (1995) 523-526
[Wantz05]	G. Wantz, L. Hirsch, N. Huby, L. Vignau, A. S. Barriere, J. P. Parneix, Temperature-dependent electroluminescence spectra of poly(phenylene-vinylene) derivatives-based polymer light-emitting diodes, Jour. Appl. Phys., (2005), No. 2, 7283
[Zhi05]	Y. Z. Zhi, D. J. Ya, F. S. Du, Surface modification of indium-tin-oxide anode by oxygen plasma for organic electroluminescent devices, Physica Status Solidi (A)-Applied Research, (2005), No. 2, 7776
[Zhu86]	X.-F. Zhu, K. Iga, Index profile of a planar microlens by ion exchange/diffusion, Appl. Opt. 25 (1986) 3397
[Zünd]	Produktinformation der Fa. Zünd Präzisionsoptik, Balgach, Schweiz

3.3 Mikrosensoren, Mikroaktoren und Fertigungsprozesse

Sensoren sind Bauelemente, die eine physikalische Größe (z. B. Temperatur, Druck, Teilchenkonzentration, Strömungsgeschwindigkeit, Beschleunigung) detektieren und diese in ein elektrisches Signal wandeln. Die Signalverarbeitung (z. B. Verstärkung, Filterung, Speicherung) erfolgt heute meist mittels digitaler mikroelektronischer Schaltungen. Von daher ist es naheliegend, Mikrosysteme aus Sensor und Signalverarbeitung aufzubauen, d. h. die Sensoren als Mikrosensoren mit möglichst geringem Platz- und Energiebedarf und kurzen Zuleitungen zur Signalverarbeitungselektronik zu gestalten. Deshalb werden zunehmend Mikrotechnologien eingesetzt, um konventionelle Sensoren durch Mikrosensoren zu ersetzen. Ist die Technologiefolge zur Sensorherstellung vollständig kompatibel mit der für die mikroelektronische Schaltung, gelingt sogar eine vollständige On-Chip-Integration (monolithische Integration) aller Komponenten. Durch geringe Größe und minimalen Leistungsumsatz bieten Mikrosensoren außerdem die Möglichkeit, physikalische Größen an Orten (oder unter Bedingungen) zu bestimmen, für die bisher ein messtechnischer Zugriff unmöglich war (z. B. Druckmessungen in Herzkranzgefäßen). Damit werden der Messtechnik durch Mikrosensoren völlig neue Einsatzfelder erschlossen. Schließlich sind Mikrosensoren durch Batch-Prozess-Fertigung oft auch weitaus kostengünstiger als herkömmliche Lösungen.

Aus diesen Gründen wurden weltweit in vielen Entwicklungslabors Mikrosensoren realisiert, die sich inzwischen auch kommerziell vielfach durchgesetzt haben. Aus der Breite dieser Entwicklungen können hier nur einige ausgewählte Beispiele dargestellt werden.

Unter Mikroaktoren (oft auch Mikroaktuatoren genannt) versteht man Bauelemente, die bei Zufuhr einer Steuergröße (z. B. als elektrische Spannung, als elektrische oder thermische Energie, als digitale Information) eine spezifische Aktion zur Steuerung oder Regelung eines Prozesses ausführen. Die bei den Mikrosensoren genannten Argumente für Miniaturisierung und Integration gelten sinngemäß auch für Mikroaktoren.

3.3.1 Thermische Mikrosensoren

Unter thermischen Mikrosensoren im engeren Sinne wollen wir hier Bauelemente zur berührenden und berührungslosen Temperaturmessung verstehen. Im weiteren Sinne sind es solche, bei denen die zu messende physikalische Größe die Temperatur einer Funktionsschicht des Sensors ändert und diese Temperaturänderung in ein elektrisches Signal gewandelt wird. Die wichtigsten Wandlungseffekte thermischer Sensoren sind:

- elektrische Widerstandsänderung infolge einer Temperaturänderung
- elektrische Spannungen aufgrund von Temperaturdifferenzen (Thermoelektrischer Effekt)
- Polarisationsänderung (Ladungsverschiebungen) aufgrund von Temperaturänderungen (Pyroelektrischer Effekt)

3.3.1.1 Berührende Temperatursensoren

Sie messen die Temperatur eines Objektes, indem sie in möglichst gutem thermischen Kontakt (geringer Wärmewiderstand) mit diesem verbunden werden. Verzögerungszeiten bei der Messung, bedingt durch die Ansprechzeit (thermische Zeitkonstante) des Sensors (als Folge seiner Wärmekapazität und des Wärmewiderstandes), sollten so gering wie möglich sein. Diese Forderungen können durch Mikrosensoren sehr gut erfüllt werden.

a) Metallschicht-Widerstandssensoren

Diese nutzen die Temperaturabhängigkeit des spezifischen elektrischen Widerstandes ρ als Sensoreffekt. Die Leitfähigkeit als Kehrwert des spezifischen elektrischen Widerstandes

$$\sigma = \frac{1}{\rho} = en\mu \qquad (3.3\text{-}1)$$

hängt von der Konzentration n der freien Elektronen und von deren Beweglichkeit μ ab. Die Konzentration ist (gemäß dem Modell des freien Elektronengases) nicht von der Temperatur T abhängig. Die Beweglichkeit der Elektronen nimmt mit zunehmender Temperatur ab, da Temperaturerhöhung zu intensiveren Wärmeschwingungen der Kristallgitterbausteine und somit zu stärkerer Streuung der Ladungsträger (Reduzierung der Driftgeschwindigkeit) führt. Daraus resultiert eine Abnahme der Beweglichkeit gemäß $\mu \propto 1/T$. Neben dieser temperaturabhängigen Streuung am Kristallgitter des „idealen Metalls" treten zusätzliche Streueffekte an Gitterdefekten des „realen Metalls" (Versetzungen, ionisierte Störstellen, Leerstellen, Verunreinigungen, Korngrenzen) auf. Nach dem „Ausfrieren" der Gitterschwingungen bei tiefen Temperaturen zeigen metallische Leiter aufgrund dieser Streueffekte einen temperaturunabhängigen Restwiderstand. Der spezifische Widerstand kann deshalb als Summe des Restwiderstandes und des temperaturabhängigen Widerstandes infolge der Gitterschwingungen dargestellt werden (Matthiesen-Regel):

$$\rho(T) = \rho_{rest} + \rho_{Gitter}(T) \qquad (3.3\text{-}2)$$

Für Temperatursensoren werden vorwiegend Platin, Nickel, Kupfer und Kupfer-Nickel verwendet. Für tiefe Temperaturen (< 10 K) setzt man Germanium- oder Kohlenstoffschichtwiderstände ein.

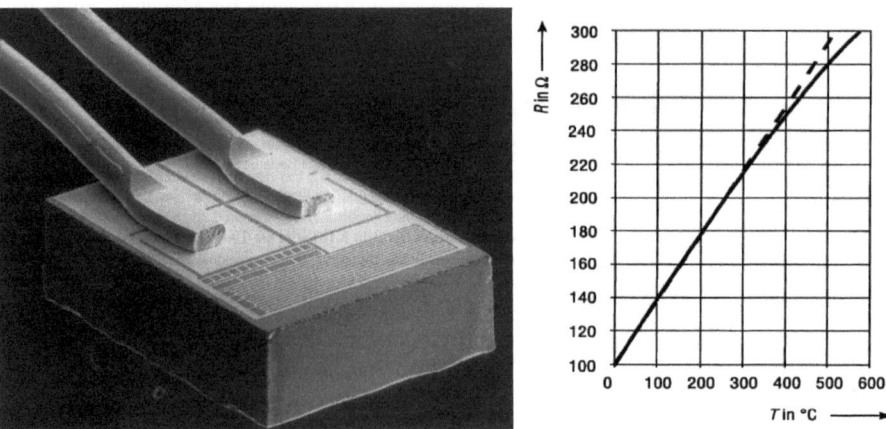

Bild 3.3-1 Pt-100 Temperatursensor in Dünnschichttechnologie und Widerstands-Temperatur- Kennlinie

Platin-Temperatursensoren sind die gebräuchlichsten berührenden Messfühler. In der Ausführungsform „Wissenschaftliches Thermometer" werden sie als Temperatur-Normale im Bereich 13,8 K bis 1235 K eingesetzt. Für Temperaturen zwischen 73 K und 1123 K kann der Widerstand $R(T)$ durch das Polynom

$$R(T) = R_0 \left\{ 1 + A \cdot T + B \cdot T^2 + C \cdot T^3 (T - 100\,°C) \right\} \quad (3.3\text{-}3)$$

mit den Parametern $A = 3{,}908 \cdot 10^{-3}$ K^{-1}, $B = -5{,}802 \cdot 10^{-7}$ K^{-2}, $C = -4{,}273 \cdot 10^{-12}$ K^{-4} beschrieben werden, wobei T in °C einzusetzen ist [Ric90]. Den Widerstandswert R_0 (bei T = 0 °C) gleicht man auf z. B. 100 Ω, 500 Ω oder 1000 Ω ab, woraus sich die Bauelement-Bezeichnungen Pt-100, Pt-500 bzw. Pt-1000 ableiten. Pt-Sensoren werden als Dünnfilm-Bauelemente [Bon95] durch Aufdampfen bzw. Sputtern einer ca. 1μm dünnen Pt-Schicht auf Keramiksubstrate hergestellt. Die Schicht wird durch Laserritzen oder durch Photolithographie und Trockenätztechnik mäanderförmig strukturiert und durch Laserabgleich (Kap. 4.3) auf den Wert R_0 eingestellt. Bild 3.3-1 zeigt einen Pt-100-Dünnschichtsensor der Typenreihe L2105 [Har92] und die Widerstandskennlinie im Temperaturbereich 0-600 °C.

b) Silizium Spreading-Resistance

Zur berührenden Temperaturmessung kann auch das Widerstandsverhalten von n-dotiertem Silizium in der Bauform *spreading resistance* verwendet werden. Dazu wird der Silizium-Wafer an der Rückseite großflächig metallisiert, während an der Vorderseite ein quasi punktförmiger metallischer Kontakt mit dem Kontaktdurchmesser a realisiert wird (Bild 3.3-2a). Der Widerstand einer solchen Bauform ist durch

$$R(T) = \rho(T) / 2a \quad (3.3\text{-}4)$$

unter der Voraussetzung $a \ll d$ gegeben. Die ohmschen Kontakte auf Vorder- und Rückseite werden durch den Übergang vom Metall zu einer hochdotierten n+-Silizium-Schicht erreicht. Da sich dennoch Asymmetrien des Widerstandes bei Stromumkehr nicht ganz vermeiden lassen, werden Sensoren mit Doppelloch wie in Bild 3.3-2b gebaut.

Die Temperaturabhängigkeit des spezifischen Widerstandes $\rho(T)$ bzw. der spezifischen Leitfähigkeit $\sigma(T) = 1/\rho(T) = en(T)\mu(T)$ bestimmt die Empfindlichkeit des Sensors. Die Dotierung des n-Siliziums wird so eingestellt, dass im vorgesehenen Messbereich des Sensors im Halbleitermaterial Störstellenerschöpfung eingetreten ist. Dies bedeutet, dass alle Donatoren ionisiert sind und die Ladungsträgerkonzentration der Donatorenkonzentration N_D entspricht, d. h. unabhängig von der Temperatur ist: $n(T) \approx N_D$. Der so gekennzeichnete Leitungsmechanismus wird als Störstellenleitung (*extrinsic conduction*) bezeichnet. Demnach ist $\sigma(T)$ allein durch die Temperaturabhängigkeit der Beweglichkeit $\mu(T)$ bestimmt, die in schwach dotiertem Silizium bei zunehmender Temperatur durch die Stoßprozesse der Ladungsträger mit Gitterschwingungen abnimmt. Im Bereich der Störstellenerschöpfung hat der *spreading resistance* also einen positiven Temperaturkoeffizienten des Widerstandes. Bild 3.3-2 zeigt die Abhängigkeit des spezifischen Widerstandes von Silizium als Funktion der Temperatur bei verschiedenen Arsen-Donatorkonzentrationen. Bei hohen Temperaturen werden Elektronen und Löcher thermisch angeregt, so dass ihre Zahl die der von den Donatoren bereitgestellten Elektronen bei weitem übertrifft. Das Halbleitermaterial wird eigenleitend (*intrinsic conduction*). Im eigenleitenden Gebiet steigt die Zahl der Ladungsträger $n(T) \approx p(T)$ exponentiell mit der Temperatur an, die Beweglichkeitsabnahme wird überkompensiert, der Widerstand hat nun einen negativen Temperaturkoeffizienten. In Bild 3.3-2c ist zu ersehen, dass der Übergang von der extrinsischen zur intrinsischen Leitfähigkeit von der Stärke der Dotierung abhängig ist. *Spreading resistance* Sensoren müssen aus Gründen der Eindeutigkeit der Temperaturmessung in ihrem Anwendungsbereich auf das Gebiet der Störstellenleitung begrenzt werden.

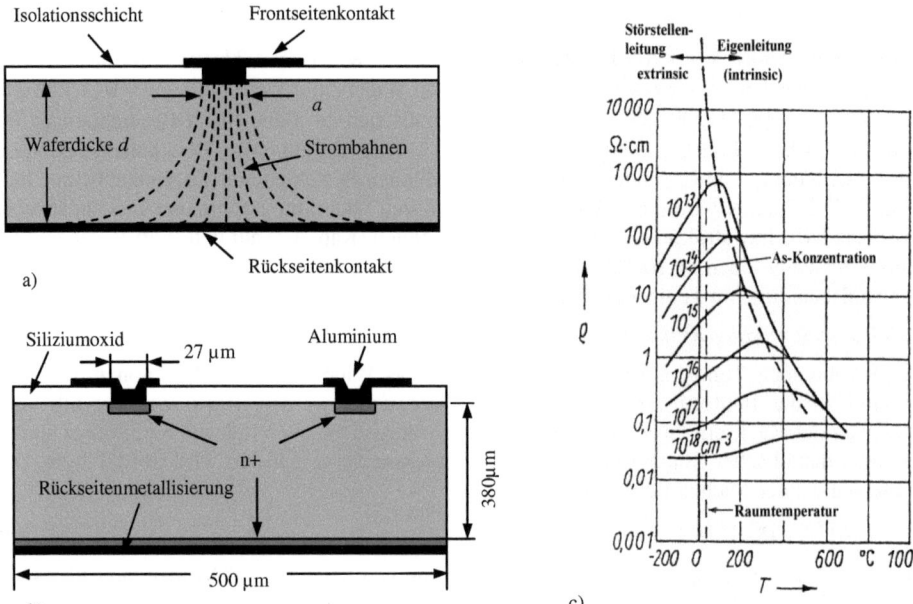

Bild 3.3-2 a)   Geometrie eines *spreading resistance* und
b)   Ausführungsform mit Doppelloch [Sie91] und
c)   spezifischer Widerstand ρ von Silizium als Funktion der Temperatur bei verschiedenen Arsen-Donatorkonzentrationen

c) Integrierte Bipolar-Transistoren

Zur Temperaturmessung wird die Temperaturabhängigkeit des Stromflusses durch einen in Durchlassrichtung gepolten pn-Übergang genutzt. Als pn-Übergang wird häufig die Basis-Emitter-Grenzfläche von bipolaren Transistoren verwendet, bei denen man Basis und Kollektor auf gleiches Potential legt (kurzgeschlossener Transistor, Bild 3.3-3a). Die Basis-Emitter-Spannung U_{BE} ist dann direkt proportional der absoluten Temperatur T:

$$U_{BE} = \frac{kT}{e}\ln(\frac{I_c}{I_s}) \tag{3.3-5}$$

mit I_c als Kollektorstrom und I_s als Kollektorreststrom (Sättigungssperrstrom) bei Betrieb des pn-Übergangs in Sperrichtung. In bipolarer Prozesstechnologie hergestellte Temperatursensoren verwenden meist zwei identische Transistoren, die mit unterschiedlichen Kollektorströmen betrieben werden (Bild 3.3-3b). Die monolithische Integration gewährleistet, dass beide Transistoren identische Temperatur haben, durch Optimierung der Prozesstechnologie kann erreicht werden, dass die Sättigungssperrströme I_{s1} und I_{s2} beider Transistoren identisch sind. Für die Differenz der Basis-Emitter-Spannung beider Transistoren gilt dann:

$$\Delta U_{BE} = \frac{kT}{e}\ln(\frac{I_{c1}}{I_{c2}}) \tag{3.3-6}$$

Die integrierten Schaltungen enthalten neben den temperatursensitiven Transistoren weitere Bauelemente zur Einstellung der Kollektorströme und zur Kalibrierung der Ausgangsspannung. So werden z. B. Sensoren mit einer Empfindlichkeit $\Delta U/\Delta T$ = 10 mV/K angeboten, die proportional der absoluten Temperatur sind (Ausgangsspannung = 2,982 V bei 25 °C). Der Einsatzbereich solcher integrierter Temperatursensoren liegt bei -55 °C bis 150 °C [Pea85].

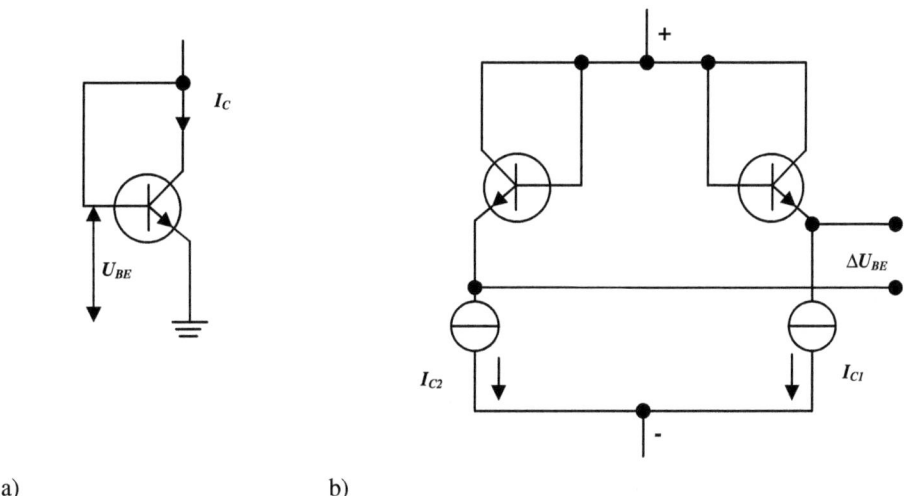

a)   b)

Bild 3.3-3 Bipolarer Transistor als Temperatursensor

3.3.1.2 Thermische Sensoren zur berührungslosen Temperaturmessung

Thermische Sensoren zur berührungslosen Temperaturmessung beruhen auf der Detektion der von einem Körper emittierten Strahlung. Entsprechend dem Stefan-Boltzmann-Gesetz ist die von einem schwarzen Körper emittierte spezifische Ausstrahlung M in den Halbraum durch

$$M = \sigma_B T^4 \quad (\text{W/m}^2) \tag{3.3-7}$$

gegeben, also proportional der vierten Potenz der Oberflächentemperatur T des Körpers, die demnach direkt durch eine Messung von M ermittelt werden kann (σ_B = 5,87·10^{-8} Wm^{-2}K^{-4} ist die Stefan-Boltzmann-Konstante). Bei nicht schwarzen Oberflächen kann die Ausstrahlung durch $M = \varepsilon \sigma_B T^4$ dargestellt werden, wobei ε das über alle Wellenlängen gemittelte, integrale Emissionsvermögen der Oberfläche ist. Berührungslose Temperaturmessung nicht schwarzer Körper erfordert also neben der Bestimmung von M (Strahlungsmessung) auch die des Emissionsvermögens.

a) Bolometer

Bei berührungslosen Temperatursensoren, die nach dem Prinzip der Widerstandsänderung infolge Temperaturänderung arbeiten (sogenannte Bolometer), erfolgt die Temperaturänderung durch Absorption von Strahlung. Die z. T. sehr geringen Strahlungsleistungen im μW- bzw. nW-Bereich erfordern sehr empfindliche Sensoren, die durch Schichttechnologie und mikromechanische Strukturierung realisiert werden. Bild 3.3-4 zeigt als Beispiel eine Pt-Widerstandsschicht auf einer dünnen, durch anisotropes Ätzen erzeugten SiO$_2$/Si$_3$N$_4$-

Membran. Um möglichst vollständige Strahlungsabsorption in einem großen Wellenlängenbereich zu gewährleisten, ist die Sensorschicht mit einer in Bild 3.3-4 nicht dargestellten „schwarzen" Absorptionsschicht überdeckt, die durch eine Isolationsschicht elektrisch von der Widerstandsschicht getrennt wird.

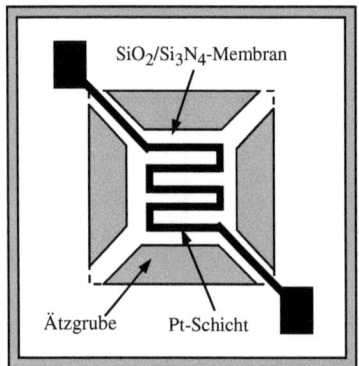 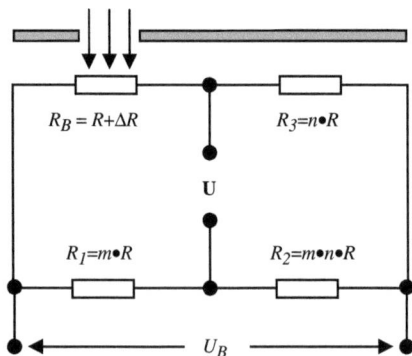

Bild 3.3-4 Aufbau eines Mikrobolometers und Brückenschaltung zur Detektion der Widerstandsänderung infolge Wärmestrahlungsabsorption

Meist wird das Bolometer in einer Wheatstone-Brückenschaltung betrieben (Bild 3.3-4), die Signalspannung U ergibt sich dann aus der relativen Widerstandsänderung $\Delta R/R$ der bestrahlten Schicht, aus der Brücken-Versorgungsspannung U_B und dem Aufbau der Brückenschaltung (symmetrisch $n = 1$, unsymmetrisch $n \neq 1$):

$$U = \frac{n}{(n+1)^2} \cdot \frac{\Delta R}{R} \cdot U_B \qquad (3.3-8)$$

Die relative Widerstandsänderung wird durch die Temperaturänderung ΔT der Schicht und durch deren Temperaturkoeffizienten β bestimmt. Oft kann mit der Näherung

$$\Delta R / R = \beta \Delta T \qquad (3.3-9)$$

gerechnet werden. Die Temperaturänderung ergibt sich aus der absorbierten Strahlungsleistung N, der im Schichtwiderstand umgesetzten elektrischen Leistung $P=(U_B)^2/R(1+n)^2$ als Folge der Brückenversorgungsspannung und aus dem thermischen Widerstand R_T des Sensors:

$$\Delta T = R_T (N + P) \qquad (3.3-10)$$

Für die Signalspannung gilt also:

$$U = \frac{n}{(n+1)^2} \beta \Delta T U_B = \frac{n}{(n+1)^2} \beta R_T (N+P) U_B \qquad (3.3-11)$$

und für die Empfindlichkeit S:

$$S = \frac{dU}{dN} = \frac{n}{(n+1)^2} \beta R_T U_B \qquad (3.3-12)$$

Abgesehen von den Betriebsbedingungen (U_B, n) ist eine hohe Empfindlichkeit durch Schichtmaterialien mit großem Temperaturkoeffizienten β und durch einen hohen Wärmewiderstand des Sensors zu erreichen.

3.3 Mikrosensoren, Mikroaktoren und Fertigungsprozesse

Bild 3.3-5
Mikrobolometer mit mäanderförmiger 50 nm Platin-Widerstandsschicht und Bolometer-Array [Shi91]

Der thermische Widerstand wird durch die Schichtdicken und die Wärmeleitfähigkeiten von Membran, Widerstands-, Isolations- und Passivierungsschichten und durch deren Emissionseigenschaften bestimmt. Der massive Silizium-Rahmen des Sensors mit hoher Wärmeleitfähigkeit ist als Wärmesenke zu betrachten. Durch sehr geringe Schichtdicken von der Größenordnung 10^2 nm können mit metallischen Widerstandsschichten (β in der Größenordnung 10^{-3} /K) Empfindlichkeiten von typ. 100 V/W erzielt werden, bei einer Absorptionsschicht von typ. 1 mm^2 Fläche. Die sehr geringe thermische Masse des sensitiven Schicht-Sandwich führt zu kurzen Ansprechzeiten von etwa 15-20 ms. In Bild 3.3-5 ist ein Mikrobolometer mit Platin-Widerstandsschicht dargestellt.

Mikrobolometer werden auch unter Verwendung von Polysilizium als Widerstandsschicht realisiert, wobei deren Temperaturkoeffizient durch Dotierung in weiten Grenzen einstellbar ist [Obe91]. Die thermische Isolation des Polysiliziums (hoher R_T) gelingt wiederum durch Anordnung auf anisotrop unterätzten Membranstrukturen oder aber durch Anwendung der Opferschicht-Technologie. Arrays von Mikrobolometern mit z. B. 256x256 sensitiven Bolometerpixeln mit Absorberflächen von 40x40 µm^2 wurden für die Detektion von Wärmestrahlung für Wärmebildkameras mit einer Temperaturauflösung von 0,1 K entwickelt.

b) Thermoelektrische Sensoren

Thermoelektrische Sensoren beruhen auf dem Seebeck-Effekt. Besteht in einem Thermoelement (Bild 3.3-6) als Kombination von zwei verschiedenen elektrisch leitenden Materialien (mit den Seebeck-Koeffizienten α_1 bzw. α_2) zwischen deren Kontaktstelle und den offenen Enden ein Temperaturunterschied, so kann man an diesem Element eine thermoelektrische Spannung U abgreifen:

$$U = \int_{T_0}^{T_1} (\alpha_1(T) - \alpha_2(T)) dT \approx (\alpha_1 - \alpha_2)(T_1 - T_0) \tag{3.3-13}$$

Diese ist bei kleinen Temperaturdifferenzen direkt proportional zum resultierenden Seebeck-Koeffizienten $\alpha_{1/2} = \alpha_1 - \alpha_2$ und zur Temperaturdifferenz $(T_1 - T_0)$. Schaltet man mehrere solcher Thermoelemente zu einer Thermosäule (*thermopile*) in Reihe, kann man die Thermospannung proportional zur Elementezahl erhöhen. In Mikrosensoren hat dieses direkte Wandlungsprinzip einer Temperaturdifferenz in ein elektrisches Signal zahlreiche Anwendungen gefunden, von denen hier zunächst Sensoren zur IR-Strahlungsmessung vorgestellt werden.

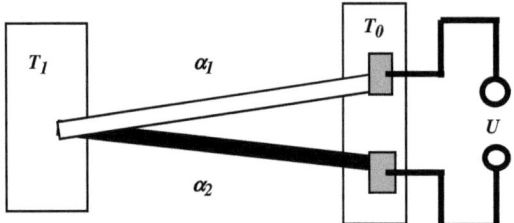

Bild 3.3-6 Prinzipieller Aufbau und Funktion eines Dünnschicht-Thermoelementes

Ähnlich wie Mikrobolometer können Thermopiles zur berührungslosen Temperaturmessung durch Detektion der von einer Oberfläche ausgehenden Wärme-Strahlung eingesetzt werden. Bild 3.3-7 zeigt den prinzipiellen Aufbau und die Realisierung als Mikro-Thermopile mittels Dünnschicht-Technologie und mikromechanischer Ätztechnik.

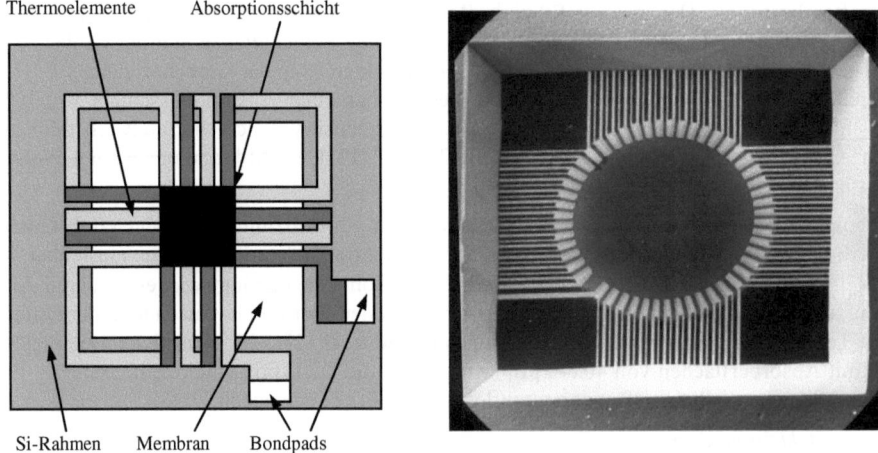

Bild 3.3-7 Prinzipieller Aufbau eines Mikro-Thermopiles und „warme" Kontaktstellen eines Thermopiles unter Absorptionsschicht auf mikromechanisch geätzter Membran

In Reihe geschaltete Dünnschicht-Thermoelemente sind auf einem thermisch gut isolierenden Träger (z. B. einer dünnen Membran oder einem Cantilever) so angeordnet, dass sie mit ihren „warmen" Kontakten unter einer „schwarzen" Absorptionsschicht liegen und durch Strahlungsabsorption erwärmt werden. Die elektrische Isolation zwischen Absorptionsschicht und Thermopile erfolgt durch eine dünne dielektrische Schicht (SiO_2, Si_3N_4). Die „kalten" Enden der Thermoelemente befinden sich auf dem massiven Silizium-Chip, der als Wärmesenke wirkt und bei der Bestrahlung der Absorberfläche die Umgebungstemperatur beibehält. Die Signalspannung U eines Thermopile ergibt sich aus der Temperaturdifferenz $T_1 - T_0$ zwischen „warmen" Kontakten und Wärmesenke, aus der Elementezahl n und den Seebeck-Koeffizienten des Thermopaares:

$$U = n(\alpha_1 - \alpha_2)(T_1 - T_0) \qquad (3.3\text{-}14)$$

3.3 Mikrosensoren, Mikroaktoren und Fertigungsprozesse

Die Temperaturdifferenz ist durch die absorbierte Strahlungsleistung N und den thermischen Widerstand R_T des Sensors determiniert:

$$(T_1 - T_0) = R_T N \qquad (3.3\text{-}15)$$

so dass sich die Empfindlichkeit S als Quotient von Signalspannung zu absorbierter Strahlungsleistung ergibt:

$$S = \frac{U}{N} = n(\alpha_1 - \alpha_2)R_T \qquad (3.3\text{-}16)$$

Hohe Empfindlichkeit ist durch großen resultierenden Seebeck-Koeffizienten $\alpha_{1/2}$, durch hohe Elementezahl und durch möglichst großen thermischen Widerstand R_T (möglichst geringe Wärmeleitfähigkeit der thermoelektrischen Schichten) zu erreichen. Metalle haben nur geringe Seebeck-Koeffizienten und hohe Wärmeleitfähigkeit; sehr hohe resultierende Seebeck-Koeffizienten sind bei der Kombination von p-Halbleitern (positiver Seebeck-Koeffizient) und n-Halbleitern (negativer Seebeck-Koeffizient) möglich, da gemäß $\alpha_{1/2} = \alpha_1 - \alpha_2$ die Differenz eines positiven und eines negativen Koeffizienten die Summe beider Beträge darstellt. Tabelle 3.3-1 gibt einen Überblick über die Seebeck-Koeffizienten von thermoelektrisch häufig verwendeten Materialien. Hohe Elementezahl bei kleinen Absorberflächen von typ. 1 mm² und großer thermischer Widerstand wird durch Ausführung der Sensoren in Dünnschichttechnologie und Mikrostrukturierung (mittels Photolithographie) der Thermoelemente erreicht.

Tab. 3.3-1 Thermoelektrische Eigenschaften häufig verwendeter Schichtmaterialien für thermoelektrische Sensoren

Schichtmaterial	Seebeck-Koeffizient α (µV/K)	Elektrische Leitfähigkeit σ (10^4/Ωm)	Wärmeleitfähigkeit λ (W/mK)	Thermoelektrische Effektivität $z = \alpha^2 \sigma / \lambda$ (10^{-3}K^{-1})
p-$Bi_{0,5}Sb_{1,5}Te_3$	230	5,8	1.05	2,9
n-$Bi_{0,87}Sb_{0,13}$	-100	14,0	3,10	0,45
Sb	35	100,0	13,0	0,09
Bi	-65	28,5	5,2	0,23
Si (einkristallin, abhängig von Dotierung)	-450	2,86	150	0,039
n-Polysilizium (abhängig von Dotierung)	-420	0,2	29	0,012
Ge	420	0,12	64	0,0033
n-PbTe	-170	5,0	2,5	0,58

Weitere Sensorkenngrößen wie die NEP (*noise equivalent power*) und die Detektivität D^* hängen von der elektrischen Leitfähigkeit σ bzw. der thermoelektrischen Effektivität $z = \alpha^2 \sigma / \lambda$ der Funktionsschichten ab. Die Bedeutung dieser Sensorparameter wird in Kap. 5.3 ausführlich dargestellt.

Bei dem in Bild 3.3-7 gezeigten Thermopile sind die thermoelektrischen Schichten nebeneinander auf der Substratmembran strukturiert. Es wurden auch Thermopiles entwickelt, bei denen durch Multilagentechnologie die Thermoschenkel übereinander gestapelt und durch eine dünne Isolationsschicht voneinander getrennt sind [Völ90]. Neben Membran- und Cantilever-

Anordnungen mit thermoelektrisch effektiven Schichten auf der Basis von Bismut-Antimon-Tellur-Verbindungshalbleitern sind Thermopiles in Standard-IC-Prozesstechnologie realisiert worden [Her89, Schie95a]. Dabei werden die Thermoelemente meist aus Silizium in Kombination mit Aluminium-Schichten (Standard-Material der IC-Technologie) aufgebaut. Zur Anwendung kommen monokristalline Silizium-Thermoschenkel, die z. B. in einem Silizium-Cantilever von einigen µm Dicke durch Dotierung oder Implantation erzeugt werden [Her89] oder aber im CVD-Prozess auf dünnen isolierenden Membranen aufgebrachte und strukturierte Polysiliziumschichten (Bild 3.3-8).

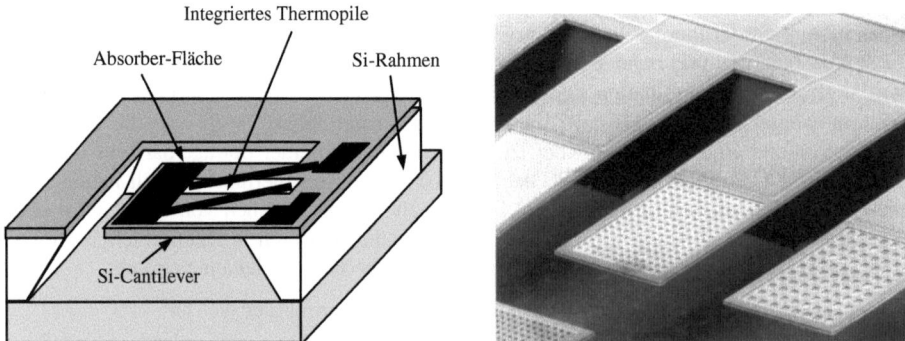

Bild 3.3-8 In Silizium-Cantilever integriertes Si/Al-Thermopile [Her89] und in CMOS-Technologie hergestellter thermoelektrischer Polysilizium/Al-Sensor (die Mikrostruktur der Absorber-Fläche erhöht die Absorption) [Len94]

Aufgrund der hohen Wärmeleitfähigkeit von Silizium (ca. 150 W/mK) sind in Si-Cantilever oder -Membranen integrierte Thermopiles weniger empfindlich als solche, die auf dünnen Isolationsschichten wie SiO_2, Si_3N_4 oder SiC von wenigen 100 nm Dicke durch Beschichtung und Strukturierung thermoelektrisch effektiver Materialien aufgebaut werden. In Standard-IC-Technologie hergestellte Thermopile-Arrays werden ausführlich in Kap. 5.3 beschrieben. In kompletter CMOS-Technologie realisierte thermoelektrische Sensoren sind in Kap. 4.2 dargestellt. Für Thermopiles mit BiSbTe-Verbindungshalbleiter-Schichten ist die Integration von Sensor und Signalverarbeitung in hybrider Technologie möglich [Elb92], wohingegen IC-kompatible Thermopiles im Prinzip eine monolithische Integration erlauben [Mül95].

3.3.1.3 Vakuum-Mikrosensoren

Diese Sensoren arbeiten nach dem Prinzip der druckabhängigen Wärmeleitung des umgebenden Gases (Pirani-Prinzip), sie sind in ihrem Sensorsignal also gasartabhängig. Es sind Sensoren auf thermoelektrischer als auch bolometrischer Basis entwickelt worden [Her86, Völ91, Mas91]. Bild 3.3-9a zeigt einen thermoelektrischen Sensorchip, bei dem im Zentrum einer mikromechanisch strukturierten Membran eine mäanderförmige Heizschicht angeordnet ist. Durch eine dünne Isolationsschicht von dieser getrennt, befindet sich ein aus 40 Elementen bestehendes Thermopile mit seinen „warmen" Kontaktstellen unter der Heizschicht, während die „kalten" Kontakte auf dem massiven Silizium-Rahmen (Wärmesenke) liegen. Die Sensorchips werden entweder mit konstanter Heizleistung der Heizschicht oder mit konstanter Heizertemperatur betrieben. Bei konstanter Heizleistung ist die Temperatur der Heizschicht abhängig von der Wärmeableitung durch das umgebende Gas und damit druckabhängig. Diese Temperatur wird mit dem Thermopile gemessen, die Signalspannung des Thermopile als Funktion des Gasdruckes ist das Sensorsignal.

3.3 Mikrosensoren, Mikroaktoren und Fertigungsprozesse

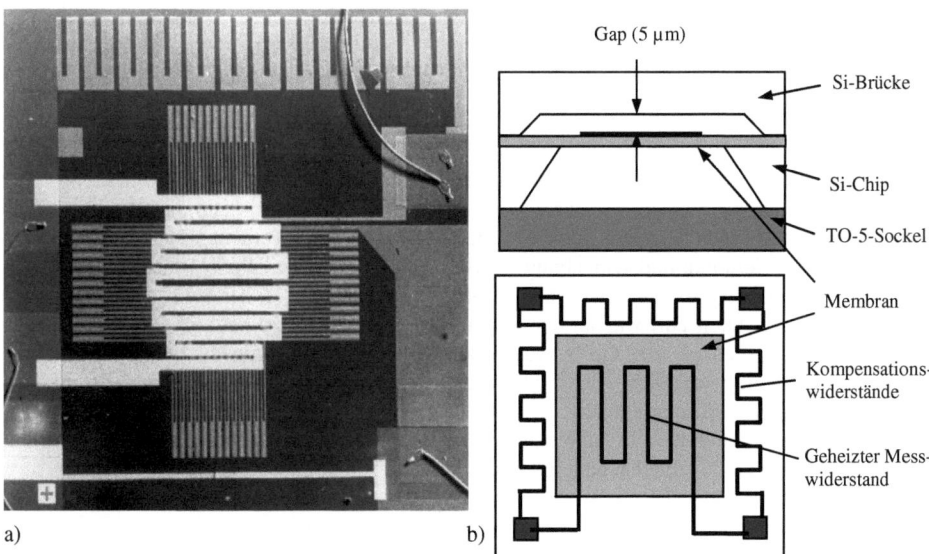

Bild 3.3-9 Vakuum-Mikrosensor
a) nach dem Pirani-Prinzip [Völ91] und
b) als bolometrischer Sensorchip

Bild 3.3-10 zeigt den Verlauf der Thermospannung in Abhängigkeit vom Druck p im Bereich von 10^{-4} bis 10^3 mbar. Im Betriebsmodus konstanter Heizertemperatur wird das Signal des Thermopile in einer Regelschaltung genutzt, um durch Veränderung der Heizleistung bei verschiedenen Gasdrücken die Heizschicht auf einer Temperatur von z. B. 80 °C zu halten. Die erforderliche Heizleistung als Funktion des Gasdruckes dient dann zur Druckbestimmung. Beim Chip mit bolometrischem Prinzip (Bild 3.3-9b) wird lediglich eine mäanderförmige Heizschicht (z. B. aus Platin oder aus elektromigrationsbeständigem AlSiCu) im Zentrum der Membran angeordnet. Zusätzliche Temperatursensoren fehlen, da die Heizschicht zugleich Sensorschicht zur Detektion ihrer Temperatur ist, wenn man sie z. B. in einer Wheatstoneschen Brückenschaltung betreibt. Ein Teil der Betriebsspannung der Brückenschaltung ist dann gleichzeitig die Heizspannung für die Schicht. Es ist sinnvoll und kostengünstig, die drei anderen Widerstände zum Aufbau der Brückenschaltung als Schichten des gleichen Materials auf dem massiven Silizium-Rahmen des Chip anzuordnen. Dadurch ist eine vollständige Kompensation von Schwankungen der Umgebungstemperatur möglich. Der Sensor registriert dann bei konstanter Heizleistung durch Abkühlung oder Erwärmung der Heizschicht nur Änderungen des Gasdrucks. Ein Betriebsmodus mit konstanter Heizschichttemperatur und Regelung der Heizleistung ist auch bei diesem Chip eine übliche Alternative.

Bei Vakua unter 10^{-5} mbar wird die Wärmeleitung durch das umgebende Gas sehr klein gegenüber der Wärmeableitung über die Membran oder durch Wärmestrahlung. Deshalb zeigt der Sensor dann keine Empfindlichkeit mehr gegenüber Druckänderungen. Wird die mittlere freie Weglänge der Gasmoleküle sehr klein gegenüber der Distanz d zwischen geheizter Membran und ungeheizten Umgebungsflächen, dann wird die Wärmeableitung durch das Gas ebenfalls druckunabhängig gemäß

$$\lambda(\bar{l}) = \lambda_{at} \cdot (1 + \frac{(4-2a)\bar{l}}{ad})^{-1} = \lambda_{at} \cdot (1 + \frac{(4-2a)c(T)}{adp})^{-1} \qquad (3.3\text{-}17)$$

dabei ist λ_{at} die Wärmeleitfähigkeit bei Normaldruck, $\bar{l}$ die mittlere freie Weglänge und $a \leq 1$ der Impulsakkomodationskoeffizient der Gasmoleküle (z. B. $a = 0{,}77$ für N_2). Die mittlere freie Weglänge ist umgekehrt proportional zum Druck p gemäß $\bar{l} = c(T)/p$ mit $c(T)$ als Faktor, der von der Gasart und der Temperatur T abhängig ist. Bei Chips, die auf der Basis von 4-Zoll- oder 6-Zoll-Wafern durch Ätzen der Membran von der Rückseite her erzeugt und die zur elektrischen Kontaktierung auf einen Standard-Sockel (z. B. TO-5) aufgesetzt werden, ist der minimale Abstand zwischen Membran und Umgebung (Sockel) etwa 0,5-1 mm. Die Wärmeableitung durch das Gas wird dann schon bei etwa 10 mbar nahezu druckunabhängig, der Sensor weist nur noch geringe Empfindlichkeit auf, was an den Kennlinien Bild 3.3-10 zu beobachten ist. An dieser geringen Empfindlichkeit im Grobvakuum-Bereich leiden alle konventionellen Hitzdraht-Vakuummeter. Eine wesentliche Empfindlichkeitssteigerung im Grobvakuum wird dadurch erreicht, dass man eine anisotrop geätzte „Brücke" (*lid*) mit geringem Abstand d (etwa 2-5 µm) auf den Chip aufsetzt. Durch dieses Gap bleibt die Wärmeleitung des Gases bis hin zu Atmosphärendruck gemäß Gl. (3.3-17) druckabhängig, was sich in den Kennlinien von Bild 3.3-10 äußert.

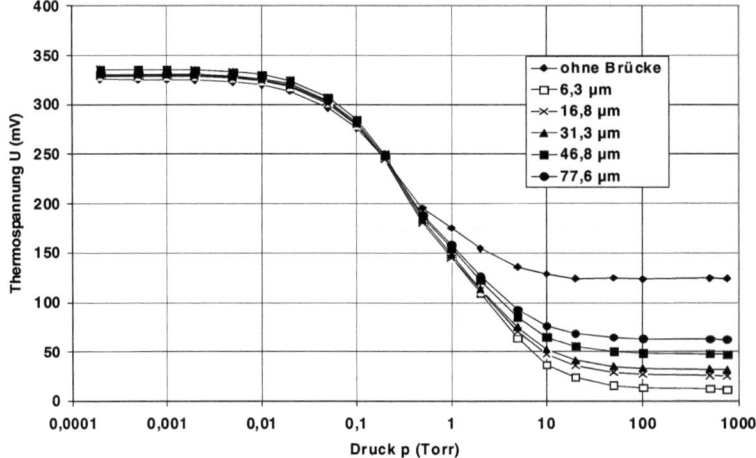

Bild 3.3-10 Signalspannung-Druck-Kennlinien eines Vakuum-Mikrosensors nach dem Pirani-Prinzip für N_2 bei unterschiedlichen Gapdimensionen

Vakuum-Mikrosensoren wurden in Standard-TO-5-Gehäusen verkapselt, wobei die Gehäusekappe mit einer Bohrung versehen ist, in die wahlweise ein Vakuumfilter eingesetzt werden kann, um Stäube oder Öldämpfe vom Chip fernzuhalten. Sie sind wesentlich kleiner und kostengünstiger als konventionelle Pirani-Messröhren herstellbar. Zur Anzeige in einem Messgerät muss die Signalspannung-Druck-Kennlinie linearisiert werden. Linearisierungsschaltung, Signalverstärkung und auch die Regelschaltung für den Betriebsmodus konstanter Temperatur können hybrid oder monolithisch integriert werden.

3.3.1.4 Flow-Sensoren

Flow-Mikrosensoren zur Erfassung von Gas- und Flüssigkeitsströmen haben eine breite Anwendung vor allem in den Bereichen Automobiltechnik, Klima- und Gebäudetechnik, Produk-

3.3 Mikrosensoren, Mikroaktoren und Fertigungsprozesse

tionstechnik (zur Kontrolle von Stoffströmen) und Medizintechnik (z. B. zur Medikamentendosierung) gefunden [Pet85, Tab87, Bou90, Cho92]. Die meisten mikromechanischen Flow-Sensoren arbeiten vom physikalischen Prinzip her als thermische Sensoren, bei denen eine geheizte Struktur durch das strömende Medium in ihrer Temperatur verändert wird, wobei diese Temperaturänderung ein Mass für die Strömungsgeschwindigkeit bzw. den *mass-flow* darstellt. Als Sensoreffekte bzw. Sensorelemente, die eine Temperaturänderung in ein elektrisches Signal wandeln, kommen prinzipiell alle oben besprochenen thermophysikalischen Erscheinungen bzw. thermischen Sensoren in Frage.

Bild 3.3-11 zeigt einen in Standard-IC-Technologie hergestellten Gas-Flow-Sensor, bei dem eine mäanderförmige Polysilizium-Heizschicht im Zentrum einer SiO_2/Si_3N_4-Membran liegt. Die Temperatur der Heizschicht ist bei konstanter Heizleistung eine Funktion der Strömungsgeschwindigkeit eines parallel zur Membran strömenden Gases. Diese Temperatur wird durch ein Polysilizium/Aluminium-Thermopile gemessen, dessen warme Kontaktstellen auf der Membran die Heizschicht umgeben. Der vereinzelte Chip hat Abmessungen von ca. 3x3 mm², die Membrangröße beträgt 1 mm², die Heizschicht bedeckt eine Fläche von ca. 0,04 mm² und ist von 40 Thermoelementen umrahmt. Die Abhängigkeit der Heizschichtübertemperatur $T_Ü$ (gegenüber der Umgebungstemperatur) von der Gas-Strömungsgeschwindigkeit v wird bei laminarer Anströmung parallel zur Membranebene durch

$$T_Ü \propto \frac{Nl}{\lambda_G}\left[((\frac{v \cdot \rho \cdot c_p \cdot l}{2\pi \lambda_G})^2+1)^{-1/2}-1\right] \qquad (3.3\text{-}18)$$

beschrieben [Wac91], mit ρ als Gasdichte, λ_G als Wärmeleitfähigkeit, c_p als spezifische Wärme des Gases bei konstantem Druck, N als Heizleistung und l als geheizte Membranlänge.

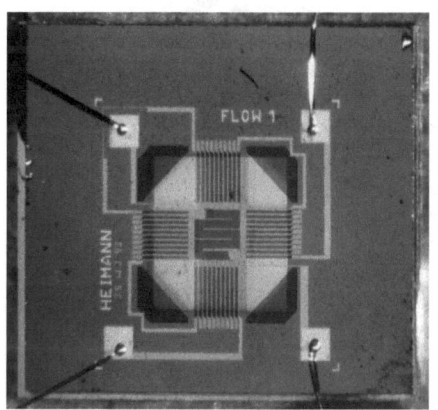
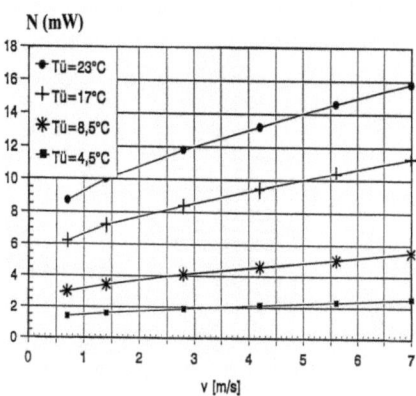

Bild 3.3-11 Gas-Flow-Sensor-Chip und Kennlinien:
Heizleistung als Funktion der Strömungsgeschwindigkeit
bei verschiedenen Heizschichttemperaturen $T_ü$

Ein Betriebsmodus mit konstanter Heizschichttemperatur und entsprechender Regelung der Heizleistung als Funktion der Strömungsgeschwindigkeit ist ebenfalls möglich. Die hervorragende thermische Isolation durch Verwendung von Membranen mit wenigen 100 nm Dicke erlaubt den Betrieb bei sehr geringen Heizleistungen. Aufgrund der geringen thermischen Masse liegt die Zeitkonstante des Sensors bei 20 ms und ist damit deutlich geringer als für konventionelle Systeme. Der Vorteil der Miniaturisierung zeigt sich insbesondere bei der Messung extrem kleiner Massenflüsse im Bereich von µl/min [Köh98]. In Bild 3.3-11 sind neben dem Sensor-Layout Kennlinien der erforderlichen Heizleistung als Funktion der Strömungsgeschwindigkeit mit der Heizschichtübertemperatur $T_ü$ als Parameter dargestellt.

Einen komplett in CMOS-Technologie realisierten Flow-Sensor nach dem Prinzip eines Hitzdrahtanemometers zeigt Bild 3.1-7 in Kap. 3.1. Auf einer unterätzten Brücke, bestehend aus dem Feld-Oxid des CMOS-Prozesses, befindet sich im Zentrum eine Polysilizium-Heizschicht. Zu beiden Seiten derselben ist jeweils eine Polysilizium-Sensorschicht angeordnet. Bei horizontaler Anströmung dieser geheizten Brückenstruktur kühlt sich einer dieser beiden Sensorwiderstände stärker ab als der andere (Wärmemitführung des strömenden Gases); sind beide Widerstände Teil einer Wheatstoneschen Brückenschaltung, so entsteht durch die Unsymmetrie der Abkühlung eine der Strömungsgeschwindigkeit proportionale Signalspannung. Die Polarität der Signalspannung kehrt sich bei Umkehr der Strömungsrichtung ebenfalls um, der Sensor ist also auch zur Detektion der Strömungsrichtung geeignet. Da der Sensor auf der Basis eines Standard-CMOS-Prozesses entworfen und gefertigt wird, ist eine monolithische Integration der Sensorstruktur mit allen Komponenten der Signalverarbeitung problemlos möglich. Die Ätzgrube unter dem Sensor kann auch als langgezogener Graben ausgebildet werden. Erzeugt man in einem zweiten Wafer ebensolche Gräben und verbindet beide Wafer (z. B. durch Silicon Fusion Bonding, siehe Kap. 4.4), so kann man Strömungskanäle zum definierten, z. B. laminaren Anströmen der Sensorstrukturen erzeugen und eine Vielzahl von Flowsensoren im Waferverbund herstellen [Pet85].

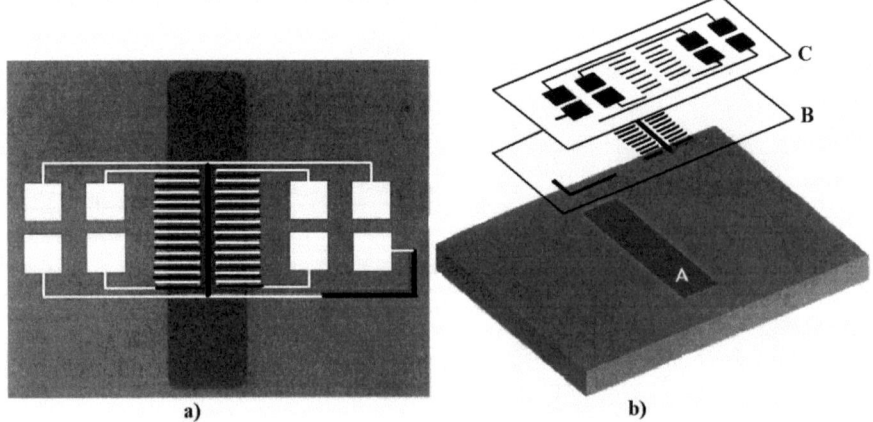

Bild 3.3-12   Flow-Sensor auf porösem Si [Kal98]
a) Draufsicht,
b) Hauptkomponenten des Sensors: A-Poröses Silizium, B-Polysilizium-Schichten des Thermopile und Heizers, C-Aluminium-Schichten des Thermopile und Bondpads

Bei Flow-Sensoren für Flüssigkeiten und unter rauen Umgebungsbedingungen sind sehr dünne und damit mechanisch empfindliche Membranen zur Aufnahme von Sensorstrukturen ungeeignet. Deshalb verwendet man zur thermischen Isolation Membranen aus oxidiertem, porösem Silizium [Tab86, Kal98] von 20-60 µm Dicke, die hinreichend mechanisch stabil sind, anderer-

3.3 Mikrosensoren, Mikroaktoren und Fertigungsprozesse

seits aber durch die geringe Wärmeleitfähigkeit von porösem Silizium (ca. 1,5 W/mK) die erforderliche Empfindlichkeit erreichen. Der in Bild 3.3-12 dargestellte Chip (1,1x1,5 mm^2) mit Polysilizium-Heizschicht und zwei Polysilizium/Aluminium-Thermopiles ermöglicht eine Empfindlichkeit des Thermopiles von 1,4 V/W, eine thermische Zeitkonstante von 1,5 ms und eine Sensitivität, bezogen auf die Heizleistung, bei laminarer Strömung von N_2 zwischen 0-0,4 m/s, von 9,8 mV/(m/s)W. Die minimal detektierbare Strömungsgeschwindigkeit für N_2 liegt bei 4,1 mm/s bzw. 10 sccm.

3.3.1.5 AC/DC-Thermokonverter

Bild 3.3-13 zeigt den prinzipiellen Aufbau eines Mikrosensors, der als AC/DC-Thermokonverter zur möglichst exakten Messung des Effektivwertes von elektrischen Wechselströmen oder Wechselspannungen eingesetzt wird [Din93]. Er dient in der Physikalisch-Technischen Bundesanstalt (PTB) als neues Kalibriernormal für die Effektivwert-Messung elektrischer Wechsel-Spannungen bzw. -Ströme im Frequenzbereich bis etwa 1 MHz und wird für diesen Zweck auch zunehmend in anderen Kalibrier-Instituten eingesetzt.

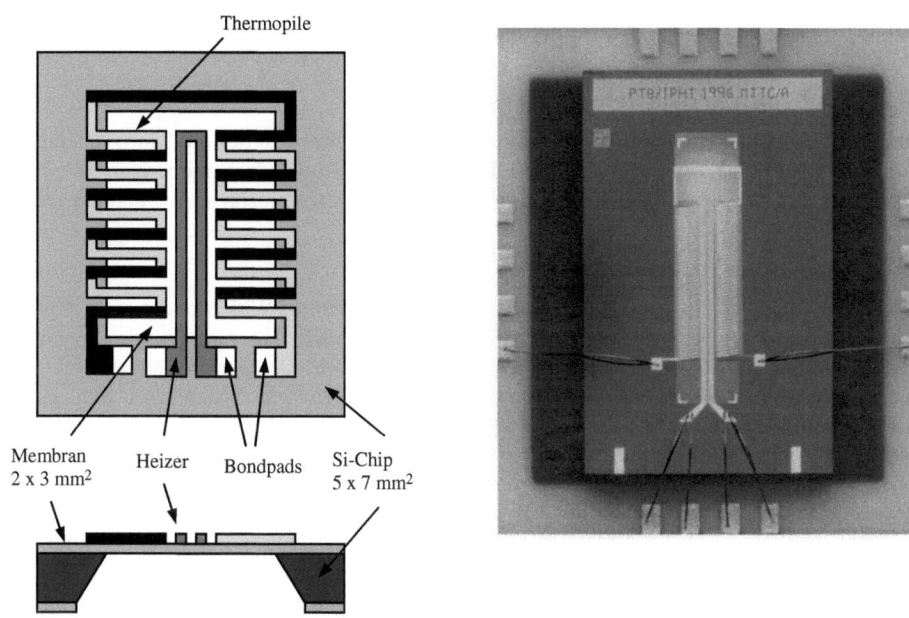

Bild 3.3-13 Prinzipieller Aufbau eines Thermokonverters und Thermokonverter-Chip der PTB Braunschweig [PTB98]

Die im Zentrum einer mikromechanisch geätzten SiO_2/Si_3N_4-Membran von 1 µm Dicke angeordnete Heizschicht wird mit der zu messenden Wechselspannung beaufschlagt. Die in der Heizschicht umgesetzte Leistung erwärmt ein Dünnschicht-Thermopile, dessen „warme" Kontakte auf der Membran in unmittelbarer Nähe der Heizschicht angeordnet sind. Die im Thermopile entstehende Thermospannung wird detektiert und als Messwert gespeichert. Anschließend wird die Heizschicht mit einer elektrischen Gleichspannung beaufschlagt, die so geregelt wird, dass sie im Thermopile exakt die gleiche Thermospannung wie die unbekannte zu kalibrierende Wechselspannung erzeugt. Auf diese Weise ist die unbekannte Wechselspannung auf eine äquivalente Gleichspannung zurückgeführt, die den Effektivwert der Wechselspannung darstellt. Da Gleichspannungen viel genauer gemessen werden können als Wechselspannungen, stellt dieser AC/DC-Transfer die exakteste Methode zur Bestimmung von Wechselspannungen mit einem relativen Fehler < 10^{-6} dar. Bild 3.3-13 zeigt den in der PTB installierten Mikrochip. Der Sensor soll einen möglichst geringen Fehler beim AC/DC-Transfer aufweisen. Diese AC/DC-Transferdifferenz wird vor allem von den elektrischen Eigenschaften des Heizers und den dielektrischen Parametern der Membran bestimmt. Günstig sind Heizschichten mit möglichst geringem TK des Widerstandes; man benutzt NiCr-Schichten von typisch 200 Ω mit einem TK < 5 ppm und ein Bi/Sb-Thermopile, dessen Empfindlichkeit bei Normaldruck 16 V/W beträgt (im Vakuum etwa 120 V/W). Da die thermische Zeitkonstante des Sensors im ms-Bereich liegt, oszilliert bei niederfrequenten Wechselspannungen (Frequenzen < 10 Hz) die Thermospannung des Thermopile, so dass ein AC/DC-Transfer nicht möglich ist. Durch eine zusätzliche thermische Masse im Zentrum der Membran, z. B. in Form einer mikromechanisch geätzten Mesa-Struktur, kann die Zeitkonstante des Sensors so erhöht werden, dass auch niederfrequente Wechselspannungen in eine äquivalente Gleichspannung umgesetzt werden.

3.3.2 Druck- und Beschleunigungssensoren

Mikromechanische Druck- und Beschleunigungssensoren gehören zu den am häufigsten eingesetzten Mikrosystemen mit Anwendungsfeldern vor allem im Automobilbereich [Mad97]. Hinsichtlich der physikalischen Detektionsprinzipien dominieren piezoresistive und kapazitive Mikrosensoren.

3.3.2.1 Piezoresistive Drucksensoren

Sie nutzen den piezoresistiven Effekt, bei dem sich der spezifische Widerstand ρ eines Materials durch Einwirkung einer mechanischen Spannung σ_m ändert. Die mechanische Spannung entsteht durch Zug- oder Druckbelastungen bzw. Scherungen. Der piezoresistive Effekt beschreibt die Widerstandsänderung aufgrund der durch mechanische Spannungen induzierten Änderungen der elektronischen Transporteigenschaften im Material. Dieser Effekt ist von den geometriebedingten Widerstandsänderungen durch Dehnung, Stauchung bzw. Querkontraktion des Materials zu unterscheiden. In den zur Anwendung kommenden Halbleitern (Silizium, Germanium) ist er deutlich größer als der geometriebedingte Effekt. Bei dotierten Halbleitern ist er zurückzuführen auf die Änderung der mittleren Ladungsträgerbeweglichkeit infolge der Verzerrung des Kristallgitters. Am Beispiel von n-dotiertem Silizium soll der Effekt erläutert werden. Der elektrische Widerstand ρ_0 ist hier ohne äußere Kräfte isotrop, die Vektoren der Stromdichte $\vec{j}$ und der elektrischen Feldstärke $\vec{E}$ sind durch die skalare Größe ρ_0 miteinander verknüpft (Ohmsches Gesetz).

$$\vec{E} = \rho_0 \vec{j} \qquad (3.3\text{-}19)$$

ρ_0 ist durch die Konzentration n und die mittlere Beweglichkeit μ_0 der Ladungsträger bestimmt gemäß

$$\rho_0 = (e n \mu_0)^{-1} = (e n (\mu_l / 3 + 2 \mu_t / 3))^{-1} \qquad (3.3\text{-}20)$$

wobei sich die Beweglichkeit μ_0 aus der longitudinalen (μ_l) und transversalen (μ_t) Beweglichkeit gemäß Gl. (3.3-20) errechnet (mit $\mu_t/\mu_l \approx 5$ für Silizium). Gl. (3.3-20) ergibt sich aus der Bandstruktur des Leitungsbandes, das aus 6 äquivalenten Energie-Rotationsellipsoiden in den

3.3 Mikrosensoren, Mikroaktoren und Fertigungsprozesse

X-Punkten der Brillouinzone besteht. μ_t und μ_l stellen die Beweglichkeiten in Richtung der Hauptachsen dieser Rotationsellipsoide dar. Durch mechanische Spannungen verschieben sich die Atome des Silizium-Kristallgitters, was zu einer Modifikation der Bandstruktur, d. h. zu einer Veränderung der Beiträge der einzelnen Rotationsellipsoide zur Beweglichkeit, führt. Dies bedeutet (bei konstanter Ladungsträgerkonzentration des dotierten Halbleiters) eine Änderung des elektrischen Widerstandes. Die durch die Kristallgitterverzerrung veränderte Beweglichkeit μ ist nun auch nicht mehr isotrop, $\vec{E}$ und $\vec{j}$ sind nicht mehr parallel zueinander und der Zusammenhang wird durch den Tensor (vom Rang 2) des spezifischen elektrischen Widerstandes vermittelt:

$$\vec{E} = \underline{\underline{\rho}}\,\vec{j} = (\rho_0 + \underline{\underline{\Delta\rho}})\vec{j} = \rho_0(1 + \frac{\underline{\underline{\Delta\rho}}}{\rho_0})\vec{j} \qquad (3.3\text{-}21)$$

Die Tensorkomponenten der Widerstandsänderung $\underline{\underline{\Delta\rho}}$ werden durch Größe und Richtung der Komponenten des Tensors der mechanischen Spannungen $\underline{\underline{\sigma_m}}$ bestimmt. Der Tensor der relativen Widerstandsänderung ist mit dem Tensor der mechanischen Spannungen über einen symmetrischen Bitensor $\underline{\underline{\pi}}$ (vom Rang 4) mit im allgemeinen 21 verschiedenen Komponenten verknüpft gemäß

$$\frac{\underline{\underline{\Delta\rho}}}{\rho_0} = \underline{\underline{\pi}} \cdot \underline{\underline{\sigma_m}} \qquad (3.3\text{-}22)$$

Die Komponenten dieses Bitensors werden als piezoresistive Koeffizienten bezeichnet. Man kann den Tensor der mechanischen Spannungen durch 6 unabhängige Komponenten darstellen: drei Normalspannungen σ_{m1}, σ_{m2}, σ_{m3} und drei Scherspannungen τ_{12}, τ_{13}, τ_{23}. Die Symmetrie des kubischen Kristallsystems führt (z. B. für Silizium) dazu, dass nur drei Komponenten des Bitensors unabhängig voneinander sind. Der Zusammenhang zwischen $\underline{\underline{\Delta\rho}}$ und $\underline{\underline{\sigma_m}}$ ist dann für diesen Spezialfall durch die Komponenten π_{11}, π_{12} und π_{44} gegeben:

$$\begin{pmatrix} \Delta\rho_1 \\ \Delta\rho_2 \\ \Delta\rho_3 \\ \Delta\rho_{12} \\ \Delta\rho_{13} \\ \Delta\rho_{23} \end{pmatrix} = \rho_0 \begin{bmatrix} \pi_{11} & \pi_{12} & \pi_{12} & 0 & 0 & 0 \\ \pi_{12} & \pi_{11} & \pi_{12} & 0 & 0 & 0 \\ \pi_{12} & \pi_{12} & \pi_{11} & 0 & 0 & 0 \\ 0 & 0 & 0 & \pi_{44} & 0 & 0 \\ 0 & 0 & 0 & 0 & \pi_{44} & 0 \\ 0 & 0 & 0 & 0 & 0 & \pi_{44} \end{bmatrix} \cdot \begin{pmatrix} \sigma_{m1} \\ \sigma_{m2} \\ \sigma_{m3} \\ \tau_{12} \\ \tau_{13} \\ \tau_{23} \end{pmatrix} \qquad (3.3\text{-}23)$$

Diese drei piezoresistiven Koeffizienten bestimmen die Größe des Effektes. Sie können positiv oder negativ sein und hängen nicht nur vom Leitungstyp, sondern auch von der Höhe der Dotierung und der Temperatur ab. Niedrige Ladungsträgerkonzentrationen ergeben hohe Beträge der Koeffizienten. Für schwach dotiertes Silizium sind die Koeffizienten bei Raumtemperatur in Tab. 3.3-2 angegeben [Kha94, Smi54]. Je nach Richtung von Feldstärke, Stromdichte und Normal- bzw. Scher-Spannung unterscheidet man verschiedene Effekte (Bild 3.3-14):

Tab. 3.3-2 Piezoresistive Koeffizienten von Silizium bei T = 300 K [Smi54, Kha94]

Material	Störstellenkonzentration (cm^{-3})	Spezifischer Widerstand (Ωcm)	Piezoresistive Koeffizienten (10^{-11} m^{2}N^{-1})		
			π_{11}	π_{12}	π_{44}
p-Silizium	$1,8 \cdot 10^{14}$	7,8	6,6	-1,1	138,1
n-Silizium	$6 \cdot 10^{14}$	11,7	-102,2	53,4	-13,6

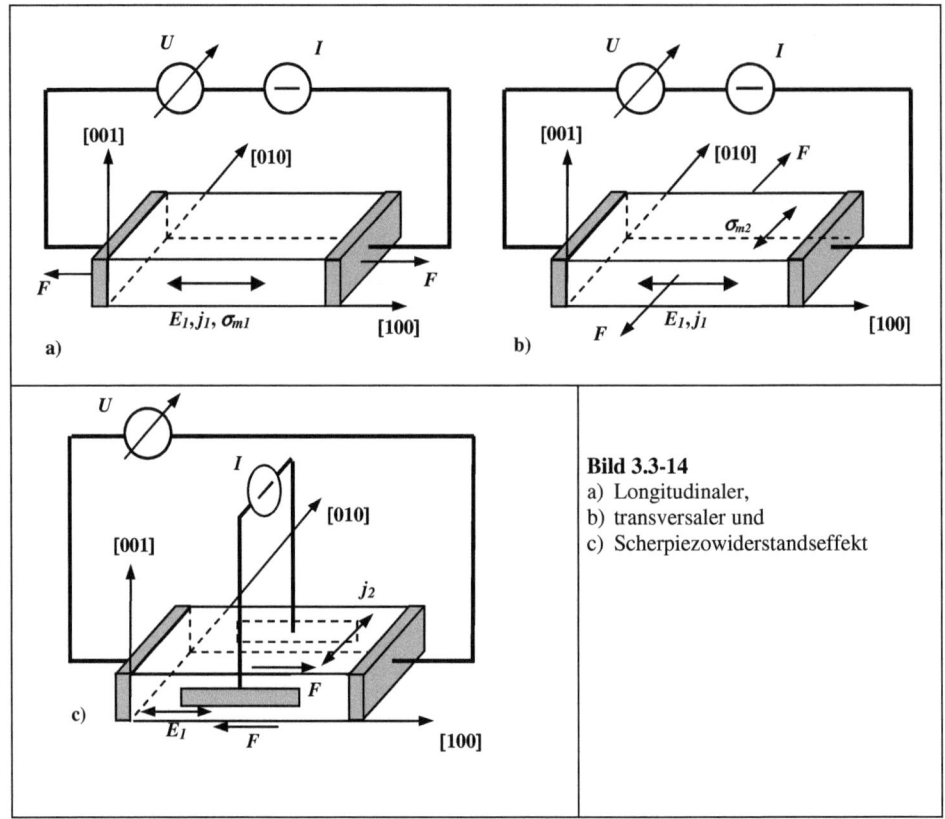

Bild 3.3-14
a) Longitudinaler,
b) transversaler und
c) Scherpiezowiderstandseffekt

Longitudinaler Effekt:

$\vec{E}$, $\vec{j}$ und mechanische Normalspannung haben die gleiche Richtung, die im Bild 3.3-14 der [100]-Richtung des Kristalls entspricht. Für die Komponenten gilt dann die Gleichung

$$E_1 = \rho_0(1+\pi_{11} \cdot \sigma_{m1})j_1 \;\Rightarrow\; \left.\frac{\Delta \rho}{\rho_0}\right|_{long} = \pi_{11} \cdot \sigma_{m1} \equiv \pi_{long} \cdot \sigma_{m1} \qquad (3.3\text{-}24)$$

π_{long} heißt longitudinaler piezoresistiver Koeffizient.

3.3 Mikrosensoren, Mikroaktoren und Fertigungsprozesse

Transversaler Effekt:

$\vec{E}$ und $\vec{j}$ sind parallel (hier in [100]-Richtung des Kristalls) und stehen senkrecht zur Normalspannung. Die Komponentengleichung lautet:

$$E_1 = \rho_0(1+\pi_{12} \cdot \sigma_{m2})j_1 \Rightarrow \left.\frac{\Delta\rho}{\rho_0}\right|_{trans} = \pi_{12} \cdot \sigma_{m2} \equiv \pi_{trans} \cdot \sigma_{m2} \qquad (3.3\text{-}25)$$

(bzw. analog mit der Komponente σ_{m3}). π_{trans} heißt transversaler piezoresistiver Koeffizient.

Scher-Effekt:

$\vec{E}$ und $\vec{j}$ stehen senkrecht zueinander, in der von beiden aufgespannten Ebene wirkt eine Scherspannung $\vec{\tau}$. Für die Komponenten gilt:

$$E_1 = \rho_0 \pi_{44} \tau_{12} j_2 \qquad (3.3\text{-}26)$$

Die oben gegebenen Beziehungen gelten nur für die dort gewählten Zuordnungen von $\vec{E}$, $\vec{j}$, und $\underline{\underline{\sigma_m}}$ zur Kristallorientierung. Für technische Anwendungen wählt man aus technologischen Gründen oft andere Richtungszuordnungen. Dann ergeben sich longitudinaler, transversaler und Scherkoeffizient als Linearkombination der drei Koeffizienten π_{11}, π_{12}, π_{44} [Kan82]. Ist der Kristall so orientiert, dass die [111]-Richtung mit den Richtungen von $\vec{E}$ und $\vec{j}$ zusammenfällt, so gilt z. B. für den longitudinalen Koeffizienten:

$$\pi_{long} = -(\pi_{11} + 2\cdot\pi_{12} + 2\cdot\pi_{44})/3 \qquad (3.3\text{-}27)$$

Auf einem (100)-Siliziumwafer mit Widerstandsbahnen, die in [110]-Richtung ausgerichtet sind (parallel oder senkrecht zum *primary flat*), gilt für den longitudinalen bzw. transversalen Koeffizienten:

$$\pi_{long} = (\pi_{11} + \pi_{12} + \pi_{44})/2 \qquad (3.3\text{-}28)$$

$$\pi_{trans} = (\pi_{11} + \pi_{12} - \pi_{44})/2 \qquad (3.3\text{-}29)$$

und wegen der Daten aus Tab. 3.3-2 kann man für p-dotierte Widerstandsbahnen in n-Silizium mit $\pi_{long} \approx -\pi_{trans}$ rechnen [Kan82, Pee94]. Für ein ebenes Spannungsfeld ist die gesamte Widerstandsänderung [Klo94]

$$\frac{\Delta\rho}{\rho_0} = \pi_{long} \cdot \sigma_{mlong} + \pi_{trans} \cdot \sigma_{mtrans} \qquad (3.3\text{-}30)$$

und somit für p-dotierte Widerstandsbahnen in [110]-Richtung

$$\frac{\Delta\rho}{\rho_0} = \frac{\pi_{44}}{2}(\sigma_{mlong} - \sigma_{mtrans}) \approx 70 \cdot 10^{-11} m^2 N^{-1} (\sigma_{mlong} - \sigma_{mtrans}) \qquad (3.3\text{-}31)$$

Der Zusammenhang zwischen mechanischer Spannung und Dehnung ist innerhalb der Elastizitätsgrenze durch das Hookesche Gesetz gegeben. Für den eindimensionalen (bzw. isotropen) Fall gilt:

$$\sigma_m = E \cdot \varepsilon_m \qquad (3.3\text{-}32)$$

wobei $\varepsilon_m = \Delta l/l$ die Dehnung bzw. relative Längenänderung darstellt. E ist der Elastizitätsmodul. Er ist für Silizium von der Kristallrichtung abhängig mit Werten von $(1{,}3\text{-}1{,}87)\cdot 10^{11}$ Nm^{-2}. Unter Verwendung einer eindimensionalen (isotropen) Näherung

$$\frac{\Delta \rho}{\rho_0} = \pi \cdot \sigma_m = \pi \cdot E \cdot \frac{\Delta l}{l} = K \cdot \frac{\Delta l}{l} \qquad (3.3\text{-}33)$$

für den piezoresistiven Effekt folgt in Verbindung mit dem Hookeschen Gesetz die Beziehung, die Widerstandsänderung und relative Längenänderung miteinander verknüpft.

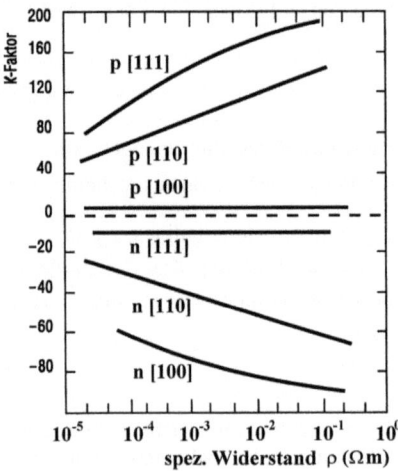 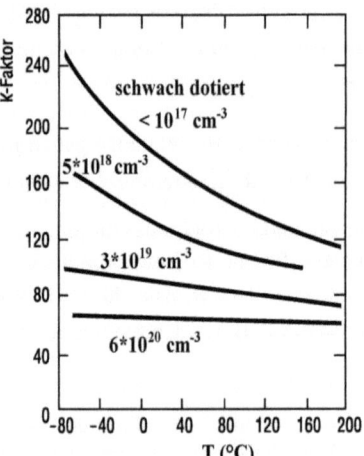

Bild 3.3-15 K-Faktoren von n- und p-Silizium als Funktion des spezifischen Widerstandes und für p-Silizium in [111]-Richtung als Funktion der Temperatur [Sch92]

Das Produkt $\pi \cdot E$ fasst man zum so genannten K-Faktor (*gauge factor*) zusammen. Er ist so wie der piezoresistive Koeffizient von Ladungsträgertyp, -konzentration, Kristallorientierung und Temperatur abhängig. Bild 3.3-15 zeigt die K-Faktoren für Silizium in Abhängigkeit von der Ladungsträgerkonzentration (die sich im spezifischen Widerstand äußert) und in [111]-Richtung als Funktion der Temperatur.

3.3.2.2 Aufbau und Funktion piezoresistiver Drucksensoren

Zur Detektion nach dem piezoresistiven Prinzip muss der zu messende Druck mit Hilfe so genannter Verformungskörper in eine Dehnung bzw. mechanische Spannung gewandelt werden. Geeignete Verformungskörper sind mechanische Elemente, die sich bei Druckbelastung reversibel verformen. Dafür ist Silizium aufgrund seiner elastischen Eigenschaften gut geeignet: Der Elastizitätsmodul in [111]-Richtung ist mit $1{,}87 \cdot 10^{11}$ Nm^{-2} nur unwesentlich geringer als der von Stahl $(2{,}1 \cdot 10^{11}$ Nm$^{-2})$, die Elastizitätsgrenze ist mit $7 \cdot 10^9$ Nm^{-2} sogar höher.

3.3 Mikrosensoren, Mikroaktoren und Fertigungsprozesse

Mikromechanisch hergestellte Verformungskörper sind z. B. Silizium-Membranen, die als Kreisplatten, Kreisringplatten mit biegesteifem Zentrum oder Rechteckplatten geformt werden, oder Silizium-Biegebalken. Silizium bietet den Vorteil, dass in den Verformungskörper die piezoresistiven Elemente durch Dotierung oder Implantation unmittelbar integriert werden können. Die Realisierung erfolgt durch anisotropes nasschemisches Ätzen mittels KOH (z. B. für Rechteckplatten) oder durch Trockenätzen im ASE-Prozess (für Kreis- bzw. Kreisringplatten). Zur Simulation des mechanischen Spannungsfeldes in solchen Strukturen werden im allgemeinen Finite Elemente Methoden (FEM) eingesetzt. Sie dient vor allem der Ermittlung optimaler Positionen für die piezoresistiven Elemente, d. h. derjenigen Positionen auf dem Verformungskörper, an denen durch den einwirkenden Druck maximale longitudinale bzw. transversale Spannungen und damit hohe Widerstandsänderungen auftreten, was zu hoher Sensitivität der Sensoren führt. Für einige geometrische Spezialfälle können auch analytische Lösungen angegeben werden [Pfe89, Hey93]. Bild 3.3-16 zeigt den Fall einer eingespannten isotropen kreisförmigen Membran und das zugehörige Spannungsfeld. Zur Berechnung wählt man aus Symmetriegründen Zylinderkoordinaten (Radius r, Winkel φ), wobei jedem Punkt der Membranoberfläche eine Spannung in radialer (σ_r) und in dazu senkrechter, azimutaler Richtung (σ_φ) zugeordnet wird. Unter den Voraussetzungen, dass Membrandicke $d \ll$ Membranradius R ist, und die maximale Durchbiegung $s \ll d$ bleibt, sind bei einer auf die Membranfläche homogen einwirkenden Druckdifferenz $\Delta p = (p_2 - p_1)$ die mechanischen Spannungen an der Membranoberfläche ($z = d/2$):

$$\sigma_r = \frac{3R^2}{8d^2}\left[(1+\nu)-(3+\nu)\frac{r^2}{R^2}\right]\Delta p \qquad \sigma_\varphi = \frac{3R^2}{8d^2}\left[(1+\nu)-(3\nu+1)\frac{r^2}{R^2}\right]\Delta p \qquad (3.3\text{-}34)$$

Dabei ist ν die Poisson-Zahl. Die Spannungsverläufe gemäß Gl. (3.3-34) sind in Bild 3.3-16 als Funktion der radialen Position r dargestellt.

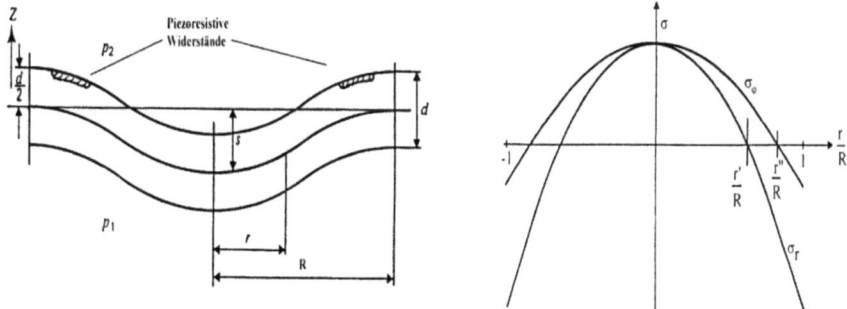

Bild 3.3-16 Membran (Dicke d) mit Schichtwiderständen an der Membranoberfläche; Komponenten des Spannungsfeldes σ_r, σ_φ als Funktion des radialen Abstandes vom Membranzentrum; bei r' und r'' treten neutrale Ringe auf

Eine Abhängigkeit der Komponenten σ_r und σ_φ vom Winkel φ existiert aus Symmetriegründen nicht. Im Zentrum der Membran gilt $\sigma_r = \sigma_\varphi$; es gibt für beide Spannungskomponenten jeweils einen „neutralen Ring", auf dem die jeweilige Komponente Null ist. Dort treten dann jeweils nur radiale oder azimutale Spannungen auf. An allen anderen Positionen wirken auf eine piezoresistive Struktur immer gleichzeitig beide Spannungen. Auf einen in radialer Richtung integrierten Widerstand wirkt im allgemeinen also die Radialkomponente σ_r mit dem Longitudinaleffekt und gleichzeitig auch σ_φ mit dem Transversaleffekt. Für die relative Widerstandsänderung gilt:

$$(\frac{\Delta\rho}{\rho_0}) = \pi_r \cdot \sigma_r + \pi_\varphi \cdot \sigma_\varphi \qquad (3.3\text{-}35)$$

wobei die piezoresistiven Koeffizienten π_r und π_φ aus der radialen Orientierung des Widerstandes in Bezug zur Orientierung des Silizium-Kristalls zu ermitteln sind. Bei einem (111)-Siliziumwafer ist z. B. π_r und damit der radiale Piezowiderstandseffekt unabhängig von der Orientierung des Widerstandes. Bei einem azimutal angeordneten Widerstandsstreifen oder bei einem ringförmigen Gebilde um den Mittelpunkt wirkt σ_φ mit dem Longitudinaleffekt und σ_r mit dem Transversaleffekt. Die relative Widerstandsänderung nach Gl. (3.3-35) besitzt ebenfalls einen „neutralen Ring", an dem sie Null wird, aber nicht bei dem Radius, bei dem die radiale Spannungskomponente verschwindet.

Die Anordnung von integrierten Widerständen in einer anisotrop geätzten quadratischen Membran eines (100)-Siliziumwafers ist in Bild 3.3-17 gezeigt. Die Kanten der Membran sind in [110]-Richtung orientiert (siehe Kap. 3.1), die vier Widerstände an den Positionen A und B (an den Membrankanten = Positionen mit maximalem Stress) angeordnet. Da p-dotierte Widerstände verwendet werden, die in [110]-Richtung orientiert sind, gilt Gl. (3.3-31), für A also $(\Delta R/R)_A = (\pi_{44}/2)(\sigma_{mlong} - \sigma_{mtrans})$, für B dagegen $(\Delta R/R)_B = (\pi_{44}/2)(\sigma_{mtrans} - \sigma_{mlong}) = -(\Delta R/R)_A$.

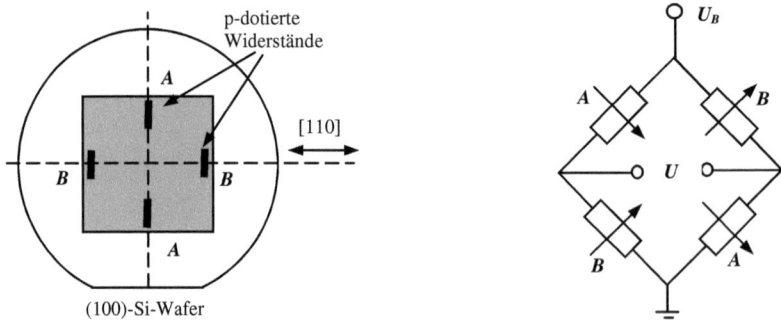

Bild 3.3-17 Piezoresistive Widerstände (A und B) in anisotrop geätzter Silizium-Membran und Anordnung in Wheatstonescher Brückenschaltung

Um eine maximale Signalspannung U zu erhalten, werden die Widerstände in einer Wheatstoneschen Brückenschaltung gemäß Bild 3.3-17 so betrieben, dass sich die Brücke symmetrisch verstimmt. Die entstehende Signalspannung ist dann $U = (\Delta R/R) \cdot U_B$ mit U_B als Versorgungsspannung der Brückenschaltung und R als Widerstand ohne Deformation. Die Empfindlichkeit wird als Signalspannungsänderung ΔU bezogen auf die Versorgungsspannung und auf die einwirkende Druckänderung Δp angegeben: $S = \Delta U/(\Delta p \cdot U_B)$. Je nach Druckbereich werden Sensoren mit Empfindlichkeiten von z. B. 140 mV/V·bar (Druckbereich 50 mbar) bis 0,12 mV/V·bar (Druckbereich 400 bar) realisiert.

Zur Herstellung eines Silizium-Membran-Drucksensors wie in Bild 3.3-17 sind folgende Technologieschritte erforderlich:
- Abscheidung einer 10-20 µm n-Silizium-Epitaxieschicht auf einem p-Siliziumwafer
- Passivierung der Epitaxieschicht mit SiO_2 oder Si_3N_4; Öffnen der Passivierung an den Stellen, an denen Piezowiderstände zu integrieren sind
- Integration p-leitender piezoresistiver Widerstände durch Implantation oder Diffusion
- Passivierung der Waferfrontseite mit SiO_2, Si_3N_4 oder PSG; Öffnen der Passivierung zur Kontaktierung der Piezowiderstände
- Abscheiden der Metallisierung und Strukturierung der Leiterbahnen und Kontaktpads
- Strukturierung der Waferrückseitenpassivierung
- Elektrochemisches anisotropes Ätzen des Wafers von der Rückseite her bis zur Epitaxieschicht (Ätzstopp), Schutz der Frontseite durch Ätzdose
- Verbindung mit einer Trägerplatte (z. B. Pyrex-Glas oder Silizium-Wafer) mit Verfahren der Aufbau- und Verbindungstechnik (z. B. Anodisches Bonden, Anlegieren, SFB)

Die Dicke und laterale Ausdehnung der Silizium-Membran ist für die Druckempfindlichkeit des Sensors entscheidend. Hohe Empfindlichkeiten erfordern große Ausdehnung (Kantenlänge bzw. Radius) und geringe Dicke der Membran. Die maximale elastische Dehnung darf jedoch nicht überschritten werden; dies erfordert einen Kompromiss zwischen Empfindlichkeit und Überlastsicherheit. Typisch für Messungen im Bereich von 1 bar sind Membrandicken von 20 µm bei einem Radius (Kantenlänge) von 0,5-1 mm, für hohe Drücke bis zu 1000 bar sind Membrandicken von 0,5 mm erforderlich. Die Membrandicke kann beim anisotropen Ätzprozess über die Ätzzeit eingestellt werden. Die Genauigkeit und Reproduzierbarkeit ist jedoch bei Verwendung eingebauter Ätzstopschichten oder bei elektrochemischem Ätzstop am pn-Übergang einer Epitaxieschicht wesentlich besser.

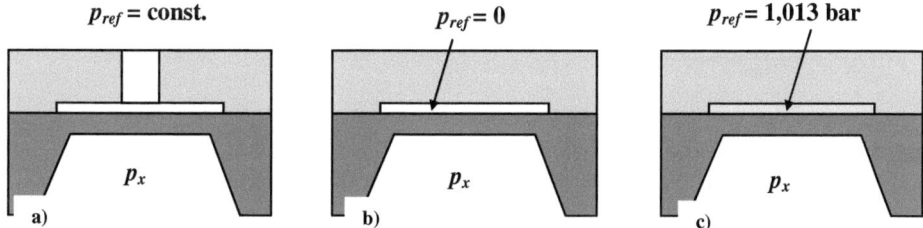

Bild 3.3-18 Konfigurationen von Drucksensorchips für verschiedene Anwendungsfälle (a: Relativdruckmessung; b: Absolutdruckmessung gegen Referenzdruck „Null", der durch Hochvakuum in der Referenzkammer bereitgestellt wird; c: Referenzdruck „Normaldruck", durch Verschluss der Referenzkammer unter Normaldruck bereitgestellt)

Anstelle von Widerstandsstreifen, die in die Silizium-Membran integriert und dort durch eine pn-Verarmungszone isoliert sind, kann man auch Polysilizium-Schichten auf Silizium-Membranen abscheiden, die man zuvor mit einer SiO_2-Isolationsschicht versehen hat. Diese Piezowiderstände eignen sich besonders für Anwendungen bei erhöhten Temperaturen, da die SiO_2-Schicht auch dann noch die elektrische Isolation zwischen Substrat und Widerstandsmaterial sicherstellt, was eine pn-Isolation nicht leisten kann. Weitere Vorteile sind einstellbarer Temperaturkoeffizient des Polysiliziums [Obe91] und *on-chip* Laserabgleich der Widerstände. Die Verbindung des Sensorchip mit einer Trägerplatte und deren Gestaltung erfolgt je nach Anwendung des Drucksensors. In Bild 3.3-18 sind drei typische Anwendungsfälle dargestellt.

3.3.2.3 Kapazitive Drucksensoren

Bei kapazitiven Drucksensoren wird die Kapazitätsänderung eines Kondensators bei Veränderung des Plattenabstandes infolge Druckeinwirkung als Sensoreffekt genutzt. Dabei wird der Plattenkondensator aus einer festen Elektrode und einer vom Druck deformierbaren, beweglichen Membran, die die zweite Elektrode darstellt, gebildet. Die feste Elektrode ist meist eine metallisierte Glasplatte, während die bewegliche Elektrode durch anisotrope Ätztechnik und Beschichtung als metallisierte Siliziummembran realisiert wird. Bild 3.3-19 zeigt verschiedene Ausführungsformen dieses Prinzips.

Die Kapazität $C(p)$ hängt über die Membrandurchbiegung $w(p,x,y)$ vom Druck p ab:

$$C(p) = \iint \varepsilon_0 \frac{dx \cdot dy}{[d - w(p,x,y)]} + C_0 \tag{3.3-36}$$

Bei der in Bild 3.3-19 (rechts) gezeigten Bauform wird durch das biegesteife Zentrum der Membran erreicht, dass sich die beweglichen Elektroden parallel zu den festen Elektroden verschieben. Für die Kapazität gilt dann $C(p) = \varepsilon_0 A/d(p)$.

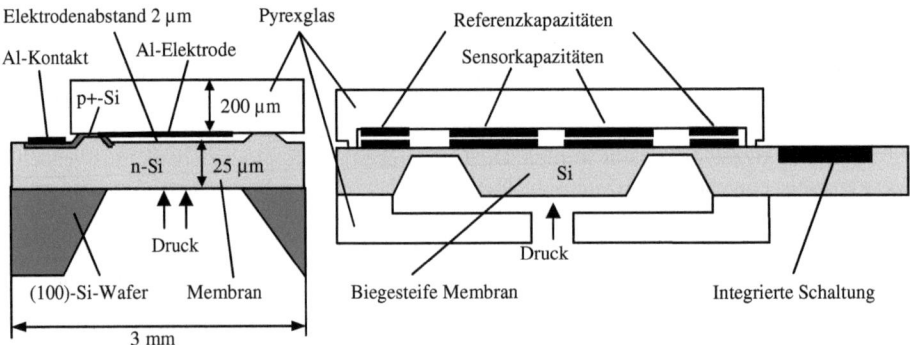

Bild 3.3-19   Kapazitive Drucksensoren: Ausführungsform mit dünner n-Si-Epitaxieschicht (Dicke ca. 25 µm) [San80] und mit biegesteifem Membranzentrum [Kop92]

Die Auslenkung der Membran ist näherungsweise linear vom Druck abhängig, der reziproke Zusammenhang zwischen Kapazität $C(p)$ und Plattenabstand $d(p)$ führt dann zu einer nichtlinearen (hyperbolischen) Kennlinie. Zur Wandlung der druckabhängigen Kapazität in eine Spannung kann eine Operationsverstärkerschaltung mit einer festen Referenzkapazität C_{ref} verwendet werden; für die druckabhängige Spannung gilt dann:

$$U(p) = \left\{ C_{ref} / C(p) \right\} \cdot U_0 \tag{3.3-37}$$

mit U_0 als Versorgungsspannung der Schaltung. Da in Gl. (3.3-37) die Spannung proportional zum Elektrodenabstand $d(p)$ ist, ergibt sich für die Sensorstruktur in Bild 3.3-19 (rechts) mit biegesteifem Zentrum eine lineare Kennlinie. Der Siliziumchip ist auf beiden Seiten durch Anodisches Bonden mit Pyrexglasscheiben verbunden. Eine Bohrung in der unteren Scheibe ermöglicht die Druckeinwirkung auf die Membran. Die obere Pyrexglasscheibe enthält die unbeweglichen Gegenelektroden für die Messkapazitäten und die Referenzkapazitäten, die außerhalb des Membranbereichs angeordnet sind. Damit sind C_{ref} und $C(p)$ den gleichen Temperaturen ausgesetzt, die Kompensation von Umgebungstemperaturschwankungen ist dadurch möglich. Beide Ausführungsformen von Bild 3.3-19 enthalten im Silizium-Chip integriert Schaltungen zur Signalverarbeitung (Linearisierung, Kapazitäts-Spannungs-Wandlung, Signalverstärkung, Offsetabgleich). Typische Empfindlichkeiten für Sensoren im Arbeitsbereich von 1-3 bar liegen bei 150 mV/V·bar, die Betriebsspannung U_0 beträgt etwa 10 V.

3.3.2.4 Beschleunigungssensoren

Das Messprinzip von Beschleunigungssensoren beruht darauf, dass die auf eine Sensormasse m einwirkende Beschleunigung $\vec{a}$ gemäß der Beziehung $\vec{F} = m \cdot \vec{a}$ eine Kraft hervorruft, die über den jeweiligen Sensormechanismus in ein elektrisches Signal gewandelt wird. Häufig werden für die Signalwandlung einseitig eingespannte Biegebalken eingesetzt, an deren freiem Ende sich eine „seismische" Mikro-Masse befindet, aber auch Membranen mit seismischer Masse im Membranzentrum oder an mehreren Stegen aufgehängte Massen sind üblich. Sensorprinzip und wesentliche Sensorparameter sollen am Beispiel eines Biegebalkens mit Zusatzmasse am Stegende erläutert werden. Bild 3.3-20 zeigt zwei Ausführungsformen: bei dem Sensor in Bild 3.3-20a bewirkt die Kraft $\vec{F}$ eine Verbiegung, die piezoresistiv durch einen im Steg integrierten Widerstand R_1 detektiert wird. Dieser ist mit einem Vergleichswiderstand R_2, der im massiven Silizium-Rahmen integriert ist, zu einer Brückenschaltung verbunden. Die Herstellung erfolgt in mehreren anisotropen Ätzschritten, wobei die Dicke des Biegebalkens durch die Ätzzeit bestimmt wird, die seismische Masse wird als Mesa-Struktur (Kap. 3.1) hergestellt. Der Sensor-Chip wird in zwei Pyrex-Glasscheiben eingebettet, in die eine Vertiefung geätzt wurde, damit sich der Biegebalken frei bewegen kann, und durch Anodisches Bonden hermetisch verschlossen.

In Bild 3.3-20b wird die Auslenkung der Masse kapazitiv bestimmt. Zwei feststehende Elektroden, die auf Pyrex-Glas beschichtet werden, bilden mit der seismischen Masse (bewegliche Mittelelektrode) zwei Kapazitäten $C_1 = C_2 = \varepsilon_0 A / d$. Bei Auslenkung um Δd ist die Differenz

$$\Delta C = C_2 - C_1 = 2\varepsilon_0 A \frac{\Delta d}{d^2 - (\Delta d)^2} \tag{3.3-38}$$

die bei kleinen Abstandsänderungen $\Delta d << d$ linear von Δd abhängt. Der Quotient

$$\frac{\Delta C}{C_2 + C_1} = \frac{\Delta d}{d} \tag{3.3-39}$$

ist exakt linear abhängig von der Abstandsänderung. Die Kapazitätsänderung ΔC oder der Quotient kann durch entsprechende Schaltungen (z. B. kapazitive Brückenschaltung) in ein Spannungssignal gewandelt werden. Die Herstellung erfolgt aus drei Siliziumwafern; im mittleren wird durch anisotropes Ätzen die an einem oder mehreren Stegen hängende Masse strukturiert, die äußeren sind mit Pyrex-Glas verbunden und werden durch Anodisches Bonden mit dem mittleren Wafer hermetisch zusammengefügt. Dabei wird im Innenraum ein kontrollierter Gasdruck eingestellt, über den die Dämpfung beeinflusst werden kann. Bild 3.3-21 zeigt die Herstellungstechnologie für einen Beschleunigungssensor, bei dem die Piezowiderstände in eine n-Silizium-Epitaxieschicht integriert sind und eine p^+-Ätzstopschicht verwendet wird, um die Balkendicke exakt und reproduzierbar festzulegen.

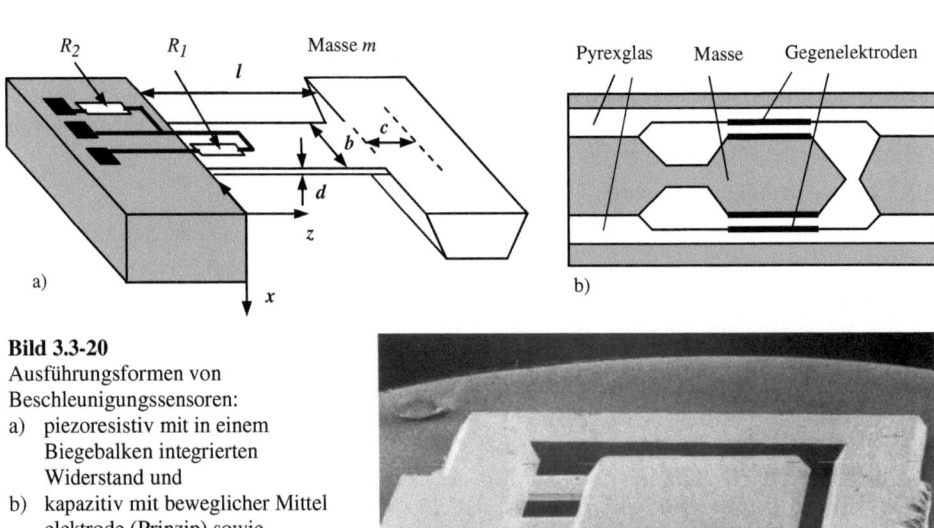

Bild 3.3-20
Ausführungsformen von Beschleunigungssensoren:
a) piezoresistiv mit in einem Biegebalken integrierten Widerstand und
b) kapazitiv mit beweglicher Mittelelektrode (Prinzip) sowie mikromechanisch gefertigte Struktur [Geß96]

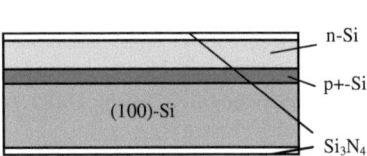
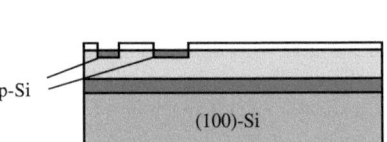

Substrat (100)-Si; p+- und n-Epitaxie; LPCVD-Si$_3$N$_4$

Implantation der piezoresistiven Mess- und Kompensationswiderstände

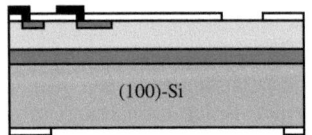
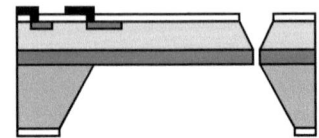

Öffnen des Si$_3$N$_4$ zur Widerstandskontaktierung und zur Strukturdefinition des Biegebalkens auf der Vorder- und Rückseite; Metallisierung

Anisotropes Si-Ätzen von der Rück- und Vorderseite, isotropes Ätzen der p+-Schicht

Bild 3.3-21 Herstellungstechnologie von Beschleunigungssensoren mit integrierten monokristallinen Piezowiderständen

Die wesentlichen Sensorparameter sind Eigenfrequenz f und Empfindlichkeit S, die bei piezoresistiver Signalwandlung als relative Widerstandsänderung pro Beschleunigungseinheit angegeben wird. Beide Parameter sind voneinander abhängig. Eine Erhöhung von S hat eine Ver-

3.3 Mikrosensoren, Mikroaktoren und Fertigungsprozesse

ringerung der Eigenfrequenz zur Folge und umgekehrt. Für eine gegebene Eigenfrequenz oder Empfindlichkeit kann dann die zugehörige Empfindlichkeit bzw. Eigenfrequenz optimiert werden. Mit den in Bild 3.3-20a gezeigten Abmessungen und mit der vereinfachenden Annahme, dass die Stegmasse wesentlich kleiner als die Zusatzmasse m ist, gilt für die mechanische Spannung σ_m an der Stegoberfläche an der Stelle der Einspannung ($z = 0$):

$$\sigma_m = \frac{dma(l+c)}{2I} \qquad (3.3\text{-}40)$$

mit $I = bd^3/12$ als Flächenträgheitsmoment des Biegebalkens. An dieser Stelle ist die mechanische Spannung maximal, im Interesse hoher Empfindlichkeit sollten die piezoresistiven Widerstände also dort angeordnet werden. Für die Empfindlichkeit folgt dann:

$$S = \frac{\Delta R}{Ra} = \frac{K\varepsilon_m}{a} = \frac{K\sigma_m}{aE} = \frac{Kdm(l+c)}{2EI} = \frac{6Km(l+c)}{Ed^2b} \qquad (3.3\text{-}41)$$

Für die erste Eigenfrequenz gilt:

$$f_1^2 = \frac{EI}{ml^3} \cdot \frac{6(c/l)^2 + 6(c/l) + 2}{8(c/l)^4 + 14(c/l)^3 + 10{,}5(c/l)^2 + 4(c/l) + 2/3} \qquad (3.3\text{-}42)$$

Da S quadratisch von d und f_1^2 noch stärker von l abhängt, kann eine Optimierung des Systems vor allem durch Variation dieser beiden geometrischen Parameter realisiert werden. Für diese Optimierung eignet sich die Analyse von Produkten aus S und f_1, da diese von mehreren Sensorparametern unabhängig sein können. So ist z. B. $S \cdot f_1^2$ unabhängig vom Elastizitätsmodul, der Balkenbreite b und der Zusatzmasse m. Die Anwendung solcher Optimierungsverfahren führt auf folgende Design-Regeln für piezoresistive Beschleunigungssensoren [Ben89]:

- Länge und Breite des Biegebalkens sollten so klein wie möglich sein
- die Zusatzmasse sollte möglichst groß, ihr Schwerpunkt möglichst nah am Balkenende sein
- der K-Faktor sollte möglichst groß sein
- mit der Balkendicke sollte die Anpassung an die erforderliche Eigenfrequenz oder Empfindlichkeit erfolgen.

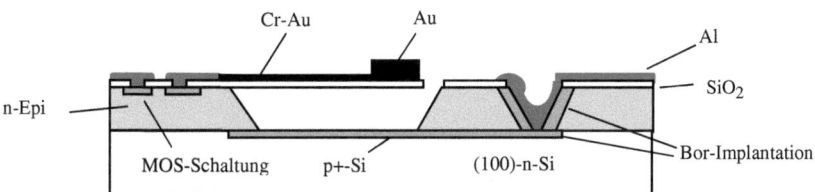

Bild 3.3-22 Beschleunigungssensor mit kapazitiver Signalerzeugung und MOS-Schaltkreis zur Signalverarbeitung [Pet82]

In Bild 3.3-22 ist ein kapazitiver Beschleunigungssensor mit monolithisch integriertem Verstärker dargestellt, der in CMOS-Technologie gefertigt wurde [Pet82]. Das Sensorsignal wird durch Auslenkung eines Biegebalkens, der aus thermischem SiO_2 besteht (bewegliche Elektrode) erzeugt; die feststehende Elektrode ist eine vergrabene bordotierte Schicht, die den Boden der Ätzgrube bildet (Ätzstop). Die MOS-Schaltung ist in der n-Epitaxieschicht integriert.

3.3.3 Gassensoren

Mikrostrukturen sind bei Gassensoren in der Regel Hilfselemente, um die eigentlichen Sensoreffekte möglichst effektiv, d. h. mit hoher Empfindlichkeit und geringem Energieverbrauch umzusetzen. So können z. B. Sensoren, bei denen zur Gasdetektion exotherme katalytische Reaktionen dienen, vorteilhaft mit mikromechanisch strukturierten Trägermembranen oder freistehenden Cantilevern möglichst geringer Wärmekapazität und hohem thermischem Widerstand aufgebaut werden. Die üblicherweise hohen Temperaturen (150-700 °C) für die Gasreaktionen können auf solchen Strukturen mit geringen Heizleistungen erreicht werden, freiwerdende Reaktionswärme erzeugt starke, gut messbare Temperaturänderungen.

Bei *Metalloxid-Gassensoren* wird die Änderung der elektrischen Leitfähigkeit halbleitender Metalloxide (vorwiegend SnO_2, ZnO) bei Einwirkung von Gasen als Sensoreffekt genutzt. Die verwendeten Metalloxide sind n-leitende Halbleiter, die stets eine bestimmte Anzahl von Sauerstoff-Leerstellen aufweisen. Ein Teil der Metallatome kann dadurch seine Außenelektronen nicht mit den O_2-Atomen austauschen. Diese Außenelektronen stehen als freie Elektronen im Leitungsband des Halbleiters für die elektrische Leitung zur Verfügung. In Abhängigkeit vom O_2-Partialdruck an der Metalloxid-Oberfläche verändert sich die Konzentration der Sauerstoff-Leerstellen. Bei Temperaturen zwischen 200-500 °C bildet sich im Innern des Metalloxids eine stabile O_2-Leerstellenkonzentration als Funktion des O_2-Partialdruckes aus; damit besteht eine direkte Abhängigkeit der Leitungselektronen-Konzentration bzw. der elektrischen Leitfähigkeit vom O_2-Partialdruck. Neben reinem Sauerstoff verringern auch oxidierende Gase (wie z. B. N_2O) die Zahl der O_2-Leerstellen, so dass auch bei Anwesenheit solcher Gase die Anzahl freier Elektronen im Leitungsband abnimmt und der spezifische Widerstand ansteigt gemäß der empirisch gefundenen Beziehung [Ste94]

$$\rho = \rho_0 + c_{ox} \cdot p^{\kappa_{ox}} \tag{3.3-43}$$

mit ρ_0: spezifischer Widerstand in Luft, c_{ox}: Konstante, die von der oxidierenden Gasart und vom verwendeten Metalloxid abhängt, κ_{ox}: Exponent, der für oxidierende Gase etwa 0,5 beträgt. Reduzierende Gase wie H_2 oder CO reagieren bei Anwesenheit von O_2 zu H_2O bzw. CO_2. An der Oberfläche eines Metalloxids reagieren sie mit dessen Sauerstoff und erhöhen damit die Zahl der O_2-Leerstellen. Dieser Effekt kann bei konstantem O_2-Partialdruck zur Messung der Konzentration von reduzierenden Gasen genutzt werden [Sei66]. Die Zunahme der O_2-Leerstellen erhöht die Zahl der im Leitungsband verfügbaren freien Elektronen, die Leitfähigkeit der Metalloxidschicht nimmt zu. Empirisch kann sie durch [Rei89]

$$\sigma = \sigma_0 + c_{red} \cdot p^{\kappa_{red}} \tag{3.3-44}$$

beschrieben werden, mit σ_0: spezifische Leitfähigkeit in Luft, c_{red}: Konstante, die von der reduzierenden Gasart und vom verwendeten Metalloxid abhängig ist, κ_{red}: Exponent, der für reduzierende Gase etwa 0,5 beträgt. Bild 3.3-23 zeigt den typischen Aufbau eines solchen Sensors mit SnO_2-Schicht [Neh95, Ste95]. Metalloxide werden als dünne Schichten (ca. 100 nm) durch Standard-Beschichtungsverfahren (HF-Sputtern, PVD, CVD) auf eine elektrisch isolierende SiO_2-Schicht aufgebracht. Empfindlichkeit und Selektivität können durch eine zusätzliche wenige Nanometer dünne Katalysatorschicht aus Platin erhöht werden. Wegen des hohen spezifischen Widerstandes des Metalloxids bildet man dessen Metallkontaktschichten als Kammstruktur (Interdigitalstruktur) aus, so dass ein für die Signalverarbeitung geeigneter Gesamtwiderstand entsteht. Um mit geringer Heizleistung die erforderliche Arbeitstemperatur zu erreichen, ist das Silizium-Substrat durch anisotropes Ätzen entfernt oder abgedünnt, die Heizschicht liegt auf einer dünnen, schlecht wärmeleitenden SiO_2-Schicht.

3.3 Mikrosensoren, Mikroaktoren und Fertigungsprozesse

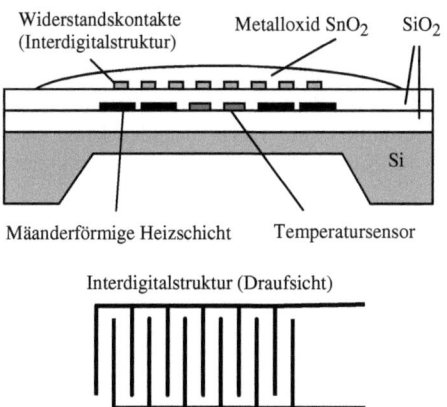
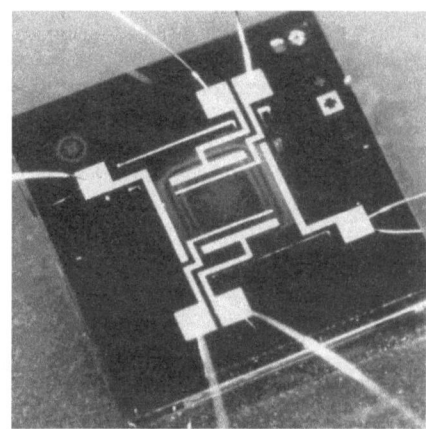

Bild 3.3-23 Aufbau von Metalloxid-Gassensoren mit Interdigitalstruktur zur Kontaktierung der Metalloxid-Schicht und SnO$_2$-Sensorchip mit integrierter Heizung (3,2 x 3,2 mm^2) [FhG90]

Mit *Pellistoren* wird die durch katalytische Verbrennung entstehende Wärme bzw. die dadurch bedingte Temperaturerhöhung detektiert. Nach diesem Prinzip kann z. B. der Partialdruck explosiver Gase in der Atmosphäre bestimmt werden. Konventionelle Pellistoren bestehen aus einer Platin-Heizwendel, die in eine Oxidkeramik-Pille eingesintert ist. Die Bezeichnung „Pellet" für die Sinterpille hat zum Begriff Pellistor geführt. Die Oberfläche der Sinterpille ist mit einer Katalysatorschicht überzogen. Die Platinwendel erwärmt den Pellistor auf die zur katalytischen Verbrennung erforderliche Temperatur (je nach Reaktion zwischen 100-600 °C). Der Widerstand der Platinwendel ist gleichzeitig Temperatursensor zur Messung der durch chemische Reaktion entstehenden Temperaturerhöhung ΔT, die durch die chemische Reaktionswärme pro Zeiteinheit N_{chem} entsteht:

$$\Delta T = R_T \cdot N_{chem} \tag{3.3-45}$$

R_T ist der thermische Widerstand des Pellistors. Vom Sensorprinzip her detektiert ein Pellistor also wie die in Kap. 3.3.1 behandelten Bolometer. Der Unterschied liegt lediglich in der Art der vom Sensor aufgenommenen Wärmeleistung: beim Bolometer die absorbierte Leistung eines Wärmestrahlers, beim Pellistor die durch chemische Reaktion entstehende Wärmeleistung N_{chem}. Typisches Beispiel für eine mit Pellistoren detektierbare Reaktion ist die katalytische Verbrennung von Methan zu Kohlendioxid $CH_4 + 2O_2 \Rightarrow CO_2 + 2H_2O$, wobei der erforderliche Sauerstoff der Atmosphäre entnommen wird. Die Verbrennungswärme pro Zeiteinheit N_{chem} ist proportional zur Konzentration des Gases, das detektiert werden soll, so dass die Temperaturerhöhung ΔT der Sinterpille als Sensorsignal für die Gaskonzentration dient. Diese Temperaturerhöhung kann z. B. in einer Brückenschaltung in ein Spannungssignal gewandelt werden, als Vergleichswiderstand wird dann vorteilhaft ein baugleicher Pellistor, aber ohne Katalysator – d. h. chemisch inaktiv – im gleichen Sensorgehäuse untergebracht.

Das Messprinzip des Pellistors ist in einem Mikrosensor gemäß Bild 3.3-24 (Silizium-Planar-Pellistor) realisiert [Sch93, Aig95]. Da die Empfindlichkeit S proportional zum Wärmewiderstand des Sensors ist, hat man den Dünnschicht-Heizwiderstand, der gleichzeitig Temperatursensor ist, und die Katalysatorschicht auf einer sehr dünnen Si_3N_4-Membran angeordnet und damit einen hohen Wärmewiderstand geschaffen. Der dargestellte Chip [Mic91] mit Mess- und (nicht mit Katalysator bedecktem) Referenzelement erreicht bei einer Heizleistung von nur 100 mW die Arbeitstemperatur von 400-500 °C. Zur Heizung und Temperaturmessung werden neben der in Bild 3.3-24 gezeigten Metallschicht (z. B. Platin) auch Bipolartransistoren [Nus88] verwendet. Metallische Heiz- und Sensorschichten sind meist mäanderförmig oder spiralförmig strukturiert, um eine Abstimmung von Katalysatorfläche und erforderlichem Heizwiderstand zu erreichen.

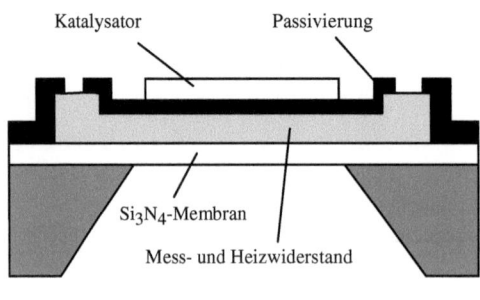
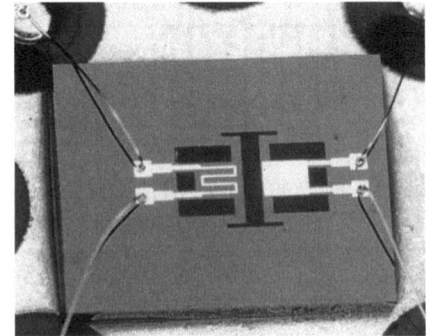

Bild 3.3-24 Silizium-Planar-Pellistor (Prinzip) und Pellistor-Chip für entzündliche Gase (H_2, Butan, Methan; Abmessungen: 2,84 x 2,46 mm^2) [Mic91]

Resonante Gassensoren

Sie haben eine schwingungsfähige Struktur (z. B. Silizium-Cantilever oder Membran), die z. B. kapazitiv über eine feste Gegenelektrode oder piezoelektrisch über einen Bimorph zu Schwingungen angeregt wird. Die Struktur ist mit einer chemisch reaktiven Schicht belegt, die bei Reaktion mit der zu detektierenden Substanz eine Masseänderung erfährt, so dass sich die Eigenfrequenz der Struktur ändert [Con82]. Durch Temperaturerhöhung ist der Prozess u. U. umkehrbar und das System reaktivierbar. Häufig werden Schwingquarze, die mit speziellen Beschichtungen versehen sind und damit selektiv nur ganz bestimmte Gasmoleküle adsorbieren, für diesen Art der Gasdetektion eingesetzt. Sie sind in der Lage, adsorbierte Gasmengen im ng-Bereich nachzuweisen.

Bild 3.3-25 zeigt als Beispiel eine Polysilizium-Brücke, die kapazitiv über C_d angeregt wird [How85]. Über die Kondensatoren C_s wird die Auslenkung detektiert. Dieser Resonator ist mit einer Polymerschicht versehen; bei chemischen Reaktionen mit dieser Schicht kommt es zur Änderung der schwingenden Masse bzw. der Eigenfrequenz. Zur Demonstration des Prinzips wurde üblicher Negativ-Resist als Absorber für Wasserdampf eingesetzt. Die Signalauswertung erfolgt mit einem monolithisch integrierten Auswerteschaltkreis (NMOS-Technologie). Die Brücke ist durch Abscheiden und Strukturieren von Polysilizium auf einer vorstrukturierten SiO_2-Opferschicht und anschließendes nasschemisches Wegätzen der Opferschicht hergestellt worden (*surface micromachining*).

3.3 Mikrosensoren, Mikroaktoren und Fertigungsprozesse

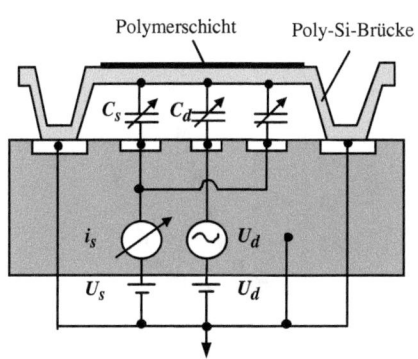
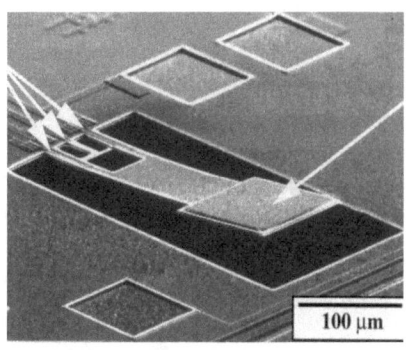

Bild 3.3-25 Links: Resonanter Gassensor mit kapazitiver Anregung und Auslesung [How85]
Rechts: und resonante Cantilever-Struktur mit selektivem Absorber [Bol93]

3.3.4 Chemisch sensitive Feldeffekt-Transistoren (CHEMFETs)

Ionensensitive Feldeffekttransistoren (ISFETs)

ISFETs beruhen auf dem elektrochemischen Wirkprinzip ionenselektiver Elektroden [Pro92]. An der Grenzfläche solcher Elektroden zu einem Elektrolyten entsteht eine Potentialdifferenz φ, die von der Konzentration c der Ionenart abhängig ist, für die die Elektrode empfindlich ist. φ wird gegen eine Bezugselektrode gemessen, die nicht ionensensitiv ist.

$$\varphi = \varphi_0 \pm \frac{kT}{ze}\ln(f \cdot c) \tag{3.3-46}$$

φ_0 ist das Standardpotential bei der Aktivität $a = (f \cdot c) = 1$, e: Elementarladung, T: absolute Temperatur, k: Boltzmann-Konstante, z: Anzahl der Elementarladungen pro Ion, f: Aktivitätskoeffizient, positives Vorzeichen gilt für Kationen, negatives für Anionen. Aktivität a (die Zahl der „aktiven", potentialbildenden Ionen) und Konzentration c der Ionen sind unter bestimmten Voraussetzungen [Kas73] innerhalb bestimmter Grenzen identisch ($f = 1$). Ein ISFET ist ein MOSFET, bei dem auf die übliche Polysilizium-Gate-Elektrode verzichtet wird, das Gate-Oxid wird stattdessen an seiner Oberfläche mit einer ionenselektiven Membran beschichtet, die nur mit bestimmten Ionenarten eine Oberflächenreaktion eingeht. Die an der Grenzfläche entstehende Potentialdifferenz φ wirkt so, als ob an eine Gate-Elektrode eine Spannung angelegt wird, die den Strom im Kanal zwischen Source und Drain steuert. Bild 3.3-26 zeigt den prinzipiellen Aufbau eines ISFET, dessen beschichtete Gate-Oxid-Oberfläche im Kontakt mit einer Elektrolyt-Flüssigkeit steht. Zur Einstellung der wirksamen Gatespannung U_{Geff} taucht eine Bezugselektrode, an der die Gatespannung U_G liegt, in den Elektrolyten ein. Die wirksame Gatespannung ist dann [Göp85]:

$$U_{Geff} = U_G - \varphi_B + \varphi = U_G - \varphi_B + \varphi_0 \pm \frac{kT}{ze}\ln(f \cdot c) \tag{3.3-47}$$

mit φ_B als Potentialdifferenz an der Grenzfläche Elektrolyt-Bezugselektrode.

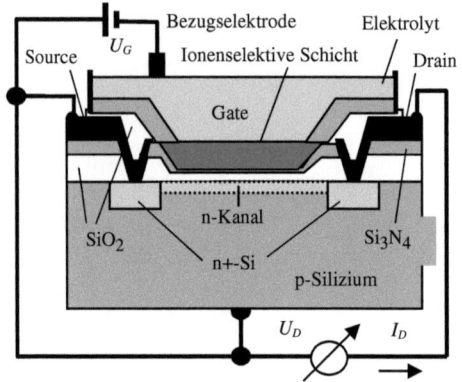 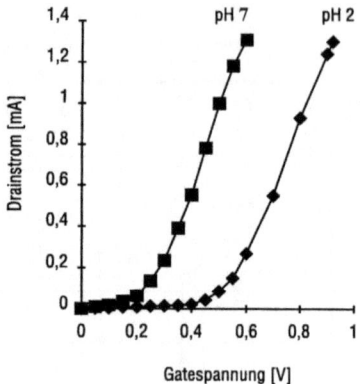

Bild 3.3-26 Aufbau eines ISFET und Strom-Spannungs-Kennlinie bei verschiedenen pH-Werten für einen pH-ISFET bei konstanter Drainspannung U_D [Kle83]

Mit dieser effektiven Gatespannung ergeben sich die Strom-Spannungsgleichungen für den ISFET [Kle83]:

Triodenbereich: ($|U_{Geff}-U_T| > |U_D|$)

$$I_D = -K\left[(U_G - \varphi_B + \varphi_0 \pm \frac{kT}{ze}\ln(f\cdot c) - U_T)U_D - \frac{U_D^2}{2}\right] \qquad (3.3\text{-}48)$$

Sättigungsbereich: ($|U_{Geff}-U_T| \leq |U_D|$)

$$I_D = -\frac{K}{2}\left[(U_G - \varphi_B + \varphi_0 \pm \frac{kT}{ze}\ln(f\cdot c) - U_T)\right]^2 \qquad (3.3\text{-}49)$$

mit U_T als Schwellspannung (*Threshold-voltage*) des MOSFET, U_D als Source-Drain-Spannung und K als Transistorkonstante, die von der Geometrie des MOSFET abhängt. Über die Ionenkonzentration c wird also gemäß obiger Gleichungen der Source-Drain-Strom I_D beeinflusst, da φ_B und φ_0 konstant sind. Bild 3.3-26 zeigt zwei Kennlinien $I_D = f(U_{Geff})$ eines ISFET zur pH-Wert-Messung [Kle83] bei zwei verschiedenen pH-Werten.

Gasempfindliche Feldeffekt-Transistoren (GASFET)

Sie besitzen eine metallische katalytisch wirkende Gate-Elektrode (z. B. aus Palladium). Bild 3.3-27 zeigt den prinzipiellen Aufbau eines GASFET zum H_2-Nachweis [Göp85]. Die elektrische Kontaktierung von Source, Drain und Gate entspricht der des MOSFET. H_2-Moleküle dissoziieren an einer Pd-Oberfläche, wodurch positive H-Ionen und Elektronen am Gate eine Doppelschicht bilden. Diese ist gleichbedeutend mit einem zusätzlich wirkenden Potential am Gate, es tritt eine Verschiebung der $I_D = f(U_G)$-Kennlinie ein. Mit verschiedenen, dem jeweiligen Gas angepassten Materialien wie Palladium, Platin oder Iridium konnten GASFETs für zahlreiche Gase wie NH_3, Stickoxide, Schwefelwasserstoffe, Kohlenwasserstoffe entwickelt werden [Lun93].

3.3 Mikrosensoren, Mikroaktoren und Fertigungsprozesse

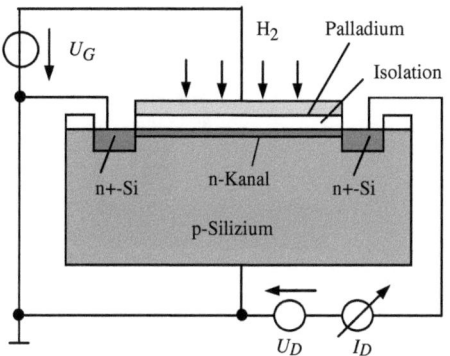
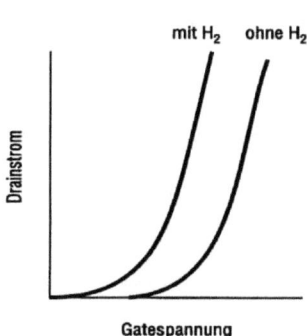

Bild 3.3-27 GASFET zum Nachweis von H_2 und Verschiebung der Kennlinien des Source-Drain-Stroms als Funktion der Gatespannung unter der Einwirkung von H_2

3.3.5 Teststrukturen

Zunehmend werden Mikrostrukturen eingesetzt, um Materialeigenschaften messtechnisch zu bestimmen, die nur durch spezifische mikrotechnologische Präparation einer Messung zugänglich sind. Typische Beispiele finden sich bei der Untersuchung thermischer oder mechanischer Eigenschaften dünner Schichten. So kann die Wärmeleitfähigkeit von dünnen Schichten in Richtung der Schichtebene nur bestimmt werden, wenn die Schicht möglichst als freischwebende Struktur präpariert, d. h. wenn das Substrat entfernt ist, da ansonsten die Wärme im wesentlichen durch das Substrat fließt. Bild 3.3-28 zeigt eine Mikrostruktur, die zur Messung der Wärmeleitfähigkeit dünner Schichten, hier speziell von Schichtmaterialien eines Standard-CMOS-Prozesses, entwickelt wurde [Völ92]. Zwei Cantilever werden so präpariert, dass bei dem einen die zu untersuchende Schicht (hier Polysilizium) auf einer unterätzten SiO_2-Schicht liegt. Der zweite Cantilever ist eine identisch aufgebaute Vergleichsstruktur, aber ohne die zu untersuchende Schicht. An der Spitze der Cantilever befinden sich jeweils eine Heizschicht und eine Sensorschicht zur Messung der Temperaturerhöhung ΔT infolge der Heizleistung N. Durch Vergleich der an beiden Strukturen gemessenen Werte N_1, ΔT_1 bzw. N_2, ΔT_2 erhält man die Wärmeleitfähigkeit λ der auf dem Cantilever deponierten Schicht:

$$\lambda = \left[(N_1 / \Delta T_1) - (N_2 / \Delta T_2) \right] \cdot l / (bd) \tag{3.3-50}$$

mit b als Breite, d als Dicke und l als Länge der Schicht. Die Wärmeleitwerte der Kontaktzuleitungen zu Heizer und Sensorschicht und des SiO_2-Cantilever müssen so gestaltet werden, dass sie klein gegenüber dem Wärmeleitwert der zu untersuchenden Schicht sind. Durch geringfügige Modifikationen der Präparation und der Messtechnik können mit solchen Strukturen auch das Emissionsvermögen und die Temperaturleitfähigkeit dünner Schichten bestimmt werden. Ähnliche Strukturen wurden für die Untersuchung thermoelektrischer und galvanomagnetischer Eigenschaften dünner Schichten (z. B. Seebeck- und Hall-Koeffizient) entwickelt [Arx98]. Auch Mikrokalorimeter zur Bestimmung der spezifischen Wärmekapazität von

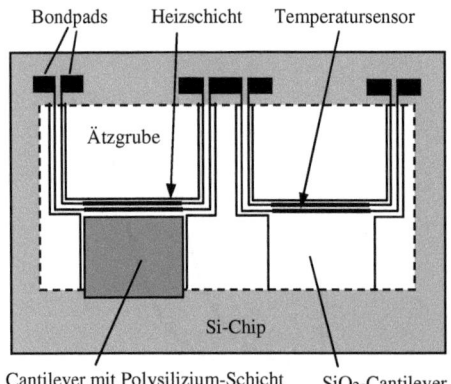 

Bild 3.3-28 Teststruktur zur Messung der Wärmeleitfähigkeit dünner Schichten:
Links: Schematischer Aufbau,
Rechts: REM-Aufnahme eines der beiden Cantilever

Mechanische Eigenschaften dünner Schichten werden meist dadurch bestimmt, dass man sie (z. B. durch Opferschichttechnologie) vom Substrat separiert und dann an diesen freitragenden Brücken oder Membranen Messdaten gewinnt [All87, Zie99, Kap00, Pan02, Seok02]. Aus der Messung der maximalen Durchbiegung s im Zentrum einer Membran bei Einwirkung einer Druckdifferenz Δp kann man den internen Schicht-Stress σ_m und den Quotienten $E/(1-v)$ bestimmen [Sen87]. Wegen

$$\Delta p = C_1 \frac{\sigma_m s d}{R^2} + C_2(v)(\frac{E}{1-v})\frac{s^3 d}{R^4} \qquad (3.3\text{-}51)$$

mit d = Membrandicke, R = Membranradius und C_1, C_2 als Faktoren (wobei C_2 von der Poisson-Zahl v abhängt), ergibt eine Darstellung von $(\Delta p \cdot R^2)/(s \cdot d)$ über $(s/R)^2$ eine Gerade, aus deren Steigung $E/(1-v)$ und aus deren Achsenabschnitt σ_m folgt. Für kreisrunde Membranen kann näherungsweise mit $C_1 = 4$ und $C_2 = 8/3$ gerechnet werden [Pan91]. Bei quadratischen Membranen, die z. B. durch anisotrope Ätztechnik in Silizium hergestellt werden, steht in Gl. (3.3-51) anstelle R die Seitenlänge a und die Faktoren sind $C_1 = 13,64$ bzw. $C_2 = (31,7-9,36v)$. Für lange, rechteckige Membranen ist in o. g. Gleichung anstelle des Radius die lange Seitenlänge einzusetzen; die Faktoren sind dann $C_1 = 8$ und $C_2 = 64/3(1+v)$. Aus der kritischen Länge L_c, bei der freitragende Brücken mit systematisch zunehmender Länge erstmals „buckeln", kann man die inhärenten Druckspannungen bestimmen [Sek82, Guc85]. Ein modifiziertes Verfahren für Schichten mit Zugspannungen benutzt freitragende, nur an zwei Punkten mit dem Substrat verbundene kreisringförmige Schichtstrukturen (Bild 3.3-29a) mit einem Schichtsteg als „Durchmesser". Zugspannungen im Kreisring führen zu Druckspannungen im Steg; auch hier wird der kritische Durchmesser bestimmt, bei dem der Steg „buckelt". Bild 3.3-29b zeigt eine Teststruktur, die sowohl Druck- als auch Zugspannungen detektiert [Lin93]. Wenn man die zu untersuchende Testschicht (Länge L_t) vom Substrat trennt, wird sie sich entsprechend der inhärenten Zug- oder Druckspannungen zusammenziehen oder ausdehnen. Über einen Verbindungssteg (Länge L_s) wird diese Längenänderung in eine Drehbewegung des Zeigersteges (Länge L_z) umgesetzt, die Verschiebung δ wird an einer Kammstruktur gemessen. Daraus folgt die Dehnung $\varepsilon_m \propto 2L_s\delta/3L_zL_t$. Mit dieser Methode wurden mechanische Spannungen in Phosphor-dotierten Polysilizium-Schichten [Kru94] und LPCVD-Si$_3$N$_4$-Schichten [Lin93] gemessen.

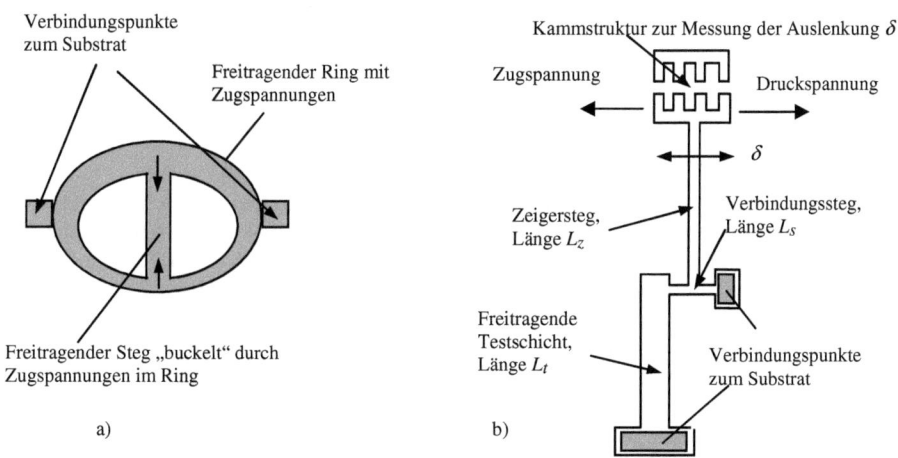

Bild 3.3-29 Teststrukturen zur Bestimmung von mechanischen Spannungen in freitragenden Schichten

3.3.6 Aktoren

Wie bei den Sensoren ist die Vielfalt von Mikroaktoren (engl. *micro actuators*) inzwischen so groß, dass eine umfassende Darstellung hier nicht gegeben werden kann. Es sollen aber einige der wichtigsten in der Mikrosystemtechnik verwendeten Aktor-Mechanismen hinsichtlich ihrer physikalischen Wirkprinzipien dargestellt werden. An einigen ausgewählten Mikroaktoren werden dann die Umsetzung dieser Wirkprinzipien, die Herstellungstechnologien, die erreichten Funktionsparameter und die Anwendungsfelder demonstriert.

Unter Mikroaktoren sollen hier Bauelemente verstanden werden, die eine spezifische Aktion zur Steuerung oder Regelung einer physikalisch-chemischen Größe oder eines Prozesses ausführen und deren funktionsbestimmende Komponenten Dimensionen im Mikro- oder Nanometerbereich haben. Im Hinblick auf die Strukturdimensionen sind für Mikroaktoren im Vergleich zu makroskopischen Aktoren Skalierungseffekte zu berücksichtigen, die zu neuen Bewertungen von Aktor-Wirkprinzipien führen. So kommen z. B. elektrostatische Antriebsprinzipien in Frage, die für makroskopische Systeme keine Bedeutung haben. Das liegt u. a. darin begründet, dass sich die in elektrostatischen Aktoren (z. B. Kondensatoren) speicherbare Feldenergie proportional zur dritten Potenz der Bauteildimension l verhält. Die wirksamen elektrostatischen Kräfte skalieren dann proportional l^2. Andererseits nehmen Gewichtskräfte mit der Masse des Bauteils, also proportional l^3 ab, so dass in Mikrosystemen entsprechend kleine Massen durchaus mit elektrostatischen Kräften bewegt werden können. Elektromagnetische Antriebe spielen (im Gegensatz zur „Makrowelt") in der „Mikrowelt" eine untergeordnete Rolle, weil sich die elektromagnetischen Kraftwirkungen meist proportional l^4 mit der Bauteildimension verringern. Hinzu kommen gegebenenfalls noch spezifische mikroskopische Effekte, die zusätzlich bei der Bewertung der Aktorprinzipen zu berücksichtigen sind. So ermöglicht z. B. der Paschen-Effekt, dass man an Mikrokondensatoren mit geringen Elektrodenabständen viel höhere Feldstärken als an makroskopische Elektrodenkonfigurationen anlegen und damit viel höhere Kräfte erzeugen kann, weil die durch Gasentladungen bedingte Durchbruchspannung deutlich größer ist. Generell ist die in einem Mikroaktor speicherbare Energiedichte ein wesentliches Auswahlkriterium für effektive Wirkprinzipien. Die vom Aktor nutzbaren Kräfte F ergeben sich allgemein als Änderung der Energiedichte w bei Variation einer Dimension l des Aktorvolumens: $F \propto \delta w/\delta l$.

3.3.6.1 Elektrostatische Wirkprinzipien

Elektrostatische anziehende oder abstoßende Kraftwirkungen zwischen ungleichnamigen bzw. gleichnamigen Ladungen (Coulombsches Gesetz) werden in Mikroaktoren häufig für die Bewegung von Mikrokomponenten (Membranen, Cantilevern, Rotoren, Ventilen, Resonatoren,...) eingesetzt. Grundstrukturen sind meist planparallele Elektroden, die Mikro-Kondensatoren bilden (Bild 3.3-30).

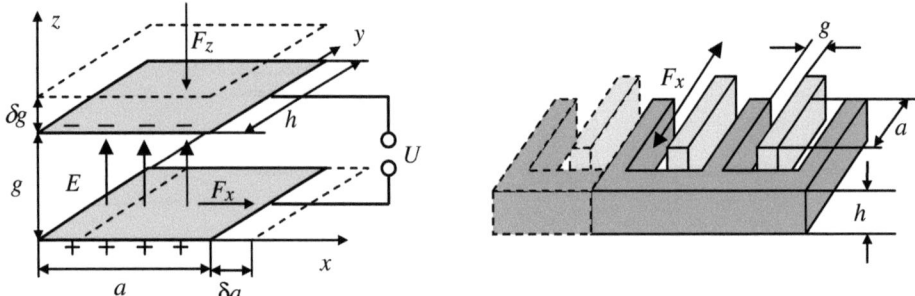

Bild 3.3-30 Kraftwirkungen in einem Kondensator (links) und in einem Kamm-Aktor der Höhe h (rechts)

Die Kraftwirkung der beiden in Bild 3.3-30 (links) gezeigten Elektroden aufeinander errechnet man aus der Änderung der im Volumen $V = ahg$ des Kondensators gespeicherten Feldenergie

$$W = \frac{1}{2}\varepsilon_0 \varepsilon E^2 V = \frac{1}{2}\varepsilon_0 \varepsilon \frac{U^2}{g^2} V = \frac{1}{2}\varepsilon_0 \varepsilon \frac{ah}{g} U^2 \qquad (3.3\text{-}52)$$

bei Bewegung der Elektroden in x-, y- oder z-Richtung; mit E als elektrischer Feldstärke, U als Spannung an den Elektroden, ε als relativer Dielektrizitätskonstante, $\varepsilon_0 = 8{,}85 \cdot 10^{-12}$ As/Vm als elektrischer Feldkonstante, ah als Fläche und g als Abstand der Elektroden. Man erhält [Maha87, Maha90, Tang90, Kumar92]

$$F_x = \frac{\delta W}{\delta a} = \frac{1}{2}\varepsilon_0 \varepsilon \frac{h}{g} U^2 \; ; \; F_y = \frac{\delta W}{\delta h} = \frac{1}{2}\varepsilon_0 \varepsilon \frac{a}{g} U^2 \; ; \; F_z = \frac{\delta W}{\delta g} = -\frac{1}{2}\varepsilon_0 \varepsilon \frac{ah}{g^2} U^2 \qquad (3.3\text{-}53)$$

Die Kraftwirkungen sind proportional zum Quadrat der angelegten Spannung. Die maximal erreichbaren Kräfte werden durch die Durchbruchspannung U_D bestimmt, die für mikrostrukturierte Kondensatoren mit Elektrodenabständen von ca. 1 µm bei $U_D \approx 10^8\text{-}10^9$ V/m liegt [Bart88, Busch92, Bollee69]. Sie ist aufgrund des Paschen-Effektes deutlich größer als bei makroskopischen Elektrodenabständen, wo die Durchbruchspannung an Luft $U_D \approx 10^6$ V/m beträgt [Schuma23].

3.3 Mikrosensoren, Mikroaktoren und Fertigungsprozesse

Aufgrund der hohen Durchbruchspannung bei geringen Elektrodenabständen sind in Mikrokondensatoren Energiedichten $w \approx 4 \cdot 10^5$ Ws/m^3 möglich; deutlich größer als in makroskopischen Systemen, wo Werte von $w \approx 40$ Ws/m^3 erreicht werden [Bart88]. Die daraus resultierenden hohen Kraftwirkungen können durch Parallelschaltung vieler Kondensatoren in sogenannten Kamm-Aktoren (Bild 3.3-30, rechts) noch verstärkt werden. Die Gesamtkraft F_x ist hier proportional zur Zahl n der Kammfinger sowie zum Verhältnis der Kammhöhe h zum Kammabstand g, d. h. zum erreichbaren Aspektverhältnis [Tang90].

$$F_x = n \frac{1}{2} \varepsilon_0 \varepsilon \frac{h}{g} U^2 \qquad (3.3\text{-}54)$$

Hinsichtlich möglichst großer Kammhöhe h bei geringem Elektrodenabstand g ist es vorteilhaft, 3D-Strukturierungsverfahren wie die LIGA-Technik einzusetzen, die deutlich höhere Strukturen ($h > 100\,\mu$m) als die Oberflächenmikromechanik (mit h von einigen μm) ermöglicht. Ein Detail eines mit LIGA-Technik hergestellten Kamm-Aktors ist in Bild 3.1-20 in Kap. 3.1 gezeigt. Ein großer Vorteil von elektrostatischen Aktoren ist die nahezu stromlose Ansteuerung der kapazitiven Strukturen; sie ermöglicht, dass die Energieverluste durch Joulesche Wärme gering bleiben.

Vertikal betriebene Mikroresonatoren nutzen die Kraftwirkung F_z senkrecht zu den Elektroden (Bild 3.3-31, links), wobei allerdings nur geringe Bewegungen möglich sind und die Kraftwirkung nichtlinear ($\sim 1/g^2$) mit dem Elektrodenabstand variiert. Sie können für kleine Elektrodenabstände g durch Oberflächenmikromechanik, z. B. mit Polysilizium-Brücken, gefertigt werden. Große Verschiebungen erreicht man dagegen durch Parallelbewegungen der Elektroden. Bild 3.3-31 (rechts) zeigt einen nach diesem Prinzip konstruierten Linearmotor [Trimm87].

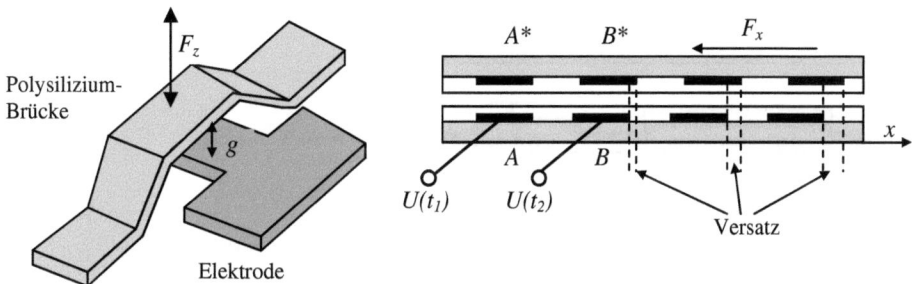

Bild 3.3-31 Mikroresonator (links) mit vertikaler Auslenkung (Herstellung: Oberflächenmikromechanik) und Prinzip eines Linearmotors (rechts) mit horizontaler planparalleler Bewegung der Elektroden

Wird an das Elektrodenpaar A-A* eine Spannung $U(t_1)$ angelegt, positioniert die elektrostatische Kraft F_x die Elektroden exakt übereinander. Schaltet man dann zum Zeitpunkt t_2 die Spannung auf das Elektrodenpaar B-B* um, so erfolgt eine erneute Bewegung aufgrund der gleichen Kraftwirkung F_x wiederum in x-Richtung. Horizontal oszillierende Resonatoren können mit diesem Wirkprinzip ebenfalls realisiert werden.

Ein Vorteil der planaren Bewegung von Mikrokondensatoren parallel zum Substrat besteht darin, dass sich die Kräfte linear mit der Verschiebung verändern [Tang89, Denn80, Schmidt88] und sich eine Dämpfung des Bewegungsvorgangs durch Kompression des Mediums zwischen den Elektroden weitgehend vermeiden lässt. Dies hat insbesondere Bedeutung für die Funktion von horizontal bewegten Resonatoren, bei denen infolge geringer Dämpfung hohe Q-Faktoren erreichbar sind [Chang02].

Anwendungen finden elektrostatisch bewegte Aktoren als Mikromotoren [Mehre90, Tai89, Fujita90], Mikroventile [Ohnstei90], mechanische Resonatoren in Beschleunigungssensoren [Tang90], mikromechanische Verschiebeeinheiten (z. B. für die Positionierung mikrooptischer Komponenten [Marxer99]) und für Mikroschalter [Pet79]. Für einige dieser elektrostatischen Mikroaktoren werden im Folgenden Aufbau und Herstellungstechnologien näher dargestellt.

Elektromechanische Mikroschalter

Hierfür eignen sich freistehende Biegebalken (Cantilever) oder Drehpendel aus Siliziumoxid [Pet79] oder Silizium in Verbindung mit (galvanisch abgeschiedenen) Metallschichten [Miao02, Ma03, Ma04]. Der bewegliche Balken stellt eine Elektrode des Schalters dar, die durch Anlegen einer Spannung (z. B. an die hochdotierte Ätzstopschicht am Boden der Ätzgrube) abgelenkt wird, um dadurch den Kontakt zu schließen. Herstellungsprozess und Aufbau sind Bild 3.3-32 zu entnehmen.

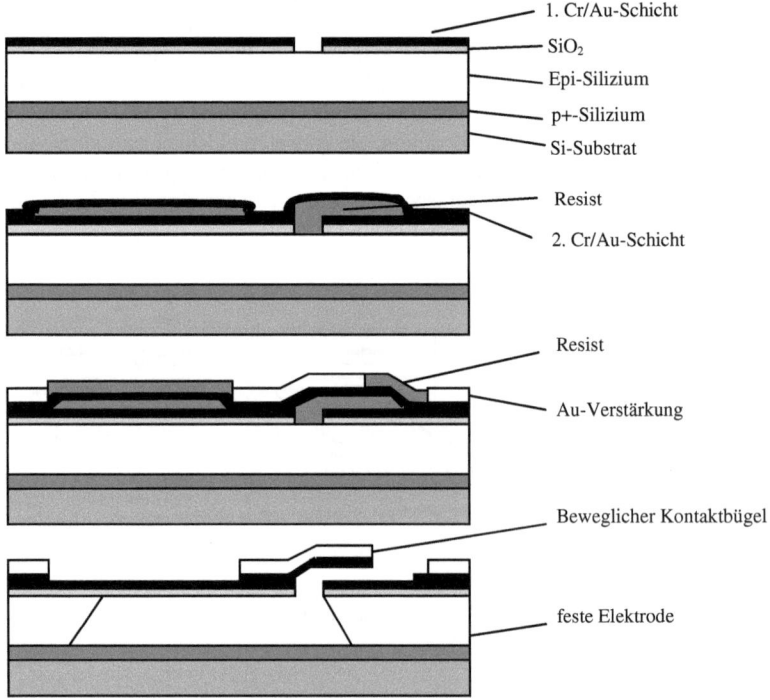

Bild 3.3-32 Elektromechanischer Mikroschalter: Prozessschritte zur Herstellung [Pet78, Pet79]

Der Kontakt entsteht zwischen den relativ dünnen Au-Cr-Schichten, so dass nur Ströme unterhalb 1 mA fließen dürfen. Die Spannung U zum Schließen des Kontaktes hängt von den Abmessungen des Balkens (Dicke d, Länge l), dem Abstand zur festen Elektrode (Grubenboden) t, dem Balkenmaterial (Elastizitätsmodul E) und der erforderlichen Auslenkung z ab:

$$U = (\frac{td}{l^2})\sqrt{\frac{4zEd}{3\varepsilon_0}} \tag{3.3-55}$$

Typische Schaltspannungen betragen 10-100 V, die Schaltverzögerungszeiten 10-100 μs, die Resonanzfrequenzen liegen bei einigen 10^2 kHz. Vorteilhaft ist auch der sehr kleine Innenwiderstand (< 10 Ω) des Schalters im Vergleich z. B. zu bipolaren Halbleiterschaltern. Im Batch-Prozess können komplexe Schalter-Arrays realisiert werden.

Lichtmodulatoren

Mikromechanische Blenden und Spiegel können zur Modulation von Licht und damit für Anzeigeelemente, optische Displays oder zur Strahlführung genutzt werden. Für ein Linienarray zur Intensitätsmodulation von Licht werden Zungen aus Siliziumoxid eingesetzt, die mit einer reflektierenden Metallschicht versehen sind. Die Auslenkung der Zungen kann elektrostatisch über eine feststehende Elektrode am Boden der Ätzgrube oder wie in Bild 3.3-33 thermomechanisch über eine Polysilizium-Heizschicht erfolgen.

Das in [Pet77] beschriebene System erreicht mit einem Cantilever von 25 μm Breite und 106 μm Länge eine maximale Winkelauslenkung von 8,5° bei einer Eigenfrequenz von 40 kHz. In Kombination mit einer zeilenförmigen Blende kann ein auftreffender Lichtstrahl bei hinreichender Auslenkung der Zunge ausgeblendet werden. Auf diese Weise kann man mit diesem Zungenarray Informationen zeilenweise darstellen. Aneinanderreihung von Zeilen zu einem flächenhaften Array ermöglicht dann die Darstellung von Bildinformationen mit hohem Kontrast. Auch Projektionssysteme mit der Fähigkeit zur Verarbeitung von Farbinformationen wurden vorgestellt [Har80]. Dazu werden reflektierende Zungen, die elektrostatisch ablenkbar sind, aus drei identischen Spiegeln für die drei Grundfarben eingesetzt.

Mit einer elektrostatisch ablenkbaren Siliziumoxidfahne, deren Oberflächen-Metallisierung als Beugungsgitter strukturiert ist, können Farbprojektionsdisplays aufgebaut werden [Bro80]. Bei unterschiedlicher Auslenkung gelangen verschiedenfarbige Reflexe in das nachfolgende Projektionssystem.

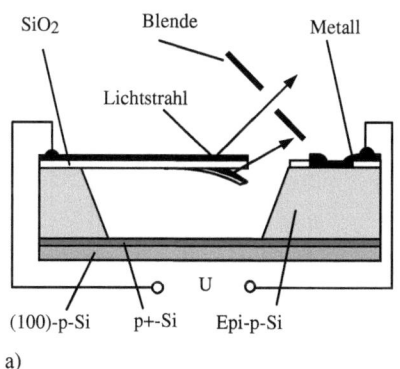

Bild 3.3-33 Lichtmodulator
    a) mit elektrostatisch ablenkbarem Cantilever [Pet77] und
    b) mit thermomechanischer Anregung über Polysilizium-Heizschichten
       auf den SiO_2-Stegen [Bra94]

Ein Array aus geschlossenen elastischen metallisierten Membranen mit darunterliegendem MOS-Transistorarray ist die Basis für ein optisches Projektionsdisplay [Hor83, Pap83]. Ein Bildpunkt nimmt dabei eine Fläche von 51x51 µm^2 ein, die Membrangröße beträgt 23x36 µm^2, Arrays mit 128x128 Bildpunkten wurden realisiert.

Zur Abbildung bzw. zum Positionieren von Lichtstrahlen dient ein Silizium-Drehspiegel, der an zwei Torsionsbalken aufgehängt ist [Pet80]. Bild 3.3-34 zeigt das System, bei dem die verspiegelte Silizium-Platte elektrostatisch durch feststehende Elektroden ausgelenkt werden kann.

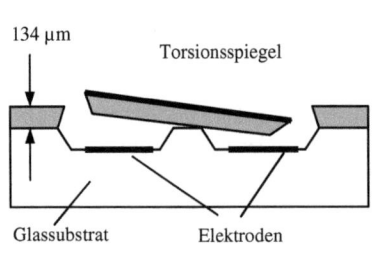

Bild 3.3-34 Torsionsspiegel,
    a) anisotrop geätzt auf Pyrexglas-Substrat [Pet80] und
    b) CMOS-kompatible Struktur, durch Oberflächen-Mikromechanik hergestellt [Büh97]

Diese befinden sich am Boden einer etwa 12 µm tiefen Ätzgrube in einem Pyrexglas-Substrat, das mit dem Silizium-Wafer durch Anodisches Bonden verbunden ist. Die Dicke des Torsionsbalkens entspricht der Waferdicke von 134 µm. Vorteilhaft ist die einfache Herstellung der gesamten Silizium-Struktur aus Silizium-Platte und Torsionsbalken in *einem* anisotropen Ätzschritt mit nur einseitiger Maskierung. Mit etwa 400 V Ablenkspannung sind Winkelauslenkungen bis etwa 1° bei einer Eigenfrequenz von 15 kHz möglich. In Bild 3.3-34b ist eine REM-Aufnahme eines Torsionsspiegels zu sehen, der durch Oberflächen-Mikromechanik in einem Standard-CMOS-Prozess hergestellt wurde [Büh97].

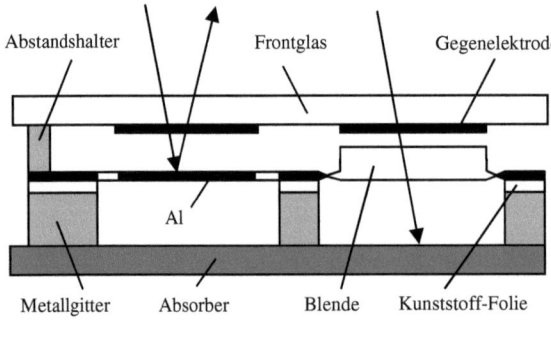
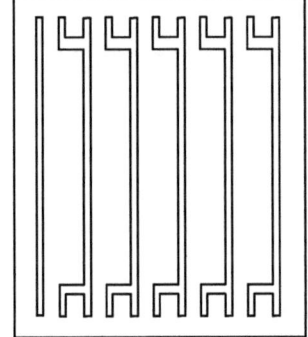

Bild 3.3-35 Anzeigeelement mit elektrostatisch ansteuerbaren Mikroblenden [Bis89]

3.3 Mikrosensoren, Mikroaktoren und Fertigungsprozesse

Asymmetrisch aufgehängte elektrostatisch ansteuerbare Mikroblenden [Bis89] wurden für Anzeigeeinheiten entwickelt. Die in Bild 3.3-35a gezeigten Blenden bilden einen Rasterpunkt eines Anzeigeelementes, das gemäß Bild 3.3-35b aufgebaut ist. Bei elektrostatischer Auslenkung der Blenden in vertikale Stellung durch die auf dem Frontglas angeordnete optisch transparente Gegenelektrode fällt das Licht auf die lichtabsorbierende Rückwand, so dass der Rasterpunkt dunkel erscheint. Die metallisierten Blenden in Ruheposition reflektieren dagegen das einfallende Licht, der Bildpunkt erscheint hell. Vorzüge dieser Anzeige sind kurze Ansprechzeiten (2 ms), niedrige Steuerspannung (10 V), großes Kontrastverhältnis (> 20), lange Lebensdauer (> 10^9 Schaltzyklen) und sehr geringer Energieverbrauch (1 nJ pro cm^2 und Zyklus).

Mikroventile und -Pumpen

Diese Bauelemente werden zur Steuerung des Transports von Gasen und Flüssigkeiten eingesetzt, vor allem wenn es um die Dosierung kleiner Mengen (z. B. in der Medizintechnik oder in der chemischen Analytik) geht. Für Mikroventile und -Pumpen kommen sowohl elektrostatische als auch piezoelektrische (s. u.) Wirkprinzipien zum Einsatz. Bild 3.3-36 [Cse84] zeigt eine Silizium-Membran, die an Spiralarmen aufgehängt ist, elektrostatisch ausgelenkt werden kann und die Öffnung einer Ätzgrube verschließt. In [Bry88] ist ein passives Mikroventil vorgeschlagen, bei dem ein beweglicher Silizium-Biegebalken das strömende Medium in einer Richtung ungehindert hindurchlässt, während die Strömung in Gegenrichtung den Balken an die Einlassöffnung presst.

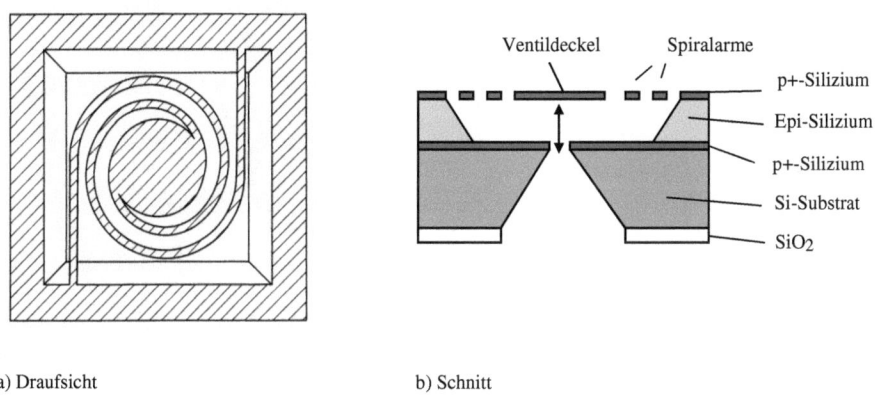

a) Draufsicht   b) Schnitt

Bild 3.3-36   Mikroventil mit elektrostatisch auslenkbarer Siliziummembran [Cse84]

Mikropumpen mit einer das Medium fördernden Pumpenkammer, die meist eine kapazitiv (elektrostatisch) oder piezoelektrisch angesteuerte Membran besitzt und mit Ein- und Auslassventilen versehen ist, werden mittels anisotroper Ätztechnik aus Silizium-Wafern oder mit abgeformten Kunststoffteilen auf der Basis des LIGA-Verfahrens hergestellt. In Kap. 3.4 ist eine aus Kunststoffteilen gefertigte Pumpe mit piezoelektrischem Pumpmechanismus beschrieben, mit der Förderraten bis zu 200 µl/min erzielt werden und die vor allem für den Einsatz in der Medizintechnik konzipiert wurde [Wag99]. In [Lin88] wird ein Pumpsystem vorgestellt, bei dem ein anisotrop geätzter Si-Wafer zwischen einer Glas-Grundplatte (1,6 mm dick) mit der Ein- und Auslassöffnung und einer 0,19 mm dünnen Glas-Deckplatte durch Anodisches Bonden eingebettet ist. Im Wafer sind Pumpkammer und Einlass- bzw. Auslassventil strukturiert. Die dünne Glasmembran wird durch eine aufgeklebte piezoelektrische Scheibe periodisch verformt, so dass entsprechende Ansaug- bzw. Ausstoßtakte der Pumpkammer mit einer Förderrate von einigen µl/min entstehen.

Miniaturisierte Positionierelemente

Positionierelemente werden z. B. zur Justierung von Mikrokomponenten eingesetzt. Bild 3.3-37a zeigt einen teilbeweglichen Federarm, der im UV-LIGA-Verfahren durch Nickel-Galvanik und Opferschicht-Technologie hergestellt wurde. Er bewirkt die exakte Positionierung einer lichtleitenden Glasfaser (mit einem Durchmesser von 125 µm) und damit an der Faser-Faser-Koppelstelle einen möglichst geringen Versatz der beiden Stirnflächen. Dies ist notwendig, damit die Verluste an der Koppelstelle gering bleiben, da das Licht nur im Faserkern mit einem Durchmesser von ca. 5 µm geführt wird.

Mikro-Positionierelemente dienen bei den verschiedenen Rastermikroskopie-Verfahren zur Oberflächencharakterisierung [Aka90] mit Auflösungen im Nanometerbereich. Die dort verwendeten Scanelemente mit Spitzenradien von nur wenigen Nanometern können zur Mikrostrukturierung von Oberflächen (Erzeugung von Nanostrukturen) eingesetzt werden [Abr86, Rin85].

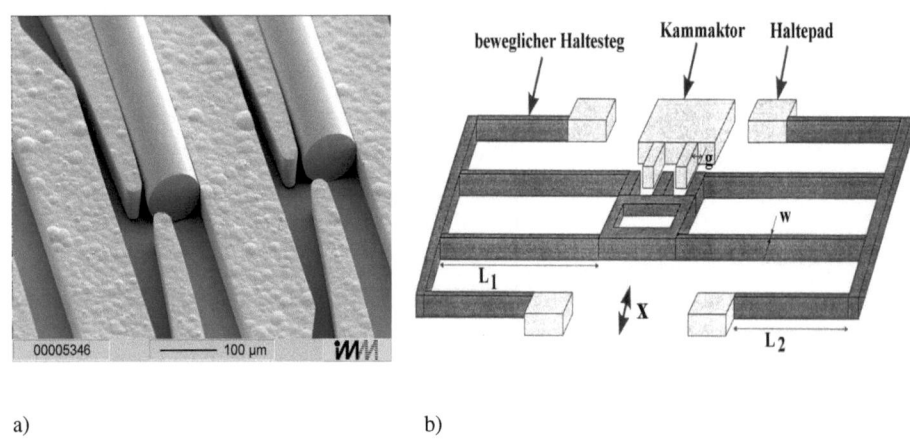

a)   b)

Bild 3.3-37   Faser-Faser-Koppler und Kamm-Aktor als Positionierelement

Zur Positionierung in einer Ebene werden oft Kamm-Aktoren verwendet. Bild 3.3-37b stellt das Prinzip für die Bewegung in x-Richtung dar. Eine feststehende Kammstruktur steht in elektrostatischer Wechselwirkung mit einem beweglichen Kamm, der durch Oberflächen-Mikromechanik (Opferschicht-Technologie) hergestellt wird und an Haltepads mit dem Substrat verbunden ist. Dessen x-Verschiebung ergibt sich aus der elektrostatischen Kraftwirkung am Kamm infolge der angelegten Spannung U und den elastischen Eigenschaften (Elastizitätsmodul E) sowie den Abmessungen (siehe Bild) der beweglichen Haltestege:

$$x = n\varepsilon_0 \varepsilon_r U^2 \frac{L_1^3 + L_2^3}{4gEw^3} \qquad (3.3\text{-}56)$$

3.3 Mikrosensoren, Mikroaktoren und Fertigungsprozesse

mit n als Anzahl und g als Abstand der Kammfinger. Bei Einsatz des Aktors an Luft ist $\varepsilon_r = 1$. Die Kammstruktur eines solchen Aktors ist in Bild 3.1-20 zu sehen. Für zweidimensionale Bewegungen werden mehrere Kamm-Aktoren miteinander kombiniert [May94].

Resonatoren

Mikromechanische schwingungsfähige Elemente, die elektrisch zu resonanten Schwingungen angeregt werden, können auch als Frequenzfilter genutzt werden, die man vorzugsweise für Frequenzen unterhalb 10 kHz einsetzt, da hier elektronische Filter in der Regel kleine Güte-Faktoren $Q = f_{res}/\Delta f$ haben. Dabei ist f_{res} die Resonanzfrequenz und Δf die Halbwertsbreite der Resonanzkurve. Elektromechanische Resonatoren aus Silizium zeigen dagegen wegen der hohen Perfektion des monokristallinen Materials (keine plastische Verformung, extrem geringe mechanische Verluste) sehr hohe Q-Faktoren bis zu 10^8 [Mad97] im Vakuum. Ein solcher Filter (Bild 3.3-38) besteht z. B. aus einem Silizium-Cantilever, der zu Eigenschwingungen angeregt wird. Dazu wird die zu filternde Spannung U an eine feste Grundelektrode (meist eine p^+-Schicht am Boden der Ätzgrube) und an eine Metallschicht des Cantilever als bewegliche Elektrode angelegt. Die Detektion der Eigenschwingung des Cantilever erfolgt durch in den Biegebalken integrierte Widerstände, die zu einer Vollbrücke verschaltet sind [Hri78]. Ein Ausgangssignal dieser Brückenschaltung ist nur vorhanden, wenn der Cantilever zu resonanten Schwingungen angeregt wird, d. h. wenn im Frequenzspektrum der angelegten Spannung U die Eigenfrequenz des mikromechanischen Resonators vorhanden ist. Diese wird durch den resonanten Schwingungsvorgang herausgefiltert. Dabei sind aufgrund der Abmessungen und Materialeigenschaften des Cantilever Güte-Faktoren > 100 bei Resonanzfrequenzen von einigen kHz möglich.

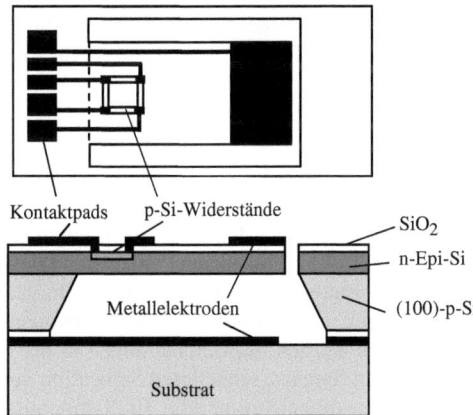

Bild 3.3-38 Silizium-Cantilever als Resonator eines elektromechanischen Filters mit kapazitiver Signaleinkopplung und piezoresistiver Signalauskopplung [Hri78]

Die Anregung zu resonanten Schwingungen kann auch thermisch erfolgen, indem man im Cantilever integrierte Heizwiderstände mit einer Wechselspannung beaufschlagt. Mechanisch-elektrische Filter wurden auch durch eine Kombination eines schwingungsfähigen metallischen Cantilever (als Gate-Elektrode) mit einer MOS-Transistorstruktur realisiert (Resonant Gate Transistor, RTG) [Nat67]. Die schwingende (galvanisch hergestellte) Metallzunge stellt dabei die Gate-Elektrode über dem Kanal des Transistors dar. Sie wird über eine feststehende Grundelektrode zu Eigenschwingungen angeregt, falls im Spektrum des Eingangssignals die entsprechende Frequenz enthalten ist. Nur bei resonanter Schwingung entsteht ein entsprechender Source-Drain-Wechselstrom, der über einen kapazitiven Ausgang detektiert wird. Eine Kombination vieler solcher mechanisch-elektrischer MOSFETs ermöglicht den Aufbau eines Bandgap-Filters.

3.3.6.2 Elektrokinetische Wirkprinzipien

Elektrokinetische Effekte kommen als Aktorprinzipien vor allen für die Bewegung von Fluiden in mikrofluidischen Systemen (Kap. 3.4) zur Anwendung. Am häufigsten werden Komponenten eingesetzt, die eine Separation von Molekülen auf Basis der *Elektrophorese* und/oder einen Fluidtransport auf der Grundlage der *Elektroosmose* bewirken.

Elektrophorese

Unter Elektrophorese versteht man die Bewegung von Ionen in einem Trägermedium (Flüssigkeit, Gel) unter dem Einfluss eines elektrischen Feldes. Das durch des Feld $\vec{E}$ beschleunigte Ion mit der Ladung q erfährt dabei im Medium eine Reibungskraft, so dass sich im Kräftegleichgewicht eine stationäre Geschwindigkeit $\vec{v}$ einstellt:

$$q\vec{E} = f\vec{v} \tag{3.3-57}$$

mit f als Reibungskoeffizient. Die stationäre Geschwindigkeit ist also proportional zum E-Feld

$$\vec{v} = \frac{q}{f}\vec{E} = \mu_E \vec{E} \tag{3.3-58}$$

wobei man μ_E als Beweglichkeit des Ions im jeweiligen Medium bezeichnet. Bei laminarer (wirbelfreier) Bewegung eines kugelförmigen Teilchens (Radius r) in einem Medium der dynamischen Viskosität η [Ns/m²] ist der Reibungskoeffizient $f = 6\pi r\eta$, so dass für die Beweglichkeit gilt

$$\mu_E = \frac{q}{6\pi\eta r} \tag{3.3-59}$$

Die unterschiedliche Beweglichkeit von Ionen in einem Trägermedium kann zu deren Separation mittels Elektrophorese genutzt werden. Die Trennung wird z. B. in Elektrophorese-Säulen, die mit Polyacrylamid-Gel gefüllt sind, oder auf Gel-beschichteten Platten durchgeführt. Inzwischen nutzt man feine Kapillaren oder mikrostrukturierte Kanäle [Virta74, Jorgen81] mit Durchmessern von typisch 20-80 µm z. B. zur Separation von Biomolekülen (DNA-Fragmenten). Die Vorteile dieser mikrofluidischen Separationssysteme liegen in der besseren Auflösung (Trennwirkung) zwischen verschiedenen Spezies, schnelleren Separation und besseren Wärmeabfuhr. Bei Feldstärken bis zu 1 kV/cm treten Ströme von 10-20 mA auf, so dass man für eine ausreichende Dissipation der entstehenden Jouleschen Wärme sorgen muss. Das kann durch Peltier-Kühler (Kap. 3.3.6.4) oder durch erzwungene Konvektionskühlung erfolgen. Die separierten Spezies können am Ende der Kapillare oder des Mikrokanals z. B. durch UV-Spektroskopie identifiziert werden.

Elektroosmose

An der Oberfläche eines dielektrischen Festkörpers, der in Kontakt zu einem flüssigen Medium steht, bildet sich im allgemeinen eine Oberflächenladung aus. Abhängig vom pH-Wert der Flüssigkeit gehen Ionen aus der Oberfläche in Lösung bzw. lagern sich Ionen aus der Flüssigkeit an der Oberfläche an. An der Oberfläche einer Quarz-Kapillare z. B. befinden sich Silanol-Gruppen (Si-OH), die in Flüssigkeiten mit pH-Wert > 2 eine negative Oberflächenladung (Bildung von Si-O⁻-Ionen) hervorrufen. Durch die Oberflächenladung werden entgegengesetzt geladene Ionen (engl. *counterions*) (bei Quarz also Kationen) aus der Flüssigkeit angezogen, die sich an der Oberfläche als unbewegliche sehr dünne Schicht anlagern. Ionen der Flüssigkeit mit gleicher Ladung wie die Oberflächenladung (engl. *coions*) werden dagegen von der Oberfläche weg in das Fluid verdrängt. Die Verteilung von Counterions und Coions in der Nähe der Grenzfläche und das resultierende elektrische Potential sind in Bild 3.3-39 dargestellt. Anziehung und Abstoßung der Ionen sowie deren thermische Diffusionsbewegung führen zu einer charakteristischen Doppelschicht (Stern-Modell) [Prob94]. Insgesamt sind in der Doppelschicht mehr Counterions (die die Oberflächenladung kompensieren) als Coions zu finden, sie ist also elektrisch nicht neutral (Raumladung).

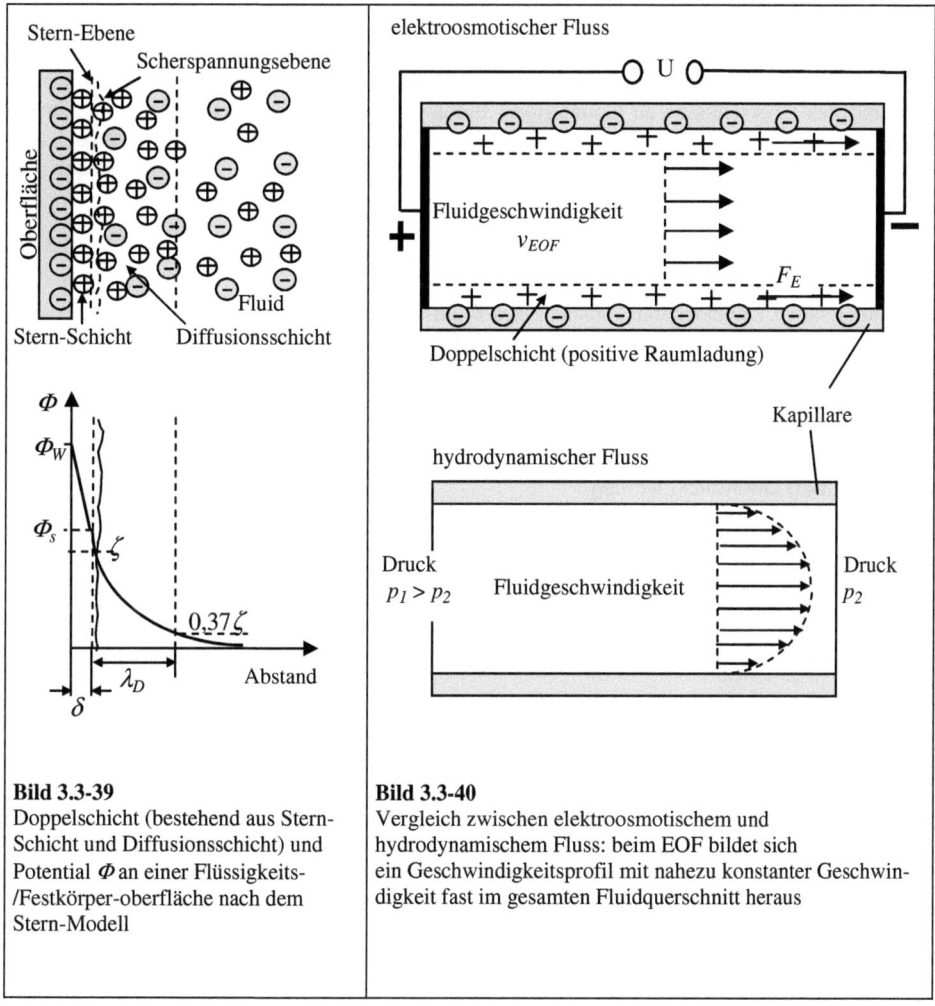

Bild 3.3-39
Doppelschicht (bestehend aus Stern-Schicht und Diffusionsschicht) und Potential Φ an einer Flüssigkeits-/Festkörper-oberfläche nach dem Stern-Modell

Bild 3.3-40
Vergleich zwischen elektroosmotischem und hydrodynamischem Fluss: beim EOF bildet sich ein Geschwindigkeitsprofil mit nahezu konstanter Geschwindigkeit fast im gesamten Fluidquerschnitt heraus

Nach dem Stern-Modell (1924) ist ein Teil der Counterions aufgrund starker elektrostatischer Anziehung in einer unbeweglichen Schicht unmittelbar an der Oberfläche fixiert (sogenannte

Stern-Schicht, Dicke δ). Über dieser Schicht liegt die Stern-Ebene, die erste bewegliche Moleküle beinhaltet und durch das Stern-Potential Φ_S gekennzeichnet ist. Die Stern-Ebene separiert die Stern-Schicht von der Diffusionsschicht. An der Stern-Ebene bildet sich aufgrund der Immobilität der Stern-Schicht und der Beweglichkeit der Diffusionsschicht bei Bewegung des Fluids parallel zur Oberfläche eine Scherspannung aus (Scherspannungsebene). Das Potential in dieser Ebene wird Zeta(ζ)-Potential genannt. Die Konzentration der Counterions reduziert sich in der Diffusionsschicht mit zunehmendem Abstand von der Oberfläche, andererseits nimmt die Konzentration der Coions entsprechend zu. Außerhalb der Diffusionsschicht ist das Fluid elektrisch neutral. Die Dicke λ_D der Diffusionsschicht wird definiert durch den Abstand von der Scherspannungsebene, bei dem das Potential auf 37 % des ζ-Potentials abgefallen ist. Das ζ-Potential an der Grenzfläche von Glas zu wässrigen Lösungen kann Werte bis ca. 100 mV erreichen [Barron95].

Bei Anlegen eines E-Feldes tangential zur Oberfläche (z. B. längs einer flüssigkeitsgefüllten Glaskapillare) ergibt sich eine resultierende Kraft F_E in der beweglichen Diffusionsschicht aufgrund des Überschusses an Counterions, durch die die Diffusionsschicht und mit ihr die gesamte Flüssigkeitssäule in der Kapillare bewegt wird (Bild 3.3-40). Diesen Pumpmechanismus bezeichnet man als elektroosmotischen Fluss (EOF). Für die elektroosmotische Geschwindigkeit gilt

$$\vec{v}_{EOF} = \mu_{EOF}\vec{E} = \frac{\varepsilon_0 \varepsilon \zeta}{4\pi\eta}\vec{E} \qquad (3.3\text{-}60)$$

mit ε als relative Dielektrizitätskonstante des Fluids. Das ζ-Potential ist, neben der Viskosität, der wesentliche Parameter für die erreichbaren Beweglichkeiten der Fluidsäule. Durch außen an den Fluidkanal angelegte Elektroden kann es beeinflußt werden, so das man Strömungsgeschwindigkeiten verändern und sogar umkehren kann (Fluidschalter) [Heuser04]. Im allgemeinen ist die elektroosmotische Beweglichkeit μ_{EOF} größer als die elektrophoretische μ_E. Elektroosmotischer Fluss kann durch spezielle Beschichtungen der Kapillaroberfläche (z. B. mit Polyacrylamid) unterdrückt werden.

Bei einer durch Druckunterschiede zwischen Ein- und Auslass (d. h. hydrodynamisch) hervorgerufenen laminaren Kapillarströmung bildet sich ein parabolisches Geschwindigkeitsprofil im Kapillarquerschnitt heraus (Hagen-Poiseuillesches Gesetz), Bild 3.3-40. Das transportierte Fluidvolumen pro Zeiteinheit $\dot{V}$ ist proportional zur Druckdifferenz Δp und zur vierten Potenz des Kapillardurchmessers d

$$\dot{V} = \frac{\Delta p \pi d^4}{128\eta l} \qquad (3.3\text{-}61)$$

mit l als Kapillarlänge. Daraus folgt, dass man in mikrostrukturierten Fluidkanälen sehr hohe Druckdifferenzen erzeugen muss, um die gewünschten Fluidmengen zu transportieren. Deshalb ist in der Mikrofluidik der EOF ein wichtiger alternativer Pumpmechanismus. Im Gegensatz zum hydrodynamischen Strömungsprofil erreicht man mit dem elektroosmotischen Pumpprinzip eine nahezu konstante Strömungsgeschwindigkeit über fast dem gesamten Querschnitt der Fluidsäule [Qiao02]. Lediglich in der sehr dünnen Doppelschicht fällt die Geschwindigkeit rasch auf Null ab. In typischen DNA-Elektrophorese-Chips wurde eine Dicke der Doppelschicht von lediglich 3 nm festgestellt. Angesichts typischer Kapillardurchmesser von 50 µm ist also der Anteil der Doppelschicht an der Querschnittsfläche der Fluidsäule vernachlässigbar. Flache Geschwindigkeitsprofile werden erreicht, wenn der Radius der Kapillare mindestens um das 7fache die Dicke der Doppelschicht übertrifft.

Elektrorheologische (magnetorheologische) Fluide

Elektrorheologische Fluide (ERF) und magnetorheologische Fluide (MRF) sind Flüssigkeiten, die reversible Änderungen ihrer Viskosität um Größenordnungen bei Einwirkung eines elektrischen Feldes (bzw. Magnetfeldes) zeigen. Diese Änderungen stellen eine Phasenumwandlung aus dem flüssigen in einen Gel-artigen Zustand dar. Typische ERF (MRF) erhält man mit Suspensionen, die aus nichtmetallischen hydrophilen Teilchen mit adsorbierten Wassermolekülen und elektrisch isolierenden Ölen oder Lösungsmitteln bestehen [Winslow47]. Heute verwendet man meist Silikonöle oder chlorierte Kohlenwasserstoffe mit relativen Dielektrizitätskonstanten DK = 2...15 und elektrischen Leitfähigkeiten kleiner 10^{-10} $(\Omega m)^{-1}$. Als Feststoffpartikel kommen Keramiken oder Polymere (z. B. Polyurethan) mit DK = 2...50 und Partikelgrößen von ca. 1-100 µm zum Einsatz. Ihr Volumenanteil liegt zwischen 20-60 %. Die erforderlichen Spannungen, die in einem ERF eine entsprechende Phasenumwandlung hervorrufen, betragen etwa 1-4 kV/mm, die Umwandlungszeiten liegen im ms-Bereich. Das elektrische Feld induziert Dipole in den Feststoffpartikeln, die daraufhin säulenartige, verkettete Molekülcluster im Fluid bilden [Ghandi92]. Bei Einwirkung magnetischer Felder auf MRF reagieren Partikel mit magnetischen Momenten in analoger Weise. Bei MRF sind Flussdichten von ca. 0,2 T zur Auslösung der Phasenänderung erforderlich.

Anwendungen der beschriebenen elektrokinetischen Wirkprinzipien finden sich vor allem in der Mikrofluidik und sind ausführlich in Kap. 3.4 dargestellt. ERF bzw. MRF werden zur Schall- bzw. Schwingungsdämpfung, als hydraulische Ventile und für Dichtungen in der Vakuumtechnik eingesetzt.

3.3.6.3 Elektrisch-Mechanische Wirkprinzipien (Piezoelektrizität)

Unter den elektrisch-mechanischen Wirkprizipien soll hier in erster Linie der piezoelektrische Effekt behandelt werden, der 1880 von den Brüdern Pierre und Paul-Jacques Curie an Turmalinkristallen entdeckt wurde. Sie beobachteten, dass die Einwirkung einer äußeren Kraft auf den Kristall die Ansammlung elektrischer Ladungen auf den Kristalloberflächen bewirkt. Die Ladungsmenge ist proportional zur einwirkenden mechanischen Spannung $\vec{\sigma} = d\vec{F}/dA$, d. h. der pro Flächeneinheit dA einwirkenden Kraft $\vec{dF}$. Neben dem piezoelektrischen Effekt beobachteten sie auch den inversen (oder reziproken) piezoelektrischen Effekt, bei dem eine am Kristall anliegende elektrische Spannung zu einer Deformation des Kristalls führt. Im ersten Fall wirkt der Kristall wie ein Sensor, der mechanische Spannungen in ein elektrisches Signal wandelt, im zweiten Fall wie ein Aktor, der elektrische Spannungen in eine mechanische Verschiebung umsetzt. Für die Mikroaktorik erlangte der inverse piezoelektrische Effekt durch die Entwicklung spezieller Materialien, vor allem in Form piezokeramischer Schichten, Bulk-Materialien und piezoelektrischer Folien, große Bedeutung.

Die Piezoelektrizität beruht auf der Veränderung der Polarisation bestimmter Materialien unter dem Einfluss mechanischer Spannungen. Der Vektor der dielektrischen Verschiebung $\vec{D}$ in einem Dielektrikum ergibt sich aus der elektrischen Feldstärke $\vec{E}$ und der Polarisation $\vec{P}$ des Mediums gemäß

$$D_i = \varepsilon_0 E_i + P_i = \varepsilon_0 E_i + \varepsilon_0 \sum_{j=1}^{3} \chi_{ij} E_j = \varepsilon_0 \sum_{j=1}^{3} \varepsilon_{ij} E_j \qquad (3.3\text{-}62)$$

mit ε_{ij} als Komponenten der relativen Dielektrizitätskonstante und χ_{ij} als Komponenten der Suszeptibilität des Mediums und D_i (i = 1, 2, 3) als Komponenten des D-Feldvektors in einem auf das Dielektrikum bezogenen (kartesischen) Koordinatensystem. Gl. (3.3-62) berücksichtigt, dass in einem beliebigen Dielektrikum E-Feldvektor und Polarisationsvektor nicht parallel verlaufen müssen; so dass in diesem Fall die relative Dielektrizitätskonstante als eine 3x3-Matrix die Verknüpfung zwischen E- und D-Feld herstellt. Wirkt nun zusätzlich zum elektrischen Feld eine mechanische Spannung, so kann diese die Polarisation des Materials verändern, so dass ein zusätzlicher Term zu berücksichtigen ist [Rogach94, Zelenka86]:

$$D_i = \sum_{\mu=1}^{6} d_{i\mu}\sigma_\mu + \varepsilon_0 \sum_{j=1}^{3} \varepsilon_{ij}^\sigma E_j \qquad (3.3\text{-}63)$$

In Gl. (3.3-63) ist diese zusätzliche Polarisation proportional zu den Komponenten σ_μ der mechanischen Spannung. Der Term σ_μ (mit dem Index $\mu = 1, 2, 3, 4, 5, 6$) kennzeichnet die sechs unabhängigen Spannungskomponenten, d. h. die drei Normalspannungen σ_{11}, σ_{22}, und σ_{33} sowie die drei Scherspannungen τ_{12}, τ_{13}, und τ_{23}. Die entstehende zusätzliche Polarisation wird durch die Komponenten $d_{i\mu}$ des sogenannten *piezoelektrischen Koeffizienten* bestimmt. ε_{ij}^σ ist die relative Dielektrizitätskonstante bei der jeweils wirkenden mechanischen Spannung. Entsprechend Gl. (3.3-63) kann der piezoelektrische Koeffizient als eine 3x6-Matrix dargestellt werden. Die Matrixschreibweise berücksichtigt, dass bei den anisotropen piezoelektrischen Materialien sowohl parallel als auch senkrecht zu einer Kristallrichtung wirkende Normal- und Scherspannungen eine Polarisationsänderung in dieser Richtung hervorrufen können. Die Komponenten d_{11}, d_{22} und d_{33} charakterisieren die Longitudinaleffekte, bei denen die mechanische Spannung und die entstehende Polarisation parallel gerichtet sind und die mechanische Spannung als Normalspannung wirkt. Die Komponenten d_{12}, d_{21}, d_{13}, d_{31}, d_{23} und d_{32} vermitteln die Transversaleffekte, bei denen mechanische Spannung und Polarisation senkrecht aufeinander stehen. Die Komponenten d_{14}, d_{15}, d_{16}, d_{24}, d_{25}, d_{26}, d_{34}, d_{35} und d_{36} schließlich charakterisieren die Schereffekte, bei denen die entstehende Polarisation parallel oder senkrecht zur Schubachse, d. h. senkrecht oder parallel zur Schubebene steht.

Eine entsprechende inverse Gleichung für den reziproken piezoelektrischen Effekt verknüpft die Dehnungen ε_μ (relative Längenänderungen bzw. Winkeländerungen) mit der am Material angelegten elektrischen Feldstärke

$$\varepsilon_\mu = \sum_{i=1}^{3} d_{i\mu} E_i + \sum_{\nu=1}^{6} s_{\mu\nu}^E \sigma_\nu \qquad (3.3\text{-}64)$$

wobei $s_{\mu\nu}^E$ (mit $\nu = 1, 2, 3, 4, 5, 6$) die Komponenten des Tensors der elastischen Koeffizienten (inverser Elastizitätsmodul-Tensor) bei gegebenem E-Feld darstellt. Der Term ε_μ kennzeichnet die sechs unabhängigen Dehnungskomponenten, d. h. die drei Längsdehnungen ε_{11}, ε_{22}, und ε_{33} (relative Längenänderungen) sowie die drei Scherwinkel γ_{12}, γ_{13}, und γ_{23}. Aus Gründen der Kristallsymmetrie reduziert sich die Zahl der unabhängigen Komponenten der 3x6-Matrix des piezoelektrischen Koeffizienten bei vielen piezoelektrischen Materialien. Beispielsweise kann die Matrix für Quarz durch nur zwei Größen vollständig charakterisiert werden:

$$\begin{pmatrix} d_{11} & d_{12} & 0 & d_{14} & 0 & 0 \\ 0 & 0 & 0 & 0 & d_{25} & d_{26} \\ 0 & 0 & 0 & 0 & 0 & 0 \end{pmatrix} \qquad (3.3\text{-}65)$$

mit $d_{11} = -d_{12} = -d_{26}/2 = 2{,}3 \cdot 10^{-12}$ m/V und $d_{14} = -d_{25} = 0{,}73 \cdot 10^{-12}$ m/V. Für einige der gebräuchlichsten piezoelektrischen Materialien sind die piezoelektrischen Koeffizienten und weitere Materialparameter in Tabelle 3.3-3 zusammengestellt.

3.3 Mikrosensoren, Mikroaktoren und Fertigungsprozesse

Tabelle 3.3-3 Eigenschaften wichtiger piezoelektrischer Materialien

Material	piezoelektr. Koeff. $d_{i\mu}$ (10^{-12} m/V)	Kopplungsfaktor $k_{i\mu}$	elastischer Koeff. $s_{\mu\nu}^E$ (10^{-12} m²/N)	relative Dielektrizitätskonstante ε_{ij}^σ	Curie-Temperatur T_C (°C)
α-Quarz	d_{11} = 2,3 d_{12} = -2,3 d_{14} = 0,73 d_{25} = -0,73	k_{11} = 0,1 k_{14} = 0,016	s_{11} = 11,5 s_{13} = 84,0 s_{14} = -55,4 s_{44} = 17,2	ε_{11} = 4,52 ε_{33} = 4,63	550
LiNbO$_3$	d_{15} = 68 d_{22} = 21 d_{33} = 6	k_{15} = 0,64 k_{22} = 0,34 k_{33} = 0,17	s_{11} = 5,8 s_{33} = 5,0 s_{44} = 17	ε_{11} = 84 ε_{33} = 30	1150
ZnO	d_{15} = -12 d_{31} = -4,7 d_{33} = 12	k_{31} = 0,34 k_{33} = 0,45	s_{33} = 9,6	ε_{33} = 8,2	
BaTiO$_3$	d_{15} = 550 d_{31} = -150 d_{33} = 190	k_{15} = 0,47 k_{31} = 0,20 k_{33} = 0,49	s_{11} = 8,5 s_{33} = 8,9	ε_{11} = 1620 ε_{33} = 1900	120
PZT*	d_{15} = 584 (494...784) d_{31} = -171 (-94...- 275) d_{33} = 374 (80...593)	k_{15} = 0,68 k_{31} = 0,33 k_{33} = 0,69	s_{11} = 15...16 s_{33} = 19...20 s_{44} = 48	ε_{11} = 1730 ε_{33} = 1700 (425...1900)	193...490
PVDF*	d_{31} = 20...23 d_{32} = 4 d_{33} = -30...-35	k_{31} = 0,1...0,13 k_{32} = 0,017 k_{33} = 0,15...0,2	s_{11} = 330...400 s_{33} = 185...400	ε_{31} = 10...12 ε_{33} = 4...12	> Schmelzpunkt (150)

* stark abhängig von Zusammensetzung bzw. Herstellungsbedingungen

Anschaulich kann der piezoelektrische Effekt z. B. durch die mechanisch induzierte Polarisationsänderung in Quarz demonstriert werden. Bild 3.3-41 zeigt einen Blick auf die x-y-Kristallebene (vgl. Bild 2.2-9 und Bild 2.2-10 in Kap. 2.2) von α-Quarz (SiO$_2$). Zwischen Silizium und Sauerstoff besteht eine Ionen-Bindung mit O$^-$-Anionen und Si$^+$-Kationen. Durch die Deformation der Gitterstruktur in x-Richtung werden die Anionen bzw. Kationen verschoben, so dass an der Kristalloberfläche eine positive bzw. negative Ladungsdichte (Ladung pro Flächeneinheit) entsteht. Diese tritt aber nur bei entprechender Anisotropie der Kristallstruktur in Erscheinung. Grundsätzlich ist der piezoelektrische Effekt nur in Kristallklassen ohne Punktsymmetrie und mit Ionen-Bindung zu beobachten. Bei einigen polykristallinen Werkstoffen (Keramiken) kann man den Effekt durch Polarisierung in einem starken E-Feld bei erhöhten Temperaturen erzeugen.

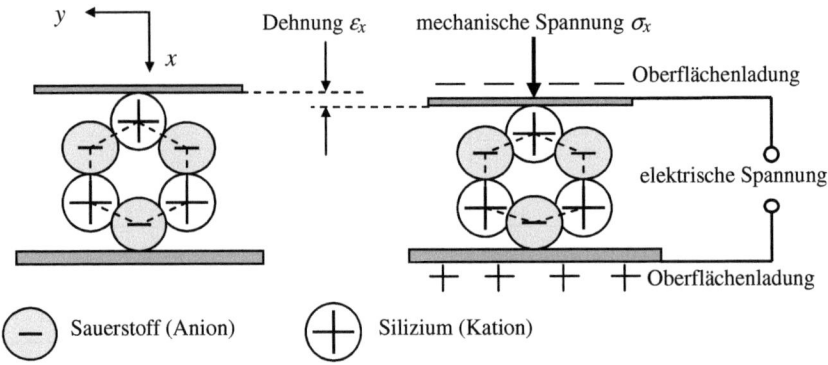

Bild 3.3-41 Piezoelektrizität in Ionenkristallen (hier α-Quarz mit Blick auf die x-y-Ebene, siehe auch Bild 2.2-9 und Bild 2.2-10)

Berücksichtigt man die unterschiedlichen Werte der piezoelektrischen Komponenten $d_{i\mu}$, so wird man bei den verschiedenen Materialien eine jeweils angepasste geometrische Anordnung wählen, um möglichst große Effekte zu erreichen.

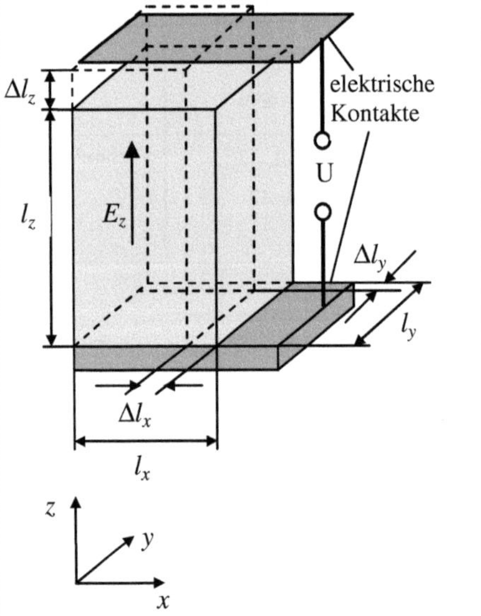

Bild 3.3-42
Dehnung eines piezoelektrischen Materials bei Einwirkung eines E-Feldes in z-Richtung (longitudinale und transversale piezoelektrische Effekte)

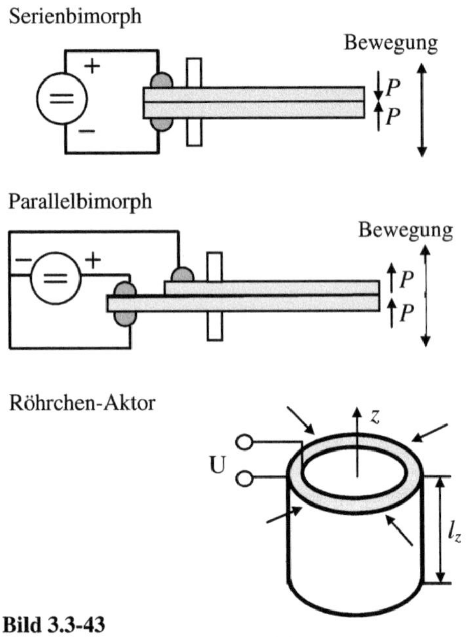

Bild 3.3-43
Bauformen piezoelektrischer Aktoren

Eine vereinfachte Darstellung der Zusammenhänge ist möglich, wenn ein piezoelektrischer Koeffizient betragsmäßig dominiert und eine Geometrie gewählt wird, die gerade auf diesen Koeffizienten abgestimmt ist. Für den inversen Effekt zeigt Bild 3.3-42 den einfachen Fall einer Längsdehnung bei Anlegen einer Feldstärke in z-Richtung, ohne dass gleichzeitig eine mechanische Spannung einwirkt. Die Gl. (3.3-64) reduziert sich dann zu

$$\varepsilon_z = d_{33} E_z = \frac{\Delta l_z}{l_z} \tag{3.3-66}$$

wodurch die Längsdehnung in z-Richtung beschrieben wird (longitudinaler Effekt: Dehnung und E-Feld sind parallel) und zu

$$\varepsilon_x = d_{31} E_z = \frac{\Delta l_x}{l_x} \quad \text{bzw.} \quad \varepsilon_y = d_{32} E_z = \frac{\Delta l_y}{l_y} \tag{3.3-67}$$

womit die gleichzeitig auftretende Querkontraktion in x- bzw. y-Richtung dargestellt wird (transversaler Effekt: Dehnung und E-Feld sind zueinander senkrecht).

Der Kopplungsfaktor beschreibt die Effektivität eines Piezoaktors, elektrische Energie in mechanische Energie (oder umgekehrt) zu wandeln. Er ist richtungsabhängig, entsprechend der Ausrichtung des elektrischen Feldes und der mechanischen Spannungen. Für den longitudinalen inversen Piezoeffekt bestimmt sich der Kopplungsfaktor k_{33} zu [Piezo95]

$$k_{33}^2 = \frac{d_{33}^2}{\varepsilon_0 \varepsilon_{33}^\sigma \cdot s_{33}^E} = \frac{W_{mech}}{W_{el}} \tag{3.3-68}$$

Er gibt die im piezoelektrischen Aktor in mechanische Energie gewandelte Energie, bezogen auf die eingespeiste elektrische Energie an. Er ist ein Maß für die Fähigkeit des piezoelektrischen Materials, mechanische Schwingungen zu detektieren bzw. zu generieren. Die Beziehung ist gültig unter statischen und quasistatischen Bedingungen, Verluste (z. B. durch Wärme) sind nicht berücksichtigt. Die nicht umgewandelte Energie ist z. B. in Form von Ladung vorhanden und fließt in die Spannungsquelle zurück. Der Kopplungsfaktor kann also nicht als Wirkungsgrad interpretiert werden.

Zur Beschreibung des dynamischen Verhaltens wird der Piezoaktor als schwingungsfähiges System betrachtet. Dieses wird durch seine Resonanzfrequenz f_{res} charakterisiert. Die Resonanzfrequenz eines einseitig eingespannten unbelasteten Aktors der Masse m wird bestimmt durch seine elastischen Eigenschaften (Steifigkeit des Aktors c) und die effektiv bewegte Masse m_{eff} (mit $m_{eff} \approx m/2$) [Piezo95]:

$$f_{res} = \frac{1}{2\pi} \sqrt{\frac{c}{m_{eff}}} \tag{3.3-69}$$

Eine zusätzlich durch den Aktor zu bewegende Masse M führt zu einer Verringerung der Resonanzfrequenz:

$$f_{res}^* = \frac{1}{2\pi} \sqrt{\frac{c}{m_{eff} + M}} = f_{res} \sqrt{\frac{m_{eff}}{m_{eff} + M}} \tag{3.3-70}$$

Beim dynamischen Betrieb von Piezoaktoren können z. T. erhebliche Druck- und Zugkräfte auftreten. Wird der Aktor mit einer sinusförmigen Wechselspannung der Frequenz f angeregt, ist bei einer Längenänderung Δl die maximale Beschleunigungsamplitude

$$a = \frac{\Delta l}{2}(2\pi f)^2 \qquad (3.3\text{-}71)$$

Für einen Aktor mit einer Längenänderung von $\Delta l = 20$ μm und einer Arbeitsfrequenz $f = 10$ kHz ergibt sich daraus eine Beschleunigungsamplitude von $a = 39500$ m/s² (4000fache Erdbeschleunigung).

Piezoelektrische Materialien sind Kristalle wie Quarz und Turmalin oder auch synthetisch hergestellte polykristalline Piezokeramiken. Viele piezoelektrische Materialien wie Barium-Titanat ($BaTiO_3$), Blei-Titanat ($PbTiO_3$), Blei-Zirkonat-Titanat (PZT), Blei-Lanthan-Zirkonat-Titanat (PLZT), Blei-Magnesium-Niobat (PMN), Lithium-Niobat ($LiNbO_3$), Kalium-Niobat ($KNbO_3$), Kalium-Natrium-Niobat ($K_xNa_{1-x}NbO_3$), Kalium-Tantalat-Niobat [$K(Ta_xNb_{1-x})O_3$] zeigen die Perovskit-Struktur. Diese Keramiken sind alle zugleich ferroelektrisch. Um die Dipole in den keramischen Materialien auszurichten, werden sie bei hohen Feldstärken von ca. 10 kV/cm und Temperaturen geringfügig über der jeweiligen Curie-Temperatur T_C formiert. Anschließend kühlt man die Keramiken unter Einwirkung des E-Feldes langsam ab. Dadurch verbleibt im formierten Material eine permanente Polarisation. Die Curie-Temperatur ist diejenige, für jedes piezoelektrische Material spezifische Temperatur, bei der die vorhandene permanente Polarisation verschwindet, da die Dipolmomente, aufgrund ihrer Wärmebewegung, ihre Vorzugsorientierung verlieren.

PZT-Keramik kann auch in Form dünner Schichten durch Sputtern oder Sol-Gel-Technik hergestellt werden [Abe94, Zhang03]. Zinkoxid (ZnO) hat deutlich kleinere piezoelektrische Koeffizienten als PZT, kommt in Form dünner Schichten aber in vielen Mikrosystemen zum Einsatz, so z. B. in Beschleunigungs- und Berührungssensoren und in IR-Sensoren, da es auch pyroelektrisch ist. Es kann durch HF- oder DC-Sputtern, CVD-Verfahren und reaktives Magnetron-Sputtern hergestellt werden [Polla86]. Mit Magnetron-Sputtern wurden die besten piezo- und pyroelektrischen Eigenschaften erzielt. Die höchste kristalline Qualität der Schichten stellte sich bei etwa 200 W Sputterleistung mit einem 1:1 Argon/Sauerstoffplasma bei einem Druck von 10 mTorr und einer Substrattemperatur von 230 °C ein [Muller87].

Polymere [Nalwa95] wie Polyvinylidenfluorid (PVF_2 oder PVDF) zeigen sowohl piezoelektrische als auch pyroelektrische Eigenschaften, d. h. sie können als mechanisch-elektrische und als thermisch-elektrische Wandler eingesetzt werden. Ihr piezoelektrischer Koeffizient ist zwar kleiner als bei PZT-Keramik, die Herstellung in Form von Folien eröffnet aber vielfältige Anwendungsmöglichkeiten. PVDF-Folien werden für Schwingungs-, Beschleunigungs- und Ultraschallsensoren und (als pyroelektrisches Material) für Infrarot-Strahlungssensoren eingesetzt.

Bild 3.3-43 zeigt typische Bauformen piezoelektrischer Aktoren. Bei einem Serienbimorph sind beide Piezolamellen gegensinnig polarisiert. Nur die äußeren Elektroden werden angesteuert. Elektrisch können beide Lamellen als zwei in Serie geschaltete Kondensatoren betrachtet werden. Beim Parallelbimorph sind die Piezolamellen gleichsinnig polarisiert. Zur Erhöhung der Steifigkeit werden Ausführungen mit „Mittelblech" angeboten. Elektrisch stellt dieses Bauelement eine Parallelschaltung zweier Kondensatoren dar. Während sich durch die Wahl der Betriebsspannung eine Seite des Bimorphelementes ausdehnt, wird die andere Seite so angesteuert, dass eine Kontraktion erfolgt. Die daraus resultierende Verbiegung kann eine Wegdifferenz bis zu einigen Millimetern am Ende das Bimorphelementes ergeben. Bimorphelemente weisen Resonanzfrequenzen von typisch 100-300 Hz auf, haben allerdings geringe Steifigkeiten und sind deshalb zur Übertragung großer Kräfte nicht geeignet. Die Längenänderung und die damit verbundene Verbiegung wird durch die Komponente d_{31} des piezoelektrischen Koeffizienten beschrieben (transversaler Effekt). Bei Röhrchen-Aktoren ist ein zylindrisches Röhrchen aus Piezokeramik an Innen- und Außenwand mit Elektroden versehen. Aus der

Dicke der Wandung ergibt sich die maximale Betriebsspannung, die angelegt werden kann. Dabei erfährt das Röhrchen in z-Richtung (transversaler Effekt) und in radialer Richtung (longitudinaler Effekt) eine Längenänderung.

Anwendungen von Piezoaktoren

Generell erzeugen piezoelektrische Aktoren hohe Kräfte bei relativ geringen Stellwegen. Wechselspannungen bewirken Oszillationen des piezoelektrischen Materials (Ultraschallerzeugung). Es werden hohe elektrische Feldstärken (einige kV/mm) für relative Längenänderungen von typisch 0,1 % benötigt. Häufig versucht man, die Stellwege durch Aufbau von gestapelten Piezoelementen oder durch Bimorph-Strukturen wie in Bild 3.3-43 zu vergrößern. Wichtige Anwendungen piezoelektrischer Aktoren finden sich in Beschleunigungssensoren, akustischen Sensoren und Aktoren, Positionierelementen (u. a. für die Raster-Sonden-Mikroskopie), Mikroantrieben, Ventilen und Mikropumpen.

Piezoelektrische Antriebe

Generell gilt für Antriebe, dass die übertragbare mechanische Arbeit bzw. das Drehmoment proportional ist der Energiedichte w, die im Spalt zwischen Stator und Rotor (bzw. Schlitten, bei Linearantrieben) gespeichert werden kann. Unter diesem Aspekt sollen zunächst verschiedene Antriebskonzepte verglichen werden. Bei elektrostatischen Antrieben ist die maximal speicherbare Energiedichte im Luftspalt zwischen den Elektroden begrenzt durch die Durchbruchspannung U_D bzw. die zugehörige Durchbruchfeldstärke E_D. Man erhält

$$w_e = \frac{1}{2}\varepsilon_0 \varepsilon_{Luft} E_D^2 \qquad (3.3\text{-}72)$$

mit $\varepsilon_{Luft} = 1$. Bei piezoelektrischen Antrieben wird die Energiedichte durch die maximale Durchbruchfeldstärke und die relative Dielektrizitätskonstante ε_M im piezoelektrischen Material bestimmt, für die Energiedichte gilt also

$$w_p = \frac{1}{2}\varepsilon_0 \varepsilon_M E_D^2 \qquad (3.3\text{-}73)$$

Für das gebräuchlichste piezoelektrische Material PZT erreicht man Durchbruchfeldstärken von $E_D \approx 3 \cdot 10^8$ V/m und eine relative Dielektrizitätskonstante $\varepsilon_{PZT} = 1700$. Bei elektromagnetischen Motoren ist die Energiedichte in Luftspalt zwischen Stator und Rotor gegeben durch

$$w_m = \frac{B_{max}^2}{2\mu_0} \qquad (3.3\text{-}74)$$

mit μ_0 als magnetischer Permeabilität von Luft ($\mu_0 = 4\pi \cdot 10^{-7}$ Vs/Am). Die magnetische Flussdichte B und damit die Energiedichte ist durch die Sättigungsflussdichte B_{max} begrenzt. Sie liegt für NiFe-Schichten bei etwa $B_{max} \approx 2$ T. Die Energiedichte in Formgedächtnis-Legierungen (*memory alloys*) kann aus dem Spannungs-Dehnungs-Diagramm, das vom Aktor bei einem Verformungszyklus durchlaufen wird, berechnet werden. In Tabelle 3.3-4 sind für diese vier Wirkprinzipien die erreichbaren Energiedichten zusammengestellt. Der Tabelle ist zu entnehmen, dass piezoelektrische Antriebe die höchsten Energiedichten erreichen.

Bild 3.3-44 zeigt Beispiele für die Realisierung von Mikroantrieben für Linear- und Rotationsbewegungen mit piezoelektrischen PZT-Schichten [Moron90, Flynn92, Juang02]. Das Statorelement ist jeweils auf einer Si_3N_4-Membran angeordnet und besteht aus einem Sandwich aus einer flächigen Ti/Pt-Elektrode, einer PZT-Schicht und photolithographisch strukturierten Goldschicht-Elektroden. Die Auslenkung des Stators wird verstärkt, weil er sich nicht auf dem massiven Si-Chip, sondern auf der dünnen Si$_3$N$_4$-Membran befindet. Mit einer angepassten Frequenz wird die elektrische Spannung jeweils von einer zur nächsten Elektrode umgeschaltet. Die dadurch erzeugte Deformationswelle in der Membran führt über Reibung zu einer Linearbewegung des Schlittens. Rotation ist nach dem gleichen Funktionsprinzip möglich, wenn man die Elektroden so strukturiert, dass sie einen Kreisring bilden.

Tab. 3.3-4 Erreichbare Energiedichten bei verschiedenen Antriebskonzepten

Wirkprinzip	Energiedichte w (J/m^3)	Definitionsgleichung	Maximale erreichbare Parameter
Piezoelektrisch	$6{,}8 \cdot 10^7$	$w_p = \frac{1}{2}\varepsilon_0 \varepsilon_M E_D^2$	$E_D \approx 3 \cdot 10^8$ V/m; $\varepsilon_M = 1700$ (1 µm dicke PZT-Schicht)
Elektrostatisch	$4 \cdot 10^5$	$w_e = \frac{1}{2}\varepsilon_0 \varepsilon_{Luft} E_D^2$	$E_D \approx 3 \cdot 10^8$ V/m, $\varepsilon_{Luft} = 1$ (1 µm Luftspalt)
Magnetisch	$1{,}7 \cdot 10^6$	$w_m = \frac{B_{max}^2}{2\mu_0}$	$B_{max} \approx 2$ T
Formgedächtnis-Effekt	$1 \ldots 5 \cdot 10^7$	Spannungs-Dehnungs-Diagramm des Verformungszyklus	[Johnson92]

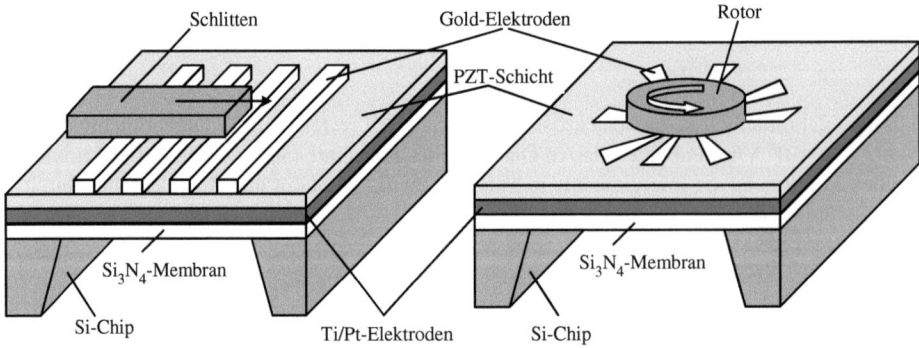

Bild 3.3-44 Prinzip eines piezoelektrischen Mikroantriebs für Linearbewegung und für Rotationsbewegung [Moron90, Flynn92]

Bei elektrostatischen Antrieben mit Luftspalt zwischen den Elektroden sind zur Krafterzeugung relativ hohe Spannungen von einigen 100 Volt erforderlich. Im Gegensatz dazu kann bei diesen piezoelektrischen Antrieben mit geringen Spannungen gearbeitet werden. Um Feldstärken von einigen 1 kV/mm im Piezoaktor zu erzeugen, muss man an eine piezoelektrische Schicht von 1 µm Dicke lediglich Spannungen von einigen Volt anlegen. Für elektrostatische Antriebe (siehe Bild 3.3-31, rechts) ist die Ebenheit der Elektrodenoberflächen sehr wichtig,

3.3 Mikrosensoren, Mikroaktoren und Fertigungsprozesse

damit ein Schweben bzw. Gleiten der zueinander bewegten Elektroden möglich wird. Für piezoelektrische Antriebe entfällt diese Forderung, da sie Reibung zwischen Stator und Rotor (bzw. Schlitten) benötigen, um die piezoelektrische Deformationswelle in eine Linear- oder Rotationsbewegung zu transformieren. Der Rotor (Schlitten) kann aus beliebigem Material bestehen, da eine elektrische oder magnetische Wechselwirkung mit den Statorelementen nicht stattfinden muss.

Eine häufig verwendete Form monolithischer Schrittantriebe basiert auf dem Inchworm-Prinzip (Bild 3.3-45). Ein Schlitten wird dabei abwechselnd von zwei parallel zueinander geführten Stegen getragen und weiterbewegt. Die Stege führen eine oszillierende Linearbewegung mit der Amplitude $\Delta l/2$ aus. Diese Linearbewegung kann z. B. durch einen oszillierenden Piezoaktor erzeugt werden. Zwischen den Bewegungen der beiden Stege besteht eine Phasenverschiebung von 180°. In einem Bewegungszyklus wird der Schlitten um den Weg $x = 2\Delta l$ weiterbewegt.

In [Jungni04] wird ein 3D-Positioniersystem (Bild 3.3-46) vorgestellt, das mit Piezoaktoren für die linearen Schrittantriebe arbeitet und durch Schrittaddition gemäß dem Inchworm-Prinzip große Stellwege realisiert. Es besitzt drei translatorische Freiheitsgrade und weist einen weitgehend monolithischen Aufbau, einen minimalen Montageaufwand und sehr gute Miniaturisierbarkeit auf. Das System arbeitet mit einer einteiligen, parallelen Kinematik, die mit Festkörpergelenken ausgestattet ist. Die drei linearen Antriebe sind gestellfest auf einer Statorplattform angeordnet und werden als ein Teil gefertigt, so dass nur zwei Fertigungsteile, Aktorebene und Kinematik, notwendig sind. Das System kann einen Arbeitsraum von 4 cm³ bedienen, die Plattform ist mit maximal 0,5 kg belastbar. Bei einem Stellweg der Linearantriebe von 35 mm liegen die Positionsfehler der Plattform unter 20 µm. Piezoelektrische Antriebe werden häufig für den Aufbau von Mikrorobotern eingesetzt [Simu02].

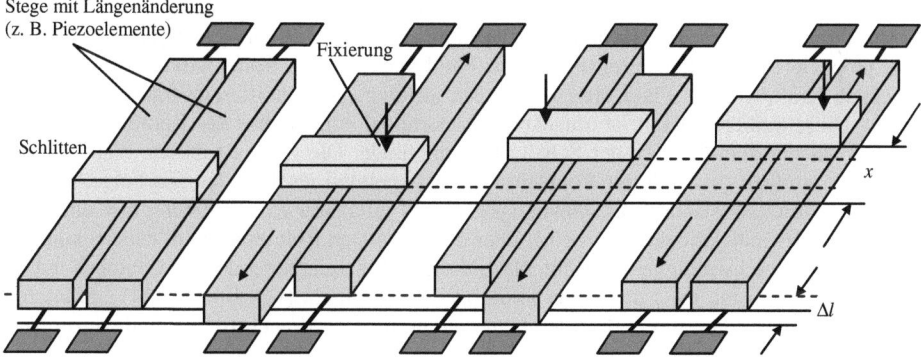

Bild 3.3-45 Funktionsprinzip eines Inchworm-Antriebs

Bild 3.3-46 Dreidimensionale Positioniereinheit mit piezoelektrischen Antrieben (Inchworm-Prinzip) und einteiliger paralleler Kinematik [Jungni04]

Piezoelektrische Mikropumpen mit schwingendem Verdränger nutzen die periodische Änderung des Volumens und des Druckes in einer Pumpkammer (Kap. 3.4, Bild 3.4-25) und Ventile, die dem Fluid eine Vorzugsrichtung vermitteln. Die Volumenänderung der Pumpkammer wird meist durch eine piezoelektrische Membran (Bimorph) hervorgerufen. Eine Alternative zu diesem Pumpprinzip stellen Aktoren dar, die in einem fluidgefüllten Rohr (Kanal) akustische axial propagierende Wellen anregen. Auf das Fluid innerhalb des Rohrs wirkt dabei eine axial gerichtete Kraft, die das Fluid ohne von außen angelegte Druckdifferenz transportiert [Moron91]. Diese treibende Kraft ist umgekehrt proportional zum Radius des Rohres und wächst proportional mit dem Quadrat der Schallwellenamplitude. Die Kraft ist an der Wandung des Rohres am größten und fällt zur Rohrachse hin exponentiell ab. Dies hat zur Folge, dass im Gegensatz zum „klassischen" Geschwindigkeitsprofil laminarer Rohrströmung hier ein abgeflachtes Geschwindigkeitsprofil mit einer über dem gesamten Rohrquerschnitt nahezu konstanten Strömungsgeschwindigkeit herrscht. Nach diesem Prinzip arbeitende Mikropumpen nutzen dünne Membranen mit ca. 1 μm dicker PZT- oder ZnO-Schicht (vgl. Bild 3.3-44) und interdigitale Kammelektroden, um in der Membran eine propagierende akustische Welle anzuregen, die dann den Fluidtransport generiert [Moron91].

Für das Packeging von Mikrosystemen gewinnen *Mikroaktoren zum Greifen, Positionieren und Fügen* immer größere Bedeutung [Tsui04]. Für das Aufnehmen von Mikrokomponenten werden häufig miniaturisierte Greifer (*microgripper*) eingesetzt. Sie führen eine Parallel- oder Rotationsbewegung der Greifarme aus, die durch piezoelektrische Aktoren ausgelöst wird. Auch thermomechanische Aktoren (Bimetall-Effekt, s. u.) kommen hierfür zum Einsatz. Bei dem in [Keosch02] beschriebenen piezoelektrischen Mikrogreifer verstärken kinematische Strukturen (Hebel) die vom Piezoaktor erzeugte Bewegung um das 100fache. Der Greifer wird aus photostrukturierbarem Glas (Kap. 2.4.5) mittels UV-Lithographie und nasschemischem Ätzen hergestellt, als piezoelektrischer Aktor dient eine PZT-Keramik.

3.3.6.4 Thermische Wirkprinzipien

Sehr viele Mikroaktoren arbeiten auf der Basis thermischer Wirkprinzipien. Das ist u. a. darin begründet, dass man Wärmeenergie sehr leicht durch mikrostrukturierte Widerstände R in Form Joulescher Wärme $N = I^2R$ über elektrische Ströme I in Mikrosysteme einkoppeln kann. Andere Formen der Zufuhr von Wärmeenergie in einen Mikroaktor sind in Tabelle 3.3-5 zusammengestellt. Die Aktorfunktion kann auf sehr unterschiedlichen Wandlungseffekten von thermischer Energie in andere Energieformen beruhen. Einige dieser Wandlungseffekte und daraus abgeleitete Aktor-Bauelemente sind ebenfalls in Tabelle 3.3-5 zu finden.

Tabelle 3.3-5 Wärmezufuhr und thermisch-elektrische bzw. thermisch-mechanische Wandlungseffekte in Aktoren

Wärmezufuhr N (in Watt)	**Wandlungseffekte**	**Bauelemente**
Joulesche Wärme: $N = I^2R$ Thermoelektrizität: $N = (\alpha_1-\alpha_2)TI$ Strahlung: $N = \varepsilon\sigma_s(T^4-T_0^4)F$ Konvektion: $N = h(T-T_0)F$ Reibung: $N = \mu_G F_N s$ Chemische Reaktion	*Thermisch→Elektrisch*: Seebeck-Effekt Peltier-Effekt Pyroelektrischer Effekt *Thermisch→Mechanisch*: Wärmeausdehnung Bimetall-Effekt Formgedächtnis-Effekt	Thermoelektrische Sensoren Thermoelektrische Generatoren, Thermoelektrische Kühler Pyroelektrische Sensoren Tintenstrahl-Druckköpfe Mikropumpen, -ventile Mikroventile, -schalter

I: Stromstärke, R: Ohmscher Widerstand, $(\alpha_1-\alpha_2)T$: Peltier-Koeffizient α_1, α_2: Seebeck-Koeffizienten, T: Absolute Temperatur des Aktorelements, T_0: Umgebungstemperatur, ε: Emissionsvermögen der Aktoroberfläche, σ_s: Stefan-Boltzmann-Konstante ($5{,}67 \cdot 10^{-8}$ W/m²K⁴), F: Fläche des Aktorelements, h: Wärmeübergangszahl der Aktoroberfläche, μ_G: Reibungskoeffizient, F_N: Normalkraft, s: Strecke

Thermisch-Elektrische Effekte

Thermoelektrische Generatoren wandeln eine durch Wärmeenergie generierte Temperaturdifferenz direkt in elektrische Energie um. Der prinzipielle Aufbau eines thermoelektrischen Generators ist in Bild 3.3-47 gezeigt. Er besteht aus zwei unterschiedlichen thermoelektrischen Materialien mit den Seebeck-Koeffizienten α_1 und α_2, deren Kontaktstelle an der warmen Seite (Temperatur T_H) die Wärmeleistung N_{th} zugeführt wird. An der kalten Seite kann dann die elektrische Leistung N_{el} entnommen werden, die bei Leistungsanpassung $R_i = R$ (mit R_i als Innwiderstand des Generators) für einen idealen Generator (ohne Konvektions- und Strahlungsverluste) gegeben ist durch

$$N_{el} = I^2 R = \frac{(\alpha_1 - \alpha_2)^2 (T_H - T_0)^2}{4R} \tag{3.3-75}$$

Generatoren können in Mikrosysteme integriert werden, um (sonst ungenutzte Abwärme) direkt in elektrische Energie zu wandeln und so zur Energieversorgung des Systems beizutragen. Allerdings ist der Wirkungsgrad η thermoelektrischer Generatoren nicht groß (ca. 5-10 %); er berechnet sich für den idealen Generator aus

$$\eta = \frac{T_H - T_0}{T_H} \cdot \frac{\sqrt{1+zT_M} - 1}{\sqrt{1+zT_M} + (T_0/T_H)} \tag{3.3-76}$$

mit $T_M = (T_H + T_0)/2$ und z als thermoelektrischer Effektivität des Thermoelementes, die von den Seebeck-Koeffizienten, den spezifischen elektrischen Widerständen ρ_1, ρ_2 und den Wärmeleitfähigkeiten λ_1, λ_2 der beiden Materialien abhängt; siehe Gl. (5.3-10). Generatoren werden als massive 3D-Strukturen mit säulenförmigen Thermoschenkeln, aber auch als planare Mikrostrukturen in Mikrosysteme integriert.

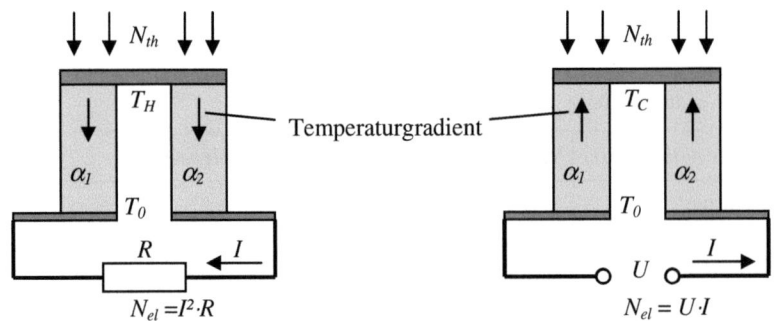

Bild 3.3-47 Prinzip des thermoelektrischen Generators (links) und Kühlers (rechts)

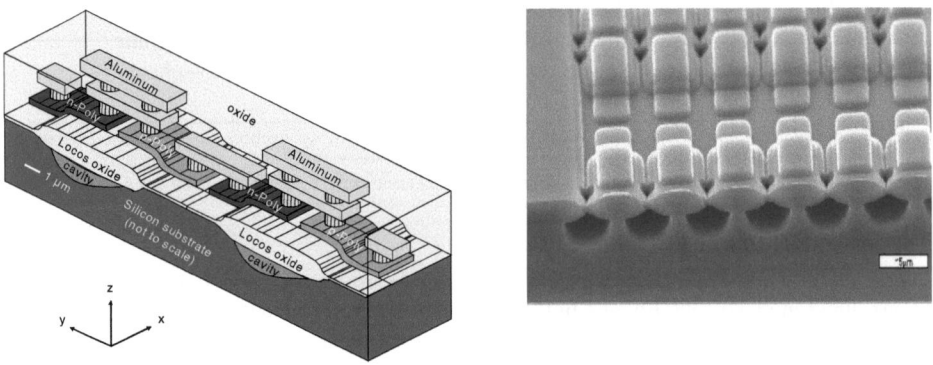

Bild 3.3-48 Prinzipieller Aufbau eines in einem CMOS-Prozess hergestellten thermoelektrischen Generators (links) und REM-Aufnahme der Struktur mit geätzten Hohlräumen im Si-Substrat (durch Entfernen des LOCOS-SiO$_2$), um die Temperaturdifferenz zwischen "warmen" und "kalten" Kontakten zu erhöhen [Strass00].

Bild 3.3-48 zeigt einen Thermogenerator, der in einem CMOS-Prozess realisiert wurde [Strass00]. Die thermoelektrischen Generator-Schichten bestehen aus den n- und p-Polysiliziumschichten, die im Standard-CMOS-Prozess in der Regel für die Gate-Elektrode eingesetzt werden. Sie entstehen durch Phosphor- (n-Material) bzw. Bor-Implantation (p-Material) und werden in einen Schichtstapel zwischen „warmem" Si-Substrat und konvektionsgekühlter Chip-Oberfläche integriert. Die Anordnung unterscheidet sich von konventionellen Thermogeneratoren durch die extrem hohe Zahl von Thermoelementen: 56400 Thermopaare sind auf einer Fläche von 6 mm² in Reihe geschaltet. Um einen Temperaturgradienten zwischen den Enden der Polysiliziumschichten zu erreichen, sind dicke SiO_2-Schichten unter den „kalten" Kontakten angeordnet. Sie werden durch thermische Oxidation des Siliziums (LOCOS-Prozess) mit einer Dicke von 1,6 µm erzeugt. Aluminium-Kontaktschichten verbinden die n- und p-Polysiliziumschichten, um direkte p-n-Übergänge zu vermeiden. Eine weitere Aluminium-Metallisierung wird eingesetzt, um einen guten thermischen Kontakt der „kalten" Kontaktstellen zur Umgebung herzustellen. Um die Temperaturdifferenz zwischen „warmen" und „kalten" Kontaktstellen zu vergrößern, wird das LOCOS-SiO_2 unter den „kalten" Kontaktstellen durch Nassätzen mit gepufferter Flusssäure oder durch Plasmaätztechnik mit CF_4 entfernt (Opferschicht-Technologie). Der Generator erreicht bei 1 K Temperaturdifferenz an den thermoelektrischen Schichten eine Spannung von 3 V und eine elektrische Leistung N_{el} = 1 µW.

Das Thermoelement in Bild 3.3-47 kann im umgekehrten Modus als *thermoelektrischer Kühler* betrieben werden. Der aus der Spannungsquelle bereitgestellte Strom I bewirkt dann an der Kontaktstelle der thermoelektrischen Materialien eine Abkühlung (oder Erwärmung, bei Umkehrung der Stromrichtung), d. h. eine Entnahme der Kühlleistung N_{th} aus der Umgebung der Kontaktstelle. Die maximal erreichbare Kühlleistung N_{th} (bei Temperaturdifferenz T_C-T_0 = 0) errechnet sich für den idealen thermoelektrischen Kühler aus

$$N_{th} = \frac{(\alpha_1 - \alpha_2)^2 T_0^2}{2R_i} \qquad (3.3\text{-}77)$$

und die maximal erreichbare Temperaturdifferenz $(T_0\text{-}T_C)_{max}$ (bei Kühlleistung N_{th} = 0) aus

$$(T_0 - T_c)_{\max} = \frac{zT_c^2}{2} \qquad (3.3\text{-}78)$$

Thermoelektrische Kühler werden zur Stabilisierung der Temperatur von Laserdioden, zur Kühlung von IR-Detektoren, CCDs und integrierten Schaltungen [Wijng02] eingesetzt. Sie werden analog zu Generatoren als Bulk-Strukturen mit säulenförmigen Thermoschenkeln und typischen Baugrößen von 4x4x3 mm³ bis zu 50x50x5 mm³ hergestellt [Marlow95]. Design und Leistungsparameter von planaren thermoelektrischen Mikrokühlern werden in [Rowe98, Völk99] diskutiert. Bild 3.3-49 zeigt eine Anordnung, bei der eine Fläche F auf einer thermisch gut isolierten Membran durch eine Reihenschaltung planarer Schicht-Thermoelemente gekühlt wird. Im Gegensatz zum idealen thermoelektrischen Kühler müssen bei dieser Dünnschicht-Struktur Konvektions- und Strahlungsverluste berücksichtigt werden. Für die maximal erreichbare Temperaturdifferenz gilt dann [Völk99]:

$$(T_0 - T_c)_{\max} = zT_c^2 / \left[2 + (\lambda_s d_s / \lambda d) + (\gamma Fl / nb\lambda d) \right] \qquad (3.3\text{-}79)$$

mit $\gamma = 8\varepsilon\sigma_s T_0^3 + 2h$ und ε als Emissionsvermögen, h als Wärmeübergangskoeffizient der gekühlten Fläche, b als Breite, l als Länge und n als Anzahl der thermoelektrischen Schenkel. Dabei wird für beide thermoelektrische Schichten gleiche Dicke d und Wärmeleitfähigkeit λ vorausgesetzt; $\lambda_s \cdot d_s$ bezeichnet das Produkt aus Wärmeleitfähigkeit und Dicke der Substratmembran. Die erreichbaren Temperaturdifferenzen (im Vakuum und unter Atmosphärendruck) bei Verwendung von $(BiSb)_2Te_3$-Schichten mit hoher thermoelektrischer Effektivität von typisch $z = 2,0 \cdot 10^{-3}$ K^{-1} zeigt Bild 3.3-50.

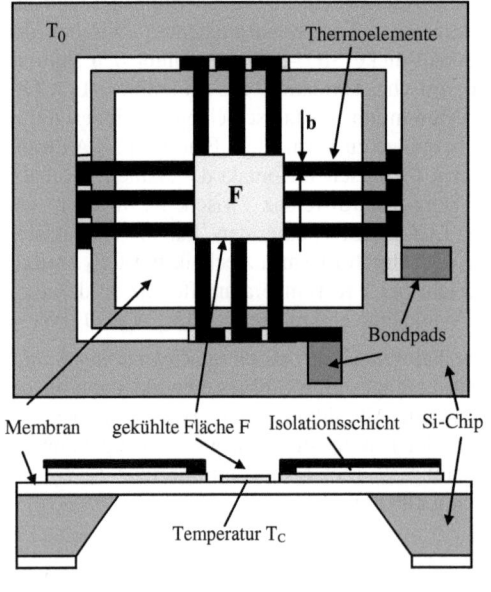
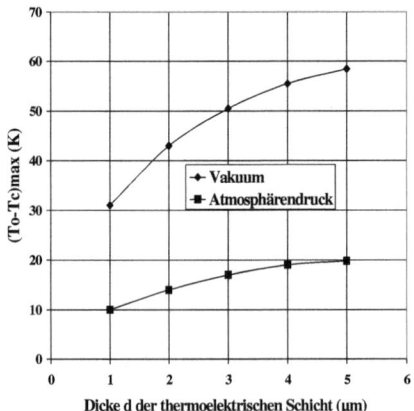

Bild 3.3-49 Thermisches Modell eines planaren thermoelektrischen Mikrokühlers

Bild 3.3-50 Temperaturdifferenz $(T_0\text{-}T_C)_{max}$ eines planaren Mikrokühlers als Funktion der Dicke der thermoelektrischen Schichten im Vakuum und bei Atmosphärendruck (Parameter: $\varepsilon = 1$; $\lambda_S = 2$ W/mK; $d_s = 1$ µm; $\lambda = 1.28$ W/mK; $z = 2.0 \cdot 10^{-3}$/K; $l = 0.3$ mm; $F = 1$ mm^2; $h = 0$ (im Vakuum) bzw. $h = 50$ W/m^{2}K; $T_0 = 293$ K [Völk99]

Planare Mikrokühler können in Mikrosystemen z. B. zur Temperaturregelung biochemischer Reaktionen in Mikrokavitäten eingesetzt werden. Die unter Atmosphärendruck erreichbaren Temperaturdifferenzen ermöglichen auch eine Anwendung als Taupunktsensor. Die maximale Kühlleistung beträgt 10-30 mW bei einer optimalen Stromdichte von $j_{opt} = 1{,}3 \cdot 10^3$ A/cm^2. Die thermische Zeitkonstante für planare Mikrokühler liegt bei etwa 10-100 ms. Sie wurden unter Verwendung von Si/Ge-Schichten und mit galvanisch abgeschiedenen Bi$_2$Te$_3$-Schichten hergestellt [Yao01, Zou01, Jacquot02]. Auch Mikrokühler mit 3D-Struktur (säulenförmige thermoelektrische Schichten mit einer Höhe von ca. 10-20 µm) wurden inzwischen realisiert [Silva03, Lim02, Diliber03, Böttner02, Dilhaire03]. Die Thermoschenkel erzeugt man in einem photolithographisch strukturierten Dickresist durch Sputtern oder galvanische Abscheidung von (Bi$_2$Te$_3$/Bi$_{2-x}$Sb$_x$Te$_3$)-Schichten. Die Querschnittsfläche der Säulen liegt zwischen 40x40µm^2 und 100x100 µm^2.

Thermisch-Mechanische Effekte

Thermische Ausdehnung (von Festkörpern)

Die thermische Ausdehnung von Festkörpern in einer Dimension, d. h. beobachtete Längenänderung $\Delta l = l(T) - l(T_0)$ bei einer Temperaturerhöhung $\Delta T = T - T_0$, kann durch ein lineare Gleichung

$$\Delta l = l(T_0)\alpha_{th}(T - T_0) \quad \text{bzw.} \quad l(T) = l(T_0)\left[1 + \alpha_{th}(T - T_0)\right] \tag{3.3-80}$$

beschrieben werden, mit α_{th} als linearem Ausdehnungskoeffizienten. Typische Werte von α_{th} liegen bei einigen 10^{-6} K^{-1} (vgl. Tabelle 2.2-39). Die thermische Längenänderung bei den in Mikrosystemen üblichen Bauteillängen im Mikrometerbereich beträgt einige Nanometer und kann deshalb in der Regel nicht direkt, sondern nur über verstärkende „Hebel", für Aktormechanismen genutzt werden (mit $\alpha_{th}= 10 \cdot 10^{-6}$ K^{-1}, $\Delta T = 500$ K und $l(T_0) = 100$ μm erhält man $\Delta l = 500$ nm). Der Ausdehnungseffekt kann mit der Kraftwirkung vorgespannter Cantilever oder Membranen kombiniert werden, so dass ein „Schnappeffekt" erzielt wird. Typisch für die Anwendung thermischer Ausdehnungseffekte sind Aufheiztemperaturen von 400-500 K, die durch Dünnschicht-Heizer mit Leistungsaufnahmen von einigen Milliwatt bis Watt bei Pulsdauern von Mikro- bis Millisekunden erzeugt werden. Die thermischen Zeitkonstanten der Bauteile können bei entsprechender Miniaturisierung einige Millisekunden betragen. Anwendung findet der Ausdehnungseffekt in bistabilen Schaltern, Ventilen oder beim Selbsttest von piezoresistiven Beschleunigungssensoren [Matoba94, Yama94, Lisec94, Poura92].

Wesentlich größere thermisch induzierte Auslenkungen lassen sich durch Kombination von mindestens zwei Materialien mit unterschiedlichen Ausdehnungskoeffizienten $\alpha_{th,1}$, $\alpha_{th,2}$ erzielen (***Bimetall**-Effekt*). Voraussetzung für solche Bimorph-Strukturen ist eine gute Haftung der beiden Materialien an der gemeinsamen Grenzfläche. Klassische, makroskopische Thermobimetalle sind in DIN 1715 genormt. Mikromechanische Ausführungen nutzen meist die Form eines einseitig eingespannten Cantilever oder allseitig aufliegender Membranen (Bild 3.3-51).

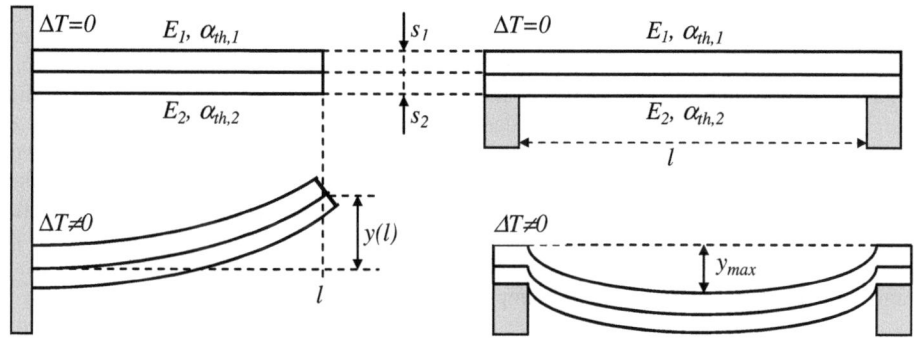

Bild 3.3-51 Auslenkung eines zweischichtigen Cantilever bzw. einer Membran (Bimorph) bei Temperaturerhöhung ΔT infolge unterschiedlicher Ausdehnungskoeffizienten $\alpha_{th,1}$ und $\alpha_{th,2}$ der beiden Schichtmaterialien (Bimetall-Effekt)

Eine Temperaturänderung ΔT bewirkt in beiden Materialien eine unterschiedliche Längenänderung und dadurch mechanische Druck- bzw. Zugspannungen, die zu einer Krümmung des Cantilever bzw. der Membran führen [Mehner94]. Die Auslenkung $y(l)$ am Ende des Cantilever der Länge l errechnet sich aus

$$y(l) = 3l^2 \Delta \alpha \Delta T (s_1 + s_2) \bigg/ \left[4(s_1^2 + s_2^2) + 6 s_1 s_2 + \frac{s_2^3 E_2}{s_1 E_1} + \frac{s_1^3 E_1}{s_2 E_2} \right] \qquad (3.3-81)$$

mit $\Delta \alpha = \alpha_{th,1} - \alpha_{th,2}$ und s_1, s_2 als Dicken, sowie E_1, E_2 als Elastizitätsmodule der beiden Materialien. Gleichzeitig tritt eine Krümmung in Querrichtung ein, die bei Cantilevern mit großem Längen-/Breitenverhältnis für die Aktorfunktion zu vernachlässigen ist. Für den einfachen Fall gleicher Elastizitätsmodule ($E_1 = E_2$) und gleicher Schichtdicke ($s_1 = s_2 = s$) erhält man

$$y(l) = 3l^2 \Delta \alpha \Delta T / 8s \tag{3.3-82}$$

Bei gegebener Materialpaarung ($\Delta \alpha$) und Temperaturänderung (ΔT) kann die Auslenkung durch die geometrischen Parameter (l, s) optimiert werden.

Wird das Bimaterial als allseitig eingespannte Membran angeordnet, ergibt sich eine maximale Durchbiegung y_{max} im Membranzentrum (Bild 3.3-51), die darstellbar ist durch:

$$y_{\max} = l^2 k_{th} \Delta T / 8(s_1 + s_2) \tag{3.3-83}$$

Diese Anordnung bzw. der Koeffizient k_{th} (thermische Krümmung) wird i. a. zur Charakterisierung der Auslenkung von Bimaterialien herangezogen, wobei k_{th} direkt proportional zur Differenz der Ausdehnungskoeffizienten ist ($k_{th} \propto \Delta \alpha$).

Makroskopische Bimorphe beinhalten in der Regel Kombinationen von Materialien mit Ausdehnungskoeffizienten $\alpha_{th,1} > 15 \cdot 10^{-6}$ K^{-1} und $\alpha_{th,2} < 5 \cdot 10^{-6}$ K^{-1}, z. B. die Eisen-Nickel-Mangan-Legierung FeNi$_{20}$Mn$_6$ und die Eisen-Nickel-Legierung FeNi$_{36}$ (Invar) mit $k_{th} = 28,5 \cdot 10^{-6}$ K^{-1}. In Mikrosystemen kommen Schichtkombinationen aus poly- oder monokristallinem Silizium mit Metallen (Al, Au, Ni, Cu) [Lisec94, Rieth88, Marek91], aus Polysilizium/SiO$_2$ [Bra94], SiC/Al [Pantuso97] sowie aus Polymeren (PVDF, Polyimid) mit Metallen [Mohr92, Fujita95] zum Einsatz. Die Temperaturänderung wird meist über direkte Strombeheizung durch Dünnschicht-Heizer auf den Cantilevern bzw. Membranen hervorgerufen. Aufgrund der geringen thermischen Kapazitäten der Strukturen sind kurze Ansprechzeiten (thermische Zeitkonstanten von einigen Millisekunden, Arbeitsfrequenzen von einigen 10 Hz bis zu kHz) möglich [Franz95, Bra94]. Anwendungen finden diese Mikroaktoren zur Betätigung von Ventilen (Bild 3.3-53) [Lisec94], zur Ablenkung von Fluidstrahlen [Marek91] sowie zur Anregung von Mikroresonatoren [Bra94]. Der in Bild 3.3-33b gezeigte Lichtmodulator wird durch Beheizung der Polysilizium-Schichten, die auf SiO$_2$-Cantilever-Stegen angeordnet sind, zu Schwingungen im kHz-Bereich angeregt. Bimorph-Aktoren werden in Array-Form auch als Transportvorrichtung für Mikroobjekte (Impulsübertragung) genutzt [Fujita95].

Thermische Ausdehnung (von Flüssigkeiten und Gasen)

Die Ausdehnung von Gasen und Flüssigkeiten ist groß gegenüber der von Festkörpern. Mikroaktoren, die dieses Prinzip nutzen (thermopneumatische Aktoren), entwickeln relativ große Kraftwirkungen und Hubbewegungen. Ein weiterer Vorteil ist, dass das thermische Element (Fluid-gefüllte Kavität mit Heizelement) und das bewegte Element (z. B. eine mikromechanische Membran) voneinander entkoppelt sind und getrennt optimiert werden können. Zufuhr von Wärme bewirkt in Flüssigkeiten eine der Temperaturänderung $\Delta T = T - T_0$ proportionale Volumenänderung $\Delta V = V(T) - V(T_0)$

$$\Delta V = V(T_0) \gamma (T - T_0) \tag{3.3-84}$$

mit γ als Volumenausdehnungskoeffizient und $V(T_0)$ als Volumen der Flüssigkeit bei der Temperatur T_0. (für Alkohol ist $\gamma_{Alk} = 1,1 \cdot 10^{-3}$ K^{-1}, für Wasser gilt $\gamma_{H2O} = 0,21 \cdot 10^{-3}$ K^{-1}). Diese Volumenänderung kann z. B. über eine flexible Membran in eine Auslenkung „übersetzt" werden, wobei (wegen der Inkompressibilität von Flüssigkeiten) große Drücke übertragen werden können.

3.3 Mikrosensoren, Mikroaktoren und Fertigungsprozesse

Verwendet man ein Gas als Fluid in der Kavität, bewirkt die Zufuhr von Wärmeenergie und der dadurch bedingte Temperaturanstieg $\Delta T = T - T_0$ (bei konstantem Volumen) einen Druckanstieg $\Delta p = p(T) - p(T_0)$, gemäß Gl. (3.3-85)

$$\Delta p = p(T_0)\gamma(T - T_0) \quad \text{bzw.} \quad p(T) = p(T_0)\left[1 + \gamma(T - T_0)\right] \tag{3.3-85}$$

mit γ als Volumenausdehnungskoeffizient und $p(T_0)$ als Druck des Gases bei der Temperatur T_0. Für ideale Gase ist $\gamma = 1/273{,}15$ K^{-1}. Anwendung findet dieses thermopneumatische Prinzip z. B. in IR-Strahlungssensoren (Golay-Detektoren), bei denen die Auslenkung einer Membran auf einen Kippspiegel übertragen wird. Dessen Lageänderung lenkt einen Laserstrahl ab, so dass über diesen „Lichtzeiger" die Membranauslenkung verstärkt wird.

Verwendet man in der Kavität ein Flüssigkeits-Gas-Gemisch im thermodynamischen Gleichgewicht, so herrscht dort ein Dampfdruck $p_s(T)$ der gasförmigen Phase, der nur von der Absoluten Temperatur T abhängt gemäß $p_s(T) = p_0\exp(-A/kT)$, mit k als Boltzmann-Konstante und A als Verdampfungsenthalpie (Clausius-Clapeyronsches Gesetz). Eine Temperaturänderung durch Wärmezufuhr bewirkt in diesem Falle eine Druckänderung

$$p(T) = p(T_0)\exp\left[\frac{A}{k}(\frac{1}{T_0} - \frac{1}{T})\right] \tag{3.3-86}$$

Die für eine vorgegebene Druckänderung erforderliche Temperaturänderung ist in diesem Falle kleiner als bei Befüllung der Kavität allein mit Gas bzw. Flüssigkeit. Thermopneumatische Mikroaktoren dieser Art werden zur Betätigung von Pumpen und Ventilen eingesetzt [Zdebli94, Büst94, Lammer93].

Häufig wird dieses Prinzip bei Druckköpfen für Tintenstrahldrucker (*bubble jet printheads*) genutzt [Heinzl85, Zollner94, Wehl95, Krause95] (vgl. Kap. 3.4.3). Sie erzeugen eine Dampfblase im Tintenvorratsraum und bewirken dadurch den Ausstoß eines Tintentropfens in extrem kurzer Zeit. Für einen Tropfenstoß wird ein Dünnschicht-Heizer mit 200 mA etwa 5 µs beaufschlagt, wobei er 500 °C und die Grenzfläche zur Tinte etwa 300 °C erreicht. Dort kommt es zur Ausbildung einer Dampfblase. Der Heizer wird so optimiert, dass die Wärmeleitung zur Tinte groß, zum Substrat dagegen klein ist, so dass ein hoher Wärmeeintrag in die Flüssigkeit erfolgt. Durch die Expansion der Dampfblase wird ein kleiner Tintentropfen mit einer Geschwindigkeit von ca. 10 m/s aus der Düse des Tintenraums geschleudert. Es ist eine Tropfenfrequenz bis zu 5 kHz möglich. An Tintenstrahl-Druckköpfen werden die Vorteile der Mikrosystemtechnik sehr anschaulich: die Herstellung dreidimensionaler Mikrostrukturen für Kanäle, Vorratsraum und Düsen bei gleichzeitiger Integration von Dünnschicht-Heizern und CMOS-Schaltungen für Ansteuerung und Temperaturkontrolle ermöglicht ein komplexes System mit minimalem Platzbedarf, hoher Zuverlässigkeit und geringen Herstellungskosten.

Formgedächtnis-Effekt

Der Formgedächtnis-Effekt beruht auf der Umwandlung von Formgedächtnis-Legierungen (*memory alloys*) von der austenitischen in die martensitische Phase. Dabei tritt eine Änderung der Kristallstruktur (z. B. vom kfz- in das krz-Gitter) und ein entsprechender Dichtesprung ein. Bei TiNi-Legierungen z. B. liegt bei hohen Temperaturen oberhalb der Umwandlungstemperatur $A \approx 120$ °C (Bild 3.3-52) die Austenit-Struktur vor, die sich bei tieferen Temperaturen $T < M$ in die Martensit-Struktur gewandelt hat. Austenit und Martensit stehen in Anlehnung an entsprechende Bezeichnungen bei Stahl für eine kfz- bzw. eine verzerrte krz-Struktur.

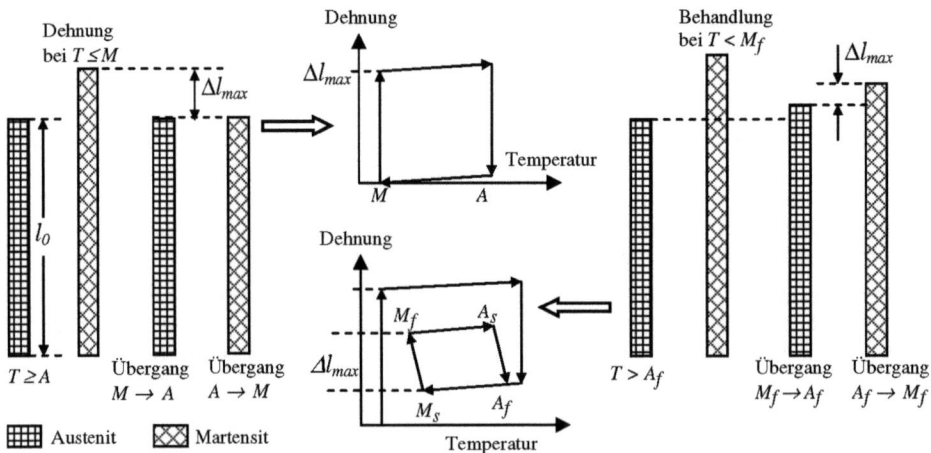

Bild 3.3-52 Prinzip des Formgedächtnis-Effekts beim Einweg-Effekt (links und oberes Diagramm) bzw. beim Zweiweg-Effekt (rechts und unteres Diagramm)

Wird im leicht dehnbaren Martensit-Zustand eine Dehnung (Längenänderung Δl_{max}) vorgenommen, so verschwindet diese beim Überschreiten der Austenit-Umwandlungstemperatur A wieder, das Material „erinnert" sich an seine ursprüngliche Form bei dieser Temperatur. Bei erneuter Einstellung der Martensit-Phase durch Abkühlung bildet sich die deformierte Form nicht wieder aus. Mit diesem Dehnungsrücksprung ist also nur ein Schaltvorgang möglich, ein neuer Zyklus setzt eine erneute Dehnung im Martensit-Zustand voraus (Einweg-Effekt). Durch entsprechende Vorbehandlung der Formgedächtnis-Legierung ist auch der für viele Anwendungen interessantere Mehrweg-Effekt möglich. Durch stärkere Dehnung der Martensit-Phase und eine Temperbehandlung (Bildung von Ti_3Ni_4-Ausscheidungen) wird die Deformation der Martensit-Phase stabilisiert. Bei Erwärmung über die Umwandlungstemperatur verschwindet die Deformation deshalb nicht vollständig, sie bleibt teilweise erhalten (Bild 3.3-52). Bei Abkühlung wird ab der Temperatur M_s (Martensit-Starttemperatur) ein Teil der Deformation der Martensit-Phase „zurückerinnert". Dieser Vorgang ist bei der Temperatur M_f abgeschlossen. Bei Erwärmung erfolgt ab der Temperatur A_s (Austenit-Starttemperatur) die erneute Umwandlung in die Austenit-Phase, die bei A_f abgeschlossen ist. Damit ist ein Formgedächtnis für zwei Zustände realisiert. Dieser Zyklus kann nun beliebig oft durchlaufen werden. Die mit diesem Effekt erreichbaren Dehnungen $\varepsilon_{max} = \Delta l_{max}/l_0$ von einigen Prozent übertreffen die relativen Längenänderungen durch reine Wärmeausdehnung um mehr als zwei Größenordnungen. Verhindert man den Dehnungssprung durch Begrenzung mit einem anderen Körper, so werden auf diesen große Kräfte übertragen. Tabelle 3.3-6 stellt einige Legierungen mit großem Formgedächtnis-Effekt zusammen. Sie können in Mikrosystemen eingesetzt werden, da sie durch Beschichtungstechnik (Magnetron-Sputtern) als dünne Schichten herstellbar sind. Ihr spezifischer elektrischer Widerstand ermöglicht eine direkte Erwärmung durch Stromfluss [Quandt95, Johnson92, Walker90, Fluit96].

3.3 Mikrosensoren, Mikroaktoren und Fertigungsprozesse

Tabelle 3.3-6 Materialeigenschaften von Formgedächtnis-Legierungen

Legierung	spez. elektr. Widerstand ρ (10^{-6} Ωm)	Dehnung ε_{max} (%)	A_s (°C)
TiNi (50:50)	0,67 ... 1	4...6	65 ... 120*
CuZnAl	0,08 ... 0,12	1	$\approx$120
CuAlNi	0,11 ... 0,14	1,2	$\approx$170

* abhängig von der TiNi-Zusammensetzung: Erhöhung des Ni-Anteils reduziert die Übergangstemperatur

TiNi-Legierungen sind korrosionsbeständig, zeigen gute Biokompatibilität (Einsatz in medizintechnischen Mikrosystemen), sind aber relativ teuer und schwer bearbeitbar. Die Legierungen CuZnAl und CuAlNi sind deutlich kostengünstiger, aber nicht biokompatibel und zeigen geringere Dehnungssprünge. In Formgedächtnis-Legierungen sind hohe Energiedichten (> 10^7 J/m^3) speicherbar, woraus entsprechend große Kraftwirkungen abgeleitet werden können (vgl. Tabelle 3.3-4). Memory Alloys wurden für die Herstellung von Mikropumpen [Benard97], Mikroventilen und -schaltern [Kohl97] eingesetzt, wobei Hübe bis 500 µm und Schaltzeiten von typisch 1 Hz erreichbar sind.

In Bild 3.3-53 sind am Beispiel eines Mikroventils die drei o. g. thermomechanischen Wirkprinzipien zusammengefasst. Im Ventil mit Bimetall-Effekt [Barth95] dehnt sich bei Erwärmung die Ni-Schicht stärker als die darunterliegende Si-Membran aus, so dass der Si-Verschluss nach oben bewegt wird. Das Ventil mit Formgedächtnis-Effekt [Johnson91] besitzt eine Membran aus TiNi (Memory Alloy), die in der Martensit-Phase gedehnt ist, so dass durch ein Federelement der Ventilsitz verschlossen wird. Bei Temperaturerhöhung geht das TiNi in die Austenit-Phase über und zieht sich zusammen. Die dabei entwickelten starken Kräfte heben den Ventilverschluss gegen die Kraft des Federelementes an.

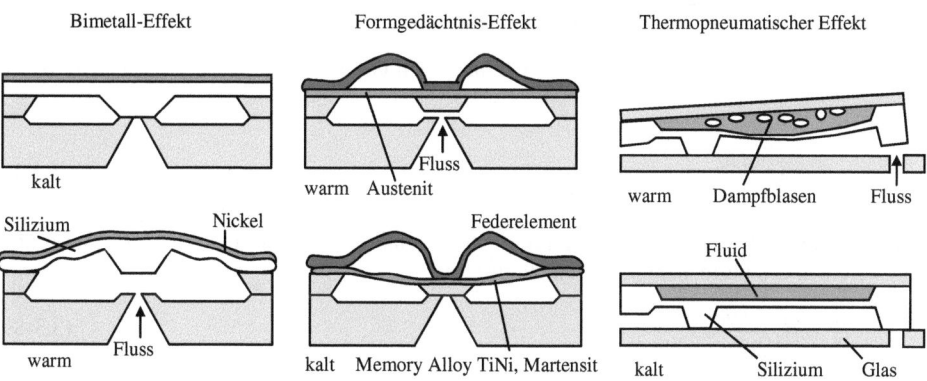

Bild 3.3-53 Thermisch-mechanische Wandlungseffekte als Aktorprinzipien für Mikroventile

Das thermopneumatische Ventil enthält eine Flüssigkeit in einer abgeschlossenen Kavität, in der sich auch ein Dünnschicht-Heizelement befindet [Zdebli94]. Durch Erwärmung expandiert die Flüssigkeit (Bildung von Dampfblasen), so dass der Druck stark ansteigt und die Wandung der Kavität durchgebogen wird. Bei einem im kalten Zustand offen Ventil wird diese Durchbiegung zum Verschließen genutzt. Bild 3.3-53 zeigt den gegenteiligen Fall, bei dem der Ventilverschluss durch Hebelkräfte nach oben angehoben wird.

3.3.6.5 Magnetische Wirkprinzipien

Elektromagnetische Antriebe dominieren in der Makrowelt, weil die erreichbare Energiedichte w_m im Luftspalt zwischen Stator und Rotor um etwa 4 Größenordnungen über der bei elektrostatischen Antrieben liegt, siehe Gl. (3.3-72) bis (3.3-74). Erst bei den in Mikrosystemen möglichen geringen Spaltweiten erreichen elektrostatische Antriebe unterhalb 1 µm Elektrodenabstand etwa gleiche Energiedichten wie magnetische [Fluit96]. Sie dominieren in der Mikrowelt gegenüber magnetischen Aktoren aufgrund einiger Vorzüge wie

– geringer Leistungsbedarf (im Gegensatz zu Joulescher Wärme in Magnetspulen)
– geringe Masse
– einfacher Aufbau
– leichte und rasche Schaltbarkeit der erforderlichen niedrigen Spannungen im Gegensatz zur aufwändigeren Steuerung von Strömen in Magnetspulen
– leichte Integrierbarkeit in Mikrosysteme
– Kompatibilität der Materialien (Metallelektroden, Dielektrika) mit IC- und CMOS-Prozessen.

Für magnetische Antriebe werden entweder die Kraftwirkungen zwischen stromdurchflossenen Leitern bzw. zwischen Spulen und Permanentmagneten oder die Magnetostriktion genutzt. Auf ein Längenelement $\vec{ds}$ eines von dem Strom I stromdurchflossenen Leiters wirkt in einem Magnetfeld der Flussdichte $\vec{B}$ die Kraft

$$\vec{dF} = I\left(\vec{ds} \times \vec{B}\right) \tag{3.3-87}$$

Dabei wird das Längenelement als Vektor aufgefasst, dessen Richtung mit der Stromrichtung übereinstimmt. Die Kraftwirkungen auf das Volumenelement dV eines Permanentmagneten mit der Magnetisierung $\vec{M}$ (in [A/m]) im Magnetfeld $\vec{B}$ errechnen sich aus den Ableitungen der magnetischen Energiedichte $w_m = \frac{1}{2}\vec{M} \bullet \vec{B}$ nach den Ortskoordinaten dx_i (dx_i steht für dx, dy bzw. dz)

$$dF_i = M_i \frac{dB_i}{dx_i} dV \qquad (i = x, y, z) \tag{3.3-88}$$

Die gesamte Kraftwirkung in eine Raumrichtung erhält man, wenn man die Integration über das Volumen des Permanentmagneten durchführt.

$$F_i = M_i \frac{dB_i}{dx_i} dV \tag{3.3-89}$$

B-Felder in Mikroaktoren werden in der Regel durch Flachspulen erzeugt [Arx97]. Alle Windungen liegen dabei in einer Ebene; da man sie als planare Strukturen auf der Oberfläche eines Substrates strukturiert. Flachspulen können mit Hilfe lithographischer Techniken (Dickresist-UV-Lithographie) und Mikrogalvanik (Au, Cu) (vgl. Bild 4.3-5) bzw. LIGA-Technik mit Höhen von einigen 10 µm gefertigt werden. Zur Berechnung der Kräfte gemäß Gl. (3.3-89) muss man die Verteilung des von solchen Flachspulen erzeugten B-Feldes kennen; für Feldberechnungen wird das Biot-Savartsche Gesetz herangezogen bzw. kommen entsprechende FEM-Simulatoren zum Einsatz. Ein Vorteil magnetischer Kräfte gegenüber elektrostatischen Kraftwirkungen ist ihre größere Reichweite. Sie nehmen proportional 1/r mit dem Abstand r vom stromdurchflossenen Leiter ab.

Bild 3.3-54 zeigt eine Anordnung, bei der die Kraftwirkung zwischen einer auf dem Si-Chip integrierten Flachspule und einem Permanentmagneten als Antriebsprinzip fungiert. Der Permanentmagnet ist auf einer beweglichen Membranstruktur angeordnet [Wagner92, Wagner93]. Für die Kraftwirkung in z-Richtung erhält man gemäß Gl. (3.3-90)

$$F_z = M_z \int \frac{dB_z}{dz} dV \tag{3.3-90}$$

Zur Bestimmung der Kraft ist die Kenntnis des von der Flachspule erzeugten B-Feldes erforderlich, damit man die Ableitung dB_z/dz berechnen und die Integration ausführen kann. Für die in Bild 3.3-54 gezeigte Anordnung erhält man bei Anwendung des Biot-Savartschen Gesetzes für die z-Komponente des B-Feldes einer spiralförmigen Flachspule entlang der z-Achse

$$B_z(z) = \frac{\mu_0 n I}{4b(R_a - R_i)} \left\{ (b+z)\ln\left[\frac{R_a + \sqrt{R_a^2 + (b+z)^2}}{R_i + \sqrt{R_i^2 + (b+z)^2}}\right] + (b-z)\ln\left[\frac{R_a + \sqrt{R_a^2 + (b-z)^2}}{R_i + \sqrt{R_i^2 + (b-z)^2}}\right] \right\} \tag{3.3-91}$$

mit n als Windungszahl, R_a, R_i als äußerem bzw. innerem Spulenradius und b als halber Höhe der Flachspule.

Da die magnetische Kraftwirkung gemäß Gl. (3.3-89) proportional zum Volumen des Permanentmagneten ist, müssen „makroskopische" Magnete mit Volumina von 0,1-1 mm^3 eingesetzt werden; dünne permanentmagnetische Schichten liefern keine hinreichenden Kräfte. Nachteilig ist, dass der Einbau solcher Magnete den Einsatz komplizierter Mikromontage-Techniken erfordert, eine komplette Fertigung allein mit Methoden der Dünnschichttechnologie und 3D-Mikromechanik ist nicht möglich. Bild 3.3-54 zeigt die erreichbare Kraft als Funktion der Auslenkung des Permanentmagneten in z-Richtung [Ben91]. Neben vertikalen Linearbewegungen sind mit der Kombination von Flachspule und Permanentmagnet auch Torsionsbewegungen und multiaxiale Verschiebungen möglich. In [Affane95] und [Park02] werden implantierbare Hörgeräte vorgestellt, deren Funktion auf der vertikalen Bewegung eines durch eine Flachspule angesteuerten Permanentmagneten beruht. Die Erregerfrequenzen beider Geräte liegen im Sprachsignal-Frequenzbereich (100 Hz bis 7 kHz bzw. 100 Hz bis 5 kHz).

Kommerziell erhältliche elektromagnetische Mikromotoren basieren ebenfalls auf der Kombination einer planaren Anordnung mehrerer Flachspulen (LIGA-Technik) mit einer segmentierten permanentmagnetischen Scheibe aus NdFeB [Zander02, mymot02]. Die Motoren (Gesamtgewicht 1 g) werden mit Spannungen von 12 Volt und Strömen von 200 mA betrieben, besitzen eine Drehmomentkonstante von 0,3-0,5 Milli-Nm/A und erreichen Drehzahlen von 20000-60000 min^{-1}. Vom gleichen Hersteller werden auch angepasste Mikrogetriebe zur Verfügung gestellt.

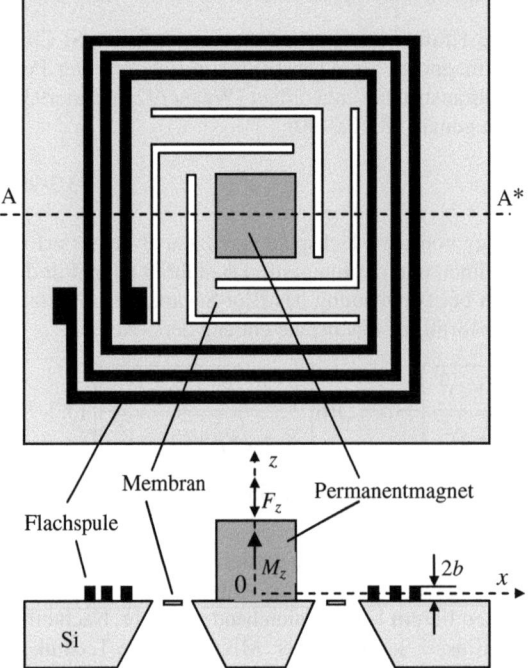

Bild 3.3-54
Magnetischer Aktor mit einem von einer Flachspule angesteuerten Permanentmagneten (links, in Draufsicht und Schnitt) und Kraftwirkung in z-Richtung als Funktion des Abstandes zwischen Permanentmagnet und Spulenebene (rechts)

Magnetostriktion

Kraftwirkungen in magnetischen Mikroaktoren können auch durch Magnetostriktion erzeugt werden. Unter dem Einfluss eines magnetischen B-Feldes tritt in ferromagnetischen Materialien eine relative Längenänderung (Dehnung) $\varepsilon = \Delta l/l \propto B^2$ ein, die nicht von der Richtung des B-Feldes abhängt (quadratische Abhängigkeit). Die Längenänderung macht sich bei einigen Materialien als positiver Effekt (Ausdehnung), bei anderen als negativer Effekt (Kontraktion) bemerkbar. Im allgemeinen liegt die Dehnung im Bereich 10^{-6}, für spezielle magnetostriktive Werkstoffe (Seltene Erden) erreicht sie jedoch Werte von 10^{-3}. Tabelle 3.3-7 stellt Eigenschaften einiger magnetostriktiver Materialien zusammen. Die Längenänderung ist darauf zurückzuführen, dass bei Materialien, die unterhalb der Curie-Temperatur T_C eine spontane Magnetisierung zeigen, unter Einwirkung eines B-Feldes eine Ausrichtung der magnetischen Momente erfolgt. Diese Ausrichtung (Umorientierung Weißscher Bezirke) ist mit einer Längenänderung des Materials verbunden. Als Materialkenngröße wird die bei magnetischer Sättigung erreichbare Längenänderung $\Delta l_s/l$ angegeben. Um die erwünschten Dehnungen schon mit kleinen magnetischen Feldstärken zu erreichen, sollte das Material weichmagnetisch sein, d. h. eine kleine Koerzitivfeldstärke H_C besitzen. Auch der inverse Effekt, die Änderung der Magnetisierung bei Einwirkung mechanischer Spannungen, wird beobachtet und technisch genutzt.

3.3 Mikrosensoren, Mikroaktoren und Fertigungsprozesse

Tabelle 3.3-7 Eigenschaften magnetostriktiver Werkstoffe

Werkstoff	relative Längenänderung $\Delta l_s/l$ (10^{-6})	Koerzitivfeldstärke H_C (A/m)	Curie-Temperatur T_C (°C)
Permalloy (FeNi77+Zusätze)	9	1	400
Nickel	-34	150	360
FeTb46	250		
Terfanol D: $Tb_xDy_{1-x}Fe_y$ (x = 0,27...0,3, y = 1,90...1,98)	1500		135...350 [Flik94] (bei Schichten)
FeSm38	-350		
Vacoflux 50 (FeCo49 + Zusätze)	70	110	950

Durch Sputtern können magnetostriktive Schichten für die Anwendung in Mikroaktoren hergestellt werden [Flik94, Quan95]. Die sehr präzise einzustellende Legierungszusammensetzung kann man durch simultanes Sputtern mit mehreren Targets bei Regelung der jeweiligen Sputterleistung realisieren [Quan94]. Alternativ verwendet man sogenannte Mosaiktargets oder Legierungstargets mit der geforderten Zusammensetzung. Abhängig von der Substrattemperatur erhält man amorphe oder polykristalline Schichten. Magnetostriktive Materialien eignen sich zur Erzeugung großer Kräfte bei kleinen Wegen. Eine Kombination von Werkstoffen mit positiver und negativer Magnetostriktion auf flexiblen Substraten vergrößert die erreichbaren Wegänderungen. Ein Beispiel für einen solchen magnetostriktiven Bimorph ist in Bild 3.3-55 gezeigt [Honda94].

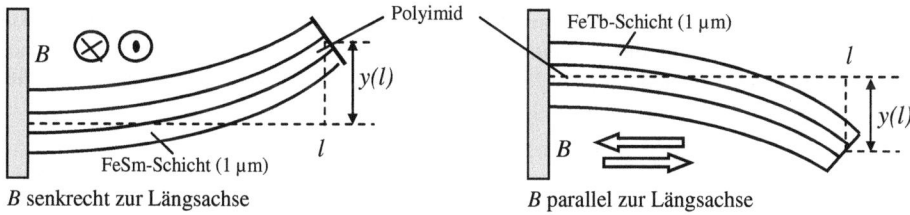

Bild 3.3-55 Magnetostriktiver Bimorph aus Fe/Sm- und Fe/Tb-Schichten auf Polyimid-Trägerfolie; Auslenkung nach oben bei B-Feld senkrecht zur Längsachse, nach unten bei B-Feld parallel zur Längsachse des Cantilever

Es wird jeweils eine Kombination von 1 µm dickem Eisen/Terbium (positiver Effekt) und 1 µm dickem Eisen/Samarium (negativer Effekt) auf 1 cm langen Polyimid-Cantilevern unterschiedlicher Dicke (7,5 µm, 50 µm, 125 µm) hergestellt. Wirkt ein B-Feld mit Feldrichtung parallel zur Cantilever-Längsachse, tritt eine Verbiegung des Bimorph nach unter ein, bei einer B-Feldrichtung senkrecht zur Längsachse verbiegt sich der Bimorph nach oben. Mit Terfanol D-Schichten (10 µm dick) auf Si-Cantilevern (2 cm lang, 50 µm dick) konnten Auslenkungen von ca. 200 µm bei geringen B-Feldern von 0,03 T erzielt werden [Quan95]. Anwendungen finden solche Strukturen z. B. in Flüssigkeitseinspritzsystemen, wo ein magnetostriktiver Cantilever durch eine außerhalb des Strömungskanals liegende Spule ausgelenkt wird. Durch die Auslenkung steuert er den Flüssigkeitsstrom zwischen zwei Auslässen. Mit einem 2 mm langen, 1 mm breiten und 20 µm dicken Cantilever wurden bei einem *B*-Feld von 0,02 T Auslenkungen von 15 µm bei Betriebsfrequenzen bis 1 kHz realisiert [Flik94]. Auch Drehmoment- und Beschleunigungssensoren (inverser Effekt) wurden mit magnetostriktiven Komponenten realisiert.

Generell scheint es bei Aktoren mit magnetischen Antriebsprinzipien aufgrund der Komplexität der involvierten Materialien und der unterschiedlichen Volumina beteiligter Komponenten schwierig zu sein, sie in einem durchgängigen Batch-Prozess zu fertigen. Das erschwert bisher ihren breiten Einsatz in Mikrosystemen.

3.3.6.6 Bauelemente für die Vakuum-Mikroelektronik

Sie gewinnen durch die Mikrosystemtechnik wieder an Bedeutung, da es möglich wird, Komponenten für die Emission von Elektronen ins Vakuum mit hinreichend hohen Stromdichten und für die Elektronenstrahlführung zu realisieren. Die dadurch mögliche Steuerung bzw. Führung von Strömen im Vakuum, wie sie in Elektronenröhren (z. B. Trioden) angewendet wurde, hat bei Realisierung in einer miniaturisierten Triode (Bild 3.3-57) einige Vorteile gegenüber herkömmlichen Transistoren (CMOS- oder Bipolar-Technologie) der Halbleiter-Mikroelektronik:

– kurze materialunabhängige Laufzeit zwischen Kathode und Anode im ps-Bereich [Bro 89]
– geringe Empfindlichkeit gegenüber hochenergetischer elektromagnetischer bzw. Teilchenstrahlung
– prinzipiell größerer Arbeitstemperatur-Bereich.

Obwohl die Vakuum-Mikroelektronik mit miniaturisierten Bauelementen noch am Anfang ihrer Entwicklung steht, sind wichtige Komponenten erfolgreich hergestellt und erprobt worden. Für die Elektronenemission ins Vakuum werden vorzugsweise Feldemissionsspitzen und -arrays genutzt, die eine „kalte" Feldemission (unter Verzicht auf thermische Anregung) gestatten. Diese Auslösung von Elektronen aus einer Festkörper-Oberfläche erfolgt durch ein starkes elektrisches Feld. Die Stromdichte j, die von einer Feldemissionsspitze emittiert wird, ist nach der Nordheim-Fowler-Gleichung [Fow28] von der Feldstärke E an der Spitze und der Elektronen-Austrittsarbeit Φ des verwendeten Spitzenmaterials abhängig (Gl. 3.3-92).

$$j = \frac{e^3 E^2}{8\pi h \Phi} \exp\left[\frac{-8\pi (2m_e)^{1/2} \Phi^{3/2}}{3 e h E}\right] \qquad (3.3\text{-}92)$$

Akzeptable Stromdichten lassen sich erst bei Feldstärken $E > 10^9$ V/m erzielen. Deshalb stellt man mikrotechnologisch sehr feine Spitzen mit Krümmungsradien von wenigen Nanometern her, an denen sich schon bei moderaten Spannungen von kleiner 100 V diese hohen Feldstärken erzeugen lassen. Dies gelingt allerdings nur, wenn die spannungsführende Elektrode in geringem Abstand von nur einigen µm zur Spitze positioniert wird [Orv89]. Bild 3.3-56a zeigt eine Herstellungstechnologie für ein Array aus Feldemissionsspitzen und zugehörigen Spannungselektroden [Spi76]. Nach dem Abscheiden von SiO_2 (1,5 µm) und Molybdän (0,4 µm) auf einem Silizium-Wafer wird das Metall lithographisch strukturiert, durch die Öffnungen (2 µm) entfernt man das SiO_2 mit beabsichtigter geringfügiger Unterätzung der Molybdänschicht. Durch schräges Aufdampfen von Aluminium bei gleichzeitiger Waferrotation können die Molybdänöffnungen weiter verkleinert werden. Bei erneutem Aufdampfen von Molybdän wachsen die Öffnungen allmählich zu, in den Ätzgruben entstehen kegelförmige Spitzen. Durch Ätzen des Aluminiums wird auch die geschlossene Mo-Schicht an der Oberfläche entfernt, es verbleiben Mo-Spitzen, die aufgrund der Prozesstechnologie exakt zentrisch zur Mo-Spannungselektrode positioniert sind. Mit dieser Technologie wurden Arrays mit 10^6 Spitzen

3.3 Mikrosensoren, Mikroaktoren und Fertigungsprozesse 273

pro cm^2 und Stromdichten bis zu 100 A/cm^2 erreicht [Spi84]. Bild 3.3-56b zeigt das Ergebnis einer solchen Spitzenherstellung, wobei in diesem Prozess anstelle des SiO$_2$ mit Mo-Maskierung ein dicker Photoresist (Image-Reversal-Resist) mit unterschnittener Flanke verwendet wurde [May94].

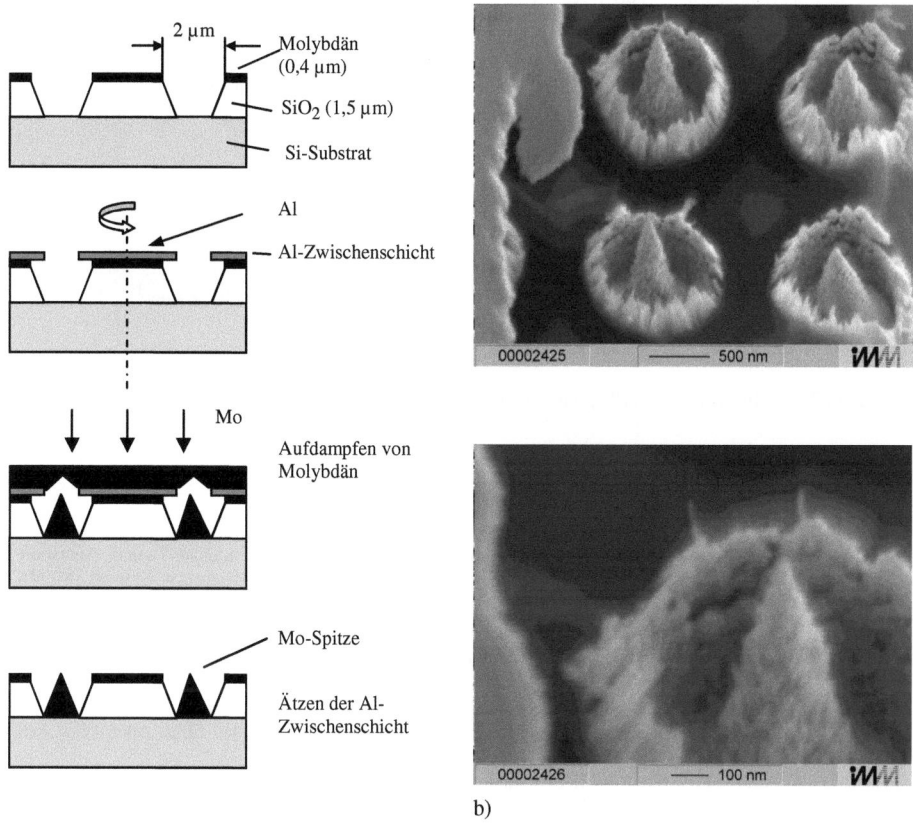

Bild 3.3-56 Feldemitter-Array [Spi76] und Herstellung von metallischen Spitzen durch allmählichen Verschluss einer Resistöffnung während der Beschichtung [May94]

Anwendungen für solche Arrays liegen überall dort, wo Elektronenquellen z. B. für Ionisationsprozesse benötigt werden. In der Entwicklung sind beispielsweise Ionisations-Vakuummeter für Druckmessungen im Hoch- und Ultrahochvakuum, bei denen die Glühkathode durch eine Feldemitter-Elektronenquelle ersetzt wird. In Bild 3.3-57 ist als Anwendungsbeispiel eine miniaturisierte Elektronenröhre (Mikrotriode) mit den oben genannten Vorteilen eines Bauelementes der Vakuum-Mikroelektronik dargestellt [Orv89]. Zunächst werden im anisotropen Ätzprozess eines (100)-Wafers Silizium-Spitzen (Kap. 3.1) strukturiert. Bild 3.3-57b zeigt die REM-Aufnahme einer solchen anisotrop geätzten Spitze. Diese wird durch Beschichtung (CVD-Prozess) in Phosphorsilikatglas (PSG) eingebettet. Durch Abscheiden von dotiertem

Polysilizium und Strukturierung entsteht eine Steuerelektrode (Gitter) mit kreisförmigen Öffnungen über der Kathodenspitze. Auf die Abscheidung einer zweiten PSG- und Polysilizium-Schicht (Anode) folgt das teilweise Entfernen des PSG, so dass die Spitze und die Kathoden-Anoden-Strecke freigelegt werden.

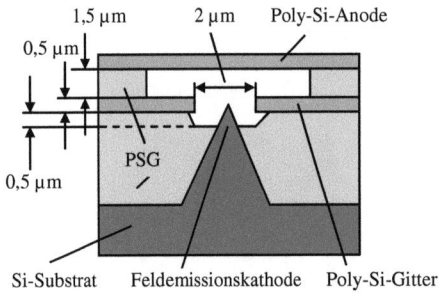

a) b)

Bild 3.3-57 Mikrotriode [Orv89] und anisotrop geätzte Silizium-Spitze

3.3.7 Literatur

[Abe94]   T. Abe, M. L. Reed, RF-Magnetron Sputtering of Piezoelectric Lead-Zirconate-Titanate Actuator Films Using Composite Targets, IEEE Intern. Workshop on Micro Electro Mechanical Systems (MEMS`94), Oiso, Japan, (1994), 164-169

[Abr86]   D. W. Abraham, H. J. Mamin, E. Ganz, J. Clarke, IBM Jour. Res. Develop. 30 (1986) 492

[Aig95]   R. Aigner et al., Transducers 95, Stockholm, Sweden (1995) 839

[Aka90]   S. Akamine et al., Sensors and Actuators A21-A23 (1990) 964

[All87]   M. G. Allen, M. Mehregany, R. T. Howe, S. D. Senturia, Microfabricated structures for the in-situ measurement of residual stress, Young's modulus, and ultimate strain of thin films, Appl. Phys. Lett., 51 (1987) 241

[Affane95]   W. Affane, T. S. Birch, A Microminiature Electromagnetic Middle-Ear Implant Hearing Device, Sensors and Actuators A 46-47 (1995) 584-587

[Arx97]   J. A. von Arx, K. Najafi, On-Chip Coils with Integrated Cores for Remote Inductive Powering of Integrated Microsystems, Transducers`97, Chicago, (1997), 999-1002

[Arx98]   M. von Arx, Thermal Properties of CMOS Thin Films, Ph. D. Thesis, ETH Zürich (1998), Diss. ETH No. 12743

[Barron95]   A. E. Barron, H. Blanch, DNA Separation by Slab Gel and Capillary Electrophoresis: Theory and Practice, Separation and Purification Methods 24 (1995) 1-118

[Bart88]   S. F. Bart, T. A. Lober, R. T. Howe, J. H. Lang, M. F. Schlecht, Design Considerations for Micromachined Electric Actuators, Sensors and Actuators 14 (1988) 269-292

[Barth95]   P. W. Barth, Silicon Microvalves for Gas Flow Control, Transducers`95, Stockholm, (1995), 276-280

[Ben89]   W. Benecke, Grundstrukturen und Elemente der Mikromechanik, in A. Heuberger (Hrsg.), Mikromechanik, Springer, Berlin (1989) 343

[Ben91]   W. Benecke, Silicon-Microactuators: Activation Mechanisms and Scaling Problems, Transducers`91, San Francisco, (1991), 46-50

[Benard97]   W. L. Benard et al., A titanium-nickel shape-memory alloy actuated micropump, Transducers`97, Chicago, (1997), 361-364

[Bis89]   R. Bischof, R. Vuilleumier, F. Porret, AMA-Seminar Mikromechanik, Heidelberg (1989) 179

[Bol93]   T. Boltshauser, CMOS Humidity Sensors, Ph. D. Thesis, ETH Zürich (1993), Diss. ETH No. 10320

3.3 Mikrosensoren, Mikroaktoren und Fertigungsprozesse

[Bollee69]   B. Bollee, Electrostatic Motors, Philips Techn. Rev. 30 (1969) 178-194
[Bon95]   K. W. Bonfig (Hrsg.), Sensorik Band 6, Temperatursensoren, Expert-Verlag, Renningen-Malmsheim (1995)
[Böttner02] H. Böttner, Proc. 21st. Int. Conf. on Thermoelectrics, Long Beach (2002) 511
[Bou90]   S. Bouwstra, R. Legtenberg, H. A. C. Tilmans, M. Elwenspoek, Sensors and Actuators A21-A23 (1990) 332
[Bra94]   O. Brand, Micromechanical Resonators for Ultrasound Based Proximity Sensing, Ph. D. Thesis, ETH Zürich (1994), Diss. ETH No. 10896
[Bro80]   M. Brodsky, A. Hartstein, IBM Technical Disclosure Bulletin 23 (1980) 394
[Bro89]   I. Brodie, IEEE Trans. Electron Devices ED-36 (1989) 2641
[Bry88]   J. Bryzek, J. R. Mullon, K. Petersen, P. Barth, Silicon Sensors and Microstructures, Firmenschrift NovaSensor, Silicon Valley (1988)
[Büh97]   J. Bühler, Deformable Micromirror Arrays by CMOS-Technology, Ph. D. Thesis, ETH Zürich (1997), Diss. ETH No. 12139
[Busch92]   I. J. Busch-Vishniac, The Case for Magnetically Driven Microactuators, Sensors and Actuators A33 (1992) 207-220
[Büst94]   B. Büstgens, W. Bacher, W. Bier, R. Ehnes, D. Maas, R. Ruprecht, K. Schomburg, Micromembrane pump manufactured by molding, Actuators`94, Bremen, Germany, (1994), 86
[Chang02]   K.-M. Chang, S.-C. Lee, S. H. Li, Squeeze film damping effect on a MEMS torsion mirror, Jour. Micromech. Microeng. 12 (2002) 556-561
[Cho92]   S. T. Cho, K. Najafi, C. E. Lowman, K. D. Wise, IEEE Trans. Electron Devices 39 (1992) 825
[Con82]   J. O`Connor, J. Patton, Meeting Electrochem. Soc., Montreal (1982), Abstr. No. 119
[Cse84]   L. Csepregi, K. Kühl, R. Nießl, R. Seidel, BMFT-Forschungsbericht T84-209 (1984)
[Denn80]   M. M. Denn, Process Fluid Mechanics, Prentice Hall; Englewood Cliffs, N. J., (1980)
[Dilhaire03] S. Dilhaire, Y. Ezzahri, S. Grauby, W. Claeys, J. Christofferson, Y. Zhang, A. Shakouri, Proc. 22nd. Int. Conf. on Thermoelectrics, La Grande-Motte (2003) 519
[Diliber03] S. Diliberto, S. Michel, C. Boulanger, J. M. Lecuire, M. Jägle, S. Drost, H. Böttner, Proc. 22nd. Int. Conf. on Thermoelectrics, La Grande-Motte (2003) 661
[Din93]   H. Dintner, M. Klonz, A. Lerm, F. Völklein, T. Weimann, IEEE Trans. Instr. Meas. 42 (1993) 612
[Elb92]   T. Elbel et al., Temperatur 92, Düsseldorf, VDI-Berichte 982 (1992) 63
[FhG90]   Fraunhofer-Gesellschaft: Metalloxid-Dünnfilm-Gassensoren auf der Basis von Zinnoxid, Informationsschrift III-90, (1990)
[Flik94]   G. Flik, Giant magnetostrictive thin film transducers for microsystems, Actuators`94, Bremen, (1994), 232-235
[Fluit96]   J. H. J. Fluitman, H. Guckel, Micro Actuator Principles, MST news 18 (1996)
[Flynn92]   A. M. Flynn, L. S. Tavrow, S. F. Bart, R. A. Brooks, D. J. Ehrlich, K. R. Udayakumar, L. E. Cross, Piezoelectric Micromotors, Jour. Microelectromech. Systems 1 (1992) 44-52
[Fow28]   R. H. Fowler, L. W. Nordheim, Proc. Royal Soc. London, A119 (1928) 173
[Franz95]   J. Franz et al., A silicon microvalve with integrated flow sensor, Transducers`95, Stockholm, (1995), 313-316
[Fujita90]   H. Fujita, Electrostatic and Superconducting Microactuators, Proc. Micro System Technologies `90, Berlin, (1990), 818
[Fujita95]   H. Fujita, Recent progress in microactuators and micromotors, Microsystem Technologies 1 (1995) 93
[Geß96]   T. Geßner, Spektrum der Wissenschaft, Dossier Mikrosystemtechnik, Mai (1996)
[Ghandi92]   M. V. Ghandi, B. S. Thompson, Smart Materials and Structures, Chapman & Hall, London, (1992)
[Göp85]   W. Göpel, Technisches Messen 52 (1985), No. 2, 47; No. 3, 92; No. 5, 175
[Gre88]   J. C. Greenwood, Jour. Phys. E, Sci. Instr. 21 (1988) 1114
[Guc85]   H. Guckel, T. Randazzo, D. W. Burns, Jour. Appl. Phys. 57 (1985) 1671
[Har80]   A. Hartstein, IBM Technical Disclosure Bulletin 22 (1980) 5575
[Har92]   Platin-Meßwiderstände, Hartmann & Braun Sensycon, Alzenau (1992)
[Heinzl85]   J. Heinzl, C. H. Hertz, Ink jet printing, in Advanced Electronics and Electron Physics, Academic Press, New York, (1985), 91
[Her86]   A. W. van Herwaarden, P. M. Sarro, Sensors and Actuators 10 (1986) 321
[Her89]   A. W. van Herwaarden, D. C. van Duyn, B. W. van Oudheusden, P. M. Sarro, Sensors and Actuators A21-A23 (1989) 621

[Heuser04] T. Heuser, Fabrication of microfluidic chips with integrated electrodes, Diplomarbeit FH Wiesbaden/ Universität Twente, Januar (2004)
[Hey93] W. Heywang (Hrsg.), Sensorik, Springer, Berlin (1993)
[Honda94] T. Honda, K. I. Arai, M. Yamaguchi, Fabrication of Actuators Using Magnetostrictive Thin Films, IEEE Intern. Workshop on Micro Electro Mechanical Systems (MEMS`94), Oiso, Japan, (1994), 51-56
[Hor83] L. Hornbeck, IEEE Trans. Electron Devices, 30 (1983) 539
[How85] R. Howe, R. Muller, Transducers 85, Philadelphia, USA (1985) 101
[Hri78] M. Hribsek, R. Newcomb, IEEE Trans. on Circuits and Systems 25 (1978) 215
[Jacquot02] A. Jacquot, W. L. Liu, G. Chen, J.-P. Fleurial, A. Dauscher, B. Lenoir, Proc. 21st. Int. Conf. on Thermoelectrics, Long Beach (2002) 561
[Johnson91] A. D. Johnson, Vacuum-Deposited TiNi shapeMemory Film: Characterization and Applications in Microdevices, Jour. Micromech. Microeng. 1 (1991) 34-41
[Johnson92] A. D. Johnson et al., Fabrication of silicon-based shape memory alloy micro-actuators, Mat. Res. Soc. Symp. Proc. 276 (1992)
[Jorgen81] J. W. Jorgensen et al., High Resolution Separations Based on Electrophoresis and Electro-osmosis, Jour. Chromatography 218 (1981) 209-214
[Juang02] P.-A. Juang, W. Brenner, Vibration characteristic identification by experiment of a new disc-type ultrasonic stator, Jour. Micromech. Microeng. 12 (2002) 598-603
[Jungni04] U. Jungnickel, D. Eicher, H. F. Schlaak, Novel Micro-Positioning System using Parallel Kinematics and Inchworm Actuator Platform, Proc. Actuator 2004, Bremen, Germany, (2004), 110-113
[Kal98] G. Kaltsas, A. G. Nassiopoulou, Eurosensors XII, Southampton, UK, Vol. 2 (1998) 757
[Kan82] Y. Kanda, IEEE Trans. Electron Devices, ED-29 (1982) 64
[Kap00] H. Kapels, Material and device characterisation in silicon micromachining, Proc. of Symposium on Microtechnology in Metrology and Metrology in Microsystems, Delft, The Netherlands (2000)
[Kas73] G. Kassebeer, ATM Meßtechnische Praxis (1973) R1
[Keosch02] R. Keoschkerjan, H. Wurmus, A Novel Microgripper with Parallel Movement of Gripping Arms, Proc. Actuator, Bremen, Germany, (2002), 321-324
[Kha94] A. D. Khazan, Transducers and Their Elements, PTR Prentice Hall, Englewood Cliffs, NJ, (1994)
[Kle83] M. Klein, M. Kuisl, T. Ricker, Technisches Messen 50 (1983) 381
[Klo94] B. Kloeck, Piezoresistive Sensors, in Bau, de Rooij, Zemel (Eds.) Sensors, Vol. 7 (Mechanical Sensors), VCH-Verlag, Weinheim (1993)
[Köh98] J. M. Köhler, V. Baier, T. Schulz, U. Dillner, Eurosensors XII, Southampton, UK, Vol. 2 (1998) 765
[Kohl97] M. Kohl, K. D. Skrobanek, Linear microactuators based on the shape memory effect, Transducers`97, Chicago, (1997), 785-788
[Kop92] P. Kopystynski et al., Sensoren, Bad Nauheim, VDI-Berichte 939 (1992) 179
[Krause95] P. Krause, E. Obermeier, W. Wehl, Backshooter – a new smart micromachined single-chip ink jet printhead, Transducers`95, Stockholm, (1995), 325
[Kru94] P. A. Krulevitch, Micromechanical Investigations of Silicon and Ni-Ti-Cu Thin Films, Ph. D. Thesis, UC Berkeley (1994)
[Kumar92] S. Kumar, D. Cho, W. N. Carr, Experimental Study of Electric Suspension for Microbearings, Jour. Microelectromech. Systems 1 (1992) 23-30
[Lammer93] T. Lammerink, M. Elwenspoek, J. Fluitman, Integrated microliquid dosing system, IEEE Micro Electro Mechanical Systems 1993, Fort Lauderdale, (1993), 254
[Len94] R. Lenggenhager, CMOS Thermoelectric Infrared Sensors, Ph. D. Thesis ETH Zürich (1994), Diss. ETH No. 10744
[Lim02] J. R. Lim, G. J. Snyder, C.-K. Huang, J. A. Herman, M. A. Ryan, J.-P. Fleurial, Proc. 21st. Int. Conf. on Thermoelectrics, Long Beach (2002) 535
[Lin88] H. T. G. v. Lintel, F. C. van de Pol, S. Bouwstra, Sensors and Actuators 15 (1988) 153
[Lin93] L. Lin, Selective Encapsulation of MEMS: Micro Channels, Needles, resonators and Electromechanical Filters, Ph. D. Thesis, UC Berkeley (1993)
[Lisec94] T. Lisec, S. Hoerschelmann, H. J. Quenzer, B. Wagner, W. Benecke, A fast switching silicon valve for pneumatic control systems, Actuators`94, Bremen, Germany, (1994), 30
[Lun93] I. Lundström et al., Sensors 93, Nürnberg (1993) 169
[Ma03] W. Ma, Y. Zohar, M. Wong, Design and characterization of inertia-activated electrical micro-switches fabricated and packaged using low-temperature photoresist molded metal-electroplating technology, Jour. Micromech. Microeng. 13 (2003) 892-899

3.3 Mikrosensoren, Mikroaktoren und Fertigungsprozesse

[Ma04]   W. Ma, G. Li, Y. Zohar, M. Wong, Fabrication and packaging of inertia micro-switch using low-temperature photo-resist molded metal-electroplating technology, Sensors and Actuators A 111 (2004) 63-70
[Mad97] M. Madou, Fundamentals of Microfabrication, Boca Raton (1997)
[Maha87] R. Mahadevan, Capacitance Calculations for a Single-Stator, Single-Rotor Electrostatic Motor, Proc. IEEE Micro Robots and Teleoperators Workshop, Hyannis, Mass., (1987), 151-158
[Maha90] R. Mahadevan, Analytical Modelling of Electrostatic Structures, Proc. IEEE Micro Electro Mechanical Systems (MEMS`90), Napa Valley, Calif., (1990), 120-127
[Marek91] J. Marek, F. Bantien, H.-P. Trah, Sensoren und Aktoren in Silizium-Mikromechanik, in Halbleiter in Forschung und Technik, expert-Verlag, Ehningen, (1991)
[Marlow95] R. Marlow, E. Burke, Module design and fabrication, in CRC Handbook of Thermoelectrics, D. M. Rowe, Ed., Boca Raton: CRC Press (1995) 597
[Marxer99] C. Marxer, O. Manzardo, H.-P. Herzig, R. Dändliker, N. F. de Rooij, An Electrostatic Actuator with Large Dynamic Range and Linear Displacement-Voltage Behaviour for a Miniature Spectrometer, Transducers `99, Vol. 1 (1999) 786-789
[Mas91] C. R. Mastrangelo, R. S. Muller, Transducers 91, San Francisco, CA (1991) 245
[Matoba94] H. Matoba, T. Ishikawa, C. J. Kim, R. S. Muller, A bistabile snapping microaktuator, IEEE Micro Electro Mechanical Systems, Oiso, Japan, (1994), 45
[May94] K. Mayr, Herstellung eines Nanowerkzeuges in Form einer dreidimensional beweglichen Feldemissionsspitze auf der Basis eines stressoptimierten Mehrschichtsystems, Diplomarbeit FH Wiesbaden, (1994)
[Mehner94] J. Mehner, Mechanische Beanspruchungsanalyse von Siliziumsensoren und –aktoren unter dem Einfluss von elektrostatischen und Temperaturfeldern, Diss. TU Chemnitz-Zwickau, (1994)
[Mehre90] M. Mehregany, P. Nagarkar, S. D. Senturia, J. H. Lang, Operation of Microfabricated Harmonic and Ordinary Side-Drive Motors, Proc. IEEE Micro Electro Mechanical Systems (MEMS`90), Napa Valley, Calif., (1990), 1-8
[Miao02] L. Miao et al., Adaptive contact for improving the behavior of silicon MEMS switches, Jour. Micromech. Microeng. 12 (2002) 696-701
[Mic91] Microsens SA, Neuchatel/Switzerland, Informationsschrift, (Mai 1991)
[Mohr92] J. Mohr, P. Bley, M. Strohrmann, U Wallrabe, Microactuators fabricated by the LIGA process, Actuators`92, Bremen, Germany, (1992), 19
[Moron90] R. M. Moroney, R. M. White, R. T. Howe, Ultrasonic Micromotors: Physics and Applications, IEEE Micro Electro Mechanical Systems, (1990), 182-187
[Moron91] R. M. Moroney, R. M. White, R. T. Howe, Microtransport Induced by Ultrasonic Waves, Appl. Phys. Lett. 59 (1991) 774-776
[Mül95] M. Müller et al., Transducers 95, Stockholm, Sweden Vol. 2 (1995) 640
[Muller87] R. S. Muller, From ICs to Microstructures: Materials and Technologies, Proc. IEEE Micro Robots and Teleoperators Workshop, Hyannis, Mass., (1987), 21-25
[mymot02] www.mymotors.de, Penny-Motoren – die Basis unserer Antriebslösungen
[Nalwa95] H. S. Nalwa (Ed.), Ferroelectric Polymers: Chemistry, Physics, and Applications, Marcel Dekker, New York, (1995)
[Nat67] H. Nathanse et al., IEEE Trans. Electron Devices 14 (1967) 117
[Neh95] S. Nehlsen et al., Sensor 95, Nürnberg (1995) 451
[Nus88] F. Nuscheler, Arch. f. Elektronik u. Übertragungstechnik 42 (1988) 80
[Obe91] E. Obermeier, P. Kopystynski, R. Neißl, Characteristics of Polysilicon Layers and Their Applications in Sensors, in R. S. Muller, R. T. Howe, S. D. Senturia, R. L. Smith, R. M. White (Eds.), IEEE Press, New York (1991) 83
[Ohnstei90] T. Ohnstein, T. Fukiura, J. Ridley, V. Bonne, Micromachined Silicon Microvalve, Proc. IEEE Micro Electro Mechanical Systems (MEMS`90), Napa Valley, Calif., (1990), 95-98
[Orv89] W: J. Orvis et al., IEEE Trans. Electron Devices ED-36 (1989) 2651
[Pan91] J. Y. Pan, A Study of Suspended-Membrane and Acoustic Techniques for the Determination of the Mechanical Properties of Thin Polymer Films, Ph. D. Thesis, Massachusetts Institute of Technology, (1991)
[Pan02] C. H. Pan, A simple method for determining linear thermal expansion coefficients of thin films, Jour. Micromech. Microeng. 12 (2002) 548-555
[Pantuso97] F. Pantuso, Micromachine Devices 6 (1997) 1-2
[Pap83] D. Pape, L. Hornbeck, Optical Engineering 22 (1983) 675
[Park02] S. Park, K.-C. Lee, Design and Analysis of a microelectromagnetic vibration transducer used as an implantable middle ear hearing aid, Jour. Micromech. Microeng. 12 (2002) 505-511

[Pea85]   R. A. Pease, Instr. and Control News, (1985)
[Pee94]   E. Peeters, Process Development for 3D Silicon Microstructures, with Application to Mechanical Sensor Design, Ph. D. Thesis, Catholic University of Louvain, Belgium (1994)
[Pet77]   K. Petersen, Appl. Phys. Lett. 31 (1977) 521
[Pet78]   K. Petersen, IEEE Trans. Electron Devices 25 (1978) 1241
[Pet79]   K. Petersen, Micromechanical Membrane Switches on Silicon, IBM Jour. Res. Develop. 23 (1979) 376
[Pet80]   K. Petersen, IBM Jour. Res. Develop. 24 (1980) 631
[Pet82]   K. Petersen, A. Shartel, N. Raley, IEEE Trans. Electron Devices 29 (1982) 23
[Pet85]   K. Petersen, J. Brown, W. Renken, Transducers 85, Philadelphia, USA (1985) 361
[Pfe89]   G. Pfeifer, R. Werthschützky, Drucksensoren, Verlag Technik, Berlin (1989)
[Piezo95]   Piezofibel: Theorie, Anleitung, Anwendung, piezosystem jena (1995)
[Polla86]   D. Polla, R. S. Muller, Zinc-Oxide Thin Films for Integrated-Sensor Applications, Techn. Digest: IEEE Solid-State Sensors Workshop, IEEE, (1986)
[Poura92]   F. Pourahmadi, L. Christel, K. Petersen, Silicon accelerometer with new thermal self test mechanism, Solid-State sensor and Actuator Workshop, Hilton Head Island, (1992), 122
[Pro92]   P. Profos, T. Pfeifer (Hrsg.), Handbuch der industriellen Meßtechnik, R. Oldenbourg, München (1992)
[Prob94]   R. F. Probstein, Physicochemical Hydrodynamics, John Wiley & Sons, New York, (1994)
[PTB98]   PTB News 98.2, Deutsche Ausgabe, August (1998)
[Qiao02]   R. Qiao, N. R. Aluru, A compact model for electroosmotic flows in microfluidic devices, Jour. Micromech. Microeng. 12 (2002) 625-635
[Quan94]   E. Quandt et al., Magnetostrictive thin film actuators, Actuators`94, Bremen, (1994), 229-231
[Quan95]   E. Quandt, K. Seemann, Fabrication and Simulation of Magnetostrictive Thin-Film Actuators, Sensors and Actuators A50 (1995) 105-109
[Quandt95] E. Quandt, H. Holleck, Materials development for thin film actuators, Microsystem Technologies 1 (1995) 178
[Rei89]   H. Reichl (Hrsg:), Halbleitersensoren, Expert-Verlag Ehningen (1989)
[Ric90]   T. Ricolfi, J. Scholz (Eds.), Thermal Sensors, VCH-Verlag Weinheim (1990)
[Rieth88]   W. Riethmüller, W. Benecke, Thermally excited silicon microactuators, IEEE Transactions on Electron Devices 35 (1988) 758
[Rin85]   M. Ringger et al., Appl. Phys. Lett. 46 (1985) 832
[Rogach94] N. N. Rogacheva, The Theory of Piezoelectric Shells and Plates, CRC Press, Boca Raton, Fl., (1994)
[Rowe98]   D. M. Rowe, Gao Min, F. Völklein, Proc. 33rd Int. Engineering Conf. on Energy Conversion, Colorado Springs (1998) 24
[San80]   C. S. Sander, J. W. Knutti, J. Meindl, IEEE Trans. Electron Devices ED-27 (1980) 927
[Scha92]   H. Schaumburg, Sensoren, Teubner, Stuttgart (1992)
[Sche93]   G. Scheller, Sensor 93, Nürnberg (1993) 87
[Schi95a]   J. Schieferdecker, R. Quad, E. Holzenkämpfer, M. Schulze, Sensors and Actuators, A46-A47 (1995) 422
[Schmidt88] M. A. Schmidt, Microsensors for the Measurement of Shear Forces in Turbulent Boundary Layers, PhD Thesis, Massachusetts Institute of Technology, 1988
[Schuma23] W. O. Schumann, Elektrische Durchbruchfeldstärke von Gasen, Springer-Verlag, Berlin, (1923)
[Sei66]   T. Seiyama, S. Kagawa, Anal. Chem. 38 (1966) 1069
[Sek82]   M. Sekimoto, H. Yoshihara, T. Ohkubo, Jour. Vac. Sci. Technol. 21 (1982) 1017
[Sen87]   S. Senturia, Proc. IEEE Micro Robots and Teleoperators Workshop, Hyannis, MA (1987) 3
[Seok02]   S. Seok, B. Lee, K. Chun, A new electrical residual stress characterization using bent beam actuators, Jour. Micromech. Microeng. 12 (2002) 562-566
[Sie91]   Halbleiter-Sensoren, Siemens AG, München (1991)
[Shi91]   J.-S. Shie, P. K. Weng, Transducers 91, San Francisco, CA (1991) 627
[Silva03]   L. W. da Silva, M. Kaviany, A. DeHennis, J. S. Dyck, Proc. 22nd. Int. Conf. on Thermoelectrics, La Grande-Motte (2003) 665
[Simu02]   U. Simu, S. Johansson, Fabrication of monolithic piezoelectric drive units for a miniature robot, Jour. Micromech. Microeng. 12 (2002) 582-589
[Smi54]   C. S. Smith, Phys. Rev. 94 (1954) 42
[Spi76]   C. A. Spindt, I. Brodie, L. Humphrey, E. R. Westerberg, Jour. Appl. Phys. 47 (1976) 5248
[Spi84]   C. A. Spindt, C. F. Holland, R. D. Stowell, Jour. Physique 45 (1984) C9-269
[Ste94]   K. Steiner et al., Microsystem Technologies 94, Springer, Berlin (1994) 429

[Ste95]	K. Steiner, Y. Boubnov, W. Göpel, Techn. Messen 62 (1995) 145
[Strass00]	M. Strasser, R. Aigner, G. Wachutka, Proc. Eurosensors XIV, Copenhagen (2000) 17
[Tab86]	O. Tabata, IEEE Trans. Electron Devices ED-33 (1986) 361
[Tab87]	O. Tabata, H. Inagaki, I. Igarashi, Transducers 87, Tokyo, Japan (1987) 340
[Tai89]	Y. Tai, L. Fan, R. Muller, IC-Processed Micromotors: Design, Technology, and Testing, Proc. IEEE Micro Electro Mechanical Systems (MEMS`89), Salt LakeCity, Utah, (1989), 1-6
[Tang89]	W. C. Tang, T. H. Nguyen, R. T. Howe, Laterally Driven Polysilicon Resonant Microstructures, Sensors and Actuators 20 (1989) 25-32
[Tang90]	W. C. Tang, Electrostatic Comb Drive for Resonant Sensors and Actuators Applications, PhD Thesis, University of California, Berkeley, (1990)
[Trimm87]	W. S. N. Trimmer, K. J. Gabriel, Design Considerations for a Practical Electrostatic Micro-Motor, Sensors and Actuators 11 (1987) 189-206
[Tsui04]	K. Tsui, A. A. Geisberger, M. Ellis, G. D. Skidmore, Micromachined end-effector and techniques for directed MEMS assambly, Jour. Micromech. Microeng. 14 (2004) 542-549
[Virta71]	R. Virtanen, Acta Polytech. Scand. 123 (1974) 1-67
[Völ90]	F. Völklein, A. Wiegand, Sensors and Actuators A24, (1990) 1
[Völ91]	F. Völklein, W. Schnelle, Sensors and Materials 3 (1991) 41
[Völ92]	F. Völklein, H. Baltes; Jour. Microelectromechanical Systems, 1 (1992) 193
[Völk99]	F. Völklein, Gao Min, D. M. Rowe, Sensors and Actuators A, 75 (1999) 95
[Wac91]	G. Wachutka, R. Lenggenhager, D. Moser, H. Baltes, Transducers 91, San Francisco, CA (1991) 22
[Wag99]	P. Wagler, S.-P. Heyn, B. Clasbrummel, Deutsches Ärzteblatt 96 (1999) A-1830
[Wagner92]	B. Wagner, M. Kreutzer, W. Benecke, Microactuators with moving magnets for linear, torsional or multiaxial motion, Sensors and Actuators A32 (1992) 598-603
[Wagner93]	B. Wagner, M. Kreutzer, W. Benecke, Permanent Magnet Micromotors on Silicon Substrates, Jour. Microelectromech. Systems 2 (1993) 23-29
[Walker90]	J. A. Walker, Sensors and Actuators A 21-23 (1990) 243-246
[Wehl95]	W. Wehl, Tintendrucktechnologie: Paradigma und Motor der Mikrosystemtechnik, Feinwerktechnik, Mikrotechnik, Messtechnik F&M 103 (19995) 318 und 103 (1995) 486
[Wijng02]	D. D. L. Wijngaards, R. F. Wolffenbuttel, Temperature Stability Improvement of On-Chip Reference Elements using Integrated Peltier Coolers, Proc. Intern. Conf. on Precision Electromagn. Measurements (CPEM`02), Ottawa, Canada, (2002)
[Winslow47]	W. M. Winslow, US-Patent Nr. 2.417.550, (1947)
[Yama94]	Y. Yamagata, T. Higuchi, N. Nakamura, S. Hamamura, A micro mobile mechanism using thermal expansions and its theoretical analysis, IEEE Micro Electro Mechanical Systems, Oiso, Japan, (1994), 142
[Yao01]	D.-J. Yao, C.-J. Kim, G. Chen, J. L. Liu, K. L. Wang, J. Snyder, J.-P. Fleurial, Proc. 20th Int. Conf. on Thermoelectrics, Beijing (2001) 401
[Zander02]	M Zander, M. Nienhaus, Mikroantriebe funktionieren anders, F&M Antriebstechnik 110 (2002) 58-60
[Zdebli94]	M. J. Zdeblick, R. Anderson, J. Jankowski, B. Kline-Schoder, L. Christel, R. Miles, W. Weber, Thermopneumatically actuated microvalves and integrated electro-fluidic circuits, Actuators`94, Bremen, Germany, (1994), 56-60
[Zelenka86]	J. Zelenka, Piezoelectric Resonators and Their Applications, Elsevier, Amsterdam, (1986)
[Zhang03]	Q. Q. Zhang, S. J. Gross, S. Tadigadapa, T. N. Jackson, F. T. Djuth, S. Trolier-McKinstry, Lead zirconate titanate films for d_{33} mode cantilever actuators, Sensors and Actuators A105 (2003) 91-97
[Zie99]	V. Ziebart, Mechanical Properties of CMOS Thin Films, Ph. D. Thesis, ETH Zürich (1999), Diss. ETH No. 13457
[Zollner94]	A. Zollner, B. Hochwind, M. Fähndrich, Thermodynamic and fluid dynamic simulation of micromechanical manufactured bubble-jet-printheads, in H. Reichl (Ed.), Micro System Technologies, Berlin, (1994), 908
[Zou01]	H. Zou, D. M. Rowe, S. G. K. Williams, Proc. 20th Int. Conf. on Thermoelectrics, Beijing (2001) 314

3.4 Mikrofluidische Grundstrukturen und Fertigungsprozesse

Mikrofluidische Komponenten spielen eine immer größere Rolle in der Mikrosystemtechnik, vor allem auf den Gebieten Chemie, Biologie, Biochemie, Pharmazie und Medizintechnik. Unter Mikrofluidik wird allgemein die kontrollierte Einspeisung, Vermischung, Steuerung und Reaktionskontrolle von Flüssigkeiten und Gasen in mikrotechnischen Bauteilen oder Systemen verstanden. Hierfür wurden inzwischen zahlreiche Komponenten und monolithische bzw. hybride Systeme entwickelt, die Fluidtechnik im Kleinen ermöglichen und die gezielte Anwendung charakteristischer Dimensionen im Mikrometerbereich für die Gestaltung fluidischer Prozesse erlauben.

Der Ursprung mikrofluidischer Systeme liegt etwa dreißig Jahre zurück, als erste Ideen für Gaschromatographen und Tintenstrahldrucker entwickelt wurden [Terry79, Tuckerman81, Zdeblick86, Bassous77, Petersen79, Petersen83]. Inzwischen gibt es zahlreiche Komponenten und Systeme für die verschiedensten Anwendungen, denen charakteristische funktionsbestimmende Abmessungen im Mikrometerbereich gemeinsam sind. Tabelle 3.4-1 zeigt einige Beispiele, die hier grob in passive und aktive Komponenten sowie in Systeme eingeteilt wurden.

Tabelle 3.4-1 Beispiele mikrofluidischer Komponenten und Systeme

Passive Komponenten		Aktive Komponenten	Systeme
Filter	Düsen	Ventile	Mikroanalysesysteme
Mischer	Oszillatoren	Pumpen	Tintenstrahldrucker
Wärmetauscher	Dioden	Fluidverstärker	Mikrodosiersysteme
Fluidkanäle	µ-Heatpipes	Durchflusssensoren	Gaschromatographen
			Mikroreaktoren

Ein noch relativ junges Gebiet ist dabei die Mikroreaktionstechnik, die in den letzten Jahren einen enormen Aufschwung erlebt hat [Jähnisch04]. Dabei wirken die vielfältigen Möglichkeiten der mikrotechnischen Fertigung von passiven und aktiven Fluidkomponenten bis hin zu kompletten Reaktorsystemen und prozesstechnische, ökonomische und ökologische Vorteile der Chemie im ml-Bereich zusammen. Auf dieser Basis wurden völlig neue Konzeptionen chemischer und biochemischer Reaktionen und Synthesen entwickelt [Benson93, Ehrfeld98].

Miniaturisierte Systeme für die chemische und biochemische Analyse haben in jüngster Zeit enormes Interesse gefunden. Aus der Verknüpfung mikrofluidischer Komponenten mit Bauelementen der Sensorik und Signalverarbeitung entstanden inzwischen komplexe Analytik-Systeme für kleine Gas- oder Flüssigkeitsvolumina, sogenannte µTAS (Micro Total Analysis Systems) [Berg94, Widmer96, Manz98]. Wegen der Komplexität dieser Systeme kann man sie als Labors auf Chipebene (Lab-on-a-Chip) bezeichnen.

Die theoretische Beschreibung der Dynamik von Fluiden ist ein Teilgebiet der Kontinuumsmechanik. Viele praktisch relevante Problemstellungen lassen sich auf der Basis der Navier-Stokes-Gleichungen analysieren:

Kontinuitätsgleichung: $\quad \frac{\partial \rho}{\partial t} + \vec{v} \cdot \nabla \rho + \rho \nabla \vec{v} = 0 \quad$ (3.4-1)

Bewegungsgleichung: $\quad \rho(\frac{\partial \vec{v}}{\partial t} + \vec{v} \cdot \nabla \vec{v}) = \vec{f} - \nabla p + (\frac{\eta}{3})\nabla(\nabla \vec{v}) + \eta \Delta \vec{v} \quad$ (3.4-2)

(mit ρ: Dichte, t: Zeit, $\vec{v}$: Geschwindigkeitsvektor, p: Druck, η: dynamische Viskosität, $\vec{f}$: Kraft pro Volumeneinheit). Gl. (3.4-2) stellt für ein infinitesimales Fluidvolumen das Äquiva-

3.4 Mikrofluidische Grundstrukturen und Fertigungsprozesse

lent zur Newton'schen Bewegungsgleichung dar. Mit den Navier-Stokes-Gleichungen lässt sich die Dynamik eines Fluids in einem beliebigen Raumgebiet beschreiben [Truckenbrodt89, Spurk93, Iben97]. Man berechnet mit ihnen die unbekannten Größen Druck und Geschwindigkeit des Strömungsfeldes. Dabei muss die Kontinuitätsgleichung erfüllt werden, die die lokale Erhaltung der Fluidmasse beinhaltet.

Für die Auslegung eines Bauteils oder die Interpretation von experimentellen Ergebnissen werden bei einfachen mikrofluidischen Komponenten analytische Modelle verwendet. Dagegen wird das Verhalten von Fluiden in komplexen Systemen mit numerischen Näherungslösungen der Navier-Stokes-Gleichungen simuliert. Lösungen der Navier-Stokes-Gleichungen sind erst nach Definition problemangepasster Randbedingungen möglich. Für komplexe Strukturen werden Diskretisierungsverfahren eingesetzt, bei denen die Geometrie in genügend kleine Teilvolumina zerlegt wird, auf denen Ansatzfunktionen definiert sind oder für die die Integralform der Navier-Stokes-Gleichungen angewendet wird [Pol90, Swart91, Lammerink92, Ijntema92, Park88, Perera90]. Entsprechende Software wie CFX4 oder ANSYS/FLOTRAN kann nach Festlegung der Randbedingungen als Simulationswerkzeug verwendet werden. Randbedingungen für das Fluid sind z. B. die Geschwindigkeit an einer Grenzfläche oder der Druck an Rändern des Strömungsgebietes. Für solche Berechnungen ist auch der Charakter der Strömung von Bedeutung, der turbulent oder laminar sein kann. Bei makroskopischen Systemen mit inkompressiblen Flüssigkeiten ist es üblich, die Reynolds-Zahl Re zu berechnen. Sie charakterisiert das Verhältnis zwischen Trägheitskraft und Reibungskraft und wird für Strömungen durch ein Rohr (Durchmesser D_h) berechnet gemäß:

$$Re = v D_h \rho / \eta \qquad (3.4-3)$$

mit v: mittlere Geschwindigkeit, ρ: Dichte des Fluids.

Für makroskopische Rohrsysteme bedeuten hohe Reynolds-Zahlen (> 2300) turbulenten, niedrige (< 2300) hingegen laminaren Fluidtransport. In vielen mikrofluidischen Bauelementen kann der Fluss jedoch weder als rein laminar, noch als turbulent bezeichnet werden. Laminare Ströme setzen eine gewisse Mindestlänge eines Kanals voraus, die in mikrofluidischen Bauelementen wie Ventilen oder Düsenplatten mit wenigen 10 µm Länge nicht erreicht wird. Oft kommt es dann auf die relativen Abmessungen (Durchmesser der Eintrittsöffnung zu Länge des Kanals) an, wobei man die Gesetzmäßigkeiten der Fluidströmung in makroskopischen Bauteilen in den Mikrometerbereich übertragen kann. Einflussgrößen wie Wandrauigkeit, Benetzungseigenschaften, Strukturdimensionen im Bereich der mittleren freien Weglänge oder das Vorhandensein von Gasblasen in Flüssigkeiten können zu Abweichungen zwischen experimentellen Ergebnissen und theoretischen Berechnungen führen. Häufig verwendete Antriebsprinzipien für die Bewegung von Fluiden in Mikrosystemen (wie Elektrophorese und Elektroosmose) sind in Kap. 3.3.6.2 dargestellt.

Zunächst sollen einige der wichtigsten **Technologien** zur Herstellung mikrofluidischer Grundstrukturen erläutert werden. Obwohl kommerziell erfolgreiche Mikrofluidsysteme meist in Plastik-, Glas- oder Keramikmaterialien gefertigt werden, wurden in vielen Fällen die ersten Demonstratoren eines mikrofluidisch-analytischen Systems in Silizium realisiert [Berg00]. Das trifft z. B. für den ersten Mikro-Gaschromatographen [Terry79], den ersten Mikroreaktor für die Polymerase-Kettenreaktion [North98], die ersten Versuche zur Flüssigkeitschromatographie auf einem Chip [Manz90] und die ersten Mikrofilter mit lithographisch definierter Porengröße [Rijn97] zu. Die Silizium-Technologie war auch in der Mikrofluidik so erfolgreich, weil Silizium hinsichtlich seiner Eigenschaften besser charakterisiert ist als jedes andere Material und ein breites Spektrum von Bearbeitungsverfahren zur Verfügung steht. Das ermöglicht gegenwärtig die Fertigung von nahezu beliebigen geometrischen Formen mit hoher Präzision.

Andere Gründe für die Verwendung von Silizium in der Mikrofluidik sind dessen mechanische (Härte, Elastizitätsmodul) und elektrische Eigenschaften, die Reinheit des Materials, die Eignung für Reinraum-Prozesstechnologien und die Möglichkeit, es mit chemisch relativ inerten Isolationsschichten wie SiO_2 zu passivieren. Ein weiterer Vorteil besteht darin, dass Strukturierungen bis in den Nanometer-Bereich möglich sind und so der Zugang zur Nanofluidik erschlossen wird.

Andererseits ist die Batch-Prozess-Fertigung von Mikrostrukturen in Glas und Keramiken, insbesondere wegen der Biokompatibilität dieser Materialien, ein wesentlicher Aspekt für die Entwicklung mikrofluidischer Strukturen. Auch hier können in vielen Fällen etablierte Prozesse der Halbleitertechnologie eingesetzt werden. Oft werden Mikrofluidik-Systeme als Kombinationen von Silizium- und Glas/Keramik-Substraten aufgebaut, was die Anwendung spezieller Verbindungstechniken erfordert.

Neben den aus der Halbleiter-Industrie abgeleiteten Bearbeitungsverfahren kommt eine wachsende Zahl von „feinmechanischen" Technologien zum Einsatz, insbesondere die Laser-Ablation (Kap. 2.4.3) und elektroerosive Verfahren (Kap. 2.4.6) [Fuji96, Masu98, Menz93].

Mikrofluidische Strukturen in Silizium (Kanäle, Düsen, Membranen, ...) werden einerseits mit *anisotroper nasschemischer Ätztechnik* (Kap. 3.1) unter Verwendung von z. B. 25%igen KOH-Ätzbädern bei Temperaturen von 70-80 °C hergestellt. Dabei wird die Lage ätzbegrenzender (111)-Si-Kristallebenen für die Formgebung genutzt (Bild 3.4-1). Die Orientierung der verwendeten Si-Wafer und das Design der Öffnungen in den Maskierschichten (SiO_2, Si_3N_4, SiC) bestimmen die Form der geätzten mikrofluidischen Strukturen.

Bild 3.4-1 Anisotropes Nassätzen von Kanälen in Siliziumwafern unterschiedlicher Orientierung;
   links: Kanalstruktur in einem (100)-Siliziumwafer mit (111)-Kristallebenen als Seitenwände,
   rechts: schmale Kanäle in einem (110)-Siliziumwafer mit (111)-Kristallebenen als Seitenwände

Kanäle für die Flüssigkeits-Chromatographie [Manz90], Enzym-Mikroreaktoren [Laurell94] und integrierte Chip-Kühler [Tuckerman81] sowie Membranen für Mikropumpen [Elwen94] wurden mit diesem Verfahren erzeugt. Beim Durchätzen von (100)-Si-Wafern entstehen pyramidenförmige Ätzstrukturen, die als Düsen für Tintenstrahldrucker genutzt werden [Bassous77]. Bild 3.4-2 zeigt als Beispiel einen Ventilverschluss, der durch anisotropes Nassätzen eines (111)-Si-Wafers entstanden ist [Oosterbroek00]. Nachteilig bei der anisotropen nasschemischen Ätztechnik ist die eingeschränkte Freiheit der Formgebung, da konkave Ecken immer

3.4 Mikrofluidische Grundstrukturen und Fertigungsprozesse

durch (111)-Ebenen begrenzt werden und konvexe Ecken nur durch komplizierte Kompensationsstrukturen gestaltet werden können (Kap. 3.1). Die Oberflächenrauigkeit anisotrop geätzter Kanäle kann, abhängig von den Ätzbedingungen (Temperatur, Konzentration des Ätzbades), relativ groß sein, da Kristalldefekte (z. B. Stapel-Fehler) zu lokal erhöhten Ätzraten in (111)-Ebenen führen [Nijdam99].

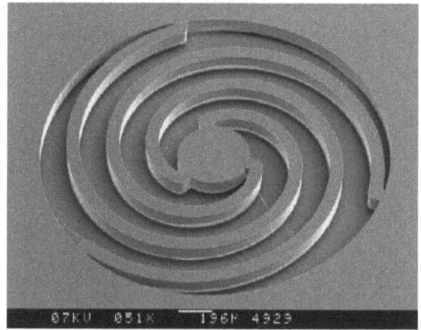 

Bild 3.4-2   Durch anisotropes Nassätzen in einem (111)-Siliziumwafer erzeugter Ventilverschluss

Bild 3.4-3   Durch isotropes Nassätzen erzeugte Kanalstruktur mit halbkreisförmigem Querschnitt

Wenn glatte Oberflächen erforderlich sind, ist andererseits das *isotrope Nassätzen* von Silizium zu bevorzugen. Geeignete Ätzbäder bestehen aus Flusssäure (HF) geringer Konzentration mit einem Oxydans wie HNO_3 in Wasser oder Essigsäure. Zunächst erfolgt eine Si-Oxidation, gefolgt vom Ätzen des entstandenen SiO_2 durch HF. Dabei wird die Ätzrate nicht durch Oberflächen-Reaktionen, sondern durch den Massentransport in der Ätzlösung begrenzt. Deshalb werden hervorstehende Bereiche (Spitzen) einer Oberfläche rascher geätzt als glatte, so dass eine Glättung rauer Oberflächen eintritt. Die durch isotropes Nassätzen entstehenden Kanäle sind in ihrem Querschnitt halbkreisförmig, die Kanalweite ist infolge der Unterätzung der Maskierschicht mindestens doppelt so groß wie die Kanaltiefe (Bild 3.4-3).

Beim elektrochemischen Nassätzen in konzentrierter Flusssäure mit geringer Stromdichte entsteht poröses Silizium (Kap. 2.2.1) [Canham92]. Durch Variation der Stromdichte während des Ätzprozesses konnten freistehende Strukturen aus porösem Silizium (Porengröße ca. 13 nm) erzeugt werden, wie sie in Bild 3.4-4 dargestellt sind [Tjerkstra00]. Zahlreiche Anwendungen von solchen porösen Strukturen in der biochemischen Analytik und Reaktionstechnik wurden aufgezeigt. So führt z. B. poröses Silizium in einem Enzym-Reaktor zu 100fach vergrößerter Enzym-Aktivität im Vergleich zu nicht-porösen Substraten [Drott97]. Poröses Silizium kann leicht in andere Materialien umgewandelt werden, z. B. durch Oxidation in SiO_2 oder durch Reaktion mit Stickstoff in Si_3N_4. Dadurch stehen verschiedene Materialien mit hohem Verhältnis von Oberfläche/Volumen zur Verfügung (bei Bedarf in zylindrischer Kanalform wie in Bild 3.4-4), die z. B. in der Gaschromatographie, als Molekularsiebe, als Gassensoren oder als Katalysatoren in Gas-Mikroreaktoren eingesetzt werden können. Strukturen wie in Bild 3.4-4 sind für Gasphasen-Reaktionen interessant, da hier ein Gas vom zentralen Kanal zu einem anderen Gas im zweiten Kanal durch Permeation hinzutreten kann, während der äußere Kanal im Falle einer exothermen Reaktion zur Kühlung nutzbar ist.

Eine Alternative zum Nassätzen stellt das *reaktive Trockenätzen* (Reactive Ion Etching, RIE, auch Plasmaätzen genannt) von Silizium dar (Kap. 2.3.3.2, Kap. 3.1.8), wobei vorwiegend

SF$_6$/O$_2$-Ätzgasgemische in Parallelplatten-Reaktoren oder ICP-Anlagen (Inductive Coupled Plasma) eingesetzt werden (Bild 3.4-5). Speziell für (mehrere 100 µm) tiefe anisotrope Ätzstrukturen wurde das ASE-Verfahren (Advanced Silicon Etching) entwickelt. Die Trockenätzverfahren ermöglichen den höchsten Feiheitsgrad bei Design und Formgebung (hohe Aspektverhältnisse von 10-20, Kanalverjüngungen, scharfe Kanalecken, gestufte Kanäle) [Boer02]. Die Maskenstruktur kann direkt (mit Kanalwänden senkrecht zur Oberfläche) in den Wafer übertragen werden, die Zahl der Kanäle pro Fläche kann so hoch sein, wie es die lithographische Strukturierung zulässt.

Bild 3.4-4 Kanalstruktur aus porösem Silizium

Bild 3.4-5 Durch RIE mit einem SF$_6$/O$_2$-Plasma hergestellte tiefe (nur 4 µm breite) Kanäle in einem Si-Wafer

Die Verfahren der *Oberflächenmikromechanik* (Kap. 2.4.2, Kap. 3.1.3, Opferschichttechnologie) können ebenfalls zum Aufbau mikrofluidischer Strukturen genutzt werden. Die Fertigungsprozesse sind nicht auf das oft verwendete Polysilizium als strukturbildende Schicht und auf SiO$_2$ oder PSG als Opferschichten begrenzt, sondern auf vielfältige Kombinationen von selektiv ätzbaren Schichten angewendbar. Eine hierbei oft auftretende Schwierigkeit ist das *stiction*-Problem: nach dem Nassätzen von Opferschichten können freistehende Schichten beim Trocknen durch Kapillarkräfte am Substrat „festkleben". Bild 3.4-32 zeigt eine durch Oberflächenmikromechanik in Kombination mit anisotropem Nassätzen in Silizium erzeugte Kanalstruktur.

Silizium scheidet als Material der Mikrofluidik dann aus, wenn elektrisch nichtleitende Kanalstrukturen erforderlich sind. So müssen z. B. bei der Kapillar-Elektrophorese hohe elektrische Feldstärken längs des Kanals herrschen, die in leitfähigen Si-Kanälen nicht erreicht werden. Ein weiterer Nachteil von Silizium besteht darin, dass es optisch im sichtbaren und UV-Bereich nicht transparent ist. Bestehen entsprechende elektrische/optische Anforderungen, kann strukturiertes Silizium durch ein isolierendes und transparentes Material wie SiO$_2$ bzw. Si$_3$N$_4$ beschichtet werden. Es ist sogar möglich, Kanäle in unterschiedlicher Tiefe unter der Oberfläche eines Silizium-Substrates zu fertigen, so dass die Wafer-Oberfläche frei bleibt für andere Mikrostrukturen oder elektronische Schaltungen [Boer00]. Hierzu wird eine Kombination von RIE, isotropem Nassätzen und anschließender Si$_3$N$_4$-Beschichtung in einem LPCVD-Prozess eingesetzt (Bild 3.4-6).

Da Glas ein bevorzugtes Material für fluidische Systeme ist (chemische Beständigkeit, Biokompatibilität, optische Transparenz im sichtbaren und UV-Bereich), wurden verschiedene Verfahren der Glas-Mikrostrukturierung entwickelt. Batch-Prozess-Technologien nutzen die photolithographische Strukturierung einer Maskierschicht (Resist und/oder Metall), die ätzbe-

3.4 Mikrofluidische Grundstrukturen und Fertigungsprozesse

grenzend z. B. die Formung von Kanalstrukturen, Ätzgruben oder Poren definiert. Isotropes Nassätzen von Glas erfolgt in gepufferter Flusssäure. Mit dieser Technologiefolge von Lithographie und Nassätzen können Strukturdimensionen bis zu ca. 100 nm realisiert werden. Wegen der Isotropie des Prozesses ist die Strukturbreite mindestens doppelt so groß wie die Tiefe. Die isotropen Ätzraten für Glas und Quarz betragen, abhängig von Glasart, Ätzlösung und Temperatur, etwa 0,1-3 µm/min. Nachteilig ist der Sicherheitsaufwand infolge des hohen Gefahrenpotentials von Flusssäure.

Bild 3.4-6
Vergrabene Kanäle in einem Siliziumwafer
Herstellung: RIE, isotropes Nassätzen und anschließende Si_3N_4-Beschichtung in einem LPCVD-Prozess

Bild 3.4-7
Durch RIE in Glas hergestellte Kanalstruktur

Mit Plasmaätzen (RIE), vorwiegend unter Verwendung von $SF_6/CF_4/Ar$-Gasgemischen, erreicht man in Parallelplatten-Reaktoren oder ICP-Anlagen, abhängig von Glasart, Gasgemisch und Plasmaleistung, ebenfalls Ätzraten zwischen 0,1-1 µm/min [Voe05]. Auch für Glas bzw. Keramiken bieten RIE-Prozesse die o. g. vielfältigen Möglichkeiten der Formgebung. In der Regel ist der Prozess anisotrop (Bild 3.4-7), so dass Ätzstrukturen mit zur Substratoberfläche senkrechten Seitenwänden entstehen. Durch eine spezielle Verfahrensführung hinsichtlich Lithographie (Resistbehandlung und Strukturierung einer Metall-Maskierschicht) und RIE-Prozess (Ätzgasgemisch, Plasmaleistung) können aber auch Strukturen mit abgerundeten oder schrägen Seitenwänden (Bild 3.4-8) in Glas hergestellt werden [Voe05].

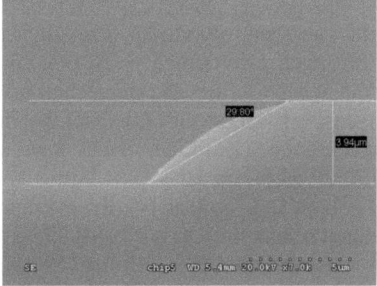

Bild 3.4-8 In Glas mittels RIE durch spezielle Prozessführung hergestellte Ätzstrukturen mit schrägen bzw. abgerundeten Seitenwänden

Diese ermöglichen es, z. B. Elektroden (für CE- und EOF-Chips, s. u.) in Form dünner Metallschichten in Fluidkanäle einzubringen, ohne dass es an den Kanalkanten zu Schichtabrissen kommt. Nachteilig an der Plasmaätztechnik sind die i. a. hohen Kosten für RIE-Anlagen.

Ein kostengünstiger Prozess zur Mikrostrukturierung von Glas ist das „powder blasting", eine Art Sandstrahltechnik, die ursprünglich für die Herstellung von Displays [Light96] und Mikro-Wärmetauschern [Little84] entwickelt wurde. Dabei wird ein aus einer Düse austretender Strahl von Pulverteilchen auf das zu bearbeitende spröde Substrat gerichtet, um eine lokale Erosion hervorzurufen.

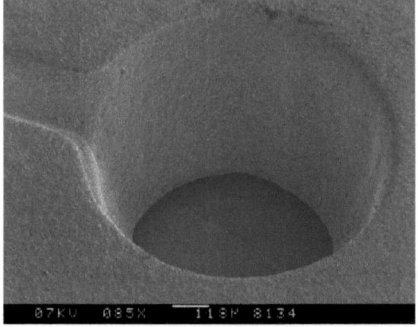

Bild 3.4-9 Durchgangslöcher in Glas, hergestellt durch powder blasting

Bild 3.4-10 Loch und Kanal in Aluminiumoxidkeramik, hergestellt durch powder blasting

Die Abtragsraten sind mit einigen µm/min bis zu 1 mm/min relativ hoch. Dicke photolithographisch strukturierbare Resists und Metallschichten sind geeignete Maskierschichten; es können minimale Strukturgrößen bis 50 µm realisiert werden. Mit dieser Technologie wurden Kanäle für die Kapillar-Elektrophorese [Schlaut01] und für Chromatographie-Systeme sowie Verbindungslöcher in Glaschips hergestellt. Bild 3.4-9 zeigt ein Array von Durchgangslöchern, die mit diesem Verfahren gefertigt wurden. Aus Bild 3.4-10 ist ersichtlich, dass mit powder blasting nicht nur Glas oder Silizium, sondern auch keramische Materialien wie Aluminiumoxid bearbeitbar sind. Vorteile des Verfahrens sind (neben der hohen Abtragsrate) vor allem die geringen Kosten und die einfachen Sicherheitsvorkehrungen. Der wichtigste Nachteil von powder blasting ist die wesentlich höhere Rauigkeit der bearbeiteten Oberflächen (einige µm) [Wensink02] im Vergleich zum isotropen Nassätzen mit HF (kleiner 50 nm).

Um geschlossene mikrofluidische Strukturen zu erhalten, sind Bondprozesse zwischen strukturierten Substraten erforderlich, z. B. um Silizium-Silizium-, Silizium-Glas- oder Glas-Glas-Verbindungen herzustellen. Hierfür stehen verschiedene Verfahren zur Verfügung, die ausführlich in [Tong99] beschrieben sind. Direktbonden (*direct bonding*, auch *fusion bonding* genannt, Kap. 4.4.5.2) ohne Zwischenschicht kann zur Herstellung von monolithischen Silizium-Silizium- und auch von Glas-Glas-Verbindungen eingesetzt werden. Das Direktbonden von Silizium gelingt u. U. schon bei Raumtemperatur; exzellente und dauerhafte Verbindungen werden durch nasschemische Vorbehandlung der Waferoberflächen und einen Bondprozess bei ca. 1000 °C erzielt [Plößl99]. Mit dem Verfahren wurden Waferstapel mit bis zu 6 individuell geätzten Si-Wafern aufgebaut [London01].

Anodisches Bonden (Kap. 4.4.5.1) wird meist zum Verbinden von Silizium mit Pyrex-Glas eingesetzt. Dabei wird bei Temperaturen um 450 °C ein starkes elektrisches Feld senkrecht zum Substratstapel angelegt. Infolge der feldunterstützten Diffusion der Na$^+$-Ionen des Pyrex-Glases entsteht an der Si-Glas-Grenzfläche eine Raumladungsschicht, die zu einer starken elektrostatischen Bindungskraft zwischen den Substraten führt. Das Verfahren lässt sich auch zum Verbinden von Si-Wafern einsetzen, wenn man auf einen der Wafer eine dünne Glasschicht aufbringt [Bert00]. Die Anforderungen an die Oberflächenrauigkeit sind beim Anodischen Bonden relativ gering (bis 1 µm sind zulässig). Silizium-Direktbonden dagegen erfordert sehr glatte Oberflächen mit Rauigkeiten um 1 nm, die nur durch entsprechende Poliertechniken erreicht werden [Gui99].

Im Folgenden werden Beispiele mikrofluidischer Grundstrukturen beschrieben, durch deren Herstellung die Grundlagen für weitergehende Systementwicklungen und -anwendungen geschaffen sind.

3.4.1 Filter und Trennmembranen (Permeation)

Mikrofluidische Komponenten erlangen auf dem Feld der Produktseparation und -reinigung Bedeutung. Neue Möglichkeiten werden hier durch mikrotechnisch hergestellte Filterstrukturen geschaffen. Diese können als Träger für organische ultradünne selektive Trennmembranen dienen und kleinste Poren, auch im sub-µm-Bereich, mit sehr hoher Homogenität des Durchmessers aufweisen. Typische Porendichten liegen im Bereich 10^3-10^6 mm^{-2}.

Filterstrukturen mit ausreichender mechanischer Stabilität erfordern gewisse Dicken und bei kleinen Porendurchmessern entsprechend hohe Aspektverhältnisse. Bild 3.4-11 bis 3.4-12 zeigen Filterstrukturen, die durch Röntgenlithographie und Ni-Galvanik hergestellt wurden. Um die mechanische Stabilität einer Filtermembran zu verbessern, kann zusätzlich ein grobes Gitter als Verstärkung auf der eigentlichen Filtermembran abgeschieden werden. Bild 3.4-13 zeigt als Beispiel eine durch UV-Lithographie und Galvanoformung gefertigte Filterstruktur. Derartige Filter können im Prinzip aus allen Materialien hergestellt werden, deren Elektrolyt mit den verwendeten Resists verträglich ist (z. B. Au, Ag, Cu, NiFe, NiCo). Strukturen, die resistent gegenüber aggressiven Chemikalien sein sollen, werden aus Glas gefertigt (vgl. Kap. 2.4.5).

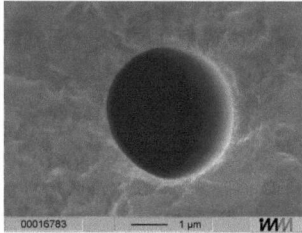
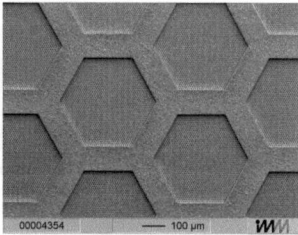

Bild 3.4-11
REM-Aufnahme einer Mikrofilterstruktur mit einer Porengröße von 3 µm und einer Strukturhöhe von 45 µm.
Herstellung : Röntgentiefenlithographie in Negativresist, Nickel-Galvanik [Kämper97]

Bild 3.4-12
Detailaufnahme der Porenstrukturen von Bild 3.4-11

Bild 3.4-13
Durch UV-Lithographie und Galvanik gefertigter Filter aus Ni (Poren: Lithographie mit Waferstepper, 6 µm Resistdicke; Verstärkung: Lithographie mit Maskaligner, 25 µm Resistdicke) [Kaiser95]

Trennmembranen dienen der Separation von Gasen (z. B. bei der Trennung von Reaktionsprodukten und Reaktionspartnern), von Flüssigkeiten oder von Feststoffen aus Emulsionen. Bild

3.4-14 zeigt ein Membran-Trennsystem, das nach dem Permeationsprinzip arbeitet und für die Trennung des Reaktionsproduktes Ethylenoxid (EO) von den Reaktionspartnern (O_2 und C_2H_4) eingesetzt wird.

Das Prinzip des Permeationsprozesses ist in Bild 3.4-14a dargestellt. Für den durch eine Membran hindurchtretenden Gasstrom q_i [in m³/s] der Gasart i gilt im stationären Zustand

$$q_i = D_i \frac{A}{d}(c_{1i} - c_{0i}) = D_i \sigma_i \frac{A}{d}(p_{1i} - p_{0i}) = P_i \frac{A}{d}(p_{1i} - p_{0i}) \qquad (3.4\text{-}4)$$

mit D_i als Diffusionskoeffizient und c_{1i} bzw. c_{0i} als Gaskonzentration an der Feed- bzw. Permeatseite, A als Fläche und d als Dicke der Membran. Nach dem Henry´schen Löslichkeitsgesetz ist die Konzentration c_i an der Membranoberfläche über den Löslichkeitskoeffizienten σ_i mit dem Druck p_i verknüpft: $c_i = \sigma_i \cdot p_i$. Daraus folgt, dass der Permeationsgasstrom proportional der Druckdifferenz zwischen Feedseite (p_{1i}) und Permeatseite (p_{0i}) ist, mit dem Permeationskoeffizienten $P_i = D_i \cdot \sigma_i$.

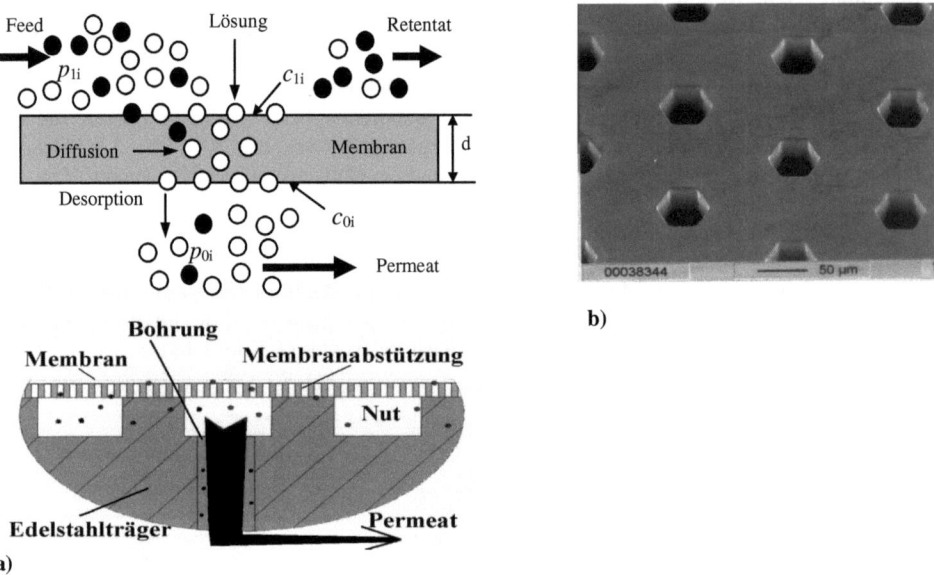

Bild 3.4-14   a) Prinzip der Gastrennung durch Membran-Permeation und
b) Wabenstruktur zur Membranunterstützung für ein Mikrotrennsystem

Angepasste Membranen werden so gestaltet, dass sie für die zu separierende Gaskomponente hohe Permeation zeigen, die anderen Gasarten aber möglichst wenig durchlassen (Selektivität). Der Permeationsgasstrom nimmt mit Reduzierung der Membrandicke zu, andererseits muss die Membran einer Druckdifferenz standhalten, was eine Optimierung zwischen geringer Dicke und mechanischer Stabilität erfordert. Eine Lösung des Problems ist die Unterstützung der Membran durch einen in LIGA-Technik (UV-LIGA plus Galvanik) gefertigten Nickel-Membranträger (ähnlich dem in Bild 3.4-14b; Wabenstruktur mit 50 µm Öffnungen bei 100 µm Abstand und ca. 40 µm Dicke), der eine möglichst große Freifläche für den Permeationsprozess durch die Membran bereitstellt [Gün99].

3.4 Mikrofluidische Grundstrukturen und Fertigungsprozesse

3.4.2 Mischer und Wärmetauscher

Mischer in miniaturisierten Fluidsystemen nutzen den Vorteil der starken Vergrößerung der Kontaktfläche zwischen zwei Fluiden durch Teilen, Umlenken, Verformen und Zusammenführen von Fluidströmen [Hessel03, Hardt03]. In [Miy93] werden siebartige Strukturen mit Löchern von ca. 10 µm Durchmesser verwendet, um eine hohe Anzahl sich mischender Mikroströme zu erhalten. Die Vergrößerung der Kontaktfläche, die in ein- und mehrstufigen Mischern erzielt wird, führt zu einer beschleunigten Diffusion [Wegeng96, Branebjerg96, Kämper97, Ehrfeld98]. Gemäß der Diffusionstheorie ist für eine vollständige Durchmischung die Diffusionszeit $t \approx d^2/D$ (d: Fluidstromdurchmesser, D: Diffusionskonstante) notwendig; typische Durchmischungszeiten liegen unter einer Sekunde. Bild 3.4-15 und 3.4-16 zeigt ein Array aus 10 Einzelmischern, das einen Durchsatz von 2 l/h wässriger Lösungen bei einer Druckdifferenz von 0,2 bar erlaubt. Die Hauptanwendungen für flüssig/flüssig- und gasförmig/flüssig-Systeme liegen in den Bereichen chemische und biochemische Synthese und Katalyse sowie in der Bioanalytik [Ehrfeld98].

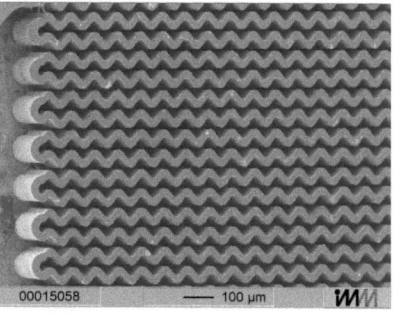

Bild 3.4-15
Einzelmischer (links) und Mikromischer-Array aus 10 Einzelmischern (Mitte), hier ohne Deckplatte mit Zu- und Abführungen [Kämper97]. In jedes Mischerelement werden von zwei Seiten die zu mischenden Fluide eingespeist und über eine schlitzförmige Öffnung in der Deckplatte abgeführt.

Bild 3.4-16
Detailaufnahme der Mischerstrukturen.

Herstellung:
Röntgenlithographie und Galvanoformung

Der in [Böhm01] beschriebene Mikromischer mit tangential in einen zylindrischen Mischungsraum mündenden Fluidkanälen wurde durch tiefes RIE und anodisches Bonden eines Sandwich aus Glas/Silizum/Glas-Substraten hergestellt. Durch die alternierende Anordnung der tangentialen Zuführungskanäle für die beiden zu mischenden Fluide konnte eine sehr rasche Durchmischung (im sub-ms Bereich) realisiert werden.

Bild 3.4-17a zeigt ein Mischersystem für Gase, das für eine möglichst homogene Vermischung der Ausgangsstoffe C_2H_4 und O_2 für die Ethylenoxid-Synthese entwickelt wurde [Richter98]. Kernstück ist eine Mischerstruktur, die aus etwa 100 µm dicken Platten mit Strömungskanälen lamellenartig aufgebaut ist. Die Platten mit den Kanälen können in UV-LIGA- oder Laser-LIGA-Technik hergestellt werden. Da die viertelkreisförmig verlaufenden Kanäle unterschiedlich lang sind, muss ihr Querschnitt so dimensioniert werden, dass durch jeden Kanal bei gegebener Druckdifferenz Δp der gleiche Gasstrom tritt (längere Strömungsstrecke erfordert größeren Querschnitt). Für die zu dimensionierenden Kanalbreiten b_i mit den jeweiligen Kanallängen l_i gilt

$$b_i / K(\frac{b_i}{h}) = \frac{v\eta l_i}{h\Delta p} \qquad (3.4\text{-}5)$$

mit h als Kanalhöhe, v als Strömungsgeschwindigkeit, η als dynamische Viskosität und $K(b_i/h)$ als Koeffizient, der vom Verhältnis Kanalbreite zu Kanalhöhe abhängt. Das Ergebnis der Simulation zur Optimierung des Kanalquerschnitts ist in Bild 3.4-17b in Form des Druckabfalls längs der Kanalstrecke dargestellt. Man erkennt den bei unterschiedlicher Kanallänge simultanen Druckabfall in jedem Kanal.

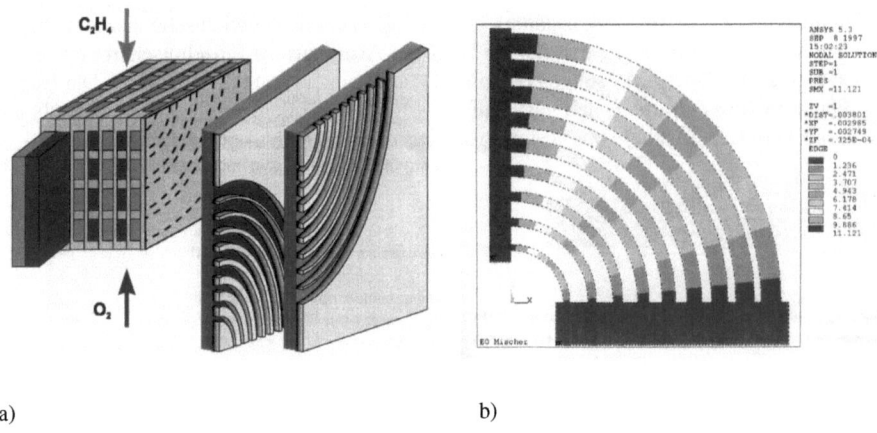

a)   b)

Bild 3.4-17 Mikromischer zur homogenen Vermischung von O_2 und C_2H_4:
a) Aufbau aus Lamellen mit Strömungskanälen und
b) Ergebnis der Systemsimulation zur Optimierung der Kanalbreite
(dargestellt ist der Druckabfall in jedem Kanal)

Miniaturisierte *Wärmetauscher* nutzen das hohe Verhältnis Oberfläche/Volumen in Mikrostrukturen, um sehr effizient Wärmeenergie zu übertragen [Lee02, Ondruschka02]. Dabei wird eine Flüssigkeit durch feine Kanäle mit typischen Durchmessern von wenigen 100 µm anhand eines Differenzdruckes zwischen Ein- und Auslassöffnung gedrückt und Wärmeenergie über die Kanalwände auf ein zweites zu kühlendes (oder zu heizendes) Fluid übertragen. Besonders geringe Kanalquerschnitte und besonders lange Kanäle erhöhen zwar die ausgetauschte Wärmeleistung, dabei steigt jedoch der notwendige Differenzdruck für den Transport der Medien.

Bereits 1981 konnten mikrostrukturierte Kühler für elektronische Hochleistungsbauelemente realisiert werden [Tuckerman81]. Später wurden feinmechanisch hergestellte, aus 100 Folienstücken gestapelte Mikrowärmetauscher entwickelt, die Wärmedurchgangskoeffizienten von mehr als 20 kW/m^{2}K aufwiesen [Bier90]. Einen in LIGA-Technik hergestellten Gegenstrom-Wärmetauscher zeigt Bild 3.4-18 und 3.4-19. Er wird aus einem Stapel spiegelsymmetrisch aufgebauter Kanalplatten mit Kanalbreiten von 300 µm und Kanalwänden mit 30 µm Dicke gebildet. Anhand eines Stapels von 4 Kanalplatten wurde ein Wärmedurchgangskoeffizient von 2,4 kW/m^{2}K bei einem Wasserdurchfluss von 0,9 l/h und 30 K Temperaturdifferenz ermittelt [Kämper97]. Die Herstellung derartiger Kanalplatten ist durch Galvanoformung von lithographisch erzeugten Resiststrukturen, aber auch durch Abformung (z. B. Prägen von Aluminium oder Keramik-Grünfolien) oder durch anisotropes Plasmaätzen von Silizium (ASE, vgl. Kap. 2.3.3) möglich. Entscheidend für die Materialwahl ist der Einsatzbereich, insbesondere die Temperatur und chemische Verträglichkeit.

3.4 Mikrofluidische Grundstrukturen und Fertigungsprozesse

 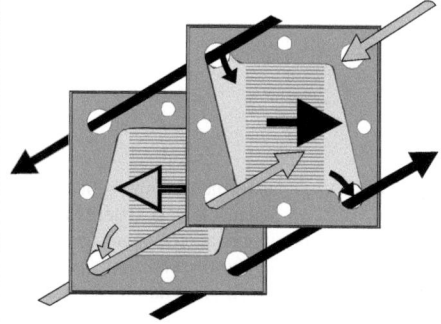

Bild 3.4-18 Stapelbare Wärmetauscherstruktur
Herstellung: LIGA-Technik mit Abformung durch Prägen von Aluminium [Kämper97]

Bild 3.4-19 Flussschema gestapelter Wärmetauscher

3.4.3 Fluidkanäle und Düsen

Fluidkanäle und Düsen sind Grundkomponenten für die Verbindung mikrofluidischer Bauteile. Düsen stellen kurze Kanäle (mit einem bestimmten Profil) dar, die an längere Kanäle oder größere Reservoirs angeschlossen werden. Die Herstellung von Fluidkanälen und Düsen im Mikrometermaßstab erfolgt mit den o. g. dreidimensionalen Mikrostrukturierungsverfahren. Derartige Systeme werden in zunehmendem Maß für Mikrodosierverfahren (z. B. in der Medizintechnik) verwendet [Widmer96].

Hier wird lediglich eine seit vielen Jahren etablierte Anwendung – Druckköpfe für Tintenstrahldrucker – etwas genauer betrachtet. Es gibt im wesentlichen zwei Tintenstrahl-Prinzipien: Das DOD (Drop on Demand)-Prinzip und das kontinuierliche Tintenstrahl-Druckverfahren, wobei letzteres etwas höhere Bildqualität liefert. Das Prinzip eines kontinuierlichen Tintenstrahldruckers ist in Bild 3.4-20 dargestellt. Der Tintenstrahl wird von einer Düse erzeugt und zerfällt nach einer Laufstrecke in einzelne Tropfen. Dies findet in der Nähe einer Ladeelektrode statt, die eine Auflading der Tropfen bewirkt, sofern eine Spannung angelegt wird. Geladene Tropfen können von Ablenkelektroden abgelenkt und an einer Kante abgefangen werden, während ungeladene Tropfen das Substrat erreichen.

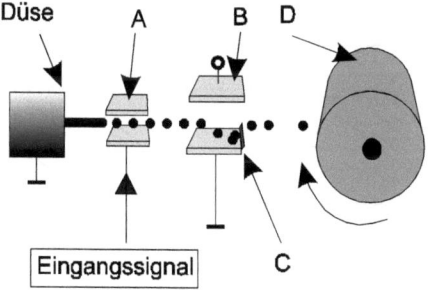

Bild 3.4-20
Funktionsprinzip eines kontinuierlich arbeitenden Tintenstrahldruckers nach Hertz [Hertz89]:
A Ladeelektrode,
B Ablenkelektrode,
C Kante,
D Substrat

Mikrodüsen für derartige Systeme mit Öffnungsquerschnitten von wenigen 10 µm kann man aus photostrukturierbarem Glas, galvanisch aufgewachsenen Metallen oder anisotrop geätztem Silizium mit variablen Profilen herstellen. Beispiele für Düsenformen zeigt Bild 3.4-21.

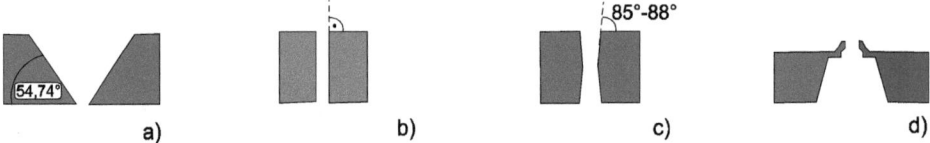

Bild 3.4-21 Düsenformen in unterschiedlichen Materialien:
a) in anisotrop geätztem (100)-Silizium (KOH-Ätzlösung);
b) in galvanisch abgeschiedenem Metall (LIGA-Düse) oder ASE-geätztem Silizium;
c) in photostrukturierbarem Glas;
d) Profil einer durch Oberflächen-Mikromechanik hergestellten Düse nach Smith[Smith94]

Chips für die Hydrodynamische Chromatographie (HDC) erfordern sehr präzise geformte Fluidkanäle und werden deshalb bevorzugt durch Silizium-Mikromechanik gefertigt. Der in Bild 3.4-22 gezeigte Chip besteht aus einem 8 cm langen, 1 mm oder 0,5 mm breiten und nur 1 μm hohen Separationskanal. Kleine Teilchen und große Moleküle werden in diesem Kanal in einem laminaren Strömungsprofil (mit parabolischer Geschwindigkeitsverteilung) separiert [Tijssen86]. Die Hydrodynamische Chromatographie beruht darauf, dass in sehr schmalen Kanälen (mit mindestens einer Dimension $d < 1$ μm) innerhalb einer laminar strömenden Flüssigkeit größere Moleküle oder Teilchen mit Abmessungen zwischen $(0,002-0,2) \cdot d$ im Mittel schneller transportiert werden als die kleineren Flüssigkeitsmoleküle. Aufgrund ihrer Größe können sie nicht die kleinen Geschwindigkeiten annehmen, die in einem laminaren Strömungsfeld in der Nähe der Kanalwände herrschen (Bild 3.4-22). In HDC-Chips wird dieser Effekt z. B. zur Separation von Biopolymeren oder synthetischen Polymeren genutzt.

Durch die sehr geringe Kanalhöhe bei relativ großer Kanalbreite ist eine einfachere Temperaturkontrolle (im Gegensatz zu klassischen Chromatographie-Säulen) gewährleistet. Um eine effiziente Separation zu erreichen, sollte die Variation der Kanalhöhe möglichst gering sein. Mit Hilfe der Opferschicht-Technologie konnten Schwankungen der Kanalhöhe von weniger als 0,5% bei 0,5 mm breiten Kanälen realisiert werden.

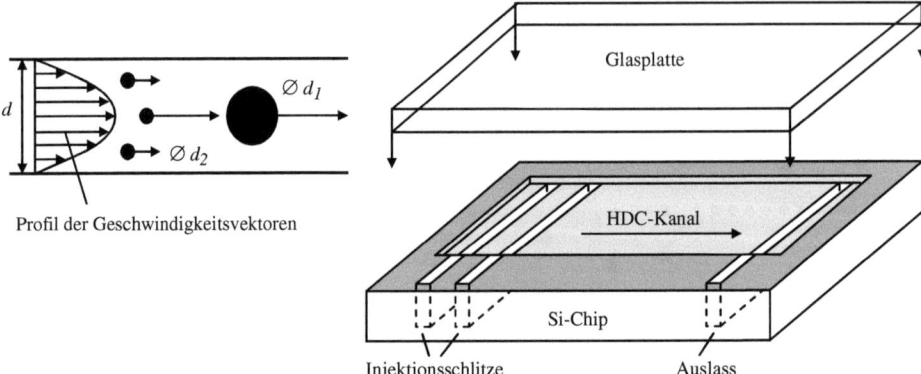

Bild 3.4-22 Links: Prinzip der Separation durch Hydrodynamische Chromatographie (HDC); größere Partikel (Makromoleküle, ø d_1) können nicht die geringen Geschwindigkeiten der kleine Fluidmoleküle (ø d_2) in der Nähe der Kanalwände annehmen und bewegen sich daher im Mittel schneller als das Fluid; rechts: Planarer HDC-Chip

3.4 Mikrofluidische Grundstrukturen und Fertigungsprozesse

Mittels RIE werden sehr schmale tiefe Schlitze im Si-Substrat erzeugt, die zur Injektion der Probenflüssigkeiten dienen. Der Kanal und die Injektionsschlitze werden durch anodisches Bonden des Si-Chip mit einer Glasplatte verschlossen [Blom02]. Bild 3.4-23 zeigt als Beispiel die Separation 26 nm großer Polystyren-Partikel von Fluorescein-Teilchen in einem HDC-Chip.

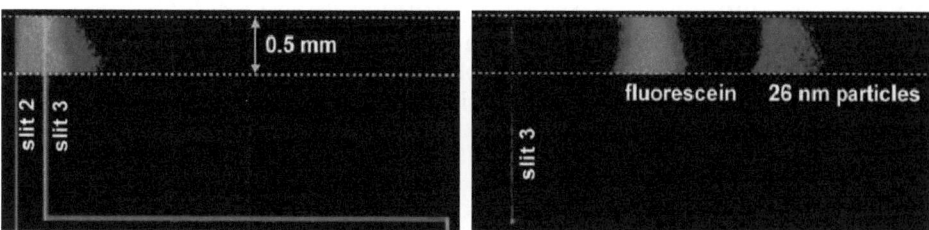

Bild 3.4-23   HDC-Separation 26 nm großer Polystyren-Partikel von Fluorescein-Teilchen in einem 0,5 mm breiten und 1 µm hohen HDC-Kanal;
links: Probeninjektion,
rechts: Separation der verschiedenen Fraktionen nach 3 Minuten [Chmela02]

Mikrofluidische Strukturen erlauben im Bereich der Medizintechnik minimal invasive Methoden, die zu reduzierten Gewebeschädigungen und Schmerzminderungen beitragen. Die Miniaturisierung von Analysemethoden durch µTAS ermöglicht die Entwicklung von transportablen Apparaturen für die Überwachung und Untersuchung von Patienten. Perspektivisch können weitere Fortschritte auf diesen Gebieten zu Systemen mit Medikamentengabe, die dem aktuellen Bedarf des Patienten angepasst ist, führen. In diesen Systemen können Analytik- und Dosierkomponenten zu einem intelligenten Regelsystem integriert sein, das so klein ist, dass es ständig vom Patienten getragen werden kann. Es bleibt permanent mit dem Blutkreislauf verbunden und löst eine Medikamentengabe aus, wenn eine bestimmte Analysegröße einen kritischen Wert erreicht. Erste Entwicklungen von Komponenten für solche komplexen Systeme liegen bereits vor. Als Beispiel zeigt Bild 3.4-24 ein Array von mikromechanisch hergestellten Hohlnadeln für den Flüssigkeitstransfer durch die Haut. Solche Hohlnadeln können z. B. für die Blutentnahme oder für Medikamentengabe (oder beides) genutzt werden. Der Vorteil eines Mikronadel-Arrays besteht darin, dass durch die geringe Nadelgröße die Gewebeschädigung und das Schmerzempfinden sehr gering bleiben.

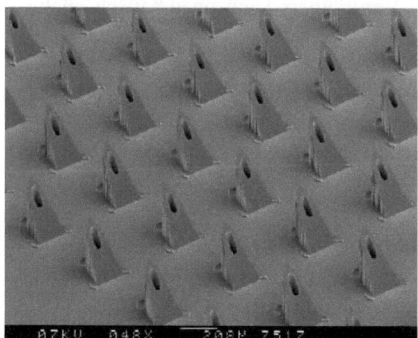 

Bild 3.4-24   Nadelarray und Einzelnadel für den Fluidtransfer durch die Haut

Das für Entnahme bzw. Gabe erforderliche Flüssigkeitsvolumen wird trotz minimaler Nadelkanalgröße durch die hohe Packungsdichte des Arrays erreicht [Garden02]. Die Öffnungen für den Flüssigkeitstransfer liegen nicht an der Nadelspitze, sondern können relativ frei positioniert werden. Die Nadelkanäle reichen durch das Substrat hindurch auf die Rückseite, wo genügend Platz für Flüssigkeitsspeicher vorhanden ist. Die Herstellungstechnologie besteht aus einer Folge von tiefem RIE, anisotropem Nassätzen in KOH-Lösung und konformen Beschichtungen auf einem (100)-Siliziumwafer. Die kristalline Natur des Siliziumsubstrats wird genutzt, um extrem scharfe Nadelkanten zu erzeugen. Infolge des optimierten Maskenentwurfs entstehen Nadeln, die an ihren Seitenflächen durch ätzresistente (111)-Ebenen begrenzt sind und dadurch entsprechend scharfe Kanten aufweisen.

3.4.4 Mikropumpen und -ventile

Mikropumpen wurden schon Anfang der 80er Jahre als mikrofluidische Komponenten untersucht. Sie müssen je nach Aufgabenstellung unterschiedliche Fluide (Gase, Flüssigkeiten unterschiedlicher Viskosität) und variable Fluidmengen bei verschiedenen Drücken zuverlässig fördern. Randbedingungen sind dabei z. B. dauerhafte chemische Resistenz gegenüber dem Fluid, mechanische Stabilität und Toleranz gegenüber Partikelverunreinigungen im Fluid. Fertigungstechnische Aspekte wie Batchprozess-Fertigung der Pumpenkomponenten und kostengünstige Mikromontage sind ebenfalls zu berücksichtigen.

Mikropumpen nutzen verschiedene Prinzipien für die Förderung eines Fluids. Man unterscheidet hier zwischen Mikropumpen mit schwingendem und mit rotierendem Verdränger. Die am häufigsten realisierten Pumpentypen sind Membranpumpen, dynamische Mikropumpen (jeweils mit schwingendem Verdränger), elektrohydrodynamische (EHD) Pumpen und Zahnradpumpen (mit rotierendem Verdränger), die besonders für hochviskose Flüssigkeiten geeignet sind. Zur Charakterisierung der Pumpleistung werden meist die maximale Förderrate (in µl/min) bei drucklosem Auslass sowie der maximal aufgebaute Gegendruck (bei Flussrate Null) angegeben.

Mikropumpen mit schwingendem Verdränger nutzen die periodische Änderung des Volumens und des Drucks in einer Pumpkammer und Ventile, die dem Fluid eine Vorzugsrichtung für den Transport vermitteln. Statische passive Rückschlagventile am Einlass und Auslass der Pumpenkammer, die allein durch die anliegenden Differenzdrücke bewegt werden, führen bei Druckoszillationen zu einem Netto-Volumenstrom. Dies gelingt auch durch dynamische Ventile, die ohne bewegliche Teile arbeiten, und deren Wirkung im dynamischen Verhalten eines Fluids begründet ist. Der Antrieb des schwingenden Verdrängers kann pneumatisch, elektro- oder thermopneumatisch, elektrostatisch oder piezoelektrisch sein. Als Ventiltypen wurden Mikromembranventile, Mikrokugelventile und dynamische Ventile realisiert. Als Fertigungsverfahren kommen Dünnschichttechnik, Si-Mikromechanik und LIGA-Technik in Verbindung mit entsprechenden Aufbau- und Verbindungstechniken zur Anwendung [Linthel88, Zengerle93, Gass94, Rapp94, Döpper96, Kämper97]. Typische Flussraten liegen im Bereich von 10-1200 µl/min, die maximalen Gegendrücke bei 100-1200 hPa. Beispiele derartiger Pumpen sind in Bild 3.4-25 dargestellt.

Dynamische Mikropumpen basieren auf dem dynamischen Verhalten von Flüssigkeiten. Sie nutzen den Umstand, dass der Strömungswiderstand von speziell geformten Mikrokanälen und Düsen von der Richtung und Geschwindigkeit des Fluids abhängig ist.

3.4 Mikrofluidische Grundstrukturen und Fertigungsprozesse

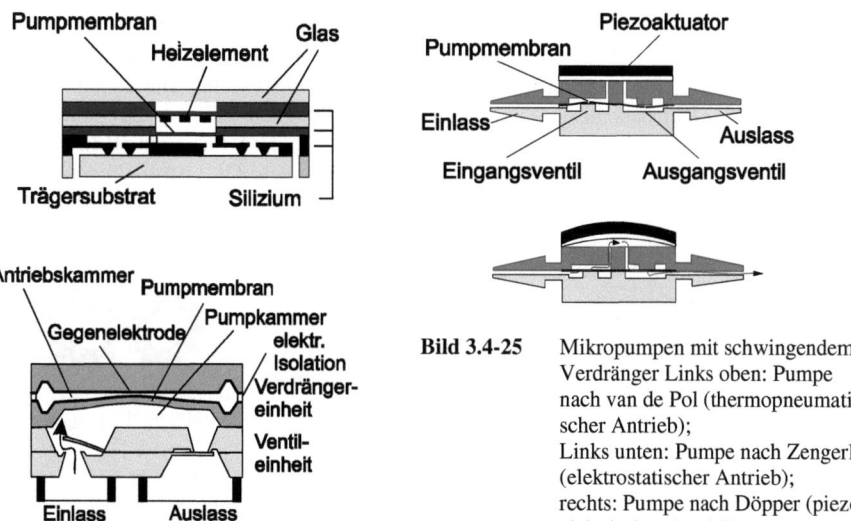

Bild 3.4-25 Mikropumpen mit schwingendem Verdränger Links oben: Pumpe nach van de Pol (thermopneumatischer Antrieb); Links unten: Pumpe nach Zengerle (elektrostatischer Antrieb); rechts: Pumpe nach Döpper (piezoelektrischer Antrieb)

Die Ventilfunktion wird durch die Änderung des Strömungsverhaltens beim Übergang vom laminaren zum turbulenten Zustand erreicht. Bei Düsen/Diffusor-Ventilen hängt der fluidische Widerstand von der Durchflussrichtung ab. Bei entgegengesetzt orientierten Düsen/Diffusor-Ventilen am Ein- und Auslass und Erzeugung geeigneter Druckoszillationen in einer Pumpkammer entsteht eine Vorzugsrichtung für die Bewegung des Fluids. Das Prinzip wurde von Smith vorgestellt und anhand von anisotrop geätzten Si-Mikrodüsen (Bild 3.4-26) realisiert [Smith90, Stemme93, Gerlach95a, Gerlach95b]. Mikropumpen mit Düsen/Diffusor-Ventilen (Bild 3.4-30) sind einfach aufgebaut und erreichen hohe Pumpleistungen (bis 16.000 µl/min) bei maximalen Gegendrücken von 20 kPa. Sie sind jedoch nicht selbstschließend, sondern zeigen einen Fluidstrom in Rückwärtsrichtung, wenn das Pumpelement nicht betrieben wird und ein entsprechender Überdruck anliegt.

    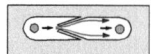

Bild 3.4-26 Verschiedene Ventiltypen (Döpper97),
  links: Aufbau und Funktion eines passiven Mikromembranventils;
  Mitte: Funktionsprinzip eines Mikrokugelventils;
  rechts: Beispiel eines Düsen/Diffusor-Ventils

Elektrohydrodynamische (EHD) Pumpen arbeiten mit elektrischen Feldern anstatt beweglicher Teile. Sie basieren auf der Erzeugung von Raumladungszonen in einer Flüssigkeit mit niedriger Leitfähigkeit (Ethanol, Methanol, Isopropanol, DI-Wasser mit 10^{-14}-10^{-8} S/cm), so dass elektrische Felder entsprechende Kräfte auf die Flüssigkeit ausüben. Je nach Art der erzeugten Kraft, der Erzeugung der Raumladungszonen und der Antriebsspannung unterscheidet man verschiedene EHD-Pumpen. Die EHD-Induktionspumpe beruht auf induzierten Ladungszonen an einer fest-flüssig- oder flüssig-flüssig-Grenzfläche und einer Kraftübertragung über elektrische Wanderwellen, die die Flüssigkeit schieben bzw. ziehen. Die in Bild 3.4-27 dargestellte EHD-Induktionspumpe besitzt streifenförmige Elektroden, die periodisch mit Potentialen beaufschlagt werden (z. B. Rechteck-Pulse mit 20-50 V Amplitude, 10 kHz-30 MHz, konstante Phasenverschiebung zwischen benachbarten Elektroden) [Fuhr92]. In EHD-Injektionspumpen sind Coulombkräfte, die auf Ionen wirken, die Bewegungsursache. Die Ionen werden von Elektroden über elektrochemische Vorgänge in die Flüssigkeit injiziert. Der Antrieb besteht aus zwei Gittern, zwischen denen eine Potentialdifferenz (> 50 V) herrscht (Bild 3.4-28). Solche Mikropumpen wurden durch anisotrop in Silizium geätzte Gitterstrukturen realisiert und zeigen hohe Pumpleistungen bis 14000 µl/min bzw. Gegendrücke bis 2,5 kPa [Richter91].

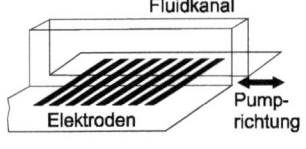 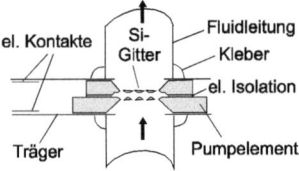 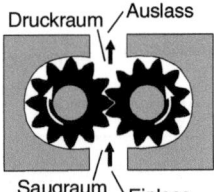

Bild 3.4-27
Beispiel einer EHD-Induktionspumpe [Fuhr92]

Bild 3.4-28
Beispiel einer EHD-Injektionspumpe [Richter91]

Bild 3.4-29
Pumpenkammer einer außenverzahnten Mikrozahnradpumpe. Die Pfeile deuten die Drehrichtung der Zahnräder sowie die Flussrichtung des Fluids an [Döpper96, 97].

Die oben vorgestellten Pumpentypen sind gut für Gase und niedrigviskose Flüssigkeiten geeignet. Hochviskose Flüssigkeiten wie Öle und Kleber sind besser mit *Zahnradpumpen* zu fördern [Döpper96]. Diese Pumpen mit rotierendem Verdränger sind in der Lage, durch einen elektromagnetischen Antrieb hochviskose Flüssigkeiten sehr genau zu dosieren und hohe Arbeitsdrücke von typisch 1000 hPa zu erreichen. Bild 3.4-29 zeigt den prinzipiellen Aufbau einer außenverzahnten Pumpe. Zwei in einer Pumpkammer montierte, ineinandergreifende Zahnräder, von denen eines angetrieben wird, transportieren das Fluid von der Einlass- zur Auslassseite. Durch Umkehr der Drehrichtung ändert sich auch die Förderrichtung. Hochpräzise in LIGA-Technik gefertigte Mikrozahnräder und Gehäuse (Bild 3.4-31) ermöglichen hier die Minimierung von Fertigungstoleranzen, die das Maß von Leckströmen und den erreichbaren Arbeitsdruck bestimmen. Derartige Pumpen können Öle mit Flussraten bis 1000 µl/min und maximalen Arbeitsdrücken über 1200 hPa fördern [Döpper96, Döpper97].

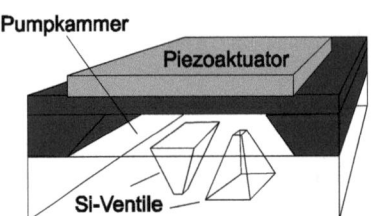 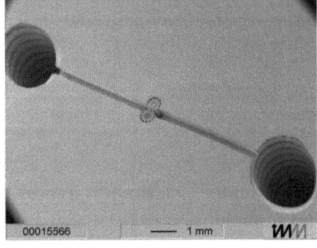

Bild 3.4-30
Schema einer dynamischen Mikropumpe, basierend auf anisotrop geätzten pyramidalen Düsen-Diffusor-Ventilen in einem Si-Substrat [Gerlach95]

Bild 3.4-31
REM-Aufnahme einer Mikrozahnradpumpe mit Zufuhr- und Abfuhrkanälen [Döpper97]

3.4 Mikrofluidische Grundstrukturen und Fertigungsprozesse

Die Opferschichttechnologie ermöglicht eine weitere Skalierung mikrofluidischer Strukturen zumindest in einer Dimension bis in den Nanometer-Bereich (< 1 µm) und den Zugang zur Nanofluidik. In diesem Bereich dominieren Oberflächeneffekte (z. B. Wandladungen, elektrochemische Doppelschichten, Oberflächenspannungen) das Fluidverhalten. Flüssigkeiten können nun nicht mehr als Kontinuum, sondern müssen als Ansammlung individueller Moleküle betrachtet werden. Die Navier-Stokes Gleichungen sind für die Beschreibung des Fluidverhaltens hier nicht mehr anwendbar. Neue Phänomene, die zur Separation und Detektion von Spezies genutzt werden können, treten in Erscheinung. In [Berenschot02] wird eine flexible Technologie zur Herstellung nanofluidischer Strukturen beschrieben, die auf einer Kombination von anisotropem Nassätzen in Silizium und Oberflächenmikromechanik basiert. Damit können Kanalkreuzungen, Flow-Sensoren und perforierte Membranen hergestellt werden. Bild 3.4-32 zeigt eine mit dieser Technologie gefertigte Struktur. Als weiteres Beispiel für dieses Technologiekonzept ist in Bild 3.4-33 eine Nanopumpe dargestellt. Sie basiert auf einem Pumpmechanismus, mit dem im Wechsel von Luftdruck und Kapillarkräften Fluidmengen im Pikoliter-Bereich kontrolliert gefördert werden können.

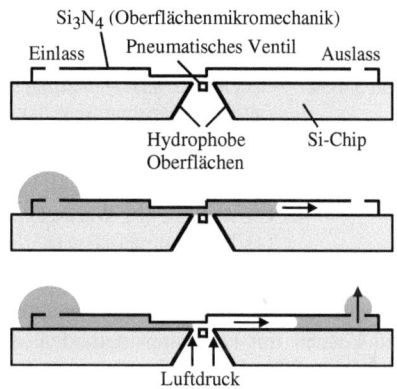

Bild 3.4-32
Durch Oberflächenmikromechanik in Kombination mit anisotropem Nassätzen von Silizium hergestellte Kanalstruktur

Bild 3.4-33
Mit einer Kombination aus Oberflächenmikromechanik und anisotropem Nassätzen hergestellte Nanopumpe (vgl. Bild 3.4-32)

3.4.5 Fluidverstärker und -schalter

Derartige Fluidelemente können analog (proportional zu einem Steuersignal) oder digital (bistabil) ausgelegt werden. Die zwei wichtigsten Vertreter sind der analoge Strahlverstärker (jet-deflection amplifier) und der bistabile Wandstrahlschalter (wall-attachment amplifier) [Pye98, Furlan96, Schomburg94, Gebhard96]. Ihr prinzipieller Aufbau ist in Bild 3.4-34, ein Beispiel in Bild 3.4-35 dargestellt.
Sie haben zumindest 4 Funktionselemente: Fluideinlass (1), Kontrolleinlässe (2), Auslässe (3) und einen Wechselwirkungsbereich (4). Am Fluideinlass entsteht ein Fluidstrahl, der mit den Flüssen aus den Kontrolleinlässen wechselwirkt. Je nach den anliegenden Drücken bzw. Flüssen in den Kontrolleinlässen wird der Strahl bevorzugt in den einen oder anderen Auslasskanal gelenkt. Die meisten Fluidverstärker haben zusätzliche Belüftungsauslässe (5), um Effekte, die auf nachfolgende Lasten zurückzuführen sind, zu minimieren. Bei analogen Strahlverstärkern

bewirkt das Maß des Flusses an den Kontrolleinlässen eine kontinuierliche Variation der Strahlrichtung und damit eine Aufteilung des Strahls auf die Auslässe. Die Flüsse in den Kontrolleinlässen sind gegenüber den Auslassströmen vergleichsweise gering. Bei der bistabilen Strahlsteuerung vermittelt man einem turbulenten Fluidstrahl, der aufgrund des Coanda-Effektes entlang einer glatten Wand geführt wird, durch einen kurzen Druckstoß aus einem der beiden Kontrolleinlässe eine andere Richtung. Danach wird der Fluidstrahl von der gegenüberliegenden Wand geführt. Dementsprechend kann das Fluid nur den einen oder den anderen Auslasskanal erreichen.

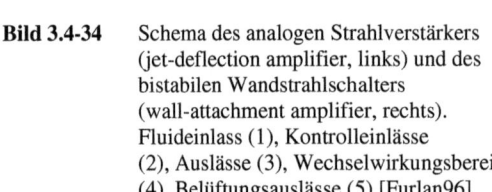

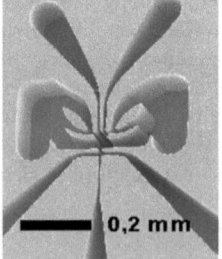

Bild 3.4-34 Schema des analogen Strahlverstärkers (jet-deflection amplifier, links) und des bistabilen Wandstrahlschalters (wall-attachment amplifier, rechts). Fluideinlass (1), Kontrolleinlässe (2), Auslässe (3), Wechselwirkungsbereich (4), Belüftungsauslässe (5) [Furlan96]

Bild 3.4-35 Beispiel eines analogen Strahlverstärkers

Herstellung: Röntgentiefenlithographie in ca. 100 µm hohem PMMA-Resist

Mikrofluidische Verstärker und Schalter haben eine einfache Struktur, keine beweglichen Teile und können mit Fertigungsmethoden, die hohe Aspektverhältnisse liefern, einfach und über Abformverfahren auch kostengünstig hergestellt werden. Die Anwendungen liegen in Bereichen, in denen besonders hohe Zuverlässigkeit gefordert ist (Medizintechnik, Kerntechnik), aber auch bei Kontrolleinheiten für chemische Synthesen.

3.4.6 Durchflusssensoren (Flow-Sensoren)

Durchflusssensoren werden benötigt, um Geschwindigkeit oder Durchflussmenge eines Fluids durch einen Fluidkanal zu bestimmen. Anwendungen liegen vor allem in der Medizin- und Automobiltechnik, der chemischen und pharmazeutischen Prozesstechnik und der Halbleiterindustrie. Die meisten Durchflusssensoren basieren auf der Messung von Impulsübertrag oder auf der Fähigkeit von Fluiden, sogenannte Tracer (z. B. Partikel, Wärmeenergie) zu transportieren. Einige Durchflusssensoren nutzen die Messung von Drücken auf ein mechanisches Bauteil, z. B. eine Membran, Brücke oder Zungenstruktur. Die Verbiegung dieser Verformungskörper wird dann piezoresistiv oder kapazitiv detektiert. Beispiele hierfür sind in Bild 3.4-37 und Bild 3.4-38 dargestellt. Die meisten Durchflusssensoren beruhen auf der Messung von Transporteigenschaften des Fluids, wobei hier die thermische Wechselwirkung zwischen Sensor und Fluid am häufigsten genutzt wird. In diesen Sensorvarianten wird die durch einen Fluidstrom vermittelte Kühlung eines heißen Elements (z. B. eines stromdurchflossenen Platin-Schichtwiderstands) gemessen. Entweder bestimmt man den Temperaturabfall bei konstanter Heizleistung oder die Heizleistung zur Aufrechterhaltung einer konstanten Temperatur des Widerstandselementes (vgl. Kap. 3.3). Ein weiteres Prinzip ist die Messung der Zeit, die ein

3.4 Mikrofluidische Grundstrukturen und Fertigungsprozesse

durch einen Wärmepuls geheizter Fluidbereich benötigt, um eine gewisse Laufstrecke zurückzulegen (Time-of-Flight-Messung).

Für diese Sensoren bildet die Silizium-Mikromechanik zusammen mit der Dünnschichttechnik eine hervorragende Basis, um metallische Leiterbahnen für Heizer und Temperaturfühler (Präzisionswiderstände in Brückenschaltungen, Dünnschichtthermopiles, temperatursensitive Dioden) zu realisieren. Diese werden mit Dünnschichtmembranen für eine hohe thermische Isolation und kurze Ansprechzeiten auf einem Si-Substrat integriert. Zusätzlich können weitere Sensoren (für Feuchte, Druck, Umgebungstemperatur) sowie Leiterbahnen, Signalvorverstärkung und komplette integrierte Schaltkreise auf demselben Substrat hergestellt werden [Lammerink93, Moser93, Fricke94, Nguyen95, Qiu96, Kälvesten96, Svedin98, Berberig98]. Ein Beispiel für einen solchen Durchflusssensor ist in Bild 3.4-36 gezeigt.

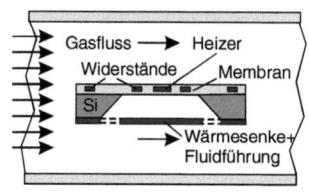 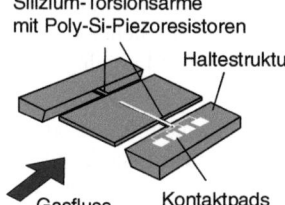 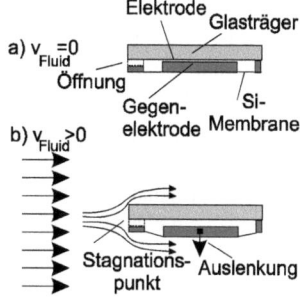

Bild 3.4-36
Querschnitt eines Durchflusssensors mit einem Heizerelement (Mitte) und zwei benachbarten Widerstandselementen auf einer Membran. Zusätzlich ist auf der Rückseite des Sensors eine Wärmesenke integriert, die auch turbulente Strömungen auf der Rückseite der Membran vermeidet. [Qiu96]

Bild 3.4-37
Flowsensor mit Fähnchen für eine piezoresistive Wandlung. Die Fähnchen-Auslenkung bei schräger Anströmung bewirkt eine Widerstandsänderung der piezoresistiven Elemente auf den Haltearmen. Symmetrisches Design minimiert die Empfindlichkeit gegenüber Beschleunigungen [Svedin98]

Bild 3.4-38
Funktionsprinzip eines Durchflusssensors mit mechanisch kapazitiver Signalwandlung. Das Prinzip beruht auf einer Staudruckmessung, d. h. der Messung einer Druckdifferenz zwischen dem Staubereich vor dem Sensor und dem statischen Druck in der Umgebung des Sensors [Berberig98].

3.4.7 Chemische Analysesysteme

Chemische Analysesysteme sollen die Aufgabe erfüllen, Informationen über die chemische Zusammensetzung einer flüssigen oder gasförmigen Probe automatisch zu gewinnen und in einer verwertbaren Form bereitzustellen. Sie sollten Vorrichtungen zur quantitativen Probenentnahme, für Probentransport und -verarbeitung, zur Trennung, zur quantitativen Identifikation der Reaktionsprodukte und letztendlich für die elektronische Erfassung und Darstellung der Daten enthalten. Derartige Systeme unterscheiden sich schon aufgrund ihrer fluidtechnischen Komplexität von einfachen Sensorsystemen. Als Detektionsprinzipien kommen hier nahezu alle in der chemischen Verfahrenstechnik bekannten Nachweismethoden in Frage: elektrochemische Messzellen, ISFETs (Kap. 3.3), optische Effekte wie Fluoreszenz, Absorption und Kopplung an evaneszente Felder, Kalorimetrie und massenspektroskopische Prinzipien. Das Anwendungspotential ist enorm; so können solche Systeme z. B. eingesetzt werden für

– On-line-Prozesskontrolle in der Verfahrenstechnik,

- mobile Umweltmesstechnik und klinische Patientenüberwachung,
- automatisierte Raumfahrtanwendungen wie Mikrogravitations-Experimente oder Kontrolle der Atmosphäre in bemannten Raumfahrzeugen,
- DNA-Analysen [Manz98].

Für chemische Analysesysteme werden bevorzugt mikrofluidische Komponenten aus Glas verwendet. Kapillar-Elektrophorese (CE, vgl. Kap. 3.3.6.2) zur Separation von biologisch relevanten Molekülen wie DNA-Fragmenten oder Aminosäuren ist inzwischen eine etablierte Analysemethode. Die Forderungen an die mikrofluidischen CE-Chips sind: lange (einige cm), schmale (einige 10 µm) und flache (bis zu 20 µm) Kanäle geringer Oberflächenrauigkeit in einem elektrisch isolierenden Substrat, da hohe Feldstärken längs der Kanäle wirken müssen. Glas besitzt nicht nur die erforderlichen elektrisch isolierenden Eigenschaften, sondern ist auch im sichtbaren und UV-Bereich transparent, so dass die optische Detektion z. B. von DNA-Ketten möglich ist, die mit fluoreszierenden Molekülen markiert sind. Bild 3.4-39 zeigt als Beispiel einen CE-Chip aus Glas, der die Möglichkeit zu optischer Detektion bietet und mit integrierten Elektroden versehen ist, um über Leitfähigkeitsmessungen Ionenkonzentrationen im Fluid zu bestimmen.

Durch die Wechselwirkung ionenhaltiger Fluide (saure oder basische Lösungen) mit dielektrischen Oberflächen können sich an diesen elektrische Doppelschichten ausbilden. Dadurch kann z. B. in Glaskanälen ein elektroosmotischer Fluss (EOF, vgl. Kap. 3.3.6.2) generiert werden, wenn man ein elektrisches Feld längs des Kanals anlegt [Heuser04]. Dieser Effekt wird genutzt, um Flüssigkeiten in Analysesystemen und Mikroreaktoren zu transportieren. Zusammen mit den Kanalstrukturen müssen in solchen EOF-Systemen Elektroden integriert werden, die in Bild 3.4-40 zu den Ein- und Auslassöffnungen geführt sind. Durch Umpolen der Elektroden kann die Transportrichtung des Fluids umgekehrt werden. Zur Herstellung des Systems werden Kanäle im unteren Glassubstrat sowie Ein- und Auslasslöcher im oberen Glassubstrat durch powder blasting erzeugt und die Fluidstrukturen durch Fusionsbonden der beiden Substrate verschlossen. Die Metallelektroden werden durch Sputtern unter Verwendung einer Metallmaske aufgebracht. Da die durch powder blasting erzeugten Löcher keine zylindrische, sondern eine konische Form (mit Kantenabrundung) haben, kann man die Metallschichten ohne Abriss an den Lochkanten vom oberen Glassubstrat zu den Kanälen im unteren Glassubstrat führen.

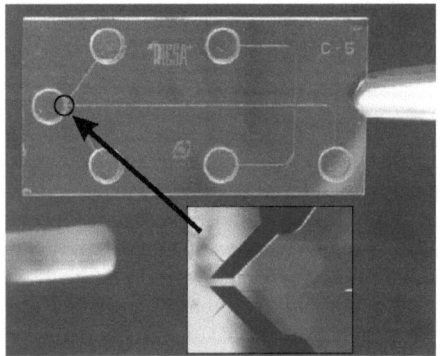 

Bild 3.4-39 Glas-Chip für die Kapillar-Elektrophorese (CE) mit integrierten Elektroden zur Leitfähigkeitsmessung, um Ionenkonzentrationen zu bestimmen

Bild 3.4-40 Mikroreaktor-Chip mit 4 integrierten Elektroden für den Fluidtransport durch elektroosmotischen Fluss (EOF)

3.4 Mikrofluidische Grundstrukturen und Fertigungsprozesse

Man kann verschiedene Konzepte bei der *Integration mikrofluidischer Systeme* unterscheiden. Ein Ansatz besteht in einer vertikalen Stapelung von Komponenten [Schoot93], um die Verbindungswege zwischen ihnen zu verkürzen. Der zweite ist die planare monolithische Integration der Komponenten, die zum höchsten Grad der Miniaturisierung führt [Elwen94]. Hierbei können „Todvolumina" und Fluidstrecken auf ein Minimum reduziert werden. Ein frühes Beispiel für dieses Konzept ist das auf einem Si-Wafer integrierte Gaschromatographie-System mit gesteuertem Einlass und Detektoren [Terry79]. Ein Nachteil dieses Konzeptes ist, dass bei Ausfall einer Komponente meist das ganze System unbrauchbar wird. Um das zu vermeiden, muss entweder hinreichend Redundanz im System eingebaut sein, oder es muss (auch unter Kostengesichtspunkten) leicht ersetzbar sein. Letzteres erfordert eine Fertigung hoher Stückzahlen bei hohem Marktvolumen und einfache kostengünstige Herstellungstechnologien mit hoher Ausbeute.

Das am häufigsten verfolgte Konzept ist die hybride Integration, bei der modular aufgebaute Systeme aus Komponenten zusammengefügt werden, die jeweils für sich in einem spezifischen, optimierten Prozess gefertigt werden (Modular Assembly Total Analysis Systems, MATAS) [Wissink00]. Die Komponenten werden separat in Gehäuse eingebracht, um robuste Module zu bilden, die man auf einer Trägerplatte vereinigt. Diese enthält einerseits alle elektronischen Schaltungen zur Steuerung (von z. B. Mikropumpen und -ventilen) und Signalauswertung (von Sensoren) und andererseits eine strukturierte Kanalplatte mit allen Fluidverbindungen zwischen den Modulen. Neben der leichten Ersetzbarkeit defekter Komponenten bietet der hybride Ansatz die Möglichkeit, durch Austausch von Modulen die Funktionalität des Systems zu ändern, um verschiedene chemische Synthesen oder Analysen durchzuführen. So kann z. B. die Reaktionskammer durch eine andere, die für höhere Prozesstemperaturen erforderlich ist, ersetzt oder ein Sensorelement ausgetauscht werden.

Der schematische Aufbau eines chemischen Analysesystems ist in Bild 3.4-41 dargestellt. Dabei sind die Funktionselemente nicht näher spezifiziert. Ihre Auswahl und Anzahl und insbesondere die Wahl des jeweiligen Detektionsprinzips hängen stark von der Anwendung ab.

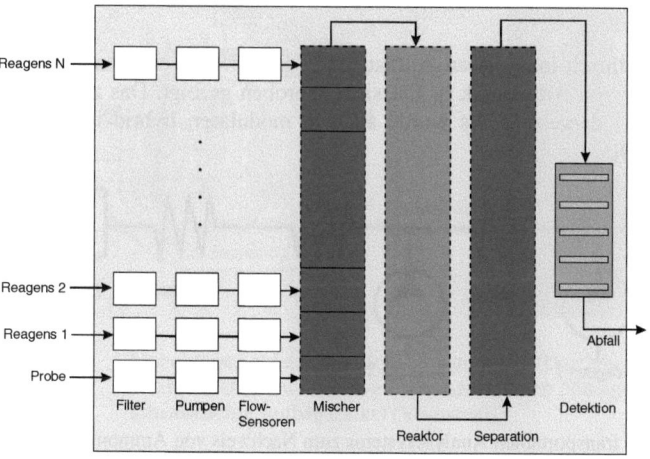

Bild 3.4-41
Schematische Darstellung eines chemischen Analysesystems. Der tatsächliche Aufbau hängt von der Anwendung, den verwendeten Komponenten und dem Grad der Integration (monolithisch, hybrid, in einer Ebene oder Stapelform) ab.

Derartige Systeme bieten prinzipiell die Vorteile der Miniaturisierung – geringer Platzbedarf, geringes Gewicht, kleinste Probemengen und niedriger Energiebedarf – und eröffnen den Weg zu mobilen Funktionseinheiten. In Bild 3.4-42 und 3.4-43 ist ein Mikroanalysesystem dargestellt, das Reaktionsprodukte der aus den Einlässen zugeführten und in einem Reaktionskanal gemischten Flüssigkeiten anhand ihrer optischen Absorption nachweist [Widmer96, Berg98].

Mikroreaktoren eröffnen neue Wege in der chemischen und biochemischen Prozesstechnik. Dies zeigt sich nicht nur in der steigenden Zahl von wissenschaftlichen Publikationen, sondern auch bereits in ersten industriell nutzbaren Mikroreaktoren [Benson93, Ponton98, Ehrfeld98, Ehrfeld98a, Wegeng98, Jähnisch04].

Zunehmend werden miniaturisierte Reaktoren für chemische, pharmazeutische und biotechnologische Anwendungen entwickelt. Charakteristische Bauelemente solcher Systeme sind Strömungskanäle, Mikroventile und -Pumpen, Mischer und Trenneinheiten, Reaktionskammern mit typischen Dimensionen im µm-Bereich und mit Volumina von Nanolitern bis Millilitern. Wichtige Prozesse sind Mischung, Energieaustausch und Trennung [Ehrfeld98a]. Wesentliche vorteilhafte Merkmale von Mikroreaktoren ergeben sich aus den physiko-chemischen Wirkprinzipien. Mit kleiner werdenden Dimensionen nehmen die Gradienten der physikalischen Parameter in einem Reaktionssystem (z. B. Gradienten der Temperatur, des Druckes, der Dichte, der Konzentration) zu und damit die treibenden Kräfte für Wärmeaustausch, Massentransport oder Diffusion pro Flächen- oder Volumeneinheit. Das Verhältnis von Oberfläche zu Volumen wächst und damit die effektive Austauschfläche für Massen- und Energieströme; außerdem sind die Reaktionsvolumina geringer. Alle diese Effekte führen zu deutlich geringeren Reaktionszeiten mit der Chance zu einfacher Prozesskontrolle. Wegen der Intensivierung der Transportprozesse, der geringeren Verzögerungs- und Reaktionszeiten können in Mikroreaktoren Prozessbedingungen erprobt werden, die in makroskopischen Reaktoren nicht möglich sind. Ein typisches Beispiel ist die Realisierung von nahezu isothermen Randbedingungen bei einer stark exothermen Reaktion; ein anderes die Erhöhung der Mischungsgeschwindigkeit und die Verbesserung der Homogenität einer Mischung, wenn die Diffusionswege der zu mischenden Komponenten (z. B. bei der Erzeugung stabiler und homogener Emulsionen) in miniaturisierten Mischern klein sind. So lassen sich in Mikroreaktoren Randbedingungen für chemische Reaktionen in weiten Grenzen variieren, was in diesem Umfang in konventionellen makroskopischen Systemen nicht gelingt. Demnach ist ein Hauptfeld der Anwendung von Mikroreaktoren die Optimierung der chemischen Reaktionsbedingungen hinsichtlich Ausbeute und Selektivität [Wörz98, Jäc97]. Weitere Vorteile der Mikroreaktionstechnik sind (bedingt durch die kleinen Reaktionsmengen):

- höhere Sicherheit bei der Prozessführung (z. B. bei explosiven, leicht entflammbaren oder toxischen Komponenten)
- geringerer Verbrauch von Ressourcen und reduzierte Entsorgungsproblematik
- geringere Kosten für Transport, Material und Energie
- schnellere Genehmigungsverfahren, dadurch beschleunigte Umsetzung von der Forschungs- in die Produktionsphase.

Die ursprüngliche Definition von Mikroreaktoren bezog sich auf die typischen Dimensionen von Reaktorstrukturen im µm-Bereich und die Integration elektronischer Komponenten (z. B. Sensoren) zur Prozesskontrolle. Inzwischen werden Mikroreaktoren entwickelt, die aus einer Vielzahl (mikro-)fluidischer Komponenten bestehen, die man durch weitere Mikrokomponenten ergänzt (Bild 3.4-46). Allenfalls deren Ein- und Auslass für Edukte, Produkte und Hilfsmittel (z. B. Kühlflüssigkeiten) besitzen noch makroskopische Dimensionen. Mikroreaktoren nutzen die Vorteile der Fluidtechnik im Mikrometerformat. Kurze Mischzeiten vermeiden ausbeutelimitierende Parallelreaktionen, schnelle Abkühlzeiten verhindern einen thermischen Zerfall wertvoller Reaktionsprodukte und stark exotherme Reaktionen können kontrolliert ablaufen, ohne die Gefahr der Überhitzung des Reaktionsvolumens. Neben einer verbesserten Effektivität und Prozesssicherheit bieten diese chemischen Minifabriken neue Freiheitsgrade bzgl. der Verfahrens- und Produktentwicklung. Außerdem erlauben sie die Dezentralisierung chemischer Produktionsanlagen, so dass gefährliche Transporte vermieden werden können.

3.4 Mikrofluidische Grundstrukturen und Fertigungsprozesse

Inzwischen wurden auch komplexe, integrierte Mikroreaktorsysteme aufgebaut. Beispiele sind Methanol-Reformer für die Wasserstoff-Synthese [Peters98, Wegeng98], eine PCR-Reaktorsäule zur zyklischen Temperaturbehandlung von DNA-Proben (Bild 3.4-47) [Köhl98], Mikroreaktoren zur heterogenen Katalyse der Ethylenoxidation (Kap. 3.3.6) [Richter98], zur Produktion eines Vitaminprecursors (Bild 3.4-48) [Wörz98] und zur Oxidation von Ammoniak (Bild 3.4-49) [Jensen97] sowie Mikrowärmepumpen [Drost98].

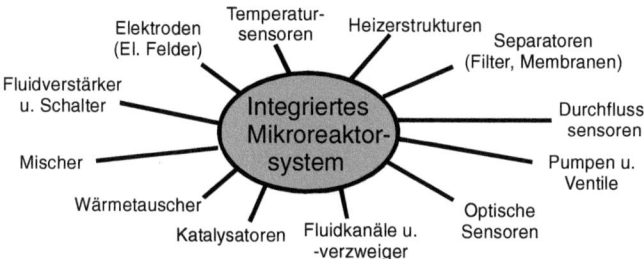

Bild 3.4-46 Komponenten eines integrierten Mikroreaktors, die je nach Anwendung verknüpft werden

Für die Zukunft erwartet man Fortschritte durch Mikroreaktoren in der kombinatorischen Chemie, Genomforschung, Proteinsynthese und Katalysatorforschung [Weber94, Balkenkohl96, Ugi98, Cong98].

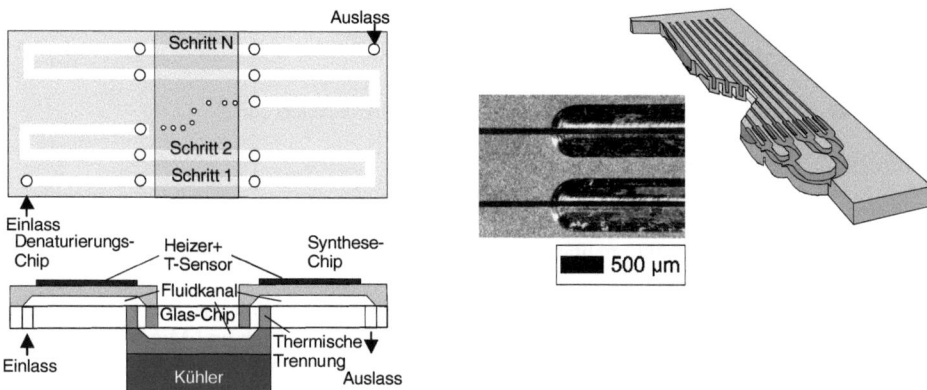

Bild 3.4-47 Schema einer PCR-Reaktorsäule zur zyklischen Temperaturbehandlung von DNA-Proben [Köhl98] (PCR = **P**olymerase **C**hain **R**eaction) Herstellung: Si-Mikromechanik

Bild 3.4-48 Kombinierter Mischer/Wärmetauscher für exotherme Mehrphasenreaktion Herstellung: Mikrofunkenerosion [Wörz98]

3.4.9 BioMEMS

Seit den 70er Jahren wurde die Relevanz der Mikrosystemtechnik für biomedizinische Anwendungen immer wieder prognostiziert und diskutiert. Erst in den letzten zehn Jahren allerdings bestätigten sich diese Prognosen durch eine rege Forschungstätigkeit und erste marktfähige Anwendungen [Bashir04, Grayson04]. Im Zusammenhang mit dieser Entwicklung wurde der

Begriff „BioMEMS" (im englischsprachigen Raum) bzw. biologisches Mikrosystem und Biologische Mikrosystemtechnik (BioMST) geprägt. Unter einem „BioMEMS" versteht man ein System, das mit den Methoden der Mikrosystemtechnik hergestellt wurde und die Detektion, Analyse, Manipulation oder auch Prozessierung biologischer Einheiten (wie Biomoleküle, DNA, Proteine, Viren, Zellverbände) ermöglicht. Die Anwendungen solcher Systeme sind mannigfach und finden sich im Bereich der biomedizinischen Diagnostik (z. B. als DNA- und Protein-Mikroassays), bei der Suche nach neuen Wirkstoffen (drug screening) oder auch in implantierbaren Systemen wie Insulindosierpumpen [Ishihara86, Desai99]. Im Zusammenhang mit diagnostischen Anwendungen wird auch der Begriff Bio-Chip verwendet, der die Kopplung zwischen biologischen Einheiten und Festkörperchip beschreibt.

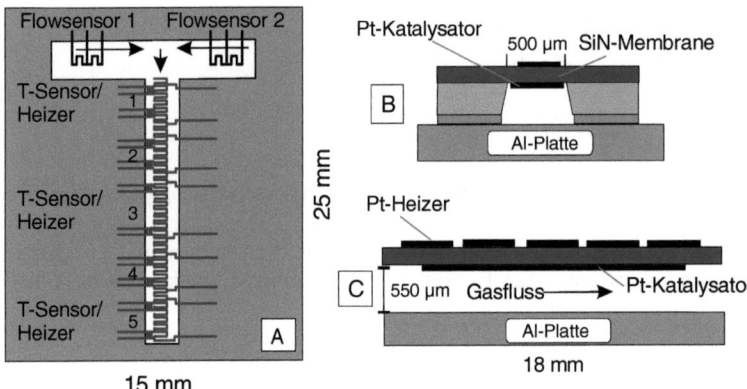

Bild 3.4-49 Schematische Darstellung eines T-förmigen Mikroreaktors zur katalytischen Ammoniak-Oxidation [Jensen97].
Herstellung: Si-Mikromechanik

In vielen Fällen ist die Funktionalität des biologischen Mikrosystems mit dem Handling von kleinsten Flüssigkeitsmengen verbunden. Die Zu- und Ableitung chemischer Substanzen, die Versorgung von Zellen mit Kulturmedium und der Transport von biologischen Einheiten fällt in den Aufgabenbereich der Mikrofluidik. Begriffe wie Lab-on-a-Chip und Micro Total Analysis Systems (µTAS) werden daher oft gleichbedeutend mit BioMEMS verwendet.
Die Miniaturisierung von biologischen Sensoren oder Aktoren ist vor allem aus zwei Gründen attraktiv: zum einen können die Abmessungen der Sensorelemente an die Größe des biologischen Targets angepasst werden, wodurch die Selektivität und Empfindlichkeit erhöht wird, zum andern können die Volumina der oft wertvollen Testsubstanzen in der Diagnostik oder beim Pharma-Screening auf ein Minimum reduziert werden. Die Automatisierung der Arbeitsschritte und die Portabilität eines miniaturisierten „Biolabors" sind weitere Gründe für die Erfolge von BioMEMS.

3.4.9.1 Materialien für BioMEMS

Die Herstellungstechnologien der BioMST entsprechen weitgehend denen der Mikrosystemtechnik bzw. Mikrofluidik. Neben den klassisch verwendeten Materialien wie Glas, Silizium und seinen Verbindungen [Ziaie04] werden auch polymere Materialien, z. B. PMMA, Polykarbonat und PDMS (Poly-Dimethylsiloxan), eingesetzt. Diese Materialien sind optisch transparent, biokompatibel und mit lithographischen Methoden leicht strukturierbar [Ziaie04]. Hydrogel-Polymere können unter beträchtlicher Volumenzunahme in Wasser quellen, ohne ihren stofflichen Zusammenhalt dabei zu verlieren. Diese Eigenschaft wird eingesetzt, um mikrofluidische Ventile zu realisieren [Ziaie04, Baldi03, Yu01], die beispielsweise über eine Änderung der Temperatur geöffnet und geschlossen werden. Durch ihre Biokompatibilität und gewebeähnlichen mechanischen Eigenschaften gewinnen Hydrogele im biomedizinischen Bereich zunehmend an Bedeutung. Für die Herstellung von Elektroden werden Edelmetalle wie Gold, Titan und Platin verwendet.

Ein wesentlicher Aspekt bei der Materialauswahl ist die Biokompatibiliät, d. h. die Eigenschaft des Materials bzw. seiner Oberfläche, im gewünschten Sinne mit der biologischen Substanz zu interagieren. Dabei können die Anforderungen sehr unterschiedlich sein. Bei einem Zell-Chip-Sensor ist es im Allgemeinen notwendig, dass die Zellen gut an der Oberfläche haften, um eine enge Kopplung zwischen Messelektrode und Zelle zu ermöglichen. Dagegen ist bei einem pH-Wert-Sensor der Besatz der Messelektrode mit biologischen Substanzen unerwünscht, weil dadurch der Kontakt zum Analyten verschlechtert wird. Die jeweils erforderlichen Eigenschaften von Oberflächen können durch chemische Modifikationen eingestellt werden. Die Adhäsion von Proteinen und Peptiden an Festkörperoberflächen hat im allgemeinen die Anheftung von biologischen Organismen wie Bakterien oder Zellen zur Folge (Fouling). Die Vermeidung der Proteinadhäsion an Oberflächen (Antifouling) kann z. B. durch eine Oberflächenbeschichtung mit PEG (Poly-Ethylenglykol) erreicht werden [Pasche05].

Die Verwendung biologischer Materialien wie Proteine, Zellen oder Gewebe zum selbstorganisierten Aufbau funktionaler Einheiten (z. B. neuronaler Netze, künstlicher Organe oder biologischer Motoren), ist ein relativ neues Forschungsgebiet, dessen Perspektiven noch nicht abgeschätzt werden können [Freedman04].

3.4.9.2 Biosensoren

Biosensoren sind analytische Systeme, die ein biologisch sensitives Element mit einem physikalischen oder chemischen Wandler verbinden, um qualitativ und quantitativ die Anwesenheit einer Substanz zu detektieren. Dabei kann das biologisch sensitive Element von einer Zelle, einem Protein, von DNA oder kleinen Molekülen gebildet werden. Die verwendeten Wandlerprinzipien sind vielfältig und reichen von mechanischen Wandlern über elektrische bis hin zu optischen Detektoren. In vielen Fällen werden die Sensoren in Arrayformat angeordnet, um mehrere Größen gleichzeitig zu messen. DNA-Chips sind dafür das bekannteste Beispiel.

DNA-Chips, auch DNA-Mikroarrays genannt, können zur Identifikation von Mikroorganismen, zur Mutationsanalyse einzelner Gene und zu Genexpressionsanalysen eingesetzt werden. Ein Beispiel für die Anwendung von Expressionsstudien, bei denen die Genaktivität von gesundem und krankem Gewebe verglichen wird, ist die Suche nach neuen Wirkstoffen. Zu diesem Zweck wird ein potentieller Wirkstoff auf die Zellen gegeben. Mit einer DNA-Chip Analyse vor und nach der Wirkstoffzugabe können Aktivitätsänderungen bestimmter Gene nachgewiesen werden.

Die technologische Herausforderung bei der Herstellung der DNA-Chips ist die Immobilisierung tausender einzelsträngiger DNA-Fragmente bekannter Sequenz auf diskreten Positionen, den sogenannten *Spots*. Diese können durch eine Folge lithographischer Schritte auf einem Glas-Wafer direkt *in-situ* synthetisiert werden (Bild 3.4-50). Dazu werden zunächst einzelne DNA-Bausteine (Basen) auf dem Chip immobilisiert und mit einer fotoempfindlichen Schutzgruppe versehen. Im nächsten Schritt wird die Schutzgruppe durch einen fotolithographischen Schritt strukturiert, so dass sie in den belichteten Bereichen abgelöst werden kann (Deprotektion). Schließlich wird die Chipoberfläche mit einer basenhaltigen Lösung in Kontakt gebracht, so dass deren basische Komponente (Tymin (T), Cytosin (C), Guanin (G), Adenin (A)) an den ungeschützten Stellen ankoppelt. Wird dieser Prozess etwa 70 mal mit verschiedenen Masken und basenhaltigen Lösungen wiederholt, lassen sich Tausende von verschiedenen Basenkombinationen auf dem Chip synthetisieren.

Mit diesem Verfahren können mittlerweile Chips mit 100 Millionen Spots pro 5-Zoll Wafer hergestellt werden, wobei der Durchmesser eines Spots etwa 11 µm beträgt [www.affy]. Der Nachteil dieser *in-situ* Methode liegt in den hohen Kosten der Masken und der relativ hohen Fehlerquote bei der Synthese. Einfachere und kostengünstigere *ex-situ* Verfahren bringen die bereits synthetisierten Basenketten (Oligonukleotide mit 20-50 Basen oder cDNA mit 500-2000 Basen) direkt mit Hilfe von Plottern auf den Chip. Bei diesen Verfahren können Spotdichten von etwa 10000 cm^{-2} erreicht werden [Shoemaker02, Winegarden01].

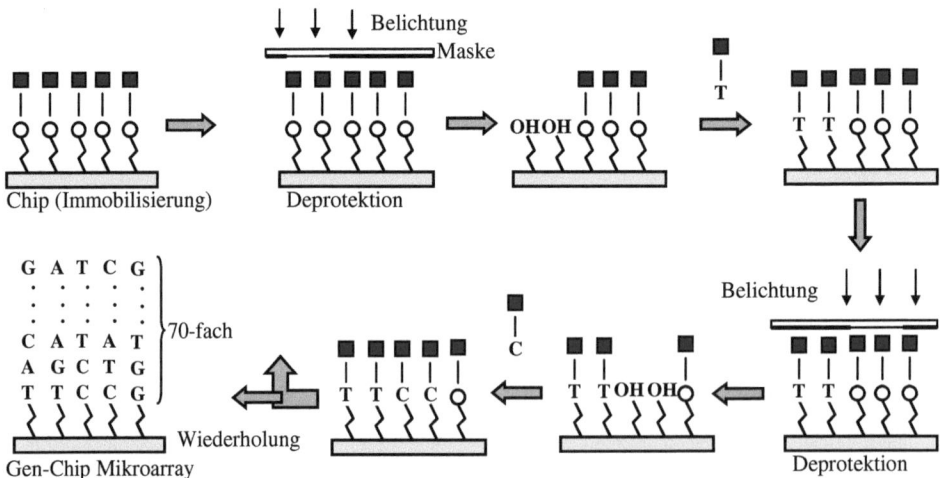

Bild 3.4-50   Fotolithographischer Herstellungsprozess eines DNA-Chips.
(Quelle: genechip, Affimetrix, USA)

Bild 3.4-51
Fluoreszenz-Matrix eines DNA-Chips; die Intensität und Farbe jedes Spots gibt Informationen über ein spezifisches Gen der Probe. (Quelle: Agilent)

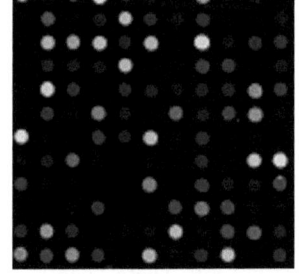

Während eines Chip-Experimentes wird zunächst das zu analysierende Nukleinsäuregemisch mit Fluoreszenzfarbstoffen markiert und dann mit dem Chip in Kontakt gebracht. Diejenigen der auf dem Chip immobilisierten DNA-Einzelstränge, die zur Proben-DNA komplementär sind, bilden

3.4 Mikrofluidische Grundstrukturen und Fertigungsprozesse

mit dieser eine Doppelhelix (Hybridisierung). Nichtgebundene Nukleinsäuren werden abgewaschen. Schließlich erfolgt der Nachweis der erfolgten Hybridisierung mit einem Fluoreszenzmikroskop. Anhand der Koordinaten eines Fluoreszenzsignals auf dem Chip (Bild 3.4-51) lässt sich die Struktur der Proben-DNA eindeutig bestimmen [www.affy]. Ein entscheidender Vorteil der DNA-Chip-Technik gegenüber klassischen molekularbiologischen Verfahren ist, dass gleichzeitig eine Vielzahl unterschiedlicher Gene bzw. Zielsequenzen in einem Nukleinsäuregemisch analysiert werden kann. Nach einem ähnlichen Prinzip werden auch Protein- und Antikörper-Chips hergestellt, um spezifische Bindungsereignisse und deren Kinetik nachzuweisen.

Zell-basierte Biosensoren

Besonders in der klinischen Diagnostik und bei der Suche nach neuen pharmakologischen Wirkstoffen werden neben biochemischen Sensoren seit einiger Zeit auch lebende Zellen (Bild 3.4-52) als sensitive Elemente eingesetzt [Bousse96]. Einzelne Zellen oder auch Gewebeschnitte sind in ihrer Reaktion auf externe Stimuli oft hoch selektiv und empfindlich. Mit ihrer natürlichen Ausstattung an Rezeptoren, Ionenkanälen und Enzymen reagieren intakte Zellen in einer physiologisch aussagekräftigen Weise. Sie können dadurch einfachen biochemischen Sensoren hinsichtlich Sensitivität deutlich überlegen sein. Zellen sind kleine Labore, in denen komplizierte, biochemische Reaktionskaskaden ablaufen, die in dieser Komplexität bisher nicht nachgebildet werden können.

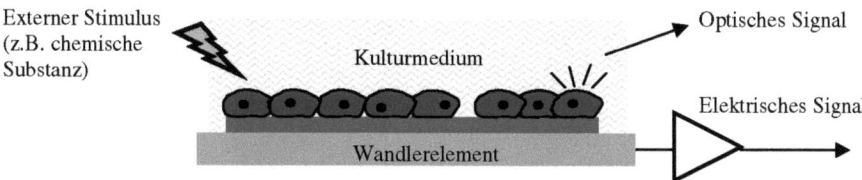

Bild 3.4-52 Schema eines Zell-basierten Sensors; die Messungen werden bei kontrollierten Zellkulturbedingungen (Temperatur, Sauerstoffkonzentration, pH-Wert) durchgeführt.

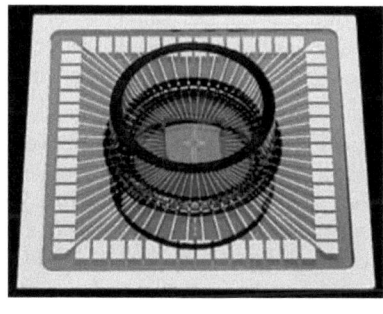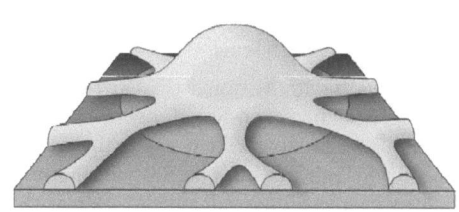

Bild 3.4-53 links: Mikroelektroden-Array (60 Elektroden) mit Zellkulturgefäß
(Quelle: Multichannelsystems, Reutlingen);
rechts: Einzelne Mikroelektrode mit neuronaler Zelle
(Quelle: M. Pottek, MPI für Polymerforschung, Mainz)

Neben fluoreszenzoptischen Detektionsmethoden können Zellreaktionen durch Messungen der Membranimpedanz [Giaever91], der metabolischen Wärmeaktivität [Johannessen02] oder durch potentiometrische Ableitungen der elektrischen Aktivität [Gross77, Offenhäusser01] ausgewertet werden. So wird beim Neuro-Chip durch die direkte Kopplung von Gehirnzellen mit einem elektronischen Chip die Messung vieler neuronlaer Zellen gleichzeitig möglich. Die Zugabe von toxischen oder pharmakologisch wirksamen Substanzen modifiziert die Zellnetzwerk-Aktivität und erlaubt Rückschlüsse auf die Wirkweise des Additivs. Derartige Neuro-Sensoren werden nicht nur in der Grundlagenforschung neuronaler Kommunikation, sondern auch im Bereich der Wirkstoffsuche eingesetzt.

Als elektronische Wandler werden sowohl Mikroelektroden-Arrays (MEA, Bild 3.4-53), als auch Ionensitive Feldeffekttransistoren (ISFETs, Bild 3.4-55) eingesetzt. Beide messen indirekt das elektrische Potential im Inneren der Zelle (Bild 3.4-54), das schnell auf einen Maximalwert von einigen 10 mV steigen kann, um dann wieder auf ein Ruhepotenzial abzusinken.

Bild 3.4-54
Die semi-permeable Zellmembran ist in der Lage, Gradienten der Ionenkonzentration zwischen Zellinnerem und -äußerem aufrecht zu erhalten. Wenn sich ein Ionenkanal in der Membran aufgrund einer externen elektrischen oder chemischen Stimulation öffnet, wird die Membran leitend (unten) und der Konzentrationsgradient gleicht sich aus. Dies ist gleichbedeutend mit einem Stromfluss durch die Membran, der mit Hilfe der extrazellulären Elektroden gemessen werden kann.

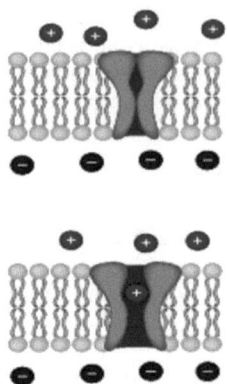

Wachsen die Zellen die direkt auf den Metallelektroden, kann diese schnelle Potentialänderung (Aktionspotential) mit dem MEA-Chip abgeleitet werden (Bild 3.4-53). Der Durchmesser der Elektroden entspricht mit 10-30 µm in etwa dem Durchmesser einer einzelnen Zelle. Dabei ist eine enge Kopplung zwischen Zellmembran und Elektrode die Voraussetzung für ein gutes Signal/Rausch-Verhältnis.

Auch Feldeffekttransistoren (FETs) werden zur Ableitung der schwachen Biosignale verwendet. FETs können als n-Kanal- oder p-Kanal-Feldeffekttransistoren aufgebaut werden. Bei dem in Bild 3.4-55 dargestellten n-Kanal-FET entsteht zwischen Source- und Drain-Elektrode in einem p-Si-Substrat ein oberflächennaher n-leitender Kanal, wenn an der Gate-Elektrode ein entsprechendes Potenzial anliegt. Der wirksame Querschnitt des n-Kanals und damit der Stromfluss zwischen Source und Drain kann durch das Potenzial an der Gate-Elektrode gesteuert werden. Eine kleine Änderung der Gate-Spannung hat eine große Änderung des Source/Drain-Stromes zur Folge. Diese Verstärkereigenschaft des FET wird zur Messung der kleinen Zellmembranpotenziale genutzt. Zu diesem Zweck lässt man die elektrisch aktiven Zellen direkt auf den Gate-Bereich (unter Verzicht auf die Polysilizium-Gate-Elektrode) aufwachsen, der vom n-Kanal durch die dünne Gate-Oxidschicht getrennt ist. Potenzialänderungen an der Zellmembran wirken sich nun als Änderung der Gate-Spannung auf den Source/Drain-Strom aus und sind somit elektronisch messbar. Derzeit ist es möglich, Arrays mit bis zu 1028 derartiger FET-Biosensoren inklusive Vorverstärker auf einem Chip zu integrieren.

Bild 3.4-55
Schematischer Aufbau eines Zell-basierten FET-Chips (hier als n-Kanal-FET dargestellt); die Zellen haben engen Kontakt mit dem Gate-Bereich (Verzicht auf die Polysilizium-Gate-Elektrode) und sind nur durch die Gate-Oxidschicht vom n-Kanal getrennt.

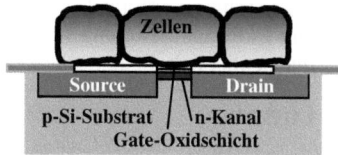

3.4.9.3 BioLab-on-a-Chip

Der Begriff BioLab-on-a-Chip ist ein Synonym für die Integration von miniaturisierten Biosensoren und Aktoren zu einer mikrofluidischen Funktionseinheit. Mit einem derartigen Chip kann die Handhabung von Fluiden, also Misch- und Trennvorgänge, die Wandlung von Biosignalen oder der Ablauf von biochemischen Reaktionen auf kleinster Fläche realisiert werden. In vielen Fällen gehen dem Analyseverfahren Vorbereitungsschritte voraus. Im Fall eines Zellbasiertem Systems übernimmt eine Zellhandling-Einheit vorbereitende Aufgaben wie das Sortieren und Einfangen von Zellen. Ein integrierbares biochemisches Verfahren ist z. B. die Polymerase-Kettenreaktion (PCR).

Zellhandling

Das Handling von vereinzelten Zellen wird üblicherweise mit Pipetten durchgeführt, wobei der Kontakt mit Gefäßoberflächen bei Zellen biochemische Signale auslösen kann. Diese Signale, die ins Innere der Zelle weitergeleitet werden, haben u. U. unvorhersehbare und unerwünschte Effekte (z. B. Einfluss auf die Zellteilung oder Zelltod) zur Folge [Müller99]. Mikrofluidische Systeme eröffnen die Möglichkeit, das Handling von Zellen oder Bakterien kontaktfrei durchzuführen. Das zentrale Element für die berührungslose Zellmanipulation ist ein Chip, der über Elektroden ein elektromagnetisches Feld erzeugt, in dem die Zellen kontaktfrei schweben können. Diese so genannten *Feldfallen* werden, um nicht die Signalrezeptoren der Zellen anzusprechen, bei sehr hohen Frequenzen (1 MHz-1 GHz) betrieben. Auf diese Weise können individuelle Zellen in einem mikrofluidischen Kanal transportiert, separiert und gezielt mit Substanzen in Kontakt gebracht werden. Anwendungen für dieses System finden sich bei der schnellen Suche nach Tumorzellen im Blut, der Trennung verschiedener Zelltypen (Zellsorting), oder auch in Kombination mit fluoreszenzoptischen Analysemethoden [Müller99].

On-Chip Polymerase-Kettenreaktion (Polymerase Chain Reaction, PCR)

Ein weiteres Beispiel für die sinnvolle Miniaturisierung eines in vielen Bereichen der medizinischen Diagnostik eingesetzten Verfahrens ist die PCR [Mullis87]. Sie ermöglicht die Vervielfältigung von Genfragmenten mit Hilfe der wiederholten Aufspaltung und Ergänzung des DNA-Doppelstrangs durch biochemische Reaktionen. Kleinste Probenmengen können so vermehrt werden, bis die Zahl der gesuchten DNA-Moleküle ausreicht, um einen eindeutigen Nachweis (z. B. mit einem DNA-Chip, siehe oben) zu führen. Die Realisierung dieses Verfahrens auf einem Mikrofluidik-Chip ermöglicht nicht nur das Handling von Probenmengen im Bereich von Nanolitern, sondern auch die Verkürzung der Reaktionswege und damit eine deutliche Zeitersparnis gegenüber konventionellen Verfahren [Huber02, Kopp98, Schneegaß01, Münchow04]. Anwendungen der PCR finden sich unter anderem beim Nachweis genetisch bedingter Krankheiten, in der Gerichtsmedizin und bei der Ermittlung der gesamten genetischen Information des Menschen (human genome project).

Das zentrale Element des PCR-Chips ist ein mikrofluidischer Kanal, der drei Temperaturzonen (etwa 90 °C, 50 °C und 70 °C) miteinander verbindet (vgl. Bild 3.4-47). Die DNA-Probe wird, angetrieben durch einen Mikroaktor, kontrolliert zwischen diesen Temperaturbereichen bewegt und durchläuft dabei die Reaktionsphasen der *Denaturierung, Hybridisierung* und *Synthese* [Müller01]. Dieser Zyklus wird 20-30 mal wiederholt, wobei in jedem Schritt die Anzahl der

DNA-Doppelstränge verdoppelt wird. Weitere Einheiten in diesem BioLab-on-a-Chip übernehmen die Probenaufbereitung (z. B. DNA-Gewinnung aus Blut), das Vermischen der Reagenzien und schließlich die optische Detektion.

3.4.10 Literatur

[Baldi03] A. Baldi, Y. Gu, P. Loftness, R. A. Siegel, B. Ziaie, A hydrogel-actuated environmentally-sensitive microvalve for active flow control, Jour. Microelectromechanical Systems 13 (2003) 613-621

[Balkenkohl96] F. Balkenkohl, C.Bussche-Hünnefeld, A. Lansky, C. Zechel, Kombinatorische Synthese niedermolekularer organischer Verbindungen, Angew. Chem. 108 (1996) 2436-2488

[Bashir04] R. Bashir, BioMEMS: state-of-the-art in detection, opportunities and prospects, Advanced Drug Delivery Reviews 56 (2004) 1565-1586

[Bassous77] E. Bassous, H. H. Taub, L. Kuhn, Ink jet printing nozzle arrays etched in silicon, Appl. Phys. Lett. 31 (1977) 135-137

[Benson93] R. S. Benson, J. W. Ponton, Process Miniaturization - a Route to Total Environmental Acceptability?, ChERD 71, A2 (1993) 160-168

[Berberig98] O. Berberig, K. Nottmeyer, J. Mizuno, Y. Kanai, T. Kobayashi, The Prandtl micro flow sensor (PMFS): a novel silicon diaphragm capacitive flow-velocity measurement, Sensors and Actuators A 66 (1998) 93-98

[Berenschot02] J. W. Berenschot, N. R. Tas, T. S. J. Lammerink, M. Elwenspoek, A. van den Berg, Advanced sacrificial poly-Si technology for fluidic systems, Jour. Micromech. Microeng. 12 (2002) 621-624

[Berg94] A. van den Berg, P. Bergveld (Eds.), Micro Total Analysis Systems, Kluwer Academic Publishers, Dordrecht, The Netherlands, (1994)

[Berg00] A. van den Berg, W. Olthuis, P. Bergveld (Eds.), Micro Total Analysis Systems 2000, Kluwer Acad. Publ. Dordrecht, The Netherlands, (2000)

[Bert00] A. Berthold, L. Nicola, P. M. Sarro, M. J. Vellekoop, Sensors and Actuators A 82 (2000) 224

[Blom02] M. T. Blom, E. Chmela, J. G. E. Gardeniers, R. Tijssen, M. Elwenspoek, A. van den Berg, Sensors and Actuators B 82 (2002) 111

[Boer00] M. J. de Boer, R. W. Tjerkstra, J. W. Berenschot, H. V. Hansen, G. J. Burger, J. G. E. Gardeniers, M. Elwenspoek, A. van den Berg, Jour. Microelectromech. Systems 9 (2000) 94

[Boer02] M. J. de Boer, J. G. E. Gardeniers, H. V. Jansen, E. Smulders, M.-J. Gilde, G. Roelofs, J. N. Sasserath, M. Elwenspoek, Jour. Microelectromech. Systems 11 (2002) 385

[Böhm01] S. Böhm, K. Greiner, S. Schlautmann, S. de Vries, A. van den Berg, in: Micro Total Analysis Systems, J. M. Ramsey et al. (Eds.), Kluwer Acad. Publ. Dordrecht, The Netherlands, (2001)

[Bousse96] L. Bousse, Whole cell biosensors, Sensors and Actuators B 34 (1996) 270-275

[Branebjerg96] J. Branebjerg, P. Gravesen, J. P. Grog, C. R. Nielsen, Fast mixing by lamination, Proc. of IEEE MEMS'96, San Diego, USA, (1996)

[Canham92] L. T. Canham, A. J. Groszek, Jour. Appl. Phys. 72 (1992) 1558

[Chmela02] E. Chmela, R. Tijssen, M. T. Blom, J. G. E. Gardeniers, A. van den Berg, Anal. Chem 74 (2002) 3470

[Cong98] P. Cong, D. Giaquinta, S. Guan, E. McFarland, K. Self, H. Turner, W. H. Weinberg, A Combinatorial Chemistry Approach to Oxidation Catalyst Discovery and Optimization, in Proc. 2nd Int. Conf. Microreaction Technology, New Orleans, USA, (1998) 118-123

[Desai99] T. A. Desai et al., Microfabricated biocapsules provide short-term immunoisolation of insulinoma xenografts, Biomed. Microdevices 1 (1999) 131-138

[Döpper96] J. Döpper, M. Clemens, W. Ehrfeld, S. Jung, K.-P. Kämper, H. Lehr, Micro gear pumps for dosing of viscous fluids, Proc. MME'96, Barcelona, (1996)

[Döpper96a] J. Döpper, M. Clemens, W. Ehrfeld, S. Jung, K.-P. Kämper, H. Lehr, Development of Low-cost Injection Moulded Micropumps, Proc. Actuator 96, Bremen, (1996) 37-40

[Döpper97] J. Döpper, Untersuchungen zur Auslegung und Fertigung von Mikropumpen, Dissertation, Universität Kaiserslautern, (1997)

[Drost98] M. K. Drost, M. Friedrich, A Microtechnology-Based Chemical Heat Pump for Portable and Distributed Space Conditioning Applications, in Proc. 2nd Int. Conf. Microreaction Technology, New Orleans, USA, (1998) 318-322

[Drott97] J. Drott, K. Lindström, L. Rosengren, T. Laurell, Jour. Micromech. Microeng. 7 (1997) 14

[Ehrfeld98] W. Ehrfeld (Ed.), Microreaction Technology, Proc. 1st Conf. on Microreaction Technology, Springer-Verlag, Berlin, Heidelberg, (1998)

[Ehrfeld98a]	W. Ehrfeld, V. Hessel, H. Lehr, Microreactors for Chemical Synthesis and Biotechnology - Current Developments and Future Applications, Topics in Current Chemistry, Vol. 194, Springer Verlag, Berlin, Heidelberg, (1998) 233-252
[Elwen94]	M. C. Elwenspoek, T. S. J. Lammerink, R. Miyake, J. H. J. Fluitman, Jour. Micromech. Microeng. 4 (1994) 227
[Freedman04]	D. Freedman, D. Barry, Versuchskaninchen aus Silizium, Technology Review (2004) 45-48
[Fricke94]	K. Fricke, A micromachined mass-flow sensor with integrated electronics on GaAs, Sensors and Actuators A 45 (1994) 91-94
[Fuhr92]	G. Fuhr, R. Hagedorn, T. Müller, W. Benecke, B. Wagner, Pumping of water solutions in microfabricated electrohydrodynamic systems, Proc. MEMS'92, Travemünde, (1992) 25-30
[Fuji96]	I. Fujimasa, Micromachines. A new era in mechanical engineering, Oxford Science Publications, Oxford University Press, Oxford, (1996), ISBN 0 19 856528 3
[Furlan96]	R. Furlan, J. N. Zemel, Behavior of microfluidic amplifiers, Sensors and Actuators A 51 (1996) 239-246
[Garden02]	J. G. E. Gardeniers, J. W. Berenschot, M. J. de Boer, Y. Yeshurun, M. Hefetz, R. van't Oever, A. van den Berg, Techn. Digest IEEE Int. Conf. on MEMS, Las Vegas, (2002) 141
[Gass94]	V. Gass, B. H. van der Schoot, S. Jeanneret, N. F. de Rooij, Integrated flow-regulated silicon micropump, Sensors and Actuators A 43 (1994) 335-338
[Gebhard96]	U. Gebhard, H. Hein, U. Schmidt, Numerical investigation of fluidic micro-oscillators, Jour. Micromech. Microeng. 6 (1996) 115-117
[Gerlach95a]	T. Gerlach, H. Wurmus, Working principle and performance of the dynamic micropump, Sensors and Actuators A 50 (1995) 135-140
[Gerlach95b]	T. Gerlach, M. Schuenemann, H. Wurmus, A new micropump principle of the reciprocating type using pyramidic micro flowchannels as passive valves, Jour. Micromech. Microeng. 5 (1995) 199-201
[Giaever91]	I. Giaever, C. R. Keese, Micromotion of mammalian cells measured electrically, PNAS USA 88 (1991) 7896-7900
[Gravesen93]	P. Gravesen, J. Braneberg, O.S. Jensen, Microfluidics - a review, Jour. Micromech. Microeng. 3 (1993) 168
[Grayson04]	A. C. R. Grayson, R. S. Shawgo, A. M. Johnson, N. T. Flynn, Y. Li, M. Cima, R. Langer, A BioMEMS Review: MEMS Technology for Physiologically Integrated Devices, Proc. IEEE 92 (2004) 6-21
[Gross77]	G. W. Gross, E. Rieske, G. W. Kreutzberg, A. Meyer, A new fixed-array multi-microelectrode system designed for long-term monitoring of extracellular single unit neuronal activity in vitro, Neurosci. Lett. 6 (1977) 101-105
[Gün99]	N. Günther, Entwicklung mikrotechnisch hergestellter Membrankomponenten für die Produktaufarbeitung in Mikroreaktoren, Diplomarbeit FH Wiesbaden, (1999)
[Gui99]	C. Gui, M. Elwenspoek, N. R. Tas, J. G. E. Gardeniers, Jour. Appl. Phys. 85 (1999) 7448
[Hardt03]	S. Hardt, F. Schönfeld, Laminar Mixing in Different Interdigital Micromixers: II. Numerical Simulations, AIChE Jour. 49 (2003) 578-584
[Hertz89]	C. H. Hertz, B. Samuelson, Ink jet printing of high quality color images, Jour. Imag. Technol. 15 (1989) 141-148
[Hessel03]	V. Hessel, S. Hardt, H. Löwe, F. Schönfeld, Laminar Mixing in Different Interdigital Micromixers: I. Experimental Characterization, AIChE Jour. 49 (2003) 566-577
[Heuser04]	T. Heuser, Fabrication of microfluidic chips with integrated electrodes, Diplomarbeit FH Wiesbaden/Universität Twente, (2004)
[Huber02]	M. Huber, A. Muendlein, E. Dornstauder, C. Schneeberger, C. B. Tempfer, M. W. Mueller, W. M. Schmidt, Accessing single nucleotide polymorphisms in genomic DNA by direct multiplex polymerase chain reaction amplification on oligonucleotide microarrays, Anal. Biochem. 303 (2002) 25-33
[Iben97]	H. K. Iben, Strömungslehre in Fragen und Aufgaben, Teubner Verlagsgesellschaft, Stuttgart, (1997)
[Ijntema92]	D. J. Ijntema, H.A. Timans, Static and dynamic aspects of an air-gap capacitor, Sensors and Actuators A 35 (1992) 121-128
[Ishihara86]	K. Ishihara, K. Matsui, Glucose-responsive insulin release from polymer capsule, Jour. Polym. Sci., Polym. Lett. 24 (1986) 413-417
[Jäc97]	K. P. Jäckel, O. Wörz, Chemie-Technik 26 (1997) 130
[Jähnisch04]	K. Jähnisch, V. Hessel, H. Löwe, M. Baerns, Mikroverfahrenstechnik, Angewandte Chemie 116 (2004) 410-451

[Jensen98] K. F. Jensen, I-M. Hsing, R. Srinivasan, M.A. Schmidt, M.P. Harold, J.J. Lerou, J.F. Ryley, Reaction Engineering for Microreactor Systems, in Microreaction Technology, Proc. 1st Conf. on Microreaction Technology, Springer-Verlag, Berlin, Heidelberg, (1998) 2-9

[Jerman91] J. H. Jerman, Electrically activated, normally closed diaphragm valves, Tech. Digest IEEE, Transducers '91, San Francisco, (1991) 1045-1048

[Johannessen02] E. Johannessen, J. Weaver, L. Bourova, P. Svoboda, P. H. Cobbold, J. M. Cooper, Micromachined Nanocalorimetric Sensor for Ultra-Low-Volume Cell-Based Assays, Anal. Chem. 74 (2002) 2190-2197

[Kaiser95] J. Kaiser, Entwicklung eines Verfahrens zur Herstellung von Filtern mittels Photolithographie und Galvanik unter Verwendung eines Wafersteppers, Diplomarbeit FH Köln, (1995)

[Kälvesten96] E. Kälvesten, C. Vieider, L. Löfdahl, G. Stemme, An integrated pressure-flow sensor for correlation measurements in turbulent gas flows, Sensors and Actuators A 52 (1996) 51-58

[Kämper97] K.P. Kämper, W. Ehrfeld, J. Döpper, H. Löwe, H. Lehr, V. Hessel, A. Wolf, T. Richter, Microfluidic comonents for biological and chemical microreactors, Proc. MEMS´97, Nagoya, Japan, (1997)

[Köhl98] J. Köhler, U. Dillner, A. Mokansky, S. Poser, T. Schulz, Micro Channel Reactors for Fast Thermocycling, Proc. 2nd Int. Conf. Microreaction Technology, New Orleans, USA, (1998) 241-247

[Kopp98] M. U. Kopp, A. de Mello, A. Manz, Chemical Amplification: Continuous-Flow PCR on a Chip, Science 280 (1998) 1046-1048

[Lammerink92] T. S. J. Lammerink, N. R. Tas, M. Elwenspoek, J. H. J. Fluitman, Micro-liquid flow sensor, Proc. Eurosensor VI, San Sebastian, Spanien, Ed. F. J. Gutierrez Monreal, J.Gracia Gaudo, Elsevier Publ., New York, A 4.6 (1992) 1-7

[Lammerink93] T. S. J. Lammerink, N. R. Tas, M. Elwenspoek, J.H.J. Fluitman, Micro-liquid flow sensor, Sensors and Actuators A 37-38 (1993) 45-50

[Laurell94] T. Laurell, L. Rosengren, Sensors and Actuators B 18-19 (1994) 614

[Lee02] D. H. Lee, S. Kwon, Heat transfer and quenching analysis of combustion in a micro combustion vessel, Jour. Micromech. Microeng. 12 (2002) 670-676

[Light96] H. J. Lighthard, P. J. Slikkerveer, F. H. In't Veld, P. H. W. Swinkels, M. H. Zonneveld, Philips Jour. Res. 50 (1996) 475

[Linthel88] H. T. G. van Linthel, F. C. M. van de Pol, S. Bouwstra, A piezoelectric micropump based on micromachining of silicon, Sensors and Actuators 15 (1988) 153-167

[Little84] W. A. Little, Rev. Sci. Instrum. 55 (1984) 661

[London01] A. P. London, A. A. Ayon, A. H. Epstein, S. M. Spearing, T. Harrison, Y. Peles, J. L. Kerrebrock, Sensors and Actuators A 92 (2001) 351

[Manz90] A. Manz, Y. Miyahara, J. Miura, Y. Watanabe, H. Miyagi, K. Sato, Sensors and Actuators B1 (1990) 249

[Manz98] A. Manz, H. Becker (Eds.), Microsystem Technology in Chemistry and Life Sciences, Springer-Verlag Berlin, (1998)

[Masu98] T. Masuzawa, Micromachining by machine tools, Chapter 3 in Handbook of Sensors and Actuators, Vol. 6: Micro Mechanical Systems, Principles and technology; Eds. T. Fukuda, W. Menz, Elsevier Publ., Amsterdam, (1998), ISBN 0 444 82363 8

[Menz93] W. Menz, P. Bley, Mikrosystemtechnik für Ingenieure, Kap. 8: Alternative Verfahren der Mikrostrukturierung, VCH Verlagsgesellschaft mbH, Weinheim, (1993)

[Miy93] R. Miyake, T. S. J. Lammerink, M. Elwenspoek, J. H. J. Fluitman, MEMS-93, Fort Lauderdale, USA (1993) 248

[Moser93] D. Moser, H. Baltes, A high sensitivity CMOS gas flow sensor on a thin dielectric membrane, Sensors and Actuators A 37-38 (1993) 33-37

[Müller99] T. Müller, G. Gradl, S. Howitz, S. Shirley, T. Schnelle, G. Fuhr, A 3-D microelectrode system for handling and caging single cells and particles, Biosensors and Bioelectronics 14 (1999) 247-256

[Müller01] H.-J. Müller, PCR Polymerase-Kettenreaktion, Spektrum Akademischer Verlag, (2001)

[Mullis87] K. B. Mullis, F. A. Faloona, Specific synthesis of DNA in vitro via a polymerase-catalyzed chain reaction, Methods Enzymol. 155 (1987) 335-350

[Münchow04] G. Münchow, K. Drese, Modulares Chipsystem für rasante PCR-Analysen mit integrierter Probenpräparation, Laborwelt 5(3) (2004) 4-6

[Nguyen95] N. T. Nguyen, R. Kiehnscherf, Low-cost silicon sensors for mass flow measurements of liquids and gases, Sensors and Actuators A 49 (1995) 17-20

[Nijdam99] A. J. Nijdam, J. van Suchtelen, J. W.Berenschot, J. G. E. Gardeniers, M. Elwenspoek, Jour. Crystal Growth, 198-199 (1999) 430

[North98]   M. A. Northrup, D. Hadley, P. Landre, S. Lehew, J. Richards, P. Stratton, Anal. Chem. 70 (1998) 918
[Offenhäusser01] A. Offenhäusser, W. Knoll, Cell-transistor hybrid systems and their potential applications, Trends in Biotechnology 19 (2001) 62-66
[Ondruschka02] B. Ondruschka, P. Scholz, R. Gorges, W. Klemm, K. Schubert, A. Halbritter, H. Löwe, Mikrowärmeübertrager im chemisch-technischen Praktikum, Chemie Ingenieur Technik 74 (2002) 1577
[Oosterbroek00] R. E. Oosterbroek, J. W. Berenschot, H. V. Jansen, A. J. Nijdam, G. Pandraud, A. van den Berg, M. C. Elwenspoek, Jour. Microelectromech. Systems 9 (2000) 390
[Pasche05]   S. Pasche, J. Vörös, H. J. Griesser, N. D. Spencer, M. Textor, Effects of ionic strength and surface charge on protein adsorption at PEGylated surfaces, submitted to Jour. Phys. Chemistry B (2005)
[Park88]   S. Park, W. H. Ko, J. M. Prahl, A constant flow-rate microvalve actuator based on silicon and micromachining technology, Tech. Digest IEEE, Solid State Sensor and Actuator Workshop, Hilton Head Island, SC, New York, (1988) 136-139
[Perera90]   E. L. Perera, H. V. Rao, Flow modelling of a micron sized fluid dispenser, Tech. Digest MME 90, Berlin, (1990) 114-126
[Peters98]   R. Peters, H.-G. Düsterwald, B. Höhlein, J. Meusinger, U. Stimming, Scouting Study about the use of Microreactors for Gas Supply in a PEM Fuel Cell System for Traction, in W. Ehrfeld (Ed.), Proc. 1st Conf. on Microreaction Technology, Springer-Verlag, Berlin, Heidelberg, (1998) 27-34
[Petersen79]   K. E. Petersen, Fabrication of an integrated planar silicon ink-jet structure, IEEE Trans. Electron Devices, ED-26 (1979) 1918-1920
[Petersen83]   K. E. Petersen, Silicon as a mechanical material, Proc. IEEE 70 (1983) 420
[Pfahler90]   J. Pfahler, J. Harley, H. Bau, J. Zemel, Liquid transport in micron and submicron channels, Sensors and Actuators A 21-23 (1990) 431-434
[Pfahler91]   J. Pfahler, J. Harley, H. Bau, Gas and liquid flow in small channels ASME Proc. 32 (1991) 49-60
[Plößl99]   A. Plößl, G. Kräuter, Wafer direct bonding: tailoring adhesion between brittle materials, Mat. Science Eng. R25 (1999) 1
[Pol90]   F. C. M. van de Pol, P. C. Breedveld, J. H. J. Fluitman, Bond-graph modelling of an electrothermalpneumatic micropump, Tech. Digest MME 90, Berlin, (1990) 19-24
[Ponton98]   J. W. Ponton, Observations on Hypothetical Miniaturized, Disposable Chemical Plant, Proc. 1st Conf. on Microreaction Technology, Springer-Verlag, Berlin, Heidelberg, (1998) 10-19
[Pye98]   N. Pye, M. McGormick, E. G. Chowaneitz, M. Harper, M. Goodwin, Micro fluidic control systems in deep etch optical lithography, Microsystem Technologies 4 (1998) 197-200
[Qiu96]   L. Qiu, S. Hein, E. Obermeier, A. Schubert, Micro gas-flow sensor with integrated heat sink and flow guide, Sensors and Actuators A 54 (1996) 547-551
[Rapp94]   R. Rapp, W. K. Schomburg, D. Maas, J. Schulz, W. Stark, LIGA micropump for gases and liquids, Sensors and Actuators A 40 (1994) 57-61
[Richter91]   A. Richter, A. Plettner, K. A. Hofmann und H. Sandmaier, A micromachined electrohydrodynamic (EHD) pump, Sensors and Actuators A 29 (1991) 159-168
[Richter98]   Th. Richter, W. Ehrfeld, K. Gebauer, K. Golbig, V. Hessel, H. Löwe, A. Wolf, Metallic Microreactors: Components and Integrated Systems, Proc. 2nd Int. Conf. Microreaction Technology, New Orleans, USA, (1998) 146-151
[Rijn97]   C. J. M. van Rijn, M. van der Wekken, W. Nijdam, M. C. Elwenspoek, Jour. Microelectromech. Systems 6 (1997) 48
[Schlaut01]   S. Schlautmann, H. Wensink, R. Schasfoort, M. Elwenspoek, A. van den Berg, Jour. Micromech. Microeng. 11 (2001) 386
[Schneegaß01] I. Schneegaß, J. M. Köhler, Flow-through PCR in chip thermocyclers, Reviews in Molecular Biotechnology 82 (2001) 101-121
[Schomburg94] W. K. Schomburg, J. Vollmer, B. Büstgens, J. Fahrenberg, H. Hein, W. Menz, Microfluidic components in LIGA technique, Jour. Micromech. Microeng. 4 (1994) 186-191
[Schoot93]   B. H. van der Schoot, S. Jeanneret, A. van den Berg, N. F. de Rooij, Sensors and Actuators B 15 (1993) 211
[Shoemaker02] D. D. Shoemaker, P. S. Linsley, Recent developments in DNA microarrays, Current Opinion in Microbiology 5 (2002) 334-337
[Smith90]   L. Smith, Micromachined nozzles fabricated with a replicative method, Proc. Micromechanics Europe '90, Berlin, (1990)
[Smith94]   L. Smith, A. Söderbärg, U. Björkengren, Continuous ink-jet print head utilizing silicon micromachined nozzles, Sensors and Actuators A 43 (1994) 311-316
[Spurk93]   J. H. Spurk, Strömungslehre, Springer-Verlag, Berlin, (1993)

[Stemme90]   G. Stemme, G. Kittilsland, B. Norden, A sub-micron particle Filter in silicon, Sensors and Actuators A 21-23 (1990) 904-907
[Stemme93]   E. Stemme, G. Stemme, A valveless diffusor/nozzle-based fluid pump, Sensors and Actuators A 39 (1993) 159-167
[Svedin98]   N. Svedin, E. Kälvesten, E. Stemme, G. Stemme, A lift-force flow sensor designed for acceleration insensitivity, Sensors and Actuators A 68 (1998) 263-268
[Swart91]   N. R. Swart, A. Nathan, Flow rate microsensor modelling and optimization using SPICE, Sensors and Actuators A 34 (1992) 109-122
[Terry79]   S. C. Terry, J. H. Jerman, J. B. Angell, A gas chromatographic air analyzer fabricated on a silicon wafer, IEEE Trans. Electron Devices, ED-26 (1979) 1880-1886
[Tiggel02]   R. M. Tiggelaar, T. T. Veenstra, R. G. P. Sanders, J. G. E. Gardeniers, M. C. Elwenspoek, A. van den Berg, Talanta 56 (2002) 331
[Tiggel03]   R. M. Tiggelaar, T. T. Veenstra, R. G. P. Sanders, J. W. Berenschot, J. G. E. Gardeniers, M. C. Elwenspoek, A. Prak, R. Mateman, J. M. Wissink, A. van den Berg, Sensors and Actuators B 92 (2003) 25
[Tijssen86]   R. Tijssen, J. Bos, M. E. van Kreveld, Anal. Chem. 58 (1986) 3036
[Tjerkstra00] R. W. Tjerkstra, J. G. E. Gardeniers, J. J. Kelly, A. van den Berg, Jour. Microelectromech. Systems 9 (2000) 495
[Tong99]   Q. Y. Tong, U. Gösele, Semiconductor wafer bonding, Wiley-Interscience, New York (1999)
[Truckenbrodt89] E. Truckenbrodt, Fluidmechanik, Springer-Verlag, Berlin, (1989)
[Tuckerman81] D. B. Tuckerman, R. F. Pease, High-performance heat sinking for VLSI, IEEE Electron Device Lett. ED-2 (1981) 126-129
[Ugi98]   I. Ugi, M. Almstetter, B. Gruber, A. Dömling, Important Aspects for Automating Preparative Chemistry, *und* Efficient Development of New Drugs by Online-Optimization of Molecular Libraries, in Proc. 1st Conf. on Microreaction Technology, Springer-Verlag, Berlin, Heidelberg, (1998) 184-194
[Veenstra01]   T. T. Veenstra, MAFIAS: An integrated Lab-on-a-Chip for the measurement of ammonium, PhD thesis, University of Twente, Enschede, The Netherlands, (2001)
[Voe05]   F. Voelklein, A. Meier, B. Schreder, R. Liebald, T. Woywod, E. Pawlowski,.Novel Techniques for Micropatterning of Glasses, Proc. DGG-Symposium: Novel Optical Technologies, Würzburg, (2005)
[Vollmer93]   J. Vollmer, H. Hein, W. Menz, F. Walter, Bistable fluidic elements in LIGA-technique as microactuator, Tech. Digest IEEE Transducers '93, Yokohama, (1993) 116-119
[Weber94]   L. Weber, Kombinatorische Chemie – Revolution in der Pharmaforschung, Nachr. Chem. Tech. Lab. 42 (1994) 698-702
[Wegeng96]   R. W. Wegeng, C. J. Call, M. K. Drost, Chemical System Miniaturization, Proc. of 1996 Spring National Meeting AIChE, New Orleans, USA, (1996)
[Wegeng98]   R. S. Wegeng, M. K. Drost, Opportunities for Distributed Processing Using Micro Chemical Systems, in Proc. 2nd Int. Conf. Microreaction Technology, New Orleans, USA, (1998) 3
[Wensink02]   H. Wensink, S. Schlautmann, M. H. Goedbloed, M. C. Elwenspoek, Fine tuning the roughness of powder blasted surfaces, Jour. Micromech. Microeng. 12 (2002) 616-620
[Widmer96]   H. M. Widmer, E. Verpoorte, S. Barnard (Eds.), Proc. 2nd Int. Symp. on Miniaturized Total Analysis Systems, Basel, (1996)
[Winegarden01] N. Winegarden, J. Woodgett, Microarrays – Applications and Trends, Business Briefing: Future Drug Discovery (2001) 121-126
[Wissink00]   J. Wissink, A. Prak, M. Wehrmeijer, R. Mateman, Proc. VDE World Micro Technol. Congr. 2 (2000) 51-56
[Wörz98]   O. Wörz, K. P. Jäckel, Th. Richter, A. Wolf, Microreactors, a New Efficient Tool for Optimum Reactor Design, in Proc. 2nd Int. Conf. Microreaction Technology, New Orleans, USA, (1998) 183-185
[www.affy]   www.affymetrix.com
[Yu01]   Q. Yu, J. M. Bauer, J. S. Moore, D. J. Beebe, Responsive biomimetric hydrogel valve for microfluidics, Applied Physics Letters 78 (2001) 2589-2591
[Zdeblick86]   M. J. Zdeblick, P. W. Barth, J. A. Angell, Microminiature fluidic amplifier, Techn. Digest IEEE, Solid State Sensor and Actuator Workshop, Hilton Head Island, SC, New York, (1986)
[Zengerle93]   R. Zengerle, J. Ulrich, S. Kluge, M. Richter, A. Richter, A bidirectional silicon micropump, Sensors and Actuators A 50 (1995) 81-86
[Ziaie04]   B. Ziaie, A. Baldi, M. Lei, Y. Gu, R. A. Siegel, Hard and soft micromachining for BioMEMS: review of techniques and examples of applications in microfluidics and drug delivery, Advanced Drug Delivery Reviews, 56 (2004) 145-172

4 Systemintegration

4.1 Aufbau von Mikrosystemen

Ein Mikrosystem ist eine komplexe Einheit von verschiedenen miniaturisierten *Komponenten*, deren typische Strukturgrößen im Mikrometer- und/oder Nanometerbereich liegen. Bild 4.1-1 zeigt schematisch den Aufbau von Mikrosystemen und versucht, die verwendeten Begriffe zu systematisieren. Komponenten eines Mikrosystems werden meist hinsichtlich ihrer Funktion identifiziert und stellen unter diesem Gesichtspunkt ein eigenständiges Gebilde (Subsystem) dar (z. B. Sensor, Aktor, mikroelektronischer Schaltkreis, Datenspeicher). Man kann sie auch hinsichtlich ihrer primären Funktionalität klassifizieren, z. B. als mikromechanische, mikrooptische, mikrofluidische Komponente.

Komponenten sind aus *Funktionselementen* aufgebaut (z. B. aus dünnen Schichten, Membranen, Biegebalken, Leiterbahnen, Diffusionszonen, Kanälen, Kontaktpads), die im Zusammenwirken ihrer physikalisch/chemischen Werkstoffeigenschaften und ihrer Dimensionen die Funktion der Komponenten ermöglichen. Für die Realisierung dieser Funktionselemente ist eine *technologische Basis* erforderlich, mit deren Hilfe die spezifischen Strukturdimensionen im Mikrometer- oder Nanometerbereich erzielt werden können. Ausführlich werden solche Funktionselemente und ihre Herstellungstechnologien in Kap. 2 und 3 behandelt. Der erreichbare Grad der Miniaturisierung wird dabei bestimmt durch

- den Entwicklungsstand der mikrotechnologischen Fertigungsverfahren (Tabelle 4.1-1),
- Aspekte der Wirtschaftlichkeit (insbesondere der Ausbeute sowie der Qualität und Zuverlässigkeit) bei der mikrotechnologischen Fertigung,
- die Kompatibilität der verschiedenen Fertigungsprozesse.

Tabelle 4.1-1 Erreichbare minimale Strukturdimensionen ("state of the art") und Toleranzen bei mikrotechnologischen Fertigungsverfahren

Abmessungen	**vertikal**	**lateral**
Nennmaße	1-10 nm	$\geq 50 \ldots 100$ nm
Toleranzen	≥ 1 nm	≥ 30 nm
technologische Grenzen bedingt durch	Schicht- und Dotierungstechnologien, Oberflächen- und Grenzflächenbeschaffenheit	Lithographieprozess, Ätztechnik

Seine spezifischen Merkmale und die neue Qualität gegenüber herkömmlichen technischen Lösungen erhält ein *Mikrosystem* erst durch die *Integration* seiner Komponenten. Mikrosensoren (Sensorarrays) kommunizieren mit der "Arbeitsumgebung" des Mikrosystems und detektieren die zu erfassenden physikalisch/chemischen Messgrößen. Informationsverarbeitende Komponenten (Multiplexer, mikroelektronische Signalverstärker, A/D-Wandler, Mikroprozessoren, Datenspeicher) verarbeiten und speichern die gesammelten Informationen und veranlassen eine Rückwirkung des Mikrosystems auf die Umgebung, z. B. mit Hilfe miniaturisierter Aktoren oder Displays. Die Kommunikation im Mikrosystem erfolgt über ein internes Bussystem (Hard- und Softwarekomponenten), während zum Datenaustausch mit der Umgebung externe Schnittstellen und Bussysteme dienen. Die wesentlichen Vorteile eines so strukturierten Mikrosystems gegenüber makrotechnischen Systemen sind:

- Hohe Zuverlässigkeit durch Reduzierung von Kontaktstellen zwischen den Systemteilen, geringe Empfindlichkeit gegenüber Störgrößen bzw. gute Kompensationsmöglichkeiten
- Neue Anwendungsfelder durch kleine Systemdimensionen (geringe Volumina, Masse, Energiebedarf)
- Geringe Kosten und hohe Reproduzierbarkeit der Systemparameter durch Batch-Prozess-Fertigung großer Stückzahlen
- Materialersparnis und Reduzierung von Entsorgungsproblemen

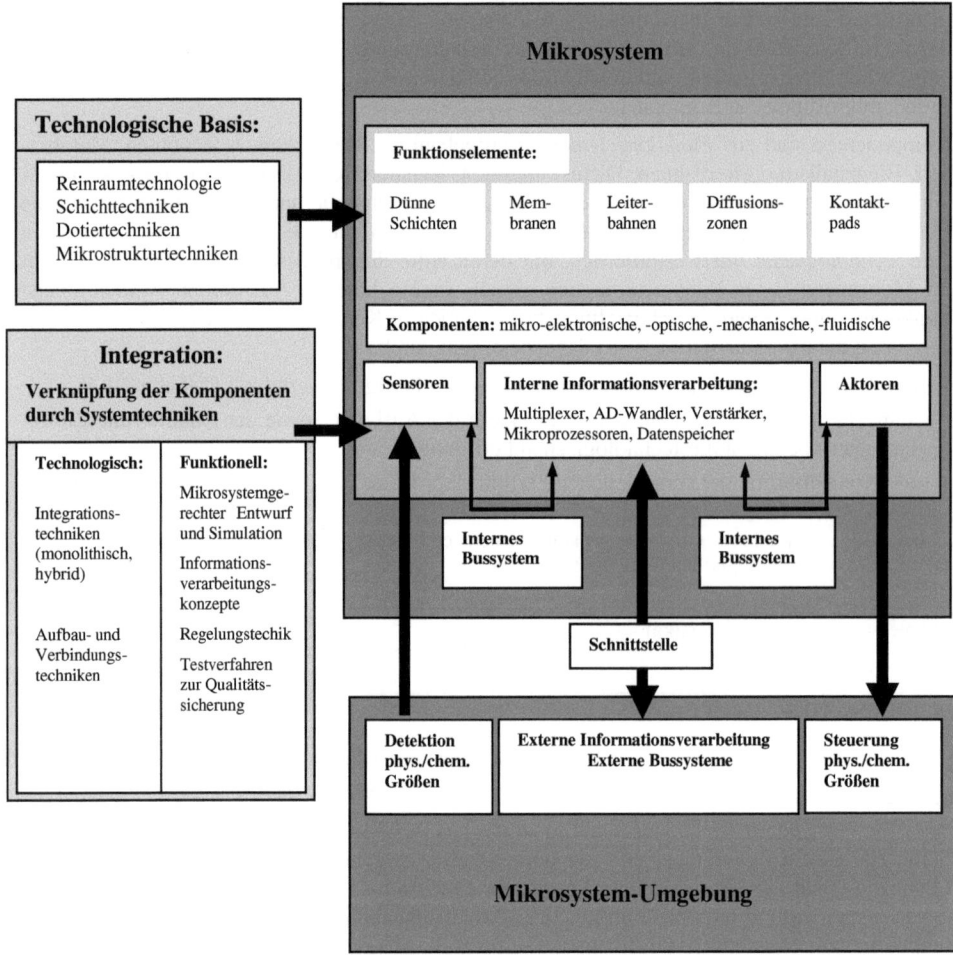

Bild 4.1-1 Schematischer Aufbau von Mikrosystemen

4.1 Aufbau von Mikrosystemen

Aus Bild 4.1-1 wird deutlich, dass zum Aufbau eines Mikrosystems nicht nur eine technologische Basis für die Fertigung der Funktionselemente gehört, sondern dass das effektive Zusammenwirken aller Komponenten zusätzlicher *Systemtechniken* bedarf. Dazu gehören unter dem Gesichtspunkt der Funktionalität z. B. die

- Techniken der Informationsverarbeitung und die Regelungstechnik
- Mikrosystemgerechte Entwurfstechniken
- Simulationstechniken für Mikrosysteme
- Testverfahren und Bewertungsverfahren zur Qualitätssicherung

Unter dem Gesichtspunkt der technologischen Verknüpfung von Komponenten und ihrer Kommunikation mit der Umgebung sind dies

- Integrationstechniken (monolithische bzw. hybride Integration)
- Aufbau- und Verbindungstechniken (AVT)

4.1.1 Mikroelektronik - technologische Basis der Mikrosystemtechnik

Hinsichtlich ihrer technologischen Basis wird die Mikrosystemtechnik sowohl bei der Herstellung von Funktionselementen als auch bei der Verknüpfung der Komponenten von den Fertigungsprozessen der Mikroelektronik dominiert. Dafür sind folgende Gründe zu nennen:

- Die Mikroelektronik hat im Bereich der Halbleiter- und Schichttechnologie Fertigungsverfahren entwickelt, mit denen Strukturen im Sub-Mikrometerbereich zuverlässig und reproduzierbar hergestellt werden können.

- Mikroelektronische Fertigungsverfahren sind zur parallelen Bearbeitung vieler identischer Bauelemente (Chips) innerhalb eines Prozessablaufs (sogenannte Batch-Prozess-Fertigung) entwickelt worden (kostengünstige Fertigung bei großen Stückzahlen).

- Es gibt entwickelte und z. T. hochgradig automatisierte Verfahren der Verknüpfung von mikroelektronischen Bauelementen zu einem System (im Rahmen monolithisch oder hybrider Integrationstechniken) und der mikroelektronischen Aufbau- und Verbindungstechnik (z. B. bei der elektrischen Kontaktierung oder Gehäusung von Schaltkreisen). Diese Verfahren und die dafür entwickelten Werkzeuge bieten sich oft auch für die Handhabung von nicht-elektronischen, miniaturisierten Komponenten an.

- Mikrosysteme – selbst wenn ihre wesentliche Funktion eine optische, mechanische oder fluidische ist – sind ohne mikroelektronische Komponenten kaum denkbar. Deshalb wird oft schon beim Entwurf versucht, auch mechanische, optische oder fluidische Komponenten mit Technologien zu erzeugen, die *kompatibel zu mikroelektronischen Fertigungsverfahren* sind.

- Im Bereich der Mikroelektronik gibt es Werkstoffe, deren Eigenschaften sehr gründlich erforscht und mit hoher Zuverlässigkeit reproduzierbar sind. Das gilt insbesondere für das mikroelektronische Basismaterial Silizium. Deshalb hat sich Silizium zunächst als das dominierende Material in der Mikrosystemtechnik durchgesetzt, obwohl man damit bei weitem nicht alle mikrosystemtechnischen Komponenten realisieren kann. Man denke nur an Mikrosensoren für die Detektion von Gasen oder Gasgemischen, die oft sehr spezifische Sensorfunktionsschichten benötigen. Die Vielgestalt der Funktionselemente und die sehr unterschiedliche Funktionalität der Komponenten von Mikrosystemen erfordern deshalb auch eine Vielfalt von Materialien (siehe Kap. 2.2) und neue Bearbeitungstechnologien.

Auch wenn die Anwendung und Adaption von mikroelektronischen Technologien weiterhin dominierend bei der Herstellung von Mikrosystemen sein wird, müssen zur breiten Durchsetzung der Mikrosystemtechnik als Schlüsseltechnologie neue eigenständige Technologien hinzutreten. Mikrosystemtechnik kann sich nicht allein auf die Übertragung mikroelektronischer Verfahren in Bereiche der Mechanik, Optik oder Fluidik beschränken. Dies sind insbesondere Technologien der dreidimensionalen (3D-) Mikrostrukturierung, die über die klassische planare Strukturierung der Mikroelektronik hinausgehen. Beispiele hierfür sind:

– Technologien zur oberflächennahen 3D-Mikrostrukturierung (Surface micromachining)
– 3D-Lithographie- und Abformtechniken (z. B. LIGA-Technik, Stereolithographie)
– 3D-nasschemische und Trocken-Ätztechniken
– auf Mikrosysteme angepasste Integrations-, Aufbau- und Verbindungstechniken.

In vielen Fällen erfordert die Herstellung von Komponenten unterschiedlicher Funktionalität Fertigungsprozesse aus oder auf verschiedenen Substraten. Deshalb werden in den folgenden Kapiteln sowohl auf etablierten mikroelektronischen Technologien basierende Integrationstechniken und AVT als auch neu entwickelte Technologien des Systemaufbaus beschrieben. Aspekte der Systemintegration finden sich auch in anderen Abschnitten dieses Buches; so z. B. in Kap. 3.4 zur Integration mikrofluidischer Systeme und in Kap. 5 bei der exemplarischen Darstellung komplexer Mikrosysteme

4.2 Monolithische Integration

Von monolithischer Integration eines Mikrosystems spricht man, wenn alle Funktionselemente und Komponenten auf einem gemeinsamen Substrat (z. B. einem Silizium-Wafer) in einem für alle Komponenten gemeinsamen Technologieablauf hergestellt werden. Ist der Technologieablauf dabei durch die Prozessfolge für die mikroelektronischen Komponenten festgelegt (z. B. durch eine bipolare oder CMOS-Prozesstechnologie für mikroelektronische Schaltungen), so müssen alle anderen Komponenten (mechanische, optische, mikrofluidische) im Rahmen dieser Prozessfolge herstellbar sein. Dies bedeutet unter Umständen eine einschneidende Beschränkung hinsichtlich der anwendbaren Werkstoffe oder Funktionsprinzipien. Im folgenden wird an einigen Beispielen monolithisch integrierter Systeme das prinzipielle Vorgehen dargestellt. Die Auswahl beschränkt sich hier auf Integrationsprozesse, die als Basismaterial Silizium und die Verfahren der Silizium-Halbleitertechnologie nutzen.

4.2.1 Mikrosensoren/-aktoren auf der Basis der CMOS-Technologie

Diese Sensor-/Aktor-Systeme sind durch eine Kombination der CMOS-Technologie (ausführliche Darstellungen z. B. in [Wid96]) mit Technologien zur Herstellung mikromechanischer Strukturen gekennzeichnet. Typische mikromechanische Sensor-/Aktor-Funktionselemente (z. B. Membranen, Biegebalken, Brücken oder Stege) werden dabei meist nach Abschluss des mikroelektronischen Fertigungsprozesses ohne weitere lithographische Schritte hergestellt. Sie werden schon beim Entwurf des Mikrosystems und der CMOS-Schaltung berücksichtigt, d. h. ihre Strukturen sind in den lithographischen Masken für die mikroelektronischen Schaltungen enthalten, und sie entstehen aus den Schichtsystemen, die diese Schaltungen aufbauen.

In Bild 4.2-1 ist ein Layout gezeigt, das nach Abschluss aller Fertigungsschritte zu einem Biegebalken aus verschiedenen Oxid- bzw. Passivierungsschichten eines Standard-CMOS-Prozesses führt. Der sandwichartig aufgebaute Biegebalken besteht aus thermischem Silizium-Oxid (das "Feld-Oxid" des CMOS-Prozesses, das in CMOS-Schaltungen zur Trennung bzw. elektrischen Isolation der elektronischen Komponenten im Silizium-Wafer dient), aus CVD-Silizium-Oxid (das in den CMOS-Strukturen als elektrische Isolationsschicht zwischen verschiedenen Schichtebenen eingesetzt wird) und CVD-Passivierungsschichten (die als Silizium-Oxid/-Nitrid-Schichten die CMOS-Schaltung mit Ausnahme der nach außen führenden Kontaktierungsflächen, der Bond-Pads, abdecken und schützen).

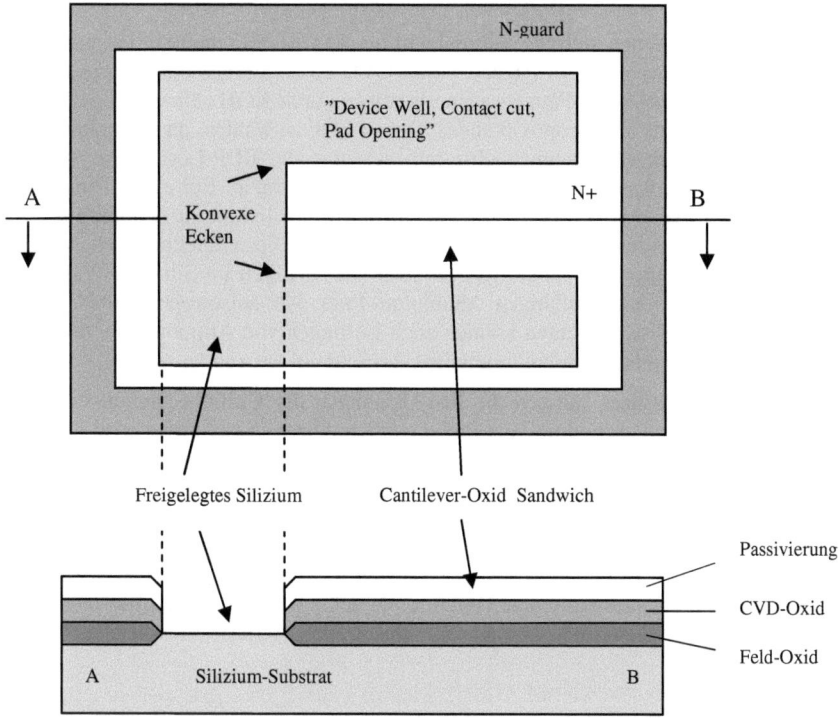

Bild 4.2-1   Im CMOS-Prozess herstellbarer Cantilever: Draufsicht mit Bezeichnung der Masken und Schnitt nach dem Ende des CMOS-Prozesses vor dem Freilegen des Balkens durch anisotropes Nassätzen des Silizium [Baltes93]

Dieses Sandwich bildet eine ätzresistente Maske für das anisotrope Nassätzen des Silizium-Wafers. Öffnungen in diesem Sandwich-Schichtsystem, die den Zugang von Ätzbädern zur Siliziumoberfläche ermöglichen, entstehen durch Öffnen der jeweiligen Einzelschichten. Dazu werden Öffnungen in den photolithographischen Masken zur Strukturierung des "Feld-Oxid" (d. h. zur Festlegung der Wannen-Gebiete, Maske "device well"), zur Strukturierung der Isolationsschichten zwecks Kontaktierung der Source- und Drain-Gebiete (Maske "contact cut") und zur Strukturierung der Passivierung über den Bond-Pads (Maske "pad opening") vorgesehen. Durch Realisierung dieser Öffnungen in den einzelnen Schichtebenen entsteht der in Bild 4.2-1 gezeigte Schichtstapel mit konvexen Ecken und die freiliegenden Silizium-Oberflächen, die nach Abschluss des CMOS-Prozesses einem anisotropen Ätzprozess zum Unterätzen des Schichtstapels ausgesetzt werden. Nach diesem Prinzip können auch freitragende Brücken oder an Stegen aufgehängte Membranen hergestellt werden, die zum Zwecke guter thermischer Isolation oder um Freiheitsgrade der Bewegung zu schaffen, unterätzt werden [Leng94]. Beim Maskenentwurf ist zu beachten, dass die Ätzrate in den zu ätzenden Silizium-Gebieten nicht durch hohe Dotierungen herabgesetzt wird. Das muss in den entsprechenden Masken für die Dotierungsgebiete berücksichtigt werden (N+- und N-guard exclusion masks). Der anisotrope Ätzprozess kann nasschemisch mit EDP (**E**thylen-**D**iamin-**P**yrokatechol), mit KOH oder TMAH durchgeführt werden. Zusätzliche Maskenschritte sind nicht erforderlich, da die Siliziumoxid-/Nitrid-Schichten von diesen Ätzbädern nicht signifikant geätzt werden.

Die Bereiche des Chip, in denen sich die mikroelektronische CMOS-Schaltung befindet, sind während dieses Ätzprozesses vor dem Ätzbad durch CVD-Passivierungsschichten geschützt. Nicht abgedeckte Aluminium-Bond-Pads werden allerdings durch KOH sehr rasch geätzt und damit zerstört. Deshalb ist als anisotrop wirkendes Ätzbad EDP zu wählen, das Aluminium nur geringfügig abträgt. Eine hierfür geeignete Zusammensetzung der EDP-Lösung ist: 1000 ml Ethylen-Diamin, 160 g Pyrokatechol, 133 ml Wasser und 6 g Pyrazin. Bei einer Temperatur von 60 °C beträgt dann das Verhältnis der Ätzraten von (100)-Silizium zu Aluminium etwa 180 : 1 und von (100)-Silizium zu Siliziumoxid etwa 2000 : 1. Diese Selektivitäten ermöglichen einen anisotropen Ätzprozess von einigen Stunden mit Ätztiefen im Silizium-Wafer von ca. 100 µm bei Erhaltung von bondfähigen Aluminium-Pads. Als anisotrope Ätzbäder ohne zerstörenden Angriff auf Metallschichten können auch Lösungen von Ammoniumhydroxid in Wasser (z. B. TMAH: Tetramethylammoniumhydroxid) [Schn90] verwendet werden.

Bei Einsatz von KOH-Ätzbädern müssen die Pad-Öffnungen der CMOS-Schaltungen durch eine zusätzlich aufgebrachte Passivierung geschützt werden. Diese Passivierung wird in einem zusätzlichen Lithographieschritt dort geöffnet, wo das KOH den Silizium-Wafer ätzen soll. Nach dem anisotropen Tiefenätzen entfernt man die zusätzliche Passivierung in einem Trockenätzschritt, wobei eine Kontrolle des Ätzprozesses durch Endpunktdetektion mit Hilfe eines Laser-Interferometers erfolgen kann. Durch diese Endpunktdetektion stellt man fest, wann die Zusatzpassivierung über den Bondpads gerade abgetragen ist, um den Ätzvorgang rechtzeitig abzubrechen. Sind die mikromechanischen Funktionselemente mit allseitig aufliegenden, geschlossenen Membranen realisierbar, kommt ein anisotroper Ätzprozess von der Wafer-Rückseite in Betracht.

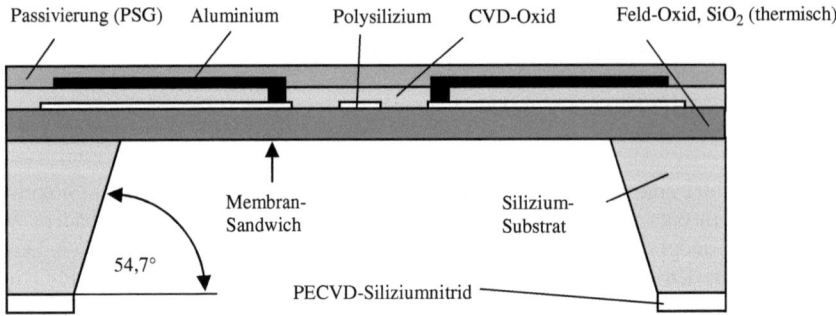

Bild 4.2-2 Präparation einer Membran aus SiO$_2$ (thermisch), SiO$_2$ (CVD) und PSG von der Waferrückseite nach einem Standard-CMOS-Prozess auf der Frontseite [Moser93]

Dann können vorhandene CMOS-Schaltungen dadurch geschützt werden, dass man eine Ätzdose verwendet, die den Zugriff des Ätzbades nur von der Rückseite des Wafers gestattet. Auch in diesem Falle sind zusätzliche Prozessschritte nötig, um eine resistente Ätzmaske auf der Waferrückseite zu erzeugen. In Bild 4.2-2 ist die mikromechanische Realisierung einer

4.2 Monolithische Integration

Membran unter Verwendung der CMOS-Oxid-/Nitrid-Schichten bei anisotropem Ätzen von der Wafer-Rückseite gezeigt.

Mechanische Spannungen in den Sandwich-Schichtsystemen können zum "Buckeln" oder zu Abrissen der freigeätzten Strukturen führen. Dies kann durch Optimierung der CVD-Prozesse verhindert werden, indem man stresskompensierte Sandwich-Schichtstrukturen aus Siliziumoxid und Siliziumnitrid herstellt, wobei man die Tatsache nutzt, dass sich Druckspannungen im Siliziumoxid mit Zugspannungen im Siliziumnitrid kompensieren lassen. Bei Verwendung von PECVD-Siliziumoxid-/-nitrid-Schichten gelingt die Stresskompensation durch Optimierung der Prozessparameter (z. B. Zusammensetzung des Gasgemisches, Druck im PECVD-Reaktor, vgl. Kap. 3.1). Querschnitte durch typische CMOS-Strukturen mit n-Kanal- bzw. p-Kanal-MOSFETs sind in Bild 4.2-3 gezeigt.

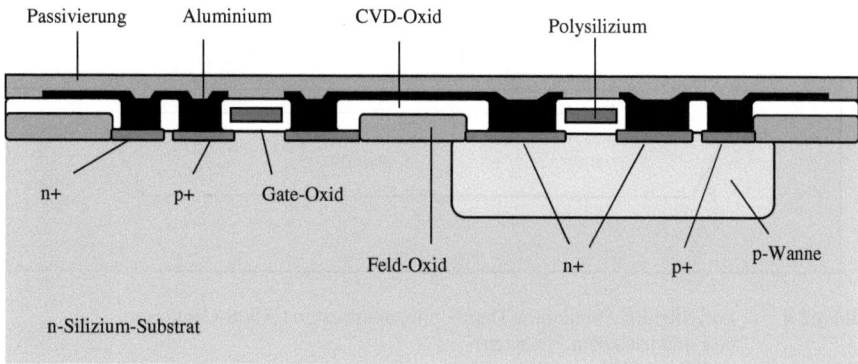

Bild 4.2-3   Querschnitte durch CMOS-Strukturen

Durch entsprechenden Maskenentwurf können z. B. Polysilizium (Gate-Elektrode der CMOS-Schaltung) und Aluminium (Leiterbahnen der CMOS-Schaltung) so in die mikromechanischen Strukturen einbezogen werden, dass man Sensoren bzw. Aktoren erhält. Polysilizium-Schichten sind als Widerstände für elektrische Heizung oder Temperaturmessung einsetzbar. Aluminium-Schichten dienen dem gleichen Zweck oder werden für optische Funktionselemente z. B. als Mikrospiegel genutzt. Aluminium/Polysilizium-Schichten oder n-Poly-/p-Polysilizium-Schichten sind als Thermoelemente vielseitig anwendbar. Die lateralen Dimensionen dieser Sensor-/Aktor-Strukturen sind beim Maskenentwurf (im Rahmen der Design-Regeln für CMOS-Prozesse) frei wählbar, die Schichtdicken und die Materialeigenschaften sind allerdings durch den CMOS-Prozess vorgegeben.

Bild 4.2-4 zeigt als Beispiel den Querschnitt durch ein Aluminium/Polysilizium-Thermopile in einem CMOS-Siliziumoxid-Balken vor und nach dem abschließenden anisotropen Unterätzen. In Bild 4.2-5 ist ein solches Thermopile mit zusätzlicher Polysilizium-Heizschicht auf einer Siliziumoxid-Brücke dargestellt. Solche CMOS-Thermopiles können als Sensoren für Gas- bzw. Flüssigkeitsströme (mass flow) [Mos92], als Infrarotstrahlungs-Sensoren [Leng92, Leng94], als Vakuumsensoren [Moser93] und als AC/DC-Thermokonverter [Jaegg92] (wie im Bild 4.2-5) genutzt werden. Nach den gleichen Entwurfsprinzipien wurden resistive Flow-Sensoren [Baltes93] (Bild 4.2-6) und akustische Resonatoren [Bra94] entwickelt. Alle diese Sensoren bzw. Aktoren sind – bedingt durch das CMOS-kompatible Entwurfskonzept – monolithisch mit entsprechenden CMOS-Schaltungen integrierbar. Bild 4.2-6 zeigt eine als Flow-Sensor arbeitende resistive Brückenstruktur mit benachbarter CMOS-Schaltung [Baltes93].

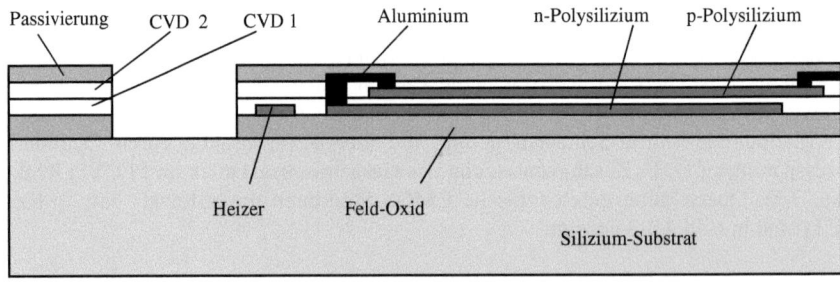

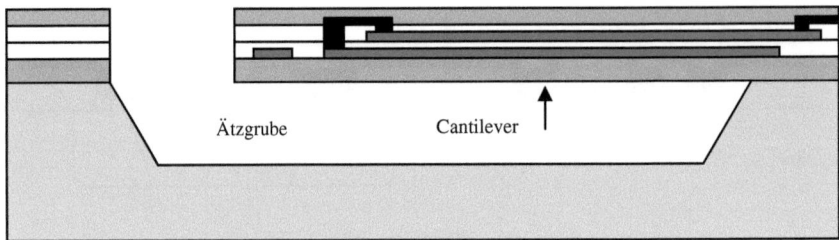

Bild 4.2-4   Polysilizium/Aluminium-Thermopile, integriert in CMOS-Cantilever (vor und nach dem Freiätzen)

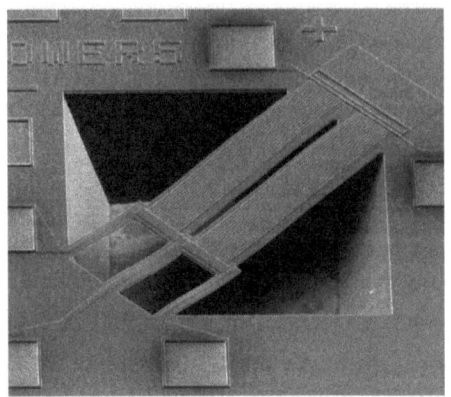
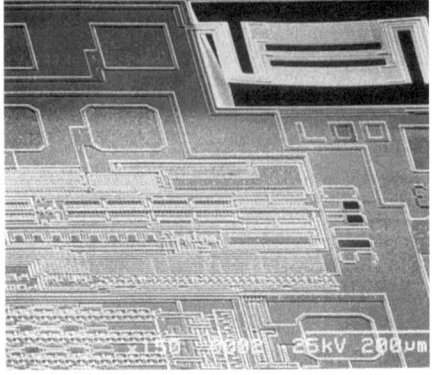

Bild 4.2-5   Polysilizium/Aluminium-Thermopile mit Polysilizium-Heizschicht [Jaegg92]

Bild 4.2-6   Resistiver Flow-Sensor mit benachbarter CMOS-Schaltung [Baltes93]

4.2.2 CMOS-basierte komplexe Integrations-Prozesse

Bei der bisher beschriebenen Vorgehensweise werden keine Änderungen am Standard-CMOS-Prozess vorgenommen. In manchen Fällen ist es erforderlich, zusätzliche sensorspezifische

4.2 Monolithische Integration

Prozessschritte vor oder zwischen der Standard-Prozessfolge durchzuführen. Ein Beispiel hierfür ist die Erzeugung von piezoresistiven Schichten und eines pn-Übergangs als elektrochemischem Ätzstopp [Riet91]. In diesem Prozess sind 6 Maskenschritte zusätzlich zum CMOS-Prozess erforderlich. Das Ergebnis ist ein Biegebalken mit seismischer Masse, der als Funktionselement eines Beschleunigungssensors dient. Folgende Prozessschritte sind nötig (nur die zusätzlichen Masken werden hervorgehoben):

– Abscheidung einer n-Epitaxieschicht auf dem p-Siliziumsubstrat
– Durchführung der CMOS-Prozessfolge bis zum CVD-Siliziumoxid
– Realisierung der Sensor-Struktur auf der Wafervorderseite (zwei Maskenschritte)
– Fertigstellung des CMOS-Prozesses
– Aufbringen zusätzlicher Passivierungsschichten
– Strukturierung der Wafervorderseite (zwei Maskenschritte)
– Abdeckung der Bond-Pads (ein Maskenschritt)
– Lithographische Strukturierung der Waferrückseite (ein Maskenschritt)
– Anisotropes Ätzen des Wafers von der Rückseite mit KOH (Schutz der Vorderseite durch Ätzdose)
– Abdecken der Waferrückseite
– Anisotropes Ätzen der Wafervorderseite mit KOH
– Entfernung der zusätzlichen Passivierungsschichten

Die mikromechanischen Prozessschritte führen nicht zu einer Schädigung der CMOS-Schaltung und die Leistungsparameter des Sensors sind vergleichbar mit denen diskreter Beschleunigungssensoren.

Bild 4.2-7 zeigt als weiteres Beispiel die Prozessfolge [Yoon92] zur Herstellung integrierter Flow-Sensoren auf der Basis der CMOS-Technologie. Goldschichten (anstelle von Aluminium) werden hier als metallische Leiterbahnen und Bond-Pads verwendet. Sie dienen gleichzeitig in der Sensor-Struktur als resistive Temperatursensoren. Goldschichten haben den Vorteil, dass sie vom anisotropen Ätzbad (hier EDP) weniger als Aluminium geätzt werden. Fünf zusätzliche Maskenschritte sind zur Realisierung des Gesamtsystems nötig, wobei folgende Prozessfolge genutzt wird:

– CMOS-Prozess mit modifizierter Implantationsdosis für die p-Wanne
– Beschichtung und Strukturierung einer dicken LPCVD-Siliziumoxidschicht
– "Drive-in" der p-Wanne bei gleichzeitiger "tiefer" Bor-Rahmen-Diffusion (eine Maske)
– "shallow" Bor-Diffusion zur Erzeugung eines Ätzstopp für die Drucksensor-Membran (eine Maske)
– Deposition von Siliziumoxid und LPCVD-Siliziumnitrid
– Fortsetzung des CMOS-Prozesses bis zur Erzeugung des "Feld-Oxid"
– Abscheidung und Strukturierung einer spannungskompensierten dielektrischen Schicht zur Bildung einer freigeätzten Membran (eine Maske)
– Fortsetzung und Abschluss des CMOS-Prozesses mit Goldschichten (auf Chromhaftschichten) als Metallisierung
– Abscheidung und Strukturierung einer dünnen Schicht für einen Gas-Sensor (eine Maske)
– Anisotropes Ätzen des Wafers von der Rückseite zur Präparation der Membranstrukturen für die thermischen Flow-Sensoren und den Drucksensor

Als Ergebnis erhält man den in [Yoon92] dargestellten monolithisch integrierten Multi-Sensor-Chip mit CMOS-Signalverarbeitung (Multiplexer, Verstärkerschaltungen).

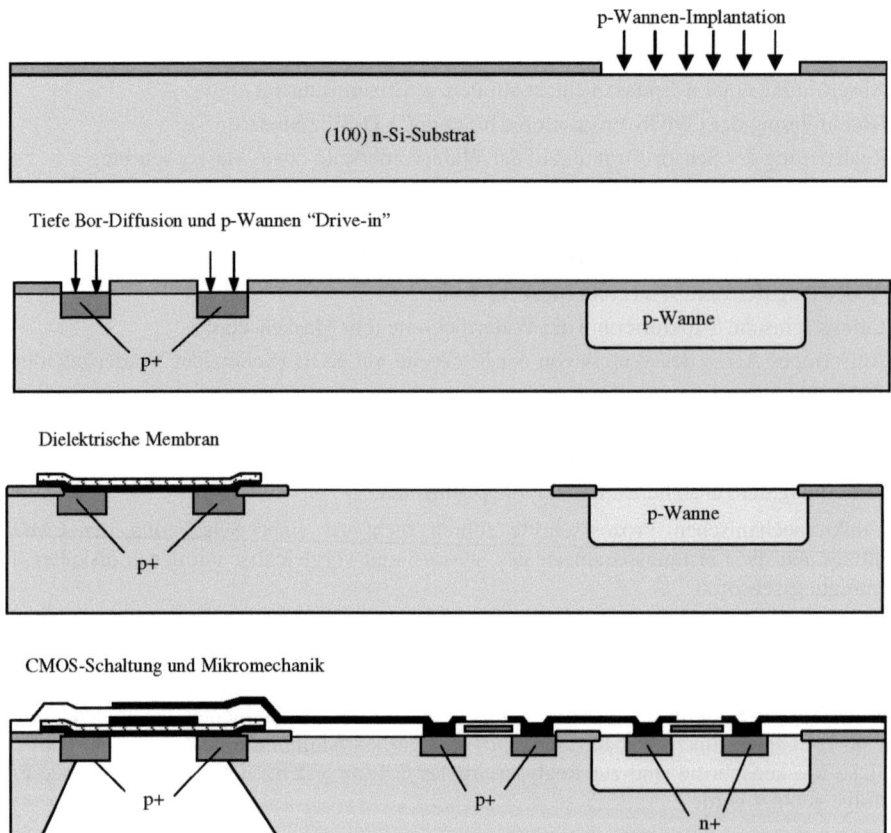

Bild 4.2-7 Prozessfolge [Yoon92] zur Herstellung integrierter Flow-Sensoren

Bild 4.2-8 zeigt ein in vergleichbarer Technologie hergestelltes Multichipmodul für die Gebäudeüberwachung mit Temperatur-, Feuchte- und Gasfluss-Sensoren sowie Signalverarbeitung. Der Sensor zur Detektion der Gasfluss-Richtung ist ein Polysilizium/Gold-Thermopile mit Polysilizium-Heizschicht, der Feuchtesensor eine kapazitiv messende Interdigitalstruktur. Die dielektrischen Membranen bestehen aus einem spannungskompensierten Siliziumoxid/-nitrid-Sandwich. Die Chiptemperatur wird durch einen CMOS-Bandgap-Temperatursensor gemessen. Temperaturschwankungen können so durch die mikroelektronische Schaltung kompensiert werden. Die Gasflussgeschwindigkeit wird mit einem thermischen Messprinzip mittels Gold-Schichtwiderstand in Kombination mit einer Polysilizium-Heizschicht bestimmt.

4.2 Monolithische Integration

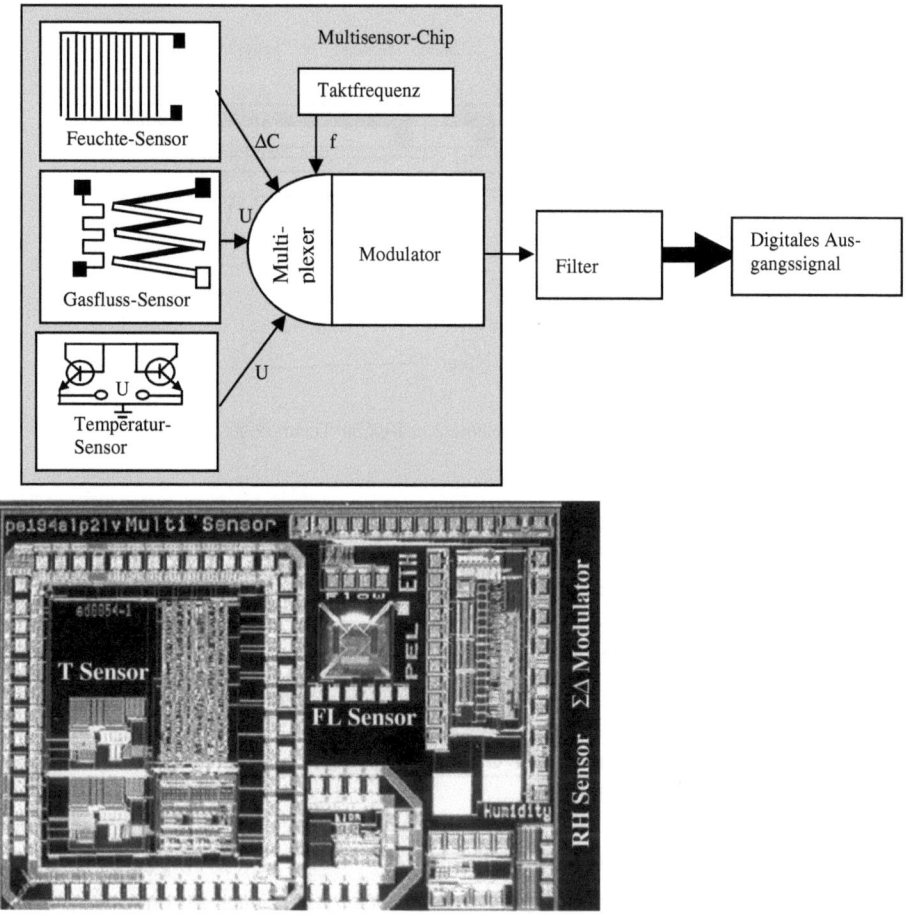

Bild 4.2-8 Monolithisch integrierter Multi-Sensor-Chip mit CMOS-Signalverarbeitung [Mal96]

In ähnlicher, leicht modifizierter CMOS-Prozessfolge wurden integrierte piezoresistive Beschleunigungssensoren [Gian95, Seid95] und AC/DC-Thermokonverter [Mal95] hergestellt.

4.2.3 Integration auf der Basis der Bipolaren Prozesstechnologie

Die Prinzipien dieses Ansatzes zur monolithischen Integration gleichen denen bei Verwendung der CMOS-Prozesstechnologie. Eingriffe in den Ablauf des Standard-Bipolar-Prozesses werden weitgehend vermieden, Sensor- und Aktorstrukturen entstehen durch geschickten Maskenentwurf unter Verwendung der Schichtmaterialien des Bipolar-Prozesses (zur Bipolar-Prozesstechnologie siehe z. B. [Wid96]). Bild 4.2-9 zeigt den Querschnitt durch ein Aluminium/p+-Silizium-Thermoelement auf einem Silizium-Balken nach dem abschließenden Freiätzen des Balkens.

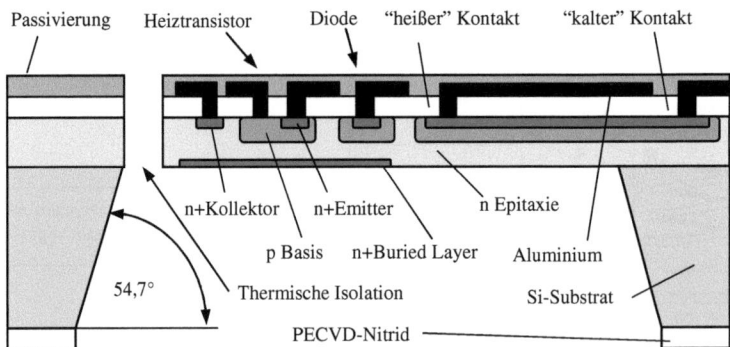

Bild 4.2-9   Aluminium/p+-Silizium-Thermoelement in Bipolar-Technologie [Baltes93]

Die Struktur wird durch einen Bipolar-Prozess auf (100)-Silizium-Wafer erzeugt. Es sind zwei Ätzschritte nötig, um die Balkenstruktur freizulegen. Folgender Prozessablauf ist erforderlich:
- Standard-Bipolarprozess mit gleichzeitiger Erzeugung von Thermopiles
- Erzeugung einer Silizium-Membran durch elektrochemisches Ätzen des Wafers von der Rückseite, wobei die Grenzfläche zwischen Substrat und Epitaxieschicht als Ätzstopp wirkt
- Entfernung eines Teils der Epitaxieschicht mittels Plasma-Ätzprozess (Ätzgas SF_6) von der Vorderseite, um eine Balkenstruktur freizulegen.

Mit dieser Technologie wurden integrierte Gasfluss-, Vakuum-, Strahlungs-Sensoren und AC/DC-Thermokonverter hergestellt [Her86].

4.2.4 Anwendung der Opferschichttechnologie

Mit der Oberflächen-Mikromechanik (*surface micromachining*) können im oberflächennahen Bereich "dreidimensionale" Strukturen hergestellt werden. Da alle Strukturen in Dünnschichttechnik (mit Schichtdicken von ≤ 1 µm) aufgebaut werden, liegt die gesamte Strukturhöhe im Bereich weniger Mikrometer. Im Vergleich zu den lateralen Dimensionen von bis zu einigen 100 µm sind solche Strukturen also noch als quasi-zweidimensional anzusehen. Dabei werden vorzugsweise Basistechnologien der Mikroelektronik genutzt. Eine monolithische Integration solcher Strukturen mit mikroelektronischen Schaltungen ist also naheliegend.

Die Oberflächen-Mikromechanik realisiert mikromechanische Strukturen durch Beschichtung und Ätzen von strukturbildenden Schichten und Opferschichten (Kap. 2.4.4.2). So entstehen z. B. einfache Mikrostrukturen wie Biegebalken, Brücken oder Membranen, aber auch komplexere Komponenten wie Resonatoren, Mikroventile oder zwei- und dreidimensional verschiebbare Mikro-Positionierer. Dabei können diese Funktionselemente auf Substraten, die bereits in einem mikroelektronischen Standard-Prozess mit einer Schaltung versehen wurden, additiv aufgebaut werden, oder sie sind bereits im Maskenentwurf der mikroelektronischen Schaltung enthalten und werden am Ende des Prozesses durch Wegätzen der Opferschichten freigelegt. Bild 3.1-12 zeigt das prinzipielle Vorgehen am Beispiel einer Membran und eines Biegebalkens. Als Material für die Membran bzw. den Biegebalken wird dabei Polysilizium verwendet, während Siliziumoxid als Opferschicht dient. Beide Materialien sind zugleich typische Funktionsschichten von CMOS-Schaltungen, so dass die Prozessschritte zur Herstellung der mikromechanischen Strukturen kompatibel mit den CMOS-Prozessen sind.

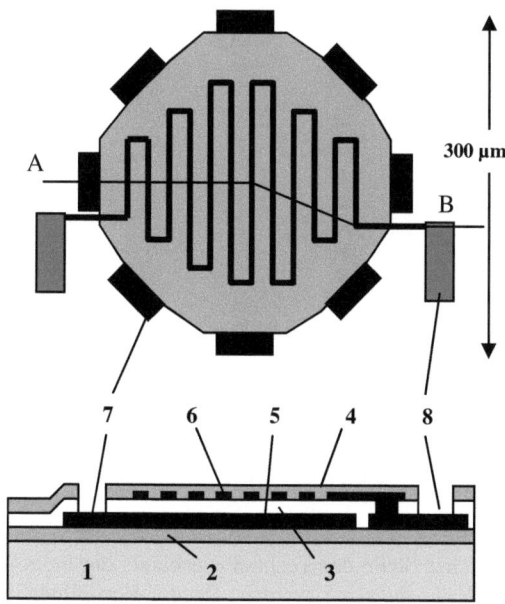

1	Si-Substrat
2	SiO$_2$-Isolation
3	CVD-Oxid
4	Passivierung
5	Metall-Opferschicht
6	Metall-Heizschicht
7	Acht Öffnungen zum Ätzen der Opferschicht
8	Bondpad

Bild 4.2-10 Integration eines thermischen Vakuumsensors (Draufsicht und Schnitt A/B) durch Kombination von CMOS-Technologie und Oberflächen-Mikromechanik [Paul94]

In Bild 4.2-10 ist ein Beispiel für die Integration von Sensoren/Aktoren und mikroelektronischen Schaltungen auf der Basis der Oberflächen-Mikromechanik gezeigt. Es wird der prinzipielle Aufbau eines thermischen Vakuumsensors dargestellt (vgl. Bild 3.1-11). Hier dient die in Bild 4.2-10 noch vorhandene Aluminium-Schicht 5 (Metallisierungsmaterial des CMOS-Prozesses) als Opferschicht, die erst nach dem Abschluss des CMOS-Prozesses nasschemisch durch die Ätzöffnungen 7 entfernt wird. Der entstehende Spalt sorgt für eine gute thermische Isolation zwischen Heizschicht 6 und Substrat. Die Temperatur der Heizschicht ist infolge der Gaswärmeleitung abhängig vom Druck des Gases, das den Sensor umgibt bzw. auch den Spaltbereich ausfüllt. Aufgrund der geringen Spaltbreite im µm-Bereich können Drücke vom Feinvakuum bis zum atmosphärischen Luftdruck detektiert werden. Bild 4.2-11 zeigt ein entsprechendes Vakuumsensor-Array mit Temperatur-Kompensationsstrukturen und integrierter Schaltung einschließlich A/D-Wandler. Weitere Beispiele zur Integration von Sensoren und Aktoren mit mikroelektronischen Schaltungen durch Kombination von Oberflächenmikromechanik und Standard-Halbleitertechnologie sind in [Off95, Fis95,Core93] zu finden.

Wenn Polysilizium in solchen integrierten Systemen als freitragendes mikromechanisches Funktionselement verwendet wird, ist darauf zu achten, dass die Schichtdicke für Sensor-/Aktor-Strukturen meist deutlich größer ist als die Schichtdicke der Polysilizium-Gateelektrode in CMOS-Schaltungen. Deshalb ist eine gesonderte Abscheidung und modifizierte Ätzprozedur von dickem Polysilizium in zusätzlichen Prozessschritten notwendig. Oft wird für diese dicken Polysiliziumschichten eine gleichzeitige Verwendung als mechanisches *und* elektrisches Funktionselement angestrebt, was zusätzliche Optimierung der elektronischen Schichteigenschaften (z. B. durch Dotierung) erfordert.

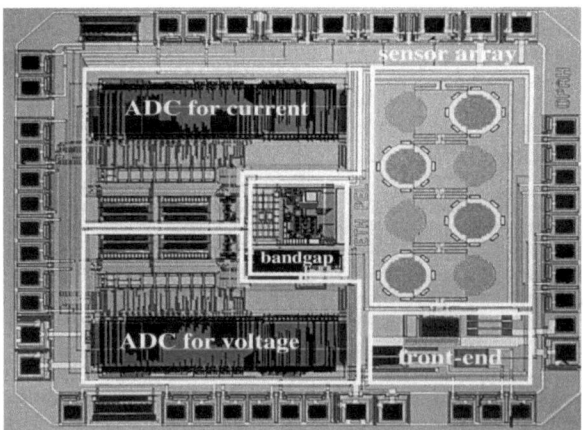

Bild 4.2-11   Vakuumsensor mit integrierter CMOS-Schaltung (Chip-Größe 3,3 x 2,8 mm^2) [Häb97]

Besondere Bedeutung hat die Frage, an welcher Stelle des Technologieablaufs die mikromechanischen Elemente in die Gesamttechnologie integriert werden. Da die Herstellung von CMOS-Strukturen eine Reihe von Hochtemperatur-Schritten ($\approx$ 1000 °C) erfordert, ist eine Integration der dicken Polysiliziumschichten nach dem Front-End-Prozess, aber vor der Metallisierung der mikroelektronischen Schaltung, günstig, um diese nicht durch die hohen Abscheidetemperaturen des Polysiliziums (650-750 °C) zu zerstören. Beim Dotieren des Polysiliziums ist darauf zu achten, dass die Leistungsparameter der mikroelektronischen Bauelemente nicht geschädigt werden [Putt89, Mehr90].

Bei Anwendung dieser Integrationstechnologie sind folgende wesentliche Probleme zu lösen:

- Kontrolle und Optimierung der mechanischen Spannungen, um Abrisse oder "Buckeln" der freigelegten mikromechanischen Strukturen zu verhindern
- Hohe Selektivität des Ätzbades für die Opferschicht gegenüber den mikromechanischen Funktionsschichten
- Verhinderung des Haftens (*stiction*) der freizulegenden mikromechanischen Strukturen, die oft nach dem Ätzen der Opferschicht beim Spülen und Trocknen durch Kapillarkräfte an die Substratoberfläche gezogen werden.

Eine Stress-Optimierung in Polysiliziumschichten ist durch die CVD-Prozessparameter und durch Dotierung möglich. Neben Polysilizium können auch Metallisierungen aus Aluminium oder Aluminium/Silizium/Kupfer und Siliziumnitrid zum Aufbau der mikromechanischen Strukturen genutzt werden. Bei CVD- und thermischem Siliziumoxid als Opferschicht wird Flusssäure (HF) als Ätzbad mit hoher Selektivität gegenüber monokristallinem Silizium und Polysilizium eingesetzt.

Um *stiction* zu verhindern, kann man gasförmige HF kombiniert mit einer temperaturgeregelten Substratheizung verwenden, so dass die Kapillarwirkungen flüssiger Ätzbäder entfallen. Ein anderes Verfahren nutzt den überkritischen Phasenübergang von CO_2 oberhalb des kritischen Punktes bei p = 73 bar und T = 31 °C. Nach dem Ätzen der Opferschicht und dem Spülen wird die Spülflüssigkeit durch flüssiges CO_2 ausgetauscht, welches man anschließend in den überkritischen Zustand überführt. Der Phasenübergang flüssig-gasförmig wird dabei vermieden, so dass keine Kapillarkräfte auftreten können.

Neben den Vorzügen monolithischer Integration sind einige wesentliche Nachteile zu nennen:
- Der von der Mikroelektronik dominierte Integrationsprozess bedingt eine Beschränkung der Werkstoffe und Materialien, die für bestimmte Sensor-/Aktoranwendungen nicht das Optimum darstellen.
- Eine Reihe physikalisch/chemischer Größen sind mit Funktionsschichten, die kompatibel zur mikroelektronischen Prozesstechnologie sind, überhaupt nicht detektierbar.
- Monolithisch integrierte Mikrosysteme sind wegen der komplizierten Technologiefolge und des hohen Entwicklungs- wie Fertigungsaufwandes nur bei der Realisierung großer Stückzahlen eine ökonomisch interessante Lösung.

4.3 Hybride Integration von Mikrosystemen

Hybride Integration ist die Vereinigung von Bauelementen aus unterschiedlichen Werkstoffen und Fertigungsprozessen auf einem dafür vorbereiteten Substrat. Hybride Systeme werden in der Regel auf einem Substrat mit vorgefertigten passiven Elementen wie ohmschen Widerständen, Kondensatoren und Leiterbahnen, die man in Dickschicht- oder Dünnschichttechnik realisiert, unter Hinzufügung aktiver Bauelemente (mikroelektronische Schaltungen, Sensoren, Aktoren) aufgebaut. Aus den dargestellten Problemen der monolithischen Integration wird deutlich, dass gegenwärtig meist die hybriden, d. h. modular aus Untereinheiten aufgebauten, Mikrosysteme dominieren. Beim hybriden Integrationskonzept kann für jedes Subsystem hinsichtlich der gewählten Werkstoffe und Fertigungstechnologien ein Optimum der Leistungsparameter erreicht werden, ohne dass Einschränkungen durch ein anderes Subsystem zu beachten sind. Die *Aufbau- und Verbindungstechnik* (AVT) hat dann die Aufgabe, zuverlässig alle Subsysteme zu vereinigen, um die Funktionalität des Mikrosystems zu erreichen [Meu93]. Häufig greift man bei der hybriden Integration von Mikrosystemen auf etablierte Technologien der *Hybrid-Mikroelektronik* zurück, so dass hier zunächst deren wichtigste Werkstoffe und Technologien behandelt werden.

4.3.1 Substratherstellung durch Dünn- und Dickschichttechnik

In der Hybrid-Mikroelektronik wird bei der Herstellung von Substraten mit Funktionselementen für die Systemintegration zwischen Dünn- und Dickschichttechniken unterschieden. Werden Funktionselemente wie Leiterbahnen, Widerstände, Isolationsschichten und Kontaktflächen mit Vakuumbeschichtungsverfahren auf Glas- oder Keramikträger aufgebracht, so spricht man von Dünnschichtschaltungen. Für integrierte Schaltungen, bei denen die Schichtbauelemente vorzugsweise im Siebdruckverfahren auf keramische Träger aufgetragen und anschließend eingebrannt werden, verwendet man den Begriff Dickschichtschaltungen. Es gibt eine Reihe von Modifikationen dieser beiden Grundtypen hybrider Integrationstechnik, bei denen die Prozessführung und die verwendeten Materialien weiterentwickelt wurden. Oft verwendet man Teilprozesse aus mehreren Technologien (z. B. aus Dünn- und Dickschichttechnik, aus Dünnschicht- und Leiterplattentechnik und Siliziumtechnologie), so dass heute eine Vielzahl von hybriden Aufbau- und Verbindungstechniken existiert, wie z. B.:

- SMD-Technik (Surface Mounted Devices)
- Chip and Wire-Technik (Integration von ungehäusten Chips auf Hybrid-Substraten)
- Drucken von Polymer-Pasten auf Epoxidharzsubstraten
- Kombination von Dünn- und Dickschichtelementen auf einem Substrat
- Silicon on Silicon- , Silicon on Insulator (SOI)- und Silicon on Saphire (SOS)-Substrate
- CMS-Technik (Chemical Metallisation System, stromlose Abscheidung von Metallen aus wässrigen Lösungen).

Tabelle 4.3-1 Eigenschaften von Substraten für hybride Dickschicht- und Dünnschicht-Techniken bei 25 °C [Lüd77, Rei86]

Material	Al_2O_3 (96-98%)	AlN	BeO	CCM	Kapton	ESS	Corning-Glas 7059	PZT	Saphir
Ausdehnungskoeff. /$10^{-6}K^{-1}$	6,4-7,5	3,4	8,5	12,5	27	9,0	4,5-4,6	3,0	5,0-6,0
Wärmeleitfähigkeit /$Wm^{-1}K^{-1}$	20-35	150	210-230	25	0,16	60-80	1,2-1,25	–	38-42
Biegefestigkeit/ Nmm^{-2}	320	300	170	560	flexible Folie	–	–	–	–
Rauigkeit/μm	0,5-1,5	1-5	≤ 0,5	–	–	–	≤ 0,02	≤ 0,02	≤ 0,02
Spez. elektr. Widerstand/Ωm	10^{12}	10^{11}	$\geq 10^{13}$	$\geq 10^{13}$	10^{16}	$\geq 10^{12}$	$\geq 10^{11}$	10^{10}	10^{14}
Dielektrizitätszahl ε_r	9,3-9,5	10,0	6,3-7,0	5-6	3,5	6-8	5,8	1800-3800	anisotrop, 8,5-11,5
Dämpfungsfaktor* $\tan\delta$ (10^{-3})	0,3	2,0	0,2	2,0	3,0	3-6	1,1-4	13-24	0,1
Max. Prozesstemperatur /°C	1500-1600	1400	1600-1800	1000	400	550-650	850	–	2000

* bei 1 MHz; CCM: Ceramic Coated Metal Substrat, ESS: emailliertes Stahlsubstrat, PZT: $Pb(Zr_xTi_{1-x})O_3$

Substrate sind dielektrische Trägermaterialien oder leitende Materialien mit isolierenden Schichten, auf denen sich die hybriden Bauelemente befinden. Hauptmerkmale der Substrate sind gute Wärmeabfuhr (wichtig bei Bauelementen mit hoher elektrischer Verlustleistung), angepasste Ausdehnungskoeffizienten (z. B. an Silizium), Temperaturbeständigkeit gegenüber den Prozesstemperaturen (z. B. des Einbrennens), hohe Biegefestigkeit, geringe Oberflächenrauigkeit, hoher spezifischer elektrischer Widerstand, niedrige Dielektrizitätszahl und einfache Bearbeitbarkeit. Neben Aluminiumoxidkeramik haben sich unter diesen Gesichtspunkten auch andere Werkstoffe etabliert. Tabelle 4.3-1 gibt einen Überblick über gebräuchliche Substratmaterialien und ihre Eigenschaften.

Mit steigender Temperatur eines Chip steigt die Ausfallrate exponentiell an. Deshalb muss dessen Temperatur durch Erniedrigung der Wärmeübergangswiderstände klein gehalten werden. Neben guter thermischer Ankopplung der Chips an das Substrat (Optimierung der "Die"-Bondverfahren) erfordert dies vor allem Substrate mit guter Wärmeleitfähigkeit. Je höher die Wärmeleitfähigkeit des Substrats ist, desto größer kann die Verlustleistung des Mikrosystems sein. Gute Wärmeleitfähigkeit führt außerdem zu einer homogenen Temperaturverteilung im System.

4.3 Hybride Integration von Mikrosystemen

Bei der Untersuchung von Ermüdungsbrüchen in Lötverbindungen wurde festgestellt, dass die Anzahl von Temperaturzyklen, bis 50 % aller Proben ausgefallen sind, umgekehrt proportional zum Quadrat der Dehnung des Kontaktes ist [Rei86]. Deshalb dürfen die verwendeten Materialien auch bei großen Chipflächen keinen Stress auf die Verbindungsstelle und auf den Chip ausüben. Daraus resultiert wiederum die Forderung nach Materialien hoher Wärmeleitfähigkeit, außerdem aber nach Substraten mit thermischen Ausdehnungskoeffizienten, die denen der Dünn- oder Dickschichtmaterialien ($5\text{-}15 \cdot 10^{-6}$ /K) angepasst sind, um Risse zu vermeiden. Auch Anpassung an den Ausdehnungskoeffizienten von Silizium ($2{,}6 \cdot 10^{-6}$ /K) kann erforderlich sein, um thermische Spannungen in der "Die"-Bondverbindung zu reduzieren.

Substrate sollten eine Biegefestigkeit > 200 N/mm² aufweisen, damit sie im Siebdruckverfahren beschichtet werden können. Je größer die Biegefestigkeit, desto besser ist das Substrat auch für große Substratflächen (> 4 Zoll x 4 Zoll) geeignet.

Die Rautiefe des Substrats sollte nicht zu groß sein, da es sonst durch Dickenschwankungen der aufgebrachten Widerstände und Kondensatoren zu inakzeptablen Streuungen der elektrischen Parameter kommt. Andererseits muss eine gewisse Rauigkeit erhalten bleiben, damit Pasten beim Siebdruckverfahren auf dem Substrat haften. Für die Dickschichttechnik sind Rautiefen R_a von 0,5-1 µm günstig.

Der Durchgangswiderstand und auch die Durchschlagsfestigkeit sollten möglichst hoch sein, um Kurzschlüsse und Durchschläge (z. B. bei beidseitiger Metallisierung des Substrats) zu vermeiden. Um Streukapazitäten zwischen parallelen Leiterbahnen zu minimieren, soll die Dielektrizitätszahl so klein wie möglich sein. Je geringer der Dämpfungsfaktor ist, desto besser ist das Substrat für Hochfrequenzanwendungen geeignet.

4.3.2 Bauelemente in Dünn- und Dickschichttechnik

In Dünn- und Dickschicht-Technik werden neben Leiterbahnen auf dem Substrat auch Widerstände, Kondensatoren und Flachspulen hergestellt. Bild 4.3-1 zeigt die Grundstrukturen von ohmschen Widerständen und Kondensatoren. Dickschicht-Widerstände werden meist in Bandform (Länge l: 0,5...5 mm, Breite w: 0,5...5 mm, Dicke typisch 15...30 µm und $l/w \geq 1$) aus Widerstandspasten hergestellt, die an niederohmige, metallische Leiterbahnen (Breite b: 0,2...1 mm, Dicke typisch 15...30 µm) angeschlossen sind. Dünnschichtwiderstände erzeugt man durch PVD-Verfahren. Sie sind als niederohmige Varianten meist bandförmig (Länge l: 0,1...5 mm, Breite w: 50...1000 µm, Schichtdicke typisch 100 nm), als hochohmige Strukturen vorwiegend mäanderförmig ausgelegt. Die Bahnbreite von Mäandern beträgt W_m = 20...100 µm mit einem Abstand (spacing W_s) von etwa gleicher Größe. Die Strukturierung der Mäander erfolgt photolithographisch, es werden Verhältnisse Mäanderlänge/W_m bis zu 10^5 realisiert. Die Leiterbahnen haben eine Breite b: 0,1...1 mm bei einer Dicke von 1...5 µm. In Dickschichttechnik werden Kondensatoren ebenfalls durch Siebdruckverfahren hergestellt. Man verwendet dazu Pasten aus ferroelektrischer oder dielektrischer Keramik. Die Kapazität solcher Kondensatoren berechnet sich aus

$$C = \varepsilon_0 \varepsilon_r a b / d \qquad (4.3\text{-}1)$$

mit ab als Überlappungsfläche der Kondensatorelektroden, ε_r als Dielektrizitätszahl und d als Dicke des Dielektrikums.

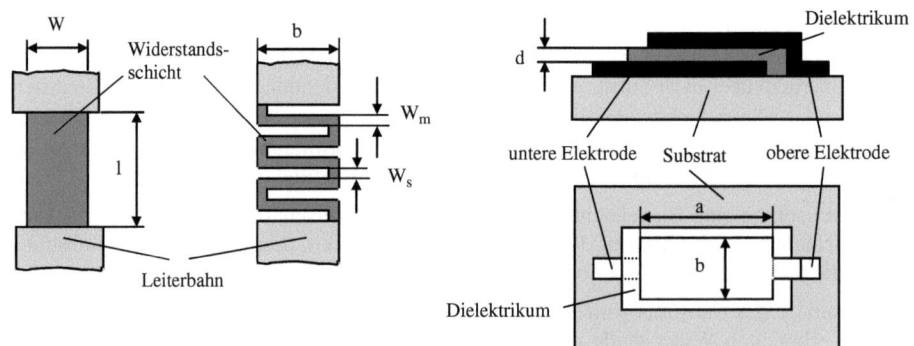

Bild 4.3-1 Grundstrukturen passiver Bauelemente auf Hybrid-Substraten [Lüd77]

4.3.2.1 Herstellung und Eigenschaften von Dickschicht-Bauelementen

Die oben dargestellten Funktionsschichten werden bei der Dickschicht-Technik als Pasten im *Siebdruckverfahren* auf die Substrate aufgebracht. Pasten bestehen aus feinkörnigen, anorganischen Bestandteilen, die mit organischen Trägermaterialien vermischt sind. Grundbestandteile sind

– Glaspulver
– Lösungs- und Benetzungsmittel
– organische Bindemittel
– Zusätze zum Optimieren der Fließeigenschaften beim Siebdruck

und funktionelle Bestandteile sind

– Metallpulver für Leiterbahnpasten
– Metalloxide für Widerstandspasten
– Glasfritte oder Keramiken bei Pasten für Dielektrika.

Zur Strukturierung der Schichten auf dem Substrat presst ein bewegtes Rakel die Paste durch die Öffnungen einer Siebmaske auf die Substratoberfläche. Die Siebmasken werden mit einer Technologie hergestellt, die dem photolithographischen Prozess vergleichbar ist. Sie bestehen aus einem engmaschigen Netz von V2A- oder V4A-Stahl- oder Kunststofffäden (mit 80-400 Maschen pro Zoll), die auf einem Rahmen aufgespannt sind, oder man verwendet geätzte Metallschablonen aus Molybdänblech. Die Netze werden mit UV-lichtempfindlichen Emulsionen bestrichen, um damit die Maschenöffnungen zu füllen, oder mit Folien versehen, die UV-lichtempfindlich sind. Nach der Belichtung dieser Emulsionen oder Folien unter Verwendung einer Schattenmaske zur Strukturerzeugung erfolgt deren Entwicklung, wobei belichtete Bereiche "ausgewaschen" (entfernt) werden. Das Netz wird an diesen Stellen für die Paste durchlässig. Metallschablonen sind in der Herstellung aufwändiger, erlauben aber eine höhere Strukturgenauigkeit und feinere Strukturauflösung (Linienbreite bis ca. 50 µm).

Man unterscheidet Off-Kontakt-Druck und Kontaktdruck. Im ersten Fall wird das Sieb oder die Metallmaske während des Druckvorgangs vom Rakel gespannt und auf das Substrat gedrückt, von wo es wieder in die Ausgangslage zurückfedert. Dabei sollte möglichst alles Pasten-

4.3 Hybride Integration von Mikrosystemen

material auf dem Substrat zurückbleiben. In der Ruhelage hat das Sieb keinen Kontakt mit dem Substrat. Bild 4.3-2 zeigt den prinzipiellen Ablauf des Druckvorgangs. Beim Kontaktdruck liegt die Maske während des Druckvorgangs fest auf dem Substrat auf. Dieses Verfahren liefert höhere Strukturgenauigkeit, wird aber seltener angewendet, weil das Entfernen der Maske vom Substrat schwieriger ist.

Die Schichtdicken der verbleibenden Pasten betragen 25-50 µm (Stahlsiebe) bzw. 10-20 µm (Kunststoffsiebe) bzw. ca. 100 µm für den Kontaktdruck. Von großer Bedeutung ist das Fließverhalten (Rheologie) der Pasten während des Druckes. Unter Einwirkung des Rakel erreicht die Viskosität beim Pastentransfer durch die Sieböffnungen ein Minimum, so dass die Paste leicht durch die Poren fließen kann und auf dem Substrat haftet. Nach dem Abheben des Siebes nimmt die Viskosität wieder zu; die zunächst übertragene "Feinstruktur" der Siebporen verfließt, aber die äußeren Umrandungen der gedruckten Struktur behalten die erforderliche scharfe geometrische Kontur, die beim Layout der elektronischen Bauelemente berechnet wurde.

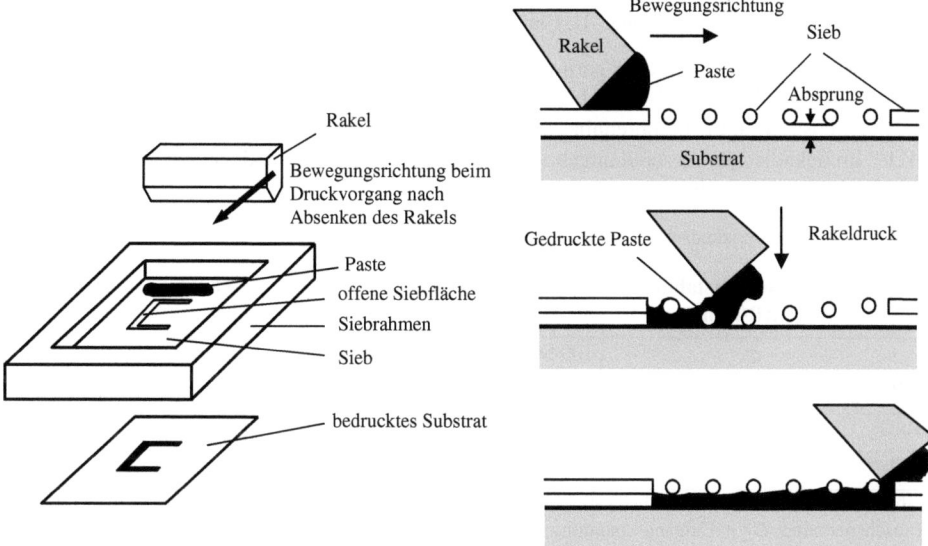

Bild 4.3-2 Druckvorgang beim Siebdruck

Nach dem Trocknen der Paste bei Raumtemperatur (ca. 10 min) folgt ein Trocknungsschritt bei 80-150 °C, bei dem die leicht flüchtigen Lösungsmittel verdampfen. Der Einbrennprozess determiniert die elektrischen, mechanischen und chemischen Eigenschaften der Schichten. Meist wird er in Durchlauföfen mit genau definierten Temperatur-Anstiegszeiten, -Haltezeiten und -Abfallzeiten durchgeführt. Das Einbrennen findet bei Temperaturen oberhalb 800 °C statt, beim anschließenden Abkühlen erstarrt der Glasanteil und bildet eine feste Verbindung zum Substrat.

Pasten für Leiterbahnen bestehen aus Metallpartikeln (Au, Ag, Legierungen aus Gold oder Silber mit Platin oder Palladium, Kupfer) mit Korngrößen von 0,5-10 µm, Lösungsmittel (Alkohole, Terpineol) und Glasfritte (Glaspulver mit niedrigem Schmelzpunkt wie z. B. Kupfer-Wismutoxide). Der spezifische Widerstand der eingebrannten Leiterbahnen ist ca. 10 mal höher als der des jeweiligen Metalls, da die leitfähigen Partikel im Glas dispergiert sind. Tabelle 4.3-2 gibt eine Übersicht über häufig verwendete Leiterbahnpasten und ihre Eigenschaften.

Tabelle 4.3-2 Eigenschaften von Leiterbahnpasten [Lüd77, Rei86]

Material	Flächenwiderstand bei 15 µm Dicke (mΩ/$\square$)	Haftfestigkeit (N/mm^2) auf Al_2O_3-Keramik*	Kontaktier-barkeit	Kleinste Linien-breite (µm)**
Au	1-6	23	T, U	100
AuPd	20-100	22	L, T, U	175-250
AuPt	20-100	21	L, T, U	150-200
Ag	1-10	6	L	150
AgPd	10-30	25	L	125-200
AgPt	2-20	28	L, T, U	125-200
Cu	1-4	5-7a)	L	150

* gealtert, ** bei Sieben mit 130 Fäden/cm, a) nicht gealtert, L: lötbar mit SnPbAg-Loten, T: Thermokompressionsbonden mit Au-Drähten, U: Ultraschallbonden mit Al-Drähten

Widerstandspasten sollen eine geringe Streuung und hohe Konstanz der elektrischen Eigenschaften haben. Widerstands- und Leiterbahn-Pasten müssen miteinander verträglich und sollten möglichst zusammen einbrennbar sein. Es werden Widerstandssysteme von 10 Ω/$\square$ bis 10 MΩ/$\square$ im dekadischen Abstand angeboten. Die gebräuchlichsten Widerstandsschichten sind in Tabelle 4.3-3 dargestellt.

Tabelle 4.3-3 Widerstandsschichten der Dickschicht-Technik [Lüd77, Rei86]

System	Langzeitstabilität* $\Delta R/R$ in %	Rauschindex** (dB) bei		TKR*** (10^{-6}/K) bei	
		100 Ω/$\square$	10 kΩ/$\square$	100 Ω/$\square$	10 kΩ/$\square$
PdO/Ag	1	-15	+5	+250	-250
RuO$_2$	0,3	-30	-5	+100	-50
IrO$_2$/Pt	0,1	-30	-10	$\leq \pm 25$	$\leq \pm 50$

* thermische Lagerung, 1000 h bei 150 °C ohne Strombelastung; ** definiert als 20log(U_R/U_E) mit U_R = Rauschspannung, U_E = Eingangsspannung; *** Temperaturkoeffizient des Widerstandes: abhängig vom Flächenwiderstand $R_\square$: bei kleinem $R_\square$ ist TKR positiv (metallische Leitung), bei großem $R_\square$ negativ

Dielektrische Pasten sind nach ihrem Einsatzgebiet Pasten für Schutzglasuren, für Leiterbahnkreuzungen und Vielschichtschaltungen sowie für Kondensatoren. Man benutzt drei Arten, die sich durch niedrige Dielektrizitätskonstante (NDK-Pasten), hohe Dielektrizitätskonstante (HDK-Pasten),) auszeichnen bzw. die für Kondensatoren mit einstellbarem Temperaturkoeffizienten der Kapazität (TKC-Pasten) verwendet werden. Letztere liefern Kapazitäten, deren Temperaturkoeffizient bei **n**egativen bzw. **p**ositiven Werten oder bei geeigneter Mischung im Bereich um **0** liegt (NP0-Pasten). Tabelle 4.3-4 stellt Eigenschaften dielektrischer Pasten zusammen.

Tabelle 4.3-4 Dielektrische Pasten [Lüd77, Rei86] (d: siehe Bild 4.3-1)

Material	NDK-Pasten	HDK-Pasten	NP0-Pasten
Dielektrizitätszahl ε_r	10-24	1000-2000	12-20
Dämpfungsfaktor tan δ in % (bei 1 kHz)	< 0,2	< 4	< 0,2
Flächenkapazität C_F (nF/cm²)	0,18-0,43 (d = 50 µm)	18-36 (d = 50 µm)	0,33-0,65 (d = 30-35 µm)
TKC (10^{-6}/K)	0-100	thermisch instabil	-100 bis +100
Isolationswiderstand (Ω)	> 10^{11}	> 10^9	> 10^{11}

Für **Schutzglasuren** werden vorwiegend Borosilikat-Gläser mit niedrigem Schmelzpunkt (ca. 500 °C) eingesetzt. Als Dielektrika in Kondensatoren dienen ferroelektrische Materialien wie Barium-Titanat-Keramik ($BaTiO_3$; HDK-Paste) oder dielektrische Keramiken auf der Basis von Titanoxid (TiO_2) bzw. Magnesium-, Zink- oder Kalzium-Titanat (Mg-, Zn-, $CaTiO_3$, NDK-Pasten).

4.3.2.2 Herstellung und Eigenschaften von Dünnschicht-Bauelementen

Funktionsschichten für Dünnschicht-Hybridsubstrate werden mit den in Kap. 2.3 dargestellten Beschichtungstechnologien realisiert. Die am häufigsten verwendeten Materialien sind in Tabelle 4.3-5 zusammengestellt. Bevorzugte Materialien für **Dünnfilmwiderstände** sind NiCr in verschiedenen Zusammensetzungen (z. B. 80:20, 60:40 oder 50:50) und Ta_2N (Tantalnitrid). Die Eigenschaften hängen stark von den Herstellungsbedingungen ab. So ist der Temperaturkoeffizient des Widerstandes (TKR) in weiten Bereichen durch die Schichtzusammensetzung (z. B. Zugabe von Si, O_2, Al oder Fe zu NiCr, Oxidation von Ta_2N), den Abscheide- und den anschließenden Temperprozess einstellbar.

Tabelle 4.3-5 Eigenschaften von Dünnfilmwiderständen für die Hybrid-Technik [Rei86]

Material	NiCr	Ta_2N
Flächenwiderstand (Ω/□)	30-300	10-100
Toleranz (nach Trimmen) (%)	± 0,01	± 0,05
TKR (10^{-6}/K)	± 10-50	-(60-140)
Langzeitstabilität ΔR/R* (%)	0,05-0,2	0,05-0,2
Rauschindex** (dB)	≤ -40	≤ -40

* siehe Tabelle 4.3-3; ** siehe Tabelle 4.3-3

Es können Schichten mit sehr kleinem TKR (< 10 ppm/K), geringem Rauschen und hoher Alterungsbeständigkeit hergestellt werden. Die Flächenwiderstände liegen zwischen 10 Ω/□ bis zu einigen 100 Ω/□, so dass nur Widerstände bis zu etwa 1 MΩ mit sinnvollem Flächenbedarf zu realisieren sind. Die Genauigkeit der Widerstände ohne Abgleich liegt bei etwa ± 5 %. Für höhere Flächenwiderstände bis ca. 1 kΩ/□ werden vorwiegend SnO_2 oder Cermet-Schichten eingesetzt.

Widerstandsabgleich (Trimmen) wird meist mit Hilfe von Lasern durchgeführt. Beim diskreten Trimmen trennt der Laser als Schneidwerkzeug niederohmige Leiterbahnbrücken durch, so dass zusätzliche Widerstandsabschnitte dem Gesamtwiderstand hinzugefügt werden (Bild 4.3-3).

Der Laser kann aber auch, wie in der Dickschichttechnik üblich, kontinuierlich in die Widerstandsschicht hineinschneiden, bis der gewünschte Widerstandswert erreicht ist.

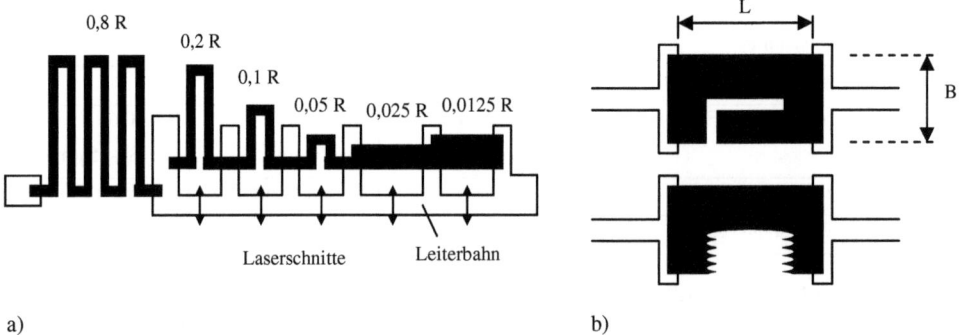

a)   b)

Bild 4.3-3 Widerstandsabgleich (Trimmen):
a) Diskret abgleichbarer Dünnschichtwiderstand mit Darstellung der möglichen Laserschnitte und
b) L-Cut bzw. Scan-Cut als zwei Beispiele für kontinuierliche Laserschnitte [Rei86]

Integrierte **Kondensatoren** sind durch Dünnschichttechnik ebenfalls möglich, werden aber wegen technologischer Probleme bei der Herstellung nur selten realisiert. Meist ist es wirtschaftlicher, Chipkondensatoren auf dem Substrat zu befestigen. Der Schichtaufbau ist in Bild 4.3-4 prinzipiell dargestellt, die wichtigsten Anforderungen und Eigenschaften von Dielektrika für Dünnfilmkondensatoren sind in Tabelle 4.3-6 zusammengefasst. Am häufigsten wird SiO_2 als Dielektrikum mit Au-Elektroden und Ta_2O_5 mit Ta- und Au-Elektroden verwendet. In letzterem Fall wird eine komplett auf Tantalschichten beruhende Technologie eingesetzt, so dass Leiterbahnen aus Ta, dielektrische Schichten aus Ta_2O_5 (durch anodische Oxidation aus Ta hergestellt) und Widerstände aus Ta_2N bestehen.

Bild 4.3-4
Prinzipieller Schichtaufbau
eines Dünnfilmkondensators

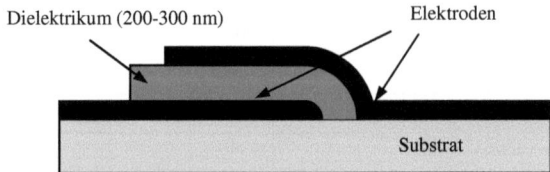

4.3 Hybride Integration von Mikrosystemen

Tabelle 4.3-6 Dielektrische Materialien für Dünnfilmkondensatoren und ihre Eigenschaften

Material	SiO	SiO$_2$	Ta$_2$O$_5$	TiO$_2$	Al$_2$O$_3$
Dielektrizitätszahl ε_r	5-7	4	25-27	30-100	8-10
Dämpfungsfaktor tan δ in %	1-3	0,4-4	1-50	1-100	20-24
Flächenkapazität C_F (nF/cm^2)	5-20	4-20	10-500	10-1000	20-250
TKC (10^{-6}/K)	150-400	100	250-350	200 - 800	200-300
Durchschlagsfestigkeit (10^{6}V/cm)	1-2	3	1-3	0,3-1	2-4

Neben Widerständen und Kondensatoren werden auf Hybridsubstraten in Dünnschichttechnik Leiterbahnen, Flachspulen und Streifenleiter (Mikrostripleitungen für HF-Schaltungen) hergestellt. Als Metallisierungsschichten dienen dabei Gold, Kupfer, Aluminium und Silber, wobei meist Haftschichten aus Chrom, Nickel, Titan oder Tantal unterlegt werden. Um Widerstandsveränderungen infolge Diffusion dieser Haftschichten in die Metallisierung zu verhindern, werden zusätzlich Diffusionssperrschichten aus Platin, Palladium oder Nickel eingefügt. Am häufigsten wird Gold als Metallisierung eingesetzt, weil es sehr beständig gegen Oxidation, sehr gut bondbar und lötbar ist. Kupfer wird wegen seiner sehr guten elektrischen Leitfähigkeit verwendet und kann vor Korrosion durch Abdeckung mit zusätzlichen Edelmetallschichten (meist Gold) geschützt werden.

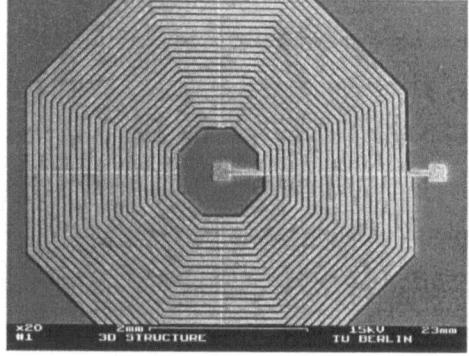 

Bild 4.3-5   Flachspule, Herstellung: UV-LIGA [Gen96]

Spulen können in Mikrosystemen z. B. zur drahtlosen Informations- und Energieübertragung dienen. In Dünnschichttechnik sind Flachspulen mit geringer Induktivität (einige 100 nH) auf dem Substrat realisierbar. Werden höhere Induktivitäten benötigt, muss man separate Miniaturspulen auf dem Substrat montieren. Flachspulen geringer Dicke (einige µm) erzeugt man durch PVD- oder CMS-Prozesse und anschließende photolithographische Strukturierung. Sind Spulen mit größerer Dicke erforderlich, kann man diese durch einen UV-LIGA-Prozess mit galvanischer Abscheidung des Spulenmaterials herstellen (z. B. mit der Schichtfolge Titan als Haftschicht, Kupfer als Leitschicht und Gold als Oberflächenvergütung). Danach wird der Photoresist entfernt und die erste Metallisierung (Haft- und Galvanikstartschicht) weggeätzt. Da diese nur sehr dünn ist, können Unterätzungen der Flachspule weitgehend vermieden werden. Bild 4.3-5 zeigt eine mittels UV-LIGA hergestellte Flachspule.

4.3.3 SMD-Bauelemente

Oberflächenmontierbare Bauelemente (SMD = *surface mounted devices*) sind in der Hybridtechnik weit verbreitet. Es sind miniaturisierte Bauelemente, die mit vorverzinnten Kontaktflächen oder Anschlussleitungen geliefert werden und zur Montage auf ebenfalls vorverzinnte Landeplätze von Hybrid-Substraten oder Leiterplatten aufgebracht werden. Als Verbindungstechniken kommen Löten, Drahtbonden oder Kleben mit leitfähigem Kleber in Frage, wobei das Löten dominiert. Dazu setzt man – insbesondere bei großen Stückzahlen – die Bauelemente mit Bestückungsautomaten auf, fixiert sie zunächst provisorisch mit Kleber, bevor sie mit Lötautomaten (vorwiegend Reflow-Löten) verlötet werden. Beim Reflow-Löten mit beheiztem Stempel (oder Bügel) wird dieser mit definierter Kraft auf die Lötstelle gepresst. Nach Erreichen der erforderlichen Anpresskraft heizt ein Stromimpuls den Stempel kurzzeitig auf; Wärme wird durch Wärmeleitung an die Lötstelle übertragen, um dort die Lötpartner (bei möglichst geringer thermischer Belastung der Bauelemente) zu verbinden. Beim Reflow-Löten im Durchlaufofen werden gleichzeitig alle Lötstellen einer Schaltung kontinuierlich erwärmt. Gegenüber dem Verfahren mit Stempel oder Bügel kann ein wesentlich höherer Durchsatz erreicht werden. Die erforderlichen Temperatur-Zeit-Profile für den Lötvorgang werden durch Steuerung der Transportbandgeschwindigkeit und der Temperatur in den einzelnen Zonen des Durchlaufofens eingestellt. Als besondere Vorteile der SMD-Technik sind hervorzuheben:

- Platz- und Gewichtsersparnis, da mit SMD-Bauelementen deutlich kleinere Bauformen gegenüber herkömmlichen Lösungen möglich sind
- Vereinfachte Montage direkt auf der Oberfläche, so dass keine Löcher für Durchkontaktierungen nötig sind
- Besseres HF-Verhalten durch kleinere Abmessungen, kürzere Zuleitungen und Anschlüsse
- Niedrige Herstellungskosten
- Hohe Zuverlässigkeit

Die für die SMD-Technik entwickelten *Bauformen* sind:

Passive Bauelemente: Sie werden als quaderförmige (Chip) und zylindrische (MELF = **M**etal **E**lectrode **F**ace bonding) Bauformen gefertigt. Die Baugröße der standardisierten passiven quaderförmigen Chip-Bauelemente wird als vierstellige Zahl angegeben, die in zehntel Zoll die Abmessungen (Länge x Breite) beinhaltet. Baugröße 0805 bedeutet 0,08 Zoll x 0,05 Zoll = 2,03 x 1,27 mm^2. Bild 4.3-6 zeigt den typischen Aufbau eines SMD-Chip-Widerstandes und eines Vielschichtkondensators.

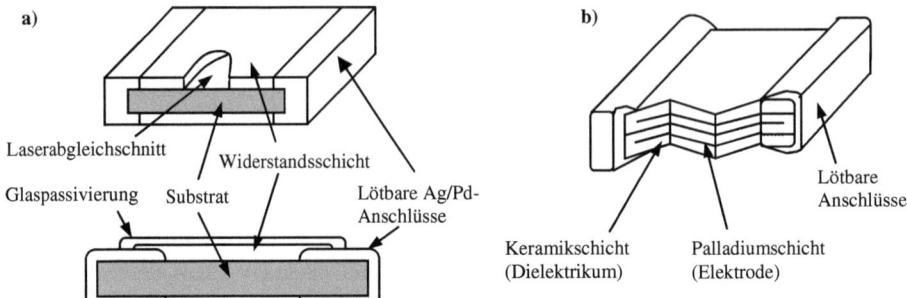

Bild 4.3-6 Beispiele für SMD-Bauelemente:
a) SMD-Chip-Widerstand und
b) Keramik-Vielschichtkondensator

4.3 Hybride Integration von Mikrosystemen

Die Widerstandsschicht wird in Dickschicht-Technik durch Siebdruck (Widerstandspasten auf Keramiksubstrat) hergestellt. Nach dem Widerstandsabgleich wird eine Glaspassivierung aufgebracht, die Anschlussmetallisierung wird durch Ag/Pd-Leitpaste realisiert. Dünnfilmwiderstände werden aus NiCr-, Ta_2N- und Cermet-Schichten auf Silizium, Keramik oder Glas gefertigt. Sie sind zur Face-Up- und zur Face-Down-Montage geeignet. Es sind nicht nur Einzelwiderstände, sondern auch abgeglichene Widerstandsnetzwerke als SMD-Bauelemente erhältlich. Zylindrische MELF entsprechen in ihrem Aufbau und ihrer Größe herkömmlichen bedrahteten Widerständen, die Anschlussdrähte sind aber durch lötfähige Metallkappen an den Zylinderstirnflächen ersetzt.

Diskrete Halbleiter: Als oberflächenmontierbare Gehäuse für diskrete Halbleiter verwendet man SOT 23, SOT 89, SOT 143, SOT 192 für Dioden, Transistoren, Thyristoren und SOD 80, eine MELF-Bauform für Dioden. Bild 4.3-7a zeigt als Beispiel die Form und Abmessungen eines SOT 23-Gehäuses.

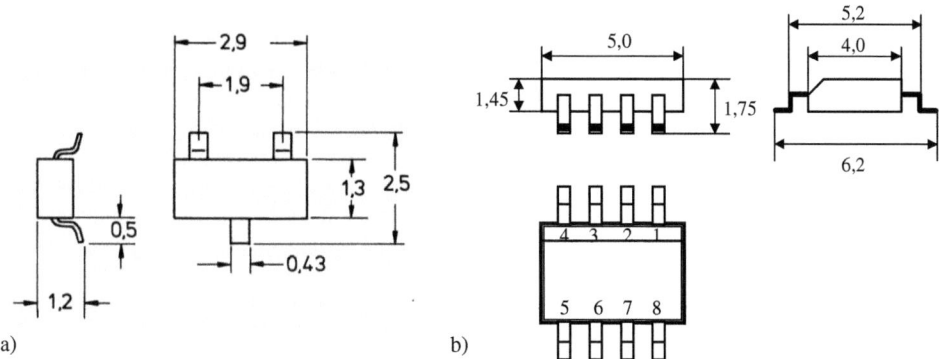

Bild 4.3-7 Formen und Abmessungen (in mm) eines a) SOT 23- und b) SO-8-Gehäuses [Rei86]

Integrierte Halbleiterschaltungen: Diese werden in ein SO-Gehäuse (SO = **S**mall **O**utline) oder in Chip Carrier, Flat Pack bzw. Grid Array-Gehäuseformen eingesetzt (vgl. Kap. 4.4).

SO-Gehäuse sind Kunststoffgehäuse mit kurzen, flach geformten und belotetet Anschlüssen, die zur Reflowlötung vorbereitet sind. Der Gehäuseaufbau wurde vom DIL-Gehäuse übernommen. Die Größenreduzierung diesem gegenüber wird durch ein kleineres Anschlussraster (1,27 mm) erzielt, während die Fläche für den Halbleiterchip gleich bleibt. Bild 4.3-7b zeigt als Beispiel ein SO-8-Gehäuse mit 8 Anschlüssen.

Chip Carrier (CC)-Gehäuse gibt es in einer Vielzahl von Bauformen, aus Kunststoff oder Keramik, mit rechteckiger oder quadratischer Grundfläche, mit (leaded) und ohne (leadless) Anschlussbeine in verschiedenen Rastermaßen. Die Gehäusekonstruktion ist im wesentlichen vom DIL-Gehäuse übernommen; es werden dieselben Materialien und Fertigungsprozesse verwendet. Bei den Leadless Chip Carrier (LLCC) sind die Anschlusskontakte als Metallisierungen auf dem Gehäuseboden und an den Gehäuseseiten ausgebildet. Die seitlichen Anschlüsse sind hohlkehlenartig ausgeformt, um die Benetzung mit Lot zu verbessern. Die mit Anschlussbeinen versehenen Leaded Chip Carrier besitzen gewöhnlich J-förmige Anschlüsse, benötigen nur geringfügig mehr Fläche und sind gut lötbar.

Flat Packs sind Gehäuse aus Kunststoff, Keramik oder Metall, deren relativ lange Anschlussbeine an zwei oder vier Seiten des Gehäuses gerade, unabgewinkelt herausgeführt sind. Zum Löten müssen impulsgeheizte Stempel verwendet werden, die die federnden Anschlüsse an die Lötstelle drücken und verhindern, dass sie während der Lötung abspringen. Der Vorteil von Flat Packs ist ihre geringe Bauhöhe.

Grid Arrays sind Keramikgehäuse für eine hohe Zahl von Anschlüssen, die über die gesamte Gehäuseunterseite verteilt sind. Man unterscheidet Pin-Grid-Arrays (PGA) mit Anschlussbeinen und Leadless-Grid-Arrays (LGA) ohne Anschlussbeine. Grid Arrays sind nicht als genormte Bauformen für Standard-Chips lieferbar, sondern werden von Systemherstellern speziell für ASICs entwickelt und produziert.

4.3.4 Ungehäuste Halbleiterbauelemente (Chip-and-Wire-Technik)

Hybridsysteme können auch mit vollständig ungehäusten Halbleiterbauelementen und Schaltkreisen aufgebaut werden. Der Aufbau mit nackten Chips ermöglicht hohe Packungsdichte sowie geringes Gewicht und Volumen des Hybridsystems. Mit steigender Zahl von Anschlusskontakten fällt der Vergleich der Montageflächen von gehäusten und ungehäusten Bauelementen immer stärker zugunsten der Chip-and-Wire-Technik aus. Die Signalwege sind wegen der größeren Packungsdichte und dem Verzicht auf die internen Zuleitungen der Gehäuse deutlich verkürzt (geringere Signallaufzeiten). Bei hoher Verlustleistung im Chip bietet die Montage des unverkapselten Halbleiters direkt auf dem Substrat zusätzliche Vorteile, weil die Wärmeleitfähigkeit des Substratmaterials optimal genutzt werden kann. Durch die Verringerung der Zahl der Verbindungsstellen und die verbesserte Wärmeableitung steigt die Zuverlässigkeit des Systems. Bei einem gehäusten Bauelement muss für jeden Anschluss zunächst eine leitende Verbindung vom Chip zum Gehäuse und dann von diesem zum Hybrid-Substrat realisiert werden. Ein ungehäuster Chip spart pro Anschluss also einen elektrischen Kontakt, so dass die Fehlerquellen reduziert werden. Bei Verwendung gehäuster Bausteine muss man sich beim Entwurf des Hybrid-Substrates an deren genormte Anschlussraster halten. Ungehäuste Chips besitzen dagegen ein Pad-Layout, das keinen Vorschriften der Standardisierung unterliegt (abgesehen von bestimmten Design-Regeln hinsichtlich der Pad-Größe oder des minimalen Pad-Abstandes). Für den Aufbau von Hybridsystemen ergibt sich also bei Verwendung ungehäuster Chips zusätzliche Flexibilität beim Substrat-Layout.

Hybridisierung mit ungehäusten Bauelementen erfordert andererseits Investitionen für Geräte, die Bauteile geringer Größe und hoher Empfindlichkeit aufnehmen, positionieren und kontaktieren können (Mikromanipulatoren, Mikroskoparbeitsplätze, Bonder) und entsprechend geschultes Personal. Besonders kritisch ist die Drahtkontaktierung mit den üblichen Bondverfahren (siehe Kap. 4.4). Ein weiterer Nachteil ungehäuster Bausteine ist die mangelnde Testbarkeit ihrer Eigenschaften. Die Funktionsparameter der Chips können vor der Verarbeitung nicht ausreichend geprüft werden, da man dazu alle Kontaktpads gleichzeitig mit Kontaktsonden (feinen Nadeln) einer Testapparatur (Waferprober) antasten und ein Testprogramm durchführen müsste. Oft liefert dieses Antasten keine zuverlässige elektrische Kontaktierung. Deshalb entnimmt man stichprobenartig einzelne Chips von einem Wafer, um ihre Funktion nach Kontaktierung im Hybrid-System zu testen. Durch die Fertigung im Waferverbund kann man dann meist davon ausgehen, dass auch die anderen Chips die im Test beobachteten Funktionsparameter besitzen. Die Eigenschaften von Chips eines Wafers schwanken in der Regel weit weniger als die von Chips aus verschiedenen Wafercharges. Trotzdem bleibt die Gefahr, dass ein nicht funktionstüchtiger Chip auf ein Hybridsubstrat montiert wird.

4.3 Hybride Integration von Mikrosystemen

In Bild 4.3-8 ist abschließend die hybride Integration unter Verwendung der verschiedenen Technologien systematisch dargestellt.

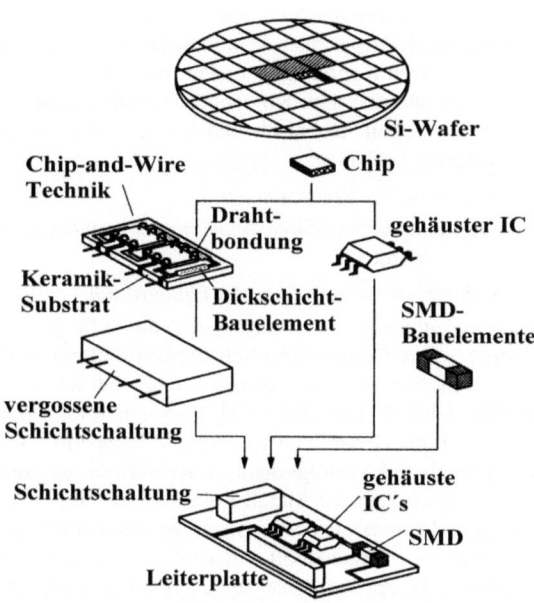

Bild 4.3-8   Hybride Integration bei Verwendung verschiedener Technologien

4.4 Aufbau- und Verbindungstechnik (AVT)

4.4.1 Bedeutung der AVT für die Mikrosystemtechnik

Die AVT (engl. *packaging*) ist ein entscheidender Faktor für die kostengünstige Herstellung und breite technische Nutzung von Mikrosystemen [Tumma01]. Nur wenn es gelingt, ökonomische AV-Techniken zur zuverlässigen Kopplung eines Mikrosystems an die makroskopische Umwelt und zur Verbindung von Mikrosystem-Komponenten untereinander zu entwickeln, können Produkte der Mikrosystemtechnik technisch und kommerziell erfolgreich sein. Die AVT erfüllt eine Reihe verschiedener Aufgaben:

- *Vereinzeln der mikrosystemtechnischen Komponenten*

Die im Batch-Prozess (Waferverbund) hergestellten Bauelemente müssen als Einzelchips zur weiteren Verarbeitung bereitgestellt werden.

- *Aufbau von Mikrosystemen durch (vorwiegend hybride) Integration*

Nur in wenigen Fällen gelingt es, ein komplettes Mikrosystem durch Integration aller Komponenten (z. B. Sensoren, Aktoren, mikroelektronische Schaltungen) auf einem Chip zu vereinigen. Voraussetzung für diese monolithische Integration ist, dass sich alle Funktionselemente mit einer einheitlichen, für alle gleichen, Technologiefolge herstellen lassen, d. h. die Funktionselemente müssen hinsichtlich ihrer Herstellungstechnologie kompatibel sein. Die Verbindung der Funktionselemente untereinander erfolgt dann im Rahmen dieser einheitlichen Technologie (z. B. durch lithographisch strukturierte Metall-Leiterbahnen). Im Falle monolithischer Integration sind zum Aufbau des Mikrosystems selbst keine weiteren AV-Techniken erforderlich. Neben technologischen Problemen sprechen oft wirtschaftliche Gesichtspunkte gegen eine monolithische Integration, wenn z. B. die Ausbeute zu gering ist und/oder das Mikrosystem nur in kleinen Stückzahlen hergestellt wird. Oft bestehen Mikrosysteme aus Komponenten, bei denen Herstellungstechnologien und die verwendeten Werkstoffe nicht kompatibel sind. Dann müssen die Komponenten auf einem gemeinsamen Substrat zu einem System vereinigt werden. Dies beinhaltet die Kopplung mechanischer, elektrischer oder optischer Funktionen (z. B. durch die Herstellung elektrischer Kontakte, durch die Übertragung von Kräften oder Momenten, durch die Weiterleitung von Licht usw.). Aufgabe der AVT ist in diesen Fällen die hybride Integration der Mikrosysteme.

- *Gehäusung des Mikrosystems, Ankopplung an die makroskopische Umgebung*

Mikrosysteme sind aufgrund ihrer Größe und oft fragilen Struktur nicht für die unmittelbare Anwendung in der alltäglichen Makrowelt geeignet. Die AVT hat deshalb auch die Aufgabe, Schnittstellen zwischen Mikrosystem und Makrowelt bereitzustellen (z. B. durch das Auffächern der sehr kleinen elektrischen Bondpads auf den Chips zu einem vom Anwender nutzbaren, z. B. lötbaren oder steckbaren, Anschlussraster). Durch Gehäusung sollen Mikrosysteme außerdem vor Beschädigungen geschützt und die im System entstehenden Verlustleistungen optimal an die Umgebung abgeführt werden. Im Gegensatz zu mikroelektronischen Schaltungen, bei denen man durch Passivierung eine möglichst gute Abschirmung vor Umwelteinflüssen anstrebt, müssen Mikrosysteme mit der Umwelt wechselwirken. Die Gehäusung soll neben dem Schutz also auch eine optimale Wechselwirkung mit der Umgebung ermöglichen. Kostenvorteile ergeben sich, wenn die Gehäusung mit genormten, leicht nutzbaren Gehäuseformen realisiert werden kann.

Als Beispiel für diese Mehrfachfunktion der Gehäusung und die damit verbundenen Probleme ist in Bild 4.4-1 ein thermoelektrischer IR-Strahlungssensor gezeigt. An diesem Beispiel sind bereits einige der im Folgenden dargestellten AV-Techniken ersichtlich.

4.4 Aufbau- und Verbindungstechnik

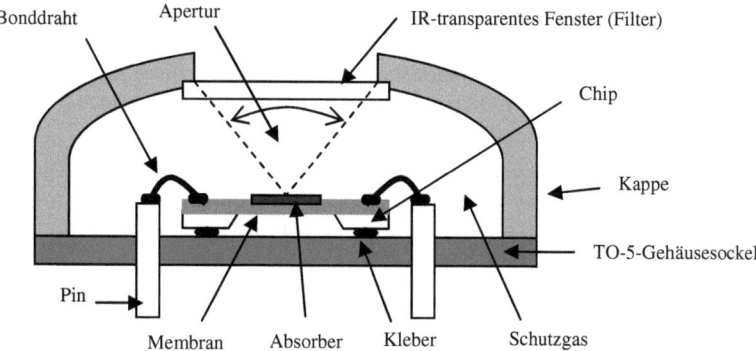

Bild 4.4-1 Sensorchip in TO-5-Gehäuse mit IR-Fenster

Der Sensorchip entsteht durch mikromechanische Strukturierung einer sehr dünnen SiO_2/Si_3N_4-Membran mit darauf befindlichen photolithographisch strukturierten Dünnschicht-Thermoelementen (siehe Kap. 5.3). Die im Zentrum der Membran liegenden "heißen" Kontaktstellen der Thermoelemente werden bestrahlt und erwärmen sich dadurch, während die auf dem massiven Siliziumchip angeordneten "kalten" Kontaktstellen möglichst auf konstanter Umgebungstemperatur bleiben sollen. Durch die dünne Membran wird eine hohe Empfindlichkeit des Thermopiles gegenüber IR-Strahlung erreicht, andererseits ergibt sich daraus eine Gefährdung des Chips durch mechanische Beschädigungen. Die Empfindlichkeit des Sensors kann noch erhöht werden, wenn der Chip in einer Schutzgasatmosphäre (vorteilhaft sind Edelgase wie Ar, Kr oder Xe mit geringer Wärmeleitfähigkeit) arbeitet. Der Schutz vor Beschädigungen wird durch Unterbringung des Chips in einem Standard-TO-5-Gehäuse erreicht. Der Chip wird durch Kleben auf dem Gehäusesockel befestigt, die elektrische Kontaktierung ist durch Drahtbonden von den Pads des Sensorchips zu den Pins des Gehäusesockels realisiert. Durch das Kleben wird eine hinreichend effektive thermische Kopplung des Chips mit dem Gehäuse erreicht, so dass die auf dem massiven Silizium liegenden "kalten" Kontaktstellen auch bei Bestrahlung der Membran auf Umgebungstemperatur verbleiben. Die Verbindung der TO-5-Kappe mit dem Gehäusesockel erfolgt durch Verschweißung mittels eines kurzen Hochstromimpulses, bei der die Klebestelle des Chips nur kurzzeitig und geringfügig erwärmt und dadurch nicht geschädigt wird. Diese Verschweißung stellt eine gasdichte Verkapselung dar, so dass im Gehäuse eingeschlossenes Schutzgas dort verbleibt und nicht durch Mikrolecks austreten kann. Dies ist eine wichtige Bedingung für die Langzeitstabilität der Empfindlichkeit von Sensoren, die unter Schutzgasatmosphäre verkapselt werden. Bei Verlust von Edelgas durch Lecks würde die Empfindlichkeit des Sensors im Laufe der Zeit abnehmen. Die Standard-TO-5-Kappe ist eine vollständig geschlossene Metallkappe. Das Hauptproblem der Gehäusung besteht nun darin, den Zutritt von IR-Strahlung zum Sensorchip zu ermöglichen. Dazu wird in die Stirnfläche der TO-5-Kappe eine Öffnung gestanzt, auf die ein IR-durchlässiges Fenster geklebt wird, wobei ein gasdichter Verschluss erreicht werden muss. Oft möchte man nur IR-Strahlung eines bestimmten Wellenlängenbereichs detektieren. Dann kann das Fenster zugleich die Funktion eines optischen Filters übernehmen. Über den Durchmesser der Kappenöffnung kann die Apertur des Sensors festgelegt werden, da diese Öffnung wie eine Aperturblende wirkt.

Das Beispiel zeigt, wie die AVT das Mikrosystem nicht nur "verpackt", sondern in seinen Funktionen in vielfältiger Weise mitgestaltet. Daher ist es notwendig, schon beim Entwurf des Bauelementes oder Systems die Einflüsse und die Funktionen des Packaging zu berücksichtigen. Inzwischen stehen auch Simulationstools zur Verfügung, die Packaging-Effekte in ihrer Wirkung auf die Parameter von Mikrosystemen modellieren und berechnen [Hua03].

In allen Fertigungsschritten eines Mikrosystems werden Funktionselemente und Komponenten mit Schnittstellen, Verbindungen und schützenden Umhüllungen versehen. Dies vollzieht sich auf verschiedenen Ebenen des Fertigungsprozesses bzw. des Systems, die in Bild 4.4-2 schematisch am Beispiel eines mikroelektronischen Systems dargestellt sind [Jensen89].

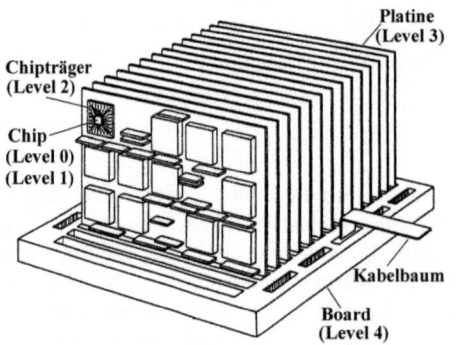

Bild 4.4-2
Fertigungsebenen der Aufbau- und Verbindungstechnik (dargestellt sind Level 0 bis Level 4) bei der Herstellung eines mikroelektronischen Systems [Jensen89]

Auf der Chipebene (Level 0, Level 1) geht es darum, einzelne Strukturen (Widerstände, Transistoren, Membranen, Resonatoren, ...) innerhalb eines Chip bei Bedarf z. B. mit Isolations- oder Schutzschichten zu versehen, durch strukturierte Metallisierungen elektrisch miteinander zu verbinden oder Funktionselemente vakuumdicht zu versiegeln. Hier werden die Methoden des Chip-Level-Packaging eingesetzt. Auf der nächsten Ebene (Level 2) werden z. B. Chips auf einem Chip-Träger aufgebracht und in diesem Träger "verpackt". Die Verbindung der Elemente dieser Ebene untereinander erfolgt in vielen Fällen durch Drahtbonden. Hier dominieren also die Verfahren zur Einbringung von Chips in Gehäuse und Umhüllungen und zur Herstellung von Verbindungen zwischen Chip und Chipträgern (engl. *housing*), die möglichst weitgehend automatisierbar sein sollten. Dadurch wird in der Regel auch der Übergang zu den folgenden Stufen der dann meist makroskopischen Kontaktierung erreicht. Gehäuste Bauelemente werden auf der nächsten Ebene (Level 3) auf einen Systemträger, z. B. eine Leiterplatte (Platine) oder auf gedruckten Schaltungsträgern (Siebdruck), aufgebracht, miteinander verbunden und als Module mit Schnittstellen zur Außenwelt für die weitere Verarbeitung bereitgestellt. Dominierende Verbindungstechniken sind hier die Lötverfahren. Die Technologien dieser Fertigungsebene (Level 3) mit ihrem Packaging von makroskopisch verarbeitbaren Bauelementen wurden als automatisierte Verfahren vor allem in der elektronischen Industrie entwickelt [Kelly97]. Häufig verwendete Technologien dieser Fertigungsebene werden im folgenden ebenfalls dargestellt, da sie für den Aufbau des Gesamtsystems und damit auch für Design und Realisierung von Mikro-Komponenten von Bedeutung sind. Level 4 beinhaltet die Vereinigung von Platinen in einem Modulträger (Board) und die Installation entsprechender Bussysteme zur Kommunikation der Module untereinander. Verbunden werden diese über ihrer Schnittstellen; die Kontaktierung erfolgt hier beispielsweise mit Leisten von Steckverbindungen. Auf der nächsten Ebene (Level 5) verbindet man verschiedene Modulträger z. B. mit Kabelbäumen untereinander und installiert das fertige Gerät mit seinen Schnittstellen zum Benut-

4.4 Aufbau- und Verbindungstechnik

zer in einem Gehäuse. In Tabelle 4.4-1 sind die verschiedenen Ebenen des Packaging und dominierende Verbindungstechniken auf der jeweiligen Ebene beispielsweise für mikroelektromechanische Systeme zusammengefasst.

Tabelle 4.4-1 Fertigungsebenen (Level 0 bis Level 5) beim Aufbau von komplexen mikroelektromechanischen Systemen und Beispiele für dominierende Verbindungstechniken in den einzelnen Ebenen

Ebene	Beispiele für Funktionselemente bzw. Komponenten	Beispiele für Verbindungstechniken auf der jeweiligen Ebene
Level 0	Funktionselemente: Transistor, IC, piezoresistive Membran, Resonator	photolithographisch strukturierte Metallisierungen
Level 1	Chip, diskrete Komponenten: Drucksensor-Chip, Flowsensor-Chip	Metallisierungen, Vias, reaktives Versiegeln, Anodisches Bonden
Level 2	Einzelchip- oder Multichip-Gehäuse: Drucksensor in einem TO-Gehäuse	Drahtbonden zwischen Chips und Gehäusepins, Anodisches Bonden
Level 3	Leiterplatte (Platine), Printed Circuit Board (PCB)	Leiterbahnen auf einer Platine, Gedruckte Leiterbahnen auf PCB
Level 4	Modulträger mit Platinen	Steckverbinder-Leisten, Bussysteme
Level 5	fertiges Gerät: Druckregler, Gasalarmsystem	Kabelbäume, Bedienelemente, Schnittstellen zum Benutzer

4.4.2 Chip-Level-Packaging

Unter dem Begriff Chip-Level-Packaging sollen hier Verfahren dargestellt werden, mit denen Aufbau- und Verbindungstechnik auf Chipebene (Level 0 und Level 1) realisiert wird. Für eine kostengünstige Batch-Prozess-Fertigung ist es erforderlich, dass diese Verfahren möglichst im Waferverbund für alle Chips gleichzeitig ausgeführt werden können (Wafer-Level-Packaging). Auf Chipebene werden Kontaktierungen zwischen Funktionselementen hergestellt, isolierende Schichten aufgebracht, Hohlräume oder Funktionselemente verschlossen bzw. hermetisch "versiegelt" und Oberflächen durch Schutzschichten passiviert. Ein Beispiel für Chip-Level-Packaging auf unterster Ebene zeigt Bild 4.4-3. Hier ist eine 100 nm dicke metallische Funktionsschicht einer OLED (Kap. 3.2) mit einer ca. 1 µm dicken Resistabdeckung passiviert und elektrisch isoliert worden.

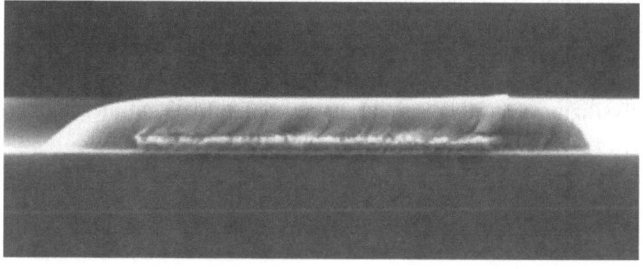

Bild 4.4-3
Passivierung einer Metallschicht durch eine abgerundete Resist-Abdeckung

Durch die Temperung des Resist oberhalb der Fließtemperatur T_g erreicht man eine Abrundung der Resistflanken, die für den nachfolgenden Prozess (Aufschleudern einer 100 nm dicken organischen Emitterschicht) zwingend erforderlich ist. Mechanisch und thermisch stabile Passivierungsschichten auf Chipebene fertigt man vor allem aus Si_3N_4 [Huang03], SiO_2 und Phosphorsilikatglas (PSG), das bei etwa 7 % Phosphorgehalt eine Verrundung der Oberflächentopographie ermöglicht.

Für zahlreiche Mikrosysteme (z. B. Resonatoren, Beschleunigungssensoren, mikrofluidische Chips) ist das Aufbringen miniaturisierter Abdeckungen (cups) aus Glas, Silizium, Metallen oder Kunststoffen auf Waferebene im Batch-Prozess erforderlich. In vielen Fällen sind dabei vakuumdichte Verschlüsse für die Funktion des Mikrosystems, z. B. für hohe Q-Faktoren von Mikroresonatoren, unerlässlich [Cho93, Sparks01]. Hierfür haben sich vor allem Verfahren der Oberflächenmikromechanik (Kap. 2.4.2), des Waferbondens (Kap. 4.4.5) und des Reflow-Lötens im Vakuum etabliert, die anhand einiger Beispiele im folgenden dargestellt werden.

Bild 4.4-4 zeigt eine durch Oberflächenmikromechanik hergestellte Kavität, in der ein Resonator vakuumdicht abgeschlossen wird. Durch photolithographische Strukturierung können die aus Polysilizium gebildeten "Kappen" viel kleiner gestaltet werden als konventionelle Gehäuse. Beim Entfernen einer Opferschicht zwischen Polysilizium-Kappe und Substrat entsteht der gewünschte Hohlraum für das Funktionselement (Resonator). Danach verbleibt zunächst ein geringer Abstand (100 nm) zwischen dem Rand der Polysilizium-Kappe und dem Substrat. Dieser kann durch reaktives Versiegeln geschlossen werden. Dabei schließt sich durch thermische Oxidation des Si-Substrates und des Polysiliziums bei 1000 °C der schmale verbliebene Spalt. Dieser Prozess ist auch unter Vakuumbedingungen möglich, da die desorbierenden Sauerstoffmoleküle im Inneren der Kavität für die Oxidbildung ausreichen [Guckel84, Guckel85, Guckel86].

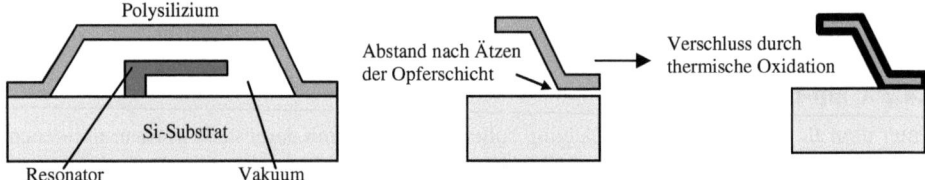

Bild 4.4-4 Reaktives Versiegeln einer Polysilizium-Kappe, die durch Oberflächenmikromechanik hergestellt wird

Alternativ kann man kleine Ätzöffnungen durch versiegelnde Schichten aus LPCVD-Si_3N_4, die bei 850 °C und 250 mTorr hergestellt werden, verschließen. Diese Technologie wird zur Fertigung von Absolutdruck-Sensoren (Bild 4.4-5) angewendet [Guckel86, Guckel87]. Nach dem Abkühlen der Wafer verbleibt bei Raumtemperatur ein Druck von 67 mTorr in der Kavität, der als Referenzdruck dient. Reaktives Versiegeln ist eine sehr elegante Methode für die Batch-Prozess-Fertigung auf Waferebene. Die ersten kommerziell erhältlichen Absolutdruck-Sensoren auf der Basis der Polysilizium-Oberflächenmikromechanik wurden mit diesem Verfahren hergestellt [SSI95].

4.4 Aufbau- und Verbindungstechnik

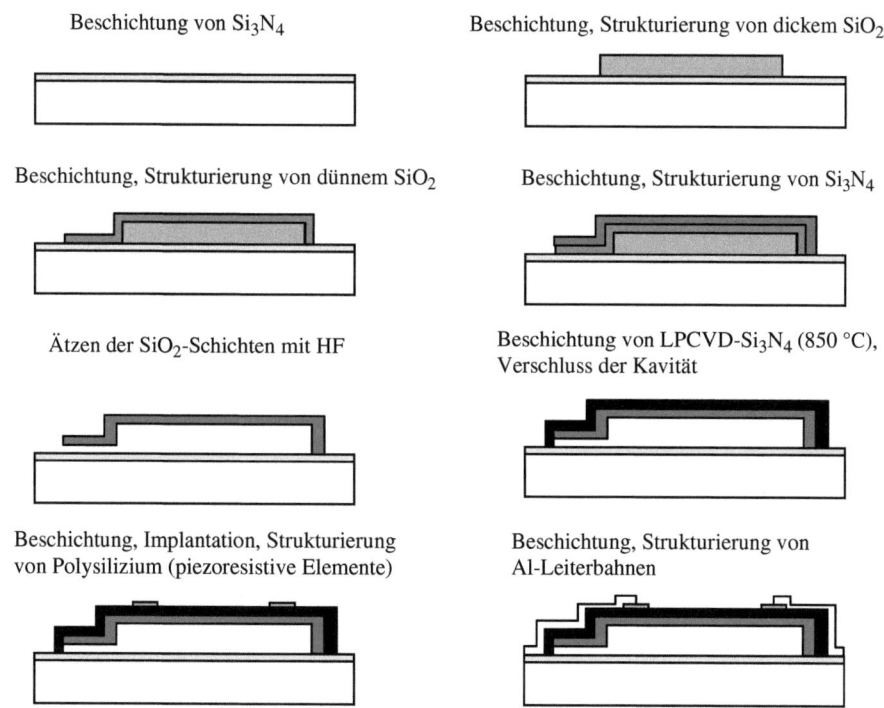

Bild 4.4-5 Herstellung von Kavitäten für Absolutdruck-Sensoren durch Versiegeln mit LPCVD-Si_3N_4

Hermetische Versiegelungen wurden mit Oberflächenmikromechanik auch unter Verwendung epitaxialer unterschiedlich stark dotierter Si-Schichten hergestellt [Ikeda90]. Dabei dienen die schwach p-dotierten Si-Schichten als Opfermaterial, während die stark p-dotierten Schichten aufgrund ihrer hohen Bor-Konzentration nicht geätzt werden, und die Kappe für die Mikrostrukturen bilden.

Für zahlreiche Anwendungen sind Alternativen zu reaktiven bzw. LPCVD-Versiegelungen, die bei hohen Temperaturen von 1000 °C bzw. 850 °C ausgeführt werden, erforderlich. Ein Verfahren bei deutlich geringeren Temperaturen nutzt die Bildung des Au-Si-Eutektikums bei ca. 370 °C [Cohn96]. Die Kappe wird aus Polysilizium in einer entsprechend vorstrukturierten Si-Form hergestellt (Bild 4.4-6). Nach der Fertigung der Si-Form wird in dieser zunächst eine PSG-Schicht und dann das Polysilizium abgeschieden. Am Rand der Polysilizium-Kappe bringt man eine 700 nm dünne Au-Schicht auf. Durch einen Ätzprozess wird das PSG als Opferschicht entfernt, wodurch sich die Polysilizium-Kappe von der Si-Form löst. Die Kappe bleibt aber zunächst noch in der Si-Form, gehalten durch dünne Polysilizium-Bügel. Die Si-Form wird über den zu versiegelnden Strukturen justiert und mit ca. $7 \cdot 10^4$ N/m² angedrückt. Durch Erwärmung unter Vakuum ($p < 10^{-5}$ mbar) wird die eutektische Verbindung zwischen dem zu verschließenden MEMS-Wafer und der Goldschicht der Polysilizium-Kappe gebildet.

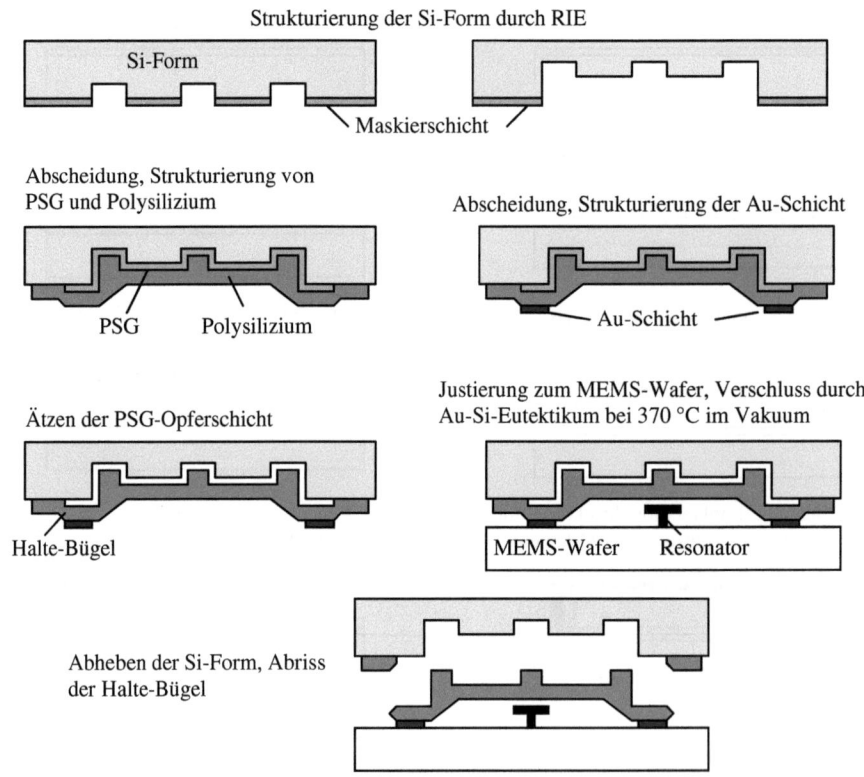

Bild 4.4-6 Versiegelung mit Polysilizium-Kappe durch Bildung eines Au-Si-Eutektikums bei ca. 370 °C

Entfernt man die Si-Form, reißen die dünnen Polysilizium-Bügel ab; die Polysilizium-Kappe verbleibt auf dem versiegelten MEMS-Wafer. Die Si-Form kann für weitere Versiegelungen wiederverwendet werden.

In einem ähnlichen Verfahren [Pan04] werden anstelle von Polysilizium galvanisch abgeschiedene 15 µm dicke Nickel-Kappen (Bild 4.4-9) in der Si-Form gebildet. Zur Verbindung der Kappe mit dem MEMS-Wafer verwendet man hier photolithographisch strukturierbare Adhäsive (z. B. SU8- oder AZ 4620-Resist). Um die Ni-Kappen möglichst leicht aus der Si-Form lösen zu können, wird die in die Si-Form gesputterte Ni-Startschicht vor dem Galvanikprozess durch eine spezielle Temperung an Luft "passiviert".

Nachteilig bei diesen Verfahren ist, dass die nicht transparente Si-Form die Justierung der Polysilizium-Kappe bzw. Ni-Kappe auf dem MEMS-Wafer erschwert. Chen [Chen02] verwendet als Träger für die aufzubringende Verkapselung Pyrex-Glas (Bild 4.4-7). Dieses wird zunächst photolithographisch strukturiert und dann mit HF geätzt, um Vertiefungen von einigen 10 µm zu erhalten. Durch Anodisches Bonden (Kap. 4.4.5) wird ein ultradünner Si-Wafer

4.4 Aufbau- und Verbindungstechnik

mit dem Glasträger verbunden und dann mit einer Ni-Schicht versehen. Diese dient als Maskierschicht für das anisotrope Ätzen des ultradünnen Si-Wafers in KOH-Lösung. Durch eine weitere Ni-Beschichtung und -Strukturierung entsteht die Maskierschicht für einen RIE-Prozess, in dem die ultradünne Si-Kappe und 4 Halte-Bügel zur Befestigung am Pyrex-Glas strukturiert werden. Vor dem RIE bringt man Blei/Zinn-Lötbumps durch einen mikrogalvanischen Prozess auf. Die Si-Kappe wird unter visueller Beobachtung durch den Pyrex-Träger hindurch zum MEMS-Wafer justiert; der Verschluss erfolgt durch Aufschmelzen des Lotes bei etwa 200 °C in einem Vakuum-Ofen.

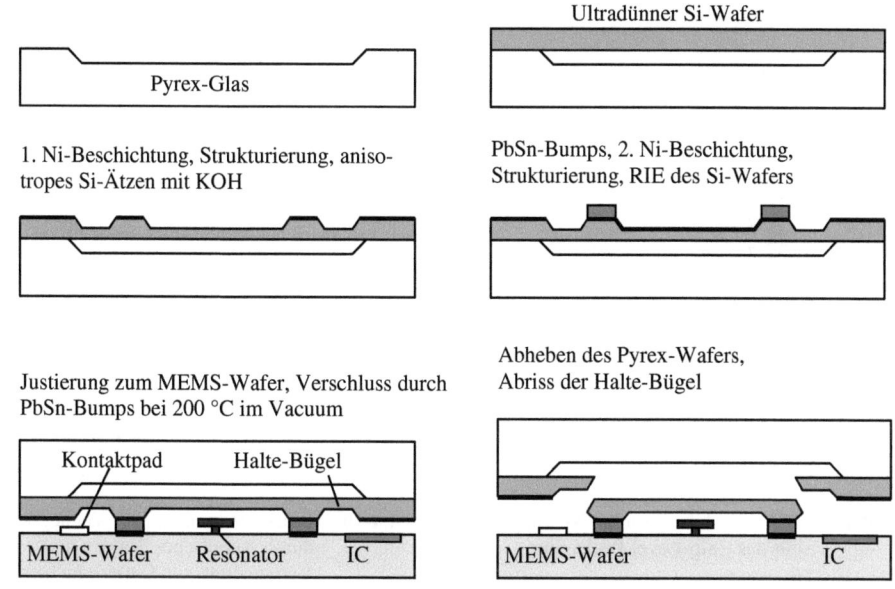

Bild 4.4-7 Herstellung von ultradünnen Si-Kappen; durch Verwendung eines Pyrex-Glas-Wafers ist die Justierung der Si-Kappen relativ zum MEMS-Wafer möglich

Nach dem Abkühlen wird der Pyrex-Träger entfernt, wobei die 4 Halte-Bügel abreißen. Der gesamte Prozess kann im Waferverbund durchgeführt werden, um gleichzeitig viele identische Strukturen auf dem MEMS-Wafer zu versiegeln. Bild 4.4-8 zeigt die mit diesem Verfahren hergestellten ultradünnen Si-Kappen, einmal mit 4 Halte-Bügeln am Pyrex-Glas-Wafer befestigt (links) bzw. nach Abheben des Pyrex-Glases und Abriss der Halte-Bügel (rechts).

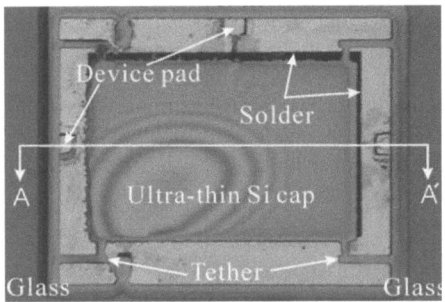 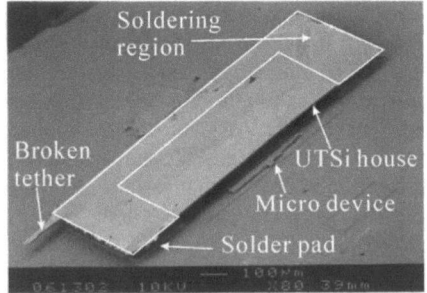

Bild 4.4-8 An Pyrex-Wafer mit 4 Halte-Bügeln (tether) befestigte ultradünne Si-Kappe (UTSi)
links vor und
rechts nach dem Abheben des Pyrex-Wafers [Chen02]

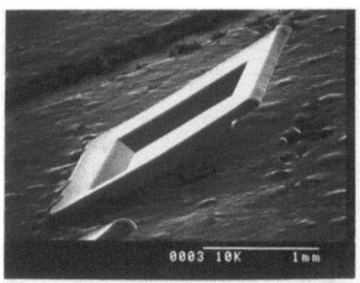 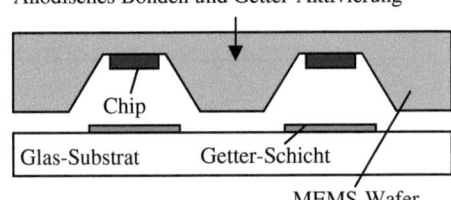

Bild 4.4-9 Galvanisch hergestellte Ni-Kappe für das Chip-Level-Packaging

Bild 4.4-10 Prinzip vakuumdichter Versiegelung durch Anodisches Bonden und Verwendung von Getterschichten

Hermetische Silizium-Glas-Versiegelungen entstehen durch Rapid Thermal Processing (RTP) mit Aluminium/Si_3N_4-Verbindungen [Chiao02]. Die durch Oberflächenmikromechanik aufgebauten Mikrostrukturen sind von einer Ringstruktur umgeben, die im gleichen Prozessablauf wie die Mikrostruktur selbst gefertigt wird. Sie besteht aus einem Sandwich von PSG, Polysilizium und einer abschließenden LPCVD-Si_3N_4-Schicht von 500 nm Dicke und umschließt eine Fläche von 300x300 μm^2 bis 600x600 μm^2. Eine Kappe aus Pyrex-Glas wird mit einem entsprechenden Ring aus 4 μm dickem und 100-200 μm breitem Aluminium beschichtet. In einer RTP-Kammer erfolgt innerhalb von 10 s bei 750 °C eine stabile Verbindung zwischen der Al- und der Si_3N_4-Schicht. Lebensdauer-Tests unter beschleunigenden Bedingungen (130 °C, 2,7 bar, 100 % relative Luftfeuchte, Kap. 4.6) zeigen die Beständigkeit der mit dieser Methode hergestellten Versiegelungen. Hermetische Verbindungen von Si-Wafern kann man auch unter Verwendung von Blei/Zinn-Loten auf galvanisch abgeschiedenen Cu-Schichten im Reflow-Ofen bei ca. 200 °C und atmosphärischem Druck herstellen [Ma03, Ma04].

Vakuumdichte Si-Si- bzw. Si-Glas-Verbindungen können auch durch Kleben mit Epoxidharzen erzielt werden [Uemura01]. Lötverbindungen mit Gold/Zinn-, Silber/Zinn- und Blei/Zinn-Loten, die unter Vakuum (bei 10^{-4} mbar) im Reflow-Prozess realisiert wurden, führten zu vakuumdichten Verschlüssen zwischen DIL-Gehäusen und Kovar-Deckeln [Sparks96]. Unter

4.4 Aufbau- und Verbindungstechnik

Verwendung von Indium/Zinn-Loten wurden hermetische Si-Si-Verbindungen im Vakuum bei relativ geringen Temperaturen realisiert [Lee00]. Zunächst sputtert man eine eutektische (50/50) In/Sn-Verbindung mit einer Dicke von 2-12 µm auf den als Kappe dienenden Wafer, während der MEMS-Wafer mit einer Au-Schicht versehen wird. Außerdem bringt man auf das In/Sn-Lot eine 100 nm dünne (80/20) Au/Sn-Schicht auf, um Oxidationen des In/Sn-Lotes zu vermeiden. Die beiden Wafer werden unter Verwendung eines BSA-Maskaligners zueinander justiert, fixiert und dann im Vakuumofen unter leichtem Druck bei 120 °C verbunden. Die Leckraten der so versiegelten Kavitäten liegen unterhalb $8 \cdot 10^{-9}$ mbar l/s.

Auch Anodisches Bonden von Silizium mit Glas ist ein oft eingesetztes Verfahren zum Einschluss definierter Vakua in Kavitäten. Nach dem Herstellen der vakuumdichten Kavität durch Bonden in einer Vakuum-Kammer unterscheidet sich allerdings der Innendruck im versiegelten Gehäuse vom Druck in der Vakuum-Kammer aufgrund von Desorption und Gasbildung (O_2) während des Bondprozesses.

Grundsätzlich ist es schwierig, spezifizierte Vakua für lange Zeit in kleinen Kavitäten aufrecht zu erhalten, da die Permeation von Molekülen durch die "Verkapselung" nicht vollständig ausgeschlossen werden kann [Dyrbye96]. Daher wurden Prozesse entwickelt, bei denen Getter-Schichten (Bild 4.4-10) in die zu versiegelnde Kavität eingebracht und während der Versiegelung (z. B. durch Anodisches Bonden von Glas und Silizium) aktiviert werden [Jin04, Lee03]. Als Getter-Materialien kommen z. B. Zr-V-Fe- oder Ti-Schichten zum Einsatz [Minami95]. Die Stabilität des Vakuums wurde in [Lee03] durch Messung des Q-Faktors eines versiegelten Mikroresonators über einen Zeitraum von 1000 h kontrolliert, wobei kein Anstieg des Druckes zu beobachten war. Digital Mirror Devices (DMD) von Texas Instruments z. B. werden mit einem Gettermaterial versehen, um in dem "vakuumdichten" Gehäuse mit optisch transparentem Fenster das Vakuum konstant zu halten bzw. H_2O-Moleküle zu binden. Organische Materialien (z. B. Resists) sind im Hinblick auf Permeation ungeeignet für dauerhafte hermetische Versiegelungen; hier sind Glas- oder Metallschichten vorzuziehen.

Für viele Anwendungen sind organische Materialien (Polymere) dennoch wichtige Adhesive und Versiegelungen des Packaging. Sie spielen z. B. in der Mikrofluidik für das Verbinden von Plastik-Komponenten eine große Rolle [Morris99]. Übliche Verbindungstechniken sind hier das thermoplastische Verschweißen, Ultraschall- oder IR-Schweißen und Kleben [Becker00]. Letzteres kann auch unter Verwendung eines Lösungsmittels ausgeführt werden, das die Oberfläche der beiden Plastikteile zunächst anlöst. Während das Lösungsmittel verdampft, verfestigen sich die gelösten Oberflächenschichten wieder und verbinden sich dabei.

Polymere werden auch häufig für das Packaging mikrooptischer Komponenten [Brenner00, Gärtner00, Ehlers00] eingesetzt. Hierbei dienen sie einerseits der Fixierung der Bauelemente, z. B. beim Kleben von optischen Fasern in Führungen oder an Faser-Faser-Koppelstellen. Andererseits übernehmen sie selbst optische Funktionen, indem sie z. B. als Lichtwellenleiter fungieren [Xiao04].

Zahlreiche MEMS-Chips können durch einfachen Verguss mit Plastik-Masse "verpackt" werden, wenn nur moderate Ansprüche hinsichtlich hermetischer Versiegelung zu erfüllen sind. Bei Mikrosensoren und Aktoren muss dabei natürlich der Kontakt des Chips zu der jeweiligen Mess- bzw. Steuergröße gewährleistet sein (open-window packaging, [Cotofa98]). Neben einfachen Verguss-Schichten (mit möglichst konformer Bedeckung der MEMS-Oberfläche) wurden auch Mehrschichtsysteme aus isolierender (50 µm dicker) Polymer- und elektrisch abschirmender äußerer Metallschicht entwickelt [Janting01]. Häufig eingesetzte Polymer-Materialien sind Epoxidharze, Resists auf Novolak-Basis [Rimdu00], Teflon [Janting01] und organische Elastomere auf der Basis von photolithographisch strukturierbarem Silikon [Krassow00].

4.4.3 Chipbearbeitung

Die Aufbau- und Verbindungstechnik zur Einbringung von Chips in Gehäuse und Umhüllungen und zur Herstellung von Verbindungen zwischen Chip und Chipträgern (Level 2 Packaging) erfordert verschiedene Bearbeitungsschritte wie z. B. das Vereinzeln von Chips, ihre Befestigung auf dem Chipträger und die Herstellung elektrischer Verbindungen zu dessen makroskopischen Kontaktpins. Die hierfür eingesetzten Verfahren werden im folgenden näher dargestellt.

Vereinzeln von Chips

Im Waferverbund gefertigte Komponenten müssen zunächst als Einzelchips bereitgestellt werden. Bei Siliziumwafern kann man hierfür meist die in der Halbleitertechnologie entwickelten Methoden nutzen. Schon beim Maskenentwurf wird zwischen den Chips ein etwa 100-200 µm breiter, umlaufender Trennrahmen vorgesehen. Dieser Bereich wird beim Vereinzeln durch den Trennvorgang zerstört. Dazu werden Wafer mit der Rückseite auf eine klebende Folie (wegen ihrer Farbe oft Blaufolie genannt) gelegt. Auf dieser Folie sind die Einzelchips auch nach dem Trennen fixiert. Die Trennung erfolgt durch

Ritzen und Brechen: Eine Diamantspitze wird unter leichtem Druck über die Ritzrahmenbereiche geführt, in denen die Siliziumoberfläche frei zugänglich ist, so dass eine Vertiefung von einigen Mikrometern in der Waferoberfläche entsteht. Die dadurch verursachten Defekte und Spannungen im Kristallgitter führen bei optimaler Einstellung der Diamantspitze (Anstellwinkel, Andruckkraft, Ritzgeschwindigkeit) dazu, dass der Wafer entlang der Ritzlinie schon bei geringer mechanischer Verbiegung zu brechen ist. Da der Silizium-Kristall bevorzugt entlang der [110]-Richtungen bricht (bei (100)-Wafern ist das parallel und senkrecht zum Primary Flat), ist darauf zu achten, dass die Ritzlinie mit diesen Richtungen übereinstimmt. Schon geringe Fehlausrichtungen können dazu führen, dass Bruchlinien von den Ritzlinien abweichen und Chips zerstört werden. Ritzen und Brechen wird mit zunehmender Waferdicke immer schwieriger, es wird bis zu Dicken von 500 µm angewendet. Das Brechen dickerer Wafer kann unterstützt werden durch Ätzgräben, die man auf der Waferrückseite parallel zu den Ritzlinien durch anisotropes Ätzen erzeugt hat. Aufgrund des festen Chip-Rastermaßes kann der Ritzvorgang leicht automatisiert werden. In Ritzautomaten wird der Wafer auf einem x-y-Verschiebetisch durch Vakuumansaugung fixiert und im vorprogrammierten Rastermaß unter der Diamantspitze positioniert, die dann die Ritzlinie über den Wafer zieht. Nach dem Brechen wird die Blaufolie gestreckt, so dass die Chips einzeln der Folie entnommen werden können. Durch Brechen entstehen Chipseitenflächen, die nicht senkrecht zur Chipoberfläche orientiert sind. Das kann das seitliche Greifen der Chips z. B. mit Pinzette erschweren.

Lasertrennen: Ein Laserstrahl (ca. 1 µm Wellenlänge) wird über die Trennbereiche geführt, dringt aufgrund der schwachen Absorption ca. 100-200 µm in den Kristall ein und schmilzt das Material lokal begrenzt auf. Es kristallisiert anschließend zu polykristallinem Silizium, so dass große mechanische Spannungen entstehen, die wie beim Ritzen zum Brechen genutzt werden können. Lasertrennen lässt sich auch für größere Waferdicken einsetzen, bei denen die Anwendung der Ritztechnik u. U. Probleme bereitet. Auch hier können Abweichungen zwischen Trennlinien und Bruchlinien auftreten. Die Automatisierung des Prozesses mit hoher Trenngeschwindigkeit ist möglich.

Trennsägen: Diamantbeschichtete Schleifscheiben von etwa 25 µm Dicke werden mit hoher Drehzahl (ca. 30000/min) entlang der Trennrahmen geführt. Die hohe Drehzahl bewirkt eine Stabilisierung des sehr dünnen Sägeblattes und führt zu sauberen, exakt positionierten, senkrecht zur Oberfläche orientierten Chipseitenflächen. Es kann unabhängig von den Kristallorientierungen in beliebiger Richtung gesägt werden. Der Schnitt erfolgt entweder bis auf eine Restdicke von einigen Mikrometern oder durch den gesamten Wafer hindurch bis in die Oberfläche der Blaufolie. Der entstehende Siliziumstaub wird meist unter Flüssigkeitsspülung entfernt. Mikrostrukturen mit fragilen Komponenten (z. B. dünnen Membranen, Biegebalken usw.) können deshalb mit diesem Verfahren in der Regel nicht getrennt werden. Empfehlenswert ist die Verwendung eines Schutzlacks, der man nach dem Sägen wieder ablöst.

Greifen

Chips müssen nach dem Vereinzeln (bei hybrider Integration) auf Substrate oder allgemein auf Gehäusesockel montiert werden. Dazu sind sie von der Blaufolie zu entnehmen, zu transportieren und passgenau auf dem Träger zu positionieren. Dies sollte möglichst automatisch erfolgen. Für das Aufnehmen und Positionieren mikroelektronischer Chips wurden in der Halbleitertechnologie entsprechende automatisierte Werkzeuge entwickelt. Vorwiegend werden Vakuumgreifer eingesetzt. "Pick-and-Place"-Maschinen ziehen mit diesen Greifern den Chip von der Blaufolie ab und positionieren ihn auf einem Träger (Positioniergenauigkeit ca. 100 µm) oder legen die Chips geordnet in einem Magazin (Waffle-Pack, Stangenmagazin) ab, in dem sie dann zur Weiterverarbeitung transportiert werden. Außerdem sind Greifer, die Adhäsive nutzen [Hen94] und motorisch angetriebene (pneumatische oder piezoelektrische [MG90, Mor93]) Mikropinzetten im Einsatz. Der Bewegungsspielraum piezoelektrisch gesteuerter Greifer ist allerdings mit ca. 100 µm sehr klein, so dass entsprechend der Chipgröße vorab eine Grobeinstellung des Abstandes der Greiferarme erfolgen muss.

4.4.4 Chipmontage (*Die bonding*)

Durch die Chipmontage (engl. *die* = Würfel) werden Chips mit einem vorgefertigten Substrat oder einem Gehäuse fest verbunden. Dabei soll die Verbindung je nach Anwendung elektrisch leitend oder isolierend sein, den Chip thermisch gut oder schlecht leitend an das Substrat ankoppeln und möglichst frei von mechanischen Spannungen sein. Da die Chip- und Substratwerkstoffe meist unterschiedliche Ausdehnungskoeffizienten haben und Montageprozesse oft unter erhöhten Temperaturen ablaufen, ist die Entstehung mechanischer Spannungen das größte Problem bei der Chipmontage.

Als Substrate werden metallische Systemträger, Keramiken oder Kunststoffe, Glas, Siliziumwafer oder Leiterplatten verwendet. Müssen hohe Verlustleistungen des Mikrosystems abgeführt werden, sind Substrate hoher Wärmeleitfähigkeit nötig (Metalle, aber auch einige Keramiken). Sie sollten gleichzeitig hinsichtlich Wärmeausdehnungskoeffizient an den Chip angepasst sein. Tabelle 4.4-2 zeigt Werte der Wärmeleitfähigkeit und des thermischen Ausdehnungskoeffizienten für Substratmaterialien bzw. Systemträger im Vergleich zu Silizium und GaAs. Werte für ebenfalls häufig eingesetzte Substrate wie BeO-, AlN- und Al_2O_3-Keramik sind in Tabelle 4.3-1 enthalten.

Tabelle 4.4-2 Wärmeleitfähigkeit und thermischer Ausdehnungskoeffizient von Substratmaterialien im Vergleich zu Silizium und GaAs

Substratmaterial	Wärmeleitfähigkeit (W/mK)	Ausdehnungskoeffizient (10^{-6}/K)
Fe54Ni28Co18 (Kovar)	16,3	5,1
CuCo0,2	385	17,7
CuFe1Co0,35	209	16,2
Si_3N_4-Keramik	30	3,1
Pyrex-Glas	1,15	3,3
Silizium	150	2,6
GaAs	44	5,8

Hinsichtlich hoher thermischer Leitfähigkeit sind Kupferlegierungen vorteilhaft, allerdings mit stark von Silizium differierenden Ausdehnungskoeffizienten. Bezüglich des Ausdehnungskoeffizienten sind die Eisen-Nickel-Kobalt-Legierungen (Kovar) an Silizium angepasst, jedoch mit dem Nachteil schlechter Wärmeleitfähigkeit. Bauformen von (z. T. genormten) Systemträgern sind in Bild 4.4-11 dargestellt.

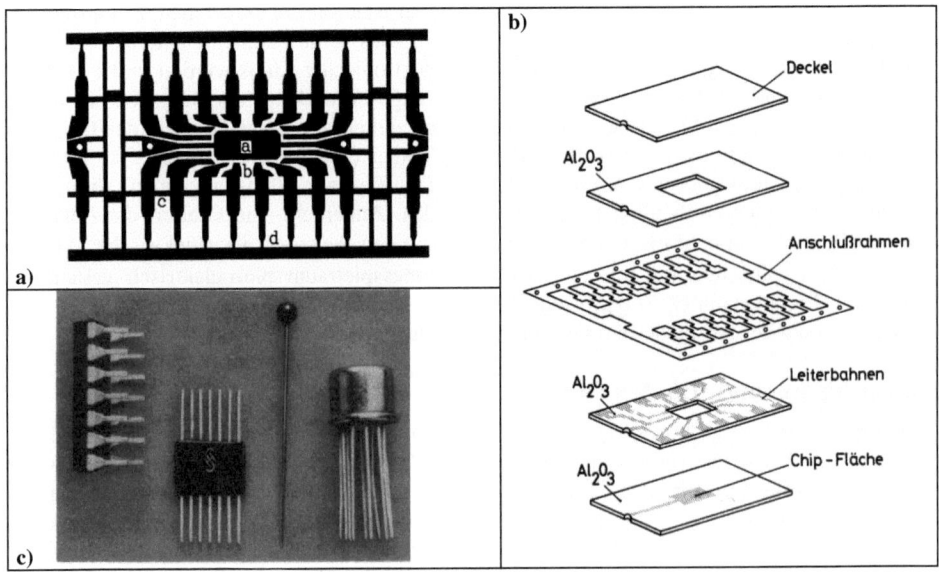

Bild 4.4-11 Bauformen von Gehäusen:
a) gestanzter Systemträger für ein DIP (Dual Inline Package)-Gehäuse, oft auch als DIL-Gehäuse bezeichnet;
b) Aufbau eines Keramik-Gehäuses;
c) DIP-Gehäuse (links) nach der Fertigstellung sowie Flachgehäuse (Flat Package, Mitte) und Rundgehäuse (aus der TO-Gehäuseserie)

Bild 4.4-11a zeigt einen gestanzten metallischen Träger (Dicke 0,25 mm) für ein DIP-Gehäuse (**D**ual **I**nline **P**ackage, oft auch DIL-Gehäuse genannt: **D**ual-**I**n-**L**ine) mit 16 Anschlüssen. Im Zentrum (a) liegt eine tiefgeprägte Fläche zur Aufnahme des Chips. Chipoberfläche und Anschlussleitungen (b) liegen dadurch auf gleicher Höhe, was das Bonden erleichtert. Nach der Ummantelung des Chips mit Kunststoff werden nicht mehr benötigte Verbindungsstege (c) und der Halterahmen (d) des Systemträgers entfernt und die Anschlussleitungen abgewinkelt, so dass die in Bild 4.4-11c (links) gezeigte Bauform entsteht.

Keramische und Kunststoff-Böden beinhalten bereits einen metallischen Systemträger zur Aufnahme des Chips. In Bild 4.4-11b ist der Aufbau eines Keramikgehäuses dargestellt. Die Chip-Fläche (zur Rückseiten-Kontaktierung des Chips) und die Leiterbahnen der zweiten Ebene werden meist in Siebdrucktechnik aufgebracht. Nach der elektrischen Verbindung (durch Drahtbonden) des Chips mit den Anschlussleitungen erfolgt der Verschluss des Gehäuses. Durch Verschmelzen des Deckels unter Verwendung von Glasloten kann bei Keramikgehäusen der Innenraum sogar gasdicht verschlossen werden. Am Ende werden die Anschlussleitungen

4.4 Aufbau- und Verbindungstechnik

durch Entfernen des Anschlussrahmens voneinander getrennt und abgewinkelt. Der Abstand der Anschlussbeine (Pin-Abstand) ist beim DIL-Gehäuse genormt und beträgt 2,54 mm. DIL-Gehäuse werden mit unterschiedlichen Anzahlen von Pins (bis zu 36) gefertigt.

Flachgehäuse (Flat Package, auch Flat Packs genannt) wie in Bild 4.4-11c (Mitte) wurden speziell für die Kapselung Integrierter Schaltungen entwickelt. Sie haben eine besonders geringe Bauhöhe; die Bauform ist rechteckig. Die Zuleitungen führen von gegenüberliegenden Seiten parallel zur Chipoberfläche ins Gehäuseinnere. Flachgehäuse werden aus Kunststoff oder Keramik gefertigt, die Zahl der Ausführungsformen ist groß. Die Anzahl der Zuleitungen liegt zwischen 10-100, der Pin-Abstand ist allerdings auch hier genormt und beträgt 1,27 mm.

Ein Rundgehäuse mit metallischem Gehäuseboden (aus der TO-Baureihe, z. B. TO-5 oder TO-8) ist in Bild 4.4-11c (rechts) dargestellt. Die Gehäuseböden enthalten meist vergoldete (löt- und bondbare) Pins, die in Metall-Glas-Durchführungen elektrisch isoliert durch den Gehäuseboden geführt werden. Nach der Chipmontage ("Die bonding" und Drahtbonden zwischen Chip und Pins) kann der Gehäuseboden mit einer Metallkappe z. B. durch Hochstrom-Verschweißung hermetisch (auch unter Schutzgas) verschlossen werden. Allerdings ist ein vollautomatischer Einbau des Rundgehäuses in eine größere Einheit (z. B. eine Leiterplatte) nahezu unmöglich, da sich die eng aneinanderstehenden Pins leicht verbiegen. Auch die große Bauhöhe von Rundgehäusen setzt der Miniaturisierung Grenzen. Abhängig von der jeweiligen Funktion des Mikrosystems kann die Kappe so modifiziert werden, dass die Kommunikation mit der Umgebung möglich ist (z. B. Strömungskanäle bei Gassensoren, optische oder Partikelfilter). Auf diese Weise ist auch bei genormten Gehäuseformen, die sich in der Mikroelektronik durchgesetzt haben, die Verwendung für Mikrosysteme möglich. In vielen Fällen sind allerdings anwendungsspezifische Lösungen erforderlich, bei denen nicht auf Standard-Gehäuseformen zurückgegriffen werden kann.

Abhängig vom eingesetzten Verfahren zum Chipbonden muss die Chip-Rückseite u. U. vorbehandelt werden. Die Reinigung von Partikeln und Resten des Chip-Herstellungsprozesses ist eine Mindestforderung. Bei Silizium-Chips sind üblich:

- Entfernung von Oxid/Nitrid- oder anderen Passivierungsschichten
- Läppen, Schleifen und Polieren zur Reduzierung der Chipdicke
- Aufbringen einer Rückseitenmetallisierung.

Folgende *Verfahren* werden *für das Chipbonden* eingesetzt:

Legieren: Hier nutzt man eine eutektische Verbindung mit möglichst niedriger Schmelztemperatur der Verbindungspartner. Das System Gold-Silizium bildet bei 6 Gewichtsprozent Silizium und 94 Gewichtsprozent Gold ein Eutektikum (Bild 4.4-12) mit einer Schmelztemperatur von ca. 370 °C.

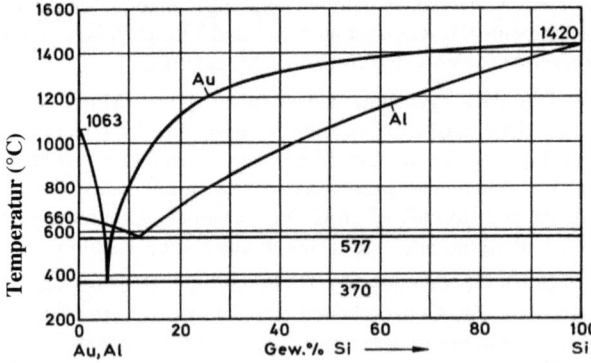

Bild 4.4-12
Phasendiagramme
für Al-Si und Au-Si
[Mün93]

Der Metallträger (z. B. Kovar) ist mit einer dünnen (galvanisch plattierten) reinen Goldschicht oder einer Goldschicht, die einige Prozent Si oder Ge enthält, versehen. Der Rückseitenkontakt mikroelektronischer Si-Chips soll ein ohmscher Kontakt sein. Deshalb sind in diesen Fällen bei n-Silizium-Wafern einige Prozent Antimon, bei p-Si-Wafern einige Prozent Bor oder Gallium in der Goldschicht enthalten. Das Aufdrücken des Chips wird bei gleichzeitiger Vibration in horizontaler Richtung ausgeführt, um eine gleichmäßige Legierung zu erhalten (Bild 4.4-13).

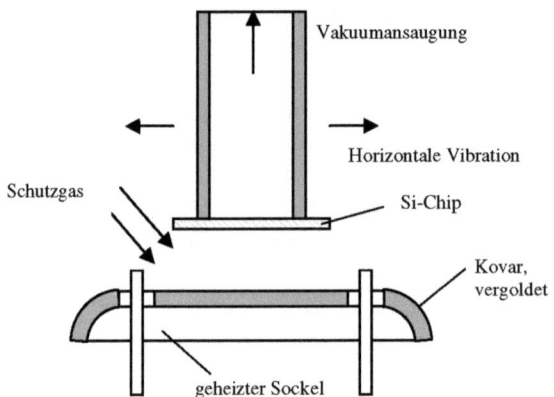

Bild 4.4-13 Prinzip des Chipbondens durch Legieren [Ruge84]

Chip und vergoldeter Träger sind auf eine Temperatur von ca. 400 °C erhitzt. Die Gold- und Silizium-Atome diffundieren ineinander, bis der eutektische Punkt erreicht wird, so dass eine schmelzflüssige Lötzone entsteht. Eine Oxidation des Siliziums kann durch Arbeiten unter N_2- oder Ar-Spülung verhindert werden. Häufig wird auch eine 20-40 µm dünne Lötfolie (Preform) aus der eutektischen Legierung zwischen Chip und Träger angeordnet. Nach Abkühlung unter den eutektischen Punkt entsteht eine mechanisch feste, relativ spröde Verbindung. Das Verfahren führt zu einer hohen thermischen Belastung des Chips; gut wärmeleitende Kupferlegierungen können nicht als Trägermaterial verwendet werden, da diese bei 400 °C spröde werden. Nachteilig sind die durch die hohe Prozesstemperatur induzierten mechanischen Spannungen aufgrund unterschiedlicher thermischer Ausdehnung von Chip und Trägermaterial. Deshalb

4.4 Aufbau- und Verbindungstechnik

wird das Legieren nur bei kleinflächigen Chips angewendet. Zum Befestigen von Silizium auf Silizium kann das System Al/Si verwendet werden, das einen eutektischen Punkt bei 547 °C hat (siehe Bild 4.4-12).

Löten: Das Löten ist eine kostengünstige Verbindungstechnik unter Verwendung niedrig schmelzender Blei-Silber-Zinn-Lote (Schmelztemperatur zwischen 180-300 °C). Das Lot wird als Formteil unter den Chip gelegt und um ca. 20 % über die Schmelztemperatur erwärmt. Zur ausreichenden Benetzung des Chips ist eine Rückseitenmetallisierung (z. B. Nickel-, Gold-, Silberschichten) erforderlich. Oft werden Chips mit hoher Verlustleistung durch Löten befestigt, da hier gut wärmeleitende Cu-Legierungen (Tabelle 4.4-2) als Träger verwendbar sind. Die starken Unterschiede im Ausdehnungskoeffizienten von Chip und Träger können bei Lötschichten mit Dicken > 50 µm durch die Duktilität des Lotes teilweise ausgeglichen werden. Dicke Lotschichten verringern allerdings die Wärmeableitung.

Kleben: Während beim Legieren und Löten neben mechanischen immer auch elektrisch und thermisch leitende Verbindungen entstehen, können durch Kleben wahlweise auch elektrisch bzw. thermisch isolierende Befestigungen erzeugt werden. Es werden Ein- und Zweikomponentenkleber auf der Basis von Epoxidharzen und Polyimiden eingesetzt. Diese können durch Zusatz metallischer Füllstoffe (Silber, Silber/Palladium, Gold) elektrisch und thermisch leitend sein. Nur thermisch leitfähige Kleber entstehen durch Zusatz von Aluminiumoxid oder Bornitrid. Elektrisch leitfähige Kleber enthalten einen Silberanteil von 60-80 Gewichtsprozent und zeigen nach dem Aushärten spezifische Widerstände von 10^{-5}-$2 \cdot 10^{-7}$ Ωm, die stark durch mechanische Spannungen verändert werden können. Die Wärmeleitfähigkeit von Klebern mit metallischen Füllstoffen liegt bei 2-4 W/mK, mit Füllstoffen wie Al_2O_3 oder BN werden Werte von 1-2 W/mK erreicht. Der Vorteil des Klebens besteht in den niedrigen Verfahrenstemperaturen von 100 – 200 °C, die zum Aushärten der Kleber benötigt werden [Poly]. Der Auftrag des Klebers mit Dispensern (Dosierverfahren), Sieb- oder Stempeldruck kann automatisiert mit hoher Arbeitsgeschwindigkeit durchgeführt werden.

Beim *anisotropen Kleben* [Shi94, Schm94] wird eine Folie aus einem Polymerträger (Epoxidharz, Polyamid, Polyester-Urethan) mit metallischen Partikeln (Ag, Ni, Cu, Zn, Pb) oder mit metallbeschichteten Kunststoffkugeln (Ni, Au, Durchmesser 5-30 µm) verwendet. Die Partikel bzw. Kugeln berühren sich nicht, so dass die Folie zunächst elektrisch isolierend ist. Wird sie erwärmt und zusammengepresst, kommt es an der Druckstelle in Richtung der Anpresskraft zum Kontakt der Partikel und die Folie wird dort leitfähig. Da sie nur in Richtung der Flächennormalen und nicht senkrecht dazu leitet, spricht man von einem anisotrop leitfähigen Film (Anisotropic Conductive Film, ACF). Bild 4.4-14 skizziert die Prozessfolge des anisotropen Klebens. Dieses Verfahren wird z. B. bei der Kontaktierung von Flachbildschirmen (Liquid Crystal Display, LCD) angewendet. Zunächst wird die Folie auf den einen Kontaktpartner aufgelegt und mit einem Heizstempel bei 100 °C und 1 N/mm^2 angeheftet. Nach Justieren und Auflegen des zweiten Fügepartners wird ein Druck von 2 N/mm^2 bei einer Temperatur von 180 °C ausgeübt. Dieser Druck muss bis zum Abkühlen des ACF unter den Glaspunkt aufrechterhalten werden. Die minimale Kontaktfläche und das kleinstmögliche Rastermaß sind begrenzt durch die Partikelgröße. Kontaktpads sollten nicht kleiner als 150x150 µm^2 sein, minimale Leiterbahnbreiten in der Folie betragen ca. 100 µm.

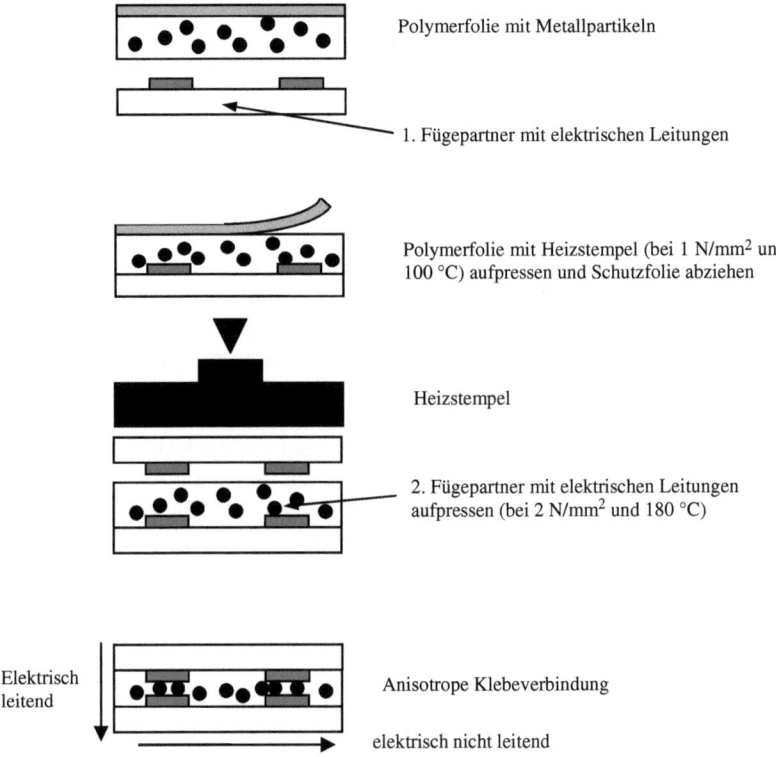

Bild 4.4-14 Anisotropes Kleben [Shi94, Schm94]

Anglasen: Dieses Verfahren wird vorwiegend zur Verbindung des Chips mit keramischen Trägern verwendet. Der Chip wird in ein aufgeschmolzenes Glaslot gedrückt. Die Schmelztemperaturen der Glaslote auf der Basis $PbO-ZnO-B_2O_3$ liegen zwischen 450-500 °C. Stabile und hermetisch dichte Verbindungen sind mit glasähnlichen Oberflächen möglich (z. B. mit SiO_2-Schichten). Durch Zugabe von Ag-Partikeln können die Glaslote elektrisch leitfähig gemacht werden. Sie werden durch Siebdruck (automatisierbar) einer Glaspulver-Alkohol-Suspension oder durch Sputtern auf den Träger aufgebracht. Die hohe Verarbeitungstemperatur induziert mechanische Spannungen im Mikrosystem.

4.4.5 Bonden von Silizium und Glas

4.4.5.1 Anodisches Bonden

Das Anodische Bonden ist ein Verfahren zur Verbindung von Siliziumwafern mit Glassubstraten (Borosilikatgläsern), deren thermische Ausdehnungskoeffizienten an Silizium angepasst sind und die eine ausreichend hohe Alkaliionenkonzentration besitzen (z. B. Pyrex, Borofloat, SD2). Bild 4.4-15 zeigt das Prinzip des Verfahrens und den Aufbau einer Bondapparatur [Wallis75].

4.4 Aufbau- und Verbindungstechnik

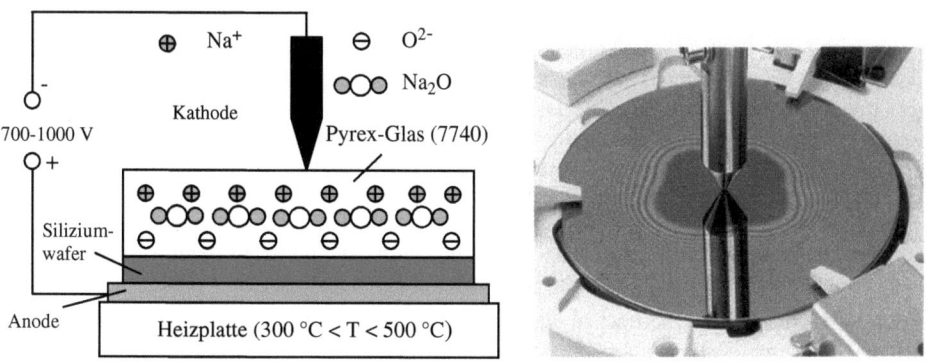

Bild 4.4-15 Anodisches Bonden von Silizium:
Darstellung des Bondprinzips (links) und
Bondapparatur mit Ausbreitung der Bondzone vom Waferzentrum her (rechts)

Bei Temperaturen von 300-500 °C und Anlegen einer Gleichspannung (je nach Material zwischen 50-1000 V) erfolgt eine durch das elektrische Feld getriebene Diffusion der Na^+-Ionen des Glases in Richtung Kathode. Durch die Verarmung an Na^+-Ionen entsteht im Glas an der Grenzfläche Glas/Silizium eine negative Raumladungsschicht. Dadurch wird im Silizium eine positive Raumladungszone durch Abstoßung der beweglichen Elektronen induziert. Die beiden Raumladungszonen führen zu einem starken elektrischen Feld, das die beiden Bondpartner zusammenzieht. Durch die relativ hohe Temperatur orientieren sich Si-O-Si-Bindungen an den Kontaktflächen um und führen zu irreversiblen chemischen Bindungen zwischen den beiden Bondpartnern. Dieser Bondprozess breitet sich als Bondfront, ausgehend von der Stelle, an der sich Substrat und Wafer am dichtesten berühren, innerhalb von einigen Sekunden bis Minuten aus [Spangler02]. Voraussetzung für eine gute Verbindung sind polierte und gereinigte Oberflächen (im allgemeinen Kernsche Reinigung). Das am häufigsten verwendete Glas ist Pyrex-7740 (Zusammensetzung: SiO_2, 14 % B_2O_3, 4 % Na_2O, 1 % Al_2O_3), das einen ähnlichen Ausdehnungskoeffizienten ($3,3 \cdot 10^{-6}$ K^{-1}) wie Silizium hat. Anodisches Bonden bei niedrigen Temperaturen von nur 160 °C (und Spannungen von 500 V) konnte zwischen Silizium und Lithium-Aluminium-ß-Quarz Glaskeramik realisiert werden [Shoji98]. Durch Optimierung der Zusammensetzung wurde eine hohe Alkaliionenbeweglichkeit und ein dem Silizium angepasster Ausdehnungskoeffizient der Glaskeramik erreicht. Da ihre Ätzrate in HF etwa 5 mal größer als die von Pyrex ist, können dreidimensionale Mikrostrukturen (z. B. Kappen) durch nasschemisches Ätzen der Glaskeramik leicht hergestellt werden.

Anodisches Bonden kann man auch zum Verbinden von Si-Wafern nutzen, wenn man auf einen der Wafer eine Pyrex-Glasschicht von wenigen µm Dicke aufsputtert. Diese muss in feuchter oxidierender Atmosphäre getempert werden, um eine SiO_2-Oberfläche zu erzeugen, die für die elektrostatische Bindung erforderlich ist. Wegen der geringen Glasdicke ist die angelegte Spannung auf etwa 50 V zu begrenzen, um elektrische Durchbrüche zu verhindern.

Siliziumwafer mit thermischen SiO_2-Schichten können durch Anodisches Bonden verbunden werden, indem man bei Temperaturen von 1100-1200 °C Spannungen von ca. 20 V anlegt. Hier entsteht ein inneres elektrostatisches Feld durch die Diffusion von H- und OH-Ionen. Die Bildung von Si-O-Si-Verbindungen ist sogar ganz ohne elektrisches Feld bei hohen Temperaturen möglich [Las86].

4.4.5.2 Silicon Direct Bonding (SDB), Silicon Fusion Bonding (SFB)

Die Möglichkeit, Si-Wafer direkt ohne zusätzliche Zwischenschicht und Anlegen eines elektrischen Feldes zu verbinden, vereinfacht die Herstellung vieler Mikrosysteme. Das Silicon Direct Bonding (SDB), auch Silicon Fusion Bonding (SFB) genannt, basiert auf der chemischen Reaktion von OH-Gruppen, die an der Oberfläche von Si-Wafern mit natürlicher (oder gezielt hergestellter, dünner) Oxidschicht vorhanden sind (Bild 4.4-16). Es können Wafer beliebiger Orientierung oder Grunddotierung hierfür verwendet werden. Zum Bonden sind dünne Wafer vorteilhaft, weil sie sich leicht elastisch verformen und damit besser aneinander angleichen können. Die Anforderung an die Oberflächenrauigkeit ist viel höher als beim Anodischen Bonden, sie sollte kleiner 4 nm sein (beim Anodischen Bonden genügen ca. 1 µm).

Beim SFB hydrophiler Oberflächen werden die oxidierten Si-Oberflächen zunächst einer Hydrierung (*hydrophilization*) unterzogen. Dazu behandelt man die Si-Wafer mit naßchemischen Bädern, die H_2O_2-H_2SO_4, HNO_3 oder NH_4OH enthalten, bei Temperaturen von 50-60 °C. Dadurch bildet sich eine hydrophile Oberflächenschicht mit OH-Gruppen. Eine zusätzliche Behandlung in einem O_2-Plasma kann die Zahl dieser OH-Gruppen weiter erhöhen [Sun88]. An die OH-Gruppen können außerdem ein bis zwei Monolagen physisorbierter Wassermoleküle angelagert sein. Glatte Oberflächen zeigen nach dieser Vorbehandlung bereits einen Bond-Effekt bei Raumtemperatur (Präbonden) mit beträchtlichen Bondkräften [Shimbo86]. In einem IR-Transmissionsmikroskop beobachtet man, daß sich eine "Bondfront" über die ganze Waferfläche innerhalb weniger Sekunden ausbreitet. Wenn dies nicht spontan geschieht, kann das Präbonden durch mechanischen Druck unterstützt werden. Die beim Präbonden entstehende Verbindung beruht auf Wasserstoffbrücken zwischen den Oberflächen [Shimbo86]. Problematisch sind entstehende Fehlstellen durch Luft- oder Partikeleinschlüsse, die durch entsprechende Ebenheit und Partikelfreiheit der Oberflächen weitgehend vermieden werden. Eine anschließende mehrstündige Temperung in Luft, Sauerstoff, Stickstoff oder Vakuum [Stengl89], die je nach Vorgeschichte der Bondpartner bei ca. 200-1000 °C erfolgen kann, erhöht die Bondstärke beträchtlich. Nach Temperung bei Temperaturen über 800 °C wurden Festigkeiten bis 20 MPa beobachtet, die der Bruchgrenze von einkristallinem Silizium entsprechen [Ohashi86]. Dabei wandeln sich Wasserstoffbrücken in ein Netzwerk von Si-O-Si-Bindungen um (Bild 4.4-16) [Schmidt94, Tong94, Barth90].

Der SFB-Prozeß kann auch für das Bonden eines oxidierten mit einem nicht beschichteten Si-Wafer und für das Verbinden zweier oxidierter Wafer eingesetzt werden. Die Verbindung eines Si-Wafers mit dünner (100-200 nm) Si_3N_4-Schicht mit einem unbeschichteten Wafer und die von zwei Wafern mit Si_3N_4-Schicht wurde ebenfalls demonstriert [Bower93]. Dabei konnten mit LPCVD-Schichten bei Bond-Temperaturen zwischen 90-300 °C Festigkeiten bis zu 2 MPa erzielt werden. Aufgrund der geringen Bondtemperatur ist es mit diesem Prozeß möglich, z. B. optoelektronische Komponenten aus GaAs mit mikroelektronischen Schaltkreisen auf Silizium und mit Al-Metallisierungen zu verbinden.

4.4 Aufbau- und Verbindungstechnik

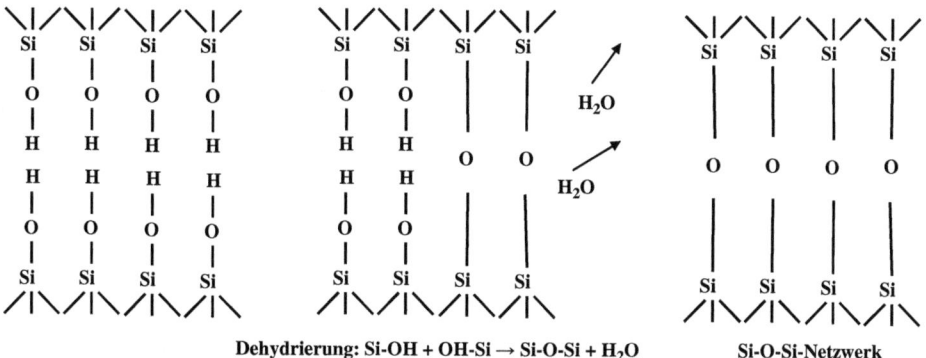

Bild 4.4-16: Mechanismus des Silicon Direct Bonding mit hydrophilen Oberflächen

Die SFB-Technik wird auch zum Herstellen von Glas-Glas- und Silizium-Glas-Verbindungen genutzt. Sofern die Oberflächen hinreichend glatt und hydrierbar sind, vollzieht sich der Mechanismus des Fusionsbondens in gleicher Weise wie an Si-Si-Oberflächen [Schmidt94]. Die SFB-Technik findet breite Anwendung zum Verbinden von Glas-Glas- bzw. Si-Glas-Substraten bei der Herstellung mikrofluidischer Komponenten (Kap. 3.4) und für die Verbindung von Si-Oberflächen mit SiO_2, z. B. auf thermisch oxidierten Wafern (Silicon on Insulator, SOI-Technik, vgl. Kap. 2.4.4.2).

4.4.5.3 Wafer-Wafer-Bonden mit Zwischenschichten

Wenn man eine Schicht zwischen zwei Substrate einbringt, sind zusätzliche thermische Verbindungstechniken möglich. Sofern diese Schicht photolithographisch strukturierbar ist, kann Packaging auf Chip-Ebene (Level 0 und Level 1) ausgeführt werden. Bonden mit Zwischenschicht wird vor allem dann angewendet, wenn hohe elektrische Feldstärken und Temperaturen (wie beim Anodischen Bonden) nicht in Betracht kommen.

LPCVD-Phosphorsilikatglas (PSG) kann für das Si-Si-Waferbonden als Zwischenschicht genutzt werden. Verbindungen werden mit 1-2 µm dickem PSG hergestellt, allerdings ist die Temperatur für den Bondprozess (1100 °C) sehr hoch [Anacker76]. Anstelle von PSG wurden Bor-dotierte Zwischenschichten verwendet, die schon bei 450 °C zu hermetischen Verbindungen führten [Field90].

Wafer-Wafer-Bonden ist auch mit versiegelnden Glas-Zwischenschichten bei Temperaturen von 415-650 °C möglich. Die in flüssigem Zustand erhältliche Glasfritte kann durch Aufsprühen, Siebdruck oder Sedimentation aufgebracht werden und muss dann einem Bake-Prozess unterzogen werden. Die Verbindung entsteht durch Erwärmung der Zwischenschicht auf die erforderliche Temperatur unter leichtem Druck auf die Substrate [Corning]. Auch aufgesputterte Glasschichten von 800 nm Dicke wurden verwendet, um Si-Si-Verbindungen bei 650 °C in O_2-Atmosphäre herzustellen [Ko85]. Spin-on-glass (SOG) ist ebenfalls eine geeignete Bond-Zwischenschicht [Yamada87, Quenzer92]. Es wird durch Aufschleudern in einer Dicke von ca. 50 nm aufgebracht und dann bei 250 °C für etwa 10 min getempert. Danach werden die zu verbindenden Substrate (Si-Wafer, Si-Wafer mit thermischem Oxid oder mit Si_3N_4 sind bondbar) bei 250 °C ca. 1 h im Vakuum zusammengedrückt. Man erhält dadurch bereits eine feste Verbindung, die aber durch Tempern bei 1150 °C (1 h) wesentlich verstärkt wird.

Auch lithographisch strukturierbare dicke Resistschichten werden zunehmend als Zwischenschichten für das Packaging genutzt. Beispiele hierfür sind die UV-belichtbaren AZ-4000- und SU8-Resists und das durch Röntgenlithographie strukturierbare PMMA [Pan02]. Solche Polymerschichten erlauben sehr geringe Bond-Temperaturen von 130-150 °C. Metallionen, die die Funktion von CMOS-Strukturen zerstören können, spielen für den Bondvorgang keine Rolle und die Elastizität der Resists reduziert mechanische Spannungen. Allerdings sind mit Resists keine hermetischen Versiegelungen möglich und die Bondstärken bleiben relativ gering [Arquint95, Besten92, Munoz95].

Hermetische hochvakuumtaugliche Verbindungen werden durch Anodisches Glas-Glas-Bonden mit einer Zwischenschicht aus amorphem Silizium (a-Si) erzeugt [Lee01]. Eine 250 nm dünne a-Si-Schicht wird auf eine dünne ITO-Elektrode aufgesputtert, die sich auf einem Na^+-haltigen Glassubstrat befindet. Das Deckglas, das an seiner Rückseite ebenfalls mit einer ITO-Elektrode versehen ist, wird an die a-Si-Schicht angedrückt. Bei einer Temperatur von 90-150 °C und bei Spannungen von 70-150 V an den beiden ITO-Elektroden erfolgt ein Bondprozess, der in seinem physikalischen Mechanismus dem Anodischen Bonden entspricht. Es konnten Vakua unterhalb 10^{-4} mbar in den so versiegelten Glas-Glas-Kavitäten aufrecht erhalten werden.

4.4.6 Elektrische Kontaktierung

Neben einer zuverlässigen elektrischen Verbindung müssen elektrische Kontaktierungstechniken der Mikrosystemtechnik auch die Forderungen nach geringem Platzbedarf für die Kontaktstelle, nach geringer thermischer und mechanischer Belastung der Komponenten und der Automatisierbarkeit der Fügeprozesse erfüllen. Bei der Kontaktierung müssen elektrisch leitende Verbindungen von den Anschlussflächen (Bondpads) der Chips zu den metallischen Anschlusskontakten (Pins) von Sockeln oder Gehäusen bzw. zu den Anschlussfingern von Systemträgern hergestellt werden. Man unterscheidet dabei zwischen Verfahren, bei denen die einzelnen Kontakte nacheinander erzeugt (Drahtbond-Techniken) und solchen, bei denen alle Kontakte eines Chip zum Gehäuse gleichzeitig hergestellt werden.

4.4.6.1 Drahtbonden

Hierbei werden als Verbindung von den Bondpads (ca. 100x100 μm^2 große Kontaktflächen aus Aluminium oder Gold) der Chips zu den Kontakten der Gehäuse Drähte aus Gold oder Aluminium (bzw. Aluminium mit 1 % Silizium) von 25-200 µm Durchmesser verwendet. Höhenunterschiede zwischen Chip und Gehäusekontakt können dabei durch den flexiblen Bonddraht überwunden werden. Die Drahtbond-Techniken unterscheiden sich nach der Methode, wie die zur Verschweißung der Kontaktpartner notwendige Energie erzeugt und zugeführt wird. Man verwendet meist Thermokompressions- und Ultraschallverfahren. Drahtbondtechniken sind automatisierbar und daher für die Massenfertigung wirtschaftlich einsetzbar.

Thermokompressionsbonden (Warmschweißen)

Die Verbindung des Bonddrahtes mit dem Pad wird unter Einwirkung von thermischer Energie und Druck erreicht. Durch plastische Verformung des Drahtes reißt der oberflächliche Oxidfilm auf, so dass an den reinen Grenzflächen der Fügepartner durch intermetallische Diffusion atomare Bindungen entstehen, die zum Verschweißen der Werkstoffe führen, wobei keine schmelzflüssige Phase durchlaufen wird. Neben hoher Reinheit der Oberflächen müssen Temperaturen von ca. 300 °C an der Fügestelle herrschen. Diese stellt man durch Erwärmung von Chip und Substrat auf einem Heiztisch des Bondwerkzeuges ein, das Mikrosystem als ganzes muss folglich diesen Temperaturen standhalten können. Thermokompressionsbonden wird

4.4 Aufbau- und Verbindungstechnik

meist im Ball-Wedge-Verfahren (auch Nagelkopf-Kontaktierung (*nailhead-bonding*) genannt) durchgeführt (Bild 4.4-17).

Der aus der radialsymmetrischen Bondkapillare herausragende Draht wird am Ende zu einer Kugel aufgeschmolzen (mittels Wasserstoffflamme oder Kondensatorentladung). Das kugelförmige Drahtende wird durch die Kapillare auf den Bondpad des Chip gedrückt und dabei zu einem nagelkopfartigen Kontakt verformt. Dann wird der Draht in einem Bogen (loop) zum Gehäusepin gezogen und erneut angepresst. Der Rand der Kapillare verformt dabei den Draht zum "stitch", so dass der Bonddraht an der abgequetschten Stelle reißt. Danach beginnt ein neuer Kontaktierzyklus. Die radialsymmetrische Form der Kapillare ermöglicht es, nach dem Nailhead-Bond den Bonddraht in beliebiger Richtung zu bewegen, eine Positionierung des Chip zum Bondwerkzeug ist nicht erforderlich.

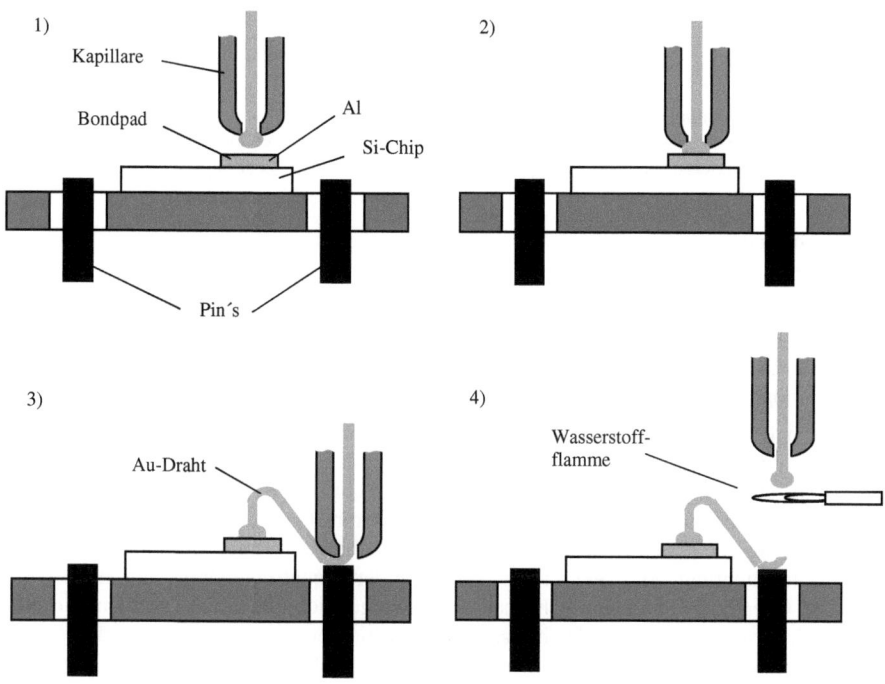

Bild 4.4-17   Thermokompressionsbonden, hier in Form des Ball-Wedge-Verfahrens

Thermokompressionsverfahren nutzen Gold-Bonddrähte, weil die Kugelbildung bei anderen Materialien nicht reproduzierbar gelingt. Aluminium würde oxidieren und verspröden. Zuverlässige Bondverbindungen erfordern die Optimierung der wichtigsten Prozessparameter Kraft, Temperatur und Kontaktierdauer. Typische Verfahrensparameter sind in Tabelle 4.4-3 dargestellt. Bild 4.4-18 zeigt die REM-Aufnahmen von Nailhead- und Stitch-Bondstellen. In Bild 4.4-18 (rechts) ist eine Teststruktur zur Charakterisierung des Bondprozesses dargestellt. Um die Nailhead-Bondstelle ist eine mäanderförmiger Al-Widerstand strukturiert, der während des Bondprozesses die Temperatur detektieren kann. Ähnliche Teststrukturen wurden zur Messung der beim Bonden induzierten mechanischen Spannungen in CMOS-Chips integriert [Baltes01]. Die Qualität einer Bondstelle wird meist durch Abriss-Tests, bei denen man die aufzuwendende Kraft bis zum Abriss des Bonddrahtes detektiert, bzw. Scherkraft-Tests bestimmt [Tan02].

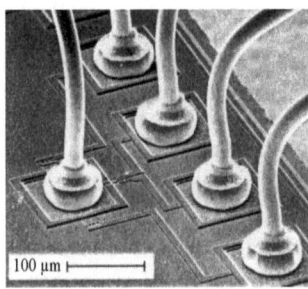 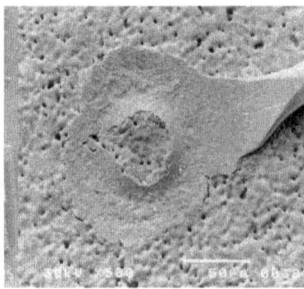 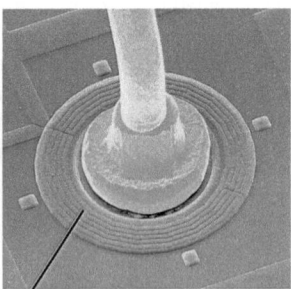

Bild 4.4-18 REM-Aufnahmen von Nailhead- und Stitch-Bondstellen; im Bild rechts ist eine Teststruktur (mäanderförmiger Al-Widerstand) zur Charakterisierung des Bondprozesses (Temperatur) gezeigt [Baltes01]

Ultraschallbonden

Es ist ein Reibungsschweißverfahren ohne zusätzliche Wärmezufuhr, so dass kaum thermische Belastung der Chips auftritt (typische Temperaturen bis 80 °C). Die Kontaktpartner werden unter leichtem Druck mit Frequenzen im Ultraschallbereich parallel zueinander bewegt, wobei oberflächliche Oxidschichten aufreißen und Rauhigkeiten abgebaut werden. Reibungswärme und Druck ermöglichen die Annäherung der Oberflächen bis zur metallischen Verbindung.

Beim Ultraschallbonden nach dem Wedge-Wedge-Verfahren wird der Bonddraht durch das Führungsloch eines keilförmigen Werkzeuges (Sonotrode) geführt, das den Draht durch Schwingungen tangential zur Kontaktfläche und senkrecht zur Kraftwirkung mit dem Pad verbindet. Nach Abheben der Sonotrode läuft der Bonddraht frei durch die Führung, so dass keine Zugbelastung der ersten Bondstelle entsteht. Durch die keilförmige Gestaltung der ersten Bondung ist die Richtung der zweiten festgelegt, denn der gequetschte Draht steht nicht senkrecht zur Pad-Oberfläche und kann nicht mehr in beliebige Richtung geführt werden. Für eine allseitige Chipkontaktierung sind Drehungen und Positionierungen des Systemträgers zum Bondwerkzeug nötig (Zeitverlust!). Am zweiten Kontakt wird nach der Ultraschall-Verschweißung beim Abheben der Sonotrode der Draht nicht freigegeben, so dass er direkt hinter der Bondverbindung abreißt. Danach wird der Draht unter die Reibfläche der Sonotrode vorgeschoben, so dass ein neuer Zyklus beginnen kann. Ultraschall-Wedge-Wedge-Bonden wird meist mit Al-Draht (1 % Si) durchgeführt. Man kommt mit kleineren Bondpads und kürzeren Drahtbögen als beim Thermokompressions-Nailhead-Bonden aus. Bild 4.4-19 zeigt den Verfahrensablauf beim Ultraschall-Wedge-Wedge-Bonden und REM-Aufnahmen der beiden Wedge-Bondungen.

4.4 Aufbau- und Verbindungstechnik

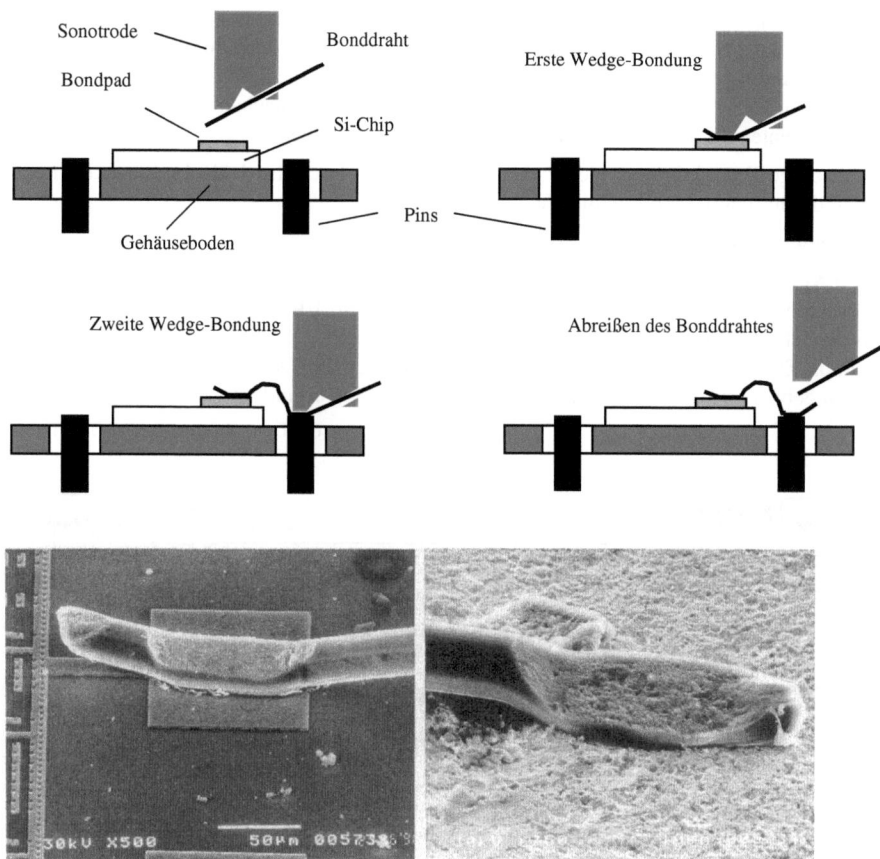

Bild 4.4-19 Ultraschall-Wedge-Wedge-Bonden und REM-Aufnahme der beiden Wedge-Bondstellen [Hil96]

Thermosonic-Drahtbonden

Das Thermosonic-Drahtbonden stellt eine Kombination der obengenannten Verfahren dar. Durch Wärmezufuhr über den Substrathalter und Einleitung von Ultraschall-Energie mittels Sonotrode werden zuverlässige elektrische Verbindungen hergestellt, wobei die thermische Belastung des Chips bei Substrattemperaturen von 120-200 °C deutlich geringer als beim Thermokompressionsbonden ist. Als Bonddraht wird meist Gold verwendet. Die Verfahrensführung entspricht meist dem Nailhead-Bonden, so dass eine richtungsunabhängige Führung des Bonddrahtes möglich ist.

Drahtbond-Techniken sind für die Mikroelektronik entwickelte und dort mit hohem Automatisierungsgrad eingesetzte Verbindungstechniken. Für Mikrosysteme dominiert aber vorerst wegen ihres komplizierten Aufbaus aus verschiedenen Komponenten das von geschultem Personal an der Bondapparatur unter Mikroskopbeobachtung ausgeführte Bonden. Dabei ist die Qualität der Bondung, auch bei optimal eingestelltem Bondwerkzeug, in hohem Maße vom

Geschick der Bedienperson abhängig. Die dargestellten Bondverfahren können die Kontaktierungsprobleme der Mikrosystemtechnik nur zum Teil lösen. Neue Verfahren für andere Materialpaarungen und für völlig andersartige Strukturen (z. B. für dreidimensionale Mikrostrukturen) müssen entwickelt werden, die auch das Verbinden von mechanischen und optischen Funktionselementen mit elektronischen Komponenten ermöglichen.

Die gleichzeitige Kontaktierung aller Pads eines Chips ist durch die TAB-Technik (auch Spider-Kontaktierung) und die Flip-Chip-Technik möglich.

4.4.6.2 Tape-Automated-Bonding (TAB)

Bei der TAB-Technik (Bild 4.4-20) müssen die Pads des Chips zunächst durch Höcker (*bumps*) verstärkt und erhöht werden (typische Bumphöhe ca. 10-20 µm). Dies geschieht durch galvanische Abscheidung von Gold. Dabei werden zwischen den Aluminiumpads und den Gold-Bumps Zwischenschichten (Haftschicht aus Cr oder Ti, Diffusionssperrschicht aus Pt oder Pd) eingebaut, die die Bildung intermetallischer Phasen verhindern.

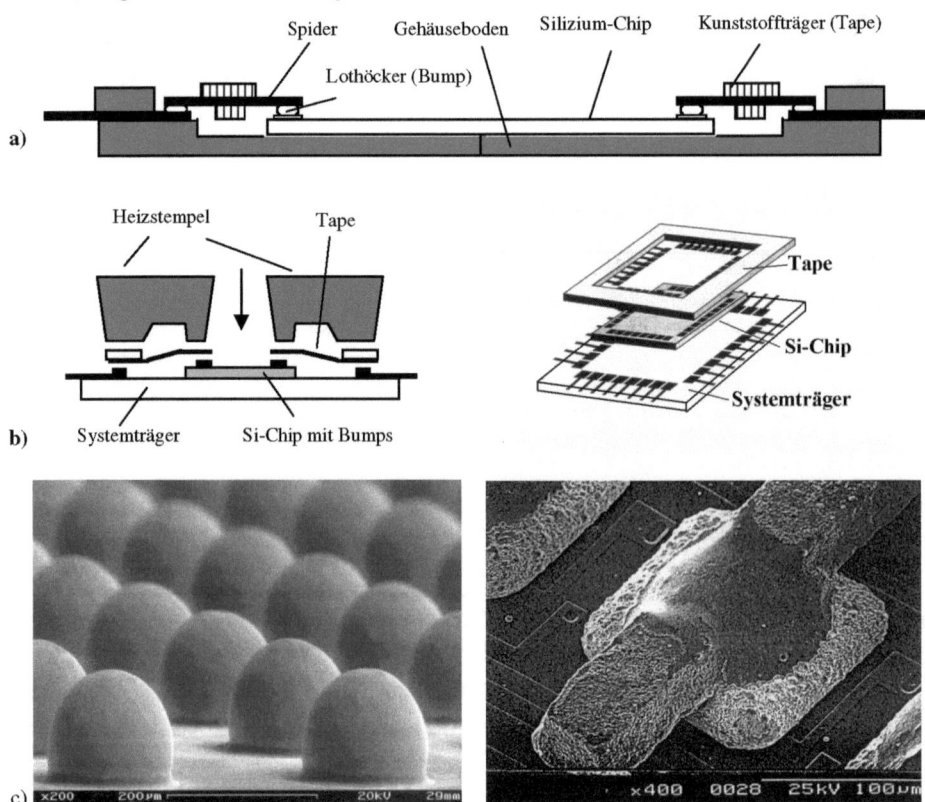

Bild 4.4-20   TAB-Technik:
  a) Schema der TAB-Verbindung,
  b) Verfahrensführung und
  c) REM-Aufnahme von Gold-Bumps und
      eines Inner-lead-bond (Verbindung hergestellt durch Laser-Löten)

4.4 Aufbau- und Verbindungstechnik

Die Funktion des Drahtes beim Drahtbonden wird hier durch Cu-Streifen (Spider, ca. 35 µm Dicke) übernommen, die auf einer Kunststofffolie in den erforderlichen Abmessungen photolithographisch strukturiert wurden. Die Spider sind an den Bondflächen mit Lot beschichtet oder vergoldet. Sie liegen in Bandform (Tape) vor und werden so den Bondautomaten zur Innen- und Außenkontaktierung zugeführt (daher die Bezeichnung Tape Automated Bonding). Die Innenkontaktierung (Innerlead-bond) zwischen Bumps und Spider erfolgt entweder durch Thermokompressionsbonden oder durch einen Lötprozess mit niedrigschmelzendem Zinn-Lot. Dabei drückt ein beheizter Stempel gleichzeitig alle Anschlussstreifen auf die Bumps. Beim Thermokompressionsbonden beträgt die Stempeltemperatur ca. 550 °C, beim Löten ca. 300 °C. Auch Laser-Löten (Bild 4.4-20c) wird inzwischen zur Kontaktierung von Spider und Bumps eingesetzt. Die Außenkontaktierung (Outerlead-bond) zwischen Spider und Systemträger erfolgt mit einer Weichlotverbindung. Wegen der chipspezifischen Struktur des Spiders eignet sich das Verfahren unter wirtschaftlichen Gesichtspunkten nur bei hohen Stückzahlen und einer großen Padzahl pro Chip.

4.4.6.3 Flip-Chip-Technik

Auch hier werden alle Verbindungen zwischen Chip und Systemträger gleichzeitig hergestellt. Auf dem Systemträger ist ein dem Chip angepasstes Anschlussraster von Leiterbahnen mit lötbaren Kontaktflächen vorbereitet. Die Lage der Kontaktflächen entspricht der Position von lötbaren Bumps, die auf den Bondpads des Chip vorbereitet sind. Diese müssen etwa 30-80 µm hoch sein und werden als "umgeschmolzene Löthöcker" durch Ausnutzung der Oberflächenspannung einer aufgeschmolzenen Pb/Sn- oder Pb/In-Lotschicht hergestellt. Unter dem eigentlichen Lot wird zunächst ein Schichtsystem erzeugt, das den Übergang vom Al-Kontaktpad zum Löthöcker bildet. Das Schichtsystem wird durch chemisch-stromlose mikrogalvanische und/oder physikalische Schichtabscheidung unter Nutzung der Photolithographie mit Dickresists realisiert. Der typische Bump-Aufbau besteht aus einer Haftschicht/Diffusionsbarriere aus TiW, CrNi oder WRe auf dem Al-Kontaktpad, gefolgt von einer dicken Cu- oder Au-Schicht und der abschließenden Pb/Sn- (bzw. Pb/In-) Lotschicht. Der Chip mit den vorbereiteten Bumps wird kopfüber (face-downbonding) auf den Systemträger gelegt (Bild 4.4-21) und durch Adhäsive fixiert. Bei etwa 335 °C entsteht im Durchlaufofen (Reflow-Ofen) unter Schutzgasatmosphäre eine Lotverbindung, wobei das unkontrollierte Verlaufen des Lotes durch einen aus Glas hergestellten Lötstoppdamm auf dem Substrat verhindert wird. Anstelle von lötbaren Bumps werden bei der Polymer-Flip-Chip-Technik (PFC) metallgefüllte leitfähige Epoxidharze für die Herstellung der elektrischen Verbindungen zwischen Chip und Systemträger eingesetzt. Sie können durch Siebdruck mit einem minimalen Rastermaß von ca. 125 µm aufgebracht und bei sehr niedrigen Temperaturen (80 °C bis hin zu Raumtemperatur) ausgehärtet werden, so dass nur geringe thermische Belastungen der Mikrokomponenten auftreten [Jordan01].

Da pro Bondpad jeweils nur *eine* Lotverbindung zwischen Chip und Substrat entsteht, und zusätzliche Drahtverbindungen nicht erforderlich sind, ist der Flächenbedarf bei der Flip-Chip-Technik gering. Pads müssen sich nicht am Chiprand befinden, sondern können auch mitten in der Mikrostruktur liegen. Daraus resultiert eine deutlich höhere Dichte von Kontaktstellen im Vergleich zum Drahtbonden. Außerdem ist die Induktivität einer nur wenige µm hohen Bump-Verbindung wesentlich geringer als die einer Drahtverbindung. Durch die sehr variable Wahl der Kontaktsysteme und des Kontaktierverfahrens (neben Löten ist auch Thermokompressionsbonden möglich) und die erzielbare hohe Packungsdichte können mit der Flip-Chip-Technik viele Anforderungen der Hybridintegration von Mikrosystemen erfüllt werden. Nachteilig sind die schlechte thermische Ankopplung des Chips an den Systemträger (schlechte Abführung von Verlustleistungen) und die eingeschränkte Inspektionsmöglichkeit nach der Montage. Hierzu verwendet man Röntgen-Inspektionssysteme, die an ausgewählten Stichproben und für Forschungszwecke eine Prüfung der Qualität und Zuverlässigkeit der Lotverbindungen gestatten.

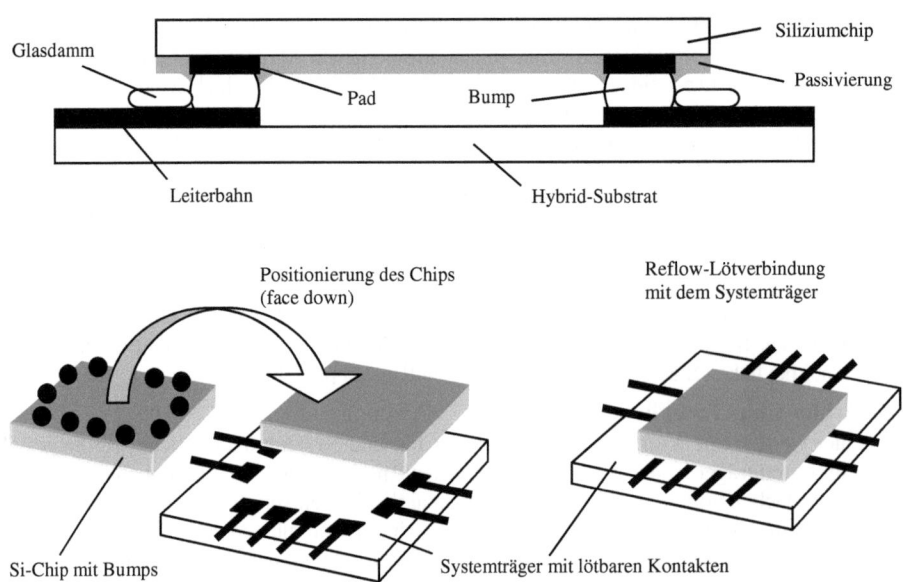

Bild 4.4-21 Schema der Flip-Chip-Verbindung und Verfahrensführung [Men97, Hil96]

4.4.6.4 Ball-Grid-Arrays (BGA)

Ball-Grid-Arrays sind standardisierte Gehäuse-Bauformen, bei denen ein Chip auf einem organischen oder keramischen Multilayer-Substrat (Carrier) angeordnet wird. Als organische Trägermaterialien werden Polymerharze mit eingelagertem Glasfasergewebe verwendet (FR4, FR5, BT = Bismaleimid-Triazin-Harz). Auf der Oberseite wird der Chip in der Regel geklebt und mit üblichen Thermosonic-Bondverfahren oder durch Flip-Chip-Technik mit den Substratkontakten verbunden. Zum Zwecke der Entflechtung werden durch sogenannte "Vias", d. h. elektrische Verbindungen zwischen den Ebenen des Multilayer-Substrats, die Anschlüsse auf die Unterseite geführt, wo die Anschlusspads im Array angeordnet sind. Hinsichtlich dieser Anordnung unterscheidet man Full-Grid-Arrays, Staggered-Arrays und Perimeter-Arrays (mit und ohne Thermal Vias). Anschließend wird die Oberseite unter Verwendung üblicher Pressmassen umspritzt. Thermal Vias können im Zentrum des Substrats als Durchkontaktierungen zum Wärmetransport angeordnet sein. Die Unterseite wird mit Lötstopplack versehen, und nachdem man Flussmittel aufgetragen hat, werden die Löt-Balls aufgesetzt. Zum Schluss wird ein solches BGA im Reflow-Verfahren mit dem Hybrid-Systemträger (z. B. einer Leiterplatte) verbunden. Auch Laser-Lötverfahren kommen zum Einsatz, da sie u. U. zu geringerer thermischer Belastung des BGA führen [Tian04]. Bild 4.4-22 zeigt zwei Ausführungsformen von BGAs, einmal mit Drahtbondung vom Chip zum Carrier, zum anderen die SLICC-Bauform (Slightly Larger than an IC Carrier, Motorola) mit Bump-Verbindungen zum Carrier [Sche97].

4.4 Aufbau- und Verbindungstechnik

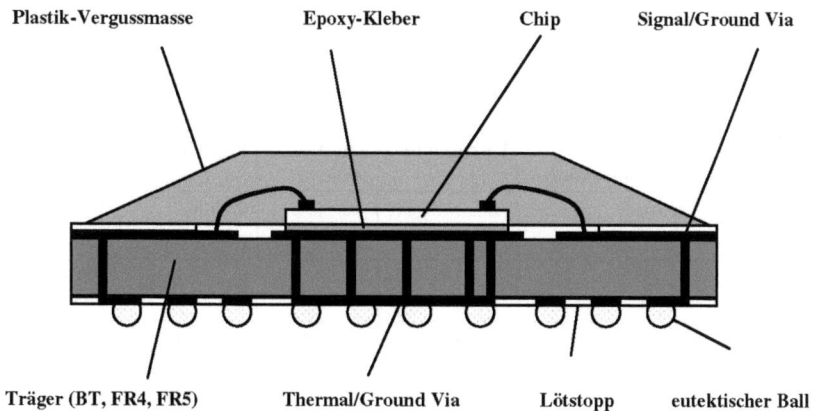

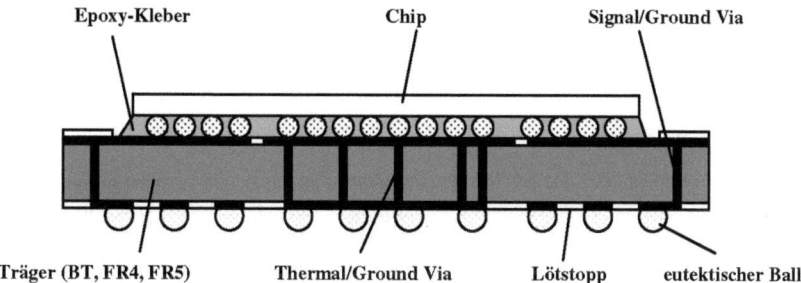

Bild 4.4-22 Bauformen von Ball-Grid-Arrays;
  oben: mit Drahtbondung vom Chip zum Carrier,
  unten: SLICC-Bauform mit Anwendung der Flip-Chip-Technik
          zum Verbinden von Chip und Carrier

4.4.6.5 Beamlead-Kontaktierung

Hierbei wird die Kontaktierung aller Chips noch im Waferverbund vorbereitet, indem durch photolithographische Strukturierung und galvanische Abscheidung Gold-Kontaktstreifen (so genannte Beamleads, ca. 15 µm dick, 50-100 µm breit und 100-200 µm über den Chiprand hinausragend) auf den Pads erzeugt werden. Anstelle des Trennsägens werden diese Chips dann durch nasschemisches anisotropes Ätzen von Trenngräben in den Siliziumwafer mit KOH von der Rückseite her getrennt. Dazu werden die Chips durch Aufkleben des Wafers auf eine Glasscheibe fixiert und gleichzeitig vor dem KOH-Ätzbad geschützt. Nach dem Durchätzen der Wafer und dem Lösen der Chips von der Glasscheibe werden die über den Chiprand hinausragenden Beamleads gleichzeitig durch Thermokompressionsbonden mit dem Systemträger verbunden. Nachteilig sind der zusätzliche Flächenbedarf und die mechanische Empfindlichkeit der Beamleads.

Tabelle 4.4-3 fasst wichtige drahtlose und Draht-Bondverfahren hinsichtlich ihrer üblichen Verfahrensparameter zusammen.

Tabelle 4.4-3 Typische Prozessparameter für Bondverfahren

Verfahren	Thermo-kompression	Ultraschall	Thermo-sonic	Flip-Chip	TAB
Drahtmaterial	Au	Al	Au	drahtlos	Cu-Streifen
Padmaterial	Al, Au	Al, Au	Al, Au	Pb/Sn-Bumps	Au-Bumps
Drahtstärke ($\varnothing$ in µm)	25	25	25		Streifen, 35 µm dick
Temperatur (°C)	280-350	Raumtemp.	120-200	260-340	300-550
Kontaktierzeit (ms)	60-300	10-60	40-60	Durchlaufofen	300-1000
Kraft (N)	0,3-0,9	0,3	0,3-1		
Ultraschallleistung (W)		0,5	0,1-1		
Frequenz (kHz)		15-60	15-60		
Schwingungsamplitude (µm)		1-2	1-2		
Minimale Padfläche (µm^2)	100 x 100	50 x 50	100 x 100	50 x 50	20 x 20
Minim. Padabstand (µm)	100-200	60-140	100-200		50

4.4.6.6 Multi-Chip-Packaging

Mikrosysteme entstehen in der Regel durch die Vereinigung von Chips aus verschiedenen Fertigungsprozessen. Das dazu erforderliche Packaging sollte einen hohen Grad an Flexibilität aufweisen und die Anpassung und Integration von Chips unterschiedlicher Funktionalität ermöglichen. Neben einer hohen Packungsdichte muss durch das Packaging eine hohe mechanische Stabilität (möglichst geringer Stress) und thermische Belastbarkeit (gute Abfuhr von Wärmelasten) erreicht werden. Die eingesetzten Verfahren des Packaging sollten weitgehend automatisierbar sein. Multi-Chip-Packaging kann sowohl lateral in Form von *Multi-Chip-Modulen* (MCMs) auf einem Systemträger als auch vertikal in *Multi-Chip-Stapeln* realisiert werden. Systemträger sind z. B. keramische Substrate oder Leiterplatten mit meist mehreren Kontaktierungsebenen. Die Aufbringung mehrerer Chips auf diesen Systemträgern erfolgt, insbesondere bei geringem Platzangebot, vorwiegend durch Flip-Chip-Technik. Zur Durchkontaktierung zwischen verschiedenen Ebenen der Systemträger sind sogenannte Vias erforderlich. Sie werden erzeugt, indem man zunächst Löcher im Systemträger zwischen den Ebenen (z. B. durch Laser-Ablation oder Ultraschall-Bohren) bildet. Diese werden dann durch Sputtern mit einer Metallschicht versehen, die man mit einer Galvanikschicht verstärkt, wodurch die Kontaktierung zwischen Leiterbahnen verschiedener Ebenen entsteht.

Hohe Packungsdichte von Multi-Chip-Modulen wird durch Anwendung des High-Density-Interconnect-Prozesses (HDI) [Daum93, Butler98] erreicht (Bild 4.4-23). Der Standardprozess besteht in der Befestigung vieler Chips in einem Substrat mit Chip-spezifischen Vertiefungen und ihrer Kontaktierung durch eine Dünnschicht-Struktur auf der Substrat- und Chip-Oberfläche. Die zu verbindenden Chips werden in ein Basissubstrat (z. B. Aluminiumoxidkeramik) eingelegt, das zuvor mit entsprechenden Vertiefungen versehen wurde. Jede Vertiefung ist an die jeweilige Dicke der Chips angepasst, so dass die Oberfläche aller eingesetzten Chips

4.4 Aufbau- und Verbindungstechnik

exakt mit der Substratoberfläche übereinstimmt. Wenn erforderlich, kann in die Substrat-Vertiefungen auch eine (in Bild 4.4-23 nicht dargestellte) Metallisierung eingebracht werden, um die Chips auf ihrer Rückseite elektrisch zu kontaktieren. Die Chips werden im Substrat durch elektrisch isolierende oder leitfähige Adhäsive befestigt. Die Kontaktierungsebene wird aufgebaut, indem man zunächst eine dünne dielektrische Folie (z. B. 25 µm Kapton) auf die Substrat- und Chip-Oberfläche klebt. Danach erzeugt man in der Folie mittels Laser-Ablation direkt über den Bondpads der Chips Löcher für Vias. Mit gesputterten und photolithographisch strukturierten Ti/Cu/Ti-Schichten werden die Vias ausgefüllt und die elektrischen Verbindungen hergestellt. Eine zusätzliche Passivierung kann das MCM abdecken, so dass es für den Aufbau von Multi-Chip-Stapeln (s. u.) geeignet ist.

Substrat-Bearbeitung, Chip-Befestigung

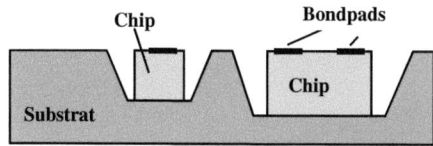

Befestigung der dielektrischen Folie, Laser-Ablation

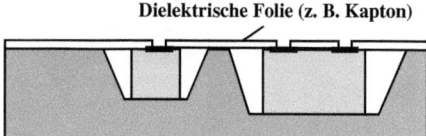

Metallisierung (Sputtern), Photolithographie, Passivierung

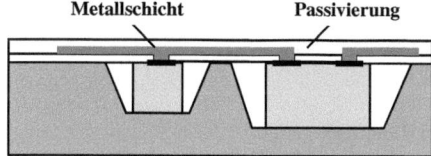

Laser-Ablation ("Fenster" für MEMS-Chips)

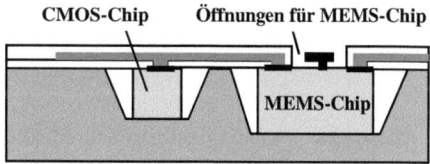

Bild 4.4-23 Ablauf des HDI-Prozesses und Anwendung für das MEMS-Packaging

Der ursprünglich für die Mikroelektronik entwickelte HDI-Prozess kann auch für das MEMS-Packaging eingesetzt werden. Dazu ist eine zusätzliche Laser-Ablation nötig, bei der die MEMS-Bereiche freigelegt werden, die für die Kommunikation des MEMS-Chip mit der Außenwelt (z. B. bei Sensoren, Aktoren) erforderlich sind. Nach der Laser-Ablation wird meist noch ein RIE-Prozess ausgeführt, um Ablagerungen (Debris) der Laser-Ablation zu entfernen. Im Vergleich zur Chip-Kontaktierung durch Drahtbonden führt der HDI-Prozess zu geringeren parasitären Kapazitäten und Induktivitäten der Verbindungen; Hochfrequenzanwendungen bis 1 GHz sind möglich. Weitere Vorteile sind die Flexibilität hinsichtlich der Position der Bondpads und die Möglichkeit, die fertigen MCMs im 3D-Packaging weiter zu verarbeiten.

Für die Mikrosystemtechnik gewinnen *Multi-Chip-Stapel* mehrerer Wafer (3D-Packaging) mit verschiedenen Funktionselementen und Baugruppen immer mehr an Bedeutung [Morris98, Guerin96, Müllen01]. Wenn Fertigungsverfahren für unterschiedliche Baugruppen nicht kompatibel sind, können diese auf jeweils einem Wafer hergestellt und dann im Waferstapel verbunden werden. Um dieses Konzept zu verwirklichen, muss man die elektrische Kontaktierung durch mehrere Waferebenen hindurch realisieren. Hierfür wurden inzwischen Verfahren entwickelt, bei denen über "sidewall"-Verbindungen [Mina92, How95, Mass95, Nak95], d. h. durch Kontaktschichten über die Chip-Seitenwand hinweg, elektrische Anschlüsse zwischen den Ebenen geschaffen werden. Bei anderen Kontaktierungsmethoden setzt man Vias zur elektrischen Verbindung zwischen Waferebenen ein. Die einfachste Methode zur Erzeugung von Vias in Wafern ist das nasschemische (meist anisotrope) Ätzen, wobei pyramidenförmige Ätzlöcher entstehen. Diese werden mit galvanisch erzeugten Kontaktschichten versehen (Plated Through-Hole, PTH), um die erforderlichen elektrischen Verbindungen zu schaffen. Bild 4.4-24 zeigt eine pyramidale Ätzgrube mit galvanisch hergestellter Leiterbahn [Linder94, Linder96]. Allerdings ist bei der Fertigung von Vias durch anisotropes Nassätzen das Aspektverhältnis klein und die mögliche Dichte der Kontaktierungen durch den Platzbedarf zwischen den Löchern begrenzt.

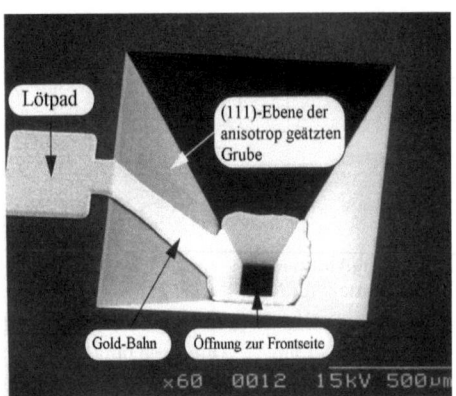 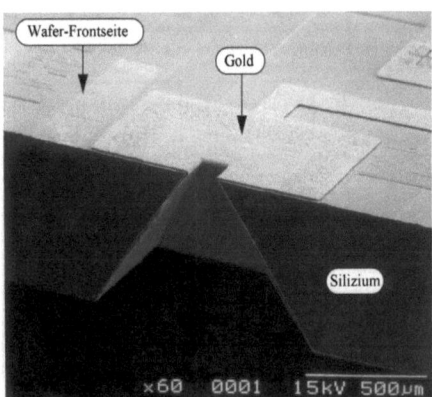

Bild 4.4-24 Kontaktierungsloch für Multi-Chip-Stapel [Linder96]

Will man Via-Kontaktlöcher im Si-Wafer durch Plasma-Ätztechnik (RIE) herstellen, muss man sich mit geringen Ätzraten (d. h. geringer Produktivität) begnügen. Außerdem ist es schwierig, eine Maskierung mit hinreichend großer Selektivität zu finden. Durch ICP-Anlagen sind inzwischen Ätzraten > 5 µm/min möglich; mit Metall- oder SiO_2-Maskierungen können Selektivitäten > 150 erreicht werden [Bhard95, Craven95]. Mittels RIE (SF_6-Plasma) wurden in 400 µm dicken Si-Wafern mit CMOS-Strukturen Durchgangslöcher mit ca. 20 µm Durchmesser hergestellt [Chow00]. Alternativ können Via-Kontaktlöcher im Wafer auch durch Laser-Ablation gebildet werden, wobei ein Aspektverhältnis von 1:50 und hohe Bearbeitungsgeschwindigkeiten (> 10 Löcher/s) möglich sind. Störend ist bei dieser Methode die Bildung von Ablagerungen (Debris) am Rand der Via-Kontaktlöcher. Diese treten bei der Anwendung des Ultraschall-Bohrens nicht auf, allerdings können mit diesem Verfahren nur Löcher mit Durchmessern > 100 µm gefertigt werden. Bei den o. g. Verfahren werden die erzeugten Loch-Wände durch Sputtern einer Metallschicht und galvanische Schichtabscheidung oder durch Einbringen von stark dotiertem Polysilizium bedeckt. Sofern elektrisch leitfähige Substrate (z. B. Si-Wafer) vorliegen, müssen die Loch-Wände zuvor mit einer Isolationsschicht versehen werden, indem man z. B. PECVD-Oxid- oder -Nitridschichten aufbringt.

Durchkontaktierungen ohne Bildung von Löchern können durch das Temperaturgradient-Zonenschmelzen (temperature gradient zone melting, TZM) [Lischner85] gefertigt werden. Es bewirkt ein lokal begrenztes, aber sehr tiefes Dotieren des Si-Wafers. Dabei erfolgt die Via-Erzeugung und die Metallbeschichtung in einem Prozessschritt. Bei genügend hoher Temperatur bildet eine Metallschicht (z. B. Aluminium) mit dem Silizium eine Legierung. Wenn der Si-Wafer einem Temperaturgradienten ausgesetzt ist, wandert die Si-Al-Legierungszone zur heißen Seite des Wafers. Zur Bildung von Vias wird zunächst eine 5 μm dicke Al-Schicht (mittels Sputtern oder Elektronenstrahlverdampfung) aufgebracht. Durch photolithographische Strukturierung der Aluminiumschicht legt man das gewünschte Via-Raster fest. Der Wafer wird dann von der anderen Seite (z. B. durch Strahlungsheizung) auf Temperaturen (ca. 1000-1200 °C) deutlich über der eutektischen Temperatur erwärmt, wodurch sich die Al-Si-Schmelzzone bildet, die infolge des Temperaturgradienten (von typisch 50 K/cm) durch den Wafer wandert. Es entsteht eine Al-dotierte einkristalline Zone mit einer Ladungsträger-Konzentration $>2 \cdot 10^{19}$ cm^{-3}. Aufgrund der hohen Geschwindigkeit (ca. 10 μm/min) der Schmelzzone im Wafer kann eine Durchkontaktierung in ökonomisch akzeptablen Prozesszeiten erreicht werden. Die seitliche Diffusion beträgt bei diesem durch die Gradienten-Richtung gesteuerten Prozess nur wenige Mikrometer. Meist ist ein erneutes Polieren des Si-Wafers auf der Hochtemperaturseite nötig, da dort die Al-Si-Schmelzzone mit hoher Oberflächenrauigkeit erstarrt. Wegen der hohen Prozess-Temperatur muss das TZM ausgeführt werden, bevor man mit der Fertigung anderer MEMS-Strukturen auf dem Wafer beginnt.

4.4.7 Literatur

[Anacker76] W. Anacker, E. Bassous, F. F. Fang, R. E. Mundie, H. N. Yu, Fabrication of Multiprobe Miniature Electrical Connector, IBM Techn. Bull.19 (1976) 372-374

[Arquint95] P. Arquint, P. D. van der Wal, B. H. van der Schoot, N. F. de Rooij, Flexible Polysiloxane Interconnection between Two Substrates for Microsystem Assembly, 8th Internat. Conf. on Solid-State Sensors and Actuators (Transducers '95), Stockholm, (1995), 263-264

[Baltes93] H. Baltes, D. Moser, F. Völklein, Thermoelectric microsensors and microsystems, in Bau, de Rooij, Zemel (Eds.) Sensors, Vol. 7, VCH-Verlag Weinheim, (1993)

[Baltes01] H. Baltes, O. Brand, CMOS-based microsensors and packaging, Sensors and Actuators A 92 (2001) 1-9

[Barth90] P. W. Barth, Silicon Fusion Bonding for Fabrication of Sensors, Actuators and Microstrukures, Sensors and Actuators A 23 (1990) 919-926

[Becker00] H. Becker, C. Gärtner, Polymer Microfabrication Methods for Microfluidic Analytical Applications, Electrophoresis 21 (2000) 12-26

[Besten92] C. den Besten, R. E. G. van Hal, J. Munoz, P. Bergveld, Polymer Bonding of Micromachined Silicon Structures, Proc. IEEE Micro Electro Mechanical Systems (MEMS '92), Travemünde, (1992), 104-109

[Bhard95] J. K. Bhardwaj, H. Ashraf, Advanced Silicon Etching Using High Density Plasma, Micromachining and Microfabrication Process Technology (Proc. of the SPIE), Austin, Texas, (1995), 224-233

[Bower93] R. W. Bower, M. S. Ismail, B. E. Roberds, Low Temperature Si$_3$N$_4$ Direct Bonding, Appl. Phys. Lett. 62 (1993) 3485-3497

[Bra94] O. Brand, Micromechanical Resonators for Ultrasound Based Proximity Sensing, Ph. D. Thesis, ETH Zürich (1994), Diss. ETH No. 10896

[Brenner00] K.-H. Brenner, Development of modules for micro optical integration and MOEMS packaging, MOEMS and Miniaturized Systems, M. E. Motamedi, R. Göring (Eds.), Proc. of SPIE 4178 (2000) 138-140

[Butler98] J. T. Butler, V. M. Bright, J. H. Comtois, Multichip module packaging of microelectromechanical systems, Sensors and Actuators A 70 (1998) 15-22

[Chiao02] M. Chiao, L. Lin, Accelerated hermeticity testing of a glass-silicon package formed by rapid thermal processing aluminum-to-silicon nitride bonding, Sensors and Actuators A 97-98 (2002) 405-409

[Cho93] Y.-H. Cho, B. M. Kwak, A. P. Pisano, R. T. Howe, Viscous Energy Dissipation in Laterally Oscillating Planar Microstructures, Proc. IEEE Micro Electro Mechanical Systems (MEMS '93), Ft. Lauderdale, (1993), 93-98

[Chow00] E. M. Chow, A. Partridge, C. F. Quate, T. W. Kenny, Through-Wafer Electrical Interconnects Compatible with Standard Semiconductor Processing, Solid-State Sensor and Actuator Workshop, Hilton Head Island, S.C., (2000), 343-346

[Cohn96] M. B. Cohn, Y. Liang, R. T. Howe, A. P. Pisano, Wafer-to-Wafer Transfer of Microstructures for Vacuum Packaging, Techn. Digest: 1996 Solid State Sensor and Actuator Workshop, Hilton Head Island, S.C., (1996), 32-35

[Core93] T. A. Core, W. K. Tsang, S. J. Sherman, Solid State Technology 36 (1993) 39

[Corning] Sealing Glass, Corning Technical Publication, Corning Glass Works

[Cotofa98] C. Cotofana, A. Bossche, P. Kaldenberg, J. Mollinger, Low-cost plastic sensor packaging using the open-window package concept, Sensors and Actuators A 67 (1998) 185-190

[Craven95] D. Craven, K. Yu, T. Pandhumsoporn, Etching Technology for "Through-the-Wafer" Silicon Etching, Micromachining and Microfabrication Process Technology (Proc. of the SPIE), Austin, Texas, (1995), 259-263

[Daum93] W. Daum, W. Burdick Jr., R. Fillion, Overlay high-density interconnect: a chips-first multichip module technology, IEEE Comput. 26 (1993) 23-29

[Dyrbye96] Jour. Micromech. Microeng. 6 (1996) 187-192

[Ehlers00] H. Ehlers, M. Biletzke, B. Kuhlow, G. Przyrembel, U. H. P. Fischer, Optoelectronic Packaging of Arrayed-Waveguide Grating Modules and Their Environmental Stability Tests, Optical Fiber Technology 6 (2000) 344-356

[Field90] L. A. Field, R. Muller, Fusing Silicon Wafers with Low Melting Temperature Glasses, Sensors and Actuators A 23 (1990) 935-938

[Fis95] M. Fischer, M. Nägele, D. Eichner, C. Schöllhorn, R. Strobel, Transducers '95, Stockholm, Sweden, (1995) 305

[Gärtner00] C. Gärtner, V. Blümel, B. Höfer, A. Kräplin, T. Poßner, P. Schreiber, Assembly process for micro-optical beam transformation systems for high power diode laser bars and stacks, MOEMS and Miniaturized Systems, M. E. Motamedi, R. Göring (Eds.), Proc. of SPIE 4178 (2000) 149-155

[Gen96] S. Gentzsch, Untersuchungen zur Herstellung und Anwendung von Opferschichten für die mikrogalvanische Abscheidung, Diplomarbeit, FH Wiesbaden (1996)

[Ger96] G. Gerlach, M. Tierock, Fertigung elektronischer und mikromechanischer Baugruppen, in W. Krause (Hrsg.) Fertigung in der Feinwerk- und Mikrotechnik, Kap. 10, Carl Hanser, München, (1996)

[Gian95] Y. G. Gianchandani, K. J. Maana, K. Najafi, Transducers '95, Stockholm, Sweden, (1995) 79

[Guckel84] H. Guckel, D. W. Burns, Planar Processed Polysilicon Sealed Cavities for Pressure Transducer Arrays, Techn. Digest: IEEE Internat. Electron Devices Meeting (IEDM '84), San Francisco, (1984), 223-225

[Guckel85] H. Guckel, D. W. Burns, A Technology for Integrated Transducers, Internat. Conf. on Solid-State Sensors and Actuators, Philadelphia, (1985), 90-92

[Guckel86] H. Guckel, D. W. Burns, Fabrication Techniques for Integrated Sensor Microstructures, IEEE International '86, Los Angeles, (1986), 176-179

[Guckel87] H. Guckel, D. W. Burns, C. K. Nesler, C. R. Rutigliano, Fine Grained Polysilicon and its Application to Planar Pressure Transducers, 4th Internat. Conf. on Solid-State Sensors and Actuators (Transducers '87), Tokyo, (1987), 277-282

[Guerin96] L. Guerin, M. A. Schaer, R. Sachot, M. Dutoit, New multichip-on-silicon packaging scheme for microsystems, Sensors and Actuators A 52 (1996) 156-160

[Häb97] A. Häberli, Compensation and Calibration of IC Microsensors, Ph. D. Thesis, ETH Zürich, (1997), Diss. ETH No. 12090

[Hen94] F. Henschke, Miniaturgreifer und montagegerechtes Konstruieren in der Mikromechanik, Ansätze zur Lösung des Montageproblems in der Mikrosystemtechnik, VDI-Berichte 242, VDI-Verlag Düsseldorf (1994)

[Her86] A. W. van Herwaarden, P. M. Sarro, Sensors and Actuators 10 (1986) 321

[Hil96] U. Hilleringmann, Silizium-Halbleitertechnologie, Teubner, Stuttgart, (1996)

[How95] W. J. Howell, D. W. Brouillette, J. W. Korejwa, E. J. Sprogis, S. J. Yankee, Proc. 45th IEEE Electronic Components & Technology Conf. (1995) 1174

[Hua03] W. Huang, X. Cai, B. Xu, L. Luo, X. Li, Z. Cheng, Packaging effects on the performance of MEMS for high-G accelerometer with double-cantilevers, Sensors and Actuators A 102 (2003) 268-278

[Huang03] W. Huang et al., Low temperature PECVD SiN_x films applied in OLED packaging, Materials Science and Engineering B98 (2003) 248-254

4.4 Aufbau- und Verbindungstechnik

[Ikeda90] K. Ikeda, H. Kuwayama, T. Kobayashi, T. Watanabe, T. Nishikawa, T. Yoshida, K. Harada, Three-Dimensional Micromachining of Silicon Pressure Sensor Integrating Resonant Strain Gauge on Diaphragm, Sensors and Actuators A 23 (1990) 1007-1010

[Jaegg92] D. Jaeggi, H. Baltes, D. Moser, IEEE Electron Device Lett. 13 (1992) 366

[Janting01] J. Janting, J. Branebjerg, P. Rombach, Conformal coatings for 3D multichip microsystem encapsulation

[Jensen89] J. R. Jensen, Microelectronics Processing, ASC, Washington, (1989) 441-504

[Jin04] Y. Jin et al., Zr/V/Fe thick film for vacuum packaging of MEMS, Jour. Micromech. Microeng. 14 (2004) 687-692

[Jordan01] V. T. Jordanov, J. R. Macri, J. E. Clayton, K. A. Larson, Multi-electrode CZT detector packaging using polymer flip chip bonding, Nuclear Instrum. and Methods in Physics Research A 458 (2001) 511-517

[Kelly97] G. Kelly, J. Alderman, C. Lyden, J. Barrett, Microsystem packaging: lessons from conventional low cost IC packaging, Jour. Micromech. Microeng. 7 (1997) 99-103

[Ko85] W. H. Ko, J. T. Suminto, G. J. Yeh, Bonding Techniques for Microsensors, in Micromachining and Micropackaging of Transducers, C. D. Fung, P. W. Cheung, W. H. Ko, D. G. Fleming (Eds.), Elsevier, Amsterdam, (1985), 41-61

[Krassow00] H. Krassow, F. Campabadal, E. Lora-Tamayo, Wafer level packaging of silicon pressure sensors, Sensors and Actuators 82 (2000) 229-233

[Las86] J. B. Lasky, Appl. Phys. Lett. 48 (1986) 78

[Lee00] C. Lee, W.-F. Huang, J.-S. Shie, Wafer bonding by low-temperature soldering, Sensors and Actuators A 85 (2000) 330-334

[Lee01] D.-J. Lee, Y.-H. Lee, J. Jang, B.-K. Ju, Glass-to-glass electrostatic bonding with intermediate amorphous silicon film for vacuum packaging of microelectronics and its application, Sensors and Actuators A 89 (2001) 43-48

[Lee03] B. Lee, S. Seok, K. Chun, Jour. Micromech. Microeng. 13 (2003) 663-669

[Leng92] R. Lenggenhager, H. Baltes, J. Peer, M. Forster, IEEE Electron Device Lett. 13 (1992) 454

[Leng94] R. Lenggenhager, CMOS Thermoelectric Infrared Sensors, Ph. D. Thesis ETH Zürich (1994), Diss. ETH No. 10744

[Linder94] S. Linder, H. Baltes, F. Gnaedinger, E. Doering, Fabrication Technology for Wafer Through-Hole Interconnections and Three-Dimensional Stacks of Chips and Wafers, Proc. IEEE Micro Electro Mechanical Systems (MEMS`94), Oiso, Japan, (1994), 349-354

[Linder96] S. Linder, Chip Stacks for Memory Applications, Ph. D. Thesis, ETH Zürich, (1996), Diss. ETH No. 11347

[Lischner85] D. J. Lischner, H. Basseches, F. A. D'Altroy, Observations of the Temperature Gradient Zone Melting Process for Isolating Small Devices, Jour. Electrochem. Soc. 132 (1985) 2991-2996

[London01] A. P. London, A. A. Ayon, A. H. Epstein, S. M. Spearing, T. Harrison, Y. Peles, J. L. Kerrebrock, Sensors and Actuators A92 (2001) 351

[Lüd77] E. Lüder, Bau hybrider Mikroschaltungen, Springer, Berlin, (1977)

[Ma03] W. Ma, Y. Zohar, M. Wong, Design and characterization of inertia-activated electrical micro-switches fabricated and packaged using low-temperature photoresist molded metal-electroplating technology, Jour. Micromech. Microeng. 13 (2003) 892-899

[Ma04] W. Ma, G. Li, Y. Zohar, M. Wong, Fabrication and packaging of inertia micro-switch using low-temperature photo-resist molded metal-electroplating technology, Sensors and Actuators A 111 (2004) 63-70

[Mal95] P. Malcovati, A. Häberli, D. Jaeggi, F. Maloberti, H. Baltes, Transducers '95, Stockholm, Sweden, (1995) 119

[Mal96] CMOS Thermoelectric Sensor Interfaces, Ph. D. Thesis, ETH Zürich, (1996), Diss. ETH No. 11424

[Mass95] C. Massit, G. Nicolas, Proc. 45th IEEE Electronic Components & Technology Conf. (1995) 641

[Mehr90] M. Mehregany, S. F. Bart, L. S. Tavorow, J. H. Lang, S. D. Senturia, M. F. Schlecht, Sensors and Actuators A 21-23 (1990) 173

[Men97] W. Menz, J. Mohr, Mikrosystemtechnik für Ingenieure, VCH-Verlag, Weinheim, (1997)

[Meu93] E. Meusel, Mikrosystemtechnik – eine Herausforderung für die Aufbau- und Verbindungstechnik, GEM-Fachbericht 11 (1993) 337

[MG90] MG 1000 Microgripper, Firmeninformation, Triadelphia Microflex Techn. Inc. (1990)

[Mina92] J. A. Minahan, A. Pepe, R. Sorne, M. Suer, Proc. 42nd IEEE Electronic Components & Technology Conf. (1992) 340

[Minami95] K. Minami, T. Moriuchi, M. Esashi, Cavity Pressure Control for Critical Damping of Packaged Micro Mechanical Devices, 8th Internat. Conf. on Solid-State Sensors and Actuators (Transducers '95), Stockholm, (1995), 240-243

[Mor93] H. Morishita, Y. Hatamura, Development of ultraprecise manipulator system for future nanotechnology, in R. Dillmann, E. Holler (Hrsg.), Proc. 1st IARP Workshop on Micro Robotics and Systems, Karlsruhe, (1993)

[Morris98] A. Morrissey, G. Kelly, J. Alderman, Low-stress 3D packaging of a microsystem, Sensors and Actuators A 68 (1998) 404-409

[Morris99] A. Morrissey, G. Kelly, J. Alderman, Selection of materials for reduced stress packaging of a microsystem, Sensors and Actuators 74 (1999) 178-181

[Mos92] D. Moser, R. Lenggenhager, G. Wachutka, H. Baltes, Sensors and Actuators B6 (1992) 165

[Moser93] D. Moser, CMOS Flow Sensors, Ph. D. Thesis, ETH Zürich, (1993), Diss. ETH No. 10059

[Müllen01] M. Müllenborn, P. Rombach, U. Klein, K. Rasmussen, J. F. Kuhmann, M. Heschel, M. Amskov Gravad, J. Janting, J. Branebjerg, A. C. Hoogerwerf, S. Bouwstra, Chip-size-packaged silicon microphones, Sensors and Actuators A 92 (2001) 23-29

[Mün93] W. von Münch, Einführung in die Halbleitertechnologie, Teubner, Stuttgart, (1993)

[Munoz95] J. Munoz, A. Bratov, R. Mas, N. Abramova, C. Dominguez, J. Bartroli, Packaging of ISFETs at the Wafer Level by Photopatternable Encapsulant Resins, 8th Internat. Conf. on Solid-State Sensors and Actuators (Transducers '95), Stockholm, (1995), 248-251

[Nak95] H. Nakanishi et al., Proc. 45th IEEE Electronic Components & Technology Conf. (1995) 634

[Off95] M. Offenberg, F. Lärmer, B. Elstner, H. Münzel, W. Riethmüller, Transducers '95, Stockholm, Sweden, (1995) 589

[Ohashi86] H. Ohashi, J. Ohura, T. Tsukakoshi, M. Shimbo, Improved Dielectrically Isolated Device Integration by Silicon-Wafer Direct Bonding Technique, Techn. Digest:IEEE Internat. Electron Devices Meeting (IEDM `86), Los Angeles, (1986), 211-213

[Pan02] C. T. Pan, H. Yang, S.-C. Shen, M.-C. Chou, H.-P. Chou, A low-temperature wafer bonding technique using patternable materials, Jour. Micromech. Microeng. 12 (2002) 611-615

[Pan04] C. T. Pan, Selective low temperature microcap packaging technique through flip chip and wafer level alignment, Jour. Micromech. Microeng. 14 (2004) 522-529

[Paul94] O. Paul, H. Baltes, Sensors and Materials, 6 (1994) 245

[Plößl99] A. Plößl, G. Kräuter, Wafer direct bonding: tailoring adhesion between brittle materials, Mat. Science Eng. R25 (1999) 1

[Poly] Epoxy-Klebstoffe für die Hybridtechnik, Polytec GmbH Waldbronn, Produktinformation

[Putt89] M. W. Putty, S. Chang, R. T. Howe, A. L. Robinson, K. D. Wise, Sensors and Actuators A 20 (1989) 143

[Quenzer92] H. J. Quenzer, W. Benecke, Low-Temperature Silicon Wafer Bonding, Sensors and Actuators A 32 (1992) 340-344

[Rei86] H. Reichl, Hybridintegration – Technologie und Entwurf von Dickschichtschaltungen, Hüthig, Heidelberg, (1986)

[Riet91] W. Riethmüller, W. Benecke, U. Schnakenberg, B. Wagner, Sensors and Actuators A 31-32 (1991) 121

[Rimdu00] S. Rimdu, H. Ishida, Development of new class of electronic packaging materials based on ternary systems of benzoxazine, epoxy, and phenolic resins, Polymer 41 (2000) 7941-7949

[Ruge84] I. Ruge, Halbleiter-Technologie, Springer, Berlin (1984)

[Sche97] H. Scheel, Baugruppentechnologie der Elektronik, Verlag Technik, Berlin, (1997)

[Schm94] J. Schmidt, Int. Electronics Packaging Conf., Atlanta, USA, (1994)

[Schmidt94] M. A. Schmidt, Silicon Wafer Bonding for Micromechanical Devices, Techn. Digest: 1994 Solid-State Sensor and Actuator Workshop, Hilton Head Island, S.C., (1994), 127-130

[Schn90] U. Schnakenberg, W. Benecke, B. Lochel, Sensors and Actuators A23 (1990) 1031

[Seid95] H. Seidel, U. Fritzsch, R. Gottinger, J. Schalk, J. Walter, K. Ambaum, Transducers '95, Stockholm, Sweden, (1995) 597

[Shi94] N. Shiozawa, K. Isaka, T. Ohta, Int. Electronics Packaging Conf., Atlanta, USA, (1994)

4.4 Aufbau- und Verbindungstechnik

[Shimbo86] M. Shimbo, K. Furukawa, K. Tanzawa, Silicon-to-Silicon Direct Bonding Method, Jour. Appl. Phys. 60 (1986) 2987-2989
[Shoji98] S. Shoji, H. Kikuchi, H. Torigoe, Sensors and Actuators A 64 (1998) 95-100
[Spangler02] G. Spangler, E. S. Kolesar, Meandering "string-like" features observed in an anodic bond, Jour. Micromech. Microeng. 12 (2002) 541-547
[Sparks96] D. R. Sparks, L. Jordan, J. H. Frazee, Flexible vacuum-packaging method for resonating micromachines, Sensors and Actuators A 55 (1996) 179-183
[Sparks01] D. R. Sparks, G. Queen, R. Weston, G. Woodward, M. Putty, L. Jordan, S. Zarabadi, K. Jayakar, Jour. Micromech. Microeng. 11 (2001) 630-634
[SSI95] SSI Technologies, Solid-State Integrated Pressure Sensor, SSI Technologies, Janesville, (1995)
[Stengl89] R. Stengl et al., A modul for the silicon wafer bonding process, Jap. Jour. Appl. Phys. 28 (1989) 1735
[Sun88] L. G. Sun, J. Zhan, Q. Y. Tong, S. J. Xie, Y. M. Caim, S. J. Lu, Cool Plasma Activated Surface in Silicon Wafer Direct Bonding Technology, Jour. Physique Colloq. C 49 (1988) 79-82
[Tan02] C. W. Tan, A. R. Daud, M. A. Yarmo, Corrosion study at Cu-Al interface in microelectronics packaging, Appl. Surface Science 191 (2002) 67-73
[Tian04] Y. Tian, C. Wang, D. Liu, Thermomechanical behaviour of PBGA package during laser and hot air reflow soldering, Modelling Simul. Mater. Sci. Eng. 12 (2004) 235-243
[Tong94] Q.-Y. Tong, G. Cha, R. Gafiteanu, U. Gösele, Low Temperature Wafer Direct Bonding, Jour. of Micromechanical Systems 3 (1994) 29-35
[Tumma01] R. R. Tummala (Ed.), Fundamentals of Microsystem Packaging, Mc Graw Hill, New York, 2001
[Uemura01] K. Uemura, S. Kanemaru, J. Itoh, Fabrication of a vacuum-sealed magnetic sensor with a Si field emitter tip, Jour. Micromech. Microeng. 11 (2001) 81-83
[Wallis75] G. Wallis, Field assisted glass sealing, Electrocomponent Science Techn. 2 (1975) 45
[Wid96] D. Widmann, H. Mader, H. Friedrich, Technologie hochintegrierter Schaltungen, Springer, Berlin, (1996)
[Xiao04] G. Z. Xiao, Z. Zhang, C. P. Grover, Adhesives in the packaging of planar lightwave circuits, Intern. Jour. of Adhesion & Adhesives 24 (2004) 313-318
[Yamada87] A. Yamada, T. Kawasaki, M. Kawashima, SOI Wafer Bonding with Spin-on-Glass as Adhesive, Electronic Lett. 23 (1987) 39-40
[Yoon92] E. Yoon, K. D. Wise, IEEE Trans. Electron Devices ED-39 (1992) 1376

4.5 Systemsimulation*

* von Dr. Peter Schwarz, Fraunhofer-Institut für Integrierte Schaltungen, EAS Dresden

4.5.1 Einordnung

Bei der Simulation von Mikrosystemen sind verschiedene Aspekte zu unterscheiden, nach denen sich Simulatorauswahl und Modellierungsmethoden richten. Hat man eine mikrosystemtechnische Komponente (z. B. einen komplizierten Verformungskörper) zu entwerfen, ist die *FEM-Simulation* (FEM: Finite Element Method) oder eine verwandte Simulationsart (BEM – Boundary Element Method, FDM – Finite Difference Method, ...) das angepasste Hilfsmittel. Mathematisch gesehen wird dabei die Komponente durch partielle Differentialgleichungen beschrieben, in die auch Materialkonstanten und geometrisch-konstruktive Daten eingehen. Durch Diskretisierung werden diese partiellen Differentialgleichungen näherungsweise auf einfacher lösbare mathematische Aufgaben zurückgeführt. Es gibt eine Vielzahl von Programmen, die dafür geeignet sind:

ABAQUS, ALGOR, ANSYS [Ansys], CAPA[LKL96], CFD-FASTRAN, COSMOS/M, FLOTRAN, INERTIA, NASTRAN, RASNA, ...

Sie werden bisher vor allem im Maschinenbau für Aufgaben der Mechanik, der Hydraulik und Fluidik sowie in den Werkstoffwissenschaften eingesetzt. Ihre Anwendung in der Mikrosystemtechnik stellt in vielen Fällen keine besonderen neuen Anforderungen, so dass auf ausgezeichnete Lehrbuchliteratur, vor allem aber auf die User Manuals der Programme und auf die Einführungskurse der Programmanbieter verwiesen werden kann. Eine Ausnahme stellen die sogenannten „gekoppelten" Probleme dar, die in der Mikrosystemtechnik vielleicht häufiger als in anderen technischen Disziplinen auftreten. Auf diese Probleme wird später noch etwas ausführlicher eingegangen.

Ebenso wichtig wie die Komponentensimulation ist die Simulation des *Gesamtsystems*. Vor allem dieser Aspekt wird in diesem Abschnitt dargestellt. In diesem Sinne ist *Systemsimulation* die Berechnung des Verhaltens des Gesamtsystems, bestehend aus Teilsystemen, die meist unterschiedlichen physikalischen Domänen – z. B. Mechanik, Elektronik, Optik oder Pneumatik – zugeordnet sind. Die Teilsysteme besitzen in der Regel bereits selbst eine komplizierte Struktur, so dass ihre *gemeinsame* Simulation schwierig ist. Mikrosysteme weisen typische Besonderheiten auf, aus denen sich hohe Anforderungen an die einzusetzenden Simulatoren und Modellierungsverfahren ergeben [GeD97, Fis90, Meh00]:

- es sind komplexe, heterogene Systeme, deren Teilsysteme verschiedenen physikalischen Bereichen zugeordnet sind (multi-domain-Systeme),
- sie haben räumlich verteilte und konzentrierte Elemente,
- die Elektronik besteht z. T. aus analogen und digitalen Teilsystemen (mixed-signal-Systeme), für Aufgaben wie Kalibrierung oder Datenverdichtung gibt es einen zunehmenden Anteil an digitaler Signalverarbeitung,
- die Teilsysteme sind z. T. über Felder sehr eng gekoppelt,
- die Wirkungsweise des Gesamtsystems ist oft nur verständlich, wenn diese enge Kopplung der Teilsysteme analysiert werden kann.

4.5 Systemsimulation*

Die Systemsimulation derartiger Mikrosysteme lässt sich meist nicht mehr allein mit FEM-Simulatoren durchführen, so dass eine andere Form der Modellierung und Simulation notwendig wird.

4.5.2 Modellierungs- und Simulationsebenen

Für heterogene Systeme gibt es zwei Modellierungs- und Simulationsansätze, die sich gegenseitig ergänzen (Bild 4.5-1):

- Modellierung durch Abstraktion oder Transformation in eine einheitliche Modellbeschreibung, die von *einem* Simulator verarbeitet werden kann
- *Kopplung* mehrerer, auf die physikalischen Domänen spezialisierter Simulatoren

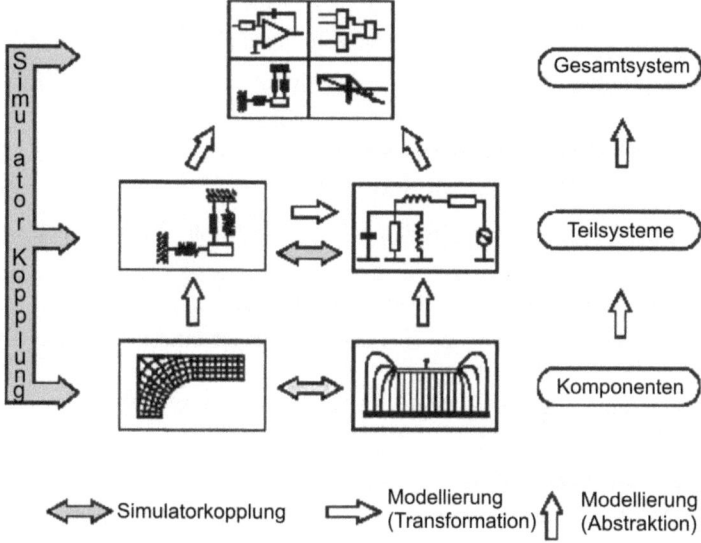

Bild 4.5-1 Modellierungs- und Simulationsebenen der Mikrosystemtechnik

Die Modellierung durch *Abstraktion*, durch Vernachlässigen „unwichtiger" Details ermöglicht den Übergang von der Komponenten- und Teilsystemsimulation zur Gesamtsystemsimulation, da durch die Abstraktion der Modellumfang und damit auch die Rechenzeiten um Größenordnungen sinken können. Diese Art der Modellbildung erfolgt weitgehend heuristisch und beruht vorwiegend auf der Erfahrung des Ingenieurs oder Physikers. Im Kap. 4.5.7 sind einige Ansätze beschrieben, diesen Weg mit mathematischen Verfahren zu unterstützen. Die Modellierung durch Transformation *zwischen* den physikalischen Domänen beruht meist auf *Analogiebeziehungen* (z. B. zwischen mechanischen und elektrischen Netzwerken, siehe Kap. 4.5.4) und dient dazu, einen leistungsfähigen Simulator einer anderen physikalischen Domäne einzusetzen. Die *Simulatorkopplung* schließlich wird benutzt, wenn der Aufwand zu hoch ist, ein multi-domain-Problem einheitlich für einen Simulator zu modellieren, oder wenn die gemeinsam zu betrachtenden Phänomene so kompliziert sind, dass dazu hochspezialisierte, domänenspezifische Simulatoren verwendet werden müssen und dabei gekoppelt werden sollten. Obwohl wir in diesem Abschnitt vor allem den Übergang zu den oberen Modellierungsebenen darstellen, muss doch darauf hingewiesen werden, dass gerade in der Mikrosystemtechnik eine *ebenenübergreifende* Betrachtung, von der Prozesssimulation bis hin zur Gesamtsystemsimulation, wesentlich ist und zunehmend durch Tools unterstützt wird [Sen92, Memsc].

4.5.3 Auswahl des Systemsimulators

Für unterschiedliche Aufgaben der Simulation von *Teil*systemen existieren zahlreiche leistungsfähige Programme, wie die folgende, bei weitem nicht vollständige Auflistung zeigt:

- Simulation *allgemeiner kontinuierlicher* Systeme [AtB92, Cel91], die durch gewöhnliche Differentialgleichungen beschrieben werden (typische Vertreter sind Regelungssysteme):

  MATLAB/SIMULINK [Mathw], MatrixX [Matrixx], DYMOLA [Dynas], ACSL [BEB93], CSMP, CSSL

- Simulation *mechanischer* Systeme / Mehrkörpersysteme:

  ADAMS, MEDYNA, NEWEUL, ITI-SIM [iti], SIMPACK

- Simulation *allgemeiner diskreter* Systeme [Ban98], wie sie z. B. bei der Beschreibung von Steuerungen benötigt werden:

  Renoir, Statemate, GPSS, Design-CPN (ein Petri-Netz-Simulator)

- *Analoge* elektrische Schaltungssimulation, die aber auch für nichtelektrische Systeme eingesetzt werden kann:

  SPICE, PSpice, ELDO [Mentor], Saber [Analogy], SMASH [dolphin], SPECTRE [Cadence], Simplorer [Simec]

- *Digitale* elektronische Schaltungssimulation:

  Leapfrog, ModelSim, Verilog, ViewSim, VSS

Einige dieser Simulatoren sind auch für *Kombinationen* der aufgeführten Teilsysteme einsetzbar, z. B. für die mixed-signal-Simulation der Elektronik [Ant96, SJN94]. Simulatoren wie Matlab/Simulink, Saber und ELDO verfügen über umfangreiche Modellbibliotheken für nichtelektrische Teilsysteme. Bei vielen Simulatoren ist die Tendenz zur domänen-übergreifenden Simulation zu beobachten [Jan00], so dass ein Blick in die Web-Seiten der Anbieter lohnt, um sich den aktuellen Leistungsumfang zu vergegenwärtigen.

4.5.4 Modellierungsansätze

In der Mikrosystemtechnik ist eine Unterscheidung von Systemen und ihren Modellen wesentlich, die physikalisch begründet und auch für die Auswahl des Systemsimulators wichtig ist, nämlich die Unterscheidung von *konservativen* und *nicht-konservativen* Systemen bzw. Modellen.

Konservative Systeme besitzen zwei Arten von Systemvariablen: *Flussgrößen* und *Differenzgrößen*. In der Elektrotechnik sind das Strom und Spannung, in der Mechanik sind das z. B. Kraft und Geschwindigkeit. Für die Systemvariablen gelten *Erhaltungssätze* (daher der Begriff

4.5 Systemsimulation*

„konservativ"), in der Elektrotechnik sind das die KIRCHHOFFschen Knoten- und Maschensätze, die sich aus dem Energieerhaltungssatz ableiten lassen. Konservative Systeme lassen sich außerordentlich günstig durch *Netzwerke* modellieren. Es muss ausdrücklich betont werden, dass in dem hier verwendeten Sinne „Netzwerke" nicht nur elektrische Netzwerke sind. Vielmehr gibt es gleichberechtigt z. B. auch mechanische oder thermische Netzwerke. Da mangels anderer standardisierter Symbole diese aber häufig mit den Symbolen für elektrische Schaltungen gezeichnet werden und weil wegen ihrer großen Verbreitung tatsächlich oft Netzwerk-Simulatoren aus dem Bereich der Elektronik (SPICE und verwandte Programme) eingesetzt werden, ist diese Verwechslung verständlich. Wir werden deshalb manchmal auch von „verallgemeinerten Netzwerken" sprechen, um diesen Sachverhalt (nicht-elektrische Netzwerke) zu betonen.

Unter *verallgemeinerten Netzwerken* versteht man also Systeme, die aus *Elementen* (in der Elektrotechnik als Zweipole und Mehrpole bezeichnet) und *Verbindungen* zwischen den Elementen bestehen. Dann gilt in Erweiterung gegenüber elektrischen Netzwerken:

1. Anstelle von Strömen in den Verbindungen und in den Klemmen der Elemente werden *Flussgrößen* (z. B. Kraft in der Mechanik, Volumenstrom in der Fluidik) betrachtet. Flussgrößen werden an *einer* Stelle gemessen, daher werden sie auch oft als 1-Punkt-Größen oder Through-Größen bezeichnet.

2. Anstelle von Spannungen zwischen den Klemmen bzw. den Verbindungen werden *Differenzgrößen* (z. B. Verschiebungen in der Mechanik, Druckunterschiede in fluidischen Systemen) betrachtet. Differenzgrößen werden immer *zwischen zwei* Punkten gemessen, daher werden sie oft auch als 2-Punkt-Größen oder Across-Größen bezeichnet.

3. Für die eingeführten Fluss- und Differenzgrößen gelten auf nicht-elektrische Systeme verallgemeinerte Maschen- und Knotensätze. Diese Erhaltungssätze sind aus der Physik bekannt, z. B. aus der NEWTONschen Mechanik, und lassen sich in die Form der KIRCHHOFFschen Sätze bringen.

4. Die Beziehungen zwischen Fluss- und Differenzgrößen an einem Element werden durch die Modellgleichungen des Elements festgelegt (*Netzwerkelemente-Relationen*).

Im Bild 4.5-2 ist die Vorgehensweise bei der Modellierung mit verallgemeinerten Netzwerken skizziert. Fluss- und Differenzgrößen an den Klemmen der Elemente und auf den Verbindungen können mehrdimensionale Größen sein (z. B. Kräfte und Momente im dreidimensionalen Raum).

Ausführlicher sind in der Tabelle 4.5-1 die wichtigsten Elemente sowie die Fluss- und Differenzgrößen von Netzwerken verschiedener physikalischer Domänen zusammengestellt. Bei der Behandlung gekoppelter Phänomene sind zusätzlich die Wechselwirkungen zwischen verschiedenen physikalischen Domänen zu modellieren, dafür lassen sich Übersetzer (Transformatoren und Gyratoren) verwenden. Die Verwandtschaft zwischen den Netzwerken in verschiedenen physikalischen Domänen bezeichnet man auch als *Analogiebeziehungen*. Die Anwendung des Konzepts der verallgemeinerten Netzwerke für die Simulation nicht-elektrischer Systeme hat eine lange und erfolgreiche Tradition und ist daher auch für die Mikrosystemtechnik erfolgversprechend [KoB61, ReS76, Len71, Wac95, GeD97, Meh00, Kle00].

Besonders wichtig für die Mikrosystemtechnik ist der vorgelagerte Modellierungsschritt, der von räumlich verteilten Systemen zu Netzwerken mit räumlich konzentrierten Elementen führt (Bild 4.5-3).

Physikalischer Bereich	Flussgröße f	Differenzgröße d
elektrisch	Strom	Spannung
hydraulisch	Volumenfluss	Druck
mechanisch	Kraft	Geschwindigkeit
thermisch	Wärmefluss	Temperatur

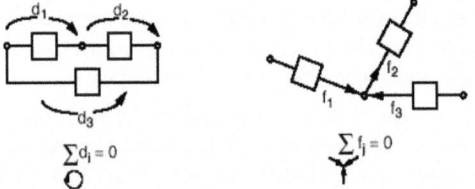

Kirchhoffsche Maschen- und Knotensätze für ein Netzwerk verbundener Elemente:

$$\sum_\circlearrowleft d_i = 0 \qquad \sum_\curlyvee f_i = 0$$

Kopplung zwischen verschiedenen physikalischen Bereichen: Wandler (Transformatoren, Gyratoren)

Bild 4.5-2 Konzept der verallgemeinerten Netzwerke

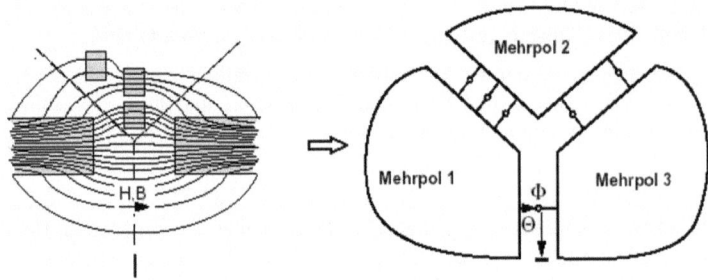

Bild 4.5-3 Überführung räumlich verteilter Systeme in Netzwerke

4.5 Systemsimulation

Tabelle 4.5-1 Analogiebeziehungen in verallgemeinerten Netzwerken [ReS76]

	Symbol	Allgemeines Netzwerk (NW)	Mechanisch-translatorisch	Mechanisch-rotatorisch	Elektrisch	Strömungs-NW	Thermisch
Signale	i	Flussgröße (FG)	Kraft [N]	Drehkraft, Drehmoment [Nm]	Strom [A]	Volumenfluss, Flächengeschw. [m³/s]	Wärmestrom [Nm/s]
	u	Differenzgröße (DG)	Geschwindigkeit [m/s]	Drehgeschwindigkeit, Winkelgeschw. [s⁻¹]	Spannung [V]	Druck [N/m²]	Temperatur [grd]
	q	integrierte Flussgröße	Bewegungsgröße, Impuls [Ns]	Drehbewegungs-Größe, Drehimpuls, Drall [Nms]	Ladung [As]	Volumen, Flächenweg [m³]	Wärmemenge [Nm]
	ψ	integrierte Differenzgröße	Weg [m]	Drehweg, Winkel [rad]	magnetischer Fluss [Vs]	Strömungsbewegungsgröße [s/m³]	–
Netzwerk-Elemente	R	Verbraucher $R = u/i$, $G = i/u$	Reibungsmitgang	Drehreibungsmitgang	Ohmscher Widerstand	Strömungswiderstand	Wärmewiderstand
	C	FG-Speicher, $C = q/u$ $E^q = q^2/2C$	Masse, kinetische Energie	Drehmasse, (Trägheits-) Moment, kinetische Energie	Kapazität, elektr. Energie	Strömungskapazität, akust. Nachgiebigkeit potent. Energie	Wärmekapazität Wärmemenge
	L	DG-Speicher $L = \psi/i$ $E^\psi = \psi^2/2L$	Federnachgiebigkeit, potentielle Energie	Drehfedernachgiebigkeit, potentielle Energie	Induktivität, magnetische Energie	Strömungsträgheit, akustische Masse, kinetische Energie	–
	i^e	FG-Quelle i^e = vorgegebene Zeitfunktion	Kraftquelle	Drehkraftquelle	Stromquelle	Volumenflussquelle	Wärmestromquelle
	u^e	DG-Quelle u^e = vorgegebene Zeitfunktion	Geschwindigkeitsquelle	Drehgeschwindigkeitsquelle	Spannungsquelle	Druckquelle	Temperaturquelle

Damit wird die *Struktur* des Netzwerkmodells festgelegt. Mathematisch gesehen entspricht diese räumliche Diskretisierung dem Übergang von partiellen Differentialgleichungen zu gewöhnlichen Differentialgleichungen. Eine weitere Diskretisierung im Zeitbereich durch den Entwerfer ist nicht nötig, da die entstandenen Differentialgleichungen im Zeitbereich am effektivsten von Analogsimulatoren gelöst werden können.

Die einzelnen Schritte bei der Konstruktion von Netzwerk-Modellen von Mikrosystemen sind:

- Partitionierung des Gesamtsystems in einfacher zu modellierende Teilsysteme,
- Feldgrößen werden auf Größen „konzentriert", die den Verbindungen zwischen den Teilsystemen zugeordnet sind: z. B. Ersatz der elektrischen Feldstärke durch eine elektrische Spannung und des mechanischen Drucks durch eine Kraft,
- Festlegung der Klemmen der Teilsysteme (Interface-Definition),
- Modellierung des Klemmenverhaltens der Teilsysteme (durch Verhaltens- oder Strukturmodelle, siehe unten),
- Verwendung der Teilsystem-Modelle als Komponenten in einem übergeordneten Netzwerk, das dem Gesamtsystem entspricht.

Die Komponenten sind dabei oft *Mehrpole*, also noch nicht die in Tabelle 4.5-1 aufgeführten Zweipole.

Nicht-konservative Systeme haben nur eine Art von Signalen und es gibt keine Erhaltungssätze. Systeme der Regelungs- und Nachrichtentechnik mit einem gerichteten, rückwirkungsfreien Signalfluss sind von dieser Art. Ihre Modelle sind *Blockschaltbilder* und – etwas abstrakter – *Signalflussgraphen*. Sind die Gleichungen bekannt, die das zu modellierende System beschreiben, so lässt sich dazu leicht ein Blockschaltbild konstruieren und als Text in den Simulator eingeben. Als Simulatoren für diese Modelle bieten sich Matlab, MatrixX, ACSL und andere gleichungsorientierte Simulatoren an. Wegen des gerichteten Signalflusses und der Rückwirkungsfreiheit der zusammengeschalteten Blöcke ist es einfach, zu einem vorhandenen Blockschaltbild ein Gleichungssystem aufzustellen; viele Simulatoren verfügen aber zusätzlich auch über graphische Eingabemöglichkeiten (z. B. Simulink bei Matlab, SystemBuild bei MatrixX).

Für *konservative Systeme* ist die Aufstellung einer mathematischen Beschreibung von Hand erheblich schwieriger, vor allem dann, wenn man an einer Beschreibung mit einer möglichst geringen Zahl von Systemvariablen interessiert ist. Daher ist die Simulation komplexer Systeme der Elektrotechnik, Mechanik oder Fluidik mit den o. g. gleichungsorientierten Simulatoren sehr mühsam. Mit Toolboxen (z. B. MechMacs für Matlab/Simulink) versucht man, diesen Nachteil zu umgehen. Allerdings ist auch hier die Modellierung des Systems komplizierter als gewünscht. Anstatt lediglich die Verknüpfung der Komponenten und Teilsysteme anzugeben, müssen die Fluss- und Differenzgrößen einzeln betrachtet werden. Günstiger ist daher die Verwendung der o. g. Netzwerk-Simulatoren, die von vornherein auf die Behandlung konservativer Systeme ausgerichtet sind. Die komplizierte Aufstellung der Gleichungssysteme übernehmen die Eingabeprogramme dieser Simulatoren, der Anwender teilt dem Simulator nur die Verbindung der Systemkomponenten – also die *Systemstruktur*, beschrieben entweder graphisch als Schematic-Diagramm oder textuell als „Netzliste" – und die Parameter der Komponenten mit. Typische Beispiele dieser Simulatoren sind Programme für elektrische Schaltungen, als bekanntester Simulator sei SPICE genannt. Auch im Bereich der Mechatronik wird diese strukturorientierte Beschreibung zunehmend verwendet (z. B. im Simulator ITI-SIM).

4.5 Systemsimulation*

Es gibt nun zwei grundsätzlich verschiedene Methoden, die in den Modellen von konservativen und nicht-konservativen Systemen verwendeten Mehrpole und Blöcke zu modellieren: *Verhaltens*modelle und *Struktur*modelle.

Verhaltensmodelle: Das Verhalten der Modelle in der Simulation wird durch Tabellen, Formeln und andere mathematische Zusammenhänge beschrieben. Die Notation erfolgt in Form eines Programms, entweder in einer universellen Programmiersprache wie C, C++ und FORTRAN oder in einer speziellen, bisher meist simulatorspezifischen Beschreibungssprache: HDL (Hardware Description Language). Verhaltensmodelle (behavioural models) gibt es auf allen Abstraktionsebenen, von der ausführbaren (= simulierbaren) Systemspezifikation bis zur Modellierung von mikromechanischen Komponenten oder Transistorschaltungen [MaF94, AnB95, Rom 98]. Im Abschnitt 4.5.5 werden zwei Beschreibungssprachen (VHDL-AMS und Modelica) kurz vorgestellt.

Strukturmodelle: Ein komplexes Modell entsteht durch Zusammenfügen/Zusammenschalten einfacherer Komponenten, die zum Grundvorrat der Modelle im Simulator gehören. Solche Grundkomponenten sind z. B. Widerstand, Kapazität, Induktivität und verschiedene Arten gesteuerter Quellen, im nicht-elektrischen Bereich z. B. Masse, Feder oder Dämpfungsglied.

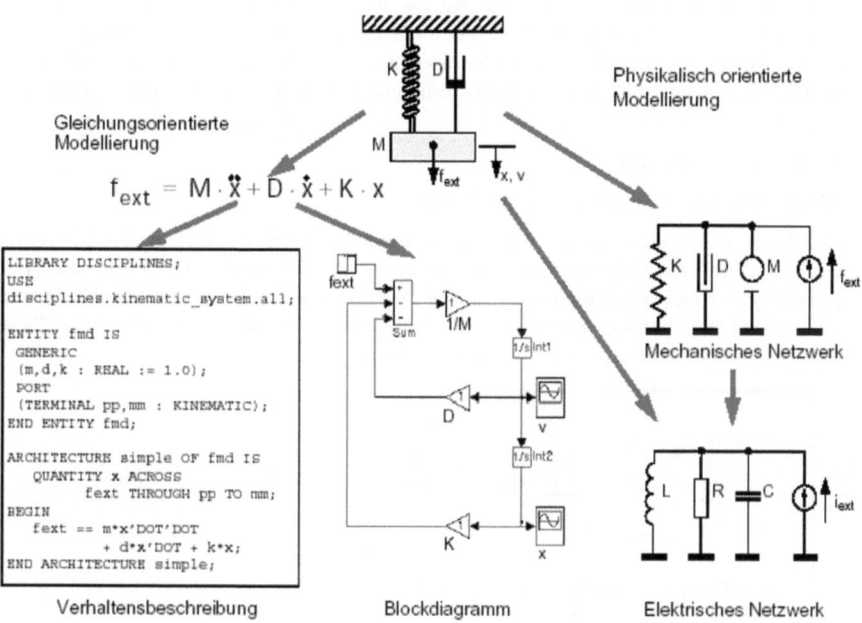

Bild 4.5-4 Beschreibungsvarianten eines Masse-Feder-Systems

In der SPICE-Welt wird diese Art der Modellierung oft als "Makromodellierung" bezeichnet [CoC92]. Während ältere Schaltungssimulatoren nur diese Zusammenschaltung der Grundelemente gestatten, lassen moderne Simulatoren zusätzlich eine Verhaltensbeschreibung der Elemente durch den Anwender zu. Eine *gemischte* Struktur- und Verhaltensbeschreibung ist besonders leistungsfähig: das System wird durch das Zusammenschalten von Teilsystemen modelliert, wobei für die Teilsysteme entweder weitere Strukturmodelle oder aber Verhaltensbeschreibungen verwendet werden. Dadurch entsteht auch eine hierarchische Beschreibung. Das entspricht dann genau dem oben dargestellten Vorgehen bei der Konstruktion von Netzwerkmodellen. Im Bild 4.5-4 sind für ein mechanisches System (gedämpftes Masse-Feder-System, wie es oft als einfachstes Modell eines Bewegungssensors verwendet wird) die Modellierungsvarianten gegenübergestellt:

- die physikalisch orientierte, anschauliche Konstruktion eines mechanischen Netzwerkes,
- ein dazu analoges elektrisches Netzwerk,
- die gleichungsorientierte Verhaltensbeschreibung (in der Sprache VHDL-AMS formuliert, siehe Kap. 4.5.5.2)
- und ein zu der Gleichung konstruiertes Blockschaltbild (hier für Matlab/Simulink).

Alle Beschreibungen sind mathematisch gleichwertig. Die Auswahl wird sowohl durch den vorhandenen Simulator als auch durch die Vorliebe des Modellierers bestimmt. Für konservative Systeme bietet die Modellierung für Netzwerk-Simulatoren jedoch deutliche Vorteile. Wir beschränken uns in diesem Abschnitt weitgehend auf die Anwendung von modernen Netzwerkanalyse-Programmen wie Saber und ELDO. Da die wichtigsten Teilsysteme der Mikrosystemtechnik *konservative* kontinuierliche Systeme sind, eignen sich diese Simulatoren mit ihren Möglichkeiten zur Modellierung des Komponentenverhaltens durch Verhaltensbeschreibungssprachen (und zusätzlich der gemischt kontinuierlich-diskreten Simulation) besonders.

4.5.5 Beschreibungsmittel

4.5.5.1 Mathematische Verhaltensbeschreibung

Im Bild 4.5-3 war angedeutet worden, wie man bei einer Netzwerk-orientierten Partitionierung eines räumlich verteilten Mikrosystems auf *Mehrpole* geführt wird. Das Verhalten dieser Mehrpole lässt sich durch ihr *Klemmenverhalten* charakterisieren. Man versteht darunter die Berechnung des Mehrpolverhaltens ausschließlich mit Hilfe der Signale an den Anschlüssen (den Klemmen) und gewisser interner Zustandsvariablen.

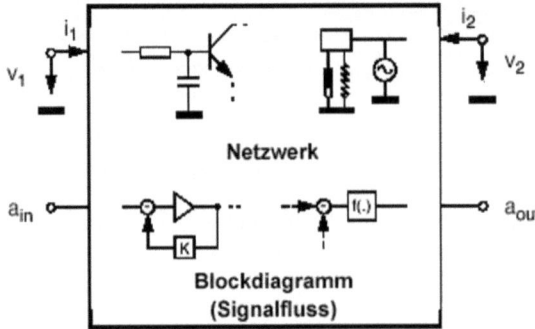

Bild 4.5-5 Allgemeiner Mehrpol

Der gesamte Informations- und Energieaustausch des Mehrpols mit dem Rest des Systems erfolgt ausschließlich über seinen Rand, das *Interface*. Diese Vorgehensweise ist mit der *ob-*

jektorientierten Modellierung verwandt, wenn darunter eine streng *modulare, hierarchische* Modellierung verstanden wird [Cel91]. Der Elektrotechniker wird darin eine Verallgemeinerung der klassischen Vierpoltheorie erkennen.

Unter sehr weiten Voraussetzungen lässt sich für die Klemmenbeschreibung eines Mehrpols mit konservativen und nicht-konservativen Größen eine einheitliche mathematische Beschreibungsform angeben, ein System von nichtlinearen impliziten Differentialgleichungen erster Ordnung [CHK95]. Das System kann auch rein algebraische Gleichungen enthalten, man spricht dann allgemeiner von DAE-Systemen (differential-algebraic equations). Mit den im Bild 4.5-5 eingeführten Bezeichnungen für die Interface-Größen lauten die Gleichungen:

$$\mathbf{i}_1 = \mathbf{f}_1 (\mathbf{v}_1, d\mathbf{v}_1/dt, \mathbf{i}_2, d\mathbf{i}_2/dt, \mathbf{a_{in}}, d\mathbf{a_{in}}/dt, \mathbf{s}, d\mathbf{s}/dt, \mathbf{p}, t) \quad (4.5\text{-}1)$$

$$\mathbf{v}_2 = \mathbf{f}_2 (\mathbf{v}_1, d\mathbf{v}_1/dt, \mathbf{i}_2, d\mathbf{i}_2/dt, \mathbf{a_{in}}, d\mathbf{a_{in}}/dt, \mathbf{s}, d\mathbf{s}/dt, \mathbf{p}, t) \quad (4.5\text{-}2)$$

$$\mathbf{a_{out}} = \mathbf{f}_3 (\mathbf{v}_1, d\mathbf{v}_1/dt, \mathbf{i}_2, d\mathbf{i}_2/dt, \mathbf{a_{in}}, d\mathbf{a_{in}}/dt, \mathbf{s}, d\mathbf{s}/dt, \mathbf{p}, t) \quad (4.5\text{-}3)$$

$$\mathbf{0} = \mathbf{f}_4 (\mathbf{v}_1, d\mathbf{v}_1/dt, \mathbf{i}_2, d\mathbf{i}_2/dt, \mathbf{a_{in}}, d\mathbf{a_{in}}/dt, \mathbf{s}, d\mathbf{s}/dt, \mathbf{p}, t) \quad (4.5\text{-}4)$$

Hierin bedeuten:

$\mathbf{v}_1, \mathbf{i}_2$	Vektor der unabhängigen Differenz- bzw. Flussgrößen
$\mathbf{v}_2, \mathbf{i}_1$	Vektor der abhängigen Differenz- bzw. Flussgrößen
$\mathbf{a_{in}}, \mathbf{a_{out}}$	Vektor der nicht-konservativen Eingangs- und Ausgangssignale
$\mathbf{s}$	Vektor der internen Zustandsgrößen
$\mathbf{p}$	Vektor der Parameterwerte
t	Zeit

Parameter eines Modells sind z. B. geometrische und Materialkonstanten und Schaltelementewerte. Wir beschränken uns hier auf *kontinuierliche* Teilsysteme; der Ansatz kann aber auf gemischt kontinuierlich-diskrete Systeme erweitert werden [CHS96].

Es muss betont werden, dass es nicht nötig ist, das Klemmenverhalten durch *explizite* Differentialgleichungen z. B. der Form $d\mathbf{x}/dt = \mathbf{f}(\mathbf{x}, t)$ zu beschreiben. Die Beschreibung konservativer Systeme führt wegen der Rückwirkungen zwischen den Komponenten meist auf implizite nichtlineare Differentialgleichungen. Ihre numerische Lösung wird dann vom Simulator übernommen. Bis vor kurzem hatten die dafür geeigneten Simulatoren ihre eigenen Modellbeschreibungssprachen, z. B. MAST für Saber, HDL-A für ELDO, Spectre-HDL für Spectre. Nur SPICE verfügt leider nicht über eine vergleichbar leistungsfähige Modellschnittstelle. Die breite Anwendung des beschriebenen Mehrpolansatzes – nicht nur in der Mikrosystemtechnik, sondern auch in der Nachrichtentechnik, der Automatisierungstechnik oder der Mikroelektronik – wird neuerdings durch die Entwicklung *standardisierter* Modellbeschreibungssprachen unterstützt.

4.5.5.2 VHDL-AMS

Im Bereich der digitalen Elektronik hat sich VHDL (ebenso wie VerilogHDL) als Beschreibungssprache weltweit durchgesetzt – nicht zuletzt wegen der Standardisierung durch IEEE und der Entwicklung leistungsfähiger Simulatoren. Viele der o. g. Anforderungen aus Sicht der Systemsimulation werden bereits durch diese Sprache erfüllt. Als ein wesentlicher Mangel muss aber die ungenügende Berücksichtigung konservativer Systeme und der kontinuierlichen Signale und Elemente gesehen werden. Daher wurde eine Erweiterung für **A**naloge und **Mi**xed-**S**ignal-Systeme vorgenommen: **VHDL-AMS** (entsprechende Erweiterungen gibt es auch für Verilog). Die IEEE-Standardisierung von VHDL-AMS wurde etwa 1990 begonnen und

1999 abgeschlossen [VHDLA], kurz danach wurden die ersten Simulatoren vorgestellt, die bereits weitgehend diese neue Sprache unterstützen [Analogy, Mentor]. Damit wird sich die Vielfalt der Beschreibungssprachen für die Systemsimulation drastisch verringern, da künftig zahlreiche Simulatoren diese Sprache unterstützen werden.

Ohne auf VHDL-AMS detailliert eingehen zu können [VHDLA], sollen doch wesentliche Konzepte kurz vorgestellt werden. VHDL-AMS ist eine Obermenge von VHDL [Arm89, LWS94], d. h. alle Konstrukte aus dem digitalen VHDL sind vorhanden und werden bei der Mixed-Signal-Simulation auch benötigt. Ebenfalls aus Platzgründen müssen wir uns hier aber auf die rein kontinuierlichen/analogen Aspekte beschränken. VHDL-AMS ist ausdrücklich auch für die Modellierung nichtelektrischer Systeme gedacht und ist daher auch für die Mikrosystemtechnik interessant.

Ein einfaches Beispiel, ein linearer elektrischer Widerstand mit den Anschlüssen p1 und p2 und dem Widerstandswert Wert_r, soll einen ersten Eindruck von einer Verhaltensbeschreibung in VHDL-AMS vermitteln:

```
LIBRARY DISCIPLINES;
   USE DISCIPLINES.ELECTROMAGNETIC-SYSTEM.all;
                       -- enthält u. a. die Deklaration des Klemmentyps ELECTRICAL
   ENTITY r IS
      GENERIC   (Wert_r            : REAL := 1.0 );
      PORT      (TERMINAL p1, p2   : ELECTRICAL  );
   END ENTITY r;
   ARCHITECTURE variante_1 OF r IS
      QUANTITY v ACROSS   i  THROUGH  p1 TO  p2;
   BEGIN
      v == Wert_r * i;                    -- Strom-Spannungs-Beziehung
   END ARCHITECTURE variante_1
```

Für eine lineare Kapazität ist im wesentlichen die Strom-Spannungsbeziehung anders zu formulieren, wobei die dann erforderliche zeitliche Ableitung d/dt mit einem „DOT-Attribut" ausgedrückt wird:

```
   i == Wert_c * v'DOT;
```

Wichtige Eigenschaften von Modellen, die durch VHDL-AMS beschrieben werden, sind:

- Eine klare Modellstruktur durch Trennung zwischen Interface (ENTITY) und "Innerem" des Modells (ARCHITECTURE).
- Einer ENTITY können verschiedene ARCHITECTURE-Beschreibungen mittels einer CONFIGURATION-Anweisung zugeordnet werden; dadurch wird der Wechsel zwischen Verhaltens- und Strukturmodellen oder zwischen Modellen unterschiedlicher Genauigkeit unterstützt.
- Modelle verfügen über *Parameter*, die in der ENTITY deklariert werden: GENERIC-Liste.
- Klemmen werden als PORT beschrieben.
- Konservative Klemmen werden zusätzlich durch TERMINAL gekennzeichnet. Diese Klemmen tragen Fluss- und Differenzgrößen, mittels ACROSS und THROUGH vereinbart. Konservative Klemmen können mittels einer NATURE-Anweisung z. B. als *electrical*, *thermal* oder *kinematic* deklariert werden. Außerdem wird der zu einem Klemmentyp gehörende Bezugsknoten (REFERENCE) definiert.

4.5 Systemsimulation*

- Nicht-konservative Klemmen werden zusätzlich durch QUANTITY gekennzeichnet: ein gerichteter Signalfluss, unterschieden nach der Signalflussrichtung IN und OUT.
- ARCHITECTURE: *Quantities, terminals, nature declaration* und *simultaneous statements* sind die wichtigsten Bestandteile einer Architecture-Beschreibung.
- Zusätzliche interne Größen (Zustandsvariable) werden als „free" QUANTITY deklariert.
- Durch Attribute werden aus den Variablen neue Informationen abgeleitet, z. B. liefert das Attribut 'DOT die zeitliche Ableitung. Schreibweise für $d(\text{variable})/dt$: variable'DOT.
- Verhaltensbeschreibungen werden als *Gleichungen* notiert. Eine Gleichheitsbeziehung wird mit == beschrieben: „linke Seite == rechte Seite". Das ist keine Zuweisung, sondern eine implizite Gleichung oder auch implizite Differentialgleichung (*simultaneous statements*).
- Die Gleichungen denkt man sich „Zweigen" zugeordnet; mit „branch" QUANTITY erfolgt die Zweigdefinition durch die Angabe von Anfangs- und Endknoten sowie Fluss- und Differenzgrößen des Zweiges. Innere Knoten können mit der TERMINAL-Anweisung eingeführt werden.
- Von den Gleichungen streng unterschieden sind *Zuweisungen* (*assignments*): „Variable := rechte Seite" bedeutet, daß der Variablen der Wert der rechten Seite zugewiesen wird.
- Zur einfacheren Beschreibung komplizierter Zusammenhänge kann man mehrere, *sequentiell* auszuführende Zuweisungen in einem PROCEDURAL -Teil zusammenfassen.
- Eine Strukturbeschreibung erfolgt mittels PORT MAP-Anweisung. Eine Mischung von Struktur- und Verhaltensbeschreibungen ist möglich.
- Häufig verwendete Deklarationen werden sinnvollerweise in Bibliotheken zusammengefasst, die durch LIBRARY referenziert werden.
- Für eine klar definierte Kopplung zwischen Analog- und Digitalteilen des Gesamtsystems ist der prinzipielle Mixed-Signal-Simulationszyklus im Sprachstandard festgelegt (natürlich aber nicht der analoge Simulationsalgorithmus selber).

Eine ganz besondere Rolle spielen die *Gleichungen* (*simultaneous statements*). Sämtliche Gleichungen werden gleichzeitig gelöst. Darum braucht sich der Modellierer aber nicht zu kümmern: alle Gleichungen werden dem Gleichungslöser des Simulators zugeführt und die Unbekannten in den Gleichungen werden dort berechnet, unabhängig davon, ob sie links oder rechts oder auf beiden Seiten von == vorkommen. Die Notierungsreihenfolge der Gleichungen spielt also keine Rolle.

Im Rahmen dieses kurzen Abschnitts war es nicht möglich, eine ausführliche Einführung in VHDL-AMS zu geben. Bereits die reine Aufzählung von Spracheigenheiten zeigt aber, dass sehr viele Forderungen der Modellierer, auch im Bereich der Mikrosystemtechnik, erfüllt werden. Abschließend soll noch gezeigt werden, wie die prinzipielle Struktur eines VHDL-AMS-Modells aussieht, das den Mehrpol aus Bild 4.5-5 in Form der Gleichungen (4.5-1) bis (4.5-4) beschreibt:

```
ENTITY entity_name IS
    GENERIC ( p : ... );                              -- Beschreibung des
    PORT   (TERMINAL t1: ... ; QUANTITY aout : ...  );   -- Mehrpol-Interfaces
END ENTITY entity_name;
ARCHITECTURE name OF entity_name IS
    QUANTITY v1  ACROSS i1 THROUGH   t1;    -- Deklaration der TERMINAL-Größen
    QUANTITY s : ... ;                      -- interne Zustandsvariable
    CONSTANT ... ;                          -- Konstanten
```

```
BEGIN
    Verhaltensbeschreibung, korrespondierend zu den Gln. (4.5-1) bis (4.5-3), für
        die abhängigen konservativen Fluss-Größen    i1,
        die abhängigen konservativen Differenz-Größen v2,
        die nicht-konservativen Ausgangsgrößen a_out
    Notation der impliziten Gleichung (4.5-4): f4 == 0
END ARCHITECTURE name;
```

4.5.5.3 Modelica

Die Stärke von VHDL-AMS, nämlich die volle Nutzung der mächtigen Sprache VHDL für digitale Systeme und die Erweiterung auf analoge/kontinuierliche Systeme, ist gleichzeitig ein Nachteil. Für einen Ingenieur aus dem Gebiet der Mechanik oder Fluidik ist es lästig, eine Sprache verstehen zu müssen, bei der er einen erheblichen Teil der Sprachelemente nicht verwenden wird. Seit 1997 und damit parallel zu VHDL-AMS ist eine Sprache **Modelica** in Entwicklung [Model], für die auch eine Standardisierung in Vorbereitung ist. Modelica stammt aus dem Umfeld der Automatisierungstechnik, Verfahrenstechnik, Mechatronik und Robotik, ist also ebenfalls eine Sprache mit *multi-domain-Anspruch*. Vorgängersprachen waren u. a. Omola und Dymola [Cel91]. Eine andere Wurzel ist die Theorie der *Bondgraphen*, mit denen – ebenso wie mit den verallgemeinerten Netzwerken – eine Modellstruktur angestrebt wird, die der Struktur des physikalischen Systems möglichst eng verwandt ist und wo ebenfalls mit zwei Arten von Größen (*effort* und *flow*) gearbeitet wird [KMR90, Bre85]. Im Unterschied zu VHDL-AMS ist Modelica konsequent *objektorientiert*, verwendet also Klassen, Vererbung, Datenkapselung, Polymorphismus und andere Konzepte, wie sie z. B. von C++ bekannt sind.

Auch hier können wir aus Platzgründen nur wenige Aspekte und auch diese nur an einfachen Beispielen erläutern. Es gibt in Modelica nur wenige reservierte Schlüsselwörter (z. B. die Klassen **model**, **type**, **equation** und **connector** oder Zahlentypen wie Real und Integer). Alles andere wird über das Klassenkonzept definiert, so dass der Modellierer nach seinen Vorstellungen Begriffe wie „Spannung", „Pin", „Klemme" frei definieren kann.

Wir beginnen wieder mit einem linearen elektrischen Widerstand. Vorbereitend werden zunächst Variablentypen und „Pin", also die Anschlussklemme eines elektrischen Elements, eingeführt.

```
    type Spannung = Real(unit="V");
    type Strom = Real(unit="A");
    connector Pin
        Spannung v;
        flow Strom i;
    end Pin;
```

Flussgrößen werden durch **flow** gekennzeichnet, anderenfalls handelt es sich um Differenzgrößen. Damit lässt sich jetzt das Widerstandsmodell formulieren:

```
    model r
    Pin p1, p2;
    Spannung vz;
        parameter Real Wert_r(unit="Ohm");
        equation
            vz = p1.v - p2.v;           // Zweigspannung
            0 = p1.i + p2.i;            // Strombilanz
            Wert_r * p1.i = vz;         // Netzwerkelemente-Relation R
    end r;
```

4.5 Systemsimulation*

Die Notation `p1.v` bedeutet: Spannung am Pin `p1` , entsprechend ist `p1.i` der Strom im Pin `p1` . Nachdem Spannung, Pin usw. erst einmal definiert sind, können sie auch in anderen Modellen verwendet werden. In einem Modell für eine lineare Kapazität ist deshalb im wesentlichen (neben der Einführung eines Parameters `Wert_c`) nur die Netzwerkelemente-Relation auszutauschen, wobei der Operator **der** die Ableitung nach der Zeit bedeutet:

```
    Wert_c * der(vz)= p1.i;        // Netzwerkelemente-Relation C
```

Für den Aufbau umfangreicher Bibliotheken oder für eine flexible Modellierungsstrategie mit verschiedenen Abstraktions- und Genauigkeitsstufen wird das Konzept der unvollständigen Modelle (**partial model**) verwendet. So kann man aus einem unvollständigen Modell „Zweipol"

```
    partial model Zweipol
       Pin p1, p2;
       Spannung vz  "Spannungsabfall" ;
       equation
          vz = p1.v - p2.v;
          p1.i + p2.i = 0;
    end Zweipol;
```

simulationsfähige Modelle verschiedener Zweipole ableiten, z. B. für eine Induktivität:

```
    model Induktivitaet
       extends Zweipol;
       parameter Real L(unit="Henry")  "Ideale Induktivitaet";
       equation
          L * der(p1.i) = vz;
    end Induktivitaet;
```

Durch **extend** wird dabei auf das unvollständige Modell `Zweipol` zurückgegriffen. Eine andere Möglichkeit der Modellmodifikation wird durch **replaceable** und **redeclare** angeboten. Beide Konzepte sind dem ENTITY-ARCHITECTURE-Konzept von VHDL-AMS vergleichbar.

Neben den bisher beschriebenen *Verhaltens*beschreibungen sind auch *Struktur*beschreibungen möglich. Bild 4.5-6 zeigt eine an einer Feder F1 (mit der Federkonstanten k) aufgehängte Masse MM. Die Verbindung von je zwei Modellklemmen wird mit **connect** beschrieben. Eine Modelica-Besonderheit besteht darin, daß auch das Bezugssystem (hier die feste Aufhängung FIX) explizit als Element aufgeführt werden muss.

```
model MasseFederSystem
       parameter Masse m;      // Masse muss vorher definiert sein!
       parameter Real k;
       Bezugssystem FIX;       // Hier beginnt die Auflistung aller verbundenen
       Feder F1 (c=k);         // Elemente mit Typ, Name und Parameterliste
       Masse MM (mass=m);
    equation
       connect (FIX.a, F1.a);
       connect (F1.b, MM.a;
    end MasseFederSystem;
```

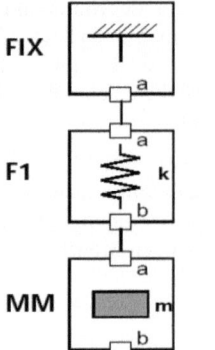

Bild 4.5-6
Masse-Feder-System

Für die verwendeten Elementemodelle sei als Beispiel das Federmodell angegeben:

```
model Feder
    Flansch a;
    Flansch b;
    Parameter Real c        "Federkonstante" ;
    Parameter Laenge l      "ungedehnte Laenge" ;
equation
    b.f - a.f = c*((b.s - a.s) - l);
end Feder;
```

Dieses Modell greift auf Flansch, f und s zurück, die vorher definiert werden müssen:

```
type Position = Real (unit="Meter");
type Kraft = Real (unit="Newton");

connector Flansch
    Position s;
    flow Kraft f;
end Flansch;
```

Auch hier existieren wieder vielfältige Freiheitsgrade, die der Modellierer in seinem spezifischen Fachgebiet hat. Wie bei VHDL-AMS wird auch in Modelica zwischen *Gleichungen* (=) und *Zuweisungen* (:=) unterschieden. Eine gemischt kontinuierlich-diskrete Modellierung ist möglich. Für nichtkonservative Systeme gibt es spezielle Modellierungsmöglichkeiten: Klasse **block** mit der Variablen-Kennzeichnung **input** und **output**. Eine Stärke von Modelica ist die umfangreiche Unterstützung der Vektoren- und Matrizenrechnung (Matlab-kompatibel) und eine wachsende Zahl von frei verfügbaren Bibliotheken aus verschiedenen physikalischen Domänen (translatorische und rotatorische Mechanik, Hydraulik, Antriebstechnik, Elektronik).

Auch für Modelica soll gezeigt werden, wie die prinzipielle Struktur eines Modells aussieht, das den Mehrpol aus Bild 4.5-5 in Form der Gleichungen (4.5-1) bis (4.5-4) beschreibt. Dabei werden zusätzlich zu bereits eingeführten Klassen wie Pin auch für die Mehrpol-Klemmen neue Klassen definiert, da im verallgemeinerten Netzwerk nicht nur elektrische Größen verwendet werden:

```
type Differenzgroesse = Real ;
type Flussgroesse = Real ;
```

4.5 Systemsimulation*

```
connector Pin_allg
    Differenzgroesse d;
    flow Flussgroesse f;
end Pin_allg;

connector Pin_unidir
    Real Signal;
end Pin_unidir;

model mehrpol
    Pin_allg p1, p2;
    Pin_unidir ain, aout;
    Real s;
    parameter Real Wert_par;
equation
    p1.f       = f1(p1.d, der(p1.d), p2.f, der(p2.f), ain.Signal,
                    der(ain.Signal), s, der(s), Wert_par, time);
    p2.d       = f2(p1.d, der(p1.d), p2.f, der(p2.f), ...usw...);
    aout.Signal = f3(p1.d, ...usw...);
    0          = f4(p1.d, ...usw...);
end mehrpol;
```

f1 bis *f4* symbolisieren dabei die Gruppen von Gleichungen in (4.5-1 bis 4.5-4).

Abschließend muss nach dieser Diskussion syntaktischer und semantischer Eigenschaften moderner Modellierungssprachen allerdings daran erinnert werden, dass im Mittelpunkt von Modellierungsarbeiten das Verständnis der technisch-physikalischen Zusammenhänge und deren mathematische Formulierung stehen.

4.5.6 Anwendungsbeispiel: Beschleunigungssensor

Bild 4.5-7 Mikrophotographie des Sensors [Robert Bosch GmbH]

Das Vorgehen einer physikalisch orientierten Modellierung mit Netzwerken und Verhaltensbeschreibungen soll an einem bereits recht komplexen Beispiel, einem mikromechanischen Beschleunigungssensor [Neu98, LoN98, Haa97, Lor99] erläutert werden (Bild 4.5-7). Ein etwas einfacherer Sensor war bereits im Kap. 3.3 (Bild 3.3-20) vorgestellt worden.

Dabei werden wir uns auf den mechanischen Teil beschränken. Das System ist aber eigentlich komplizierter: die mechanischen Bewegungen werden über die Kapazitätsänderungen zwischen Fingern und festen Elektroden gemessen; durch angelegte Spannungen zwischen diesen beiden Elektroden kann umgekehrt auch Einfluss auf die Bewegung ausgeübt werden. So können z. B. die beweglichen Teile in der Mitte zwischen den festen Teilen positioniert werden. Dieser Aspekt ist in [Lor99, Meh00] genauer dargestellt, wir werden im Abschnitt 4.5.9 noch darauf zurückkommen.

Die Modellbildung besteht aus folgenden Schritten, die im Bild 4.5-8 zusammengefasst sind:

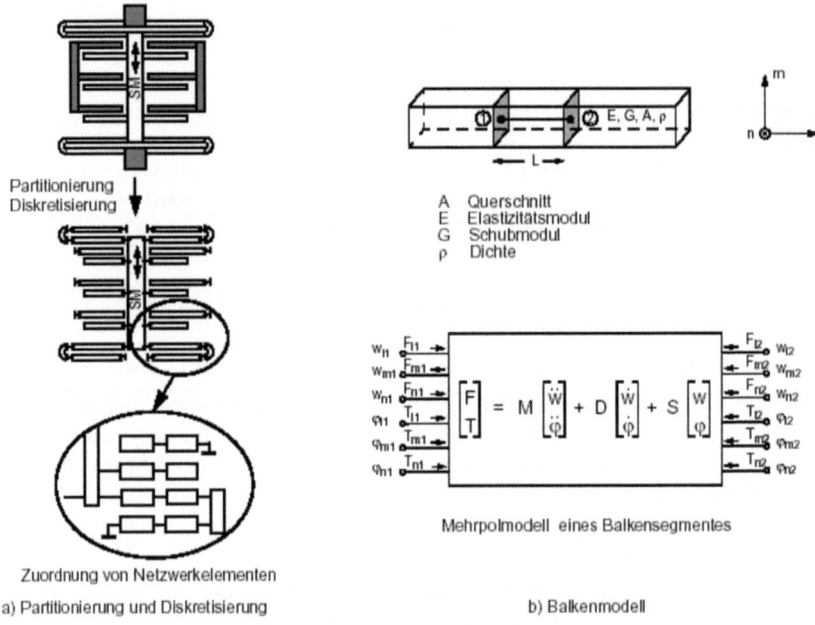

Bild 4.5-8 Modellierungsschritte für den Beschleunigungssensor

Die geometrische Anordnung wird in Grundelemente partitioniert (das ist bereits ein erster Diskretisierungsschritt!): im Beispiel sind das die bewegliche seismische Masse SM, die homogenen Biegebalken für die Kammstrukturen, Biegebalken für die federnden Aufhängungen der beweglichen Teile und die Verbindungselemente zwischen den beweglichen Fingern. Die nicht-beweglichen Teile sind dunkel dargestellt. Anschließend werden die räumlich verteilten Elemente weiter zerlegt, hier also die Biegebalken in kürzere Segmente (das ist eine weitere Diskretisierung). Die seismische Masse SM und die Verbindungselemente an den Enden der Biegebalken werden als starr angenommen. Diese Segmente werden schließlich durch Netzwerkelemente mit *konzentrierten Parametern* modelliert. Damit sind – mathematisch gesehen – die partiellen Differentialgleichungen für die Biegebalken durch gewöhnliche Differentialgleichungen ersetzt worden. Die Biegebalken können bei den hier vorliegenden Abmessungen als „Stäbe" angesehen werden. Die Gültigkeit dieser Annahme konnte durch ANSYS-Vergleichsrechnungen zwischen einem „Stabmodell" und einem „Volumenmodell" bestätigt werden.

4.5 Systemsimulation*

Die Verhaltensbeschreibung der stabförmigen Biegebalken kann im Falle homogener Geometrie den Lehrbüchern der Technischen Mechanik entnommen werden. Dass die hier angegebenen Gleichungen unter Benutzung von FEM-Ansätzen [Sch86, ChB97] gewonnen wurden, sei nur am Rande erwähnt – eine ebenfalls oft verwendete Variante geht von einer Approximation durch Masse-Feder-Systeme (Mehrkörpersysteme) aus. Bei kleinen Querabmessungen und nicht zu großen Kräften **F**, Momenten **T** und den daraus resultierenden Verschiebungen **w** und Verdrehungswinkeln φ an den Balkenenden gilt die lineare Balkentheorie. Die einzelnen Effekte sind dann weitgehend entkoppelt.

Für die Dämpfungsmatrix **D** – die häufig wegen der geringen Werte der Dämpfungskoeffizienten auch vernachlässigt wird – wird meist eine Diagonalmatrix $< d_1, d_2, ..., d_{12} >$ angenommen. Wir lassen sie daher und auch der Einfachheit halber in den folgenden Gleichungen weg. Für die *Längsverschiebungen* w_l der Endflächen der Balkensegmente in *l*-Richtung als Folge der Kräfte F_{l1} und F_{l2} gilt:

$$\begin{pmatrix} F_{l1} \\ F_{l2} \end{pmatrix} = \frac{\rho A L}{6} \begin{pmatrix} 2 & 1 \\ 1 & 2 \end{pmatrix} \begin{pmatrix} \ddot{w}_{l1} \\ \ddot{w}_{l2} \end{pmatrix} + \frac{EA}{L} \begin{pmatrix} 1 & -1 \\ -1 & 1 \end{pmatrix} \begin{pmatrix} w_{l1} \\ w_{l2} \end{pmatrix} \tag{4.5-5a}$$

Für die *Torsion* (Verdrehung φ_l der Balkenenden um die *l*-Achse) auf Grund von Momenten T_{l1} und T_{l2} um die *l*-Achse gilt:

$$\begin{pmatrix} T_{l1} \\ T_{l2} \end{pmatrix} = \frac{\rho L J_l}{6} \begin{pmatrix} 2 & 1 \\ 1 & 2 \end{pmatrix} \begin{pmatrix} \ddot{\varphi}_{l1} \\ \ddot{\varphi}_{l2} \end{pmatrix} + \frac{G J_p}{L} \begin{pmatrix} 1 & -1 \\ -1 & 1 \end{pmatrix} \begin{pmatrix} \varphi_{l1} \\ \varphi_{l2} \end{pmatrix} \tag{4.5-5b}$$

mit J_l = polares Flächenträgheitsmoment (bezüglich Rotation um die *l*-Achse).

Die Durchbiegungen in *m*- und *n*-Richtung werden mit folgenden Gleichungen berechnet:

$$\begin{pmatrix} F_{m1} \\ T_{n1} \\ F_{m2} \\ T_{n2} \end{pmatrix} = \frac{\rho A L}{420} \begin{pmatrix} 156 & 22L & 54 & -13L \\ 22L & 4L^2 & 13L & -3L^2 \\ 54 & 13L & 156 & -22L \\ -13L & -3L^2 & -22L & 4L^2 \end{pmatrix} + \frac{\rho J_n}{30L} \begin{pmatrix} 36 & 3L & -36 & 3L \\ 3L & 4L^2 & -3L & -L^2 \\ -36 & -3L & 36 & -3L \\ 3L & -L^2 & -3L & 4L^2 \end{pmatrix} \begin{pmatrix} \ddot{w}_{m1} \\ \ddot{\varphi}_{n1} \\ \ddot{w}_{m2} \\ \ddot{\varphi}_{n2} \end{pmatrix}$$

$$+ \frac{E J_n}{L^3} \begin{pmatrix} 12 & 6L & -12 & 6L \\ 6L & 4L^2 & -6L & 2L^2 \\ -12 & -6L & 12 & -6L \\ 6L & 2L^2 & -6L & 4L^2 \end{pmatrix} \begin{pmatrix} w_{m1} \\ \varphi_{n1} \\ w_{m2} \\ \varphi_{n2} \end{pmatrix} \tag{4.5-5c}$$

mit J_n = Flächenträgheitsmoment (bezüglich Rotation um die *n*-Achse).

Für die restlichen Variablen F_{n1}, T_{m1}, F_{n2}, T_{m2} und w_{n1}, φ_{m1}, w_{n2}, φ_{m2} ist in den Koeffizientenmatrizen der Gl. (4.5-5c) lediglich J_n durch J_m zu ersetzen – daher ist dieses Gleichungssystem (4.5-5d) nicht extra angegeben. Die Gln. (4.5-5a, b, c und d) lassen sich zu dem im Bild 4.5-8 angegebenen Gleichungssystem zusammenfassen. Damit sind dann auch die Massenmatrix **M** und die Steifigkeitsmatrix **S** bestimmt.

Für jedes Balkensegment kann mit Hilfe dieser Gleichungen ein *Verhaltensmodell* formuliert werden. Da in den Gleichungen auch die zweite Ableitung nach der Zeit vorkommt, unser Ansatz (4.5-1 bis 4.5-4) aber nur erste Ableitungen vorsieht, werden Hilfsgrößen s_i eingeführt:

$s_1 = dw_{l1}/dt$, $s_2 = dw_{m2}/dt$, ... , $s_{12} = d\varphi_{m2}/dt$.

Fasst man die Vektoren der Verschiebungen **w** und Verdrehungen φ zum Vektor **x** (Differenzgrößen) sowie die Kräfte **F** und Momente **T** zum Vektor $\mathbf{x}_{ext}$ (Flussgrößen) an den Klemmen zusammen, so lauten die Differentialgleichungen für das Biegebalkensegment

$$\mathbf{x}_{ext} = \mathbf{M}\, d\mathbf{s}/dt + \mathbf{D}\,\mathbf{s} + \mathbf{S}\,\mathbf{x},$$

$$\mathbf{0} = d\mathbf{x}/dt - \mathbf{s},$$

passend zu Gl. (4.5-1) und (4.5-4).

Da die räumliche Diskretisierung mit einem Fehler verbunden ist, muss man weiterhin untersuchen, aus wieviel Segmenten man einen Biegebalken mindestens zusammensetzen muss, um einen zulässigen Fehler nicht zu überschreiten. Ein Maß für diesen Fehler kann man durch Vergleich der analytisch ermittelten *Eigenschwingungen* des Biegebalkens und seiner diskretisierten Netzwerkmodelle (durch Simulation berechnet) erhalten. Tabelle 4.5-2 zeigt die ersten 11 Eigenschwingungen (nach aufsteigenden Frequenzen geordnet) für verschiedene translatorische und rotatorische Schwingungsmoden [Neu98].

Tabelle 4.5-2 Genauigkeit der Approximation eines Biegebalkens durch konzentrierte Elemente (Frequenzen in kHz)

Mode	Anregung	Analytische Lösung	2 Netzwerkelemente		4 Netzwerkelemente		8 Netzwerkelemente	
1.	F_m	9,4458	8,47	10,30 %	9,174	2,88 %	9,374	0,76 %
2.	F_m	59,196	43,64	26,30 %	53,91	8,94 %	57,73	2,47 %
3.	F_m	165,750			142,8	13,80 %	159,2	3,98 %
4.	F_n	236,144	211,60	10,40 %	229,5	2,82 %	234,4	0,76 %
5.	F_m	324,803			248,9	23,40 %	307,0	5,48 %
6.	F_m	536,923					497,9	7,27 %
7.	M_l	730,385	709,60	2,85 %	725,1	0,73 %	729,7	0,09 %
8.	F_m	802,070					721,9	10,00 %
9.	F_m	1120,250					950,6	15,10 %
10.	F_n	1479,890	1091,30	26,30 %	1346,2	9,03 %	1442,4	2,53 %
11.	F_m	1491,450					1128,5	24,30 %

Man erkennt:

- erst bei genügend vielen Elementen (n >= 8) werden die ersten elf Eigenschwingungen nachgebildet,
- bereits mit relativ wenigen Elementen (n = 4) wird eine Genauigkeit erreicht, die für die Systemsimulation ausreichend sein dürfte.

Wenn man bei gleicher Anzahl von Elementen an einer höheren Genauigkeit interessiert ist, kann man durch Änderung der Elemente der Matrizen **M**, **D** und **S** eine bessere Anpassung an die analytisch berechneten Werte der Eigenschwingungen erreichen. Dazu kann man *Optimierungsverfahren* einsetzen [SPS99]. Allerdings geht dabei ein wichtiger Vorteil verloren: die Parameter der Netzwerkelemente lassen sich dann nicht mehr gemäß Gl. (4.5-5) direkt aus konstruktiven und Material-Daten berechnen. Daher sind solche „numerisch nach-optimierten" Modelle trotz deutlich höherer Genauigkeit nicht sehr beliebt.

Mit ähnlichen Modellansätzen wurden auch andere Mikrosysteme modelliert, z. B. ein gyroskopischer Beschleunigungssensor [LoN98, TLN98]. Auch die in [Pel94, KlG96, Sch96, Bil00] und [Kle00] beschriebene Konstruktion von Netzwerkmodellen aus den partiellen Differentialgleichungen heraus beruht auf dem gleichen Ansatz. Es ist damit zu rechnen, dass bald umfangreiche Bibliotheken mikrosystemtechnischer Komponenten bereitgestellt werden [HoG97, Lor99, Meh00, Memsc, Mentor, dolphin].

4.5.7 Automatische Modellgenerierung

Leider kann man die Gleichungen zur Beschreibung des Komponentenverhaltens nicht immer der Literatur entnehmen. Da den Gleichungen analytische Lösungsansätze zugrundeliegen, lassen sich vor allem in der Mikrosystemtechnik diese Beziehungen meist nur für homogene Anordnungen, also solche mit einfacher Geometrie wie Biegebalken und quadratische oder kreisförmige Membran, angeben. Bei komplizierteren geometrischen Anordnungen kann man den Weg der Partitionierung in einfache Grundelemente und ihrer Zusammenschaltung ebenfalls gehen, hat dann aber zusätzlich die Modellungenauigkeit bei der Approximation komplizierter Geometrien durch einfache Grundelemente zu untersuchen. Das gleiche gilt für die Anwendung von einfachen Diskretisierungsformeln für die partiellen Differentialgleichungen.

Hier bietet sich als Alternative die Nutzung von genauen Rechnungen mit FEM-Simulatoren und darauf aufbauend die Konstruktion einfacherer Modelle für die Systemsimulation an. Im Bild 4.5-9 ist dieser Weg skizziert. Dabei werden vor allem lineare Modelle betrachtet.

Alle drei Wege führen zu mathematischen numerischen Beschreibungen, denen ein direkter Bezug zu den konstruktiven Daten der Mikrosysteme nicht mehr anzusehen ist. Sie kann man daher auch als *Black-Box-Modelle* bezeichnen. Die mathematischen Beziehungen lassen sich z. B. in Form von VHDL-AMS-Verhaltensmodellen oder Matlab-Formeln in die entsprechenden Simulatoren einfügen.

a) Für statische Analysen müssen die – häufig nichtlinearen – Zusammenhänge durch Funktionen *approximiert* werden; dafür liefert die numerische Mathematik eine Vielzahl von Verfahren (z. B. Polynomapproximation, Spline-Approximation, radial basis functions [Par97]). Gelegentlich reicht auch eine tabellarische Beschreibung mit linearer Interpolation zwischen den Stützstellen.

b) FEM-Analysen im Zeitbereich (z. B. die Berechnung der Sprungantwort) lassen sich zur Modellgenerierung benutzen, wenn die *Faltung* benutzt wird. Aus der Systemtheorie ist bekannt, dass die Reaktion eines linearen Systems auf eine beliebige Eingangszeitfunktion $u(t)$ über die Faltung von $u(t)$ mit der Impulsantwort (= Gewichtsfunktion) $g(t)$ bestimmt werden kann. Für die numerische Auswertung wird das Faltungsintegral durch eine Summe ersetzt und man erhält im einfachsten Fall für äquidistante Stützstellen $t_n = n\,\Delta T$

$$y(t_n) = u \otimes g = \int_0^{t_n} u(\tau) g(t-\tau) d\tau \approx \sum_{\nu=0}^{n} u(\nu \cdot \Delta T) \cdot g(n\Delta T - \nu \Delta T) \qquad (4.5\text{-}6)$$

Für längere Zeiträume ist die Auswertung dieses Ausdrucks jedoch sehr rechenzeitaufwendig und numerisch fehleranfällig, da bei jedem neuen Zeitpunkt t_n die Aufsummierung wieder von $t = 0$ beginnend ausgeführt wird. Hier hat sich die *rekursive Faltung* [Ngu94, VoH95] als sehr leistungsfähig erwiesen. Die einzelnen Schritte sind: aus der mit einem

FEM-Simulator berechneten Sprungantwort des Mikrosystems wird durch numerische Differentiation die Impulsantwort $g(t)$ bestimmt, dann wird $g(t)$ durch eine Summe von Exponentialfunktionen approximiert, anschließend lässt sich das Faltungsintegral analytisch berechnen. Vorher muss allerdings noch die aktuelle Eingangszeitfunktion $u(t)$ geeignet approximiert werden (z. B. durch lineare oder quadratische Interpolation).

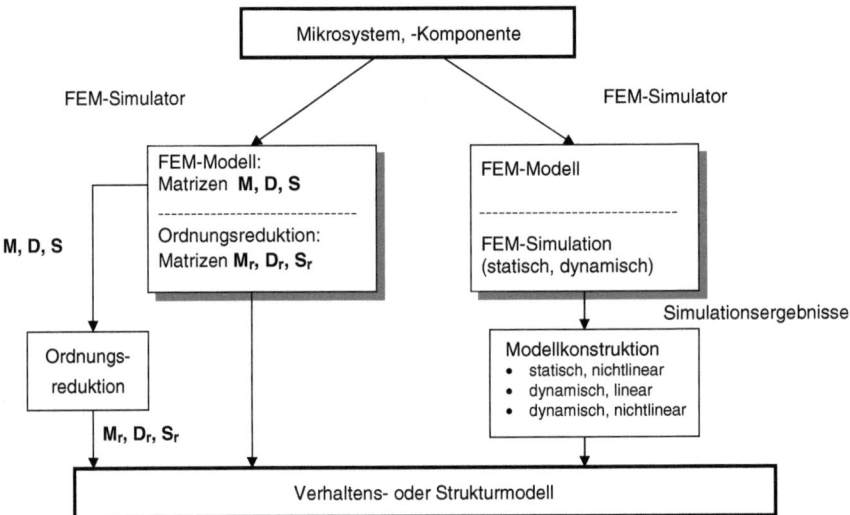

Bild 4.5-9 Modellierung unter Nutzung von FEM-Simulatoren

Für lineare dynamische Systeme lassen sich die Simulationsergebnisse im Zeitbereich auch nutzen, um Modelle in Form von Übertragungsfunktionen oder -matrizen automatisch zu erzeugen. Man geht von folgenden Grundgedanken aus:

- Die Ergebnisse der FEM-Simulation gehören zu einem mathematischen Modell mit sehr vielen Variablen (in der Mechanik spricht man oft von „Freiheitsgraden") – einige zehn- oder hunderttausend Pole und Nullstellen zu berechnen, ist aus numerischen Gründen in der Regel aber nicht möglich.
- Durch Weglassen „unwichtiger" Freiheitsgrade lassen sich wesentlich kleinere Modelle konstruieren, wobei einige zehn oder hundert Variable angestrebt werden (noch kleinere Modelle werden zu ungenau).

Mit derartigen Verfahren auf der Grundlage von Simulationen im Zeitbereich, wie sie z. B. auch in der Regelungstechnik für die Systemidentifikation verwendet werden [Ise92], lassen sich also Modelle mit einer für die Systemsimulation ausreichenden Genauigkeit erzeugen. Sie lassen sich als eine Variante der im Abschnitt c) genauer beschriebenen *Ordnungsreduktion* auffassen.

c) Export von Modellgleichungen

Durch die in FEM-Simulatoren implementierten Diskretisierungsverfahren stehen die diskretisierten Modelle der Mikrosysteme simulatorintern zur Verfügung. Wenn auf diese Modelle von außen zugegriffen werden kann, lassen sie sich auch für die Systemsimulation verwenden. Allerdings sind diese Modelle sehr groß, einige hunderttausend Variable sind durchaus üblich. Für eine effiziente Systemsimulation sind diese Modelle also viel zu groß. Mit Hilfe von Verfahren der *Ordnungsreduktion*, wie sie z. B. auch in der Regelungstechnik verwendet werden [Ise92], kann man aber wesentlich kleinere Modelle konstruieren, wobei sich die Genauigkeit der Modelle nicht zu sehr verringern darf. Mit den Symbolen aus Bild (4.5-8) bedeutet Ordnungsreduktion: das dem FEM-Modell zugrunde liegende Differentialgleichungssystem

$$M\ddot{x} + D\dot{x} + Sx = x_{ext}$$

wird in ein DG-System wesentlich kleinerer Dimension

$$M_r \ddot{x}_r + D_r \dot{x}_r + S_r x_r = x_{ext}$$

überführt, wobei die Abweichung $\| x(t) - x_r(t) \|$ möglichst klein sein oder ein vorgegebenes Fehlermaß nicht überschreiten sollte. Allerdings handelt es sich dabei um ein kompliziertes mathematisches Problem, in dessen Lösung gegenwärtig viel Forschungsaufwand investiert wird [SAW97, Sen98, Meh00, RBH02, OHR03]. Für praktische Anwendungen ist es daher günstig, dass im FEM-Simulator ANSYS ein Algorithmus bereitsteht, der im „substructuring-Modus" eine Ordnungsreduktion [Guy65, ChB97] ausführt. Die reduzierten Modellgleichungen in Form der Matrizen M_r, D_r und S_r können „exportiert", also als ASCII-Text ausgegeben werden. Daraus lässt sich dann ein für einen Systemsimulator geeignetes Modell generieren, z. B. eine Verhaltensbeschreibung in VHDL-AMS [HRS99]. Im Bild 4.5-10 sind diese Schritte skizziert:

- In den FEM-Simulator wird die geometrische Beschreibung des Mikrosystems eingegeben.

- Der Nutzer muss Randknoten ○ und innere Knoten ● festlegen. Die Randknoten entsprechen den Klemmen (terminals) des Modells, die inneren Knoten gehören zu internen Zustandsgrößen. Durch die Festlegung der Randknoten wird eine Mikrosystem-*Komponente* abgegrenzt und damit definiert. Nach Angabe dieser Knoten kann ANSYS die reduzierten Systemmatrizen berechnen und exportieren.

- Das daraus generierte Verhaltensmodell der Mikrosystem-Komponente hat die Klemmengrößen **d** und **f** (als Differenz- und Flussgrößen) sowie x_i als interne Zustandsgrößen.

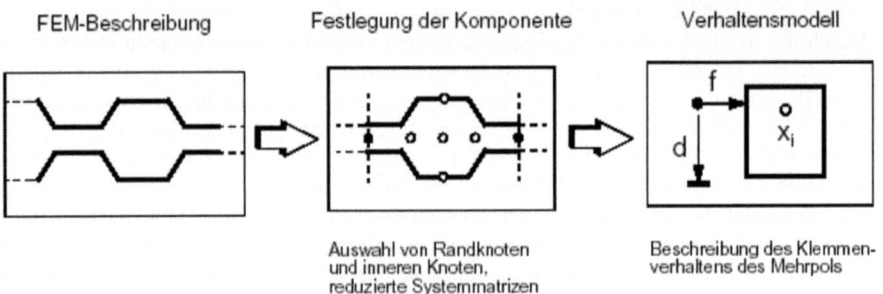

Bild 4.5-10   Generierung von Verhaltensmodellen aus FEM-Beschreibungen

Ein Auszug aus einem derartig generierten Verhaltensmodell in VHDL-AMS für eine mikromechanische Komponente lautet:

```
library DISCIPLINES;
   use DISCIPLINES.KINEMATIC_SYSTEM.all;
   use DISCIPLINES.ROTATIONAL_SYSTEM.all;

ENTITY Inhomogener_Balken IS
   PORT (                                  -- Deklaration der mechanischen Knoten:
      TERMINAL t1_x : kinematic;           -- Knoten 1   x-Richtung
      TERMINAL t1_y : kinematic;           -- Knoten 1   y-Richtung
      ...
      TERMINAL t2_z : kinematic    );      -- Knoten 2   z-Richtung
END Inhomogener_Balken;
ARCHITECTURE Verhaltensmodell OF Inhomogener_Balken IS
   QUANTITY v_t1_x ACROSS f_t1_x THROUGH t1_x;    -- v = Verschiebung
   QUANTITY v_t1_y ACROSS f_t1_y THROUGH t1_y;    -- f = Kraft
   ...
   QUANTITY s_1,s_2 : REAL;  -- interne Zustaende / free quantities
   ...
   QUANTITY pv_t1_x : REAL;  -- weitere Hilfsgroessen / free quantities:
   QUANTITY pv_t1_y : REAL;  --    pv = dv/dt  Geschwindigkeit
   ...
BEGIN
            -- Kraeftegleichgewicht am Terminal 1, x-Richtung:
   -f_t1_x == 5.3950e-20*pv_t1_x'DOT + (-6.3719e-21)*pv_t1_y'DOT +
             ... + 8.9716e-25*s_1 + 6.6480e-01*v_t1_x
             + 3.3405e-01*v_t1_y + ... + (-6.5181e-07)*s_9;
   ...
            -- Beziehung für internen Zustand s_1:
   0.0 == 6.0286e-23*pv_t1_x'DOT + (-9.9876e-24)*pv_t1_y'DOT +
             ... + 6.0616e-17*s_1 + ...;
   ...
   pv_t1_x == v_t1_x'DOT;     -- Berechnung der Hilfsgroessen  pv = dv/dt
   pv_t1_y == v_t1_y'DOT;
   ...
END ARCHITECTURE Verhaltensmodell;
```

Eine Zerlegung in einfache Grundelemente ist dabei nicht unbedingt nötig. So könnte z. B. für den im Bild 3.3-20 gezeigten Beschleunigungssensor ein Verhaltensmodell für die mechanische Domäne generiert werden. Ein *Vorteil* dieser Art der Modellgenerierung liegt also darin,

4.5 Systemsimulation*

dass weitgehend automatisch Verhaltensmodelle auch für Mikrosystem-Komponenten mit komplizierter Struktur gewonnen werden können: es sind alle Vernetzungsregeln aktiv, die auch der FEM-Simulator benutzt. Als *Nachteil* muss zweifellos angesehen werden, dass zunächst einmal ein geeigneter FEM-Simulator vorhanden sein muss, mit der Möglichkeit des Exports reduzierter Gleichungen (ANSYS mit seinem substructering-Modus ist solch ein Simulator). Außerdem wird nur ein rein numerisches Modell erzeugt, bei dem der Einfluss von Parametern (Abmessungen, Materialdaten) nicht mehr explizit erkennbar ist. Bei Parameteränderungen muss die numerische Modellbildung daher wiederholt werden. Gelegentlich wurden beim eingesetzten Algorithmus zur Ordnungsreduktion auch numerische Probleme beobachtet. Sinnvoll ist daher eine Kombination von zwei Wegen:

- für analytisch einfach zu berechnende Komponenten werden parametrisierbare Modelle aus Bibliotheken verwendet (wie oben für den homogenen Biegebalken dargestellt, Gl. (4.5-5)),
- für kompliziertere Strukturen werden mittels Ordnungsreduktion numerische Modelle generiert.

Im Bild 4.5-11 ist ein auf diese Weise simuliertes Mikrosystem gezeigt. Für Parameteränderungen wurde die Länge L der homogenen Biegebalken im analytischen Modell variiert, so dass mit ANSYS nur einmal das numerische dreidimensionale Modell für die seismische Masse generiert werden muss.

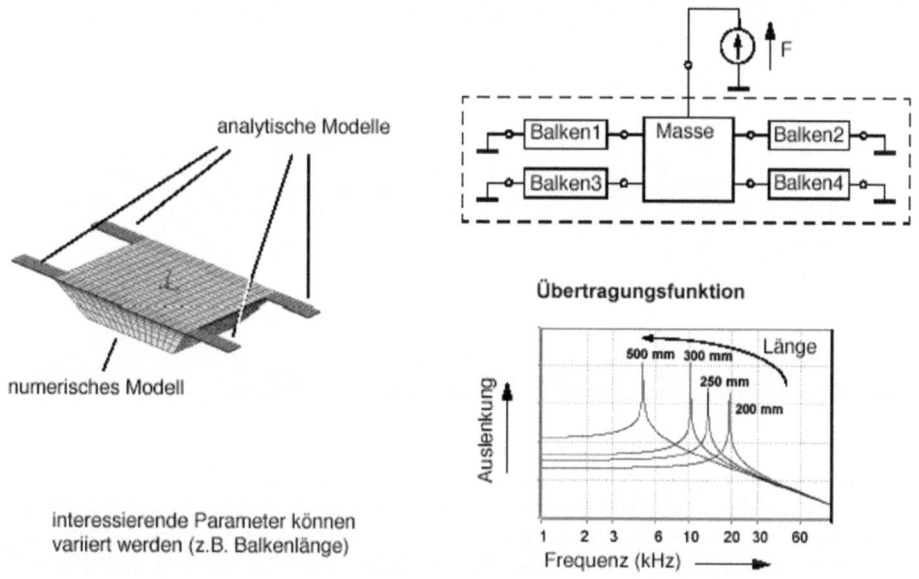

Bild 4.5-11 Zusammenschaltung analytisch und numerisch gewonnener Modelle

In einfachen Fällen ist es aber auch möglich, mit nicht zu hohem Aufwand eine *Modellreduktion* selber zu programmieren, entweder in C oder FORTRAN oder mit Programmsystemen wie Matlab, Mathematica oder Maple. Das soll am Beispiel des *statischen thermischen Verhaltens* erläutert werden [Wün98, ScW99, SzR98, Bie96]. Als Anwendung könnte man sich einen

Chip oder eine Leiterplatte vorstellen: an einigen Stellen befinden sich Bauelemente mit einer hohen elektrischen Verlustleistung (= Wärmequellen), die Temperaturverteilung interessiert vor allem für die Stellen, an denen sich temperaturempfindliche Bauelemente befinden, also z. B. Transistoren in empfindlichen analogen Schaltungen (Bild 4.5-12).

Wenn man von folgenden Annahmen ausgeht:

- die Wärmeausbreitung erfolgt isotrop, d. h. die Wärmeausbreitung im Chip ist weder orts- noch richtungsabhängig,
- die Wärmeleitfähigkeit λ ist nicht temperaturabhängig
- es wird nur das statische Verhalten betrachtet,

so lässt sich die Wärmeleitungsgleichung in Form der POISSONschen Differentialgleichung beschreiben:

$$\lambda \cdot \Delta T = \lambda \cdot \left(\frac{\partial^2}{\partial x^2} T + \frac{\partial^2}{\partial y^2} T + \frac{\partial^2}{\partial z^2} T \right) = -p(x,y,z) \qquad (4.5\text{-}7)$$

Dabei ist Δ der LAPLACE-Operator, $T(x, y, z)$ die ortsabhängige Temperatur und p die an der Stelle (x, y, z) eingespeiste Wärmemenge (pro Volumeneinheit).

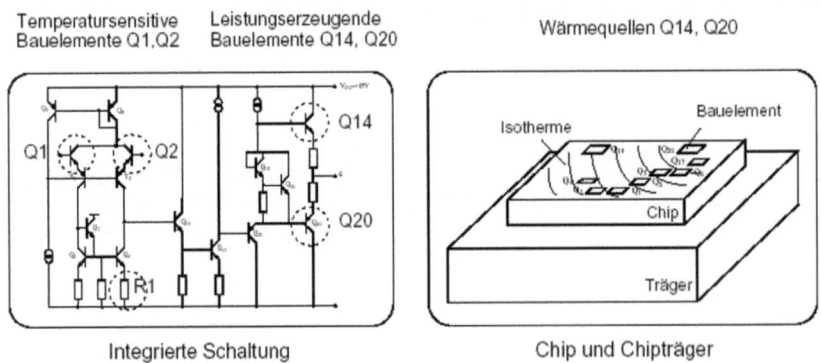

Bild 4.5-12 Elektrische Schaltung und Temperaturverteilung auf dem Chip

Zur numerischen Lösung dieser partiellen Differentialgleichung lässt sich ein Finite-Differenzen-Verfahren einsetzen. Die dadurch entstehenden Gleichungen lassen sich als *dreidimensionales thermisches Widerstandsnetzwerk* deuten. Bild 4.5-13 zeigt die Diskretisierung und Struktur des Netzwerkes aus thermischen Widerständen. Markiert sind die Stellen der Einspeisung von Wärmeflüssen und einige Stellen, an denen die Temperatur gesucht ist. Die Wärmequellen sind Einspeisungen von Wärmeströmen, die durch die Verlustleistungen einiger Bauelemente hervorgerufen werden. Da es sich um die Berechnung der statischen Temperaturverteilung handelt, brauchen Wärmekapazitäten nicht berücksichtigt zu werden.

4.5 Systemsimulation*

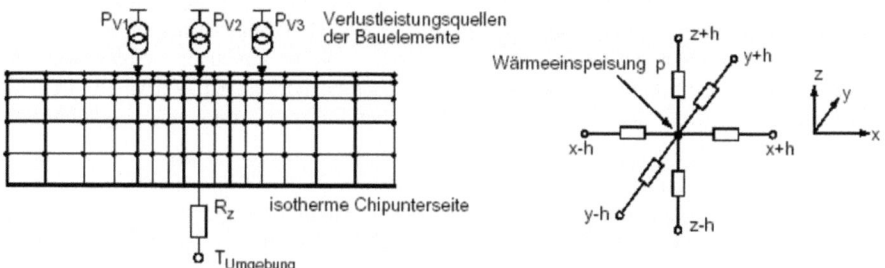

Bild 4.5-13 Diskretisierung des statischen thermischen Systems und thermisches Netzwerkmodell

Für das thermische Widerstandsnetzwerk lässt sich das Gleichungssystem

$$\mathbf{G\,T} = \mathbf{p} \qquad (4.5\text{-}8)$$

mit $\mathbf{G}$ = Matrix der thermischen Leitwerte,

$\mathbf{T}$ = Vektor der Temperaturen an allen Gitterpunkten,

$\mathbf{p}$ = Vektor der in die Gitterpunkte eingespeisten Wärmeströme

formulieren. Es handelt sich um ein lineares Gleichungssystem, entsprechend der *Knotenspannungsanalyse* in der Elektrotechnik und mit dessen sehr einfacher Bildungsvorschrift für die Gleichungen. Auch dafür lässt sich ohne weiteres ein Computerprogramm formulieren, wenn man sich mit einer einfachen, z. B. weitgehend homogenen Diskretisierung (Bild 4.5-13) zufrieden gibt. FEM-Simulatoren verwenden demgegenüber raffinierte Vernetzungsalgorithmen, um durch eine problemangepasste inhomogene Gitterstruktur eine hohe Genauigkeit zu erzielen. Das Problem ist jetzt „nur" noch die numerische Lösung von Gl. (4.5-8), die allerdings bereits bei einfachen dreidimensionalen Gitteranordnungen (z. B. mit 100*100*5 = 50.000 Variablen und ca. 300.000 Koeffizienten in der Matrix $\mathbf{G}$) nur noch mit Numerik-Programmen möglich ist. Solche Gleichungslöser können Programm-Bibliotheken wie LAPACK oder Numerical Recipes entnommen werden. Es ist nun interessant, dass durch geeignete Partitionierung der Variablen und Auflösung nach den „interessierenden" Variablen ein wesentlich kleineres Modell erzeugt werden kann, das somit eine reduzierte Ordnung hat. Wenn mit $\mathbf{T}_1$ der relativ kleine Teilvektor der „interessierenden" Temperaturen an den Stellen mit temperatursensitiven Bauelementen bezeichnet wird ($\mathbf{T}_2$ ist dann der sehr große Vektor der restlichen Temperaturen), so gilt bei entsprechender Partitionierung des Gleichungssystems

$$\mathbf{G}_{11}\mathbf{T}_1 + \mathbf{G}_{12}\mathbf{T}_2 = \mathbf{p}_1, \quad \mathbf{G}_{21}\mathbf{T}_1 + \mathbf{G}_{22}\mathbf{T}_2 = \mathbf{p}_2 \quad (\text{und } \mathbf{G}_{12} = \mathbf{G}_{21}) \qquad (4.5\text{-}9)$$

Diese Gleichung läßt sich umformen in

$$(\mathbf{G}_{11} - \mathbf{G}_{12}\mathbf{G}_{22}^{-1}\mathbf{G}_{21})\,\mathbf{T}_1 = \mathbf{p}_1 - \mathbf{G}_{12}\mathbf{G}_{22}^{-1}\mathbf{p}_2 \qquad (4.5\text{-}10)$$

Die Anzahl der interessierenden Variablen und damit die Größe der Matrix $\mathbf{G}_{11}$ bzw. des Gleichungssystems (4.5-10) ist jetzt nur noch gleich der Anzahl der temperaturempfindlichen Elemente, also vergleichsweise sehr klein. Übliche Zahlen sind z. B. 20 oder 50 interessierende Temperaturen gegenüber den restlichen Temperaturen in 50.000 oder 100.000 Gitterpunkten! Bei der Aufstellung des Gleichungssystems (4.5-10) ist zu beachten, dass auch die Temperaturen der wärmeerzeugenden Bauelemente im Vektor $\mathbf{T}_1$ enthalten sind, soweit diese gleichzeitig als temperaturempfindlich anzusehen sind.

Dabei handelt es sich nicht einmal um eine Näherung, sondern es ist die *exakte* Lösung des *statischen* Temperaturverteilungsproblems. Bei sehr großen Gleichungssystemen wird man die Matrix G_{22}^{-1} allerdings nicht durch explizite Matrizeninversion berechnen, sondern mit iterativen Verfahren. Eine Ordnungsreduktion des *dynamischen* thermischen Verhaltens ist leider nicht so einfach möglich, dort muss man bei ähnlicher Diskretisierung mit vergleichsweise großen thermischen RC-Netzwerken arbeiten [DLK97].

Die oben in den Absätzen b) und c) beschriebenen Verfahren der Ordnungsreduktion konnten erfolgreich für die Erzeugung dynamischer thermischer Modelle eingesetzt werden [MSH00, RBH02]. Im Bild 4.5-14 ist ein Tool **TSMG** (Thermischer Simulator und Modell-Generator) skizziert, in dem diese Verfahren implementiert wurden: aus dem ursprünglichen System partieller Differentialgleichungen (PDE, partial differential equations) entsteht durch räumliche Diskretisierung ein FEM- oder FDM-Modell, dass einem System gewöhnlicher Differentialgleichungen (ODE, ordinary differential equations) entspricht. Nach Ordnungsreduktion lässt sich das kleinere ODE-System in verschiedenen Modellierungssprachen ausgeben. Bei Vorgabe elektrischer Verlustleistungen kann auch die Temperaturverteilung auf dem Chip berechnet werden (zeitlicher Verlauf und Isothermendarstellung).

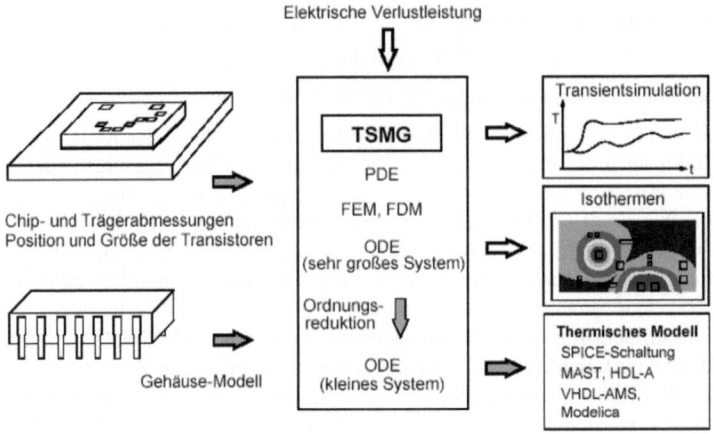

Bild 4.5-14   Programm zur Berechnung thermischer Modelle

Das Gleichungssystem (4.5-10) kann einerseits benutzt werden, um die Temperatur an ausgesuchten, kritischen Stellen des Chips oder der Leiterplatte für unterschiedliche Wärmeeinspeisungen zu berechnen. Es ist aber auch eine andere Anwendung sinnvoll, nämlich die Berechnung des Verhaltens des *gekoppelten* thermisch-elektrischen Systems. Die elektrischen Bauelemente (z. B. die Leistungstransistoren) erzeugen ja nicht nur Wärme, sondern ihr Verhalten hängt selber auch von der lokalen Temperatur ab, die durch ihre eigene Erwärmung erst hervorgerufen wird. Für diesen Zweck kann das Gleichungssystem (4.5-10) als Beschreibung eines „thermischen Mehrpols" aufgefasst werden, der zusammen mit der elektrischen Schaltung von Simulatoren wie Saber oder ELDO simuliert werden kann (Bild 4.5-15). Dazu sind aber Modifikationen des elektrischen Systems, also der Transistorschaltung, nötig (Bild 4.5-15b). Die Modelle der verlustleistungserzeugenden und der temperatursensitiven Transistoren müssen um eine „thermische Klemme" erweitert werden, über die die Transistortemperatur T und der Wärmefluss q zwischen Bauelement und thermischer Umgebung ausgetauscht werden.

4.5 Systemsimulation*

Das erfordert auch Eingriffe in die Transistormodelle, die leider nicht in allen Schaltungssimulatoren möglich sind. Im Vergleich zu einer ausschließlich thermischen Simulation ohne Berücksichtigung dieser Kopplung wurden Temperaturunterschiede von einigen Grad beobachtet, was bei empfindlichen Schaltungen durchaus von Bedeutung sein kann.

Leider sind die hier beschriebenen Zusammenhänge zu kompliziert, um mit Näherungsformeln dargestellt werden zu können, wie sie z. B. im Abschnitt 5.3 für das Thermopile-Array verwendet werden. Es war daher das Ziel der letzten Passagen zu zeigen, dass eine automatisierte Modellgenerierung in Verbindung mit einer Ordnungsreduktion in einfachen, aber dennoch wichtigen Fällen mit einem durchaus überschaubaren Aufwand an Programmierung erreicht werden kann. Dagegen erfordert die Ordnungsreduktion bei dynamischen linearen oder gar bei nichtlinearen Systemen erheblich kompliziertere Algorithmen. Der gesamte Problemkreis der *automatisierten Modellgenerierung* für Mikrosysteme ist ein gegenwärtig sehr intensiv untersuchter Forschungsgegenstand [AnS01], [Bie96], [CDM03], [CDM04], [CKZ04], [FRK04], [GMS00], [Hof97], [HRS99], [Las03], [MGS00], [MSH00], [MWB00], [ORH03], [RBH02], [ReW03], [Rom98], [SAW97], [ScH98], [Sch98b], [Whi04]. Es ist damit zu rechnen, dass die Anbieter von CAD-Tools diesem Trend Rechnung tragen und in den nächsten Jahren erprobte Werkzeuge zur Verfügung stehen werden.

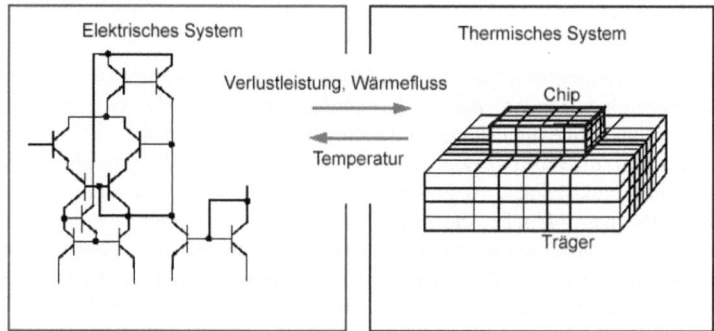

a) Thermisch-elektrische Wechselwirkung zwischen Chip und Transistorschaltung

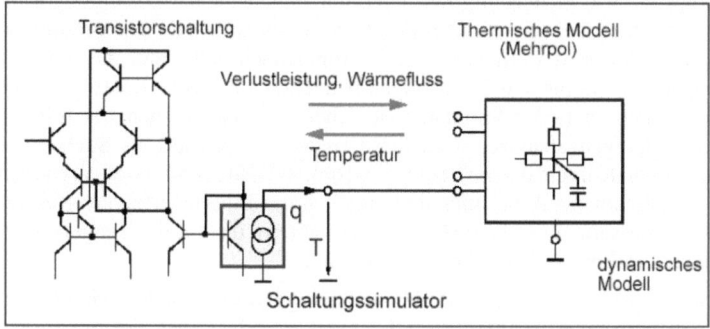

b) Modifikation der elektrischen Schaltung, thermisches Mehrpol-Modell

Bild 4.5-15   Gemeinsame elektrisch-thermische Simulation

4.5.8 Simulatorkopplung: Prinzip

Bei zahlreichen anderen gekoppelten Problemen der Mikrosystemtechnik lässt sich das im vorhergehenden Abschnitt beschriebene Verfahren leider nicht einsetzen, vor allem, wenn es um nichtlineare und dynamische Probleme geht oder numerische Verfahren der Ordnungsreduktion nicht zur Verfügung stehen. Beispiele sind:

- elektrisch gefesselte Beschleunigungsaufnehmer (siehe Kap. 4.5.9)
- elektrisch-thermische Wechselwirkungen bei komplizierteren Geometrien, als im vorigen Abschnitt beschrieben, oder mit dynamischen Effekten
- Fluidik-Mechanik-Kopplung bei Membranen in Verbindung mit Flüssigkeiten und Gasen

In derartigen Fällen empfiehlt sich folgendes Vorgehen:

a) Jedes Teilsystem wird mit einem Simulator behandelt, der dafür besonders geeignet ist (z. B. Saber oder ELDO für eine elektrische Schaltung, ANSYS oder CAPA für die FEM-Simulation eines mechanischen oder thermischen Teilsystems, ADAMS oder SIMPACK für ein mechanisches Mehrkörpersystem, MAFIA oder PROFI für eine Magnetfeldberechnung usw.).

b) Die Simulatoren werden miteinander verkoppelt und lösen dann gemeinsam das gekoppelte Problem.

Die Kopplung wird leider von den meisten Simulatoren nicht sehr gut unterstützt. Die Simulatorhersteller bevorzugen eher eine *simulatorinterne* Kopplung von anderen Lösungsalgorithmen mit ihrem Kernalgorithmus, ohne aber damit in der Regel die Leistungsfähigkeit auf den „Nachbargebieten" zu erreichen, die dafür spezialisierte Simulatoren haben. Es gibt aber meistens für den Anwender einen praktikablen Weg, die Simulatorkopplung zu realisieren, nämlich über die *Schnittstellen für neue Modelle*, die in die Simulatoren eingebracht werden können. Diese Modelle lassen sich so programmieren, dass sie über Filetransfer, pipes oder sockets den Datenaustausch realisieren. Aus der Sicht des einzelnen Simulators wird ein Modell aufgerufen, das in Wirklichkeit aus einem anderen Simulator besteht. Speziell für den Simulator ANSYS wird die Simulatorkopplung durch die vom Hersteller bereitgestellte Kommandosprache APDL (ANSYS Parametric Design Language) gut unterstützt.

Die Simulatorkopplung hat nicht nur die rechentechnischen Aspekte der Schnittstellen und des Datentransfers zu berücksichtigen, sondern ist auch ein mathematisches Problem, da zwei Gleichungssysteme gekoppelt, also gleichzeitig und u. U. mit verschiedenen Lösungsalgorithmen gelöst werden müssen. Die dabei auftretenden Probleme sollen an Hand einer vereinfachten Darstellung geometrisch illustriert werden, wobei der Einfachheit halber nur die statische Lösung von zwei gekoppelten nichtlinearen Gleichungen betrachtet wird. Bild 4.5-16 zeigt die Kopplung der beiden Simulatoren (jeder Simulator ist dabei wie eine Rechenvorschrift zu betrachten). Da beide Gleichungen gleichzeitig zu lösen sind, lässt sich das als Suchen des Schnittpunktes zwischen zwei Kurven deuten (Bild 4.5-16b). Im Bild sind zwei Verfahren dargestellt, die aus der Schulmathematik bekannt sind, nämlich das Einsetzverfahren (Relaxationsverfahren) und eine verbesserte Vorschrift (Newton-Verfahren), die auf der Tangentenberechnung und Schnittpunktberechnung dieser Tangenten beruht.

Das Bild täuscht natürlich etwas über die realen Probleme hinweg: es ist nicht der Schnittpunkt zwischen zwei Kurven zu berechnen, sondern die Gleichheit zwischen zwei vektorwertigen Zeitfunktionen über den gesamten Simulationszeitraum ist zu erreichen. Daraus lassen sich Forderungen an die Simulatoren herleiten, die im Idealfall erfüllt sein sollten. Da die Gleichheit der beiden Zeitfunktionen in der Regel iterativ herbeigeführt wird, sollten beide Simulatoren auf den Beginn des aktuellen Integrationsintervalls zurückgesetzt werden können, um mehrfach die Berechnung mit immer neuen Eingangsfunktionen ausführen zu können. Diese Anforderung erfüllen nicht alle Simulatoren; in [WCS97] ist daher gezeigt worden, mit welchen heuristischen Ansätzen trotzdem eine Simulatorkopplung realisiert werden kann, vgl. auch [CRS00, Meh00].

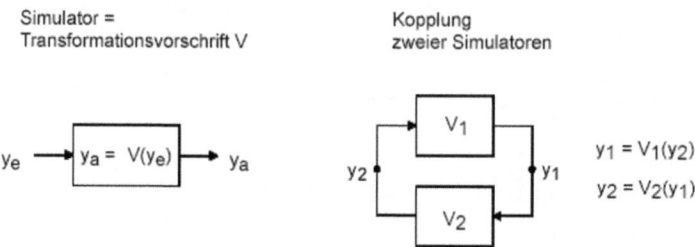

a) Prinzip

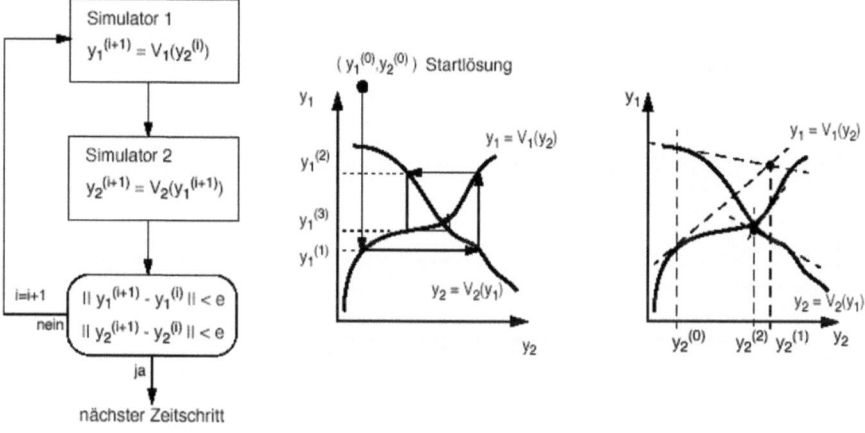

b) Berechnungsverfahren (links: Einsetzverfahren; rechts: Newtonverfahren)

Bild 4.5-16 Simulatorkopplung: Prinzip und Berechnungsverfahren

Wegen der Bedeutung der Simulatorkopplung für die Analyse gekoppelter Systeme ist zu erwarten, dass zunehmend Kopplungen kommerziell verfügbarer Simulatoren auch von den Softwareherstellern selbst entwickelt werden, wie das speziell für Mikrosysteme und mechatronische Systeme in der letzten Zeit bereits erfolgt ist [iti, Simec].

4.5.9 Simulatorkopplung: Anwendungsbeispiel

Als Anwendungsbeispiel soll der schon mehrfach erwähnte gefesselte mechanische Beschleunigungssensor dienen (Prinzipdarstellung im Bild 4.5-17). Seine beidseitig aufgehängte Masse bewegt sich unter dem Einfluss von Beschleunigungskräften zwischen zwei feststehenden Platten [Ecc96, CGS95, Meh00]. Die Kapazitäten zwischen der bewegten Masse und den Gegenelektroden werden mit einer Auswerteschaltung *gemessen*. Ihre Änderungen sind ein Maß für die Verschiebungen und damit indirekt für die Beschleunigungskräfte.

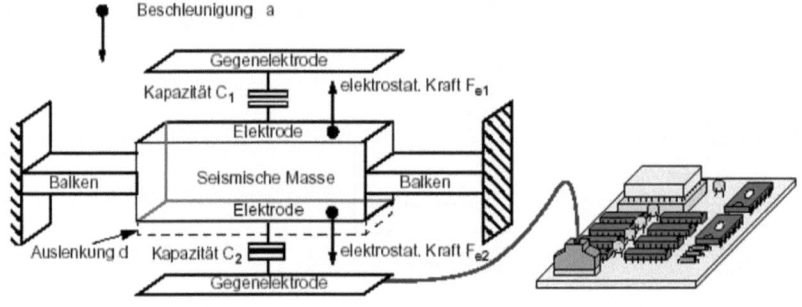

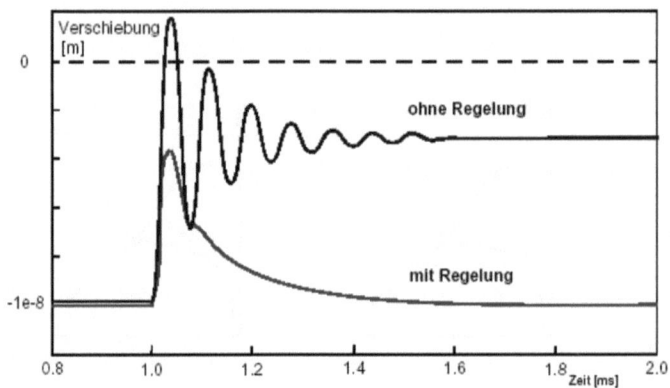

Bild 4.5-17 Gekoppeltes mechanisch-elektrisches System: gefesselter Beschleunigungssensor

Außerdem wird der Sensor *geregelt*, d. h. je nach Auslenkung der Masse wird zwischen der beweglichen Masse und den Gegenelektroden eine Spannung angelegt, um die Masse wieder in die Ruhelage zu bringen – daher der Begriff „gefesselter Sensor". Das ist aus Gründen des Arbeitens im linearen Kennlinienbereich und des Vermeidens von Kontakten mit den festen Elektroden sinnvoll. Im Bild ist auch dargestellt, welchen Einfluss die Regelung auf das Verhalten des Sensors nach Auftreten einer sprunghaft ansteigenden und dann konstant bleibenden Beschleunigungskraft hat: ein starkes Überschwingen *ohne* Regelung, ein wesentlich verringertes Überschwingen und das rasche Erreichen der Ausgangslage *mit* Regelung.

Die Simulation dieses Mikrosystems, in dem besonders die *mechanisch-elektrostatischen Wechselwirkungen* zu analysieren und bei der Reglerdimensionierung zu berücksichtigen sind, lässt sich durch die Kopplung eines FEM-Simulators (z. B. ANSYS) mit einem Schaltungssimulator (z. B. Saber) realisieren. Für die Simulation der mechanischen Bewegungen empfiehlt sich der Einsatz eines FEM-Simulators, da wegen der beidseitigen Einspannung bei größeren Auslenkungen stark nichtlineare Federkennlinien entstehen. Eine Modellbildung dafür und die gleichzeitige Berücksichtigung der elektrostatisch-mechanischen Beziehungen ist aufwändig, so dass ein FEM-Simulator eingesetzt werden sollte. Bild 4.5-18 zeigt das Blockschaltbild mit den Schnittstellen zwischen den beiden Teilsystemen. Über sie erfolgt der Datenaustausch zwischen den beiden Simulatoren: Saber liefert zu jedem Zeitpunkt des Datenaustauschs die aktuellen Werte der elektrostatischen Kräfte F_{e1} und F_{e2}, ANSYS liefert an Saber die Auslenkung d der seismischen Masse. Beide Simulatoren berechnen aus den ihnen übermittelten Eingangswerten jeweils die neuen Ausgangswerte. Die Simulatoren arbeiten parallel und müssen für den Datenaustausch *synchronisiert* werden [CRS00]. Durch die Verwendung eines FEM-Simulators im Simulatorverbund liegen die Rechenzeiten allerdings schnell im Stundenbereich.

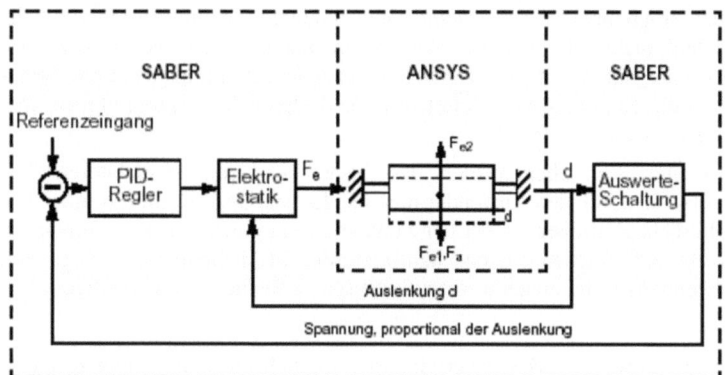

Bild 4.5-18 Blockschaltbild des elektro-mechanischen Beschleunigungssensors

Wie bereits im Kap. 4.5.7 erläutert wurde, sind in integrierten Schaltungen wegen der immer kleiner werdenden Abmessungen die *elektrisch-thermischen Wechselwirkungen* zu berücksichtigen. Die durch die Verlustleistungen in den elektronischen Bauelementen erzeugten Temperaturen hängen von den Strömen und Spannungen in der Schaltung ab, diese Ströme und Spannungen werden aber wiederum von den Temperaturen der Schaltelemente (vor allem in den Sperrschichten der Transistoren) beeinflusst. Es handelt sich also um ein typisches heterogenes, gekoppeltes dynamisches System. Im Kap. 4.5.7 war vorgestellt worden, wie sich bei nicht zu komplizierten geometrischen Strukturen und im statischen Fall durch Programmierung einiger Algorithmen oder – allgemeiner auch im dynamischen Fall – durch Verfahren der Ordnungsreduktion ein Modell des thermischen Teilsystems generieren lässt, um mit einem Schaltungssimulator das gekoppelte System zu analysieren. Es ist aber auch möglich, dafür eine Simulatorkopplung einzusetzen. Vor allem bei der *dynamischen* Analyse des thermischen Teilsystems ist das ein praktikabler Weg, wenn dafür die automatische Modellgenerierung noch nicht existiert.

Bild 4.5-19 zeigt einen Ausschnitt aus einer elektronischen Schaltung, die z. B. mit Saber simuliert werden kann, und dazu das thermische Chip-Modell, das mit dem FEM-Simulator ANSYS berechnet wurde. Die gemeinsame Simulation wird über Simulatorkopplung realisiert [WCS97]. Die Simulatoren tauschen zu jedem Zeitpunkt die Verlustleistungen der besonders leistungsverbrauchenden und die Temperaturen an den besonders temperaturempfindlichen Bauelementen aus. Im Bild 4.5-19 sind außerdem ausschnittsweise die berechnete Temperaturverteilung auf dem Chip zu zwei Zeitpunkten sowie die statische elektrische Übertragungscharakteristik $U_{out} = f(U_{in})$ der Schaltung und die Verlustleistung zweier Transistoren in Abhängigkeit von U_{in} mit und ohne Berücksichtigung der Kopplung dargestellt.

Abschließend sollen die grundsätzlichen *Vor- und Nachteile der Simulatorkopplung* zusammengefasst werden:

Der wohl entscheidende *Vorteil* ist, dass für jedes Teilsystem *der* Simulator gewählt werden kann, der bezüglich Modellvorrat, Simulationsalgorithmen und Ergebnisvisualisierung optimal zur physikalischen Domäne (z. B. Mechanik, Thermik, Elektronik) und dem gewählten Abstraktionsniveau (partielle DG, gewöhnliche DG) passt. Das vereinfacht die Modellierung erheblich: der Aufwand für die Entwicklung eines Systemmodells auf der Grundlage von FEM-Simulationen entfällt, wenn der FEM-Simulator direkt eingesetzt werden kann. Ein weiterer Vorteil liegt in der Möglichkeit der *Internetnutzung*. Simulatorkopplungen müssen beim heutigen Stand der Technik nicht auf einem Rechner oder in einem lokalen Rechnernetz realisiert werden, sondern können durch Nutzung weltweiter Netze dezentral implementierte Simulatoren verbinden. Auch die Kopplung von Simulatoren und Optimierungsprogrammen über das Internet wurde bereits eingesetzt [SPS99].

Als *Nachteil* muss vor allem angesehen werden, dass bisher nur wenige Simulatoren ohne eigenen Programmieraufwand durch den Anwender miteinander gekoppelt werden können. Die Simulationszeiten sind erheblich größer als bei der Simulation mit einem einzigen Simulator: die Koppelsoftware verbraucht Rechenzeit, und häufig werden FEM-Simulatoren eingesetzt, die wegen der detaillierteren Modelle ohnehin wesentlich größere Rechenzeiten benötigen.

Zusammenfassung

Im Abschnitt 4.5 sollte gezeigt werden, dass es verschiedene Möglichkeiten gibt, durch geeignete Modellbildung und auch durch Simulatorkopplung die Gesamtsimulation eines komplexen und heterogenen Mikrosystems zu erreichen. Als Ansätze für die Modellierung haben sich verallgemeinerte Netzwerke sowie die Definition einheitlicher Verhaltensmodell-Strukturen bewährt. Erste positive Erfahrungen liegen auch bei der automatisierten Modellbildung mittels Ordnungsreduktion vor. Diese Ergebnisse ermutigen, zusätzlich zu den unverzichtbaren Simulationen auf der Modellierungsebene der partiellen Differentialgleichungen (FEM, BEM, FDM) auch schaltungs- und regelungstechnische Simulatoren bei der Systemsimulation einzusetzen.

4.5 Systemsimulation*

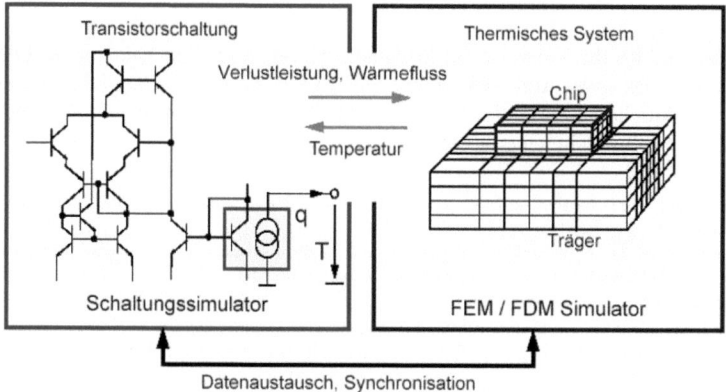

a) gekoppelte Simulatoren

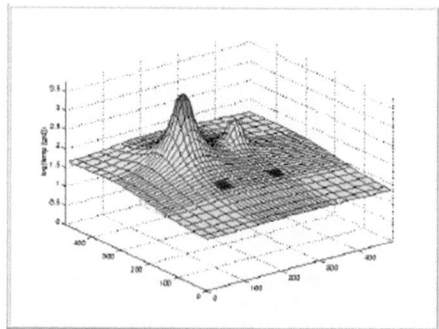
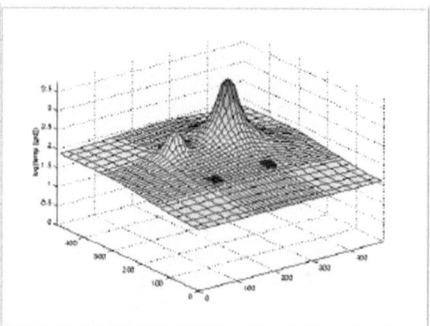

b) Temperaturverteilung auf dem Chip (zu zwei verschiedenen Zeitpunkten)

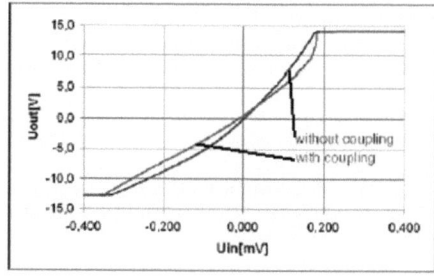
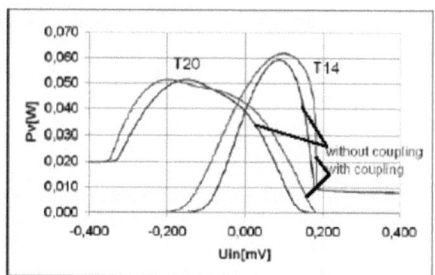

c) Transfercharakteristik $U_{out} = f(U_{in})$ d) Verlustleistung zweier Transistoren

Bild 4.5-19 Simulatorkopplung für die Berechnung thermisch-elektrischer Wechselwirkungen in einem integrierten Schaltkreis

4.5.10 Literatur

Im Literaturverzeichnis sind für die Verweise auf Simulatoren kommerzieller Anbieter anstelle von Veröffentlichungen meist www-Adressen angegeben. Durch die rasche Entwicklung der Software kann man die aktuellen Informationen am besten über die homepages der Anbieter und diese wiederum über Suchmaschinen erhalten.

[Analogy]	http://www.analogy.com
[AnB95]	Antao, B.; Brodersen, A.: Behavioral simulation for analog system design verification. IEEE Trans. VLSI 3(1995)3, 417-429.
[AnS01]	Antoulas, A.; Sorensen, D.: Approximation of large-scale dynamical systems – An overview. Technical Report, Rice University, 2001. http://www-ece.rie.edu/\~Vaca/mtns00.pdf}
[Ansys]	http://www.ansys.com
[Ant96]	Antao, B. (Ed.): Modeling and Simulation of Mixed Analog-Digital Systems. Dordrecht: Kluwer 1996.
[Arm89]	Armstrong, J.R.: Chip-Level Modeling with VHDL. Prentice Hall, Englewood Cliffs 1989
[AtB92]	Atherton, D.P.; Borne, P.: Concise Encyclopedia of Modelling and Simulation. Pergamon Press, Oxford 1992. Ein umfassender Überblick zur wertkontinuierlichen Simulation: Lösung von Differentialgleichungen, z-Transformation, Identifikationsverfahren
[Ban98]	Banks, J. (Ed.): Handbook of Simulation. Wiley, New York 1998. Ein umfassender Überblick zur diskreten Simulation (Methoden und knappe Beschreibung von Simulatoren wie GPSS/H, SIMSCRIPT und SIMPLE++).
[BEB93]	Breitenecker, F.; Ecker, H.; Bausch-Gall, I.: Simulieren mit ACSL. Vieweg, Braunschweig 1993
[Bie96]	Bielefeld, J.: Simulation analoger elektromechanischer Mikrosysteme und des Verhaltens von elektrothermischen Bauelementen unter Verwendung eines automatisch generierten vereinheitlichten Modells. Dissertation, Uni-GH Duisburg 1996
[Bra97]	Braess, D.: Finite Elemente. Springer, Berlin 1997.
[Bil00]	Billep, D.: Modellierung und Simulation eines mikromechanischen Drehratensensors. Diss., TU Chemnitz 2000.
[Bre85]	Breedveld, P.C.: Multi bondgraph elements in physical systems theory. J. Franklin Inst. 319(1985), 1-36.
[Cadence]	http://www.cadence.com
[CDM03]	Codecasa, L.; D'Amore, D.; Maffezzoni, P.: An Arnoldi based thermal network reduction method for electro-thermal analysis. IEEE Trans. CPT 26(2003)1,186-192.
[CDM04]	Codecasa, L.; D'Amore, D.; Maffezzoni, P.: A novel approach for generating boundary condition independent compact dynamic thermal networks of packages. Proc. 10. Workshop on Thermal Investigation of ICs and Systems (THERMINIC), Sophia Antipolis 2004, 305-310.
[Cel91]	Cellier, F. E.: Continuous System Modeling. Springer, New York/Berlin 1991.
[ChB97]	Chandrupatla, T.R.; Belegundu, A.D.: Introduction to Finite Elements in Engineering (2nd Ed.). Prentice Hall, Upper Saddle River 1997.
[CGS95]	Clauss, C.; Gruschwitz, R.; Schwarz, P.; Wünsche, S.: Simulation mikrosystemtechnischer Aufgaben mit gekoppelten Simulatoren. 2. Chemnitzer Fachtagung "Mikrosystemtechnik – Mikromechanik & Mikroelektronik", TU Chemnitz-Zwickau, 16./17.10.1995, 92-101.
[CHS99]	Clauß, C.; Haase, J; Schwarz, P.: VHDL-AMS: eine standardisierte Beschreibungssprache auch für die Mikrosystemtechnik. Tutorial, 8. GMM-Workshop "Methoden und Werkzeuge zum Entwurf von Mikrosystemen. Berlin, Dezember 1999
[CKZ04]	Chen, J.; Kang, S.M.; Zou, J.; Liu, C.; Schutt-Ain, J.E.: Reduced order modeling of weakly nonlinear MEMS devices with Taylor-series expansions and Arnoldi approach. Journal of Microelectromechanical Systems 13(2004)3,441-451.
[CoC92]	Connelly, J.A.; Choi, P.: Macromodeling with SPICE. Prentice Hall, New Jersey, 1992.
[CRS00]	Clauß, C.; Reitz, S.; Schwarz, P.: Simulation mechanisch-elektrischer Wechselwirkungen am Beispiel eines sensorischen Mikrosystems. Proc. SIM'2000, Dresden, Februar 2000, 183-196
[DLK97]	Digele, G.; Lindenkreuz, S.; Kasper,E.: Fully coupled dynamic electro-thermal simulation. IEEE Trans. VLSI 5(1997)3, 250-257.
[dolphin]	http.//www.dolphin.fr
[Dynas]	http://www.Dynasim.se
[Ecc96]	Eccardt, P.C. et al.: Coupled finite element and network simulation for microsystem components. MICRO SYSTEM Technologies '96, Potsdam, Sept. 1996, 145-150
[Fis00]	Fischer, W.-J. (Hrg.): Mikrosystemtechnik. Vogel, Würzburg 2000.

4.5 Systemsimulation*

[FRK04] Feng, L.; Rudnyi, E.B.; Korvink, J.G.: Boundary condition independent compact thermal models. Proc. 10. Workshop on Thermal Investigation of ICs and Systems (THERMINIC), Sophia Antipolis 2004, 281.
[GeD97] Gerlach, G.; Dötzel, W.: Grundlagen der Mikrosystemtechnik. Hanser, München 1997
[GMS00] Mehner, J.E.; Gabbay, L.D; Senturia, S.D.: Computer-aided generation of nonlinear reduced-order dynamic macromodels – I: Non-stress-stiffened case. Journal of Microelectromechanical Systems 9(2000)2, 262-269.
[Guy65] Guyan, R.J.: Reduction of stiff and mass matrices. AIAA Journal 3(1965)2, 380-383
[Hof97] Hofmann, K.: Differential model generation for microsystem components using analog hardware description languages, Dissertation, TU Darmstadt, 1997.
[HoG97] Hofmann, K.; Glesner, M.: A library concept for parametrized microsystem components suitable for the creation of behavioral models from a structural (FEM) view. 2nd Workshop on Libraries, Component Modeling, and Quality Assurance, Toledo 1997, 233-244
[HRS99] Haase, J.; Reitz, S.; Schwarz, P.: Behavioral modeling for heterogeneous systems based on FEM descriptions. Proc. IEEE Intern. Workshop Behavioral Modeling and Simulation BMAS99, Orlando, FL, 1999.
[Ise92] Isermann, R.: Identifikation dynamischer Systeme. Springer, Berlin 1992
[iti] http://www.iti.de
[Jan03] Jansen, D. (Edt.): The Electronic Design Automation Handbook. Kluwer, Boston 2003.
[Kal04] Kaltenbach, M.: Numerical Simulation of Mechatronic Sensors and Actuators. Springer, Berlin 2004.
[Kas00] Kasper, M: Mikrosystementwurf. Springer, Berlin 2000.
[Kle00] Klein, A.: Modellierung und Simulation von Mikromembranpumpen. Dissertation, Dresden University Press, 2000
[KlG96] Klein, A.; Gerlach, G.: System modelling of microsystems containing mechanical bending plates using an advanced network description method. MICRO SYSTEM Technologies, VDI-Verlag, Berlin 1996, 299-304.
[KMR90] Karnopp, D. C.; Margolis, D. L.; Rosenberg, R. C.: System Dynamics: A Unified Approach. Wiley, New York 1990.
[KoB61] Koenig, H. E.; Blackwell, W. A.: Electromechanical System Theory. McGraw-Hill, New York 1961.
[Las03] Lasance, C.J.M.: Recent progress in compact thermal models. Proc. 19. IEEE SEMI-THERM Symposium, San Jose 2003, 290-299
[Len71] Lenk, A.: Elektromechanische Systeme (3 Bände). Verlag Technik, Berlin 1971.
[LKL96] Lerch, R.; Kaltenbacher, M.; Landes, H.; Lindinger, F.: Computergestützte Entwicklung elektromechanischer Transducer. e&i 113(1996)7/8, 532-546. Siehe auch: http://www.lse.uni erlangen.de/CAPA/index.htm
[LoN98] Lorenz, G.; Neul, R.: Network-type modeling of micromachined sensor systems. Proc. MSM98, 233-238
[Lor99] Lorenz, G.: Netzwerksimulation mikromechanischer Systeme. Dissertation Uni Bremen 1999
[LWS94] Lehmann, G.; Wunder, B.; Selz, M.: Schaltungsdesign mit VHDL. Franzis-Verlag, Poing, 1994.
[MaF94] Mantooth, H. A.; Fiegenbaum, M. F.: Modeling with an Analog Hardware Description Language. Kluwer, Dordrecht 1994.
[Mathw] http://www.mathworks.com
[Matrixx] http://www.isi.com/products/matrixx/
[Meh00] Mehner, J.: Entwurf in der Mikrosystemtechnik. Habilitationsschrift, Dresden University Press, 2000
[Memsc] http://www.memscap.com
[Mentor] http://www.mentor.org
[MGS00] Mehner, J.E.; Gabbay, L.D.; Senturia, S.D.: Computer-aided generation of nonlinear reduced-order dynamic macromodels---II: Stress-stiffened case. Journal of Microelectromechanical Systems 9(2000)2, 270-278.
[Model] Modelica: siehe http://modelica.org ; viele links zu Publikationen über Modelica, das Language Reference Manual, die Bibliotheken usw.
[MSH00] Martin, R.; Schwarz, P.; Haase, J.: TSMG – ein Werkzeug für die gekoppelte thermisch-elektrische Simulation. 18.CAD-FEM-Users_Meeting, Friedrichshafen 2000, S. 1.3.6/1-8.
[MWB00] Mehner, J.; Wibbeler, J; Bennini, F,; Dötzel, G.: Modeling and simulation of micromechanical components. Proc. Workshop System Design Automation, Rathen, 2000, 163-177.
[Neu98] Neul, R. et al.: A modeling approach to include mechanical microsystem components into system simulation. Proc. Design, Automation & Test Conf. (DATE'98), Paris, 1998, 510-517.
[Ngu94] Nguyen, T. V.: Recursive convolution and discrete time domain simulation of lossy coupled transmission lines. IEEE Trans. CAD 13(1994)10, 1301-1305.
[ORH03] Otte, G.; Reitz, S.; Haase, J.: Generation of linear models using simulation results. Proc. 4. IMACS Symp. MATHMOD, Wien 2003, 436-443.

[Par97]　Parodat, S.: MARABU – Ein Werkzeug zur Approximation nichtlinearer Kennlinien mit radialen Basisfunktionen. Proc. 6. Workshop "Methoden und Werkzeuge zum Entwurf von Mikrosystemen", Paderborn, 4./5. Dezember 1997, 49-58.

[Pel94]　Pelz, G. et al.: MEXEL: Simulation of microsystems in a circuit simulator using automatic electromechanical modeling. MICRO SYSTEM Technologies, VDE-Verlag, Berlin 1994, 651-657.

[Pel01]　Pelz, G.: Modellierung und Simulation mechatronischer Systeme. Hüthig, Heidelberg 2001.

[Rai00]　Rai-Choudhury, P.: MEMS and MOEMS Technology and Applications. SPIE Press, Bellingham, Washington 2000.

[RBH02]　Reitz, S.; Bastian, S.; Haase, J.; Schneider, P.; Schwarz, P.: System level modeling of microsystems using order reduction methods. Symp. "Design, Test, Integration and Packaging of MEMS/MOEMS", Cannes, Frankreich, Mai 2002, 365-373

[ReS76]　Reinschke, K.; Schwarz, P.: Verfahren zur rechnergestützten Analyse linearer Netzwerke. Akademie-Verlag, Berlin 1976.

[ReW03]　Rewienski, M.; White, J.: A trajectory piecewise-linear approach to model order reduction and fast simulation of nonlinear circuits and micromachined devices. IEEE Trans. CAD-22(2003)2, 155-170.

[Rom98]　Romanowicz, B. F.: Methodology for the Modeling and Simulation of Microsystems. Kluwer, Dordrecht 1998.

[SAW97]　Senturia, S.; Aluru, N. R.; White, J.: Simulating the behavior of MEMS devices: computational methods and needs. IEEE Trans. Computational Science & Engineering, January 1997, 30-54.

[Sch93]　Schwarz, P.: Simulation von Mikrosystemen. 2. GME/ITG-Workshop "Entwurf analoger Schaltungen", Ilmenau 1993, 247-256.

[Sch96]　Schroth, A.: Modelle für Platten und Balken in der Mikromechanik. Dissertation, TU Dresden, 1996.

[Sch98a]　Schulte, S.: Modulare und hierarchische Simulation gekoppelter Probleme. Fortschrittberichte VDI, Reihe 20, Nr. 271, Düsseldorf: VDI-Verlag 1998.

[Sch98b]　Schwarz, P.: Microsystems CAD: from FEM to system simulation. Proc. Intern. Conf. Simulation of Semiconductor Processes and Devices (SISPAD '98), Leuven 1998, 141-148.

[ScH98]　Schwarz, P.; Haase, J.: Behavioral modeling of complex heterogeneous microsystems. Proc. 1st Intern. Forum on Design Languages (FDL'98), Lausanne, Sept. 1998, 53-62.

[ScW99]　Schwarz, P.; Wünsche, S.: Modellierung und Simulation thermisch-elektrischer Wechselwirkungen in integrierten Schaltkreisen. 13. ASIM-Tagung Simulationstechnik, Weimar 1999, 265-272.

[Sen92]　Senturia, S. D. et al.: A computer-aided design system for microelectromechanical systems (MEMCAD). IEEE J. Microelectromechanical Systems 8(19992)1, 3-13.

[Sen98]　Senturia, S.: CAD challenges for microsensors, microactuators, and microsystems. Proc. IEEE 86(1998)8, 1611-1626

[Sen01]　Senturia, S.D.: Microsystem Design. Kluwer, Boston 2001.

[Simec]　http://www.simec.de

[SJN94]　Saleh, R.; Jou, S.-J.; Newton, A.R.: Mixed-Mode Simulation and Analog Multilevel Simulation. Kluwer, Dordrecht 1994.

[SPS99]　Schwarz, P.; Parodat, S.; Schneider, A.: Ein modulares Optimierungssystem für den Mikrosystem- und Schaltungsentwurf. 7. GMM-Workshop "Methoden und Werkzeuge zum Entwurf von Mikrosystemen", Paderborn, Januar 1999, 195-204

[SzR98]　Szekely, V.; Rencz, M.: Fast field solver for thermal and electrostatic analysis. Proc. DATE'98, Paris 1998, 518-523.

[TLN98]　Teegarden, D.; Lorenz, G.; Neul, R.: How to model and simulate microgyroscopic systems. IEEE Spectrum 35(1998)7, 67-75.

[VHDA]　Informationen zu VHDL-AMS (VHDL – Analog and Mixed Signal Extensions): http://www.vhdl.org/analog/ und http://www. vhdl-ams.com/

[VoH95]　Voll, I.; Haase, J.: Rekursives Faltungsmodell für ein allgemeines Netzwerksimulationsprogramm. 40. Intern. Wiss. Koll. TU Ilmenau (Vol. 3), Ilmenau, Sept. 1995, 269-274.

[Wac95]　Wachutka, G.: Tailored modeling: a way to the 'virtual microtransducer fab'? Sensor and Actuators A 46-47 (1995), 603-612.

[WCS97]　Wünsche, S.; Clauss, C.; Schwarz, P.; Winkler, F.: Electro-thermal simulation using simulator coupling. IEEE Trans. VLSI 5(1997)3, 277-282.

[Whi04]　White, J.: Numerical macromodeling for MEMS/NEMS. Material of National Science Foundation Workshop on Control and System Integration of Micro- and Nano-Scale-Systems, Arlington 2004. siehe http://www.engr.umd.edu/nsf/.

[Wün98]　Wünsche, S.: Ein Beitrag zur Einbeziehung thermisch-elektrischer Wechselwirkungen in den Entwurfs-Prozess integrierter Schaltungen. Diss., TU Chemnitz 1998.

[ZCF02]　Zhang, T.; Chakrabarty, K.; Fair, R.B.: Microelectrofluidic Systems. CRC Press, Boca Raton, London 2002.

4.6 Zuverlässigkeit und Qualitätssicherung von Mikrosystemen

4.6.1 Begriffsdefinitionen

Die Dauer der Funktionstüchtigkeit eines Mikrosystems hängt von der Lebensdauer der Komponenten, deren Anzahl und der gewählten Aufbau- und Verbindungstechnik ab. Durch Integrationstechniken wird nicht nur das Volumen, die Masse oder der Energiebedarf von Systemen verkleinert, sondern auch die Lebensdauer erheblich gesteigert. Ein überzeugendes Beispiel liefert die Höchstintegration von mikroelektronischen Bauelementen durch die Silizium-Halbleitertechnologie. Sie realisiert integrierte Schaltungen mit mehr als 10^7 Transistoren auf einem Chip, wobei dessen Lebensdauer der eines einzelnen diskreten Transistors gleichkommt. Die spezifischen mikroelektronischen Integrationstechniken ermöglichen z. B. eine drastische Reduzierung störanfälliger Kontakte und Verbindungen zwischen den Einzelbauelementen, eine Verringerung der für Ausfallmechanismen kritischen Betriebstemperatur trotz höherer Bauelement-Dichte und eine reduzierte Anzahl von Gehäusungs- und Lötprozessen.

Der Markterfolg von Mikrosystemtechnik-Produkten entscheidet sich nicht zuletzt an einer erfolgreichen Integrationstechnik und der damit erreichbaren Qualität und Zuverlässigkeit. Nach DIN 55350 ist „Qualität...die Gesamtheit von Eigenschaften und Merkmalen eines Produktes oder einer Tätigkeit, die sich auf deren Eignung zur Erfüllung gegebener Erfordernisse bezieht" [DIN55]. Aus dem Qualitätsbegriff leitet sich die Definition der Zuverlässigkeit nach DIN 40041 ab [DIN40]: „Die Zuverlässigkeit ist die Fähigkeit einer Betrachtungseinheit, innerhalb der vorgegebenen Grenzen denjenigen, durch den Verwendungszweck bedingten Anforderungen zu genügen, die an das Verhalten ihrer Eigenschaften während einer gegebenen Zeitdauer gestellt sind." Die Charakterisierung der Zuverlässigkeit (reliability) eines Systems muss durch quantitative Messgrößen erfolgen, von denen weitere ebenfalls in DIN 40041 definiert werden, so z. B.

- Ausfallrate (failure rate)
- Verfügbarkeit (availability)
- mittlere Lebensdauer (mean time to failure, *mtf*, auch *MTTF*)
- mittlere Betriebsdauer zwischen zwei Ausfällen (mean time between failures, *MTBF*).

Die Voraussage der Ausfallrate hat eine erhebliche praktische Bedeutung. In bestimmten sicherheitskritischen Anwendungsfeldern (z. B. in der Luftfahrt) wird die Erfüllung von Zuverlässigkeitsvorgaben bereits vor der Markteinführung zwingend vorgeschrieben. Die Einhaltung dieser Obergrenzen muss durch Zuverlässigkeitsberechnungen nachgewiesen werden. Wenn die Zuverlässigkeitsbewertung bereits in der Designphase verfügbar ist, können konkurrierende Konzepte auch in Hinsicht auf die Zuverlässigkeit frühzeitig bewertet und Schwachstellen identifiziert werden. Wenn etwa die gewünschte Zuverlässigkeit durch ein einfach ausgelegtes System nicht erreicht werden kann, müssen Redundanzkonzepte entwickelt werden. Mit der Zuverlässigkeitsvorhersage kann der Aufwand für Garantieleistungen, Wartung und die Dimensionierung von Ersatzteillagern abgeschätzt werden. Dadurch liefert sie einen Beitrag zur Optimierung der Systembetriebskosten (Lebenszykluskosten).

Viele Hersteller geben in den Datenblättern Ausfallraten an. Diese Daten werden mit Tests ermittelt, in denen die Bauelemente unter spezifischen Bedingungen betrieben werden. Die im konkreten Anwendungs-Einsatz zu erwartende Ausfallrate wird jedoch nicht nur durch das Bauelement selbst bestimmt, sondern auch durch außerhalb des Bauelements liegende Sachverhalte wie etwa das Design des Systems (z. B. Überspannungsschutz). Um diese Faktoren mit in die Zuverlässigkeitsvorhersage einzubeziehen, kann man Erfahrungen nutzen, die in bereits erprobten Geräten gemacht wurden. Die Ausfallraten von elektronischen Bauelementen sind z. B. in Datenbasen vorhanden, die von einer Reihe von Institutionen gesammelt und ausgewertet werden (für Mikrosysteme gibt es solche Datensammlungen noch nicht). Diese Ausfallraten basieren auf Felddaten, aus denen gemittelte Ausfallraten für elektronische Bauelemente bestimmt werden. Darüberhinaus gehen auch physikalische Ausfallmodelle ein. Diese Modelle dienen zur Berechnung der Ausfallrate in Abhängigkeit von wichtigen Parametern wie Temperatur oder elektrischer Belastung.

Über die Zuverlässigkeit einer Komponente oder eines Mikrosystems kann aufgrund des Verhaltens eines einzelnen Exemplars nichts ausgesagt werden. Aussagen lassen sich nur nach Betrachtung einer genügend hohen Stückzahl mit ausreichender Wahrscheinlichkeit treffen [Koch82]. Geht man von einer Anzahl N_0 funktionstüchtiger Bauelemente zum Zeitpunkt der Auslieferung (t = 0) aus, so werden nach der Zeit t noch $N(t)$ funktionstüchtig sein, die Differenz $N_0-N(t)$ ist die Zahl der Ausfälle. Als Zuverlässigkeit $R(t)$ definiert man das Verhältnis

$$R(t) = N(t)/N_0, \qquad (4.6\text{-}1)$$

die Ausfallwahrscheinlichkeit ist durch

$$F(t) = 1 - R(t) \qquad (4.6\text{-}2)$$

gegeben. $R(t)$ wird auch als Überlebenswahrscheinlichkeit bezeichnet. Aus $F(t)$ lässt sich die Ausfalldichte $f(t)$, d. h. die Wahrscheinlichkeit, dass im Zeitintervall dt ein Bauelement ausfällt, ableiten:

$$f(t) = \frac{dF(t)}{dt} = -\frac{dR(t)}{dt} \qquad (4.6\text{-}3)$$

Bezieht man die Zahl der Ausfälle pro Zeiteinheit auf die zur Zeit t noch funktionstüchtigen Elemente $N(t)$, so erhält man die Ausfallrate $\lambda(t)$:

$$\lambda(t) = \frac{1}{N(t)} \cdot \frac{d(N_0 - N(t))}{dt} = -\frac{1}{N(t)} \cdot \frac{dN(t)}{dt} = -\frac{1}{R(t)} \cdot \frac{dR(t)}{dt} \qquad (4.6\text{-}4)$$

Die Ausfallrate besagt, wie viele Ausfälle im Zeitintervall dt von dem zur Zeit t vorhandenen Bestand $N(t)$ zu erwarten sind. Bei elektronischen Bauelementen wird die Ausfallrate in FIT angegeben:

1 FIT (**f**ailure **i**n **t**ime) = 1 Ausfall in 10^9 h bzw. 10^{-9} Ausfälle in 1 h.

Bei bekannter Ausfallrate $\lambda(t)$ folgt die Zuverlässigkeit durch Integration von Gl. (4.6-4):

$$R(t) = \exp(-\int_0^t \lambda(\tau)d\tau) \qquad (4.6\text{-}5)$$

Für viele Bauelemente zeigt sich in der Praxis ein charakteristischer Verlauf der Ausfallrate. Ausfälle sind einerseits auf Fertigungsfehler zurückzuführen, andererseits auf Fehler in der Konzeption (im Design). Fertigungsfehler äußern sich vor allem in der Anfangsphase des Betriebes, Designfehler machen sich durch Ermüdung bemerkbar. Beide Fehlerarten zusammen ergeben die bekannte „Badewannenkurve" (Bild 4.6-1), in der man drei zeitliche Abschnitte unterscheidet.

4.6 Zuverlässigkeit und Qualitätssicherung von Mikrosystemen

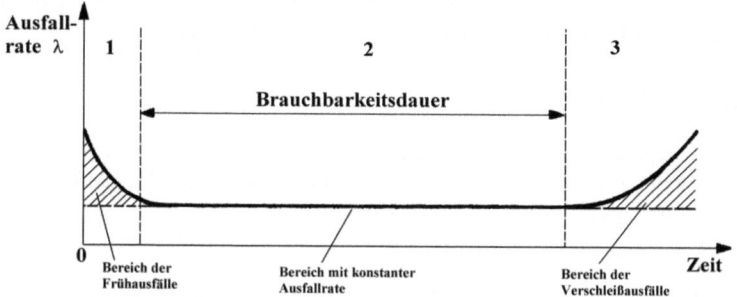

Bild 4.6-1 „Badewannenkurve" der Ausfallrate λ

Frühausfälle (early failure phase):

In der ersten Zeit des Betriebes fallen relativ viele Bauelemente aus. Die Tests der Hersteller müssen daher so angelegt werden, dass man Frühausfälle erkennen und aussondern kann.

Betriebsdauer (Brauchbarkeitsdauer, designed lifetime):

Nach Frühausfällen bleibt die Ausfallrate auf einem niedrigen Niveau. Die Produktlebensdauer wird derart geplant, dass die Ausfallrate während der gesamten Lebensdauer möglichst dieses Niveau beibehält. Daher kann die Ausfallrate mit guter Näherung als konstant (oder leicht abfallend) angenommen werden.

Spätausfälle (wear out phase):

Nach sehr langer Betriebsdauer steigt die Ausfallrate aufgrund von Verschleißausfällen (Ermüdungserscheinungen) wieder an.

Innerhalb der Betriebsdauer t_B (auch Brauchbarkeitsdauer genannt) wird meist mit einer konstanten Ausfallrate λ gerechnet. Die Lösung von Gl. (4.6-4) ergibt dann eine exponentielle Abnahme der Zahl funktionierender Bauelemente bzw. der Zuverlässigkeit mit der Zeit:

$$N(t) = N_0 \exp(-\lambda t) \qquad (4.6\text{-}6)$$

$$R(t) = \exp(-\lambda t) \qquad (4.6\text{-}7)$$

Die Zuverlässigkeit geht also, beginnend vom Wert 1, mit der Zeit gegen Null. Die mittlere Lebensdauer *mtf* wird aus der Überlebenswahrscheinlichkeit berechnet:

$$mtf = \int_0^\infty R(t)dt \qquad (4.6\text{-}8)$$

Bei konstanter Ausfallrate λ folgt $mtf = 1/\lambda$.

Die Zuverlässigkeit eines Systems ist nicht nur durch die Ausfallraten der systembildenden Komponenten bestimmt. Wenn Teile des Systems redundant ausgelegt sind, wird die Systemzuverlässigkeit auch von äußeren Faktoren wie Reparatur und Wartung bestimmt. Die Verfügbarkeit $A(t)$ ist die Wahrscheinlichkeit, ein System zu einem gegebenen Zeitpunkt funktionsfähig anzutreffen, unabhängig von vorhergehenden Ausfällen. Bei nicht reparierbaren Komponenten sind Zuverlässigkeit und Verfügbarkeit identisch. Die Verfügbarkeit geht in diesem Fall mit zunehmender Zeit gegen Null. Die Verfügbarkeit *A(t)* einer reparierbaren Komponente berechnet sich bei konstanter Reparaturrate μ und bei konstanter Ausfallrate λ aus:

$$A(t) = \frac{\mu}{\lambda+\mu} + \frac{\lambda}{\lambda+\mu} \exp\left[-(\lambda+\mu)\cdot t\right] \qquad (4.6\text{-}9)$$

Die Verfügbarkeit einer reparierbaren Komponente oder eines reparierbaren Systems ist immer größer als Null. Sie beginnt zum Zeitpunkt *t = 0* bei eins und geht dann auf einen Gleichgewichtswert herunter, der durch die Ausfallrate und die Reparaturrate gegeben ist:

$$\lim_{t\to\infty} A(t) = \frac{\mu}{\lambda+\mu} \qquad (4.6\text{-}10)$$

Bild 4.6-2 stellt den Verlauf der Zuverlässigkeit und Verfügbarkeit eines Systems oder einer Komponente bei gegebener Ausfall- bzw. Reparaturrate dar.

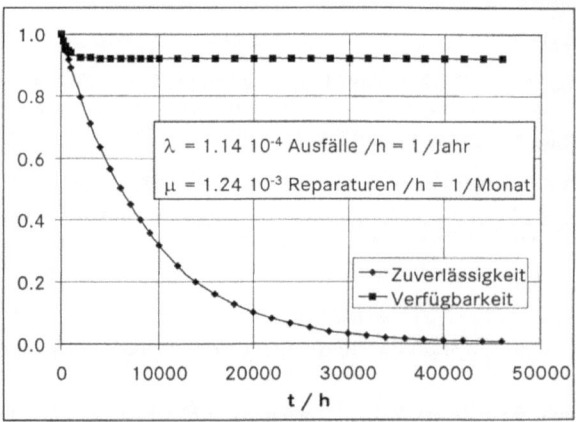

Bild 4.6-2 Zeitlicher Verlauf der Zuverlässigkeit und der Verfügbarkeit einer Komponente oder eines Systems mit der Ausfallrate λ = 1/Jahr und der Reparaturrate μ = 1/Monat

4.6.2 Testmethoden

Zur Bestimmung der Ausfallrate wurden verschiedene Testmethoden entwickelt. Beim *Betriebsdauer-Test* (operating life test) wird eine Anzahl von Bauelementen unter Betriebsbedingungen getestet. Das folgende Beispiel [TEMIC98] demonstriert, wie man die Ausfallrate berechnet:

500 Bauelemente werden 10000 Stunden lang betrieben. Ein Bauelement fällt nach 1000 h aus, ein zweites nach 2000 h; die übrigen arbeiten über die gesamte Testdauer normal. Dann beträgt die Betriebszeit aller getesteten Bauelemente:

T = 1·1000 h + 1·2000 h + 498·10000 h = 4983·10³ h. Die Ausfallrate wird als Quotient der Anzahl ausgefallener Bauelemente und der Betriebszeit aller Bauelemente errechnet:

λ = 2/T = 401 FIT.

4.6 Zuverlässigkeit und Qualitätssicherung von Mikrosystemen

Um von der Stichprobe auf die Gesamtheit aller produzierten Bauelemente zu schließen, wird eine χ_2^2-Verteilung angenommen. Bei einem Vertrauensniveau (Konfidenzniveau) von 90 % kann man aufgrund dieses Tests behaupten, dass die Ausfallrate eines nicht getesteten Bauelements aus der Produktion kleiner als 1060 FIT ist. Damit auf gleichem Konfidenzniveau eine Ausfallrate von 40 FIT garantiert werden kann, darf bei einer Betriebsstundenzahl von $57 \cdot 10^6$ h kein einziger Ausfall eintreten. Dies demonstriert, dass ein Test bei Betriebsbedingungen meist einen sehr hohen Aufwand an Zeit und an Bauelementen erfordert, um sichere Aussagen zur Ausfallrate treffen zu können. Solange im Test kein einziges Bauelement ausfällt, kann nur eine untere Schranke der Ausfallrate angegeben werden. Um eine bessere Aussage zu erhalten, muss in diesem Fall die Anzahl der Bauelemente erhöht oder die Testzeit verlängert werden.

Will man den Testaufwand reduzieren, müssen *Tests unter Belastungsbedingungen* zum Einsatz gebracht werden. Die am häufigsten applizierten verschärften Bedingungen sind
- erhöhte Temperatur
- Temperaturwechsel
- Feuchtigkeit
- erhöhte elektrische Spannung.

Die erhöhte Belastung der Bauelemente wird durch einen Beschleunigungsfaktor β berücksichtigt. Die Ausfallrate berechnet man dann, indem die tatsächliche Testdauer t in eine effektive Dauer t_{eff} umgerechnet wird:

$$t_{eff} = t \cdot \beta \tag{4.6-11}$$

Die Beschleunigungsfaktoren werden meist aufgrund physikalischer Modelle für den jeweiligen Belastungsfall abgeschätzt. Für den Fall erhöhter Temperatur geht man von der Überlegung aus, dass Ausfälle durch ungewollte Materialveränderungen (z. B. infolge Diffusion) hervorgerufen werden. Nach Arrhenius ist die Geschwindigkeit einer chemischen Reaktion, d. h. die zeitliche Änderung einer Stoffmenge M, durch die absolute Temperatur T und eine Aktivierungsenergie E_a des Reaktionsprozesses determiniert:

$$dM/dt \propto \exp(-E_a/kT) \tag{4.6-12}$$

(mit k als Boltzmann-Konstante). Die Ausfallrate steigt mit zunehmender chemischer Reaktionsgeschwindigkeit, ihre Temperaturabhängigkeit wird durch eine Exponentialfunktion (Arrhenius-Gleichung) wie in Gl.(4.6-12) zu beschreiben sein. Daraus folgt für den Beschleunigungsfaktor infolge erhöhter Temperatur

$$\beta_T = \exp\left[\frac{E_a}{k} \cdot \left(\frac{1}{T_{use}} - \frac{1}{T_{stress}}\right)\right] \tag{4.6-13}$$

mit T_{use} als Betriebstemperatur und T_{stress} als Temperatur im Belastungstest. Die Aktivierungsenergie liegt, abhängig vom betrachteten Ausfallmechanismus, zwischen 0,3 eV und 1,5 eV und muss experimentell ermittelt werden. In der Praxis nimmt man z. B. für CMOS-Bauelemente einen Wert von 0,6 eV und für bipolare Bauelemente 0,7 eV an [TEMIC98].

Für den Belastungsfall durch Temperaturwechsel wurde von Manson und Coffin eine empirische Gleichung aufgestellt, welche die Anzahl N_0 der applizierten Temperaturwechselzyklen bis zum ersten Anriss einer Lötverbindung angibt [Mans66]:

$$N_0 = 0,5 \cdot \left(\frac{G}{2E}\right)^{1/c} \tag{4.6-14}$$

mit $G = m \cdot (\Delta T_{stress})^z$ als Scherdehnung bei einer Temperaturdifferenz ΔT_{stress} des Tests und mit den materialspezifischen Konstanten m, z, E und c. Für eine Belastung von Bonddrähten aus Gold bei einem Temperaturwechsel zwischen 0 °C und 70 °C werden folgende Werte angegeben [TEMIC98]: $m = 3{,}903 \cdot 10^{-10}$; $z = 3{,}415$; $E = 3{,}09$; $c = -0{,}673$. Verallgemeinernd kann man aus der Manson-Coffin-Gleichung einen Beschleunigungsfaktor für Temperaturwechsel-Belastung

$$\beta_{TW} = (\Delta T_{stress} / \Delta T_{use})^n \tag{4.6-15}$$

ableiten, wobei für das jeweils belastete Bauelement der Exponent n zu bestimmen ist.

Der Beschleunigungsfaktor für die Belastung durch Feuchte, die in entsprechend geregelten Klimaschränken (Autoklaven) realisiert wird, berechnet sich gemäß [Brown99]

$$\beta_{RH} = \frac{RH_{use}^{-n} \exp(E_a / kT_{use})}{RH_{stress}^{-n} \exp(E_a / kT_{stress})} \tag{4.6-16}$$

Dabei stellt RH den Zahlenwert der relativen Luftfeuchte dar, angegeben in Prozent (85 % relative Luftfeuchte bedeutet $RH = 85$). Der empfohlene Wert für den Exponenten, der empirisch ermittelt wurde, beträgt $n = 3{,}0$ [Chiao02] und die Aktivierungsenergie E_a beträgt 0,9 eV für Plastik-DIL-Gehäuse und 0,997 eV für anodisch gebondete Silizium-Glas-Verbindungen.

Bei der Belastung durch eine gegenüber der Betriebsspannung U_{use} erhöhten Spannung U_{stress} berechnet man den Beschleunigungsfaktor β_U für den Test mikroelektronischer Bauelemente mit einer Oxidschichtdicke d_{ox} aus

$$\beta_U = \exp\left(\frac{B}{d_{ox}}(U_{stress} - U_{use})\right) \tag{4.6-17}$$

Für die Konstante B wird üblicherweise $B = 60$ nm/V eingesetzt und für eine konservative Abschätzung $B/d_{ox} = 4$ V^{-1} verwendet [Mot97].

Tabelle 4.6-1 stellt die gebräuchlichsten beschleunigenden Tests, die in der Halbleiterindustrie allgemein Anwendung finden, zusammen [Schu99]. Die Tests werden mit mindestens 45 Proben durchgeführt und gelten als bestanden, wenn kein Ausfall festgestellt wird. Die entsprechenden experimentellen Untersuchungen werden meist in kommerziell verfügbaren Testkammern (Klimaschränken) realisiert, die die in den Standards geforderten Belastungsbedingungen (z. B. Feuchte, Temperaturwechsel, Druck, Schwingungen etc.) programmgesteuert bereitstellen und die Vielzahl der aufzunehmenden Daten verarbeiten. In den jeweils angeführten JEDEC- bzw. MIL-STD-Richtlinien sind die Ausführungsbedingungen für die Tests exakt festgelegt, so dass eine Vergleichbarkeit der Ergebnisse möglich ist. Für den Test „Temperature Cycle" nach MIL-STD 883E ist z. B. folgendes vorgeschrieben:

Die Baugruppe wird innerhalb eines Temperaturzyklus bei der Minimaltemperatur –55 °C (+0/-10 °C) und der Maximaltemperatur +125 °C (-0/+15 °C) getestet. Die Dauer des Übergangs von „heiß" zu „kalt" oder von „kalt" zu „heiß" soll eine Minute nicht überschreiten. Die Verweilzeit bei der Minimal- bzw. Maximaltemperatur soll nicht geringer als 10 Minuten sein und die Bauteile sollen die spezifizierte Temperatur in 15 Minuten erreichen können. Es sind 200, 500 oder 1000 derartige Zyklen durchzuführen. Nach dem letzten Zyklus soll das Testobjekt hinsichtlich der Beschaffenheit des Gehäuses, der Anschlussbeine und Lotverbindungen (soweit zugänglich) einer optischen Überprüfung unterzogen werden.

Tabelle 4.6-1 Standardisierte beschleunigende Testverfahren für mikroelektronische Bauelemente

Test	Umgebungs-temperatur	Relative Feuchte	Dauer	Spannung	Test-Richtlinie
High Temperature Operation Life Test (HTOL)	125 ± 5 °C		1000 (-0, +168) h	AC, DC (=, zykl.)	JEDEC Standard 22-A, TM-A108
Temperature Humidity Bias (THB)	85 ± 2 °C	85 ± 5 %	1000 (-24, +168) h	DC (=, zykl.)	JEDEC Standard 22-A, TM-A101
Autoclave (AC)	121 ± 1 °C 1-2 bar	100 %	Min: 24 (-0, +2) h, Max. 336 (-0, +8) h		JEDEC Standard 22-A, TM-A102
High Temperature Storage (HTS)	150 °C (-0, +4) °C		1000 (-0, +72) h		JEDEC Standard 22-A, TM-A103
Temperature Cycle	-55 °C bis +120 °C		200, 500 oder 1000 Zyklen		MIL-STD 883E, TM-1010.7.

JEDEC=Joint Electron Device Council; MIL-STD=Military Standard; TM=Testmethode, AC=Wechselspannung, DC=Gleichspannung (permanent anliegend oder zyklisch, je nach Erwärmung des Bauelementes)

4.6.3 Bewertung und Berechnung von Ausfallraten

Die Vorhersage von Ausfallraten ist durch eine Reihe von Unsicherheitsfaktoren belastet:
- Bei einem Ausfall wirken mehrere Ausfallmechanismen zusammen. Daher ist jedes Fehlermodell durch weitere Ausfallmechanismen gestört. Weiterhin sind die tatsächlichen Stressbedingungen (z. B. Temperatur) am Bauelement unbekannt. Daher ist die im Modell verwendete Stressbedingung oft nur eine Schätzung.
- Manche Effekte sind hoch korreliert und können nicht voneinander getrennt werden. In rauen Umweltbedingungen werden Bauelemente hoher Qualität verwendet: daher ist der Effekt der einzelnen Faktoren auf die Ausfallrate nicht zu trennen.
- Die Ausfallrate ist während der Betriebsdauer nicht konstant („Badewannenkurve"). Dies erschwert den Vergleich von Ausfallraten, weil die Frühausfälle in älteren Populationen nicht mehr auftreten. Ausfallraten, die im Garantiezeitraum beobachtet werden, sind höher als solche, die man aus der Wartung kennt.
- Durch den technischen Fortschritt werden die Ausfallraten kleiner, so dass ein Bauelement aus heutiger Produktion eine geringere Ausfallrate aufweist, als eines, das vor 20 Jahren produziert wurde.

Werden Ausfallraten anhand einer Stichprobe (ob nun im Betriebsdauer-Test oder unter beschleunigenden Belastungsbedingungen) ermittelt, so ist die aus der Stichprobe berechnete Ausfallrate λ eine statistisch verteilte Größe: der natürliche Logarithmus der Ausfallrate λ ist normal-verteilt mit einem wahrscheinlichsten Wert (Mittelwert) $\overline{\lambda}$ und einer Streuung $\sigma = 1,5$ (siehe Bild 4.6-3) [EPRD97, Dens87]. Dies bedeutet, dass 68 % der beobachteten Ausfallraten im Intervall $[0,22\overline{\lambda}, 4,5\overline{\lambda}]$ liegen, 90 % im Intervall $[0,08\overline{\lambda}, 11,9\overline{\lambda}]$. Daraus folgt eine Unsicherheit um den Faktor 150 für den durch die Stichprobe ermittelten Wert. Diese Unsicherheit gilt für einzelne Komponenten und steigt für Module und Systeme, in denen viele Komponenten eingebaut sind.

Für die Abschätzung der Ausfallraten von Systemen, die aus mehreren Komponenten zusammengesetzt sind, ist die Kenntnis der Ausfallraten der einzelnen Komponenten nötig. Darüber hinaus sind aber auch Informationen über die spezifischen Belastungssituationen erforderlich, denen die Komponenten im Betriebszustand ausgesetzt sind und z. B. auch über die Dauer von Einschalt- und Ausschaltzeiten. Für diese komplexen Betriebsbedingungen wurden anhand von Felddaten, die man für bestimmte Bauelemente über einen langen Zeitraum gesammelt hat, Datenbasen erarbeitet, mit denen eine Abschätzung der Ausfallrate eines Systems möglich ist. Für mikroelektronische Bauelemente werden die am häufigsten verwendeten Datenbasen im Folgenden kurz dargestellt.

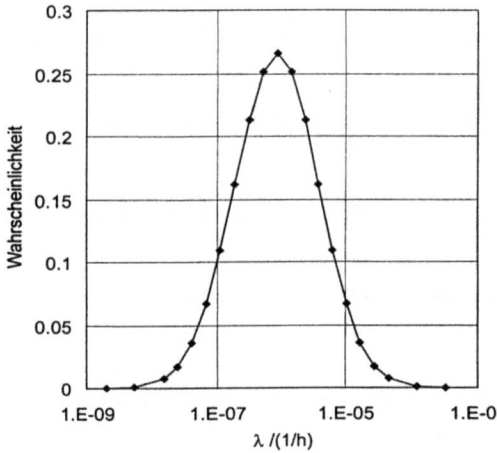

Bild 4.6-3
Wahrscheinlichkeit, mit der eine Stichprobe aus einer Grundgesamtheit, deren Ausfallrate bei $\overline{\lambda} = 10^{-6}/h$ liegt, den auf der λ-Achse angegebenen Wert der Ausfallrate erreicht

Military Handbook 217

Das Military Handbook 217 [MIL217] enthält ein umfangreiches Tabellenwerk zur Berechnung der Ausfallraten elektronischer Komponenten in unterschiedlichsten Einsatzbedingungen. Es ermöglicht die Angabe von Ausfallraten, wenn keine speziellen Systemkenntnisse vorhanden sind. Es bietet eine einheitliche Datenbasis, auf der die Zuverlässigkeit unterschiedlicher Konzepte verglichen werden kann. Ausfallursachen werden nicht genannt. Die Ausfallrate wird berechnet aufgrund von mathematischen Modellen, die von empirischen Feld-Ausfalldaten abgeleitet sind. Sie hängen nur von einigen physikalischen Parametern des Bauelementes und den Einsatzbedingungen ab. Die Ausfallrate eines Bauelementes wird berechnet aus der bauelementspezifischen Basisausfallrate (abhängig von der Temperatur und der elektrischen Belastung im Einsatz) und weiteren Faktoren, die den Einfluss der Qualität und anderer Größen pauschal berücksichtigen. Im Military Handbook erfasste Bauelemente sind Integrierte Schaltkreise, Diskrete Halbleiter, Röhren, Laser, Widerstände, Kondensatoren, Induktive Bauelemente, Motoren, Relais, Schalter, Stecker und Verschiedenes. Zwei Methoden der Zuverlässigkeitsberechnung werden praktiziert: die „parts count method", die nur wenige Daten über das Bauelement erfordert und daher auch nur sehr grobe Ergebnisse liefern kann und die „parts stress method", die z. B. Kenntnisse über Temperatur und elektrische Leistung am Bauelement voraussetzt. Wenn keine Daten über Belastung und Temperatur am Einsatzort verfügbar sind, können mit der „parts count method" konservative Ausfallraten abgeschätzt werden. Diese hängen von der Art der Bauelemente, der Qualität und der Komplexität ab. Die Ausfallrate eines Systems wird berechnet aus

$$\lambda = \sum_{i=1}^{n} N_i (\lambda_G \pi_Q)_i \qquad (4.6\text{-}18)$$

mit λ_G: Ausfallrate der Bauelementeart i (tabelliert je nach Umgebung und verschiedenen Eigenschaften des Bauelementes selbst); π_Q: Qualitätsfaktor der Bauelementeart i (tabelliert); n: Anzahl der verschiedenen Arten von Bauelementen; N_i: Anzahl der Bauelemente der Art i. Der (tabellierte) Qualitätsfaktor liegt z. B. für Integrierte Schaltkreise zwischen $\pi_Q = 0{,}25$ (bei Class S nach MIL-M-38510), $\pi_Q = 10$ (für IC in hermetisch geschlossenen Gehäusen mit normaler Qualitätskontrolle des Herstellers) und $\pi_Q = 20$ (kommerzieller IC, mit organischen Materialien vergossen). Für passive Bauelemente und für diskrete Halbleiter gelten wieder andere Qualitätsstufen und daher auch andere Tabellenwerte.

Die „parts stress method" verwendet mathematische Modelle zur Berechnung der Ausfallrate, die aus Daten über Ausfälle im Feld unter Berücksichtigung der Temperatur und der Belastung abgeleitet wurden. Die Modelle stellen einen Zusammenhang zwischen physikalischen Parametern des Bauelementes, den Einsatzbedingungen und der Ausfallrate her. Eine Unterscheidung nach Herstellern wird nicht vorgenommen. Nach dieser Methode berechnet sich die Ausfallrate λ_P aus der Basisausfallrate λ_B multipliziert mit den sogenannten π-Faktoren, die verschiedene Einflüsse wie z. B. Umgebung, Qualität des Bauelementes oder Komplexität beschreiben. Die Umgebung wird durch den Environment-Faktor π_E erfasst. Gegenüber der nichtbewegten Laborumgebung erhöht sich die Ausfallrate um einen Faktor, der von der jeweiligen Bauelementeart abhängt. Environment-Faktoren werden definiert für

– nichtbewegte Laborumgebung (Ground Benign) $\pi_E = 1$
– Landfahrzeug (Ground Mobile)
– Flugzeugkabine (Airborne, Inhabited, Cargo)
– Schiff, unter Deck (Naval, Sheltered)
– Gelenktes Projektil (Cannon Launch)

Die Umgebung „Cannon Launch" stellt in der Regel weitaus höhere Anforderungen als die anderen Umgebungen. Als Beispiel wird die Berechnung der Ausfallrate von Widerständen und Lotverbindungen nach der „parts stress method" dargestellt.

Widerstände: Die Ausfallrate λ_P gibt die Zahl der Ausfälle in einer Million Stunden an:

$$\lambda_P = \lambda_B \cdot \pi_E \cdot \pi_R \cdot \pi_Q \qquad (4.6\text{-}19)$$

Die Basisausfallrate λ_B errechnet sich aus

$$\lambda_B = A \cdot \exp\left[B\left(\frac{T+273}{N_T}\right)^G\right] \cdot \exp\left(\left[\left(\frac{S}{N_S}\right)\left(\frac{T+273}{273}\right)\right]^J\right)^H \qquad (4.6\text{-}20)$$

mit A: Justierfaktor; N_T: Temperaturkonstante; B: Formfaktor; G, H, J: Beschleunigungsfaktoren; N_S: Stresskonstante (jeweils tabelliert für verschiedene Typen von Widerständen); T: Umgebungstemperatur (°C); S: Elektrische Belastung (Relation der im Betrieb umgesetzten Leistung zur spezifizierten Leistung); π_E: Environment-Faktor (mit Werten von 1 bis 29, Ausnahme Cannon Launch mit $\pi_E = 490$); π_R: Resistance-Faktor ($\pi_R = 1$ (R < 100 kΩ) bis $\pi_R = 2{,}5$

(R > 10 MΩ)); π_Q: Quality-Faktor (mit Werten zwischen 0,03 bis 15). Die wichtigsten Parameter für die Ausfallrate von Widerständen sind die Temperatur und das Verhältnis von Betriebsleistung zur zulässigen Leistung.

Lotverbindungen: Im Reflow-Prozess hergestellte Lotverbindungen erreichen eine Basis-Ausfallrate von $\lambda_B = 6{,}9 \cdot 10^{-5}/10^6$ h $= 0{,}069$ FIT. Um die tatsächliche Ausfallrate zu erhalten, muss dieser Wert noch mit dem Environment-Faktor $\pi_E = 1...25$ multipliziert werden, wobei für nichtbewegte Laborumgebung $\pi_E = 1$ und Ground Mobile $\pi_E = 7{,}3$ verwendet wird (Ausnahme Cannon Launch mit $\pi_E = 570$).

RAC-Datenbasis

Das Electronic Parts Reliability Data Handbook [EPRD97] und das Nonelectronic Parts Reliability Data Handbook werden vom Reliability Analysis Center (RAC) in Rome (USA) herausgegeben und laufend aktualisiert. Das Electronic Parts Reliability Data Handbook enthält Feld-Ausfalldaten elektronischer Komponenten aus unterschiedlichen Quellen (militärische und zivile Daten, Wartungs- und Garantiedaten). Die Daten wurden seit 1970 erfaßt. Insgesamt sind ca. 70000 Ausfalldaten für unterschiedliche Bauelemente z. B. pro 1 Million Meilen (bei Kraftfahrzeugdaten) bzw. pro 1 Million Stunden angegeben. Wenn bei einer Stichprobe kein Ausfall aufgetreten ist, wird eine obere Schranke für die Ausfallrate genannt. Enthalten sind Ausfalldaten zu Integrierten Schaltungen, Transistoren, Dioden, Thyristoren, Widerständen, Kondensatoren, Transformatoren und optoelektronischen Bauelementen. Die Ausfallraten sind differenziert nach

- dem Qualitätsniveau des Bauelements (Commercial, Military, Unknown)
- den Umgebungsbedingungen, die ähnlich wie im Military Handbook klassifiziert werden (A=Airborne, AI=Airborne Inhibited, DOR=Dormant, G=Ground, GF=Ground Fixed, GM= Ground Mobile).

Die Ergebnisse der Untersuchungen sind nicht durch Modelle (mit entsprechenden Gleichungen wie z. B. Gl. (4.6-20)) gefittet, sondern für jedes einzelne Experiment unter Angabe der Bedingungen in jeweils zwei Tabellen dargestellt. Die erste Tabelle fasst Ergebnisse mehrerer Quellen zusammen und enthält Durchschnittswerte der Ausfallraten auf verschiedenen Ebenen:

- durchschnittliche Ausfallrate einer Komponente (unterschiedlicher Qualität und in unterschiedlicher Umgebung)
- durchschnittliche Ausfallrate einer Komponente einer Qualität (in unterschiedlicher Umgebung)
- durchschnittliche Ausfallrate einer Komponente in einer Umgebung (unterschiedlicher Qualität).

Bei jeder Angabe sind die Gesamtbetriebsdauer aller Komponenten und die Gesamtzahl der ausgefallenen Bauelemente, die der Ausfallrate zugrundeliegen, dokumentiert. Die zweite Tabelle enthält die Originaldaten; bei Integrierten Schaltungen sind z. B. Qualität, Umgebung, Hersteller, Quelle, Teilenummer, Chipmaterial, Gehäusetyp, Hermetizität, Anzahl der Pins, Gesamtzahl aller getesteten Bauelemente, Anzahl der Ausfälle und Gesamtbetriebsstunden bzw. -meilen angegeben.

RDF-Datenbasis

Der RDF-Standard wurde vom CNET, dem Forschungsinstitut der France Telekom entwickelt. Es liegen Gleichungen vor, mit denen die Ausfallraten elektronischer Bauelemente in Abhängigkeit von Betriebsparametern (Temperatur, Temperaturwechsel, Anteil von Ein- und Aus-

4.6 Zuverlässigkeit und Qualitätssicherung von Mikrosystemen

schaltzeiten am Gesamtzeitraum) berechnet werden. Sie gelten für den Bereich konstanter Ausfallrate und bei Umgebungstemperaturen, die höher 0 °C sind. Es sind Daten zu Kondensatoren, Widerständen, Dioden, Thyristoren, Transistoren und Integrierten Schaltkreisen enthalten. Als Beispiel für die Berechnungen nach der RDF-Datenbasis betrachten wir die Ausfallrate von Widerständen und Integrierten Schaltkreisen. Für Widerstände gilt

$$\lambda = A \left(\left[\frac{\sum_{i=1}^{y}(\pi_t)_i \cdot \tau_i}{\tau_{on}+\tau_{off}} \right] + 1{,}2 \cdot 10^{-3} \cdot \left[\sum_{i=1}^{j}(\pi_n)_i \cdot (\Delta T_i)^{0{,}68} \right] \right) \cdot 10^{-9}/h \qquad (4.6\text{-}21)$$

Im ersten Term wird der Einfluss der Temperatur über den Faktor π_t berücksichtigt. Die Parameter A und π_t sind in Tabelle 4.6-2 angegeben.

Tabelle 4.6-2 Parameter bei der Berechnung der Ausfallrate von Widerständen nach RDF-Datenbasis

Bauart	A	π_t	T_R (T_R und T_A in °C)
Schichtwiderstände geringer Leistung	0,1	$\pi_t = \exp\left(1740 \cdot \left(\frac{1}{303} - \frac{1}{273+T_R}\right)\right)$	$T_R = T_A + 85 \cdot \frac{P_{act}}{P_{nom}}$
Schichtwiderständ hoher Leistung	0,05	$\pi_t = \exp\left(1740 \cdot \left(\frac{1}{303} - \frac{1}{273+T_R}\right)\right)$	$T_R = T_A + 130 \cdot \frac{P_{act}}{P_{nom}}$

Weiterhin wird berücksichtigt, ob der Widerstand permanent belastet ist oder nur intervallweise. Der Index i bezieht sich auf das Intervall der Belastung. τ_i ist der Anteil der i-ten Belastung an der Gesamtzeit. τ_{on} ist der Anteil an der Gesamtzeit, den der Widerstand belastet ist, mit

$$\tau_{on} = \sum_{i=1}^{y} \tau_i \qquad (4.6\text{-}22)$$

Der zweite Term in Gl. (4.6-21) beschreibt den Einfluss von Temperaturwechseln der Amplitude ΔT auf das Bauelement. n_i ist die Anzahl der Temperaturwechsel am Widerstand i und j ist die Zahl der Temperaturwechsel. Es gilt $(\pi_n)_i = n_i^{0{,}76}$ (wenn $n_i \leq 8760$ Zyklen pro Jahr) bzw. $(\pi_n)_i = 1{,}7 \cdot n_i^{0{,}60}$ (wenn $n_i > 8760$ Zyklen pro Jahr). Die Temperatur am Widerstand (T_R) berechnet sich nach der Formel über das Verhältnis aus tatsächlicher Leistung P_{act} zu maximal zulässiger Leistung P_{nom} und der Umgebungstemperatur T_A.

Die Ausfallrate Integrierter Schaltkreise wird aus drei Anteilen berechnet: einem Anteil des „die", einem des Gehäuses und einem, der die an den Kontakten des Bauelementes auftretenden Überspannungen berücksichtigt.

$$\lambda = (\lambda_{die} + \lambda_{package} + \lambda_{overload}) \cdot 10^{-9}/h \qquad (4.6\text{-}23)$$

Der Anteil des „die" wird berechnet aus

$$\lambda_{die} = \left((\lambda_1 \cdot N \cdot \exp(-0{,}35 \cdot a) + \lambda_2) \cdot \left[\frac{\sum_{i=1}^{y} (\pi_t)_i \cdot \tau_i}{\tau_{on} + \tau_{off}} \right] \right) \tag{4.6-24}$$

mit N: Anzahl der Transistoren (tabelliert je nach Typ); λ_1, λ_2 und a: tabellierte Werte je nach Typ. Der Anteil des Gehäuses an der Gesamtausfallrate wird durch

$$\lambda_{package} = \pi_a \cdot \left[\sum_{i=1}^{z} (\pi_n)_i \cdot (\Delta T_i)^{0{,}68} \cdot \lambda_3 \right] \tag{4.6-25}$$

beschrieben, mit λ_3 als tabelliertem Parameter, der von der Anzahl der Pins, vom Material der Verkapselung und vom Gehäusetyp (geometrische Abmessungen) abhängt. Für den dritten Term gilt

$$\lambda_{overload} = \pi_l \cdot \lambda_{EOS} \tag{4.6-26}$$

wobei die beiden Parameter π_l und λ_{EOS} ebenfalls tabelliert sind. π_l nimmt den Wert 1 an, wenn das Bauteil in einer Schnittstelle eingesetzt ist, sonst den Wert 0. Der Parameter λ_{EOS} hängt ab von der Anwendung. Die Differenzierung ist hier sehr allgemein (Computer, Telekommunikation, Flugzeug etc.).

SAE-Datenbasis

Die Belastungsbedingungen in Automobilen und die eingesetzten Bauelementtypen entsprechen nicht den im Military Handbook 217 angenommenen. Daher wurde von der SAE (Society of Automotive Engineers) eine Datenbasis des Automobilbereichs angelegt [Dens87]. Die Daten wurden aus Felddaten der Ausfallraten von elektronischen Bauelementen bezogen, daher sind die spezifischen Umgebungsbedingungen nicht bekannt. Die Ausfallraten λ_P werden in Bezug auf die Zeit oder auf gefahrene Meilen angegeben und aus einer Basisausfallrate λ_B und verschiedenen π-Faktoren berechnet:

$$\lambda_p = \lambda_B \cdot \prod_{i=1}^{n} \pi_i \tag{4.6-27}$$

λ_B stellt die Basisausfallrate der Komponente für drei Betriebszustände (ausgeschaltet = dormant, nicht belastet, im Betrieb) dar. π_i sind verschiedene Faktoren, die die Umgebungsbedingungen und die Anwendung beschreiben. Alle Modellrechnungen setzen eine konstante Ausfallrate voraus. Angegeben werden die Faktoren, von denen man einen Einfluss auf die Ausfallrate erwartet, z. B. Komponententyp, Komponentengehäusetyp, Modulgehäusetyp, Montageort im Automobil und Prüfebene. Die Werte der Parameter λ_B und π_i sind tabelliert für Widerstände, Kondensatoren, Dioden, Transistoren und Integrierte Schaltkreise. Ein Software-Tool berechnet die Ausfallrate auf Modulebene und Submodulebene bei vorgegebenen Belastungen (z. B. 12 Monate, 50.000 Meilen). Mit einer Sensitivitätsanalyse kann die Veränderung der Ausfallrate bei Veränderung eines Faktors (z. B. Aktivierungsenergie, Umgebungstemperatur) berechnet werden. Als Eingaben werden z. B. verlangt: Zahl und Art der im Modul verwendeten Bauelemente, die Häufigkeit des Einsatzes (operating, non-operating, dormant) innerhalb der betrachteten Periode, die Ausfallraten während der drei Zustände, die Aktivierungsenergie, die Umgebungstemperatur, der Einbauort, die Art des Gehäuses, das Verhältnis der Leistung bzw. Spannung zur spezifizierten Höchstbelastung (Power-Stress-Ratio bzw. Voltage-Stress-Ratio).

Siemens EXAR-Datenbasis

Die Datenbasis EXAR [Siem96] enthält Angaben über Ausfallraten nach der Siemensnorm SN 29500. Die Daten wurden aus Felderfahrungen mit kompletten Geräten und Systemen abgeleitet. Somit sind sie nicht nur von der Qualität der Bauelemente allein abhängig, sondern auch vom Design des Systems durch den Systemhersteller. Der Einfluss der Umgebungsbedingungen wird in der Siemensnorm nicht berücksichtigt, weil man davon ausgeht, dass ungünstige Umwelteinflüsse (Feuchtigkeit, Schadstoffe, Schwingungen etc.) durch geeignete konstruktive Maßnahmen auf ein Minimum reduziert sind. Dies kann durch eine schwingungs- und stoßgeschützte Befestigung und durch ein feuchtigkeits- und schadstoffdichtes Gehäuse geschehen. Die Temperaturabhängigkeit der Ausfallrate wird durch zwei Aktivierungsenergien E_{A1} und E_{A2} berücksichtigt, die zwei verschiedene Ausfallmechanismen repräsentieren. Bei Halbleitern erfasst die kleinere Aktivierungsenergie z. B. Defekte im Kristall bzw. in der Oxidschicht, die größere z. B. Oberflächeneffekte. Daraus ergibt sich der π-Faktor für den Temperatureinfluss

$$\pi_T = \frac{A \cdot \exp(E_{A1}z) + (1-A) \cdot \exp(E_{A2}z)}{A \cdot \exp(E_{A1}z_{ref}) + (1-A) \cdot \exp(E_{A2}z_{ref})} \qquad (4.6\text{-}28)$$

mit $z = 11605\left(\dfrac{1}{T_{Uref}} - \dfrac{1}{T_2}\right)/eV$ und $z_{ref} = 11605\left(\dfrac{1}{T_{Uref}} - \dfrac{1}{T_1}\right)/eV$ sowie $T_{Uref} = 40$ °C (Referenz-Umgebungstemperatur). Bei Halbleitern ist T_1 die Referenz-Sperrschichttemperatur und T_2 die tatsächliche Sperrschichttemperatur, bei anderen Bauelementen ist T_1 die Referenz-Bauelemente-Temperatur und T_2 die tatsächliche Bauelemente-Temperatur. Alle Temperaturen werden in Kelvin angegeben. EXAR berücksichtigt unterschiedliche Ausfallraten für den Betrieb und für die Zeit, in der das Bauelement nicht beansprucht wird durch den Faktor π_W:

$$\pi_W = \frac{Z_f}{100} + R\frac{\lambda_0}{\lambda_{use}}\frac{(100-Z_f)}{100} \qquad (4.6\text{-}29)$$

mit Z_f: Anteil der Zeit, in der die Komponente während des Betriebs beansprucht wird in %; R: Konstante (tabelliert); λ_0: Ausfallrate bei Nichtbeanspruchung; λ_{use}: Ausfallrate bei Beanspruchung. Die Wechsel zwischen Beanspruchung und Nichtbeanspruchung müssen lang gegenüber der Zeitkonstante des Bauelementes sein, damit die Temperatur am Bauelement während der Nichtbeanspruchung absinkt. Ein Stressfaktor, der die Belastung in Relation zur Spezifikation des Bauelementes setzt, wird nicht verwendet.

Im Vergleich zu den o. g. Datenbasen liefern Abschätzungen nach der Siemens EXAR-Datenbasis in der Regel kleinere Ausfallraten. Oft ist die Abweichung der berechneten Ausfallraten anhand der verschiedenen Datenbasen und der dort verwendeten Modelle beträchtlich. Das verwundert nicht in Anbetracht der verwendeten Felddaten und insbesondere der unterschiedlichen Wichtung verschiedener Ausfallursachen.

Es wird deutlich, dass Ausfallraten elektronischer Bauelemente nur anhand langjähriger großer Datensammlungen und empirisch meist aus Felddaten ermittelter Modelle berechnet werden können. Für Mikrosysteme stehen solche umfangreichen empirischen Befunde noch nicht zur Verfügung. Sie können am ehesten natürlich an Massenprodukten (z. B. Schreib-Leseköpfe für Festplattenlaufwerke, Beschleunigungssensoren für Airbags) gewonnen werden. Das Erarbeiten umfangreicher Datensammlungen und die Modellbildung zur Berechnung der Ausfallrate von Mikrosystemen steht noch ganz am Anfang. In Anbetracht des Trends zur Überführung von Mikrosystemen in die industrielle Fertigung mit hohen Stückzahlen (siehe Kap. 1) gewinnt dieser Aspekt der Zuverlässigkeitsanalyse und Qualitätssicherung immer mehr an Bedeutung.

4.6.4 Identifikation von Ausfallmechanismen

Nur die Kenntnis der Ausfallmechanismen kann letztlich einen Beitrag zur Verbesserung der Zuverlässigkeit eines Bauelementes liefern. Diese Kenntnis ermöglicht eine gezielte Rückwirkung auf den Entwurf, die Kontrolle der Fertigungsprozesse und die beschleunigenden Tests, um optimale Betriebslebensdauern zu erzielen. Die Identifikation von Ausfallmechanismen in Mikrosystemen muss sowohl auf der Ebene der Funktionselemente als auch auf der Ebene des Systems (das aus der Kombination der Funktionselemente entsteht, siehe Bild 4.1-1) erfolgen. Funktionselemente sind beispielsweise dünne Schichten, Leiterbahnen, Membranen, Diffusionszonen und Biegebalken, von denen die Stabilität ihrer physikalischen Eigenschaften (z. B. der elektrischen Leitfähigkeit) und ihrer funktionsbestimmenden Parameter (z. B. der Eigenfrequenz) erwartet wird. Auf jeder Ebene sind bestimmte Ausfallmechanismen dominierend und nur mit spezifischen, problemangepassten Untersuchungsmethoden verifizierbar. Auf der Ebene des Funktionselementes dominieren z. B. Ausfälle infolge von Prozessinstabilitäten (etwa eines Beschichtungsprozesses). Diese Instabilitäten können zu Funktionsschicht-Eigenschaften führen, die außerhalb des tolerierbaren Bereiches liegen. Auf der System-Ebene sind primär solche Ausfallmechanismen zu untersuchen, die bei der Verknüpfung der Funktionselemente entstehen. Beispiele hierfür sind thermisch induzierter Stress aufgrund unterschiedlicher Ausdehnungskoeffizienten bei der Gehäusung von Chips oder bei der Bestückung von Systemträgern (Leiterplatten) mit Bauelementen. Auch unzureichende oder instabile elektrische Verbindungen (an Bondpads, Bumps, Lotkontakten, Steckern) durch diffusionsbedingte Materialveränderungen oder durch unzulängliche Aufbau- und Verbindungstechnik stellen eine häufige Ausfallursache dar. Schließlich interessieren auf der System-Ebene nicht nur Ausfälle der Hardware, sondern auch Fehler der systeminternen Kommunikation und der System-Software sind zu berücksichtigen. Die Verfügbarkeit des Systems kann bei Hardware-Fehlern begrenzten Umfangs durch entsprechende Redundanzkonzepte gewährleistet sein.

In Tabelle 4.6-3 sind Ausfallursachen auf Funktionselement- und Systemebene sowie häufig genutzte Untersuchungsmethoden zu ihrer Identifikation zusammengestellt. Eine direkte Zuordnung von jeweils *einem* Ausfallmechanismus zu *einer* Untersuchungsmethode wurde dabei nicht vorgenommen; oft nutzt man eine Kombination verschiedener Methoden zur Aufklärung von Ausfallmechanismen.

Die Charakterisierung von Funktionsschicht-Eigenschaften kann nur z. T. mit Standardverfahren, wie sie in Kap. 2.3.1.3 dargestellt sind, bewältigt werden. In vielen Fällen müssen spezifische Teststrukturen (Beispiele in Kap. 3.3.5) entwickelt und implementiert werden, mit denen die entsprechende Schichteigenschaft möglichst schon in der Fertigungsphase und auf dem Substrat (Wafer) sowie ihr Alterungsverhalten geprüft werden kann. Längerfristig wird es notwendig sein, für Materialien der Mikrosystemtechnik und ihr Langzeitverhalten entsprechende Datensammlungen zu schaffen, auf die man bei Zuverlässigkeitsberechnungen zurückgreifen kann.

Letztlich muss das Gesamtsystem seine Funktionstüchtigkeit unter möglichst standardisierten Prüfbedingungen (z. B. Tabelle 4.6-1) nachweisen, die auch eine Berechnung der Ausfallrate und der mittleren Lebensdauer zulassen. Die Fertigung der Komponenten in Batch-Prozess unterstützt die Durchführung von Parallelversuchen und damit die statistische Sicherheit. Die

4.6 Zuverlässigkeit und Qualitätssicherung von Mikrosystemen

wichtigsten Kriterien für die Auswahl von Prüfverfahren für das Gesamtsystem sind Automatisierbarkeit, Zeitaufwand für die Durchführung und die statistische Sicherheit der Ergebnisse.

Tabelle 4.6-3 Ausfallmechanismen und Untersuchungsmethoden

Ausfallursachen	Untersuchungsmethoden
Auf der Funktionselement-Ebene	
Substratdefekte (Verunreinigungen, Rauigkeit, Kratzer, Risse)	Optische Inspektion (Licht-Mikroskopie, Raster- (REM) und Transmissions-Elektronenmikroskopie (TEM))
Prozessbedingte unzulässige Streuung von spezifizierten Funktionsschicht-Eigenschaften (z. B. ungenügende Homogenität der Dicke oder Reproduzierbarkeit verschiedener Chargen, Alterung infolge Rekristallisation)	Oberflächenprofilometrie (Weißlicht-Interferometer; Raster-Tunnel-Mikroskopie (RTM); Atomic-Force-Microscopy (AFM); Taststiftverfahren (α-Step))
Thermisch induzierter Stress in Funktionsschichten	Oberflächenanalytik mit Informationstiefen - abhängig vom Verfahren – bis zu einigen µm (REM mit EDX; ESCA; Raster-Auger-Spektroskopie; Sekundärionen-Massenspektroskopie (SIMS); Focused Ion Beam-Verfahren (FIB))
Unzureichende Strukturgenauigkeit, Unterätzung, Strukturierungsfehler (z. B. Verengungen in Leiterbahnen)	
Festkörper-, Oberflächen- und Korngrenzendiffusion	Teststrukturen zur Charakterisierung von Funktionsschichteigenschaften (vgl. Kap. 2.3.1.3 und 3.3.5):
Designfehler, Maskenfehler	– thermische (Wärmeleitfähigkeit, Ausdehnungskoeff.,...)
Verunreinigung, Kontamination von Schichtoberflächen (Oxidation, schlechte Schicht-Haftung bzw. Bondbarkeit)	– elektrische (spezifische elektrische Leitfähigkeit, TKR, Durchschlagsfestigkeit,...)
Rauigkeit strukturierter (geätzter) Oberflächen	– mechanische (Stress, Haftung, Härte, Gefügeveränd.,...)
Defekte (pin holes, Dentride, Whisker) in Isolationsschichten	– physiko-chemische (Oxidation, Diffusion, Konzentr.,...)
	– optische (Absorption, Brechung,...)
Auf der System-Ebene	
Elektrochemische Wanderung von Atomen/Ionen im Betrieb (Elektromigration)	Röntgenstrahl-Diagnostik (z. B. für Flip-Chip-Kontakte und Ball-Grid-Arrays)
Korrosion an elektrischen Kontakten; unzureichende Benetzung von Lotkontakten	Ultraschall-Mikroskopie (für optisch nicht zugängliche Verbindungen, nichtzerstörende Prüfung)
Thermisch induzierte Spannungen zwischen Chip und Carrier bzw. Bauelement und Systemträger (Leiterplatte); Rissbildung in Lotkontakten	Metallographie (Schliffbilder, zerstörende Prüfung zur Identifikation von z. B. Rissbildungen und Gefügeveränderungen) und FIB-Verfahren
Undichte Gehäusung (Schäden durch Feuchte und korrodierende/oxidierende Gase)	He-Lecktest Thermische Desorptionsspektroskopie (TDS)
Unzureichende Haftung oder Beschädigung (Abriss) von Bonddrähten	Pull-Test (Abriss-Test mit spezifizierten Abriss-Kräften)
Ungenügende Wärmeabfuhr in Bauelementen hoher Leistungsdichte	Integrierte Teststrukturen (z. B. zur Messung thermischer Belastungen im Betrieb oder für den Durchgangstest aller Vias und Lotkontakte)

Die in Tabelle 4.6-3 dargestellte Vielzahl von Ausfallmechanismen und Untersuchungsmethoden kann hier nicht in der Breite behandelt werden. An einem Beispiel – dem Ausfallmechanismus Elektromigration – soll jedoch das prinzipielle Vorgehen bei der Analyse und Bewertung von Ausfällen in Mikrosystemen demonstriert werden. Derartige Untersuchungen sollten sich mit folgenden Schwerpunkten beschäftigen:

a) Entwicklung von Modellen zu den physikalischen Ursachen und Effekten, die den Ausfallmechanismus auslösen

b) Charakterisierung der Ausfallrate (bzw. der mittleren Lebensdauer) als Funktion der relevanten Betriebsparameter anhand dieser Modelle oder auf empirischem Wege

c) Planung und Durchführung experimenteller Untersuchungen zur Quantifizierung der Ausfallrate und der zugrundeliegenden physikalischen Effekte

d) Überlegungen zur Behebung oder Minderung des Ausfallmechanismus

Diese Vorgehensweise wird im Folgenden am Beispiel Elektromigration demonstriert.

a) Physikalische Ursachen des Ausfallmechanismus Elektromigration

Unter Elektromigration versteht man eine gerichtete Diffusion, die durch Impulsaustausch zwischen den durch einen Leiter fließenden Ladungsträgern und den Atomrümpfen des Leiters verursacht wird. Erst bei Stromdichten ab etwa 10^5 A/cm^2 stellt sich eine merkliche Wanderungsbewegung der Atome ein. Daher gibt es in makroskopischen Leitern (Kabel, Drähte) keine Elektromigration, denn die elektrische Verlustleistung in einem Aluminiumdraht beträgt bei einer Stromdichte von 10^6 A/cm^2 etwa 3,5 MW/cm^3, eine Leistung, die jeden makroskopischen Leiter schlagartig verdampfen läßt. Nur dünne Leiterschichten (wie sie in Mikrosystemen als elektrische Verbindungen üblich sind) mit sehr guter Wärmeableitung zum Substrat können derart hohe Stromdichten über längere Zeiträume tragen, da das Substrat als massive Wärmesenke wirkt. Stromdichten > 10^5 A/cm^2 können in Leiterbahnen, deren Dicken und Breiten im sub-µm-Bereich liegen, schon bei Stromstärken im mA-Bereich auftreten.

Platzwechselvorgänge der Atome in einem Festkörper bezeichnet man als Selbstdiffusion. Die Höhe der Aktivierungsenergie E_a für den Transportprozess ist abhängig vom Ort, an dem sich das betreffende Atom im Kristallverband befindet. Daher wird bei der Festkörperdiffusion zwischen Gitter-, Korngrenzen-, Oberflächen- und Störstellendiffusion unterschieden. Der gesamte Materialfluss ist die Summe aus allen Diffusionsarten; je nach Temperatur und Schichtgefüge variieren aber die Anteile der einzelnen Arten. Für dünne Schichten aus Aluminium gelten nach [Schrei81] die in Tabelle 4.6-4 genannten Werte für die Aktivierungsenergien der Diffusionsmechanismen.

Tabelle 4.6-4 Aktivierungsenergien der Diffusionspfade für Aluminium

Diffusionsmechanismus	E_a [eV]
Gitter	1,4
Korngrenze	0,4 - 0,5
von Korngrenze ins Gitter	0,62
Störstellen	> 0,62
Oberfläche	0,28

Vernachlässigt man im Falle von Aluminium die Oberflächendiffusion als Diffusionspfad durch Annahme einer perfekt anhaftenden Oxidschicht an der Oberfläche, so ist aus Tabelle 4.6-4 ersichtlich, dass ein Diffusionsprozess bevorzugt über Korngrenzen stattfinden wird.

Die Selbstdiffusion erfolgt regellos in alle Richtungen eines Materials und ergibt in ihrer

Summe keinen Netto-Materialtransport. Erst wenn durch Einwirken einer äußeren Kraft der Materialtransport in eine Richtung überwiegt, kann ein resultierender Nettotransport entstehen. Konzentrationsunterschiede, Temperaturgefälle, mechanische Spannungen oder auch ein angelegtes elektrisches Feld, wie bei der Elektromigration, können eine gerichtete Atomwanderung verursachen. Der Diffusionsstrom J (Anzahl diffundierender Atome pro Zeit- und Flächeneinheit) in einem Festkörper lässt sich dann allgemein beschreiben als

$$J = -D \cdot \nabla n_a + \frac{D \cdot n_a}{kT} \cdot F \qquad (4.6\text{-}30)$$

mit $D = D_0 \cdot \exp(-E_a/kT)$ als Diffusionskoeffizient, n_a als Atomdichte (Atome/cm^3) und F als treibende Kraft. Der erste Term resultiert aus vorhandenen Konzentrationsgradienten, während der zweite Term den Diffusionsstrom infolge verschiedener Kräfte elektrischer, mechanischer oder thermischer Natur beschreibt. Beim Stofftransport durch Elektromigration werden zwei Kraftkomponenten unterschieden: einerseits die direkte Auswirkung des elektrischen Feldes auf ionisierte Störstellen, andererseits die Kraft durch den Impulsaustausch zwischen den Ladungsträgern und den selbstdiffundierenden Atomen (diese Komponente wird auch „Elektronenwind" genannt). Die gesamte treibende Kraft F wird beschrieben durch:

$$F = (Z_e + Z_w) \cdot q \cdot E = Z^* \cdot q \cdot E = Z^* \cdot q \cdot \rho \cdot j \qquad (4.6\text{-}31)$$

Hierbei ist E das elektrische Feld, $Z^* \cdot q$ die effektive Ladung der Atomrümpfe, ρ der spezifische Widerstand und j die Stromdichte. Z_e repräsentiert die effektive Ladung ionisierter Störstellen, Z_w die Wirkung des „Elektronenwindes". Ist Z^* negativ, dominiert die Elektronenwindkomponente, und die Atome diffundieren in die Richtung der Elektronenbewegung. Im Falle $Z^* > 0$ erfolgt der Materialtransport in entgegengesetzter Richtung. In zahlreichen Untersuchungen wurde beobachtet, dass in metallischen Leiterbahnen für ICs der Diffusionseffekt durch den Elektronenwind überwiegt. Für dünne Schichten aus Aluminium wurde von [Blech76] $Z^* \approx -1$ vorgeschlagen. Mit diesem Wert und einer Stromdichte $j = 10^6$ A/cm^2 ergibt sich für die auftretende Kraft $|F| \approx 300$ eV/m. Aus Gl. (4.6-30) und (4.6-31) folgt dann (im Falle vernachlässigbarer Konzentrationsgradienten)

$$J = \frac{n_a \cdot Z^* \cdot q \cdot \rho}{k \cdot T} \cdot D_0 \cdot e^{\left(\frac{-E_a}{k \cdot T}\right)} \cdot j \qquad (4.6\text{-}32)$$

wonach der Diffusionsstrom J direkt proportional der elektrischen Stromdichte j ist.

Dünnschichtmetallisierungen stehen nach der Herstellung gewöhnlich unter hohem mechanischem Stress, der durch die unterschiedlichen thermischen Behandlungen während der Bauelementfertigung verursacht wird [Flinn90], aber auch durch den Abscheideprozess auf das Substrat hervorgerufen werden kann [D´Heur89]. Grund für thermisch induzierte Spannungen bei Al-Leiterbahnen auf Si-Substraten sind z. B. die unterschiedlichen Ausdehnungskoeffizienten der beteiligten Materialien (Al: 22·10^{-6} K^{-1}; Si: 2,3·10^{-6} K^{-1}; Passivierungsoxide: 1,1·10^{-6} K^{-1}; alle Angaben für Raumtemperatur). Nach Hochtemperaturprozessen, wie z. B. der Passivierungsabscheidung, bauen sich bei der Abkühlung auf Raumtemperatur Zugspannungen in der Al-Leiterbahn auf. Diese können dazu führen, daß sich das Aluminium durch plastisches Fließen unter Volumenänderung entspannt [Jones87]. Im Falle passivierter Leiterbahnen wird sich das Volumen des Aluminiums jedoch nicht ändern können; die daraus resultierenden hohen Zugspannungen können dann nur durch Bildung und Wachstum von Poren abgebaut werden, die im Extremfall makroskopische Löcher im Leiter verursachen (spannungsinduzierte Löcher; der Vorgang wird auch Stressmigration genannt) [Clemen95]. Diese Löcher sind das Resultat von Fehlstellenansammlungen im Laufe fortwährender Diffusion und können deshalb den durch Elektromigration verursachten Defekten sehr ähnlich sehen.

In [Blech76a] wird gezeigt, dass neben dem durch die Produktion vorhandenen Spannungsfeld die Elektromigration selbst auch Spannungsgradienten entlang einer Leiterbahn verursachen kann, indem sich die diffundierenden Atome vor einer Diffusionsgrenze (z. B. einer senkrecht zur Leiterbahn orientierten Korngrenze oder einem Materialübergang) sammeln und dadurch Druckspannungen hervorrufen. Gleichzeitig entstehen Zugspannungen am Herkunftsort der diffundierenden Atome. Das Resultat ist ein Spannungsgradient, der einen (in Bezug auf die Atombewegung) entgegengerichteten Diffusionsfluss verursacht. Für eine Schädigung der Leiterbahn ist nun entscheidend, wie groß die Entfernung zwischen der „Quelle" der diffundierenden Atome und der Diffusionsbarriere ist. Bis so viele Atome von der Quelle zur nächsten Diffusionsbarriere diffundiert sind, dass ein nennenswerter Spannungsgradient und damit Rückfluss entsteht, der die Elektromigration der Atome kompensiert, können die Löcher an der „Quelle" schon zum Ausfall der Leiterbahn geführt haben. Reduziert man die Entfernung zwischen Quelle und Barriere bei gegebener Stromdichte, so wird man eine Leiterbahnlänge l_c finden, bei deren Unterschreitung die Leerstellenakkumulation an der Quelle nicht zum Ausfall führt. Das Ergebnis der durch Elektromigration induzierten mechanischen Spannungen kann also ein stationärer Gleichgewichtszustand sein, bei dem (im eindimensionalen Fall) gilt:

$$Z^* \cdot q \cdot E = Z^* \cdot q \cdot \rho \cdot j = -\Omega \cdot \frac{\partial \sigma}{\partial x} \qquad (4.6\text{-}33)$$

mit Ω als Atomvolumen und $\partial \sigma / \partial x$ als Spannungsgradient in x-Richtung. Gemäß Gl. (4.6-33) wird bei gegebener Leiterbahnlänge mit steigender Stromdichte j der mechanische Spannungsgradient steigen. In Bild 4.6-4 (Mitte) wird vereinfachend ein konstanter Spannungsgradient mit maximaler Druck- bzw. Zugspannung ($\pm \sigma_m$) an der Barrieren- bzw. Quellenseite betrachtet, der so beschaffen ist, dass Atomwanderungen durch Elektromigration gerade kompensiert werden (Gleichgewichtszustand mit einer Netto-Diffusion von Null). Besonders bei passivierten Leiterbahnen können so hohe Spannungen erreicht werden, da sich hier wegen der allseitigen „Verpackung" der Leiterbahn die Druckspannungen nicht durch Extrusionen abbauen können. Mit $\partial \sigma / \partial x \approx -2\sigma_m / l_c$ erhält man aus Gl.(4.6-33)

$$\left| \frac{2 \cdot \Omega \cdot \sigma_m}{Z^* \cdot q \cdot \rho} \right| = j_c \cdot l_c \qquad (4.6\text{-}34)$$

Diese Gleichung definiert die kritische Leiterbahnlänge l_c, auch „Blech-Länge" genannt, die bei gegebener Stromdichte j_c nicht überschritten werden darf (bzw. die kritische Stromdichte j_c, die bei gegebener Leiterbahnlänge l_c nicht überschritten werden darf), wenn ein Ausfall durch Elektromigration verhindert werden soll. Vergrößert sich bei gleicher Stromdichte j_c die Leiterbahnlänge, können auf der Strecke Δx_2 genügend Leerstellen für einen Ausfall akkumulieren (Bild 4.6-4 rechts). Steigt die Stromdichte bei gleichbleibender Länge l_c, können sich wegen des größeren Spannungsgradienten ebenfalls genügend Leerstellen auf der Strecke Δx_1 der Quellenseite sammeln und den Querschnitt reduzieren (Bild 4.6-4 links). Untersuchungen von [Lloyd88] und [Filippi95] enthalten Ergebnisse, die das dargestellte Modell untermauern. Gerade bei kurzen Leiterbahnen (< 100 μm) und Stromdichten von ca. 10^6 A/cm^2 sollte daher der *Blech*längeneffekt in Gl.(4.6-32) durch eine Stromdichte-Abhängigkeit in der Form ($j - j_c$) berücksichtigt werden.

4.6 Zuverlässigkeit und Qualitätssicherung von Mikrosystemen 435

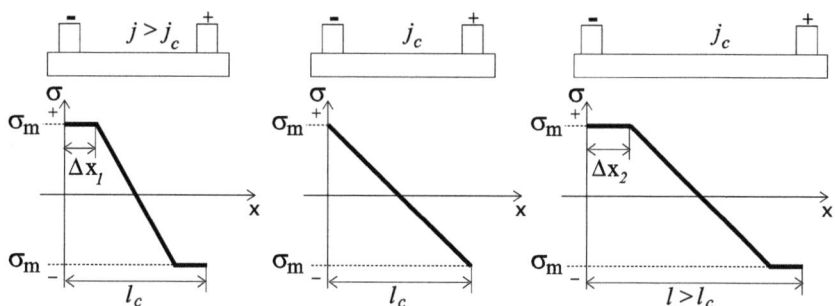

Bild 4.6-4 Spannungsgradienten bei unterschiedlicher Stromdichte j und Länge l

b) Abhängigkeit der Ausfallzeit von Strombelastung und Temperatur (Black-Gleichung)

Nach [Black69] hängt die mittlere Lebensdauer *mtf* von Leiterbahnen infolge Elektromigration von der Stromdichte j und der Temperatur T ab. Unter der Annahme einer umgekehrten Proportionalität zwischen *mtf* und Diffusionsstrom J, d. h. für $mtf \propto 1/J$, folgt aus Gl.(4.6-32)

$$mtf = A \cdot j^{-n} \cdot \exp(E_a/kT), \tag{4.6-35}$$

(mit A: Proportionalitätsfaktor; E_a: Aktivierungsenergie; n: Stromexponent, der bei strenger Gültigkeit von Gl. (4.6-32) den Wert $n = 1$ hat). Allerdings ist Gl. (4.6-32) nur gültig, wenn

– die Diffusion allein durch den „Elektronenwind" verursacht wird und keine anderen Mechanismen wirken,
– keine lokale Überhitzung der Leiterbahn durch Joulesche Wärme auftritt und
– die physikalischen Parameter der Leiterbahn (spezifischer Widerstand, effektive Ladung, Geometrie) während des gesamten Tests konstant bleiben.

Höhere Werte für n können resultieren, wenn die oben genannten Voraussetzungen nicht erfüllt sind. Verschiedene Resultate für n zwischen 1 und 10 wurden in experimentellen Untersuchungen gefunden. Die aufgrund des *Blech*längeneffektes vorzunehmende Modifikation ergibt (mit B als Proportionalitätsfaktor):

$$mtf = B \cdot (j - j_c)^{-n} \cdot \exp(E_a/kT) \tag{4.6-36}$$

Vorsicht ist angebracht bei der Extrapolation der unter beschleunigenden Testbedingungen ermittelten *mtf*-Werte auf normale Betriebsbedingungen, denn die Verhältnisse zwischen den beiden wichtigsten Diffusionsursachen (Stressmigration und Elektromigration) unterscheiden sich bei Test- und Normalbedingungen. Bei hoher Stromdichte und Temperatur wird die Elektromigration überwiegen, unter Betriebsbedingungen werden Temperatur und Stromdichte der ICs jedoch geringer sein und die mechanischen Spannungen womöglich überwiegen. Wird diese Abhängigkeit nicht berücksichtigt, können zu optimistische Vorhersagen über die Zuverlässigkeit die Folge sein.

c) Experimentelle Untersuchungen zur Quantifizierung der Ausfallzeit

Als Beispiel experimenteller Untersuchungen wird im Folgenden die Beobachtung der Elektromigration an mikrostrukturierten planaren *Leiterbahnen* und an Durchkontaktierungen zwischen verschiedenen Ebenen mikroelektronischer Schaltkreise (sogenannte *Vias*) anhand von Teststrukturen dargestellt.

Um auf experimentellem Wege eine quantitative Vorhersage über die Lebensdauer einer Leiterbahn zu erhalten, muss man zunächst genau definieren, wann die Leiterbahn als ausgefallen zu betrachten ist. Die Aufgabe einer Leiterbahn ist die elektrische Verbindung in einer integrierten Schaltung unter Gewährleistung eines konstanten Widerstandes. Bei einem Betriebsdauer-Test überwacht man deshalb kontinuierlich den Widerstand über die Zeit, bis eine dauerhafte Widerstandsänderung ein definiertes Ausfallkriterium erreicht. Für die Ausfalldefinition muss beachtet werden, dass nicht erst bei einer kompletten Stromunterbrechung die Funktion z. B. eines ICs beeinträchtigt wird. Auch dauerhafte Widerstandsänderungen über ein tolerierbares Maß hinaus können das Verhalten von Schaltungen und Systemen deutlich verändern. Ob eine prozentuale Änderung oder ein Totalausfall als Ausfallkriterium definiert wird, muss in jedem Einzelfall aus den Konsequenzen für das Gesamtsystem abgeleitet werden. Für die unten dargestellten Untersuchungen wurde ein relativer Widerstandsanstieg $\Delta R/R = +20\%$ als Ausfallkriterium definiert.

Der Diffusionsprozess bei der Elektromigration benötigt unter normalen Betriebsbedingungen (operating life test mit z. B. $T = 100$ °C, $j = 10^5$ A/cm^2) meist mehrere Jahre, bis sich eine Schädigung bemerkbar macht. Daher wird unter beschleunigenden Testbedingungen gearbeitet. Als Parameter zur Beschleunigung können die Stromdichte und die Temperatur genutzt werden; u. U. beschleunigen sie aber nicht nur die Diffusion, sondern verändern auch den Ausfallmechanismus. Voraussetzung für zuverlässige Ergebnisse und damit für die Qualität der Lebensdauervorhersage ist somit, dass der Ausfallmechanismus bei verschärften Testbedingungen der gleiche bleibt wie unter Betriebsbedingungen. Bei einer geforderten Lebensdauer von 10 Jahren im normalen Betrieb lassen sich mit Stromdichten von ca. 10^6-10^7 A/cm^2 (bzw. durch Temperaturerhöhungen von Raumtemperatur auf 200-300 °C) Beschleunigungsfaktoren von ca. 100-1000 realisieren. Die beschleunigte Testmethode erfordert dann immer noch Testzeiten von 50 h bis 2000 h.

Bild 4.6-5 zeigt eine Teststruktur für die Untersuchung von Durchkontaktierungen (Vias). Die Widerstandsmessung des Via erfolgt mit einer Vierpunkt-Methode, indem ein Konstant-Strom über die Stromkontakte I$^+$ und I$^-$ eingeprägt und der Spannungsabfall am Via über die Potentialkontakte U$^+$ und U$^-$ ermittelt wird. In Tabelle 4.6-5 sind die Kennwerte dieser Struktur zusammengefasst [Süße98]. Planare Leiterbahnen wurden mit der in Bild 4.6-6 (links) dargestellten Struktur getestet. Die zusätzlichen Kontaktpads in der Mitte der Leiterbahn dienen der besseren Lokalisierung der Ausfälle. Der Schichtaufbau der getesteten Leiterbahnen ist in Bild 4.6-6 (rechts) gezeigt. Sie bestehen aus einer AlSiCu-Legierung mit jeweils 0,5 Gew.% Si und Cu und sind mit einer dünnen Passivierungsschicht umhüllt.

Untersucht wurde das Ausfallverhalten der in Bild 4.6-5 und 4.6-6 dargestellten planaren Leiterbahnen und Vias, um die mittlere Lebensdauer *mtf* als Funktion verschiedener Stromdichten (bei konstanter Temperatur) und als Funktion der Temperatur (bei konstanter Stromdichte) zu bestimmen. Die Stromdichten müssen dabei so gewählt werden, dass die Strukturen nicht durch Joulesche Wärme deutlich über die gewählte Testtemperatur erwärmt werden. Die maximal zulässige zusätzliche Erwärmung, die die Strukturen erfahren dürfen, sollte 5 K nicht übersteigen [Lloyd97]. Ausfallkriterien sind eine relative Widerstandserhöhung größer 20 % bzw. eine totale Stromunterbrechung. Die Widerstandsverläufe über der Zeit können bei Elektromigrationstests gelegentlich kurzzeitig hohe Ausschläge (Spikes) zeigen; jedoch nur dauerhafte Widerstandsänderungen werden als Schädigung der Leiterbahn betrachtet. Tabelle 4.6-6 fasst die Testbedingungen zusammen.

4.6 Zuverlässigkeit und Qualitätssicherung von Mikrosystemen

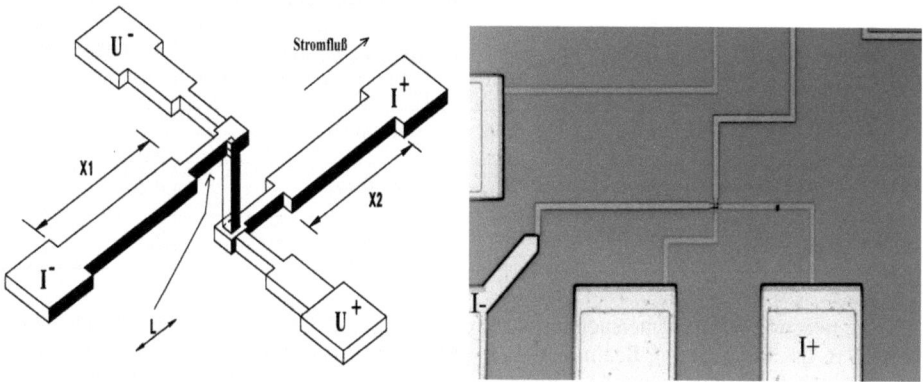

Bild 4.6-5 Via-Teststruktur:
    links   schematische Zeichnung (nicht maßstäblich),
    rechts   Foto der Struktur

Tabelle 4.6-5 Kennwerte der Via-Teststruktur aus Bild 4.6-5

Element	Breite [µm]	Länge [µm]
schmale Leiterbahn	2	4
breite Leiterbahn	4	150 oben (X1) / 120 unten (X2)
Überlappung am Via	0,25	0,25
Kantenlänge des quadratischen Vias: 0,6 µm		
Verhältnis j_{via} / j_{leiter} (bzgl. schmale Bahn): 2,8		
durchschnittlicher Probenwiderstand ($T = 25°C$): 6,0 Ω		

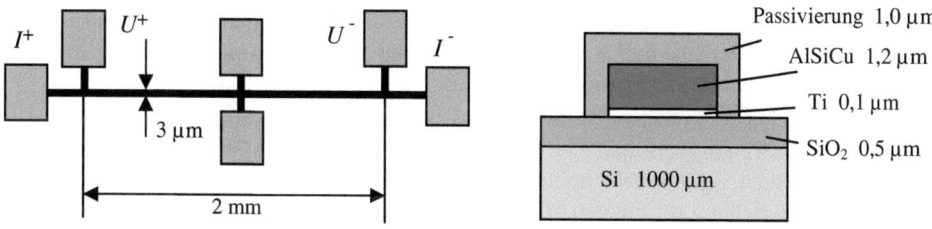

Bild 4.6-6 Layout einer Teststruktur für planare Leiterbahnen (links) und Schichtaufbau der Leiterbahn (rechts)

Tabelle 4.6-6 Testbedingungen für Elektromigrationsuntersuchungen an Vias und Leiterbahnen

Testserie	T (°C)	I (mA)	j_{via} (10^6A/cm^2)	j_{Leiter} (10^6A/cm^2) schmal / breit (Bild 4.6-5)	Ausfallkriterium $\Delta R/R$ (%)
Via-1	200	10 - 20	2,78-5,56	1,0-2,0 / 0,5-1,0	≥ 20
Via-2	150-230	15	4,17	1,5 / 0,75	≥ 20
Leiterbahn	200	65 - 90		1,8-2,5	≥ 20

Für die mikroskopische Untersuchung der Schädigung von Leiterbahnen nach deren Ausfall wird z. B. das **F**ocused **I**on **B**eam-Verfahren (FIB) verwendet. Eine FIB-Analyse arbeitet mit einem hochfokussierten Strahl aus Gallium-Ionen, der über die Oberfläche der Probe gerastert wird. Durch die Wechselwirkung des Ionenstrahls mit den Oberflächenatomen werden Partikel aus der Oberfläche der Probe (Ionen/Elektronen) herausgeschlagen. Im Schneidemodus ist die Beschleunigungsenergie der Ga-Ionen so hoch, dass sich der Strahl in sehr kurzer Zeit in die Probe eingräbt und damit vergrabene Strukturen freilegt. Damit ist es möglich, den Querschnitt einer Probe zu betrachten. In Verbindung mit einem reaktiven Gas (XeF_2) lässt sich die Abtragsrate der Passivierung einer Leiterbahn gegenüber der des metallischen Leiters erhöhen, so dass nur die Passivierung entfernt wird. Im Abbildungsmodus werden sowohl die von der Probe ausgehenden Ionen als auch die Elektronen detektiert. Die Information durch diese Sekundärteilchen wird elektronisch verstärkt und zu einem Bild der Oberfläche verarbeitet. Struktur-Auflösungen ≤ 500 Å sind möglich. Das Bild zeigt sowohl die Topographie als auch die unterschiedlichen Materialien der Probe und ermöglicht es, über die abgerasterte Oberfläche zu navigieren. Für elektrisch leitende Strukturen wird der Elektronenmodus bevorzugt, Informationen über nichtleitende Strukturen sind dagegen besser über den Ionenmodus zu erhalten. Mit einem neigbaren Probentisch ist man nicht auf senkrechte Schnitte und Abbildungen beschränkt, sondern kann je nach Anforderung verschiedene Details sichtbar machen. Durch eine Fokussierung des Strahls auf ca. 10 nm lassen sich mit dem FIB-Verfahren sehr gezielt metallographische Untersuchungen von hochintegrierten Bauelementen durchführen.

Die Elektromigration ist ein „statistischer" Ausfallmechanismus; demzufolge muss eine Stichprobe mit geeigneter Elementezahl getestet werden, und die so ermittelten Ausfallzeiten sind statistisch auszuwerten. Es zeigt sich, dass die Ausfallzeiten einer Lognormalverteilung folgen, d. h. die Logarithmen der Ausfallzeiten normalverteilt sind. Die mtf (auch t_{50} genannt) ist ein Parameter der Lognormalverteilung, außerdem wird die Standardabweichung σ^* der logarithmierten Ausfallzeiten für die Charakterisierung der Verteilung verwendet.

In Bild 4.6-7 werden die Parameter anhand einer graphischen Auswertung erläutert. Wenn t_{fi} die Ausfallzeit der i-ten Probe und $Y_i = \ln t_{fi}$ der Logarithmus der Ausfallzeit ist, dann gehört Y_i zu einer Population von normalverteilten Werten mit einem Mittelwert (engl. median) μ und der Standardabweichung σ^*. Für den Mittelwert gilt dann:

$$\mu = \ln(mtf) \quad \text{bzw.} \quad mtf = e^{\mu} \tag{4.6-37}$$

Da man durch Versuchsreihen stets nur über eine Stichprobe mit N Proben verfügt, verwendet man $\overline{Y}$ (den Durchschnitt der logarithmierten Ausfallzeiten) bzw. $\ln(mtf_s)$ der Stichprobe als Schätzwert des Mittelwertes μ der Population der Ausfallzeiten.

4.6 Zuverlässigkeit und Qualitätssicherung von Mikrosystemen

$$\overline{Y} = \ln(mtf_s) \quad \text{bzw.} \quad mtf_s = e^{\overline{Y}} \tag{4.6-38}$$

Ein Schätzwert für die Standardabweichung σ^* der Population ist die Streuung s der Stichprobe, die berechnet wird aus

$$s = \sqrt{\frac{1}{N-1} \cdot \sum_{i=1}^{N} (Y_i - \overline{Y})^2} \tag{4.6-39}$$

Nach der Festlegung der Irrtumswahrscheinlichkeit α gilt für die Angabe des $100(1-\alpha)$%-Vertrauensintervalls von mtf:

$$mtf_s \cdot \exp(-c \cdot s / \sqrt{N}) < mtf < mtf_s \cdot \exp(+c \cdot s / \sqrt{N}) \tag{4.6-40}$$

Der Wert für c ist abhängig von α und N. Für das $100(1-\alpha)$%-Vertrauensintervall kann man c aus Wahrscheinlichkeits-Tabellen entnehmen.

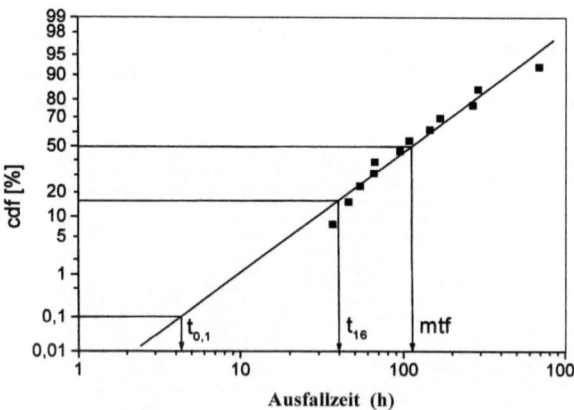

Bild 4.6-7
Beispiel für die Darstellung von Ausfallzeiten auf Wahrscheinlichkeitspapier: cdf (cumulative distribution function) ist die Summenhäufigkeitsfunktion $F(t)$ der ausgefallenen Bauelemente bzw. die Ausfallwahrscheinlichkeit gemäß Gl. (4.6-2). Die mtf ist der Zeitpunkt, bei dem die Summenhäufigkeitsfunktion den Wert $cdf = 0,5$ erreicht, d. h. wenn 50 % aller getesteten Bauelemente ausgefallen sind. Die Differenz $(mtf - t_{16})$ ist näherungsweise σ^*.

Durch die Testserien Via-1 und Via-2 wird die mtf in Abhängigkeit von Temperatur und Stromdichte ermittelt. Aus der Auftragung von $\ln(mtf_s)$ über $\ln j$ kann der Stromexponent n bzw. die kritische Stromdichte j_c gemäß Gl. (4.6-36) bestimmt werden. Aus $\ln(mtf_s)$ über $1/T$ folgt die Aktivierungsenergie E_a, mit der man den Beschleunigungsfaktor für erhöhte Temperatur bestimmen und so die Ergebnisse auf normale Betriebstemperaturen umrechnen kann. Widerstands-Zeit-Verläufe einer Versuchsreihe der Testserie Via-1 sind in Bild 4.6-8 dargestellt. Die Widerstände zeigen zunächst einen leichten Abfall, der durch Rekristallisation der polykristallinen Schichten bedingt ist [Scorzo91], und danach (zu unterschiedlichen Zeitpunkten) ein sprunghaftes Anwachsen infolge Leiterbahnzerstörungen am Via durch Elektromigration.

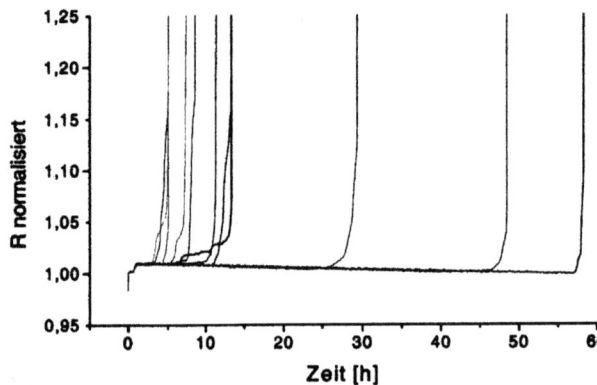

Bild 4.6-8
Widerstands-Zeit-Verläufe aus einer Versuchsreihe der Testserie Via-1 bei T = 200 °C und einer Stromdichte $j_{via} = 4{,}17 \cdot 10^6$ A/cm^2

In Bild 4.6-9 (links) ist ein FIB-Schnitt eines Via zu sehen. Neben unterschiedlichen Kristalliten der AlSiCu-Schicht (rechts oben) sind durch hellere Grautöne Ti/TiN-Lagen als Grund- und Deckschichten der Leiterbahn erkennbar. Das Loch unter dem Via (ca. 1,5 µm lang) lässt elektrische Leitung nur noch über die oberen Barriereschichten zu. Die Aufnahme der Mikrostruktur einer AlSiCu-Leiterbahn (Bild 4.6-9, rechts) zeigt die unterschiedlichen Korngrößen und Korngrenzenorientierungen.

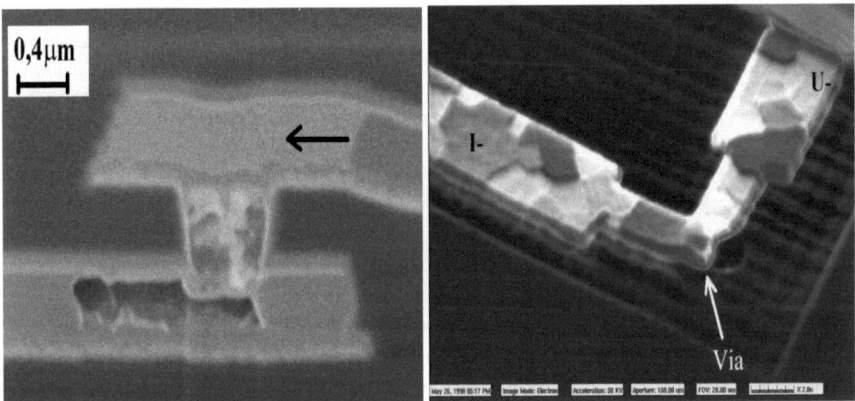

Bild 4.6-9 FIB-Schnitt am Via einer Probe aus Testserie Via-1 (links, mit $T = 200°C$, $j_{via} = 2{,}78 \cdot 10^6$ A/cm^2, $t_f = 96{,}2$ h; der Pfeil markiert die Stromflussrichtung) und Mikrostruktur einer AlSiCu-Leiterbahn über einem Via (rechts).

Die Ergebnisse aller Versuchsreihen der Testserie Via-1 bzw. Via-2 sind in Bild 4.6-10 und Bild 4.6-11 zusammengefasst. Es werden sinkende mittlere Lebensdauern bei steigender Temperatur bzw. Stromdichte festgestellt [Oates96].

4.6 Zuverlässigkeit und Qualitätssicherung von Mikrosystemen

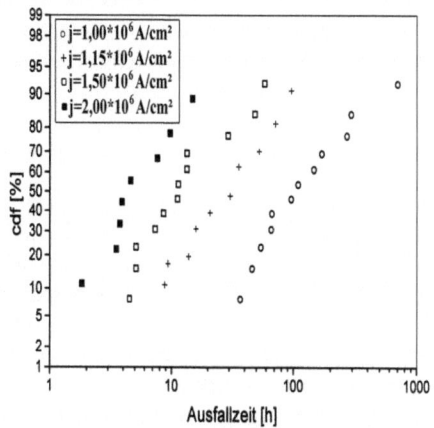

Bild 4.6-10
Verteilung der Ausfallzeiten der Testserie Via-1 bei $T = 200°C$ und unterschiedlichen Stromdichten j (angegeben sind die Stromdichten j_{Leiter} (schmal) gemäß Tabelle 4.6-6)

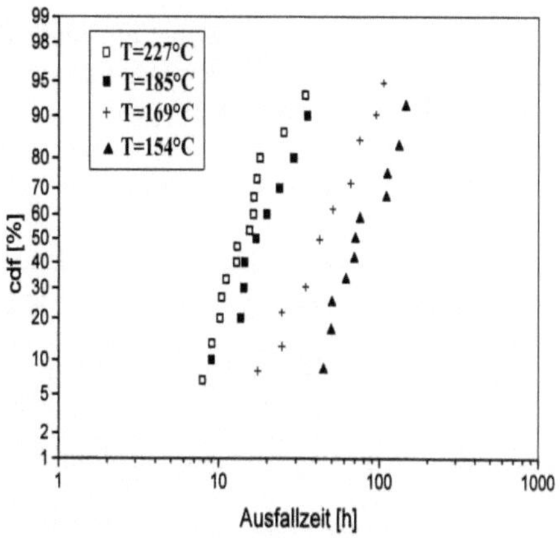

Bild 4.6-11
Verteilung der Ausfallzeiten der Testserie Via-2 bei $j_{via} = 4{,}17 \cdot 10^6$ A/cm² und unterschiedlichen Temperaturen T

Die Darstellung von $\ln(mtf)$ als Funktion der Stromdichte j für die Versuchsserie Via-1 ist in Bild 4.6-12 zu sehen.

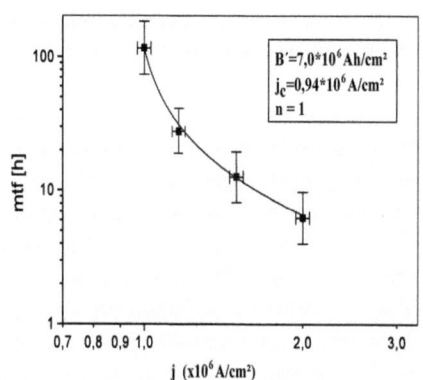 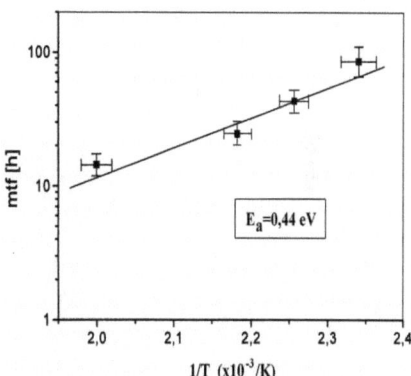

Bild 4.6-12
Darstellung von $\ln(mtf)$ über j der Testserie Via-1. Die Kurve entspricht einer Regression mit dem Stromexponenten $n = 1$, der kritischen Stromdichte $j_c = 0{,}94 \cdot 10^6$ A/cm² und $B' = 7 \cdot 10^6$ Ah/cm². Die senkrechten Fehlerbalken repräsentieren das 90%-Vertrauensintervall, die waagrechten die Variationen im Leiterquerschnitt sowie die Unsicherheit in der Stromversorgung der Teststrukturen.

Bild 4.6-13
Darstellung von $\ln(mtf)$ als Funktion von $1/T$ der Testserie Via-2 bei einer Stromdichte $j_{via} = 4{,}17 \cdot 10^6$ A/cm². Die Steigung der Gerade ergibt eine Aktivierungsenergie $E_a = 0{,}44$ eV. Gegenüber Raumtemperatur resultiert daraus ein Beschleunigungsfaktor gemäß Gl. (4.6-13) von

$$\beta_T = \exp\left[\frac{E_a}{k} \cdot \left(\frac{1}{293K} - \frac{1}{473K}\right)\right] = 754.$$

Ein Fit der Messwerte gemäß Gl. (4.6-36) (mit $B'=B\cdot\exp(E_a/kT)$) führt auf $j_c = 0{,}94\cdot 10^6$ A/cm² und $B' = 7{,}0\cdot 10^6$ Ah/cm², wobei ein Stromexponent $n = 1$ angenommen wurde. Die Aktivierungsenergie E_a wird aus der Darstellung von $\ln(mtf)$ über $1/T$ für die Versuchsserie Via-2 gemäß Bild 4.6-13 ermittelt. Wegen

$$\ln(mtf) = \ln\left[B\cdot(j-j_c)^{-n}\right] + \frac{E_a}{k}\cdot\frac{1}{T} \qquad (4.6\text{-}41)$$

stellt E_a/k die Steigung der Geraden in Bild 4.6-13 dar. Man erhält $E_a = 0{,}44$ eV. Dieser Wert deutet darauf hin, dass die Atomwanderung vorwiegend durch Korngrenzendiffusion erfolgt (vgl. Tabelle 4.6-4). Mit E_a kann eine Umrechnung der unter erhöhter Temperatur erzielten Ergebnisse auf *mtf*-Werte bei normalen Betriebstemperaturen durch Ermittlung des Beschleunigungsfaktors β_T nach Gl. (4.6-13) erfolgen.

Das Verhalten des Widerstandes als Funktion der Zeit bei der Testserie Leiterbahn ist exemplarisch an drei Kurven (mit unterschiedlicher Stromdichte) in Bild 4.6-16 gezeigt. Nach einer kurzzeitigen Widerstandsabnahme (Rekristallisation, [Scorzo91]) steigt der Widerstand kontinuierlich an. Charakteristisch sind kurzzeitige Widerstandsspitzen, die sich dem kontinuierlichen Anstieg überlagern. In der Regel wurde bei dieser Testserie noch vor Erreichen des Ausfallkriteriums von +20 % der Totalausfall der Leiterbahn beobachtet. Ursache hierfür ist die zusätzliche Beschleunigung des Diffusionsprozesses an Querschnittsverengungen durch Joulesche Wärme. Der lokal verringerte Leiterquerschnitt führt dort nicht nur zu höheren Stromdichten, sondern gleichzeitig auch zu Temperaturerhöhungen deutlich über die Testtemperatur hinaus. Dabei kann der Dampfdruck des Leiterbahn-Materials so stark ansteigen, dass die Passivierung aufplatzt und feine Tröpfchen der Schmelze an der Umgebungsluft schnell oxidieren bzw. wieder erstarren (Extrusionen). Ein solcher Ausfall ist in Bild 4.6-14 (oben und Mitte) sowie als FIB-Aufnahme einer Extrusion in Bild 4.6-15 zu sehen. Neben der aufgeschmolzenen Stelle, an der an die Oberfläche getretenes Aluminium zu erkennen ist, befindet sich eine weitere kugelförmige Extrusion.

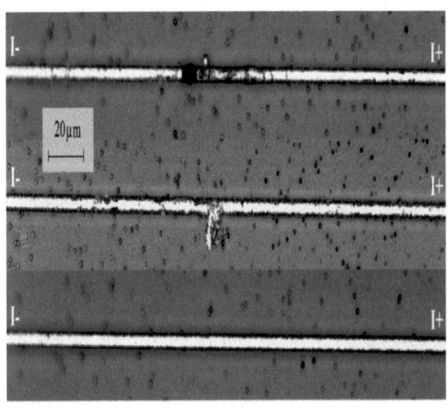

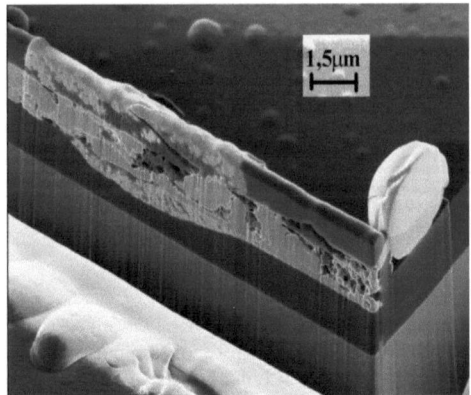

Bild 4.6-14
Mikroskop-Aufnahmen der Linienstruktur;
oben   Unterbrechung der Bahn,
Mitte   Extrusion von Al,
unten   eine nicht getestete Bahn

Bild 4.6-15
FIB-Schnitt durch Extrusionen an einer Leiterbahn

4.6 Zuverlässigkeit und Qualitätssicherung von Mikrosystemen

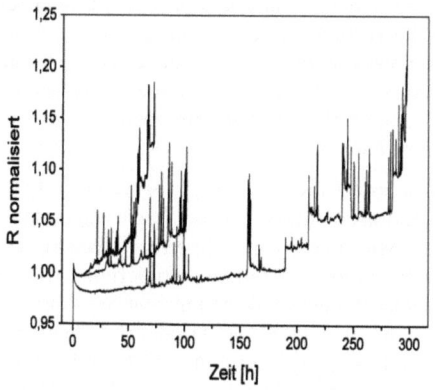

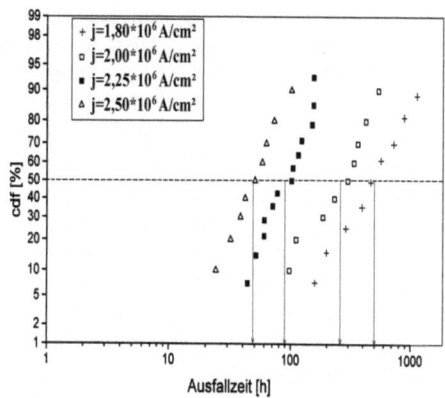

Bild 4.6-16
Exemplarische $R(t)$-Kurven bei Ausfällen durch Elektromigration in der Testserie Leiterbahn bei $T = 200$ °C und unterschiedlichen Stromdichten

Bild 4.6-17
Verteilung der Ausfallzeiten der Testserie Leiterbahn bei $T = 200$ °C und unterschiedlichen Stromdichten j_{Leiter}

In einem Vergleich der exemplarischen $R(t)$-Kurven der einzelnen Versuchsreihen mit verschiedenen Stromdichten (Bild 4.6-16) ist erkennbar, wie die Diffusionsgeschwindigkeit mit der Stromdichte zunimmt. Die mit der höchsten Stromdichte getestete Probe zeigt den raschesten und stärksten Widerstandsanstieg. Die ersten kurzzeitigen Spitzen treten an dieser Probe am frühesten auf. In Bild 4.6-17 sind die Ergebnisse von vier Versuchsreihen zusammengefasst. Tabelle 4.6-7 gibt die ermittelten *mtf*-Werte und das 90 %-Vertrauensintervall bei den jeweiligen Stromdichten wider.

Tabelle 4.6-7 *mtf*-Werte für Ausfälle durch Elektromigration in Leiterbahnen

Stromdichte j_{Leiter} (10^6 A/cm^2)	*mtf*-Werte (h) mit 90 %-Vertrauensintervall
1,80	431,2 < **501,3** < 618,2
2,00	172,9 < **249,2** < 359,3
2,25	71,8 < **89,2** < 110,9
2,50	37,1 < **48,8** < 64,1

d) Reduzierung der Elektromigration in metallischen Leiterbahnen

Zu den Anforderungen an das Material für Dünnschichtmetallisierungen zählen neben dem Preis unter anderem gute elektrische Leitfähigkeit, hohe Haftung auf Dielektrika wie Oxiden oder Nitriden, leichte Strukturierbarkeit, großflächige Herstellung von uniformen Schichten und Korrosionsfestigkeit. Seitdem man integrierte Schaltkreise fertigt, wird Aluminium für die Metallisierungen eingesetzt, da es fast alle Anforderungen erfüllt.

Nachdem man den Einfluß der Elektromigration auf die Zuverlässigkeit erkannt hatte, wurden statt reinem Aluminium Al-Legierungen mit bis zu 2 Gew.% Kupfer eingesetzt. Die Verbesserung der Elektromigrations-Festigkeit beruht dabei auf einer Verstopfung der Al-Korngrenzen mit Cu-Atomen bzw. Al_2Cu-Ausscheidungen, die die verfügbare Anzahl an Leerstellen reduzieren [Hu93]. Erst nach der Elektromigration dieser Verstopfungen kann der Abbau von Aluminium beginnen, so dass sich die Schädigung verzögert. Außerdem werden die mechanischen Eigenschaften von reinem Al durch Zugabe von wenigen Prozent Cu verbessert, so dass die Leiterbahn höhere mechanische Spannungen tolerieren kann.

Die Weiterentwicklung von MOS-Schaltkreisen erforderte AlSi-Legierungen wegen des 'junction spiking'-Problems [Widm96]. Das Elektromigrations-Verhalten dieser Legierungen kann ebenfalls durch Zugabe von Cu verbessert werden. Mit abnehmender Sperrschichtdicke und Kontakt-Größe wurden Silizid-Lagen unter der untersten Metallisierung erforderlich. Mit der Entwicklung von mehrlagigen Metallisierungssystemen unter Verwendung von Wolfram für die vertikalen Verbindungen (Vias) werden zusätzliche Schichten wie Ti oder TiN über und unter der Aluminium-Legierung eingesetzt, die die Haftung verbessern und als Antireflexionsschichten (anti reflective coating, ARC) dienen. Diese Lagen reduzieren zudem die Stressmigration der Leiterbahnen und erweisen sich als effektive Diffusionsbarrieren gegen die Diffusion von Si in die Leiterbahn, so dass nun der Si-Anteil in der Aluminium-Legierung überflüssig wird.

4.6.5 Qualitätssicherung

Über den Erfolg oder Misserfolg eines Produktes entscheiden neben anderen Faktoren letztendlich der Preis und die Produktqualität. Oft wird die Qualität – bei sonst ähnlichen Leistungsparametern vergleichbarer Produkte – zum wichtigsten Unterscheidungsmerkmal. Nach dem Produkthaftungsgesetz [Bauer94] liegt die Produktverantwortung beim Hersteller; er muss die einwandfreie Funktion und die geforderte Zuverlässigkeit nachweisen. Bei Qualitätsmängeln können gegenüber dem Hersteller Regressansprüche geltend gemacht werden. Nachbesserungen aufgrund von Qualitätsmängeln sind mit hohem Kostenaufwand und Gewinneinbußen für ein Unternehmen verbunden.

Zur Sicherung der Qualität und Zuverlässigkeit ist in allen Phasen der Produktentstehung und der Produktnutzung ein *Qualitätsmanagement* (QM) notwendig. (Durch internationale Vereinheitlichung der Begriffswelt im Bereich der Qualitätssicherung ist der Oberbegriff für alle qualitätsbezogenen Tätigkeiten künftig nicht mehr wie bisher Qualitätssicherung, sondern Qualitätsmanagement). Am Beispiel des Niedergangs der Foto-, Phono- oder Uhrenindustrie in einigen westlichen Industrieländern in den 60er bis 80er Jahren wurde deutlich, dass die Herstellung von Produkten mit hoher Gebrauchstauglichkeit auf der Basis einer lang eingeführten Technik allein den Markterfolg nicht dauerhaft sichern konnte, da der zu bedienende Kunde inzwischen von Produkten fernöstlicher Hersteller mit High-Tech-Merkmalen fasziniert war. Das Qualitätsmanagement-System hatte schon versagt, bevor der erste Prototyp einer neuen Entwicklung oder einer neuen Gerätefamilie die Testphase durchlaufen hatte. Nicht die Wünsche des Kunden waren Grundlage der Entwicklungsarbeiten, sondern das, was die Ingenieure für technisch machbar sowie wirtschaftlich mit hoher Zuverlässigkeit herstellbar hielten.

Solche Erfahrungen haben zu einem einschneidenden Wandel im Verständnis des Qualitätsbegriffs geführt. In der Vergangenheit wurde Qualitätssicherung von vielen Unternehmen als Maßnahme im Umfeld der eigentlichen Fertigung betrachtet. Sie hatte – bedingt auch durch die zunehmende Arbeitsteilung – vorwiegend kontrollierende Funktion am Ende der Produktentstehungsphase (Aussortieren fehlerhafter Teile). Inzwischen hat man die Bedeutung eines ganzheitlichen Ansatzes des Qualitätsmanagement (Total Quality Management, TQM) für die Wettbewerbsfähigkeit eines Unternehmens erkannt. TQM reicht von der am Kundenwunsch orientierten Designphase über kontinuierliche Prozesskontrolle bei der Produktion, Endkontrolle bei der Auslieferung bis zu qualitativ hochwertiger Wartung während der Nutzungsphase und kann anschaulich an dem *Qualitätskreis* (Bild 4.6-18) dargestellt werden. Bei der Entwicklung dieses neuen Qualitätsbegriffs konnte man z. T. auf bereits in den 30er Jahren entwickelte statistische Auswerteverfahren des „Statistical Process Control" (SPC), auf fehlervermeidende Konstruktionsverfahren (Fehler-Möglichkeits- und Einfluß-Analyse, engl. Failure Modes and Effects Analysis, FMEA) und auf in den 50er Jahren entstandene Konzepte des ganzheitlichen Qualitätsmanagements zurückgreifen [Pfei93].

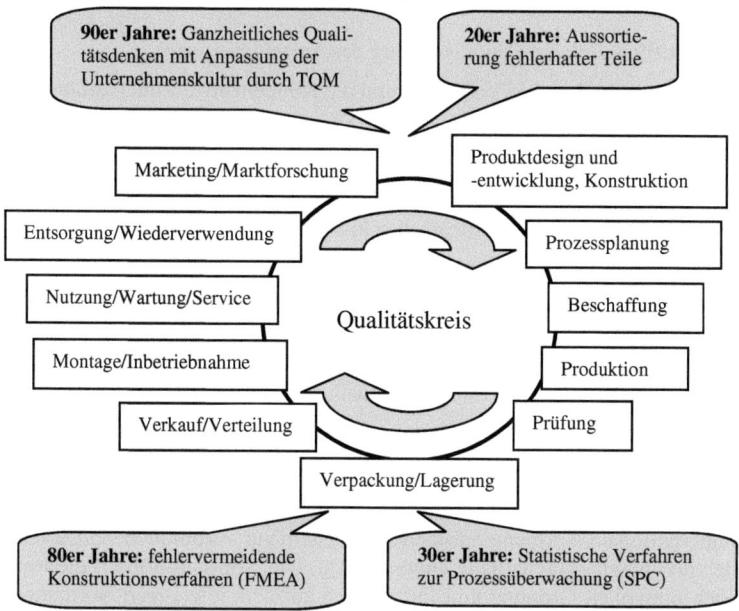

Bild 4.6-18 Qualitätskreis als ganzheitlicher Ansatz des QM und historische Stationen der Qualitätssicherung

Basis für ein solches QM ist die Normenreihe ISO 9000, die in mehr als 70 Ländern als verbindliche Richtlinie für den Aufbau eines QM-Systems in einem Unternehmen angewendet wird [DIN9000-1, DIN9001, DIN9002, DIN9003, DIN9004-1]. Daneben gibt es auf nationaler Ebene weitere Aktivitäten zur Durchsetzung von verbindlichen Qualitätsstandards und zur Implementierung des QM, so z. B. den jährlich vergebenen Malcolm Baldridge National Quality Award (MBNQA) seit 1987 in den USA oder den Deming Award (Japan) für Firmen, die hocheffiziente Qualitätsverbesserungen nachweisen.

Ziel und Ergebnis der Umsetzung der ISO 9000 Norm zur Qualitätssicherung in einem Unternehmen ist dessen Zertifizierung. Damit wird ihm von neutraler Seite bescheinigt, dass es die vom Kunden geforderte Qualität seiner Produkte und Dienstleistungen zu liefern vermag. Beauftragt mit der Zertifizierung sind Zertifizierungs-Gesellschaften (z. B. TÜV, Germanischer Lloyd, DQS), die von der Trägergemeinschaft für Akkreditierung GmbH, vertreten im Deutschen Akkreditierungsrat (DAR) nach DIN EN 45012 akkreditiert sind. Immer mehr ist die Zertifizierung Voraussetzung dafür, dass ein Unternehmen auf Dauer am Markt bestehen kann.

Nicht zertifizierte Unternehmen werden auf längere Sicht keine Überlebenschance haben. Die Notwendigkeit einer Zertifizierung besteht u. a. darin, dass

- das Vertrauen des Kunden in die Qualitätsfähigkeit hergestellt wird (Verbesserung des Images des Unternehmens)
- für die Produkthaftung Vorsorge getroffen wird, da der Nachweis der Sorgfaltspflicht leichter zu führen ist
- der Wettbewerbsdruck eine Zertifizierung erforderlich macht (bessere Marktposition in der EU und weltweit)
- der Kunde ein Zertifikat verlangt (Voraussetzung der Auftragsvergabe)
- das Risiko von Qualitätseinbrüchen verringert und die Kundenzufriedenheit erhöht wird
- durch das System eine wichtige Grundlage der Verständigung zwischen Hersteller und Kunde entsteht, denn erst mit international genormten Vorgehensweisen zur Sicherung der Qualität werden eindeutige Vereinbarungen und Verträge möglich [Kamis95].

Darüber hinaus ergeben sich für das Unternehmen selbst wesentliche Vorteile:

- die Abläufe werden transparent und optimiert, die interne Kommunikation wird verbessert (durch saubere Dokumentation der Arbeitsabläufe und -ergebnisse, durch klare Definition der Zuständigkeiten, durch Ermittlung von Schwachstellen und Fehlerursachen)
- die Mitarbeitermotivation wird verbessert (Anstoß zu Verbesserungsvorschlägen, stärkere Einbindung in Qualitätsbemühungen durch regelmäßige firmeninterne Audits)
- in der Produktion entstehen geringere Kosten
- durch steigende Qualität werden Fehler-, Reparatur- und Wartungskosten reduziert.

Grundlage für eine Zertifizierung ist die *Einführung eines QM-Systems* nach DIN EN ISO 9000; ein durch internationale Normung entstandenes System zur verbindlichen und vergleichbaren Umsetzung von Qualitätsstandards in Unternehmen. Die Normung fördert die Rationalisierung, dient einer sinnvollen Ordnung und Information auf dem jeweiligen Normungsgebiet und steigert im Austausch mit Partnern die Wirtschaftlichkeit.

Tabelle 4.6-8 gibt einen Überblick über die Normen, die zur Realisierung eines QM-Systems von Bedeutung sind. Zur Zertifizierung werden die Normen DIN EN ISO 9001, 9002 und 9003 herangezogen. Dabei ist die DIN EN ISO 9001 die weitreichendste Norm, die den gesamten Produktlebenszyklus (Design, Entwicklung, Produktion, Montage, Wartung) umfasst. Sie kommt also für Unternehmen zur Anwendung, die Vorgaben des Kunden in Entwicklungs-, Fertigungs- und Service-Aktivitäten umsetzen, dabei alle notwendigen Arbeiten selbst ausführen und diese auch prüfen. Die DIN EN ISO 9002 bezieht sich nur auf das QM in der Produktion, Montage und Wartung, findet also Anwendung in Unternehmen, die als reine Zulieferer mit dem Produzieren, Installieren und Prüfen nach detaillierten Kundenunterlagen beschäftigt sind und keine eigene Konstruktion oder Projektierung haben (hierzu zählen z. B. kleinere Betriebe, die Mikrostrukturen nach Vorlagen fertigen und zuliefern). Die Norm DIN EN ISO 9003 ist relevant für Betriebe, die sich ausschließlich mit dem Prüfen beschäftigen (hierzu gehört z. B. das Prüfen von Mikrostrukturen in unabhängigen Labors oder durch Kalibrierdienste). Die DIN EN ISO 9000-1 und 9004 geben Hilfestellung bei der praktischen Umsetzung der Normen. So enthält z. B. die DIN EN ISO 9004-1 einen Leitfaden zum Aufbau eines QM-Systems. Weitere in Tabelle 4.6-8 genannte Normen dienen zur Klarstellung von Begriffen, als Leitfäden für Audits (DIN ISO 10011) und zur Erstellung von QM-Handbüchern (DIN ISO 10013) oder geben Hinweise zur wirtschaftlichen Auswirkung eines TQM.

4.6 Zuverlässigkeit und Qualitätssicherung von Mikrosystemen

Tabelle 4.6-8 Normenfamilie für das Qualitätsmanagement

Normen zur Darlegung eines QM Systems (Grundlagen, die zum Aufbau und Nachweis eines QM-Systems in einem Unternehmen herangezogen werden)	DIN EN ISO 9001
	DIN EN ISO 9002
	DIN EN ISO 9003
Leitfaden (Hilfe zur Anwendung der DIN EN ISO 9001-9003)	DIN EN ISO 9000 (Teil 1-3)
	DIN EN ISO 9004 (Teil 1-7)
Zusätzliche Normen (als Ergänzung)	DIN ISO 8402 (Begriffe)
	DIN ISO 10011 (Leitfaden für Audits)
	DIN ISO 10012 (Qualitätssicherung an Messmitteln)
	DIN ISO 10013 (Erstellung von QM-Handbüchern)
	DIN ISO 10014 (Wirtschaftliche Auswirkung des TQM)
	DIN 55350 (Begriffe der Qualitätssicherung und Statistik)

Das *QM-Handbuch* dient zur Einführung und Darlegung eines QM-Systems in einem Unternehmen. Die Gliederung wird durch die Normen DIN EN ISO 9001 und 9004 festgelegt. Es sind zwei Ausgaben zu erarbeiten. Die externe Ausgabe wirkt als Selbstdarstellung des Unternehmens nach außen zur Kundeninformation und zur Werbung und soll kein unternehmensspezifisches Wissen preisgeben. Bei der Gliederung der internen Ausgabe orientiert man sich meist an den durch die DIN EN ISO-Norm definierten 20 QM-Elementen (vgl. Tabelle 4.6-9). Es hat sich eine Dreiteilung bewährt (Bild 4.6-19), bei der in Ebene 1 jeweils eines der 20 QM-Elemente mit Zielstellung und Zuständigkeiten definiert wird. In Ebene 2 werden die daraus abgeleiteten Verfahrensanweisungen (VA) für die jeweils zuständigen Bereiche (Abteilungen) des Unternehmens dargelegt, während Ebene 3 die konkreten Arbeitsanweisungen (AA) für den jeweiligen Mitarbeiter bzw. Arbeitsplatz enthält.

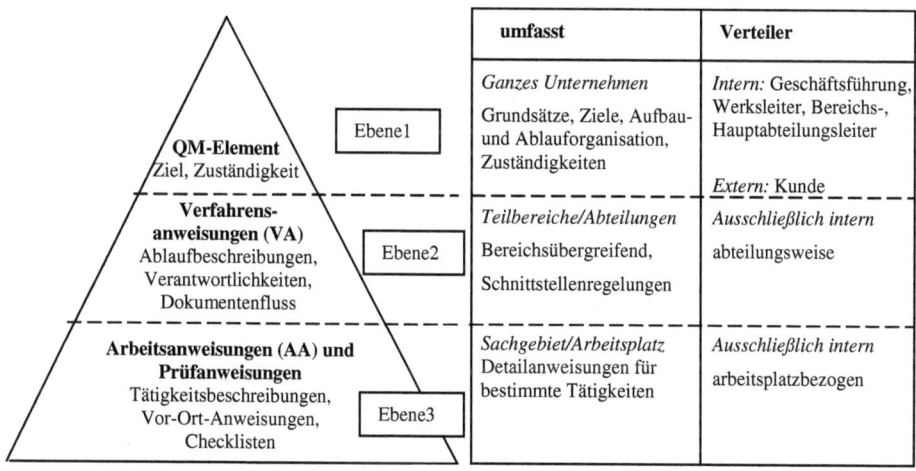

Bild 4.6-19 Gliederung und Inhalt eines QM-Handbuchs

Das interne QM-Handbuch ist Sprachrohr der Geschäftsleitung, durch das den Führungskräften und den Mitarbeitern die Qualitätspolitik des Unternehmens vermittelt wird. Es veranschaulicht die *Logik* des aufgebauten Systems, die *Schlüssigkeit* der Abläufe und deren *Ineinandergreifen*. Vorgänge, Zuständigkeiten und Schnittstellen im Unternehmen werden transparent und nachvollziehbar. Der Aufbau eines QM-Handbuches ist in Tabelle 4.6-9 dargestellt.

Tabelle 4.6-9   Aufbau eines QM-Handbuchs nach DIN EN ISO 9001

Teil 1:	Organisation des QM-Handbuchs
	Deckblatt
	Vorwort
	Revisionsstand der einzelnen Kapitel
	Inhaltsverzeichnis
	Angaben zum Unternehmen (Firmenprofil)
	Erklärung zur Qualitätspolitik
	Begriffsdefinitionen
	Herausgabe und Änderung des QM-Handbuchs

Teil 2:	QM-Elemente	
Nr.	**Qualitätselemente**	**Inhalt**
1	Verantwortung der obersten Leitung	Ziele mit Verpflichtungen zur Qualitätspolitik, Organisation des Unternehmens, Verantwortungen und Befugnisse für qualitätsbezogene Aufgaben (Aufgabenmatrix), Berufung des QM-Beauftragten, Bereitstellung von geeignetem Personal und angemessenen Mitteln, Review des QM-Systems
2	QM-System	Dokumentierte Verfahrens-(VA) und Arbeitsanweisungen (AA) zur Qualitätssicherung, Darlegung der Qualitätsplanung und effektiven Umsetzung der VA und AA, Festlegung der Struktur des QM-Systems, Erstellung des QM-Handbuchs und der QM-Dokumentation
3	Vertragsprüfung	Prüfung von Anfragen und Aufträgen, Angebots- und Auftragsbearbeitung (Beschreibung der Schnittstellen), Organisation und Überwachung von Auftragsänderungen, Archivierung
4	Designlenkung	Planung von Entwicklungs- und Konstruktionstätigkeiten, Dokumentation der Entwicklungsvorgaben und -ergebnisse, Entwicklungsvalidierung (Sicherheits- und Funktionsprüfungen der Produkte)
5	Lenkung der Dokumente und Daten	Genehmigung und Herausgabe, Änderung und Aufbewahrung von Dokumenten, Kennzeichnungssystem (Identifikation, Revisionsstand)
6	Beschaffung	Beurteilung von Lieferanten, Qualität muss bei Zulieferprodukten gesichert sein, Prüfung des Wareneingangs
7	Lenkung der vom Kunden beigestellten Produkte	Verfahren zur Kennzeichnung, Handhabung, Lagerung und Instandhaltung sowie Regelung der Gewährleistung von beigestellten Produkten
8	Kennzeichnung und Rückverfolgbark. von Produkten	Kennzeichnungsverfahren für Produkte und Unterlagen zwecks Identifikation und Zuordnung während und nach der Fertigung bzw. nach Auslieferung
9	Prozesslenkung	Planung und Beschreibung des Produktionsprozesses in AA, Lenkung der Fertigung, Wartung der Produktionseinrichtungen, Qualifizierung/Zulassung und Überwachung der Prozessparameter
10	Prüfungen	Planung und Durchführung von Eingangs-, Zwischen- und Endprüfungen
11	Prüfmittelüberwachung	Festlegung und Überwachung geeigneter sowie Aussonderung defekter Prüfmittel, Anleitung der Mitarbeiter zum sachgerechten Umgang mit Prüfmitteln
12	Prüfstatus	Festlegung der Kennzeichnungsart des Prüfstatus, Zuständigkeit für Festlegung und Änderung des Prüfstatus
13	Lenkung fehlerhafter Produkte	Kennzeichnung und Aussonderung fehlerhafter Produkte
14	Korrektur- und Vorbeugemaßnahmen	Systematische Erfassung aller Fehler und ihrer Ursachen, Maßnahmen zur Ursachenbeseitigung, Fehlerverhütung, Behandlung von Kundenbeschwerden
15	Handhabung, Lagerung, Verpackung, Konservierung und Versand	Handhabung von Produkten, Verfahren für deren innerbetrieblichen Transport, Verfahren für Lagerung, Verpackung und (falls erforderlich) Konservierung, Verfahren und Zuständigkeiten für den Versand
16	Lenkung der Qualitätsaufzeichnungen	Festlegung der erforderlichen Qualitätsaufzeichnungen und Verfahren zu ihrer Erstellung, Kennzeichnung, Verteilung und Archivierung

4.6 Zuverlässigkeit und Qualitätssicherung von Mikrosystemen

17	Interne Qualitätsaudits	Durchführung und Nachweis eines umfassenden Systems interner Audits, Ausbildung von Mitarbeitern zu Auditoren
18	Schulung	Einarbeitung neuer Mitarbeiter, Ermittlung des Schulungsbedarfs, Festlegung und Umsetzung eines Schulungsplans
19	Wartung	Planung, Durchführung und Nachbearbeitung von Montage-, Wartungs- und Instandsetzungsarbeiten, Kundendienstberichte, Erfahrungsrückfluss in die betreffenden Bereiche des Unternehmens, Produktbeobachtungen
20	Statistische Methoden	Festlegung statistischer Methoden zur Prüfung von Prozess- und Produktmerkmalen und VA für ihre Anwendung
Teil 3:	**Liste der mitgeltenden Unterlagen** Zitierte Dokumente, die nicht Teil des Handbuchs sind Übersicht über Dokumente, die nicht Teil des Handbuchs sind QM-Verfahrensanweisungen QM-Arbeitsanweisungen Sachregister	

Einige der in Tabelle 4.6-9 genannten QM-Elemente sollen im Bezug zur Mikrosystemtechnik näher erläutert werden.

Die *Kennzeichnung und Rückverfolgbarkeit von Produkten (QM-Element 8)* ist notwendig, wenn für jedes Bauelement eine eindeutige Identifikation (Rückverfolgbarkeit) während aller Phasen der Produktion und Nutzung gefordert wird. Für Mikrosysteme ist diese Kennzeichnung wegen des dafür erforderlichen Raumbedarfs durchaus problematisch. Beschriftungen müssen meist so klein ausgeführt werden, dass sie nur mit Mikroskopen erkennbar sind. Oft werden deshalb Strichcodes oder Farbmarkierungen verwendet; üblich sind auch zusätzliche Identifikations- und Prüfstrukturen, die nach der abschließenden Funktionsprüfung von der Mikrostruktur abgetrennt werden.

Die *Lenkung fehlerhafter Produkte (QM-Element 13)* erfordert das Aussondern von Bauelementen, um eine unbeabsichtigte Montage und Benutzung auszuschließen. Im Batch-Prozess und im Waferverbund gefertigte Mikrostrukturen können aber nicht sofort ausgesondert werden, da dadurch der ganze Wafer (die ganze Charge) verloren ginge. Deshalb wird lediglich eine Kennzeichnung defekter Chips (z. B. mit Farbpunkten, durch Lasermarkierung oder durch mechanisches Zerstören) vorgenommen, um sie dann beim Vereinzeln (Kap. 4.4) aussondern zu können. Sofern diese Kennzeichnung den Prozessablauf z. B. durch Verunreinigungen beeinträchtigt, sollte zumindest die Speicherung der Koordinaten defekter Bauelemente auf Waferebene vorgenommen werden, um sie nach dem Vereinzeln herausgreifen zu können.

Die *Prüfung (QM-Element 10)* von Mikrosystemen erfordert meist die Entwicklung spezifischer Prüfmethoden und Prüfmittel. Beispiele hierfür sind in Kap. 3.3.5 (Teststrukturen) und Tabelle 4.6-3 dargestellt. Die Prüfung elektrischer Funktionen von Chips vor dem Bonden erfolgt mit Hilfe so genannter Waferprober, die mit feinen Nadeln auf die Bondpads drücken und damit die elektrische Kontaktierung ermöglichen. Eine in situ Prozesskontrolle optischer Schichteigenschaften ist mit dem in Kap. 5.2 beschriebenen Miniaturellipsometer realisierbar. Zur Strahl-Einkopplung bzw. -Auskopplung werden bei der Funktionsprüfung mikrooptischer Bauelemente z. B. Lichtleitfasern und Mikrolinsen (vgl. Kap. 3.2) verwendet. Für die Prüfung von Mikrosensoren muss die zu detektierende Eingangsgröße (z. B. Temperatur, Druck, Strahlung, Beschleunigung, Konzentration) von den Prüfapparaturen mit der erforderlichen Präzision dargestellt werden. Zuverlässige Prüfungen erfordern eine permanente *Prüfmittelüberwachung (QM-Element 11)*; hierfür können die der Physikalisch-Technischen Bundesanstalt (PTB) untergeordneten Kalibrierdienste herangezogen werden [Beyer90]. Prüfungen der Zuverlässigkeit und der Ausfallrate von Mikrosystemen können durch Langzeittests (zeitliche

Ausdehnung der Prüfung bis zum Ausfall) mit hinreichend großer Anzahl der Bauelemente realisiert werden. Durch beschleunigende Testverfahren (Kap. 4.6.2) kann man den Zeitaufwand reduzieren, wobei allerdings durch die beschleunigenden Faktoren keine neuen Ausfallmechanismen aktiviert werden dürfen. Infolge der Fertigung von Mikrosystemen im Waferverbund ist nur selten eine 100 %-Prüfung aller Bauelemente notwendig. Bei stabilen Prozessbedingungen und guter Homogenität auf Waferebene genügen meist Stichprobenuntersuchungen, um die Stabilität der Fertigungsprozesse und die Reproduzierbarkeit der Bauelemente zu kontrollieren.

Korrektur- und Vorbeugemaßnahmen (QM-Element 14) beinhalten eine vorbeugende Fehleranalyse und Fehlerverhütung sowie die systematische Fehlererfassung und die Beseitigung von Fehlerursachen. Hierbei können die von den Pionieren der Qualitätssicherung wie W. E. Deming, J. M. Juran und K. Ishikawa schon seit den 50er Jahren propagierten elementaren Hilfsmittel („Seven Tools") eingesetzt werden, die in Tabelle 4.6-10 zusammengestellt sind.

Tabelle 4.6-10 Hilfsmittel („Seven Tools") zur Fehleridentifikation [Pfei93, Biro88]

Datensammelblatt	Systematisches Erfassen der Fehlersituation mittels strukturierter Datenermittlung
Histogramm	Ordnen der Daten nach Häufigkeit des (z. B. zeitlichen) Auftretens
Pareto (ABC)-Analyse	Ordnen der Einflussfaktoren nach Wichtigkeit (von A: wichtig bis C: unwichtig; 80 % der Fehler entstehen aus 20 % der Ursachen)
Stratifikation	Getrenntes Schichten von Daten unterschiedlicher Herkunft
Ursache-Wirkung-Diagramm (Ishikawa-„Fischgräten"-Diagramm)	Analyse der Hauptfehlerquellen (Mensch, Maschine, Methode, Material,...) hinsichtlich ihrer Auswirkung auf das Problem
Korrelationsdiagramm	Ableiten von Gesetzmäßigkeiten und Beziehungen aus dem Datenmaterial
Qualitätsregelkarte („Control Chart")	Permanente Kontrolle eines Prozesses mit statistischer Streuung der Parameter hinsichtlich Stabilität innerhalb gegebener Toleranzgrenzen („Statistical Process Control", SPC)

4.6 Zuverlässigkeit und Qualitätssicherung von Mikrosystemen

Vor allem die Fehleridentifikation anhand von „Control Charts" wird bei der Fertigung von Mikrosystemen häufig eingesetzt. Viele Herstellungsprozesse für mikrosystemtechnische Bauelemente unterliegen einer zufälligen Streuung der Prozessparameter. Dies gilt z. B. für PVD- und CVD-Beschichtungen oder für zwei- und dreidimensionale Ätztechniken. Daraus können entsprechende Streuungen der Bauelement-Parameter (z. B. hinsichtlich elektrischer Leitfähigkeit, Schichtstress, Leiterbahnbreite bzw. -unterätzung etc.) resultieren. Bei einem stabilen Prozess mit statistischer Streuung wird man durch kontinuierliche Prozesskontrolle (Prozessfähigkeitsuntersuchung, PFU) über einen längeren Zeitraum einen Mittelwert (MW) für den jeweils beobachteten Prozessparameter finden. Außerdem kann man einen oberen (OG) bzw. unteren (UG) Grenzwert definieren, dessen Über- bzw. Unterschreitung im Interesse der Zuverlässigkeit der Bauelemente nicht mehr tolerierbar ist. Durch permanente Messung, statistische Auswertung und Dokumentation der relevanten Prozessparameter in einer „Control Chart" kann man Prozessinstabilitäten frühzeitig erkennen (Statistical Process Control, SPC). Solche Instabilitäten, die Anlass zu einem Eingriff in den Prozessablauf geben, sind z. B. das Überschreiten der Grenzwerte (Eingriffsgrenzen), mehr als 7 aufeinanderfolgende Messwerte auf einer Seite der Mittellinie (Run) oder mehr als 7 Messwerte mit gleichem Steigungsvorzeichen (Trend). Die Wahrscheinlichkeit für die beiden letztgenannten Ereignisse beträgt 0,008, also weniger als 1 %. Man nimmt dann an, dass ein solcher Run (bzw. Trend) kein zufälliges Geschehen mehr ist, und versucht die auslösenden Ursachen zu finden.

Auch fehlervermeidende Entwurfswerkzeuge (qualitätssichernde Vorbeugemaßnahmen) stehen für die Entwicklung von Mikrosystemen zur Verfügung. Hier sind computerunterstützte Prüfwerkzeuge zu nennen, die die Einhaltung von Design-Regeln (z. B. minimal zulässige Leiterbahnbreiten oder Strukturüberlappungen) beim Entwurf prüfen oder Fertigungsfehler photolithographischer Maskensätze aufspüren.

4.6.6 Literatur

[Bauer94]	C.-O. Bauer, C. Hinsch, Produkthaftung, Springer, Berlin (1994)
[Beyer90]	W. Beyer (Hrsg.), Kalibrierdienst. Baustein zur Sicherung der Produktqualität im europäischen Binnenmarkt, VDI-Berichte 843, VDI-Verlag, Düsseldorf, (1990)
[Biro88]	A. Birolini, Qualität und Zuverlässigkeit technischer Systeme, Springer, Berlin (1988)
[Black69]	J. R. Black, Proc. IEEE 57 (1969) 1587
[Blech76]	I. A. Blech, C. Herring, Appl. Phys. Letters 29 (1976) 131
[Blech76a]	I. A. Blech, Jour. Appl. Physics 47 (1976) 1203
[Brown99]	W. D. Brown, Advanced Electronic Packaging, IEEE Press, New York, (1999)
[Chiao02]	M. Chiao, L. Lin, Accelerated hermeticity testing of a glass-silicon package formed by rapid thermal processing aluminum-to-silicon nitride bonding, Sensors and Actuators A 97-98 (2002) 405-409
[Clemen95]	J. J. Clement, J. R. Lloyd, C. V. Thompson, Proc. Mat. Res. Soc. Symp. (1995) 391
[Dens87]	W. Denson, M. G. Priore, Automotive Reliability Prediction SAE Paper 870050 (1987)
[D'Heur89]	F. M. D'Heurle, J. M. Harper, Thin Solid Films 171 (1989) 81
[DIN55]	DIN 55350 – Begriffe der Qualitätssicherung und Statistik
[DIN40]	DIN 40041 – Zuverlässigkeit (Begriffe), DIN Berlin, (1990)
[DIN9000-1]	DIN EN ISO 9000-1, Normen zum Qualitätsmanagement und zur Qualitätssicherung/QM-Darlegung, Teil 1: Leitfaden zur Auswahl und Anwendung
[DIN9001]	Qualitätsmanagementsysteme, Modell zur Qualitätssicherung/QM-Darlegung in Design, Entwicklung, Produktion, Montage und Wartung
[DIN9002]	Qualitätsmanagementsysteme, Modell zur Qualitätssicherung/QM-Darlegung in Produktion, Montage und Wartung
[DIN9003]	Qualitätsmanagementsysteme, Modell zur Qualitätssicherung/QM-Darlegung bei der Endprüfung
[DIN9004-1]	Qualitätsmanagement und Elemente eines Qualitätsmanagementsystems, Teil 1: Leitfaden
[EPRD97]	Electronic Parts Reliability Data, A Compendium of Commercial and Military Device Field Failure Rates, W. Denson, W. Crowell, P. Jaworski, D. Mahar, Reliability Analysis Center, Rome, NY, (1997)
[Filippi95]	R. G. Filippi, G. A. Biery, R. A. Wachnik, Jour. Appl. Physics 78 (1995) 3756

[Flinn90]	P. A. Flinn, C. Chiang, J. Appl. Physics 67 (1990) 2927
[Hu93]	C.-K. Hu, P. S. Ho, M. B. Small, Jour. Appl. Phys. 74 (1993) 969
[Jones87]	R. E. Jones, Jr., M. L. Basehore, Appl. Physics Letters 50 (1987) 725
[Kamis95]	G. F. Kamiske, J.-P. Bauer, Qualitätsmanagement von A bis Z, Carl Hanser, München, Wien, (1995)
[Koch82]	H. Koch, R. Müller, Zuverlässigkeitssicherung bei der Entwicklung von Seriengeräten, Siemens AG, München, (1982)
[Lloyd88]	J. R. Lloyd, R. H. Koch, Appl. Phys. Letters 52 (1988) 194
[Lloyd97]	J. R. Lloyd, persönliche Mitteilung, November (1997)
[Mans66]	S. S. Manson, Thermal Stress and Low-Cycle Fatigue, Pennsylvania State University, (1966)
[MIL217]	US Department of Defence, Washington, Military Handbook 217F (1991)
[Mot97]	Motorola, How we calculate reliability & qualification data, Firmeninformation (1997)
[Oates96]	A. S. Oates, Microelectron. Reliab. 36 (1996) 925
[Pfei93]	T. Pfeifer, Qualitätsmanagement, Carl Hanser, München, (1993)
[Schrei81]	H. U. Schreiber, Solid State Electronics 24 (1981) 583
[Schu99]	W. L. Schultz, Reliability Engineering, Intersil, (1999)
[Scorzo91]	A. Scorzoni, B. Neri, C. Caprile, F. Fantini, North-Holland, Amsterdam, (1991) 143-220
[Siem96]	Siemens EXAR Software zur Berechnung von Ausfallraten elektronischer Geräte, Siemens AG, München, (1996)
[Süße98]	F. Süßemilch, Untersuchung der Elektromigration in Metallisierungssystemen für integrierte Schaltkreise, Diplomarbeit FH Wiesbaden, (1998)
[TEMIC98]	Quality and reliability report 1998, TEMIC Semiconductors, (1998)
[Widm96]	D. Widmann, H. Mader, H. Friedrich, Technologie hochintegrierter Schaltungen, Springer, Berlin, (1996) 93

5 Beispiele komplexer Mikrosysteme

5.1 AFM-Messkopf

Die Rastersondenmikroskopie ist die empfindlichste Art der Charakterisierung von Oberflächen. Seit der Entwicklung der Rastertunnelmikroskopie (RTM) [Binnig82], die auf elektrisch leitende Proben beschränkt war, haben sich eine Reihe weiterer Rastersondentechniken als eigenständige oder kombinierte Verfahren entwickelt. Sie liefern neben Informationen über elektrische (STM, Scanning Tunneling Microscopy), magnetische (MFM, Magnetic Force Microscopy) und optische Eigenschaften (SNOM, Scanning Near Field Optical Microscopy) insbesondere auch Informationen zur Topologie (AFM, Atomic Force Microscopy) einer Probenoberfläche, z. T. auf atomarer Skala [Binnig86, Sarid91, Minne98]. Für derartige Mikroskopieverfahren geeignete Sonden können insbesondere durch mikrotechnische Herstellungsprozesse erzeugt werden und besitzen gegenüber konventionell hergestellten Sonden die Vorteile der Massenfertigung und Integrierbarkeit unterschiedlicher funktioneller Elemente.

Bei der Rasterkraftmikroskopie wird eine Spitze mit einem Spitzenradius von wenigen nm, die an einem Mikroskopbalken (Cantilever) befestigt ist, über eine Oberfläche gerastert. Die Auslenkung des Balkens, deren Ursache eine Änderung der Kraftwechselwirkung zwischen Probe und Spitze ist, wird mit einem Detektionsmechanismus nachgewiesen und beim Abrastern der Probe aufgezeichnet („constant height mode"). Die häufigsten Detektionsprinzipien nutzen optische, piezoresistive, piezoelektrische oder kapazitive Wandlungsprinzipien. Wenn die Kraft zwischen Spitze und Probe konstant gehalten werden soll („constant force mode"), wird das Detektionssignal benutzt, um mit Hilfe eines Regelkreises und eines Piezostellelementes den Abstand zwischen Spitze und Probe soweit zu verändern, dass der Balken wieder seine ursprüngliche Auslenkung erreicht. Weiterhin werden noch attraktive und repulsive Modi, AC- oder DC-Verfahren sowie eine Reihe weiterer Varianten unterschieden, die z. B. lokale Reibungskräfte und mechanische Eigenschaften von Materialien detektieren. Abhängig von der Federkonstante des Mikroskopbalkens (typische Werte liegen hier bei 0,01 N/m bis 10 N/m) können Kräfte im Bereich von pN bis fN nachgewiesen werden. Moderne AFM-Systeme liefern die Topologie einer Probe mit einer vertikalen Auflösung von 0,01 nm.

Zum Nachweis der Auslenkung des Mikroskopbalkens gibt es eine Reihe von Methoden. Aufgrund seiner Unempfindlichkeit gegenüber äußeren Einflüssen hat sich der Lichtzeigeraufbau in kommerziellen Geräten durchgesetzt. Dabei wird eine Auslenkung des Mikroskopbalkens mit dem in Bild 5.1-1 dargestellten Lichtzeiger und einem segmentierten Photodetektor nachgewiesen. Außerdem wurden Mikroskopbalken mit piezoresistiven oder piezoelektrischen Elementen zur Abstandsdetektion und -regelung benutzt [Indermühle97, Minne98].

Eine radikale Verkleinerung des optischen Detektionsprinzips ist durch die Integration eines Fabry-Perot-Sensors in den Mikroskopbalken möglich. Es gelingt, den AFM-Sensorkopf soweit zu miniaturisieren, dass eine Rasterbewegung des Sensorkopfes, und nicht der Probe, durchgeführt werden kann. Dies hat besonders bei großen Proben (z. B. Si-Wafern), die nach einer Messung weiterprozessiert werden sollen, Vorteile. Außerdem verbessert ein kleines optisches Detektionssystem die mechanischen Eigenschaften des Kraftmikroskopaufbaus und die Unempfindlichkeit gegenüber äußeren Störeinflüssen.

Das Kraftmikroskop mit Fabry-Perot-Detektionsprinzip nutzt die abstandsabhängigen Reflexionseigenschaften eines Systems aus einem teildurchlässigen und einem reflektierenden Spiegel, die durch einen dünnen Luftspalt getrennt sind. Die Realisierung des Fabry-Perot-Sensors sowie die sonstigen mikrotechnischen Komponenten, die in zusammengefügter Form einen miniaturisierten AFM-Sensorkopf darstellen, wird im Folgenden beschrieben [Ruf96, Ruf97].

Das Prinzip: Das Prinzip des neuen Fabry-Perot-Kraftmikroskops zeigt Bild 5.1-2. Ein Mikroskopbalken mit integrierter Spitze und einem Spiegel ist über einen Abstandshalter definierter Dicke mit einem Glasträger verbunden, auf dem eine teildurchlässige Schicht angeordnet ist. Monochromatisches Licht wird über den transparenten Träger auf die Rückseite des Mikroskopbalkens eingestrahlt und das Interferenzsignal in Reflexion durch einen Photodetektor nachgewiesen.

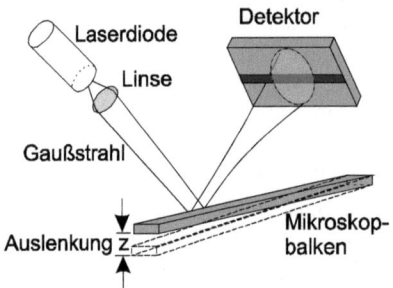

Bild 5.1-1
Prinzip der konventionellen Lichtzeiger-Detektion mit einem Zwei-Segment-Photodetektor

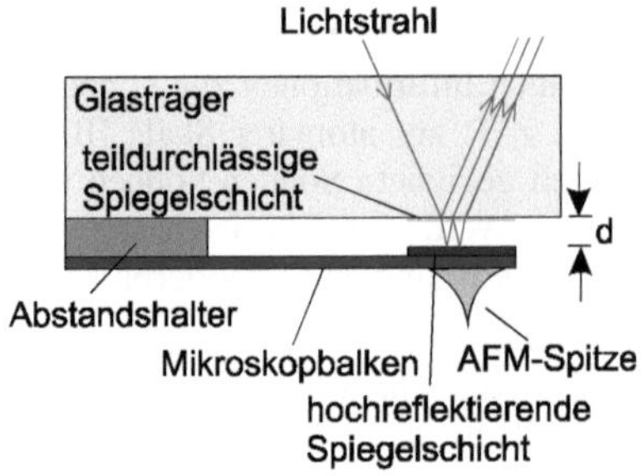

Bild 5.1-2
Prinzip des Fabry-Perot-Kraftmikroskops. Das Fabry-Perot-Interferometer wird durch einen möglichst hochreflektierenden undurchlässigen Spiegel auf der Rückseite des Mikroskopbalkens und einen teildurchlässigen Spiegel auf dem Glasträger gebildet [Ruf96].

Ein Vorteil der mikrotechnischen Fertigung des Sensors auf einem Glassubstrat ist die kostengünstige Batch-Fabrikation im Waferformat. Außerdem entfällt die Justage des Arbeitspunkts durch den dünnschichttechnisch mit guter Dickentoleranz herstellbaren Abstandshalter und eine geringe mechanische und thermische Drift in der optischen Weglänge. Um diese Vorteile zu nutzen, ergab sich für das Gesamtkonzept ein System aus zwei Komponenten, den auswechselbaren Fabry-Perot-Sensor mit integrierter Spitze und die mikrooptische Bank, deren Aufgabe in der Strahlführung zum Sensor und anschließend zum Detektor bestand.

Theoretische Grundlagen: Das Fabry-Perot-Interferometer soll eine Ausbiegung der Sonde, d. h. eine Änderung des Abstandes zwischen den beiden Spiegelschichten, mit möglichst hoher Auflösung detektieren. Die Optimierung des optischen Interferenzsignals setzt die Kenntnis der komplexen Brechungsindizes der Metallschichten voraus. Anhand eines Wellenansatzes nach der Matrixmethode [Hecht87] können die einfallende und die reflektierte elektrische Feldstärke mit der transmittierten Feldstärke verknüpft und die Reflexion eines aus metallischen Spiegelschichten aufgebauten Fabry-Perot-Systems berechnet werden. Bild 5.1-3 zeigt die berechneten Werte für verschiedene Schichtsysteme in Abhängigkeit vom Abstand der Spiegelschichten. Abweichungen der experimentellen von den berechneten Werten können durch Abhängigkeiten des komplexen Brechungsindex von der Schichtdicke und von Prozessparametern bei der

5.1 AFM-Messkopf

Schichtabscheidung bedingt sein. Außerdem sind extrem dünne Schichten, wie sie für den teildurchlässigen Spiegel notwendig sind, oftmals noch nicht geschlossen, so dass hier eher ein effektiver Brechungsindex angesetzt werden muss, der sich vom Bulkwert unterscheidet [Stenkamp91].

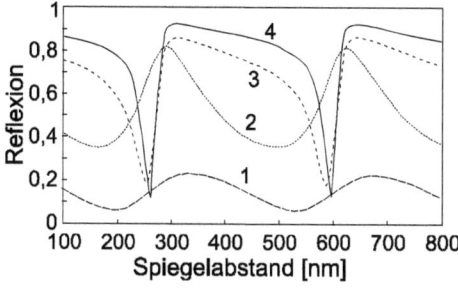

Bild 5.1-3
Berechnete Eigenschaften metallischer Fabry-Perot-Systeme [Ruf96]
1: 30 nm Cr // 80 nm Cr
2: 30 nm Cr // 50 nm Au + 30 nm Cr
3: 10 nm Cr + 20 nmAu // 50 nm Au + 30 nm Cr
4: 30 nm Au // 80 nm Au

Auf der steileren Kante der für Schichten mit hoher Leitfähigkeit stark ausgeprägten Reflexionsminima ist die Auflösung am höchsten. Deshalb sollte der Arbeitspunkt des Fabry-Perot-Sensors auf diese Flanke eingestellt werden. Je schärfer die Interferenzpeaks (hohe Finesse), desto höher ist theoretisch die Auflösung. Für die Wahl des Schichtsystems und des Arbeitspunktes sind jedoch auch die fertigungstechnischen Einflussfaktoren (Schichtdickentoleranzen, Ätzselektivitäten, notwendige Haftvermittlungsschichten) entscheidend, so dass für ein technologisch umsetzbares Konzept ein Schichtsystem mit genügender Auflösung und ausreichenden Fertigungstoleranzen verwendet werden muss (in diesem Fall Schichtsystem 3, Bild 5.1-3).

Der Mikroskopbalken: Die vertikale Auflösung eines Kraftmikroskops hängt u.a. von den mechanischen Eigenschaften des Mikroskopbalkens ab. Weitere Faktoren sind die Abstandsabhängigkeit der Kraftwechselwirkung zwischen Probe und Spitze und die frequenzabhängige Auflösung des Detektionssystems. Die Federkonstante k eines einseitig eingespannten Biegebalkens lässt sich mit Hilfe einer Differentialgleichung der neutralen Faser von Biegeelementen bestimmen, wobei für Balken mit konstantem Flächenträgheitsmoment I gilt:

$$k = 3EI/L_B^3 \qquad (5.1\text{-}1)$$

Dabei ist L_B die Balkenlänge und E das Elastizitätsmodul des Balkenmaterials. Typische Werte für in der Kraftmikroskopie verwendete Mikroskopbalken liegen bei (0,1-10) N/m, extrem dünne (20 nm) Balken können jedoch auch Federkonstanten im Bereich von µN/m besitzen. Die Resonanzfrequenz eines Mikroskopbalkens bestimmt sowohl die Rasterfrequenz als auch die Bandbreite der Regelelektronik. Sie lässt sich aus der Differentialgleichung der Biegeschwingung berechnen. Für die Grundfrequenz ω_1 erhält man

$$\omega_1 = (1{,}875)^2 \sqrt{EI/(\rho A L_B^4)} \qquad (5.1\text{-}2)$$

(mit ρ: Dichte des (homogenen) Balkenmaterials, A: Balkenquerschnittsfläche). Typische Resonanzfrequenzen liegen bei einigen 10 kHz, im „non contact mode" bei einigen 100 kHz.

Mikrotechnische Fertigungsverfahren für derartige Mikroskopbalken nutzen meist unterschiedliche Nass- und Trockenätzverfahren zur Erzeugung eines Balkens, dessen Form über einen Photolithographieprozess definiert wird und der mit einer makroskopischen Haltestruktur verbunden ist. Die Herstellung derartiger Balken ist immer in Verbindung mit der Herstellung der Spitze zu betrachten und stützt sich dabei auf die Strukturierung von auf einer Opferschicht aufgebauten stressoptimierten Schicht (z. B. PECVD-Si_3N_4, LPCVD-Polysilizium). Üblich sind auch Ätzprozesse, die eine Strukturierung des gesamten Substrats erlauben (z. B. KOH-Ätzen von Si oder ASE), wobei hier das Balkenmaterial selbst oder zusätzliche Schichten als Ätzstop wirken können. Typische Geometrien derartiger Mikroskopbalken sind dreieck- oder rechteckförmig mit Balkenlängen von 100-300 µm (Bild 5.1-7 und 5.1-8).

Die Herstellung von integrierten Spitzen auf den Mikroskopbalken kann auf vielfältige Weise erfolgen [Wolter91, Brugger92]. Für die Integration eines Fabry-Perot-Sensors erweisen sich Oberflächen-Mikrostrukturierungsverfahren, die auf einem Glasträger ausgeführt werden, in Verbindung mit metallischen oder polymeren Opferschichten als vorteilhaft, z. B.

- Abformung pyramidaler Ätzgruben in (100)-Silizium mit einer gegenüber KOH beständigen Beschichtung (z. B. PECVD-SiC, LPCVD-Si_3N_4, Bild 5.1-4),
- isotropes Ätzen eines Spitzenmaterials auf einer Balkenstruktur (Bild 5.1-5) oder
- additive Strukturierung durch galvanische Abformung einer Negativform (Bild 5.1-6)

Entscheidend für die Qualität der Spitze ist der Spitzenradius, der im Bereich weniger nm liegen sollte, um eine gute laterale Auflösung zu erzielen.

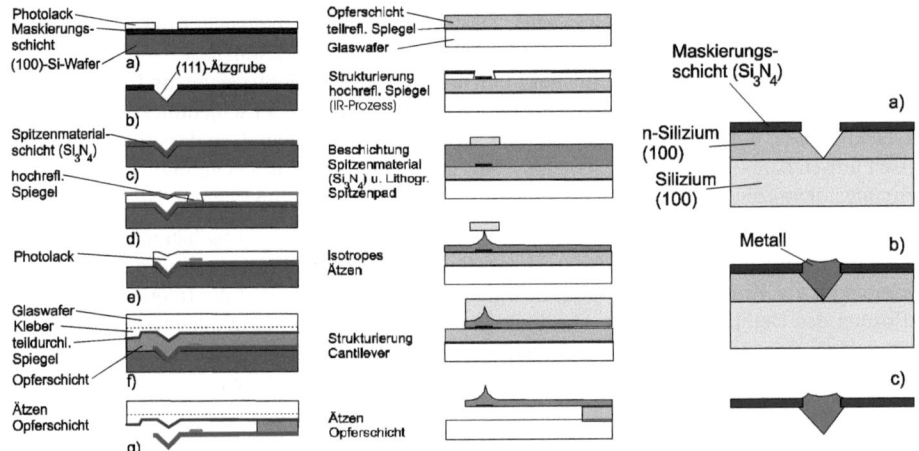

Bild 5.1-4
Prozessabfolge für Mikroskopbalken und abgeformte Spitzen aus PECVD-Si_3N_4 [Ruf96]]

Bild 5.1-5
Prozessabfolge für einen Mikroskopbalken mit isotrop geätzter Spitze

Bild 5.1-6
Herstellung einer metallischen/magnetischen Spitze durch galvanische Abformung einer geätzten pyramidalen Grube in (100)-Si

Bild 5.1-7 zeigt einen dreieckigen Mikroskopbalken mit integrierter, isotrop geätzter Spitze aus PECVD-Si_3N_4. Die ca. 7 µm dicke Opferschicht bestand aus Polyimid und wurde trockenchemisch im O_2-Plasma verascht. Bild 5.1-8 zeigt einen Ausschnitt des Spitzenbereichs eines rechteckigen Mikroskopbalkens mit einer ca. 3 µm hohen Spitze und einem Spitzenradius unter 20 nm. Zusätzlich sind noch Strukturen zu erkennen, die zu dem unter der Spitze befindlichen reflektierenden Spiegel des Fabry-Perot-Systems gehören. Für die Einstellung des Arbeitspunktes des Fabry-Perot-Interferometers ist entscheidend, dass die stressbedingte Ausbiegung des Mikroskopbalkens nach dem Entfernen der Opferschicht möglichst gering, der Spiegelabstand also durch die Opferschicht-Dicke definiert ist. Hierzu ist eine sorgfältige Stresskontrolle durch reproduzierbare Beschichtungsparameter für das Balkenmaterial notwendig.

5.1 AFM-Messkopf

Die auf einem Glaswafer erzeugten Elemente Mikroskopbalken, Spitze, reflektierender und teildurchlässiger Spiegel sowie der Abstandshalter bilden den Fabry-Perot-Sensor, der nach Vereinzeln durch eine Wafersäge die Nutzung der mechanischen Justagehilfen der mikrooptischen Bank (siehe unten) erlaubt.

Bild 5.1-7
200 µm langer dreieckiger Fabry-Perot-Mikroskopbalken mit integrierter Spitze [Ruf96]

Bild 5.1-8
Ausschnitt des Spitzenbereichs eines rechteckigen Mikroskopbalkens mit einer ca. 3 µm hohen Si_3N_4-Spitze [Ruf96]

Die mikrooptische Bank: Die mikrooptische Bank hat die Aufgabe, den Strahlengang des Lichts festzulegen, den Fabry-Perot-Sensor austauschbar positioniert zu diesem Strahlengang aufzunehmen und das reflektierte Interferenzsignal einem Detektor zuzuführen. Damit die Rasterbewegung mitsamt der optischen Bank und dem Sensor durchgeführt werden kann, müssen die Abmaße sehr klein (im Bereich von mm^2) sein. Eine hochintegrierte Lösung wäre die Integration aller passiven Komponenten (Spiegel, Linsen), der Lichtquelle und des Detektors auf einem Chip. Stattdessen wurde eine hybride Integration der optoelektronischen Komponenten in eine passive mikrooptische Bank, hergestellt durch LIGA-Technik, bevorzugt.

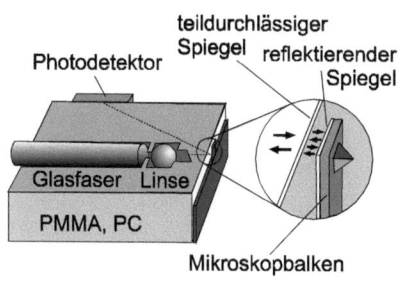
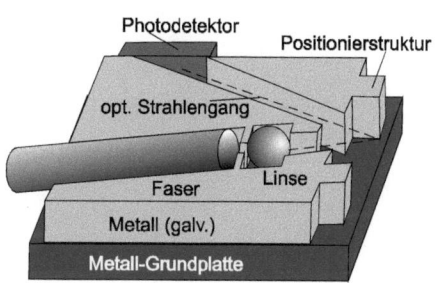

Bild 5.1-9
Zwei Varianten für das Konzept der mikrooptischen Bank, bestehend aus Vorpositionierungen für eine Glasfaser, eine Kugellinse und den Fabry-Perot-Sensor.
links: Mikrooptische Bank aus geprägten Strukturen in transparentem Polymer;
rechts: mikrooptische Bank aus Metall für eine Freistrahloptik [Ruf96]

Zwei Varianten einer mikrooptischen Bank wurden realisiert. Zum einen wurden über Abformprozesse (Heißprägen) transparente PMMA- bzw. Polycarbonat-Strukturen erzeugt, bei denen der

Strahlengang durch Vorpositionierungen für eine Glasfaser, eine Kugellinse und für den Fabry-Perot-Sensor festgelegt wird. Er verläuft innerhalb des transparenten Polymers und ist deswegen vor äußeren Einflüssen (z. B. Staub) geschützt (Bild 5.1-9). Die zweite Variante, eine mikrooptische Bank aus Metallstrukturen, die durch Galvanoformung von geprägten Negativstrukturen erzeugt wurde, ergibt eine Freistrahloptik, die dieselben mikrooptischen Elemente beinhaltet wie die erste Variante. Der Strahlengang ist jedoch unabhängig von störenden Lichtstreuungen an der Grenzfläche Luft/Polymer. Durch die Vermeidung von Polymeren kann diese mikrooptische Bank auch unter UHV-Bedingungen und bei höheren Temperaturen eingesetzt werden. In Bild 5.1-10 (unten) ist die Realisierung der mikrooptischen Bank nach der ersten Variante (Heißprägen in PMMA) mit eingelegter Glasfaser und Kugellinse zu sehen [Ruf96].

Das Gesamtsystem: Der AFM-Meßkopf wurde zunächst in ein kommerzielles Kraftmikroskop eingebaut (Bild 5.1-10). Der Aufbau besteht aus einer Aluminium-Platte, an der alle wichtigen Funktionselemente befestigt sind. Der Mikroskopkopf steht mit drei Mikrometerschrauben auf x/y-Verschiebetischen, von denen die beiden vorderen Mikrometerschrauben eine Grobannäherung des Mikroskopbalkens an die Probe erlauben. Die dritte Mikrometerschraube im Hintergrund ermöglicht die Feinannäherung bzw. den Probenkontakt. Im Zentrum der Aluminiumplatte ist ein z-Schlitten befestigt, der nach dem Trägheitsprinzip über Scherpiezoelemente eine aktive Probenannäherung und Abstandskontrolle im nm-Bereich gestattet. Die mikrooptische Bank mit dem Fabry-Perot-Sensor befindet sich in einer Aufnahme, die auf den z-Schlitten geklebt ist. Der Fabry-Perot-Sensorchip wird senkrecht zur mikrooptischen Bank auf die Aufnahme mit Hilfe der Justagehilfen und einer kleinen Feder geklemmt. Der Sensorchip selbst ist daher jederzeit bei einem Defekt der Spitze austauschbar. Das Licht einer Laserdiode ($\lambda = 670$ nm) wird über eine Single-Mode-Glasfaser in das LIGA-Bauteil geführt, über eine Kugellinse von 125 µm Durchmesser fokussiert und unter einem Winkel von weniger als 10° auf den Fabry-Perot-Sensor gelenkt. Das reflektierte Interferenzsignal läuft durch die mikrooptische Bank zurück auf einen Umlenkspiegel, der das Licht aus der Ebene heraus auf einen Photodetektor lenkt. Diese Anordnung hat den Vorteil, dass Streulicht nicht auf den Detektor trifft. Eine Anwendung dieses Sensorkopfes unter UHV-Bedingungen wurde in [Ruf97] vorgestellt und vermeidet weitgehend den mit den üblichen optischen Detektionsmethoden verbundenen Justageaufwand.

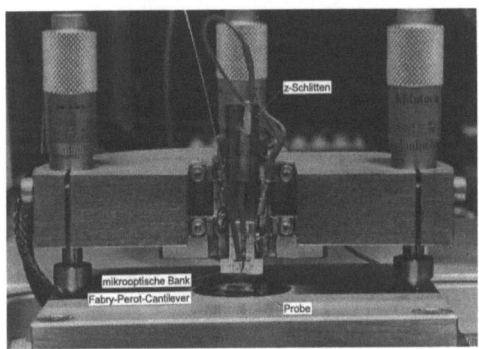
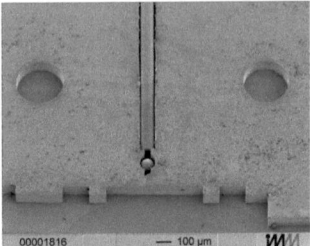

Bild 5.1-10 Links: Umgebautes Kraftmikroskop mit dem AFM-Messkopf, bestehend aus dem Fabry-Perot-Sensor und der mikrooptischen Bank [Ruf96].
Rechts: REM-Aufnahme der mikrooptischen Bank mit eingelegter Glasfaser und Kugellinse.

5.2 Miniaturellipsometer

Produktionsanlagen und die Ergebnisse technologischer Fertigungsprozesse unterliegen aufgrund des immer weiter fortschreitenden Trends zur Qualitätssicherung einer genauen Kontrolle. Für berührungslose und zerstörungsfreie Überwachung sind vor allem optische Analytikverfahren an Oberflächen und dünnen Schichten interessant. Sensorsysteme, die eine schnelle Korrektur von Prozessparametern beim Auftreten von Schwankungen in den optischen Eigenschaften ermöglichen, gewinnen immer mehr an Bedeutung, da dadurch Zuverlässigkeit und Ausbeute eines Prozesses wesentlich verbessert werden können. Dies bedeutet insbesondere, dass die Analytik in eine Prozesslinie integriert sein sollte (on-line), und nicht extern (off-line) im Labor durchgeführt wird, währenddessen die Prozesslinie möglicherweise fehlerhaft arbeitet, solange das Messergebnis nicht vorliegt [Barna94].

Eine herausragende Rolle bei der optischen Prozessanalyse spielt die Ellipsometrie, die die polarisationsabhängige Reflexion von Licht an Grenzflächen zur Bestimmung der optischen Eigenschaften nutzt. In der Halbleiterindustrie wird die Mehrwellenlängen-Ellipsometrie als Off-line-Analytikverfahren zur Messung von Schichtdicke, Brechungsindex und Absorption häufig benutzt. Für die On-line-Prozesskontrolle ist eine umfangreiche Analytik jedoch oft nicht nötig. Hier reicht in der Regel der gut reproduzierbare relative Vergleich zwischen zwei Proben, für die Einwellenlängen-Ellipsometer eingesetzt werden können. Für die Integration in eine Prozesslinie wurde am IMM ein Miniaturellipsometer in Form eines kleinen Sensorkopfes entwickelt [Amato93, Reinhard94, Stenkamp95]. Es erlaubt die gleichen analytischen Aussagen wie ein konventionelles Einwellenlängen-Ellipsometer mit rotierendem Analysator, stellt jedoch ein Verfahren zur Messung der Polarisation von Licht ohne bewegliche Teile dar, was zu einer stark reduzierten Baugröße und einer sehr kurzen Messzeit führt. Das Verfahren arbeitet in Transmission und erhält damit den prinzipiellen Strahlengang der PSA-Ellipsometrie (*Polarisator-Sample-Analysator*). Gleichzeitig ermöglicht es eine einfache Justage der Probe im Strahlengang.

5.2.1 Theoretische Grundlagen

Bei der Ellipsometrie werden über die Messung des polarisationsabhängigen Reflexionsvermögens unter einem Einfallswinkel φ die ellipsometrischen Parameter Ψ und Δ bestimmt [Azzam77, Grosse79, Macleod78]. Die Bedeutung dieser Parameter zeigt Bild 5.2-1. Ebene, monochromatische Wellen sind charakterisiert durch die Komponenten des elektrischen Feldvektors $\vec{E}$

$$\vec{E} = \begin{pmatrix} E_x \\ E_y \\ E_z \end{pmatrix} = \begin{pmatrix} E_{0x} \exp[i(kz - \omega t + \delta_x)] \\ E_{0y} \exp[i(kz - \omega t + \delta_y)] \\ 0 \end{pmatrix} = E_{0y} \exp[i(kz - \omega t + \delta_y)] \cdot \begin{pmatrix} \tan(\Psi) \exp(i\Delta) \\ 1 \\ 0 \end{pmatrix} \quad (5.2\text{-}1)$$

mit $\tan(\Psi) = E_{0x}/E_{0y}$ und $\Delta = (\delta_x - \delta_y)$. Über das Verhältnis der Feldamplituden E_{0x} und E_{0y} und die feste Phasendifferenz Δ zwischen den beiden Komponenten des Feldvektors in x- und y-Richtung ist die Polarisationsellipse des elektrischen Feldvektors eindeutig definiert. Die Beschreibung von Drehwinkeln elektrischer Feldkomponenten erfolgt in der Regel im orthogonalen *p-s-k*-Koordinatensystem. Es wird durch den Einheitsvektor in Ausbreitungsrichtung der ebenen Welle (Index k), einen zu diesem senkrechten Einheitsvektor in der Einfallsebene (Index p) bzw. einen Einheitsvektor orthogonal zur Einfallsebene (Index s) aufgespannt (Bild 5.2-2). In diesem Fall gilt $E_{0x} = E_p$ und $E_{0y} = E_s$.

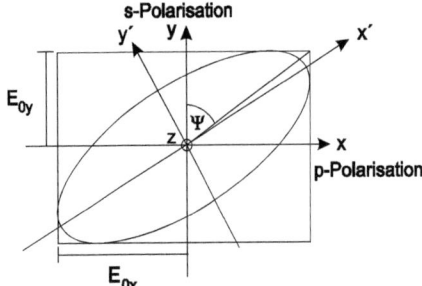

Bild 5.2-1
Die Polarisationsellipse des elektrischen Feldvektors. Sie ist charakterisiert durch die Lage im Raum und das Halbachsenverhältnis. Alle in das durch E_{0x} und E_{0y} aufgespannte Rechteck passenden Polarisationsellipsen besitzen den gleichen Wert für Ψ, erst die feste Phasendifferenz Δ, die nicht unmittelbar aus der Grafik hervorgeht, führt zur eindeutigen Beschreibung der Polarisationsellipse durch Ψ und Δ.

Für quasi unendlich ausgedehnte Proben (Halbraumproben, bei denen kein Rückseitenreflex auftritt) kann aus den ellipsometrischen Parametern Ψ und Δ direkt die komplexe dielektrische Funktion $\varepsilon = \varepsilon' + i\varepsilon''$ des untersuchten Materials bestimmt werden. Ausgehend vom ellipsometrischen Verhältnis ρ, dem Verhältnis der elektrischen Feldstärken in paralleler (p) und senkrechter (s) Richtung mit

$$\rho = \frac{E_p}{E_s} = \frac{|E_p|\exp(i\delta_p)}{|E_s|\exp(i\delta_s)} = \tan(\Psi)\exp(i\Delta) \qquad (5.2\text{-}2)$$

kann über eine Betrachtung der Reflexion ebener Wellen für beide Polarisationsrichtungen ein Ausdruck für ε hergeleitet werden:

$$\varepsilon = \sin^2(\varphi)\left[1 + \tan^2(\varphi) \cdot \frac{(1-\rho)^2}{(1+\rho)^2}\right] \qquad (5.2\text{-}3)$$

Eine Aufspaltung in Real- und Imaginärteil liefert

$$\varepsilon' = \sin^2(\varphi)\left[1 + \tan^2(\varphi) \cdot \frac{\cos^2(2\Psi) - \sin^2(2\Psi)\sin^2(\Delta)}{(1 + \sin(2\Psi)\cos(\Delta))^2}\right] \qquad (5.2\text{-}4)$$

$$\varepsilon'' = -\sin^2(\varphi)\tan^2(\varphi) \cdot \frac{\sin(4\Psi)\sin(\Delta)}{(1 + \sin(2\Psi)\cos(\Delta))^2} \qquad (5.2\text{-}5)$$

Da die komplexe dielektrische Funktion mit dem komplexen Brechungsindex $\tilde{n} = n + i\kappa$ zusammenhängt, können aus ε' und ε'' der reelle Brechungsindex n und der Extinktionskoeffizient κ berechnet werden:

$$n = \sqrt{\frac{1}{2}(\sqrt{\varepsilon'^2 + \varepsilon''^2} + \varepsilon')} \qquad k = \sqrt{\frac{1}{2}(\sqrt{\varepsilon'^2 + \varepsilon''^2} - \varepsilon')} \qquad (5.2\text{-}6)$$

Bei Kenntnis des Einfallswinkels φ ist damit eine Bestimmung der optischen Konstanten aus den ellipsometrischen Parametern möglich. Neben den Halbraumproben stellen transparente Schichten und Schichtpakete auf undurchsichtigen Substraten eine weitere Standardmessaufgabe dar. In diesem Fall werden Brechungsindex n und Schichtdicke d aus den ellipsometrischen Parametern ermittelt, wobei Annahmen über den Extinktionskoeffizienten κ gemacht werden müssen (vgl. hierzu [Azzam77]).

5.2.2 Komponenten des Mikroellipsometers

Ein Polarimeter dient allgemein zur Bestimmung der Polarisation von Licht. Es ist vergleichbar mit dem Analysator-Arm eines PSA-Ellipsometers, in dem von einer Lichtquelle kommendes Licht durch einen Polarisator **P** linear polarisiert wird und unter einem Winkel φ auf eine Probe (Sample **S**) fällt. Von dort wird es reflektiert und gelangt über einen weiteren Polarisator (Analysator **A**) auf einen Detektor. Dort erfolgt die Bestimmung der ellipsometrischen Parameter über die sequentielle Messung des Detektorsignals in Abhängigkeit von der Analysatorstellung (Bild 5.2-2). Wesentliche Aspekte dieser Messmethode lassen sich direkt oder indirekt auf die Realisierung des Miniaturellipsometers übertragen. Verzichtet man jedoch auf den rotierenden Analysator, wodurch mechanische Bewegungen bei der Messung entfallen, ist neben einer deutlichen Steigerung der Messgeschwindigkeit auch eine drastische Reduktion der Baugröße und eine Steigerung der Zuverlässigkeit möglich.

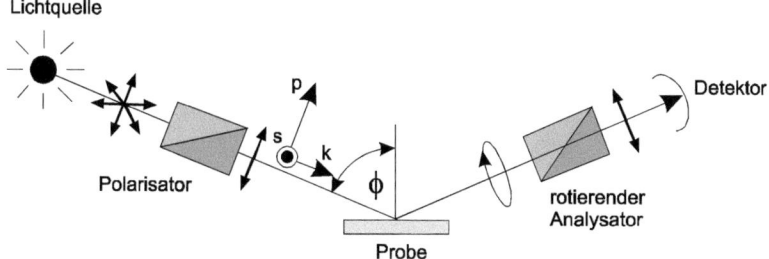

Bild 5.2-2 Aufbau eines Ellipsometers in **P**olarizer-**S**ample-**A**nalyzer-Anordnung. *p*- und *s*-Polarisation werden über die Einfallsebene definiert.

Die Idee:

Die grundlegende Idee des Miniaturellipsometers besteht darin, die für eine Bestimmung der Polarisation notwendige Drehung eines Analysators vor einem Detektor zu vermeiden. Der Austausch des Systems Polarisator-Detektor durch einen segmentierten Detektor mit polarisationsempfindlichen Elementen (Bild 5.2-3) ermöglicht die parallele (d. h. gleichzeitige) Messung von verschiedenen Polarisationsrichtungen.

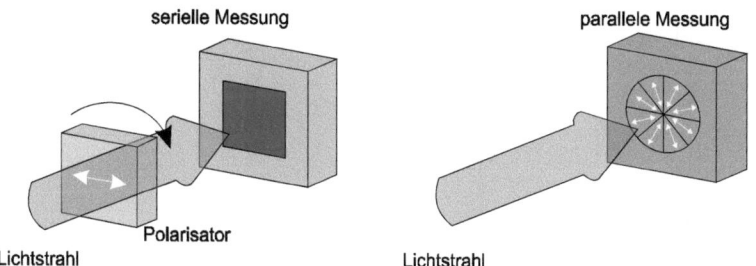

Bild 5.2-3 Konzeption eines Miniaturellipsometers:
Das System Polarisator plus konventioneller Detektor (links) wird durch einen segmentierten Detektor mit polarisationsempfindlichen Elementen ersetzt [Stenkamp95].

Für eine Miniaturisierung der Polarisatoren, die als Analysatoren verwendet werden, bietet sich die Dünnschichttechnik an, da z. B. Interferenzschichtsysteme unter schrägem Einfall als schmalbandige Polarisatoren wirken. Ein mit einer polarisierenden Beschichtung versehenes Substrat, das unter dem Arbeitswinkel α als rotierender Polarisator eingesetzt wird, kann als erste Stufe auf dem Weg zu einer geometrischen Anordnung, in der viele Rotationsstellungen gleichzeitig realisiert sind, betrachtet werden. Die nächste Stufe, ein kleines zweiseitig beschichtetes Prisma, stellt bereits zwei Polarisatorstellungen zur Verfügung. Schließlich ersetzt das „Abrollen" einer polarisierenden Beschichtung auf der Mantelfläche eines transparenten Kegels vollständig die Rotation eines Analysators um 360°. Damit ist klar, dass das System aus polarisationsempfindlichen Elementen und Detektor eine Rotationssymmetrie besitzen muss. Ein geometrisch angepasster Detektor hinter dem beschichteten Kegel kann die verschiedenen Polarisationsanteile des einfallenden Lichts in einem gewissen Winkelintervall messen. Das Winkelintervall wird dabei von der Geometrie der Detektorsegmente bestimmt.

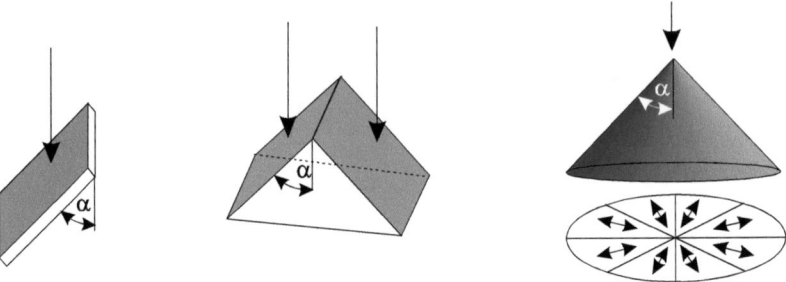

Bild 5.2-4 Transparenter Kegel mit polarisierender Beschichtung als Ersatz eines rotierenden Analysators [Stenkamp95]

Der Glaskegel:

Ein Glaskegel ist zusammen mit der polarisierenden Beschichtung auf der Mantelfläche das zentrale mikrooptische Bauteil für das Kegelpolarimeter.

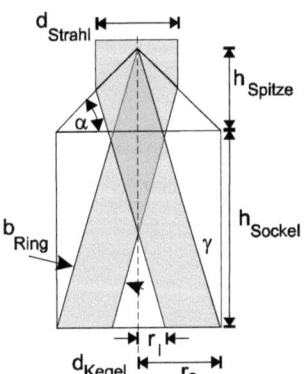

Bild 5.2-5
Schematische Darstellung des Strahlengangs im Glaskegel. Ein kreisrunder Lichtstrahl wird in einen divergierenden Kreisring abgebildet [Stenkamp95].

Er besteht aus Quarzglas ($n = 1{,}456$ für $\lambda = 675$ nm), hat einen Spitzenwinkel $2\alpha = 90° \pm 0{,}5°$ und eine Gesamthöhe $H = h_{Spitze} + h_{Sockel}$ von $4{,}9 \pm 0{,}1$ mm. Bild 5.2-5 zeigt den schematischen Strahlengang im Glaskegel. Ein kreisrunder Lichtstrahl (Durchmesser d_{Strahl}) wird bei zentrischem Einfall in einen divergierenden Kreisring abgebildet. Die inneren und äußeren Durchmesser r_i und r_a dieses Kreisrings werden durch den Spitzenwinkel und die Höhe des Sockels definiert. Deswegen muss bei gegebenem Spitzenwinkel die Höhe des Sockels so gewählt werden, dass der entstehende Kreisring optimal auf den segmentierten Detektor abgebildet wird.

Das polarisierende Schichtsystem:

Die Funktion des Kegels als zentrales mikrooptisches Element beruht zum einen auf seiner Geometrie und zum anderen auf den polarisierenden Eigenschaften eines Interferenzschichtpaketes auf seiner Mantelfläche. Unter schrägem Einfall wirkt ein System aus hoch- und niedrigbrechenden dielektrischen Schichten aufgrund der von der Polarisation abhängigen Reflexion an den Grenzflächen als Polarisator. Derartige Polarisatoren werden als „pile of plate polarizer" bezeichnet und in verschiedenen Designvarianten mit unterschiedlichen Transmissionseigenschaften für senkrecht und parallel polarisiertes Licht ausgelegt [Buchmann71, Macleod86, Macleod81]. Über dünnschichttechnische Verfahren kann man derartige Polarisatoren leicht auf ebenen Flächen herstellen, wenn eine Schichtdickenmonitorierung mit der erforderlichen Genauigkeit gelingt. Wesentlich für die Eigenschaften sind die Brechungsindizes der dielektrischen Schichten, deren Dicke und der Einfallswinkel. Als hochbrechendes Schichtmaterial kann z. B. TiO_2 ($n = 2{,}2...2{,}6$) und als niedrigbrechende Schicht SiO_2 ($n = 1{,}43...1{,}46$) verwendet werden. Die Qualität von Polarisatoren wird durch den Polarisationsgrad P oder das Extinktionsverhältnis E charakterisiert. Beide beschreiben die Transmission von linear polarisiertem Licht parallel (T_p) und senkrecht (T_s) zur Einfallsebene:

$$P = \frac{T_p - T_s}{T_p + T_s} = \frac{E-1}{E+1} \qquad (5.2\text{-}7)$$

Das Extinktionsverhältnis E guter Polarisatoren liegt bei Werten größer als 1000.

Die Transmissionseigenschaften von Schichtsystemen aus $\lambda/4$- und $\lambda/2$-Schichten lassen sich besonders einfach berechnen [Heinz, Macleod86]. Deshalb verwendet man oft eine Darstellung von Interferenzschichtpaketen über eine Referenz- oder Zentralwellenlänge λ_z. Gemäß

$$n_H \cdot d_H = \lambda_z/4 \Rightarrow H \qquad n_L \cdot d_L = \lambda_z/4 \Rightarrow L \qquad (5.2\text{-}8)$$

werden hochbrechende $\lambda/4$-Schichten mit H und niedrigbrechende $\lambda/4$-Schichten mit L bezeichnet (mit $n_H \cdot d_H$: optische Dicke der hochbrechenden Schicht; $n_L \cdot d_L$: optische Dicke der niedrigbrechenden Schicht). Ein Gesamtschichtpaket wird mit evtl. vorangestellten Faktoren (entsprechend den Bruchteilen oder Vielfachen der $\lambda/4$-Schichten) beschrieben, z. B. in der Form 0,5HLHL0,5H. Für das Kegelpolarimeter wurde als polarisierendes Schichtsystem ein Stapel aus 35 Schichten $(HL)^8 H2L H(LH)^8$ gewählt. Es stellt einen resonanten Fabry-Perot-Aufbau dar und wurde aufgrund der bestehenden Fertigungseinrichtungen und Genauigkeitsanforderungen ausgewählt. Die simulierte Transmissionscharakteristik und das Extinktionsverhältnis dieses Schichtsystems sind in Bild 5.2-6 als Funktion des Einfallswinkels dargestellt. Entscheidend ist hier der Bereich um den Einfallswinkel (45°) für den Kegelpolarisator, der durch hohe Transmission für parallel polarisiertes Licht und ein hohes Extinktionsverhältnis E gekennzeichnet ist.

Die Herstellung der Schichtpakete kann durch eine Reihe von PVD-Methoden erfolgen. Typische Verfahren sind reaktives Elektronenstrahlverdampfen, Ionenplattieren oder Ionenstrahlsputtern. Im vorliegenden Fall wurde das reaktive Elektronenstrahlverdampfen eingesetzt, wobei durch optische Schichtdickenmonitorierung eine genaue Prozessführung zur Abscheidung der Einzelschichten möglich war. Hierbei wurden Testgläser zusammen mit dem Kegel beschichtet und Interferenzeffekte (Maxima und Minima der reflektierten Intensität bei einer Messwellenlänge) verwendet, um den Dampfstrahl bei Erreichen der Solldicke zu unterbrechen. Die Abschaltgenauigkeit für die Deposition einer H- oder L-Schicht lag dabei unter 1 nm. Die besondere Herausforderung bei der Beschichtung des Kegelpolarimeters liegt darin, eine ausreichende Schichtdickenhomogenität über der Kegelmantelfläche zu erreichen.

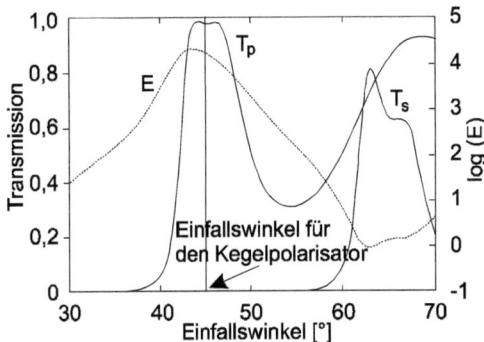

Bild 5.2-6
Simulierte Transmissionscharakteristik für die parallele (T_p) und senkrechte Polarisation (T_s) sowie das Extinktionsverhältnis E des $(HL)^8H2LH(LH)^8$-Schichtsystems als Funktion des Einfallswinkels für eine Zentralwellenlänge $\lambda_z = 628$ nm, $n_L = 1,44$, $n_H = 2,22$ und $n_{Substrat} = 1,45$ (Wellenlänge des einfallenden Lichts $\lambda = 675$ nm) [Stenkamp95]

Der segmentierte Photodetektor:

Der segmentierte Photodetektor, ein rotationssymmetrisches Array von Silizium-Photodioden, bildet zusammen mit dem beschichteten Glaskegel das eigentliche Kegelpolarimeter. Die geometrische Auslegung des Detektorarrays ist unter verschiedensten Gesichtspunkten zu betrachten. So bestimmen die erforderliche Messgenauigkeit, die Forderung nach geringem Übersprechen, die Vermeidung von Rückreflexionen und die Integration von Justagehilfen für die Montage des Kegels auf dem Detektorarray das Design. Bild 5.2-7 zeigt das schematische Layout des segmentierten Detektorarrays und der Justierhilfen, Bild 5.2-10 die Montage auf einer Platine mit integrierter Elektronik.

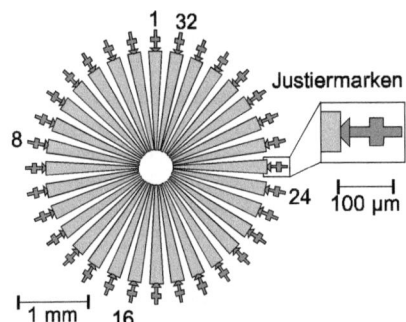

Bild 5.2-7
Schematisches Layout des segmentierten Photodetektors und der Justagehilfen [Stenkamp95]. Bei einem Kegeldurchmesser von 3 mm wurde der Außendurchmesser / Innendurchmesser der sensitiven Bereiche mit 2,9 mm / 0,45 mm, die Gesamtzahl der sensitiven Elemente auf 32 und die Winkelbreite pro Segment zu 6,74° festgelegt.

5.2 Miniaturellipsometer

Das Detektorarray wurde zusammen mit insgesamt acht Vierfach-Operationsverstärkern auf einer Platine aufgebracht (SMD-Technik). Die Baugröße der 4-Lagen-Platine konnte durch beidseitige Bestückung auf Abmessungen von (62 x 22) mm² begrenzt werden. Der Photostrom eines jeden Detektorelements wird durch die Operationsverstärker direkt in eine Spannung zwischen 0-10 V umgewandelt. Die den Intensitäten entsprechenden Spannungen werden dann AD-Wandlerkarten zur elektronischen Datenaufnahme zugeführt.

Die polarisierte Lichtquelle:

Die Wellenlänge der Lichtquelle und der Polarisationszustand ist für die Funktion des Kegelpolarimeters von zentraler Bedeutung. Zum einen ist die Wellenlänge der Lichtquelle auf die über den Öffnungswinkel und die Polarisatorbeschichtung des Kegels festgelegte Transmission mit sehr engen Toleranzen abzustimmen. Zum anderen ist für ellipsometrische Messungen ein kollimierter Lichtstrahl mit homogenem Strahlprofil und wohldefinierter linearer Polarisation notwendig. Für diese Aufgabenstellungen wurde ein Pigtail-System verwendet, welches das Licht einer Laserdiode direkt in eine Single-Mode-Glasfaser einkoppelt, das am Ende der Glasfaser austretende Licht über eine Gradienten-Index-Linse kollimiert und über einen Polarisatorwürfel ($E = 10000$) linear polarisiert (Bild 5.2-8).

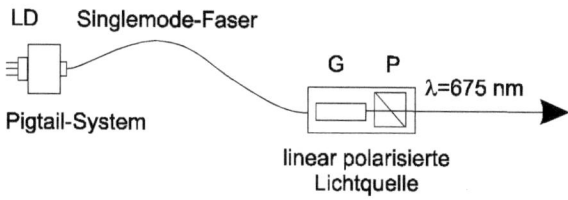

Bild 5.2-8
Schematischer Aufbau der Lichtquelle mit definierter Polarisation. Das gezeigte System bildet den Polarisatorarm des Miniaturellipsometers.

LD: Laserdiode,
P: Polarisatorwürfel,
G: GRIN-Linse

5.2.3 Aufbau des Gesamtsystems

Nach der Montage des Glaskegels mit der polarisierenden Beschichtung auf dem segmentierten Detektor durch Verkleben sowie der Integration der elektronischen Komponenten auf einer Platine ist ein Polarimeter entstanden, das prinzipiell die Bestimmung der Polarisation von Licht und zusätzlich durch die Geometrie des Glaskegels eine genaue Ausrichtung bezüglich des einfallenden Lichts erlaubt. Die Einzelkomponenten werden in einen mechanischen Aufbau zu einem Gesamtsystem integriert [Amato93, Reinhard94, Stenkamp95]. Das Gehäuse besteht aus temperaturinvariantem Stahl (INVAR), in das Halterungen und Justierelemente für die einzusetzenden Bauteile im polarisierenden und im analysierenden Arm des Ellipsometers integriert wurden. Der mechanische Aufbau definiert den Einfallswinkel $\varphi = 70°$, den Offsetwinkel (45°) für den Polarisatorwürfel, den Abstand zur Probe und den Strahlengang (Bild 5.2-9).

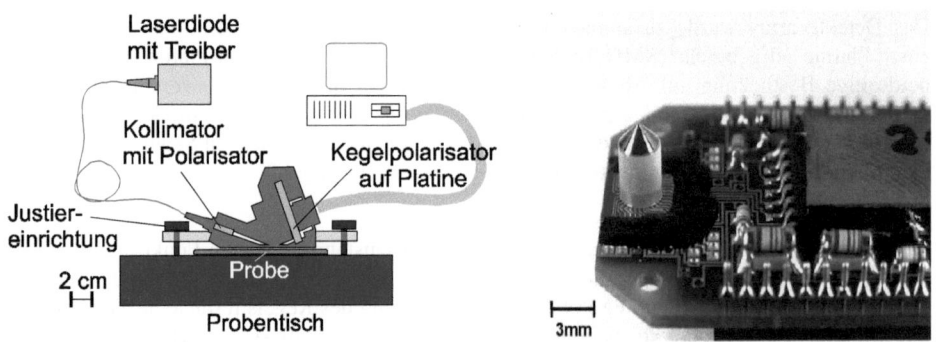

Bild 5.2-9
Aufbau des Miniaturellipsometers: Probe und Ellipsometer werden über eine äußere Justagevorrichtung zueinander justiert

Bild 5.2-10
Auf einer Platine montierter Mehrsegmentdetektor mit verklebtem Kegelpolarisator und einem Teil der integrierten Elektronik

Während einer Messung steht das Miniaturellipsometer über einer Probe. Das Licht einer Laserdiode wird über eine Glasfaser in den polarisierenden Arm des Ellipsometers geführt, kollimiert und polarisiert. Anschließend wird es unter definiertem Winkel von der Probe reflektiert und der Polarisationszustand des reflektierten Lichts mit dem Kegelpolarimeter gemessen. Die von den Operationsverstärkern gelieferten Spannungen sind proportional zu den auf die Segmente fallenden Intensitäten und werden über ein Flachbandkabel zu einer Rechnerschnittstelle geführt. Die Leistungsdaten des Ellipsometers sind in Tabelle 5.2-1 aufgeführt und können durchaus einem Vergleich mit konventionellen Ellipsometern standhalten.

Tabelle 5.2-1 Leistungsparameter des Miniaturellipsometers [Stenkamp95, Nano97]

Messzeit:	100 ms 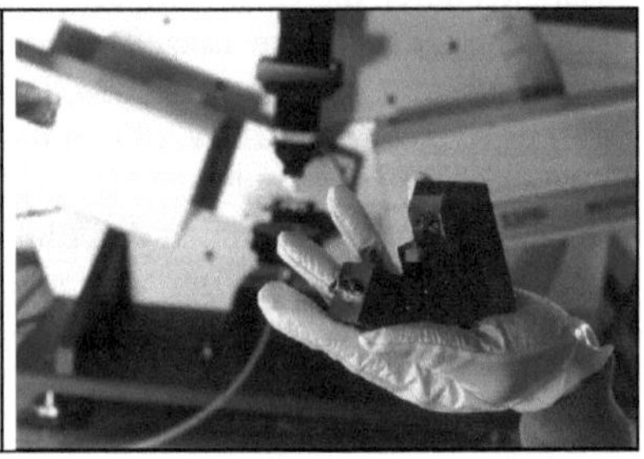
Genauigkeiten:	
ellipsometrische Parameter	± 0,01
Brechungsindex	± 0,01
Schichtdicke	± 1 nm

5.3 Thermopile-Arrays für Wärmebildsysteme

Mikro-Thermopiles sind als Sensoren für die berührungslose Temperaturmessung geeignet. Sie können auch für die Detektion der Lage und Bewegung von Objekten eingesetzt werden, deren Temperatur sich von der Umgebungstemperatur unterscheidet. Will man deren Position, Größe oder Bewegungsrichtung feststellen, so ist die Messung eines einzelnen Objektpunktes nicht ausreichend. Wärmebildkameras kommen bei solchen Messproblemen für Massenanwendungen aufgrund ihres Preises nicht in Frage. Für solche Einsatzgebiete eignen sich kostengünstige Zeilen- und Matrixsensorarrays mit einer kleinen Anzahl von Elementen, die mikrotechnisch im Batch-Prozess hergestellt werden.

Im Folgenden werden Entwurf und Realisierung von Hybridanordnungen eines Thermopile-Zeilensensorarrays mit acht Elementen und eines Matrixsensorarrays mit 3x5 Elementen, entwickelt von der Firma Heimann Sensor Wiesbaden [Schie93, Schie95a, Schie95b], und die Ergebnisse von Anwendungstests in der Automobilindustrie [Sim97b] vorgestellt.

Der prinzipielle Aufbau von Mikro-Thermopiles wurde in Kap. 3.3 erläutert. Erster Schritt für die Realisierung eines effizienten Mikrosystems ist in der Regel der Systementwurf, der die Berechnung der wesentlichen Systemparameter beinhaltet und zu einem optimalen Design führen sollte, das Grundlage der Gestaltung photolithographischer Masken für den Herstellungsprozess ist. Deshalb wird am Beispiel der Thermopile-Struktur zunächst dieser Entwurfsprozess demonstriert. Danach wird der Weg des Mikrosystems über die Herstellungstechnologie einschließlich Integration, Aufbau- und Verbindungstechnik über den Test der Systemparameter bis zu einem Anwendungsbeispiel verfolgt.

5.3.1 Entwurf und Simulation

Bei einem Mikro-Thermopile als einem Sensor sind zunächst die prinzipiellen Zusammenhänge zwischen zu detektierender physikalischer Größe und Sensorparametern zu klären. Daraus ergeben sich dann Schlussfolgerungen hinsichtlich optimaler Sensormaterialien und geometrischer Dimensionierung [Völ93].

Detektiert wird eine auf den Sensor auftreffende Wärmestrahlung, deren Intensität I (W/m^2) bzw. Strahlungsleistung $N = I \cdot F$ (in W) gemäß dem Stefan-Boltzmann-Gesetz proportional zur vierten Potenz der Oberflächentemperatur des emittierenden Objekts ist: $N \propto T^4$. F ist die strahlungsabsorbierende Empfängerfläche des Sensors. Die charakteristischen Sensorparameter werden in zwei Schritten abgeleitet: Aus einer Wärmebilanz wird die Temperaturverteilung im Sensor berechnet, die von der Strahlungsleistung N erzeugt wird. Daraus folgt dann die thermoelektrische Spannung U, die das Sensorsignal darstellt. Diese Spannung bezogen auf die absorbierte Strahlungsleistung und auf die sensorspezifische Rauschspannung führt zur Sensitivität S bzw. zur Detektivität D^*.

Analyse der Wärmebilanz

In Bild 5.3-1 ist ein idealisierter thermoelektrischer Sensor dargestellt. Er besteht aus der Empfängerfläche F (mit dem Strahlungsleitwert G_F), die über wenigstens zwei Thermoschenkel (mit den Wärmeleitwerten G_{L1}, G_{L2}) mit einer Wärmesenke verbunden ist, die sich auf Umgebungstemperatur T_0 befindet. Ohne effektive Wärmeeinstrahlung hat auch die Empfängerfläche die Temperatur T_0, aber diese fluktuiert aufgrund des „Temperaturrauschens", welches die minimal nachweisbare Strahlungsleistung begrenzt. Wenn eine Wärmeleistung N (herrührend von Wärmestrahlung oder elektrischer Heizung oder anderen Wärmequellen) von der Empfängerfläche absorbiert wird, steigt ihre Temperatur auf T_1 an.

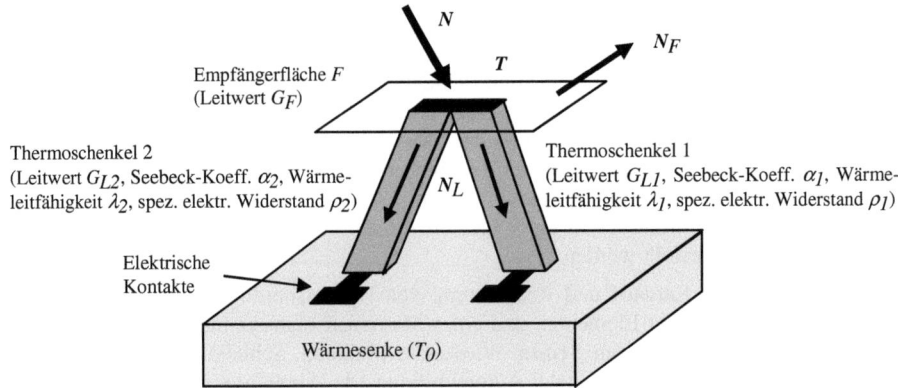

Bild 5.3-1 Prinzipieller Aufbau eines idealisierten thermoelektrischen Sensors (im Vakuum)

Im stationären Zustand des Systems wird die gesamte Leistung N über Wärmestrahlung der Empfängerfläche und über Wärmeleitung der Thermoschenkel an die Umgebung bzw. die Wärmesenken der Temperatur T_0 abgegeben (Konvektionsverluste kann man vernachlässigen, da der idealisierte Sensor unter Vakuum-Bedingungen detektieren soll). Die entsprechenden Wärmeleistungen sind N_L und N_F. Für kleine Temperaturerhöhungen $(T_1-T_0)/T_0 \ll 1$, d. h. bei Linearisierung des Stefan-Boltzmann-Gesetzes mit

$$(T_1^4 - T_0^4)\sigma_s \varepsilon_F 2F \approx 8T_0^3 \varepsilon_F \sigma_s F(T_1 - T_0) = G_F(T_1 - T_0) \tag{5.3-1}$$

können beide Terme durch die Leitwerte G_L und G_F dargestellt werden. Bei vernachlässigbarer Wärmeabstrahlung der Thermoschenkel im Vergleich zu ihrer Wärmeleitung gilt die stationäre Wärmebilanzgleichung:

$$N = N_L + N_F = G_L(T_1 - T_0) + G_F(T_1 - T_0) \tag{5.3-2}$$

und N verursacht eine stationäre Temperaturerhöhung

$$(T_1 - T_0) = N/(G_L + G_F) = R_T \cdot N \tag{5.3-3}$$

wobei R_T den Wärmewiderstand des Sensors darstellt. G_L ist durch die Dimensionen (Länge l, Querschnitte A_1, A_2) und die Wärmeleitfähigkeiten λ_1, λ_2 der Thermoschenkel gegeben, gemäß $G_L = \lambda_1 A_1/l + \lambda_2 A_2/l$. G_F ist nach Linearisierung des Stefan-Boltzmann-Gesetzes darstellbar über $G_F = 8\varepsilon_F \sigma_s T_0^3 F$ mit ε_F als Emissionsvermögen der Empfängerfläche F und σ_s als Stefan-Boltzmann-Konstante (man beachte, dass F nach beiden Seiten abstrahlt). Die Temperaturdifferenz führt an den nicht erwärmten Enden der Thermoschenkel zu einer Thermospannung

$$U = \int_{T_0}^{T_1} (\alpha_1(T) - \alpha_2(T))dT \approx (\alpha_1 - \alpha_2)(T_1 - T_0) = \alpha_{1/2}(T_1 - T_0) \tag{5.3-4}$$

die annähernd proportional der Temperaturdifferenz $(T_1 - T_0)$ ist, sofern die Seebeck-Koeffizienten $\alpha_1(T)$ und $\alpha_2(T)$ im Temperaturbereich zwischen T_1 und T_0 nur schwach temperaturabhängig sind.

5.3 Thermopile-Arrays für Wärmebildsysteme

Die Analyse des dynamischen Verhaltens des Sensors führt zu einer thermischen Zeitkonstante (*response time*) $\tau = R_T \cdot C$ mit C als Wärmekapazität des Sensors. Bei Absorption einer harmonischen Wärmeleistung $N(t) = N[1 + \sin(\omega t)]$ gilt dann für die Thermospannung

$$U(t) = \alpha_{1/2}\left[(T_1 - T_0) + N(G^2 + \omega^2 C^2)^{-1/2} \sin(\omega t + \varphi)\right], \qquad (5.3\text{-}5)$$

wobei der Gesamtleitwert $G = G_L + G_F$ und die Phasenverschiebung $\varphi = \tan^{-1}(\omega C/G)$ ist. Natürlich sollten $T_1\text{-}T_0$ bzw. die Amplitude der Wechselspannung $\alpha_{1/2} N (G^2 + \omega^2 C^2)^{-1/2}$ bei gegebenem N so groß wie möglich werden, um eine hohe Empfindlichkeit des Sensors zu erreichen. Deshalb sollte der Sensorleitwert G klein und $\omega C \ll G$ sein, d. h. es ist eine möglichst geringe thermische Ankopplung an die Umgebung und eine extrem kleine Wärmekapazität des Sensors zu realisieren. Diese Forderungen können am besten durch Dünnschicht-Mikrostrukturen mit guter thermischer Isolation, die durch mikromechanische Strukturierung erzielt wird, erfüllt werden.

Die Empfindlichkeit S ist als Verhältnis der Signalspannung U zur signalerzeugenden Leistung N definiert, im stationären Fall gilt also $S = U/N = \alpha_{1/2} R_T$. Zur Charakterisierung muss auch die sensorspezifische Rauschspannung U_N herangezogen werden, da sie die minimal detektierbare Leistung begrenzt. Die rauschäquivalente Leistung (**n**oise **e**quivalent **p**ower, NEP) ist die Leistung, die ein Sensorsignal erzeugt, das gerade so groß wie die mittlere Rauschspannung ist: $NEP = U_N/S$. Als rauschäquivalente Temperaturdifferenz (**n**oise **e**quivalent **t**emperature **d**ifference, NETD) wird die Temperaturänderung des Beobachtungsobjektes bezeichnet, die eine Spannungsänderung im Sensor hervorruft, die gleich U_N ist. Für den idealisierten thermoelektrischen Sensor können wir das thermische Widerstandsrauschen als wesentliche Rauschquelle betrachten. Die Rauschspannung hängt dann nur vom Sensorwiderstand $R = l\rho_1/A_1 + l\rho_2/A_2$ (mit ρ_1, ρ_2 als spezifischem Widerstand der Thermoschenkel) und der absoluten Temperatur T_0 ab. Δf ist die Frequenzbandbreite und k die Boltzmann-Konstante.

$$NEP = U_N/S = \sqrt{4kT_0 R \Delta f} / (\alpha_{1/2} R_T) \qquad (5.3\text{-}6)$$

Die Detektivität $D = 1/NEP$ wird aus Gründen der Vergleichbarkeit von Sensoren auf die Größe der Empfängerfläche und auf $\Delta f = 1\,\text{Hz}$ bezogen, man erhält die spezifische Detektivität

$$D^* = S\sqrt{F}/U_N = \alpha_{1/2} R_T \sqrt{F} / \sqrt{4kT_0 R} \qquad (5.3\text{-}7)$$

Für den idealisierten Sensor aus Bild 5.3-1 mit ideal „schwarzer" Empfängerfläche ($\varepsilon_F = 1$) gilt dann

$$D^* = \alpha_{1/2} \sqrt{F} \left[4kT_0(l\rho_1/A_1 + l\rho_2/A_2)\right]^{-1/2} \cdot \left[8\sigma_S T_0^3 F + \lambda_1 A_1/l + \lambda_2 A_2/l\right]^{-1} \qquad (5.3\text{-}8)$$

Die Analyse dieser Beziehung (Bestimmung des Maximums bei Variation von A_1/A_2 und G_L/G_F) zeigt, dass die spezifische Detektivität ein Maximum erreicht, wenn die Querschnitte der Thermoschenkel die Bedingung $A_1/A_2 = (\lambda_2 \rho_1/\lambda_1 \rho_2)^{1/2}$ erfüllen und wenn $G_L = G_F$, d. h. wenn die durch die Thermoschenkel abfließende Wärmeleistung gleich der von der Empfängerfläche abgestrahlten Leistung und wenn der Wärmefluss durch beide Thermoschenkel gleich groß ist. Dann ist die maximale spezifische Detektivität

$$D^*_{opt} = \sqrt{z_{1/2} T_0} / 8\sqrt{\sigma_s k T_0^5} \qquad (5.3\text{-}9)$$

wobei

$$z_{1/2} = (\alpha_1 - \alpha_2)^2 / \left[\sqrt{\lambda_1 \rho_1} + \sqrt{\lambda_2 \rho_2}\right]^2 \quad (5.3\text{-}10)$$

als thermoelektrische Effektivität des Thermoelements bezeichnet wird, während $z = \alpha^2/\lambda\rho$ die thermoelektrische Effektivität des jeweiligen Thermoschenkels charakterisiert. Ein Vergleich von Gl. (5.3-9) mit dem Grenzwert der spezifischen Detektivität für thermische Strahlungssensoren $D_{\lim}^* = 1/4\sqrt{\sigma_s k T_0^5}$, der sich aus den Temperatur-Fluktuationen der Umgebungstemperatur-Strahlung [Jon47, Put77] ergibt, zeigt, dass die thermoelektrische Effektivität $z_{1/2}$ der wesentliche Materialparameter für die Optimierung der spezifischen Detektivität ist. Gegenwärtig sind thermoelektrische Materialien mit bestenfalls $z_{1/2} T_0 = 1$ bei $T_0 = 300$ K verfügbar, so dass für den idealisierten Sensor bei Raumtemperatur höchstens eine Detektivität $D_{opt}^* = D_{\lim}^*/2 = 1 \cdot 10^{10} \, cm\sqrt{Hz}/W$ zu erreichen ist.

Optimierung von Mikrosensoren mit konvektiven Wärmeverlusten

Thermoelektrische Mikrosensoren bestehen aus Dünnschicht-Thermoelementen, die auf möglichst dünnen mikromechanisch gefertigten Membranen oder Cantilever-Strukturen angeordnet sind, um möglichst hohe Empfindlichkeit bzw. Detektivität bei kleiner Zeitkonstante zu erreichen. Diese Sensorparameter hängen nun (im Gegensatz zum oben behandelten idealisierten Sensor) von den Materialeigenschaften und Dimensionen der thermoelektrischen Schichten *und* ihrer Substratschichten ab. Aufgrund der geringen Dicke der Funktionsschichten im Verhältnis zu ihrer lateralen Ausdehnung ist es vielfach ausreichend, die Modellierung und Simulation mittels eindimensionaler Modelle vorzunehmen [Völ93].

Thermisches Modell für Mikrosensor-Strukturen

Bei mikromechanisch strukturierten Sensoren dient der massive Siliziumwafer als Wärmesenke, während die thermoelektrischen Schichten und die Empfängerfläche auf dünnen SiO_2-, Si_3N_4- oder SiC-Membranen oder Stegen mit geringer Wärmeleitfähigkeit angeordnet sind. Bei Strahlungssensoren kann die Empfängerfläche F eine Absorptionsschicht für Wärmestrahlung sein, das Modell ist aber auch auf elektrisch beheizte Flächen z. B. bei AC-Power, Flow- oder Vakuum-Sensoren anwendbar.

Bild 5.3-2a zeigt ein Thermopile mit der Empfängerfläche F im Zentrum einer dünnen, langgestreckten Membran der Breite g, die durch anisotrope Ätztechnik auf einem Silizium-Chip präpariert ist. Bild 5.3-2b zeigt ein Thermopile auf Cantilever-Struktur mit freistehender Empfängerfläche, die strahlungssensitiv oder elektrisch beheizt sein kann. Im zweiten Fall sind elektrische Zuführungen (gestrichelte Linien) erforderlich, die einen möglichst vernachlässigbaren Wärmeleitwert im Vergleich zum Cantilever haben sollten. Bild 5.3-2c zeigt ein Thermopile auf unterätzten Stegen aus z. B. SiO_2/Si_3N_4-Schichten, die im anisotropen Ätzprozess resistent gegenüber KOH-Lösungen sind. Aufgrund der Symmetrie der Anordnung ist es ausreichend, nur einen Steg mit einer anteiligen Empfängerfläche wie im Bild dargestellt zu analysieren. Die hier durchgeführte analytische Modellierung beschränkt sich beispielhaft auf die Grundstruktur Cantilever. Auch die Membranstruktur von Bild 5.3-2a kann aus Symmetriegründen so modelliert werden (Trennung entlang der Mittellinie führt zu zwei identischen Cantilever-Strukturen). Andere Geometrien können z. B. in Zylinderkoordinaten ebenfalls durch analytische Modelle behandelt werden [Völ93]. Mit numerischer Modellierung kann man selbstverständlich beliebige Geometrien durch Erzeugung entsprechender Gitternetze (Kap. 4.5) analysieren.

Wir nehmen an, dass die Temperatur T_1 auf der ganzen Fläche F, die oft mit einer thermisch ausgleichenden Metallisierung versehen ist, konstant ist, und dass die Wärmesenke immer auf

5.3 Thermopile-Arrays für Wärmebildsysteme

Umgebungstemperatur T_0 bleibt. Wenn die Größe der Empfängerfläche durch die jeweilige Anwendung des Sensors und die Schichtmaterialien durch Vorgaben des Herstellungsprozesses determiniert sind, können die Sensorparameter durch Variation der geometrischen Dimensionen optimiert werden, was im Folgenden demonstriert wird.

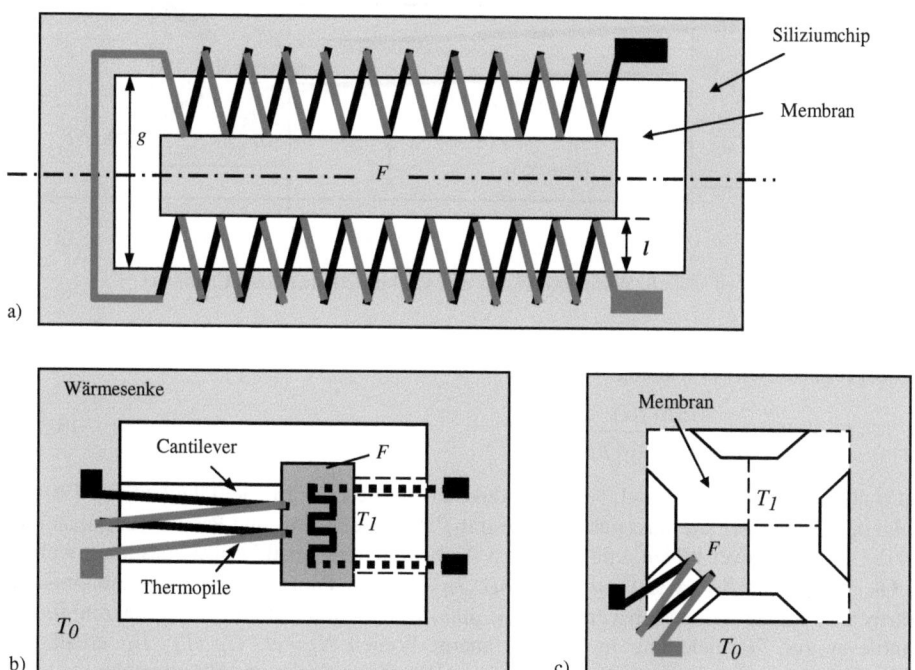

Bild 5.3-2 Beispiele geometrischer Strukturen von thermoelektrischen Mikrosensoren

Bild 5.3-3 zeigt die Wärmebilanz für ein Thermopile auf unterätztem Cantilever. N ist die von der Empfängerfläche absorbierte Wärmeleistung, die im stationären Zustand durch Wärmeabstrahlung und Konvektion von F an die Umgebung abgegeben wird (N_F) bzw. am Ende des Cantilevers (an der Stelle $x = l$) in diesen hineinfließt (N_L):

$$N = N_F + N_L = G_F(T_1 - T_0) + N_L = (G_{FR} + G_{FC})(T_1 - T_0) + N_L \quad (5.3\text{-}11)$$

Dabei wurde vorausgesetzt, dass eine Linearisierung des Strahlungsterms ($G_{FR} = 8\varepsilon_F\sigma_s F T_0^3$) möglich und dass der konvektive Wärmeübergang ebenfalls proportional zur Temperaturdifferenz ($T_1 - T_0$) ist. Der konvektive Wärmeleitwert ist dann $G_{FC} = 2F h_F$ mit h_F als Wärmeübergangszahl (in W/m²K).

Der Wärmewiderstand N_L zwischen F und Wärmesenke muss berechnet werden, indem die Wärmeleitungsgleichung für den Cantilever bei den gegebenen Randbedingungen $T(x) - T_0 = 0$

und $N_L = \lambda db \left.\dfrac{dT(x)}{dx}\right|_{x=l}$ gelöst und die Temperaturverteilung $T(x)$ ermittelt wird [Völ93].

Diese Berechnung wird vereinfachend als eindimensionales Problem behandelt, was aufgrund der Cantilever-Dicke (typisch 1-2 µm) und seiner lateralen Abmessungen (typisch einige 100 µm) gerechtfertigt ist.

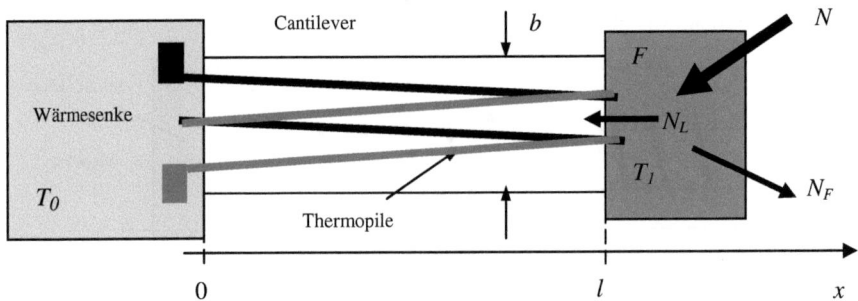

Bild 5.3-3 Thermisches Modell (Wärmebilanz) für einen beheizten unterätzen Cantilever

Als Ergebnis dieser Berechnung erhält man

$$T(x) - T_0 = \frac{\sinh(\beta x)}{\lambda d b \beta \cdot \cosh(\beta l)} N_L \quad (5.3\text{-}12)$$

mit b als Cantilever-Breite und $\lambda \cdot d$ als Produkt aus mittlerer Wärmeleitfähigkeit und Gesamtdicke des Cantilever. $\lambda \cdot d$ muss aus den Substrat-, Thermoelement- und Passivierungsmaterialien, die den Cantilever bilden, und aus deren Abmessungen gemäß [Völ93] bestimmt werden. In Gl. (5.3-12) ist $\beta = (\gamma/\lambda d)^{1/2}$ mit $\gamma = (8\varepsilon\sigma_s T_0^3 + 2h)$ ein Parameter für das Verhältnis von Wärmeabstrahlung (Emissionsvermögen ε) plus Konvektion (Wärmeübergangszahl h) des Cantilever zur Wärmeleitung in seinem Innern. Wegen $N_L = N - G_F (T_1 - T_0)$ erhält man schließlich für die Temperaturdifferenz zwischen Empfängerfläche und Wärmesenke

$$T_1 - T_0 = T(x=l) - T_0 = \frac{\tanh(\beta l)}{\lambda d b \beta} N_L = \frac{\tanh(\beta l)}{\lambda d b \beta}\left[N - G_F (T_1 - T_0)\right] \quad (5.3\text{-}13)$$

Auflösen dieser Gleichung nach der gesuchten Temperaturdifferenz $T_1 - T_0$ ergibt:

$$T_1 - T_0 = N / \left[G_F + \frac{\lambda d b \beta}{\tanh(\beta l)}\right] = N / \left[G_F + G_B(\beta l)\right] = R_T(\beta l) \cdot N \quad (5.3\text{-}14)$$

$G_B(\beta l)$ ist der thermische Leitwert des gesamten Cantilever zwischen Empfängerfläche und Wärmesenke, der sowohl Wärmeleitung als auch Strahlung und Konvektion beinhaltet. Für einen Sensor mit n Thermoelementen erhält man die thermoelektrische Signalspannung

$$U = n\alpha_{1/2}(T_1 - T_0), \quad (5.3\text{-}15)$$

die Empfindlichkeit

$$S = U/N = n\alpha_{1/2} R_T(\beta l) \quad (5.3\text{-}16)$$

und die spezifische Detektivität

$$D^* = \frac{S\sqrt{F}}{\sqrt{4kT_0 R(l)}} = \frac{n\alpha_{1/2}\sqrt{F} R_T(\beta l)}{\sqrt{4kT_0 m(\rho_1/A_1 + \rho_2/A_2)l}} \quad (5.3\text{-}17)$$

5.3 Thermopile-Arrays für Wärmebildsysteme

mit den oben eingeführten Bezeichnungen. Die Zeitkonstante ist schließlich durch

$$\tau = R_T(\beta l) \cdot C_T(l) \tag{5.3-18}$$

gegeben, mit $C_T(l) = C_F + C_B(l)$, wobei C_F die Wärmekapazität der Empfängerfläche, $C_B(l)$ die des Cantilever und $C_T(l)$ die gesamte Wärmekapazität darstellt.

Mit diesen Beziehungen können wichtige Schlussfolgerungen zur geometrischen Optimierung von Empfindlichkeit und Detektivität gezogen werden. Der thermische Widerstand R_T erreicht ein Maximum für sehr große Cantilever-Länge l, da dann der Cantilever-Leitwert seinen minimalen Wert G_{Bmin} annimmt. Für $l \Rightarrow \infty$ erhält man:

$$R_{T\max}(l \to \infty) = 1/(G_F + G_{B\min}) = 1/(G_F + \lambda db\beta) \tag{5.3-19}$$

$$S_{\max}(l \to \infty) = n\alpha_{1/2}/(G_F + \lambda db\beta) \tag{5.3-20}$$

Für den jeweiligen Sensor können G_F, G_{Bmin} aus den Abmessungen der Empfängerfläche F, den Schichtmaterialien und Dicken und dem Wärmeübergangskoeffizienten γ bestimmt werden. Wenn man das Verhältnis $m = G_F/G_{Bmin}$ einführt und den thermischen Widerstand oder die Empfindlichkeit in Bezug zu ihrem jeweiligen Maximalwert darstellt, erhält man

$$R_T(\beta l)/R_{T\max} = S(\beta l)/S_{\max} = (m+1)/[m + \coth(\beta l)] \tag{5.3-21}$$

In Bild 5.3-4 ist $S(\beta l)/S_{max}$ als Funktion der Cantilever-Länge für verschiedene Werte von m dargestellt. Man kann solchen Diagrammen entnehmen, wieviel Prozent der maximal möglichen Empfindlichkeit bei einer bestimmten Länge l erreicht werden.

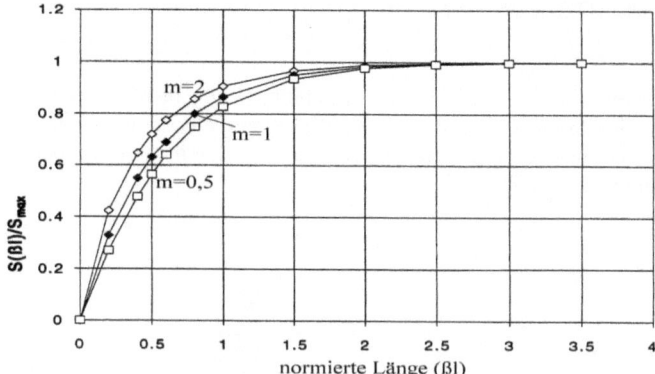

Bild 5.3-4 Empfindlichkeit $S(\beta l)$ als Funktion der normierten Länge βl eines thermischen Sensors auf unterätztem Cantilever

Selbstverständlich sind sehr große Längen bzw. Membranbreiten schon aus technologischen Gründen unrealistisch; die mechanische Stabilität wird immer geringer, die Ausbeute des Fertigungsprozesses sinkt. Man kann nun Bild 5.3-4 entnehmen, dass schon bei $\beta l = 1,5$ ($m = 1$) bereits 95 % der maximal möglichen Empfindlichkeit erreicht werden, eine Verlängerung des Cantilever würde zunehmend fragile Strukturen erzeugen, ohne dass noch wesentlicher Empfindlichkeitsgewinn eintritt. Je größer der Wert von β (d. h. je höher der Anteil konvektiver Wärmeabgabe in Bezug zur Wärmeleitung im Cantilever) ist, desto geringer kann die Länge sein, um einen bestimmten Prozentsatz der maximalen Empfindlichkeit zu erreichen.

In Bild 5.3-5 ist die spezifische Detektivität $D^*(\beta l)$ in Bezug auf D^*_{max} (die sich für S_{max} bzw. R_{Tmax} ergibt) dargestellt. Da $S(\beta l)$ für große l dem Grenzwert S_{max} zustrebt und $D^*(\beta l)$ proportional zu $S(\beta l) \cdot l^{-1/2}$ ist, muss es ein Maximum von $D^*(\beta l)/D^*_{max}$ bei Variation von l geben, das aus Bild 5.3-5 für drei verschiedene Werte von m zu entnehmen ist. Zur Optimierung der spezifischen Detektivität kann aus solchen Kurvenscharen direkt die optimale Länge der Cantilever-Struktur bzw. die optimale Breite g einer Membranstruktur wie in Bild 5.3-2a abgelesen werden.

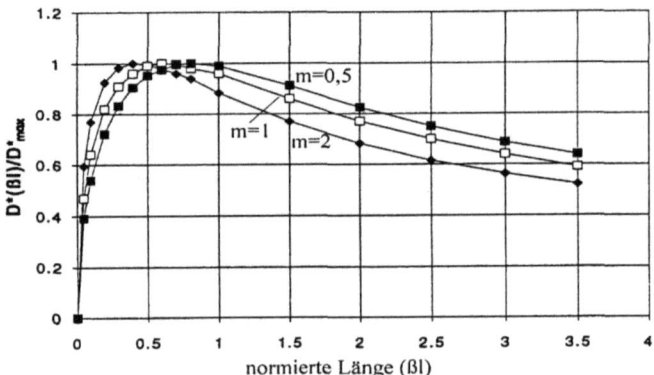

Bild 5.3-5 Detektivität D^* als Funktion der normierten Länge βl eines thermischen Sensors auf unterätztem Cantilever

Die Rechnungen demonstrieren, wie aus analytischen Beziehungen Regeln für ein optimales Sensordesign abgeleitet werden können. Die Ergebnisse sind verallgemeinerungsfähig, man kann sie auf eine Vielzahl thermischer Dünnschicht-Sensoren, die durch mikromechanische Strukturierung realisiert wurden, anwenden.

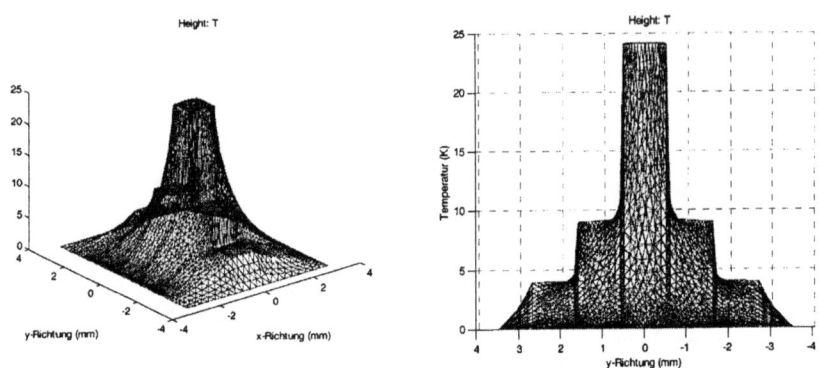

Bild 5.3-6 links: Temperaturverteilung (als Höhenprofil) über der Membran-Ebene eines Thermopile-Arrays mit 5 Thermopile-Pixeln bei Bestrahlung des mittleren Pixels; rechts: Projektion des Temperaturprofils zur Ermittlung der jeweiligen Pixel-Temperatur und des thermischen Übersprechens (2D-Simulation mit MATLAB pdetool)

Für komplexe Thermopile-Strukturen wie die Thermopile-Arrays von Bild 5.3-9 genügt eine analytische eindimensionale Simulation der Temperaturverteilung nicht, um alle wesentlichen Informationen, z. B. zur thermischen Kopplung zwischen Thermopiles, zu erhalten. Man muss dann numerische 2D- oder 3D-FEM-Simulationstools (siehe Kap. 4.5) benutzen, um das thermische Verhalten der Mikrostrukturen zu analysieren. In Bild 5.3-6 ist die Temperaturverteilung im Membranbereich eines Thermopile-Arrays (bestehend aus 5 Thermopiles wie in Bild 5.3-9) dargestellt, wenn nur das zentrale Thermopile bestrahlt wird und im Design der Membran keine Strukturen zur thermischen Entkopplung der Pixel enthalten sind (2D-Simulation mit MATLAB pdetool). In diesem Fall kommt es zu einem (in der Regel unerwünschten) thermischen Übersprechen zwischen den Thermopiles. Um diesen Effekt zu unterdrücken, sind zusätzliche „Wärmesenken", z. B. in Form von Mesa-Strukturen oder durch gut wärmeleitende Schichten, zwischen den Pixeln im Membranbereich erforderlich.

5.3.2 Technologie: Design und Herstellung

Für Thermopile-Arrays möchte man neben einer hohen Empfindlichkeit, einer hohen Detektivität und einer guten Linearität auch eine gute Signalgleichförmigkeit, einen hohen Füllfaktor und ein geringes elektrisches, thermisches und optisches Übersprechen erreichen. Eine Signalaufbereitung durch einen ASIC, der sehr nah zum Sensorchip angeordnet sein muss, ist zur Minimierung von Störeinflüssen notwendig. In Tabelle 5.3-1 sind die Designparameter für ein Thermopile-Zeilenarray mit 8 Elementen und für ein 3x5-Matrixarray zusammengefasst [Sim97], Bild 5.3-7 erläutert das Design. Beim Zeilenarray sind die einzelnen Elemente über einem langgestreckten Ätzgraben und beim Matrixarray über drei Ätzgräben in einem (100)-Siliziumwafer angeordnet. Der Mittenabstand zwischen den 400 x 400 µm² großen Thermopile-Elementen des Zeilenarrays beträgt 500 µm. Beim 3x5-Matrixarray sind die Mittenabstände der 375 x 425 µm² großen Elemente in vertikaler Richtung 500 µm und in horizontaler Richtung 1100 µm. Jedes Thermopile-Element der Arrays besteht aus 26 in Reihe geschalteten Thermoelementen der Materialkombination n-Polysilizium/Aluminium. Die Größe der empfindlichen Fläche wird durch die Abmessungen der Absorptionsschicht bestimmt. Der erste Kontakt eines jeden Thermopile-Elements führt zu einem separaten Bondpad und die letzten Kontakte sind zum gemeinsamen Massekontakt zusammengeschlossen.

Tabelle 5.3-1 Designparameter für Thermopile-Zeilen- und Matrixarrays

Parameter	Zeilenarray	Matrixarray
Elementanzahl	1 x 8	3 x 5
Substratmaterial	(100)-Silizium	(100)-Silizium
Chipabmessungen	5,2 mm x 1,8 mm	3,5 mm x 3,7 mm
Elementmittenabstand	500 µm	500 µm (vertikal) x 1100 µm (horizontal)
Empfängerfläche (Absorber)	400 µm x 400 µm	375 µm (vertikal) x 425 µm (horizontal)
Thermoelementanzahl	26	26

Die Herstellung der Thermopile-Arrays erfolgt mit Standard-Prozessen der Halbleiter-Technologie. Am Ende der Waferfertigung steht die Realisierung der Membran durch einen anisotropen, nasschemischen Ätzprozess, der auf der Siliziumwaferrückseite beginnt und in einer Ätzdose ausgeführt wird.

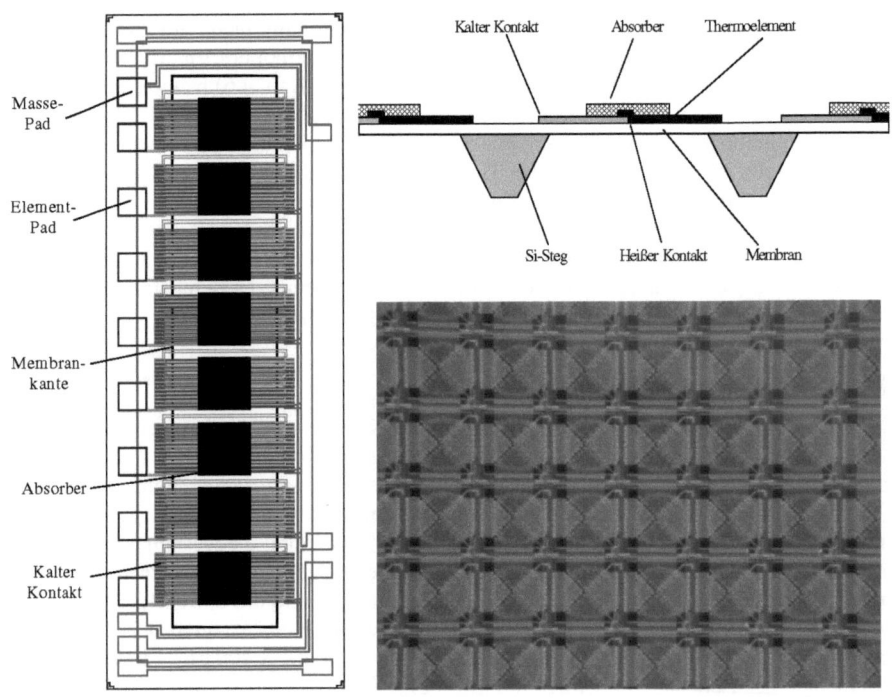

Bild 5.3-7 Links: Layout des 1x8-Zeilenarrays (Draufsicht);
Rechts: Schematische Darstellung des 3x5-Matrixarrays im Schnitt (oben) und Ausschnitt aus einem 32x32 Matrixarray mit einer Pixelgröße von ca. 300x300 µm² [Heimann Sensor]

Die Chips haben eine Größe von 5,2 x 1,8 mm² für das Zeilenarray und 3,5 x 3,7 mm² für das Matrixarray. Diese Abmessungen erlauben eine Integration von Array und ASIC in einem Standard TO-5 Gehäuse. Um den Anforderungen der Sicherheitstechnik und Automobilindustrie zu genügen, wurde bei dem Matrixarray ein Selbsttest integriert. Im Betriebsmodus „Selbsttest" liefert der ASIC einen Strom, der durch die Selbsttestwiderstände des Arrays fließt und die heißen Kontakte der Thermopile-Elemente aufheizt, so dass deren Signal getestet werden kann.

5.3.3 Integration: Ausleseelektronik, ASIC

Da die Thermopile-Elemente nur ein sehr kleines Gleichspannungssignal (kleiner 100 µV) generieren, ist es notwendig, den Abstand zwischen der ersten Signalverarbeitungseinheit und dem Array so gering wie möglich zu halten. Hierzu wurde ein ASIC in CMOS-Technologie entwickelt (Fraunhofer-Institut für Integrierte Schaltungen, IMS2, Dresden) [Sim97]. Es realisiert die Signalvorverstärkung von ca. 3000 und enthält einen Analog-Multiplexer, sowie die Spannungs- und Temperaturreferenz. Für den Sensorbetrieb sind nur 5 Anschlüsse notwendig: VDD (Betriebsspannung, 5 V), Masse (VSS), Ausgang (AOUT), SAMPLE, RESET. Das Blockschaltbild ist in Bild 5.3-8 dargestellt.

5.3 Thermopile-Arrays für Wärmebildsysteme

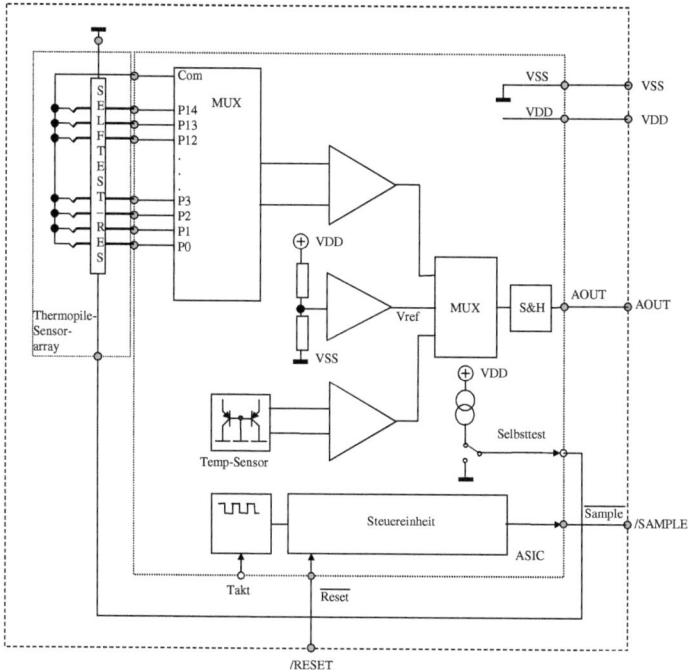

Bild 5.3-8 Blockschaltbild des Thermopile-Matrixarrays

5.3.4 Aufbau- und Verbindungstechnik

Die Zeilen- oder Matrixarrays lassen sich zusammen mit dem ASIC auf einer TO-5-Bodenplatte zu einer Hybridkombination anordnen. Das entsprechende Array wird zentrisch auf der TO-5-Bodenplatte und der ASIC unmittelbar daneben durch Chipkleben montiert. Aufgrund der zentrischen Anordnung des Arrays lassen sich vorgeschaltete Linsen einfach justieren. Ein Drahtbondprozess realisiert die Kontaktierung des Arrays mit dem ASIC und die des ASIC mit der TO-5-Bodenplatte. In Bild 5.3-9 sind die Aufbauten dargestellt.

Bild 5.3-9 1x8-Zeilenarray (links)
und 3x5-Matrixarray (rechts)
auf TO-5-Bodenplatte mit hybridintegriertem ASIC

Beide Hybridaufbauvarianten werden in einer trockenen Stickstoff-Atmosphäre durch eine Kappe mit integriertem IR-Fenster hermetisch abgeschlossen. Das Standardfenster besitzt eine hohe Transmission für den Wellenlängenbereich 6-14 µm, bei Bedarf stehen jedoch auch Filter mit anderen Transmissionskurven zur Verfügung.

Optisches System

Für Thermopile-Zeilen- und -Matrixarrays mit nur einigen Elementen sind zur Abbildung eines definierten Blickwinkelbereiches meist IR-Linsen mit kurzen Brennweiten ausreichend. Diese Linsen, die zum Beispiel aus den Materialien Germanium, Silizium oder Chalcogenid bestehen können, lassen sich mit speziellen Fassungen direkt auf der TO-Kappe fixieren oder in die TO-Kappe einbauen. Der Öffnungswinkel des Sensorsystems liegt bei Brennweiten zwischen 3 und 15 mm im Bereich von ungefähr 10-50°. Bild 5.3-10 zeigt als Beispiel den berechneten Blickwinkelbereich eines Zeilenarrays für eine Linse mit einer Brennweite von 8,06 mm. Die Objektweite beträgt 200 mm. Hieraus ergibt sich bei einer Objektgröße von 10 mm eine Bildgröße von 400 µm.

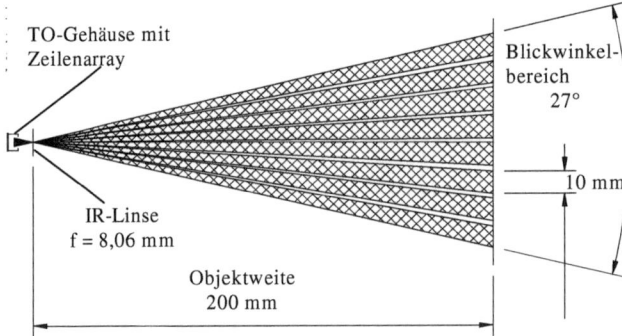

Bild 5.3-10 Berechneter Blickwinkelbereich eines Thermopile-Zeilenarrays für eine IR-Linse (Chalcogenid, Brennweite 8,06 mm, Transmission im Bereich 1-15 µm, Apertur 11,7 mm)

In Bild 5.3-11a ist der gemessene Blickwinkelbereich für ein Thermopile-Zeilenarray dargestellt. Die oberen Kreuzungspunkte zwischen den Signalwerten benachbarter Elemente ergeben sich aus der gewählten Bildgröße. Sie können aber auch zur Überprüfung der Abbildungsschärfe herangezogen werden. Der Signalabfall zu den Randelementen hin wird durch Linsenfehler verursacht. Durch zusätzliche Blenden kann zwar eine größere Homogenität zwischen den Zeilenelementen erreicht werden, dadurch sinkt jedoch die Empfindlichkeit und damit auch die kleinste nachweisbare Temperaturdifferenz. Liegt der Abbildungsfleck komplett und zentrisch innerhalb der Absorberfläche eines Elements, dann ergibt das Verhältnis zwischen dem Signalwert eines unbeleuchteten Elements und dem Signalwert des beleuchteten Elements ein Maß für das thermische Übersprechen zwischen diesen (untere Kreuzungspunkte der Signale). Es beträgt bei der durchgeführten Messung mit dem Zeilenarray ungefähr 23 %.

In Bild 5.3-11b wird die dreidimensionale Darstellung des gemessenen Ausgangssignals eines Thermopile-Arrays gezeigt. Ein Objekt mit einer Maximaltemperatur von ungefähr 34 °C bewegt sich durch das Blickfeld des Matrixarrays. Die in den zeitlich nacheinander aufgenommenen Teilbildern *A* bis *D* dargestellten Ausgangssignale dokumentieren die Objektbewegung

5.3 Thermopile-Arrays für Wärmebildsysteme

von links nach rechts. Durch PC-gestützte Auswertung der Signale können Position und Oberflächentemperatur bestimmt werden.

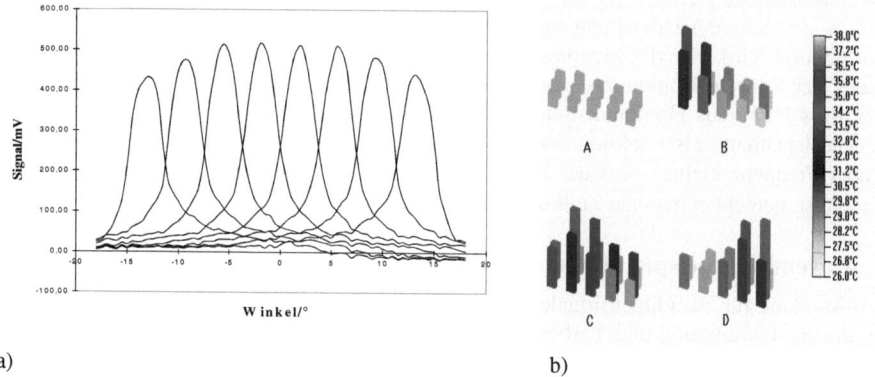

a)   b)

Bild 5.3-11 a) Blickwinkelmessung und
b) Signal des 3x5-Matrixarrays bei Bewegung eines 34 °C warmen Objektes durch den Blickwinkelbereich des Sensors; die „Säulenhöhen" entsprechen den Signalspannungen der einzelnen Thermopiles

5.3.5 Test

In Tabelle 5.3-2 sind die wichtigsten Kenngrößen für das 1x8-Zeilenarray bzw. 3x5-Matrixarray inklusive ASIC zusammengefasst.

Tabelle 5.3-2 Messwerte der Thermopile-Zeilen- und Matrixarrays inklusive ASIC

Parameter	Typische Werte		Einheit	Bedingungen
	1x8 Array	3x5 Array		
Empfindlichkeit S	40	23	V/W	1 Hz, 500 K, 6-14 µm Filter
Thermopile Widerstand R	40	25	kΩ	
Rauschspannung U_N	89	87	nV / √Hz	300 K, 1...100 Hz
NEP	2,2	3,8	nW / √Hz	1 Hz, 500 K, 6-14 µm Filter
Detektivität D^*	$0{,}2*10^8$	$0{,}1*10^8$	cm√Hz / W	1 Hz, 500 K, 6-14 µm Filter
NETD	0,5	0,9	K	f/1 Optik, Bildwiederholrate 200 Hz
	0,1	0,2	K	f/1 Optik, Bildwiederholrate 8 Hz [1)]
	0,038	0,065	K	f/1 Optik, Bildwiederholrate 1 Hz [1)]
Zeitkonstante τ	24	15	ms	
Betriebstemperaturbereich	-20...85	-20...85	°C	

[1)] reduzierte Bildwiederholrate durch externe Mittelung

Zur experimentellen Ermittlung der Sensorparameter wie z. B. Empfindlichkeit und Detektivität sind entsprechende Messplätze erforderlich. Diese beinhalten u.a. einen „schwarzen" Strahler, der Hohlraumstrahlung bei einer Temperatur von 500 K emittiert. Um Störeinflüsse durch Schwankungen der Umgebungstemperatur bei der Messung zu vermeiden, wird diese Strahlung durch einen Chopper mit einer Frequenz von 1 Hz „zerhackt". Dadurch entsteht im Sensor eine Wechselspannung entsprechender Frequenz, die von Gleichspannungen aufgrund störender Wärmestrahlung der Umgebung separiert werden kann und zur Berechnung der Empfindlichkeit genutzt wird. Für die Messung der Detektivität ist zusätzlich ein Messplatz zur Bestimmung der Rauschspannung U_N des Sensors erforderlich. Die Zeitkonstante wird ebenfalls mit der Anordnung aus Hohlraumstrahler und Chopper bestimmt, wobei man die Amplitude der Wechselspannung als Funktion der Chopperfrequenz auswertet. Die Amplitude wird mit steigender Frequenz kleiner. Aus der Frequenz f, bei der die Amplitude um den Faktor $1/\sqrt{2}$ abgefallen ist, berechnet man die Zeitkonstante gemäß $\tau = 1/(2\pi f)$.

5.3.6 Anwendungsbeispiel: Fahrzeuginnenraumüberwachung

Eine Anwendung für zweidimensionale Thermopile-Arrays ist die Fahrzeuginnenraumüberwachung, die zur Erweiterung und Verbesserung der Airbagauslösesensorik entwickelt wird. Die Aufgabe besteht darin, gefährliche Sitzpositionen, bei denen das Auslösen des Airbags sich für einen Insassen nachteilig auswirkt, zu erkennen und das Zünden des Airbags gegebenenfalls zu modifizieren (bei mehrstufigem Airbag) oder zu unterbinden. Der Beifahrer-Airbag sollte z. B. bei Kinder-Reboardsitzen sowie bei unbelegtem Sitz nicht ausgelöst werden. Bild 5.3-12 zeigt eine Videoaufnahme der Szene, die der Sensor im Fahrzeuginnenraum sieht, ferner ist das gewonnene Wärmebild dargestellt.

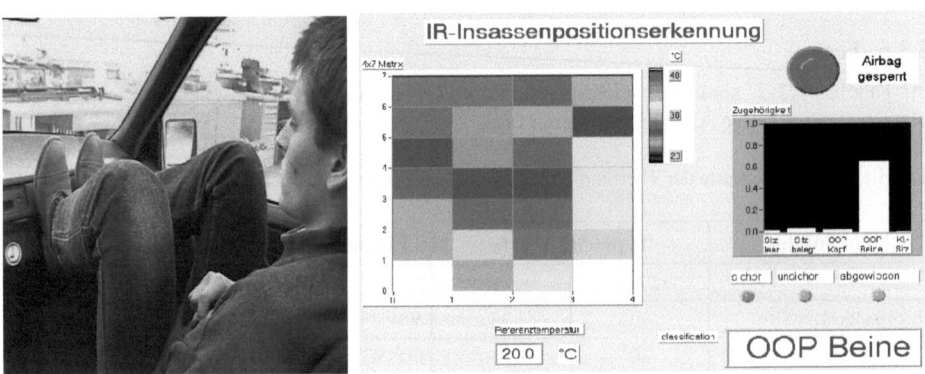

Bild 5.3-12 Video-Aufnahme einer „Out-of-position"-Situation (Beine auf dem Armaturenbrett), zugehöriges Wärmebildmuster, das mit einem Thermopile-Array aufgenommen wurde, und Ergebnis der Wärmebildauswertung (Airbag gesperrt wegen OOP der Beine) [Sim97b]

Die Auswertung des Wärmebildes signalisiert eine „**O**ut **o**f **p**osition"-Situation (Beine sind nicht in der vorgesehenen Position). Der Sensor ist in der Dachmitte eingebaut und schaut in schräger Richtung auf den Beifahrer. Dieser zentrale Einbauort hat den Vorzug, dass hier auch Sensoren zur Beobachtung der Insassen im Fondbereich installiert werden können.

Die Wärmebilder bedürfen einer „intelligenten" Auswertung, um die gewünschte Aussage zu erhalten. Dazu wird ein Klassifikator eingesetzt. Dieser muss jedoch zunächst trainiert werden. Das System sollte möglichst alle vorkommenden Situationen kennenlernen. Dieser umfangreiche Vorgang ist für jeden Fahrzeugtyp einmalig durchzuführen. Auf dem Bargraph in der Abbildung ist die Zugehörigkeit der konkreten Szene zu den eingegebenen Klassen dargestellt. Die Entscheidung über die Airbagfreigabe wird in dem Feld darüber signalisiert.

5.4 Literatur

[Amato93]   J.-P. Amato, Konzeption und Aufbau eines universellen polarimetrischen Meßplatzes, Diplomarbeit FH Wiesbaden, (1993)

[Azzam77]   R.M.A. Azzam, N.M. Bashara, Ellipsometry and Polarized Light, North-Holland Publ. Comp., Amsterdam, (1977)

[Barna94]   G.G. Barna, M.M. Mosiehi, Y.J. Lee, Sensor needs for IC manufacturing, Solid State Tech., (1994) 57-61

[Binnig82]   G. Binnig, H. Rohrer, C. Gerber, E. Weibel, Surface Studies by Scanning Tunneling Microscopy, Phys. Rev. Lett. 49 (1982) 57-61

[Binnig86]   G. Binnig, C.F. Quate, C. Gerber, Atomic Force Microscope, Phys. Rev. Lett. 56 (1986) 930-933

[Brugger92]   J. Brugger, R.A. Buser, N.F. de Rooij, Silicon cantilevers and tips for scanning force microscopy, Sensors and Actuators A 34 (1992) 193-200

[Buchmann71]   W.W. Buchmann, S.J. Holmes, F.J. Woodberry, Single-Wavelength Thin Film Polarizers, J. Opt. Soc. Am. 61 (1971) 1604-1606

[Grosse79]   P. Grosse, Freie Elektronen im Festkörper, Springer Berlin, (1979)

[Hecht87]   E. Hecht, Optics, Addison Wesley Publishing Company Inc., New York, (1987).

[Heinz]   B. Heinz, Programm LAYERS zur Simulation von Mehrschichtsystemen, RWTH Aachen

[Indermühle97]   P.-F. Indermühle, G. Schürmann, G.-A. Racine, N. F. de Rooij, Fabrication and characterization of cantilevers with integrated sharp tips and piezoelectric elements for actuation and detection for parallel AFM applications, Sensors and Actuators A 60 (1997) 186-190

[Jon47]   R. C. Jones, J. Opt. Soc. Am. 37 (1947) 879-890

[Macleod81]   H. A. Macleod, Monitoring of optical coatings, Appl. Opt. 20 (1981) 82-89

[Macleod86]   H. A. Macleod, Thin-Film Optical Filters, Adam Hilger Ltd., Bristol, UK, (1986)

[Minne98]   S. C. Minne, G. Yaralioglu, S.R. Manalis, J.D. Adams, J. Zesch, A. Atalar, C.F. Quate, Automated parallel high-speed atomic force microscopy, Applied Physics Letters 72 (1998) 2340-2342

[Nano97]   Herstellung und Vertrieb durch die Fa. NanoPhotonics, Mainz

[Put77]   E. H. Putley, in: Optical and Infrared Detectors, J. R. Keyes (ed.); Springer, Berlin, (1977) 71-100

[Reinhard94]   J. Reinhardt, Konstruktion des Miniaturellipsometers mit Justageeinrichtung, Diplomarbeit FH Jena, (1994)

[Ruf96]   A. Ruf, Neue Sensoren für die Rasterkraftmikroskopie, Dissertation, TH Darmstadt, (1996)

[Ruf97]   A. Ruf, M. Abraham, J. Diebel, W.Ehrfeld, M. Lacher, K. Mayr, J. Reinhard, P. Güthner, Integrated Fabry-Perot distance control for atomic force microscopy, J. Vac. Sci. Technol. B 15 (1997) 579-589

[Sarid91]   D. Sarid, Scanning Force Microscopy, Oxford University Press, New York, (1991)

[Schie93]   J. Schieferdecker, R. Quad, E. Holzenkämpfer, F. Plotz, Proc. „Sensor 93", Nürnberg, (1993) 171-178

[Schie95a]   J. Schieferdecker, R. Quad, E. Holzenkämpfer, M. Schulze, Sensors and Actuators A 46-47 (1995) 422-427

[Schie95b]   J. Schieferdecker, M. Schulze R. Quad, A. Beudt, Proc. „Sensor 95", Nürnberg, (1995) 613-618

[Sim97a]   M. Simon, J. Schieferdecker, M. Schulze, R. Gottfried-Gottfried, M. Müller, R.Jähne, Proc. „Sensor 97", Nürnberg, (1997) 83-88

[Sim97b]   M. Simon, J. Schieferdecker, M. Schulze, K. Storck, M. Rothley, E. Zabler, Dresdner Beiträge zur Sensorik, Bd. 4, IRS^2 97, Infrarot-Sensoren u. Systeme, Dresden University Press, (1997) 65

[Stenkamp95]   B. Stenkamp, Das Kegelpolarimeter - Ein neues Verfahren zur Messung der Polarisation von Licht, Dissertation, Aachener Beiträge zur Physik kondensierter Materie, Band 16, Verlag Augustinus Buchhandlung, (1995)

[Stenkamp91]   B. Stenkamp, Optische Eigenschaften von dünnen Übergangsmetallschichten, Messungen vom fernen IR bis zum nahen UV, Diplomarbeit RWTH Aachen, (1991)

[Völ93]   F. Völklein, H. Baltes, Sensors and Actuators A36 (1993) 65-71

[Wolter91]   O. Wolter, T. Bayer, J. Greschner, Micromachined silicon sensors for scanning force microscopy, J. Vac. Sci. Technol. B 9 (2) (1991) 1353-1357

Sachwortverzeichnis

A

Abformung 113
Absolutdruckmessung 225
Absorption 191
Abwasserneutralisation 11
AC/DC-Thermokonverter 217, 323
AFM-Messkopf 453
Aktoren 237
Al_2O_3 339
Aluminiumoxidkeramik 332
Analogiebeziehungen 381, 383
Analysator 461
Analysesysteme, chemische 299
Analytik 11
Anglasen 360
Anisotropes Ätzen 101
Anisotropes Kleben 359
Anisotropes Nassätzen 130, 144, 282
Anisotropes Plasmaätzen 134
Anodisches Bonden 360
ANSYS 408, 410, 411
antireflektierende Schichten (ARCs) 95
Antriebe, piezoelektrische 255
Anwendungsfelder der MST 5
Arrhenius-Plot 144
ASET (Advanced Silicon Etching) 107, 135, 165
ASICs 92, 476
Aspektverhältnis 3
asphärische Linsen 170
Atomic Force Microscopy (AFM) 159
Ätzdose 153, 475
Ätzen 66, 100
   – anisotropes 101, 130f.
   – isotropes 101, 102f.
Ätzgase 108
Ätzgruben 144
Ätzlösung 105, 146
Ätzrate 144
Ätzstop 133
Aufbau- und Verbindungstechnik 319, 331, 344, 477
Aufdampfanlage 42
Auflösung 79
Aufschleudern (Resist) 68
Au-Galvanik 114
Ausbeute 8
Ausdehnung, thermische 262f.
Ausdehnungskoeffizient, thermischer 355
Ausfallmechanismen 430f.
Ausfallrate 417, 423
Ausfallwahrscheinlichkeit 418
Ausfallzeit 435
Ausheilen 55
Ausstrahlung, spezifische 207
Automatische Modellgenerierung 399
AVT 344f.

B

Badewannenkurve 418
Ball-Grid-Arrays (BGA) 370
Ball-Wedge-Verfahren 365
Bandlücke (Halbleiter) 18, 19
Bank, mikrooptische 457
Barrel-Reaktoren 104
Bauformen 340
Beamlead-Kontaktierung 371
Belichtung 71
Belichtungsapparaturen 78
Belichtungsverfahren 78
Beschichtung 11
Beschichtungsmethoden 40
Beschleunigungsfaktor 421
Beschleunigungssensoren 218, 227, 395
Beschreibungsmittel 388f.
Beschreibungssprachen 387
Betriebsdauer 417, 419
Beugungseffizienz 178, 180
Beweglichkeiten 19
Biegebalken 157
Bilayer-Prozess 97
Bi-Level-Prozess 101
Bimetalleffekt 31, 263
Bimorph 31, 263, 271
Bimorphelemente 254
BioLab-on-a-Chip 311
BioMEMS 6, 305
   – Materialien für 306
Biosensoren 307
   – Zell-basierte 309
Bipolare Prozesstechnologie 327
Bipolar-Transistoren 206
Black Silicon 175
Black-Box-Modelle 399
Black-Gleichung 435
Blazewinkel 178
Blech-Länge 434
Blenden, 175
Blickwinkel 478

Bolometer 207
Bonden von Glas 360f.
Bonden von Silizium 360f.
Bonden, anodisches 360
Bondpads 364, 365, 369
Bondverfahren 372
Bordotierung 133f., 147
Borkonzentration 133, 145
Bornitrid 56
BOROFLOAT®-Glas 24
Borosilikatglas (BSG) 24, 56
Bottom Resist 97
Brauchbarkeitsdauer 419
Brechen 354
Brechungsgesetz 169
Brewster-Gesetz 169
Bridgman-Verfahren 19
Bulk-Materialien 13
Bumps 368

C

CAIBE 107
Cantilever 157, 321
CAR 87
CARL-Prozess 98
CCD-Arrays 194
Cdf (cumulative distribution function) 439
CEM 172
Channeling-Effekt 55
Charakterisierungsmethoden 59f.
Charge Coupled Devices (CCD) 193
CHEMFET 233
Chemical Amplified Resists (CAR) 87
Chemical Vapour Deposition 40
Chemische Analysesysteme 299
Chemosynthese 48
Chip and Wire-Technik 332, 342
Chip Carrier (CC)-Gehäuse 341
Chipbearbeitung 354
Chipbonden 357
Chip-Level-Packaging 347f.
Chipmontage 355
Chromatographie, hydrodynamische 292
CMOS-Prozesstechnologie 6, 320f.
Contactless Embossing of Microlenses 172
CVD 40
CVD-Prozesse 46
    – plasmainduzierte 47
    – laserinduzierte 47
    – thermische 46
Czochralski-Verfahren 20

D

Datensammelblatt 450
Defektdichte 8
Demchishin 46
Deposition 40
Depth-of-Focus 73, 79
Design-Regeln 150
DESIRE-Prozess 99
Detektivität 211, 469
Diamagnetismus 35
Diamant 13, 22
Dichte 62
Dickschicht-Bauelemente 334
Dickschichttechnik 331f.
Die Bonding 355
Dielektrische Pasten 336
Differenzgrößen 382
Diffraktive Optiken 180
Diffusion 55f., 67, 133, 432
Digital Mirror Device (DMD) 174
DIL-Gehäuse 341, 356
DIP-Gehäuse 356
Direct Bonding 286
Diskrete Halbleiter 341
DI-Wasserversorgung 11
DMD 174
DNA-Analyse 6
DNA-Chips 307
DNQ/Novolak-Resist 71, 88
DOF 73, 79
Dotierstoff-Diffusion 56
Dotiertechnologie 56
    – Dotierstoff-Diffusion 56
    – Ionenimplantation 54
Dotierung 56, 133
Drahtbonden 364
Dreidimensionale
    Mikrostrukturierungsmethoden 113
Drucksensor 160
Drucksensoren 218
    – kapazitive 226
    – piezoresistive 218
Dunkelerosion 72
Dünne Schichten 27
Dünnfilmkondensator 338
Dünnfilmwiderstände 337
Dünnschichttechnik 331f.
Dünnschichttechnologie 40
Dünnschichtwellenleiter 184, 186
Durchflusssensoren 298
Düsen 291
DUV-Projektionssysteme 84
DUV-Resists 90

E

EDP 130, 144, 145
Effekt
– Hall- 34
– elektrooptische 36
– Josephon- 35
– Kerr- 36
– magnetostriktiver 31
– Paschen- 238
– Peltier- 32
– piezoelektrischer 30
– piezoresistiver 30, 218
– Pockels- 36
– pyroelektrischer 32, 203
– Seebeck- 32,
– thermisch-mechanischer 262
– thermoelektrischer 32, 203
Effektivität, thermoelektrische 211, 470
EHD-Pumpe 295
Eigenfrequenz 229
Eigenschaften, thermoelektrische 211
Elastizitätsmodul 21, 222, 229
Elektrische Kontaktierung 364
Elektrische Leitfähigkeit 59
Elektrischer Widerstand 30, 31, 32, 58
Elektrisch-Mechanische Wirkprinzipien 249
Elektrokinetische Wirkprinzipien 246
Elektrolumineszenz 35
Elektromigration 431, 432f.
Elektronenstrahl-Lithographie 78, 91
Elektronenstrahl-Resists 90
Elektronenstrahlschreiber 91
Elektronenstrahlverdampfer 42
Elektroosmose 246, 281
Elektroosmotischer Fluss (EOF) 247, 248, 286, 300
Elektrophorese 246, 281
Elektrorheologische Fluide 249
Elektrostatische Wirkprinzipien 238
Ellipsometrie 60, 459
Emission
– spontane 191
– stimulierte 191
Empfindlichkeit 228, 469, 472
Entwickler 75
Entwicklung 74
Entwicklungsrate 71
Entwurf 467
Entwurfswerkzeuge 4
Epitaxie 43, 47
Epoxidharzen 359
ERF 249
Excimerlaser 124
Extrusionen 442

F

Fabry-Perot-Sensor 453f.
Fahrzeuginnenraumüberwachung 480
Faser-Chip-Kopplung 182
Feldeffekt-Transistor (FET) 57, 233, 310
Feldemission 160, 272
Feldemitter-Array 273
Feldunterstützter Ionenaustausch 170
FEM-Simulation 380, 400f.
FEM-Simulationstools 475
Fertigungsprozesse 143, 168, 203, 280
– mikromechanische 143
– mikrooptische 168
FIB-Verfahren 431, 438
Filmwellenleiter 186
Filter 287
Flächenwiderstand 59
Flachgehäuse (Flat Package) 356
Flachspule 268, 339
Flip-Chip-Technik 369
Flow-Sensor 151, 214, 298, 324
Fluide,
– elektrorheologische 249
– magnetorheologische 249
Fluidkanäle 291
Fluidschalter 297
Fluidverstärker 297
Fluss
– elektroosmotischer 247
– hydrodynamischer 247
Flussgrößen 382
Focused Ion Beam-Verfahren (FIB) 431
Fokustiefe (depth-of-focus, DOF) 73, 79
Footing-Effekt 165
Formeinsatz 115
Formgedächtniseffekt 31, 256, 265f.
FOTURAN-Glas 24, 137
Freistrahlstrukturen 170
Fresnel-Linsen 171
Fresnelsche Zonenplatten 179
Frühausfälle 419
Funktionselemente 143, 317f., 347
Fusion Bonding 286

G

Galliumarsenid 18
Galvanik 113
Galvanoformung 113
GASFET 234
Gassensoren 230
Gasversorgung 11
Gaußscher Strahl 92, 93
Geformter Strahl 92
Generatoren, thermoelektrische 259

Gitter, optische 176
Gitterschnitttest 64
Gläser 23
Glasfaser 182, 184, 457
Glasfritte 334
Glaskegel 462
Gradientenindex(GRIN)-Linse 170
Graubereich 10
Greifen 355
Grid Arrays 342
GRIN-Linsen 170
Grundstrukturen
– mikrofluidische 280
– mikromechanische 143
– mikrooptische 168

H

HADAMARD-Spektrometer 174
Haftung 63
Halbleiter, diskrete 341
Halbleiterlaser 199
Halbleitermaterialien 19
Halbleiterschaltungen, integrierte 341
Hardbake 76
HARM 3, 166
Härte 64
HDI 372
HDK-Pasten 336
Heteroepitaxie 43
Hg-Hochdrucklampe 81
Histogramm 450
HMDS 68
HOMO 197
Horizontal Gradient Freeze-Verfahren 19
Hotplate 70
Hybride Integration 331
Hybrid-Mikroelektronik 331
Hydrodynamische Chromatographie 292
Hydrodynamischer Fluss 247
Hydrogele 28
Hysteresekurve 34

I

IBE, Ion Beam Etching 107
ICP-Ätzanlage 106
Image reversal-Prozesse 96
Image Reversal-Resists 96
Inchworm-Prinzip 257
Induktion, magnetische 33
Inspektion 75
Integration 317
– hybride 331
– monolithische 320
Integrierte Halbleiterschaltungen 341

Integrierte Optik 184
Ion Beam Etching (IBE) 106, 107
Ionenaustausch, feldunterstützter 170
Ionenimplantation 54, 67
Ionenstrahlätzer 107
Ionenstrahl-Resist 90
ISFET 233, 310
ISO 9000 Norm 445
Isotropes Ätzen 101
ITO 196

J

Joulesche Wärme 31, 33
Justierung 81, 91

K

Kamm-Aktor 238, 244
Kammstruktur 163
Kantenbedeckung 50
Kapazitive Drucksensoren 226
Keimbildung 43
Kennzeichnung (Si-Wafer) 15
Keramiken 23
Kerr-Effekt 36
K-Faktor 30, 222
Klebebandtest 64
Kleben 359
– anisotropes 359
Koaleszenz 43
KOH-Lösung 130, 144f.
Kompensation konvexer Ecken 131, 163
Komponenten 143, 317f.
Kondensation 43
Kondensatoren 338
Konformität 50
Kontaktbelichtung 78
Kontaktierung, elektrische 364
Kontrast-Kurve 71
Konvektion 471
Konvexe Ecke 157, 162, 163
Korrelationsdiagramm 450
Kristalle, photonische 17
Kristallebenen 14, 15, 130
Kristallzucht 19
Krümmungsradius 63
Kugellinse 183, 457
Kühler, thermoelektrischer 261

L

Lab-on-a-Chip 6
LACVD-Prozess 47

Laserablation 123
Laserdioden 199
Laser-LIGA 127
Laserstrahlung 123f.
Lasertrennen 354
Laserverfahren, materialauftragende 128
Lebensdauer 417
LECVD 128
LEDs 195
Legieren 357
Leiterbahn 436
Leiterbahn-Pasten 336
Leitfähigkeit, elektrische 59
Leitungsband 191
Lenkung fehlerhafter Produkte 449
Li-Al-Silikatglas 24
Lichtmodulatoren 241
Lichtquellen 195
Lichtwellenleiter 68, 171
Lift-off-Prozess 50, 60, 68, 108
LIGA-Technik 3, 113f., 163, 173
Linienbreite 78
Linsen
 – asphärische 170
 – spärische 170
Linsenarrays 172
 Lithographie 66f, 113
  – Anwendungen 66
  – beidseitige 82
  – Prinzip 66
Löten 359
LPCVD-Prozess 47
LSS-Theorie 54
Lumineszenzdioden 195
LUMO 197

M

Magnetische Induktion 33
Magnetische Wirkprinzipien 268
Magnetorheologische Fluide 249
Magnetostriktion 270
Magnetostriktiver Bimorph 271
Magnetostriktiver Effekt 31
Magnetowiderstand 34
Magnetron 44
Magnetron-Sputtern 45
Maskaligner 80
Maskenentwurf 91
Maskenherstellung 90
Masse-Feder-System 394
MATAS 301
Materialien 13
 – piezoelektrische 254
Matrixarray 475
MBE 199

MEA 310
Mechanisch elektrische Wandlung 30
Mechanische Spannungen 153
Medizintechnik 293
Mehrfachlithographie 116
Mehrlagen-Resisttechnik 97
Mehrpole 386, 388
MELF-Bauform 340, 341
Membran 153, 323
Memory Alloys 265
MEMS 2
Mesa-Strukturen 162
Metalloxid-Gassensoren 230
Metallschicht-Widerstandssensoren 204
Metallsilizide 53
Micro Ion Track Etching (MITE) 58
Micro Total Analysis Systems (μTAS) 6
Micromachining 3
Mikroaktoren 203
Mikroblenden 243
Mikroelektroden-Arrays (MEA) 310
Mikroelektronik 1, 319
Mikrofluidische Grundstrukturen 280
Mikrofunkenerosion 138
Mikrogalvanik 67, 115
Mikrolinsenarray 173
Mikromischer 289
Mikromontage 11
Mikrooptische Bank 457
Mikropumpen 243, 294
 – piezoelektrische 258
Mikroreaktoren 303
Mikroresonatoren 239
Mikroschalter 240
Mikrosensoren 203
 – thermische 203
 – thermoelektrische 471
Mikrosiebe 118
Mikroskopbalken 455
Mikrospiegel 174
Mikrostrukturierungsmethoden,
 dreidimensionale 113
Mikrosystem 4, 317
Mikrosystemtechnik 1, 5
Mikrothermoelement 161
Mikrotrennsystem 288
Mikrotriode 274
Mikroventile 243, 294
Mikroverbindungstechnik 129
Military Handbook 424f.
Miniaturellipsometer 459
Miniaturspektrometer 178
MOCVD 199
Modelica 392f.
Modellgenerierung, automatische 399
Modellierungsansätze 382f.

Modellierungsebenen 381
Monolithische Integration 320
Moore´s Gesetz 1
Morphologie 60
MOS-Struktur 193
MOS-Transistor 57
Movchan 46
MRF 249
MTDATA 199
Multi-Chip-Packaging 372
Multi-Chip-Stapel 373

N

Nadelarray 293
Nailhead-Bondstelle 365
Nanopumpe 297
Nanotechnologie 6
Nassätzen 102
  – anisotropes 282
Nassätzprozess 100
Nasschemie 11
Nd:YAG-Laser 124
NDK-Pasten 336
Negativresist 66, 86
NEP 211, 469
Netzwerke 383
NEXUS 7
NiCr 337
Noise Equivalent Temperature Difference, (NETD) 469
Nordheim-Fowler-Gleichung 272
Novolak-Harz 88
NP0-Pasten 336
Numerische Apertur 185

O

Oberflächenanalytik 431
Oberflächenmikromechanik 3, 155, 284
Oberflächenprofilometrie 431
Oberflächenvergütung 58
OLED 195
Opferschicht 155
Opferschichtmaterialien 122
Opferschichttechnologie 121, 163, 297, 328
Optisch elektrische Wandlung 35
Out of Position-Situation 480
Oxidation, thermische 50, 67

P

Packaging 344
Parallelbimorph 254
Parallelplattenreaktoren 104

Pareto (ABC)-Analyse 450
Pasten
  – HDK - 336
  – NDK- 336
  – dielektrische 336
  – NP0- 336
  – TKC- 336
  – Widerstands- 336
Pattern-Generator 94
PCR-Reaktorsäule 305, 311
PECVD-Prozess 47
Pellistoren 231
Permeation 287
Phasendiagramme 358
  – Al-Si 358
  – Au-Si 358
Phasenmasken 80
Phasenreliefhologramme 181
Phosphorsilikatglas 56
Photodetektor, segmentierte 464
Photodiode 192
Photodioden-Array 194
Photoeffekt 35
Photolithographie 11, 66
Photonenenergie 124
Photonische Kristalle 17
Photopolymerisation 48
Photoresist 29
Photostrukturierbares Glas 13, 24, 67, 136f.
Photowiderstände 192
Physical Vapour Deposition 40
Piezoaktoren 255
Piezoelektrische Antriebe 255
Piezoelektrische Materialien 254
Piezoelektrische Mikropumpen 258
Piezoelektrischer Effekt 30
Piezoelektrischer Koeffizient 250
Piezoelektrizität 249
Piezoresistive Drucksensoren 218
Piezoresistiver Effekt 30, 218
PIN-Diode 193
Pirani-Prinzip 212
Plasmaätzen, anisotropes 134
Plasma Enhanced CVD 47
Plasmabehandlung 11
Plasma-induzierte CVD 47
Plasmapolymerisation 48
PMMA 3, 29, 113
Pn-Übergang 133
Pockels-Effekt 36
POCl$_3$ 56
Polarisator 461
Polyacrylamid 29
Polyimid 29
Polymerase-Kettenreaktion 311

Polymere 13, 25, 254
 – in Form dünner Schichten 28
Polysilizium 155, 156
Polysiloxan 29
Poröses Silizium 216, 283
Positionierungsstrukturen 184
Positivresist 66, 88
Post Exposure Bake (PEB) 74
Postprozessor 91
Powder Blasting 286
Primary Flat 15
Prismen 176
Projektionsbelichtung 78
PROLITH 77
Proximity-Belichtung 78
Prüfmittelüberwachung 449
Prüfung 449
PSA-Ellipsometrie 459
PSG (Phosphorsilikatglas) 56
Pt-100-Temperatursensor 204
PVC 29
PVD-Verfahren 40
PVDF 30, 33, 254
PVD-Verfahren 40
PYREx-Glas 24
Pyroelektrischer Effekt 32, 203
Pyrolyse 48
PZT 30, 254

Q

QM-Elemente 447
QM-Handbuch 447f.
QM-System 446
Qualität 417
Qualitätskreis 445
Qualitätsmanagement (QM) 444
Qualitätsregelkarte 450
Qualitätssicherung 417, 444f.
Quantum-Well-Strukturen 195, 199
Quarz 13, 20
Quellenformen für das Aufdampfen 42
Querfasern 183

R

RAC-Datenbasis 426
Rasterscan-Verfahren 92
Rastersondenmikroskopie (RTM) 159, 453
Rastertunnelmikroskopie 453
Rauigkeit 61
Rauschindex 336
RDF-Datenbasis 426
Reactive Ion Etching (RIE) 106, 283
Reflow-Ofen 369
Rehydrierung 70

Reichweite 54
Reichweitestreuung 54
Reinheitsklasse 9
Reinraumtechnologie 8
Relativdruckmessung 225
Reparaturrate 420
Resist 85
 – Entfernung 76
 – Image Reversal 96
 – mit Farbstoffen (dyed resist) 95
Resist-Kontrast 72
Resists mit Farbstoffen 95
Resistschicht 66
Resistschleudern 69
Resisttechnologien 95
Resonante Gassensoren 232
Resonatoren 157, 245
Reticle 91, 94
Richtkoppler 189
RIE 164
Ritzen 354
Röhrchen-Aktor 254
Röntgenbeugung 61
Röntgenlithographie 84
Röntgenstrahl-Resist 90
Röntgentiefenlithographie 113, 173
Rückverfolgbarkeit 449
Rundgehäuse (TO-Serie) 356, 357

S

Sacrificial Layer LIGA 117
SAE-Datenbasis 428
Sättigungsdampfdruck 41
Scanning Near Field Optical Microscopy,
    SNOM 159
Scanning Tunneling Microscopy (STM) 159
Schattenprojektion 78
Schichtdicke 60
Schichten, antireflektierende 95
Schichtstress 62
Schrägbelichtung 116
Schutzglasuren 337
Schwingquarz-Messsystem 41
SCREAM-Verfahren 164
Secondary Flat 15
Seebeck-Effekt 32, 209
Seebeck-Koeffizient 32, 209
Segmentierte Photodetektor 464
Selbstjustierung 58
Selektivität 102, 147
Sensor 203f.
Separation by Implantation of Oxygen 58
Serienbimorph 254
Siebdruckverfahren 334
Siemens EXAR-Datenbasis 429

Siemensstern 130
Silan 48
Silanisierung 99
Silicon Direct Bonding (SDB) 268, 362
Silicon Fusion Bonding (SFB) 268, 362
Silicon on Insulator (SOI))-Substrate 332
Silizium 13, 14
– poröses 15, 216, 283
– schwarzes 136
Silizium-Mikromechanik 3
Silizium-Wafer
– (100)- 148
– (110)- 152
SIMOX 58
SIMOX-Prozess 134
SIMOX-Technologie 133
Simulation 380, 467
Simulationsebenen 381
Simulatorkopplung 381, 408f.
SiO_2 339
SLIGA (Sacrificial Layer LIGA) 117
Smart Traveler System, STS 12
SMD-Bauelemente 340
SMD-Technik 332
SMIF-Konzept 12
SNOM 159, 161, 190, 453
SO-8-Gehäuse 341
Softbake 69
SOI-Wafern 133, 332
SOT 23-Gehäuse 341
Spätausfälle 419
Spezifische Ausstrahlung 207
Sphärische Linsen 170
Spin Coating 68
Spitzen 159
Spitzenarray 159
Spontane Emission 191
Spreading-Resistance 205
Sprungtemperatur von Supraleitern 58
Sputterätzraten 107
Sputtern 44
SQUID 35
Statistical Process Control (SPC) 451
Step-and-repeat -Belichtung 83, 94
Stereolithographie 129
Stiction 330f.
Stimulierte Emission 191
Stitch-Bondstellen 366
Strahl, geformter 92
Strahlteiler 179
Stratifikation 450
Streifenabzugstest 64
Streifenwellenleiter 187
Stripping 76

Strukturmodelle 387f.
– nach J. A. Thornton 46
– nach Movchan-Demchishin 46
SU8-Resist 117f.
Substrate 13, 332, 356
Substratherstellung 331
Substratmaterialien 355
Superconducting Quantum Interference Device 35
Supraleiter 35
Swing-Kurve 72
Swing-Ratio 72
Synchrotronstrahlung 113
Systemintegration 317f.
Systemsimulation 380
Systemsimulator 382
Systemtechniken 319

T

Ta_2N (Tantalnitrid) 337
Ta_2O_5 339
Tape-Automated-Bonding (TAB) 368f.
Temperatursensoren 203
Temperung 55
Testmethoden 420
Teststrukturen 75, 235
Thermisch elektrische Wandlung 31
Thermische Ausdehnung 262
Thermische CVD 46
Thermische Mikrosensoren 203
Thermische Oxidation 50, 67
Thermische Wirkprinzipien 259
Thermischer Ausdehnungskoeffizient 355
Thermisches Modell 470
Thermisch-Mechanische Effekte 262
Thermoelektrische Effektivität 470
Thermoelektrische Eigenschaften 211
Thermoelektrische Generatoren 259
Thermoelektrische Mikrosensoren 471
Thermoelektrische Sensoren 209, 467f.
Thermoelektrischen Effektivität 211
Thermoelektrischer Effekt 32, 203
Thermoelektrischer Kühler 261
Thermoelement 210
Thermokompressionsbonden 364
Thermopile 209, 323
Thermopile-Array 467f.
Thermosäule 209
Thermosonic-Drahtbonden 367
Tiefenschärfe 73, 79
Tintenstrahldrucker 265, 291
TiO_2 339
TMAH 146
TO-Gehäuseserie 356
Top Resist 97

Top Surface Imaging 99
Torsionsspiegel 242
Total Quality Management, TQM 444
Trennmembranen 287
Trennsägen 354
Tri-Level-Prozess 101
Trockenätzen 100, 104f.
TSI-Prozesse 99

U

Übergitter 195
Ultrakurzpuls-Laser 125
Ultraschallbonden 366
Unterätzrate 158
Unterätzung 101, 131, 157
Unterätzung konvexer Ecken 157
Ursache-Wirkung-Diagramm 450
UV-LIGA 117

V

Vakuumgreifer 355
Vakuum-Mikroelektronik 272
Vakuum-Mikrosensor 212
Vakuumsensor 156, 329
Valenzband 191
Variable Shaped Beam 92, 93
Vektorscan-Verfahren 92
Verbindungshalbleiter 13, 18
Verdampfungsquellen 42
Verdampfungsrate 41
Vereinzeln 354
Verfügbarkeit 417, 420
Verhaltensbeschreibung 388
Verhaltensmodelle 387f.
Verschleißausfälle 419
Vertical Gradient Freeze-Verfahren 20
VHDL-AMS 389
Via 436
Vielschichtkondensator 340

W

Wachstumsrate 41

Wafer 14, 15
Waferprober 449
Waferscan-Ganzscheiben-Belichtung 83
Wafer-Wafer-Bonden 363
Wandlung
 – magnetisch-elektrische 33
 – mechanisch-elektrische 30
 –optisch-elektrische 35
 –thermisch-elektrische 31
Wandlungseffekte 29
Wärmebilanz 467
Wärmebildsysteme 467f.
Wärmeleitfähigkeit 235
Wärmetauscher 289
Wärmewiderstand 468
Wedge-Wedge-Bonden 366
Weißlichtinterferometrie 61
Wellenleiter 67, 186f.
Wheatstone-Brückenschaltung 208, 224
Widerstand, elektrischer 30, 31, 32, 58
Widerstandsabgleich 337
Widerstands-Pasten 336
Wirkprinzipien,
 – elektrisch-mechanische 249f.
 – elektrokinetische 246f.
 – elektrostatische 238f.
 – magnetische 268f.
 – thermische 259f.
Wolff-Umlagerung 88

Y

Yield 8
Y-Verzweiger 188

Z

ZBL-Theorie 54
Zeilenarray 475
Zellhandling 311
Zellmembran 310
Zunge 157
Zuverlässigkeit 417f.
Zwischenmaske 114
Zylinderlinse 173, 183

Titel zur Elektronik

Bernstein, Herbert
Elektrotechnik/Elektronik für Maschinenbauer
Grundlagen und Anwendungen
2004. X, 357 S. mit 297 Abb. u. 48 Tab., zahlr. Beisp. (Viewegs Fachbücher der Technik) Br. mit CD-ROM. € 28,90
ISBN 3-528-03969-8

Böhmer, Erwin
Elemente der angewandten Elektronik
Kompendium für Ausbildung und Beruf
14., korr. Aufl. 2004. X, 470 S. mit 600 Abb.und umfangr. Bauteilekatalog. Br. € 31,90
ISBN 3-528-01090-8

Böhmer, Erwin
Elemente der Elektronik - Repetitorium und Prüfungstrainer
Ein Arbeitsbuch mit Schaltungs- und Berechnungsbeispielen
6., völlig neu bearb. u. erw. Aufl. 2005. VI, 157 S. 136 Aufg. u. ausführl. Lös. sowie 7 Übersichten u. 3 Tafeln. Br. € 16,90
ISBN 3-528-54189-X

Palotas, László
Elektronik für Ingenieure
Analoge und digitale integrierte Schaltungen
2003. XIV, 544 S. mit 420 Abb., 60 Tab. u. CD-ROM. Geb. € 49,90
ISBN 3-528-03915-9

Specovius, Joachim
Grundkurs Leistungselektronik
Bauelemente, Schaltungen und Systeme
2003. XIV, 279 S. mit 398 Abb. u. 26 Tab. Br. € 24,90
ISBN 3-528-03963-9

Zastrow, Dieter
Elektronik
Ein Grundlagenlehrbuch für Analogtechnik, Digitaltechnik und Leistungselektronik
6., verb. Aufl. 2002. XVI, 339 S. mit 417 Abb., 93 Lehrbeisp. und 120 Üb. mit ausführl. Lös. Br. € 29,90
ISBN 3-528-54210-1

Abraham-Lincoln-Straße 46
65189 Wiesbaden
Fax 0611.7878-420
www.vieweg.de

Stand Juli 2005.
Änderungen vorbehalten.
Erhältlich im Buchhandel oder im Verlag.

Grundlagenwerke der Elektrotechnik

Martin Vömel, Dieter Zastrow
Aufgabensammlung Elektrotechnik 1
Gleichstrom und elektrisches Feld. Mit strukturiertem Kernwissen, Lösungsstrategien und -methoden
3., verb. Aufl. 2005. X, 247 S. (Viewegs Fachbücher der Technik) Br. € 18,90
ISBN 3-528-24932-3

Weißgerber, Wilfried
Elektrotechnik für Ingenieure 1
Gleichstromtechnik und Elektromagnetisches Feld. Ein Lehr- und Arbeitsbuch für das Grundstudium
6., verb. Aufl. 2005. XII, 442 S. mit 469 Abb., zahlr. Beisp. u. 121 Übungsaufg. mit Lös. Br. € 32,90
ISBN 3-528-54616-6

Martin Vömel, Dieter Zastrow
Aufgabensammlung Elektrotechnik 2
Magnetisches Feld und Wechselstrom. Mit strukturiertem Kernwissen, Lösungsstrategien und -methoden
2. überarb. Aufl. 2003. VIII, 257 S. mit 764 Abb. (Viewegs Fachbücher der Technik) Br. € 19,80
ISBN 3-528-13822-X

Weißgerber, Wilfried
Elektrotechnik für Ingenieure 2
Wechselstromtechnik, Ortskurven, Transformator, Mehrphasensysteme. Ein Lehr- und Arbeitsbuch für das Grundstudium
5., verb. Aufl. 2005. XII, 372 S. mit 420 Abb., zahlr. Beisp. u. 68 Übungsaufg. mit Lös. Br. € 32,90
ISBN 3-528-44617-X

Weißgerber, Wilfried
Elektrotechnik für Ingenieure - Klausurenrechnen
Aufgaben mit ausführlichen Lösungen
2. korr. Aufl. 2003. XX, 200 S. mit zahlr. Abb. (Viewegs Fachbücher der Technik) Br. € 23,90
ISBN 3-528-13953-6

Weißgerber, Wilfried
Elektrotechnik für Ingenieure 3
Ausgleichsvorgänge, Fourieranalyse, Vierpoltheorie. Ein Lehr- und Arbeitsbuch für das Grundstudium
5., verb. Aufl. 2005. XII, 320 S. mit 261 Abb., zahlr. Beisp. u. 40 Übungsaufg. mit Lös. Br. € 32,90
ISBN 3-528-44918-7

Abraham-Lincoln-Straße 46
65189 Wiesbaden
Fax 0611.7878-400
www.vieweg.de

Stand Juli 2005.
Änderungen vorbehalten.
Erhältlich im Buchhandel oder im Verlag.

Weitere Titel zur Informationstechnik

■ Conrads, Dieter
Telekommunikation
Grundlagen, Verfahren, Netze
5., korr. Aufl. 2004. X, 410 S. mit
178 Abb. Br. € 29,90
ISBN 3-528-44589-0

■ Fricke, Klaus
Digitaltechnik
Lehr- und Übungsbuch für
Elektrotechniker und Informatiker
4., akt. Aufl. 2005. XII, 313 S. mit
205 Abb. u. 100 Tab. Br. € 26,90
ISBN 3-528-33861-X

■ Malz, Helmut
Rechnerarchitektur
Eine Einführung für
Ingenieure und Informatiker
2., überarb. Aufl. 2004. X, 228 S.
mit 148 Abb. u. 33 Tab. (uni-script).
Br. € 19,90
ISBN 3-528-13379-1

■ Nocker, Rudolf
**Digitale
Kommunikationssysteme 1**
Grundlagen der
Basisband-Übertragungstechnik
2004. X, 240 S. mit 84 Abb. (Studium
Technik) Br. EUR 21,90
ISBN 3-528-03976-0

■ Strutz, Tilo
Bilddatenkompression
Grundlagen, Codierung, Wavelets,
JPEG, MPEG, H.264
3., akt. u. erw. Aufl. 2005. XII, 311 S.
mit 164 Abb. u. 69 Tab. Geb. € 36,90
ISBN 3-528-23922-0

■ Werner, Martin
**Netze, Protokolle, Schnittstellen
und Nachrichtenverkehr**
Grundlagen und Anwendungen
Herausgegeben von Otto Mildenberger
2005. X, 194 S. mit 158 Abb. u. 34
Tab. Br. € 21,90
ISBN 3-528-03998-1

Abraham-Lincoln-Straße 46
65189 Wiesbaden
Fax 0611.7878-400
www.vieweg.de

Stand Juli 2005.
Änderungen vorbehalten.
Erhältlich im Buchhandel oder im Verlag.

If you have any concerns about our products,
you can contact us on
ProductSafety@springernature.com

In case Publisher is established outside the EU,
the EU authorized representative is:
**Springer Nature Customer Service Center GmbH
Europaplatz 3, 69115 Heidelberg, Germany**

Printed by Libri Plureos GmbH
in Hamburg, Germany